U0308947

中文信息处理丛书

（第2版）

统计自然语言处理

宗成庆 著

清华大学出版社

北京

内 容 简 介

本书全面介绍了统计自然语言处理的基本概念、理论方法和最新研究进展,内容包括形式语言与自动机及其在自然语言处理中的应用、语言模型、隐马尔可夫模型、语料库技术、汉语自动分词与词性标注、句法分析、词义消歧、篇章分析、统计机器翻译、语音翻译、文本分类、信息检索与问答系统、自动文摘和信息抽取、口语信息处理与人机对话系统等,既有对基础知识和理论模型的介绍,也有对相关问题的研究背景、实现方法和技术现状的详细阐述。

本书可作为高等院校计算机、信息技术等相关专业的高年级本科生或研究生的教材或参考书,也可供从事自然语言处理、数据挖掘和人工智能等研究的相关人员参考。

图书在版编目(CIP)数据

统计自然语言处理/宗成庆著. —2 版. —北京:清华大学出版社,2013(2022.1 重印)
(中文信息处理丛书)
ISBN 978-7-302-31911-5

Ⅰ.①统… Ⅱ.①宗… Ⅲ.①统计方法-应用-自然语言处理 Ⅳ.①TP391

中国版本图书馆 CIP 数据核字(2013)第 074874 号

责任编辑:赵彤伟 薛 慧
封面设计:何凤霞
责任校对:刘玉霞
责任印制:沈 露

出版发行:清华大学出版社
　　　　网　　址:http://www.tup.com.cn, http://www.wqbook.com
　　　　地　　址:北京清华大学学研大厦 A 座　　邮　编:100084
　　　　社 总 机:010-62770175　　　　　　　　邮　购:010-62786544
　　　　投稿与读者服务:010-62776969, c-service@tup.tsinghua.edu.cn
　　　　质量反馈:010-62772015, zhiliang@tup.tsinghua.edu.cn
印 装 者:三河市龙大印装有限公司
经　　销:全国新华书店
开　　本:185mm×260mm　　　印　张:38　　　字　数:875 千字
版　　次:2008 年 5 月第 1 版　2013 年 8 月第 2 版　印　次:2022 年 1 月第 17 次印刷
印　　数:28601~30100
定　　价:118.00 元

产品编号:041374-03

序言

自然语言处理技术的产生可以追溯到 20 世纪 50 年代，它是一门集语言学、数学、计算机科学和认知科学等于一体的综合性交叉学科。近几年来，随着计算机网络技术和通信技术的迅速发展和普及，自然语言处理技术的应用需求急剧增加，人们迫切需要实用的自然语言处理技术来帮助打破语言屏障，为人际之间、人机之间的信息交流提供便捷、自然、有效的人性化服务。但是，自然语言处理中的若干科学问题和技术难题尚未得到解决，有待于来自不同领域的学者深入研究和探索。

中文信息处理作为自然语言处理中的一个分支，近几年来备受关注。一方面，随着中国经济的迅速发展和中国国力的不断增强，汉语正在成为一种新的强势语言而被世人瞩目，汉语理解所涉及的科学问题让国际计算语言学界无法回避；另一方面，汉语使用者所拥有的巨大市场潜力令国际企业界不敢轻视。因此，中文信息处理成为全球自然语言处理研究者们共同关注的问题已经是不争的事实。目前国际上每年举行的颇具影响的几种技术评测，包括机器翻译评测、信息抽取评测和句法分析评测等，无不与汉语密切相关。因此，作为炎黄子孙，我们没有理由不在这一领域的研究中做出应有的贡献。

中文信息处理所面临的困难既有其他任何一种自然语言处理都会遇到的共性问题，如生词识别问题、歧义消解问题等，也有中文处理本身所具有的个性化问题，如汉语自动分词问题、词性定义规范问题等。因此，从某种意义上讲，中文信息处理更具挑战性。值得欣慰的是，中文信息处理在引起国际学术界和企业界关注的同时，得到了中国政府的重视和大力支持，它已经被列入国务院批准的"国家中长期科学技术发展规划纲要"。因此，中文信息处理面临着前所未有的大好机遇。

近几年来，我国的中文信息处理技术得到了快速发展，无论是在基础理论研究方面，还是在技术开发和产业化发展方面，都取得了显著成绩，一大批青年学者投身到这一领域中。为了使这一领域的广大学者，尤其是青年学生，全面了解中文信息处理的技术现状，进一步推动中文信息处理及其相关学科的快速发展，我们组织编写并出版了这套中文信息处理丛书，力求将这一领域的最新技术和理论方法全面、系统地介绍给广大读者。随着丛书的陆续出版,我们相信这套丛书必将在促进中文信息处理技术的发展和培养后继人才队伍方面发挥应有的作用。

感谢清华大学出版社给予的支持。

倪光南

中国工程院院士

中国中文信息学会理事长

2007 年 12 月 20 日

序一

  自然语言理解和处理是近几年来发展迅速的一门自然语言学、数学（尤其是代数、概率）与计算机科学交叉的学科，如何让计算机正确、有效地理解和处理人类语言，是当今具有巨大挑战性的理论和技术问题。从研究现状来看，自然语言理解和处理的理论体系尚未真正建立，技术方法仍然十分初步，正如作者在绪论中指出的，如何建立语言、知识与客观世界之间的关系，尤其是可计算的关系，如何揭示人类理解及处理自然语言的认知过程等一系列科学问题尚未找到答案。自然语言理解和处理不仅是一门社会需求十分巨大的应用技术，而且也是一门具有非常重要科学意义的自然科学。

  由于统计法能使自然语言处理的正确率从比较低的水平有较快增长，引起人们广泛注意，所以近十多年来有比较快的发展。

  为了帮助读者把握这一领域的发展脉络，本书对统计自然语言处理的相关理论和实现方法给予了较为全面的系统阐述，尤其对中文信息处理研究的最新进展和成果有较全面的阐述，通过总结和归纳这一领域已有的理论方法，既可以为新理论方法的研究提供依据，又可以为这一领域的入门者提供向导。

  虽然近几年来国外学者已经编写出版了一些关于统计自然语言处理的专著，有的还被国内学者翻译成汉语，但是，关于中文信息处理的最新成果却未能在那些专著中得到充分的介绍。本书比较详细地介绍了近几年来，国内学者在汉语语料库和词汇知识库建设、自动分词（包括分词方法和命名实体识别等）与词性标注、句法分析以及口语信息处理等方面研究的最新成果，全面反映了中文信息处理研究的现状，这是在国外学者编写的专著中难以看到的。而且，本书还详细介绍了这一领域的一些经典论文和近几年来获得国际计算语言学大会（ACL）最佳论文奖的部分论文，这些工作都将促进中文信息处理研究的开展。

  本书比较全面地涵盖了自然语言处理的相关理论和应用技术，既有形式语言与自动机、语言模型和隐马尔可夫模型等基础理论介绍，也有汉语自动分词、句法分析和词义消歧等基本方法描述，还有统计机器翻译、语音翻译、信息检索、文本分类和口语信息处理等应用技术的全面阐述，其涉及范围之广,参考文献之详尽,在本领域的专著中尚属少见。作者在本书的编写过程中付出了辛勤的劳动,他能直接与相关文献的作者讨论,而且在初稿完成后广泛征求有关学者的意见,这种认真负责的治学态度十分可贵。

我们相信,本书的出版将对国内自然语言处理的理论研究和技术开发,以及中文信息处理研究和技术的进一步发展发挥积极的作用。

高庆狮

中国科学院院士

2007 年 12 月 20 日

序二

我在 1996 年出版的《自然语言的计算机处理》中曾经说过："自然语言处理（natural language processing, NLP）就是利用计算机为工具对人类特有的书面形式和口头形式的语言进行各种类型处理和加工的技术。"[①]这个定义是正确的，它的缺点是比较笼统。我一直不太满意这个定义。

后来，我在 1999 年出版的《计算机进展》（*Advanced in Computers*）第 47 卷上，看到了美国计算机科学家马纳瑞斯（Bill Manaris）在《从人-机交互的角度看自然语言处理》一文中给自然语言处理提出的如下定义："自然语言处理可以定义为研究在人与人交际中以及在人与计算机交际中的语言问题的一门学科。自然语言处理要研制表示语言能力（linguistic competence）和语言应用（linguistic performance）的模型，建立计算框架来实现这样的语言模型，提出相应的方法来不断地完善这样的语言模型，根据这样的语言模型设计各种实用系统，并探讨这些实用系统的评测技术。"这个定义的英文如下："NLP could be defined as the discipline that studies the linguistic aspects of human-human and human-machine communication, develops models of linguistic competence and performance, employs computational frameworks to implement process incorporating such models, identifies methodologies for iterative refinement of such processes/models, and investigates techniques for evaluating the result systems."[②]

马纳瑞斯的这个定义更加完善，把自然语言处理的研究过程也清楚地反映出来了。我觉得，这是目前在汗牛充栋的各种文献中可以找到的关于自然语言处理的一个比较好的定义。我原则上认同这个定义。

根据这个定义，自然语言处理要研究"在人与人交际中以及在人与计算机交际中的语言问题"，既要研究语言，又要研究计算机，因此，它是一门交叉学科，它涉及语言学、计算机科学、数学、自动化技术等不同的学科。

---

① 冯志伟. 自然语言的计算机处理. 上海：上海外语教育出版社. 1996

② Bill Manaris. Natural language processing: A human-computer interaction perspective. *Advances in Computers*. Volume 47, 1999

近年来，由于自然语言处理的发展，不同学科的专家络绎不绝地参加到自然语言处理的队伍中来。这些来自不同学科领域的专家，对于他们自己原来的本行，当然都是精研通达的内行，但是，他们当中的很多人，对于自然语言处理这门交叉学科本身，并没有接受过专门的学习和训练，有必要进行更新知识的再学习，除了学习不同于他们自己本学科的相关学科的知识之外，还有必要学习自然语言处理这门交叉学科本身的知识。

自然语言处理已经有五十多年的发展历史了，在这一漫长的发展过程中，自然语言处理形成了自己特有的理论和方法，成为一门独立的学科，有自己特定的科学内容。关于自然语言处理本身的这些知识，绝不是不学而能的，而是需要经过艰苦的学习之后才可以逐步地掌握。学习自然语言处理这门学科的专门知识，正如学习语言学、计算机科学、数学和自动化技术一样，非下苦功不可。

正是基于这样的理解，中国科学院研究生院专门开设了"自然语言理解"的课程，讲授自然语言处理这门学科特有的专门知识。中国科学院自动化研究所国家模式识别重点实验室研究员宗成庆博士从事自然语言处理研究多年，他从 2004 年开始，每年的春季学期在中国科学院研究生院讲授这门课程。这门课程受到了学生们的欢迎，2005 年被评为中国科学院研究生院的优秀课程。在这门课程的基础之上，宗成庆博士写成了这本《统计自然语言处理》的专著。我国过去曾经出版过一些关于自然语言处理和计算语言学的教材，这些教材中，除了翻译的外版教材之外，大多数只是讲授基于规则的自然语言处理，没有专门讲授基于统计的自然语言处理。这本《统计自然语言处理》弥补了我国缺少自然语言处理教材的缺陷，起了填补空白的作用。这本书纳入"中文信息处理丛书"并由清华大学出版社出版，是我国自然语言处理教材建设的一件值得庆幸的好事。

《统计自然语言处理》一书的整体规划和部分章节是宗成庆博士于 2004 年底在法国格勒诺布尔信息与应用数学研究院（Institut d'Informatique et Mathématique appliquée de Grenoble，IMAG）的自动翻译研究组（Groupe d'Etude de la Transduction Automatique，GETA）完成的。我在 1978 年至 1981 年期间，也曾经在 IMAG 的 GETA 师从著名数学家沃古瓦（B. Vauquois）做过机器翻译的研究，建立了汉-法/英/日/俄/德多语言机器翻译系统，使我对于自然语言处理这个神奇的研究领域产生了越来越浓厚的兴趣，从此就义无反顾地投身于自然语言处理的事业。岁月不饶人，将近三十年光阴匆匆地流逝，当年我还是风华正茂的青年人，而今，已经变成白发苍苍的老人了，我为这个事业坎坷地奋斗了大半生时间，其间甘苦难以言表。三十年来，不论是处于顺境还是逆境，我对于 IMAG 和 GETA 始终怀着难分难解的深厚感情，这种感情当然主要是对于我们共同的自然语言处理事业的感情。宗成庆博士 2004 年底恰巧在 IMAG 的 GETA 写作《统计自然语言处理》一书，说明他和我之间确实有缘分，这样的缘分促使我们这两个年龄相差甚大的人，在自然语言处理这个领域里风雨同舟，休戚与共，一起克服攀登科学高峰的困难，共同分享探索语言奥秘的愉快，成为忘年之交。

宗成庆博士在此书完稿之后，也许是由于他知道我对于 IMAG 和 GETA 的这种特殊感情，马上就给我送来了此书的打印稿，我得以先睹为快。

我带着极大的热情和浓厚的兴趣一口气读完此书。觉得此书覆盖全面，论述清楚，实例丰富，逻辑严密，既有深入的理论分析，又有实际的应用研究。它既是初学者学习统计自然语言处理的入门初阶，又是这个领域的专家深入钻研统计自然语言处理的导航指南。不禁为之拍手叫绝！

本书在内容的安排方面别具匠心。第 1 章至第 9 章主要介绍统计自然语言处理的理论，第 10 章至第 15 章主要介绍统计自然语言处理的应用。

在统计自然语言处理的理论方面，首先介绍有关的基础知识，例如，概率论和信息论的基本概念、形式语言和自动机的基本概念。这些基础知识，对于以语言学为背景的读者是非常有用的，对于理科背景的读者，可以略过这一部分。由于统计自然语言处理是以语料库和词汇知识库为语言资源的，因此，在介绍了有关的基础知识之后，本书讲解了语料库和词汇知识库的基本原理，使读者对语言资源的建造技术获得清楚的认识。语言模型和隐马尔可夫模型是统计自然语言处理的基础理论，在统计自然语言处理中具有重要的地位。因此，本书介绍了语言模型的基本概念，并讨论了各种平滑方法和自适应方法，又介绍了隐马尔可夫模型和参数估计的方法。接着，本书分别论述了在词法分析与词性标注中的统计方法，在句法分析中的统计方法，在词汇语义中的统计方法。

在统计自然语言处理的应用方面，本书对统计自然语言处理的各个应用领域进行了系统的、详细的介绍，分别介绍了统计机器翻译、语音翻译、文本分类、信息检索与问答系统、信息抽取、口语信息处理与人机对话系统等各种应用系统中的统计自然语言处理方法。

从篇幅来看，本书的理论部分与应用部分几乎各占一半，可以说是理论与应用并重。

近年来，统计自然语言处理发展迅速，取得了令人瞩目的成绩。统计自然语言处理的理论逐渐完善，形成了科学的体系，统计自然语言处理的应用硕果累累，产生了很好的社会效益和经济效益，在文字识别、语音合成等领域的技术已经达到了实用化的水平。统计自然语言处理的技术，还进一步应用到网络内容管理、网络信息监控、不良信息的过滤和预警等方面，并且与网络技术、图像识别和理解技术、情感计算（affection computing）技术结合起来，由此而产生了一些新的研究方向，在现代信息科学的发展中，起着越来越重要的作用。

面对统计自然语言处理取得的这些令人鼓舞的辉煌成绩，有些学者的头脑开始发热起来，他们轻视自然语言处理中基于规则的方法，甚至贬低那些从事研究基于规则的自然语言处理的学者。这种局面使我感到困惑。

IBM 公司的杰里内克（Fred Jelinek）是一位使用统计方法研究语音识别与合成的著名学者，他在统计自然语言处理研究中取得的成绩是人所共知的，我也很佩服他的成就，可是，他却看不起使用规则方法研究自然语言处理的人。他于 1988 年 12 月 7 日在自然语言处理评测讨论会上表述了这样的意思：每当一个语言学家离开我们的研究组，语音识别率就提高一步（Anytime a linguist leaves the group the recognition rate goes up）。根据一些参加这个会议的人回忆，杰里内克原话很尖刻，他说："每当我解雇一个语言学家，语音识别系统的性能就会改善一些。"（"Every time I fire a linguist the performance of the recognizer improves."）杰里内克的这些话，把基于规则的自然语言处理研究贬低到了一无是处的程度，把从事基于规则的自然语言处理研究的人，贬低到了一文不值的程度，对于基于规则的自然语言处理，采取了嗤之以鼻的态度。①

2000 年，在美国约翰·霍普金斯大学（Johns Hopkins University）的暑期机器翻译讨论班（workshop）上，来自南加州大学、罗切斯特大学、约翰·霍普金斯大学、施乐公司、宾夕法尼亚州立大学、斯坦福大学等学校的研究人员，对于基于统计的机器翻译进行了讨论，以德国亚琛大学（Aachen University）年轻的博士研究生奥赫（Franz Josef Och）为主的 13 位科学家写了一个总结报告（final report），报告的题目是"统计机器翻译的句法"（Syntax for Statistical Machine Translation），提出了统计机器翻译的基本框架。奥赫在国际计算语言学 2002 年的会议（ACL-2002）上又发表论文，题目是："统计机器翻译的分辨训练与最大熵模型"（Discriminative Training and Maximum Entropy Models for Statistical Machine Translation），进一步提出统计机器翻译的系统性方法，获 ACL-2002 大会最佳论文奖。2003 年 7 月，在美国马里兰州巴尔的摩（Baltimore, Maryland）由美国商业部国家标准与技术研究所 NIST/TIDES（National Institute of Standards and Technology）主持的机器翻译评比中，奥赫获得了最好的成绩，他使用统计方法从双语语料库中自动地获取语言知识，建立统计机器翻译的规则，在很短的时间之内就构造了阿拉伯语和汉语到英语的若干个机器翻译系统。伟大的希腊科学家阿基米德（Archimedes）说过："只要给我一个支点，我就可以移动地球。"（"Give me a place to stand on, and I will move the world."）而奥赫也模仿着阿基米德说："只要给我充分的并行语言数据，那么，对于任何的两种语言，我就可以在几小时之内给你构造出一个机器翻译系统。"（"Give me enough parallel data, and you can have translation system for any two languages in a matter of hours."）奥赫在统计机器翻译方面的成就使我们高兴，使我们看到了未来的机器翻译的曙光，令人鼓舞。② 可是，2006 年 6 月奥赫在西班牙巴塞罗那举行的 TC-STAR 机器翻译系统评测研讨会上的特邀报告"机器翻译的挑战"（Challenges in Machine Translation）中却认为：在统计机器翻译中，语料库的规模起着举足轻重的作用，而词法、句法和语义等语言知识对于机器翻译系统的性能几乎没有什么帮助，甚至有些语言知识还会起副作用，帮倒忙。他也开始贬低语言规则在自然语言处理中的正面作用。

杰里内克和奥赫都是在自然语言处理中卓有成就的学者，他们上述的言论值得我们中国的自然语言处理工作者注意，也值得我们深思。

基于统计的自然语言处理的理论基础是哲学中的经验主义，基于规则的自然语言处理的理论基础是哲学中的理性主义。这些问题，说到底，是关于如何处理经验主义和理性主义关系的问题。为了追本溯源，在这里，我愿意回顾一下哲学中经验主义与理性主义，并且考察一下它们对于语言学和自然语言处理的影响，这样，也许能够帮助我们更清楚地认识到这个问题的实质。

自从人类有哲学以来，在认识论中就产生了经验主义（empiricism）和理性主义（rationalism）这样两种不同的倾向。在欧洲哲学史上，当近代哲学家把这两种倾向的冲

---

① Palmer M., Finin T. Workshop on the evaluation of natural language processing systems. Computational Linguistics, 1990, 16(3): 175-181

② 冯志伟. 当前自然语言处理发展的四个特点. 暨南大学华文学院学报, 2006, 第 1 期（总 21 期）

突以及解决这一冲突的不懈努力提到全部哲学的中心地位上来之前,无数的哲学家就已经对此进行了艰苦卓绝的研究,走过了崎岖漫长的探索道路。

人类哲学从它产生的第一天起,就在自身之内包含着一个深刻的矛盾:哲学来自经验,但它又是超越经验的结果;哲学思想的发展是理性思维、范畴和概念的运动,但又只有经验才能推动它。感性与理性的这种矛盾实质上也就是经验主义和理性主义的矛盾,它作为存在和思维的矛盾在认识论方面的一个表现,自开始的时候起,就是人类哲学思想发展的内在动力之一。

这种矛盾在人们的思想中有不同程度、不同形式的表现,但是,经验主义和理性主义作为比较典型的认识论的理论,形成了两个既互相对立、互相斗争,又互相影响、互相渗透的哲学流派而在哲学史上出现,并且在西欧早期资产阶级反封建革命时期前后,成为 16 世纪末期到 18 世纪中期重要的历史现象。

在 16 世纪到 18 世纪的欧洲,经验主义哲学以培根(Francis Bacon,1561—1626)、霍布斯(Thomas Hobbes,1588—1679)、洛克(John Locke,1632—1704)、休谟(David Hume,1711—1776)为代表,他们都是英国哲学家,因此,经验主义也被称为"英国经验主义"。培根批评"理性派哲学家只是从经验中抓到一些既没有适当审定也没有经过仔细考察和衡量的普遍例证,而把其余的事情都交给了玄想和个人的机智活动"[1]。他提出"三表法",制定了经验归纳法,建立了归纳逻辑体系,对于经验自然科学起了理论指导作用。霍布斯认为归纳法不仅包含分析,而且也包含综合,分析得出的普遍原因只有通过综合才能成为研究对象的特殊原因。洛克把理性演绎隶属于经验归纳之下,对演绎法作了经验主义的理解,他认为,一切知识和推论的直接对象是一些个别、特殊的事物,我们获取知识的正确途径只能是从个别、特殊进展到一般,他说,"我们的知识是由特殊方面开始,逐渐才扩展到概括方面的。只是在后来,人们就采取了另一条相反的途径,它要尽力把它的知识形成概括的命题"[2]。休谟运用实验推理的方法来剖析人性,试图建立一个精神哲学体系,他指出"一切关于事实的推理,似乎都建立在因果关系上面,只要依照这种关系来推理,我们便能超出我们的记忆和感觉的见证以外"[3],他认为"原因和结果的发现,是不能通过理性,只能通过经验的"[4],经验是我们关于因果关系的一切推论和结论的基础。

现代自然科学的代表人物牛顿(Isaac Newton,1642—1727)建立了经典力学的基本定律,即牛顿三大定律和万有引力定律,使经典力学的科学体系臻于完善。他的哲学思想也带有明显的经验主义倾向。他认为自然哲学只能从经验事实出发去解释世界事物,因而经验归纳法是最好的论证方法。他说:"虽然用归纳法来从实验和观察中进行论证不能算是普遍的结论,但它是事物本性所许可的最好的论证方法,并随着归纳的愈为普遍,这种论证看来也愈有力。"[5]他把经验归纳作为科学研究的一般方法论原理,认为"实验科

---

① 北京大学哲学系外国哲学史教研室编译.十六—十八世纪西欧各国哲学.第 23 页,北京:商务印书馆,1975
② 洛克.人类理解论.第 598 页,北京:商务印书馆,1959
③ 休谟.人类理解研究.第 27 页,北京:商务印书馆,1983
④ 北京大学哲学系外国哲学史教研室编译.十六—十八世纪西欧各国哲学.第 634 页
⑤ 塞耶.牛顿自然哲学著作选.第 212 页,北京:商务印书馆,1974

学只能从现象出发，并且只能用归纳来从这些现象中推演出一般的命题"①。正是由于牛顿遵循经验归纳法，才在物理学上取得了划时代的伟大成就。

法国启蒙运动的代表人物伏尔泰（Voltaire，1694—1778）也有明显的经验主义倾向。他以洛克的经验主义为武器去反对教会至上的权威，否定神的启示和奇迹，否认灵魂不死。他赞美经验主义哲学家洛克："也许从来没有一个人比洛克头脑更明智，更有条理，在逻辑上更为严谨"②。他积极地把英国经验主义推行到法国，推动了法国的启蒙运动。

哲学中的这种经验主义深刻地影响到自然语言处理中基于统计的经验主义方法，它是自然语言处理中经验主义方法的哲学基础。

在自然语言处理中，除了基于统计的经验主义方法之外，还同时存在着基于规则的理性主义方法。自然语言处理中的理性主义来源于哲学中的理性主义。

在欧洲，这种理性主义源远流长，到了16世纪末至18世纪中期更加成熟，出现了笛卡儿（Rene Descartes，1596—1650）、斯宾诺莎（Benetict de Spinoza，1632—1677）、莱布尼茨（Cottfried Wilhelm Leibniz，1646—1716）等杰出的理性主义哲学家。笛卡儿改造了传统的演绎法，制定了理性的演绎法，他认为，任何真理性的认识，都必须首先在人的认识中找到一个最确定、最可靠的支点，才能保证由此推出的知识也是确定可靠的。他提出在认识中应当避免偏见，要把每一个命题都尽可能地分解成细小的部分，直待能够圆满解决为止，要按照次序引导我们的思想，从最简单的对象开始，逐步上升到对复杂事物的认识。斯宾诺莎把几何学方法应用于论理学研究，使用几何学的公理、定义、命题、证明等步骤来进行演绎推理，在他的《论理学》的副标题中明确标示"依几何学方式证明"。莱布尼茨把逻辑学高度地抽象化、形式化、精确化，使逻辑学成为一种用符号进行演算的工具。笛卡儿是法国哲学家，斯宾诺莎是荷兰哲学家，莱布尼茨是德国哲学家，他们崇尚理性，提倡理性的演绎法。他们都居住在欧洲大陆，因此，理性主义也被称为"大陆理性主义"。

在哲学领域中，始终都存在着经验主义和理性主义的矛盾和斗争。这种矛盾和斗争，当然也会反映到自然语言处理中来。

早期的自然语言处理研究带有鲜明的经验主义色彩。

1913年，俄国科学家马尔可夫（A. Markov，1856—1922）使用手工查频的方法，统计了普希金长诗《欧根·奥涅金》中的元音和辅音的出现频度，提出了马尔可夫随机过程理论，建立了马尔可夫模型，他的研究是建立在对于俄语的元音和辅音的统计数据的基础之上的，采用的方法主要是基于统计的经验主义的方法。

1948年，美国科学家香农（Shannon）把离散马尔可夫过程的概率模型应用于描述语言的自动机。他把通过诸如通信信道或声学语音这样的媒介传输语言的行为比喻为"噪声信道"（noisy channel）或者"解码"（decoding）。香农还借用热力学的术语"熵"（entropy）作为测量信道的信息能力或者语言的信息量的一种方法，并且他采用手工方法来统计英语字母的概率，然后使用概率技术首次测定了英语字母的不等概率零阶熵为

---

① 塞耶.牛顿自然哲学著作选.第8页,北京:商务印书馆,1974
② 北京大学哲学系外国哲学史教研室编译.十八世纪法国哲学.第59页,北京:商务印书馆,1963

4.03比特。香农的研究工作基本上是基于统计的,也带有明显的经验主义倾向。①

然而,这种基于统计的经验主义的倾向到了乔姆斯基(Noam Chomsky)那里出现了重大的转向。

1956 年,乔姆斯基从香农的工作中吸取了有限状态马尔可夫过程的思想,首先把有限状态自动机作为一种工具来刻画语言的语法,并且把有限状态语言定义为由有限状态语法生成的语言,建立了自然语言的有限状态模型。乔姆斯基根据数学中的公理化方法来研究自然语言,采用代数和集合论把形式语言定义为符号的序列,从形式描述的高度,分别建立了有限状态语法、上下文无关语法、上下文有关语法和 0 型语法的数学模型,并且在这样的基础上来评价有限状态模型的局限性,乔姆斯基断言:有限状态模型不适合用来描述自然语言。这些早期的研究工作产生了"形式语言理论"(formal language theory)这个新的研究领域,为自然语言和形式语言找到了一种统一的数学描述理论,形式语言理论也成为计算机科学最重要的理论基石。

乔姆斯基在他的著作中明确地采用理性主义的方法,他高举理性主义的大旗,把自己的语言学称之为"笛卡儿语言学"(Descartes linguistics),充分显示出乔姆斯基的语言学与理性主义之间不可分割的血缘关系。乔姆斯基完全排斥经验主义的统计方法。在 1969 年的"Quine's Empirical Assumptions"一文中,他说:"然而应当认识到,'句子的概率'这个概念,在任何已知的对于这个术语的解释中,都是一个完全无用的概念"②。他主张采用公理化、形式化的方法,严格按照一定的规则来描述自然语言的特征,试图使用有限的规则描述无限的语言现象,发现人类普遍的语言机制,建立所谓的"普遍语法"(universal grammar)。转换生成语法在 20 世纪 60 年代末到 70 年代在国际语言学界风靡一时,转换生成语法作为自然语言的形式化描述方法,为计算机处理自然语言提供了有力的武器,有力地推动了自然语言处理的研究和发展。

转换生成语法的研究途径在一定程度上克服了传统语言学的某些弊病,推动了语言学理论和方法论的进步,但它认为统计只能解释语言的表面现象,不能解释语言的内在规则或生成机制,远离了早期自然语言处理的经验主义的途径。这种转换生成语法的研究途径实际上全盘继承了理性主义的哲学思潮。

在自然语言处理中的理性主义方法是一种基于规则的方法(rule-based approach),或者叫做符号主义的方法(symbolic approach)。这种方法的基本根据是"物理符号系统假设"(physical symbol system hypothesis)。这种假设主张,人类的智能行为可以使用物理符号系统来模拟,物理符号系统包含一些物理符号的模式(pattern),这些模式可以用来构建各种符号表达式以表示符号的结构。物理符号系统使用对于符号表达式的一系列操作过程来进行各种操作,例如,符号表达式的建造(creation)、删除(deletion)、复制(reproduction)和各种转换(transformation)等。自然语言处理中的很多研究工作基本上

① 冯志伟在 20 世纪 70 年代末和 80 年代初,模仿香农的工作,采用手工查频的方法测定出汉字的不等概率零阶熵为 9.65 比特。他的方法也是一种基于统计的经验主义方法。

② Chomsky N. Quine's Empirical Assumptions. In: Davidson D. , Hintikka J, eds. Words and Objections, Dordrecht: Reidel, 1969

是在物理符号系统假设的基础上进行的。

这种基于规则的理性主义方法适合于处理深层次的语言现象和长距离依存关系，它继承了哲学中理性主义的传统，多使用演绎法（deduction）而很少使用归纳法（induction）。

自然语言处理中，在基于规则的方法的基础上发展起来的技术有：有限状态转移网络、有限状态转录机、递归转移网络、扩充转移网络、短语结构语法、自底向上剖析、自顶向下剖析、左角分析法、Earley 算法、CYK 算法、富田算法、复杂特征分析法、合一运算、依存语法、一阶谓词演算、语义网络、框架网络等。

在 20 世纪 50 年代末期到 60 年代中期，自然语言处理中的经验主义也兴盛起来，注重语言事实的传统重新抬头，学者们普遍认为：语言学的研究必须以语言事实作为根据，必须详尽地、大量地占有材料，才有可能在理论上得出比较可靠的结论。

自然语言处理中的经验主义方法是一种基于统计的方法（statistic-based approach），这种方法使用概率或随机的方法来研究语言，建立语言的概率模型。这种方法表现出强大的后劲，特别是在语言知识不完全的一些应用领域中，基于统计的方法表现得很出色。基于统计的方法最早在文字识别领域中取得了很大的成功，后来在语音合成和语音识别中大显身手，接着又扩充到自然语言处理的其他应用领域。

基于统计的方法适合于处理浅层次的语言现象和近距离的依存关系，它继承了哲学中经验主义的传统，多使用归纳法而很少使用演绎法。

这个时期自然语言处理中的经验主义派别，主要是一些来自统计学专业和电子学专业的研究人员。在 20 世纪 50 年代后期，贝叶斯方法（Bayesian method）开始被应用于解决最优字符识别的问题。1959 年，布来德索（Bledsoe）和布罗宁（Browning）建立了用于文本识别的贝叶斯系统，该系统使用了一部大词典，计算词典的单词中所观察的字母系列的似然度，把单词中每一个字母的似然度相乘，就可以求出字母系列的似然度来。1964 年，墨斯特莱（Mosteller）和华莱士（Wallace）用贝叶斯方法成功地解决了文章"联邦主义者"（The Federalist）中原作者的分布问题，显示出经验主义方法的优越性。

20 世纪 50 年代还建立了世界上第一个联机语料库——布朗美国英语语料库（Brown corpus）。这个语料库包含 100 万单词的语料，样本来自不同文体的 500 多篇书面文本，涉及的文体有新闻、中篇小说、写实小说、科技文章等。这些语料是布朗大学（Brown University）在 1963 年至 1964 年收集的。随着语料库的出现，使用统计方法从语料库中自动地获取语言知识，成为自然语言处理研究的一个重要方面。

20 世纪 60 年代，统计方法在语音识别算法的研制中取得成功，其中特别重要的是隐马尔可夫模型（hidden markov model）和噪声信道与解码模型（noisy channel model and decoding model）。这些模型是分别独立地由两支队伍研制的。一支是杰里内克（Jelinek）、巴勒（Bahl）、梅尔塞（Mercer）和 IBM 公司华生研究中心的研究人员，另一支是卡内基-梅隆大学（Carnegie Mellon University）的拜克（Baker）等。AT&T 的贝尔实验室（Bell laboratories）也是语音识别和语音合成的中心之一。

在自然语言处理中，在基于统计的方法的基础上发展起来的技术有：隐马尔可夫模型、最大熵模型、n 元语法、概率上下文无关语法、噪声信道理论、贝叶斯方法、最小编辑距离算法、Viterbi 算法、A* 搜索算法、双向搜索算法、加权自动机、支持向量机等。

不过,在 20 世纪 60 年代至 80 年代初期的这一时期,自然语言处理领域的主流方法仍然是基于规则的理性主义方法,经验主义方法并没有受到特别的重视。

这种情况在 20 世纪 80 年代初期发生了变化。在 1983 年至 1993 年的 10 年中,自然语言处理研究者对于过去的研究历史进行了反思,发现过去被忽视的有限状态模型和经验主义方法仍然有其合理的内核。在这 10 年中,自然语言处理的研究又回到了 20 世纪 50 年代末期到 60 年代初期几乎被否定的有限状态模型和经验主义方法上去,之所以出现这样的复苏,其部分原因在于 1959 年乔姆斯基对于斯金纳(Skinner)的"言语行为"(Verbal Behavior)的很有影响的评论在 20 世纪 80 年代和 90 年代之交遭到了学术界在理论上的强烈反对,人们开始注意到基于规则的理性主义方法的缺陷。

这种反思的第一个倾向是重新评价有限状态模型。由于卡普兰(Kaplan)和凯依(Kay)在有限状态音系学和形态学方面的工作,以及丘奇(Church)在句法的有限状态模型方面的工作,显示了有限状态模型仍然有着强大的功能,因此,这种模型又重新得到自然语言处理学界的注意。

这种反思的第二个倾向是所谓的"重新回到经验主义"。这里值得特别注意的是语音和语言处理的概率模型的提出,这样的模型受到 IBM 公司华生研究中心的语音识别概率模型的强烈影响。这些概率模型和其他数据驱动的方法还传播到了词类标注、句法剖析、名词短语附着歧义的判定以及从语音识别到语义学的联接主义方法的研究中去。

从 20 世纪 90 年代开始,自然语言处理进入了一个新的阶段。1993 年 7 月在日本神户召开的第四届机器翻译高层会议(MT Summit IV)上,英国著名学者哈钦斯(J. Hutchins)在他的特邀报告中指出:自 1989 年以来,机器翻译的发展进入了一个新纪元。这个新纪元的重要标志是,在基于规则的技术中引入了语料库方法,其中包括统计方法,基于实例的方法,通过语料加工手段使语料库转化为语言知识库的方法,等等。这种建立在大规模真实文本处理基础上的机器翻译,是机器翻译研究史上的一场革命,它将会把自然语言处理推向一个崭新的阶段。

在过去的四十多年中,从事自然语言处理系统开发的绝大多数学者,基本上都采用基于规则的理性主义方法。这种方法主张,智能的基本单位是符号,认知过程就是在符号的表征下进行符号运算,因此,思维就是符号运算。

著名语言学家弗托(J. A. Fodor)在 *Representations* 一书中说:"只要我们认为心理过程是计算过程(因此是由表征式定义的形式操作),那么,除了将心灵看作别的之外,还自然会把它看做一种计算机。也就是说,我们会认为,假设的计算过程包含哪些符号操作,心灵也就进行哪些符号操作。因此,我们可以大致上认为,心理操作跟图灵机的操作十分类似。"[①]弗托的这种说法代表了自然语言处理中的基于规则(符号操作)的理性主义观点。

这样的观点受到了学者们的批评。舍尔(J. R. Searle)在他的论文"Minds, Brains and

① Fodor J A. Representations,MIT Press,1980

Programmes"[1]中，提出了所谓"中文屋子"的质疑。他提出，假设有一个懂得英文但是不懂中文的人被关在一个屋子中，在他面前是一组用英文写的指令，说明英文符号和中文符号之间的对应和操作关系。这个人要回答用中文书写的几个问题，为此，他首先要根据指令规则来操作问题中出现的中文符号，理解问题的含义，然后再使用指令规则把他的答案用中文一个一个地写出来。比如，对于中文书写的问题 Q1 用中文写出答案 A1，对于中文书写的问题 Q2 用中文写出答案 A2，如此等等。这显然是非常困难的，而且几乎是不能实现的事情，而且，这个人即使能够这样做，也不能证明他懂得中文，只能说明他善于根据规则做机械的操作而已。舍尔的批评使基于规则的理性主义的方法受到了普遍的怀疑。

理性主义方法的另一个弱点是在实践方面。自然语言处理的理性主义者把自己的目的局限于某个十分狭窄的专业领域之中，他们采用的主流技术是基于规则的句法分析技术和语义分析技术，尽管这些应用系统在某些受限的"子语言"(sub-language)中也曾经获得一定程度的成功，但是，要想进一步扩大这些系统的覆盖面，用它们来处理大规模的真实文本，仍然有很大的困难。因为从自然语言系统所需要装备的语言知识来看，其数量之浩大和颗粒度之精细，都是以往的任何系统所望尘莫及的。而且，随着系统拥有的知识在数量上和程度上发生的巨大变化，系统在如何获取、表示和管理知识等基本问题上，不得不另辟蹊径。这样，就提出了大规模真实文本的自然语言处理问题。1990 年 8 月在芬兰赫尔辛基举行的第 13 届国际计算语言学会议（即 COLING'1990）为会前讲座确定的主题是"处理大规模真实文本的理论、方法和工具"，这说明，实现大规模真实文本的处理将是自然语言处理在今后一个相当长的时期内的战略目标。为了实现战略目标的转移，需要在理论、方法和工具等方面实行重大的革新。1992 年 6 月在加拿大蒙特利尔举行的第四届机器翻译的理论与方法国际会议（即 TMI-1992）上，宣布会议的主题是"机器翻译中的经验主义和理性主义的方法"。这里的所谓"理性主义"，就是指以生成转换语法为基础的基于规则的方法，所谓"经验主义"，就是指以大规模语料库的分析为基础的基于统计的方法。从中可以看出当前自然语言处理所关注的焦点。当前语料库的建设和语料库语言学的崛起，正是自然语言处理战略目标转移的一个重要标志。随着人们对大规模真实文本处理的日益关注，越来越多的学者认识到，基于语料库的分析方法（即经验主义的方法）至少是对基于规则的分析方法（即理性主义的方法）的一个重要补充。因为从"大规模"和"真实"这两个因素来考察，语料库才是最理想的语言知识资源。

在这样的情况下，人们开始深入地思考，乔姆斯基提出的形式语法规则是否是真正的语言规则？是否能够经受大量的语言事实的检验？这些形式语言规则是否应该和大规模真实文本语料库中的语言事实结合起来考虑，而不是一头钻入理性主义的牛角尖？

乔姆斯基作为一位求实求真、虚怀若谷的语言学大师，最近也开始对理性主义进行了反思，表现出与时俱进的勇气。在最近提出的"最简方案"中，他认为，所有重要的语法原则直接运用于表层，不同语言之间的差异通过词汇来处理，把具体规则减少到最低限度，开始注重对具体词汇的研究。可以看出，乔姆斯基的转换生成语法也开始对词汇重视起

---

① Searle J R. Minds, Brains and Programmes. Behavioral and Brain Sciences, Vol. 3, 1980

来,逐渐地改变了原来的理性主义立场,开始向经验主义妥协,或者说悄悄地向经验主义复归。

在 20 世纪 90 年代的最后 5 年(1994—1999),自然语言处理的研究发生了很大的变化,出现了空前繁荣的局面。概率和数据驱动的方法几乎成为自然语言处理的标准方法。句法剖析、词类标注、参照消解和话语处理的算法全都开始引入概率,并且采用从语音识别和信息检索中借过来的评测方法,统计方法已经渗透到了机器翻译、文本分类、信息检索、问答系统、信息抽取、语言知识挖掘等自然语言处理的应用系统中去,基于统计的经验主义方法逐渐成为自然语言处理研究的主流。

可以看出,在自然语言处理发展的过程中,始终充满了基于规则的理性主义方法和基于统计的经验主义方法之间的矛盾,这种矛盾时起时伏,此起彼伏。自然语言处理也就在这样的矛盾中逐渐成熟起来。

总结自然语言处理发展的曲折历史可以看出,基于规则的理性主义方法和基于统计的经验主义方法各有千秋,因此,我们应当用科学的态度来分析它们的优点和缺点。

我们认为,基于规则的理性主义方法的优点是:

- 基于规则的理性主义方法中的规则主要是语言学规则,这些规则的形式描述能力和形式生成能力都很强,在自然语言处理中有很好的应用价值。
- 基于规则的理性主义方法可以有效地处理句法分析中的长距离依存关系(long-distance dependencies)等困难问题,如句子中长距离的主语和谓语动词之间的一致关系(subject-verb agreement)问题,wh 移位(wh-movement)问题。
- 基于规则的理性主义方法通常都是明白易懂的,表达得很清晰,描述得很明确,很多语言事实都可以使用语言模型的结构和组成成分直接地、明显地表示出来。
- 基于规则的理性主义方法在本质上是没有方向性的,使用这样的方法研制出来的语言模型,既可以应用于分析,也可以应用于生成,这样,同样的一个语言模型就可以双向使用。
- 基于规则的理性主义方法可以在语言知识的各个平面上使用,可以在语言的不同维度上得到多维的应用。这种方法不仅可以在语音和形态的研究中使用,而且,在句法、语义、语用、篇章的分析中也大显身手。
- 基于规则的理性主义方法与计算机科学中提出的一些高效算法是兼容的,例如,计算机算法分析中使用的 Earley 算法(1970 年提出)和 Marcus 算法(1978 年提出)都可以作为基于规则的理性主义方法在自然语言处理中得到有效的使用。

基于规则的理性主义方法的缺点是:

- 基于规则的理性主义方法研制的语言模型一般都比较脆弱,鲁棒性很差,一些与语言模型稍微偏离的非本质性的错误,往往会使得整个的语言模型无法正常地工作,甚至导致严重的后果。不过,近来已经研制出一些鲁棒的、灵活的剖析技术,这些技术能够使基于规则的剖析系统从剖析失败中得到恢复。
- 使用基于规则的理性主义方法来研制自然语言处理系统时,往往需要语言学家、语音学家和各种专家的配合,进行知识密集的研究,研究工作的强度很大;基于规则的语言模型不能通过机器学习的方法自动地获得,也无法使用计算机自动地进行泛化。

- 使用基于规则的理性主义方法设计的自然语言处理系统的针对性都比较强，很难进行进一步的升级。例如，斯罗肯（Slocum）在 1981 年曾经指出，LIFER 自然语言知识处理系统在经过两年的研发之后，已经变得非常之复杂和庞大，以至于这个系统原来的设计人很难再对它进行一点点的改动。对于这个系统的稍微改动将会引起整个连续的"水波效应"（ripple effect），以致"牵一发而动全身"，而这样的副作用是无法避免和消除的。

- 基于规则的理性主义方法在实际的使用场合其表现往往不如基于统计的经验主义方法那样好。因为基于统计的经验主义方法可以根据实际训练数据的情况不断地优化，而基于规则的理性主义方法很难根据实际的数据进行调整。基于规则的方法很难模拟语言中局部的约束关系，例如，单词的优先关系对于词类标注是非常有用的，但是基于规则的理性主义方法很难模拟这种优先关系。

不过，尽管基于规则的理性主义方法有这样或那样的不足，但这种方法终究是自然语言处理中研究得最为深入的技术，仍然是非常有价值和非常强有力的技术，我们绝不能忽视这种方法。事实证明，基于规则的理性主义方法的算法具有普适性，不会由于语种的不同而失去效应，这些算法不仅适用于英语、法语、德语等西方语言，也适用于汉语、日语、韩国语等东方语言。在一些领域针对性很强的应用中，在一些需要丰富的语言学知识支持的系统中，特别是在需要处理长距离依存关系的自然语言处理系统中，基于规则的理性主义方法是必不可少的。

我们认为，基于统计的经验主义方法的优点是：

- 使用基于统计的经验主义方法来训练语言数据，从训练的语言数据中自动地或半自动地获取语言的统计知识，可以有效地建立语言的统计模型。这种方法在文字和语音的自动处理中效果良好，在句法自动分析和词义排歧中也初露锋芒。

- 基于统计的经验主义方法的效果在很大的程度上依赖于训练语言数据的规模，训练的语言数据越多，基于统计的经验主义方法的效果就越好。在统计机器翻译中，语料库的规模，特别是用来训练语言模型的目标语言语料库的规模，对于系统性能的提高，起着举足轻重的作用。因此，可以通过扩大语料库规模的办法来不断提高自然语言处理系统的性能。

- 基于统计的经验主义方法很容易与基于规则的理性主义方法结合起来，从而处理语言中形形色色的约束条件问题，使自然语言处理系统的效果不断地得到改善。

- 基于统计的经验主义方法很适合用来模拟那些有细微差别的、不精确的、模糊的概念（如"很少""很多"、"若干"等），而这些概念，在传统语言学中需要使用模糊逻辑（fuzzy logic）才能处理。

基于统计的经验主义方法的缺点是：

- 使用基于统计的经验主义方法研制的自然语言处理系统，其运行时间是与统计模式中所包含的符号类别的多少成比例线性地增长的，不论在训练模型的分类中还是在测试模型的分类中，情况都是如此。因此，如果统计模式中的符号类别数量增加，系统的运行效率会明显地降低。

- 在当前语料库技术的条件下，要使用基于统计的经验主义方法为某个特殊的应用领域获取训练数据，还是一件费时费力的工作，而且很难避免出错。基于统计的经验主义方法的效果与语料库的规模、代表性、正确性以及加工深度都有密切的关系，可以说，用来训练数据的语料库的质量在很大程度上决定了基于统计的经验主义方法的效果。

- 基于统计的经验主义方法很容易出现数据稀疏的问题，随着训练语料库规模的增大，数据稀疏的问题会越来越严重，这个问题需要使用各种平滑（smoothing）技术来解决。

自然语言中既有深层次的现象，也有浅层次的现象；既有远距离的依存关系，也有近距离的依存关系；自然语言处理中既要使用演绎法，也要使用归纳法。因此，我们主张把理性主义和经验主义结合起来，把基于规则的方法和基于统计的方法结合起来。我们认为，强调一种方法，反对另一种方法，都是片面的，都无助于自然语言处理的发展。

英国经验主义哲学家培根既反对理性主义，也反对狭隘的经验主义，他指出，由于经验能力和理性能力这两方面的"离异"和"不和"，给科学知识的发展造成了严重的障碍，为了克服这样的弊病，他提出了经验能力和理性能力联姻的重要原则。他说，"我以为我已经在经验能力和理性能力之间永远建立了一个真正合法的婚姻，二者的不和睦与不幸的离异，曾经使人类家庭的一切事务陷于混乱"①。他生动而深刻地说道："历来处理科学的人，不是实验家，就是推论家。实验家像蚂蚁，只会采集和使用；推论家像蜘蛛，只凭自己的材料来织成丝网。而蜜蜂却是采取中道的，它在庭园里和田野里从花朵中采集材料，而用自己的能力加以变化和消化。哲学的真正任务就是这样，它既不是完全或主要依靠心的能力，也不是只把从自然历史和机械实验中收集来的材料原封不动，囫囵吞枣地累置于记忆当中，而是把它们变化过和消化过放置在理解力之中。这样看来，要把这两种机能，即实验的和理性的这两种机能，更紧密地和更精纯地结合起来（这是迄今还未达到的），我们就可以有很多的希望"②。

培根的主张是值得我们深思的。在自然语言处理的研究中，我们不能采取像蜘蛛那样的理性主义方法，单纯依靠规则；也不能采取像蚂蚁那样的经验主义方法，单纯依靠统计；我们应当像蜜蜂那样，把理性主义和经验主义两种机能更紧密地、更精纯地结合起来，推动自然语言处理的发展。

本书讲述的是统计自然语言处理的经验主义方法，这些方法只是自然语言处理的一个方面。我们在阅读本书的同时，不要忘记在自然语言处理中还存在着另外一个方面，这就是基于规则的理性主义方法，我们也应当学习这些基于规则的理性主义方法，并且把这两种方法结合起来，彼此取长补短，使之相得益彰。这样，我们对于自然语言处理这个学科，就可以获得全面而完整的认识。

尽管本书的题目是"统计自然语言处理"，但是，本书作者并不偏袒基于统计的经验主义方法而排斥基于规则的理性主义方法，他对于经验主义和理性主义之间关系的认识是

① 北京大学哲学系外国哲学史教研室编译.十六一十八世纪西欧各国哲学.第 8 页,北京：商务印书馆,1975
② 培根.新工具.第 75 页,北京：商务印书馆,1982

非常清楚的，他在本书前言中写道："尽管目前统计机器翻译研究进展迅速，却并没有一个确切的结论告诉人们究竟哪一种模型和方法可以绝对地取代其他任何模型和方法，或者证明哪一种模型可以被彻底淘汰。而从近期的研究成果来看，多种模型和特征的结合，尤其是句法结构信息的利用，已经成为改进和提高统计翻译系统性能的有效途径，这实际上从另一个角度印证了多种方法结合的必要性和有效性。"他强烈主张：在机器翻译问题彻底解决以前，永远没有过时的理论和方法，也绝不应该有哪一种方法可以"藐视天下，唯我独尊"。对于宗成庆博士的这种真知灼见，我举双手赞成。

冯志伟

2007 年 8 月于北京

前言

　　我不是一个言而无信的人，也不是一个做事情拖泥带水的人，但本书的写作却让我被这两个恶名追逼得疲惫不堪。2011 年 4 月我就与出版社签订了本书的出版合同，应诺当年 10 月底交稿，可是，我对自己的能力估计过高，尤其对自己从日常繁忙的工作中挤出时间来从事本书写作的能力估计过高，当然也对潮水般汹涌而来的各种事务所造成的巨大压力估计不足，致使我不得不在生存与履行诺言之间苦苦地煎熬，挣扎着一点一点地践行自己的承诺。可是，时间还是到了 2013 年！

　　我发誓，我已经尽了最大努力勤奋地工作，除了正常的上班和出差以外，几乎把所有的周末和晚上都奉献在了办公室，过着一种无歇息的"非正常生活"，但我毕竟没有三头六臂。我不知道那些耗费了我大量时间的纷杂事情来自何处，我也不知道那些让我天天奔忙的工作意义何在？但是我知道如果我不去那样疲于应对，就很可能早已被那一波接一波花样翻新的滚滚洪流抛甩在岸边。所以，我只能在困惑与无奈中被裹挟着、被推搡着砥砺前行，正所谓"树欲静而风不止"。

　　无论如何，书稿终于完成了，我做到了我想做的事情。

　　让我感到庆幸的是，在本书的修改过程中，得到了众多同行和学生的大力帮助。他们的无私奉献和援助使我受益颇丰。修改第 1 章时，关于"计算语言学"术语的出现时间，曾向冯志伟教授请教。在修改第 4 章的过程中，俞士汶教授和陆勤教授提供了相关材料，并对部分内容进行了仔细的校对；在修改第 5 章和第 7 章的过程中，汪昆博士提供了大量数据和资料；夏睿博士校对了第 6 章的修改内容；鉴萍博士和王志国博士为修改第 8 章的内容提供了大量素材，并校对了部分内容；张仰森教授和庄涛博士校对了第 9 章的相关内容；王厚峰教授、周国栋教授和博士生涂眉为第 10 章的撰写提供了大量资料，并校对了全章的内容，孔芳博士补充了部分内容，张民教授对该章内容做了全面的校对；张家俊博士、陈钰枫博士和博士生翟飞飞为修改第 11 章给予了大力支持，周玉博士提出了许多宝贵的建议。杨沐昀博士提供了关于评测方法评测的相关内容，并给予了大力帮助；徐波研究员校对了第 12 章的增补内容；李寿山博士为第 13 章的修改和内容增补给予了大力帮助；赵军研究员和刘康博士为修改第 14 章提供了相关素材，并参与了部分概念的讨论，赵军老师还对部分内容做了校对；万小军博士为修改第 15 章提供了参考文献，并校对了部分增补的内容。他们热心的帮助和认真、负责的态度让我深受感动，衷心地感谢他们！

值得提及的是，本书第一版出版 4 年多来，得到了广大读者和同行的热情关注，能够在 4 年多的时间里重印 3 次是我未敢奢望的。但是，我深知本书的瑕疵和缺憾，这使我更加感受到同行和读者的宽容与忍耐！热心读者何晋一对本书第一版中存在的问题和错误给出了详细的指正，这让我由衷地感激！张玉洁教授等很多热心的同行和赵奇猛等一批热心的读者当面或通过邮件等不同形式对第一版的内容及存在的问题提出了宝贵的意见和建议，使我倍感欣慰，衷心地感谢他们！

另外不能不说的是，我所在研究组的全体老师多年来默默地奉献着他们的智慧和汗水，在各自的位置上发挥着不可替代的作用，为研究组的发展承担了大量繁重的工作。正因为有他们的分担和协作，才使我有机会抽出时间来完成本书的写作。请让我在这里把他们的名字一一列出（按音序）：陈钰枫、陆征、汪昆、张家俊、周玉。衷心地感谢他们！

本书的写作得到了中国科学院大学"精品数字课程"建设项目的资助。

最后，我要衷心地感谢我的家人、朋友和同事多年来给予的大力支持、理解和帮助！感谢每一位给予我关爱和帮助的人！我谢天，惠恩我日月之光辉；我谢地，赐赏我大地之滋养！

宗成庆

2013 年 2 月 6 日写于北京

2013 年 2 月 12 日修改于莱州

前言

自 2004 年春天起,我应中国科学院研究生院的邀请,每年春季为该院研究生讲授"自然语言理解"课程。在备课过程中,我查阅了大量的专著和论文,这些重要的成果和资料为我提供了可贵的帮助。我常常有一种想法,希望按照自己的思路编写一本自然语言处理的专著,把国际上有关统计自然语言处理研究的新理论和新方法以及国内外近几年来中文信息处理的最新进展介绍给选修我课程的学生。2004 年年底,我有幸获得了中国科学院人事教育局的资助,去法国格勒诺布尔(Grenoble)信息与应用数学研究院(IMAG)自动翻译研究组(GETA)做了三个多月的高访,于是,这种想法有机会得以实施。

我在法国期间的生活是平静而愉快的,除了读书、写作、参与学术讨论和偶尔出去玩玩,几乎没有什么其他的事情。于是,在那短短的三个多月里,我顺利地完成了这本书的整体规划和部分内容写作。可是,自从 2005 年春节前夕我结束高访回国以后,又不得不花费很多精力去应对各种繁杂事务,这本书的写作也变得时断时续,甚至几次我都想到了放弃。但是,每当我走进教室,看到很多学生从我的主页上下载了课程讲义,并打印出来装订成册,一种强烈的责任感驱使我继续写下去,尤其当这门课程在 2005 年被评为中国科学院研究生院优秀课程以后(优秀率不到全年开设课程的 10%),我最终坚定了完成这本书的决心,但写作仍是断断续续的。自 2004 年年底开始动笔到现在即将收笔为止,整整持续了近三年之久。

无论如何,这本拙作毕竟还是完成了。

在本书编写过程中,我的基本想法是:客观地介绍统计自然语言处理的基本理论和思想方法,尽量引用专家的实验数据和分析结果阐释统计方法的性能,避免对其他方法不适当的评价,提倡多种方法兼收并蓄;对近几年来国外一些经典的论文,例如,Stanley F. Chen 等人(1998)的"An Empirical Study of Smoothing Techniques for Language"、Peter F. Brown 等人(1993)的"The Mathematics of Statistical Machine Translation:Parameter Estimation"和有关统计机器翻译的其他论文的主要内容,进行详细的介绍并给出自己的理解和评述;对很多专著中已有详细阐述的经典算法,如若干经典的汉语自动分词算法和句法分析算法等，本书不再多述，只是简单地提及或给出参考文献，避免与其他专著在内容上过多地重复。第 11 章介绍的语音翻译研究成果既是对第 10 章机器翻译研究内容的补充，又是对语言翻译技术最新进展的归纳和回顾。另外，对于文本分类、信息检索与问答系统、自动文摘与信息抽取和口语信息处理与人机对话系统等内容，本书只作简要的介绍。当然，我非常清楚地知道，尽管如此煞费苦心，却难能使所有读者感到满意。这一方面是由于受个人水平和能力所限，没能做到对本书中所涉及的每一个细节都十分精通；另一方面，推托为客观的因素，我无法在断断续续的仓促时间里集中精力完成如此繁多内容的学习理解和组织整理，况且，对英文原作的准确理解和表达也绝非想像得那么简单。因此，越是这本书临近付梓之时，我越感诚惶诚恐，于是，我不得不恳求读者，一旦发现书中可疑之处，请查阅原始文献对照理解。当然，读者若能将书中不妥甚至谬误之处给予批评指正，并将意见反馈给我，那更是求之不得的万幸！

从事机器翻译研究的读者可能会感到第 10 章的内容似乎有些冗长，因为这一章除了介绍 Peter F. Brown 等人（1993）的经典之作以外，还详细地介绍了自 20 世纪 90 年代以来，统计机器翻译研究中提出的几乎所有的主要模型。我在编写这一章时也曾有过对部分内容进行取舍的考虑，但又考虑到尽管目前统计机器翻译研究进展迅速，却并没有一个确切的结论告诉人们究竟哪一种模型和方法可以绝对地取代其他任何模型和方法，或者证明哪一种模型可以被彻底淘汰。而从近期的研究成果来看，多种模型和特征的结合，尤其是句法结构信息和语义信息的利用，已经成为改进和提高统计翻译系统性能的有效途径，这实际上从另一个角度印证了多种方法结合的必要性和有效性。因此，我最终决定把原来编写的第 10 章内容全部保留了下来。另外，我认为，在机器翻译问题彻底解决以前任何结论和断言都为时过早，每个从事机器翻译研究的人不仅需要了解其他专家获得的重要结论，而且还必须对每一种方法（包括统计方法和分析方法）所走过的历史有一个清楚的认识，知道这些方法曾经拐过了多少道弯儿，迈过了多少个坎儿。这些已有的方法和思路不仅可以为我们建立新的理论和模型提供重要的依据和线索，而且可以让我们避免重蹈前人的覆辙。因此，从这种意义上讲，在机器翻译问题彻底解决以前，永远没有过时的理论和方法，也绝不应该有哪一种方法可以"藐视天下，唯我独尊"。

尤其需要指出的是，尽管本书主要介绍统计自然语言处理方法，但绝非有意排斥基于规则的处理方法和其他任何方法。我始终认为，任何单一的方法都难以最终解决自然语言理解这一高度智慧化的复杂问题，只有各种方法彼此借鉴、取长补短和相互融合，并在此基础上建立和发展新的理论方法，才是解决问题的正确途径。

值得庆幸的是，在本书编写过程中得到了很多专家和朋友的大力支持和帮助。黄泰翼研究员对本书的编写给予了极大的关注，并提出了若干宝贵的建议。本书初稿完成以后，黄泰翼研究员、冯志伟教授和王惠临研究员浏览了全书的内容。翁富良博士校对了第 3 章的部分内容；夏飞博士校对了第 4 章的全部内容；董振东教授对该章中有关"知网"的内容进行了仔细校对。在编写第 5 章时，作者参阅了何彦青、刘鹏和吴晓锋三位博士生翻译的部分参考文献，曹阳博士和丁国宏博士校对了该章的全部内容，徐鹏博士校对了其中的部分内容。曹阳博士和丁国宏博士还校对了第 6 章的全部内容。在编写第 7 章时，我曾就一些具体问题分别与引文的作者直接讨论，他们是吴友政博士、张华平博士、郑家恒教授和张虎老师,论文作者的大力支持和协助使我深受鼓舞和启发。周国栋博士和吴安迪博士校对了第 7 章的全部内容。吴安迪博士还校对了第 8 章的全部内容并提供了相关资料。王小捷博士校对了第 9 章的内容。在编写第 10 章时,我曾多次就有关问题向苏克毅教授请教,并与张盈博士进行了广泛的讨论,也得到了黄非博士的热心帮助,还曾向吴德恺教授请教有关反向转换文法(ITG)的具体问题,并与胡日勒博士讨论。王野翊博士、张盈博士、刘洋博士和黄亮博士对本书中介绍的有关他们的研究工作予以了仔细核对和修改,黄亮博士还补充了部分相关内容。吴华博士也校对了该章的部分内容。在编写第 11 章时,美国口语翻译专家 Mark Seligman 博士提供了许多有价值的信息,王霞博士校对了该章的内容;孙乐博士校对了第 12 章的内容;赵军博士和王伟博士校对了第 13 章的内容;赵军博士还校对了第 14 章的内容;解国栋博士校对了第 15 章的内容。各位专家学者均提出了许多宝贵的建议和意见,这些热情帮助和大力支持使我受益匪浅。另外,研究生周玉、何彦青、李寿山、陈钰枫、鉴萍、柴春光、徐昉等也校对了本书的部分内容,陆征女士对于本书的目录编排、汉英术语索引的整理,以及文字、图表格式的调整等做了大量的编辑工作。他们认真、细致的工作让我十分感动,在此谨向他们表示最诚挚的感谢!

另外,关于本书中引用的一些图表、公式和示例等,征求了有关作者的意见,这些作者包括黄昌宁、孙茂松、王挺、杨尔弘、张民、Hiyan Alshawi、Stanley F. Chen、David Chiang、Joshua Goodman、Kenji Imamura、Kevin Knight、Philipp Koehn、Franz J. Och 和 Chris Quirk 等一大批国内外优秀学者,得到了他们的热情响应和支持,在此谨向他们表示诚挚的谢意!

我衷心地感谢中国工程院院士、中国中文信息学会理事长倪光南研究员为"中文信息处理丛书"撰写了新的序言,使本书有幸首先使用。衷心地感谢中国科学院院士高庆狮教授和著名的自然语言处理专家冯志伟教授在百忙之中为本书撰写序言。他们为本书写序,并对我的工作予以肯定,使我深感荣幸,也使本书增色不少。

衷心地感谢中文信息学会秘书长曹右琦研究员给予的大力支持和帮助,感谢有关专家的推荐,感谢清华大学出版社的支持和帮助,使得本书能够顺利地作为"中文信息处理丛书"中的一本著作出版。

衷心地感谢黄泰翼研究员、徐波研究员和中国科学院自动化研究所其他同仁多年来在各方面给予我本人的大力支持和帮助! 感谢从事自然语言处理研究的前辈和朋友们多年来给予我的大力支持和帮助! 感谢中国科学院研究生院所有选修我讲授的"自然语言理解"课程的全体同学给予我的大力支持!

本书的编写工作得到了国家自然科学基金项目的资助。

最后,我衷心地感谢家人和朋友多年来给予的支持、理解和帮助! 由于要感谢的人太多,无法一一列举他们的名字,所以,我谢天! 愿上天赐予我的家人和所有给予我关爱和帮助的师长、朋友们恩惠与福祉!

宗成庆

2007 年 11 月

目录

第1章

绪　　论

　　自然语言作为人类思想情感最基本、最直接、最方便的表达工具,无时无刻不充斥在人类社会的各个角落。人们从出生后的第一声啼哭开始,就企图用语言(声音)来表达自己的情感和意图。随着信息时代的到来,人们使用自然语言进行通信和交流的形式也越来越多地体现出它的多样性、灵活性和广泛性。然而,人脑是如何实现自然语言理解这一认知过程的? 我们应该如何建立语言、知识与客观世界之间的对应关系,并实现有效的概念区分和语义理解? 从数学的角度讲,语义是否可计算? 如果可计算,其计算模型和方法以及复杂度又如何? 为什么世界上不同种族的人在拥有几乎相同的大脑结构和语声工作机理的情况下,却无法实现不同语言之间的相互理解? 众多科学问题困扰着我们,目前计算机处理自然语言的能力在大多数情况下都不能满足人类社会信息化时代的要求。有关专家已经指出,语言障碍已经成为制约 21 世纪社会全球化发展的一个重要因素。因此,如何尽早实现自然语言的有效理解,打破不同语言之间的固有壁垒,为人际之间和人机之间的信息交流提供更便捷、自然、有效和人性化的帮助与服务,已经成为备受人们关注的极具挑战性的国际前沿研究课题,也是全球社会共同追求的目标和梦想。

　　从研究内容和方法上来看,自然语言处理研究集认知科学、计算机科学、语言学、数学与逻辑学、心理学等多种学科于一身,其研究范畴不仅涉及对人脑语言认知机理、语言习得与生成能力的探索,而且,包括对语言知识的表达方式及其与现实世界之间的关系,语言自身的结构、现象、运用规律和演变过程,大量存在的不确定性和未知语言现象以及不同语言之间的语义关系等各方面问题的研究。因此,自然语言处理是现代信息科学和技术研究不可或缺的重要内容,从事这项研究不仅具有重要的科学意义,而且具有巨大的应用价值。

1.1　基本概念

1.1.1　语言学与语音学

　　我们知道,语言作为人类特有的用来表达情感、交流思想的工具,是一种特殊的社会现象,由语音、词汇和语法构成。语音和文字是构成语言的两个基本属性,语音是语言的物质外壳,文字则是记录语言的书写符号系统[黄伯荣等,1991]。

　　根据《现代语言学词典》[克里斯特尔，2002]的定义，语言学（linguistics）是指对语言的科学研究。作为一门纯理论的学科，语言学在近期获得了快速发展，尤其从 20 世纪 60 年代起，已经成为一门知晓度很高的广泛教授的学科。

　　根据语言学家的注意中心和兴趣范围，语言学可以区分为一些不同的分支，例如，历时语言学（diachronic linguistics）或称历史语言学（historical linguistics）、共时语言学（synchronic linguistics）、一般语言学（general linguistics）、理论语言学（theoretical linguistics）、描述语言学（descriptive linguistics）、对比语言学（contrastive linguistics）或类型语言学（typological linguistics）、结构语言学（structural linguistics）等。

　　语音学（phonetics）是研究人类发音特点，特别是语音发音特点，并提出各种语音描述、分类和转写方法的科学。语音学一般有三个分支：① 发音语音学（articulatory phonetics），研究发音器官是如何产生语音的；②声学语音学（acoustic phonetics），研究口耳之间传递语音的物理属性；③听觉语音学（auditory phonetics），研究人通过耳、听觉神经和大脑对语音的知觉反应。仪器语音学（instrumental phonetics）则是利用各种物理设备，如测量气流或分析声波的仪器等，来研究上述三个问题的任一方面[克里斯特尔，2002]。

　　由于语音学家研究的目标通常是发现支配语音性质和使用的普世原则，因此，语音学又常称作一般语音学或通用语音学（general phonetics）。实验语音学（experimental phonetics）具有相同的含义。

　　从研究方法上来看，如果研究者关心的只是语音发音、声学或知觉的一般性规律和特点，那么，语音学研究与语言学的关系不大。但是，如果研究者关注的重点是具体语言或方言（或语言、方言群）的语音特点时，我们往往很难说清楚语音学到底是一门独立的学科还是应看作语言学的一个分支。而在有些大学里，有的相关的系称为"语言学系"，有的则称为"语言学和语音学系"，但实际上"语言学系"也同样教授语音学。因此，为了避免这种名称上的差异可能给人们造成的错觉，一些聪明的外国人采用一种折中的办法，用复数的"语言科学（linguistic sciences）"来作为整个学科的统称，既包括语言学，也包括语音学。在本书中，我们愿意沿用这种复数的语言科学名称。

1.1.2　自然语言处理

　　自然语言处理（natural language processing，NLP）也称自然语言理解（natural language understanding，NLU），从人工智能研究的一开始，它就作为这一学科的重要研究内容探索人类理解自然语言这一智能行为的基本方法。在最近二三十年中，随着计算机技术，特别是网络技术的迅速发展和普及，自然语言处理研究得到了前所未有的重视和长足的进展，并逐渐发展成为一门相对独立的学科，备受关注。

　　语言学家刘涌泉在《大百科全书》（2002）中对自然语言处理的定义为："自然语言处理是人工智能领域的主要内容，即利用电子计算机等工具对人类所特有的语言信息（包括口语信息和文字信息）进行各种加工，并建立各种类型的人-机-人系统。自然语言理解是其核心，其中包括语音和语符的自动识别以及语音的自动合成。"

　　冯志伟对"自然语言处理"的解释为：自然语言处理就是利用计算机为工具对人类特

有的书面形式和口头形式的自然语言的信息进行各种类型处理和加工的技术[冯志伟，1996]。

美国计算机科学家马纳瑞斯(Bill Manaris)给自然语言处理的定义为："自然语言处理是研究人与人交际中以及人与计算机交际中的语言问题的一门学科。自然语言处理要研制表示语言能力(linguistic competence)和语言应用(linguistic performance)的模型，建立计算框架来实现这样的语言模型，提出相应的方法来不断地完善这样的语言模型，根据这样的语言模型设计各种实用系统，并探讨这些实用系统的评测技术。"[Manaris,1999]

通常认为，"计算语言学(computational linguistics)"这一术语是在美国科学院于20世纪60年代设立的自动语言处理咨询委员会(Automatic Language Processing Advisory Committee，ALPAC)于1966年宣布的对机器翻译技术的评估报告中首次提出来的，但实际上在ALPAC报告发布之前这一术语就已经出现了，如1962年美国成立了"机器翻译和计算语言学学会(Association for Machine Translation and Computational Linguistics，AMTCL)"[1][2]，1968年该学会更名为 Association for Computational Linguistics (ACL)。1965年期刊 *MT：Mechanical Translation*[3] 更名为 *Mechanical Translation and Computational Linguistics*[4]。几乎同一时间，国际计算语言学委员会(The International Committee on Computational Linguistics，ICCL)成立，并于1965年组织召开了第一届国际计算语言学大会(The International Conference on Computational Linguistics，COLING)[5]。只不过在那一时期人们对于"计算语言学"是否能够真正成为一门独立的学科还没有足够的把握，因此，这一术语的出现还带着"犹抱琵琶半遮面"的羞涩味道，而1966年美国科学院公布的ALPAC报告作为一份正规、严谨的科学文献使"计算语言学"这一术语正式得到了学术界的承认。

目前对"计算语言学"这一术语并没有统一的严格定义，我们能够看到的定义基本上都是解释性的，但这并不影响我们对它的理解。根据英国《大不列颠百科全书》的解释，计算语言学是利用电子数字计算机进行的语言分析。虽然其他类型的语言分析也可以运用计算机，但计算机分析最常用于处理基本的语言数据，例如建立语音、词、词元素的搭配以及统计它们的频率[翁富良等,1998]。当然，从目前情况来看，这种解释似乎有点过时，因为它仅仅强调的是计算机作为辅助工具用于对自然语言进行一些相关的分析和统计，而没有把计算机作为一种可以提供主动服务，能够帮助人类达到对话、翻译、检索等若干目的的智能工具。

《现代语言学词典》[克里斯特尔,2002]中对计算语言学的定义为：语言学的一个分支，用计算技术和概念来阐述语言学和语音学问题。已开发的领域包括自然语言处理、言

---

① http://en.wikipedia.org/wiki/Computational_linguistics

② http://en.wikipedia.org/wiki/Association_for_Computational_Linguistics

③ 该期刊由 Vic Yngve 博士创建于1954年。

④ 该期刊于1970年停刊。1974年，David Hays 延续之前的工作，创立了期刊 *American Journal of Computational Linguistics* (AJCL)。1984年 AJCL 改名为 *Computational Linguistics*。目前该期刊已经成为国际计算语言学和自然语言处理领域的顶级学术期刊。详细情况请见网页 ACL Anthology (http://www.aclweb.org/anthology-new/docs/cl.html)。

⑤ http://nlp.shef.ac.uk/iccl/

语合成、言语识别、自动翻译、编制语词索引、语法的检测，以及许多需要统计分析的领域（如文本考释）。

语言学家刘涌泉在我国的《大百科全书》（2002）中给出的解释是：计算语言学是语言学的一个分支，专指利用电子计算机进行语言研究。

根据这些定义和上述（复数）语言科学的概念可以看出，计算语言学实际上包括以语音为主要研究对象的语音学基础及其语音处理技术研究和以词汇、句子、话语或语篇（discourse）及其词法、句法、语义和语用等相关信息为主要研究对象的处理技术研究。不难看出，早期对"计算语言学"和"自然语言处理"的解释带有一定的局限性。例如，在《现代语言学词典》给出的定义中，自然语言处理属于计算语言学研究的范畴。但实际上，近几年来由于自然语言处理技术的迅速发展，相关技术不断与语音识别（speech recognition）、语音合成（speech synthesis）等技术相互渗透和结合已经形成了若干新的研究分支，例如，基于语音输入输出的人机对话系统，语音翻译（speech-to-speech translation），语音文档摘要（speech document summarization）和语音文档检索（speech document retrieval）等。因此，从目前情况来看，自然语言处理一般不再被看作是计算语言学范畴内的一个研究分支，而两者基本上是处于同一层次上的概念。

从术语的字面上来看，似乎"计算语言学"更侧重于计算方法和语言学理论等方面的研究，而"自然语言理解"更偏向于对语言认知和理解过程等方面问题的研究，相对而言，"自然语言处理"包含的语言工程和应用系统实现方面的含义似乎更多一些，但是，在很多情况下我们很难绝对地区分开"计算语言学"、"自然语言理解"与"自然语言处理"三个术语之间到底存在怎样的包含或重叠关系以及各自不同的内涵和外延。因此，很多人在谈到"计算语言学"、"自然语言理解"或"自然语言处理"这些术语时，往往默认为它们是同一个概念，至少在其外延上不再细究其差异。甚至有些专著中干脆直接这样解释：计算语言学也称自然语言处理或自然语言理解[刘颖，2002]。

本书主要介绍以词汇、语句、篇章和对话等为主要处理对象的自然语言处理技术的基本理论和实现方法，不涉及语音技术的细节。

值得说明的是，中文信息处理（Chinese information processing）作为专门以中文为研究对象的自然语言处理技术已经在世界范围内得到广泛关注，并取得了快速进展。顾名思义，"中文"就是中国的语言文字。从广义上理解，它可以是中国各民族使用的所有语言文字的总称。长期以来，中国境外（如新加坡、马来西亚等）华人使用的汉语文字被称为华文或中文，由于汉族在人口数量和地域分布上都占有绝对优势，因此，在不引起混淆的情况下，我们认为"中文"与"汉语"指同一概念。根据国家标准 GB12200.1—90"汉语信息处理词汇 01 部分：基本术语"的解释，"中文（Chinese）"特指汉语[宗成庆等，2009]。

"中文信息处理"又可划分为"汉字信息处理"和"汉语信息处理"两个分支，汉字信息处理主要指以汉字为处理对象的相关技术，包括汉字字符集的确定、编码、字形描述与生成、存储、输入、输出、编辑、排版以及字频统计和汉字属性库构造等[俞士汶，2006]。一般而言，汉字信息处理关注的是文字（一种特殊的图形）本身，而不是其承载的语义或相互之间的语言学关系，而"汉语信息处理"则是指对传递信息、表达概念和知识的词、短语、句子、篇章乃至语料库和网页等各类语言单位及其不同表达形式的处理技术[宗成庆等，

2009]。本书中提到的"中文信息处理"一般指后者。

1.1.3　关于"理解"的标准

当人们提到关于"理解"的标准时,总是不会忘记著名的英国数学家图灵(Turing)1950 年提出的测试标准。当时图灵提出这个测试的目的是用来判断计算机是否可以被认为"能思考"。后来这个测试被称为图灵测试(Turing test),现已被多数人承认。图灵试图解决长久以来关于如何定义思考的哲学争论,他提出了一个虽然主观但可以操作的标准:如果一个计算机系统的表现(act)、反应(react)和互相作用(interact)都和有意识的个体一样,那么,这个计算机系统就应该被认为是有意识的。为此,图灵设计了一种"模仿游戏",即现在所说的图灵测试:测试人在一段规定的时间内,在无法看到反应来源的情况下,根据两个实体(被测试的计算机系统和另外一个人)对他提出的各种问题的反应来判断做出反应的是人还是计算机。通过一系列这样的测试,从计算机被误判为人的几率就可以测出计算机系统所具有的智能程度。

在自然语言处理领域中,人们采用图灵实验来判断计算机系统是否"理解"了某种自然语言的具体准则可以有很多,例如:通过问答(question-answering)系统测试计算机系统是否能够正确地回答输入文本中的有关问题;通过文摘生成(summarizing)系统测试计算机系统是否有能力自动产生输入文本的摘要;通过机器翻译(machine translation,MT)系统测试计算机系统是否具有把一种语言翻译成另一种语言的能力;通过文本释义(paraphrase)系统测试计算机系统是否能够用不同的词汇和句型来复述其输入文本,等等[石纯一等,1993]。

实际上,人们在自然语言处理领域研究的任何一个应用系统都可以拿来做图灵测试。按照人的标准对这些系统的输出结果进行评价,从而判断计算机系统是否达到了"理解"的效果。显然,被测试系统所表现出来的性能反映了计算机系统的"理解"能力。因此,我们从事自然语言理解研究的任务也就是研究和探索针对具体应用目的的新方法和新技术,使实现系统的性能表现尽量符合人类理解的标准和要求。

1.2　自然语言处理研究的内容和面临的困难

1.2.1　自然语言处理研究的内容

自然语言处理研究的内容十分广泛,根据其应用目的不同,我们可以大致列举如下一些研究方向:

(1) 机器翻译(machine translation,MT):实现一种语言到另一种语言的自动翻译。

(2) 自动文摘(automatic summarizing 或 automatic abstracting):将原文档的主要内容和含义自动归纳、提炼出来,形成摘要或缩写。

(3) 信息检索(information retrieval):信息检索也称情报检索,就是利用计算机系统从海量文档中找到符合用户需要的相关文档。面向两种或两种以上语言的信息检索叫做跨语言信息检索(cross-language/trans-lingual information retrieval)。

（4）文档分类（document categorization/classification）：文档分类也称文本分类（text categorization/classification）或信息分类（information categorization/classification），其目的就是利用计算机系统对大量的文档按照一定的分类标准（例如，根据主题或内容划分等）实现自动归类。近年来，情感分类（sentiment classification）或称文本倾向性识别（text orientation identification）成为本领域研究的热点。该项技术拥有广泛的用途，公司可以利用该技术了解用户对产品的评价，政府部门可以通过分析网民对某一事件、政策法规或社会现象的评论，实时了解百姓的态度。因此，情感分类已经成为支撑舆情分析（public opinion analysis）的基本技术。

（5）问答系统（question-answering system）：通过计算机系统对用户提出的问题的理解，利用自动推理等手段，在有关知识资源中自动求解答案并做出相应的回答。问答技术有时与语音技术和多模态输入、输出技术，以及人-机交互技术等相结合，构成人-机对话系统（human-computer dialogue system）。

（6）信息过滤（information filtering）：通过计算机系统自动识别和过滤那些满足特定条件的文档信息。通常指网络有害信息的自动识别和过滤，主要用于信息安全和防护、网络内容管理等。

（7）信息抽取（information extraction）：指从文本中抽取出特定的事件（event）或事实信息，有时候又称事件抽取（event extraction）。例如，从时事新闻报道中抽取出某一恐怖事件的基本信息：时间、地点、事件制造者、受害人、袭击目标、伤亡人数等；从经济新闻中抽取出某些公司发布的产品信息：公司名称、产品名称、开发时间、某些性能指标等。前一种事件一般是过程性的，有一定的因果关系，而后一类事件则是静态事实性的。信息抽取与信息检索不同，信息抽取直接从自然语言文本中抽取信息框架，一般是用户感兴趣的事实信息，而信息检索主要是从海量文档集合中找到与用户需求（一般通过关键词表达）相关的文档列表。当然，信息抽取与信息检索也有密切的关系，信息抽取系统通常以信息检索系统（如文本过滤）的输出作为输入，而信息抽取技术又可以用来提高信息检索系统的性能[李保利等，2003]。

信息抽取与问答系统也有密切的联系。一般而言，信息抽取系统要抽取的信息是明定的、事先规定好的，系统只是将抽取出来的事实信息填充在给定的框架槽里，而问答系统面对的用户问题往往是随机的、不确定的，而且系统需要将问题的答案生成自然语言句子，通过自然、规范的语句准确地表达出来，使系统与用户之间形成一问一答的交互过程。

（8）文本挖掘（text mining）：有时又称数据挖掘（data mining），是指从文本（多指网络文本）中获取高质量信息的过程。文本挖掘技术一般涉及文本分类、文本聚类（text clustering）、概念或实体抽取（concept/entity extraction）、粒度分类、情感分析（sentiment analysis）、自动文摘和实体关系建模（entity relation modeling）等多种技术[1]。当然，数据挖掘有时具有更广泛的含义，可以包括音视频数据、图像数据和统计数据等。

---

[1]　http://en.wikipedia.org/wiki/Text_mining

（9）舆情分析（public opinion analysis）：舆情是指在一定的社会空间内，围绕中介性社会事件的发生、发展和变化，民众对社会管理者产生和持有的社会政治态度。它是较多群众关于社会中各种现象、问题所表达的信念、态度、意见和情绪等等表现的总和[①]。网络环境下舆情信息的主要来源有：新闻评论、网络论坛（bulletin board system，BBS）、聊天室、博客（Blog）、新浪微博、聚合新闻（或称"简易供稿"（really simple syndication，RSS））、Facebook、QQ、Twitter 等社交网站。由于网上的信息量十分巨大，仅仅依靠人工的方法难以应对海量信息的收集和处理，需要加强相关信息技术的研究，形成一套自动化的网络舆情分析系统，及时应对网络舆情，由被动防堵变为主动梳理、引导。显然，舆情分析是一项十分复杂、涉及问题众多的综合性技术，它涉及网络文本挖掘、观点（意见）挖掘（opinion mining）等各方面的问题。

（10）隐喻计算（metaphorical computation）："隐喻"就是用乙事物或其某些特征来描述甲事物的语言现象[周昌乐，2009]。简要地讲，隐喻计算就是研究自然语言语句或篇章中隐喻修辞的理解方法。

（11）文字编辑和自动校对（automatic proofreading）：对文字拼写、用词，甚至语法、文档格式等进行自动检查、校对和编排。

（12）作文自动评分：对作文质量和写作水平进行自动评价和打分。

（13）光读字符识别（optical character recognition，OCR）：通过计算机系统对印刷体或手写体等文字进行自动识别，将其转换成计算机可以处理的电子文本，简称字符识别或文字识别。相对而言，文字识别研究的主要内容更多地属于字符（汉字）图像识别问题，通常被看作是一个模式识别问题，但作者认为，对于一个高性能的文字识别系统而言，如果没有任何自然语言理解技术的参与是不可想像的。

（14）语音识别（speech recognition）：将输入计算机的语音信号识别转换成书面语表示。语音识别也称自动语音识别（automatic speech recognition，ASR）。

（15）文语转换（text-to-speech conversion）：将书面文本自动转换成对应的语音表征，又称语音合成（speech synthesis）。

（16）说话人识别/认证/验证（speaker recognition/identification/verification）：对一说话人的言语样本做声学分析，依此推断（确定或验证）说话人的身份。

综上所述，涉及人类语言的任何应用技术几乎都隐含着自然语言处理的问题。当然，上面所列举的这些研究内容覆盖面较广，有很多内容不仅仅是自然语言处理的问题，例如信息检索、舆情分析、文字识别，甚至社交网络（social network）、社会计算（social computing）等，除此之外，还有情感计算（affective computing）、语言教学（language teaching）、口语考试自动评分等等，这些研究往往包含很多其他技术。本书不想陷入关于这些内容归属问题的争论，只是由于这些研究与自然语言处理密切相关，而简单地将其划归为自然语言处理研究的范畴，这也算是作者对自然语言处理学科的"偏心"吧。另外需要指出的是，语音识别、语音合成和说话人识别这三项内容常常被单独看作"语音技术"，本书不涉及对这三项内容的具体介绍。

---

① 　参阅《光明日报》2007 年 1 月 21 日马海兵：《网络舆情及其分析技术》。

1.2.2　自然语言处理涉及的几个层次

如果撇开语音学研究的层面，自然语言处理研究的问题一般会涉及自然语言的形态学、语法学、语义学和语用学等几个层次。

形态学（morphology）：形态学（又称"词汇形态学"或"词法"）是语言学的一个分支，研究词的内部结构，包括屈折变化和构词法两个部分。由于词具有语音特征、句法特征和语义特征，形态学处于音位学、句法学和语义学的结合部位，所以形态学是每个语言学家都要关注的一门学科［Matthews，2000］。

语法学（syntax）：研究句子结构成分之间的相互关系和组成句子序列的规则。其关注的中心是：为什么一句话可以这么说，也可以那么说？

语义学（semantics）：是一门研究意义，特别是语言意义的学科［毛茂臣，1988］。语义学的研究对象是语言的各级单位（词素、词、词组、句子、句子群、整段整篇的话语和文章，乃至整个著作）的意义，以及语义与语音、语法、修辞、文字、语境、哲学思想、社会环境、个人修养的关系，等等［陆善采，1993］。其重点在探明符号与符号所指的对象之间的关系，从而指导人们的言语活动。它所关注的重点是：这个语言单位到底说了什么？

语用学（pragmatics）：是现代语言学用来指从使用者的角度研究语言，特别是使用者所作的选择、他们在社会互动中所受的制约、他们的语言使用对信递活动中其他参与者的影响。目前还缺乏一种连贯的语用学理论，主要是因为它必须说明的问题是多方面的，包括直指、会话隐含、预设、言语行为、话语结构等。部分原因是由于这一学科的范围太宽泛，因此出现多种不一致的定义。从狭隘的语言学观点看，语用学处理的是语言结构中有形式体现的那些语境。相反，语用学最宽泛的定义是研究语义学未能涵盖的那些意义［克里斯特尔，2002］。因此，语用学可以是集中在句子层次上的语用研究，也可以是超出句子，对语言的实际使用情况的调查研究，甚至与会话分析、语篇分析相结合，研究在不同上下文中的语句应用，以及上下文对语句理解所产生的影响。其关注的重点在于：为什么在特定的上下文中要说这句话？

在实际问题的研究中，上述几方面的问题，尤其是语义学和语用学的问题往往是相互交织在一起的。语法结构的研究离不开对词汇形态的分析，句子语义的分析也离不开对词汇语义的分析、语法结构和语用的分析，它们之间往往互为前提。

1.2.3　自然语言处理面临的困难

根据上面的介绍，自然语言处理涉及形态学、语法学、语义学和语用学等几个层面的问题，其最终应用目标包括机器翻译、信息检索、问答系统等非常广泛的应用领域。其实，如果进一步归结，实现所有这些应用目标最终需要解决的关键问题就是歧义消解（disambiguation）问题和未知语言现象的处理问题。一方面，自然语言中大量存在的歧义现象，无论在词法层次、句法层次，还是在语义层次和语用层次，无论哪类语言单位，其歧义性始终都是困扰人们实现应用目标的一个根本问题。因此，如何面向不同的应用目标，针对不同语言单位的特点，研究歧义消解和未知语言现象的处理策略及实现方法，就成了自然语言处理面临的核心问题。

词汇形态歧义消解是自然语言处理需要解决的基本问题。请看如下例句：

例句 1　I'll see Prof. Zhang home.

例句 2　He books two tickets.

对于例句 1，系统需要正确地识别"I'll"是单词 I 和 will 的缩写，而"Prof."中的"."只是表明"Prof."是"Professor"的缩写，并非句子的结束。

例句 3　自动化研究所取得的成就。

对于汉语而言，尽管不存在形态变化的问题，但如何划分词的边界始终是中文信息处理中面临的一个难题。例句 3 可以有两种划分：

(1)自动化 研究所 取得 的 成就 。

(2)自动化 研究 所取得 的 成就 。

显然，"所"一旦被切分为介词，整个句子的结构就完全不一样了。

请看如下典型的结构歧义例句：

例句 4　Put the block in the box on the table.

在例句 4 中，"on the table"既可以修饰"box"，也可以限定"block"。于是，我们可以得到两种不同的句法结构：

(1) Put the block [in the box on the table].

(2) Put [the block in the box] on the table.

如果在这个句子中再增加一个介词短语(... in the kitchen)，我们可以得到 5 种可能的分析结果，另外再增加一个的话，就可以得到 14 种可能的分析结构[Samuelsson and Wiren,2000]。

类似地，见例句 5：

例句 5　I saw a man in the park with a telescope.

可以得到 5 种不同的分析结构[冯志伟,1996]，而 W. A. Martin 曾报道他们的系统对于以下句子可以给出 455 个不同的句法分析结果[Martin *et al.*,1987]：

例句 6　List the sales of the products produced in 1973 with the products produced in 1972.

实际上，这种歧义结构分析结果的数量是随介词短语数目的增加呈指数上升的，其歧义组合的复杂程度随着介词短语个数的增加而不断加深，这个歧义结构的组合数称为开塔兰数(Catalan numbers,记作 C_n)，即如果句子中存在这样 n(n 为自然数)个介词短语，C_n 可以由下式获得[Samuelsson and Wiren,2000]：

$$C_n = \binom{2n}{n} \frac{1}{n+1}$$

由此，歧义结构数目的急剧增加，使得句法分析算法面临的困难迅速增大，句法分析算法不得不消耗大量的时间在这样一个组合爆炸的候选结构中搜索可能的路径，以实现局部歧义和全局歧义的有效消解。

在现代汉语中，尽管一般不会出现像上述英语例句那样由于多个介词结构的挂靠成分不同而引起句子歧义结构数目大量存在的现象，但是，汉语中的各类歧义现象却也是普遍存在的。请看如下例句：

例句 7　喜欢乡下的孩子。

这个句子可以理解为"[喜欢/乡下]的孩子。"也可以理解为"喜欢[乡下/的/孩子]。"而句子：

例句 8　关于鲁迅的著作。

可以解析为"关于[鲁迅/的/著作]"，也可以解析为"[关于/鲁迅]的著作"。

句法结构歧义固然是自然语言处理中典型的问题，而词汇的词类（part-of-speech）歧义、词义歧义和句子的语义歧义等也同样是自然语言处理中普遍存在的问题。例如，英语动词"swallow"通常需要有生命的动物作为主语，客观存在的有形的东西（被吞咽的对象）作为宾语，但在实际运用中，当用于隐喻时就出现了例外。例如[Manning and Schütze, 1999]：

例句 9　I swallowed his story, hook, line, and sinker.
例句 10　The supernova swallowed the planet.

在汉语中，似是而非、模棱两可的句子更是司空见惯。句子"咬死猎人的狗"既可以指"那只狗是咬死了猎人的狗"，也可以指"把那只猎人的狗咬死"；我们说"今天中午吃食堂"绝不意味着今天中午要把食堂吃下去，而是要在食堂吃午饭。而"今天中午吃馒头"和"今天中午吃大碗"与这句话有相同的表达形式，却有完全不同的含义；我们夸奖一个人说"这个人真牛"时，并不是说这个人是真正的牛，而是夸奖他真有能耐；说一个人嘴很硬，也不是指这个人的嘴长得坚硬，而是指他（她）守口如瓶，或坚决不承认、不改变自己说过的话；"火烧圆明园"与"火烧驴肉"也绝非同一种结构和含义。在《现代汉语词典》（1999，商务印书馆）里"打"字做实词使用时就有 25 种含义，在"打鼓、打架、打球、打酒、打电话、打毛衣"等用法中，"打"字的含义各有不同。除此之外，"打"字还可以用作介词（如：自打今天起）和量词（如：一打铅笔）。如何根据特定的上下文让计算机自动断定"打"字的确切含义恐怕不是一件容易的事情。

作为一个例子，请看如下这段幽默小片段：

他说："她这个人真有意思（funny）。"她说："他这个人怪有意思的（funny）。"于是人们以为他们有了意思（wish），并让他向她意思意思（express）。他火了："我根本没有那个意思（thought）！"她也生气了："你们这么说是什么意思（intention）？"事后有人说："真有意思（funny）。"也有人说："真没意思（nonsense）"。（原文见《生活报》1994. 11. 13. 第六版）[吴尉天, 1999]

在整个片段中,"意思"一词在不同的语境里共有 6 个不同的含义。如果实现这个词义的自动理解,恐怕不是目前的自然语言处理系统所能够胜任的。当然,这个片段可能是人为编造出来的,实际运用中一般不会出现如此复杂的用词方法。我们使用这个例子的意思也绝不是说一个自然语言处理系统必须具备如此复杂的歧义消解能力才算得上是真正实用的系统,而只是想说明,歧义是自然语言中普遍存在的语言现象,它们广泛地存在于词法、句法、语义、语用和语音等每一个层面。任何一个自然语言处理系统,都无法回避歧义的消解问题。

另一方面,对于一个特定系统来说,总是有可能遇到未知词汇、未知结构等各种意想不到的情况,而且每一种语言又都随着社会的发展而动态变化着,新的词汇(尤其是一些新的人名、地名、组织机构名和专用词汇)、新的词义、新的词汇用法(新词类),甚至新的句子结构都在不断出现,尤其在口语对话或计算机网络对话(通过 MSN、QQ、GTalk、Skype 等形式)、微博、博客等中,稀奇古怪的词语和话语结构更是司空见惯。因此,一个实用的自然语言处理系统必须具有较好的未知语言现象的处理能力,而且有足够的对各种可能输入形式的容错能力,即我们通常所说的系统的鲁棒性(robustness)问题。当然,对于机器翻译、信息检索、文本分类等特定的自然语言处理任务来说,还存在若干与任务相关的其他问题,诸如如何处理不同语言的差异、如何提取文本特征等。

总而言之,目前的自然语言处理研究面临着若干问题的困扰,既有数学模型不够奏效、有些算法的复杂度过高、鲁棒性太差等理论问题,也有数据资源匮乏、覆盖率低、知识表示困难等知识资源方面的问题,当然,还有实现技术和系统集成方法不够先进等方面的问题。正是这些问题和困难,才使得自然语言处理研究更加充满挑战性,更需要我们去创新和探索。

1.3　自然语言处理的基本方法及其发展

1.3.1　自然语言处理的基本方法

一般认为,自然语言处理中存在着两种不同的研究方法,一种是理性主义(rationalist)方法,另一种是经验主义(empiricist)方法。

理性主义方法认为,人的很大一部分语言知识是与生俱来的,由遗传决定的。持这种观点的代表人物是美国语言学家乔姆斯基(Noam Chomsky),他的内在语言官能(innate language faculty)理论被广泛地接受。乔姆斯基认为,很难知道小孩在接收到极为有限的信息量的情况下,在那么小的年龄如何学会了如此之多复杂的语言理解的能力。因此,理性主义的方法试图通过假定人的语言能力是与生俱来的、固有的一种本能来回避这些困难的问题。

在具体的自然语言问题研究中,理性主义方法主张建立符号处理系统,由人工整理和编写初始的语言知识表示体系(通常为规则),构造相应的推理程序,系统根据规则和程序,将自然语言理解为符号结构——该结构的意义可以从结构中的符号的意义推导出来。按照这种思路,在自然语言处理系统中,一般首先由词法分析器按照人编写的词法规则对输入句子的单词进行词法分析，然后，语法分析器根据人设计的语法规则对输入句子进行语法结构分析，最后再根据一套变换规则将语法结构映射到语义符号（如逻辑表达式、语义网络、中间语言等）。

而经验主义的研究方法也是从假定人脑所具有的一些认知能力开始的。因此，从这种意义上讲，两种方法并不是绝对对立的。但是，经验主义的方法认为人脑并不是从一开始就具有一些具体的处理原则和对具体语言成分的处理方法，而是假定孩子的大脑一开始具有处理联想（association）、模式识别（pattern recognition）和通用化（generalization）处理的能力，这些能力能够使孩子充分利用感官输入来掌握具体的自然语言结构。在系统实现方法上，经验主义方法主张通过建立特定的数学模型来学习复杂的、广泛的语言结构，然后利用统计学、模式识别和机器学习等方法来训练模型的参数，以扩大语言使用的规模。因此，经验主义的自然语言处理方法是建立在统计方法基础之上的，因此，我们又称其为统计自然语言处理（statistical natural language processing）方法。

在统计自然语言处理方法中，一般需要收集一些文本作为统计模型建立的基础，这些文本称为语料（corpus）。经过筛选、加工和标注等处理的大批量语料构成的数据库叫做语料库（corpus base）。由于统计方法通常以大规模语料库为基础，因此，又称为基于语料（corpus-based）的自然语言处理方法。

实际上，理性主义和经验主义试图刻画的是两种不同的东西。Chomsky 的生成语言学理论试图刻画的是人类思维（I-language）的模式或方法。对于这种方法而言，某种语言的真实文本数据（E-language）只是提供间接的证据，这种证据可以由以这种语言为母语的人来提供。而经验主义方法则直接关心如何刻画这些真实的语言本身（E-language）。Chomsky 把语言的能力（linguistic competence）和语言的表现（linguistic performance）区分开来了。他认为，语言的能力反映的是语言结构知识，这种知识是说话人头脑中固有的，而语言表现则受到外界环境诸多因素的影响，如记忆的限制、对环境噪声的抗干扰能力等。

1.3.2　自然语言处理的发展

理性主义和经验主义在基本出发点上的差异导致了在很多领域中都存在着两种不同的研究方法和系统实现策略，这些领域在不同的时期被不同的方法主宰着。

在 20 世纪 20 年代到 60 年代的近 40 年时间里，经验主义方法在语言学、心理学、人工智能等领域中处于主宰的地位，人们在研究语言运用的规律、言语习得、认知过程等问题时，都是从客观记录的语言、语音数据出发，进行统计、分析和归纳，并以此为依据建立相应的分析或处理系统。

大约从 20 世纪 60 年代中期到 20 世纪 80 年代中后期，语言学、心理学、人工智能和自然语言处理等领域的研究几乎完全被理性主义研究方法控制着，人们似乎更关心关于人类思维的科学，人们通过建立很多小的系统来模拟智能行为，这种研究方法一直到今天还仍然有人在使用。但是，这种做法常常受到批评，因为这种做法只能处理一些小的问题，而不能对研究方法的有效性给出一个总的客观的评估，因此，这些小系统有时也被轻蔑地称为玩具[Manning and Schütze,1999]。

　　无论如何,我们必须承认,这一时期的计算语言学理论得到了长足的发展并逐渐成熟,出现了一系列重要的理论研究成果,其中,乔姆斯基的形式语言理论[Chomsky,1956]是影响最大的早期计算语言学句法理论。后来乔姆斯基又分别在 20 世纪 50 年代和 70年代提出了转换生成语法和约束管辖理论。随后,很多学者又提出了扩充转移网络、词汇功能语法、功能合一语法、广义短语结构语法和中心驱动的短语结构语法等。1969 年厄尔利(J. Earley)提出了 Earley 句法分析算法[Earley,1970];1980 年马丁・凯(Martin Kay)提出了线图句法分析算法(chart parsing)[Allen,1995];1985 年富田胜(M. Tomita)提出了 Tomita 句法分析算法[Tomita,1985]。这些研究成果为自然语言自动句法分析奠定了良好的理论基础。在语义分析方面,1966 年菲尔摩(C. J. Filmore)提出了格语法;1968 年美国心理学家奎廉(M. R. Quilian)在研究人类联想记忆时提出了语义网络(semantic network)的概念;1972 年美国人工智能专家西蒙斯(Simmous)等人首先将语义网络用于自然语言理解系统中;1974 年威尔克斯(Y. Wilks)提出了优选语义学;20 世纪 70 年代初,美国数理逻辑学家蒙塔格(Richard Montague)提出的蒙塔格语法,首次提出了利用数理逻辑来研究自然语言的句法结构和语义关系的设想,为自然语言处理研究开辟了一条新的途径。

　　总之,这一时期的理论成果不仅为计算语言学的进一步发展奠定了坚实的理论基础,而且对我们今天研究人类语言能力这一智能行为,促进认知科学、语言学、心理学和人工智能等相关学科的发展,具有重要的理论意义和现实意义。

　　大约在 20 世纪 80 年代后期,人们越来越多地关注工程化、实用化的解决问题方法,经验主义方法被人们重新认识并得到迅速发展。在自然语言处理研究中,重要的标志是基于语料库的统计方法被引入到自然语言处理中,并发挥出重要作用,很多人开始研究和关注基于大规模语料的统计机器学习方法及其在自然语言处理中的应用,并客观地比较和评价各种方法的性能。这种处理思路和重心的转移经常反映在我们使用的一些新术语上,比如说,"语言技术"或"语言工程"。在这一时期,基于语料库的机器翻译(corpus-based machine translation)方法得到了充分发展,尤其是 IBM 的研究人员提出的基于噪声信道模型(noisy channel model)的统计机器翻译(statistical machine translation)模型[Brown et al.,1990,1993]及其实现的 Candide 翻译系统[Berger et al.,1994],为经验主义方法的复苏和兴起吹响了号角,并成为机器翻译领域的里程碑。

　　IBM 的研究人员基于统计翻译模型实现的法语到英语的机器翻译实验系统Candide,以加拿大议会辩论记录的英法双语语料 Hansard[①] 作为训练数据,取得了较好的实验效果,几乎半数的短语得到了完全正确或基本正确的翻译结果。根据 ARPA 的测试结果,Candide 系统译文的流利程度(fluency)甚至超过了著名的商品化机器翻译系统SYSTRAN[②],在当时引起了轰动。与此同时,日本著名学者长尾真(Makoto Nagao)提出的基于实例的机器翻译(example-based machine translation)方法也得到长足发展,并建

---

①　http://www.ldc.upenn.edu/Catalog/CatalogEntry.jsp? catalogId＝LDC95T20

②　http://www.systransoft.com/index.html

立了实验系统[Sato and Nagao,1990]。这些标志性成果的诞生结束了基于规则的机器翻译系统一统天下的单一局面。

另外,值得指出的是,隐马尔可夫模型(hidden Markov model,HMM)等统计方法在语音识别中的成功运用对自然语言处理的发展也起到了推波助澜甚至是关键的作用,统计机器翻译中的许多思想都来源于语音识别中统计模型成功运用的经验,或在某种程度上受到了统计语音识别研究思路的启发。实践证明,除了语音识别和机器翻译以外,很多自然语言处理的研究任务,包括汉语自动分词和词性标注、文字识别、拼音法汉字输入等,都可以用噪声信道模型来描述和实现。

同时,随着统计方法在自然语言处理中的广泛应用和快速发展,以语料库为研究对象和基础的语料库语言学(corpus linguistics)迅速崛起。由于语料库语言学从大规模真实语料中获取语言知识,以求得对于自然语言规律更客观、准确的认识,因此,越来越多地得到广大学者的认同。尤其是随着计算机网络的迅速发展和广泛使用,语料的获取更加便捷,语料库规模更大、质量更高,因此,语料库语言学的崛起又反过来进一步推动了计算语言学其他相关技术的快速发展,一系列基于统计模型的自然语言处理系统相继被开发,并获得了一定的成功,例如,基于统计方法的汉语自动分词与词性标注系统、句法解析器、信息检索系统和自动文摘系统等。

作者认为,经验主义方法的复苏与快速发展,一方面得益于计算机硬件技术的快速发展、计算机存储容量的迅速扩大和运算速度的迅速提高,使得很多复杂的原来无法实现的统计方法能够容易地实现;另一方面,统计机器学习等新理论方法的不断涌现,也进一步推动了自然语言处理技术的快速发展。

在 20 世纪 80 年代末期和 90 年代初期,曾经引发了关于理性主义和经验主义两种不同观点的激烈争论。但随着时间的推移,当人们从那些空泛的辩论中冷静下来以后,逐渐认识到,无论是理性主义也好,还是经验主义也罢,任何一种方法都不可能完全解决自然语言处理这一复杂问题,只有将两种方法很好地结合起来,寻找一种融合的解决问题办法,甚至建立一种新的理论方法才是自然语言处理研究的真正出路。理性主义方法和经验主义方法从对立状态的结束到相互结合、共同发展,使得目前的自然语言处理理论研究和技术开发正处于一个前所未有的繁荣发展时期。

如果从 1946 年世界上第一台计算机诞生、英国人 A. D. Booth 和美国人 W. Weaver 提出利用计算机进行机器翻译研究开始算起,自然语言处理技术经过了 60 多年的发展历程,期间潮起潮落,几经曲折。冯志伟曾将整个发展历程归纳为"萌芽期、发展期和繁荣期"三个历史阶段[冯志伟,2001b]。

回顾自然语言处理技术半个多世纪的发展历程,黄昌宁等(2002b)认为这一领域的研究取得了两点重要认识,即:①对于句法分析,基于单一标记的短语结构规则是不充分的;②短语结构规则在真实文本中的分布呈现严重的扭曲。换言之,有限数目的短语结构规则不能覆盖大规模真实语料中的语法现象,这与原先的预期大相径庭。NLP 技术的发展在很大程度上受到这两个事实的影响。从这个意义上说,本领域中称得上里程碑式的成果有三个:①复杂特征集和合一语法的提出;②语言学研究中词汇主义的建立;③语料库方法和统计语言模型的广泛运用。大规模语言知识的开发和自动获取成为目前 NLP

技术的瓶颈问题。因此,语料库建设和统计学理论将成为该领域中研究的关键课题。实际上,近几年来在众多词汇资源的开发过程中,语料库和统计学方法发挥了很大的作用,这也是经验主义方法和理性主义方法相互融合的可喜开端。

1.4 自然语言处理的研究现状

关于自然语言处理技术的研究现状不是一个容易回答的问题,因为自然语言处理涉及太多的领域和分支,而且各个领域和分支都有一定的相对独立性,发展起点和速度也不一样。但是,如果我们不考虑具体的技术分支,从自然语言处理研究的总体状况来看,可以简单地用以下三点来粗略地反映自然语言处理技术研究的现状:

(1) 已开发完成一批颇具影响的语言资源库,部分技术已达到或基本达到实用化程度,并在实际应用中发挥着巨大作用。例如,北京大学语料库和综合型语言知识库[俞士汶等,2003a,2003b]、HowNet①、LDC(Linguistic Data Consortium)②语言资源等,以及汉字输入、编辑、排版、文字识别、电子词典、语音合成和机器翻译系统、搜索引擎(Google,百度)等。

值得提及的是,中文信息处理在 60 多年的辉煌历史中产生了一大批令人鼓舞的成果,除了上面提到的已经开发完成的汉语信息处理用语言资源库和部分实用化汉语信息处理技术外,在语文现代化和汉字信息处理技术等方面也取得了丰硕成果,有关规范化汉字、汉语拼音和普通话的一系列国家法规、标准和规范已经形成;汉字信息处理技术已达到实用化水平,并在实际应用中日趋成熟;中文信息处理的国内外学术交流与合作环境已经建立,中文信息处理正在世界范围内迎来空前繁荣时期[宗成庆等,2008,2009]。

(2) 许多新的研究方向不断出现。正如我们前面指出的,受实际应用的驱动,自然语言处理技术不断与新的相关技术相结合,用于研究和开发越来越多的实用技术。例如,网络内容管理、网络信息监控和有害信息过滤等,这些研究不仅与自然语言处理技术密切相关,而且涉及图像理解、情感计算和网络技术等多种相关技术。而语音自动翻译则是涉及语音识别、机器翻译、语音合成和通信等多种技术的综合集成技术。语音自动文摘、语音检索和基于图像内容及文字说明的图像理解技术研究等,都是集自然语言处理技术和语音技术、图像技术等于一体的综合应用技术。对于这些新的任务,研究刚刚开始或者仅处于非常初步的探索阶段,离问题的最终解决和达到实用化目标还有相当遥远的路程要走。

(3) 许多理论问题尚未得到根本性的解决。尽管许多理论模型在自然语言处理研究中发挥着重要作用,并且很多方法已经得到实际应用,如上下文无关文法、HMM、噪声信道模型等,但是,许多重要的问题仍未得到彻底、有效的解决,如语义理解问题、句法分析问题、指代歧义消解问题、汉语自动分词中的未登录词(unknown word)识别问题等。纵观整个自然语言处理领域,尚未建立起一套完整、系统的理论框架体系。许多理论研究仍

---

① http://www.keenage.com/
② http://www.ldc.upenn.edu/

处于盲目的探索阶段，如尝试一些新的机器学习方法或未曾使用过的数学模型，这些尝试和实验带有很强的主观性和盲目性。在技术实现上，许多改进往往仅限于对一些边角问题的修修补补，或者只是针对特定条件下一些具体问题的处理，未能从根本上建立一套广泛适用的、鲁棒的处理策略。总之，面对自然语言问题的复杂性和多变性，现有的理论模型和方法还远远不够，有待于进一步改进和完善，并期待着新的更有效的理论模型和方法的出现。

当然我们不能忘记，自然语言处理毕竟是认知科学、语言学和计算机科学等多学科交叉的复杂问题，当我们从外层（或表层）研究语言理解的理论方法和数学模型的同时，不应该忽略从内层揭示人类理解语言机制的秘密，从人类认知机理和智能的本质上为自然语言处理寻求依据。

综上所述，自然语言处理研究已经取得了丰硕成果，同时也面临着许多新的挑战。无论如何，我们在评价任何一门学科和技术的时候，既不应该因为它所取得的成绩而忽略了问题的存在，也不应该因为问题的存在而全盘否定这门学科的发展。对于评价自然语言处理这门学科更是如此，因为实际上对于自然语言处理的很多问题，具有高度智慧的人类本身解决起来都不能达到非常准确、满意的程度，甚至无法清楚地知道人脑处理这些问题的具体过程，那么，在目前对自然语言处理的一些具体技术提出过高的要求显然没有太多的道理，给予太多的批评和指责也是不公正的。比如说，在现阶段过高地要求机器翻译系统的译文质量和信息抽取系统的准确率等，都是不现实的。相反，这些技术在实际应用中已经在一定程度上为我们提供了很大的帮助和便利。当然，我们并不是不允许人们对某一项技术提出更高的要求和希望，重要的是应该如何建立有效的理论模型和实现方法。这也是自然语言处理这门学科所面临的问题和挑战。

1.5　本书的内容安排

本书共分 16 章。第 2 章介绍统计自然语言处理中用到的一些基础性的数学知识和基本概念，如果读者已经熟悉概率论、信息论和支持向量机方面的相关知识，可以跳过该章的内容。第 3 章为形式语言与自动机及其在自然语言处理中的应用。如果读者已经具备形式语言与自动机方面的背景知识，可以越过该章前 3 节，直接阅读 3.4 节关于自动机在自然语言处理中的应用方面的内容。第 4 章介绍语料库与语言知识库相关的概念，并给出几个代表性的语言知识库。第 5 章介绍语言模型及其数据平滑方法。第 6 章介绍隐马尔可夫模型和条件随机场等自然语言处理领域广泛使用的几个概率图模型。第 2 章至第 6 章可以说是统计自然语言处理的基础，包括数学工具和数据基础。

第 7 章介绍汉语自动分词与词性标注的基本方法和最新进展。第 8 章和第 9 章分别介绍句法分析和语义分析的相关理论和方法，而第 10 章为篇章分析理论。第 7 章至第 10 章的内容是自然语言处理的基础性关键技术，从词法、句法，到语义、篇章，由表层到深层，从句子到篇章涵盖不同的语言层面。一般来说，这些技术所完成的任务并不是自然语言处理系统的最终目的，但这些技术在大多数自然语言处理系统中都会被用到，甚至是必不可少的。

第 11 章至第 16 章属于自然语言处理的应用系统部分，依次为：统计机器翻译、语音翻译、文本分类与情感分类、信息检索与问答系统、自动文摘与信息抽取，以及口语信息处理与人机对话系统。

全书各章之间的关系可以粗略地用图 1-1 表示。

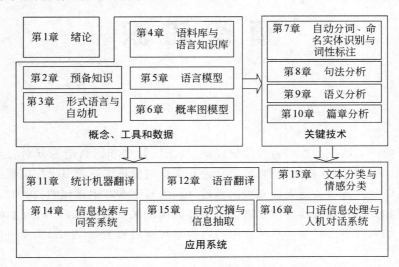

图 1-1　各章内容的安排

自然语言处理技术正在随着互联网、移动通信和计算技术的迅猛发展而日新月异，无论在理论方法上，还是在实现技术和应用模式上，都还不够成熟，仍有太多需要深入探索和发掘的空间，尤其作为一门独立成长的学科，自然语言处理的春天才刚刚开始。本书所介绍的只是当前自然语言处理领域研究的基本内容，而且有些内容也仅仅点到为止，远不够深入。我们相信，在不久的未来必将有更多新的自然语言处理理论方法和应用系统成为我们关注的热点，而很多长期以来困扰关键技术发展的核心问题终将得到解决，自然语言处理技术必将在社会生活的各个领域得到越来越广泛的应用。

第 2 章

预 备 知 识

在基于统计方法的自然语言处理研究中,有关统计学和信息论等方面的知识是不可缺少的基础。因此,本章将对概率论、信息论和支持向量机等有关概念作简要的介绍。我们假设读者已经具备有关这方面知识的基础,因此,对于本章中提到的公式和定理并不作详细的推导和证明。如果读者需要进一步了解其中的某些公式和符号,可参阅相关的专著或论文。如果读者已经对本章所介绍的内容非常清楚和了解,那么,完全可以越过本章的内容。

2.1 概率论基本概念

2.1.1 概率

概率(probability)是从随机试验中的事件到实数域的映射函数,用以表示事件发生的可能性。如果用 $P(A)$ 作为事件 A 的概率,Ω 是试验的样本空间,则概率函数必须满足如下三条公理:

公理 2-1(非负性) $P(A) \geqslant 0$

公理 2-2(规范性) $P(\Omega) = 1$

公理 2-3(可列可加性) 对于可列无穷多个事件 $A_1, A_2, \cdots$,如果事件两两互不相容,即对于任意的 i 和 $j (i \neq j)$,事件 A_i 和 A_j 不相交($A_i \bigcap A_j = \varnothing$),则有

$$P(\bigcup_{i=0}^{\infty} A_i) = \sum_{i=0}^{\infty} P(A_i) \tag{2-1}$$

2.1.2 最大似然估计

如果 $\{s_1, s_2, \cdots, s_n\}$ 是一个试验的样本空间,在相同的情况下重复试验 N 次,观察到样本 $s_k (1 \leqslant k \leqslant n)$ 的次数为 $n_N(s_k)$,那么,s_k 在这 N 次试验中的相对频率为

$$q_N(s_k) = \frac{n_N(s_k)}{N} \tag{2-2}$$

由于 $\sum_{k=1}^{n} n_N(s_k) = N$,因此,$\sum_{k=1}^{n} q_N(s_k) = 1$。

当 N 越来越大时,相对频率 $q_N(s_k)$ 就越来越接近 s_k 的概率 $P(s_k)$。事实上,

$$\lim_{N \to \infty} q_N(s_k) = P(s_k) \tag{2-3}$$

因此,通常用相对频率作为概率的估计值。这种估计概率值的方法称为最大似然估计(maximum likelihood estimation)。

2.1.3 条件概率

如果 A 和 B 是样本空间 Ω 上的两个事件,$P(B) > 0$,那么,在给定 B 时 A 的条件概率(conditional probability)$P(A|B)$ 为

$$P(A \mid B) = \frac{P(A \cap B)}{P(B)} \tag{2-4}$$

条件概率 $P(A|B)$ 给出了在已知事件 B 发生的情况下,事件 A 的概率。一般地,$P(A|B) \neq P(A)$。

根据公式(2-4),有

$$P(A \cap B) = P(B)P(A \mid B) = P(A)P(B \mid A) \tag{2-5}$$

这个等式有时称为概率的乘法定理或乘法规则,其一般形式表示为

$$P(A_1 \cap \cdots \cap A_n) = P(A_1)P(A_2 \mid A_1)P(A_3 \mid A_1 \cap A_2)\cdots P\left(A_n \mid \bigcap_{i=1}^{n-1} A_i\right) \tag{2-6}$$

这一规则在自然语言处理中使用得非常普遍。

条件概率也有三个基本性质:

(1) 非负性:$P(A|B) \geqslant 0$;

(2) 规范性:$P(\Omega|B) = 1$;

(3) 可列可加性:如果事件 $A_1, A_2, \cdots$ 两两互不相容,则

$$P\left(\sum_{i=1}^{\infty} A_i \mid B\right) = \sum_{i=1}^{\infty} P(A_i \mid B) \tag{2-7}$$

如果 A_i, A_j 条件独立,当且仅当

$$P(A_i, A_j \mid B) = P(A_i \mid B) \times P(A_j \mid B)$$

2.1.4 贝叶斯法则

贝叶斯法则,或称贝叶斯理论(Bayesian theorem),是条件概率计算的重要依据。实际上,根据条件概率的定义公式(2-4)和乘法规则式(2-5),可得

$$P(B \mid A) = \frac{P(B \cap A)}{P(A)} = \frac{P(A \mid B)P(B)}{P(A)} \tag{2-8}$$

式(2-8)右边的分母可以看作普通常量,因为我们只是关心在给定事件 A 的情况下可能发生事件 B 的概率,$P(A)$ 的值是确定不变的。故有

$$\underset{B}{\arg\max} \frac{P(A \mid B)P(B)}{P(A)} = \underset{B}{\arg\max} P(A \mid B)P(B) \tag{2-9}$$

函数 argmax 的意思求使后面的值最大的参数。

以下给出事件 A 的概率计算方法。

首先根据乘法规则

$$P(A \cap B) = P(A \mid B)P(B)$$
$$P(A \cap \bar{B}) = P(A \mid \bar{B})P(\bar{B})$$

因此有

$$P(A) = P(A \cap B) + P(A \cap \bar{B})$$
$$= P(A \mid B)P(B) + P(A \mid \bar{B})P(\bar{B})$$

推广到一般形式，假设 B 是样本空间 Ω 的一个划分，即 $\sum_i B_i = \Omega$。如果 $A \subseteq \bigcup_i B_i$，并且 B_i 互不相交，那么 $A = \sum_{i=1} B_i A$，于是 $P(A) = \sum_{i=1} P(B_i A)$。由乘法定理可得

$$P(A) = \sum_i P(A \mid B_i)P(B_i) \tag{2-10}$$

公式(2-10)称为全概率公式。

类似地，我们给出如下贝叶斯法则的精确描述。

假设 A 为样本空间 Ω 的事件，$B_1, B_2, \cdots, B_n$ 为 Ω 的一个划分，如果 $A \subseteq \bigcup_{i=1}^{n} B_i$，$P(A) > 0$，并且 $i \neq j, B_i \cap B_j = \varnothing, P(B_i) > 0 (i = 1, 2, \cdots, n)$，则

$$P(B_j \mid A) = \frac{P(A \mid B_j)P(B_j)}{P(A)} = \frac{P(A \mid B_j)P(B_j)}{\sum_{i=1}^{n} P(A \mid B_i)P(B_i)} \tag{2-11}$$

例 2-1　假设一多义词的某一义项很少被使用，平均该词每出现 100 000 次这一义项才有可能被使用一次。我们开发了一个程序来判断该词出现在某个句子中时是否使用了该义项。如果句子中确实使用了该词的这一义项时，程序判断结果为"使用"的概率是0.95。如果句子中实际上没有使用该词的这一义项时，程序错误地判断为"使用"的概率是 0.005。那么，这个程序判断句子使用该词的这一特殊义项的结论是正确的概率有多大？

解：假设 G 表示事件"句子中确实使用了该词的这一特殊义项"，T 表示事件"程序判断的结论是该句子使用了该词的这一特殊义项"。则有

$$P(G) = \frac{1}{100\,000} = 0.000\,01, \quad P(\bar{G}) = \frac{100\,000 - 1}{100\,000} = 0.999\,99$$
$$P(T \mid G) = 0.95, \quad P(T \mid \bar{G}) = 0.005$$

于是，可得

$$P(G \mid T) = \frac{P(T \mid G)P(G)}{P(T \mid G)P(G) + P(T \mid \bar{G})P(\bar{G})}$$
$$= \frac{0.95 \times 0.000\,01}{0.95 \times 0.000\,01 + 0.005 \times 0.999\,99} \approx 0.002$$

也就是说，程序判断句子使用该词的这一特殊义项的结论是正确的概率只有 0.002。

2.1.5　随机变量

一个随机试验可能有多种不同的结果，到底会出现哪一种，存在一定的概率，即随机会而定。简单地说，随机变量（random variable）就是试验结果的函数。

设 X 为一离散型随机变量，其全部可能的值为 $\{a_1, a_2, \cdots\}$。那么

$$p_i = P(X = a_i), \quad i = 1, 2, \cdots \tag{2-12}$$

称为 X 的概率函数。显然，$p_i \geqslant 0$，$\sum\limits_{i=1} p_i = 1$。有时式(2-12)也称随机变量 X 的概率分布，此时，函数

$$P(X \leqslant x) = F(x), \quad -\infty < x < \infty \tag{2-13}$$

称为 X 的分布函数。

2.1.6　二项式分布

假设某一事件 A 在一次试验中发生的概率为 p，现把试验独立地重复进行 n 次。如果用变量 X 来表示 A 在这 n 次试验中发生的次数，那么，X 的取值可能为 $0,1,\cdots,n$。为了确定其分布情况，考虑事件 $\{X=i\}$，如果这个事件发生，必须在这 n 次记录中有 i 个 A，$n-i$ 个 $\overline{A}$。那么，每个 A 有概率 p，每个 $\overline{A}$ 有概率 $1-p$。由于在 n 次试验中每次 A 出现与否与其他各次实验的结果无关，因此，根据乘法定理可以得出：每个这样的结果序列 $A\overline{A}AA\cdots\overline{A}$ 发生的概率为 $p^i(1-p)^{n-i}$。又因 A 可能出现在 n 个位置中的任何一处，因此，结果序列有 $\binom{n}{i}$ 种可能。由此可得

$$p_i = \binom{n}{i} p^i (1-p)^{n-i}, \quad i = 0,1,\cdots,n \tag{2-14}$$

X 所遵从的这种概率分布称为二项式分布(binomial distribution)，并记为 $B(n,p)$。如果随机变量 X 服从某种特定的分布 F 时，我们常用 $X \sim F$ 表示。如果 X 服从二项式分布，可记为 $X \sim B(n,p)$。

二项式分布是最重要的离散型概率分布之一。在自然语言处理中，一般以句子为处理单位。为了简化问题的复杂性，通常假设一个句子的出现独立于它前面的其他语句，句子的概率分布近似地被认为符合二项式分布。

2.1.7　联合概率分布和条件概率分布

假设 (X_1, X_2) 为一个二维的离散型随机向量，X_1 全部可能的取值为 $a_1, a_2, \cdots$；X_2 全部可能的取值为 $b_1, b_2, \cdots$。那么，(X_1, X_2) 的联合分布(joint distribution)为

$$p_{ij} = P(X_1 = a_i, X_2 = b_j), \quad i = 1,2,\cdots; j = 1,2,\cdots$$

一个随机变量或向量 $\boldsymbol{X}$ 的条件概率分布就是在某种给定的条件之下 $\boldsymbol{X}$ 的概率分布。考虑 X_1 在给定 $X_2 = b_j$ 条件下的概率分布，实际上就是求条件概率 $P(X_1 = a_i \mid X_2 = b_j)$。根据条件概率的定义可得

$$P(X_1 = a_i \mid X_2 = b_j) = \frac{P(X_1 = a_i, X_2 = b_j)}{P(X_2 = b_j)} = \frac{p_{ij}}{P(X_2 = b_j)}$$

由于 $P(X_2 = b_j) = \sum\limits_k p_{kj}$，故有

$$P(X_1 = a_i \mid X_2 = b_j) = \frac{p_{ij}}{\sum\limits_k p_{kj}}, \quad i = 1,2,\cdots \tag{2-15}$$

类似地，

$$P(X_2 = b_j \mid X_1 = a_i) = \frac{p_{ij}}{\sum\limits_k p_{ik}}, \quad j = 1,2,\cdots \tag{2-16}$$

2.1.8 贝叶斯决策理论

贝叶斯决策理论（Bayesian decision theory）是统计方法处理模式分类问题的基本理论之一。假设研究的分类问题有 c 个类别，各类别的状态用 w_i 表示，$i=1,2,\cdots,c$；对应于各个类别 w_i 出现的先验概率为 $P(w_i)$；在特征空间已经观察到某一向量 $\boldsymbol{x}$，$\boldsymbol{x}=[x_1,x_2,\cdots,x_d]^{\mathrm{T}}$ 是 d 维特征空间上的某一点，且条件概率密度函数 $p(\boldsymbol{x}|w_i)$ 是已知的。那么，利用贝叶斯公式我们可以得到后验概率 $P(w_i|\boldsymbol{x})$ 如下：

$$P(w_i \mid \boldsymbol{x}) = \frac{p(\boldsymbol{x} \mid w_i)P(w_i)}{\sum\limits_{j=1}^{c} p(\boldsymbol{x} \mid w_j)P(w_j)}$$

基于最小错误率的贝叶斯决策规则为：

（1）如果 $P(w_i|\boldsymbol{x})=\max\limits_{j=1,2,\cdots,c} P(w_j|\boldsymbol{x})$，那么，$\boldsymbol{x}\in w_i$ (2-17)

或者说，

（2）如果 $p(\boldsymbol{x}|w_i)P(w_i)=\max\limits_{j=1,2,\cdots,c} p(\boldsymbol{x}|w_j)P(w_j)$，则 $\boldsymbol{x}\in w_i$ (2-18)

如果类别只有两类时，即 $c=2$，则有：

（3）如果 $l(\boldsymbol{x})=\dfrac{p(\boldsymbol{x}|w_1)}{p(\boldsymbol{x}|w_2)}>\dfrac{P(w_2)}{P(w_1)}$，则 $\boldsymbol{x}\in w_1$，否则 $\boldsymbol{x}\in w_2$ (2-19)

其中，$l(\boldsymbol{x})$ 为似然比（likelihood ratio），而 $\dfrac{P(w_2)}{P(w_1)}$ 称为似然比阈值（threshold）。

还有一种基于贝叶斯理论的决策方法叫做最小风险的贝叶斯决策，这里我们不再详细介绍了，有兴趣的读者可以参阅文献[边肇祺等，2000]等。贝叶斯决策理论在自然语言处理中的词义消歧（word sense disambiguation，WSD）、文本分类等问题的研究中具有重要用途。

2.1.9 期望和方差

期望值（expectation）是指随机变量所取值的概率平均。假设 X 为一随机变量，其概率分布为 $P(X=x_k)=p_k$，$k=1,2,\cdots$，若级数 $\sum\limits_{k=1}^{\infty} x_k p_k$ 绝对收敛，那么，随机变量 X 的数学期望或概率平均值为

$$E(X) = \sum_{k=1}^{\infty} x_k p_k \tag{2-20}$$

例 2-2 假设某个网页的主菜单栏里共有 6 个关键词，每个关键词被点击的概率一样，经过一段时间后，第 1 个到第 6 个关键词被点击的次数分别为 $1,2,\cdots,6$。那么，平均每个单词被点击次数的期望值 $E(N)$ 如下：

$$E(N) = \sum_{t=1}^{6} t \times p(w) = \frac{1}{6}\sum_{t=1}^{6} t = \frac{21}{6} = 3\,\frac{1}{2}$$

其中，变量 t 为关键词被点击的次数，$p(w)$ 为每个关键词被点击的概率。

一个随机变量的方差（variance）描述的是该随机变量的值偏离其期望值的程度。如果 X 为一随机变量，那么，其方差 $\mathrm{var}(X)$ 为

$$var(X) = E((X - E(X))^2)$$
$$= E(X^2) - E^2(X) \qquad (2\text{-}21)$$

平方根 $\sqrt{var(X)}$ 称为 X 的标准差。

这里介绍的概率知识主要是关于离散事件和离散型随机变量方面的,有关其他方面的详细介绍请参阅相关的概率论专著。

2.2　信息论基本概念

2.2.1　熵

香农(Claude Elwood Shannon)于 1940 年获得麻省理工学院数学博士学位和电子工程硕士学位后,于 1941 年加入了贝尔实验室数学部,并在那里工作了 15 年。1948 年 6 月和 10 月,由贝尔实验室出版的《贝尔系统技术》杂志连载了香农博士的文章《通信的数学原理》,该文奠定了信息论的基础。熵(entropy)是信息论的基本概念。

如果 X 是一个离散型随机变量,取值空间为 $\mathbb{R}$,其概率分布为 $p(x) = P(X = x), x \in \mathbb{R}$。那么,$X$ 的熵 $H(X)$ 定义为式(2-22):

$$H(X) = -\sum_{x \in \mathbb{R}} p(x) \log_2 p(x) \qquad (2\text{-}22)$$

其中,约定 $0\log 0 = 0$。$H(X)$ 可以写为 $H(p)$。由于在公式(2-22)中对数以 2 为底,该公式定义的熵的单位为二进制位(比特)。以下将 $\log_2 p(x)$ 简写成 $\log p(x)$。

熵又称为自信息(self-information),可以视为描述一个随机变量的不确定性的数量。它表示信源 X 每发一个符号(不论发什么符号)所提供的平均信息量[姜丹,2001]。一个随机变量的熵越大,它的不确定性越大,那么,正确估计其值的可能性就越小。越不确定的随机变量越需要大的信息量用以确定其值。

例 2-3　假设 a, b, c, d, e, f 6 个字符在某一简单的语言中随机出现,每个字符出现的概率分别为:1/8,1/4,1/8,1/4,1/8 和 1/8。那么,每个字符的熵为

$$H(P) = -\sum_{x \in \{a,b,c,d,e,f\}} p(x) \log p(x)$$
$$= -\left[4 \times \frac{1}{8} \log \frac{1}{8} + 2 \times \frac{1}{4} \log \frac{1}{4} \right] = 2\frac{1}{2}(\text{比特})$$

这个结果表明,我们可以设计一种编码,传输一个字符平均只需要 2.5 个比特:

字符:　a　　b　　c　　d　　e　　f

编码:　100　00　101　01　110　111

在只掌握关于未知分布的部分知识的情况下,符合已知知识的概率分布可能有多个,但使熵值最大的概率分布最真实地反映了事件的分布情况,因为熵定义了随机变量的不确定性,当熵最大时,随机变量最不确定,最难准确地预测其行为。也就是说,在已知部分知识的前提下,关于未知分布最合理的推断应该是符合已知知识最不确定或最大随机的推断。最大熵概念被广泛地应用于自然语言处理中,通常的做法是,根据已知样本设计特征函数,假设存在 k 个特征函数 $f_i (i = 1, 2, \cdots, k)$,它们都在建模过程中对输出有影响,那

么，所建立的模型应满足所有这些特征的约束，即所建立的模型 p 应该属于这 k 个特征函数约束下所产生的所有模型的集合 C。使熵 $H(p)$ 值最大的模型用来推断某种语言现象存在的可能性，或者作为进行某种处理操作的可靠性依据，即：

$$\hat{p} = \underset{p \in C}{\operatorname{argmax}} H(p)$$

2.2.2　联合熵和条件熵

如果 X, Y 是一对离散型随机变量 $X, Y \sim p(x, y)$，X, Y 的联合熵（joint entropy）$H(X, Y)$ 定义为

$$H(X, Y) = -\sum_{x \in X} \sum_{y \in Y} p(x, y) \log p(x, y) \qquad (2\text{-}23)$$

联合熵实际上就是描述一对随机变量平均所需要的信息量。

给定随机变量 X 的情况下，随机变量 Y 的条件熵（conditional entropy）由式（2-24）定义：

$$
\begin{aligned}
H(Y \mid X) &= \sum_{x \in X} p(x) H(Y \mid X = x) \\
&= \sum_{x \in X} p(x) \Big[-\sum_{y \in Y} p(y \mid x) \log p(y \mid x) \Big] \\
&= -\sum_{x \in X} \sum_{y \in Y} p(x, y) \log p(y \mid x)
\end{aligned}
\qquad (2\text{-}24)
$$

将式（2-23）中的联合概率 $\log p(x, y)$ 展开，可得

$$
\begin{aligned}
H(X, Y) &= -\sum_{x \in X} \sum_{y \in Y} p(x, y) \log [p(x) p(y \mid x)] \\
&= -\sum_{x \in X} \sum_{y \in Y} p(x, y) [\log p(x) + \log p(y \mid x)] \\
&= -\sum_{x \in X} \sum_{y \in Y} p(x, y) \log p(x) - \sum_{x \in X} \sum_{y \in Y} p(x, y) \log p(y \mid x) \\
&= -\sum_{x \in X} p(x) \log p(x) - \sum_{x \in X} \sum_{y \in Y} p(x, y) \log p(y \mid x) \\
&= H(X) + H(Y \mid X)
\end{aligned}
\qquad (2\text{-}25)
$$

我们称式（2-25）为熵的连锁规则（chain rule for entropy）。推广到一般情况，有

$$H(X_1, X_2, \cdots, X_n) = H(X_1) + H(X_2 \mid X_1) + \cdots + H(X_n \mid X_1, \cdots, X_{n-1})$$

例 2-4　假设某一种语言的字符有元音和辅音两类，其中，元音随机变量 $V = \{a, i, u\}$，辅音随机变量 $C = \{p, t, k\}$。如果该语言的所有单词都由辅音-元音（consonant-vowel, C-V）音节序列组成，其联合概率分布 $P(C, V)$ 如表 2-1 所示。

表 2-1　概率分布表

元　音	辅　音		
	p	t	k
a	1/16	3/8	1/16
i	1/16	3/16	0
u	0	3/16	1/16

根据表 2-1 中的联合概率,我们不难算出 p,t,k,a,i,u 这 6 个字符的边缘概率分别为:1/8,3/4,1/8,1/2,1/4,1/4。但需要注意的是,这些边缘概率是基于音节的,每个字符的概率是其基于音节的边缘概率的 1/2,因此,p,t,k,a,i,u 6 个字符中的每个字符的概率值实际上为:1/16,3/8,1/16,1/4,1/8,1/8。

现在来求联合熵。计算联合熵的方法有多种,以下采用的是连锁规则方法。

$$H(C) = -\sum_{c=p,t,k} p(c) \log p(c) = -2 \times \frac{1}{8} \times \log \frac{1}{8} - \frac{3}{4} \times \log \frac{3}{4}$$

$$= \frac{9}{4} - \frac{3}{4} \log 3 \approx 1.061 (\text{比特})$$

根据表 2-1 给出的联合概率和边缘概率,容易计算出条件概率。例如,

$$p(a \mid p) = \frac{p(p,a)}{p(p)} = \frac{1}{16} \times \frac{8}{1} = \frac{1}{2}$$

$$p(i \mid p) = \frac{p(p,i)}{p(p)} = \frac{1}{16} \times \frac{8}{1} = \frac{1}{2}$$

$$p(u \mid p) = \frac{p(p,u)}{p(p)} = 0$$

为了简化起见,我们将条件熵 $\sum_{c=p,t,k} H(V \mid c) = -\sum_{c=p,t,k} p(V \mid c) \log_2 p(V \mid c)$ 记为 $H\left(\frac{1}{2}, \frac{1}{2}, 0\right)$。其他的情况类似。因此,我们得到如下条件熵:

$$H(V \mid C) = \sum_{c=p,t,k} p(C=c) H(V \mid C=c)$$

$$= \frac{1}{8} H\left(\frac{1}{2}, \frac{1}{2}, 0\right) + \frac{3}{4} H\left(\frac{1}{2}, \frac{1}{4}, \frac{1}{4}\right) + \frac{1}{8} H\left(\frac{1}{2}, 0, \frac{1}{2}\right)$$

$$= \frac{11}{8} = 1.375 (\text{比特})$$

因此,

$$H(C,V) = H(C) + H(V \mid C)$$

$$= \frac{9}{4} - \frac{3}{4} \log 3 + \frac{11}{8} \approx 2.44 (\text{比特})$$

一般地,对于一条长度为 n 的信息,每一个字符或字的熵为

$$H_{\text{rate}} = \frac{1}{n} H(X_{1n}) = -\frac{1}{n} \sum_{x_{1n}} p(x_{1n}) \log p(x_{1n}) \tag{2-26}$$

这个数值称为熵率(entropy rate)。其中,变量 X_{1n} 表示随机变量序列 $(X_1, X_2, \cdots, X_n)$,$x_{1n} = (x_1, x_2, \cdots, x_n)$。以后我们采用类似的符号标记。

如果假定一种语言是由一系列符号组成的随机过程,$L = (X_i)$,例如,某报纸的一批语料,那么,我们可以定义这种语言 L 的熵作为其随机过程的熵率,即

$$H_{\text{rate}}(L) = \lim_{n \to \infty} \frac{1}{n} H(X_1, X_2, \cdots, X_n) \tag{2-27}$$

我们之所以把语言 L 的熵率看作语言样本熵率的极限,因为理论上样本可以无限长。

2.2.3　互信息

根据熵的连锁规则，有

$$H(X,Y) = H(X) + H(Y \mid X) = H(Y) + H(X \mid Y)$$

因此，

$$H(X) - H(X \mid Y) = H(Y) - H(Y \mid X)$$

这个差叫做 X 和 Y 的互信息（mutual information, MI），记作 $I(X;Y)$。或者定义为：如果 $(X,Y) \sim p(x,y)$，则 X,Y 之间的互信息 $I(X;Y) = H(X) - H(X|Y)$。

$I(X;Y)$ 反映的是在知道了 Y 的值以后 X 的不确定性的减少量。可以理解为 Y 的值透露了多少关于 X 的信息量。

互信息和熵之间的关系可以用图 2-1 表示。

如果将定义中的 $H(X)$ 和 $H(X|Y)$ 展开，可得

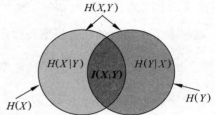

图 2-1　互信息和熵之间的关系示意图

$$
\begin{aligned}
I(X;Y) &= H(X) - H(X \mid Y) \\
&= H(X) + H(Y) - H(X,Y) \\
&= \sum_{x} p(x)\log \frac{1}{p(x)} + \sum_{y} p(y)\log \frac{1}{p(y)} + \sum_{x,y} p(x,y)\log p(x,y) \\
&= \sum_{x,y} p(x,y)\log \frac{p(x,y)}{p(x)p(y)}
\end{aligned}
\tag{2-28}
$$

由于 $H(X|X) = 0$，因此，

$$H(X) = H(X) - H(X \mid X) = I(X;X)$$

这一方面说明了为什么熵又称为自信息，另一方面说明了两个完全相互依赖的变量之间的互信息并不是一个常量，而是取决于它们的熵。

互信息度量的是两个随机变量之间的统计相关性，是从随机变量整体角度，在平均的意义上观察问题，因此通常称之为平均互信息。平均互信息是非负的，即 $I(X;Y) \geqslant 0$。在自然语言处理中通常利用这一测度判断两个对象之间的关系，如根据主题类别与词汇之间的互信息大小进行特征词抽取。

同样，我们可以推导出条件互信息和互信息的连锁规则：

$$I(X;Y \mid Z) = I((X;Y) \mid Z) = H(X \mid Z) - H(X \mid Y,Z) \tag{2-29}$$

$$I(X_{1n};Y) = I(X_1,Y) + \cdots + I(X_n;Y \mid X_1,\cdots,X_{n-1})$$

$$= \sum_{i=1}^{n} I(X_i;Y \mid X_1,\cdots,X_{i-1}) \tag{2-30}$$

互信息在词汇聚类（word clustering）、汉语自动分词、词义消歧、文本分类和聚类等问题的研究中具有重要用途。

2.2.4　相对熵

相对熵(relative entropy)又称 Kullback-Leibler 差异(Kullback-Leibler divergence)，或简称 KL 距离，是衡量相同事件空间里两个概率分布相对差距的测度。两个概率分布 $p(x)$ 和 $q(x)$ 的相对熵定义为

$$D(p \parallel q) = \sum_{x \in X} p(x) \log \frac{p(x)}{q(x)} \tag{2-31}$$

该定义中约定 $0\log(0/q)=0, p\log(p/0)=\infty$。表示成期望值为

$$D(p \parallel q) = E_p \left(\log \frac{p(X)}{q(X)} \right) \tag{2-32}$$

显然，当两个随机分布完全相同时，即 $p=q$，其相对熵为 0。当两个随机分布的差别增加时，其相对熵期望值也增大。

互信息实际上就是衡量一个联合分布与独立性差距多大的测度：

$$I(X;Y) = D(p(x,y) \parallel p(x)p(y)) \tag{2-33}$$

证明：$I(X;Y) = H(X) - H(X \mid Y)$

$$= -\sum_{x \in X} p(x) \log p(x) + \sum_{x \in X} \sum_{y \in Y} p(x,y) \log p(x \mid y)$$

$$= \sum_{x \in X} \sum_{y \in Y} p(x,y) \log \frac{p(x \mid y)}{p(x)}$$

$$= \sum_{x \in X} \sum_{y \in Y} p(x,y) \log \frac{p(x,y)}{p(x)p(y)}$$

$$= D(p(x,y) \parallel p(x)p(y))$$

同样，我们也可以推导出条件相对熵和相对熵的连锁规则：

$$D(p(y \mid x) \parallel q(y \mid x)) = \sum_x p(x) \sum_y p(y \mid x) \log \frac{p(y \mid x)}{q(y \mid x)} \tag{2-34}$$

$$D(p(x,y) \parallel q(x,y)) = D(p(x) \parallel q(x)) + D(p(y \mid x) \parallel q(y \mid x)) \tag{2-35}$$

2.2.5　交叉熵

根据前面熵的定义，知道熵是一个不确定性的测度，也就是说，我们对于某件事情知道得越多，那么，熵就越小，因而对于试验的结果我们越不感到意外。交叉熵的概念就是用来衡量估计模型与真实概率分布之间差异情况的。

如果一个随机变量 $X \sim p(x)$，$q(x)$ 为用于近似 $p(x)$ 的概率分布，那么，随机变量 X 和模型 q 之间的交叉熵(cross entropy)定义为

$$H(X,q) = H(X) + D(p \parallel q)$$

$$= -\sum_x p(x) \log q(x)$$

$$= E_p \left(\log \frac{1}{q(x)} \right) \tag{2-36}$$

由此，可以定义语言 $L = (X) \sim p(x)$ 与其模型 q 的交叉熵为

$$H(L,q) = - \lim_{n \to \infty} \frac{1}{n} \sum_{x_1^n} p(x_1^n) \log q(x_1^n) \qquad (2\text{-}37)$$

其中，$x_1^n = x_1, x_2, \cdots, x_n$ 为 L 的词序列（样本），这里的"词"指样本中出现的任意符号单位，包括词汇、数字、标点等。$p(x_1^n)$ 为 x_1^n 的概率（理论值），$q(x_1^n)$ 为模型 q 对 x_1^n 的概率估计值。至此，仍然无法计算这个语言的交叉熵，因为我们并不知道真实概率 $p(x_1^n)$，不过可以假设这种语言是"理想"的，根据信息论的定理：如果 L 是稳态（stationary）的遍历性（ergodic）随机过程，那么，L 与其模型 q 的交叉熵为

$$H(L,q) = - \lim_{n \to \infty} \frac{1}{n} \log q(x_1^n) \qquad (2\text{-}38)$$

该式可以通过布莱曼渐近均分性定理（Breiman's AEP）和辛钦大数定律进行证明。由此，可以根据模型 q 和一个含有大量数据的 L 的样本来计算交叉熵。在设计模型 q 时，目的是使交叉熵最小，从而使模型最接近真实的概率分布 $p(x)$。一般地，在 n 足够大时（不妨记作 N），我们近似地采用如下计算方法：

$$H(L,q) \approx - \frac{1}{N} \log q(x_1^N) \qquad (2\text{-}39)$$

交叉熵与模型在测试语料中分配给每个单词的平均概率所表达的含义正好相反，模型的交叉熵越小，模型的表现越好。

2.2.6　困惑度

在设计语言模型时，我们通常用困惑度（perplexity）来代替交叉熵衡量语言模型的好坏。给定语言 L 的样本 $l_1^n = l_1 \cdots l_n$，L 的困惑度 PP_q 定义为

$$\mathrm{PP}_q = 2^{H(L,q)} \approx 2^{-\frac{1}{n} \log q(l_1^n)} = \left[q(l_1^n) \right]^{-\frac{1}{n}} \qquad (2\text{-}40)$$

同样，语言模型设计的任务就是寻找困惑度最小的模型，使其最接近真实语言的情况。在自然语言处理中，我们所说的语言模型的困惑度通常是指语言模型对于测试数据的困惑度。一般情况下将所有数据分成两部分，一部分作为训练数据，用于估计模型的参数；另一部分作为测试数据，用于评估语言模型的质量。详细情况请见本书第 5 章。

2.2.7　噪声信道模型

信息熵可以定量地估计信源每发送一个符号所提供的平均信息量，但对于通信系统来说，最根本的问题还在于如何定量地估算从信道输出中获取多少信息量。

香农为了模型化信道的通信问题，在熵这一概念的基础上提出了噪声信道模型（noisy channel model），其目标就是优化噪声信道中信号传输的吞吐量和准确率，其基本假设是一个信道的输出以一定的概率依赖于输入。一般情况下，在信号传输的过程中都要进行双重性处理：一方面要对编码进行压缩，尽量消除所有的冗余；另一方面又要通过增加一定的可控冗余以保障输入信号经过噪声信道传输以后可以很好地恢复原状。这样，信息编码时要尽量少占用空间，但又必须保持足够的冗余以便能够检测和校验传输造成的错误。信道输出信号解码后应该尽量恢复到原始输入状态。这个过程可以示意性地用图 2-2 表示。

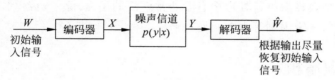

图 2-2 噪声信道模型

一个二进制对称信道（binary symmetric channel，BSC）的输入符号集为 $X = \{0, 1\}$，输出符号集为 $Y = \{0, 1\}$。在传输过程中如果输入符号被误传的概率为 p，那么，被正确传输的概率就是 $1-p$。这个过程可以用一个对称图形表示，如图 2-3 所示。

信息论中另一个重要的概念是信道容量（capacity），其基本思想是用降低传输速率来换取高保真通信的可能性。其定义可以根据互信息给出：

$$C = \max_{p(X)} I(X; Y) \tag{2-41}$$

根据这个定义，如果能够设计一个输入编码 X，其概率分布为 $p(X)$，使其输入与输出之间的互信息达到最大值，那么，我们的设计就达到了信道的最大传输容量。从数学上讲，式（2-41）所表示的信道容量 C 就是平均互信息量的最大值。

在自然语言处理中不需要进行编码，一种自然语言的句子可以视为已编码的符号序列，但需要进行解码，使观察到的输出序列更接近于输入。因此，我们可以用图 2-4 来表示这个噪声信道模型。

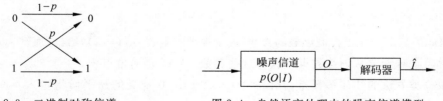

图 2-3 二进制对称信道　　　　图 2-4 自然语言处理中的噪声信道模型

模拟信道模型，在自然语言处理中，很多问题都可以归结为在给定输出 O（可能含有误传信息）的情况下，如何从所有可能的输入 I 中求解最有可能的那个，即求出使 $p(I|O)$ 最大的 I 作为输入 $\hat{I}$。根据贝叶斯公式，有

$$\hat{I} = \arg\max_I p(I \mid O) = \arg\max_I \frac{p(I)p(O \mid I)}{p(O)}$$
$$= \arg\max_I p(I)p(O \mid I) \tag{2-42}$$

式（2-42）中有两个概率分布需要考虑，一个是 $p(I)$，称为语言模型（language model），是指在输入语言中"词"序列的概率分布；另一个是 $p(O|I)$，称为信道概率（channel probability）。

举例而言，如果想把一个法语句子 f 翻译成英语 e，那么，相应的翻译信道模型就是假定法语句子 f 作为信道模型的输出，它原本是一个英语句子 e，但通过噪声通道传输时被改变成了法语句子 f。那么，现在需要做的就是如何根据概率 $p(e)$ 和 $p(f|e)$ 的计算求出最接近原始英文句子 e 的解 $\hat{e}$，或者说如何对给定的法语句子 f 进行解码以得到最有可能的英语句子 $\hat{e}$。

　　噪声信道模型在自然语言处理中有着非常广泛的用途，除了机器翻译以外，还用于词性标注、语音识别、文字识别等很多问题的研究。

2.3　支持向量机

　　支持向量机（support vector machine，SVM）[①]是近几年来发展起来的新型分类方法，是在高维特征空间使用线性函数假设空间的学习系统，在分类方面具有良好的性能。近几年来，支持向量机在模式识别、知识发现等理论研究，计算机视觉与图像识别、生物信息学以及自然语言处理等相关技术研究中得到了广泛应用。在自然语言处理中，SVM 广泛应用于短语识别、词义消歧、文本自动分类和信息过滤等方面。本节我们对 SVM 的基本概念作简要介绍。

2.3.1　线性分类

　　两类问题（正类和负类）的分类通常用一个实数函数 $f: X \subseteq \mathbb{R}^n \to \mathbb{R}$（$n$ 为输入维数，$\mathbb{R}$ 为实数），通过执行如下操作进行：当 $f(\boldsymbol{x}) \geqslant 0$ 时，将输入 $\boldsymbol{x} = (x_1, x_2, \cdots, x_n)'$ 赋予正类，否则，将其赋予负类。当 $f(\boldsymbol{x})(\boldsymbol{x} \in X)$ 是线性函数时，$f(\boldsymbol{x})$ 可以写成如下形式：

$$f(\boldsymbol{x}) = \langle \boldsymbol{w} \cdot \boldsymbol{x} \rangle + b$$
$$= \sum_{i=1}^{n} w_i x_i + b \tag{2-43}$$

其中，$(w, b) \in \mathbb{R}^n \times \mathbb{R}$ 是控制函数的参数，决策规则由函数 $\mathrm{sgn}(f(\boldsymbol{x}))$ 给出，通常 $\mathrm{sgn}(0) = 1$。参数学习意味着要从训练数据中获得这些参数。"·"是向量点积。

　　该分类方法的几何解释是，方程 $\langle \boldsymbol{w} \cdot \boldsymbol{x} \rangle + b = 0$ 定义的超平面将输入空间 X 分成两半，一半为负类，一半为正类，如图 2-5 所示。

　　图 2-5 中的黑斜线表示超平面，对应地，超平面上面为正区域，用符号"＋"表示，下面为负区域，用符号"－"表示。w 是超平面的法线方向。当 b 的值变化时，超平面平行移动。因此，如果想表达 $\mathbb{R}^n$ 中所有可能的超平面，一般要包括 $n+1$ 个可调参数的表达式。

　　如果训练数据可以被无误差地划分，那么，以最大间隔分开数据的超平面称为最优超平面，如图 2-6 所示。

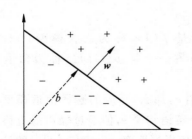

图 2-5　二维训练集的分开超平面（w, b）

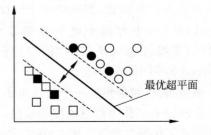

图 2-6　最优超平面

①　http://www.support-vector.net/

对于多类分类问题,输出域是 $Y = \{1, 2, \cdots, m\}$。线性学习器推广到 $m(m \in N, m \geqslant 2)$ 类是很直接的:对于 m 类中的每一类关联一个权重向量 w_i 和偏移 b_i,即 $(w_i, b_i), i \in \{1, 2, \cdots, m\}$,给出如下决策函数:

$$c(\boldsymbol{x}) = \underset{1 \leqslant i \leqslant m}{\mathrm{argmax}}(\langle \boldsymbol{w_i} \cdot \boldsymbol{x} \rangle + b_i) \tag{2-44}$$

其几何意义是:给每个类关联一个超平面,然后,将新点 $\boldsymbol{x}$ 赋予超平面离其最远的那一类。输入空间分为 m 个简单相连的凸区域。

2.3.2　线性不可分

对于非线性问题,可以把样本 $\boldsymbol{x}$ 映射到某个高维特征空间,在高维特征空间中使用线性学习器。因此,假设集是如下类型的函数:

$$f(\boldsymbol{x}) = \sum_{i=1}^{N} w_i \boldsymbol{\varphi}_i(\boldsymbol{x}) + b \tag{2-45}$$

其中,$\boldsymbol{\varphi}: X \rightarrow F$ 是从输入空间 X 到特征空间 F 的映射。也就是说,建立非线性分类器需要分两步:首先使用一个非线性映射函数将数据变换到一个特征空间 F,然后在这个特征空间上使用线性分类器。

线性分类器的一个重要性质是可以表示成对偶形式,这意味着假设可以表达为训练点和线性组合,因此,决策规则(分类函数)可以用测试点和训练点的内积来表示:

$$f(\boldsymbol{x}) = \sum_{i=1}^{l} \alpha_i y_i \langle \boldsymbol{\varphi}(\boldsymbol{x_i}) \cdot \boldsymbol{\varphi}(\boldsymbol{x}) \rangle + b \tag{2-46}$$

其中,l 是样本数目;α_i 是个正值导数,可通过学习获得;y_i 为类别标记。如果有一种方法可以在特征空间中直接计算内积 $\langle \boldsymbol{\varphi}(\boldsymbol{x_i}) \cdot \boldsymbol{\varphi}(\boldsymbol{x}) \rangle$,就像在原始输入点的函数中一样,那么,就有可能将两个步骤融合到一起建立一个非线性分类器。这样,在高维空间内实际上只需要进行内积运算,而这种内积运算是可以利用原空间中的函数实现的,我们甚至没有必要知道变换的形式。这种直接计算的方法称为核(kernel)函数方法。

2.3.3　构造核函数

定义 2-1　核是一个函数 K,对所有 $\boldsymbol{x}, \boldsymbol{z} \in X$,满足

$$K(\boldsymbol{x}, \boldsymbol{z}) = \langle \boldsymbol{\varphi}(\boldsymbol{x}) \cdot \boldsymbol{\varphi}(\boldsymbol{z}) \rangle \tag{2-47}$$

这里的 $\boldsymbol{\varphi}$ 是从 X 到(内积)特征空间 F 的映射。

一旦有了核函数,决策规则就可以通过对核函数的 l 次计算得到:

$$f(\boldsymbol{x}) = \sum_{i=1}^{l} \alpha_i y_i K(\boldsymbol{x_i}, \boldsymbol{x}) + b \tag{2-48}$$

那么,这种方法的关键就是如何找到一个可以高效计算的核函数。

核函数要适合某个特征空间必须是对称的,即

$$K(\boldsymbol{x}, \boldsymbol{z}) = \langle \boldsymbol{\varphi}(\boldsymbol{x}) \cdot \boldsymbol{\varphi}(\boldsymbol{z}) \rangle = \langle \boldsymbol{\varphi}(\boldsymbol{z}) \cdot \boldsymbol{\varphi}(\boldsymbol{x}) \rangle = K(\boldsymbol{z}, \boldsymbol{x}) \tag{2-49}$$

并且,满足下面的不等式:

$$\begin{aligned}
K(\boldsymbol{x}, \boldsymbol{z})^2 &= \langle \boldsymbol{\varphi}(\boldsymbol{x}) \cdot \boldsymbol{\varphi}(\boldsymbol{z}) \rangle^2 \leqslant \| \boldsymbol{\varphi}(\boldsymbol{x}) \|^2 \| \boldsymbol{\varphi}(\boldsymbol{z}) \|^2 \\
&= \langle \boldsymbol{\varphi}(\boldsymbol{x}) \cdot \boldsymbol{\varphi}(\boldsymbol{x}) \rangle \langle \boldsymbol{\varphi}(\boldsymbol{z}) \cdot \boldsymbol{\varphi}(\boldsymbol{z}) \rangle = K(\boldsymbol{x}, \boldsymbol{x}) K(\boldsymbol{z}, \boldsymbol{z})
\end{aligned} \tag{2-50}$$

其中，$\|\cdot\|$ 是欧氏模函数。但是，这些条件对于保证特征空间的存在是不充分的，还必须满足 Mercer 定理的条件，对 X 的任意有限子集，相应的矩阵是半正定的。也就是说，令 X 是有限输入空间，$K(x,z)$ 是 X 上的对称函数。那么，$K(x,z)$ 是核函数的充分必要条件是矩阵

$$K = (K(x_i, x_j))_{i,j=1}^{n} \tag{2-51}$$

是半正定的（即特征值非负）。

根据泛函的有关理论，只要一种核函数满足 Mercer 条件，它就对应某一空间中的内积[Vapnik, 1998]。

支持向量机中不同的内积核函数将形成不同的算法。目前常用的核函数主要有：多项式核函数、径向基函数、多层感知机、动态核函数等。很多专著都有关于这些核函数的详细介绍，故此不赘述。有兴趣的读者可以参阅相关文献，如[Vapnik, 1998]、[史忠植, 2002]、[李国正等, 2005]等。

第 3 章

形式语言与自动机

形式语言与自动机在自然语言处理中具有重要的用途。形式语言理论是自然语言描述和分析的基础,自动机理论在自然语言的词法分析、拼写检查和短语识别等很多方面都有着广泛的用途。

本章首先简要介绍几个基本概念,然后给出形式语言与自动机理论的基本概念和要点,最后介绍几个自动机理论在自然语言处理中具体应用的例子。

3.1 基本概念

3.1.1 图

图的本质内容是二元关系。图又分为无向图和有向图两种。

定义 3-1(无向图) 无向图 G 可以定义为一个二元组 $G=(N,E)$,其中,N 是顶点的非空有限集合,$N=\{n_i|i=0,1,\cdots,k\}$;E 是边的有限集合,$E=\{(n_i,n_j)|n_i,n_j\in N\}$。

定义 3-2(有向图) 有向图 D 定义为一个二元组 $D=(N,E)$,其中,N 是顶点的非空有限集合,$N=\{n_i|i=0,1,\cdots,k\}$(与无向图一样);E 是边的有限集合,$E=\{(n_i,n_j)|n_i,n_j\in N\}$,且 $(n_i,n_j)\neq(n_j,n_i)$。$(n_i,n_j)\in E$ 是顶点 n_i 的出边,顶点 n_j 的入边。

定义 3-3(连通图) 连通图是一个无向图 $G=(N,E)$ 或有向图 $D=(N,E)$,对于 N 中的任意两个顶点 n_s 和 n_t,存在一个顶点的序列 P,使得 $n_s=n_{i_0},n_{i_1},\cdots,n_{i_k}=n_t$ 均属于 N,且 $e_j=(n_{i_j},n_{i_{j+1}})(j=0,1,\cdots,k-1)$ 均属于 E(对于有向图 D,任意 $e_j=(n_{i_j},n_{i_{j+1}})$ 均属于 E)。P 也被称为图 G 或 D 的一条路径或通路。

定义 3-4(回路) 设 P 是有向图 D 的一条路径,$P=n_{i_0},n_{i_1},\cdots,n_{i_k}$,如果 $n_{i_0}=n_{i_k}$,则称 P 是 D 的一条回路。即开始和终结于同一顶点的通路称为回路。如果 $k=0$,则 P 称为自回路。若 P 是无向图 G 的一条路径,$P=n_{i_0},n_{i_1},\cdots,n_{i_k},n_{i_0}=n_{i_k}$,且 $k>0$,那么,称 P 是 G 的一条回路。若图中无任何回路,则称该图为无回路图。

3.1.2 树

定义 3-5(树) 一个无回路的无向图称为森林。一个无回路的连通无向图称为树

（或自由树）。如果树中有一个结点被特别地标记为根结点，那么，这棵树称为根树。

从逻辑结构上讲，树是包含 n 个结点的有穷集合 $S(n>0)$，且在 S 上定义了一个关系 R，R 满足以下三个条件：

（1）有且仅有一个结点 $t_0 \in S$，该结点对于 R 来说没有前驱，结点 t_0 称作树根；

（2）除了结点 t_0 以外，S 中的每个结点对于 R 来说，都有且仅有一个直接前驱；

（3）除了结点 t_0 以外的任何结点 $t \in S$，都存在一个结点序列 $t_0, t_1, \cdots, t_k$，使得 t_0 为树的根，$t_k = t$，有序对 $\langle t_{i-1}, t_i \rangle \in R(1 \leqslant i \leqslant k)$，则该结点序列称为从根结点 t_0 到结点 t 的一条路径。

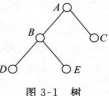

图 3-1　树

在根树中，自上而下的路径末端结点称为树的叶结点，介于根结点和叶结点之间的结点称为中间结点（或称内结点）。

在图 3-1 所示的例子中，A 为根结点，C、D、E 为叶结点，B 为中间结点，A 为 B、C 结点的父结点，B、C 称为 A 结点的子结点或后裔，D、E 互为兄弟结点，它们都是 B 结点的子结点。

3.1.3　字符串

定义 3-6（字符串）　假定 Σ 是字符的有限集合，一般称作字符表，它的每一个元素称为字符。由 Σ 中字符相连而成的有限序列称为 Σ 上的字符串。特殊地，不包括任何字符的字符串称为空串，记作 ε。包括空串在内的 Σ 上字符串的全体记为 Σ^*。

"连接"和"闭包"是字符串操作中的两种基本运算。

定义 3-7（字符串连接）　假定 Σ 是字符的有限集合，x, y 是 Σ 上的符号串，则把 y 的各个符号依次写在 x 符号串之后得到的符号串称为 x 与 y 的连接，记作 xy。

例如：$\Sigma = \{a, b, c\}$，$x = abc$，$y = cba$，那么，$xy = abccba$。

如果 x 是符号串，把 x 自身连接 $n(n \geqslant 0)$ 次得到的符号串 $z = \overbrace{xx \cdots x}^{n}$，称为 x 的 n 次方幂，记作 x^n。当 $n = 0$ 时，$x^0 = \varepsilon$。当 $n \geqslant 1$ 时，$x^n = xx^{n-1} = x^{n-1}x$。

定义 3-8（符号串集合的乘积）　设 A, B 是字符表 Σ 上符号串的集合，则 A 和 B 的乘积定义为

$$AB = \{xy \mid x \in A, y \in B\}$$

其中，$A^0 = \{\varepsilon\}$。当 $n \geqslant 1$ 时，$A^n = A^{n-1}A = AA^{n-1}$。

定义 3-9（闭包运算）　字符表 Σ 上的符号串集合 V 的闭包定义为：$V^* = V^0 \bigcup V^1 \bigcup V^2 \bigcup \cdots$，$V^+ = V^1 \bigcup V^2 \bigcup \cdots$，$V^+ = V^* - \{\varepsilon\}$。

例如：如果 $V = \{a, b\}$，那么，根据定义有：

$$V^* = \{\varepsilon, a, b, aa, ab, bb, ba, aaa, \cdots\}$$
$$V^+ = \{a, b, aa, ab, ba, bb, aaa, \cdots\}$$

一般地，我们用 $|x|$ 表示字符串 x 的长度，即字符串 x 中包含字符的个数。

3.2　形式语言

3.2.1　概述

乔姆斯基(Noam Chomsky)曾经把语言定义为：按照一定规律构成的句子和符号串的有限或无限的集合。根据这个定义，无论哪一种语言都是句子和符号串的集合，当然自然语言也不例外，汉语、英语等所有自然语言，都是一个无限集合。构成这些集合的是句子、单词或其他符号。我国学者吴蔚天认为，可以把语言看成一个抽象的数学系统[吴蔚天等，1994]。无论把语言看作集合还是数学系统，我们都可以用数学的方法来进行刻画和描述。

一般地，描述一种语言可以有三种途径[刘颖，2002；石青云(译)，1987]：

(1) 穷举法：把语言中的所有句子都枚举出来。显然，这种方法只适合句子数目有限的语言。

(2) 文法(产生式系统)描述：语言中的每个句子用严格定义的规则来构造，利用规则生成语言中合法的句子。

(3) 自动机法：通过对输入的句子进行合法性检验，区别哪些是语言中的句子，哪些不是语言中的句子。

文法用来精确地描述语言和其结构，自动机则是用来机械地刻画对输入字符串的识别过程。用文法来定义语言的优点是：由文法给予语言中的句子以结构，各成分之间的结构关系清楚、明了。但是，如果要直接用这些规则来确定一个字符串是否属于这套规则所定义的语言似乎并不十分明确。而由自动机来识别一个字符串是否属于该语言则相对简单，但自动机很难描述语言的结构。所以自然语言处理中的识别和分析算法，大多兼取两者之长。

3.2.2　形式语法的定义

形式语言是用来精确地描述语言(包括人工语言和自然语言)及其结构的手段。形式语言学也称代数语言学。

如果我们用重写规则 $\alpha \rightarrow \beta$ 的形式表示，其中，α,β 均为字符串。那么，这条规则表示字符串 α 可以被改写成 β。一个初始的字符串通过不断地运用重写规则，就可以得到另一个字符串。如果通过选择多个不同的规则并以不同的顺序来运用这些规则的话，就可以得到不同的新字符串。于是，我们可以得到如下形式语法(或称形式文法)的定义：

定义 3-10(形式语法)　形式语法是一个四元组 $G=(N,\Sigma,P,S)$，其中，N 是非终结符(non-terminal symbol)的有限集合(有时也称变量集或句法种类集)；Σ 是终结符号(terminal symbol)的有限集合，$N \cap \Sigma = \varnothing$；$V=N \cup \Sigma$ 称为总词汇表(vocabulary)；P 是一组重写规则的有限集合：$P=\{\alpha \rightarrow \beta\}$，其中，$\alpha,\beta$ 是由 V 中元素构成的串，但是，α 中至少应含有一个非终结符号；$S \in N$ 称为句子符或初始符。

定义 3-11（推导）　设 $G=(N,\Sigma,P,S)$ 是一个文法，在 $(N\cup\Sigma)^*$ 上定义关系 $\underset{G}{\Rightarrow}$（直接派生或推导）为：如果 $\alpha\beta\gamma$ 是 $(N\cup\Sigma)^*$ 中的符号串，且 $\beta\rightarrow\delta$ 是 P 中的一个产生式，那么，$\alpha\beta\gamma\underset{G}{\Rightarrow}\alpha\delta\gamma$。

一般地，我们用 $\underset{G}{\overset{+}{\Rightarrow}}$（读作按非平凡方式派生）表示 $\underset{G}{\Rightarrow}$ 的传递闭包，即 $(N\cup\Sigma)^*$ 上的符号串 ξ_i 到 $\xi_{i+1}(i\geqslant0)$ 至少经过一步推导或派生。$\underset{G}{\overset{*}{\Rightarrow}}$（读作派生）表示 $\underset{G}{\Rightarrow}$ 的自反或传递闭包，即由 $(N\cup\Sigma)^*$ 上的符号串 ξ_i 到 ξ_{i+1} 经过 $n(n\geqslant0)$ 步推导或派生。

如果已经明确某个推导是由给定文法 G 所产生的，那么，符号 $\underset{G}{\overset{*}{\Rightarrow}}$ 或 $\underset{G}{\overset{+}{\Rightarrow}}$ 中的 G 一般可以省略不写。如果每步推导中只改写最左边的那个非终结符，这种推导称为"最左推导"。反之，如果每次都只改写最右边的非终结符，则为最右推导。最右推导又称规范推导。

例 3-1　给定文法 $G(S)$ 的一组规则：

$$S \rightarrow P\,NP \quad（这里，S 表示文法的初始符，而不是句子。）$$
$$NP \rightarrow NN \mid NP\,Aux\,NP \qquad\qquad P \rightarrow 关于$$
$$NN \rightarrow 鲁迅 \mid 文章 \qquad\qquad Aux \rightarrow 的$$

字符串"关于鲁迅的文章"的最左推导为

$$S\Rightarrow P\,NP\Rightarrow 关于\,NP\Rightarrow 关于\,NP\,Aux\,NP\Rightarrow 关于\,NN\,Aux\,NP$$
$$\Rightarrow 关于鲁迅\,Aux\,NP\Rightarrow 关于鲁迅的\,NP$$
$$\Rightarrow 关于鲁迅的\,NN\Rightarrow 关于鲁迅的文章$$

同理，字符串"关于鲁迅的文章"的最右推导为

$$S\Rightarrow P\,NP\Rightarrow P\,NP\,Aux\,NP\Rightarrow P\,NP\,Aux\,NN\Rightarrow P\,NP\,Aux\,文章$$
$$\Rightarrow P\,NP\,的文章\Rightarrow P\,NN\,的文章\Rightarrow P\,鲁迅的文章$$
$$\Rightarrow 关于鲁迅的文章$$

定义 3-12（句子）　文法 $G=(N,\Sigma,P,S)$ 的句子形式（句型）通过如下递归方式定义：

(1) S 是一个句子形式；

(2) 如果 $\gamma\beta\alpha$ 是一个句子形式，且 $\beta\rightarrow\delta$ 是 P 中的产生式，那么，$\gamma\delta\alpha$ 也是一个句子形式。

对于文法 G，不含非终结符的句子形式称为 G 生成的句子。由文法 G 生成的语言（或称 G 识别的语言）是指 G 生成的所有句子的集合，记作 $L(G)$：

$$L(G) = \{x \mid x \in \Sigma, S\underset{G}{\overset{*}{\Rightarrow}}x\} \tag{3-1}$$

3.2.3　形式语法的类型

在乔姆斯基的语法理论中，文法被划分为 4 种类型：3 型文法、2 型文法、1 型文法和 0 型文法，分别称为正则文法、上下文无关文法、上下文相关文法和无约束文法。

1. 正则文法

定义 3-13（正则文法）　如果文法 G 的规则集 P 中所有规则均满足如下形式：$A\rightarrow Bx$，或 $A\rightarrow x$，其中，$A,B\in N,x\in\Sigma$，则称该文法 G 为正则文法，或称 3 型文法。

在这种书写格式中,由于规则右部的非终结符号(如果有的话)出现在最左边,所以,这种形式的正则文法又叫左线性正则文法。类似地,如果一正则文法所有含非终结符号的规则形式为 $A \rightarrow xB$,则该文法称为右线性正则文法。

例 3-2　$G = (N, \Sigma, P, S)$,其中,$N = \{S, A, B\}$,$\Sigma = \{a, b\}$,

P：(1) $S \rightarrow aA$　　　　　　(2) $A \rightarrow aA$

　　(3) $A \rightarrow bbB$　　　　　(4) $B \rightarrow bB$

　　(5) $B \rightarrow b$

该文法形式上似乎不满足上述正则文法定义的条件(第 3 条规则),但规则(3)可以改写成如下两条规则:

$$A \rightarrow bB'$$
$$B' \rightarrow bB$$

因此,该文法修改后为右线性正则文法,它所识别的语言为:$L(G) = \{a^n b^m\}$,$n \geqslant 1$,$m \geqslant 3$。

2. 上下文无关文法

定义 3-14(上下文无关文法)　如果文法 G 的规则集 P 中所有规则均满足如下形式:$A \rightarrow \alpha$,其中,$A \in N$,$\alpha \in (N \cup \Sigma)^*$,则称文法 G 为上下文无关文法(context-free grammar,CFG),或称 2 型文法。

例 3-3　$G = (N, \Sigma, P, S)$,其中,$N = \{S, A, B, C\}$,$\Sigma = \{a, b, c\}$,

P：(1) $S \rightarrow ABC$　　　　　　(2) $A \rightarrow aA \mid a$

　　(3) $B \rightarrow bB \mid b$　　　　　(4) $C \rightarrow BA \mid c$

显然,该文法为上下文无关文法,可识别的语言为

$$L(G) = \{a^n b^m a^k c^\alpha\}, \quad n \geqslant 1, m \geqslant 1, k \geqslant 0, \alpha \in \{0, 1\}$$

从定义中我们可以看出,2 型文法比 3 型文法少了一层限制,其规则右端的格式没有约束。也就是说,规则左部的非终结符可以被改写成任何形式。

3. 上下文有关文法

定义 3-15(上下文有关文法)　如果文法 G 的规则集 P 中所有规则满足如下形式:$\alpha A \beta \rightarrow \alpha \gamma \beta$,其中,$A \in N$,$\alpha, \beta, \gamma \in (N \cup \Sigma)^*$,且 γ 至少包含一个字符,则称文法 G 为上下文有关文法(context-sensitive grammar,CSG),或称 1 型文法。

从上述定义可以看出,字符串 $\alpha A \beta$ 中的 A 被改写成 γ 时需要有上文语境 α 和下文语境 β,这体现了上下文相关的含义。当然,α 和 β 可以为空字符 ε,如果 α 和 β 同时为空时,1 型文法变成了 2 型文法。也就是说,2 型文法是 1 型文法的特例。因此,1 型文法可识别的语言集合比 2 型文法可识别的语言集合更大。

例 3-4　$G = (N, \Sigma, P, S)$,其中,$N = \{S, A, B, C\}$,$\Sigma = \{a, b, c\}$,

P：(1) $S \rightarrow ABC$　　　　　　(2) $A \rightarrow aA \mid a$

　　(3) $B \rightarrow bB \mid b$　　　　　(4) $BC \rightarrow Bcc$

根据第(4)条规则可以断定该文法为上下文有关文法,所识别的语言为

$$L(G) = \{a^n b^m c^2\}, \quad n \geqslant 1, m \geqslant 1$$

通过这个例子我们可以看到,规则左部不一定仅为一个非终结符,可以有上下文限

制,但是,规则右端的长度不小于规则左部的长度。因此,这种文法又有另一种定义:如果文法 G 为上下文有关文法,当且仅当 $x \to y, x \in (N \cup \Sigma)^+, y \in (N \cup \Sigma)^*$,并且,$|y| \geqslant |x|$。注意,在定义中,空字符 ε 不可出现在 1、2、3 型文法的产生式中,否则,第二种定义不成立。不过在形式语言理论中,我们可以把 1、2、3 型文法的定义扩充到允许 $x \to \varepsilon$ 类型的产生式存在。

4. 无约束文法

定义 3-16(无约束文法) 如果文法 G 的规则集 P 中所有规则满足如下形式:$\alpha \to \beta$,其中,$\alpha \in (N \cup \Sigma)^+, \beta \in (N \cup \Sigma)^*$,则称 G 为无约束文法或无限制重写系统,也称 0 型文法。

根据上述定义我们不难看出,从 0 型文法到 3 型文法,对规则的约束越来越多,每一个正则文法都是上下文无关文法,每一个上下文无关文法都是上下文有关文法,而每一个上下文有关文法都可以认为是 0 型文法。因此,从 0 型文法到 3 型文法所识别的语言集合越来越小。如果用 G_0、G_1、G_2 和 G_3 分别表示 0 型、1 型、2 型和 3 型文法,那么,

$$L(G_0) \supseteq L(G_1) \supseteq L(G_2) \supseteq L(G_3) \tag{3-2}$$

我们约定,如果一个文法的产生式集合 P 中,有分属于不同类型文法的产生式,则把属于包含最广类型文法的那条产生式所属的类型作为这个文法的类型。比如说,某个文法的全部规则分别属于 1 型文法、2 型文法和 3 型文法,则我们称这个文法为 1 型文法。同理,如果一种语言能够由几种文法所产生,则把这种语言称为在这几种文法中受限制最多的那种文法所产生的语言。

3.2.4 CFG 识别句子的派生树表示

一个上下文无关文法 $G = (N, \Sigma, P, S)$ 产生句子的过程可以由派生树表示。派生树也称语法树(syntactic tree),或分析树(parsing tree)、推导树等。派生树的构造步骤如下:

(1) 对于任意 $x \in N \cup \Sigma$,给一个标记作为结点,令文法的初始符号 S 作为树的根结点;

(2) 如果一个结点的标记为 A,且至少有一个除它自身以外的后裔,那么 $A \in N$;

(3) 如果一个结点的标记为 A,它的 $k(k > 0)$ 个直接后裔结点按从左到右的顺序依次标记为 $A_1, A_2, \cdots, A_k$,则 $A \to A_1, A_2, \cdots, A_k$ 一定是 P 中的一个产生式。

例 3-5 在前面例 3-1 所示的文法 $G(S)$ 中,句子"关于鲁迅的文章"对应的派生树如图 3-2(a)所示。

定义 3-17(二义性文法) 如果文法 G 对于同一个句子存在两棵或两棵以上不同的分析树,那么,该句子是二义性的,文法 G 为二义性文法。

如果将例 3-1 中的文法 $G(S)$ 稍微修改一下,增加一条规则 $S \to PP\ Aux\ NP$,那么,规则集包含如下规则:

$$
\begin{aligned}
&S \to P\ NP\ |\ PP\ Aux\ NP \qquad\qquad PP \to P\ NP \\
&NP \to NN\ |\ NP\ Aux\ NP \qquad\qquad P \to 关于 \\
&NN \to 鲁迅\ |\ 文章 \qquad\qquad\qquad\quad Aux \to 的
\end{aligned}
$$

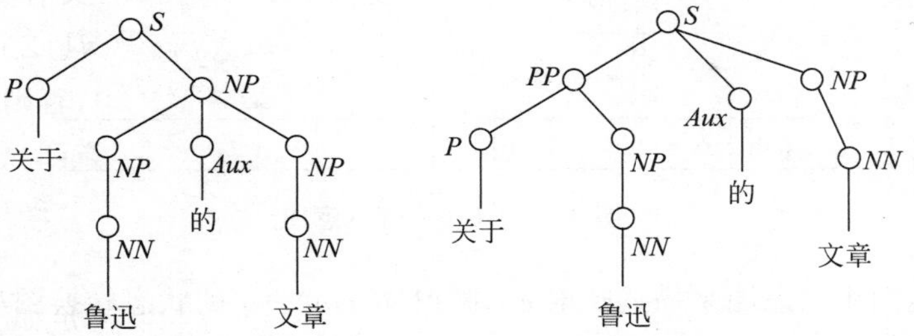

(a) CFG 的派生树示例1　　　　　　(b) CFG 的派生树示例2

图 3-2　CFG 的派生树示例

句子"关于鲁迅的文章"将有两棵不同的分析树,分别如图 3-2(a)和 3-2(b)所示。因此,增加规则后的文法将成为二义性文法。

3.3　自动机理论

自动机是一种理想化的"机器",它只是抽象分析问题的理论工具,并不具有实际的物质形态。它是科学定义的演算机器,用来表达某种不需要人力干涉的机械性演算过程。根据不同的构成和功能,自动机分成以下 4 种类型:有限自动机(finite automata,FA)、下推自动机(push-down automata,PDA)、线性界限自动机(linear-bounded automata)和图灵机(Turing machine)。

3.3.1　有限自动机

有限自动机又分为确定性有限自动机(definite automata,DFA)和不确定性有限自动机(non-definite automata,NFA)两种。

定义 3-18(确定性有限自动机)　DFA M 是一个五元组:

$$M = (\Sigma, Q, \delta, q_0, F)$$

其中,Σ 是输入符号的有穷集合;Q 是状态的有限集合;$q_0 \in Q$ 是初始状态;F 是终止状态集合,$F \subseteq Q$;δ 是 Q 与 Σ 的直积 $Q \times \Sigma$ 到 Q(下一个状态)的映射,它支配着有限状态控制的行为,有时也称为状态转移函数。

图 3-3 是 DFA 的原理示意图。其含义是:处在状态 $q \in Q$ 中的有限控制器从左到右依次从输入带上读入字符。开始时有限控制器处在状态 q_0,输入头指向 Σ^* 中一个链的最左符号。映射 $\delta(q, a) = q'(q, q' \in Q, a \in \Sigma)$ 表示在状态 q 时,若输入符号为 a,则自动机 M 进入状态 q' 并且将输入头向右移动一个字符。

定义 3-19(DFA 接受的语言)　如果一个句子 x 对于有限自动机 M 有 $\delta(q_0, x) = p$,$p \in F$,那么,称句子 x 被 M 接受。被 M 接受的句子的全集称为由 M 定义的语言,或称 M 所接受的语言,记作 $T(M)$:

$$T(M) = \{x \mid \delta(q_0, x) \in F\} \tag{3-3}$$

图 3-3　DFA 原理示意图

一般地，我们用状态图来描述映射 δ。映射 $\delta(q,a)=q'$ 的状态转换图如图 3-4 所示。

状态转换图的构造方法为：每个状态作为一个结点，用圆圈表示。如果处在状态 q 并接受输入符号 $a\in\Sigma$ 时的 DFA 转移到 q' 状态，那么，画一条有向弧从状态 q 到达状态 q'，其标记为 a。终止状态用双圈表示，开始状态用带"开始(start)"说明的箭头标出。

例 3-6　图 3-5 给出一个 DFA M。

图 3-4　状态转换图　　　　　　　　　　　图 3-5　DFA 例子

容易看出，该 DFA 识别的语言为"所有 0、1 构成的至少包含一个 0 的字符串"。

定义 3-20（不确定的有限自动机）　NFA M 是一个五元组：

$$M = (\Sigma, Q, \delta, q_0, F)$$

其中，Σ 是输入符号的有穷集合；Q 是状态的有限集合；$q_0\in Q$ 是初始状态；F 是终止状态集合，$F\subseteq Q$；δ 是 Q 与 Σ 的直积 $Q\times\Sigma$ 到 Q 的幂集 2^Q 的映射。

NFA 与 DFA 的重要区别是：在 NFA 中 $\delta(q,a)$ 是一个状态集合，而在 DFA 中 $\delta(q,a)$ 是一个状态。根据定义，对于 NFA M 有映射：

$$\delta(q,a) = \{q_1, q_2, \cdots, q_k\}, \quad k \geqslant 1$$

其含义是：NFA M 在状态 q 时，接受输入符号 a 时，M 可以选择状态集 $q_1, q_2, \cdots, q_k$ 中的任何一个状态作为下一个状态，并将输入头向右边移动一个字符的位置。

定义 3-21（NFA 接受的语言）　如果存在一个状态 p，有 $p\in\delta(q_0,x)$ 且 $p\in F$，则称句子 x 被 NFA M 所接受。被 NFA M 接受的所有句子的集合称为 NFA M 定义的语言，记作 $T(M)$：

$$T(M) = \{x \mid p \in \delta(q_0, x) \text{ 且 } p \in F\} \tag{3-4}$$

定理 3-1　设 L 是被 NFA 所接受的语言，则存在一个 DFA，它能够接受 L。

可以用数学归纳法证明该定理，关于其证明过程，不再赘述。根据这个定理，给定一个 NFA 可以构造一个等价的 DFA。具体方法请参阅[石青云(译)，1987]等有关文献。

由于 DFA 与 NFA 接受同样的语言，所以一般情况下无需区分它们，二者统称为有限自动机(finite automata，FA)。

3.3.2　正则文法与自动机的关系

下面讨论正则文法与有限自动机的关系。

定理 3-2　若 $G=(V_N,V_T,P,S)$ 是一个正则文法,则存在一个 FA $M=(\Sigma,Q,\delta,q_0,F)$,使得 $T(M)=L(G)$。

根据这个定理,可以用以下方法由给定的正则文法 $G=(V_N,V_T,P,S)$ 构造 FA M。具体步骤如下:

(1) 令 $\Sigma=V_T,Q=V_N\bigcup\{T\}$,$q_0=S$,其中 T 是一个新增加的非终结符;

(2) 如果在 P 中有产生式 $S\rightarrow\varepsilon$,则 $F=\{S,T\}$,否则 $F=\{T\}$;

(3) 如果在 P 中有产生式 $B\rightarrow a,B\in V_N,a\in V_T$,则 $T\in\delta(B,a)$;

(4) 如果在 P 中有产生式 $B\rightarrow aC,B,C\in V_N,a\in V_T$,则 $C\in\delta(B,a)$;

(5) 对于每一个 $a\in V_T$,有 $\delta(T,a)=\varnothing$。

例 3-7　给定正则文法 $G=(V_N,V_T,P,S)$,其中,

$$V_N=\{S,A\},\quad V_T=\{0,1\}$$
$$P: S\rightarrow 0A\quad A\rightarrow 1S\quad A\rightarrow 0$$

构造与 G 等价的 NFA:

(1) 设 NFA $M=(\Sigma,Q,\delta,q_0,F)$,根据上述构造步骤有:

$$\Sigma=V_T=\{0,1\},\quad Q=V_N\bigcup\{T\}=\{S,A,T\},\quad q_0=S,\quad F=\{T\}$$

(2) 映射 δ 为

$$\delta(S,0)=\{A\}\quad\text{(因为有规则 }S\rightarrow 0A\text{)}$$
$$\delta(S,1)=\varnothing$$
$$\delta(A,0)=\{T\}\quad\text{(因为有规则 }A\rightarrow 0\text{)}$$
$$\delta(A,1)=\{S\}\quad\text{(因为有规则 }A\rightarrow 1S\text{)}$$
$$\delta(T,0)=\varnothing$$
$$\delta(T,1)=\varnothing$$

(3) 该 NFA M 的状态转换图可以由上面的映射关系构成,如图 3-6 所示。

定理 3-3　若 $M=(\Sigma,Q,\delta,q_0,F)$ 是一个有限自动机,则存在一个正则文法 $G=(V_N,V_T,P,S)$,使得 $L(G)=T(M)$。

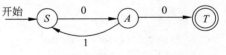

图 3-6　由正则文法构造 NFA 示例

由 FA M 构造 G 的一般步骤为

(1) 令 $V_N=Q,V_T=\Sigma,S=q_0$;

(2) 如果 $C\in\delta(B,a),B,C\in Q,a\in\Sigma$,则在 P 中有产生式 $B\rightarrow aC$;

(3) 如果 $C\in\delta(B,a),C\in F$,则在 P 中有产生式 $B\rightarrow a$。

根据上面介绍的三个定理可以得到一个重要结论:对于任意一个正则文法所产生的语言,总可以构造一个确定的有限自动机识别它。也就是说,对于任意一个正则文法,总可以构造一个确定的有限自动机。

3.3.3　上下文无关文法与下推自动机

下推自动机(PDA)可以看成是一个带有附加下推存储器的有限自动机,下推存储器是一个堆栈(stack)。其原理示意图如图 3-7 所示。

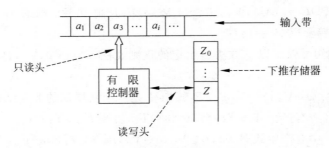

图 3-7 下推自动机原理示意图

定义 3-22（PDA） 不确定的下推自动机（PDA）可以表达成一个七元组：

$$M = (\Sigma, Q, \Gamma, \delta, q_0, Z_0, F)$$

其中，Σ 是输入符号的有穷集合；Q 是状态的有限集合；Γ 为下推存储器符号的有穷集合；$q_0 \in Q$ 是初始状态；$Z_0 \in \Gamma$ 为最初出现在下推存储器顶端的开始符号；$F \subseteq Q$ 是终止状态集合；δ 是从 $Q \times (\Sigma \bigcup \{\varepsilon\}) \times \Gamma$ 到 $Q \times \Gamma^*$ 的子集的映射。映射关系 δ：

$$\delta(q, a, Z) = \{(q_1, \gamma_1), (q_2, \gamma_2), \cdots, (q_m, \gamma_m)\} \tag{3-5}$$

其中，$q_1, q_2, \cdots, q_m \in Q, a \in \Sigma, Z \in \Gamma, \gamma_1, \gamma_2, \cdots, \gamma_m \in \Gamma^*$。式（3-5）的含义是：当下推自动机处于状态 q，接受输入符号 a 时，自动机将进入到 $q_i (i = 1, 2, \cdots, m)$ 状态，并以 γ_i 来代替下推存储器（栈）顶端符号 Z，同时将输入头指向下一个字符。当 Z 被 γ_i 取代时，γ_i 的符号按照从左到右的顺序依次从下向上推入到存储器。

特殊情况下，$\delta(q, \varepsilon, Z) = \{(q_1, \gamma_1), (q_2, \gamma_2), \cdots, (q_m, \gamma_m)\}$ 时，意味着下推自动机处于状态 q 时没有接受任何输入符号，因此，输入头位置不移动，只用于处理下推存储器内部的操作，自动机进入到 $q_i (i = 1, 2, \cdots, m)$ 状态，并以 γ_i 来代替下推存储器（栈）顶端符号 Z。这个操作叫做"ε 移动"。

为了方便描述下推存储器，我们作如下符号约定：

设有序对 $(q, \gamma), q \in Q, \gamma \in \Gamma^*$，对于 $a \in (\Sigma \bigcup \{\varepsilon\}), \gamma, \beta \in \Gamma^*$ 和 $Z \in \Gamma$，如果 $(q', \beta) \in \delta(q, a, Z), q, q' \in Q$，那么，表达式

$$a : (q, Z\gamma) \Longrightarrow \Big|_{\overline{M}} (q', \beta\gamma) \tag{3-6}$$

表示根据下推自动机的状态转换规则，输入符号 a 能使下推自动机 M 由格局 $(q, Z\gamma)$ 转换到格局 $(q', \beta\gamma)$，或称式（3-6）为一个合法转移。零次或多次合法转移表示为

$$a : (q, Z\gamma) \Longrightarrow \Big|_{\overline{M}}^{*} (q', \beta\gamma) \tag{3-7}$$

在不致混淆的情况下，对于指定的下推自动机 M，转移符号下面的 M 可以略去不写。

对于下推自动机，判断一种语言（或者一个句子）是否被 PDA 接受的标准有两种：

（1）终止状态接受标准

对于 PDA M，句子 x 被以终止状态标准 $T(M)$ 所接受的定义为

$$T(M) = \{x \mid x : (q_0, Z_0) \Big|_{\overline{M}}^{*} (q, \gamma), \gamma \in \Gamma^*, q \in F\} \tag{3-8}$$

意思是：对于输入句子 x，如果 PDA 从初始状态 q_0 开始转换到终止状态 q 时，x 正好被

读完,则认为 x 被 PDA M 所接受,而不管这时下推存储器里的内容如何。

（2）空存储器接受标准

对于 PDA M,句子 x 被空存储器标准 $N(M)$ 所接受的定义为

$$N(M) = \{x \mid x : (q_0, Z_0) \underset{M}{\overset{*}{\vdash}} (q, \varepsilon), q \in Q\} \tag{3-9}$$

意思是:对于给定的输入句子 x,当输入头指向 x 的末端时,如果下推存储器变为空,则认为 x 被 PDA M 所接受,而不管这时 PDA 的状态 q 是否在终止状态集 F 中。

下推自动机与上下文无关文法的关系可以通过定理 3-4 和定理 3-5 刻画。

定理 3-4　设 $L(G)$ 为上下文无关文法语言,则存在一个 PDA $M = (\Sigma, Q, \Gamma, \delta, q_0, Z_0, F)$ 使得该 PDA 以空存储器标准所接受的语言 $N(M) = L(G)$。

定理 3-5　设 $N(M)$ 为由 PDA $M = (\Sigma, Q, \Gamma, \delta, q_0, Z_0, F)$ 以空存储器标准所接受的语言,则存在一个 CFG 使得 $L(G) = N(M)$。

3.3.4　图灵机

图灵机与有限自动机的区别在于图灵机可以通过其读写头改变输入带上的字符,而有限自动机不能做到这一点。

定义 3-23（图灵机）　一个图灵机 T 可以表达成一个六元组:

$$T = (\Sigma, Q, \Gamma, \delta, q_0, F)$$

其中,Σ 是输入/输出带上字符的有穷集合,不包含空白符号 B;Q 是状态的有限集合;Γ 是输入符号的有穷集合,包含空符号 B,$\Sigma \subseteq \Gamma$,$\Gamma = \Sigma \cup \{B\}$;$q_0 \in Q$ 是初始状态;F 是终止状态集合,$F \subseteq Q$;δ 是从 $Q \times \Gamma$ 到 $Q \times (\Gamma - \{B\}) \times \{R, L, S\}$ 子集的一个映射。其中,R, L, S 分别表示右移一格、左移一格和停止不动。

图灵机 T 的一个格局（instantaneous description, ID）可以用三元组 (q, α, i) 表示,其中,$q \in Q$,α 是输入/输出带上非空白部分,$\alpha \in (\Gamma - \{B\})^*$,$i$ 是整数,表示 T 的读/写头到 α 左端（起始位置）的距离。图灵机 T 通过如下转移动作引起格局的变化:假设 $(q, A_1 A_2 \cdots A_n, i)$ 是当前 T 的一个格局（$1 \leqslant i \leqslant n+1$）。

（1）如果 $\delta(q, A_i) = (p, X, R)$,$1 \leqslant i \leqslant n$,那么,$T$ 的基本操作（即指定 T 的基本移动）可以表示为

$$(q, A_1 A_2 \cdots A_n, i) \underset{T}{\vdash} (p, A_1 A_2 \cdots A_{i-1} X A_{i+1} \cdots A_n, i+1) \tag{3-10}$$

即 T 的读/写头在 i 位置写入符号 X,并将读/写头向右移动一个位置。

（2）如果 $\delta(q, A_i) = (p, X, L)$,$2 \leqslant i \leqslant n$,那么,

$$(q, A_1 A_2 \cdots A_n, i) \underset{T}{\vdash} (p, A_1 A_2 \cdots A_{i-1} X A_{i+1} \cdots A_n, i-1) \tag{3-11}$$

即 T 的读/写头在 i 位置写入符号 X,并将读/写头向左移动一个位置,但不超出输入带的左端位置。

（3）如果 $i = n+1$,读写头超出原字符串的右端,读到的是空白符号 B,此时如果有 $\delta(q, B) = (p, X, R)$,那么,

$$(q, A_1 A_2 \cdots A_n, n+1) \underset{T}{\vdash} (p, A_1 A_2 \cdots A_n X, n+2) \tag{3-12}$$

而如果 $\delta(q,B)=(p,X,L)$，则

$$(q,A_1A_2\cdots A_n,n+1)\mathrel{\underset{T}{\vdash}}(p,A_1A_2\cdots A_nX,n) \tag{3-13}$$

如果 T 的两个格局 X 和 Y 之间的基本移动（包括不移动）的次数是有限的，且互相关联，则可记为：$X\mathrel{\underset{T}{\overset{*}{\vdash}}}Y$。

图灵机 T 所接受的语言定义为

$$L(T)=\left\{\alpha\mid\alpha\in\Sigma^*,(q_0,\alpha,1)\mathrel{\underset{T}{\overset{*}{\vdash}}}(q,\beta,i),q\in F,\beta\in\Gamma^*\right\} \tag{3-14}$$

给定一个识别语言 L 的图灵机 T，不失一般性，我们可以假定每当输入句子被接受时，T 就停机，即不再有下一个动作。另一方面，对于未接受的句子，T 可能不停机。

图灵机和 0 型文法的关系可以通过定理 3-6 和定理 3-7 来说明。

定理 3-6 如果 L 是一个由 0 型文法产生的语言，则 L 可被一个图灵机所接受。

定理 3-7 如果 L 可被一个图灵机所接受，则 L 是一个由 0 型文法产生的语言。

3.3.5 线性界限自动机

线性界限自动机是一个确定的单带图灵机，其读/写头不能超越原输入带上字符串的初始和终止位置，即线性界限自动机的存储空间被输入符号串的长度所限制。

定义 3-24（线性界限自动机） 一个线性界限自动机 M 可以表达成一个六元组：

$$M=(\Sigma,Q,\Gamma,\delta,q_0,F)$$

其中，Γ 是输入/输出带上符号的有穷集合；Q 是状态的有限集合；Σ 是输入/输出带上字符的有穷集合，$\Sigma\subseteq\Gamma$；$q_0\in Q$ 是初始状态；F 是终止状态集合，$F\subseteq Q$；δ 是从 $Q\times\Gamma$ 到 $Q\times\Gamma\times\{R,L\}$ 子集的映射。

Σ 包括两个特殊符号 $\sharp$ 和 $\$$，分别表示输入链的左端和右端结束标志。

线性界限自动机 M 的格局，以及两个格局之间转移关系的定义与图灵机的相同。线性界限自动机与图灵机的唯一不同是对读/写头位置的限制。在线性界限自动机中，对于读/写头超出输入字符串长度范围时，转移动作没有定义。

线性界限自动机 M 接受的语言定义为

$$L(M)=\{\alpha\mid\alpha\in(\Sigma-\{\sharp,\$\})^*,(q_0,\sharp\alpha\$,1)\mathrel{\underset{T}{\overset{*}{\vdash}}}(q,\beta,i),q\in F,\beta\in\Gamma^*\}$$

$$\tag{3-15}$$

对于任何状态 $q\in Q$ 和 $A\in\Gamma$，如果映射 $\delta(q,A)$ 包含的成员（下一个状态）不超过一个，则线性界限自动机是确定的。

线性界限自动机与上下文相关文法的关系可以由定理 3-8 给出。

定理 3-8 如果 L 是一个上下文相关语言，则 L 由一个不确定的线性界限自动机所接受。反之，如果 L 被一个线性界限自动机所接受，则 L 是一个上下文相关语言。

归纳起来，各类自动机之间的主要区别是它们能够使用的信息存储空间的差异：有限状态自动机只能用状态来存储信息；下推自动机除了使用状态以外，还可以用下推存储器（堆栈）；线性界限自动机可以利用状态和输入/输出带本身，因为输入/输出带没有"先

进后出"的限制,因此,其功能大于堆栈;而图灵机的存储空间没有任何限制。

从识别语言的能力上来看,有限自动机等价于正则文法;下推自动机等价于上下文无关文法;线性界限自动机等价于上下文有关文法,而图灵机等价于无约束文法。

3.4 自动机在自然语言处理中的应用

前面已经简要地介绍了形式语言与自动机理论的基本概念和思想方法,这些理论方法在自然语言处理中具有重要的用途。在实际应用中,有限自动机又称为有限状态机(finite state machine,FSM)。下面我们通过几个例子来说明有限自动机在自然语言处理中的具体应用。

3.4.1 单词拼写检查

单词拼写检查是文字录入、编辑、出版等工作中的一项重要任务。实现单词拼写检查的方法很多,K. Oflazer 曾将有限自动机用于英语单词的拼写检查[Oflazer,1996]。在该方法中,两个相似字符串之间的编辑距离采用 Damerau 给出的定义,即两个字符串之间的编辑距离等于使一个字符串变成另外一个字符串而进行的插入、删除、替换或相邻字符交换位置而进行操作的最少次数[Damerau,1964]。例如:

ed(recoginze,recognize)=1 (需要交换两个相邻字符"i"和"n"的位置)

ed(sailn,failing)=3 (需要将"s"替换成"f",在字母"l"后边插入"i","n"后面插入"g"。)

假设 $Z=z_1z_2\cdots z_p$ 为字母表 A 上的 p 个字母构成的字符串,$Z[j]$ 表示含有 $j(j \geqslant 1)$ 个字符的子串。$X[m]$ 为拼写错误的字符串,其长度为 m,$Y[n]$ 为与 X 串可能部分相同的字符串(一个候选),其长度为 n。那么,给定两个串 X 和 Y 的编辑距离 $ed(X[m],Y[n])$,可以通过下面的循环计算出从字符串 X 转换到 Y 进行插入、删除、替换和交换两个相邻的基本单位(字符)操作所需的最少次数[Du and Chang,1992]。

(1) 如果 $x_{i+1}=y_{j+1}$(两个串的最后一个字母相同),则

$$ed(X[i+1],Y[j+1]) = ed(X[i],Y[j]) \tag{3-16}$$

(2) 如果 $x_i=y_{j+1}$,并且 $x_{i+1}=y_j$(最后两个字符交叉相等),则

$$
\begin{aligned}
ed(X[i+1],Y[j+1]) = 1 + \min\{ &ed(X[i-1],Y[j-1]), \\
&ed(X[i],Y[j+1]), \\
&ed(X[i+1],Y[j])\}
\end{aligned} \tag{3-17}
$$

(3) 其他情况下,

$$ed(X[i+1],Y[j+1])$$
$$= 1 + \min\{ed(X[i],Y[j]),ed(X[i],Y[j+1]),ed(X[i+1],Y[j])\} \tag{3-18}$$

其中,$ed(X[0],Y[j]) = j \ (0 \leqslant j \leqslant n)$;

$ed(X[i],Y[0]) = i \ (0 \leqslant i \leqslant m)$;

$ed(X[-1],Y[j]) = ed(X[i],Y[-1]) = \max(m,n)$(边界约定)。

下式定义一个确定的有限状态机 R：

$$R = (Q, A, \delta, q_0, F)$$

其中，Q 表示状态；A 表示输入字符集（字母表）；$\delta: Q \times A \to Q$；$q_0 \in Q$ 为起始状态；$F \subseteq Q$ 为终止状态。

如果 $L \subseteq A^*$ 表示有限状态机 R 定义的语言，$t > 0$ 为编辑距离的阈值，那么，一个字符串 $X[m] \notin L$ 能够被 R 识别的条件是存在非空集合：

$$C = \{ Y[n] \mid Y[n] \in L, \mathrm{ed}(X[m], Y[n]) \leqslant t \} \tag{3-19}$$

一个基于有限状态机的识别器可以看作是一个弧上有字母标记 $a \in A$ 的有向图，字母表 A 上的字母构成的所有合法单词都是有限状态机中的一条路径。那么，字符串识别的过程就是对有向图从初始状态到终止状态遍历的过程，一条路径从初始状态到终止状态经过的所有弧上的字母连接起来构成一个字符串。如果给定一个输入串，对其进行拼写检查的过程实际上就是在给定阈值 $t(t > 0)$ 的范围内，寻找所有那些与输入串的编辑距离小于 t 的路径，这些路径从初始状态到终止状态经过的所有弧上的字母连接起来就是要找的与输入串最相似的单词。该过程如图 3-8 所示[Oflazer, 1996]。

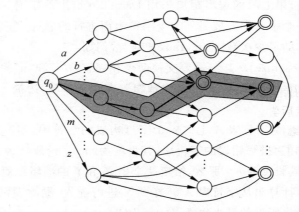

图 3-8　拼写检查有限状态机示意图

为了提高搜索速度，可以把搜索空间限定在一个较小的范围内，尽早把那些编辑距离超过给定阈值 t 的路径剪枝。为了判断哪些路径应该被剪枝，Oflazer 提出了剪除编辑距离或剪除距离（cut-off edit distance）的概念，用以度量错误的输入串的子串（可能是局部）与候选正确串之间的最小编辑距离。设 Y 是一局部候选串（拼写正确），其长度为 n，X 是出错的输入串，其长度为 m，令 $l = \max(1, n-t)$，$u = \min(m, n+t)$。那么，剪除距离定义为

$$\mathrm{cuted}(X[m], Y[n]) = \min_{l \leqslant i \leqslant u} \mathrm{ed}(X[i], Y[n]) \tag{3-20}$$

即函数 cuted($\cdot$) 用于从 X 字符串中截取长度范围在 $l \sim u$ 之间的子串，并计算这些子串与 Y 的编辑距离，取最小距离。

例如：$t = 2$，$X = \mathrm{reprter}(m=7)$，$Y = \mathrm{repo}(n=4)$，那么：

$l = \max\{1, 2\} = 2$，$u = \min\{7, 6\} = 6$，

$$
\begin{aligned}
\text{cuted}(\text{reprter}, \text{repo}) = \min\{ & \text{ed}(\text{re}, \text{repo}) = 2, \\
& \text{ed}(\text{rep}, \text{repo}) = 1, \\
& \text{ed}(\text{repr}, \text{repo}) = 1, \\
& \text{ed}(\text{reprt}, \text{repo}) = 2, \\
& \text{ed}(\text{reprte}, \text{repo}) = 3\} = 1
\end{aligned}
$$

也就是说,除了边界情况,被考虑的含拼写错误的字符串 X 的长度应介于 $n-t$ 和 $n+t$ 之间。如果要保证 X 和 Y 至少在长度上一样,长度小于 $n-t$ 的 X 的子串需要多于 t 次插入操作,对于长度大于 $n+t$ 的 X 的子串需要多于 t 次删除操作。这两种情况实际上均违背了编辑距离的定义,如图 3-9 所示。

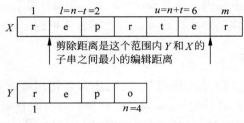

图 3-9　剪除距离示例

根据约定,局部候选串 Y 由自动机从初始状态出发的一些连续弧上所对应的标记符号构成。每当扩展 Y 时,需要检测字符串 X 与 Y 之间的剪除距离是否在门限值 t 所限定的范围之内。如果剪除距离超过了 t 值,就要放弃最后一步转移弧,回溯到上一状态(同时缩短候选串 Y),然后尝试其他可能的转移弧。如果找不到其他可能的转移弧,也就是说,从该状态不能再继续延伸时,开始递归地执行回溯操作,用该路径所有弧上的标记字符形成字符串 Y。如果在形成 Y 的过程中,没有违背剪除距离的限制,并且在到达 Y 的末端时,满足条件 $\text{ed}(X[m], Y[n]) \leqslant t$,那么,$Y$ 就是 X 的一个有效的候选拼写形式。

实际上,阈值 t 起到了两个作用:一是限制从 X 中取子串的长度;二是约束 X(子串)与 Y 之间的编辑距离。

根据上述思想,有限自动机形成候选串 Y 的过程构成一个有向图,因此,可以通过稍微修改图的深度优先搜索算法来实现所有 Y 的生成过程。算法描述如下:

```
/* 将一个空字符串和初始结点压栈 stack */
push((ε, q₀));
while stack≠NULL{
    pop((Y', qᵢ));                      /* 从栈顶弹出一个部分字串 Y'和状态结点 */
    for ∀qⱼ, a : δ(qᵢ, a) = qⱼ{
        Y = concat(Y', a);             /* 扩展候选串,把字符 a 连接到 Y'上。 */
        if(cuted(X[m], Y[n]) ≤ t)
            push((Y, qⱼ));              /* 保证剪除距离在限定的范围 */
        if(ed(X[m], Y[n]) ≤ t) and (qⱼ ∈ F)
            output(Y);                 /* 输出 Y */
    }
}
```

该算法的关键之处在于通过构造一个 $m \times n$ 的 H 矩阵从而可以快速地计算剪除距离，H 矩阵的元素 $h_{ij} = \mathrm{ed}(X[i], Y[j])$。根据前面给出的编辑距离的定义，矩阵元素 h_{i+1j+1} 的计算仅递归地依赖于 $h_{ij}, h_{ij+1}, h_{i+1j}$ 和 h_{i-1j-1}，参照图 3-10。

图 3-10　H 矩阵

在状态图的深度优先搜索过程中，只有当候选串长度达到 n 时，H 矩阵第 n 列的元素才被重新计算。在回溯过程中，最后一列的项被丢弃，但前面列中的项仍然有效。这样，除了 h_{ij+1} 以外，计算 h_{i+1j+1} 所需要的项都已经在矩阵的第 $i-1$ 行和第 i 行中，可以被直接使用。计算 $\mathrm{cuted}(X[m], Y[n])$ 需要一个循环，在循环中计算出该编辑距离的最小值，该循环在计算 h_{i+1j+1} 之前首先根据 $j+1$ 列的值计算出 h_{ij+1}。

3.4.2　单词形态分析

在实际应用中，除了有限状态机以外，我们还常常使用有限状态转换机（finite state transducer，FST）的概念。简单地讲，有限状态转换机与有限自动机（或有限状态机）的区别在于：FST 在完成状态转移的同时产生一个输出，而 FA（或 FSM）只实现状态的转移，不产生任何输出。

英语单词的形态变化是非常普遍的现象，例如：

tooth：teeth

heavy：heavier，heaviest

write：writing，wrote，written

在自然语言处理中，单词形态分析是非常重要的基础性工作。用有限状态转换机进行英语单词的形态分析是常用的方法。例如，形容词 heavy 在英文句子中可能以三种不同的形式出现：原型、比较级和最高级。对于变形后的 heavy，为了正确分析出其原型，可以通过构造状态转换机的方法实现，如图 3-11 所示。其中，弧上的标记"x：y"表示在识别输入字符 x 时，产生输出字符 y。

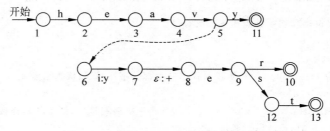

图 3-11　单词 heavy 的形态分析状态图

对图 3-11 所示状态图的解释是：从初始状态 1 开始，状态转换机可以依次接受字符"h，e，a，v"，到达状态 5，如果再接受字符"y"时，状态转移机到达终止状态，结束识别过程，表明单词 heavy 为一合法的单词。否则，在状态 5 时（状态 5 和状态 6 等价），如果遇到字符"i"，状态转换机在接受"i"的同时将产生一个输出字符"y",使得前面的识别字串变成"heavy",然后在接受空输入(不接受任何输入)的情况下,再产生一个输出字符"+",接着,依次接受字符"e,r"或者"e,s,t",最后各自进入终止状态。因此,这个状态图实际上表示的是除了识别 heavy 单词原型以外,还可产生如下两条关于单词 heavy 的形态分析规则:

$$heavier \rightarrow heavy + er$$
$$heaviest \rightarrow heavy + est$$

具体实现这一方法时,一般让前缀或词根相同而后缀不同的单词共用一个有限状态转换机,共享其中的某些状态结点,如 take,tape,tap,tale,tan 等。

3.4.3　词性消歧

词性标注(part-of-speech tagging)是自然语言处理中的重要问题,也是难点之一,其原因在于同一个单词可以用作多种不同的词性,即词性兼类。那么,如何根据不同的上下文消除词性歧义就成为问题的焦点。请看如下例句:

(1) The time flies like an arrow.

(2) May I take a can?

(3) 这人其实很好,就是有时好发脾气。

在例句(1)中,flies 可以用作动词 fly(飞,飞行)的单数第三人称一般现在时,like 可以用作介词,意思是"像……一样",time 用作名词。整个句子可以翻译为"光阴似箭",或者"时间像箭一样飞逝"。但是,flies 也可以用作名词(苍蝇,两翼昆虫)的复数形式,而 like 可以用作动词(喜欢),在这种情况下,句子可以译成"时间苍蝇(这种苍蝇的名字叫'时间')喜欢箭",这在句法上是完全成立的。

在例句(2)中,May 可以用作助动词(可以,愿),也可以用作名词(五月),而 can 可以是助动词(能,能够),或者名词(罐头)或动词(装罐头)。在该句中显然正确的译法是"我可以拿一只罐头吗?"如果不考虑问号和时态的话,也可勉强译为"五月我拿一只罐头。"

在例句(3)中,第一个"好"用作形容词,而第二个"好"用作动词,表示"喜欢,爱好"的意思。

词性标注的方法很多,有限状态转换机方法是其中的一种。Roche and Schabes (1995)在 Brill(1992)建立的词性消歧规则的基础上通过构造状态转换机,实现了一种词性消歧方法。该方法包括如下 4 步:

(1) 将每一条词性标注规则转换成相应的状态转换机,如图 3-12(a)和图 3-13(a)所示。

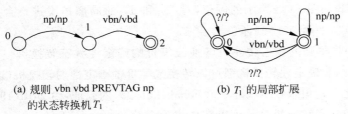

(a) 规则 vbn vbd PREVTAG np
　　的状态转换机 T_1

(b) T_1 的局部扩展

图 3-12　词性标注规则与状态转换机示例 1

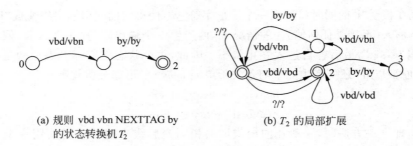

(a) 规则 vbd vbn NEXTTAG by
    的状态转换机 T_2

(b) T_2 的局部扩展

图 3-13　词性标注规则与状态转换机示例 2

图中弧上形为"x/y"的标记表示在接受输入 x 的情况下，产生输出 y。图 3-12(a)中的状态转换机 T_1 所对应的规则为

$$vbn \quad vbd \quad PREVTAG \quad np$$

表示如果前一个词性标记为 np，则 vbn 将被改写成 vbd。类似地，图 3-13(a)中的表示规则：

$$vbd \quad vbn \quad NEXTTAG \quad by$$

含义是如果后面一个词性标记为 by，那么 vbd 将被改写成 vbn。

每一条规则都是根据局部上下文定义的，也就是说，它所描述的转换必须被应用于输入序列的特定位置上。例如，规则

$$A \quad B \quad PREV1OR2TAG \quad C$$

表示：如果当前位置的前一个或者前面的第二个标记为 C，则 A 被转换为 B。假如有标记序列 CAA，该规则可以被使用两次，转换结果为 CBB。

在该方法中，假定状态转换机只有一个起始状态，用 0 状态表示。

(2) 将上一步得到的与每一条规则关联的状态转换机进行扩展变换，使其成为可以对输入句子进行全局操作的转换机。

给定一个函数 f_1，该函数可以将 a 变换成 b，即 $f_1(a)=b$，如果要将 f_1 扩展成 f_2，使 $f_2(w)=w'$，w' 是 a 的每次出现都被 b 替代以后由 w 变换得到的结果，那么，我们说 f_2 是 f_1 的局部扩展(local extension)，并记作 $f_2=\text{LocExt}(f_1)$。

图 3-12(b)和图 3-13(b)分别为 T_1 和 T_2 的局部扩展。其中，状态 i 发出的弧上的标记"?"表示其他任何一个没有出现在状态 i 发出的所有弧上的字符。

(3) 将所有的状态转换机合并成一个。将状态转换机合并时需要参照转换机构造的规范操作方法[Hopcroft *et al.*，2000]，这里不再详述具体的实现算法。

针对图 3-12 和图 3-13 所示的例子，对 T_1 和 T_2 的局部扩展进行合并后，构成了新的状态转换机 T_3，如图 3-14 所示。

(4) 把上一步得到的状态转换机转换成等价的确定性状态转换机。当然，从理论上讲，并不是所有的非确定性转换机都可以转换成等价的确定性的转换机(这也是转换机与自动机的区别之一)，但根据 Roche and Schabes(1995)的验证，由 Brill(1992)设计的词性标注规则建立的状态转换机总是可以转换成确定性的。文献[Roche and Schabes，1995]给出了具体的转换算法，这里不再叙述。

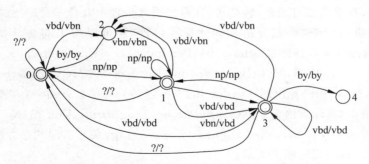

图 3-14　合并后的转换机 $T_3 = \mathrm{LocExt}(T_1) \circ \mathrm{LocExt}(T_2)$

在上述例子中,合并后的状态转换机 T_3 为非确定性的,因为在 0 状态接受 vbd 输入时,有 2 和 3 两种可能的转移状态。T_3 被确定化以后变成图 3-15 所示的形式。

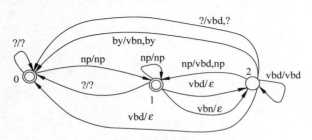

图 3-15　确定性的 T_3

另外,考虑到在词性标注的第一步需要对处理句子中的每个单词查找词典,以获取其可能的词性。为了快速实现词典查找这一过程,Roche and Schabes(1995)对词典的存储也采用了确定的有限状态自动机的思想。在具体实现时,有限自动机被最小化为定向非循环图(directed acyclic graph,DAG)。如图 3-16 所示,该 DAG 用于存储下列单词:

ads	nns
bag	nn,vb
bagged	vbn,vbd
bayed	vbn,vbd
bids	nns

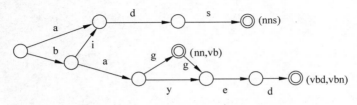

图 3-16　存储词典的 DAG 示意图

根据文献[Roche and Schabes,1995]所述的实验,利用适当的方法实现上述方法构造的状态转换机,可以在线性时间内快速地完成词性标注,且执行时间与规则的数量和上下文的长度无关。关于本例中的具体算法描述,请读者参阅文献[Roche and Schabes,1995]。

综上所述，有限状态自动机（转换机）在自然语言处理中有着非常广泛的应用，除了前面介绍的单词拼写检查、形态分析和词性标注以外，还可以用于句法分析或短语识别[Abney,1995a；Oflazer,1999；Roche,1994；Pereira *et al.*,1991；Zong *et al.*,2000a]、机器翻译[Alshawi *et al.*,1998,2000；Bangalore and Riccardi,2002；Casacuberta *et al.*,2004；Kumar *et al.*,2004]和语音识别[Oerder and Ney,1993]等很多方面。有兴趣的读者可以参阅 2000 年第 1 期《计算语言学》（*Computational Linguistics*，Vol. 26，No. 1）和 2003 年第 1 期《自然语言工程》（*Natural Language Engineering*）关于有限状态方法在自然语言处理中应用的专辑或其他相关文献。

第 **4** 章

语料库与语言知识库

任何一个信息处理系统都离不开数据和知识库的支持,自然语言处理系统也不例外。语料库和语言知识库作为基本的资源,尽管在不同方法的自然语言处理系统中所起的作用不同,但是,它们在不同层面共同构成了各种自然语言处理方法赖以实现的基础,有时甚至是建立或改进一个自然语言处理系统的"瓶颈"。

本章对语料库技术和语言知识库作简要介绍。

4.1 语料库技术

4.1.1 概述

在绪论中我们已经提到过,语料库(corpus base)就是存放语言材料的数据库。那么,顾名思义,语料库语言学(corpus linguistics)就是基于语料库进行语言学研究的一门学问。具体一点讲,语料库语言学是研究自然语言机读文本(或称"电子文本")的采集、存储、标注、检索、统计等方法的一门学问,其目的是通过对客观存在的大规模真实文本中的语言事实进行定量分析,为语言学研究或自然语言处理系统开发提供支持。

有专家认为,语料库语言学这一术语有两层含义,一是利用语料库对语言的某个方面进行研究,也就是说"语料库语言学"不是一个新学科的名称,而仅仅反映了一个新的研究手段。二是依据语料库所反映出来的语言事实对现行语言学理论进行批判,提出新的观点或理论。只有在这个意义上"语料库语言学"才是一个新学科的名称。从现有文献来看,属于后一类的研究还是极个别的。所以,严格地说,我们现在不能把语料库语言学跟社会语言学、心理语言学、语用学等相提并论[顾曰国,1998]。

很多人对"语料库语言学"的定义进行过阐述。Aijmer and Altenberg (1991)对语料库语言学的定义是:根据篇章材料对语言的研究称为语料库语言学。而 McEnery and Lilson (1996)更侧重于语言的实际使用,他们给出的定义为:基于现实生活中语言运用的实例进行的语言研究称为语料库语言学。D. Crystal 的定义则是以语料为语言描写的起点或以语料为验证有关语言的假说的方法称为语料库语言学[Crystal,1991]。总之,无论从哪个角度讲我们都不能否认,语料库语言学研究的基础是大规模真实语料。

近几年来，随着统计方法在自然语言处理中的广泛应用，语料库语言学已经成为一个十分引人注目的研究方向。1996 年 J. Thomas 等人在为庆贺语料库语言学的主要奠基人和倡导者 G. N. Leech 60 岁生日而出版的语料库语言学研究论文集的前言中指出："语料库语言学已经成为语言研究的主流。基于语料库的研究不再是计算机专家的独有领域，它正在对语言研究的许多领域产生愈来愈大的影响。"[丁信善，1998]

语料库语言学研究的内容十分广泛，涉及语料库的建设和利用等多个方面，归纳起来，可以大致包括如下几方面的内容：①语料库的建设与编纂；②语料库的加工和管理；③语料库的应用，包括在语言学研究（言语、词汇和语义研究等）中的应用和在自然语言处理中的应用。

4.1.2　语料库语言学的发展

语料库语言学的研究可以大致划分为三个阶段：20 世纪 50 年代中期以前的发展时期、50 年代中期到 80 年代初期的沉寂时期和 80 年代中后期以来的复苏与发展时期[丁信善，1998；黄昌宁等，2002a]。

1. 20 世纪 50 年代中期以前：早期的语料库语言学

早期的语料库语言学指的是 20 世纪 50 年代中期以前，即乔姆斯基提出的转换生成语法理论之前所有基于语言材料的语言研究。这些研究主要集中在如下几个方面：

（1）语言习得。这是应用语料研究方法较早而且较普遍的研究领域。19 世纪 70 年代在欧洲兴起了儿童语言习得研究的第一个高潮，当时许多研究就是基于父母详细记载其子女话语发展的大量日记进行的。从 20 世纪 30 年代以来，语言学家和心理语言学家提出了众多关于儿童在不同年龄段的语言发展模式，这些模式大都是建立在对儿童自然话语的大量材料分析研究上。

（2）音系研究。在西方许多结构主义语言学家，如 F. Boas 和 E. Sapir 等人，他们强调语料获取的自然性和语料分析的客观性，这些都为后来的语料库语言学所继承和发展。

（3）方言学与语料库技术的结合。在西方，方言学脱胎于 19 世纪的历史比较语言学，最初主要的研究兴趣是运用直接方法获取的有关单音不同分布的事实来绘制方言的地图。方言研究者们利用笔记本、录音机等，记录下他们所遇到的一些方言素材，利用这些语料对方言词汇的分布等各种语言现象进行研究。

2. 1957 年至 20 世纪 80 年代初期：沉寂时期

1957 年乔姆斯基的《句法理论》及其以后一系列著作的发表，从根本上改变了语料库语言学的发展状况。乔姆斯基及其转换生成语法学派否定早期的语料库研究方法的主要依据有如下两点：

（1）语料研究的方向有误。乔姆斯基认为，语言研究的主要目标是建立一种能够反映说话人心理现实的语言认知模式，即语言能力模式。因为只有语言能力才能对说话人的语言知识做出合理的解释和描述，而语言运用只是语言能力的外在证据。它往往会因超语言因素而发生变化，因此，它不能确切地反映语言能力。语料从本质上只是外在化的话语的汇集，基于语料建立的经验模式充其量只是对语言能力做出的部分解释，因而，语料并非语言学家从事语言研究的得力工具。

（2）语料的不充分性。乔姆斯基在《句法理论》一书中首次发现英语短语结构规则具有递归性。这种递归性表明,自然语言的句子是无限的,而作为语料基本单位的句子具有无限性,这种无限性决定了语料是难以穷尽的。换句话说,语料永远是不完整、不充分的。

转换生成语法学派的上述批评从根本上改变了 20 世纪 50 年代结构主义语言学的研究方向,在随后的近 20 年里,整个语言学界几乎唯直觉是从,基于语料的研究方法由此进入沉寂时期。当然,基于语料的语言学研究并未完全终止,除了 R. Quirk 和 N. Francis 等语言学家凭着非凡的学术勇气,顶着压力继续开展其研究项目并不断取得进展之外,另有十多项小型研究也在开展。特别是 1975 年,以 J. Svartvik 为首的一批语言学家汇集于瑞典的隆德大学,开始对 R. Quirk 开发的语料库的口语部分作韵律标注（prosodic marking）,并最终得到了机读文本,建成了伦敦-隆德语料库（London-Lund Corpus）。该口语语料库收集篇目 87 篇,每篇 5000 词,共为 43.4 万词。对此,G. N. Leech（1992）认为:作为英语口语研究的语料资源,它至今仍无与伦比。上述项目的持续进行为 80 年代语料库语言学的复兴奠定了基础。

3. 20 世纪 80 年代至今:复苏与发展时期

在沉寂了近 20 年之后,语料库语言学自 20 世纪 80 年代开始复苏,并得到迅猛发展,从此进入一个空前繁荣阶段。这主要表现在如下两个方面:

（1）第二代语料库相继建成。以伯明翰英语语料库为代表的一大批语料库在 20 世纪 80 年代以后相继建成。这些语料库尽管在规模、设计和研究目的等方面各有所异,但大多采用了先进的文字识别技术,使语料录入和编辑的工作量大大地减轻,加快了语料的标注和处理工作。与 50 年代以前建立语料库的手段相比,可谓“鸟枪换炮”,故称第二代语料库。

根据美国加利福尼亚大学伯克利（Berkeley）分校的语言学家 J. Edwards 在 1993 年的不完全统计,20 世纪 80 年代以来建成并投入使用的各类语料库达 50 多个,其中英语语料库有 24 个,德语语料库 7 个,法语语料库 4 个,意大利语、西班牙语、丹麦语、芬兰语和瑞典语语料库各 2 个。其中,由 G. N. Leech 领导、开始于 20 世纪 70 年代,1983 年英国 Lancaster 大学与挪威 Oslo 大学和 Bergen 大学联合建成的 LOB 语料库（Lancaster-Oslo/Bergen Corpus）收集了 500 个语篇,每个语篇约 2000 词,用于研究英国英语。该语料库可用于对比不同的英语文体的研究。法国国家科学研究中心（CNRS）与美国芝加哥大学联合建成的法语语料库（Tremor de la Language Francaise,TLF）收录了包括从 17 世纪至 20 世纪书面法语各种文体 2000 个语篇,词汇量达到 1.5 亿。芬兰赫尔辛基大学建成的赫尔辛基历史英语语料库（The Helsinki Corpus of Historical English）包括自 850 年至 1720 年 800 多年的各类英语语篇,并以每百年分段,词汇量达 1600 多万,是世界上第一个大规模的历时语料库,它对于从社会语言学、方言学及语用学等各个角度研究英语的变迁具有重要的意义。另外,1988 年由英国伦敦大学承建的国际英语语料库（The International Corpus of English,ICE）旨在为从事世界范围内英语的民族变体的比较研究提供数据,其语料分别取自主要以英语为母语的国家,每个国家的语料规模限定在 100 万词,时间范围在 1990 年至 1993 年,口语和书面语各一半,语料采样对象为 18 岁以上接受过英语教育的成年人,采用统一的分类和编码方法。

另外，英国于 1995 年正式发布的大不列颠国家语料库（British National Corpus，BNC)[1]和美国布朗大学（Brown University）建立的 BROWN 语料库[2]，以及设在宾夕法尼亚大学（University of Pennsylvania，UPenn）的语言数据联盟（Linguistic Data Consortium，LDC)[3]语料库等都是世界上颇具影响的高质量的大规模语料库。它们在语言学研究和自然语言处理研究中发挥着重要作用。

（2）基于语料的研究项目大量增加。大批语料库的建成极大地促进了基于语料的语言学研究，自 1981 年至 1991 年的 11 年时间里，大约有 480 个语料研究项目得到资助，而在 1959 年至 1980 年 20 多年的时间里，只有 140 个基于语料的研究项目[丁信善，1998]。

语料库语言学在 20 世纪 80 年代再度崛起的主要原因可以粗略归结为如下两条：(1)基于规则的句法—语义分析方法赖以利用的语言知识无论是词典信息还是语法规则，主要通过语言学家的内省来获取的，而实际上这种知识不可能覆盖真实文本中出现的所有语言事实；(2)计算机和计算技术的迅猛发展，使语料库的规模急速增长，从早期的百万词次猛增到数亿词次。这是以往语言学家都未曾预料到的。这一事实使得语言的词汇、句法等任何现象都能够凭借语料库来进行开放性调查。

为了推动语料库研究的发展，欧洲还成立了 TELRI（Trans-European Language Resources Infrastructure)和 ELRA（European Language Resources Association）等专门学会，用于建立欧洲各语言的语料库和促进语言资源的商品化[冯志伟，2001a]。

自 1979 年以来，中国开始进行机读语料库建设，并先后建成汉语现代文学作品语料库(1979 年，武汉大学，527 万字)、现代汉语语料库（1983 年，北京航空航天大学，2000 万字)、中学语文教材语料库（1983 年，北京师范大学，106 万字)和现代汉语词频统计语料库(1983 年，北京语言学院，182 万字)。

北京大学计算语言学研究所从 1992 年开始现代汉语语料库的多级加工，在语料库建设方面成绩卓著，先后建成 2600 万字的 1998 年《人民日报》标注语料库，2000 万字汉字、1000 多万英语单词的篇章级英汉对照双语语料库，以及 8000 万字篇章级信息科学与技术领域的语料库等[俞士汶等，2003a]。另外，清华大学、山西大学、哈尔滨工业大学、北京语言大学、东北大学、中国科学院自动化研究所、中国科学院计算技术研究所、中国社会科学院语言研究所、厦门大学、中国传媒大学、国家语言文字工作委员会、台湾中研院和香港城市大学等相当一批大学和研究机构都对语料库（包括书面语和口语）及语音库的建设作出了重要贡献。新疆大学、新疆师范大学、内蒙古大学、内蒙古师范大学、中国社会科学院民族学与人类学研究所、西北民族大学中央民族大学、青海师范大学和西藏大学等单位还对我国少数民族语言资源库的建设做了大量工作。

值得一提的是，在国家重点基础研究发展规划项目（973 项目)"图像、语音、自然语言理解与知识挖掘"（资助号：G19980305)设立的特别专项"中文语料库建设"的支持下，由中国科学院自动化研究所、清华大学、教育部语言文字应用研究所和中国科学院计算技术

---

[1]　http://www.natcorp.ox.ac.uk/

[2]　http://icame.uib.no/brown/bcm.html

[3]　http://www.ldc.upenn.edu/

研究所发起,于 2003 年成立了中文语言数据联盟(Chinese Linguistic Data Consortium, Chinese LDC)①。该联盟挂靠在中国中文信息学会,其目标是建成具有国际水平的具有完整性、系统性、规范性和权威性的通用中文语言资源库以及中文信息处理的评测体制,为汉语语言信息处理的基础研究和应用开发提供支持,促进汉语语言信息处理技术的不断进步。目前该联盟拥有各类语言资源 80 余种。

语料库语言学的复兴,除了与计算机技术的迅速发展和普及有直接关系以外,还有一方面的原因就是,转换生成语言学派对语料库语言学的批判和否定在经过 20 多年的实践检验之后,证明是错误的或者是片面的。因此,20 世纪 80 年代以来语料库语言学的复兴,在很大程度上反映了语言学界一种较为普遍的心态,就是建立语言研究中人工数据和自然数据的平衡,实现语料统计方法和唯理分析方法的优势互补。

4.1.3　语料库的类型

根据不同的划分标准,语料库可以分为多种类型。例如,按语种划分可以分为单语种语料库和多语种语料库;按记载媒体不同可以分为单媒体语料库和多媒体语料库;按照地域区别可以分为国家语料库和国际语料库等。这里主要介绍以语料代表性和平衡性为主要区分依据的"平衡语料库与平行语料库"、以语料库用途为主要区分依据的"通用语料库与专用语料库"、以语料分布时间为主要区分依据的"共时语料库与历时语料库"和以语料库内容加工程度划分的"生语料与标注语料库"。

1. 平衡语料库与平行语料库

平衡语料库(balanced corpus)着重考虑的是语料的代表性与平衡性。张普(2003)曾经提出语料采集的七项原则:语料的真实性、语料的可靠性、语料的科学性、语料的代表性、语料的权威性、语料的分布性和语料的流通性。其中,语料的分布性还要考虑语料的科学领域分布、地域分布、时间分布和语体分布等。

黄昌宁等(2002a)认为,语料库的代表性和平衡性是一个迄今都没有公认答案的复杂问题。G. N. Leech(1992)曾指出,一个语料库具有代表性是指在该语料库上获得的分析结果可以概括成为这种语言整体或其指定部分的特性。早期的 Brown 语料库和 LOB 语料库的结构是经过精心设计的,因此,它们被分别视为美国英语和英国英语在那一特定时期的代表。当然,代表性和平衡的概念在最终的分析中取决于判断,而且只能是近似的。

张普认为,"虽然散布和分布的考虑使得语料库的建立进一步科学化,但也仍然存在值得推敲的问题。主要问题是:①各个分布点所选取的语料量的科学依据是什么? ②使用度是否已经完全真实地反映了语言的使用情况?"[张普,2003]

由于语言是动态发展的,每一时期总会有一些词汇被"淘汰",也总会有一些新的词语产生,即使同一词语在不同的历史时期使用的频度也不一样。因此,如何把握语料的平衡性的确是一个复杂的问题。

所谓的平行语料库(parallel corpus)一般有两种含义,一种是指在同一种语言的语料

---

① www.chineseldc.org

上的平行，例如，"国际英语语料库"，共有 20 个平行的子语料库，分别来自以英语为母语或官方语言以及主要语言的国家，如英国、美国、加拿大、澳大利亚、新西兰等。其平行性表现为语料选取的时间、对象、比例、文本数、文本长度等几乎是一致的。建库的目的是对不同国家的英语进行对比研究。

对平行语料库的另一种理解是指两种或多种语言之间的平行采样和加工。例如，机器翻译中的双语对齐语料库（句子对齐或段落对齐）。

2. 通用语料库与专用语料库

所谓的通用语料库实际上与平衡语料库是从不同角度看问题的结果，或者说是与专用领域对举的结果。为了某种专门的目的，只采集某一特定领域、特定地区、特定时间、特定类型的语料构成的语料库就是专用语料库。例如，新闻语料库、科技语料库、中小学语料库、北京口语语料库等。

一般把抽样时仔细从各个方面考虑了平衡问题的平衡语料库称为通用语料库[张普，2003]。

实际上，通用领域与专用领域只是一个相对的概念。

3. 共时语料库与历时语料库

所谓共时语料库（synchronic corpus）是为了对语言进行共时研究而建立的语料库。按照索绪尔的观点，共时研究是指研究大树的横断面所见的细胞和细胞关系，即研究一个共时平面中的元素与元素的关系。无论所采集语料的时间段有多长，只要研究的是一个平面上的元素或元素的关系，就是共时研究，所建立的语料库就是共时语料库。香港城市大学建立的 LIVAC（Linguistic Variations in Chinese Speech Communities）[1]语料库是共时语料库的典型代表。该语料库自 1995 年开始构建，采集和处理了来自北京、上海、香港、台湾、澳门和新加坡六个泛华语地区有代表性的中文报章语料，累计收集了 150 万个词条，总字数达 4 亿汉字[2]。

所谓的历时语料库（diachronic corpus）是为了对语言进行历时研究而建立的语料库。按照索绪尔的观点，历时研究是研究大树的纵剖面所见的每个细胞和细胞关系的演变，即研究一个历时切面中元素与元素关系的演化。根据历时语料库得到的统计结果就不像共时语料库的统计结果是一个频次点，而是依据时间轴的等距离抽样得到的若干频次变化形成的演变曲线，我们把这种曲线称为变化"走势图"。

张普认为，判断历时语料库有 4 条基本原则[张普，2003]：

（1）是否动态语料库：语料库必须是开放的、动态的。

（2）语料库的文本是否具有量化的流通度属性：所有的语料都应来源于大众传媒，都具有采用不同计算方法与传媒特色相应的流通度属性。其量化的属性值也是动态的。

（3）语料库的深加工是否基于动态的加工方法：随着语料的动态采集，语料也应进行动态加工。

---

① http://www.livac.org

② 2012 年 1 月 30 日作者从 LIVAC 网站上获得的数据。

（4）是否取得动态的加工结果：语料的加工结果也应是动态和历时的。

4. 生语料与标注语料库

所谓生语料是指没有经过任何加工处理的原始语料数据（corpora with raw data）。组织者只是简单地把语料收集起来，不加任何标注信息，如 Chinese Gigaword[①] 和后面将要提到的 BTEC 口语语料库等。

标注语料库是指经过加工处理、标注了特定信息的语料库。根据加工程度不同，标注语料库又可以细分为分词语料库（主要指汉语）、分词与词性标注语料库、树库（tree bank）、命题库（proposition bank）、篇章树库（discourse tree bank）等。由于汉语的分词问题始终是困扰中文信息处理的一个基础性关键问题，因此，很多单位以为建立汉语自动分词系统提供训练数据为目的，建立了汉语分词库和分词与词性标注库，如北京大学计算语言学研究所和中国台湾中研院分别建立的汉语分词库等。随着自然语言处理相关技术研究的需要和机器学习方法在该领域的广泛应用，人们先后建立了以句法结构信息为主要标注内容的树库、以谓词-论元结构信息为主要标注内容的命题库和以篇章结构信息为主要内容的篇章树库。4.1.4 节将简要介绍一些典型的语料库。

4.1.4　汉语语料库建设中的问题

由于汉语本身的特点和汉语研究历史的原因，汉语语料库的建设与其他语言语料库建设相比，存在一些特殊的问题，这些问题在很多方面影响着汉语语料库技术的发展。值得庆幸的是，很多专家都已经认识到这些问题，并为解决这些问题积极呼吁和不懈努力。其中，如下两个问题在汉语语料库建设中表现尤为突出。

1. 语料库建设的规范问题

语料库加工的规范问题是语料库建设中的关键问题之一，如果没有公认的、统一的语料库加工规范，语料库的建设和利用势必会受到严重制约。实际上，近几年来，随着我国国力的增强，中国在国际舞台上的地位日渐提高，中文信息处理在国际上受到越来越多的关注，越来越多的国家、地区和跨国公司纷纷研究和制定中文信息处理的规范和标准，试图控制中文信息处理领域，以其规范和标准的优势占领中文信息处理软件及其产品市场，从而制约我国在该领域的研究和发展。

我们国家也曾制定和颁布了面向信息处理的国家标准：

信息处理用 GB13000.1 字符集汉字部件规范　国家语委（1997.12.5）；

GB12200.1—90 汉语信息处理词汇 01 部分：基本术语　国家技术监督局（1993）；

GB/T12200.2—94 汉语信息处理词汇 02 部分：汉语和汉字　国家技术监督局（1994）；

GB13715 信息处理用现代汉语分词规范。

尽管目前我国政府主管部门已经意识到制定中文信息处理所需要的有关语言文字规范和标准的重要性和紧迫性，并及时提出了《信息处理用现代汉语词类标记集规范》的立项，但是，到目前为止，这种"规范"并没有被普遍接受和使用。而且，目前提出的一些"规

---

① http://www.ldc.upenn.edu/Catalog/CatalogEntry.jsp? catalogId=LDC2003T09

范"往往只重视了文本内的语言标记,没有及时制定语料库的规范。对于文本的属性这一更高层次的规范,至今没有立项。没有规范语料库的属性,没有规范语料库中文本的属性,语料库的资源就很难重复使用,很难进行语料库与语料库之间的整合,很难由一些母语料库去整合生成一些新的子语料库[张普,2003]。实际上,这也是语料资源长期无法共享,大量语料库处于小规模、低水平、重复建设状态的主要原因之一。

2. 产权保护和国家语料库建设问题

张普认为,汉语语料库和世界各国的语料库一样都面临知识产权的问题,这个问题不从根本上解决,将严重影响我国的语料库建设及其应用。汉语语料库的知识产权包括两个方面:文本的知识产权和语料库的知识产权及其衍生产品。文本的知识产权已经受到《中华人民共和国著作权法》的保护,该法于 1990 年 9 月 7 日颁布。但是,语料库的知识产权却没有得到保护,至今在著作权法、语言文字法、计算机软件保护等相关法规和实施条例中有关语料库知识产权的条款都是空白。

同时,作为正在崛起并即将成为一个语言大国的中国,没有国家语料库是不可思议的。因此,国家语料库的建设、开发、保护应该是一种国家行为,在信息社会和数字化生存时代,我们要把语言资源的收集、保护、开发提高到一种对待国家资源的高度来认识。国家要像对待人力资源、地矿资源、国土资源、森林资源、水源资源一样对待语言资源,语言资源是国家最重要的信息资源。语料库的建设、保护、开发要站在国家面向未来的一种战略决策高度,要作为一种对待国家资源的行为,才能得到法律的保护,纳入法制的轨道[张普,2003]。

综上所述,我国语料库技术的发展既面临着机遇,又面临着挑战。一方面,语料库建设方兴未艾,无论是书面语语料库,还是口语语料库,也无论是汉语单语语料库,还是汉英、英汉等双语或多语对齐语料库,甚至藏、蒙、维等少数民族语言语料库等,都在蓬勃兴起,相关的理论研究也在不断加强;但另一方面,语料库建设中又面临许多问题和挑战,这些问题和挑战既有客观上的因素,如缺乏权威的规范和标注标准,缺乏相应的法规约束等,同时,也有人们观念上的因素,如资源封锁、缺乏共享意识等。

总之,语料库技术既是自然语言处理研究的内容和相关方法实现的基础,又需要其他相关技术的支持(如汉语自动分词和词性标注技术、双语对齐技术等)。规范、公开、合作、合法的语料库建设方式和数据与算法同步研究的发展模式,才是语料库技术快速、良性发展的必然之路。

4.1.5　典型语料库介绍

1. LDC 中文树库

LDC 中文树库(Chinese Tree Bank,CTB)[①]是由美国宾夕法尼亚大学(UPenn)负责开发,并通过语言数据联盟(LDC)发布的中文句法树库,该树库收集的语料取材于新华社和香港新闻等媒体,目前该语料库已经发展成为第 7 版,由 2400 个文本文件构成。含45000 个句子,110 万个词,165 万个汉字。文件由 GBK 和 UTF-8 两种编码格式存储。

---

① http://www.cis.upenn.edu/~chinese/ctb.html

在 CTB 中,汉语词性被划分为 33 类:包括 4 类动词和谓语性形容词(Verb, Adjective,分别记作:VC,VE,VV,VA)、3 类名词(Noun,分别记作:NR,NT,NN)、1 类处所词(Localizer,记作:LC)、1 类代词(Pronoun,PN)、3 类限定词和数词(Determiner and Number,分别记作:DT,CD,OD)、1 类量词(Measure word,记作:M)、1 类副词(Adverb,记作:AD)、1 类介词(Preposition,记作:P)、2 类连词(Conjunction,分别记作:CC,CS)、8 类语气词(Particle,分别记作:DEC,DEG,DER,DEV,SP,AS,ETC,MSP)和8 类包括外来词、标点、感叹词等在内的其他词类(分别记作:IJ,ON,PU,JJ,FW,LB,SB,BA)[Xia,2000]。

CTB 包括 23 类句法标记(syntactic tag),其中,17 类短语:形容词短语(adjective phrase,ADJP)、副词开头的副词短语(adverbial phrase headed by AD,ADVP)、量词短语(classifier phrase,CLP)、补语性嵌套句的从属连词引起的分句(clause headed by complementizer,CP)、XP + DEG 结构构成的短语(DNP)、限定词短语(determiner phrase,DP)、XP+DEV 结构构成的短语(DVP)、片段语(fragment,FRAG)、简单分句(simple clause headed by INFL,IP)、XP+LC 结构构成的短语(LCP)、用于解释说明性的列表标记短语(list marker,LST)、名词短语(noun phrase,NP)、介词短语(preposition,PP)、插入语(parenthetical,PRN)、数量词短语(quantifier phrase,QP)、非一致性并列短语(unidentical coordination phrase,UCP)和动词短语(verb phrase,VP)。另外,还有 6 个动词复合形式的标记(VCD,VCP,VNV,VPT,VRD,VSB)和一些句法结构成分标记,如:主语(-SBJ)、谓语(-PRD)、宾语(-OBJ)等。另外,为了便于子树回溯,对一些空类也给出了标记符号,如下面例 4-3 中的“∗pro∗”[Xue and Xia,2000]。

以下是 CTB 中的几个标注例句。

例 4-1　句子:这座楼十八英尺。

标记树:(IP (NP-SBJ(DP (DT 这)
　　　　　　　　　　(CLP(M 座)))
　　　　　　　　　(NP(NN 楼)))
　　　　　　(VP(QP-PRD (CD 十八)
　　　　　　　　　　(CLP(M 英尺))))
　　　　　(PU。))

例 4-2　句子:张三说:"李四喜欢王五。"

标记树:(IP (NP-PN-SBJ(NR 张三))
　　　　　　(VP (VV 说)
　　　　　　(PU:)
　　　　　　(IP-OBJ
　　　　　　　　(PU")
　　　　　　　　(NP-PN-SBJ(NR 李四))
　　　　　　　　(VP (VV 喜欢)
　　　　　　　　　(NP-PN-OBJ(NR 王五)))
　　　　　　　　(PU"))
　　　　　(PU。)))

例 4-3　短语：制定了引进外资、加强横向经济联合和对外下放权三个文件

标记树：（VP（VV 制定）

　　　　（AS 了）

　　　　（NP-OBJ（IP-APP（NP-SBJ（-NONE-　* pro * ））

　　　　　　　　　　　　（VP（VP（VV 引进）

　　　　　　　　　　　　　　　（NP-OBJ（NN 外资）））

　　　　　　　　　　　　（PU、）

　　　　　　　　　　　　（VP（VV 加强）

　　　　　　　　　　　　　　（NP-OBJ（ADJP（JJ 横向））

　　　　　　　　　　　　　　　　（NP（NN 经济）

　　　　　　　　　　　　　　　　　（NN 联合））））

　　　　　　　　　　　　（CC 和）

　　　　　　　　　　　　（VP（PP（P 对）

　　　　　　　　　　　　　（NP（NN 外）））

　　　　　　　　　　　　（VP（VV 下放）

　　　　　　　　　　　　　（NP-OBJ（NN 权））））））

　　　　　　　（QP（CD 三）

　　　　　　　　（CLP（M 个）））

　　　　　　　（NP（NN 文件））））

2. 命题库、名词化树库和语篇库

命题库（PropBank）、名词化树库（NomBank）[1] 和语篇树库（Penn Discourse Tree Bank，PDTB）[2] 是宾夕法尼亚树库（Penn Tree Bank）的扩展。

PropBank（Proposition Bank）起初是在宾夕法尼亚英语树库（Penn English Treebank）[Palmer *et al*.，2005a]的基础上增加语义信息后构建的"命题库"，其基本观点认为：树库仅提供句子的句法结构信息，对于计算机理解人类语言是不够的。因此，PropBank 的目标是对原树库中的句法结点标注上特定的论元标记（argument label），使其保持语义角色的相似性。例如，在句子"John broke the window."中，事件是"打碎（breaking event）"，John 为事件的制造者（instigator），window 为受事者（patient），窗户被打碎（broken window）为事件的结果，因此，相关的谓词-论元（predicate-argument）结构为：break（John，window）[Kingsbury and Palmer，2002，2003]。PropBank 最初实现了对宾夕法尼亚英语树库中动词词义（sense）及每个词义相关论元信息的标注，标注方案是 2000 年由美国宾夕法尼亚大学（UPenn）、BNN、MITRE[3] 和纽约大学的相关研究组共同讨论制定的。后来 PropBank[Xue and Palmer，2003；2009]又扩展了汉语命题的标注。汉语 PropBank 2.0 版从汉语树库 6.0 版中选取了 50 万词的树结构句子进行谓词论元标注，包含 81009 个动词实例（11171 个动词），14525 个名称实例（1421 个名词）。请看下面 PropBank 2.0 中标注的一个句子：

例 4-4　句子：外商投资企业在改善中国出口商品结构中发挥了显著作用。

---

① http://nlp.cs.nyu.edu/meyers/NomBank.html

② http://www.seas.upenn.edu/~pdtb/

③ http://www.mitre.org/

为了便于说明,我们先给出该句子的树结构,并标出各结点的序号(下标数字)。

（（IP（NP-SBJ（NN 外商$_0$）

（NN 投资$_1$）

（NN 企业$_2$））

（VP（PP-TMP（P 在$_3$）

（LCP（IP（NP-SBJ（-NONE- ＊PRO＊$_4$））

（VP（VV 改善$_5$）

（NP-OBJ（NP-PN（NR 中国$_6$））

（NP（NN 出口$_7$）

（NN 商品）$_8$

（NN 结构$_9$）)))))

（LC 中$_{10}$）))

（VP（VV 发挥$_{11}$）

（AS 了$_{12}$）

（NP-OBJ（ADJP（JJ 显著$_{13}$））

（NP（NN 作用$_{14}$）)))

（PU 。$_{15}$）))

该句子中有两个动词:"发挥"和"改善"。其中,"发挥"是整个句子的谓语动词,而"改善"只是介词短语中的动词。

每个谓词论元的标注格式为:

文件名、句子号、词编号、标准标记、谓词及框架类型、语义角色 1、语义角色 2……其中,"语义角色"信息包括:起始位置、上溯深度、语义角色标记。在本例中,谓词"发挥"的标注信息如下:

chtb_0002.fid 4 11 gold 发挥.01——0:1-ARG0 3:1-ARGM-LOC 13:2-ARG1 11:0-rel 其中,"chtb_0002.fid"为文件名;"4"为该句子在文件中的编号;"11"为"发挥"一词在该句子中的编号(参见树结构中的下标);"gold"为标注标准的标记,意味着这个标注是正确的;"发挥.1"的意思是:谓词"发挥"使用的是 01 号语义框架;"0:1-ARG0"为一组语义角色的信息,意思是:从树结构的第 0 号结点开始,上溯 1 层后的结点(即 NP-SBJ),其语义角色为 ARG0——实施者;"3:1-ARGM-LOC"为另一组语义角色信息,意思是:从树结构的第 3 号结点,上溯 1 层后的结点(即 PP-TMP),其语义角色为 ARGM-LOC——表示地点的修饰成分;"13:2-ARG1"为第三组语义角色信息,意思是:从树结构的第 13 号结点,上溯 2 层后的结点(即 NP-OBJ),其语义角色为 ARG2 ——受事者;"11:0-rel"为结束标记,其中,"11"与词编号一致。

"发挥"一词有两个语义框架,分别为:

Frameset:f1

ARG0:agent

ARG1:influence, utility, specialty, etc.

Frameset:f2

ARG0:exerter

ARG1:potential, influence, utility, etc.

在 PropBank 中，ARG0 特指施事者，ARG1 特指受事者，ARGM 为修饰成分。

相应地，该例句中的另一个谓词"改善"的标注信息为：

chtb_0002.fid　4　5　gold　改善.01——4:1-ARG0　6:2-ARG1　5:0-rel

参照上面的解释不难知道各标注信息的含义。

从某种意义上说，NomBank（Nominalization Bank）是 PropBank 的孪生项目，它和 PropBank 标注的都是同一批树库，区别在于 NomBank 标注的是树库中名词的词义和相关的论元信息。NomBank 标注的是 Penn Tree Bank（Treebank-2 和 Treebank-3）（英语）中名词的论元，包括名词化（nominalization）的词（如 his resignation）和其他名词（如 his height）[Meyers *et al*.，2004a]。2007 年 12 月发布的 NomBank 1.0 版[1]包括 114576 个名词命题。

宾夕法尼亚语篇树库（Penn Discourse Tree Bank，PDTB）[2]建造的目标是开发一个标注语篇结构信息的大规模语料库，主要标注与语篇连通方式（discourse connectives）相关的一致关系（coherence relation）。标注信息主要包括连通方式的论元结构、语义区分信息，以及连通方式和论元的修饰关系特征（attribution-related features）等[Prasad *et al*.，2006]。2008 年 2 月发布的 PDTB 2.0 版包含 40600 个语篇关系，包括 18459 个明确关系（explicit relations）、16053 个隐含关系（implicit relations）和 5210 个实体关系（entity relations）等。

3. 布拉格依存树库

布拉格依存树库（Prague Dependency Treebank，PDT）[3]是由捷克布拉格查尔斯大学（Charles University in Prague）数学物理学院形式与应用语言学研究所（Institute of Formal and Applied Linguistics，Faculty of Mathematics and Physics）[4]组织开发的语料库，目前已经建成三个语料库：捷克语依存树库、捷克语-英语依存树库和阿拉伯语依存树库。该项目历时长达 8 年，分两个阶段：1996 年至 2000 年为第一阶段，主要完成了形态和句法分析层的标注工作，形成了 PDT 1.0 版；2000 年至 2004 年为第二阶段，主要进行树库的深层语法层（tectogrammatical layer）的信息标注，形成 PDT 2.0 版。

布拉格依存树库包含三个层次：

（1）形态层（morphological layer）：PDT 的最低层，包含全部的形态信息标注；

（2）分析层（analytic layer）：PDT 的中间层，主要是依次关系中的表层句法信息标注，层次概念上接近于 Penn Treebank 中的句法标注；

（3）深层语法层（tectogrammatical layer）：PDT 的最高层，表达句子的深层语法结构。深层语法树结构（tectogrammatical tree structure，TGTS）只包含那些句子中对应有实际含义的词（实意词）（autosemantic word）结点（例如，没有介词结点），满足投射性条件（condition of projectivity），即没有交叉边，每个结点被指定一个算符，如 ACTOR，PATIENT，ORIGIN 等[Hajič，1998，2002]。

捷克语依存树库的语料主要来自捷克国家语料库的报纸新闻领域，语料库规模约为 150 万词汇。

---

[1]　http://nlp.cs.nyu.edu/meyers/NomBank.html

[2]　http://www.seas.upenn.edu/~pdtb/

[3]　http://www.elsnet.org/nps/0040.html

[4]　http://ufal.mff.cuni.cz/

4. BTEC 口语语料

国际语音翻译先进研究联盟（Consortium for Speech Translation Advanced Research，C-STAR①）成立于 1991 年，其目标是开展语音翻译的国际合作研究，开发实用的语音翻译技术。目前该组织拥有分别来自 7 个国家的 7 个核心成员（partner）和 12 个国家的 20 多个联系成员（affiliation member）。其中，核心成员包括：美国卡内基-梅隆大学（Carnegie Mellon University，CMU）、德国卡尔斯鲁厄大学（University of Karlsruhe，UKA）、日本国际电气通信基础技术研究所（ATR）、意大利科学技术研究所（ITC-irst）、韩国电子通信技术研究院（ETRI）、法国的自动翻译研究所（GETA，CLIPS-IMAG）和中国科学院自动化研究所。为了推动语音翻译技术（尤其是基于语料库的翻译技术）的发展，C-STAR 核心成员于 2002 年 12 月在意大利北部古城特兰托（Trento）召开研讨会，正式签署了大规模口语语料联合翻译和资源共享协议。由日本 ATR 向其他 6 个成员单位提供约 16.2 万句的英语、日语双语对照口语语句，德国（UKA）、中国（中国科学院自动化研究所）、韩国（ETRI）和意大利（ITC-IRST）的 4 个成员单位分别将其翻译成德语、汉语、韩国语和意大利语（法国 GETA 没有参加）。最后形成了约 16.2 万句的英、日、德、汉、韩、意六国语言对照口语语料库。这些语料由日本 ATR 选自旅游手册、说英语的外国人学习日语的教材等，分别来自日常用语、旅馆预订、餐饮服务、观光旅游、购物等十多个与旅游有关的子领域，因此，这些语料称为 BTEC（Basic Travel Expressions Corpus）②语料。这是目前为止我们所了解到的国际上语言种类最多的多语对照口语语料。该语料于 2004 年 10 月首次应用于 C-STAR 组织的国际口语翻译评估研讨会[Akiba *et al.*，2004]。

为了加强亚洲区域的中、日、韩三国口语翻译技术的紧密合作，面向特定领域开展多语言口语翻译的实用技术研究和开发，在 C-STAR 国际合作框架下，中国科学院自动化研究所、日本 ATR 和韩国 ETRI 于 2004 年 3 月在韩国联合签署了中、日、韩（CJK）口语翻译研究合作协议。根据该合作协议，日本 ATR 分别向中国科学院自动化研究所和韩国 ETRI 提供 20 万句英、日对照的口语对话语句，中、韩双方分别将其翻译成汉语和韩国语，另外，韩国 ETRI 分别向日本 ATR 和中国科学院自动化研究所提供 15 万句英、韩对照口语对话语句，日、中双方分别将其翻译成日语和汉语。最后中、日、韩合作三方各自拥有 35 万句英、汉、日、韩四国语言对照的口语语料。

需要指出的是，上面提到的语料库都是以书面文字（词、句子、篇章等）的处理为研究目的建立的，考虑到语音处理技术研究的需要，人们还建立了若干语音数据库，例如，LDC 语音数据库③等，这里不再一一介绍。

5. 现代汉语口语语料库

国际上已经有若干英文口语对话标注语料库，如 Switchboard-DAMSL[Jurafsky *et al.*，1997]，多人会议对话行为标注语料 ICSI-MRDA [Shriberg *et al.*，2004]，以及多媒体会议语料 AMI Meeting Corpus[Carletta *et al.*，2006]等，而在中文口语语料库建设方面，仅有少数工作公开发表[宗成庆等，1999a；李爱军等，2001]。自 2009 年以来，中国科

---

① http://www.c-star.org/

② http://cstar.atr.jp/cstar-corpus

③ http://www.ldc.upenn.edu/Catalog/project_index.jsp

学院自动化研究所与中国社会科学院语言研究所在已有工作的基础上进一步合作，联合开展了大规模汉语口语语料的收集和标注工作，建成了名为"CASIA-CASSIL"的汉语口语标注语料库[周可艳，2010；Zhou *et al.*，2010]。

CASIA-CASSIL 语料是从 15000 多个现场录音中选取的约 1000 段对话，平均时长约为 90 秒，对话长度不少于 10 个话轮。限定为旅游信息咨询领域，包括以下五个子领域：(1)旅馆预订；(2)电话订餐；(3)机场信息咨询；(4)旅行社服务；(5)搭乘出租车。原始录音的采样精度为 8 bits，采样频率为 8 kHz。每一段对话都被转录成了文本，并进行了详细标注。标注信息分为多个层次，包括：性别(speaker gender)、表音抄录(orthographic transcription)(即汉字)、汉语拼音(Chinese syllable)、声母韵母及音变(Chinese phonetic transcription)、韵律边界(prosodic boundary)、句重音(stress of sentence)、音质(voice quality)、非语音(non-speech sounds)、主题(topic)、对话行为(dialog-act)、非规范语言现象(ill-formedness)(指口语现象)及情感(expressive)。该标注规范涵盖了语音、语义、语用及情感等多方面的标注信息。各层标注信息都严格地与音频数据保持对齐。标注信息定义如下(括号中给出的是标注符号)：

(1)话轮(Turn)：记录一段对话中话轮的个数。

(2)性别(spk)：M/F，表示男女发音人。

(3)汉字(HZ)：人工校对过的语音转写结果。汉字层还包括说话人身份的标识，服务人员及工作人员标为 A，顾客及客户标为 B。

(4)拼音(PY)。

(5)声母、韵母，以及音变(SY)：除标识正常的语音信息，还包括浊化、声韵层错误发音、方言、增音减音、齿化、喉擦等不规范的发音。

(6)韵律边界(BI)：包括韵律边界及话轮边界。

(7)句重音(ST)：标识语句中的重音位置。

(8)音质(VQ)：描述说话人的声音信息，比如假声、耳语、吸气声、鼻音、喉化音等。

(9)非语音(MIS)：描述声音中的非语言噪声，如笑声、哭声、吸气声、叹气声、咂嘴、吸鼻子、咳嗽、打哈欠、喘息、电话铃声、背景噪声等。

(10)主题(TP)：开放集合，目前包括 7 种主题，开场(opening)、结束语(closing)、建议(advice)、询问打听(inquire)、要求请求(request)、预订相关(peservation)及其他(complex)。主题的定义在标注过程中可以增加。

(11)对话行为及邻接对(DAs)：对话行为的标注单元为对话语句，所以在标注前，对话首先要被切分为语句。我们定义的对话行为标注集包括三部分标签集：通用标签集(9 个)，中断标签集(3 个)和具体标签集(36 个)。标注过程中，一个语句有且只有一个对话行为的通用标签。此外，一个语句可以有多个对话行为的具体标签。当对话语句不完整，该语句会包含中断标签。

邻接对(adjaency pairs, APs)是一种关于对话结构的社会语言学现象，反映了对话的结构。邻接对由成对的子句组成，子句的说话人不同，但子句之间又有着直接的交互关系，如：问—答，问候—问候，道歉(感谢)—接受等。目前 CASIA-CASSIL 标注采用的邻接对标注也正是以上这几种关系。

（12）口语现象：CASIA-CASSIL 中给出了 3 大类、13 种模式的口语现象标注，这种标注方法能较准确地描述口语对话中的冗余、插入、重复修订、次序颠倒现象。

（13）情感层（EMOT）：CASIA-CASSIL 定义了 70 种情感表达，如抱怨、猜测、愤怒、感谢、感激、满足、焦虑等，并根据情感表达的强烈程度将每种情感进一步划分为两级。

关于 CASIA-CASSIL 语料库标注信息的详细介绍，可参阅文献［Zhou *et al*.，2010］和［周可艳，2010］。

CASIA-CASSIL 语料库将为现代汉语口语现象研究，以及口语对话理解和翻译方法研究等提供有力的支持。

6. 台湾中研院语料库

台湾中研院（Academia Sinica）曾于 20 世纪 90 年代初期开始建立了汉语平衡语料库（Sinica Corpus）①和汉语树库（Sinica Treebank）②。

Sinica Corpus 以台湾地区计算语言学学会的分词标准为依据，语料库规模约为 520 万词（约 789 万汉字），语料选自 1990 年至 1996 年期间出版的哲学、艺术、科学、生活、社会和文学领域的文本。2003 年又增加了两个附加的汉语语料库，一个为汉英平行语料库，含 2373 个汉英平行对照文本，均发表于 1976 年至 2000 年期间，大约有 10.3 万多个汉英句对，约 320 万个英语词汇，530 万个汉语词汇；另外一个附件语料库为北京大学计算语言学研究所开发的现代汉语语料库，规模约为 8500 万汉字，收集的篇章均发表于 1919 年之后［Huang *et al*.，2005a］。

Sinica Treebank 3.0 版本规模达到了 61 087 个句子树，约 36 万多个汉语词汇。其中，1000 个句子树可以公开下载用于研究目的。Sinica Treebank 的结构框架基于中心驱动的原则（head-driven principle），即一个句子或短语由中心成分和它的参数或附件构成，中心部分（head）定义短语类和与其他成分之间的关系［Chen *et al*.，2003a］。

4.2　语言知识库

语言知识库在自然处理和语言学研究中具有重要的用途，无论是词汇知识库、句法规则库，还是语法信息库、语义概念库等各类语言知识资源，都是自然语言处理系统赖以建立的重要基础，甚至是不可或缺的基础。长期以来，国内外众多自然语言处理专家和语言学家为建立语言知识库付出了巨大心血，取得了一批优秀成果。本节对几项具有代表性的研究成果做简要介绍。

需要说明的是，"语言知识库"比"语料库"包含更广泛的内容。概括起来讲，语言知识库可分为两种不同的类型：一类是词典、规则库、语义概念库等，其中的语言知识表示是显性的，可采用形式化结构描述；另一类语言知识存在于语料库之中，每个语言单位的出现，其范畴、意义、用法都是确定的。语料库的主体是文本，即语句的集合，每个语句都是线性

---

① http://www.sinica.edu.tw/SinicaCorpus/

② http://godel.iis.sinica.edu.tw/CKIP/engversion/treebank.htm

的非结构化的文字序列,其中包含的知识都是隐性的。语料加工的目的就是要把隐性的知识显性化,以便于机器学习和引用。

4.2.1　WordNet[①]

WordNet 是由美国普林斯顿大学(Princeton University)认知科学实验室(Cognitive Science Laboratory[②])George A. Miller 领导的研究组开发的英语机读词汇知识库,是一种传统的词典信息与计算机技术以及心理语言学的研究成果有机结合的产物。从 1985 年开始,WordNet 作为一个知识工程全面展开,经过近 20 年的发展,WordNet 已经成为国际上非常有影响力的英语词汇知识资源库。

WordNet 的建立有三个基本前提:①"可分离性假设(separability hypothesis)",即语言的词汇成分可以被离析出来并专门针对它加以研究。②"模式假设(patterning hypothesis)":一个人不可能掌握他运用一种语言所需的所有词汇,除非他能够利用词义中存在的系统的模式和词义之间的关系。③"广泛性假设(comprehensiveness hypothesis)":计算语言学如果希望能像人那样处理自然语言,就需要像人那样储存尽可能多的词汇知识[Miller *et al*.,1993]。

WordNet 描述的对象包含英语复合词(compound)、短语动词(phrasal verb)、搭配词(collocation)、成语(idiomatic phrase)和单词(word),其中,单词(word)是最基本的单位。WordNet 并不把词语分解成更小的有意义的单位,也不包含比词更大的组织单位(如脚本、框架之类的单位)。它把 4 种开放的词类分别用不同的文件加以处理,因而 WordNet 中不包含词语的句法信息内容,它包含紧凑短语,如 bad person,这样的语言成分不作为单个词来加以解释。因此,它既不同于传统的词典(dictionary),也不同于同义词词典(thesaurus),而是混合了这两种类型的词典,其主要特点如下:

(1) 传统的词典通过向用户提供关于词语的信息来帮助用户理解那些他们不熟悉的词的概念意义,而且一般的词典都是按照单词拼写的正字法原则组织的。在这一点上,WordNet 与同义词词林相似,它也是以同义词集合(synset)作为基本的建构单位(building block)组织的,如果用户自己有一个已知的概念,就可以在同义词集合中找到一个适合的词去表达这个概念。与传统的词典相似的是 WordNet 给出了同义词集合的定义和例句,在同义词集合中包含对这些同义词的定义。对一个同义词集合中的不同词,分别用适当的例句加以区分。

(2) 与传统词典和同义词词林的区别是,WordNet 不只是用同义词集合的方式罗列概念,而且同义词集合之间是以一定数量的关系类型相互关联的。这些关系包括同义关系(synonymy)、反义关系(antonymy)、上下位关系(hypernymy/hyponymy)、整体与部分关系(meronymy)和继承关系(entailment)等,其基础语义关系是同义关系。

(3) 传统词典一般包括拼写、发音、屈折变化形式、词源、派生形式、词性、定义以及不同意义的举例说明、同义词和反义词、特殊用法说明、临时用法等,但 WordNet 中不包括

---

① http://wordnet.princeton.edu/man/wnstats.7WN

② http://www.cogsci.princeton.edu/

发音、派生形态、词源信息、用法说明、图示举例等,而是尽量使词义之间的关系明晰并易于使用。

(4) 在 WordNet 中,大多数同义词集合(synset)有说明性的注释(explanatory gloss),这点与传统词典类似。但一个 synset 不等于词典中的一个词条。尤其当词典中的词条是多义词(polysemous word)时,它就会包含多个解释,而一个 synset 只包含一个注释。另外,WordNet 中的同义概念并不是指在任何语境中都具有可替换性。

综上所述,WordNet 是一个按语义关系网络组织的巨大词库,多种词汇关系和语义关系被用来表示词汇知识的组织方式。词形式(word form)和词义(word meaning)是 WordNet 源文件中可见的两个基本构件,词形式以规范的词形表示,词义以同义词集合(synset)表示。词汇关系是两个词形式之间的关系,而语义关系是两个词义之间的关系。

具体实现时,WordNet 将名词、动词、形容词、副词都组织到同义词集合(synset)中,并且进一步根据句法类和其他组织原则分配到不同的源文件中。副词保存在一个文件中,名词和动词根据语义类组织到不同的文件中。形容词分为两个文件(descriptive 形容词和 relational 形容词)。在 WordNet 2.0 版中包含了大约 114 648 个名词,79 689 个同义词集合(synset),其中许多都是搭配型词(collocation);21 436 个形容词,18 563 个形容词同义词集合;11 306 个动词,13 508 个动词同义词集合;4669 个副词,3664 个副词同义词集合①。

关于 WordNet 的详细情况,请参阅文献[Miller *et al*.,1993;Miller,1995]、[Fellbaum,1998]、[姚天顺等,2002]和 WordNet 主页 http://wordnet.princeton.edu/。

4.2.2　FrameNet②

FrameNet 是基于框架语义学(frame semantics)并以语料库为基础建立的在线英语词汇资源库,其目的是通过样本句子的计算机辅助标注和标注结果的自动表格化显示,来验证每个词在每种语义下语义和句法结合的可能性(配价,valence)范围。

在 FrameNet 中,框架是组织词汇语义知识的基本手段。每个词汇单元(lexical unit,LU)是由词和对应的一个词义构成的词汇-词义对。理论上,一个多义词的每个词义属于不同的语义框架。语义框架是类似于剧本的概念结构,用于描述一个特定的情形类型(type of situation)、对象(object)、事件(event)和事件参与者(participants)及其道具(props)。例如,框架 Apply_heat 描述的是一个涉及烹调(Cook)、食物(Food)和加热工具(Heating_instrument)的情形,以及可能引发这一情形的一些词汇,例如,bake,blanch,boil,broil,brown,simmer,steam,等等。这些角色称为框架元素(frame element,FE),可能引发框架(frame-evoking)的词汇在 Apply_heat 框架中为 LU。

在最简单的情况下,引发框架的 LU 是一个动词,FE 是动词的句法依存成分,例如:

(1) [Cook Matilde]**fried**[Food the catfish][Heating_instrument in a heavy iron skillet]

(2) [Item Colgate's stock] **rose**[Difference $3.64][Final_value to $49.94]

---

① http://wordnet.princeton.edu/man/wnstats.7WN

② http://framenet.icsi.berkeley.edu/

LU 也可能是事件名词，如在 Cause_change_of_scalar_position 框架中的 reduction：

... the **reduction**[Item of debt levels][Value_2 to \$ 665 million][Value_1 from \$ 2.6 billion]

从学生的角度，FrameNet 是一部含有 10000 多个词义的词典，大部分词义都给出了标注的例子，用于说明其语义和用法。而对自然语言处理的研究者来说，FrameNet 是一个标注了 170 000 多个句子的训练集，可用于语义角色标注研究。从事 FrameNet 研究的 Berkeley 课题组还定义了 1000 多个语义框架，通过一个框架关系系统将它们连接在一起，为事件和意图行为推理提供了基础。

4.2.3 EDR[①]

EDR 电子词典（EDR Electronic Dictionary）是由日本电子词典研究院（Japan Electronic Dictionary Research Institute, Ltd.）开发的面向自然语言处理的词典。该词典由 11 个子词典（sub-dictionary）组成，包括概念词典、词典和双语词典等。其开发项目由日本关键技术中心（Japan Key Technology Center）和包括富士通、NEC、东芝、日立、夏普、OKI、松下等在内的 8 个日本计算机制造商资助，历时 9 个财政年度（1986 年至 1994 年）。日本电子词典研究院于 2002 年 3 月 31 日解散，目前 EDR 词典由日本通信研究所（Communications Research Laboratory, CRL）继续提供。

EDR 有 5 类词典，包括：单语词典（Word Dictionary）、日英双语词典（Bilingual Dictionary）、概念词典（Concept Dictionary）、日语和英语同现词典（Co-occurrence Dictionary）和技术术语词典（Technical Terminology Dictionary），另外还包括 EDR 语料库（EDR Corpus）。EDR 词典的层次及其子词典的关系如图 4-1 所示［Yokoi, 1995］。

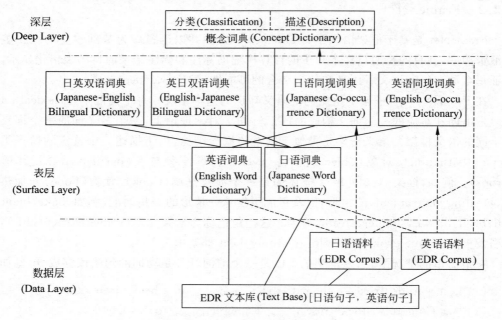

图 4-1　EDR 的层次及其子词典

---

① http://www2.nict.go.jp/kk/e416/EDR/index.html

从图 4-1 中我们可以看出,整个 EDR 词典划分为三个层次:深层、表层和数据层。其中,概念词典为深层;双语词典、单语词典和同现词典为表层;语料和文本库为数据层。

在 EDR 词典中,单语词典包括单词(word)、概念(concept)和它们之间的关系,以及单词的语法特性(grammatical characteristics)和含义,以便于计算机进行形态分析和句法分析。概念分类词典(Concept Classification Dictionary)将所有概念划分为超子类(super-sub)关系,其目的与同义词词林(thesaurus)相似,用以帮助计算机求解等同或相似的概念,或者计算概念之间的相似度。概念描述词典(Concept Description Dictionary)用以描述概念之间的语义同现(semantic co-occurrence)情况,以帮助计算机判断语义的正确性。同现词典描述表层单词的同现情况,用以帮助计算机理解自然短语。双语词典用以描述日语单词和英语单词之间的对应含义,使计算机能够找到目标语言中对等的合适单词。EDR 语料(EDR corpus)是在词典开发过程中收集的数据,是从文本中抽取的例句,标注了形态分析、句法分析和语义分析的结果。EDR 文本库(EDR text base)是从报纸或其他出版物中收集的用于进行语言处理研究的大规模文本。

截止到 1999 年 3 月,EDR 电子词典的日语词典词汇总量达到 26 万词;英语词典词汇总量达到 19 万词;在概念词典里出现的概念总量达到 40 万个(包括在概念分类词典和概念描述词典里);日英双语词典的词条总量为 23 万词;英日双语词典的词条总量为 16 万词;日语同现词典的词汇总量为 90 万个短语;英语同现词典的词汇总量为 46 万个短语;技术术语词典的规模为 12 万日语词汇、80 万英语词汇。到 2003 年 10 月,该词典的日语词典又新增加了 16 914 个词汇,约 1300 个概念数,并在日语同现词典里增加了约 1000 个有语法信息标注的句子[①]。EDR 的日汉对照词典[②]含 23 万个词条。

4.2.4　北京大学综合型语言知识库

北京大学计算语言学研究所(ICL/PKU)俞士汶教授领导建立的综合型语言知识库(简称 CLKB)涵盖了词、词组、句子、篇章各单位和词法、句法、语义各层面,从汉语向多语言辐射,从通用领域深入到专业领域。CLKB 是目前国际上规模最大且获得广泛认可的汉语语言知识资源,主要包括:

- 现代汉语语法信息词典,含 8 万词的 360 万项语法属性描述;
- 汉语短语结构规则库,含 600 多条语法规则;
- 现代汉语多级加工语料库,实现词语切分并标注词类的基本标注语料库 1.5 亿字,其中精加工的有 5200 万字,标注义项的有 2800 万字;
- 多语言概念词典,含 10 万个以同义词集表示的概念;
- 平行语料库,含对译的英汉句对 100 万;
- 多领域术语库,有 35 万汉英对照术语。

其中,现代汉语语法信息词典(grammatical knowledge base,GKB)是一部面向语言信息处理的大型电子词典,收录 8 万个汉语词语,在依据语法功能(优势)分布完成的词语分类

的基础上，又按类描述每个词语的详细语法属性。

　　GKB 以复杂特征集和合一运算理论为依据，采用"属性—属性值"的形式详细描述词语的句法知识，并利用关系数据库技术将"属性—属性值"的描述形式转换为数据库二维表的字段与值。如表 4-1 所示。其中，属性"词语"、"词类"、"同形"是 GKB 的主关键项。表中的"同形"字段用于对同一词类的同形词（汉字相同）的义项在粗粒度上进行区分。如果某个词的词类不同，且在某个词类中该词形（根据汉字表）记录只有一个，不需要区分"同形"信息，那么，此字段就是空白；如果某个词在读音和词类均相同的情况下，其义项不同，则其"同形"字段填 1、2、3 等数字对该词加以区分。例如，"保管"一词在粗粒度上有两个含义：一者表示"保存"（如保管财物），二者表示"担保"（如我保管你及格）；当某词的"同形"字段填 A、B、C 字母时有两种情况：一是读音不同，如，表中的"挨（ai1）"与"挨（ai2）"，二是词项不同，如表中的"别"。CL/PKU 在 5200 万字精加工的基本标注语料库的基础上已经对其中的 2800 万字标注了"同形"信息，并依据《现代汉语语义词典》对 700 万字标注了细粒度的义项。详细说明请见《现代汉语语法信息词典详解》[俞士汶等，2003b]。

表 4-1　《语法信息词典》样例

词　语	词　类	同　形	拼　音	注	……
挨	v	A	ai1	触，碰，靠近	
挨	v	B	ai2	遭受，忍受	
保管	v	1	bao3guan3	保存	
保管	v	2	bao3guan3	担保	
报告	n		bao4gao4	书面文件	
报告	v		bao4gao4	发表讲话	
别	d		bie2	不要	
别	v	A	bie2	分离	
别	v	B	bie2	附着或固定	

　　现代汉语多级标注语料库（word-sense tagging corpus，STC）是 ICL/PKU 在对《人民日报》语料进行词语切分和词性标注，建立的大规模现代汉语基本标注语料库（规模达 6000 万字）的基础上，以《语法信息词典》和《语义词典》为参考，加注不同粒度的词义信息之后形成的。基本标注语料库中的人名、地名及团体机构名等命名实体，都用相应标记予以了标识。

　　根据《北京大学语料库加工规范：切分·词性标注·注音》[俞士汶等，2003a]，汉语词性标注包括 26 个词类代码：名词（n）、时间词（t）、处所词（s）、方位词（f）、数词（m）、量词（q）、区别词（b）、代词（r）、动词（v）、形容词（a）、状态词（z）、副词（d）、介词（p）、连词（c）、助词（u）、语气词（y）、叹词（e）、拟声词（o）、成语（i）、习用语（l）、简称（j）、前接成分（h）、后接成分（k）、语素（g）、非语素字（x）、标点符号（w）。

　　此外，还包括以下 3 类子类标记：①专有名词的分类标记；②语素的子类标记；③动词和形容词的特殊用法标记。子类的标记用两个以上的字母组合表示，合计约 40 个。标记总数达到 105 个。

以下是 STC 中两段标注语料的样例[王萌，2010]：

中国/ns 积极/ad 参与/v [亚太经合/j 组织/n]nt 的/u 活动/vn！2-1 ,/w 参加/v 了/u 东盟/ns —/w 中/j 日/j 韩/j 和/c 中国/ns —/w 东盟/ns 首脑/n 非正式/b 会晤 /vn。/w 这些/r 外交/n 活动/vn！2-1 ,/w 符合/v 和平/a 与/c 发展/v 的/u 时代/n 主题/n ,/w 顺应/v 世界/n 走向/v 多极化/vn 的/u 趋势/n ,/w 对于/p 促进/v 国际/n 社会/n 的/u 友好/a 合作/vn 和/c 共同/b 发展/vn 作出/v 了/u 积极/a 的/u 贡献/n 。/w

咱们/rr 中国/ns 这么/rz 大{da4}/a 的{de5}/ud 一个/mq 多/a 民族/n 的{de5}/ud 国家/n 如果/c 不/df 团结/a ,/wd 就/d 不/df 可能/vu 发展/v 经济/n ,/wd 人民/n 生活/n 水平/n 也/d 就/d 不/df 可能/vu 得到/v 改善/vn 和{he2}/c 提高/vn 。/wj

在第一段样例中，命名实体用中括号“[ ]”标识，多义词“活动”的词义信息也被区别标识出来。在第二段样例中，给出了多音词“大”、“的”、“和”的拼音。

关于 CLKB 各个子库的详细情况不在这里一一赘述，感兴趣的读者可参阅相关文献。值得说明的是，CLKB 集众多语言学家、计算语言学和计算机专家智慧之大成，趟现代汉语语言知识形式化描述和知识库建设之先河，已成为中国人工智能和中文信息处理研究 50 多年来原创性的代表性成果之一，有力地支持了中文信息处理的理论研究和应用技术开发[Zong and Gao，2008；宗成庆等，2008，2009]。CLKB 已产生了巨大的学术影响，并获得了很好的社会效益和一定的经济效益。语料和知识库标注规范及相关论著被广泛引用，CLKB 的签约用户遍布美、日、德、法、俄、英、韩、瑞典、新加坡和中国内地、台湾、香港等 10 多个国家和地区，包括从事相关研究的著名企业、大学和研究所，免费用户数以万计。

4.2.5　知网①

知网（HowNet）是机器翻译专家董振东和董强经过十多年的艰苦努力创建的语言知识库，是一个以汉语和英语的词语所代表的概念为描述对象，以揭示概念与概念之间以及概念所具有的属性之间的关系为基本内容的常识知识库。

1988 年前后，董振东曾在他的几篇文章中提出以下观点[董振东等，1999]：

（1）自然语言处理系统最终需要强大的知识库支持。

（2）关于什么是知识，尤其关于什么是计算机可处理的知识，他提出：知识是一个系统，是一个包含着各种概念与概念之间的关系，以及概念的属性与属性之间的关系的系统。

（3）关于如何建立知识库，他提出应首先建立一种可以被称为知识系统的常识性知识库，它以通用的概念为描述对象，建立并描述这些概念之间的关系。

（4）关于由谁来建立知识库，他指出知识掌握在千百万人的手中，知识又是那么博大精深，靠三五个人甚至三五十人是不可能建立真正意义上的全面的知识库的。他指出：

---

① http://www.keenage.com/html/c_index.html

首先应该由知识工程师来设计知识库的框架，并建立常识性知识库原型。在此基础上再向专业性知识库延伸和发展。专业性知识库或称百科性知识库，主要靠专业人员来完成。

基于上述观点，董振东提出了知网系统的哲学思想：世界上一切事物（物质的和精神的）都在特定的时间和空间内不停地运动和变化。它们通常是从一种状态变化到另一种状态，并通常由其属性值的改变来体现。比如，人的生、老、病、死是一生的主要状态，这个人的年龄（属性）一年比一年大{属性值}，随着年龄的增长头发的颜色（属性）变为灰白{属性值}。另一方面，一个人随着年龄的增长，他的性格（精神）变得日益成熟{属性值}，他的知识（精神产品）愈益丰富{属性值}。基于上述思想，知网的运算和描述的基本单位是万物，包括物质的和精神的两类：部件、属性、时间、空间、属性值以及事件。

需要强调的是，部件和属性这两个基本单位在知网的哲学体系中占据着非常重要的地位。关于对部件的认识是：每一个事物都可能是另一个事物的部件，同时每一个事物也可能是另外一个事物的整体。一切事物都可以分解为部件，空间可以分解为上、下、左、右；时间可以分解为过去、现在和未来。知网遵循这样一种认识：事物的部件在它整体中的部位和功能的描述大体上比照人体。例如：山头、山腰、桌腿、椅背、河口，建筑物的门和窗比照人体的口和眼睛等。

关于对属性的认识是：任何一个事物都一定包含着多种属性，事物之间的异或同是由属性决定的，没有了属性就没有了事物。属性和它的宿主之间的关系是固定的，有什么样的宿主就有什么样的属性，反之亦然。属性与宿主之间的关系同部件与整体之间的关系是不同的。知网规定在标注属性时必须标注它可能的宿主类型，标注属性值时都必须标注它所指向的属性。

知网作为一个知识系统，名副其实是一个意义的网络，它着力反映的是概念的共性和个性。例如：对于"医生"和"患者"，"人"是他们的共性。知网在主要特征文件中描述了"人"所具有的共性，那么，"医生"的个性就是他是"医治"的施事，而"患者"的个性是他是"患病"的经验者。同时，知网还着力要反映概念之间和概念的属性之间的各种关系。图 4-2是"医生"、"患者"、"医院"等概念之间的关系示意图。

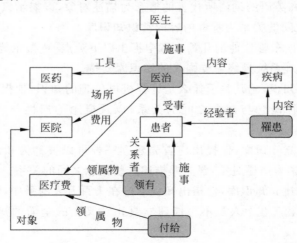

图 4-2　概念关系示意图

通过对各种关系的标注,知网把这种知识网络系统明确地教给了计算机,进而使知识对计算机而言成为可计算的。

在知网中,定义了如下各种关系:①上下位关系(由概念的主要特征体现);②同义关系;③反义关系;④对义关系;⑤部件-整体关系;⑥属性-宿主关系;⑦材料-成品关系;⑧施事/经验者/关系主体-事件关系(如"医生","雇主"等);⑨受事/内容/领属物等-事件关系(如"患者","雇员"等);⑩工具-事件关系(如"手表","计算机"等);⑪场所-事件关系(如"银行","医院"等);⑫时间-事件关系(如"假日","孕期"等);⑬值-属性关系(如"蓝","慢"等);⑭实体-值关系(如"矮子","傻瓜"等);⑮事件-角色关系(如"购物","盗墓"等);⑯相关关系(如"谷物","煤田"等)。

知网的一个重要特点是:类似于同义、反义、对义等种种关系是借助于《同义、反义以及对义组的形成》由用户自行建立的,而不是逐一地、显性地标注在各个概念之上的。

知网是一个知识系统,而不是一部语义词典。知网用概念与概念之间的关系以及概念的属性与属性之间的关系形成一个网状的知识系统,这是它与其他树状词汇数据库的本质不同。

在知网中,义原是一个很重要的概念。至于什么是义原,跟什么是词一样难以定义,但是也跟词一样并不因为它难以定义人们就无法把握和利用它们。大体上说,义原是最基本的、不易于再分割其意义的最小单位。例如:"人"虽然是一个非常复杂的概念,它可以是多种属性的集合体,但也可以把它看作一个义原。知网体系的基本设想是,所有的概念都可以分解成各种各样的义原,同时,也存在一个有限的义原集合,其中的义原组合成一个无限的概念集合。因此,如果能够把握这一有限的义原集合,并利用它来描述概念之间的关系以及属性与属性之间的关系,就有可能建立我们设想的知识系统。利用中文来寻求这个有限的集合,应该说是个捷径。中文中的字(包括单纯词)是有限的,并且它可以用来表达各种各样单纯或复杂的概念,以及表达概念与概念之间、概念的属性与属性之间的关系。

知网所采用方法的一个重要特点是对大约 6000 个汉字进行考察和分析来提取这个有限的义原集合。以事件类为例,董振东曾在中文具有事件义原的汉字(单纯词)中提取出 3200 个义原。试以下面的汉字为例,可以得到 9 个义原,但其中两对是重复的,应予合并。

治:医治　管理　处罚 ……

处:处在　处罚　处理 ……

理:处理　整理　理睬 ……

于是,3200 个事件义原在初步合并后大约还剩 1700 个,然后董振东进一步加以归类,便得到大约 700 多个义原。请注意,到现在为止完全不涉及多音节的词语。然后董振东用这 700 多个义原作为标注集去标注多音节的词,当发现这 700 多个义原不符合或不满足要求时,便进行合理调整或适当扩充。这样就形成了今天的 800 多个事件义原的标注集以及由它们标注的中文的事件概念。

综上所述,知网的建设方法的一个重要特点是采用自下而上的归纳方法。它是通过对全部的基本义原进行观察分析并形成义原的标注集,然后再用更多的概念对标注集进行考核,据此建立完善的标注集。

　　常识性知识库是知网最基本的数据库,又称为知识词典。知网的主要文件包括知识词典,有机地构成了一个知识系统。整个知识系统包括下列数据文件和程序:①中英双语知识词典;②知网管理工具;③知网说明文件,包括:动态角色与属性;词类表;同义、反义以及对义组的形成;事件关系和角色转换和标识符号及其说明。

　　知网的规模主要取决于双语知识词典数据文件的大小。由于它是在线的,修改和增删都很方便,因此,它的规模是动态的。

　　在知网的知识词典中,每一个词语的概念及其描述形成一个记录。每一种语言的每一个记录都主要包含 4 项内容,每一项均由两部分组成,中间以“＝”分隔,每一个“＝”的左侧是数据的域名,右侧是数据的值。它们排列如下:

　　W_X＝词语

　　G_X＝词语词性

　　E_X＝词语例子

　　DEF＝概念定义

　　知识词典以词语及其概念为基础,在确定词语及其概念时,主要基于如下三个方面的考虑:

　　(1)在确定知识词典描述的最基本单位“词”时,不追求严格的关于词的定义,不是仅仅依据某一本现成的词典,而是依据建立于 4 亿字汉语语料库按出现频率形成的词语表,并注意收集已经流行又有较稳定可能的词语,如“因特网”、“欧元”、“二噁英”、“下载”、“点击”、“黑客”、“恶搞”等,但又不盲目求新,如不收“打的”。

　　(2)词语的概念或称义项的选择也是经过精心考虑的。一般很注意某一义项的现代的流通性。例如,“曹”在普通词典中至少有两个义项,一是“姓”,另一是“辈”,如用于“尔曹”。而知识词典只选择第一个义项。

　　(3)知识词典同时给出了与词语相对应的英文释义,其目的是体认知识词典对概念的描述方法是否也适用于另一种语言。

　　迄今为止,知网的知识词典主要为那些具有多个义项的词提供了使用例子。这些例子的要求是:强调例子的区别能力而不是它们的释义能力,它们的用途在于为消除歧义提供可靠的帮助。这里试以“打”的两个义项为例,一个义项是“buy|买”,另一个是“weave|辫编”。那么,在词典中对应地有两个记录:

　　NO. ＝000001

　　W_C＝打

　　G_C＝V

　　E_C＝～酱油,～张票,～饭,去～瓶酒,醋～来了

　　W_E＝buy

　　G_E＝V

　　E_E＝

　　DEF＝buy|买

NO. ＝015492

W_C＝打

G_C＝V

E_C＝～毛衣,～毛裤,～双毛袜子,～草鞋,～一条围巾,～麻绳,～条辫子

W_E＝knit

G_E＝V

E_E＝

DEF＝weave|辫编

假设我们要判定"打"在句子"我女儿给我打的那副手套哪去了"的歧义语境中的语义,通过对"手套"与"酱油"等词的语义距离计算,并与"毛衣"等词的语义距离的计算结果相比较,我们就会得到一个正确的歧义判定结果。这种方法的好处至少有两点:第一,多数判定可以避免采用规则的方法,通过统计计算就可以实现;第二,多数情况下基本算法可以不依赖于具体语言。

综上所述,知网是一个具有丰富内容和严密逻辑的语言知识系统,它作为自然语言处理技术,尤其是中文信息处理技术研究和系统开发重要的基础资源,在实际应用中发挥着越来越重要的作用,它可以广泛地应用于词汇语义相似性计算、词汇语义消歧、名词实体识别和文本分类等许多方面。本节所介绍的内容只是知网最基本的概况,有关知网的详细情况,请参阅知网主页(http://www.keenage.com)和其他相关论著[董振东等,2000,2001;Dong and Dong,2003,2006]。

4.2.6　概念层次网络

概念层次网络(Hierarchical Network of Concepts,HNC)是中国科学院声学研究所黄曾阳建立的面向整个自然语言理解的理论框架。1997 年第 4 期《中文信息学报》发表了黄曾阳的论文"HNC 理论概要"[黄曾阳,1997],从此奠定了 HNC 理论的基础。

HNC 理论是一个关于语言概念空间的理论,但它只研究这个空间的部分特征,即与自然语言的理解过程有关的特性,这是 HNC 对自身研究范围的基本定位[黄曾阳,2001]。

局部联想脉络是 HNC 理论的基本内容之一,它由五元组、语义网络和概念组合结构组成,它是计算机把握并理解语言概念的基本前提,其基本思路和做法是:把概念分为抽象概念和具体概念,对抽象概念用语义网络和五元组来表达,对具体概念采取挂靠展开近似表达的方法。

在 HNC 理论中,五元组、语义网络和概念组合结构用来表达抽象概念。五元组是指〈动态、静态、属性、值、效应〉五大特性,它们是词性的基元,用以表达概念的外在表现。任何概念都具有五元组特性,比如英语中词根相同、词性不同的词就体现了同一概念内涵的不同的五元组特性,而汉语中的兼类词只不过是用一个词表达了同一概念内涵的几个五元组特性。语义网络用以表达概念的内涵。语义网络是树状的分层结构,每一层有若干个结点,每个结点代表一个概念基元(而不是词),每一层的若干结点分别用连续的数字标

记，网络中的任一结点都可以通过从最高层开始到结点结束的一串数字唯一地确定和表示，这种数字串称为层次符号。结点代表的概念基元通过不同方式的组合就可以表达各种各样的、无数的概念，而不受语种限制。概念组合结构用以表达概念基元的组合方式。五元组符号、层次符号和概念组合结构符号组合起来，就构成 HNC 的概念表示式。HNC 用五元组和语义网络分别表达抽象概念的外在表现和内涵，这种表达方式便于描述概念之间的关联性。

HNC 设计了抽象概念的三大语义网络：基本概念语义网络、基元概念语义网络和逻辑概念语义网络。三大语义网络是 HNC 理论的核心，是"概念基元"的聚类和系统，而绝非"词"的分类。语义网络的设计思想有两个主要来源：一是奎廉（Quillian）的语义网络、菲尔墨的格语法和山克的概念从属理论；二是汉语的"字义基元化，词义组合化"现象。第一个来源提出了"语义基元"的杰出思想并暗含着"总体表述"的雄伟目标，第二个来源则提供了语义基元的宝贵原料。汉语字少词多，仅用几千个汉字加以组合就可以构成许多的词。几千年来，汉语随着社会的发展而发展，新词不断增加，但组成词语的汉字却很少变化。汉字字义的基元和汉语词义的组合化是一个伟大的宝藏，HNC 语义网络的建立深深发掘了这一宝藏。

HNC 用语义网络表达概念，其首要目标和价值在于给出概念关联性知识和联想脉络的线索，而不是给出概念的精确表示。自然语言理解的中心任务是解模糊，如同音模糊消解、一词多义模糊消解等，这些模糊的消解统称为多义选一处理。对自然语言词汇的多义选一处理是人类理解自然语言过程中最频繁、最基本的操作。对这一操作过程的形式模拟不在于并行处理或快速计算，而在于以什么巧妙的方式完成大量语义距离的计算。语义网络层次符号的构造方式把最频繁、最基本的语义距离计算变成了对层次符号的简单逐层比较。这是 HNC 用语义网络层次符号表达概念的基本出发点。层次符号是一种灵活的分层结构，它到任一层都代表一个概念，至于这个（些）概念与相应的语言概念之间，究竟谁是谁的近似已无关紧要。重要的是，层次网络符号对概念的局部联想脉络给出了明确的表示。

综上所述，HNC 理论创立了基于语义的自然语言表述和处理模式。传统的语言表示和处理模式以语法为基础。语法有狭义与广义之分，狭义语法是指以形态变化和虚词搭配为依托的语言法则，这些法则里本来包含语义信息，但语法学从自身研究的便利出发曾长期有意脱离语义而自成体系。这个状况直到乔姆斯基的转换生成语法和菲尔墨的格语法出现以后才发生了变化，随后的功能语法继承了乔姆斯基和菲尔墨的传统，这些语法应称为广义语法，它包含了语义甚至语用。但是，广义语法学虽然融入了语义知识，并未对语义表述给出完善的理论框架。HNC 理论从根本上改变了这一状况，"根本"的具体表现就是建立了表述自然语言概念和语句的两套数学表示式［苗传江，1998］。

关于 HNC 理论研究的更详细情况，请参阅黄曾阳的专著《HNC（概念层次网络）理论》（清华大学出版社，1998）、张全、萧国政主编的《HNC 与语言学研究》（武汉大学出版社，2001），以及晋耀红（2006）撰写的《HNC（概念层次网络）语言理解技术及其应用》（科学出版社）等专著。

另外值得提及的是,梅家驹等编写的《同义词词林》[梅家驹等,1996]、陆汝占提出的内涵逻辑语义模型[陆汝占,2003]和国内若干相关工作[陆俭明,2003;林杏光,1999;靳光瑾,2001;符淮青,1996;詹卫东,2003;陈群秀,2006],都为汉语语言知识的描述和概念、语义计算等研究提供了很好的理论基础,并建立了丰富的数据资源。

4.3　语言知识库与本体论

起源于哲学的本体论(ontology)近年来受到信息科学领域的广泛关注,其重要性已在许多方面表现出来并得到广泛认同。实际上,本体论一词来自希腊文,根据希腊文的字面意思,它是关于"onto"的"logos",即研究一切有关"存在"(希腊文 onto 是"存在、有"的意思,英文译为 being)的学问或理念(logos)。从哲学意义上看,本体论关注的是"存在",即世界在本质上有什么样的东西存在,或者世界存在哪些类别的实体。所以哲学上的本体论是对世界任何领域内真实存在所作出的客观描述,而且这种描述不一定完全建立在已有的知识基础上,还包括"求真"的过程。在过去数十年中,本体论在计算机科学领域的发展与人工智能和信息技术的起步和发展密不可分[李善平等,2004]。

在人工智能研究领域,为了减少构建知识库的代价,避免每次从头开始,越来越有必要考虑知识的复用问题,通过复用,系统开发者可以在已有的知识基础上更加关注于特定领域的知识构建,并且新系统可以利用可复用的知识与现存的其他系统进行交互。这样,描述性的知识、问题解决方法以及推理服务都可以在系统间实现共享,从而方便地构建出更大、更好的知识库。因此,必须考虑在一个领域中哪些知识是可以复用的或共享的,以及怎样获取和描述一个领域中的一般性知识等问题。

概念化(conceptualization)是知识形式化表达的基础,是所关心领域中的对象、概念和其他实体,以及它们之间的关系[Genesereth and Nilsson,1987]。根据美国斯坦福大学 T. R. Gruber 对 ontology 的定义:"An ontology is an explicit specification of a conceptualization"[Gruber,1993],Gruber 认为:概念化是从特定目的出发对所表达的世界进行的一种抽象的、简化的观察。每一个知识库、基于知识库的信息系统以及基于知识共享的智能 agent 都内含一个概念化的世界,或是显式的,或是隐式的。而本体论是对某一概念化所作的一种显式解释说明。本体论中的对象以及它们之间的关系是通过知识表达语言的词汇来描述的。因此,可以通过定义一套知识表达的专门术语来定义一个本体,以人可以理解的术语描述领域世界的实体、对象、关系以及过程等,并通过形式化的公理来限制和规范这些术语的解释和使用。因此,严格地说,本体是一个逻辑理论的陈述性描述。本体论则是一个逻辑理论,用来说明一个正规(formal)词汇表的预定含义。简单一点讲,本体就是一个描述特定领域概念的知识库,其内容不仅包括领域的主要概念,还包括它们之间的关系。面向不同应用的系统都可以利用本体所提供的领域知识完成特定的任务,例如事件信息抽取,信息检索等。

本体是语言相关的,而概念化则是语言无关的。概念化是比本体论(仅限于信息科学中)更为广泛的概念,前者更接近领域的事实和哲学上的本体论[李善平等,2004]。

总之，本体的核心概念是知识共享，通过减少概念和术语上的歧义，建立一个统一的框架或规范模型，使得来自不同背景、持不同观点和目的的人员之间的理解和交流，以及不同系统之间的互操作或数据传输成为可能，并保持语义上的一致。

在一个领域中，本体构成了该领域任意知识表达系统的核心[Chandrasekaran et al.，1999]，而领域概念要通过领域中必用的一些词项来表达，这些被称为术语（terminology）的领域词项，是领域的基本知识和信息的承载单位。一个领域知识空间中的本体大多是由术语及不同术语之间相关概念的关系所构成的。

图 4-3　三层本体关系的示意图

本体可分为三个层次：上位本体（upper ontology）、领域本体（domain ontology）和面向应用的本体（application-oriented ontology）。上位本体是跨领域可复用的通用本体。领域本体有时也称为中位本体（mid-level ontology），用于描述某一个特定学科、专业或领域里最广泛使用的概念和关系，例如信息科技领域和医学等学科的概念及概念之间的关系。面向应用的本体则是为某个应用而定制的本体知识库，例如体育运动领域中关于足球比赛的知识。有些应用可能需要跨领域的知识信息，例如有关电子消费产品的知识就同时涉及信息科技和商业贸易两个领域。就面向应用的领域本体而言，上位本体和相关的领域本体可同时被称为上层本体。

大多数上位本体采用自顶向下的方法经人工构建。目前被广泛使用的一个上位本体是建议上层共用知识本体（suggested upper merged ontology，SUMO），该本体将几个公开可用本体的内容融合为一个具有一致性结构和广泛性的本体，它不仅包括概念的分类，也包括了可用于推导的公理和逻辑推断[Doerr et al.，2003；Niles and Pease，2001；2003]。另一个著名的上层本体是EuroWordnet[Rodríguez et al.，1998]。

前面介绍的 WordNet 是一个被广泛使用的英语词汇本体。WordNet 中的一个重要概念是同义词集（synset），用于表达同一概念的同义词集合，一个词的不同词义被罗列在不同的同义词集中。从本体的观点来看，同义词集和本体中的概念等价。实际上，WordNet 包含了同义词集到 SUMO 概念结点的映射，因此也可以将其视为 SUMO 在词汇上的扩展。

本体的构建既可以是自顶向下的，也可以是自底向上的。自顶向下的方式通常会利用现有的上层本体相关资源，例如 SUMO、WordNet 或 GermaNet[Xu et al.，2002]，并自动地从包括语料库、词典、知识库或半结构化的纲要等资源中抽取和构建出一个所需要的本体知识库［Mani *et al.*，2004；Gomez-Perez and Manzano-Macho，2003］。文献［Mani *et al.*，2004］综合使用了相对浅层的方法和现有可用的背景知识库构建所需的本体。［Brewster *et al.*，2002，2003］主要通过互联网来获取本体。［Maedche and Staab，2001］则详尽地介绍了本体的学习方法。目前虽然已有很多关于本体构建的研究，并已有不少付诸实现的系统和本体知识库，但自动构建本体的技术还远远不够成熟。大多数可用本体的中位本体还是以人工创建为主，也会有一些人手分工制作、使用系统集成的方法而组建的本体。

自动本体构建主要由两部分构成。第一部分用于确定领域中的概念集合。由于术语是概念的文字表征，所以概念的发现常常是通过术语发现（term discovery）来完成的。术语发现则从包括互联网文本、百科全书等不同的领域资源中抽取得来。也就是说，术语提取（或称术语抽取）（terminology extraction）可被认为是本体构建的一个必要的预处理步骤。第二部分是关系发现（relationship discovery），用以识别和提取概念之间的关系。对于给定的概念词 C，关系发现也称为属性发现（attribute discovery），这些属性是与 C 通过某种关系相关联的一系列其他概念。在本体构建的学习过程中，相对而言，术语发现要简单一点，而要找到概念语义关系来构建一个结构化的知识空间，则是非常困难的问题，这也是目前本体学习及本体适用性研究所面临的主要挑战。

核心领域本体是对领域中的核心概念进行建模。为了从文本和已有资源中有效地学习领域本体，自动创建重量型的领域核心概念本体是至关重要的。大多数核心本体都是手工创建的，中文核心本体构建方面的工作更不多见。陆勤等为自动创建中文核心本体做了大量工作，他们的研究工作涉及领域最基本概念的核心术语提取［Chen *et al.*，2006；Ji *et al.*，2007］、从特定领域的语料中提取领域术语［Yang *et al.*，2010］和识别领域中概念术语的关系［Cui *et al.*，2008］，以及核心本体构建算法的建立等［Chen *et al.*，2008b；谌贻荣等，2010］。在中文核心本体构建算法的设计方面，特别是在中文资源相对贫乏的情况下，他们提出了如下思路：利用一个中英文术语库和英文 WordNet 作为资源对 SUMO 进行扩展，把每一个中文核心术语 T_C 首先映射到最合适的 WordNet 同义词集 $SynsetC$，然后利用英文核心术语集、SUMO 层级结构、每一个同义词集在 SUMO 中对应的上位概念，以及同义词集本身构建一个领域内的全部核心术语组成的本体，而核心本体通过继承被 WordNet 上位结构扩展了的 SUMO 层级结构来构建。

本体构建与语言知识库建设之间具有密切的联系。

一方面，本体理论对于语言知识库的建设具有一定的借鉴意义。语言知识库作为一种特殊的知识库，其建立的目的就是要提供一个大规模常识知识库，这个知识库应该能够较好地揭示概念与概念之间以及概念所具有的属性之间的关系，使人们可以利用这个常识知识库来解决自然语言处理中的具体问题。因此，从本体论的角度出发建立一个适用于自然语言处理的语言知识库必须解决两方面的问题：一是本体的描述问题，即通过形式化语义描述手段尽量合理地、完备地描写世界知识；二是根据常识推理的需要，建立统一的描述形式，既便于用户实现推理、语义计算和其他操作，同时又便于系统维护。

　　另一方面，本体的构建过程又离不开自然语言处理技术。常识一般来源于自然语言文本，常识本身又是通过词汇、术语等自然语言单位描述的，因此，在本体构建过程中进行信息提取时，若干自然语言处理技术，如分词、词性标注和语块分割等，都是不可缺少的。

　　本体论不仅应用在 Web 上导致了语义网（semantic web）的诞生，从而为人们提供了跨平台、跨应用的描述知识和概念的框架，使大家可以遵从一致的知识或概念的标注（标签），从而实现知识共享和信息集成，而且在自然语言处理领域得到了广泛应用，除了语言知识库的构建以外，还包括句法分析、问答系统等其他方面［Nie and Ju，2003；Wang，2010；Pease and Murray，2003］。

第 5 章

语言模型

语言模型(language model,LM)在自然语言处理中占有重要的地位,尤其在基于统计模型的语音识别、机器翻译、汉语自动分词和句法分析等相关研究中得到了广泛应用。目前主要采用的是 n 元语法模型(n-gram model),这种模型构建简单、直接,但同时也因为数据缺乏而必须采取平滑(smoothing)算法。在过去的很多年里,许多学者做了大量的研究工作,并开发了相应的工具软件,为统计自然语言处理技术的研究和开发提供了极大的便利。

本章主要介绍 n 元语法的基本概念和几种常用的数据平滑方法。

5.1 n 元语法

一个语言模型通常构建为字符串 s 的概率分布 $p(s)$,这里 $p(s)$ 试图反映的是字符串 s 作为一个句子出现的频率。例如,在一个刻画口语的语言模型中,如果一个人所说的话语中每 100 个句子里大约有一句是 Okay,则可以认为 $p(\text{Okay}) \approx 0.01$。而对于句子"An apple ate the chicken"我们可以认为其概率为 0,因为几乎没有人会说这样的句子。需要注意的是,与语言学中不同,语言模型与句子是否合乎语法是没有关系的,即使一个句子完全合乎语法逻辑,我们仍然可以认为它出现的概率接近为零。

对于一个由 l 个基元("基元"可以为字、词或短语等,为了表述方便,以后我们只用"词"来通指)构成的句子 $s = w_1 w_2 \cdots w_l$,其概率计算公式可以表示为

$$p(s) = p(w_1) p(w_2 \mid w_1) p(w_3 \mid w_1 w_2) \cdots p(w_l \mid w_1 \cdots w_{l-1})$$

$$= \prod_{i=1}^{l} p(w_i \mid w_1 \cdots w_{i-1}) \tag{5-1}$$

在式(5-1)中,产生第 $i(1 \leqslant i \leqslant l)$ 个词的概率是由已经产生的 $i-1$ 个词 $w_1 w_2 \cdots w_{i-1}$ 决定的。一般地,我们把前 $i-1$ 个词 $w_1 w_2 \cdots w_{i-1}$ 称为第 i 个词的"历史(history)"。在这种计算方法中,随着历史长度的增加,不同的历史数目按指数级增长。如果历史的长度为 $i-1$,那么,就有 L^{i-1} 种不同的历史(假设 L 为词汇集的大小),而我们必须考虑在所有 L^{i-1} 种不同的历史情况下,产生第 i 个词的概率。这样的话,模型中就有 L^i 个自由参数 $p(w_i \mid w_1, w_2, \cdots, w_{i-1})$。假设 $L = 5000, i = 3$,那么,自由参数的数目就是 1250 亿个[翁富

良等,1998]！这使我们几乎不可能从训练数据中正确地估计出这些参数,实际上,绝大多数历史根本就不可能在训练数据中出现。因此,为了解决这个问题,可以将历史 $w_1w_2\cdots w_{i-1}$ 按照某个法则映射到等价类 $E(w_1w_2\cdots w_{i-1})$,而等价类的数目远远小于不同历史的数目。如果假定：

$$p(w_i \mid w_1,w_2,\cdots,w_{i-1}) = p(w_i \mid E(w_1,w_2,\cdots,w_{i-1})) \tag{5-2}$$

那么,自由参数的数目就会大大地减少。有很多方法可以将历史划分成等价类,其中,一种比较实际的做法是,将两个历史 $w_{i-n+2}\cdots w_{i-1}w_i$ 和 $v_{k-n+2}\cdots v_{k-1}v_k$ 映射到同一个等价类,当且仅当这两个历史最近的 $n-1(1\leqslant n\leqslant l)$ 个词相同,即如果 $E(w_1w_2\cdots w_{i-1}w_i)=E(v_1v_2\cdots v_{k-1}v_k)$,当且仅当 $(w_{i-n+2}\cdots w_{i-1}w_i)=(v_{k-n+2}\cdots v_{k-1}v_k)$。

满足上述条件的语言模型称为 n 元语法或 n 元文法（n-gram）。通常情况下,n 的取值不能太大,否则,等价类太多,自由参数过多的问题仍然存在。在实际应用中,取 $n=3$ 的情况较多。当 $n=1$ 时,即出现在第 i 位上的词 w_i 独立于历史时,一元文法被记作 unigram,或 uni-gram,或 monogram；当 $n=2$ 时,即出现在第 i 位上的词 w_i 仅与它前面的一个历史词 w_{i-1} 有关,二元文法模型被称为一阶马尔可夫链（Markov chain）,记作 bigram 或 bi-gram；当 $n=3$ 时,即出现在第 i 位置上的词 w_i 仅与它前面的两个历史词 $w_{i-2}w_{i-1}$ 有关,三元文法模型被称为二阶马尔可夫链,记作 trigram 或 tri-gram。

以二元语法模型为例,根据前面的解释,我们可以近似地认为,一个词的概率只依赖于它前面的一个词,那么,

$$p(s) = \prod_{i=1}^{l} p(w_i \mid w_1\cdots w_{i-1}) \approx \prod_{i=1}^{l} p(w_i \mid w_{i-1}) \tag{5-3}$$

为了使得 $p(w_i \mid w_{i-1})$ 对于 $i=1$ 有意义,我们在句子开头加上一个句首标记 $\langle\text{BOS}\rangle$,即假设 w_0 就是 $\langle\text{BOS}\rangle$。相应地,在句子结尾再放一个句尾标记 $\langle\text{EOS}\rangle$,并且使之包含在等式 (5-3) 的乘积中。例如,要计算概率 $p(\text{Mark wrote a book})$,我们可以这样计算：

$$p(\text{Mark wrote a book}) = p(\text{Mark} \mid \langle\text{BOS}\rangle) \times p(\text{wrote} \mid \text{Mark}) \times p(\text{a} \mid \text{wrote})$$
$$\times p(\text{book} \mid \text{a}) \times p(\langle\text{EOS}\rangle \mid \text{book})$$

为了估计 $p(w_i \mid w_{i-1})$ 条件概率,可以简单地计算二元语法 $w_{i-1}w_i$ 在某一文本中出现的频率,然后归一化。如果用 $c(w_{i-1}w_i)$ 表示二元语法 $w_{i-1}w_i$ 在给定文本中的出现次数,我们可以采用下面的计算公式：

$$p(w_i \mid w_{i-1}) = \frac{c(w_{i-1}w_i)}{\sum_{w_i} c(w_{i-1}w_i)} \tag{5-4}$$

用于构建语言模型的文本称为训练语料（training corpus）。对于 n 元语法模型,使用的训练语料的规模一般要有几百万个词。公式 (5-4) 用于估计 $p(w_i \mid w_{i-1})$ 的方法称为 $p(w_i \mid w_{i-1})$ 的最大似然估计（maximum likelihood estimation, MLE）。

对于 $n>2$ 的 n 元语法模型,条件概率中要考虑前面 $n-1$ 个词的概率。为了使公式 (5-3) 对于 $n>2$ 成立,我们取

$$p(s) = \prod_{i=1}^{l+1} p(w_i \mid w_{i-n+1}^{i-1}) \tag{5-5}$$

其中, w_i^j 表示词 $w_i \cdots w_j$, 约定 w_{-n+2} 到 w_0 为 $\langle BOS \rangle$, 取 w_{l+1} 为 $\langle EOS \rangle$。为了估计概率 $p(w_i \mid w_{i-n+1}^{i-1})$, 与等式(5-4)类似的等式为

$$p(w_i \mid w_{i-n+1}^{i-1}) = \frac{c(w_{i-n+1}^i)}{\sum_{w_i} c(w_{i-n+1}^i)} \tag{5-6}$$

注意, 求和表达式 $\sum_{w_i} c(w_{i-n+1}^i)$ 等于计算历史 $c(w_{i-n+1}^{i-1})$ 的数目, 这两种书写形式意思一样, 所以, 有时两种书写形式混用。

请看下面的例子。假设训练语料 S 由下面 3 个句子构成:

("BROWN READ HOLY BIBLE",

"MARK READ A TEXT BOOK",

"HE READ A BOOK BY DAVID")

用计算最大似然估计的方法计算概率 $p(\text{BROWN READ A BOOK})$:

$$p(\text{BROWN} \mid \langle BOS \rangle) = \frac{c(\langle BOS \rangle \text{BROWN})}{\sum_w c(\langle BOS \rangle w)} = \frac{1}{3}$$

$$p(\text{READ} \mid \text{BROWN}) = \frac{c(\text{BROWN READ})}{\sum_w c(\text{BROWN } w)} = \frac{1}{1}$$

$$p(\text{A} \mid \text{READ}) = \frac{c(\text{READ A})}{\sum_w c(\text{READ } w)} = \frac{2}{3}$$

$$p(\text{BOOK} \mid \text{A}) = \frac{c(\text{A BOOK})}{\sum_w c(\text{A } w)} = \frac{1}{2}$$

$$p(\langle EOS \rangle \mid \text{BOOK}) = \frac{c(\text{BOOK} \langle EOS \rangle)}{\sum_w c(\text{BOOK } w)} = \frac{1}{2}$$

因此,

$$p(\text{BROWN READ A BOOK})$$
$$= p(\text{BROWN} \mid \langle BOS \rangle) \times p(\text{READ} \mid \text{BROWN}) \times p(\text{A} \mid \text{READ})$$
$$\times p(\text{BOOK} \mid \text{A}) \times p(\langle EOS \rangle \mid \text{BOOK})$$
$$= \frac{1}{3} \times 1 \times \frac{2}{3} \times \frac{1}{2} \times \frac{1}{2} \approx 0.06$$

5.2　语言模型性能评价

评价一个语言模型最常用的度量就是根据模型计算出的测试数据的概率, 或者利用第 2 章里曾经介绍的交叉熵(cross-entropy)和困惑度(perplexity)等派生测度。对于一个平滑过的概率为 $p(w_i \mid w_{i-n+1}^{i-1})$ 的 n 元语法模型, 用公式(5-5)计算句子 $p(s)$ 的概率。

对于句子$(t_1,t_2,\cdots,t_{l_T})$构成的测试集 T,可以通过计算 T 中所有句子概率的乘积来计算测试集的概率 $p(T)$：

$$p(T) = \prod_{i=1}^{l_T} p(t_i)$$

交叉熵的测度可以利用预测和压缩的关系来进行计算。当给定一个语言模型,文本 T 的概率为 $p(T)$,可以给出一个压缩算法,该算法用 $-\log_2 p(T)$ 个比特位来对文本 T 编码。根据第 2 章的介绍,在数据 T 上模型 $p(w_i|w_{i-n+1}^{i-1})$ 的交叉熵 $H_p(T)$ 定义为

$$H_p(T) = -\frac{1}{W_T}\log_2 p(T) \tag{5-7}$$

这里的 W_T 是以词为单位度量的文本 T 的长度(可以包括句首标志〈BOS〉或句尾标志〈EOS〉)。式(5-7)计算出的值可以解释为：利用与模型 $p(w_i|w_{i-n+1}^{i-1})$ 有关的压缩算法对数据集合中的 W_T 个词进行编码,每一个编码所需要的平均比特位数。

模型 p 的困惑度 $\mathrm{PP}_T(T)$ 是模型分配给测试集 T 中每一个词汇的概率的几何平均值的倒数,它和交叉熵的关系为

$$\mathrm{PP}_T(T) = 2^{H_p(T)}$$

显然,交叉熵和困惑度越小越好,这是我们评估一个语言模型的基本准则。在英语文本中,n 元语法模型计算的困惑度范围大约为 50～1000 之间(对应的交叉熵范围为 6～10 个比特位),具体值与文本的类型有关[Chen and Goodman,1998]。

5.3　数据平滑

5.3.1　问题的提出

在 5.1 节的例子中,如果依据给定的训练语料 S 计算句子 DAVID READ A BOOK 的概率,有如下计算公式：

$$p(\text{READ} \mid \text{DAVID}) = \frac{c(\text{DAVID READ})}{\sum_w c(\text{DAVID } w)} = \frac{0}{1}$$

即 $p(\text{DAVID READ A BOOK})=0$。显然,这个结果不够准确,因为句子 DAVID READ A BOOK 总有出现的可能,其概率应该大于 0。

在语音识别中,实现目标就是找到转写句子 s 对于给定的声音信号 A 使概率 $p(s|A)=\dfrac{p(A|s)p(s)}{p(A)}$ 最大。如果 $p(s)=0$,那么,$p(s|A)$ 也必然是 0,这个结果意味着不管给定的语音信号多么清晰,字符串 s 也永远不可能成为转写结果。这样,在语音识别中,一旦出现使得 $p(s)=0$ 的字符串 s,就会导致识别错误。在其他自然语言处理任务中也会出现类似的问题。因而,必须分配给所有可能出现的字符串一个非零的概率值来避免这种错误的发生。

平滑(smoothing)技术就是用来解决这类零概率问题的。术语“平滑”指的是为了产生更准确的概率(在式(5-4)和式(5-6)中)来调整最大似然估计的一种技术,也常称为数据平滑(data smoothing)。“平滑”处理的基本思想是“劫富济贫”,即提高低概率(如零概率),降低高概率,尽量使概率分布趋于均匀。

例如,对于二元语法来说,一种最简单的平滑技术就是假设每个二元语法出现的次数比实际出现的次数多一次,不妨将该处理方法称为加 1 法,于是

$$p(w_i \mid w_{i-1}) = \frac{1 + c(w_{i-1}w_i)}{\sum\limits_{w_i}[1 + c(w_{i-1}w_i)]} = \frac{1 + c(w_{i-1}w_i)}{\mid V \mid + \sum\limits_{w_i}c(w_{i-1}w_i)} \tag{5-8}$$

其中,V 是所考虑的所有词汇的单词表,$\mid V \mid$ 为词汇表单词的个数。当然,如果 V 取无穷大,分母就是无穷大,所有的概率都趋于 0。但实际上,词汇表总是有限的,可以大约固定在几万个或者几十万个。所有不在词汇表中的词可以映射为一个单个的区别于其他已知词汇的单词,通常将其称为未登录词或未知词。

假设用加 1 平滑方法来重新考虑前面的例子,取 V 为训练语料 S 中出现的所有单词的集合,即 $\mid V \mid = 11$。对于句子"BROWN READ A BOOK",有

$$p(\text{BROWN READ A BOOK})$$
$$= p(\text{BROWN} \mid \langle\text{BOS}\rangle) \times p(\text{READ} \mid \text{BROWN}) \times p(\text{A} \mid \text{READ})$$
$$\times p(\text{BOOK} \mid \text{A}) \times p(\langle\text{EOS}\rangle \mid \text{BOOK})$$
$$= \frac{2}{14} \times \frac{2}{12} \times \frac{3}{14} \times \frac{2}{13} \times \frac{2}{13} \approx 0.0001$$

也就是说,估计的句子"BROWN READ A BOOK"出现的频率为在每 10 000 个句子中出现一次。这个结果似乎要比前面采用最大似然估计方法得出的概率 0.06(每 17 个句子就出现一次)更合理一些。类似地,对于句子"DAVID READ A BOOK",有

$$p(\text{DAVID READ A BOOK})$$
$$= p(\text{DAVID} \mid \langle\text{BOS}\rangle) \times p(\text{READ} \mid \text{DAVID}) \times p(\text{A} \mid \text{READ})$$
$$\times p(\text{BOOK} \mid \text{A}) \times p(\langle\text{EOS}\rangle \mid \text{BOOK})$$
$$= \frac{1}{14} \times \frac{1}{12} \times \frac{3}{14} \times \frac{2}{13} \times \frac{2}{13} \approx 0.000\,03$$

这个结果显然也比最大似然模型计算出的零概率更合理。

数据平滑是语言模型中的核心问题,多年来很多学者在这方面做了大量的研究工作。下面简要介绍一些主要的数据平滑方法。

5.3.2 加法平滑方法

在实际应用中最简单的平滑技术之一就是加法平滑方法(additive smoothing),这种方法在上个世纪前半叶由 G. J. Lidstone,W. E. Johnson 和 H. Jeffreys 等人提出和改进,其基本思想是使式(5-8)给出的方法通用化,不是假设每一个 n 元语法发生的次数比实际统计次数多一次,而是假设它比实际出现情况多发生 δ 次,$0 \leqslant \delta \leqslant 1$,那么,

$$p_{\text{add}}(w_i \mid w_{i-n+1}^{i-1}) = \frac{\delta + c(w_{i-n+1}^i)}{\delta \mid V \mid + \sum\limits_{w_i}c(w_{i-n+1}^i)} \qquad \cdot \tag{5-9}$$

G. J. Lidstone 和 H. Jeffreys 曾提倡取 $\delta = 1$,但有些学者认为这种方法一般表现较差。

5.3.3 古德-图灵(Good-Turing)估计法

Good-Turing 估计法是很多平滑技术的核心。这种方法是 1953 年由 I. J. Good 引用

图灵（Turing)的方法提出来的，其基本思路是：对于任何一个出现 r 次的 n 元语法，都假设它出现了 r^* 次，这里

$$r^* = (r+1)\frac{n_{r+1}}{n_r} \tag{5-10}$$

其中，n_r 是训练语料中恰好出现 r 次的 n 元语法的数目。要把这个统计数转化为概率，只需要进行归一化处理：对于统计数为 r 的 n 元语法，其概率为

$$p_r = \frac{r^*}{N} \tag{5-11}$$

其中，$N = \sum_{r=0}^{\infty} n_r r^*$。请注意：

$$N = \sum_{r=0}^{\infty} n_r r^* = \sum_{r=0}^{\infty} (r+1)n_{r+1} = \sum_{r=1}^{\infty} n_r r \tag{5-A}$$

也就是说，N 等于这个分布中最初的计数。这样，样本中所有事件的概率之和为

$$\sum_{r>0} n_r p_r = 1 - \frac{n_1}{N} < 1$$

因此，有 n_1/N 的概率剩余量可以分配给所有未见事件（$r=0$ 的事件）。

这里我们略去了式（5-11）的推导过程，有兴趣的读者可以参阅相关文献［Nadas，1985；Chen and Goodman，1998]。

请看下面的例子。表 5-1 给出的是利用一批英文语料估计出的以单词 read 起始的 bigram 的出现次数和根据式（5-10)计算出的修正后的出现次数 r^* 及修正后的概率：

表 5-1　以 read 起始的 bigram 频率及概率

r	n_r	r^*	p_r
1	2053	0.44618	9.190×10^{-5}
2	458	1.25109	2.577×10^{-4}
3	191	2.24084	4.616×10^{-4}
4	107	3.22430	6.641×10^{-4}
5	69	4.17391	8.597×10^{-4}
6	48	5.25000	1.081×10^{-3}
7	36	—	—

该例中，N 为以 read 开始的 bigram 的样本空间，$N = \sum_{r=1}^{7} n_r r = 4855$。理论上讲，如果对所有不同出现频率的 n-gram 都能应用公式（5-10)进行次数变换，那么，应满足等式（5-A)所表示的条件，但是，由于 $r=7$ 时无法应用公式（5-10)，所以计算出来的 N 值会比原来略大一点，我们在此忽略这个差异。利用公式（5-10)计算出 r^* 后，就可以根据公式（5-11)计算出概率 p_r。以 read 作为历史，没有出现过的 bigram 的概率总和为：$p_0 = n_1/N$。以 read 作为历史，没有出现过的 bigram 的个数为：$n_0 = |V_T| - \sum_{r>0} n_r$，其中，

$|V_T|$ 为该英文语料的词汇量。那么，p_0 将由 n_0 均分。需要指出的是，经这样平滑之后的概率之和不等于 1，因此，还需要进行归一化处理。

通过这个例子可以看到，r 最多出现了 7 次，无法用公式(5-10)计算当 $r = 7$ 时的 r^* 及其修正概率 p_r。因此，Good-Turing 方法不能直接用于估计 $n_r = 0$ 的 n-gram 概率。W. A. Gale 和 G. Sampson 曾对这种情况的平滑方法进行过专门研究[Gale and Sampson, 1995]，这里不再赘述。另外，Good-Turing 方法不能实现高阶模型与低阶模型的结合，而高低阶模型的结合通常是获得较好的平滑效果所必须的。通常情况下，Good-Turing 方法作为一个基本方法，在后面将要介绍的几种平滑技术中得到了很好的利用。

5.3.4　Katz 平滑方法

1987 年 S. M. Katz 提出了一种后备(back-off)平滑方法，简称 Katz 平滑方法。其基本思路是，当事件在样本中出现的频次大于某一数值 k 时，运用最大似然估计方法，通过减值来估计其概率值；而当事件的频次小于 k 值时，使用低阶的语法模型作为代替高阶语法模型的后备，但这种代替受归一化因子的约束。换句话说，就是将因减值而节省下来的概率根据低阶语法模型的分布情况分配给未见事件。从道理上讲，这种处理方法与将剩余概率平均分配给未见事件的做法相比似乎更加合理。

下面以二元语法模型为例说明 Katz 平滑方法的实现思想。对于一个出现次数为 $r = c(w_{i-1}^i)$ 的二元语法 w_{i-1}^i，使用如下公式计算修正的计数：

$$p_{\text{katz}}(w_{i-1}^i) = \begin{cases} d_r \dfrac{c(w_{i-1}^i)}{c(w_{i-1})}, & r > 0 \\ \alpha(w_{i-1}) p_{\text{ML}}(w_i), & r = 0 \end{cases} \tag{5-12}$$

也就是说，所有具有非零计数 r 的二元语法都根据折扣率 d_r 被减值了，折扣率 d_r 近似地等于 $\dfrac{r^*}{r}$，这个减值是由 Good-Turing 估计方法预测的。从非零计数中减去的计数量，根据低一阶的分布，即一元语法模型，被分配给了计数为零的二元语法。式中 $p_{\text{ML}}(w_i)$ 为 w_i 的最大似然估计概率。那么，需要选择 $\alpha(w_{i-1})$ 值，使分布中总的计数 $\sum_{w_i} c_{\text{katz}}(w_{i-1}^i)$ 保持不变，即 $\sum_{w_i} c_{\text{katz}}(w_{i-1}^i) = \sum_{w_i} c(w_{i-1}^i)$。$\alpha(w_{i-1})$ 的适当值为

$$\alpha(w_{i-1}) = \frac{1 - \sum\limits_{w_i : c(w_{i-1}^i) > 0} p_{\text{katz}}(w_i \mid w_{i-1})}{\sum\limits_{w_i : c(w_{i-1}^i) = 0} p_{\text{ML}}(w_i)} = \frac{1 - \sum\limits_{w_i : c(w_{i-1}^i) > 0} p_{\text{katz}}(w_i \mid w_{i-1})}{1 - \sum\limits_{w_i : c(w_{i-1}^i) > 0} p_{\text{ML}}(w_i)}$$

要根据修正的计数计算概率 $p_{\text{katz}}(w_i \mid w_{i-1})$，只需要归一化：

$$p_{\text{katz}}(w_i \mid w_{i-1}) = \frac{c_{\text{katz}}(w_{i-1}^i)}{\sum\limits_{w_i} c_{\text{katz}}(w_{i-1}^i)}$$

折扣率 d_r 可以按照如下办法计算：由于大的计数值是可靠的，因此它们不需要减值。尤其对于某些 k，S. M. Katz 取所有 $r > k$ 情况下的 $d_r = 1$，并且建议 $k = 5$。对于 $r \leqslant k$ 情况下的折扣率，减值率由用于全局二元语法分布的 Good-Turing 估计方法计算，即公式(5-10)中的 n_r 表示在训练语料中恰好出现 r 次的二元语法的总数。d_r 的选择遵循如下约束条件：①最终折扣量与 Good-Truing 估计预测的减值量成比例；②全局二元

语法分布中被折扣的计数总量等于根据 Good-Turing 估计应该分配给次数为零的二元语法的总数。第一个约束条件相当于对于某些常数 $\mu, r \in \{1, 2, \cdots, k\}$ 有公式：

$$1 - d_r = \mu\left(1 - \frac{r^*}{r}\right)$$

Good-Truing 估计方法预测出应该分配给计数为 0 的二元语法的计数总量为 $n_0 0^* = n_0 \frac{n_1}{n_0} = n_1$，因此，第二个约束条件相当于公式

$$\sum_{r=1}^{k} n_r (1 - d_r) r = n_1$$

这些公式的唯一解为

$$d_r = \frac{\dfrac{r^*}{r} - \dfrac{(k+1)n_{k+1}}{n_1}}{1 - \dfrac{(k+1)n_{k+1}}{n_1}}$$

用类似的方法可定义高阶 n 元语法模型的 Katz 平滑算法。正如我们在式(5-12)中所看到的，二元语法模型是由一元语法模型定义的，那么，一般地，类似 Jelinek-Mercer 平滑方法，S. M. Katz 的 n 元语法模型由 Katz 的 $n-1$ 元语法模型定义，公式如下：

$$p_{BF}(w_i \mid w_{i-n+1}^{i-1}) = \begin{cases} p_{GT}(w_i \mid w_{i-n+1}^{i-1}), & c(w_{i-n+1}^i) > 0 \\ \alpha(w_{i-n+1}^{i-1}) \cdot p_{GT}(w_i \mid w_{i-n+2}^{i-1}), & c(w_{i-n+1}^i) = 0 \text{ and } c(w_{i-n+1}^{i-1}) > 0 \\ p_{BF}(w_i \mid w_{k-n+2}^{i-1}), & c(w_{i-n+1}^{i-1}) = 0 \end{cases}$$

其中，$p_{BF}(\cdot)$ 和 $p_{GT}(\cdot)$ 分别表示利用 Good-Turing 法和 back-off 法计算的概率值。相应地，$\alpha(w_{i-n+1}^{i-1})$ 定义为：

$$\alpha(w_{i-n+1}^{i-1}) = \frac{1 - \displaystyle\sum_{w_i : c(w_{i-n+1}^i) > 0} p_{GT}(w_i \mid w_{i-n+1}^{i-1})}{\displaystyle\sum_{w_i : \{c(w_{i-n+1}^i) = 0 \& c(w_{i-n+1}^{i-1}) > 0\}} p_{GT}(w_i \mid w_{i-n+2}^{i-1})} = \frac{1 - \displaystyle\sum_{w_i : c(w_{i-n+1}^i) > 0} p_{GT}(w_i \mid w_{i-n+1}^{i-1})}{1 - \left(\displaystyle\sum_{w_i : \{c(w_{i-n+1}^i) > 0\}} p_{GT}(w_i \mid w_{i-n+2}^{i-1})\right)}$$

满足如下约束：

$$\sum_{w_i : \{c(w_{i-n+1}^i) = 0 \& c(w_{i-n+1}^{i-1}) > 0\}} p_{BF}(w_i \mid w_{i-n+1}^{i-1}) + \sum_{w_i : c(w_{i-n+1}^i) > 0} p_{BF}(w_i \mid w_{i-n+1}^{i-1}) = 1$$

5.3.5 Jelinek-Mercer 平滑方法

假定要在一批训练语料上构建二元语法模型，其中，有两对词的同现次数为 0：

$$c(\text{SEND THE}) = 0$$
$$c(\text{SEND THOU}) = 0$$

那么，按照加法平滑方法和 Good-Turing 估计方法可以得到：

$$p(\text{THE} \mid \text{SEND}) = p(\text{THOU} \mid \text{SEND})$$

但是，直觉上我们认为应该有：

$$p(\text{THE} \mid \text{SEND}) > p(\text{THOU} \mid \text{SEND})$$

因为冠词 THE 要比单词 THOU 出现的频率高得多。为了利用这种情况，一种处理办法是在二元语法模型中加入一个一元模型。我们知道一元模型实际上只反映文本中单词的频率，最大似然一元模型为

$$p_{ML}(w_i) = \frac{c(w_i)}{\displaystyle\sum_{w_i} c(w_i)}$$

那么，可以按照下面的方法将二元文法模型和一元文法模型进行线性插值：

$$p_{\text{interp}}(w_i \mid w_{i-1}) = \lambda p_{\text{ML}}(w_i \mid w_{i-1}) + (1-\lambda) p_{\text{ML}}(w_i)$$

其中，$0 \leqslant \lambda \leqslant 1$。由于 $p_{\text{ML}}(\text{THE} \mid \text{SEND}) = p_{\text{ML}}(\text{THOU} \mid \text{SEND}) = 0$，根据假定 $p_{\text{ML}}(\text{THE}) \gg p_{\text{ML}}(\text{THOU})$，可以得到：

$$p_{\text{interp}}(\text{THE} \mid \text{SEND}) > p_{\text{interp}}(\text{THOU} \mid \text{SEND})$$

这正是我们希望得到的。

一般来讲，使用低阶的 n 元模型向高阶 n 元模型插值是有效的，因为当没有足够的语料估计高阶模型的概率时，低阶模型往往可以提供有用的信息。F. Jelinek 和 R. L. Mercer 曾于 1980 年提出了通用的插值模型，而 Peter F. Brown 等人给出了实现这种插值的一种很好的办法[Brown *et al.*, 1992a]：

$$p_{\text{interp}}(w_i \mid w_{i-n+1}^{i-1}) = \lambda_{w_{i-n+1}^{i-1}} p_{\text{ML}}(w_i \mid w_{i-n+1}^{i-1})$$
$$+ (1 - \lambda_{w_{i-n+1}^{i-1}}) p_{\text{interp}}(w_i \mid w_{i-n+2}^{i-1}) \tag{5-13}$$

式(5-13)的含义是：第 n 阶平滑模型可以递归地定义为 n 阶最大似然估计模型和 $n-1$ 阶平滑模型之间的线性插值。为了结束递归，可以用最大似然分布作为平滑的 1 阶模型，或者用均匀分布作为平滑的 0 阶模型：

$$p_{\text{unif}}(w_i) = \frac{1}{|V|}$$

给定一个固定的 p_{ML}，可以使用 Baum-Welch 算法有效地搜索出 $\lambda_{w_{i-n+1}^{i-1}}$，使某些数据的概率最大。为了得到有意义的结果，估计 $\lambda_{w_{i-n+1}^{i-1}}$ 的语料应该与计算 p_{ML} 的语料不同。在留存插值方法(held-out interpolation)中，保留一部分训练语料来达到这个目的，这部分留存语料不参与计算 p_{ML}。而 F. Jelinek 和 R. L. Mercer 提出了一种叫做删除插值法(deleted interpolation)或删除估计法(deleted estimation)的处理技术，训练语料的不同部分在训练 p_{ML} 或 $\lambda_{w_{i-n+1}^{i-1}}$ 时作变换，从而使结果平均。

需要注意的是，对于不同的历史 w_{i-n+1}^{i-1}，最优的 $\lambda_{w_{i-n+1}^{i-1}}$ 也不同。例如，对于出现过几千次的一段上下文，较高的 λ 值是比较合适的，因为高阶的分布是非常可靠的。而对于一个只出现过一次的历史，λ 的值应较低。独立地训练每一个参数 $\lambda_{w_{i-n+1}^{i-1}}$ 是不合适的，因为需要巨大规模的语料来精确地训练这么多独立的参数。为此，F. Jelinek 和 R. L. Mercer 建议把 $\lambda_{w_{i-n+1}^{i-1}}$ 划分成适当数量的几部分或几段(bucket)，并令同一部分中所有的 $\lambda_{w_{i-n+1}^{i-1}}$ 具有相同的值，从而减少需要估计的独立参数的数量。理想情况下，应该根据先验知识把那些应该有相似值的 $\lambda_{w_{i-n+1}^{i-1}}$ 归并在一起。Lait R. Bahl，F. Jelinek 和 R. L. Mercer 建议根据被插值的高阶分布中总的计数 $\sum_{w_i} c(w_{i-n+1}^i)$（相应历史的统计数量）来选择这些 $\lambda_{w_{i-n+1}^{i-1}}$ 的集合。根据上面提到的，这个总数应当与高阶分布的权重相关，计数越大，$\lambda_{w_{i-n+1}^{i-1}}$ 也应该越大。Lait R. Bahl 等人甚至建议，把可能的统计总数的范围划分成若干部分，与同一部分相关联的所有 $\lambda_{w_{i-n+1}^{i-1}}$ 放在同一段中。Chen and Goodman (1996)的研究工作表明，根据分布 $\dfrac{\sum_{w_i} c(w_{i-n+1}^i)}{|w_i : c(w_{i-n+1}^i) > 0|}$ 中每个非零元素的平均统计值来分段，比使用 $\sum_{w_i} c(w_{i-n+1}^i)$ 值分段获得的效果要好。

5.3.6 Witten-Bell 平滑方法

Witten-Bell 平滑方法是由 T. C. Bell, J. G. Cleary 和 I. H. Witten 提出来的一种数据平滑方法[Bell et al., 1990; Witten and Bell, 1991]，它可以认为是 Jelinek-Mercer 平滑算法的一个实例。特别地，n 阶平滑模型被递归地定义为 n 阶最大似然模型和 $n-1$ 阶平滑模型的线性插值，就像式(5-13)所描述的：

$$p_{\mathrm{WB}}(w_i \mid w_{i-n+1}^{i-1}) = \lambda_{w_{i-n+1}^{i-1}} p_{\mathrm{ML}}(w_i \mid w_{i-n+1}^{i-1})$$
$$+ (1 - \lambda_{w_{i-n+1}^{i-1}}) p_{\mathrm{WB}}(w_i \mid w_{i-n+2}^{i-1}) \tag{5-14}$$

为计算 Witten-Bell 平滑算法的参数 $\lambda_{w_{i-n+1}^{i-1}}$，需要知道历史 w_{i-n+1}^{i-1} 后接的不同单词的数目，并把这个值记作 $N_{1+}(w_{i-n+1}^{i-1} \cdot)$，规范地定义为

$$N_{1+}(w_{i-n+1}^{i-1} \cdot) = |\{w_i : c(w_{i-n+1}^{i-1} w_i) > 0\}| \tag{5-15}$$

其中，符号 N_{1+} 表示出现过一次或多次的单词的数目，点"·"表示统计过程中的自由变量。可以通过式(5-16)定义 Witten-Bell 平滑参数的 $\lambda_{w_{i-n+1}^{i-1}}$：

$$1 - \lambda_{w_{i-n+1}^{i-1}} = \frac{N_{1+}(w_{i-n+1}^{i-1} \cdot)}{N_{1+}(w_{i-n+1}^{i-1} \cdot) + \sum_{w_i} c(w_{i-n+1}^{i})} \tag{5-16}$$

代入式(5-14)后得到

$$p_{\mathrm{WB}}(w_i \mid w_{i-n+1}^{i-1}) = \frac{c(w_{i-n+1}^{i}) + N_{1+}(w_{i-n+1}^{i-1} \cdot) p_{\mathrm{WB}}(w_i \mid w_{i-n+2}^{i-1})}{\sum_{w_i} c(w_{i-n+1}^{i}) + N_{1+}(w_{i-n+1}^{i-1} \cdot)} \tag{5-17}$$

为了引出 Witten-Bell 平滑方法，可以将式(5-13)解释为：使用高阶模型的概率为 $\lambda_{w_{i-n+1}^{i-1}}$，使用低阶模型的概率为 $1 - \lambda_{w_{i-n+1}^{i-1}}$。如果在训练语料中对应的 n 元文法出现次数大于 1，则使用高阶模型；否则，后退到低阶模型。这样处理似乎是合理的。于是，把 $1 - \lambda_{w_{i-n+1}^{i-1}}$ 理解为没有在训练语料中历史 w_{i-n+1}^{i-1} 之后被观察到单词出现在该历史之后的概率。要估计这些新单词在某历史后出现的频率，设想按顺序来考察训练语料，统计在历史 w_{i-n+1}^{i-1} 之后出现的新单词的次数，即在历史 w_{i-n+1}^{i-1} 之后没有出现过的单词的数目。显然，这个计数就是历史 w_{i-n+1}^{i-1} 之后出现的不同单词的数目 $N_{1+}(w_{i-n+1}^{i-1} \cdot)$。等式(5-16)可以看作这个过程的近似。

Good-Turing 估计提供了另外一种观点来估计那些出现在历史之后的新单词的概率。Good-Turing 估计法预测一个在训练语料中没有出现的事件的概率为 $\frac{n_1}{N}$，就是恰好仅出现过一次的事件的那一小部分计数。把这个数值改写成前面的表示方式，我们得到：

$$\frac{N_1(w_{i-n+1}^{i-1} \cdot)}{\sum_{w_i} c(w_{i-n+1}^{i})}$$

其中，

$$N_1(w_{i-n+1}^{i-1} \cdot) = |\{w_i : c(w_{i-n+1}^{i-1} w_i) = 1\}|$$

等式(5-16)可以看作 Good-Turing 估计的近似，最少出现一次的单词的数目代替了恰好只出现一次的单词的数目。

5.3.7 绝对减值法

绝对减值法(absolute discounting)[Ney *et al.*,1994]类似于 Jelinek-Mercer 平滑算法,涉及高阶和低阶模型的插值问题。然而,这种方法不是采用将高阶最大似然分布乘以因子 $\lambda_{w_{i-n+1}^{i-1}}$ 的方法,而是通过从每个非零计数中减去一个固定值 $D \leq 1$ 的方法来建立高阶分布。也就是说,不采用公式(5-13)

$$p_{\text{interp}}(w_i \mid w_{i-n+1}^{i-1}) = \lambda_{w_{i-n+1}^{i-1}} p_{\text{ML}}(w_i \mid w_{i-n+1}^{i-1}) + (1 - \lambda_{w_{i-n+1}^{i-1}}) p_{\text{interp}}(w_i \mid w_{i-n+2}^{i-1})$$

而是采用

$$p_{\text{abs}}(w_i \mid w_{i-n+1}^{i-1}) = \frac{\max\{c(w_{i-n+1}^i) - D, 0\}}{\sum_{w_i} c(w_{i-n+1}^i)}$$
$$+ (1 - \lambda_{w_{i-n+1}^{i-1}}) p_{\text{abs}}(w_i \mid w_{i-n+2}^{i-1}) \tag{5-18}$$

为使概率分布之和等于 1,取

$$1 - \lambda_{w_{i-n+1}^{i-1}} = \frac{D}{\sum_{w_i} c(w_{i-n+1}^i)} N_{1+}(w_{i-n+1}^{i-1} \bullet) \tag{5-19}$$

其中,$N_{1+}(w_{i-n+1}^{i-1} \bullet)$ 和等式(5-15)中的定义一样,这里假设 $0 \leq D \leq 1$。H. Ney 等人(1994)提出了通过训练语料上被删除的估计值来设置 D 值的方法。他们采用以下估计

$$D = \frac{n_1}{n_1 + 2n_2} \tag{5-20}$$

其中,n_1 和 n_2 是训练语料中分别出现一次和两次的 n 元语法模型的总数,n 是被插值的高阶模型的阶数。

实际上,可以通过 Good-Turing 估计推导到绝对减值算法。Church and Gale(1991)根据实验指出,对于具有较大计数($r \geq 3$)的 n 元语法模型,其 Good-Turing 减值($r - r^*$)的均值在很大程度上是关于 r 的常数。而且,等式(5-19)中的比例因子类似等式(5-16)中为 Witten-Bell 平滑算法给出的模拟因子,可以看作是对同一个值的近似,即出现在一个历史后面的新词的概率。

5.3.8 Kneser-Ney 平滑方法

R. Kneser 和 H. Ney 于 1995 年提出了一种扩展的绝对减值算法[Kneser and Ney,1995],用一种新的方式建立与高阶分布相结合的低阶分布。在前面的算法中,通常用平滑后的低阶最大似然分布作为低阶分布。然而,只有当高阶分布中具有极少的或没有计数时,低阶分布在组合模型中才是一个重要的因素。因此,在这种情况下,应最优化这些参数,以得到较好的性能。

例如,要在一批语料上建立一个二元文法模型,有一个非常普通的单词 FRANCISCO,这个单词只出现在单词 SAN 的后面。由于 c(FRANCISCO)较大,因此,一元文法概率 p(FRANCISCO)也会较大,像绝对减值算法等这类平滑算法就会相应地为出现在新的二元文法历史后面的单词 FRANCISCO 分配一个高的概率值。然而,从直观上说,这个概率值不应该很高,因为在训练语料中单词 FRANCISCO 只跟在唯一的历史后面。也就是

说，单词 FRANCISCO 应该接受一个较小的一元文法概率，因为只有上一个词是 SAN 时这个单词才会出现。在这种情况下，二元文法概率模型可能表现更好。

以此类推，使用的一元文法的概率不应该与单词出现的次数成比例，而是与它前面的不同单词的数目成比例。我们可以设想按顺序遍历训练语料，在前面语料的基础上建立二元文法模型来预测现在的单词。那么，只要当前的二元文法没有在前面的语料中出现，一元文法的概率将会是影响当前二元文法概率的较大因素。如果一旦这种事件发生，就要给相应的一元文法分配一个计数，那么，分配给每个一元文法计数的数目就是它前面不同单词的数目。实际上，在 Kneser-Ney 平滑方法中，二元文法模型中的一元文法概率就是按这种方式计算的。然而，在文献[Kneser and Ney,1995]中这种计算方法却是以完全不同的方式提出来的，其推导过程是，选择的低阶分布必须使得到的高阶平滑分布的边缘概率与训练语料的边缘概率相匹配。例如，对于二元文法模型，选择一个平滑的分布 p_{KN}，使其对所有的 w_i，满足一元文法边缘概率的约束条件：

$$\sum_{w_{i-1}} p_{\mathrm{KN}}(w_{i-1}w_i) = \frac{c(w_i)}{\sum_{w_i} c(w_i)} \tag{5-21}$$

等式(5-21)左边是平滑的二元文法分布 p_{KN} 中 w_i 的一元文法边缘概率，等式右边是训练语料中 w_i 的一元文法频率。

Chen and Goodman(1998)提出了一种不同的推导方法。他们假设模型具有式(5-18)的形式：

$$p_{\mathrm{KN}}(w_i \mid w_{i-n+1}^{i-1}) = \frac{\max\{c(w_{i-n+1}^i) - D,0\}}{\sum_{w_i} c(w_{i-n+1}^i)}$$
$$+ \frac{D}{\sum_{w_i} c(w_{i-n+1}^i)} N_{1+}(w_{i-n+1}^{i-1} \bullet) p_{\mathrm{KN}}(w_i \mid w_{i-n+2}^{i-1}) \tag{5-22}$$

这与 R. Kneser 和 H. Ney 在论文[Kneser and Ney,1995]中使用的形式不同，原文中使用的形式是：

$$p_{\mathrm{KN}}(w_i \mid w_{i-n+1}^{i-1}) = \begin{cases} \dfrac{\max\{c(w_{i-n+1}^i) - D,0\}}{\sum_{w_i} c(w_{i-n+1}^i)}, & c(w_{i-n+1}^i) > 0 \\ \gamma(w_{i-n+1}^{i-1}) p_{\mathrm{KN}}(w_i \mid w_{i-n+2}^{i-1}), & c(w_{i-n+1}^i) = 0 \end{cases}$$

这里，选择 $\gamma(w_{i-n+1}^{i-1})$ 使分布之和等于 1。也就是说，S. F. Chen 等人对所有单词的低阶分布进行插值，而不是只对那些高阶分布中计数为零的单词插值。这样做的原因是因为它不但可以得到比原公式更清晰的推导过程，而且不需要近似。

现在的目的是找到一元文法分布 $p_{\mathrm{KN}}(w_i)$，使其满足等式(5-21)给出的约束条件。展开等式(5-21)，可以得到

$$\frac{c(w_i)}{\sum_{w_i} c(w_i)} = \sum_{w_{i-1}} p_{\mathrm{KN}}(w_i \mid w_{i-1}) p(w_{i-1})$$

对于 $p(w_{i-1})$，可以简单地取训练语料中的概率分布：

$$p(w_{i-1}) = \frac{c(w_{i-1})}{\sum\limits_{w_{i-1}} c(w_{i-1})}$$

于是,得到

$$c(w_i) = \sum_{w_{i-1}} c(w_{i-1}) p_{\text{KN}}(w_i \mid w_{i-1})$$

将其代入式(5-22),得到

$$c(w_i) = \sum_{w_{i-1}} c(w_{i-1}) \left[\frac{\max\{c(w_{i-1}w_i) - D, 0\}}{\sum\limits_{w_i} c(w_{i-1}w_i)} + \frac{D}{\sum\limits_{w_i} c(w_{i-1}w_i)} N_{1+}(w_{i-1} \bullet) p_{\text{KN}}(w_i) \right]$$

$$= \sum_{w_{i-1} : c(w_{i-1}w_i) > 0} c(w_{i-1}) \frac{c(w_{i-1}w_i) - D}{c(w_{i-1})} + \sum_{w_{i-1}} c(w_{i-1}) \frac{D}{c(w_{i-1})} N_{1+}(w_{i-1} \bullet) p_{\text{KN}}(w_i)$$

$$= c(w_i) - N_{1+}(\bullet w_i) D + D p_{\text{KN}}(w_i) \sum_{w_{i-1}} N_{1+}(w_{i-1} \bullet)$$

$$= c(w_i) - N_{1+}(\bullet w_i) D + D p_{\text{KN}}(w_i) N_{1+}(\bullet \bullet)$$

其中,$N_{1+}(\bullet w_i) = |\{w_{i-1} : c(w_{i-1}w_i) > 0\}|$ 是训练语料中在 w_i 前面的不同单词 w_{i-1} 的个数,而

$$N_{1+}(\bullet \bullet) = \sum_{w_{i-1}} N_{1+}(w_{i-1} \bullet) = |\{(w_{i-1}, w_i) : c(w_{i-1}w_i) > 0\}|$$

$$= \sum_{w_i} N_{1+}(\bullet w_i)$$

通过求解 $p_{\text{KN}}(w_i)$,可以得到

$$p_{\text{KN}}(w_i) = \frac{N_{1+}(\bullet w_i)}{N_{1+}(\bullet \bullet)}$$

推广到高阶模型,得到

$$p_{\text{KN}}(w_i \mid w_{i-n+2}^{i-1}) = \frac{N_{1+}(\bullet w_{i-n+2}^i)}{N_{1+}(\bullet w_{i-n+2}^{i-1} \bullet)} \tag{5-23}$$

其中,

$$N_{1+}(\bullet w_{i-n+2}^i) = |\{w_{i-n+1} : c(w_{i-n+1}^i) > 0\}|$$

$$N_{1+}(\bullet w_{i-n+2}^{i-1} \bullet) = |\{(w_{i-n+1}, w_i) : c(w_{i-n+1}^i) > 0\}| = \sum_{w_i} N_{1+}(\bullet w_{i-n+2}^i)$$

5.3.9　算法总结

正如 R. Kneser 和 H. Ney(1995)指出的,大多数平滑算法可以用下面的等式表示:

$$p_{\text{smooth}}(w_i \mid w_{i-n+1}^{i-1}) = \begin{cases} \alpha(w_i \mid w_{i-n+1}^{i-1}), & c(w_{i-n+1}^i) > 0 \\ \gamma(w_{i-n+1}^{i-1}) p_{\text{smooth}}(w_i \mid w_{i-n+2}^{i-1}), & c(w_{i-n+1}^i) = 0 \end{cases} \tag{5-24}$$

也就是说,如果 n 阶语言模型具有非零的计数,就使用分布 $\alpha(w_i \mid w_{i-n+1}^{i-1})$;否则,就后退到低阶分布 $p_{\text{smooth}}(w_i \mid w_{i-n+2}^{i-1})$,选择比例因子 $\gamma(w_{i-n+1}^{i-1})$ 使条件概率分布之和等于 1。通常称符合这种框架的平滑算法为后备模型(back-off model)。前面介绍的 Katz 平滑算法是后备平滑算法的一个典型例子。

有些平滑算法采用高阶和低阶 n 元文法模型的线性插值，表达成等式（5-13）的形式：

$$p_{\mathrm{smooth}}(w_i \mid w_{i-n+1}^{i-1}) = \lambda_{w_{i-n+1}^{i-1}} p_{\mathrm{ML}}(w_i \mid w_{i-n+1}^{i-1}) + (1 - \lambda_{w_{i-n+1}^{i-1}}) p_{\mathrm{smooth}}(w_i \mid w_{i-n+2}^{i-1})$$

这个等式可以重写成如下形式：

$$p_{\mathrm{smooth}}(w_i \mid w_{i-n+1}^{i-1}) = \alpha'(w_i \mid w_{i-n+1}^{i-1}) + \gamma(w_{i-n+1}^{i-1}) p_{\mathrm{smooth}}(w_i \mid w_{i-n+2}^{i-1})$$

其中，

$$\alpha'(w_i \mid w_{i-n+1}^{i-1}) = \lambda_{w_{i-n+1}^{i-1}} p_{\mathrm{ML}}(w_i \mid w_{i-n+1}^{i-1})$$

且 $\gamma(w_{i-n+1}^{i-1}) = 1 - \lambda_{w_{i-n+1}^{i-1}}$。那么，通过取

$$\alpha(w_i \mid w_{i-n+1}^{i-1}) = \alpha'(w_i \mid w_{i-n+1}^{i-1}) + \gamma(w_{i-n+1}^{i-1}) p_{\mathrm{smooth}}(w_i \mid w_{i-n+2}^{i-1}) \tag{5-25}$$

可以看出，这些模型都可以写成公式（5-24）的形式。这种形式的模型称为插值模型（interpolated model）。

后备模型和插值模型的根本区别在于，在确定非零计数的 n 元文法的概率时，插值模型使用低阶分布的信息，而后备模型却不是这样。但不管是后备模型还是插值模型，都使用了低阶分布来确定计数为零的 n 元语法的概率。

Chen and Goodman（1998）使用等式（5-24）的符号概括了该式所代表的所有后备平滑算法，归纳成表 5-2。

表 5-2　平滑算法总结

Algorithm	$\alpha(w_i \mid w_{i-n+1}^{i-1})$	$\gamma(w_{i-n+1}^{i-1})$	$p_{\mathrm{smooth}}(w_i \mid w_{i-n+2}^{i-1})$
Additive	$\dfrac{c(w_{i-n+1}^i) + \delta}{\sum_{w_i} c(w_{i-n+1}^i) + \delta \mid V \mid}$	0	n. a.
Jelinek-Mercer	$\lambda_{w_{i-n+1}^{i-1}} p_{\mathrm{ML}}(\ ) + \cdots$	$(1 - \lambda_{w_{i-n+1}^{i-1}})$	$p_{\mathrm{interp}}(w_i \mid w_{i-n+2}^{i-1})$
Katz	$\dfrac{d_r r}{\sum_{w_i} c(w_{i-n+1}^i)}$	$1 - \dfrac{\sum\limits_{w_i : c(w_{i-n+1}^i) > 0} p_{\mathrm{Katz}}(w_i \mid w_{i-n+1}^{i-1})}{\sum\limits_{w_i : c(w_{i-n+1}^i) = 0} p_{\mathrm{Katz}}(w_i \mid w_{i-n+2}^{i-1})}$	$p_{\mathrm{Katz}}(w_i \mid w_{i-n+2}^{i-1})$
Witten-Bell	$(1 - \gamma(w_{i-n+1}^{i-1})) p_{\mathrm{ML}}(\ ) + \cdots$	$\dfrac{N_{1+}(w_{i-n+1}^{i-1} \bullet)}{N_{1+}(w_{i-n+1}^{i-1} \bullet) + \sum_{w_i} c(w_{i-n+1}^i)}$	$p_{\mathrm{WB}}(w_i \mid w_{i-n+2}^{i-1})$
Absolute disc.	$\dfrac{\max\{c(w_{i-n+1}^i) - D, 0\}}{\sum_{w_i} c(w_{i-n+1}^i)} + \cdots$	$\dfrac{D}{\sum_{w_i} c(w_{i-n+1}^i)} N_{1+}(w_{i-n+1}^{i-1} \bullet)$	$p_{\mathrm{abs}}(w_i \mid w_{i-n+2}^{i-1})$
Kneser-Ney (interpolated)	$\dfrac{\max\{c(w_{i-n+1}^i) - D, 0\}}{\sum_{w_i} c(w_{i-n+1}^i)} + \cdots$	$\dfrac{D}{\sum_{w_i} c(w_{i-n+1}^i)} N_{1+}(w_{i-n+1}^{i-1} \bullet)$	$\dfrac{N_{1+}(\bullet\, w_{i-n+2}^i)}{N_{1+}(\bullet\, w_{i-n+2}^{i-1} \bullet)}$

对于插值模型，表中用省略号"…"表示等式（5-25）中后面一项 $\gamma(w_{i-n+1}^{i-1}) p_{\mathrm{smooth}}(w_i \mid w_{i-n+2}^{i-1})$ 的略写形式。$p_{\mathrm{ML}}(\ )$ 是 $p_{\mathrm{ML}}(w_i \mid w_{i-n+1}^{i-1})$ 的缩写。

容易看出，建立插值算法的后备算法是比较容易的，只需要用

$$\alpha(w_i \mid w_{i-n+1}^{i-1}) = \alpha'(w_i \mid w_{i-n+1}^{i-1})$$

来替代等式(5-25)，然后，适当调整 $\gamma(w_{i-n+1}^{i-1})$ 使概率之和等于 1 即可。

5.4　其他平滑方法

本节首先介绍两种不为广泛使用的、但在理论上却很有趣的平滑方法：Church-Gale 平滑方法和贝叶斯平滑方法，然后介绍 S. F. Chen 和 J. Goodman 提出的修正的 Kneser-Ney 平滑方法。

5.4.1　Church-Gale 平滑方法

K. W. Church 和 W. A. Gale 曾于 1991 年提出了一种类似 Katz 方法的平滑方法[Church and Gale，1991]，将 Good-Turing 估计与一种方法相结合以融合低阶与高阶模型的信息。

现以二元文法模型为例来说明这种方法。考虑直接使用 Good-Turing 估计建立一个二元文法分布的情况。对于每个出现 r 次的二元文法，为其分配一个修正的计数 $r^* = (r+1)\frac{n_{r+1}}{n_r}$。前面已经指出，给所有计数为零的二元文法以相同的修正次数的效果并不理想，而应当考虑一元文法的频率。现在来考虑插值模型分配给计数为零的二元文法 w_{i-1}^i 的修正计数。在这种模型中，对计数为零的二元文法，有

$$p(w_i \mid w_{i-1}) \propto p(w_i)$$

为了把这个概率转换成计数，可以乘以分布中总的计数，得到

$$p(w_i \mid w_{i-1})\sum_{w_i} c(w_{i-1}^i) \propto p(w_i)\sum_{w_i} c(w_{i-1}^i) = p(w_i)c(w_{i-1}) \propto p(w_i)p(w_{i-1})$$

因此，$p(w_i)p(w_{i-1})$ 可以作为计数为零的二元文法 w_{i-1}^i 的修正计数的标志。

在 Church-Gale 平滑方法中，二元文法 w_{i-1}^i 被对应的 $p_{\mathrm{ML}}(w_{i-1})p_{\mathrm{ML}}(w_i)$ 值划分成几部分(partition)或几段(bucket)。即根据可能的取值范围把 $p_{\mathrm{ML}}(w_{i-1})p_{\mathrm{ML}}(w_i)$ 划分成许多部分(partition)，在同一部分中相关的二元文法被认为在相同的段(bucket)中具有相同的概率分布。然后，每个段被看作一个不同的概率分布，并在每一段上执行 Good-Turing 估计。如对于在 b 段中计数为 r_b 的二元文法，计算其修正的计数 r_b^* 为

$$r_b^* = (r_b + 1)\frac{n_{b,r+1}}{n_{b,r}}$$

其中，计数 $n_{b,r}$ 只包括 b 段中的二元文法。

S. F. Chen 等人 1996 年的研究结果表明，这种平滑方法对于二元文法的语言模型效果较好，但难以扩展到三元文法模型[Chen and Goodman，1996]。

5.4.2　贝叶斯平滑方法

有些平滑方法是基于贝叶斯框架(Bayesian framework)的，其基本思想是用已平滑的分布选出先验分布，然后用先验分布通过某种方式求出最终的平滑分布。不过，

A. Nadas 在单一训练集上的实验结果表明,这种平滑方法比 Katz 和 Jelinek-Mercer 的平滑算法在性能上略差。

另外,D. MacKay 和 L. Peto(1995)曾尝试用狄利克雷(Dirichlet)先验函数模拟 Jelinek-Mercer 平滑算法中的线性插值。他们在大约两百万单词的单一训练集上将其方法与 Jelinet-Mercer 平滑方法进行了比较,结果 MacKay-Peto 平滑算法比 Jelinet-Mercer 平滑算法性能略差。

5.4.3　修正的 Kneser-Ney 平滑方法

在 S. F. Chen 和 J. Goodman 的技术报告[Chen and Goodman,1998]中还介绍了一种修正的 Kneser-Ney 平滑方法(modified Kneser-Ney smoothing)。该方法并不像 Kneser-Ney 方法那样对所有的非零计数都用一个减值参数 D,而是对计数分别为 1、2 和大于等于 3 三种情况下的 n 元模型分别采用三个不同的参数 D_1、D_2、D_{3+}。换句话说,不采用式(5-22),而是用

$$p_{KN}(w_i \mid w_{i-n+1}^{i-1}) = \frac{c(w_{i-n+1}^i) - D(c(w_{i-n+1}^i))}{\sum\limits_{w_i} c(w_{i-n+1}^i)} + \gamma(w_{i-n+1}^{i-1}) p_{KN}(w_i \mid w_{i-n+2}^{i-1})$$

其中,

$$D(c) = \begin{cases} 0, & c = 0 \\ D_1, & c = 1 \\ D_2, & c = 2 \\ D_{3+}, & c \geqslant 3 \end{cases}$$

为了分布归一化,取

$$\gamma(w_{i-n+1}^{i-1}) = \frac{D_1 N_1(w_{i-n+1}^{i-1} \bullet) + D_2 N_2(w_{i-n+1}^{i-1} \bullet) + D_{3+} N_{3+}(w_{i-n+1}^{i-1} \bullet)}{\sum\limits_{w_i} c(w_{i-n+1}^i)}$$

这里的 $N_2(w_{i-n+1}^{i-1} \bullet)$ 和 $N_{3+}(w_{i-n+1}^{i-1} \bullet)$ 与 $N_1(w_{i-n+1}^{i-1} \bullet)$ 的定义类似。

做这种修改的根据是:计数为 1 或 2 的 n 元语法模型理想的平均减值与计数更多的 n 元语法模型理想的平均减值有很大的不同。S. F. Chen 和 J. Goodman 的实验也确实表明修正的 Kneser-Ney 平滑方法比原来的 Kneser-Ney 平滑方法要好很多。

与式(5-20)给出的优化减值 D 类似,修正的 Kneser-Ney 平滑方法中 D_1、D_2、D_{3+} 的设定如下:

$$Y = \frac{n_1}{n_1 + 2n_2}$$

$$D_1 = 1 - 2Y \frac{n_2}{n_1}$$

$$D_2 = 2 - 3Y \frac{n_3}{n_2}$$

$$D_{3+} = 3 - 4Y \frac{n_4}{n_3}$$

其中,n_1, n_2, n_3, n_4 分别为出现 1 次、2 次、3 次和 4 次的 n 元语法模型的数目。

概括地讲,修正的 Kneser-Ney 平滑方法具有如下特点:使用插值方法而不是后备方法,对于出现次数较低(1 次、2 次等)的 n 元语法采用不同的减值。在 S. F. Chen 和 J. Goodman 实现的系统中基于留存(held-out)数据进行减值估计,而不是基于训练数据。

很多学者对 S. F. Chen 和 J. Goodman 提出的修正的 Kneser-Ney 平滑方法进行了对比测试,实践证明,这种方法与其他平滑方法相比具有很好的效果。

5.5   平滑方法的比较

前面介绍了语言模型中常用的一些平滑方法,包括加法平滑、Jelinek-Mercer 平滑、Katz 平滑、Witten-Bell 平滑、绝对减值平滑和 Kneser-Ney 平滑,以及 Church-Gale 平滑和修正的 Kneser-Ney 平滑方法等。那么,现在的问题是这些平滑方法在实现效果上有什么差异? 其平滑效果与数据量和参数设置有怎样的关系? 对此,S. F. Chen 和 J. Goodman 做了大量的对比实验,利用布朗语料(Brown Corpus)、北美商务新闻语料(The North American Business News Corpus)、Switchboard 语料和广播新闻语料[①],以测试语料的交叉熵和语音识别结果的词错误率(word error rate)为评价指标,对加法平滑方法、Jelinek-Mercer 平滑方法、Katz 平滑方法、Witten-Bell 平滑方法、绝对减值平滑方法和 Kneser-Ney 平滑方法以及修正的 Kneser-Ney 平滑方法做了全面系统的对比测试,得到了若干重要的结论,对实用语言模型的开发具有重要的参考价值。

在 S. F. Chen 和 J. Goodman 的对比实验中,采用留存插值方法(held-out interpolation)的 Jelinek-Mercer 平滑方法作为对比的基线算法(baseline)。根据他们的对比测试,不管训练语料规模多大,对于二元语法和三元语法而言,Kneser-Ney 平滑方法和修正的 Kneser-Ney 平滑方法的效果都好于其他所有的平滑方法。一般情况下,Katz 平滑方法和 Jelinek-Mercer 平滑方法也有较好的表现,但与 Kneser-Ney 平滑方法和修正的 Kneser-Ney 平滑方法相比稍有逊色。在稀疏数据的情况下,Jelinek-Mercer 平滑方法优于 Katz 平滑方法;而在有大量数据的情况下,Katz 平滑方法则优于 Jelinek-Mercer 平滑方法。插值的绝对减值平滑方法和后备的 Witten-Bell 平滑方法的表现最差。除了对于很小的数据集以外,插值的绝对减值平滑方法一般优于基线算法,而 Witten-Bell 平滑方法则表现较差,对于较小的数据集,该方法比基线算法差得多。对于大规模数据集而言,这两种方法都比基线算法优越得多,甚至可以与 Katz 平滑方法和 Jelinek-Mercer 平滑方法相匹敌。

S. F. Chen 和 J. Goodman 的实验还表明,平滑方法的相对性能与训练语料的规模、n 元语法模型的阶数和训练语料本身有较大的关系,其效果可能会随着这些因素的不同而出现很大的变化。例如,对于较小规模的训练语料来说,后备的 Witten-Bell 平滑方法表现很差,而对于大规模数据集来说,其平滑效果却极具竞争力。

根据 S. F. Chen 和 J. Goodman 的实验和分析,下列因素对于平滑算法的性能有一定

---

①   这些语料均来自 LDC(Linguistic Data Consortium)。

的影响[Chen and Goodman,1998]：

- 影响最大的因素是采用修正的后备分布，例如 Kneser-Ney 平滑方法所采用的后备分布。这可能是 Kneser-Ney 平滑方法及其各种版本的平滑算法优于其他平滑方法的基本原因。
- 绝对减值优于线性减值。正如前面指出的，对于较低的计数来说，理想的平均减值上升很快，而对于较大的计数，则变得比较平缓。Good-Turing 估计可以用于预测这些平均减值，甚至比绝对减值还好。
- 从性能上来看，对于较低的非零计数，插值模型大大地优于后备模型，这是因为低阶模型在为较低计数的 n 元语法确定恰当的减值时提供了有价值的信息。
- 增加算法的自由参数，并在留存数据上优化这些参数，可以改进算法的性能。

修正的 Kneser-Ney 平滑方法之所以获得了最好的平滑效果，就是得益于上述各方面因素的综合。

5.6   语言模型自适应方法

在自然语言处理系统中，语言模型的性能好坏直接影响整个系统的性能。尽管语言模型的理论基础已比较完善，但在实际应用中常常会遇到一些难以处理的问题。其中，模型对跨领域的脆弱性（brittleness across domains）和独立性假设的无效性（false independence assumption）是两个最明显的问题。也就是说，一方面在训练语言模型时所采用的语料往往来自多种不同的领域，这些综合性语料难以反映不同领域之间在语言使用规律上的差异，而语言模型恰恰对于训练文本的类型、主题和风格等都十分敏感；另一方面，n 元语言模型的独立性假设前提是一个文本中的当前词出现的概率只与它前面相邻的 $n-1$ 个词相关，但这种假设在很多情况下是明显不成立的。另外，香农实验（Shannon-style experiments）表明，相对而言，人更容易运用特定领域的语言知识、常识和领域知识进行推理以提高语言模型的性能（预测文本的下一个成分）[Rosenfeld,2000]。因此，为了提高语言模型对语料的领域、主题、类型等因素的适应性，[Kupiec,1989]和[Kuhn and De Mori, 1990]等提出了自适应语言模型（adaptive language model）的概念。在随后的这些年里，人们相继提出了一系列的语言模型自适应方法，并进行了大量实践。

本节主要介绍三种语言模型自适应方法：基于缓存的语言模型（cache-based LM）[Kuhn and De Mori,1990,1992]、基于混合方法的语言模型（mixture-based LM）[Kneser and Steinbiss,1993;Clarkson,1999]和基于最大熵①的语言模型[Rosenfeld,1996;Berger et al.,1996]。

5.6.1   基于缓存的语言模型

基于缓存的语言模型自适应方法针对的问题是，在文本中刚刚出现过的一些词在后边的句子中再次出现的可能性往往较大，比标准的 n 元语法模型预测的概率要大。针对

---

① 关于最大熵的介绍，请见 6.7 节。

这种现象，cache-based 自适应方法的基本思路是，语言模型通过 n 元语法的线性插值求得：

$$\hat{p}(w_i \mid w_1^{i-1}) = \lambda \hat{p}_{\text{Cache}}(w_i \mid w_1^{i-1}) + (1-\lambda)\hat{p}_{n\text{-gram}}(w_i \mid w_{i-n+1}^{i-1}) \tag{5-26}$$

插值系数 λ 可以通过 EM 算法求得。

常用的方法是，在缓存中保留前面的 K 个单词，每个词 w_i 的概率（缓存概率）用其在缓存中出现的相对频率计算得出：

$$\hat{p}_{\text{Cache}}(w_i \mid w_1^{i-1}) = \frac{1}{K}\sum_{j=i-K}^{i-1} I_{\{w_j = w_i\}} \tag{5-27}$$

其中，I_ε 为指示器函数（indicator function）。如果 ε 表示的情况出现，则 $I_\varepsilon = 1$；否则，$I_\varepsilon = 0$。

然而，这种方法有明显的缺陷。例如，缓存中一个词的重要性独立于该词与当前词的距离，这似乎是不合理的。人们希望越是临近的词，对缓存概率的贡献越大。P. R. Clarkson (1999) 的研究表明，缓存中每个词对当前词的影响随着与该词距离的增大呈指数级衰减，因此，式 (5-27) 可以写成：

$$\hat{p}_{\text{Cache}}(w_i \mid w_1^{i-1}) = \beta \sum_{j=1}^{i-1} I_{\{w_i = w_j\}} \, e^{-a(i-j)} \tag{5-28}$$

其中，α 为衰减率；β 为归一化常数，以使得 $\sum_{w_i \in V} p_{\text{Cache}}(w_i \mid w_1^{i-1}) = 1$，$V$ 为词汇表。

文献 [Clarkson, 1999] 将式 (5-27) 称为"正常的基于缓存的语言模型（regular cache-based LM）"，而将式 (5-28) 称为"衰减的基于缓存的语言模型（decaying cache-based LM）"。Kuhn and De Mori (1990, 1992) 的实验表明，cache-based 自适应方法减低了语言模型的困惑度，而 P. R. Clarkson (1999) 的实验表明，式 (5-28) 比式 (5-27) 对降低语言模型的困惑度效果更好。

黄非等 (1999) 提出了利用特定领域中少量自适应语料，在原词表中通过分离通用领域词汇和特定领域词汇，并自动检测词典外领域关键词实现词典自适应，然后结合基于缓存的方法实现语言模型的自适应方法。曲卫民等 (2003) 通过采用 TF-IDF 公式代替原有的简单频率统计法，建立基于记忆的扩展二元模型，并采用权重过滤法以节省模型计算量，实现了对基于缓存记忆的语言模型自适应方法的改进。张俊林等 (2005) 也对基于记忆的语言模型进行了扩展，利用汉语义类词典，将与缓存中所保留词汇语义上相近或者相关的词汇也引入缓存，在一定程度上提高了原有模型的性能。

5.6.2 基于混合方法的语言模型

基于混合方法的自适应语言模型针对的问题是，由于大规模训练语料本身是异源的 (heterogenous)，来自不同领域的语料无论在主题 (topic) 方面，还是在风格 (style) 方面，或者同时在这两方面都有一定的差异，而测试语料一般是同源的 (homogeneous)，因此，为了获得最佳性能，语言模型必须适应各种不同类型的语料对其性能的影响。

基于混合方法的自适应语言模型的基本思想是，将语言模型划分成 n 个子模型 M_1，$M_2, \cdots, M_n$，整个语言模型的概率通过下面的线性插值公式计算得到：

$$\hat{p}(w_i \mid w_1^{i-1}) = \sum_{j=1}^{n} \lambda_j \hat{p}_{M_j}(w_i \mid w_1^{i-1}) \tag{5-29}$$

其中，$0 \leqslant \lambda_j \leqslant 1$，$\sum_{j=1}^{n} \lambda_j = 1$。$\lambda$ 值可以通过 EM 算法计算出来。

基于这种思想，该适应方法针对测试语料的实现过程包括下列步骤［Rosenfeld，2000］：

(1) 对训练语料按来源、主题或类型等(不妨按主题)聚类；

(2) 在模型运行时识别测试语料的主题或主题的集合；

(3) 确定适当的训练语料子集，并利用这些语料建立特定的语言模型；

(4) 利用针对各个语料子集的特定语言模型和线性插值公式(5-29)，获得整个语言模型。

根据文献［Kneser and Steinbiss，1993］，基于二元模型和 110 万词的语料进行训练，基于混合方法的自适应方法使语言模型的困惑度降低了 10%。

5.6.3　基于最大熵的语言模型

上面介绍的两种语言模型自适应方法采用的思路都是分别建立各个子模型，然后，将子模型的输出组合起来。基于最大熵的语言模型却采用不同的实现思路，即通过结合不同信息源的信息构建一个语言模型。每个信息源提供一组关于模型参数的约束条件，在所有满足约束的模型中，选择熵最大的模型。

作为一个例子，考虑两个语言模型 M_1 和 M_2，假设 M_1 是标准的二元模型，表示为 f 函数：

$$\hat{p}_{M_1}(w_i \mid w_1^{i-1}) = f(w_i, w_{i-1}) \tag{5-30}$$

M_2 是距离为 2 的二元模型(distance-2 bigram)，定义为 g 函数：

$$\hat{p}_{M_2}(w_i \mid w_1^{i-1}) = g(w_i, w_{i-2}) \tag{5-31}$$

几乎可以肯定地说，这两个概率是不一样的。可以用线性插值方法取这两个概率的平均值，用后备方法(backing-off)选择其中一个进行数据平滑。最大熵原则将所有的信息源组合成一个模型，对于该模型的约束并不是让式(5-30)和式(5-31)对于所有可能的历史都成立，而是放宽限制，使它们在训练数据上平均成立即可。因此，式(5-30)和式(5-31)被分别改写成：

$$E(\hat{p}_{M_1}(w_i \mid w_1^{i-1}) \mid w_{i-1} = a) = f(w_i, a) \tag{5-32}$$

$$E(\hat{p}_{M_2}(w_i \mid w_1^{i-1}) \mid w_{i-2} = b) = g(w_i, b) \tag{5-33}$$

如果约束条件是一致的(相互之间不矛盾)，那么，总有模型满足这些条件。下一步要做的就是利用通用迭代算法(generalized iterative scaling, GIS)［Darroch and Ratcliff，1972］选择使熵最大的模型。

为了考虑远距离的文本历史信息，以弥补一般语言模型仅仅利用近距离历史的不足，R. Rosenfeld(1996)提出了利用触发器对(trigger pair)作为信息承载成分的思想。根据文献［Rosenfeld，1996］的定义，如果一个词序列 A 与另一个词序列 B 密切相关，那么，$A \rightarrow B$ 被看作一个触发器对，其中，A 为触发器，B 为被触发的序列。当 A 出现在一个文本中时，它触发 B，从而引起 B 的概率估计发生变化。如果把 B 看作当前词，A 为历史 h

中的某个特征,那么,可以将一个二值的触发器对 $A \rightarrow B$ 形式化为一种约束函数 $f_{A \rightarrow B}$:

$$f_{A \rightarrow B}(h, w) = \begin{cases} 1, & \text{如果 } A \in h, w = B \\ 0, & \text{否则} \end{cases}$$

余下的问题就是选择触发器对和估计概率 $p(h, w)$ 或 $p(w|h)$。关于触发器对的选择和抽取方法以及概率估算方法,很多学者都针对不同的应用目的做过大量的研究工作 [Rosenfeld, 1996; Troncoso and Kawahara, 2005; Lau *et al*., 1993],这里不再一一详述。

由于最大熵模型能够较好地将来自不同信息源的模型结合起来,获得性能较好的语言模型,因此,有些学者研究将基于主题的语言模型(topic-based LM)(主题条件约束)与 n 元语法模型相结合,用于对话语音识别、信息检索(information retrieval, IR)和隐含语义分析(latent semantic analysis, LSA)等 [Khudanpur and Wu, 1999; Gildea and Hofmann, 1999; Gotoh and Renals, 2000]。

综上所述,语言模型的自适应方法是改进和提高语言模型性能的重要手段之一。由于语言模型广泛地应用于自然语言处理的各个方面,而其性能表现与语料本身的状况(领域、主题、风格等)以及选用的统计基元等密切相关,因此,其自适应方法也要针对具体问题和应用目的(机器翻译、信息检索、语义消歧等)综合考虑。

美国 SRI International 和卡内基-梅隆大学(Carnegie Mellon University, CMU)分别实现了语言模型的工具软件,并在互联网上开源发布,为语言模型的推广使用和进一步研究,起到了非常重要的推动作用。两套语言模型工具的网址分别为:

http://www.speech.sri.com/projects/srilm/

http://mi.eng.cam.ac.uk/~prc14/toolkit.html

第6章

概率图模型

6.1 概述

概率图模型(probabilistic graphical models)在概率模型的基础上,使用了基于图的方法来表示概率分布(或者概率密度、密度函数),是一种通用化的不确定性知识表示和处理方法。在概率图模型的表达中,结点表示变量,结点之间直接相连的边表示相应变量之间的概率关系。当概率分布 P 被表示成概率图模型之后,可以用来回答与概率分布 P 有关的问题,如计算条件概率 $P(Y \mid E = e)$:在证据 e 给定的条件下,Y 出现的边缘概率;推断使 $P(X_1, X_2, L, X_n \mid e)$ 最大的 (X_1, X_2, L, X_n) 的分布,即推断最大后验概率时的分布 $\text{argmax}_X P(X \mid e)$。例如,假设 S 为一个汉语句子,X 是句子 S 切分出来的词序列,那么,汉语句子的分词过程可以看成是推断使 $P(X \mid S)$ 最大的词序列 X 的分布。而在词性标注中,可以看作在给定序列 X 的情况下,寻找一组最可能的词性标签分布 T,使得后验概率 $P(T \mid X)$ 最大。

根据图模型(graphical models)的边是否有向,概率图模型通常被划分成有向概率图模型和无向概率图模型。我们可以粗略地将图模型表示成图 6-1 所示的树形结构。

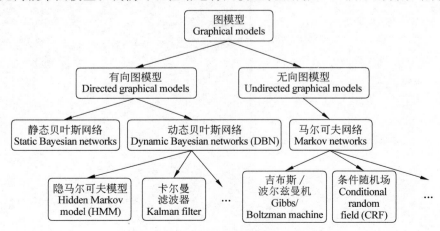

图 6-1 常见的图模型

动态贝叶斯网络(dynamic Bayesian networks，DBN)用于处理随时间变化的动态系统中的推断和预测问题。其中，隐马尔可夫模型(hidden Markov model，HMM)在语音识别、汉语自动分词与词性标注和统计机器翻译等若干语音语言处理任务中得到了广泛应用；卡尔曼滤波器则在信号处理领域有广泛的用途。马尔可夫网络(Markov network)又称马尔可夫随机场(Markov random field，MRF)。马尔可夫网络下的条件随机场(conditional random field，CRF)广泛应用于自然语言处理中的序列标注、特征选择、机器翻译等任务，波尔兹曼机(Boltzmann machine)近年来被用于依存句法分析[Garg and Henderson，2011]和语义角色标注[庄涛，2012]等。

图 6-2 从纵横两个维度更加清晰地诠释了自然语言处理中概率图模型的演变过程[Sutton and McCallum，2007]。横向：由点到线(序列结构)、到面(图结构)。以朴素贝叶斯模型为基础的隐马尔可夫模型用于处理线性序列问题，有向图模型用于解决一般图问题；以逻辑回归模型(即自然语言处理中 ME 模型)为基础的线性链式条件随机场用于解决"线式"序列问题，通用条件随机场用于解决一般图问题。纵向：在一定条件下生成式模型(generative model)转变为判别式模型(discriminative model)，朴素贝叶斯模型演变为逻辑回归模型，隐马尔可夫模型演变为线性链式条件随机场，生成式有向图模型演变为通用条件随机场。

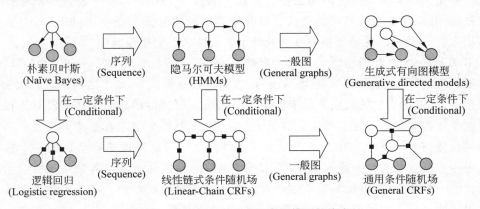

图 6-2 自然语言处理中概率图模型的演变

生成式模型(或称产生式模型)与区分式模型(或称判别式模型)的本质区别在于模型中观测序列 x 和状态序列 y 之间的决定关系，前者假设 y 决定 x，后者假设 x 决定 y。生成模型以"状态(输出)序列 y 按照一定的规律生成观测(输入)序列 x"为假设，针对联合分布 $p(x,y)$ 进行建模，并且通过估计使生成概率最大的生成序列来获取 y。生成式模型是所有变量的全概率模型，因此可以模拟("生成")所有变量的值。在这类模型中一般都有严格的独立性假设，特征是事先给定的，并且特征之间的关系直接体现在公式中。这类模型的优点是：处理单类问题时比较灵活，模型变量之间的关系比较清楚，模型可以通过增量学习获得，可用于数据不完整的情况。其弱点在于模型的推导和学习比较复杂。典型的生成式模型有：n 元语法模型、HMM、朴素的贝叶斯分类器、概率上下文无关文法等。

判别式模型则符合传统的模式分类思想，认为 y 由 x 决定，直接对后验概率 $p(y \mid x)$ 进行建模，它从 x 中提取特征，学习模型参数，使得条件概率符合一定形式的最优。在这类模型中特征可以任意给定，一般特征是通过函数表示的。这种模型的优点是：处理多类问题或分辨某一类与其他类之间的差异时比较灵活，模型简单，容易建立和学习。其弱点在于模型的描述能力有限，变量之间的关系不清楚，而且大多数区分式模型是有监督的学习方法，不能扩展成无监督的学习方法。代表性的区分式模型有：最大熵模型、条件随机场、支持向量机、最大熵马尔可夫模型（maximum-entropy Markov model，MEMM）、感知机（perceptron）等。

下面将简要介绍贝叶斯网络和马尔可夫网络的基本概念。由于自然语言处理中需要解决的问题大多数属于"线"的序列结构，因此我们分别以 HMM（生成式）和线性链式 CRF（判别式）为例来介绍自然语言处理中的概率图模型。其中，HMM 以朴素贝叶斯（naïve Bayes）为基础，CRF 以逻辑回归为基础。

6.2　贝叶斯网络

贝叶斯网络又称为信度网络或信念网络（belief networks），是一种基于概率推理的数学模型，其理论基础是贝叶斯公式。贝叶斯网络的概念最初是由 Judea Pearl 于 1985 年提出来的[①]，其目的是通过概率推理处理不确定性和不完整性问题。

形式上，一个贝叶斯网络就是一个有向无环图（directed acyclic graph，DAG），结点表示随机变量，可以是可观测量、隐含变量、未知参量或假设等；结点之间的有向边表示条件依存关系，箭头指向的结点依存于箭头发出的结点（父结点）。两个结点没有连接关系表示两个随机变量能够在某些特定情况下条件独立，而两个结点有连接关系表示两个随机变量在任何条件下都不存在条件独立。条件独立是贝叶斯网络所依赖的一个核心概念。每一个结点都与一个概率函数相关，概率函数的输入是该结点的父结点所表示的随机变量的一组特定值，输出为当前结点表示的随机变量的概率值。概率函数值的大小实际上表达的是结点之间依存关系的强度。假设父结点有 n 个布尔变量，概率函数可表示成由 2^n 个条目构成的二维表，每个条目是其父结点各变量可能的取值（"T"或"F"）与当前结点真值的组合。例如，如果一篇文章是关于南海岛屿的新闻（将这一事件记作"News"），文章可能包含介绍南海岛屿历史的内容（这一事件记作"History"），但一般不会有太多介绍旅游风光的内容（将事件"有介绍旅游风光的内容"记作"Sightseeing"）。我们可以构造一个简单的贝叶斯网络，如图 6-3 所示。

在这个例子中，"文章是关于南海岛屿的新闻"这一事件直接影响"有介绍旅游风光的内容"这一事件。如果分别用 N、H、S 表示这三个事件，每个变量都有两种可能的取值"T"（表示"有、是"或"包含"）和"F"（表示"没有"、"不是"或"不含"），于是可以对这三个事件之间的关系用贝叶斯网络建模。

---

①　http://en.wikipedia.org/wiki/Bayesian_network

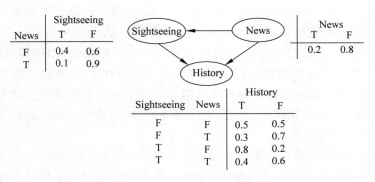

Sightseeing		
News	T	F
F	0.4	0.6
T	0.1	0.9

News	
T	F
0.2	0.8

		History	
Sightseeing	News	T	F
F	F	0.5	0.5
F	T	0.3	0.7
T	F	0.8	0.2
T	T	0.4	0.6

图 6-3 一个简单的贝叶斯网络

三个事件的联合概率函数为:

$$P(H,S,N) = P(H \mid S,N) \times P(S \mid N) \times P(N)$$

这个模型可以回答如下类似的问题:如果一篇文章中含有南海岛屿历史相关的内容,该文章是关于南海新闻的可能性有多大?

$$
\begin{aligned}
P(N = \mathrm{T} \mid H = \mathrm{T}) &= \frac{P(H = \mathrm{T}, N = \mathrm{T})}{P(H = \mathrm{T})} \\
&= \frac{\sum_{S \in \{\mathrm{T,F}\}} P(H = \mathrm{T}, S, N = \mathrm{T})}{\sum_{N, S \in \{\mathrm{T,F}\}} P(H = \mathrm{T}, S, N)} \\
&= \frac{(0.4 \times 0.1 \times 0.2 = 0.008)_{\mathrm{TTT}} + (0.3 \times 0.9 \times 0.2 = 0.054)_{\mathrm{TFT}}}{0.008_{\mathrm{TTT}} + 0.054_{\mathrm{TFT}} + 0.256_{\mathrm{TTF}} + 0.24_{\mathrm{TFF}}} \\
&= 11.11\%
\end{aligned}
$$

构造贝叶斯网络是一项复杂的任务,涉及表示、推断和学习三个方面的问题[Koller and Friedman, 2009]。

(1)表示:在某一随机变量的集合 $x = \{X_1, L, X_n\}$ 上给出其联合概率分布 P。在贝叶斯网络表示中的主要问题是,即使在随机变量仅有两种取值的简单情况下,一个联合概率分布也需要对 x_1, L, x_n 的所有 2^n 种不同取值下的概率情况进行说明,这无论从计算代价和人的认知能力方面,还是从统计方法学习如此多参数的可能性方面,几乎都是难以做到或者代价昂贵的事情。

(2)推断:由于贝叶斯网络是变量及其关系的完整模型,因此可以回答关于变量的询问,如当观察到某些变量(证据变量)时,推断另一些变量子集的变化。在已知某些证据的情况下计算变量的后验分布的过程称作概率推理。常用的精确推理方法包括变量消除法(variable elimination)和团树(clique tree)法。变量消除法的基本任务是计算条件概率 $p(X_Q \mid X_E = x)$,其中,X_Q 是询问变量的集合,X_E 为已知证据的变量集合。其基本思想是通过分步计算不同变量的边缘分布按顺序逐个消除未观察到的非询问变量[Zhang and Poole, 1996]。团树法使用更全局化的数据结构调度各种操作,以获得更加有益的计算代价。

常用的近似推理算法有重要性抽样法(importance sampling)、随机马尔可夫链蒙特卡罗（Markov chain Monte Carlo，MCMC）模拟法、循环信念传播法（loopy belief propagation）和泛化信念传播法（generalized belief propagation）等。

（3）学习：参数学习的目的是决定变量之间相互关联的量化关系，即依存强度估计。也就是说，对于每个结点 X 来说，需要计算给定父结点条件下 X 结点的概率，这些概率分布可以是任意形式的，通常是离散分布或高斯分布。常用的参数学习方法包括最大似然估计法、最大后验概率法、期望最大化方法（EM）和贝叶斯估计方法。在贝叶斯图模型中使用较多的是贝叶斯估计法。

除了参数学习以外，还有一项任务是寻找变量之间的图关系，即结构学习。在很简单的情况下贝叶斯网络可以由专家构造，但是在多数实用系统中人工构造一个贝叶斯网络的结构几乎是不可能的，因为这一过程过于复杂，必须从大量数据中学习网络结构和局部分布的参数。自动学习贝叶斯网络的图结构一直是机器学习领域研究的一项颇具挑战性的任务。

由于贝叶斯网络是一种不定性因果关联模型，能够在已知有限的、不完整、不确定信息的条件下进行学习和推理，因此广泛应用于故障诊断和维修决策等领域。在自然语言处理中已有专家将其应用于汉语自动分词和词义消歧等任务[卢志茂等，2004]。

6.3　马尔可夫模型

在介绍隐马尔可夫模型之前，先来介绍马尔可夫模型。

我们知道，随机过程又称随机函数，是随时间而随机变化的过程。马尔可夫模型（Markov model）描述了一类重要的随机过程。我们常常需要考察一个随机变量序列，这些随机变量并不是相互独立的，每个随机变量的值依赖于这个序列前面的状态。如果一个系统有 N 个有限状态 $S=\{s_1,s_2,\cdots,s_N\}$，那么随着时间的推移，该系统将从某一状态转移到另一状态。$Q=(q_1,q_2,\cdots,q_T)$ 为一个随机变量序列，随机变量的取值为状态集 S 中的某个状态，假定在时间 t 的状态记为 q_t。对该系统的描述通常需要给出当前时刻 t 的状态和其前面所有状态的关系：系统在时间 t 处于状态 s_j 的概率取决于其在时间 1，$2，\cdots，t-1$ 的状态，该概率为

$$P(q_t=s_j \mid q_{t-1}=s_i,q_{t-2}=s_k,\cdots)$$

如果在特定条件下，系统在时间 t 的状态只与其在时间 $t-1$ 的状态相关，即

$$P(q_t=s_i \mid q_{t-1}=s_j,q_{t-1}=s_k,\cdots)=P(q_t=s_j \mid q_{t-1}=s_i) \tag{6-1}$$

则该系统构成一个离散的一阶马尔可夫链（Markov chain）。

进一步，如果只考虑式（6-1）独立于时间 t 的随机过程：

$$P(q_t=s_j \mid q_{t-1}=s_i)=a_{ij}, \quad 1\leqslant i,j\leqslant N \tag{6-2}$$

该随机过程为马尔可夫模型。其中，状态转移概率 a_{ij} 必须满足以下条件：

$$a_{ij}\geqslant 0 \tag{6-3}$$

$$\sum_{j=1}^{N}a_{ij}=1 \tag{6-4}$$

显然，有 N 个状态的一阶马尔可夫过程有 N^2 次状态转移，其 N^2 个状态转移概率可

以表示成一个状态转移矩阵。例如，一段文字中名词、动词、形容词三类词性出现的情况可由三个状态的马尔可夫模型描述：

状态 s_1：名词

状态 s_2：动词

状态 s_3：形容词

假设状态之间的转移矩阵如下：

$$\mathbf{A} = \begin{bmatrix} a_{ij} \end{bmatrix} = \begin{matrix} s_1 \\ s_2 \\ s_3 \end{matrix} \begin{matrix} \quad s_1 \quad s_2 \quad s_3 \quad \\ \begin{bmatrix} 0.3 & 0.5 & 0.2 \\ 0.5 & 0.3 & 0.2 \\ 0.4 & 0.2 & 0.4 \end{bmatrix} \end{matrix}$$

如果在该段文字中某一句子的第一个词为名词，那么根据这一模型 M，在该句子中这三类词的出现顺序为 $O=$"名动形名"的概率为

$$\begin{aligned} P(O \mid M) &= P(s_1, s_2, s_3, s_1 \mid M) \\ &= P(s_1) \cdot P(s_2 \mid s_1) \cdot P(s_3 \mid s_2) \cdot P(s_1 \mid s_3) \\ &= 1 \times a_{12} \times a_{23} \times a_{31} \\ &= 0.5 \times 0.2 \times 0.4 \\ &= 0.04 \end{aligned}$$

系统初始化时可以定义一个初始状态的概率向量 $\pi_i \geqslant 0, \sum_{i=1}^{N} \pi_i = 1$。

马尔可夫模型又可视为随机的有限状态机。如图 6-4 所示，圆圈表示状态，状态之间的转移用带箭头的弧表示，弧上的数字为状态转移的概率，初始状态用标记为 start 的输入箭头表示，假设任何状态都可作为终止状态。图 6-4 中省略了转移概率为 0 的弧，对于每个状态来说，发出弧上的概率和为 1。从图可以看出，马尔可夫模型可以看作是一个转移弧上有概率的非确定的有限状态自动机。

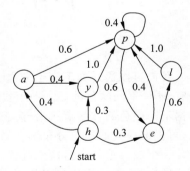

图 6-4 马尔可夫模型的例子

一个马尔可夫链的状态序列的概率可以通过计算形成该状态序列的所有状态之间转移弧上的概率乘积而得出，即

$$\begin{aligned} P(q_1, q_2, \cdots, q_T) &= P(q_1) P(q_2 \mid q_1) P(q_3 \mid q_1, q_2) \cdots P(q_T \mid q_1, q_2, \cdots, q_{T-1}) \\ &= P(q_1) P(q_2 \mid q_1) P(q_3 \mid q_2) \cdots P(q_T \mid q_{T-1}) \\ &= \pi_{q_1} \prod_{t=1}^{T-1} a_{q_t q_{t+1}} \end{aligned}$$

其中，$\pi_{q_1} = P(q_1)$。根据图 6-4 给出的状态转移概率，我们可以得到：

$$\begin{aligned} P(h, e, l, p) &= P(q_1 = h) \times P(q_2 = e \mid q_1 = h) \\ &\quad \times P(q_3 = l \mid q_2 = e) \times P(q_4 = p \mid q_3 = l) \\ &= 1.0 \times 0.3 \times 0.6 \times 1.0 \\ &= 0.18 \end{aligned}$$

根据第 5 章介绍的 n 元语法模型，当 $n=2$ 时，实际上就是一个马尔可夫模型。但是，当 $n \geqslant 3$ 时，就不是一个马尔可夫模型，因为它不符合马尔可夫模型的基本约束。不过，对于 $n \geqslant 3$ 的 n 元语法模型确定数量的历史来说，可以通过将状态空间描述成多重前面状态的交叉乘积的方式，将其转换成马尔可夫模型。在这种情况下，可将其称为 m 阶马尔可夫模型，这里的 m 是用于预测下一个状态的前面状态的个数，那么，n 元语法模型就是 $n-1$ 阶马尔可夫模型。

6.4　隐马尔可夫模型

在马尔可夫模型中，每个状态代表了一个可观察的事件，所以，马尔可夫模型有时又称作可视马尔可夫模型（visible Markov model, VMM），这在某种程度上限制了模型的适应性。在隐马尔可夫模型（HMM）中，我们不知道模型所经过的状态序列，只知道状态的概率函数，也就是说，观察到的事件是状态的随机函数，因此，该模型是一个双重的随机过程。其中，模型的状态转换过程是不可观察的，即隐蔽的，可观察事件的随机过程是隐蔽的状态转换过程的随机函数。

可以用下面的图 6-5 说明隐马尔可夫模型的基本原理。

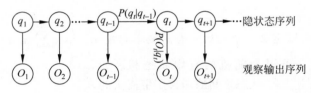

图 6-5　HMM 图解

我们可以通过如下例子来说明 HMM 的含义。假定一暗室中有 N 个口袋，每个口袋中有 M 种不同颜色的球。一个实验员根据某一概率分布随机地选取一个初始口袋，从中根据不同颜色的球的概率分布，随机地取出一个球，并向室外的人报告该球的颜色。然后，再根据口袋的概率分布选择另一个口袋，根据不同颜色的球的概率分布从中随机选择另外一个球。重复进行这个过程。对于暗室外边的人来说，可观察的过程只是不同颜色的球的序列，而口袋的序列是不可观察的。在这个过程中，每个口袋对应于 HMM 中的状态，球的颜色对应于 HMM 中状态的输出符号，从一个口袋转向另一个口袋对应于状态转换，从口袋中取出球的颜色对应于从一个状态输出的观察符号。

通过上例可以看出，一个 HMM 由如下几个部分组成：

（1）模型中状态的数目 N（上例中口袋的数目）；

（2）从每个状态可能输出的不同符号的数目 M（上例中球的不同颜色的数目）；

（3）状态转移概率矩阵 $A=\{a_{ij}\}$（a_{ij} 为实验员从一个口袋（状态 s_i）转向另一个口袋（s_j）取球的概率），其中，

$$a_{ij} = P(q_t = s_j \mid q_{t-1} = s_i), \quad 1 \leqslant i, j \leqslant N$$

$$a_{ij} \geqslant 0$$

$$\sum_{j=1}^{N} a_{ij} = 1 \tag{6-5}$$

（4）从状态 s_j 观察到符号 v_k 的概率分布矩阵 $\boldsymbol{B}=\{b_j(k)\}$（$b_j(k)$ 为实验员从第 j 个口袋中取出第 k 种颜色的球的概率），其中，

$$b_j(k) = P(O_t = v_k \mid q_t = s_j), \quad 1 \leqslant j \leqslant N; 1 \leqslant k \leqslant M$$

$$b_j(k) \geqslant 0$$

$$\sum_{k=1}^{M} b_j(k) = 1 \tag{6-6}$$

观察符号的概率又称符号发射概率（symbol emission probability）。

（5）初始状态概率分布 $\boldsymbol{\pi}=\{\pi_i\}$，其中，

$$\pi_i = P(q_1 = s_i), \quad 1 \leqslant i \leqslant N$$

$$\pi_i \geqslant 0$$

$$\sum_{i=1}^{N} \pi_i = 1 \tag{6-7}$$

一般地，一个 HMM 记为一个五元组 $\mu = (S, K, \boldsymbol{A}, \boldsymbol{B}, \boldsymbol{\pi})$，其中，$S$ 为状态的集合，K 为输出符号的集合，$\boldsymbol{\pi}$，$\boldsymbol{A}$ 和 $\boldsymbol{B}$ 分别是初始状态的概率分布、状态转移概率和符号发射概率。为了简单，有时也将其记为三元组 $\mu = (\boldsymbol{A}, \boldsymbol{B}, \boldsymbol{\pi})$。

当考虑潜在事件随机地生成表面事件时，HMM 是非常有用的。假设给定模型 $\mu = (\boldsymbol{A}, \boldsymbol{B}, \boldsymbol{\pi})$，那么，观察序列 $O = O_1 O_2 \cdots O_T$ 可以由下面的步骤直接产生：

（1）根据初始状态的概率分布 π_i 选择一个初始状态 $q_1 = s_i$；

（2）设 $t = 1$；

（3）根据状态 s_i 的输出概率分布 $b_i(k)$ 输出 $O_t = v_k$；

（4）根据状态转移概率分布 a_{ij}，将当前时刻 t 的状态转移到新的状态 $q_{t+1} = s_j$；

（5）$t = t + 1$，如果 $t < T$，重复执行步骤（3）和（4），否则，结束算法。

HMM 中有三个基本问题：

（1）估计问题：给定一个观察序列 $O = O_1 O_2 \cdots O_T$ 和模型 $\mu = (\boldsymbol{A}, \boldsymbol{B}, \boldsymbol{\pi})$，如何快速地计算出给定模型 μ 情况下，观察序列 O 的概率，即 $P(O \mid \mu)$？

（2）序列问题：给定一个观察序列 $O = O_1 O_2 \cdots O_T$ 和模型 $\mu = (\boldsymbol{A}, \boldsymbol{B}, \boldsymbol{\pi})$，如何快速有效地选择在一定意义下"最优"的状态序列 $Q = q_1 q_2 \cdots q_T$，使得该状态序列"最好地解释"观察序列？

（3）训练问题或参数估计问题：给定一个观察序列 $O = O_1 O_2 \cdots O_T$，如何根据最大似然估计来求模型的参数值？即如何调节模型 $\mu = (\boldsymbol{A}, \boldsymbol{B}, \boldsymbol{\pi})$ 的参数，使得 $P(O \mid \mu)$ 最大？

下面描述的前后向算法及参数估计将给出这三个问题的解决方案。

6.4.1　求解观察序列的概率

给定一个观察序列 $O = O_1 O_2 \cdots O_T$ 和模型 $\mu = (\boldsymbol{A}, \boldsymbol{B}, \boldsymbol{\pi})$，要快速地计算出给定模型 μ 情况下观察序列 O 的概率，即 $P(O \mid \mu)$。这就是解码（decoding）问题。

对于任意的状态序列 $Q = q_1 q_2 \cdots q_T$，有

$$P(O \mid Q, \mu) = \prod_{t=1}^{T} P(O_t \mid q_t, \mu)$$

$$= b_{q_1}(O_1) \times b_{q_2}(O_2) \times \cdots \times b_{q_T}(O_T) \tag{6-8}$$

并且

$$P(Q \mid \mu) = \pi_{q_1} a_{q_1 q_2} a_{q_2 q_3} \cdots a_{q_{T-1} q_T} \qquad (6\text{-}9)$$

由于

$$P(O,Q \mid \mu) = P(O \mid Q,\mu) P(Q \mid \mu) \qquad (6\text{-}10)$$

因此

$$
\begin{aligned}
P(O \mid \mu) &= \sum_Q P(O,Q \mid \mu) \\
&= \sum_Q P(O \mid Q,\mu) P(Q \mid \mu) \\
&= \sum_Q \pi_{q_1} b_{q_1}(O_1) \prod_{t=1}^{T-1} a_{q_t q_{t+1}} b_{q_{t+1}}(O_{t+1}) \qquad (6\text{-}11)
\end{aligned}
$$

上述推导方式很直接，但面临一个很大的困难是，必须穷尽所有可能的状态序列。如果模型 $\mu = (\boldsymbol{A}, \boldsymbol{B}, \boldsymbol{\pi})$ 中有 N 个不同的状态，时间长度为 T，那么，有 N^T 个可能的状态序列。这样，计算量会出现"指数爆炸"。当 T 很大时，几乎不可能有效地执行这个算法。为此，人们提出了前向算法或前向计算过程（forward procedure），利用动态规划的方法来解决这一问题，使"指数爆炸"问题可以在时间复杂度为 $O(N^2 T)$ 的范围内解决。

HMM 中的动态规划问题一般用格架（trellis 或 lattice）的组织形式描述。对于一个在某一时间结束在一定状态的 HMM，每一个格能够记录该 HMM 所有输出符号的概率，较长子路径的概率可以由较短子路径的概率计算出来，如图 6-6 所示 [Manning and Schütze, 1999]。

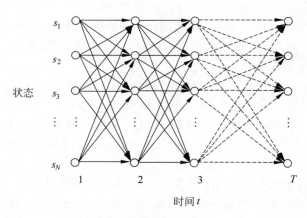

图 6-6　格架算法示意图

为了实现前向算法，需要定义一个前向变量 $\alpha_t(i)$。

定义 6-1　前向变量 $\alpha_t(i)$ 是在时间 t，HMM 输出了序列 $O_1 O_2 \cdots O_t$，并且位于状态 s_i 的概率：

$$\alpha_t(i) = P(O_1 O_2 \cdots O_t, q_t = s_i \mid \mu) \qquad (6\text{-}12)$$

前向算法的主要思想是，如果可以快速地计算前向变量 $\alpha_t(i)$，那么，就可以根据 $\alpha_t(i)$ 计算出 $P(O|\mu)$，因为 $P(O|\mu)$ 是在所有状态 q_T 下观察到序列 $O = O_1 O_2 \cdots O_T$ 的概率：

$$P(O \mid \mu) = \sum_{s_i} P(O_1 O_2 \cdots O_T, q_T = s_i \mid \mu) = \sum_{i=1}^{N} \alpha_T(i) \qquad (6\text{-}13)$$

在前向算法中,采用动态规划的方法计算前向变量 $\alpha_t(i)$,其实现思想基于如下观察:在时间 $t+1$ 的前向变量可以根据在时间 t 时的前向变量 $\alpha_t(1),\alpha_t(2),\cdots,\alpha_t(N)$ 的值来归纳计算:

$$\alpha_{t+1}(j) = \left(\sum_{i=1}^{N} \alpha_t(i)a_{ij} \right)b_j(O_{t+1}) \tag{6-14}$$

在格架结构中,$\alpha_{t+1}(j)$ 存放在 $(s_j,t+1)$ 处的结点上,表示在已知观察序列 $O_1O_2\cdots$ O_tO_{t+1} 的情况下,从时间 t 到达下一个时间 $t+1$ 时状态为 s_j 的概率。图 6-7 描述了式(6-14)的归纳关系。

从初始时间开始到 $t+1$,HMM 到达状态 s_j,并输出观察序列 $O_1O_2\cdots O_{t+1}$ 的过程可以分解为以下两个步骤:

(1) 从初始时间开始到时间 t,HMM 到达状态 s_i,并输出观察序列 $O_1O_2\cdots O_t$;

(2) 从状态 s_i 转移到状态 s_j,并在状态 s_j 输出 O_{t+1}。

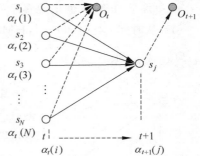

图 6-7　前向变量的归纳关系

这里 s_i 可以是 HMM 的任意状态。根据前向变量 $\alpha_t(i)$ 的定义,从某一个状态 s_i 出发完成第一步的概率就是 $\alpha_t(i)$,而实现第二步的概率为 $a_{ij}\times b_j(O_{t+1})$。因此,从初始时间到 $t+1$ 整个过程的概率为:$\alpha_t(i)\times a_{ij}\times b_j(O_{t+1})$。由于 HMM 可以从不同的 s_i 转移到 s_j,一共有 N 个不同的状态,因此,得到了式(6-14)。

根据式(6-14)给出的归纳关系,可以按时间顺序和状态顺序依次计算前向变量 $\alpha_1(x),\alpha_2(x),\cdots,\alpha_T(x)$($x$ 为 HMM 的状态变量)。由此,得到如下前向算法。

算法 6-1　前向算法(forward procedure)

步 1　初始化:$\alpha_1(i)=\pi_ib_i(O_1)$,$1\leqslant i\leqslant N$

步 2　归纳计算:

$$\alpha_{t+1}(j) = \left(\sum_{i=1}^{N} \alpha_t(i)a_{ij} \right)b_j(O_{t+1}), \quad 1\leqslant t\leqslant T-1$$

步 3　求和终结:

$$P(O\mid\mu) = \sum_{i=1}^{N}\alpha_T(i)$$

在初始化步骤中,π_i 是初始状态 s_i 的概率,$b_i(O_1)$ 是在 s_i 状态输出 O_1 的概率,那么,$\pi_ib_i(O_1)$ 就是在时刻 $t=1$ 时,HMM 在 s_i 状态输出序列 O_1 的概率,即前向变量 $\alpha_1(i)$。一共有 N 个状态,因此,需要初始化 N 个前向变量 $\alpha_1(1),\alpha_1(2),\cdots,\alpha_1(N)$。

现在我们来分析前向算法的时间复杂性。由于每计算一个 $\alpha_t(i)$ 必须考虑 $t-1$ 时的所有 N 个状态转移到状态 s_i 的可能性,其时间复杂性为 $O(N)$,那么,对应每个时间 t,要计算 N 个前向变量,$\alpha_t(1),\alpha_t(2),\cdots,\alpha_t(N)$,因此,时间复杂性为 $O(N)\times N=O(N^2)$。因而,在 $1,2,\cdots,T$ 整个过程中,前向算法的总时间复杂性为 $O(N^2T)$。

对于求解 HMM 中的第一个问题，即在给定一个观察序列 $O = O_1O_2\cdots O_T$ 和模型 $\mu = (\boldsymbol{A}, \boldsymbol{B}, \boldsymbol{\pi})$ 情况下，快速计算 $P(O|\mu)$ 的问题还可以采用另外一种实现方法，即后向算法。

对应于前向变量，可定义一个后向变量 $\beta_t(i)$。

定义 6-2　后向变量 $\beta_t(i)$ 是在给定了模型 $\mu = (\boldsymbol{A}, \boldsymbol{B}, \boldsymbol{\pi})$，并且在时间 t 状态为 s_i 的条件下，HMM 输出观察序列 $O_{t+1}\cdots O_T$ 的概率：

$$\beta_t(i) = P(O_{t+1}O_{t+2}\cdots O_T \mid q_t = s_i, \mu) \tag{6-15}$$

与计算前向变量一样，可以用动态规划的算法计算后向变量。类似地，在时间 t 状态为 s_i 的条件下，HMM 输出观察序列 $O_{t+1}O_{t+2}\cdots O_T$ 的过程可以分解为以下两个步骤：

(1) 从时间 t 到时间 $t+1$，HMM 由状态 s_i 到状态 s_j，并从 s_j 输出 O_{t+1}；

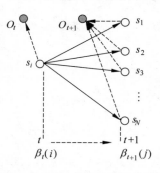

(2) 在时间 $t+1$ 的状态为 s_j 的条件下，HMM 输出观察序列 $O_{t+2}\cdots O_T$。

第一步中输出 O_{t+1} 的概率为：$a_{ij} \times b_j(O_{t+1})$；第二步中根据后向变量的定义，HMM 输出观察序列为 $O_{t+2}\cdots O_T$ 的概率就是后向变量 $\beta_{t+1}(j)$。于是，得到如下归纳关系：

$$\beta_t(i) = \sum_{j=1}^{N} a_{ij} b_j(O_{t+1}) \beta_{t+1}(j) \tag{6-16}$$

式(6-16)的归纳关系可以由图 6-8 来描述。

图 6-8　后向变量的归纳关系

根据后向变量的归纳关系，按 $T, T-1, \cdots, 2, 1$ 顺序依次计算 $\beta_T(x), \beta_{T-1}(x), \cdots, \beta_1(x)$（$x$ 为 HMM 的状态），就可以得到整个观察序列 $O = O_1O_2\cdots O_T$ 的概率。下面的后向算法用于实现这个归纳计算的过程。

算法 6-2　后向算法（backward procedure）

步 1　初始化：$\beta_T(i) = 1, 1 \leqslant i \leqslant N$

步 2　归纳计算：

$$\beta_t(i) = \sum_{j=1}^{N} a_{ij} b_j(O_{t+1}) \beta_{t+1}(j), \quad T-1 \geqslant t \geqslant 1; 1 \leqslant i \leqslant N$$

步 3　求和终结：

$$P(O \mid \mu) = \sum_{i=1}^{N} \pi_i b_i(O_1) \beta_1(i)$$

类似于前向算法的分析，可知后向算法的时间复杂度也是 $O(N^2 T)$。

更一般地，实际上我们可以采用前向算法和后向算法相结合的方法来计算观察序列的概率：

$$
\begin{aligned}
P(O, q_t = s_i \mid \mu) &= P(O_1\cdots O_T, q_t = s_i \mid \mu) \\
&= P(O_1\cdots O_t, q_t = s_i, O_{t+1}\cdots O_T \mid \mu) \\
&= P(O_1\cdots O_t, q_t = s_i \mid \mu) \times P(O_{t+1}\cdots O_T \mid O_1\cdots O_t, q_t = s_i, \mu) \\
&= P(O_1\cdots O_t, q_t = s_i \mid \mu) \times P(O_{t+1}\cdots O_T \mid q_t = s_i, \mu) \\
&= \alpha_t(i) \beta_t(i)
\end{aligned}
\tag{6-17}
$$

因此

$$P(O \mid \mu) = \sum_{i=1}^{N} \alpha_t(i) \times \beta_t(i), \quad 1 \leqslant t \leqslant T \tag{6-18}$$

6.4.2　维特比算法

维特比(Viterbi)算法用于求解 HMM 中的第二个问题,即给定一个观察序列 $O = O_1 O_2 \cdots O_T$ 和模型 $\mu = (A, B, \pi)$,如何快速有效地选择在一定意义下"最优"的状态序列 $Q = q_1 q_2 \cdots q_T$,使得该状态序列"最好地解释"观察序列。这个问题的答案并不是唯一的,因为它取决于对"最优状态序列"的理解。一种理解是,使该状态序列中每一个状态都单独地具有最大概率,即要使得

$$\gamma_t(i) = P(q_t = s_i \mid O, \mu)$$

最大。

根据贝叶斯公式,有

$$\gamma_t(i) = P(q_t = s_i \mid O, \mu) = \frac{P(q_t = s_i, O \mid \mu)}{P(O \mid \mu)}$$

参考式(6-17)和式(6-18),并且 $P(q_t = s_i, O \mid \mu) = P(O, q_t = s_i \mid \mu)$,因此,

$$\gamma_t(i) = \frac{\alpha_t(i)\beta_t(i)}{\sum_{i=1}^{N} \alpha_t(i) \times \beta_t(i)} \tag{6-19}$$

有了 $\gamma_t(i)$,那么,在时间 t 的最优状态为

$$\hat{q}_t = \underset{1 \leqslant i \leqslant N}{\operatorname{argmax}} [\gamma_t(i)]$$

根据这种对"最优状态序列"的理解,如果只考虑使每个状态的出现都单独达到最大概率,而忽略了状态序列中两个状态之间的关系,很可能导致两个状态 $\hat{q}_t$ 和 $\hat{q}_{t+1}$ 之间的转移概率为 0,即 $a_{\hat{q}_t \hat{q}_{t+1}} = 0$。那么,在这种情况下,所谓的"最优状态序列"根本就不是合法的序列。因此,我们常常采用另一种对"最优状态序列"的理解:在给定模型 μ 和观察序列 O 的条件下,使条件概率 $P(Q \mid O, \mu)$ 最大的状态序列,即

$$\hat{Q} = \underset{Q}{\operatorname{argmax}} P(Q \mid O, \mu) \tag{6-20}$$

这种理解避免了前一种理解引起的"断序"的问题。根据这种理解,优化的不是状态序列中的单个状态,而是整个状态序列,不合法的状态序列的概率为 0,因此,不可能被选为最优状态序列。

维特比算法运用动态规划的搜索算法求解这种最优状态序列。为了实现这种搜索,首先定义一个维特比变量 $\delta_t(i)$。

定义 6-3　维特比变量 $\delta_t(i)$ 是在时间 t 时,HMM 沿着某一条路径到达状态 s_i,并输出观察序列 $O_1 O_2 \cdots O_t$ 的最大概率:

$$\delta_t(i) = \max_{q_1, q_2, \cdots, q_{t-1}} P(q_1, q_2, \cdots, q_t = s_i, O_1 O_2 \cdots O_t \mid \mu) \tag{6-21}$$

与前向变量类似,$\delta_t(i)$ 有如下递归关系:

$$\delta_{t+1}(i) = \max_{j} [\delta_t(j) \cdot a_{ji}] \cdot b_i(O_{t+1}) \tag{6-22}$$

这种递归关系使我们能够运用动态规划搜索技术。为了记录在时间 t 时，HMM 通过哪一条概率最大的路径到达状态 s_i，维特比算法设置了另外一个变量 $\psi_t(i)$ 用于路径记忆，让 $\psi_t(i)$ 记录该路径上状态 s_i 的前一个（在时间 $t-1$ 的）状态。根据这种思路，给出如下维特比算法。

算法 6-3　维特比算法（Viterbi algorithm）

步 1　初始化：

$$\delta_1(i) = \pi_i b_i(O_1), \quad 1 \leqslant i \leqslant N$$

$$\psi_1(i) = 0$$

步 2　归纳计算：

$$\delta_t(j) = \max_{1 \leqslant i \leqslant N} [\delta_{t-1}(i) \cdot a_{ij}] \cdot b_j(O_t), \quad 2 \leqslant t \leqslant T; 1 \leqslant j \leqslant N$$

记忆回退路径：

$$\psi_t(j) = \underset{1 \leqslant i \leqslant N}{\operatorname{argmax}} [\delta_{t-1}(i) \cdot a_{ij}] \cdot b_j(O_t), \quad 2 \leqslant t \leqslant T; 1 \leqslant i \leqslant N$$

步 3　终结：

$$\hat{Q}_T = \underset{1 \leqslant i \leqslant N}{\operatorname{argmax}} [\delta_T(i)]$$

$$\hat{P}(\hat{Q}_T) = \max_{1 \leqslant i \leqslant N} [\delta_T(i)]$$

步 4　路径（状态序列）回溯：

$$\hat{q}_t = \psi_{t+1}(\hat{q}_{t+1}), \quad t = T-1, T-2, \cdots, 1$$

维特比算法的时间复杂性与前向算法、后向算法的时间复杂性一样，也是 $O(N^2 T)$。

在实际应用中，往往不只是搜索一个最优状态序列，而是搜索 n 个最佳（n-best）路径，因此，在格架的每个结点上常常需要记录 m 个最佳（m-best，$m < n$）状态。

6.4.3　HMM 的参数估计

参数估计问题是 HMM 面临的第三个问题，即给定一个观察序列 $O = O_1 O_2 \cdots O_T$，如何调节模型 $\mu = (A, B, \pi)$ 的参数，使得 $P(O|\mu)$ 最大化：

$$\underset{\mu}{\operatorname{argmax}} P(O_{\text{training}} \mid \mu)$$

模型的参数是指构成 μ 的 $\pi_i, a_{ij}, b_j(k)$。最大似然估计方法可以作为 HMM 参数估计的一种选择。如果产生观察序列 O 的状态序列 $Q = q_1 q_2 \cdots q_T$ 已知，根据最大似然估计，HMM 的参数可以通过如下公式计算：

$$\bar{\pi}_i = \delta(q_1, s_i)$$

$$\bar{a}_{ij} = \frac{Q \text{ 中从状态 } q_i \text{ 转移到 } q_j \text{ 的次数}}{Q \text{ 中所有从状态 } q_i \text{ 转移到另一状态（包括 } q_i \text{ 自身）的次数}}$$

$$= \frac{\sum\limits_{t=1}^{T-1} \delta(q_t, s_i) \times \delta(q_{t+1}, s_j)}{\sum\limits_{t=1}^{T-1} \delta(q_t, s_i)}$$

$$\bar{b}_j(k) = \frac{Q \text{ 中从状态 } q_j \text{ 输出符号 } v_k \text{ 的次数}}{Q \text{ 到达 } q_j \text{ 的次数}}$$

$$= \frac{\sum_{t=1}^{T} \delta(q_t, s_j) \times \delta(O_t, v_k)}{\sum_{t=1}^{T} \delta(q_t, s_j)} \tag{6-23}$$

其中,$\delta(x,y)$ 为克罗奈克(Kronecker)函数,当 $x=y$ 时,$\delta(x,y)=1$;否则,$\delta(x,y)=0$。v_k 是 HMM 输出符号集中的第 k 个符号。

但实际上,由于 HMM 中的状态序列 Q 是观察不到的(隐变量),因此,这种最大似然估计的方法不可行。所幸的是,期望最大化(expectation maximization,EM)算法可以用于含有隐变量的统计模型的参数最大似然估计。其基本思想是,初始时随机地给模型的参数赋值,该赋值遵循模型对参数的限制,例如,从某一状态出发的所有转移概率的和为 1。给模型参数赋初值以后,得到模型 μ_0,然后,根据 μ_0 可以得到模型中隐变量的期望值。例如,从 μ_0 得到从某一状态转移到另一状态的期望次数,用期望次数来替代式(6-23)中的实际次数,这样可以得到模型参数的新估计值,由此得到新的模型 μ_1。从 μ_1 又可以得到模型中隐变量的期望值,然后,重新估计模型的参数,执行这个迭代过程,直到参数收敛于最大似然估计值。

这种迭代爬山算法可以局部地使 $P(O|\mu)$ 最大化。Baum-Welch 算法或称前向后向算法(forward-backward algorithm)用于具体实现这种 EM 方法。下面我们介绍这种算法。

给定 HMM 的参数 μ 和观察序列 $O=O_1O_2\cdots O_T$,在时间 t 位于状态 s_i,时间 $t+1$ 位于状态 s_j 的概率 $\xi_t(i,j)=P(q_t=s_i, q_{t+1}=s_j|O,\mu)$($1 \leqslant t \leqslant T, 1 \leqslant i,j \leqslant N$)可以由下面的公式计算获得:

$$\begin{aligned}
\xi_t(i,j) &= \frac{P(q_t=s_i, q_{t+1}=s_j, O \mid \mu)}{P(O \mid \mu)} \\
&= \frac{\alpha_t(i) a_{ij} b_j(O_{t+1}) \beta_{t+1}(j)}{P(O \mid \mu)} \\
&= \frac{\alpha_t(i) a_{ij} b_j(O_{t+1}) \beta_{t+1}(j)}{\sum_{i=1}^{N}\sum_{j=1}^{N} \alpha_t(i) a_{ij} b_j(O_{t+1}) \beta_{t+1}(j)}
\end{aligned} \tag{6-24}$$

图 6-9 给出了式(6-24)所表达的前向变量 $\alpha_t(i)$、后向变量 $\beta_{t+1}(j)$ 与概率 $\xi_t(i,j)$ 之间的关系。

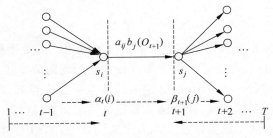

图 6-9 $\xi_t(i,j)$ 与前向后向变量之间的关系

给定 HMM μ 和观察序列 $O=O_1O_2\cdots O_T$,在时间 t 位于状态 s_i 的概率 $\gamma_t(i)$ 为

$$\gamma_t(i) = \sum_{j=1}^{N} \xi_t(i,j) \tag{6-25}$$

由此，μ 的参数可以由下面的公式重新估计：

$$\bar{\pi}_i = P(q_1 = s_i \mid O, \mu) = \gamma_1(i) \tag{6-26}$$

$$\bar{a}_{ij} = \frac{Q \text{ 中从状态 } q_i \text{ 转移到 } q_j \text{ 的期望次数}}{Q \text{ 中所有从状态 } q_i \text{ 转移到另一状态（包括 } q_j \text{ 自身）的期望次数}}$$

$$= \frac{\sum_{t=1}^{T-1} \xi_t(i,j)}{\sum_{t=1}^{T-1} \gamma_t(i)} \tag{6-27}$$

$$\bar{b}_j(k) = \frac{Q \text{ 中从状态 } q_j \text{ 输出符号 } v_k \text{ 的期望次数}}{Q \text{ 到达 } q_j \text{ 的期望次数}}$$

$$= \frac{\sum_{t=1}^{T} \gamma_t(j) \times \delta(O_t, v_k)}{\sum_{t=1}^{T} \gamma_t(j)} \tag{6-28}$$

根据上述思路，给出如下前向后向算法。

算法 6-4　前向后向算法（forward-backward algorithm）

步 1　初始化：随机地给参数 $\pi_i, a_{ij}, b_j(k)$ 赋值，使其满足如下约束：

$$\sum_{i=1}^{N} \pi_i = 1$$

$$\sum_{j=1}^{N} a_{ij} = 1, \qquad 1 \leqslant i \leqslant N$$

$$\sum_{k=1}^{M} b_j(k) = 1, \qquad 1 \leqslant j \leqslant N$$

由此得到模型 μ_0。令 $i=0$，执行下面的 EM 估计。

步 2　EM 计算：

E-步骤：由模型 μ_i 根据式（6-24）和式（6-25）计算期望值 $\xi_t(i,j)$ 和 $\gamma_t(i)$；

M-步骤：用 E-步骤得到的期望值，根据式（6-26）、（6-27）和（6-28）重新估计参数 $\pi_i, a_{ij}, b_j(k)$ 的值，得到模型 μ_{i+1}。

步 3　循环计算：

令 $i=i+1$。重复执行 EM 计算，直到 $\pi_i, a_{ij}, b_j(k)$ 收敛。

HMM 在自然语言处理研究中有着非常广泛的应用。需要提醒的是，除了上述讨论的理论问题以外，在实际应用中还有若干实现技术上的问题需要注意。例如，多个概率连乘引起的浮点数下溢问题。在 Viterbi 算法中只涉及乘法运算和求最大值问题，因此，可以对概率相乘的算式取对数运算，使乘法运算变成加法运算，这样一方面避免了浮点数下溢的问题，另一方面，提高了运算速度。在前向后向算法中，也经常采用如下对数运算的方法判断参数 $\pi_i, a_{ij}, b_j(k)$ 是否收敛：

$$\mid \log P(O \mid \mu_{i+1}) - \log P(O \mid \mu_i) \mid < \varepsilon$$

其中，ε 为一个足够小的实数值。但是，在前向后向算法中执行 EM 计算时有加法运算，这就使得 EM 计算中无法采用对数运算，在这种情况下，可以设置一个辅助的比例系数，将概率值乘以这个比例系数以放大概率值,避免浮点数下溢。在每次迭代结束重新估计参数值时,再将比例系数取消。

关于隐马尔可夫模型的实现工具,可参阅网站:http://htk.eng.cam.ac.uk/。

6.5 层次化的隐马尔可夫模型

在自然语言处理等应用中,由于处理序列具有递归特性,尤其当序列长度较大时,隐马尔可夫模型的复杂度将会急剧增大,因此,Shai Fine 等人提出了层次化隐马尔可夫模型(hierarchical hidden Markov models,HHMM)[Fine *et al*.,1998][1]。

层次化的隐马尔可夫模型是由多层随机过程构成的。在 HHMM 中每个状态本身就是一个独立的 HHMM,因此一个 HHMM 的状态产生一个观察序列,而不是一个观察符号。HHMM 通过状态转移递归地产生观察序列,一个状态可以激活下层状态中的某一个状态,而被激活的状态又可以激活再下层的状态,直至到达某个特定的状态这一递归过程结束。该特定状态称为生产状态(production state),只有生产状态才能通过常规的 HMM 机制,即根据输出符号的概率分布产生可观察的输出符号。不直接产生可观察符号的隐藏状态称作内部状态。不同层次之间的状态转移叫垂直转移(vertical transition),同一层次上状态之间的转移叫水平转移(horizontal transition)。当状态转移到达某个生产状态,产生一个观察输出后,终止状态控制转移过程返回到激活该层状态转移的上层状态。这一递归转移过程将形成一个生产状态序列,而每个生产状态生成一个观察输出符号,因此生产状态序列将为顶层状态生成一个观察输出序列。状态及其状态之间的垂直转移形成了 HHMM 的树状结构,如图 6-10 所示。

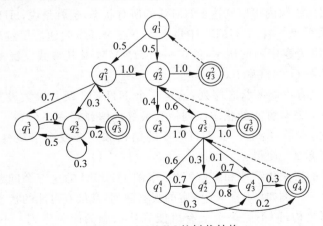

图 6-10 HHMM 的树状结构

图 6-10 中,q_1^1 为根状态,双圈表示终止状态,用于控制转移过程返回到激活该层状态的上层状态。其他状态为内部状态。为了简化起见图中没有画出生产状态。

---

① http://en.wikipedia.org/wiki/Hierarchical_hidden_Markov_model

　　下面给出 HHMM 的形式化描述。假设 Σ 是一个有限符号的集合，一个观察序列是 Σ^* 中一个有限长度的字符串，表示为：$\bar{O} = o_1 o_2 \cdots o_T$。HHMM 的一个状态表示为：$q_i^d (d \in \{1, \cdots, D\})$，其中，$i$ 为状态的下标，d 为层次的标号，根结点的层次下标为 1，生产状态的层次下标为 D。内部状态 q_i^d 的子状态个数记作 $|q_i^d|$，如图 6-10 中 $|q_5^3| = 3$。在不引起混淆的情况下可以省略状态的下标，用 q^d 表示 d 层的一个状态。对于每个内部状态 $q_i^d (d \in \{1, \cdots, D-1\})$，有一个状态转移的概率矩阵，表示为：$\mathbf{A}^{q^d} = (a_{ij}^{q^d})$，其中，$a_{ij}^{q^d} = P(q_j^{d+1} \mid q_i^{d+1})$ 表示从第 i 个状态到第 j 个状态的一次水平转移的概率，第 i 个状态和第 j 个状态都是状态 q^d 的子状态。

　　类似地，$\Pi^{q^d} = \{\pi^{q^d}(q_i^{d+1})\} = \{P(q_i^{d+1} \mid q^d)\}$ 表示在 q^d 的子状态上的初始分布向量，是状态 q^d 初始激活 q_i^{d+1} 的概率。如果 q_i^{d+1} 是一个内部状态，那么 $\pi^d(q_i^{d+1})$ 也可以解释为从父结点 q^d 垂直转移到子结点 q^{d+1} 的概率。每一个生产状态 q^D 只有参数输出概率向量 $B^{q^D} = \{b^{q^D}(k)\}$，其中，$b^{q^D}(k) = P(\sigma_k \mid q^D)$ 是生产状态 q^D 输出观察符号 $\sigma_k \in \Sigma$ 的概率。HHMM 全部参数的集合可以表示为：

$$\lambda = \{\lambda^{q^d}\}_{d \in \{1, \cdots, D\}} = \{\{A^{q^d}\}_{d \in \{1, \cdots, D-1\}}, \{\Pi^{q^d}\}_{d \in \{1, \cdots, D-1\}}, \{B^{q^D}\}\}$$

　　根据上述解释，HHMM 按如下方式产生一个观察序列：从根状态开始根据初始概率分布 Π^1 随机选择一个子状态。对于每一个内部状态 q，根据 q 的初始概率向量 Π^q 随机地选择一个子状态，这一过程重复进行，递归地激活和选择一个子状态，直至到达一个生产状态 q^D，该生产状态根据输出概率向量 B^{q^D} 产生一个观察符号。然后，终止状态控制递归过程返回激活 q^D 的上层状态。在一个字符串的递归生成过程中，从一个内部状态开始根据同一层的状态转移矩阵选择下一个状态，新选择的状态启动一个新的字符串递归生成过程。当所有的递归生成过程完成之后，返回到根状态时，观察序列的产生过程就结束了。这里假设从根状态出发在有限的步骤内可以到达 HHMM 的所有状态，也就是说，HHMM 是强联通的。

　　像隐马尔可夫模型一样，HHMM 中也有如下三个基本问题需要解决：

　　(1) 快速地计算观察序列的概率：给定一个 HHMM 及其参数设置 $\lambda = \{\lambda^{q^d}\}$，快速地计算模型 λ 生成序列 $\bar{O}$ 的概率 $P(\bar{O} \mid \lambda)$。

　　(2) 求解模型最有可能的状态序列：给定一个 HHMM 及其参数设置 $\lambda = \{\lambda^{q^d}\}$ 和观察序列 $\bar{O}$，求解一个最有可能的状态序列使其最好地解释观察序列 $\bar{O}$。

　　(3) 估计模型的参数：给定一个 HHMM 的结构和一个或多个观察序列 $\{\bar{O}_t\}$，求解最有可能的模型参数 λ^* 使得 $\lambda^* = \mathrm{argmax}_\lambda P(\{\bar{O}_t\} \mid \lambda)$。

　　由于 HHMM 的层次化结构和多解特性，求解 HHMM 的这三个问题远比解决 HMM 的三个问题困难得多。例如，对于一个给定的观察序列，其最有可能的状态序列是一个由激活状态构成的多解结构，而不是一个最有可能到达状态的简单序列。不再详细介绍关于 HHMM 三个问题的求解方法，有兴趣的读者可以参阅[Fine *et al.*, 1998]等相关文献。

6.6　马尔可夫网络

　　马尔可夫网络与贝叶斯网络有类似之处，也可用于表示变量之间的依赖关系。但是，它又与贝叶斯网络有所不同。一方面，它可以表示贝叶斯网络无法表示的一些依赖关系，如循环依赖;另一方面,它不能表示贝叶斯网络能够表示的某些关系,如推导关系[①]。

马尔可夫网络是一组有马尔可夫性质的随机变量的联合概率分布模型,它由一个无向图 G 和定义于 G 上的势函数组成。一个无向图 $G = (V, E)$,每个顶点 $x_i \in V$ 表示在集合 X 上的一个随机变量,每条边 $\{x_i, x_j\} \in E\ (i \neq j)$ 表示直接相连的两个随机变量 x_i 和 x_j 之间的一种依赖关系。为了便于叙述,首先给出如下定义。

定义 6-4(子图)   假设两个图分别为 $G = \langle V, E \rangle$ 和 $G_s = \langle V_s, E_s \rangle$,如果 $V_s \subseteq V$ 并且 $E_s \subseteq E$,那么,称 G_s 为 G 的子图。

如果一个子图中的任意两个结点之间都有边相连,那么这个子图就是一个完全子图(complete subgraph),一个全子图又称为一个团(clique)。一个团的完全子图称作子团。如图 6-11 中,结点 x_1 和 x_4 及其边 x_1x_4 构成一个完全子图,结点 x_3 和 x_4 及其边 x_3x_4,以及结点 x_1、x_3、x_4 及其边 x_1x_3、x_1x_4 和 x_3x_4 也分别是一个完全子图,而结点 x_2、x_3、x_4 构成的图则不是完全子图。

在无向图中,不用条件概率密度对模型进行参数化,而是使用一种称为团势能(clique potentials)的参数化因子。所谓团势能又称团势能函数(clique potential function)或简称势函数,是定义在一个团上的非负实函数。每个团都对应着一个势函数,表示团的一个状态。

图 6-11 一个简单的图

一般用 $\mathbf{x}_C$ 来表示团 C 中所有的结点,用 $\phi(\mathbf{x}_C)$ 表示团势能。如图 6-11 中两个团可以表示为 $\mathbf{x}_{C_1} = \{x_1, x_2\}$,$\mathbf{x}_{C_2} = \{x_1, x_3, x_4\}$。由于定义中要求势能函数 $\phi(\mathbf{x}_C)$ 非负,所以一般将 $\phi(\mathbf{x}_C)$ 定义为:$\phi(\mathbf{x}_C) = \exp\{-E(\mathbf{x}_C)\}$,其中 $E(\mathbf{x}_C)$ 称为 $\mathbf{x}_C$ 的能量函数(energy function)。

如果分布 $P_\phi(x_1, x_2, \cdots, x_n)$ 的图模型可以表示为一个马尔可夫网络 H,当 C 是 H 上完全子图的集合时,我们说 H 上的分布 $P_\phi(x_1, x_2, \cdots, x_n)$ 可以用 C 的团势能函数 $\phi(\mathbf{x}_C)$ 进行因子化:$\phi = \{\phi_1(\mathbf{x}_{C_1}), \cdots, \phi_K(\mathbf{x}_{C_K})\}$。$P_\phi(x_1, x_2, \cdots, x_n)$ 可以看作 H 上的一个吉布斯分布(Gibbs distribution),其概率分布密度为:

$$p(x_1, x_2, \cdots, x_n) = \frac{1}{Z} \prod_{i=1}^{K} \phi_i(\mathbf{x}_{C_i})$$

其中,Z 是一个归一化常量,称为划分函数(partition function)。

$$Z = \sum_{x_1, \cdots, x_n} \prod_{i=1}^{K} \phi_i(\mathbf{x}_{C_i})$$

其中,$\mathbf{x}_{C_i} \subseteq \{x_1, x_2, \cdots, x_n\}\ (1 \leqslant i \leqslant K)$,并且满足 $\bigcup_{i=1}^{K} \mathbf{x}_{C_i} = \{x_1, x_2, \cdots, x_n\}$。

显然,在无向图模型中每个 C_i 对应于一个团,而相应的吉布斯分布就是整个图模型的概率分布。图 6-11 中的两个团 $\mathbf{x}_{C_1} = \{x_1, x_2\}$ 和 $\mathbf{x}_{C_2} = \{x_1, x_3, x_4\}$ 就可以定义相应的吉布斯分布,因为满足条件 $\mathbf{x}_{C_1} \bigcup \mathbf{x}_{C_2} = \{x_1, x_2, x_3, x_4\}$。

---

① http://zh.wikipedia.org/wiki/马尔可夫网络

因子化的乘积运算可以变成加法运算：

$$p(x_1, x_2, \cdots, x_n) = \frac{1}{Z}\exp\left\{-\sum_{i=1}^{K} E_{C_i}(x_{C_i})\right\} = \frac{1}{Z}\exp\left\{-E(\mathbf{x})\right\}$$

其中，$E(\mathbf{x}) = \sum_{i=1}^{K} E_{C_i}(x_{C_i})$。

6.7　最大熵模型

最大熵原理最早由 E. T. Jaynes 于 1957 年提出[①]，1996 年被应用于自然语言处理 [Berger *et al*., 1996]。

6.7.1　最大熵原理

最大熵模型的基本原理是：在只掌握关于未知分布的部分信息的情况下，符合已知知识的概率分布可能有多个，但使熵值最大的概率分布最真实地反映了事件的分布情况，因为熵定义了随机变量的不确定性，当熵最大时，随机变量最不确定，最难准确地预测其行为。也就是说，在已知部分信息的前提下，关于未知分布最合理的推断应该是符合已知信息最不确定或最大随机的推断。

对于自然语言处理中某个歧义消解问题，若用 A 表示待消歧问题所有可能候选结果的集合，B 表示当前歧义点所在上下文信息构成的集合，则称(a, b)为模型的一个特征。一般定义$\{0, 1\}$域上的一个二值函数来表示特征：

$$f(a, b) = \begin{cases} 1, & \text{如果}(a,b) \in (A,B)，\text{且满足某种条件} \\ 0, & \text{其他情况} \end{cases}$$

在不引起混淆的情况下，有时也直接把特征函数 $f(a, b)$ 称作特征。我们可以把"判定歧义问题为某种可能的结果 $a \in A$"看作一个事件，该歧义点所在上下文出现的某些信息看作这个事件发生的条件 $b \in B$。那么，建立最大熵模型的目的就是计算判定结果 a 的条件概率 $p(a|b)$，即利用条件最大熵模型选择条件概率 $p(a|b)$ 最大的候选结果作为最终的判定结果：

$$\hat{p}(a \mid b) = \underset{p \in P}{\operatorname{argmax}} H(p) \tag{6-29}$$

其中，P 是指所建模型中所有与已知样本中的概率分布相吻合的概率分布的集合。由于

$$\begin{aligned} H(p) &= H(A \mid B) \\ &= \sum_{b \in B} p(b) H(A \mid B = b) \\ &= -\sum_{a,b} p(b) p(a \mid b) \log p(a \mid b) \end{aligned} \tag{6-30}$$

而所建立模型的概率分布 $p(b)$ 必须符合已知训练样本中的概率分布 $\hat{p}(b)$，即 $\hat{p}(b) = p(b)$，因此，可将式(6-30)写为：

$$H(p) = -\sum_{a,b} \hat{p}(b) p(a \mid b) \log p(a \mid b) \tag{6-31}$$

---

① http://en.wikipedia.org/wiki/Principle_of_maximum_entropy

那么,式(6-29)可以写为:

$$\hat{p}(a \mid b) = \underset{p \in P}{\operatorname{argmax}} H(p)$$

$$= \underset{p \in P}{\operatorname{argmax}} \left(- \sum_{a,b} \hat{p}(b) p(a \mid b) \log p(a \mid b) \right) \tag{6-32}$$

实际上,式(6-32)就是我们求最大值的目标函数。接下来的问题就是如何确定满足条件的概率分布集合 P。我们知道,在训练样本中上下文信息与歧义点实际结果的经验分布 $\hat{p}(a,b)$ 可由下面的公式估计:

$$\hat{p}(a,b) \approx \frac{\operatorname{Count}(a,b)}{\sum_{A,B} \operatorname{Count}(a,b)} \tag{6-33}$$

其中,$\operatorname{Count}(a,b)$ 为 (a,b) 在训练样本中出现的次数。

如果存在某个特征 $f_i(a,b)$,它在训练样本中关于经验概率分布 $\hat{p}(a,b)$ 的数学期望为:

$$E_{\hat{p}}(f_i) = \sum_{A,B} \hat{p}(a,b) f_i(a,b) \tag{6-34}$$

而特征 $f_i(a,b)$ 关于所建立的理论模型 $p(a,b)$ 的数学期望为:

$$E_p(f_i) = \sum_{A,B} p(a,b) f_i(a,b) \tag{6-35}$$

由于 $p(a,b) = p(a)p(b \mid a)$,且理论上所建立的模型应该与训练样本中的概率分布一致,如果用 $\hat{p}(a)$ 表示 a 在训练样本中的概率分布,那么,$p(a) = \hat{p}(a)$,可将式(6-35)写为:

$$E_p(f_i) = \sum_{A,B} \hat{p}(a) p(b \mid a) f_i(a,b) \tag{6-36}$$

如果特征 f_i 对于模型是有用的,那么,式(6-35)所表示的数学期望与 f_i 在训练样本中的数学期望应该相同,即

$$E_p(f_i) = E_{\hat{p}}(f_i) \tag{6-37}$$

这一约束条件实际上就是"所建立模型的概率分布应该与已知样本中的概率分布相吻合"的数学表达。

假设存在 k 个特征 $f_i(i = 1, 2, \cdots, k)$,它们都在建模过程中对输出有影响,那么,所建立的模型 p 应该属于这 k 个特征约束下所产生的所有模型的集合 P:

$$P = \{p \mid E_p(f_i) = E_{\hat{p}}(f_i), \ i \in \{1, 2, \cdots, k\}\} \tag{6-38}$$

这样,问题就变成了在满足式(6-37)和式(6-38)表示的约束条件下求解目标函数(6-32)的最优解。拉格朗日乘子法可用于解决这一问题。可以证明,满足上述条件的最优解具有如下形式:

$$\hat{p}(a \mid b) = \frac{1}{Z(b)} \exp \left(\sum_{i=1}^{l} \lambda_i \cdot f_i(a,b) \right) \tag{6-39}$$

其中,

$$Z(b) = \sum_{A} \exp \left(\sum_{i=1}^{l} \lambda_i \cdot f_i(a,b) \right) \tag{6-40}$$

为归一化因子,使 $\sum_a \hat{p}(a \mid b) = 1$。$l = k+1$(见下面 6.7.2 节的说明),$\lambda_i$ 为特征 f_i 的权重。

关于最大熵原理的详细介绍，读者可以参阅［Berger *et al.*，1996；Ratnaparkhi，1997b，1998］。

6.7.2　最大熵模型的参数训练

最大熵模型参数训练的任务就是选取有效的特征 f_i 及其权重 λ_i。由于可以利用歧义点所在的上下文信息（如词形、词性、窗口大小等）作为特征条件，而歧义候选往往有多个，因此，各种特征条件和歧义候选可以组合出很多特征函数，必须对其进行筛选。常用的筛选方法有：①从候选特征集中选择那些在训练数据中出现频次超过一定阈值的特征；②利用互信息作为评价尺度从候选特征集中选择满足一定互信息要求的特征；③利用增量式特征选择方法［Pietra *et al.*，1997］从候选特征集中选择特征。第三种方法比较复杂，一般不用。

对于参数 λ，常用的获取方法是通用迭代算法（generalized iterative scaling，GIS）。GIS 算法要求对训练样本集中每个实例的任意 $(a,b) \in A \times B$，特征函数之和为常数，即对每个实例的 k 个特征函数均满足 $\sum_{i=1}^{k} f_i(a,b) = C$（$C$ 为一常数）。如果该条件不能满足，则在训练集中取：

$$C = \max_{a \in A, b \in B} \sum_{i=1}^{k} f_i(a,b) \tag{6-41}$$

并增加一个特征 f_l：$f_l(a,b) = C - \sum_{i=1}^{k} f_i(a,b)$。其中，$l = k+1$。与其他特征函数不一样，$f_l(a,b)$ 的取值范围为：$0 \sim C$。

GIS 算法的描述如下：

(1) 初始化：$\lambda[1..l] = 0$；

(2) 根据公式 (6-34) 计算每个特征函数 f_i 的训练样本期望值：$E_{\hat{p}}(f_i)$；

(3) 执行如下循环，迭代计算特征函数的模型期望值 $E_p(f_i)$：

　① 利用公式 (6-40) 和公式 (6-39) 计算概率 $\hat{p}(a \mid b)$；

　② 若满足终止条件，则结束迭代；否则，修正 λ：

$$\lambda^{(n+1)} = \lambda^{(n)} + \frac{1}{C} \ln \left(\frac{E_{\hat{p}}(f_i)}{E_{p^{(n)}}(f_i)} \right) （其中，n 为循环迭代的次数。）$$

　继续下轮迭代。

(4) 算法结束，确定 λ，算出每个 $\hat{p}(a \mid b)$。

迭代终止的条件可以为限定的迭代次数，也可以是对数似然（$L(p)$）的变化值小于某个阈值 ε：

$$| L_{n+1} - L_n | < \varepsilon$$

$$L(p) = \sum_{a,b} \hat{p}(a,b) \log p(a \mid b)$$

$\hat{p}(a,b)$ 为 (a,b) 在训练样本中出现的概率。

由于 λ 的收敛速度受 C 取值的影响，因此，人们改进了 GIS 算法，限于篇幅这里不再详细介绍，有兴趣的读者可以参阅文献［Berger，1997；Pietra *et al.*，1997；Ratnaparkhi，1998］。

关于最大熵模型的实现工具,可参阅如下网站:

- OpenNLP(Java 版)工具包:http://incubator.apache.org/opennlp/
- 张乐实现的最大熵工具包(C++版):http://homepages.inf.ed.ac.uk/lzhang10/maxent_toolkit.html
- 林德康实现的最大熵工具包(C++版):http://webdocs.cs.ualberta.ca/~lindek/downloads.htm
- MALLET(Java 版,通用的自然语言处理工具包,包括分类、序列标注等机器学习算法):http://mallet.cs.umass.edu/
- NLTK(Python 版,通用的自然语言处理工具包,很多工具是从 MALLET 中包装、转成的 Python 接口):http://nltk.org/

6.8　最大熵马尔可夫模型

最大熵马尔可夫模型(maximum-entropy Markov model,MEMM)又称条件马尔可夫模型(conditional Markov model,CMM),由 Andrew McCallum,Dayne Freitag 和 Fernando Pereira 三人于 2000 年提出[McCallum *et al.*,2000]。它结合了隐马尔可夫模型和最大熵模型的共同特点,被广泛应用于处理序列标注问题。

文献[McCallum *et al.*,2000]认为,在 HMM 模型中存在两个问题:①在很多序列标注任务中,尤其当不能枚举观察输出时,需要用大量的特征来刻画观察序列。如在文本中识别一个未见的公司名字时,除了传统的单词识别方法以外,还需要用到很多特征信息,如大写字母、结尾词、词性、格式、在文本中的位置等。也就是说,我们需要用特征对观察输出进行参数化。②在很多自然语言处理任务中,需要解决的问题是在已知观察序列的情况下求解状态序列,HMM 采用生成式的联合概率模型(状态序列与观察序列的联合概率 $P(S_T,O_T)$)来求解这种条件概率问题 $P(S_T \mid O_T)$(参见 6.4 节),这种方法不适合处理用很多特征描述观察序列的情况。为此,MEMM 直接采用条件概率模型 $P(S_T \mid O_T)$,从而使观察输出可以用特征表示,借助最大熵框架进行特征选取。

HMM 与 MEMM 的区别可以简要地用图 6-12 说明。

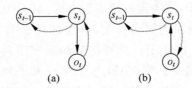

图 6-12　HMM 与 MEMM 依存图对照

图 6-12(a)为传统 HMM 的依存关系图,实线箭头表示所指的结点依赖于箭头起始结点,虚线箭头表示箭头所指的结点是起始结点条件。图 6-12(b)为 MEMM 的依存关系图。在 HMM μ 中解码过程求解的是 $\underset{S_T}{\arg\max} P(O_T \mid S_T,\mu)$,而在 MEMM M 中解码器

求解的是 $\underset{S_T}{\operatorname{argmax}} P(S_T \mid O_T, M)$。在 HMM 中，当前时刻的观察输出只取决于当前状态，而在 MEMM 中，当前时刻的观察输出还可能取决于前一时刻的状态。

假设已知观察序列 $O_1 O_2 \cdots O_T$，要求解状态序列 $S_1 S_2 \cdots S_T$，并使条件概率 $P(S_1 S_2 \cdots S_T \mid O_1 O_2 \cdots O_T)$ 最大。在 MEMM 中，将这一概率因子化为马尔可夫转移概率，该转移概率依赖于当前时刻的观察和前一时刻的状态：

$$P(S_1 \cdots S_T \mid O_1 \cdots O_T) = \prod_{t=1}^{T} P(S_t \mid S_{t-1}, O_t) \qquad (6\text{-}42)$$

对于前一时刻每个可能的状态取值 $S_{t-1} = s'$ 和当前观察输出 $O_t = o$，当前状态取值 $S_t = s$ 的概率通过最大熵分类器建模：

$$P(s \mid s', o) = P_{s'}(s \mid o) = \frac{1}{Z(o, s')} \exp \left(\sum_a \lambda_a f_a(o, s) \right) \qquad (6\text{-}43)$$

其中，$Z(o, s')$ 为归一化因子，$f_a(o, s)$ 为特征函数，λ_a 为特征函数的权重，可以利用 GIS 算法从训练样本中估计出来。$f_a(o, s)$ 可以通过 $a = \langle b, r \rangle$ 定义，其中，b 是当前观察的 $\langle 0,1 \rangle$ 二值特征，r 是状态取值。

$$f_a(o_t, s_t) = f_{\langle b, r \rangle}(o_t, s_t) = \begin{cases} 1, & b(o_t) = \text{True}, \ s_t = r \\ 0, & \text{其他} \end{cases}$$

HMM 中用于参数估计的 Baum-Welch 算法修改后可用于 MEMM 的状态转移概率估计。在 Viterbi 算法中，如果 t 时刻到达状态 s 时产生观察序列的前向概率为 $\alpha_t(s)$，那么，

$$\alpha_{t+1}(s) = \sum_{s' \in S} \alpha_t(s') \cdot P(s \mid s') \cdot P(o_{t+1} \mid s) \qquad (6\text{-}44)$$

在 MEMM 中，将 $\alpha_t(s)$ 定义为在时刻 t 的状态为 s，给定到达 t 时刻为止的观察序列时的前向概率：

$$\alpha_{t+1}(s) = \sum_{s' \in S} \alpha_t(s') \cdot P_{s'}(s \mid o_{t+1}) \qquad (6\text{-}45)$$

相应的后向概率 $\beta_t(s)$ 为在给定 t 时刻之后的观察序列时，从 t 时刻 s 状态开始的概率：

$$\beta_t(s') = \sum_{s \in S} P(s \mid s', o_t) \cdot \beta_{t+1}(s) \qquad (6\text{-}46)$$

关于 MEMM 的详细介绍，有兴趣的读者请参阅[McCallum *et al.*，2000]。

MEMM 是有向图和无向图的混合模型，其主体还是有向图框架。与 HMM 相比，MEMM 的最大优点在于它允许使用任意特征刻画观察序列，这一特性有利于针对特定任务充分利用领域知识设计特征。MEMM 与 HMM 和条件随机场（conditional random fields，CRFs）模型（见 6.9 节）相比，MEMM 的参数训练过程非常高效，在 HMM 和 CRF 模型的训练中，需要利用前向后向算法作为内部循环，而在 MEMM 中估计状态转移概率时可以逐个独立进行。MEMM 的缺点在于存在标记偏置问题（label bias problem），其中一个原因是熵低的状态转移分布会忽略它们的观察输出，而另一个原因是 MEMM 像 HMM 一样，其参数训练过程是自左向右依据前面已经标注的标记进行的，一旦在实际测试时前面的标记不能确定时，MEMM 往往难以处理。

6.9　条件随机场

条件随机场(conditional random fields，CRFs)由 J. Lafferty 等人(2001)提出，近几年来在自然语言处理和图像处理等领域中得到了广泛的应用。

CRF 是用来标注和划分序列结构数据的概率化结构模型。言下之意，就是对于给定的输出标识序列 Y 和观察序列 X，条件随机场通过定义条件概率 $P(Y \mid X)$，而不是联合概率分布 $P(X,Y)$ 来描述模型。CRF 也可以看作一个无向图模型或者马尔可夫随机场(Markov random field)[Wallach，2004]。

定义 6-5(条件随机场)　设 $G = (V,E)$ 为一个无向图，V 为结点集合，E 为无向边的集合。$Y = \{Y_v \mid v \in V\}$，即 V 中的每个结点对应于一个随机变量 Y_v，其取值范围为可能的标记集合$\{y\}$。如果以观察序列 X 为条件，每一个随机变量 Y_v 都满足以下马尔可夫特性：

$$p(Y_v \mid X,Y_w,w \neq v) = p(Y_v \mid X,Y_w,w \sim v) \tag{6-47}$$

其中，$w \sim v$ 表示两个结点在图 G 中是邻近结点。那么，(X,Y) 为一个条件随机场。

理论上，只要在标记序列中描述了一定的条件独立性，G 的图结构可以是任意的。对序列进行建模可以形成最简单、最普通的链式结构(chain-structured)图，结点对应标记序列 Y 中的元素(图 6-13)。或者更直观一点，把 CRF 的链式结构图画为如图 6-14 所示。

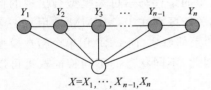

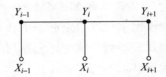

图 6-13　CRF 的链式结构图　　　　图 6-14　CRF 链式结构图的另一种表示

显然，观察序列 X 的元素之间并不存在图结构，因为这里只是将观察序列 X 作为条件，并不对其作任何独立性假设。

在给定观察序列 X 时，某个特定标记序列 Y 的概率可以定义为[Lafferty *et al.*，2001]：

$$\exp\Big(\sum_j \lambda_j t_j(y_{i-1},y_i,X,i) + \sum_k \mu_k s_k(y_i,X,i)\Big) \tag{6-48}$$

其中，$t_j(y_{i-1},y_i,X,i)$ 是转移函数，表示对于观察序列 X 其标注序列在 i 及 $i-1$ 位置上标记的转移概率；$s_k(y_i,X,i)$ 是状态函数，表示对于观察序列 X 其 i 位置的标记概率；λ_j 和 μ_k 分别是 t_j 和 s_k 的权重，需要从训练样本中估计出来。

参照最大熵模型的做法，在定义特征函数时可以定义一组关于观察序列的$\{0,1\}$二值特征 $b(X,i)$ 来表示训练样本中某些分布特性，例如，

$$b(X,i) = \begin{cases} 1, & X \text{ 的 } i \text{ 位置为某个特定的词} \\ 0, & \text{否则} \end{cases}$$

转移函数可以定义为如下形式：

$$t_j(y_{i-1},y_i,X,i) = \begin{cases} b(X,i), & y_{i-1} \text{ 和 } y_i \text{ 满足某种搭配条件} \\ 0, & \text{否则} \end{cases}$$

为了便于描述，可以将状态函数书写成如下形式：

$$s(y_i, X, i) = s(y_{i-1}, y_i, X, i)$$

这样，特征函数可以统一表示为：

$$F_j(Y, X) = \sum_{i=1}^{n} f_j(y_{i-1}, y_i, X, i) \tag{6-49}$$

其中，每个局部特征函数 $f_j(y_{i-1}, y_i, X, i)$ 表示状态特征 $s(y_{i-1}, y_i, X, i)$ 或转移函数 $t(y_{i-1}, y_i, X, i)$。

由此，条件随机场定义的条件概率可以由下式给出：

$$p(Y \mid X, \lambda) = \frac{1}{Z(X)} \exp(\lambda_j \cdot F_j(Y, X)) \tag{6-50}$$

其中，分母 $Z(X)$ 为归一化因子：

$$Z(X) = \sum_Y \exp(\lambda_j \cdot F_j(Y, X)) \tag{6-51}$$

条件随机场模型也需要解决三个基本问题：特征的选取、参数训练和解码。其中，参数训练过程可在训练数据集上基于对数似然函数的最大化进行，具体算法请参阅文献 [Lafferty et $al.$, 2001；Wallach, 2004]。

相对于 HMM，CRF 的主要优点在于它的条件随机性，只需要考虑当前已经出现的观测状态的特性，没有独立性的严格要求，对于整个序列内部的信息和外部观测信息均可有效利用，避免了 MEMM 和其他针对线性序列模型的条件马尔可夫模型会出现的标识偏置问题。CRF 具有 MEMM 的一切优点，两者的关键区别在于，MEMM 使用每一个状态的指数模型来计算给定前一个状态下当前状态的条件概率，而 CRF 用单个指数模型来计算给定观察序列与整个标记序列的联合概率。因此，不同状态的不同特征权重可以相互交替代换[Lafferty, 2001]。

关于条件随机场模型的实现工具，可参阅如下网站：

- CRF++(C++版)：http://crfpp. googlecode. com/svn/trunk/doc/index. html
- CRFSuite(C 语言版)：http://www. chokkan. org/software/crfsuite/
- MALLET(Java 版，通用的自然语言处理工具包，包括分类、序列标注等机器学习算法)：http://mallet. cs. umass. edu/
- NLTK(Python 版，通用的自然语言处理工具包，很多工具是从 MALLET 中包装转成的 Python 接口)：http://nltk. org/

第 **7** 章

自动分词、命名实体识别与词性标注

由于词是最小的能够独立运用的语言单位,而很多孤立语和黏着语(如汉语、日语、越南语、藏语等)的文本不像西方屈折语的文本,词与词之间没有任何空格之类的显式标志指示词的边界,因此,自动分词问题就成了计算机处理孤立语和黏着语文本时面临的首要基础性工作,是诸多应用系统不可或缺的一个重要环节。多年来,国内外众多学者在这一领域做了大量的研究工作,发表了大量的学术专著和论文,并取得了一定的成果,但从实用化的角度来看,仍不尽如人意。

本章首先介绍汉语自动分词技术所面临的一些主要问题和近年来取得的最新进展,然后,介绍命名实体识别的相关研究,最后介绍词性标注问题及其相关研究。

7.1 汉语自动分词中的基本问题

简单地讲,汉语自动分词就是让计算机系统在汉语文本中的词与词之间自动加上空格或其他边界标记。这样一个看似简单的问题,却使几代学人扼腕感叹。其实归纳起来,汉语自动分词的主要困难来自如下三个方面:分词规范、歧义切分和未登录词的识别。

7.1.1 汉语分词规范问题

正如刘开瑛(2000)指出的,"词"这个概念一直是汉语语言学界纠缠不清而又挥之不去的问题。"词是什么"(词的抽象定义)及"什么是词"(词的具体界定),这两个基本问题有点飘忽不定,迄今拿不出一个公认的、具有权威性的词表来。主要困难出自两个方面:一方面是单字词与词素之间的划界,另一方面是词与短语(词组)的划界。此外,对于汉语"词"的认识,普通说话人的语感与语言学家的标准也有较大的差异。有关专家的调查表明,在母语为汉语的被试者之间,对汉语文本中出现的词语的认同率只有大约 70%,从计算的严格意义上说,自动分词是一个没有明确定义的问题[黄昌宁等,2003]。

刘开瑛领导的研究组曾对一篇约 300 字的短文,请 258 名文理科大学生手工切分,对于 45 个汉语双音节和三音节结构的词语,切分的结果与专家给出的答案相同的部分很

小。请看下面的例子(括号中的数字为平均切分率,即主张切开的人数占总人数的比例)[刘开瑛,2000]:

名名结构:花草(7)、湖边(6)、湖岸(4)、湖水(3)、湖面(2)、房顶(2)

形名结构:蓝天(4)、白云(3)、小鸟(2)、小湖(10)

动补结构:走向(16)、翻过(10)、变成(3)

动宾结构:担水(6)、不知名(10)

数量结构:一道(6)、一段(10)、一层(6)

从上面的统计结果可以看出,对汉语认识上的差异,必然会给自动分词造成困难。

1992年国家标准局颁布了作为国家标准的《信息处理用现代汉语分词规范》[刘源等,1994;刘开瑛,2000]。在这个规范中,大部分规定都是通过举例和定性描述来体现的。例如,规范4.2规定:"二字或三字词,以及结合紧密、使用稳定的二字或三字词组,一律为分词单位。"那么,何谓"紧密",何谓"稳定",人们在实际操作中都很难界定。在规范4.3、4.4、5.1.1.1、5.1.1.2、5.2.4、5.2.5、5.2.6等很多规定中都对分词单位有"结合紧密、使用稳定"的要求。这种规定的操作尺度很难把握,极易受主观因素的影响。因而使得《规范》并没有从根本上统一国人对汉语词的认识,哪怕只是在信息处理界。在这种情况下,建立公平公开的自动分词评测标准的努力也一样步履维艰[黄昌宁等,2003]。

7.1.2　歧义切分问题

歧义字段在汉语文本中普遍存在,因此,切分歧义是汉语自动分词研究中一个不可避免的"拦路虎"。我国很多学者都对切分歧义问题进行了深入研究。梁南元(1987a)最早对歧义字段进行了比较系统的考察。他定义了以下两种基本的切分歧义类型。

定义 7-1(交集型切分歧义)　汉字串 AJB 称作交集型切分歧义,如果满足 AJ、JB 同时为词(A、J、B 分别为汉字串)。此时汉字串 J 称作交集串。

例如,交集型切分歧义:"结合成"

一种切分为:(a) 结合 | 成;另一种切分为:(b) 结 | 合成

其中,A="结",J="合",B="成"。

这种情况在汉语文本中非常普遍,如:"大学生"、"研究生物"、"从小学起"、"为人民工作"、"中国产品质量"、"部分居民生活水平"等。

为了刻画交集型歧义字段的复杂结构,他还定义了链长的概念。

定义 7-2(链长)　一个交集型切分歧义所拥有的交集串的集合称为交集串链,它的个数称为链长。

例如,交集型切分歧义"结合成分子"、"结合"、"合成"、"成分"、"分子"均成词,交集串的集合为{"合","成","分"},因此,链长为3。类似地,"为人民工作"交集型歧义字段的链长为3,"中国产品质量"字段的链长为4,"部分居民生活水平"字段的链长为6。

定义 7-3(组合型切分歧义)　汉字串 AB 称作多义组合型切分歧义,如果满足 A、B、AB 同时为词。

例如,多义组合型切分歧义:"起身"

在如下两个例子中,"起身"分别有两种不同的切分:(a)他站｜起｜身｜来。(b)他明天｜起身｜去北京。

类似地,"将来"、"现在"、"才能"、"学生会"等,都是组合型歧义字段。

梁南元(1987a)曾经对一个含有 48 092 字的自然科学、社会科学样本进行了统计,结果交集型切分歧义有 518 个,多义组合型切分歧义有 42 个。据此推断,中文文本中切分歧义的出现频度约为 1.2 次/100 字,交集型切分歧义与多义组合型切分歧义的出现比例约为 12∶1。

有意思的是,据文献[刘挺等,1998]的调查却显示了与梁南元截然相反的结果:汉语文本中交集型切分歧义与多义组合型切分歧义的出现比例约为 1∶22。孙茂松认为,造成这种情形的原因在于,定义 7-3 有疏漏。因此,孙茂松等(2001)曾经猜测,加上一条上下文语境限制才真正反映了梁南元的本意:

定义 7-3′(多义组合型切分歧义)　汉字串 AB 称作多义组合型切分歧义,如果满足(1)A、B、AB 同时为词;(2)文本中至少存在一个上下文语境 C,在 C 的约束下,A、B 在语法和语义上都成立。

例如,汉字串"平淡"符合定义 7-3,但不符合定义 7-3′(因为"平｜淡"在文本中不可能成立)。刘挺等(1998)将"平淡"计入了多义组合型切分歧义,而梁南元(1987a)并未计入。由于符合定义 7-3 的汉字串数量远远大于符合定义 7-3′的汉字串数量,因此,出现不同的统计结果也就不足为怪了。

孙茂松等(2001)认为,定义 7-1 和定义 7-3 都是完全从机器角度加以形式定义的,定义 7-3′则增加了人的判断。孙茂松等(1997)认为,定义 7-3 中给出的名称"多义组合型切分歧义"是不太科学的(实际上,某些交集型切分歧义也是多义组合的),容易引起混淆,与"交集型"这个纯形式的名称相呼应,称作"包孕型"或者"覆盖型"可能更恰当。

董振东(1997)则给出了另外一套名称:称交集型切分歧义为"偶发歧义",称多义组合型切分歧义为"固有歧义"。"两者的区别在于:造成前者歧义的前后语境是非常个性化的、偶然的、难以预测的","而后者是可以预测的"。这个表述相当深刻地点明了两类歧义的性质,耐人寻味。但问题是如何定义"偶发"和"固有",其名称的准确性仍有可斟酌之处[孙茂松等,2001]。

刘开瑛(2000)以含有约 77 000 词条的词库作为切分词库,对 510 万字从网上随机下载的新闻语料进行了加工,从中统计出各种交集型歧义字段,次数共约 7.8 万余次,其中不同的歧义字段词语约 2.4 万条组成交集型歧义字段库,每 1000 字平均有 16 次交集歧义字段出现。在交集型歧义字段中,绝大多数是链长为 1 和 2 的歧义字段,二者合计占到了歧义字段总数的 95.41% 和歧义字段出现总次数的 97% 以上。链长为 3 的交集型歧义字段数所占比例大约为 3.11%,而其他链长为 4～8 的歧义字段个数所占比例合计不足 1.5%。

需要提及的是,侯敏等(1995)认为,汉语自动分词中的歧义现象并不能简单地划分为交集型和组合型两种,就字段的结构形式而言,至少还可以分出一种"混合型"。混合类型的歧义字段在语言事实中并不少见,它集交集型与组合型的特点于一身,而且情况更复杂。从目前接触到的语言事实来看,都是交集型字段内包含组合型字段,即交集字段的长度大于组合型字段的长度。请看下面的例子：

（1）这篇文章写得太平淡了。

（2）这墙抹得太平了。

（3）即使太平时期也不应该放松警惕。

在这组例句中，"太平淡"是交集型字段，"太平"又是组合型字段，即交集型字段中包含组合字段。处理这类歧义字段时必须分两步走，首先处理交集型字段，如果匹配不成功，在短语层面再按组合型字段处理。

综上所述，汉语词语边界的歧义切分问题比较复杂，处理这类问题时往往需要进行复杂的上下文语义分析，甚至韵律分析，包括语气、重音、停顿等。

7.1.3　未登录词问题

未登录词又称为生词（unknown word），可以有两种解释：一是指已有的词表中没有收录的词；二是指已有的训练语料中未曾出现过的词。在第二种含义下，未登录词又称为集外词（out of vocabulary，OOV），即训练集以外的词。由于目前的汉语自动分词系统多采用基于大规模训练语料的统计方法，或者如果已有大规模训练语料（尤其是已做了人工分词标注的训练语料）便很容易获得词汇表，因此，通常情况下将 OOV 与未登录词看作一回事。

未登录词的情况比较复杂，可以粗略划分为如下几种类型：①新出现的普通词汇，如博客、超女、恶搞、房奴、给力、奥特等，尤其在网络用语中这种词汇层出不穷。②专有名词（proper names）。专有名词在早期主要是指人名、地名和组织机构名这三类实体名称。1996 年第六届信息理解会议（The Sixth Message Understanding Conference，MUC-6）将这一术语进行了扩展，首次提出了命名实体（named entity）的概念，它除了包含上述三类实体名称以外，还包括时间和数字表达（日期、时刻、时段、数量值、百分比、序数、货币数量等），并且地名被进一步细化为城市名、州（省）名和国家名称等[Grishman and Sundheim，1996；Nadeau and Sekine，2007]。③专业名词和研究领域名称。特定领域的专业名词和新出现的研究领域名称也是造成生词的原因之一，如三聚氰胺、苏丹红、禽流感、堰塞湖等；④其他专用名词，如新出现的产品名，电影、书籍等文艺作品的名称，等等。根据黄昌宁等人（2003）的统计，在真实文本的切分中，未登录词总数的大约九成是专有名词（人名、地名、组织机构名），其余的为新词（包括专业术语）。当然，这个统计比例与语料所属的领域密切相关。

对于大规模真实文本来说，未登录词对于分词精度的影响远远超过了歧义切分。我们曾随机抽取了新浪等几个网站新闻领域的 418 个句子，共计含有 19777 个汉字，11739 个词，利用自主开发的基于统计方法的 Urheen 汉语分词系统[①]（详见 7.2.5 节）对这批句子进行了词语切分，结果产生了 120 个分词错误，各种错误的分布情况如表 7-1 所示。

---

① http://www.openpr.org.cn

表 7-1　分词错误类型统计

错误类型			错误数	比例/%		例子
集外词	命名实体	人名	31	25.83		约翰·斯坦贝克
		地名	11	9.17	55	米苏拉塔
		组织机构名	10	8.33		泰党
		时间和数字表示	14	11.67	98.33	37 万兆
	专业术语		4	3.33		脱氧核糖核酸
	普通生词		48	40.00		致病原
切分歧义			2	1.67		歌名为
合计			120	100		

从表 7-1 中的数据可以看出,集外词是造成分词错误的主要原因,其中,超过一半的错误(55%)是由于命名实体造成的。在黄昌宁等(2003)使用《人民日报》语料测试的结果中,尽管命名实体只占标准文本总词次的大约 8.7%,但它们引起的分词错误却占分词错误总数的 59.2%。这个统计结果与表 7-1 给出的比例大致相当。不过,在黄昌宁等人(2003)的实验中,组织机构名引起的分词错误占了分词错误总数的 20.6%,远远高出表 7-1 中组织机构名所占的错误比例。这可能有两方面的原因:一是测试语料的构成不同;二是我们使用的 418 个句子规模较小,不能够完全反映真实语料的实际情况。但总体而言,这些测试结果已经足以说明,在汉语分词系统中对于未登录词的处理,尤其是对命名实体的处理,远比对切分歧义词的处理重要得多。

需要说明的是,在汉语分词中对命名实体词汇的识别处理是指将命名实体中可独立成词的切分单位正确地识别出来,而不是指识别整个实体的左右边界。例如:2012/ 年/ 2/ 月/ 9/ 日/ 上午/　瓦尔特/ •/菲利普/ 教授/ 和/ 蒋/ 胜利/ 研究员/ 在/ 北京/ 市/ 海淀/ 区/ 中关村/ 东路/ 95/ 号/ 中国/ 科学院/ 自动化/ 研究所/ 分别/ 做/ 了/ 关于/ 指纹/ 和/ 虹膜/ 识别/ 的/ 学术/ 报告/ 。在这个句子中既有人名、地名和机构名,也有时间和数字表达。按照分词规范,人名被切分成姓和名两部分,地名被细分为市、区、路、号等不同的层次。"中国科学院自动化研究所"是一个实体名(机构名),但被切分成 4 个词。因此,确切地讲,上面所说的由命名实体造成的分词错误是指命名实体中词语切分产生的错误,而不是指整个实体识别的错误。关于整个命名实体的识别方法,7.3 节将给出详细阐述。

在 20 世纪八九十年代和 21 世纪初期,针对汉语分词问题,很多学者做了大量关于人名、地名和机构名识别方面的研究工作,其一般做法是:首先依据从各类命名实体库中总结出来的统计知识(如人名姓氏用字及其频度)和人工归纳出来的某些命名实体结构规则,在输入句子中猜测可能成为命名实体的汉字串并给出其置信度,然后利用对该类命名实体具有标识意义的紧邻上下文信息(如称谓、组织机构标识词等),以及全局统计量和局部统计量,作进一步鉴定。例如,中国人名的识别[孙茂松等,1995;郑家恒等,2000;张仰森等,2003]、外国译名的识别[孙茂松等,1993]、中国地名的识别[沈达阳等,1995]及组织机构名识别[张小衡等,1997]。刘开瑛(2000)曾对各类实体的识别方法给予了较多的阐述。根据[孙茂松等,2001],外国译名的识别效果最好,中国人名次之,中国地名再次之,组织机构名最差,而任务本身的难度实质上也正是循这个顺序由小到大。

以下是一些来自真实文本的例子：

（1）他还兼任何应钦在福州办的东路军军官学校的政治教官。

（2）林徽因此时已离开了那里。

（3）大不列颠及北爱尔兰联合王国外交和英联邦事务大臣、议会议员杰克·斯特劳阁下在联合国安理会就伊拉克问题发言。

（4）夏璞墩是晋代著名的文学家、科学家夏璞的衣冠冢。

（5）爱菲斯(Ephesos,在今土耳其)的赫拉克利特(Heraclitus)提出：对于生命来说,相反力之间的张力是必不可少的,而且他相信火是基本的元素。

（6）病毒没有自己的代谢机构,没有酶系统,也不能产生腺苷三磷酸(ATP)。

（7）微流控芯片(microfluidic chip)是当前微全分析系统(miniaturized total analysis systems)发展的热点领域。

（8）宝成铁路宝鸡至绵阳段是滑坡和崩塌的多发区域。

为了便于理解,将例子中的专有名词和专业名词用不同的下划线标识出来。通过这些例子可以看出,未登录词的识别面临很多困难。一方面,很多未登录词都是由普通词汇构成的,长度不定,也没有明显的边界标志词；另一方面,有些专有名词的首词和尾词可能与上下文中的其他词汇存在交集型歧义切分,如上面的例子(1)和(2)。另外,在汉语文本中夹杂着其他语言的字符或符号,也是常见的事情,如上面的例句(5)~(7)。

对于未登录词的识别还会涉及词的界定标准问题,有些用语究竟算不算词,恐怕也是"智者见智,仁者见仁"。如上面例子中的"微流控"、"微全"、"宝成"这三个字串。如果说特定领域的专业用语可以根据专业词表或对应的外语词汇确定的话,那么,对于公共领域的普通用语,新词的界定和识别就不那么容易了,因为这些用语几乎没有任何明显特殊的用字,也很难找到其构成规律,完全因词而异,千奇百怪。人在辨识这种用语时主要靠对文字语义的理解,甚至涉及时代和社会背景知识,对计算机分词系统来说,这恐怕是很难做到的事情。计算机网络、通信和各种媒体技术的快速发展为新词的创造和传播提供了极大便利,在口语和网络通信语言中,大量涌现的新词语(如博客、微博、BBS、电子邮件、聊天室等)常常让人目不暇接。同时,很多新词语的生存周期也非常短暂,如昙花一现,甚至有些用语还没有来得及被大众接受,更没有来得及讨论其界定标准,就已经消失了。侯敏等自 2008 年起每年发布从上一年度我国各大媒体(包括报纸和网站)语料中统计、遴选出来的汉语新词语[侯敏等,2008],这对于记录我国的语言文化生活和记录我们的时代,是一件了不起的大好事。但是,从汉语分词的角度而言,当我们看到这些发布的"新词语"之际,其中很多词语已经退出了历史舞台。因此,对于一个分词系统来说,如果不能实时获取和更新训练语料,并及时地调整系统参数(这个过程本身就涉及新词的界定问题),一旦这类词语出现在待切分文本中,其切分结果几乎可以肯定是错误的。不过从某种意义上讲,这类错误没有理由成为我们关注的重点,至少不应该是汉语分词系统研究的核心问题。

7.2   汉语分词方法

自汉语自动分词问题被提出以来,经过众多专家的不懈努力,人们提出了很多分词方法。刘源等(1994)曾简要介绍了 16 种不同的分词方法,包括正向最大匹配法(forward maximum matching method,FMM)、逆向最大匹配法(backward maximum matching method,BMM)、双向扫描法、逐词遍历法等,这些方法基本上都是在 20 世纪 80 年代或者更早的时候提出来的。由于这些分词方法大多数都是基于词表进行的,因此,一般统称为基于词表的分词方法。随着统计方法的迅速发展,人们又提出了若干基于统计模型(包括基于 HMM 和 n 元语法)的分词方法,以及规则方法与统计方法相结合的分词技术,使汉语分词问题得到了更加深入的研究。

由于很多专著和论文已经对汉语自动分词方法作了详细介绍[刘源等,1994;梁南元,1987b;揭春雨,1989;朱巧明等,2005],尤其是基于词表的分词方法和传统的基于 HMM 和 n 元语法的分词方法,因此,我们不再详述这些方法。本节主要介绍几种性能较好的基于统计模型的分词方法,并对这些分词技术进行简要的比较。

7.2.1   N-最短路径方法

考虑到汉语自动分词中存在切分歧义消除和未登录词识别两个主要问题,因此,有专家将分词过程分成两个阶段:首先采用切分算法对句子词语进行初步切分,得到一个相对最好的粗分结果,然后,再进行歧义排除和未登录词识别。当然,粗切分结果的准确性与包容性(即必须涵盖正确结果)直接影响后续的歧义排除和未登录词识别模块的效果,并最终影响整个分词系统的正确率和召回率。为此,张华平等(2002)提出了旨在提高召回率并兼顾准确率的词语粗分模型——基于 N-最短路径方法的汉语词语粗分模型。这种方法的基本思想是:根据词典,找出字串中所有可能的词,构造词语切分有向无环图。每个词对应图中的一条有向边,并赋给相应的边长(权值)。然后针对该切分图,在起点到终点的所有路径中,求出长度值按严格升序排列(任何两个不同位置上的值一定不等,下同)依次为第 1、第 2、…、第 i、…、第 $N(N \geqslant 1)$ 的路径集合作为相应的粗分结果集。如果两条或两条以上路径长度相等,那么,它们的长度并列第 i,都要列入粗分结果集,而且不影响其他路径的排列序号,最后的粗分结果集合大小大于或等于 N。

假设待分字串 $S = c_1 c_2 \cdots c_n$,其中,$c_i (i = 1, 2, \cdots, n)$ 为单个的汉字,n 为字串的长度,$n \geqslant 1$。建立一个结点数为 $n+1$ 的切分有向无环图 G,各结点编号依次为 $V_0, V_1, V_2, \cdots, V_n$。

通过以下两步建立 G 所有可能的词边:

(1) 相邻结点 $V_{k-1}, V_k (1 \leqslant k \leqslant n)$ 之间建立有向边 $\langle V_{k-1}, V_k \rangle$,边的长度值为 L_k,边对应的词默认为 $c_k (k = 1, 2, \cdots, n)$。

(2) 如果 $w = c_i c_{i+1} \cdots c_j (0 < i < j \leqslant n)$ 是词表中的词,则结点 V_{i-1}, V_j 之间建立有向边 $\langle V_{i-1}, V_j \rangle$,边的长度值为 L_w,边对应的词为 w。

这样，待分字串 S 中包含的所有词与切分有向无环图 G 中的边一一对应，如图 7-1 所示。

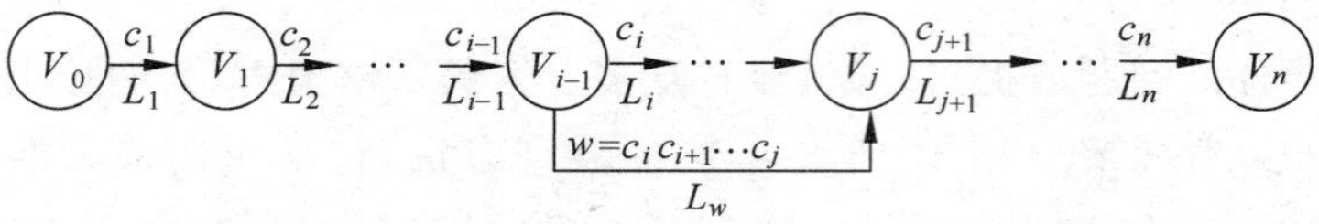

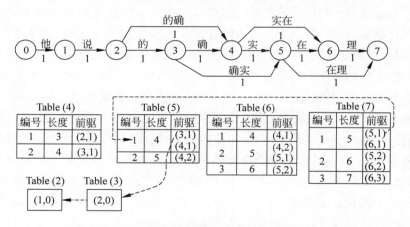

图 7-1　切分有向无环图

考虑到切分有向无环图 G 中每条边边长（或权重）的影响，张华平等人（2002）又将该方法分为非统计粗分模型和统计粗分模型两种。所谓的非统计粗分模型即假定切分有向无环图 G 中所有词的权重都是对等的，即每个词对应的边长均设为 1。

假设 NSP 为结点 V_0 到 V_n 的前 N 个最短路径的集合，RS 是最终的 N-最短路径粗分结果集。那么，N-最短路径方法将词语粗分问题转化为如何求解有向无环图 G 的集合 NSP。

求解有向无环图 G 的集合 NSP 可以采取贪心技术，张华平等（2002）使用的算法是基于求解单源最短路径问题的 Dijkstra 贪心算法的一种简单扩展。改进之处在于：每个结点处记录 N 个最短路径值，并记录相应路径上当前结点的前驱。如果同一长度对应多条路径，必须同时记录这些路径上当前结点的前驱，最后通过回溯即可求出 NSP。

图 7-2 以句子"他说的确实在理"为例，给出了 3-最短路径的求解过程。

图 7-2　句子"他说的确实在理"的求解过程（$N=3$）

图 7-2 中，虚线是回溯出的是第一条最短路径，对应的粗分结果为："他/说/的/确实/在理/"，Table(2)，Table(3)…Table(7) 分别为结点 2、3、…、7 对应的信息记录表，Table(0)、Table(1) 的信息记录表没有给出。每个结点的信息记录表里的编号为路径不同长度的编号，按由小到大的顺序排列，编号最大不超过 N。如 Table(5) 表示从结点 0 出发到达结点 5 有两条长度为 4 的路径（分别为 0-1-2-4-5 和 0-1-2-3-5）和一条长度为 5 的路径（0-1-2-3-4-5）。前驱(i,j) 表示沿着当前路径到达当前结点的最后一条边的出发结点为 i，即当前结点的前一个结点为 i，相应的边为结点 i 的信息记录表中编号为 j 的路

径。如果 $j=0$，表示没有其他候选的路径。如结点 7 对应的信息记录表 Table(7) 中编号为 1 的路径前驱 (5,1) 表示前一条边为结点 5 的信息表中第 1 条路径。类似地，Table(5) 中的前驱 (3,1) 表示前驱为结点 3 的信息记录表中的第 1 条路径。Table(3) 中的 (2,0) 表示前驱边的出发点为结点 2，没有其他候选路径。信息记录表为系统回溯找出所有可选路径提供了依据。

Dijkstra 算法的时间复杂度为 $O(n^2)$，它求的是图中所有点到单源点的最短路径，而应用于切分有向图时，有两个本质区别：首先有向边的源点编号均小于终点编号，即所有边的方向一致；其次，算法最终求解的是有向图首尾结点之间的 N-最短路径。因此，在该算法中，运行时间与 n（字串长度）、N（最短路径数）以及某个字作为词末端字的平均次数 k（等于总词数除以所有词末端字的总数，对应的是切分图中结点入度的平均值）成正比。所以，整个算法的时间复杂度是 $O(n \times N \times k)$。

考虑到在非统计模型构建粗切分有向无环图的过程中，给每个词对应边的长度赋值为 1。随着字串长度 n 和最短路径数 N 的增大，长度相同的路径数急剧增加，同时粗切分结果数量必然上升。例如，当 $N=2$ 时，句子"江泽民在北京人民大会堂会见参加全国法院工作会议和全国法院系统打击经济犯罪先进集体表彰大会代表时要求大家要充分认识打击经济犯罪工作的艰巨性和长期性"的粗切分结果居然有 138 种之多。这样，大量的切分结果对后期处理以及整个分词系统性能的提高非常不利。因此，张华平等人（2002）又给出了一种基于统计信息的粗分模型。

假定一个词串 W 经过信道传送，由于噪声干扰而丢失了词界的切分标志，到输出端便成了汉字串 C。N-最短路径方法词语粗分模型可以相应地改进为：求 N 个候选切分 W，使概率 $P(W|C)$ 为前 N 个最大值：

$$P(W \mid C) = \frac{P(W)P(C \mid W)}{P(C)} \tag{7-1}$$

其中，$P(C)$ 是汉字串的概率，它是一个常数，不必考虑。从词串恢复到汉字串的概率 $P(C|W)=1$（只有唯一的一种方式）。

因此，粗分的目标就是确定 $P(W)$ 最大的 N 种切分结果。为了简化计算，张华平等人采用一元统计模型。假设 $W=w_1 w_2 \cdots w_m$ 是字串 $S=c_1 c_2 \cdots c_n$ 的一种切分结果。w_i 是一个词，$P(w_i)$ 表示词 w_i 出现的概率，在大规模语料训练的基础上通过最大似然估计方法求得。切分 W 的概率为

$$P(W) = \prod_{i=1}^{m} P(w_i) \tag{7-2}$$

为了处理方便，令 $P^*(W) = -\ln P(W) = \sum_{i=1}^{m} [-\ln P(w_i)]$，这样，$-\ln P(w_i)$ 就可以看作是词 w_i 在切分有向无环图中对应的边长（做适当的数据平滑处理）。于是，求式 (7-2) 的最大值问题转化为求 $P^*(W)$ 的最小值问题。

针对修改了边长后的切分有向无环图 G^*，直接使用非统计粗分模型的求解算法，就可以获得问题的最终解。

张华平等（2002）通过使用 185 192 个句子进行分词测试，在 $N=10$ 的情况下，非统计

粗分模型和统计粗分模型切分句子的召回率分别为99.73％和99.94％,均高于最大匹配方法和最短路径方法获得的召回率。$N=10$时统计粗分模型的召回率比全切分方法[马晏,1996]的召回率低0.06％,但粗分结果切分句子平均数仅为全切分方法的1/64。

7.2.2　基于词的 n 元语法模型的分词方法

基于词的 n 元文法模型是一个典型的生成式模型,早期很多统计分词方法均以它为基本模型,然后配合其他未登录词识别模块进行扩展。其基本思想是:首先根据词典(可以是从训练语料中抽取出来的词典,也可以是外部词典)对句子进行简单匹配,找出所有可能的词典词,然后,将它们和所有单个字作为结点,构造的 n 元的切分词图,图中的结点表示可能的词候选,边表示路径,边上的 n 元概率表示代价,最后利用相关搜索算法(如Viterbi算法)从图中找到代价最小的路径作为最后的分词结果。以输入句子"研究生物学"为例,图7-3给出了基于二元文法的切分词图。

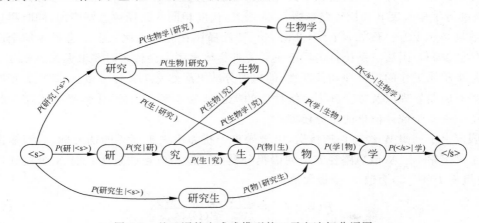

图7-3　基于词的生成式模型的二元文法切分词图

由于未登录词的识别是汉语分词过程中的关键问题之一,因此,很多专家认为未登录词的识别与歧义切分应该是一体化处理的过程,而不是相互分离的。Richard Sproat 等人(1996)曾提出了基于加权的有限状态转换机(weighted finite-state transducer)模型与未登录词识别一体化切分的实现方法。受这种方法的启发,J. Gao 等人(2003)提出了基于改进的信源信道模型的分词方法。现在简要介绍一下这种基于统计语言模型的分词方法。

为了给自动分词任务一个明确的定义,J. Gao 等人(2003)对文本中的词给出了一个可操作的定义,把汉语词定义成下列4类:

(1) 待切分文本中能与分词词表中任意一个词相匹配的字段为一个词。

(2) 文本中任意一个经词法派生出来的词或短语为一个词,如重叠形式(高高兴兴、说说话、天天)、前缀派生(非党员、副部长)、后缀派生(全面性、朋友们)、中缀派生(看得出、看不出)、动词加时态助词(克服了、蚕食着)、动词加趋向动词(走出、走出来)、动词的分离形式(长度不超过3个字,如:洗了澡、洗过澡),等等。

(3) 文本中被明确定义的任意一个实体名词(如:日期、时间、货币、百分数、温度、长度、面积、体积、重量、地址、电话号码、传真号码、电子邮件地址等)是一个词。

(4) 文本中任意一个专有名词(人名、地名、机构名)是一个词。

在这个定义中没有考虑文本中的新词问题。另外需要注意的是,这个定义中很多约定与《信息处理用限定汉语分词规范(GB 13715)》中的规定不一致,如,按照 GB 13715 国家分词规范,"AAB、ABAB"重叠形式的动词词组应予切分,例如: 研究 研究;按照 GB 13715国家分词规范,除了"人们、哥儿们、爷儿们"等个别分词单位以外,仅表示前一个名词性分词单位复数的"们"应该单独切分,例如,朋友们,等等。但这些定义上的差异并不影响对分词算法的理解,在这里我们更关心的是基于统计语言模型的分词方法本身的问题。

假设随机变量 S 为一个汉字序列,W 是 S 上所有可能切分出来的词序列,分词过程应该是求解使条件概率 $P(W|S)$ 最大的切分出来的词序列 W^*,即

$$W^* = \operatorname*{argmax}_{W} P(W \mid S) \tag{7-3}$$

根据贝叶斯公式,式(7-3)改写为

$$W^* = \operatorname*{argmax}_{W} \frac{P(W)P(S \mid W)}{P(S)} \tag{7-4}$$

由于分母为归一化因子,因此

$$W^* = \operatorname*{argmax}_{W} P(W)P(S \mid W) \tag{7-5}$$

为了把 4 类词纳入同一个统计语言模型框架,黄昌宁等(2003)分别把专有名词的人名(PN)、地名(LN)、机构名(ON)各作为一类,实体名词中的日期(dat)、时间(tim)、百分数(per)、货币(mon)等作为一类处理,简称为实体名,对词法派生词(MW)和词表词(LW)则每个词单独作为一类。这样,按表 7-2 可以把一个可能的词序列 W 转换成一个可能的词类序列 $C=c_1c_2\cdots c_N$,那么,式(7-5)可被改写成式(7-6):

$$C^* = \operatorname*{argmax}_{C} P(C)P(S \mid C) \tag{7-6}$$

其中,$P(C)$ 就是大家熟悉的语言模型,我们不妨将 $P(S|C)$ 称为生成模型。

表 7-2　生成模型 $P(S|C)$

词　　类	生成模型 $P(S\mid C)$	语　言　知　识
词表词(LW)	若 S 是词表词,$P(S\mid \mathrm{LW})=1$;否则为 0	分词词表
词法派生词(MW)	若 S 是派生词,$P(S\mid \mathrm{MW})=1$;否则为 0	派生词词表
人名(PN)	基于字的二元模型	姓氏表,中文人名模板
地名(LN)	基于字的二元模型	地名表、地名关键词表、地名简称表
机构名(ON)	基于词类的二元模型	机关名关键词表,机构名简称表
实体名(FT)	若 S 可用实体名词规则集 G 识别,$P(S\mid G)=1$;否则为 0	实体名词规则集

根据第 5 章中对语言模型的介绍,如果 $P(C)$ 采用三元语法,可以表示为

$$P(C) = P(c_1)P(c_2 \mid c_1)\prod_{i=3}^{N} P(c_i \mid c_{i-2}c_{i-1}) \tag{7-7}$$

三元模型的参数可以通过最大似然估计在一个带有词类别标记的训练语料上计算，并采用回退平滑算法解决数据稀疏问题。

生成模型在满足独立性假设的条件下，可以近似为

$$P(S \mid C) \approx \prod_{i=1}^{N} P(s_i \mid c_i) \qquad\qquad (7\text{-}8)$$

式(7-8)认为，任意一个词类 c_i 生成汉字串 s_i 的概率只与 c_i 自身有关，而与其上下文无关。例如，如果"教授"是词表词，则 $P(s_i = 教授 \mid c_i = \text{LW}) = 1$（见表 7-2）。

在文献[黄昌宁等,2003]介绍的实验系统中，词表含有 98 668 个词条，词法派生词表收入 59 285 条派生词。训练语料由 88 MB 新闻文本构成。模型的训练由以下三步组成：①在上述两个词表的基础上，用正向最大匹配法（FMM）切分训练语料，专有名词通过一个专门模块标注，实体名词通过相应的规则和有限状态自动机标注，由此产生一个带词类别标记的初始语料；②用带词类别标记的初始语料，采用最大似然估计方法估计统计语言模型的概率参数；③采用得到的语言模型对训练语料重新进行切分和标注（见式(7-6)～式(7-8)），得到一个刷新的训练语料。重复第②、③步，直到系统性能不再有明显的提高为止。

另外，对于交集型歧义字段（OAS），该方法的处理措施是：首先通过最大匹配方法（包括正向最大匹配和反向最大匹配）检测出这些字段，然后，用一个特定的类〈GAP〉取代全体 OAS，依次来训练语言模型 $P(C)$。类〈GAP〉的生成模型的参数通过消歧规则或机器学习方法来估计[黄昌宁等,2003;Li *et al.*,2003b]。

对于组合型歧义字段（CAS），该方法通过对训练语料的统计，选出最高频、且其切分分布比较均衡的 70 条 CAS，用机器学习方法为每一条 CAS 训练一个二值分类器，再用这些分类器在训练语料中消解这些 CAS 的歧义。

微软亚洲研究院通过选自 1997 年《人民日报》的测试语料（包含经济、文化、政治、科技、法律、体育等 10 种题材和描写文、叙述文、说明文、应用文、口语等 5 种体裁），对上述基于统计语言模型的分词系统做了全面测试，结果证明该系统自动分词的正确率和召回率均优于正向最大分词方法，经过对实体名词、人名、地名和组织机构名识别处理后，该系统自动分词的正确率和召回率分别达到了 96.3% 和 97.4%[黄昌宁等,2003]。

7.2.3 由字构词的汉语分词方法

由字构词（character-based tagging[①]）的汉语分词方法由 N. Xue（薛念文）等人提出，其论文发表在 2002 年的第一届国际计算语言学学会（ACL）汉语特别兴趣小组 SIGHAN[②] 组织的研讨会上[Xue and Converse,2002]。2003 年 N. Xue 等人在最大熵模型上实现的由字构词的汉语自动分词系统[Xue and Shen,2003]参加了第二届 SIGHAN 研讨会组织的首次汉语分词评测（Chinese Word Segmentation Bakeoff，以下简称 Bakeoff

---

① 又译为"基于字标注"的分词方法[黄昌宁等,2006]。

② http://www.sighan.org/

或 SIGHAN Bakeoff)[Sproat and Emerson，2003]，在台湾中研院(Academia Sinica，AS)提供语料的封闭测试(closed test)项目上名列第二，其未登录词的召回率位居榜首。另外，该系统在香港城市大学(CITYU)提供语料的封闭测试中获得了第三名，其未登录词的召回率仍然是该项比赛中最高的。既然未登录词对于分词精度的影响比分词歧义对分词精度的影响大 10 倍，人们自然青睐这种能够获得最高未登录词召回率的分词方法。2005 年和 2006 年的两次 Bakeoff 评测证实了这种预测。在 2005 年的 Bakeoff 评测中[Emerson，2005]，J. Low 和 H. Tseng 等人实现的基于该方法的分词系统几乎分别囊括了开放测试和封闭测试的全部冠军[Low *et al.*，2005；Tseng *et al.*，2005]，只不过前者采用最大熵模型，而后者选用条件随机场模型。在 2006 年的 Bakeoff 评测中[Levow，2006]，微软亚洲研究院用条件随机场模型实现的由字构词的分词系统[Zhao *et al.*，2006a]参加了 6 项评测任务，获得了 4 个第一和两个第三的好成绩。

　　其实由字构词的汉语分词方法的思想并不复杂，它是将分词过程看作字的分类问题。在以往的分词方法中，无论是基于规则的方法还是基于统计的方法，一般都依赖于一个事先编制的词表，自动分词过程就是通过查词表作出词语切分的决策。与此相反，由字构词的分词方法认为每个字在构造一个特定的词语时都占据着一个确定的构词位置(即词位)。假如规定每个字只有 4 个词位：词首(B)、词中(M)、词尾(E)和单独成词(S)，那么，下面句子(1)的分词结果就可以直接表示成如(2)所示的字标注形式[黄昌宁等，2006]。

　　(1) 上海/计划/到/本/世纪/末/实现/人均/国内/生产/总值/五千美元/。/

　　(2) 上/B 海/E 计/B 划/E 到/S 本/S 世/B 纪/E 末/S 实/B 现/E 人/B 均/E 国/B 内/E 生/B 产/E 总/B 值/E 五/B 千/M 美/M 元/E。/S

　　这里所说的"字"不仅限于汉字，也可以指标点符号、外文字母、注音符号和阿拉伯数字等任何可能出现在汉语文本中的文字符号，所有这些字符都是由字构词的基本单元。

　　分词结果表示成字标注形式之后，分词问题就变成了序列标注问题。对于一个含有 n 个字的汉语句子 $c_1^n = c_1 c_2 \cdots c_n$，可以用下面的公式来描述分词原理：

$$P(t_1^n \mid c_1^n) = \prod_{k=1}^{n} P(t_k \mid t_1^{k-1}, c_1^n) \approx \prod_{k=1}^{n} P(t_k \mid t_{k-1}, c_{k-2}^{k+2}) \tag{7-9}$$

其中，t_k 表示第 k 个字的词位，即 $t_k \in \{B, M, E, S\}$。

　　通常情况下，使用基于字的判别式模型时需要在当前字的上下文中开一个 w 个字的窗口(一般取 $w=5$，前后各两个字)，在这个窗口里抽取分词相关的特征。常用的特征模板有：

　　(a) $c_k (k = -2, -1, 0, 1, 2)$

　　(b) $c_k c_{k+1} (k = -2, -1, 0, 1)$

　　(c) $c_{-1} c_1$

　　(d) $T(c_{-2}) T(c_{-1}) T(c_0) T(c_1) T(c_2)$

　　前面三类特征模板(a) ～ (c)是窗口内的字及其组合特征，$T(c_i)$ 是指字 c_i 的字符类别，例如，阿拉伯数字，中文数字，标点符号，英文字母等等。假设当前字是"北京奥运会"中的"奥"字，那么模板(a)将生成以下特征：$c_{-2} = $北，$c_{-1} = $京，$c_0 = $奥，$c_1 = $运，$c_2 = $会；模板(b)：$c_{-2} c_{-1} = $北京，$c_{-1} c_0 = $京奥，$c_0 c_1 = $奥运，$c_1 c_2 = $运会；模板(c)：$c_{-1} c_1 = $京运。模板(d)与定义的字符类别信息有关，主要是为了处理数字、标点符号和英文字符等有明显特征的词。有了这些特征以后，我们就可以利用常用的判别式模型，如最大熵、条件随机场、支持向量机和感知机（感知器）等进行参数训练，然后利用解码算法找到最优的切分结果。

　　由字构词的分词技术的重要优势在于，它能够平衡地看待词表词和未登录词的识别问题，文本中的词表词和未登录词都是用统一的字标注过程来实现的，分词过程成为字重组的简单过程。在学习构架上，既可以不必专门强调词表词信息，也不用专门设计特定的未登录词识别模块，因此，大大简化了分词系统的设计[黄昌宁等，2006]。

7.2.4　基于词感知机算法的汉语分词方法

　　在 2007 年的 ACL 国际大会上 Y. Zhang 和 S. Clark 提出了一种基于词的判别式模型，该模型采用平均感知机（averaged perceptron）[Collins，2002a]作为学习算法，直接使用词相关的特征，而不是基于字的判别式模型中经常使用的字相关特征[Zhang and Clark，2007，2011]。

　　以下简要介绍平均感知机算法。假设 $x \in X$ 是输入句子，$y \in Y$ 是切分结果，其中 X 是训练语料集合，Y 是 X 中句子标注结果集合。我们用 $\text{GEN}(x)$ 表示输入句子 x 的切分候选集，用 $\Phi(x,y) \in R^d$ 表示训练实例 (x,y) 对应的特征向量，$\boldsymbol{\alpha}$ 表示参数向量，其中 R^d 是模型的特征空间。那么，给定一个输入句子 x，其最优切分结果满足如下条件：

$$F(x) = \text{argmax}_{y \in \text{GEN}(x)} \{\Phi(x,y) \cdot \boldsymbol{\alpha}\} \tag{7-10}$$

　　平均感知机用来训练参数向量 $\boldsymbol{\alpha}$。首先将 $\boldsymbol{\alpha}$ 中所有参数初始化为 0，然后在训练解码过程中不断更新。对每一个训练样本，用当前的模型参数进行解码得到切分结果，如果切分结果与标注结果不一致，则更新模型参数。每一次都保留参数的加和，直到进行多轮迭代以后，取参数的平均值以避免模型过拟合。

　　平均感知机训练算法如下：

输入：训练样本 (x_i, y_i)

初始化：$\boldsymbol{\alpha} = 0$，$v = 0$

算法过程：

　　for $t = 1 \cdots T$ do　　　　　　　　　　　　　　　　　　　　//T 轮迭代

　　　　for $i = 1 \cdots N$ do　　　　　　　　　　　　　　　　　　//N 个训练样本

　　　　　　计算 $z_i = \text{argmax}_{z \in \text{GEN}(x_i)} \{\Phi(x_i, z) \cdot \boldsymbol{\alpha}\}$　　　//用当前参数解码

　　　　　　if $z_i \neq y_i$ then $\boldsymbol{\alpha} = \boldsymbol{\alpha} + \Phi(x_i, y_i) - \Phi(x_i, z_i)$　　//更新权重

　　　　　　$v = v + \boldsymbol{\alpha}$　　　　　　　　　　　　　　　　　//权重加和

　　　　　　$\boldsymbol{\alpha} = v / (N \times T)$　　　　　　　　　　　　　//平均化模型参数

输出：$\boldsymbol{\alpha}$

　　基于感知机算法的汉语自动分词方法的基本思路是，对于任意给定的一个输入句子，解码器每次读一个字，生成所有的候选词。生成候选词的方式有两种：①作为上一个候选词的末尾，与上一个候选词组合成一个新的候选词；②作为下一个候选词的开始。这种方式可以保证在解码过程中穷尽所有的分词候选。在解码的过程中，解码器维持两个列表：源列表和目标列表。开始时，两个列表都为空。解码器每读入一个字，就与源列表中的每个候选组合生成两个新的候选（合并为一个新的词或者作为下一个词的开始），并将新的候选词放入目标列表。当源列表中的候选都处理完成之后，将目标列表中的所有候选复

制到源列表中，并清空目标列表。然后，读入下一个字，如此循环往复直到句子结束。最后，从源列表中可以获取最终的切分结果。

解码算法描述如下：

输入：任意汉语句子（一个汉字序列）；

初始化：置源列表 src 和目标列表 tgt 均为空，即 src=[[]]，tgt=[]；

说明：变量 item 用于记录已生成的候选词序列，item1 用于记录当前字作为新词开始时新生成的候选词序列（separated），item2 用于记录当前字与前面的词合并时新生成的词序列（appended）。

算法过程：

Step-1　从句子中任取一个字，执行如下循环，直到句子结束：

(1) 对于 src 中的每个候选词序列 item：

(a) 将当前字作为新词的开始，形成新的候选词 item1；

(b) 将当前字附加到 item 中最后的候选词上，形成新的候选词 item2；

(2) 将 item1 和 item2 添加到 tgt 列表（在这个过程中使用平均感知机模型对所有候选词序列进行打分排序，仅保留前 B 个候选）；

(3) 将目标列表 tgt 中的候选词复制到源列表 src 中，并清空目标列表 tgt。

Step-2　输出源列表 src 中的最佳候选词序列。

这个算法有点类似于全切分方法，理论上会生成所有的 2^{l-1} 个切分结果（l 为句长）。为了提升切分速度，可以对目标列表 tgt 中候选词的数目进行限制，每次只保留 B 个得分最高的候选（如 $B=16$）。那么，如何对 tgt 列表中的切分候选进行打分和排序呢？Y. Zhang 和 S. Clark 使用了平均感知机作为学习算法，使用的特征如表 7-3 所示。

表 7-3　基于词的判别式模型使用的特征[Zhang and Clark，2011]

编号	特征模板	当 c_0 分别为下列情况时
1	w_{-1}	是单独的（separated）
2	$w_{-1}w_{-2}$	是单独的（separated）
3	w_{-1}，当 $len(w_{-1})=1$ 时	是单独的（separated）
4	$start(w_{-1})len(w_{-1})$	是单独的（separated）
5	$end(w_{-1})len(w_{-1})$	是单独的（separated）
6	$end(w_{-1})c_0$	是单独的（separated）
7	$c_{-1}c_0$	附加在其他词后面（appended）
8	$start(w_{-1})end(w_{-1})$	是单独的（separated）
9	$w_{-1}c_0$	是单独的（separated）
10	$end(w_{-2})w_{-1}$	是单独的（separated）
11	$start(w_{-1})c_0$	是单独的（separated）
12	$end(w_{-2})end(w_{-1})$	是单独的（separated）
13	$w_{-2}len(w_{-1})$	是单独的（separated）
14	$len(w_{-2})w_{-1}$	是单独的（separated）

注：w 表示词，c 表示汉字，当前字和词的下标为 0，函数 $len(\cdot)$ 用于计算词的长度，函数 $start(\cdot)$ 和 $end(\cdot)$ 分别用于取词的开始字和末端字。在[Zhang and Clark，2007]中没有把 c_0 区分成"separated"和"appended"两种情况，而是对所有的特征模板不分情况统一使用。

例如，假定源列表 src 中有一个候选为"如今/有些/露宿"，当解码器读入一个新的字"者"时，就会生成两个候选：(a)"如今/有些/露宿者"；(b)"如今/有些/露宿/者"。候选(a)将激活表 7-3 中编号为 1～6 和 8～14 的特征，候选(b)将激活编号为 7 的特征。这里 c_0 为"者"。表 7-4 详细描述了两个候选(a)和(b)对应的特征。

表 7-4　候选(a)和(b)对应的特征

候选	特征编号	特征模板	特征
(a)	1	w_{-1}	有些
	2	$w_{-1}w_{-2}$	有些,如今
	3	w_{-1}，当 $\text{len}(w_{-1})=1$ 时	NULL
	4	$\text{start}(w_{-1})\text{len}(w_{-1})$	有,2
	5	$\text{end}(w_{-1})\text{len}(w_{-1})$	些,2
	6	$\text{end}(w_{-1})c_0$	些,者
	8	$\text{start}(w_{-1})\text{end}(w_{-1})$	有,些
	9	$w_{-1}c_0$	有些,者
	10	$\text{end}(w_{-2})w_{-1}$	今,有些
	11	$\text{start}(w_{-1})c_0$	有,者
	12	$\text{end}(w_{-2})\text{end}(w_{-1})$	今,些
	13	$w_{-2}\text{len}(w_{-1})$	如今,2
	14	$\text{len}(w_{-2})w_{-1}$	2,有些
(b)	7	$c_{-1}c_0$	宿,者

根据这些特征，就可以利用平均感知机分类器对切分候选进行打分和排序。根据 Zhang and Clark (2007)的实验，该方法使用 2003 年 SIGHAN Bakeoff 评测的 AS 语料和 CITYU 语料做训练集和测试集，F1 值[①]分别达到了 96.5% 和 94.6%；使用 2005 年第二次 SIGHAN Bakeoff 评测的 CITYU 语料和微软研究院的语料（记作 MSR）做训练集和测试集，F-测度值分别达到了 95.1% 和 97.2%，都是当时的最高水平。在[Zhang and Clark，2011]中，将 c_0 分情况采用不同的特征模板后，分词性能略有提高。

7.2.5　基于字的生成式模型和区分式模型相结合的汉语分词方法

根据前面的介绍，在汉语分词中基于词的 n 元语法模型（生成式模型）和基于字的序列标注模型（区分式模型）是两大主流方法。其中，基于词的生成式模型对于集内词（词典词）的处理可以获得较好的性能表现，而对集外词（未登录词）的分词效果欠佳；基于字的区分式模型则恰好相反，它一般对集外词的处理有较好的鲁棒性，对集内词的处理却难以获得很好的性能，比基于词的生成式模型差很多[Zhang et al.，2006a，2006b；Wang et al.，2012]。其主要原因归结为两种方法采用的不同处理单元（分别是字和词）和模型（分别为生成式模型和区分式模型），在基于字的区分式模型中，将基本单位从词换成字以后，所有可能的"字-标记"对（character-tag-pairs）候选集要远远小于所有可能的词候选集合。[Wang et al.，2012]通过实验分析发现，两个处于词边界的字之间的依赖关系和两

---

① 关于该性能指标的介绍，详见 7.2.7 节。

个处于词内部的字之间的依赖关系是不一样的。图 7-4 给出了 $\log P(c_i \mid c_{i-1})$ 在两种情况下的分布图。

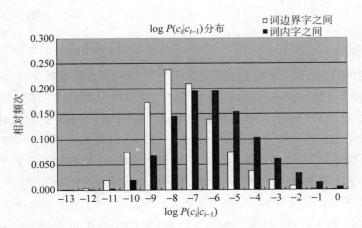

图 7-4 词边界和词内部字的分布图($\log P(c_i \mid c_{i-1})$)

基于词的生成式模型实际上隐含地考虑了这种处于不同位置字之间的依赖关系,而在基于字的判别式模型中却无法考虑这种依赖关系。但是,区分式模型能够充分利用上下文特征信息等,有较大的灵活性。因此,基于字的区分式模型具有较强的鲁棒性。基于这种考虑,[Wang *et al.*,2009,2010a,2012]提出了利用基于字的 n 元语法模型以提高其分词的鲁棒性,并将基于字的生成式模型与区分式模型相结合的汉语分词方法,获得了很好的分词效果。

在[Wang *et al.*,2009,2012]提出的基于字的生成式模型中,将词替换成相应的"字-标记"对,即

$$P(w_1^m \mid c_1^n) \equiv P([c,t]_1^n \mid c_1^n) = \frac{P(c_1^n \mid [c,t]_1^n) \times P([c,t]_1^n)}{P(c_1^n)} \tag{7-11}$$

其中,$c_1^n = c_1 c_2 \cdots c_n$ 为含有 n 个字的汉语句子,$w_1^m = w_1 \cdots w_m$ 表示 m 个词,$[c,t]_1^n$ 为 n 个"字-标记"对,$t_k \in \{B, M, E, S\}$。根据贝叶斯公式并参考式三元语言模型的计算公式:

$$P(w_1^m) = \prod_{i=1}^m P(w_i \mid w_1^{i-1}) \approx \prod_{i=1}^m P(w_i \mid w_{i-2}^{i-1}) \tag{7-12}$$

式(7-11)可以进一步简化为:

$$P([c,t]_1^n) \approx \prod_{i=1}^n P([c,t]_i \mid [c,t]_{i-k}^{i-1}) \tag{7-13}$$

这样,基于字的生成式模型仍然以字作为基本单位,但考虑了字与字之间的依赖关系,与基于字的判别式模型相比,处理词典词的能力有了大幅改观。但是,该模型仍然有缺陷,它并没有考虑未来信息(当前字后面的上下文)。例如,"露宿者"中的"者"字,是一个明显的后缀,当使用基于字的判别式模型切分"宿"时,能够利用后续信息判断"宿"应该标记为"M",而基于字的生成式模型却由于只考虑了"宿"字左边的上下文,错误地将"宿"标为"E"。因此,基于字的生成式模型处理未登录词的能力仍然弱于基于字的判别式模型。为了利用基于字的判别式模型和基于字的生成式模型对词典词和未登录词进行互补性处

理，[Wang *et al.*，2010a，2012]利用线性插值法将这两个模型进行了整合，提出了一个集成式分词模型：

$$\text{Score}(t_k) = \alpha \times \log(P([c,t]_k \mid [c,t]_{k-2}^{k-1})) + (1-\alpha) \times \log(P(t_k \mid t_{k-1}, c_{k-2}^{k+2}))$$

$$(7\text{-}14)$$

其中 $\alpha(0 \leqslant \alpha \leqslant 1.0)$ 为加权因子。

该模型同时融合了基于字的生成模型和基于字的判别式模型的优点，因此，分词性能比两个基本模型有了大幅度的提升。在 2005 年 SIGHAN Bakeoff 评测的 AS、CITYU、MSR 和北京大学语料（记作 PKU）四种语料上"封闭测试"（这里指仅使用 SIGHAN Bakeoff 允许使用的语料）和"开放测试"（指允许使用任何数据和语言学知识）的综合分词性能（$F1$ 值）分别达到了 95.7% 和 96.2%。值得指出的是，该方法对于数字表达、标点和外文字符的处理能力在不同的测试集上表现出非常稳定的良好性能[Wang *et al.*，2012]。基于这种方法实现的汉语自动分词工具 Urheen 已公开发布在下面的网站上：http://www.openpr.org.cn/index.php/NLP-Toolkit-for-Natural-Language-Processing/。

7.2.6　其他分词方法

长期以来，对汉语自动分词问题感兴趣的学者们从来没有停止过对新方法的探索，不断尝试把机器学习和处理自然语言其他问题的新方法引入分词问题研究。Wu(2003a)曾考虑到一般汉语自动分词方法对歧义消解的局限性，尝试了将分词与句法分析技术融为一体的方法，用整个句子的句法结构来消除不正确的切分。这种方法对消解组合型歧义十分有效，如分辨"才能"或"将来"在某个特定的句子里究竟是一个词还是两个词。但遗憾的是，组合型歧义在切分歧义中毕竟占少数，而在频繁出现的交集型歧义的消解方面，使用句子分析器并没有明显优势，所以在他的实验中句法分析器并没有对分词算法起到显著的辅助效果。这里的根本原因是句法分析本身就有很多歧义，对于某些句子，句法分析器反而会产生误导，例如，名字"王爱民"可能被分析成一个句子，姓氏"王"被分析成主语，"爱"被分析成动词谓语，而"民"被分析成宾语。另外，句法分析器的语法规则很难涵盖所有的语言现象，有些句子"不合语法"，所以根本就无法分析。但无论如何，我们应该看到将句法分析方法与自动分词算法相结合的实现策略，很好地体现了词法与句法相互作用的一体化处理思路。

Gao *et al.*（2005）提出了一种汉语分词的语用方法（pragmatic approach）。该方法与多数已有方法的主要区别有三点：第一，在传统的分词方法中一般采用理论语言学家根据各种语言学标准给出的汉语词的定义，而在本方法中汉语的词是根据它们在实际使用和处理中的需要从语用上定义的切分单位；第二，该方法中提出了一种语用数学框架，在这个框架中切分已知词和检测不同类型的生词能够以一体化的方式同步进行；第三，在这种方法中假设不存在独立于具体应用的通用切分标准，而是认为根据不同的语言处理任务需要多重切分标准和不同的词汇粒度。该方法已经应用于微软亚洲研究院开发的适应性汉语分词系统（MSRSeg）中。关于第一点和第三点的处理思路，A. Wu 早在文献[Wu，2003b]中就有详细的讨论。

自从薛念文等人提出由字构词的分词方法以后,该模型迅速成为汉语分词的主流方法。在 2005 年 SIGHAN Bakeoff 评测任务上,所有获得第一名的系统[Low *et al.*,2005；Tseng *et al.*,2005]都采用了基于字的判别式模型。为了提升该模型的词典词召回率(recall),张瑞强等人提出了基于"子词"(sub-word)的判别式模型方法:首先用最大匹配方法切分出常用词,然后将 sub-word 和字混合作为标注的基本单位[Zhang *et al.*,2006a,2006b]。赵海等人还比较了不同词位数量对该模型的影响,他们的实验表明,基于 6 个词位的效果最好[Zhao *et al.*,2006a,2010]。从近几年的研究情况来看,基于字的判别式模型仍然是汉语分词的主流方法。

基于词的判别式模型[Zhang and Clark,2007]有效提升了基于词的分词方法的性能。孙薇薇比较了基于字的判别式模型和基于词的判别式模型的性能,并利用 Bagging 将两种方法结合,取得了不错的效果[Sun,2010]。

另外值得指出的是,将汉语分词与词性标注两项任务同时进行,以达到同时提升两项任务性能的目的,一直是这一领域研究的一个重要方向,这种方法往往需要耗费更多的时间代价。关于这方面的研究工作,除了 20 世纪 90 年代到 2000 年前后发表的一些早期论文以外,近年来又发表了一些研究成果,包括[Jiang *et al.*,2008；Zhang and Clark,2010；Kruengkrai *et al.*,2009],有兴趣的读者可以参考这些文献。

7.2.7　分词方法比较

自开展汉语自动分词方法研究以来,人们提出的各类方法不下几十种甚至上百种,不同方法的性能各不相同,尤其在不同领域、不同主题和不同类型的汉语文本上,性能表现出明显的差异。刘源等(1994)对早期的汉语分词方法和分词规范做了全面介绍；李东(2003)曾对最大匹配分词算法、全切分方法、最短路径方法和基于规则与统计方法相结合的分词方法等多种方法进行了实验对比,并对各种方法的优缺点进行了简要分析；黄昌宁等(2007)对 2007 年之前近 10 年的汉语自动分词技术做了全面回顾和归纳。这些优秀的工作都在汉语自动分词技术研究中产生了重要影响。

为了对近几年来提出的一些具有代表性的统计分词方法有一个比较直观的对比,我们在 2005 年 SIGHAN Bakeoff 评测语料上进行了性能对比实验。实验语料包括三个不同分词标准的数据集:AS、CITYU 和 MSR。这些语料的统计情况见表 7-5。

表 7-5　SIGHAN Bakeoff 2005 的三种分词语料

语料名称	编码	训练语料规模 （字数/字节）	测试语料规模 （字数/字节）	OOV 比例
AS	Big5	5.45M/141K	122K/19K	0.046
CITYU	Big5	1.46M/69K	41K/9K	0.074
MSR	GB	2.37M/88K	107K/13K	0.026

　　由于在 PKU 语料的训练集和测试集中，阿拉伯数字和英文字母使用了不同的编码。在训练集中它们都是以全角方式存在的，而在测试集中它们却是以半角形式出现的。在已发表的文献中，大多数研究者在使用 PKU 测试语料时都进行了编码一致性转换[Xiong *et al.*，2009]，但也有一些并未做这种转换。因此，我们能够看到的在 PKU 语料上的测试结果并没有统一的可比性，所以以下只给出在 AS、CITYU 和 MSR 三种语料上的测试结果。

　　为了公平地对比各种分词方法，我们采用 SIGHAN 规定的"封闭测试"原则：模型训练和测试过程中，仅允许使用 SIGHAN 提供的数据集进行训练和测试，其他任何语料、词典、人工知识和语言学规则都不能使用。评价指标包括：准确率（P）、召回率（R）、F-测度（F-measure，简写为 F）、未登录词的召回率（R_{OOV}）和词典词的召回率（R_{IV}）。各指标的计算公式如下：

$$\text{准确率}(P) = \frac{\text{系统输出中正确的结果个数}}{\text{系统输出全部的结果个数}} \times 100\% \tag{7-15}$$

$$\text{召回率}(R) = \frac{\text{系统中输出中正确的结果个数}}{\text{测试集中正确的答案个数}} \times 100\% \tag{7-16}$$

$$F = \frac{(\beta^2 + 1) \times P \times R}{\beta^2 \times P + R} \times 100\% \tag{7-17}$$

　　在实际应用中，F 值计算时一般取 $\beta=1$，所以，F 值又称为 $F1$ 值。当取 $\beta=1$ 时，

$$F1 = \frac{2 \times P \times R}{P + R} \times 100\% \tag{7-18}$$

　　我们比较的系统包括（见表 7-5）：2005 年 SIGHAN Bakeoff 评测中在 AS 语料上取得第一名的系统[Asahara *et al.*，2005]（简记为①Asahara05），在 MSR、AS 和 PKU 语料上取得第一名的系统[Tseng *et al.*，2005]（简记为②Tseng05），基于"子词"（sub-word）标注和 CRF 模型的分词系统[Zhang *et al.*，2006a，2006b]（简记为③Zhang06），基于词感知机算法的分词系统[Zhang and Clark，2007]（简记为④Z&C07），基于级联式线性模型的分词与词性标注联合系统[Jiang *et al.*，2008]（简记为⑤Jiang08），基于词和字混合模型的分词系统[Sun，2010]（简记为⑥Sun10），以及 7.2.5 节介绍的基于字的生成式模型和区分式模型相结合的汉语分词系统[Wang *et al.*，2010a，2012]（简记为⑦Wang10）。

表 7-6　七个分词系统的性能对比

Corpus	Participants	R	P	F	R_{OOV}	R_{IV}
	①Asahara05	0.952	**0.951**	0.952	0.696	0.963
	②Tseng05	0.950	0.943	0.947	**0.718**	0.960
	③Zhang06	0.956	0.947	0.951	0.649	0.969
AS	④Z&C07	N/A	N/A	0.946	N/A	N/A
	⑤Jiang08	0.958	0.949	0.953	0.692	0.970
	⑥Sun10	N/A	N/A	0.952	N/A	N/A
	⑦Wang10	**0.963**	0.949	**0.956**	0.652	**0.977**

（续表）

Corpus	Participants	R	P	F	R_{OOV}	R_{IV}
CITYU	①Asahara05	0.937	0.946	0.941	0.736	0.953
	②Tseng05	0.941	0.946	0.943	0.698	0.961
	③Zhang06	0.952	0.949	0.951	**0.741**	0.969
	④Z&C07	N/A	N/A	0.951	N/A	N/A
	⑤Jiang08	0.946	0.950	0.948	0.695	0.966
	⑥Sun10	N/A	N/A	**0.956**	N/A	N/A
	⑦Wang10	**0.959**	**0.952**	**0.956**	0.700	**0.980**
MSR	①Asahara05	0.952	0.964	0.958	**0.718**	0.958
	②Tseng05	0.962	0.966	0.964	0.717	0.968
	③Zhang06	0.972	0.969	0.971	0.712	0.976
	④Z&C07	N/A	N/A	**0.972**	N/A	N/A
	⑤Jiang08	0.964	0.967	0.966	0.686	0.972
	⑥Sun10	N/A	N/A	0.969	N/A	N/A
	⑦Wang10	**0.975**	**0.970**	**0.972**	0.632	**0.984**

表 7-5 中"N/A"表示我们所参考的相关文献没有提供相应的数据。从表中的数据可以看出，这些系统的性能都达到了相当高的水平。

总之，随着自然语言处理技术整体水平的提高，尤其近几年来新的机器学习方法和大规模计算技术在汉语分词中的应用，分词系统的性能一直在不断提升。特别是在一些通用的书面文本上，如新闻语料，领域内测试（训练语料和测试语料来自同一个领域）的性能已经达到相当高的水平。但是，跨领域测试的性能仍然很不理想，例如用计算机领域或者医学领域的测试集测试用新闻领域的数据训练出来的模型。由于目前具有较好性能的分词系统都是基于有监督的学习方法训练出来的，需要大量有标注数据的支撑，而标注各个不同领域的语料需要耗费大量的人力和时间，因此，如何提升汉语自动分词系统的跨领域性能仍然是目前面临的一个难题。

另外，随着互联网和移动通信技术的发展，越来越多的非规范文本大量涌现，如微博、博客、手机短信等。正如 7.1.3 节的分析，这些网络文本与正规出版的书面文本有很大的不同，大多数情况下它们不符合语言学上的语法，并且存在大量网络新词和流行语，有很多还是非正常同音字或词的替换，例如，"温拿"、"卢瑟"等。这些文字的出现都给分词带来了一定的困难，传统的分词方法很难直接使用，而且这些网络新词的生命周期都不是很长，消亡较快，所以，很难通过语料规模的随时扩大和更新来解决这些问题。值得庆幸的是，研究人员已经关注到这些问题，并开始研究。

综上所述，汉语分词是中文信息处理研究的一项基础性工作，经过几十年的研究开发，已经取得了丰硕的成果，但仍面临若干颇具挑战性的难题，这就需要我们继续努力，与时俱进，为解决这些难题而不懈奋斗。

值得提及的是，藏语与汉语一样，词与词之间没有分隔标记，因此，藏文信息处理也存在分词的问题。近年来，部分专家已尝试将汉语分词方法用于藏文分词，并根据藏文自身的特点进行了相应的改进，取得了一定的进展。例如，史晓东等（2011）直接将一个基于 HMM 的汉语分词系统移植到了藏文分词，取得了 91% 的准确率。Liu *et al.*（2010a，2011b）研究了藏文分词中的数字识别问题，并且实现了基于音节标注的藏文分词方法，将分词和紧缩词识别融合在一个统一的标注体系中。李亚超等（2013）借鉴汉语分词中由字构词的分词思想，提出了一种基于 CRF 的藏语紧缩词识别方法，并实现了基于字标注的藏文分词系统，紧缩词识别和藏文分词的 F1 性能均达到了 95%。有关这些工作的具体内容，请参阅相关文献，这里不再一一叙述。

7.3　命名实体识别

7.3.1　方法概述

根据美国 NIST 自动内容抽取（automatic content extraction，ACE）评测计划[①]的解释，实体概念在文本中的引用（entity mention，或称"指称项"）有三种形式：命名性指称、名词性指称和代词性指称。例如，在句子"[[中国]乒乓球男队主教练][刘国梁]出席了会议，[他]指出了当前经济工作的重点。"中，实体概念"刘国梁"的指称项有三个，其中，"中国乒乓球男队主教练"是名词性指称，"刘国梁"是命名性指称，"他"是代词性指称[赵军，2009]。

在 MUC-6 中首次使用了命名实体（named entity）这一术语，由于当时关注的焦点是信息抽取（information extraction）问题，即从报章等非结构化文本中抽取关于公司活动和国防相关活动的结构化信息，而人名、地名、组织机构名、时间和数字表达（包括时间、日期、货币量和百分数等）是结构化信息的关键内容，因此，MUC-6 组织的一项评测任务就是从文本中识别这些实体指称及其类别，即命名实体识别和分类（named entity recognition and classification，NERC）任务[Grishman and Sundheim，1996]。确定地讲，就是识别这些实体指称的边界和类别。

实际上，最早从事命名实体识别的一项工作是 Lisa F. Rau（1991）开展的从文本中识别和抽取公司名称的研究，后来也有一些关于专有名词识别的相关研究，但都没有引起太多的关注。MUC-6 首次组织的命名实体识别和分类评测任务以及后来出现的一系列评测极大地推动了这一技术的快速发展。除了 MUC 会议以外，其他相关的评测会议还有：CoNLL（Conference on Computational Natural Language Learning）、ACE 和 IEER（Information Extraction-Entity Recognition Evaluation）等。

在 MUC-6 组织 NERC 任务之前，主要关注的是人名、地名和组织机构名这三类专有名词的识别。自 MUC-6 起，地名被进一步细化为城市、州和国家。后来也有人将人名进一步细分为政治家、艺人等小类[Fleischman and Hovy，2002]。

[①]　http://www.itl.nist.gov/iad/mig//tests/ace/

在 CoNLL 组织的评测任务中扩大了专有名词的范围，包含了产品名的识别。在其他一些研究工作中也曾涉及电影名、书名、项目名、研究领域名称、电子邮件地址和电话号码等。尤其值得关注的是，很多学者对生物信息学领域的专用名词（如蛋白质、DNA、RNA 等）及其关系识别做了大量研究工作。甚至在有些研究中并不限定"实体"的类型，而是将其看作开放域的 NERC，把"命名实体"的类别按层次化结构划分，试图涵盖在报章中出现较高频率的名字和严格的指称词，类别总数达到约 200 种[Nadeau and Sekine，2007]。本节主要关注人名、地名和组织机构名这三类专有名词的识别方法。

与自然语言处理研究的其他任务一样，早期的命名实体识别方法大都是基于规则的。系统的实现代价较高，而且其可移植性受到一定的限制。

自 20 世纪 90 年代后期以来，尤其是进入 21 世纪以后，基于大规模语料库的统计方法逐渐成为自然语言处理的主流，一大批机器学习方法被成功地应用于自然语言处理的各个方面。根据使用的机器学习方法的不同，我们可以粗略地将基于机器学习的命名实体识别方法划分为如下四种：有监督的学习方法、半监督的学习方法、无监督的学习方法和混合方法。表 7-9 对这些方法进行了简要归纳。

表 7-7　基于统计模型的命名实体识别方法归纳

类型	采用的模型或方法	代表工作
有监督的学习方法	隐马尔可夫模型或语言模型	Liu *et al.*(2005)；Zhang *et al.*(2003a)；Sun *et al.*(2002)；Zhou and Su(2002)；Bikel *et al.*(1997)
	最大熵模型	Tsai *et al.*(2004)；Borthwick(1999)；Mikheev *et al.*(1998)
	支持向量机	Yi *et al.*(2004)；Asahara and Matsumoto (2003)
	条件随机场	Leaman and Gonzalez (2008)；Finkel *et al.*(2005)；McCallum and Li (2003)
	决策树	Isozaki(2001)；Paliouras *et al.*(2000)；Sekine *et al.*(1998)
半监督的学习方法（弱监督学习方法）	利用标注的小数据集（种子数据）自举学习	Singh *et al.*(2010)；Nadeau(2007)；Niu *et al.*(2003)；Collins(2002b)；Collins and Singer (1999)
无监督的学习方法	利用词汇资源（如 WordNet）等进行上下文聚类	Etzioni *et al.*(2005)；Shinyama and Sekine (2004)
混合方法	几种模型相结合或利用统计方法和人工总结的知识库	Liu *et al.*(2011b)；Finkel and Manning(2009)；Zhou(2006)；Wu *et al.*(2003，2005)；Jansche and Abney(2002)

有些命名实体识别工具已经公开发布在网上，供人们自由下载使用。其中，Stanford NER 是美国斯坦福大学自然语言处理研究组开发的基于条件随机场模型的命名实体识别系统(Stanford Named Entity Recognizer)，该系统参数是基于 CoNLL、MUC-6、MUC-7 和 ACE 命名实体语料训练出来的[Finkel *et al.*，2005][1]。

---

[1]　http://nlp.stanford.edu/software/CRF-NER.shtml

BANNER 是美国亚利桑那州立大学开发的面向生物医学领域的英语命名实体识别系统,其基本模型也是条件随机场[Leaman and Gonzalez, 2008][1]。

MALLET 是美国麻省大学(UMASS)阿姆斯特(Amherst)分校开发的一个统计自然语言处理开源软件包,包括文本分类、聚类、主题建模和信息抽取等功能,在其序列标注工具的应用中能够实现命名实体识别。该系统是利用隐马尔可夫模型、最大熵和条件随机场等模型实现的有限状态转换机[2]。

Minor Third 是由美国卡内基·梅隆大学的 William W. Cohen 教授实现的,他的很多同事和学生参与了这项工作。该系统采用了条件随机场和用于隐马尔可夫模型训练的区分式训练方法等多种序列标注方法[3]。

YooName 是加拿大渥太华大学 Nadeau 博士基于半监督学习方法实现的命名实体抽取和分类系统,它定义了 9 类命名实体,细分为 100 多个子类。这 9 类实体中除了人名、地名、组织机构名以外,还包括如下 6 类:①重要设施的名词,如摩天大楼、机场、学校、桥梁等;②产品名称,如交通工具名称、艺术作品名称、武器名、食品名、衣服名、药品名称等;③事件名称,如游戏名、战争名、飓风名、会议名称等;④自然界实物,如昆虫名、动物名、蔬菜名、矿物质名称等;⑤度量单位,如货币、月份、星期几等其他量词;⑥其他杂项,如疾病名称、宗教名称、语言、奖项等[Nadeau, 2007][4]。

以上介绍的几个命名实体识别或抽取系统都是针对英语文本进行的。微软亚洲研究院和上海交通大学的赵海分别开发了汉语命名实体识别系统,并在网上开放共享。微软亚洲研究院发布的 S-MSRSeg 汉语分词与命名实体识别工具是基于 Gao et al.(2005)的工作实现的[5]。赵海开发的 BaseNER 未切分中文文本的命名实体识别工具是基于 CRF++模型实现的,使用 n 元语法特征设置进行参数训练[Zhao and Kit, 2008][6]。

7.3.2　基于 CRF 的命名实体识别方法

McCallum 等最先将条件随机场(CRF)模型用于命名实体识别[McCallum and Li, 2003]。由于该方法简便易行,而且可以获得较好的性能,因此受到很多学者的青睐,已被广泛地应用于人名、地名和组织机构等各种类型命名实体的识别,并在具体应用中不断得到改进,可以说是命名实体识别中最成功的方法。

关于 CRF 模型的基本原理,第 6 章已做介绍,这里不再赘述。下面只对基于 CRF 的命名实体识别方法采用的特征模板做简要介绍。

基于 CRF 的命名实体识别与前面介绍的基于字的汉语分词方法的原理一样,就是把命名实体识别过程看作一个序列标注问题。其基本思路是(以汉语为例):将给定的文本首先进行分词处理,然后对人名、简单地名和简单的组织机构名进行识别,最后识别复合

① http://banner.sourceforge.net/
② http://mallet.cs.umass.edu
③ http://sourceforge.net/apps/trac/minorthird/wiki
④ http://infoglutton.com/yooname-named-entity-recognition.html
⑤ http://research.microsoft.com/en-us/downloads/7a2bb7ee-35e6-40d7-a3f1-0b743a56b424/default.aspx
⑥ http://bcmi.sjtu.edu.cn/~zhaohai/index.ch.html

地名和复合组织机构名。所谓的简单地名是指地名中不嵌套包含其他地名,如地名:北京市、大不列颠、北爱尔兰、中关村等,而"北京市海淀区中关村东路 95 号"、"大不列颠及北爱尔兰联合王国"、"也门民主人民共和国"则为复合地名。同样,简单的组织机构名中也不嵌套包括其他组织机构名,如北京大学、卫生部、联合国等,而"欧洲中央银行"、"中华人民共和国卫生部"、"联合国世界粮食计划署"均为复合组织机构名。

基于 CRF 的命名实体识别方法属于有监督的学习方法,因此,需要利用已标注的大规模语料对 CRF 模型的参数进行训练。北京大学计算语言学研究所标注的现代汉语多级加工语料库被众多研究者用于汉语命名实体识别的模型训练。

在训练阶段,首先需要将分词语料的标记符号转化成用于命名实体序列标注的标记,如用 PNB 表示人名的起始用字,PNI 表示名字的内部用字。类似地,用 LOCB 表示地名的起始用字,LOCI 表示地名的内部用字;ORGB 表示组织机构的起始用字,ORGI 表示组织机构的内部用字。用 OUT 统一表示该字或词不属于某个实体。例如,句子"中国积极参与亚太经合组织的活动,参加了东盟—中日韩和中国—东盟首脑非正式会晤。"经分词和词性标注后为:

中国/ns 积极/ad 参与/v［亚太经合/j 组织/n］nt 的/u 活动/vn! 2-1 ,/w 参加/v 了/u 东盟/ns—/w 中/j 日/j 韩/j 和/c 中国/ns—/w 东盟/ns 首脑/n 非正式/b 会晤/vn 。/w

转换后,相应的标记变为:

中国/OUT 积极/OUT 参与/OUT 亚太经合/ORGB 组织/ORGI 的/OUT 活动/OUT,/OUT 参加/OUT 了/OUT 东盟/ORGB—/OUT 中/OUT 日/OUT 韩/OUT 和/OUT中国/OUT—/OUT 东盟/ORGB 首脑/OUT 非正式/OUT 会晤/OUT 。/OUT

接下来要做的事情是确定特征模板。特征模板一般采用当前位置的前后 $n(n \geqslant 1)$ 个位置上的字(或词、字母、数字、标点等,不妨统称为"字串")及其标记表示,即以当前位置的前后 n 个位置范围内的字串及其标记作为观察窗口:($\cdots w_{-n}/tag_{-n}, \cdots, w_{-1}/tag_{-1} w_0/tag_0, w_1/tag_1, \cdots, w_n/tag_n, \cdots$)。考虑到,如果窗口开得较大时,算法的执行效率会太低,而且模板的通用性较差,但窗口太小时,所涵盖的信息量又太少,不足以确定当前位置上字串的标记,因此,一般情况下将 n 值取为 2~3,即以当前位置上前后 2~3 个位置上的字串及其标记作为构成特征模型的符号。

由于不同的命名实体一般出现在不同的上下文语境中,因此,对于不同的命名实体识别一般采用不同的特征模板。例如,在识别汉语文本中的人名时,考虑到不同国家的人名构成特点有明显的不同,一般将人名划分为不同的类型:中国人名、日本人名、俄罗斯人名、欧美人名等。同时,考虑到出现在人名左右两边的字串对于确定人名的边界有一定的帮助作用,如某些称谓、某些动词和标点等,因此,某些总结出来的"指界词"(左指界词或右指界词)也可以作为特征。如果把人名分为中国人名、日本人名、俄罗斯人名和欧美人名四类、上下文窗口取 2 的话,那么,对于人名识别来说,常用的特征模板可以包括:

x_{w0sn}:当前词是否为中国人名姓氏用字,如果是,x_{w0sn}=True,否则,x_{w0sn}=False;

x_{w0gn}:当前词是否为中国人名名字用字,如果是,x_{w0gn}=True,否则,x_{w0gn}=False;

x_{w0jn}:当前词是否为日本人名用字,如果是,x_{w0jn}=True,否则,x_{w0jn}=False;

$x_{w0\mathrm{an}}$：当前词是否为欧美人名用字，如果是，$x_{w0\mathrm{an}} =$ True，否则，$x_{w0\mathrm{an}} =$ False；

$x_{w0\mathrm{rn}}$：当前词是否为俄罗斯人名用字，如果是，$x_{w0\mathrm{rn}} =$ True，否则，$x_{w0\mathrm{rn}} =$ False；

$x_{w\pm i\mathrm{b}}$：当前词左右两边第 i 个词是否为指界词，如果是，$x_{w\pm i\mathrm{b}} =$ True，否则，$x_{w\pm i\mathrm{b}} =$ False。其中，$i \in \{1, 2\}$。

当然，这些特征之间可以组合。于是，可以得到类似如下表示的特征函数：

$$f(x_{w0\mathrm{sn}}, y_{w0\mathrm{sn}}) = \begin{cases} 1, & x_{w0\mathrm{sn}} = \text{True，并且 } y_{w0\mathrm{sn}} = \text{PNB} \\ 0, & \text{否则} \end{cases}$$

特征函数确定以后，剩下的工作就是训练 CRF 模型参数λ。

国内学者做了大量基于 CRF 的中文命名实体识别研究［张祝玉等，2008；郭家清，2007；向晓雯，2006］。大量的实验表明，在人名、地名、组织机构名三类实体中，组织机构名识别的性能最低。一般情况下，英语和汉语人名识别的 F1 值都可以达到 90％左右，而组织机构名识别的 F1 值一般都在 85％左右，这也反映出组织机构名是最难识别的一种命名实体。当然，对于不同领域和不同类型的文本，测试性能会有较大的差异。

7.3.3　基于多特征的命名实体识别方法

在命名实体识别中，无论采用哪一种方法，都是试图充分发现和利用实体所在的上下文特征和实体的内部特征，只不过特征的颗粒度有大（词性和角色级特征）有小（词形特征）的问题。考虑到大颗粒度特征和小颗粒度特征有互相补充的作用，应该兼顾使用的问题，吴友政（2006）提出了基于多特征相融合的汉语命名实体识别方法，该方法是在分词和词性标注的基础上进一步进行命名实体的识别，由词形上下文模型、词性上下文模型、词形实体模型和词性实体模型 4 个子模型组成的。其中，词形上下文模型估计在给定词形上下文语境中产生实体的概率；词性上下文模型估计在给定词性上下文语境中产生实体的概率；词形实体模型估计在给定实体类型的情况下词形串作为实体的概率；词性实体模型估计在给定实体类型的情况下词性串作为实体的概率［吴友政，2006；Wu *et al*.，2003，2005］。

1. 模型描述

在基于多特征模型的命名实体识别系统中，词形包括以下几种情况：字典中任何一个字或词单独构成一类；人名（Per）、人名简称（Aper）、地名（Loc）、地名简称（Aloc）、机构名（Org）、时间词（Tim）和数量词（Num）各定义为一类。也就是说，词形语言模型中共定义了 $|V| + 7$ 个词形，其中，$|V|$ 表示词典的规模。由词形构成的序列称为词形序列 WC。

词性采用北京大学计算语言学研究所开发的汉语文本词性标注标记集[①]，另加上人名简称词性和地名简称词性，共 47 个词性标记。由词性标记构成的序列称为词性序列 TC。

命名实体识别可以看作一个序列化数据的标注问题。输入是带有词性标记的词序列，如表达式（7-19）：

$$\mathrm{WT} = w_1/t_1 \quad w_2/t_2 \quad \cdots \quad w_i/t_i \quad \cdots \quad w_n/t_n \tag{7-19}$$

其中，n 表示句子中被分词程序切分出来的词的个数，t_i 是标注的词 w_i 的词性。

---

① http://icl.pku.edu.cn/nlp-tools/catetkset.html

在分词和词性标注的基础上进行命名实体识别的过程就是对部分词语进行拆分、组合(确定实体边界)和重新分类(确定实体类别)的过程,最后输出一个最优的"词形/词性"序列 WC*/TC*,可以用式(7-20)表示:

$$\text{WC}^*/\text{TC}^* = \text{wc}_1/\text{tc}_1 \quad \text{wc}_2/\text{tc}_2 \quad \cdots \quad \text{wc}_i/\text{tc}_i \quad \cdots \quad \text{wc}_m/\text{tc}_m \tag{7-20}$$

式中,$m \leqslant n$,$\text{wc}_i = [w_j \cdots w_{j+k}]$,$\text{tc}_i = [t_j \cdots t_{j+k}]$,$1 \leqslant k$,$j+k \leqslant n$。

由表达式(7-19)计算最优"词形/词性"序列 WC*/TC* 的方法有三种:词形特征模型、词性特征模型和混合模型。

(1) 词形模型

词形特征模型根据词形序列 W 产生候选命名实体,用 Viterbi 确定最优词形序列 WC*。目前的大部分系统都是从这个层面来设计命名实体识别算法的。

(2) 词性模型

词性特征模型根据词性序列 T 产生候选命名实体,用 Viterbi 确定最优词性序列 TC*。目前只有较少的系统,如文献[Zhou and Su,2003;Yu *et al.*,1998]中的系统,在命名实体的识别过程中引入词性的知识。

(3) 混合模型

词形和词性混合模型是根据词形序列 W 和词性序列 T 产生候选命名实体,一体化确定最优序列 WC*/TC*,即本节将要介绍的基于多特征的识别算法。

为了描述方便,我们把式(7-19)拆分成两个序列,一个是词序列,另一个是词性序列,可分别用如下两个式子表示:

$$W = w_1 \quad w_2 \quad \cdots \quad w_i \quad \cdots \quad w_n \tag{7-21}$$
$$T = t_1 \quad t_2 \quad \cdots \quad t_i \quad \cdots \quad t_n \tag{7-22}$$

从词形层面,由表示形式(见式(7-21))进行命名实体识别的词形特征模型可以用下式描述:

$$\text{WC}^* = \underset{\text{WC}}{\text{argmax}} \, P(\text{WC}) \times P(W \mid \text{WC}) \tag{7-23}$$

从词性层面,由表示形式(见式(7-22))进行命名实体识别的词性特征模型可以用下式描述:

$$\text{TC}^* = \underset{\text{TC}}{\text{argmax}} \, P(\text{TC}) \times P(T \mid \text{TC}) \tag{7-24}$$

词形和词性混合的汉语命名实体识别模型结合了词形特征模型和词性特征模型的优点,可以描述成下面式子的形式:

$$(\text{WC}^*, \text{TC}^*)$$
$$= \text{argmax}_{(\text{WC,TC})} P(\text{WC}, \text{TC} \mid W, T)$$
$$= \text{argmax}_{(\text{WC,TC})} P(\text{WC}, \text{TC}, W, T)/P(W, T)$$
$$\approx \text{argmax}_{(\text{WC,TC})} P(\text{WC}, W) \times [P(\text{TC}, T)]^\beta$$
$$\approx \text{argmax}_{(\text{WC,TC})} P(\text{WC}) \times P(W \mid \text{WC}) \times [P(\text{TC}) \times P(T \mid \text{TC})]^\beta \tag{7-25}$$

式子中的 β 是平衡因子,平衡词形特征和词性特征的权重,$\beta > 0$。

模型(7-25)由四部分组成,分别称之为:词形上下文模型 $P(\text{WC})$、词性上下文模型 $P(\text{TC})$、实体词形模型 $P(W|\text{WC})$ 和实体词性模型 $P(T|\text{TC})$。实体词形模型和实体词性模型统称为实体模型。以下分别介绍这些模型。

2. 词形和词性上下文模型

上下文模型估计在给定的上下文语境中产生实体的词形和词性概率。词形上下文模型和词性上下文模型均可采用三元语法模型近似描述：

$$P(\mathrm{WC}) \approx \prod_{i=1}^{m} P(\mathrm{wc}_i \mid \mathrm{wc}_{i-2}\,\mathrm{wc}_{i-1}) \qquad (7\text{-}26)$$

$$P(\mathrm{TC}) \approx \prod_{i=1}^{m} P(\mathrm{tc}_i \mid \mathrm{tc}_{i-2}\,\mathrm{tc}_{i-1}) \qquad (7\text{-}27)$$

其中，m，wc_i 和 tc_i 的含义与表达式(7-20)中的含义一致。当 $i=1$ 时，取一元语法概率 $P(\mathrm{wc}_1)$ 和 $P(\mathrm{tc}_1)$；当 $i=2$ 时，取二元语法概率 $P(\mathrm{wc}_2\mid\mathrm{wc}_1)$ 和 $P(\mathrm{tc}_2\mid\mathrm{tc}_1)$。

3. 实体模型

考虑到每一类命名实体都具有不同的内部特征，因此，不能用一个统一的模型刻画人名、地名和机构名等实体模型。例如，人名识别可采用基于字的三元模型，地名和机构名识别可能更适合于采用基于词的三元模型等。此外，为提高外国人名的识别性能，吴友政(2006)又把外国人名进一步划分为日本人名、欧美人名和俄罗斯人名三个子类。因为这三类人名的内部特征(主要是人名用字集)存在较大的差别，日本人名用字相对较广，具有相对明显的姓氏特征，但姓氏集合却很大(现版本共收集日本人名姓氏 9189 个)，而且，日本人名姓氏很多和地名重叠。俄罗斯人名常用斯、基、娃等汉字，而欧美人名常用朗、鲁、伦、曼等汉字。为计算需要，按照字或词在命名实体内部的位置，吴友政把这些字或词划分成 19 个子类，如下表所示。

表 7-8　实体模型中的子类定义

标记	标记的描述	标记	标记的描述	标记	标记的描述
Sur	中国人名的姓氏	RMfn	俄罗斯人名中间字	Mol	地名中间词
Dgb	中国人名首字	REfn	俄罗斯人名尾字	Eol	地名尾词
Dge	中国人名尾字	JBfn	日本人名首字	Aloc	单字地名
EBfn	欧美人名首字	JMfn	日本人名中间字	Boo	机构名首词
EMfn	欧美人名中间字	JEfn	日本人名尾字	Moo	机构名中间词
EEfn	欧美人名尾字	Bol	地名首词	Eoo	机构名尾词
RBfn	俄罗斯人名首字				

有了上述分类之后，人名、普通地名和机构名、单字地名和简称机构名分别建立相应的实体模型。

（1）人名实体模型

基于字的中国人名和外国人名的实体词形模型用下式描述：

$$P(w_{\mathrm{wc}_{i1}} \cdots w_{\mathrm{wc}_{ik}} \mid \mathrm{wc}_i) = P(w_{\mathrm{wc}_{i1}} \cdots w_{\mathrm{wc}_{ik}} \mid \mathrm{BNe}\ \mathrm{MNe}_1\ \mathrm{MNe}_2 \cdots \mathrm{MNe}_{k-2}\ \mathrm{ENe})$$

$$\approx P(w_{\mathrm{wc}_{i1}} \mid \mathrm{BNe}) \times \prod_{l=2}^{k-1} P(w_{\mathrm{wc}_{il}} \mid \mathrm{MNe}_{(l-1)},\ w_{\mathrm{wc}_{i(l-1)}})$$

$$\times P(w_{\mathrm{wc}_{ik}} \mid \mathrm{ENe},\ w_{\mathrm{wc}_{i(k-1)}}) \qquad (7\text{-}28)$$

其中，$w_{wc_{il}}$（$1 \leqslant l \leqslant k$）表示组成人名实体 wc_i 的单字。BNe,MNe_i（$1 \leqslant i \leqslant k-2$）和 ENe 分别表示实体的首字、中间字和尾字，在具体计算人名时，分别将其替换成 Sur、Dgb、Dge、EBfn、EMfn 和 EEfn 等。例如，估计 3 个字的中国人名的实体词形模型可以表示为如下所示的形式：

$$P(w_{wc_{i1}} w_{wc_{i2}} w_{wc_{ik}} \mid wc_i)$$

$$= P(w_{wc_{i1}} w_{wc_{i2}} w_{wc_{ik}} \mid Sur\ Dgb\ Dge)$$

$$= P(w_{wc_{i1}} \mid Sur) \times P(w_{wc_{i2}} \mid Dgb, w_{wc_{i1}}) \times P(w_{wc_{i3}} \mid Dge, w_{wc_{i2}}) \quad (7\text{-}29)$$

由于人名的词性实体模型的训练语料很难得到，因此，为了简化起见，使用词形实体模型替代词性实体模型，但乘以一个加权因子，如下式所示：

$$P(t_{tc_{i1}} \cdots t_{tc_{ik}} \mid tc_i) = \gamma \times P(w_{wc_{i1}} \cdots w_{wc_{ik}} \mid wc_i) \quad (7\text{-}30)$$

其中，γ 为小于 1 的加权因子，在吴友政（2006）的实验系统中取经验值 0.5。

（2）地名和机构名实体模型

对于地名和机构名，其实体模型要复杂得多，这是因为地名中除了普通词汇以外，还常嵌套人名和其他地名，如"茅盾故居纪念馆"，"北京市经济技术开发区"等；组织机构名中常嵌套人名、地名和其他机构名，如"富士通（中国）有限公司"，"宋庆龄基金会"等。

基于词的嵌套地名和机构名词形实体模型可以用下面的式子描述：

$$P(w_{wc_i\text{-start}} \cdots w_{wc_i\text{-end}} \mid wc_i)$$

$$= P(wc_{wc_{i1}} \cdots wc_{wc_{il}} \cdots wc_{wc_{ik}} \mid BNe\ MNe_1 \cdots MNe_{k-2}\ ENe)$$

$$\approx P(wc_{wc_{i1}} \mid BNe) \cdot P(w_{wc_{i1}\text{-start}} \cdots w_{wc_{i1}\text{-end}} \mid wc_{wc_{i1}})$$

$$\times \prod_{l=2}^{k-1} P(wc_{wc_{il}} \mid MNe_{(l-1)}, wc_{wc_{i(l-1)}}) \cdot P(w_{wc_{il}\text{-start}} \cdots w_{wc_{il}\text{-end}} \mid wc_{wc_{il}})$$

$$\times P(wc_{wc_{ik}} \mid ENe, wc_{wc_{i(k-1)}}) \cdot P(w_{wc_{ik}\text{-start}} \cdots w_{wc_{ik}\text{-end}} \mid wc_{wc_{ik}}) \quad (7\text{-}31)$$

其中，$w_{wc_i\text{-start}}$ 和 $w_{wc_i\text{-end}}$ 分别是实体 wc_i 被分词程序切分出的首词和尾词；$w_{wc_{il}\text{-start}}$ 和 $w_{wc_{il}\text{-end}}$ 分别是 $wc_{wc_{il}}$ 的首词和尾词，它们都是按照分词模块的词形定义切分出来的最基本的词形。$wc_{wc_{il}}$（$1 \leqslant l \leqslant k$）是由原分词序列组合的可能的词，假设组合后含有 k 个词或子实体名，即长度为 k，子实体可能是人名或地名。如果子实体是人名时，将被符号 PER 替换，如果子实体是地名时，将用标记 Loc 替换。BNe 为实体 wc_i 被正确切分时的首词，根据表 7-8 记作 Boo；$MNe_1 \cdots MNe_{k-2}$ 为实体 wc_i 被正确切分时中间部分的 $k-2$ 个词，根据表 7-8 记作 Moo；ENe 为实体 wc_i 被正确切分时的末尾词，根据表 7-8 记作 Eoo。

例如，组织名"富士通（中国）有限公司"经分词模块切分后成为词序列"富士通/（/中国/）/有限/公司"，即 wc_i＝"富士通（中国）有限公司"，$w_{wc_i\text{-start}}$＝"富士通"，$w_{wc_i\text{-end}}$＝"公司"。代入式子(7-31)以后成为：

$$P(富士通（中国）有限公司 \mid Org)$$

$$= P(Org \mid Boo) \times P(富士通 \mid Org) \times P(\langle \mid Moo, Org) \times P(Loc \mid Moo, \langle)$$

$$\times P(中国 \mid Loc) \times P(\rangle \mid Moo, Loc) \times P(有限公司 \mid Eoo, \rangle)$$

为了区别公式的括号和公司名称中的括号，从而便于读者理解，在该式中暂时用尖括号"〈〉"代替公司名称中"中国"两边的圆括号。

基于词的嵌套地名和机构名的词性实体模型可以用如下式子描述：

$$P(t_{\text{tc}_i-\text{start}} \cdots t_{\text{tc}_i-\text{end}} \mid \text{tc}_i)$$

$$= P(\text{tc}_{\text{tc}_{i1}} \cdots \text{tc}_{\text{tc}_{il}} \cdots \text{tc}_{\text{tc}_{ik}} \mid \text{BNe MNe}_1 \cdots \text{MNe}_{k-2} \text{ENe})$$

$$\approx P(\text{tc}_{\text{tc}_{i1}} \mid \text{BNe}) \cdot P(t_{\text{tc}_{i1}-\text{start}} \cdots t_{\text{wc}_{i1}-\text{end}} \mid \text{tc}_{\text{tc}_{i1}})$$

$$\times \prod_{l=2}^{k-1} P(\text{tc}_{il} \mid \text{MNe}_{(l-1)}, \text{tc}_{i(l-1)}) \cdot P(t_{\text{tc}_{il}-\text{start}} \cdots t_{\text{tc}_{il}-\text{end}} \mid \text{tc}_{\text{tc}_{il}})$$

$$\times P(\text{tc}_{\text{tc}_{ik}} \mid \text{ENe}, \text{tc}_{\text{tc}_{i(k-1)}}) \cdot P(t_{\text{tc}_{ik}-\text{start}} \cdots t_{\text{tc}_{ik}-\text{end}} \mid \text{tc}_{ik}) \tag{7-32}$$

在这个式子中，BNe，MNe$_i$(1≤i≤$k-2$)和 ENe 分别表示实体的首词、中间词和尾词的词性。在具体计算地名和机构名时，根据具体情况对照表 7-8 分别将其替换成相应的标记符号，例如，Bol、Mol、Eol、Boo、Moo 和 Eoo 等。$t_{\text{tc}_i-\text{start}}$ 和 $t_{\text{tc}_i-\text{end}}$ 分别是整个实体 wc$_i$ 的首词和尾词的词性标记符，$t_{\text{tc}_{il}-\text{start}}$ 和 $t_{\text{tc}_{il}-\text{end}}$ 分别是 wc$_i$ 中第 l(1≤l≤k)个子实体的首词和尾词的词性标记，tc$_{\text{tc}_{il}}$ 是第 l 个子实体的词性标记。

（3）单字地名实体模型

单字地名词形实体模型和词性实体模型均可采用最大似然估计方法计算，分别运用如下算式估计：

$$P(w_i \mid \text{Aloc}) = \frac{C(w_i, \text{Aloc})}{C(\text{Aloc})} \tag{7-33}$$

$$P(t_i \mid \text{Aloc}) = \frac{C(t_i, \text{Aloc})}{C(\text{Aloc})} \tag{7-34}$$

其中，$C(w_i, \text{Aloc})$和$C(t_i, \text{Aloc})$分别是语料中 w_i 作为单字地名和其词性 t_i 出现的次数。$C(\text{Aloc})$为训练语料中单字地名出现的次数，即 $C(\text{Aloc}) = \sum_w C(w, \text{Aloc})$。

（4）简称机构名实体模型

简称机构名是对机构名全称的缩略叫法。机构名简称的出现形式大致可分为连续简写、不连续简写和混合简写三种方式，例如，"上海华联超市股份有限公司"简称为"上海华联"、"解放军第 301 医院"简称为"301 医院"，均为连续简写的形式；"上海证券交易所"简称为"上证"或者"上证所"、"福建省绿得罐头饮料有限公司"简称为"绿得公司"，为不连续简写；而"东风汽车电子仪表股份有限公司"简称为"东风电仪"，为混合简写。

包括机构名关键词的机构名简称（如福特公司，绿得公司，新唐公司）的识别同机构名全称的识别过程是一样的，但对于那些省略了机构名关键词的简称机构名的识别则是非常困难的问题。

经过分析我们发现，简称机构名在文本中的出现基本上有以下三种形式：

①某些简称可以作为常用词收录进词典中，如中共、北约、欧盟等。

②有些简称机构名无法被收录进词典，但该简称的全称形式在文本中出现过，如华虹 NEC（全称为"上海华虹 NEC 电子有限公司"，且在文中已经出现过）、海正药业（全称为"浙江海正药业股份有限公司"，且在文中出现过）等。

③文本中直接出现省略了机构名关键词的简称机构名，如"百度"（省略了关键词"公司"）等。

对于上述形式③没有标志性关键词的情况，识别非常困难，我们暂不探讨。以下主要介绍形式①和②的处理方法。

- 形式①简称机构名的实体模型

简称机构名的词形和词性实体模型用最大似然估计方法计算，分别运用下面的算式估计：

$$P(w_i \mid \text{Aorg}) = \frac{C(w_i, \text{Aorg})}{C(\text{Aorg})} \tag{7-35}$$

$$P(t_i \mid \text{Aorg}) = \frac{C(t_i, \text{Aorg})}{C(\text{Aorg})} \tag{7-36}$$

其中，$C(w_i, \text{Aorg})$ 和 $C(t_i, \text{Aorg})$ 分别是 w_i 作为机构名简称和其词性 t_i 在语料中出现的次数，$C(\text{Aorg})$ 为训练语料中简称机构名出现的次数，即 $C(\text{Aorg}) = \sum_w C(w, \text{Aorg})$。

- 形式②简称机构名的词形实体模型

在真实文本中，简称可能出现在文本的前面，也可能出现在后面，为了完成这类简称机构名的识别，一般需要把命名实体识别分成两个阶段。第一阶段识别 1 类简称机构名和全称形式的机构名，并将其放入缓存器（cache）中，第二阶段利用第一阶段的识别结果进行简称识别。这样做一方面可以避免简称机构名的遗漏，并限制不必要的简称机构名的产生，另一方面可以方便、合理地计算简称机构名的产生概率，即简称的实体模型。

利用缓存器和对齐技术的简称机构名的词类实体模型和词形实体模型可以统一用下式描述：

$$P(J \mid \text{AORG}) = \sum_{A_C} \beta \times P(A_C) P(J \mid A_C, \text{Aorg}) \tag{7-37}$$

式中的 J 表示简称字符串或词性串，C 表示缓存器中的全称机构名，A_C 表示 J 为 C 的简称时的一种对齐方式，β 表示对缓存器中的 C 为某个全称机构名的可信度，为了简化起见，在吴友政（2006）的实验系统中取 $\beta=1$。图 7-5 是简称机构名和全称机构名的对齐示意图。

缓存器中实体：	上海/ns	华虹/nz	NEC/nx	电子/n	有限公司/n
		↕	↕		
第二阶段识别		华虹/nz	NEC/nx		

图 7-5　简称机构名与全称机构名对齐示意图

简称机构名实体模型的具体计算步骤如下：

步骤 1　计算当前词串 $J = j_1 \cdots j_m$ 对缓存器中每个机构名 C_i 的覆盖度 Overlap_i

$$\text{Overlap}_i = \frac{J \text{ 和 } C \text{ 中共有的词数}}{J \text{ 中所有的词数}}$$

步骤 2　挑选所有覆盖度 $\text{Overlap}_i = 1$ 的机构名 C_i 作为当前词串的候选机构名全称。

步骤 3　根据当前词串 $J = j_1 \cdots j_m$ 和候选全称机构名 C_i 的对齐 A_C，利用式（7-37）计算当前词串作为该机构名简称的概率，即实体模型。

4. 专家知识

在基于统计模型的命名实体识别中，最大的问题是数据稀疏严重，搜索空间太大，从而影响系统的性能和效率。因此，吴友政（2006）通过引入专家知识来限制候选实体的产生，从而达到了提高系统性能和效率的目的。这些专家知识主要包括如下几类：

（1）人名识别的专家知识

这类专家知识包括：476 个中国人名姓氏列表和 9189 个日本人名姓氏列表，用于限制中国人名和日本人名的候选词数；俄罗斯人名和欧美人名用字列表，用来限制俄罗斯人名和欧美人名的候选词数；另外，中国人名的长度最大为 8 个字符，外国人名则不受长度限制。

（2）地名识别的专家知识

这里专家知识包括一个含 607 个地名关键词的列表、一个含 407 个单字地名的列表和一个介词、动词列表。如果当前词属于地名关键词，如"省、开发区、沙滩、瀑布"等，则触发地名识别。单字地名的候选由单字地名列表触发产生。如果前一个词包含在介词、动词列表中，如"去、到、在"等则触发地名识别。另外，地名最多包含 12 个汉语字符。

（3）机构名识别的专家知识

机构名识别专家知识包括一个含有 3129 个机构名关键词的列表，用于触发产生机构名候选，即如果当前词属于该列表，则机构名识别触发。另外，还包括一组机构名模板，用于识别统计模型遗漏的嵌套命名实体，模板格式如下：

ON→LN D* OrgKeyWord

ON→PN D* OrgKeyWord

ON→ON OrgKeyWord

其中 ON 表示机构名，LN 表示地名，PN 表示人名，D 和 OrgKeyWord 分别表示机构名中间词和机构名关键词，D* 表示机构名中可以包含 0 个或多个特征词。

机构名的长度限制在 16 个汉语字符以内。

5. 模型训练

根据前面的介绍，基于多特征的汉语命名实体识别模型式（7-25）由 4 个参数组成，在吴友政（2006）实现的系统中，这些参数使用最大似然估计从不同的训练语料中学习，其中，词性上下文模型 $P(\text{TC})$ 和词形上下文模型 $P(\text{WC})$ 是从 1998 年 2 月至 1998 年 6 月的《人民日报》标注语料中学习的；中国人名、外国人名、地名、机构名的实体词性模型和实体词形模型分别从 156 万、1.4 万、4.4 万和 32 万条的实体列表中训练得到的。

尽管使用了这样大规模的训练语料，数据稀疏问题还是非常严重。为此，吴友政（2006）采用了 Back-off 数据平滑方法，并引入逃逸概率计算权值，如下式所示：

$$\hat{P}(w_n \mid w_1 \cdots w_{n-1})$$
$$= \lambda_N P(w_n \mid w_1 \cdots w_{n-1}) + \lambda_{N-1} P(w_n \mid w_2 \cdots w_{n-1})$$
$$+ \cdots + \lambda_1 P(w_n) + \lambda_0 p_0 \tag{7-38}$$

其中，$\lambda_i = (1 - e_i) \sum_{k=i+1}^{n} e_k, 0 < i < n, \lambda_n = 1 - e_n, n$ 是待求的 n 元阶数，e_i 是各阶逃逸概

率,可使用下面的经验式子计算:

$$e_n = \frac{q(w_1 w_2 \cdots w_{n-1})}{f(w_1 w_2 \cdots w_{n-1})} \qquad (7\text{-}39)$$

其中,分子 $q(w_1 w_2 \cdots w_{n-1})$ 表示对于词序列 $w_1 w_2 \cdots w_{n-1}$ 后面跟随的不同的 w_n 的个数,分母 $f(w_1 w_2 \cdots w_{n-1})$ 为 $w_1 w_2 \cdots w_{n-1}$ 出现的次数。

6. 测试结果

系统性能表现主要通过准确率(precision,简记为 P)、召回率(recall,简记为 R)和 F-测度值(F-measure,简记为 F)3 个指标来衡量,计算公式分别如式(7-40)、式(7-41)和式(7-42)所示:

$$准确率 = \frac{正确识别的实体数}{总的识别实体数} \times 100\% \qquad (7\text{-}40)$$

$$召回率 = \frac{正确识别的实体数}{总的实体数} \times 100\% \qquad (7\text{-}41)$$

$$F\text{-}测度值 = \frac{2 \times 召回率 \times 正确率}{召回率 + 正确率} \qquad (7\text{-}42)$$

为了充分测试基于多特征模型的命名实体识别系统的性能,吴友政(2006)分别进行了开放评测和封闭评测。其中,封闭测试的训练集为 6 个月(1998 年 1 月至 1998 年 6 月)的《人民日报》标注语料,测试集为 1998 年 1 月的《人民日报》生语料。开放测试的训练集为 1998 年 2 月至 1998 年 6 月间的《人民日报》标注语料,测试集为即 1998 年 1 月的《人民日报》生语料。

根据模型计算式(7-25),平衡因子 β 是用于平衡词形特征和词性特征所发挥作用的权值,β 值越大,词性特征的作用越强;否则,词形特征的作用就越强。根据吴友政(2006)的实验,β 值从 0 到 9.6 变化时,系统对人名、地名和机构名称识别的准确率、召回率和 F-测度值均有不同程度的上升和下降,当 β 值大于 9.6 时,人名、地名和机构名称识别的正确率、召回率和 F-测度值均呈急剧下降趋势。经综合考察后,$\beta=2.8$ 时系统对人名、地名和机构名称识别的总体性能可达到最佳状态。表 7-9 为 $\beta=2.8$ 时多特征混合模型对开放性测试的总体表现。

表 7-9　基于多特征的混合模型开放测试性能($\beta=2.8$)

性　能	正确识别数	总计识别数	P/%	R/%	F/%
人名	19 051	20 220	94.06	95.21	94.63
地名	20 861	22 159	93.98	93.48	93.73
机构名	9390	11 094	84.69	86.86	85.76

混合模型的人名、地名、机构名识别性能(F-测度值)比单独使用词形特征模型时的性能分别提高了约 5.4%,1.4%,2.2%,比单独使用词性特征模型时分别提高了约 0.4%,2.7%,11.1%。也就是说,结合词形和词性特征的命名实体识别模型优于使用单一特征的命名实体识别模型。

另外，实验还表明，结合了专家知识的统计模型对人名、地名和机构名的识别能力（F-测度值）与纯统计模型相比，分别提高了约 14.8%，9.8%，13.8%，而且，系统的识别速度也有所提高。

上述结果表明，基于多特征模型的命名实体识别方法综合运用了词形特征和词性特征的作用，针对不同实体的结构特点，分别建立实体识别模型，并利用专家知识限制明显不合理的实体候选的产生，从而提高了识别性能和系统效率。

7.4 维吾尔语人名识别方法

维吾尔语是我国新疆地区常用的一种民族语言，简称维语，属于阿尔泰语系突厥语族西匈语支，在结构语法上属于黏着语类型，现行的维吾尔文字是以阿拉伯文字为基础的拼音文字。维吾尔语的语法结构从上到下可分为句子、单词、音节和音素等 5 个层次，其中，音素有 32 个，8 个元音和 24 个辅音。音素组成音节，音节组成单词，单词则组成句子。句子中单词之间用空格等标点符号分割，按从右到左的顺序书写。所以，维语不存在分词问题。

1. 维语人名构成特点

维吾尔语中的单词由词干和词缀组成，其结构可以表示为：

$$Uword = prefix + stem + suffix_1$$
$$+ suffix_2 + \cdots$$

如人名"ئالىمنىڭ"（阿里木的）由词干"ئالىم"和后缀"نىڭ"组成。一般情况下，一个维吾尔语人名由若干单词组成，如：

نادىل ئابلا （阿地力·阿布拉）

ۋاڭ سەمنشىڭ （王三星）

维吾尔语中人名识别的主要难点可以归纳为如下几点[艾斯卡尔等，2013]：

（1）黏着性导致太多的派生词：一个维吾尔语单词通过连接词缀可产生新的单词和派生词。在人名识别中，这将产生大量的未登录人名。若不对单词进行词干和词缀边界划分会出现严重的数据稀疏问题。如一个人名"阿力木"有以下几种形式：

ئالىمجان(ئالىم+جان)

ئالىمنىڭ(ئالىم+نىڭ)

ئالىمغا(ئالىم+غا)

（2）无大小写区分：不像其他语言，维吾尔语中的人名没有大小写区分，即使首字母也没有大写，而这种特征往往对人名识别起重要的作用。

（3）位置自由度强：单词顺序没有太大的限制，人名可以出现在句子中的任何位置。比如以下为包含人名"ئالىم"（阿里木）的句子：

ئالىم كەلمىدى. （阿里木没来）

ئۇنىڭ ئالىمنىڭ ئاكىسى. （他是阿里木的哥哥）

ئۇنىڭ ئىسمى ئالىم. （他叫阿里木）

（4）存在二义性：部分人名兼有其他含义，如人名"阿力木"也可用于"科学家"的称谓，而"热依汗古丽"可用于一种花名。

（5）人名派生现象：由于用语习惯不同，一个人名可能派生出几种人名，如：

（买买提）مۇھەممەد=（穆罕木德）مۇھەممەد

（海米提）ھەمىت=（艾米德）ھەمىد

（6）可用资源缺少：目前维吾尔语中尚缺少大型人名标注语料、人名词典等可利用的资源。

2. 维吾尔语人名类型

维吾尔语人名大致可以划分为如下 4 种类型：

（1）一个单词组成的人名：

ئەسقەر（艾斯卡尔）、گۈلجامال（姑丽加玛丽）

（2）两个单词或两个以上单词组成的人名：

ئەلى ھەسەن（艾力·艾山）

نىجات مۇھەممەتىمىن（尼加提·买买提依明）

ھەسەن توختى كامال（艾山·托合提·卡玛力）

（3）缩写人名：

ل.مۇتەللىپ（鲁提普拉·穆塔力普）

（4）来自其他语言的外来人名，包括译自汉语、英语等其他语言的人名，这些人名构成复杂，特点迥异，如：

جاڭ داشەن（张大山）

توم خەنكىس（汤姆·汉克斯）

ئەھمەدى نىجاد（艾哈迈迪·内贾德）

گىرى گېلى دوبۇلجىن（格里戈里·多布里金）

تەڭيۇەن لوڭيە（藤原龙也）

所有这些因素都造成了维语人名识别的很大困难。

3. 基于 CRF 的维语人名识别方法

艾斯卡尔等实现了一种基于条件随机场的维语人名识别方法［艾斯卡尔等，2013］。关于 CRF 的理论模型在第 6 章已有详细介绍，这里不再赘述，以下主要介绍用 CRF 识别维语人名的特征模板定义。

在其他语言的命名实体（包括人名）识别中，上下文词形、词性和位置等是构造特征模板的基本信息。考虑到维吾尔语的黏着语特点，［艾斯卡尔等，2013］在基本特征的基础上加入了针对维吾尔人名特点的特征，包括词干、词缀和音节等特征。表 7-10 给出了所用特征的描述符。

表 7-10　维语人名识别特征描述

特　征	说　明
$w_{-1}\, w_0\, w_1$	当前词 w_0 的上下文词形（±1）
$POS_{-2}\, POS_{-1}\, POS_0\, POS_1\, POS_2$	当前词 w_0 的上下文词性（±2）
$stem_{-1}\, stem_0\, stem_1$	当前词 w_0 的上下文词干（±1）
Suffix	第一个后缀，如"ئەرکىنىڭ=ئەرکىن+نىڭ（艾儿肯）
$SuffixNum(w_0)$	后缀个数
HasSuffix	是否有后缀？ 如果有则 HasSuffix＝1，否则 HasSuffix＝0
$SuffixLen(w_0)$	后缀长度
FirstSyll	第一个音节，如"گۈل"、"ناي"和"دىل"等。
LastSyll	最后一个，如"جان"、"خان"、"باي"、"قىز"和"گۈل"等
$wLen(w_0)$	单词长度
$syllNum(w_0)$	音节的个数
nearVerb	最近的一个动词
posInSent	单词在句子中的位置

艾斯卡尔等（2013）利用 4207 句个维语句子（含 58 058 个词）作为训练语料，1051 个句子（含 14 581 个词）作为测试语料，进行了多种实验分析。结果表明，上下文词形窗口为 ±1 时可以获得最高的 $F1$ 值，上下文词性窗口为 ±2 时可以获得最高 $F1$ 值，而对于词干特征来说，上下文窗口为 ±1 时可以获得最佳 $F1$ 值。综合利用各种特征，最终达到的准确率为 90.03％，召回率为 82.96％，$F1$ 值为 86.35。

7.5　词性标注

7.5.1　概述

词性（part-of-speech）是词汇基本的语法属性，通常也称为词类。词性标注就是在给定句子中判定每个词的语法范畴，确定其词性并加以标注的过程。词性标注是自然语言处理中一项非常重要的基础性工作。

汉语词性标注同样面临许多棘手的问题，其主要难点可以归纳为如下三个方面[刘开瑛，2000]：

（1）汉语是一种缺乏词形态变化的语言，词的类别不能像印欧语那样，直接从词的形态变化上来判别。

（2）常用词兼类现象严重。《现代汉语八百词》（吕叔湘主编.北京：商务印书馆，1996）收取的常用词中，兼类词所占的比例高达 22.5％，而且越是常用的词，不同的用法越多。而根据张虎等人（2004）对北京大学计算语言学研究所在网上公布的 200 万汉字语料进行的统计，兼类词占到 11％，但兼类词的词次却占到了 47％。所以，尽管兼类现象仅占汉语词汇很小的一部分，但由于兼类使用的程度高，兼类现象纷繁，覆盖面广，涉及汉语中大部分词类,因而造成在汉语文本中词类歧义排除的任务量大,而且面广,复杂多样。

(3) 研究者主观原因造成的困难。语言学界在词性划分的目的、标准等问题上还存在分歧。与汉语分词规范类似,到目前为止,还没有一个统一的被广泛认可汉语词类划分标准,词类划分的粒度和标记符号都不统一。例如,在 LDC 标注语料中,将汉语词性一级标注集划分为 33 类[Xia,2000];北京大学计算语言学研究所开发的语料库加工规范中有26 个基本词类代码,74 个扩充代码,标记集中共有 106 个代码[俞士汶等,2003a];而山西大学提出的汉语词类标记集共有 25 类,包括 17 个大类和前缀、后缀、语素等其他类型[刘开瑛,2000]等,不一而足。词类划分标准和标记符号集的差异,以及分词规范的含混性,给中文信息处理带来了极大的困难。一方面,各研究单位各持己见,重复进行大量的低水平劳动;另一方面,大量的标注语料得不到充分利用和共享,从而造成了极大的人力、物力和资源的浪费。

总之,汉语词性标注与分词一样,是中文信息处理面临的重要的基础性问题,而且两者有着密切的关系。本节我们将更多地关注词性兼类歧义的消除方法。

7.5.2　基于统计模型的词性标注方法

1983 年 I. Marshall 建立的 LOB 语料库词性标注系统 CLAWS(Constituent-Likelihood Automatic Word-tagging System)是基于统计模型(n 元语法与一阶马尔可夫转移矩阵)的词性标注方法的典型代表[Marshall,1983],该系统通过对 n 元语法概率的统计优化,实现了 133 个词类标记的合理标注。其中,利用 100 万词的布朗标准英语语料(Brown Standard Corpus of English)测试,CLAWS 系统早期版本(CLAWS2)的标注正确率已经超过了 96%,CLAWS4 系统完成了对 1 亿词汇规模的大不列颠国家语料库(British National Corpus,BNC)的标注工作[Leech et al.,1994]。

实现基于 HMM 的词性标注方法时,模型的参数估计是其中的关键问题。根据前面的介绍,我们可以随机地初始化 HMM 的所有参数,但是,这将使词性标注问题过于缺乏限制。因此,通常利用词典信息约束模型的参数。假设输出符号表由单词构成(即词序列为 HMM 的观察序列),如果某个对应的"词汇-词性标记"对没有被包含在词典中,那么,就令该词的生成概率(符号发生概率)为 0,否则,该词的生成概率为其可能被标记的所有词性个数的倒数,即

$$b_{j,l} = \frac{b_{j,l}^* C(w^l)}{\sum_{w^m} b_{j,m}^* C(w^m)}$$

其中,$b_{j,l}$ 为词 l 由词性标记 j 生成的概率,$C(w^l)$ 为词 w^l 出现的次数,分母为在词典中所有词汇范围的求和,而

$$b_{j,l}^* = \begin{cases} 0, & \text{如果 } t^j \text{ 不是词 } w^l \text{ 所允许的词性} \\ \dfrac{1}{T(w^l)}, & \text{其他情况} \end{cases}$$

该式中 $T(w^j)$ 为词 w^j 允许标记的词性个数。

这种方法是 1985 年由 F. Jelinek 提出的，我们不妨称它为 Jelinek 方法。这种方法等同于用最大似然估计来估算概率 $P(w^k|t^i)$ 以初始化 HMM，并假设每个词与其每个可能的词性标记出现的概率相等[Manning and Schütze, 1999]。

另外，还有一种方法是采用将词汇划分成若干等价类的策略，以类为单位进行参数估计，从而避免了为每个单词单独调整参数，大大减少了参数的总个数[Kupiec, 1992]。在这种方法中，首先把所有具有相同的可能词性的词汇划分为一组，不妨称其为元词（metawords），记作 u_L。其中，下标 L 是一个从 1 到 T 的整数子集，T 为标注集中不同标注符号的个数。即

$$u_L = \{w^l \mid j \in L \leftrightarrow t^j \text{ 是 } w^l \text{ 所允许的词性}\} \quad \forall L \subseteq \{1, 2, \cdots, T\}$$

例如，如果 $NN = t^5$ 并且 $JJ = t^8$，那么，$u_{\{5,8\}}$ 将包含词典中所有词性标记只能为 NN 和 JJ 的单词。

经过上述方法将词汇分组以后，对元词 u_L 的处理方法与 Jelinek 方法一样：

$$b_{j.l} = \frac{b_{j.L}^* C(u_L)}{\sum_{u_{L'}} b_{j.L'}^* C(u_{L'})}$$

其中，$C(u_{L'})$ 是元词组 $u_{L'}$ 中词汇出现的次数，分母是在所有元词 $u_{L'}$ 上的求和，并且，

$$b_{j.L}^* = \begin{cases} 0, & j \notin L \\ \dfrac{1}{|L|}, & \text{否则} \end{cases}$$

其中，$|L|$ 是集合 L 中元素的个数。

J. Kupiec 提出的这种方法的优点是不需要为每一个单词调整参数，通过引入等价类以后，参数的数量大大地减少了，从而使参数估计更可靠。但是，如果有足够多的训练数据能够用 Jelinek 方法准确地逐词估计参数时，Kupiec 方法的优势反而会变成劣势。Merialdo(1994) 的实验表明，无监督方法对每个词分别估计参数时会引入一些错误，所以，上述 Kupiec 方法并不适合高频词的词性标注，因此，J. Kupiec 在划分等价类时不包含 100 个出现频率最高的词汇，而是把这 100 个高频词分别作为一类。

一旦初始化完成以后，HMM 参数就可以利用前面介绍的前向后向算法进行训练。

此外，在 HMM 模型实现中，还有另外一个问题需要注意，就是模型参数对训练语料的适应性。也就是说，由于不同领域语料的概率有所差异，HMM 的参数也应随着语料的变化而变化。这个问题涉及两个方面，一个是对原有的训练语料增加新的语料以后，模型的参数需要重新调整；另一个是在经典 HMM 理论框架下，利用标注过的语料对模型初始化以后，已标注的语料就难以再发挥作用。而这两方面问题 Baum-Welch 方法都不能解决。为此，王挺等(1997)对原训练方法做了如下修改：

给定两个训练语料 C1 和 C2（不妨假设 C1 为原有的训练语料，C2 为新增加的训练语料），N 为状态个数，即不同词性的个数。模型 $\mu = (\boldsymbol{A}, \boldsymbol{B}, \boldsymbol{\pi})$ 的参数估计如下：

$$\bar{\pi}_i = \frac{\text{在语料 C1 和 C2 中，在时刻 } t = 1 \text{ 时处于状态 } s_i \text{ 的次数的期望值}}{\sum\limits_{j=1}^{N} \text{在语料 C1 和 C2 中，在时刻 } t = 1 \text{ 时处于状态 } s_j \text{ 的次数的期望值}}$$

$$= \frac{\text{start\_state}^{(C1)}(i) + \text{start\_state}^{(C2)}(i)}{\sum\limits_{j=1}^{N} \text{start\_state}^{(C1)}(j) + \sum\limits_{j=1}^{N} \text{start\_state}^{(C2)}(j)} \tag{7-43}$$

$$\bar{a}_{ij} = \frac{\text{在语料 C1 和 C2 中，从状态 } s_i \text{ 转移到状态 } s_j \text{ 的次数的期望值}}{\sum\limits_{j=1}^{N} \text{在语料 C1 和 C2 中，从状态 } s_i \text{ 转移出去的次数的期望值}}$$

$$= \frac{\text{transition}^{(\text{C1})}(i,j) + \text{transition}^{(\text{C2})}(i,j)}{\text{transition\_from}^{(\text{C1})}(i) + \text{transition\_from}^{(\text{C2})}(i)} \qquad (7\text{-}44)$$

$$\bar{b}_j(k) = \frac{\text{在语料 C1 和 C2 中，处于状态 } s_j \text{ 并且输出观察值 } w_k \text{ 的次数的期望值}}{\text{在语料 C1 和 C2 中，处于状态 } s_j \text{ 的次数的期望值}}$$

$$= \frac{\text{observation}^{(\text{C1})}(j,k) + \text{observation}^{(\text{C2})}(j,k)}{\text{state}^{(\text{C1})}(j) + \text{state}^{(\text{C2})}(j)} \qquad (7\text{-}45)$$

给定训练语料 C1，首先用 Baum-Welch 方法从该语料中训练得到模型 $\mu = (A, B, \pi)$，但是在保存该模型时，并不直接保存 π，A 和 B 的值，而是在 μ 中保存所有的 C1 的期望变量：$\text{start\_state}^{(\text{C1})}(i)$，$\text{transition}^{(\text{C1})}(i,j)$，$\text{transition\_from}^{(\text{C1})}(i)$，$\text{observation}^{(\text{C1})}(j,k)$ 和 $\text{state}^{(\text{C1})}(j)$（对于所有的 i,j,k）。由这些变量，可以很容易地利用下面的公式计算出 π，A 和 B 的值：

$$\bar{\pi}_i = \frac{\text{在时刻 } t = 1 \text{ 时处于状态 } s_i \text{ 的次数的期望值}}{\sum\limits_{j=1}^{N} \text{在时刻 } t = 1 \text{ 时处于状态 } s_j \text{ 的次数的期望值}}$$

$$= \frac{\text{start\_state}(i)}{\sum\limits_{j=1}^{N} \text{start\_state}(j)} \qquad (7\text{-}46)$$

$$\bar{a}_{ij} = \frac{\text{从状态 } s_i \text{ 转移到状态 } s_j \text{ 的次数的期望值}}{\sum\limits_{j=1}^{N} \text{从状态 } s_i \text{ 转移出去的次数的期望值}}$$

$$= \frac{\text{transition}(i,j)}{\text{transition\_from}(i)} \qquad (7\text{-}47)$$

$$\bar{b}_j(k) = \frac{\text{处于状态 } s_j \text{ 并且输出观察值 } w_k \text{ 的次数的期望值}}{\text{处于状态 } s_j \text{ 的次数的期望值}}$$

$$= \frac{\text{observation}(j,k)}{\text{state}(j)} \qquad (7\text{-}48)$$

在此基础上，假如有新的语料 C2 引入，我们希望建立一个既能反映 C1 又能反映 C2 的模型，那么，使用 μ 作为初始模型，利用前向后向变量，通过 Baum-Welch 方法可以得到 C2 的期望值变量：$\text{start\_state}^{(\text{C2})}(i)$，$\text{transition}^{(\text{C2})}(i,j)$，$\text{transition\_from}^{(\text{C2})}(i)$，$\text{observation}^{(\text{C2})}(j,k)$ 和 $\text{state}^{(\text{C2})}(j)$（对于所有的 i,j,k）。然后，将 μ 中保存的 C1 的期望值变量与 C2 的期望值变量相加，得到了反映 C1 和 C2 的期望值变量的值，将这些值保存下来就得到了新的模型 μ^*。显然，μ^* 的 π，A 和 B 的值也可以方便地由式(7-46)～式(7-48)计算得到。这样，根据式(7-43)～式(7-45)计算得到的模型 μ^* 既反映了 C1 的信息，又反映了 C2 的信息。而且，由于保存了期望值变量，就不需要再为后续的训练而保存用过的训练语料了。因此，模型和训练模型的语料能够分离开来，具有良好的灵活性。

根据上述修改，标注语料的利用问题也可以得到解决。我们注意到，上面定义的期望值变量保存的是用 Baum-Welch 方法计算的期望值，如果给定的训练数据是标注过的语料，那么，这些期望值变量的值就是已标注语料的相应的频率统计值。不妨假设 C2 是被手工标注过的语料，我们能够利用下面的方法通过频率统计得到它的期望值：

$$\text{start\_state}^{(C2)}(i) = 在语料 C2 中以状态 s_i 开头的句子的数目 \qquad (7\text{-}49)$$

$$\text{transition}^{(C2)}(i, j) = 在语料 C2 中从状态 s_i 转移到状态 s_j 的数目 \qquad (7\text{-}50)$$

$$\text{transition\_from}^{(C2)}(i) = 在语料 C2 中从状态 s_i 转移出去的数目 \qquad (7\text{-}51)$$

$$\text{observation}^{(C2)}(j, k) = 在语料 C2 中处于状态 s_j 且对应观察值为 w_k 的数目 \qquad (7\text{-}52)$$

$$\text{state}^{(C2)}(i) = 在语料 C2 中状态 s_i 的数目 \qquad (7\text{-}53)$$

类似地，可以将 μ 中保存的 C1 的期望值变量与式(7-49)～式(7-53)计算的 C2 的期望值变量相加，从而得到新的模型 μ^*。显然，模型 μ^* 既反映了 C1 的信息，也反映了 C2 的信息。因此，利用该方法标注过的语料所包含的信息可以被很好地结合进了模型，并保持了模型的概率学意义。王挺等(1997)的实验表明，上述改进方法能够在新的语料（不管语料是否经过标注）引入时，方便地修改模型的参数，使之能够同时反映新的语料和原有训练语料的信息，提高模型的准确性。

另外，魏欧等人从词性概率矩阵与词汇概率矩阵的结构和数值变化等方面，对目前常用的基于统计模型的汉语词性标注方法中，训练语料规模与标注正确率之间所存在的非线性关系做了分析，并利用未标注的语料进行训练，获取概率参数，实现了一个非监督训练的标注模型[魏欧等, 2000]。

朱莉等(2003)对四种常用的数据平滑方法（Good-Turing 估计、线性插值平滑方法、Katz 平滑方法和交叉校验参数平滑方法）在基于三元的 HMM 词性标注中的效果，进行了较为详细的比较研究。其实验表明，在语料有限的情况下，选择不同的数据平滑方法对实验效果影响较大。相对而言，线性插值参数平滑方法和 Katz 回退参数平滑方法的效果较好；Good-Turing 估计只适合对低频参数进行平滑，不合适对高频参数进行平滑；交叉校验参数平滑方法高度依赖于训练语料的规模和语料划分，并且没有提供对未出现参数进行估计的方法，其平滑效果最不理想。

7.5.3 基于规则的词性标注方法

基于规则的词性标注方法是人们提出较早的一种词性标注方法，其基本思想是按兼类词搭配关系和上下文语境建造词类消歧规则。早期的词类标注规则一般由人工构造，如美国布朗大学开发的 TAGGIT 词类标注系统。刘开瑛(2000)曾按兼类词搭配关系构造了词类识别规则库，针对动名词兼类现象，归纳出了 9 条词性鉴别规则，包括：并列鉴别、同境鉴别、区别词鉴别和唯名形容词鉴别规则等，并结合词类同现概率实现了汉语词性标注系统。

然而，随着标注语料库规模的逐步增大，可利用资源越来越多，以人工提取规则的方式显然是不现实的，于是，人们提出了基于机器学习的规则自动提取方法。

E. Brill 提出了通过机器学习方法从大规模语料中自动获取规则的思想[Brill, 1992, 1995]，从而为实现基于规则的词性标注系统提供了极大的便利。E. Brill 提出的基于转换的错误驱动的(transformation-based and error-driven)学习方法可以由图 7-6 来描述。

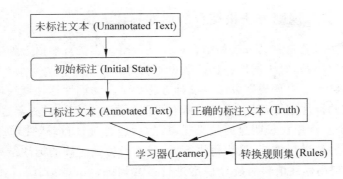

图 7-6   基于转换规则的错误驱动的机器学习方法

从图 7-6 可以看出，基于转换规则的错误驱动的学习方法的基本思想是，首先运用初始状态标注器(initial state annotator)标识未标注的文本，由此产生已标注的文本。文本一旦被标注以后，将其与正确的标注文本(参考答案)进行比较，在 E. Brill 的实验中，正确的标注文本是用手工标注的语料。由于初始标注器标注的文本一般会含有错误，学习器通过将这些标注文本与正确的标注文本相比较，可以学习到一些转换规则，从而形成一个排序的转换规则集，使其能够修正已标注的文本，使标注结果更接近参考答案。这样，在所有学习到的可能的转换规则中，搜索那些使已标注文本中的错误数减少最多的规则加入到规则集，并将该规则用于调整已标注的文本，然后对已标注的语料重新打分(统计错误数)。不断重复该过程，直到没有新的转换规则能够使已标注的语料错误数减少。最终的转换规则集就是学习到转换规则结果[Brill,1995]。

基于转换规则的错误驱动的学习方法用于词性标注，解决了传统的规则方法中由手工构造规则的不足，而且与统计方法相比，系统标注速度有很大的优势。但是，该方法存在一个很大的问题就是学习时间过长。为此，周明等人(1998)提出了相应的改进方法，在改进算法的每次迭代过程中，只调整受到影响的小部分转换规则，而不需要搜索所有的转换规则。周明等人通过研究发现，每当一条获取的规则对训练语料实施标注后，语料中只有少数的词性会被改变，而只有在词性发生改变的地方，才影响与该位置相关的规则的得分，可见在 E. Brill 算法获取规则的过程中，大量时间花在数量占绝大多数的分值不需要修改的变换上。如果在用新的规则标注的过程中，当上下文环境满足，规则成立，而导致某一位置的词性发生改变时，准确判断哪些规则受到影响，然后相应修改这些规则的得分，而不必理会那些未受影响的其他所有规则，这样大大地节省了处理时间，提高了学习算法的速度。

另外，李晓黎等人(2000)尝试了利用数据采掘方法获取汉语词性标注规则的方法。该方法不但根据上下文中的词性和词，而且根据二者的组合来判断某个词的词性。在统计语料规模较大的情况下，给定最小支持度和最小可信度后，首先采掘大于最小支持度的常用模式集，然后生成关联规则。若此规则的可信度大于最小可信度，则得到词性标注规则。只要最小可信度定义得足够合理，获得的规则就可以用于处理词性的兼类问题。以这些获取的规则作为统计方法的补充，从而可以较好实现汉语词性标注。这种方法对于训练语料有较大的依赖性，尤其在语料库规则不够大的情况下。而且，在规则集中如何利用归纳学习方法进行归纳，以提高规则匹配的效率也值得进一步探讨。

7.5.4 统计方法与规则方法相结合的词性标注方法

理性主义方法与经验主义方法相结合的处理策略一直是自然语言处理领域的专家们不断研究和探索的问题，对于词性标注问题也不例外。

周强（1995）给出了一种规则方法与统计方法相结合的词性标注算法，其基本思想是，对汉语句子的初始标注结果（每个词带有所有可能的词类标记），首先经过规则排歧，排除那些最常见的、语言现象比较明显的歧义现象，然后通过统计排歧，处理那些剩余的多类词并进行未登录词的词性推断，最后再进行人工校对，得到正确的标注结果。这样做有两个好处：一方面利用标注语料对统计模型进行参数训练，可以得到统计排歧所需要的不同参数；另一方面，通过将机器自动标注的结果（规则排歧的或统计排歧的）与人工校对结果进行比较，可以发现自动处理的错误所在，从中总结出大量有用的信息以补充和调整规则库的内容。

但是，张民等（1998）指出，在文献[周强，1995]提出的方法中，规则的作用域是非受限的，而且并没有考虑统计的可信度，这使规则与统计的作用域不明确。因此，张民等人（1998）通过研究统计的可信度，引入置信区间的方法，构造了一种基于置信区间的评价函数，实现了统计和规则并举。

在基于 HMM 的汉语分词与词性标注一体化方法中，对于 i 状态的词 w 的出现次数可以通过前向后向算法计算出来。如果采用三元语法模型，前向后向算法可以用下面的式子描述：

$$F(t_{i-1}, t_i) = \sum_{t_{i-2}} [F(t_{i-2}, t_{i-1}) \times P(t_i \mid t_{i-1}, t_{i-2}) \times P(w_{i-1} \mid t_{i-1})] \tag{7-54}$$

$$B(t_{i-1}, t_i) = \sum_{t_{i+1}} [B(t_i, t_{i+1}) \times P(t_{i+1} \mid t_i, t_{i-1}) \times P(w_{i+1} \mid t_{i+1})] \tag{7-55}$$

$$\phi(w)_i = \underset{t}{\arg\max} \sum_{t_{i-1}} [F(t_{i-1}, t_i) \times B(t_{i-1}, t_i) \times P(w_i \mid t_i)] \tag{7-56}$$

其中，t 为词类标记，F 值和 B 值分别通过递推公式（7-54）和公式（7-55）对整个 HMM 遍历求得。

现在假设兼类词 w 的候选词性为 T_1, T_2, T_3，其对应概率的真实值分别为 p_1, p_2, p_3，前向后向算法计算出的概率值分别为 $\hat{p}_1, \hat{p}_2, \hat{p}_3$，利用式（7-56）计算出当词 w 的词性为 $T_i (i=1,2,3)$ 时的出现次数为 $\phi(w)_{T_i}$。那么，

$$\hat{p}_i = \frac{\phi(w)_{T_i}}{\sum_{j=1}^{3} \phi(w)_{T_j}}$$

为了简单起见，$i=1,2,3$ 时，可将 $\phi(w)_{T_i}$ 分别记作 n_1, n_2, n_3（令 $n_1 > n_2 > n_3$）。

若 p_1 与 p_2 相差很大时，选择 T_1 导致错误的可能性就很小；若 p_1 与 p_2 相差不大时，选择 T_1 导致错误的可能性就较大。在决定是否选择 T_1 时，简单的阈值法肯定是不可取的，而以 p_1/p_2 是否大于阈值作为是否选择 T_1 的判定条件比直接判断 T_1 的阈值更加合理。但这种判定条件仍然存在下面的问题：假设 $p_1/p_2 = n_1/n_2 = 3$，一种情况可能是 $n_1 \approx 300, n_2 \approx 100$；另一种情况有可能是 $n_1 \approx 3, n_2 \approx 1$。显然在前一种情况下选择 T_1 比在后

一种情况下选择 T_1 更加可靠。由此，评价算法必须能够反映出这种差别。为了保证在一定的正确率下作出选择，需要研究选择的统计可信度。也就是说，根据 n_1，n_2 计算出的 p_1，p_2 只是 p_1，p_2 的近似值，我们必须估计出这种近似的误差，对 p_1/p_2 进行修正，然后再对修正后的 p_1/p_2 进行判别。

由于 $\ln(p_1/p_2)$ 比 p_1/p_2 更快地逼近正态分布[Dagan and Itai,1994]，因此，可应用单边区间估计方法计算 $\ln(p_1/p_2)$ 的置信区间。假设希望的错误率（desired error probability）（显著性水平）为 $\alpha(0<\alpha<1)$，则可信度为 $1-\alpha$，服从正态分布的随机变量 X 的置信区间为 $Z_{1-\alpha}\sqrt{vaxX}$，其中，$Z_{1-\alpha}$ 为置信系数（confidence coefficient）[①]，可从统计表中直接查到，$vaxX$ 为随机变量 X 的标准差，在这里取

$$vaxX = vax\left[\ln\frac{\hat{p}_1}{\hat{p}_2}\right] \approx \frac{1}{n_1} + \frac{1}{n_2}$$

因此，置信区间为 $Z_{1-\alpha}\sqrt{\dfrac{1}{n_1}+\dfrac{1}{n_2}}$。

基于文献[Dagan and Itai,1994]的思路，张民等人（1998）给出最终的评价函数：

$$\ln\frac{n_1}{n_2} \geqslant \theta + Z_{1-\alpha}\sqrt{\frac{1}{n_1}+\frac{1}{n_2}} \tag{7-57}$$

上述详细推演过程请参阅文献[Dagan and Itai,1994]。

式（7-57）中的 θ 为经验值，可通过训练得到，张民等人（1998）的实验中取 $\theta=0.4$。可以看出式（7-57）是一个动态阈值函数。假设 $\beta=\ln\dfrac{n_1}{n_2}$，阈值 $L_\beta=\theta+Z_{1-\alpha}\sqrt{\dfrac{1}{n_1}+\dfrac{1}{n_2}}$。式（7-57）共有 3 组参数：$\alpha$，$\theta$ 和 n_1，n_2。其中，θ 是 β 的最低静态阈值，独立于训练语料的规模；α 反映了统计的显著性，当 α 变小时可信度 $1-\alpha$ 变大，$Z_{1-\alpha}$ 变大，阈值 L_β 就要变大，这与直观理解一致。L_β 和 n_1，n_2 是倒数关系，在某种程度上反映了语料的稀疏程度。当 n_1，n_2 变大时 L_β 变小。因此，动态阈值函数式（7-57）是在静态阈值 θ 的基础上由可信度 $(1-\alpha)$ 和训练语料规模 (n_1,n_2) 共同决定的。

下面举例说明上述决策规则的使用。对于前面提到的 n_1/n_2 为 300/100 和 3/1 两种情况，取 $\theta=0.4$，$\alpha=0.05$，则 $Z_{1-\alpha}=1.649$，$\beta=1.098$。对于 $n_1/n_2=3/1$ 的情况，有

$$L_\beta(3/1) = 0.4 + 1.649 \times \sqrt{1/3+1} = 2.304$$

对于 $n_1/n_2=300/100$ 的情况，有

$$L_\beta(300/100) = 0.4 + 1.649 \times \sqrt{1/300+1/100} = 0.590$$

由于 $\beta>L_\beta(300/100)$，因此，可选择 n_1/n_2 为 300/100 的情况。同时，我们还可以看到，在同样的 α 和 β 的情况下，$L_\beta(300/100)$ 值明显小于 $L_\beta(3/1)$。

利用评价函数式（7-57），对满足式（7-57）条件的给定的错误率 α 值（张民等人取 0.05）选择标注的语料，使选择的结果达到可界定的准确率 $(1-\alpha)$，对剩余的语料利用规则方法进行标注。这样既保证了统计标注的准确率，又使规则标注具有更强的针对性。

---

①　文献[张民,1998]将置信系数记作 Z_α。

从上述介绍可以看出，这种方法的主要特点在于对统计标注结果的筛选，只对那些被认为可疑的标注结果，才采用规则方法进行歧义消解，而不是对所有的情况都既使用统计方法又使用规则方法。

7.5.5　词性标注中的生词处理方法

在任何一个自然语言处理系统中，生词的出现都是不可避免的，在词性标注中也不例外。在基于规则的词法标注方法中，生词处理通常是与词形分析和兼类词歧义消解一起进行的，而在基于统计模型的词性标注方法中，生词的词性标注问题通常是通过合理处理词汇的发射概率来解决的。

参照前面介绍的方法，假设一个词汇序列 $W = w_1 w_2 \cdots w_N$ 对应的词性序列为 $T = t_1 t_2 \cdots t_N$，那么，词性标注问题就是求解使条件概率 $P(T \mid W)$ 最大的 T，即

$$\hat{T} = \underset{T}{\text{argmax}}\, P(T \mid W) = \underset{T}{\text{argmax}}\, P(T) \times P(W \mid T)$$

对于一阶马尔可夫过程，有

$$\hat{T} = \underset{t_1, t_2, \cdots, t_N}{\text{argmax}}\, P(t_1) P(w_1 \mid t_1) \prod_{i=2}^{N} P(t_i \mid t_{i-1}) P(w_i \mid t_i) \tag{7-58}$$

其中，$P(t_i \mid t_{i-1})$ 即为 HMM 中的状态转移概率，$P(w_i \mid t_i)$ 为词汇的发射概率。

对于词性标注中的生词处理问题，假设词汇序列 W 中有生词 x_j，其词性可以标注为 t_j，那么，式（7-58）可以写为

$$\hat{T} = \underset{t_1, t_2, \cdots, t_N}{\text{argmax}}\, P(t_1) P(w_1 \mid t_1)$$

$$\cdots P(t_j \mid t_{j-1}) P(x_j \mid t_j) \prod_{i=j+1}^{N} P(t_i \mid t_{i-1}) P(w_i \mid t_i) \tag{7-59}$$

文献［赵铁军等，2001］在处理生词标注问题时，把生词的词汇发射概率赋值为 1，即令 $P(x_j \mid t_j) = 1$。这种处理方法的优点是易于实现，处理效率高，但毕竟由于缺乏统计的先验知识基础，因此，标注的正确率受到一定的影响。为此，张孝飞等人（2003）提出了另外一种估算生词 x_j 的词汇发射概率的方法：假设将词汇序列 W 加入训练集，由于仅加入一个词汇序列，而训练集足够大，因此，可以认为对其他词的发射概率和整个模型的词性转移概率的影响忽略不计。根据 HMM 的假设，x_j 的词性 t_j 由 w_{j-1} 的词性 t_{j-1} 决定，那么，

$$P(t_j \mid x_j) \approx \sum_{k=1}^{M} P(t_k \mid w_{j-1}) P(t_j \mid t_k) \tag{7-60}$$

其中，M 为词性种类的数目。根据 Bayes 公式，词汇的发射概率为

$$P(x_j \mid t_j) = \frac{P(x_j)}{P(t_j)} \times P(t_j \mid x_j) \tag{7-61}$$

将式（7-60）代入式（7-61），得

$$P(x_j \mid t_j) \approx \frac{P(x_j)}{P(t_j)} \times \sum_{k=1}^{M} P(t_k \mid w_{j-1}) P(t_j \mid t_k) \tag{7-62}$$

对式（7-62）中的各概率值采用最大似然估计，得

$$P(x_j \mid t_j) \approx \frac{C(x_j)}{C(t_j)} \sum_{k=1}^{M} P(t_k \mid w_{j-1}) P(t_j \mid t_k)$$

$$= \frac{1}{C(t_j)} \sum_{k=1}^{M} \left[\frac{C(w_{j-1}t_k)}{C(w_{j-1})} \times \frac{C(t_k t_j)}{C(t_k)} \right] \tag{7-63}$$

其中, $C(t_j)$、$C(t_k)$ 和 $C(w_{j-1})$ 分别为词性 t_j、t_k 和词 w_{j-1} 在训练语料中的出现次数; $C(t_k t_j)$、$C(w_{j-1}t_k)$ 分别为词性串 $t_k t_j$ 和串 $w_{j-1}t_k$ 的同现次数。

张孝飞等(2003)利用式(7-63)作为生词词汇发射概率的估算模型,用《人民日报》语料进行了汉语词性标注实验。开放测试的结果表明,该方法与强令 $P(x_j|t_j)=1$ 的生词处理方法相比,其词性标注的正确率平均高出近 1%。

另外,朱靖波等(1999)曾提出了一种基于 NA 假设(nonambiguity-ambiguity assumption, NAA)的词性标注方法。该方法基于 NAA 从无标注语料中抽取词性三元组数据,训练词性统计模型所需要的参数,对稀疏数据进行平滑处理,对词典中未登录词(生词)的词性进行猜测,根据生词的上下文评估各种词性的概率,最终选取最大概率词性作为生词的词性。

7.6　词性标注的一致性检查与自动校对

在语料库建设中,词性标注的一致性检查和自动校对是不可缺少的重要环节。因此,关于词性标注一致性检查和自动校对的理论模型与实现方法研究一直是人们关注的问题。

7.6.1　词性标注一致性检查方法

在语料库深加工过程中,词性标注的一致性检查一直是一个难点。所谓的词性标注一致性是指在相同的语境下对同一词标注相同的词性[张虎等,2004]。在实际语料库标注过程中,词性标注出现不一致现象是不足为怪的,其原因来自多个方面。首先自动标注算法本身难以确保 100% 的标注一致性;其次,在人工校对过程中,由于不同校对者认识上的差异,或者校对者的疏忽,也会导致词性标注不一致;另外,词类划分与标记集规范对某些语言现象规定得不够明确,也是造成词性标注前后不一致的一个原因。

一般情况下,语料库中出现的词性标注不一致现象主要有两种,一种情况是词汇在词表中本来是非兼类词,只有一种词性标记,在语料中却被标记了不同的词性标记;另一种情况是词汇在词表中本来就是兼类词,允许不同的词性标注,可在标注语料中语境相同时出现了不同的词性标注。这两种情况不管出现哪一种,一致性检查算法都应该能够检测出来。为此,张虎等人(2004)提出了一种基于聚类和分类的词性标注一致性检查方法,该方法避免了常用的规则方法和统计方法,而是利用聚类和分类的思想,对范例进行聚类,对测试数据进行分类来确定其标注的正误。以下简要介绍这种方法。

基于聚类和分类的词性标注一致性检查方法的基本观点是,同一个词在相似的上下文中应该具有相同的词性。根据训练语料(默认训练语料中的词性标注都是正确的)可以对每个兼类词分别计算出词性标注相同时其上下文语境(词性标记序列)向量的平均值 **VA**,然后计算该兼类词被标注成每个可能的词性符号时所在的上下文语境向量与 **VA** 之

间的距离 d，从而可求得该兼类词中所有可能词性对应 d 值的平均值 H。对于一批需要验证其词性标注是否一致的语料，计算每个兼类词的词性的上下文语境向量与 **VA** 之间的距离 h，如果 $h \leqslant H$，则认为该兼类词标注正确，符合一致性原则，否则，该兼类词标注有误。

在这里，一个词的上下文词性向量由该词在句子中的前、后 3 个词的词性和该词本身的词性构成，即 7 个词性符号组成的词性序列，位置编号依次为：1，2，…，7。其中，位置 4 为当前兼类词，1、2、3 依次为前 3 个词的位置，5、6、7 依次为后 3 个词的位置。整个词性标注集由 25 个词性标记符号组成，按顺序依次为

$$n,v,a,d,u,p,r,m,q,c,w,i,f,s,t,b,z,e,o,l,j,h,k,g,y$$

句子中每个兼类词的上下文语境用一个 7×25 的二维矩阵 **Y** 描述，其中元素

$$y_{i,j} = \begin{cases} 1, & \text{当前语境中位置 } i \text{ 的词性等于词性标注集中第 } j \text{ 个词性} \\ 0, & \text{否则} \end{cases}$$

其中，$1 \leqslant i \leqslant 7, 1 \leqslant j \leqslant 25$。矩阵 **Y** 称为词性属性矩阵。

例如，下列句子中：

缀/v 满/a 彩灯/n 的/u 高/a 塔/n 直/d 插/v 夜空/n ，/w

兼类词"高"的上下文词性语境为：a,n,u,a,n,d,v

因此，"高"字的词性属性矩阵为

$$\boldsymbol{Y} = \begin{bmatrix} 0 & 0 & 1 & 0 & 0 & \cdots \\ 1 & 0 & 0 & 0 & 0 & \cdots \\ 0 & 0 & 0 & 0 & 1 & \cdots \\ 0 & 0 & 1 & 0 & 0 & \cdots \\ 1 & 0 & 0 & 0 & 0 & \cdots \\ 0 & 0 & 0 & 1 & 0 & \cdots \\ 0 & 1 & 0 & 0 & 0 & \cdots \end{bmatrix}$$

考虑到对于一个特定的词来说，其上下文中不同位置上的词性对于这个词的词性影响程度不同，越是靠近这个词的词性对它的影响越大，距离越远的词性对它的影响越小，因此，张虎等（2004）设置了一个位置属性向量：

$$\boldsymbol{X} = \left(\frac{1}{22} \quad \frac{1}{11} \quad \frac{2}{11} \quad \frac{4}{11} \quad \frac{2}{11} \quad \frac{1}{11} \quad \frac{1}{22} \right)$$

数值 1/22、1/11、2/11 分别为兼类词的前 3 个和后 3 个词的词性位置影响因子（位置属性值），4/11 为当前兼类词的位置属性值。

位置属性向量与词性属性矩阵的乘积定义为词性标记序列向量，即 **Vec**＝**X**×**Y**。如前面关于"高"字的例子中，**Vec**＝(3/11 1/22 9/22 1/11 2/11 0 0 …)。

任意两个词性标记序列向量 $\boldsymbol{x}_i$ 与 $\boldsymbol{x}_j$ 之间的相似度可以用马哈拉诺比斯距离（Mahalanobis distance，简称马氏距离）[《现代数学手册》编纂委员会，2000]计算：

$$d_{ij} = (\boldsymbol{x}_i - \boldsymbol{x}_j)^{\mathrm{T}} \boldsymbol{V}^{-1} (\boldsymbol{x}_i - \boldsymbol{x}_j) \tag{7-64}$$

其中，**V** 为协方差矩阵，$\boldsymbol{V} = \dfrac{1}{m-1} \sum\limits_{i=1}^{m} (\boldsymbol{x}_i - \bar{\boldsymbol{x}})(\boldsymbol{x}_i - \bar{\boldsymbol{x}})^{\mathrm{T}}$，$\bar{\boldsymbol{x}} = \dfrac{1}{m} \sum\limits_{i=1}^{m} \boldsymbol{x}_i$。$m=25$ 为词性标注符号总的数目。

假设某兼类词 w 含有 $n(n\geqslant 2)$ 个不同的词性标记,在训练语料中词 w 有 k 次被标注成第 $i(1\leqslant i\leqslant n)$ 个词性标记,那么,该词性标记序列向量的均值为 **VA**,每个具体情况下第 $i(1\leqslant i\leqslant n)$ 个词性标记序列向量与 **VA** 之间的马氏距离可以通过式(7-64)计算得出,k 个马氏距离的平均值将作为第 $i(1\leqslant i\leqslant n)$ 个词性标记的判别阈值 H。

对于待检测的语料,对每个句子的词性标记序列进行向量化表示,如果某一标记 t 在这些待测语料中出现了 $k'(k'>1)$ 次,那么,标记 t 与其在训练样本中对应的 **VA** 之间的平均距离为:

$$h = \frac{1}{k'-1}\sum_{i=1}^{k'}\boldsymbol{d}_i \tag{7-65}$$

其中,$\boldsymbol{d}_i$ 为 t 的一个具体的词性标记序列向量。

如果 $h\leqslant H$,则认为待测语料中该标记符合一致性条件,否则,该标记被认为与标注标准不一致。

在上述方法中,采用马氏距离计算相似度的方法相对比较复杂,需要进行阈值计算,对训练语料的规模比较敏感,容易出现数据稀疏,但它不受特征量纲选取的影响。后来,张虎(2005)又尝试了采用欧氏距离(Euclidean distance)计算向量间的相似度,用 k-最邻近(k-nearest neighbor,kNN)分类算法对待检查语料词性标记序列向量进行聚类的实现方法。这些方法的实现在一定程度上解决了机器自动标注语料中容易出现而且较难解决的一致性检查问题,大大地提高了人工校对的效率。

7.6.2　词性标注自动校对方法

兼类词的词性标注自动校对问题也是语料库标注中必须面对的难题。在计算机自动实现词性标注的语料中,错误情况一般有两种:一种是对于同样的情况如果一个地方出错则通篇有错,一错到底;另一种情况是在相同的语境下,同一词的标注结果前后不一致。对于词性标注的一致性检查问题,7.6.1 节已经讨论过了,而对于一错到底的情况如果能够实现计算机自动校对无疑是最理想的,不但可以避免大量重复的手工劳动,节省时间,而且可以避免由于人工校对者的疏忽而产生的新错误。

钱揖丽等人(2004)曾实现了基于数据挖掘和规则学习方法的词性标注自动校对方法。该方法的基本思路是通过机器学习,从大规模训练语料中抽取每个兼类词在特定上下文语境中被标注的词性信息,形成一个词性校对决策表。对于被校对的标注语料,首先检测每个兼类词的上下文语境与决策表中的对应语境是否匹配,若匹配,则认为该校对语料中的兼类词的语境与决策表中的条件一致,其兼类词的词性也应该一致。

如果 $S=(U,A)$ 为一个知识表达系统,其中,U 为非空的有限集论域,A 为非空的属性有限集,且 $C,D \subset A$ 是两个属性子集,分别称为条件属性和决策属性,那么,具有条件属性和决策属性的知识表达系统可以表示为决策表,记作 $T=(U,A,C,D)$,或简称 CD 决策表[史忠植,2002]。

从训练语料中抽取兼类词的所有可能词性的真实范例生成范例库,并采集该兼类词被确定为某一可能词性的真实上下文语境信息,然后,基于范例库建立词性校对决策表。

在这里属性集合 $A=\{a_{-5},a_{-4},\cdots,a_{-1},a_0,a_1,a_2,\cdots,a_5\}$，$a_0$ 表示兼类词的词性，$a_j(j\in[-5,5],j\neq0)$ 表示该兼类词左右各 5 个词的词性。$C,D\subset A$ 是两个属性子集，C 为某个兼类词左右各 5 个词的词性，即 $C=\{a_{-5},a_{-4},\cdots,a_{-1},a_1,a_2,\cdots,a_5\}$，$D=\{a_0\}$ 为符合语境条件 C 的情况下，对该兼类词的词性决策为 a_0。

如果直接利用词性校对决策表，采用直接匹配方法校对，由于条件属性约束较多，待处理的语料中与之完全匹配的情况很少（根据钱揖丽等人的统计，50 万词的开放测试中能够匹配的仅有 18.69%），效果很不理想，因此，钱揖丽等人（2004）利用粗糙集理论中决策表约简的方法，对条件属性部分进行了约简，在不造成冲突的前提下尽量减少条件属性的个数，有效地提高了匹配的程度，提高了校对系统的性能。

经条件属性约简和一致性处理以后形成校对规则，规则的条件由校对决策表中的条件属性构成，规则右部为决策属性。条件约束大大地减少了，待处理语料中与规则条件相匹配的情况比例也显著提高（50 万词的开放测试中能够匹配的比例已经从 18.69% 提高到 57.07%）。

为了进一步提高校对的正确率，钱揖丽等人（2004）对校对规则进行了进一步优化，将相似度达到一定程度（大于给定的阈值）的规则归并为一条，从而减少规则的数目。规则之间相似度的定义如下：

$$\mathrm{SIM}(x_i,x_j)=1-d(x_i,x_j) \tag{7-66}$$

其中，x_i 和 x_j 分别为第 i 条和第 j 条规则。$d(x_i,x_j)$ 为两条规则之间的欧氏距离：

$$d(x_i,x_j)=\sqrt{\frac{1}{n}\sum_{k=1}^{n}(f_k(x_i)-f_k(x_j))^2} \tag{7-67}$$

其中，n 为规则条件属性（上下文词性）的总数；$f_k(x_i)$ 和 $f_k(x_j)$ 分别为规则 x_i 和 x_j 的第 k 个位置上属性值（词性）出现的频率。

在钱揖丽等人（2004）的实验中，选定规则相似度的阈值为 0.87，即如果两条规则的相似度大于 0.87，则将这两条规则合并。

另外，考虑到随着校对语料规模的不断扩大，有些规则的可信度越来越大，而有些规则的可信度则越来越小，因此，经过一段时间的校对以后，可以对那些可信度过低的规则进行删除，进一步优化规则集。文献[钱揖丽等,2004]将规则的可信度定义为规则正确使用的次数与规则被调用的总次数之比。

根据上述介绍，基于数据挖掘和规则学习方法的词性标注自动校对算法可以描述如下：

步 1　从待处理的初标语料中抽取所有兼类词及其上下文语境信息，建立待处理语料的兼类词表及其范例表；

步 2　对于词表中有相应校对规则的兼类词，逐一进行以下处理：

(1) 从语料中抽取包含该词的一个句子，获取相关的上下文信息，即条件属性部分；

(2) 搜索规则集，查找匹配规则，同时对规则使用情况作出如下评价：

① 若有匹配规则，则比较语料中实际标注的词性与依据规则推出的词性（即决策属性 a_0）是否相同，若相同，则认为规则使用正确；若不同，则修改标注的词性；

　　② 若没有直接匹配的规则,则计算当前语境 y 与每一条规则 x_i 之间的相似度 $SIM(x_i, y)$,利用相似度最大的规则判断是否对当前兼类词标注的词性进行校对。

　　步3　对于新出现的频次比小于10∶1的兼类词,将其实例保存,然后经过人工校对后,按照获取规则的方法,获取该词的校对规则,将其加入到规则集,对规则集进行动态更新。

　　钱揖丽等人(2004)通过对50万词封闭测试语料和50万词开发测试语料的实验表明,该词性标注自动校对方法分别使兼类词词性标注的正确率提高了11.32%和5.97%。

7.7　关于技术评测

　　分词、命名实体识别与词性标注这三项技术密切相关,相互交织在一起,构成了中文信息处理的基础性关键技术(对于藏语等很多语言也是如此),可以说是词法层面的三姐妹。一方面,没有高质量的分词结果就难以准确地进行命名实体识别和词性标注,而另一方面,自动分词又需要命名实体识别技术的参与,很多命名实体识别方法也需要利用词性特征。如果这三项技术达不到很高的水平,就难以建立起高性能的自然语言处理系统。因此,几乎从中文信息处理这个学科诞生的那一天起,分词与词性标注就始终是这一领域的一个重要研究方向。20世纪90年代中期命名实体识别逐渐进入相关研究者的视野,并很快得到了越来越多的关注。

　　为了推动这些技术的发展,人们组织了各种评测。20世纪90年代开始,我国"863"高技术计划中文与接口技术评测组多次组织汉语分词与词性标注系统评测。2003年10月的国家"863"计划评测包括汉语分词和词性标注一体化测试、分词测试和命名实体识别测试三项任务[杨尔弘等,2006]。在国家重点基础研究发展规划项目("973"项目)"图像、语音、自然语言理解与知识挖掘"(编号:G1998030504)的资助下,自2000年起连续组织了几次汉语分词系统评测。2003年国际计算语言学联合会(ACL)汉语特别兴趣组SIGHAN首次组织了国际汉语分词评测(Bakeoff)[Sproat and Emerson,2003],对这一领域的发展产生了重要影响。随后,SIGHAN又多次举办汉语分词评测[Emerson,2005;Levow,2006]。2010年中国中文信息学会与SIGHAN联合组织召开了首届汉语处理联合国际会议(CLP2010),并再次组织了汉语分词技术评测[Zhao and Liu,2010]。SIGHAN Bakeoff已经成为国际上汉语分词技术研究最有影响的评测活动,尤其是前两次评测,由于其数据规范,参评系统较多,而且很多参评系统都是基于近年来提出的最新分词方法,因此,这两次评测的结果几乎成了所有从事汉语分词技术研究对比的基线标准(baseline)。相对而言,这些年来词性标注方法得到的关注较少,也没有组织新的评测。关于命名实体识别的评测已在7.3.1中介绍,这里不再赘述。

　　从目前汉语分词研究的总体水平来看,$F1$ 值已经达到95%左右,甚至更高,主要的分词错误是由新词造成的,尤其对领域的适应性较差。可是,试想一下,如果让人来做词语切分的话结果会怎样呢?相信对于大多数人来说,对于不熟悉领域文本的分词结果也很难到达100%的准确率。例如,让一个完全不懂生物医学的人去切分生物医学领域的文本,能够准确无误地切分出所有该领域的专业术语吗?因此,从这一角度理解,目前的分词技术可以说已经达到了相当高的水准。但是，人又是"贪婪"的，对于自己做不了的事情和达不到的水平，却总是希望计算机能够做到和达到。而从另一个角度理解，即使仅 5％的错误，如果汉语句子的平均长度按 22 个词计算，那么，平均每个句子中会有一个分词错误出现。这对于那些对分词结果有较高依赖性的自然语言处理系统来说，就意味着有太多的句子将得不到完全正确的处理结果。这个结论是可怕的！因此，汉语分词技术的研究仍然任重而道远。

与汉语分词和词性标注相比，目前命名实体识别的水平相对较差。因此，未来的任务更加艰巨。

第 **8** 章

句 法 分 析

句法分析(syntactic parsing)是自然语言处理中的关键技术之一,其基本任务是确定句子的句法结构(syntactic structure)或句子中词汇之间的依存关系。一般来说,句法分析并不是一个自然语言处理任务的最终目标,但是,它往往是实现最终目标的重要环节,甚至是关键环节。因此,在自然语言处理研究中,句法分析始终是众多专家关注的核心问题之一,围绕这一问题人们不断提出各种新的理论和方法。

句法分析分为句法结构分析(syntactic structure parsing)和依存关系分析(dependency parsing)两种。句法结构分析又可称为成分结构分析(constituent structure parsing)或短语结构分析(phrase structure parsing)。以获取整个句子的句法结构为目的的句法分析称为完全句法分析(full syntactic parsing)或者完全短语结构分析(full phrase structure parsing)(有时简称 full parsing),而以获得局部成分(如基本名词短语(base NP))为目的的句法分析称为局部分析(partial parsing)或称浅层分析(shallow parsing)。依存关系分析又称依存句法分析或依存结构分析,简称依存分析。

本章首先简要介绍句法结构分析的相关内容,然后详细介绍统计句法结构分析的基本方法和几个典型的短语结构分析器(phrase structure parser),再次介绍汉语长句句法分析和浅层句法分析的相关工作,最后介绍依存关系分析方法。

8.1 句法结构分析概述

8.1.1 基本概念

句法结构分析是指对输入的单词序列(一般为句子)判断其构成是否合乎给定的语法,分析出合乎语法的句子的句法结构。句法结构一般用树状数据结构表示,通常称为句法分析树(syntactic parsing tree),简称分析树(parsing tree)。完成这种分析过程的程序模块称为句法结构分析器(syntactic parser),通常简称为分析器(parser)。

一般而言,句法结构分析的任务有三个:①判断输入的字符串是否属于某种语言;②消除输入句子中词法和结构等方面的歧义;③分析输入句子的内部结构,如成分构成、上下文关系等。如果一个句子有多种结构表示,句法分析器应该分析出该句子最有可能的结构。有时人们也将句法结构分析称为语言或句子识别。由于在实际应用过程中,通常系统都已经知道或者默认了被分析的句子属于哪一种语言,因此,一般不考虑任务①,而着重考虑任务②和③的处理问题。

如果有一词典已经对英语单词 the,can,hold,water 标注了如下词性信息：

the：art(冠词)；

can：n,aux,v(n、v 分别表示名词和动词,下同;aux 表示助动词)；

hold：v

water：n,v

给定如下句法规则：

$$S \to NP\ VP$$
$$NP \to art\ n$$
$$VP \to aux\ VP$$
$$VP \to v\ NP$$

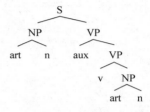

图 8-1　句法分析树示例

句子 The can can hold the water 的分析树如图 8-1 所示。

在绪论中已经指出,词法歧义和结构歧义等各种类型的歧义在自然语言中普遍存在,而句法结构歧义的识别和消解是句法分析面临的主要困难。

一般来说,构造一个句法分析器需要考虑两部分工作:一部分是语法的形式化表示和词条信息描述问题。形式化的语法规则构成了规则库,词条信息(包括词性、动词的配价和中心词信息等)由词典或相关词表提供,规则库与词典或相关词表构成了句法分析的知识库;另一部分工作是分析算法的设计。

8.1.2　语法形式化

语法形式化(grammar formalism)属于句法理论研究的范畴。目前在自然语言处理中广泛使用的是上下文无关文法(CFG)和基于约束的文法(constraint-based grammar)的简单形式,后者又称为合一语法(unification grammar)。关于 CFG,我们已经在第 3 章介绍有关形式语言与自动机时有过比较详细的描述,这里不再赘述。合一文法目前已经形成了在自然语言处理中被广泛采用的一种形式化表示类型。尤其是当有关研究宣称,与扩展的转移网络(augmented transition networks,ATNs)等早期框架相比,从语法工程和语法可重用性(reusability)的前景来看,基于约束的形式化方法具有更多的优越性以后,这种形式化方法得到了更广泛的应用[Samuelsson and Wiren,2000]。

常用的基于约束的语法有：

(1) 功能合一语法(functional unification grammar,FUG)[Kay,1984]；

(2) 树链接语法(tree-adjoining grammar,TAG)[Joshi *et al.*,1975]；

(3) 词汇功能语法(lexical-functional grammar,LFG)[Bresnan,1982]；

(4) 广义的短语结构语法(generalized phrase structure grammar,GPSG)[Gazdar *et al.*,1985]；

(5) 中心语驱动的短语结构语法(head-driven phrase structure grammar,HPSG)[Pollard and Sag,1994]。

关于这些语法的详细介绍,有兴趣的读者可以参考相关文献。

8.1.3　基本方法

简单地讲,句法结构分析方法可以分为基于规则的分析方法和基于统计的分析方法两大类。基于规则的句法结构分析方法的基本思路是,由人工组织语法规则,建立语法知识库,通过条件约束和检查来实现句法结构歧义的消除[Allen,1995]。在过去的几十年里,人们先后提出了若干有影响力的句法分析算法,诸如:CYK 分析算法(Cocke-Younger-Kasami parsing)[Kasami,1965;Younger,1967]、欧雷分析算法(Earley parsing)[Earley,1970]、线图分析算法(chart parsing)[Kay,1980;Allen,1995]、移进-规约算法(shift-reduction parsing)[Aho and Ullman,1972]、GLR 分析算法(generalized LR parsing)[Tomita,1985]和左角分析算法(left-corner parsing)①,等等。人们对这些算法做了大量的改进工作,并将其应用于自然语言处理的相关研究和开发任务,例如:机器翻译、树库标注等很多方面。由于国内外很多专著都对这些句法分析算法进行了详细阐述,诸如文献[Tomita,1985;1991]、[Allen,1995]、[冯志伟,1996]、[赵铁军等,2001]、[刘颖,2002]等,因此,我们不再重复介绍这些算法,有兴趣的读者可以参阅相关专著或论文。

根据句法分析树形成方向的区别,人们通常将这些分析方法划分为三种类型:自顶向下(top-down)的分析方法、自底向上(bottom-up)的分析方法和两者相结合的分析方法。自顶向下分析算法实现的是规则推导的过程,分析树从根结点开始不断生长,最后形成分析句子的叶结点。而自底向上分析算法的实现过程恰好相反,它是从句子符号串开始,执行不断归约的过程,最后形成根结点。有些方法本身是确定的,例如,CYK 算法、Earley 算法、移进-规约算法和 GLR 算法等,都属于自底向上的分析算法,而有些方法既可以采用自底向上的方法实现,也可以采用自顶向下的方法实现,如线图分析算法。当然,线图分析算法还可以实现自底向上和自顶向下相结合的分析方法[刘颖,2002]。吴安迪(1993)认为,左角分析算法是一种较好的 top-down 方法和 bottom-up 方法相结合的算法,由于这种算法既可以避免纯粹的自顶向下分析算法穷尽式扩展非终结符结点、难以充分利用输入句子中词汇提供的信息指导推导过程的弱点,也可以避免纯粹的自底向上算法盲目归约当前结点寻找父结点、有时导致"误入歧途"的不足,因而,这种方法在道理上最接近人实现句法分析的过程,最具有心理语言学价值。

基于规则的句法结构分析方法的主要优点是,分析算法可以利用手工编写的语法规则分析出输入句子所有可能的句法结构;对于特定的领域和目的,利用手工编写的有针对性的规则能够较好地处理输入句子中的部分歧义和一些超语法(extra-grammatical)现象。

但是,规则分析方法也存在一些缺陷:①对于一个中等长度的输入句子来说,要利用大覆盖度的语法规则分析出所有可能的句子结构是非常困难的,分析过程的复杂性往往使程序无法实现;②即使能够分析出句子所有可能的结构,也难以在巨大的句法分析结果集合中实现有效的消歧,并选择出最有可能的分析结果;③手工编写的规则一般带有一定的主观性,对于实际应用系统来说,往往难以覆盖大领域的所有复杂语言;④手工编

---

① http://www.coli.uni-saarland.de/projects/milca/courses/coal/html/node145.html

写规则本身是一件大工作量的复杂劳动，而且编写的规则对特定的领域有密切的相关性，不利于句法分析系统向其他领域移植［Carroll，2000］。

Samuelsson and Wiren（2000）认为，基于规则的句法分析算法之所以能够成功地运用于计算机程序设计语言的编译器中，而面对自然语言的句法解析任务始终难以摆脱困境，其主要原因在于：一方面是形式化文法的生成能力问题。程序设计语言中使用的只是严格限制的上下文无关文法（CFG）的子类（subclass），而自然语言处理中所使用文法的表达能力更强，这种强大的表达能力在下面例句中十分明显地体现出来：

（1）Who did you give the book to _ ?

（2）Who do you think that you gave the book to _?

（3）Who do you think that he suspects that you gave the book to _?

在这三个例句中，疑问代词"who"可以作为"give"的间接宾语替换"_"位置。实际上，在句子（1）的两端之间可以嵌入任意多个描述成分，就像例句（2）和例句（3）一样，这种宾语与动词"give"的依存关系并没有距离的限制。尽管这种语言现象可以通过受限的形式化方法来描述［Gazdar et al.，1985］，但实际上，许多自然语言处理系统中所使用的形式化描述方法远远超过了上下文无关文法的表达能力。这样，形式化文法过于强大的表达能力使句法分析算法面临更多复杂的可能派生的句法结构。

另一方面，在自然语言句子中存在更多、更复杂的结构歧义。在分析句子的每一步，句法分析器都可能有几种可能的候选规则和可执行的分析操作。如果歧义只存在于局部，句法分析器还可以通过简单的上下文分析对歧义进行消解，如下面的两个例句：

（1）Who has seen John?

（2）Who has John seen?

如果我们假定句法分析器按照从左到右的分析顺序执行，当句法分析算法遇到第三个词"seen"或"John"时，"Who"作直接宾语还是作主语的歧义自然就消失了。但是，如果歧义是全局的，那么歧义消解就不是一件简单的事情了。正如我们在绪论中指出的，随着英语句子中介词短语组合个数的增加，介词引起的歧义结构的复杂程度不断加深，这个组合个数即为开塔兰数（Catalan numbers）。

另外，自然语言的句法解析方法与程序设计语言的句法分析方法的区别还在于，自然语言处理中的句法分析器的先验知识的覆盖程度永远是有限的，句法分析器总是可能遇到未曾学习过的新的语言现象，而这一点对于程序设计语言来说是不可能的。人们在使用程序设计语言的时候，一切表达方式都必须服从机器的要求，是一个人服从机器的过程，这个过程是从语言的无限集到有限集的映射过程。而在自然语言处理中则恰恰相反，自然语言处理实现的是机器追踪和服从人的语言、从语言的有限集到无限集推演的过程。

M. Tomita(1991)认为，句法分析算法之所以在实际应用中常常会遇到难以克服的障碍，其实际性能离真正实用化要求还有相当的距离，其主要原因在于在语言学理论和实际的自然语言应用之间存在着巨大的差距，我们所缺少的正是弥补这个差距的桥梁，而这些桥梁就是有效的解析算法、语言知识工程、语言学理论或形式化方法的实现方法以及随机的（概率的）处理方法。

鉴于基于规则的句法分析方法存在诸多局限性,20 世纪 80 年代中期研究者们开始探索统计句法分析方法。目前研究较多的统计句法分析方法是语法驱动的(grammar-driven),其基本思想是由生成语法(generative grammar)定义被分析的语言及其分析出的类别,在训练数据中观察到的各种语言现象的分布以统计数据的方式与语法规则一起编码。在句法分析的过程中,当遇到歧义情况时,统计数据用于对多种分析结果的排序或选择。

基于概率上下文无关文法(probabilistic(或 stochastic)context-free grammar,PCFG 或 SCFG)的短语结构分析方法可以说是目前最成功的语法驱动的统计句法分析方法。该方法采用的模型主要包括词汇化的概率模型(lexicalized probabilistic model)和非词汇化的概率模型(unlexicalized probabilistic model)两种。表 8-1 列出了目前具有代表性的 5 个开源的短语结构分析器。

表 8-1 常用短语结构分析器

序号	名称	模型	适用语言	代表论文
(1)	Collins Parser	基于 PCFG 的中心词驱动的词汇化模型	英语	[Collins, 1997, 1999, 2003]
(2)	Bikel Parser	基于 PCFG 的中心词驱动的词汇化模型	多语言	[Bikel, 2004a, 2004b]
(3)	Charniak Parser	基于 PCFG 的词汇化模型	多语言	[Charniak and Johnson, 2005], [Charniak, 1997, 2000], [Caraballo and Charniak, 1998]
(4)	Berkeley Parser	基于 PCFG 的非词汇化模型	多语言	[Pauls and Klein, 2009], [Petrov and Klein, 2007a, 2007b], [Petrov *et al.*, 2006]
(5)	Stanford Parser	基于 PCFG 的非词汇化模型	多语言	[Klein and Manning, 2003a, 2003b]

各句法分析器发布的网站地址为:

(1) Collins Parser:http://people.csail.mit.edu/mcollins/code.html

(2) Bikel Parser:http://www.cis.upenn.edu/~dbikel/software.html#stat-parser

(3) Charniak Parser:http://www.cs.brown.edu/people/ec/#software

(4) Berkeley Parser:http://nlp.cs.berkeley.edu/Main.html#Parsing

(5) Stanford Parser:http://nlp.stanford.edu/downloads/lex-parser.shtml

其中,Stanford Parser 具备将短语结构树转换为依存关系树的功能。

在下面的几节里将对基本的基于 PCFG 的句法分析方法和 Collins Parser、Berkeley Parser 两个典型的句法分析器做详细介绍。

8.2　基于 PCFG 的基本分析方法

8.2.1　PCFG

基于概率上下文无关文法的句法分析方法自 20 世纪 80 年代提出以来，受到了众多学者的关注。由于这种方法既有规则方法的特点，又运用了概率信息，因此，可以认为是规则方法与统计方法的紧密结合。尤其在最近几年，随着统计方法研究的不断升温和统计方法必须与规则方法相结合的观点得到普遍认同，基于 PCFG 的句法分析方法研究备受关注。

PCFG 是 CFG 的扩展，PCFG 的规则表示形式为：$A \rightarrow \alpha$　p，其中 A 为非终结符，p 为 A 推导出 α 的概率，即 $p = P(A \rightarrow \alpha)$，该概率分布必须满足如下条件：

$$\sum_{\alpha} P(A \rightarrow \alpha) = 1 \tag{8-1}$$

也就是说，相同左部的产生式概率分布满足归一化条件。

请看如下例子：

G(S)：	S→NP VP	1.0	NP→NP PP	0.4
	PP→P NP	1.0	NP→He	0.2
	VP→V NP	0.65	NP→Jenny	0.06
	VP→VP PP	0.35	NP→flowers	0.16
	P→with	1.0	NP→books	0.18
	V→met	1.0		

根据上述文法，句子 He met Jenny with flowers 有两个可能的句法结构，如图 8-2 所示。

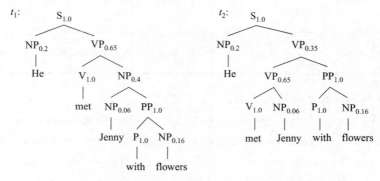

图 8-2　句子 He met Jenny with flowers 的两棵分析树

在基于 PCFG 的句法分析模型中，假设满足以下三个条件：

① 位置不变性（place invariance）：子树的概率不依赖于该子树所管辖的单词在句子中的位置；

② 上下文无关性（context-free）：子树的概率不依赖于子树控制范围以外的单词；

③ 祖先无关性（ancestor-free）：子树的概率不依赖于推导出子树的祖先结点。

于是,图 8-2 中两棵子树的概率分别为

$$P(t_1) = 1.0 \times 0.2 \times 0.65 \times 1.0 \times 0.4 \times 0.06 \times 1.0 \times 1.0 \times 0.16$$
$$= 0.000\ 499\ 2$$
$$P(t_2) = 1.0 \times 0.2 \times 0.35 \times 0.65 \times 1.0 \times 0.06 \times 1.0 \times 1.0 \times 0.16$$
$$= 0.000\ 436\ 8$$

与 HMM 类似,PCFG 也有三个基本问题:

① 给定一个句子 $W = w_1 w_2 \cdots w_n$ 和文法 G,如何快速计算概率 $P(W|G)$?

② 给定一个句子 $W = w_1 w_2 \cdots w_n$ 和文法 G,如何选择该句子的最佳结构? 即选择句法结构树 t 使其具有最大概率: $\mathrm{argmax}_t P(t|W, G)$;

③ 给定 PCFG G 和句子 $W = w_1 w_2 \cdots w_n$,如何调节 G 的概率参数,使句子的概率最大? 即求解 $\mathrm{argmax}_G P(W|G)$。

为了便于描述解决这三个问题的算法,我们在这里只考虑文法具有乔姆斯基范式 (Chomsky normal form,CNF)的情况,即文法规则只有以下两种形式:

① $A \rightarrow \alpha$;　α 为终结符号;

② $A \rightarrow BC$;　B、C 为非终结符号。

任意给定一个 CFG,都可以将其转换为 CNF 文法。假定文法符合 CNF 形式并不影响下面将要介绍的算法的适用性。这些算法只作适当的修改,便可用于其他形式的上下文无关文法。

针对 PCFG 的三个基本问题,下面分别给出求解算法。

8.2.2　面向 PCFG 的内向外向算法

在给定 PCFG G 的情况下,快速计算句子 W 的概率 $P(W|G)$ 有两种方法: 内向算法 (inside algorithm)和外向算法(outside algorithm)。

(1) 内向算法

该算法的基本思想是,利用动态规划算法计算非终结符 A 推导出 W 中子串 $w_i w_{i+1} \cdots w_j$ 的概率 $\alpha_{ij}(A)$,句子 $W = w_1 w_2 \cdots w_n$ 的概率为 $\alpha_{1n}(S)$,其中,S 为文法 G 的初始非终结符,即

$$P(W \mid G) = P(S \overset{*}{\Rightarrow} W \mid G) = \alpha_{1n}(S) \tag{8-2}$$

首先定义内向变量 $\alpha_{ij}(A)$,即非终结符 A 推导出 W 中子串 $w_i w_{i+1} \cdots w_j$ 的概率为

$$\alpha_{ij}(A) = P(A \Rightarrow w_i w_{i+1} \cdots w_j) \tag{8-3}$$

$\alpha_{ij}(A)$ 可以通过如下递归公式计算出:

$$\alpha_{ii}(A) = P(A \rightarrow w_i) \tag{8-4}$$

$$\alpha_{ij}(A) = \sum_{B,C} \sum_{i \leqslant k < j} P(A \rightarrow BC) \alpha_{ik}(B) \alpha_{(k+1)j}(C) \tag{8-5}$$

式(8-5)的含义是,当 $i \neq j$ 时,子串 $w_i w_{i+1} \cdots w_j$ 可以被切成两段: $w_i \cdots w_k$ 和 $w_{k+1} \cdots w_j$,前半部分 $w_i \cdots w_k$ 由非终结符 B 推导出,后半部分 $w_{k+1} \cdots w_j$ 由非终结符 C 推导出,即 $A \Rightarrow BC \Rightarrow w_i \cdots w_k w_{k+1} \cdots w_j$。这一推导过程产生的概率为

$$P(A \rightarrow BC) \alpha_{ik}(B) \alpha_{(k+1)j}(C)$$

这一思路可以用图 8-3 表示。

由于 B,C 和 k 的任意性，因此，由 A 推导出 $w_i w_{i+1} \cdots w_j$ 的概率为所有可能的 B,C 和 k 的情况下，$P(A \rightarrow BC)\alpha_{ik}(B)\alpha_{(k+1)j}(C)$ 的总和，即式(8-5)所示的表达形式。

根据上述描述，给出内向算法如下：

输入：PCFG $G(S)$ 和句子 $W = w_1 w_2 \cdots w_n$；

输出：$\alpha_{ij}(A)$，$1 \leqslant i \leqslant j \leqslant n$。

步 1 初始化：$\alpha_{ii}(A) = P(A \rightarrow w_i)$，$1 \leqslant i \leqslant n$；

步 2 归纳计算：$j = 1 \cdots n$，$i = 1 \cdots n - j$，重复下列计算：

$$\alpha_{i(i+j)}(A) = \sum_{B,C} \sum_{i \leqslant k \leqslant i+j-1} P(A \rightarrow BC)\alpha_{ik}(B)\alpha_{(k+1)(i+j)}(C)$$

步 3 终结：$P(S \overset{*}{\Rightarrow} w_1 w_2 \cdots w_n) = \alpha_{1n}(S)$

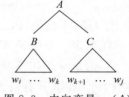

图 8-3　内向变量 $\alpha_{ij}(A)$ 计算方法示意图

（2）外向算法

概率 $P(W|G)$ 也可以采用外向算法计算获得。与内向算法类似，首先定义外向变量 $\beta_{ij}(A)$ 为初始非终结符 S 在推导出语句 $W = w_1 w_2 \cdots w_n$ 的过程中，产生符号串 $w_1 \cdots w_{i-1} A w_{j+1} \cdots w_n$ 的概率（隐含着 $A \overset{*}{\Rightarrow} w_i \cdots w_j$）：

$$\beta_{ij}(A) = P(S \overset{*}{\Rightarrow} w_1 \cdots w_{i-1} A w_{j+1} \cdots w_n) \tag{8-6}$$

也就是说，$\beta_{ij}(A)$ 是 S 推导出除了以 A 为根节点的子树以外其他部分的概率。

利用如下递归公式，通过动态规划算法计算 $\beta_{ij}(A)$：

$$\beta_{1n}(A) = \begin{cases} 1, & A = S \\ 0, & A \neq S \end{cases} \tag{8-7}$$

$$\beta_{ij}(A) = \sum_{B,C} \sum_{k>j} P(B \rightarrow AC)\alpha_{(j+1)k}(C)\beta_{ik}(B)$$

$$+ \sum_{B,C} \sum_{k<i} P(B \rightarrow CA)\alpha_{k(i-1)}(C)\beta_{kj}(B) \tag{8-8}$$

式(8-7)和式(8-8)的含义解释为：当 $i = 1$，$j = n$ 时，$w_i w_{i+1} \cdots w_j = W$，如果 $A = S$，那么，$\beta_{1n}(A) = P(S \overset{*}{\Rightarrow} W)$，显然，$P(S \overset{*}{\Rightarrow} W) = 1$，即 $\beta_{1n}(A) = 1$。如果 $A \neq S$，由于乔姆斯基规范形式的语法中不存在形如 $S \rightarrow A$ 的产生式，因此，在 S 推导出 W 的过程中，A 推导出 W 的概率为 0，即 $\beta_{1n}(A) = 0$。

当 $i \neq 1$ 或 $j \neq n$ 时，如果在 S 推导出 W 的过程中出现了字串 $w_1 \cdots w_{i-1} A w_{j+1} \cdots w_n$，根据 CNF 对产生式形式的约定，必定运用了形如 $B \rightarrow AC$ 或者 $B \rightarrow CA$ 的规则。如果运用了 $B \rightarrow AC$ 形式的规则推导出了 $w_i \cdots w_j w_{j+1} \cdots w_k (j < k \leqslant n)$，那么，该推导过程可以分解为如下三步：

① 在 S 推导出 W 的过程中出现了 $w_1 \cdots w_{i-1} B w_{k+1} \cdots w_n$，其概率为 $\beta_{ik}(B)$；

② 运用产生式 $B \rightarrow AC$ 扩展非终结符 B，其概率为 $P(B \rightarrow AC)$；

③ 由非终结符 C 推导出 $w_{j+1} \cdots w_k$，概率为 $\alpha_{(j+1)k}(C)$。

对于运用 $B \rightarrow CA$ 规则的推导过程可以得到类似的分解步骤。上述解释可以用图 8-4 示意性地描述。

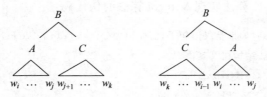

图 8-4　外向变量 $\beta_{ij}(A)$ 计算方法示意图

考虑到 B,C 和 k 的任意性以及运用 $B \to AC$ 或 $B \to CA$ 两种规则的情况,计算出的 $\beta_{ij}(A)$ 应为各种情况下的概率之和。因此,我们给出如下外向算法:

输入:PCFG $G(S)$ 和句子 $W = w_1 w_2 \cdots w_n$;

输出:句子 W 的概率 $P(W)$。

步 1　初始化:
$$\beta_{1n}(A) = \begin{cases} 1, & A = S \\ 0, & A \ne S \end{cases}$$

步 2　归纳计算:$j = n-2 \cdots 0, i = 1 \cdots n-j$,重复下列计算:
$$\beta_{i(i+j)}(A) = \sum_{B,C} \sum_{i+j \le k \le n} P(B \to AC) \alpha_{(i+j+1)k}(C) \beta_{ik}(B)$$
$$+ \sum_{B,C} \sum_{1 \le k \le i} P(B \to CA) \alpha_{k(i-1)}(C) \beta_{k(i+j)}(B)$$

步 3　终结,输出:$P(W) = P(S \overset{*}{\Rightarrow} w_1 w_2 \cdots w_n) = \sum_A \beta_{ii}(A) \times P(A \to w_i)$。

8.2.3　选择句子的最佳结构

对于一个给定的句子 $W = w_1 w_2 \cdots w_n$ 和文法 G,选择该句子的最佳结构也就是选择句法结构树 t 使其具有最大概率,即求解 $\operatorname{argmax}_t P(t \mid W, G)$。这一问题可以利用韦特比算法(Viterbi algorithm)求解。

首先定义韦特比变量 $\gamma_{ij}(A)$ 为由非终结符 A 推导出子串 $w_i \cdots w_j$ 的最大概率,然后,设置变量 ψ_{ij} 用于记忆子串 $w_i \cdots w_j$ 的韦特比句法分析树。利用动态规划思想计算最大句法树概率的韦特比算法描述为

输入:PCFG $G(S)$ 和句子 $W = w_1 w_2 \cdots w_n$;

输出:$\gamma_{ij}(A)$,$1 \le i \le j \le n$。

步 1　初始化:$\gamma_{ii}(A) = P(A \to w_i)$,$1 \le i \le n$;

步 2　归纳计算:$j = 1 \cdots n, i = 1 \cdots n-j$,重复下列计算:
$$\gamma_{i(i+j)}(A) = \max_{B,C \in N, i \le k \le i+j} \{P(A \to BC) \gamma_{ik}(B) \gamma_{(k+1)(i+j)}(C)\}$$
$$\psi_{i(i+j)}(A) = \operatorname*{argmax}_{B,C \in N, i \le k \le i+j} \{P(A \to BC) \gamma_{ik}(B) \gamma_{(k+1)(i+j)}(C)\}$$

其中,N 为 PCFG $G(S)$ 的非终结符号集。

步 3　终结:$P(S \overset{*}{\Rightarrow} w_1 w_2 \cdots w_n) = \gamma_{1n}(S)$,根据变量 $\psi_{i(i+j)}(A)$ 所存储的信息递归地建立推导 $S \overset{*}{\Rightarrow} w_1 w_2 \cdots w_n$ 所对应的韦特比句法分析树。

下面给出利用 CYK 算法实现 Viterbi 算法的伪代码：

输入：待分析的词序列（如果是汉语句子，需要预先分词）words 和 *PCFG* 规则集 R；

输出：最有可能的句法结构树及其概率。

```
function Probabilistic-CYK(words, R) {
    for j ← from 1 to LENGTH(words) do
        for all { A | A →words[j] ∈ R}        // 初始化三角阵
            table[j-1, j, A] ← P(A →words[j])
        for i ← from j-2 downto 0 do        // 计算 Viterbi 变量，记录树结构的推导路径
            for k ← i+1 to j-1 do
                for all { A | A →B C ∈ R, and table[i, k, B] > 0 and table[k, j, C] > 0 }
                    if (table[i, j, A] < P(A →BC) × table[i, k, B] × table[k, j, C]) then
                        table[i, j, A] ← P(A →BC) × table[i, k, B] × table[k, j, C]
                                                    // 存放最大的概率
                        back_trace[i, j, A] ←{k, B, C}  // 记录概率最大的推导路径（子树结构）
    return BUILD_TREE(back_trace[1, LENGTH(words), S]), table[1, LENGTH(words), S]
                                                //返回生成的树结构和概率
}
```

其中，函数 LENGTH(*words*)用于计算词序列 *words* 的长度，$table[i, j, X]$用于存放三角阵中以 X 为根结点，跨度范围从 i 到 j 的片段的概率；$back\_trace[i, j, A]$用于存放以 A 为根结点，跨度范围从 i 到 j 的片段的子树结构；函数 BUILD_TREE( )用于构造整个分析序列的句法结构树，根结点为 S。注意，该算法只给出一棵概率最大的句法结构树。如果需要输出多个句法分析树，需做适当修改。

8.2.4　PCFG 的概率参数估计

现在的问题是，对于给定的 CFG G 和句子 $W = w_1 w_2 \cdots w_n$，如何调整 G 的概率参数，使句子 W 的概率最大。解决这一问题的基本思路是采用 EM 迭代算法：给 G 的每个产生式随机地赋予一个概率值（满足归一化条件），得到文法 G_0。然后，根据 G_0 和训练数据（树库），可以计算出每条规则使用次数的期望值，用期望次数进行最大似然估计，得到语法 G 的新的参数值，新的语法记作 G_1。循环执行该过程，G 的概率参数将收敛于最大似然估计值。

给定 CFG G 和训练数据 $W = w_1 w_2 \cdots w_n$，产生式 $A \to BC$ 使用次数的期望值为

$$\text{Count}(A \to BC) = \sum_{1 \leqslant i \leqslant k \leqslant j \leqslant n} P(A_{ij} \to B_{ik} C_{(k+1)j} \overset{*}{\Rightarrow} w_i \cdots w_j \mid S \overset{*}{\Rightarrow} w_1 \cdots w_n, G)$$

$$= \frac{1}{P(w_1 \cdots w_n \mid G)} \sum_{1 \leqslant i \leqslant k \leqslant j \leqslant n} P(A_{ij}, B_{ik}, C_{(k+1)j}, w_1 \cdots w_n \mid G)$$

$$= \frac{1}{P(w_1 \cdots w_n \mid G)} \sum_{1 \leqslant i \leqslant k \leqslant j \leqslant n} \beta_{ij}(A) P(A \to BC) \alpha_{ik}(B) \alpha_{(k+1)j}(C) \quad (8\text{-}9)$$

式(8-9)的含义可以解释为：给定 CFG G 和句子 $W = w_1 w_2 \cdots w_n$，产生式 $A \to BC$ 被

用于生成 $w_1 w_2 \cdots w_n$ 的使用次数的期望值为：在 $1 \leqslant i \leqslant k \leqslant j \leqslant n$ 范围内所有可能的情况下，$w_1 w_2 \cdots w_n$ 的句法结构中 $w_i \cdots w_k$ 部分由非终结符 B 导出、$w_{k+1} \cdots w_j$ 部分由非终结符 C 导出、$w_1 w_2 \cdots w_n$ 由非终结符 A 导出的概率总和。这一思想可以用图 8-5 描述。

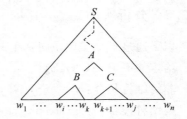

图 8-5　产生式 $A \rightarrow BC$ 的使用示意图

在式(8-9)中，概率 $P(w_1 \cdots w_n | G)$ 可以由内向算法或者外向算法求得。

类似地，语法 G 中形如 $A \rightarrow a$ 的产生式的使用次数期望值为

$$
\begin{aligned}
\text{Count}(A \rightarrow a) &= \sum_{1 \leqslant i \leqslant n} P(A_{ii} \rightarrow a \mid S \overset{*}{\Rightarrow} w_1 \cdots w_n, G) \\
&= \frac{1}{P(w_1 \cdots w_n \mid G)} \sum_{1 \leqslant i \leqslant n} P(A_{ii}, w_1 \cdots w_n \mid G) \\
&= \frac{1}{P(w_1 \cdots w_n \mid G)} \sum_{1 \leqslant i \leqslant n} \beta_{ii}(A) P(A \rightarrow a) \delta(a, w_i)
\end{aligned} \tag{8-10}
$$

其中，$\delta(a, w_i)$ 为 Kronecker 函数：

$$
\delta(a, w_i) = \begin{cases} 1, & a = w_i \\ 0, & a \neq w_i \end{cases}
$$

由此，G 的概率参数可以由下面的公式重新估计：

$$
\hat{P}(A \rightarrow \mu) = \frac{\text{Count}(A \rightarrow \mu)}{\sum_\mu \text{Count}(A \rightarrow \mu)} \tag{8-11}
$$

其中，μ 为终结符 a 或者两个非终结符 BC，即 $A \rightarrow \mu$ 为 CNF 语法中以 A 为左部的产生式。

用于 PCFG G 参数估计的内外向算法(Inside-Outside algorithm)为：

输入：CFG G 和训练数据 $W = w_1 w_2 \cdots w_n$；

输出：PCFG G。

步 1　初始化：随机地给 $P(A \rightarrow \mu)$ 赋初值，使其满足条件：$\sum_\mu P(A \rightarrow \mu) = 1$。由此得到语法 G_0。然后，给计数器赋初值：$i \leftarrow 0$。

步 2　EM 步骤：

E-步骤：根据式(8-9)和式(8-10)分别计算 G_i 的产生式在训练语料中的使用次数 $\text{Count}(A \rightarrow BC)$ 和 $\text{Count}(A \rightarrow a)$。

M-步骤：用 E-步所得的期望值，根据式(8-11)重新估计概率 $P(A \rightarrow \mu)$，得到语法 G_{i+1}。

步 3　循环计算：$i \leftarrow i+1$；重复执行 EM 步骤，直到 $P(A \rightarrow \mu)$ 收敛到一定的程度。

在 PCFG 参数学习算法的具体实现中，存在一些技术问题，如训练迭代的次数和时间复杂度问题、局部最大化(local maxima)问题、语法中非终结符号的个数问题等。对此，Fujisaki *et al*. (1989)、Lari and Young (1990)和 Charniak(1993,1997)等做了深入的研究和探讨，有兴趣的读者可以参考相关文献。

8.2.5 分析实例

以下通过一个实例说明基于 PCFG 的句法结构分析方法的工作过程。

给定如下 PCFG G(S)：

非终结符集合：$N=$ {S，NP，VP，PP，DT，Vi，Vt，NN，IN}

终结符集合：$\Sigma=$ {sleeps，saw，boy，girl，dog，telescope，the，with，in}

规则集：$R=${

(1) S →NP VP	1.0		(8) Vi →sleeps	1.0
(2) VP →Vi	0.3		(9) Vt →saw	1.0
(3) VP →Vt NP	0.4		(10) NN →boy	0.1
(4) VP →VP PP	0.3		(11) NN →girl	0.1
(5) NP →DT NN	0.8		(12) NN →telescope	0.3
(6) NP →NP PP	0.2		(13) NN →dog	0.5
(7) PP →IN NP	1.0		(14) DT →the	0.5
			(15) DT →a	0.5
			(16) IN →with	0.6
			(17) IN →in	0.4

}

输入句子：the boy saw the dog with a telescope

CYK 算法的运行过程如图 8-6 所示。

图 8-6   基于 PCFG 的句法分析器的工作过程

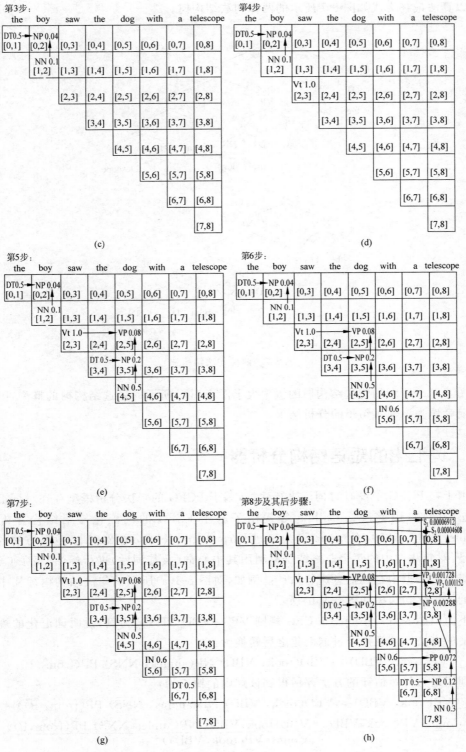

图 8-6 （续）

以算法最终生成如图 8-7 所示的两棵句法结构树。

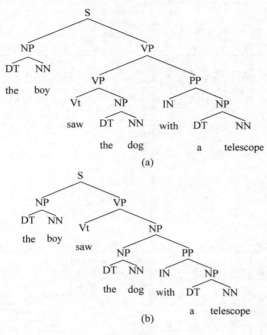

(a)

(b)

图 8-7　两棵句法结构树

图 8-7(a)所示的句法结构树的概率大于图 8-7(b)所示的候选结构树的概率，因此系统将前者作为该输入句子的分析结果。

8.3　词汇化的短语结构分析器

由于在 PCFG 中没有对词汇进行建模，基于 PCFG 的句法分析模型存在对词汇信息不敏感的问题，因此，M. Collins 等提出了基于 PCFG 的词汇化短语结构分析方法[Collins, 1997, 1999；Charniak, 2000；Charniak and Johnson, 2005]。这种方法的基本思想是：对句法树中的每个非终结符都利用其中心词（及其词性）进行标注，每条 CFG 规则的概率都依据中心词信息进行估计。例如，对图 8-8(a)所示的句法结构树标注中心词之后的词汇化句法树如图 8-8(b)所示。

下面以图 8-8(a)中的一条 CFG 规则 VP → VBD NP PP 为例，说明词汇化的规则概率评估的方法。该规则经过词汇化之后转换为：

VP(took, VBD) → VBD(took, VBD) NP(apples, NNS) PP(from, P)

利用最大似然估计的方法评估得到该规则的概率为：

$$P(\text{VP}(\text{took, VBD}) \rightarrow \text{VBD}(\text{took, VBD}) \ \text{NP}(\text{apples, NNS}) \ \text{PP}(\text{from, P})) =$$
$$\frac{\text{Count}(\text{VP}(\text{took,VBD}) \rightarrow \text{VBD}(\text{took,VBD}) \ \text{NP}(\text{apples,NNS}) \ \text{PP}(\text{from,P}))}{\text{Count}(\text{VP}(\text{took,VBD}))}$$

不难想象，利用该方法估计规则概率时将会面临非常严重的数据稀疏的问题。因此，

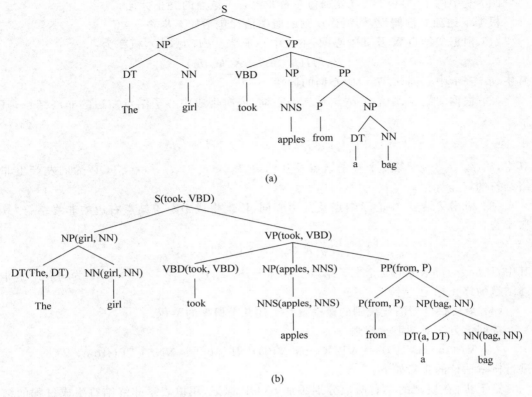

图 8-8　词汇化前后的句法结构树

Collins（1999）针对该问题引入了一系列独立性假设，将每条词汇化的规则看作一个马尔可夫过程，将整个规则的估计过程分解为多个部分的乘积形式。具体而言，每条词汇化规则按照如下的步骤产生：

（1）由父结点生成中心子结点；

（2）自右向左依次生成中心子结点左边的结点；

（3）自左向右依次生成中心子结点右边的结点。

不失一般性，假设一条 CFG 规则有如下形式：

$$X \rightarrow L_n L_{n-1} \cdots L_1 H R_1 \cdots R_{m-1} R_m$$

其中，X 为规则左端的非终结符，H 为中心子结点，L_i 和 R_i 为非中心子结点。上述三条独立性假设可以表示成图 8-9 所示的形式。

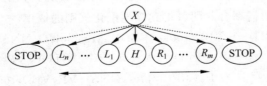

图 8-9　独立性假设示意图

图 8-9 中两个 STOP 结点分别为左右非中心子结点的终止标记。

根据上述独立性假设，词汇化规则的概率估计包括如下步骤：

（1）根据父结点 X 及其中心词，生成中心子结点 $H(h_w, h_t)$，概率为：

$$P_H(H(h_w, h_t) \mid X, h_w, h_t)$$

其中，h_w 表示中心词，h_t 表示中心词的词性。

（2）根据父结点、中心子结点及其中心词，依次生成中心子结点左边的非终结符，其概率为：

$$\prod_{i=1}^{n+1} P_L(L_i(l_{w_i}, l_{t_i}) \mid X, H, h_w, h_t)$$

其中，$L_i(l_{w_i}, l_{t_i})$ 表示第 i 个左子结点及其标记，$L_{n+1}(l_{w_{n+1}}, l_{t_{n+1}}) = $ STOP 为向左产生非终结符的终止标记。

（3）根据父结点、中心子结点及其中心词，依次生成中心子结点右边的非终结符，其概率为：

$$\prod_{i=1}^{m+1} P_R(R_i(r_{w_i}, r_{t_i}) \mid X, H, h_w, h_t)$$

其中，$R_i(r_{w_i}, r_{t_i})$ 表示第 i 个右子结点及其标记，$R_{m+1}(r_{w_{m+1}}, r_{t_{m+1}}) = $ STOP 为向右产生非终结符的终止标记。

（4）最后整个词汇化规则的概率就是上述几个概率的乘积。

按照该方法对词汇化规则

$$VP(\text{took}, VBD) \rightarrow VBD(\text{took}, VBD) \ NP(\text{apples}, NNS) \ PP(\text{from}, P)$$

进行概率估计的步骤如下：

第 1 步：在规则的左右两边分别添加 STOP 标记，用以表示非终结符生成过程的结束位置：

$$VP(\text{took}, VBD) \rightarrow STOP \ VBD(\text{took}, VBD) \ NP(\text{apples}, NNS) \ PP(\text{from}, P) \ STOP$$

第 2 步：利用概率 $P(VBD(\text{took}, VBD) \mid VP(\text{took}, VBD))$ 生成中心子结点 $VBD(\text{took}, VBD)$；

第 3 步：产生中心子结点左边的非终结符（因为该规则中不存在左边非终结符，所以只产生 STOP），概率为：$P(\text{STOP} \mid VP(\text{took}, VBD), VBD(\text{took}, VBD))$

第 4 步：产生中心子结点右边的第一个非终结符 $NP(\text{apples}, NNS)$，概率为：

$$P(NP(\text{apples}, NNS) \mid VP(\text{took}, VBD), VBD(\text{took}, VBD))$$

第 5 步：产生非终结符 $PP(\text{from}, P)$，概率为：

$$P(PP(\text{from}, P) \mid VP(\text{took}, VBD), VBD(\text{took}, VBD))$$

第 6 步：生成最右端的 STOP，概率为：

$$P(\text{STOP} \mid VP(\text{took}, VBD), VBD(\text{took}, VBD))$$

将上述几个步骤的概率合并即可得到该词汇化规则的概率：

$$P(VP(\text{took}, VBD) \rightarrow VBD(\text{took}, VBD) \ NP(\text{apples}, NNS) \ PP(\text{from}, P))$$
$$= P_H(VBD \mid VP, \text{took}) \times P_L(\text{STOP} \mid VP, VBD, \text{took})$$
$$\times P_R(NP(\text{apples}, NNS) \mid VP, VBD, \text{took})$$
$$\times P_R(PP(\text{from}, P) \mid VP, VBD, \text{took})$$
$$\times P_R(\text{STOP} \mid VP, VBD, \text{took})$$

Collins Parser 以上述基本词汇化模型为基础,进一步建立了三个改进的词汇化模型。模型 1 将"距离(distance)"信息整合到模型中,使得模型能够更好地生成紧密的附着(close attachment)结构和右分支(right-branching)结构;模型 2 对模型 1 进行了扩展,使得模型能够更好地区分补足语(complement)和附属成分(adjunct),同时还直接对中心词子类框架(subcategorization frames)的概率分布进行了参数化;模型 3 根据广义短语结构语法(GPSG),针对疑问词移位(Wh-movement)现象进行了建模[Collins,1999]。

尽管引入独立性假设之后,词汇化的规则可以分解为较小的部分进行概率计算,但是分解后的每一部分进行最大似然估计时依然会面临数据稀疏的问题,因此 Collins Parser 中引入了平滑的方法对每一部分的概率进行估计。以概率 $P_R(R_i(r_{w_i}, r_{t_i})|P, h_w, h_t)$ 为例,Collins Parser 通过对三种回退(backed-off)模型用插值的方式来处理数据稀疏的问题:

$$P_R = \lambda_1 e_1 + (1-\lambda_1)(\lambda_2 e_2 + (1-\lambda_2)e_3)$$

其中,e_1、e_2 和 e_3 分别表示三种回退模型,λ_1 和 λ_2 分别为 e_1 和 e_2 模型的权重。关于这三种回退模型的进一步介绍可见表 8-2。

表 8-2　三种回退模型

回退模型	$P_R(R_i(r_{w_i}, r_{t_i})|\cdots)$	举例
e_1	$P_R(R_i(r_{w_i}, r_{t_i})|X, h_w, h_t)$	$P_R(NP(apples, NNS)|VP, VBD, took)$
e_2	$P_R(R_i(r_{w_i}, r_{t_i})|X, h_t)$	$P_R(NP(apples, NNS)|VP, VBD)$
e_3	$P_R(R_i(r_{w_i}, r_{t_i})|X)$	$P_R(NP(apples, NNS)|VP)$

Collins Parser 针对未登录词也进行了相应处理:在训练阶段将出现次数小于 6 的未登录词用 UNKNOWN 替换,在测试阶段直接将未登录词替换为 UNKNOWN。Collins Parser 中使用的解码算法是 CYK 算法。Collins Parser 中三个模型在宾州树库[①]上的实验结果如表 8-3 所示[Collins,1999]。关于性能指标的解释,详见 8.6 节。

表 8-3　Collins Parser 在英语语料上的性能　　　　　　　　　%

模型	句长小于等于 40 个词 (2245 个句子)			句长小于等于 100 个词 (2416 个句子)		
	LP	LR	F1	LP	LR	F1
模型 1	88.2	87.9	88.0	87.7	87.5	87.6
模型 2	88.7	88.5	88.6	88.3	88.1	88.2
模型 3	88.7	88.6	88.6	88.3	88.0	88.1

词汇化句法结构分析模型的提出有效地提升了基于 PCFG 的句法分析器的能力,获得了较高的句法分析性能。

---

① 这里指宾州树库《华尔街日报》(Wall Street Journal)的语料。其中,02～20 部分(sections)作为训练语料,约 40000 个句子,第 23 部分(2416 个句子)作为测试集。

8.4 非词汇化句法分析器

我们知道，概率上下文无关文法（PCFG）中过强的独立性假设导致规则之间缺乏结构依赖关系，而在自然语言中，生成每个非终结符的概率往往是与其上下文结构有关系的。例如，英语句子中在主语位置上出现的名词短语 NP 生成代词的概率比较大，但在宾语位置上出现的 NP 生成代词的概率却比较小。非词汇化句法分析方法认为出现该问题的原因在于：PCFG 中的非终结符过于抽象和概括，使得 CFG 规则区分性太小。为此，Johnson（1998）提出了一种细化非终结符的方法，为每个非终结符标注上其父结点的句法标记信息，例如，主语位置上的名词短语 NP 标注后的句法标签变为 NP^S（S 为 NP 的父结点的句法标签），而宾语位置上的 NP 标注之后的句法标签变为 NP^VP。在宾州树库上的实验表明，该方法比基于原始 PCFG 的句法分析方法有了大幅提升，其中准确率提升了 6.5 个百分点，召回率提升了 9.5 个百分点。Klein and Manning（2003b）从语言学的角度出发，对非终结符进行了一系列的手工标注，使句法分析器的准确率得到了进一步提升，但是该方法需要大量的人工标注工作，而且很难控制非终结符的细化程度。针对这一问题，D. Klein 等开发的 Berkeley Parser[Klein and Manning，2003b；Petrov and Klein，2007a，2007b]使用了一种带有隐含标记的上下文无关文法（PCFG with latent annotations，PCFG-LA），使得非终结符的细化过程可以自动进行。

下面详细介绍该方法。

PCFG-LA 为每个非终结符标注一个隐含标记，例如，图 8-10(a) 所示的句法树 T 标注隐含标记之后转化为图 8-10(b) 所示句法树 $T[\mathbf{X}]$，其中 x_i 的取值范围（用 H 表示）是人为设定的，一般取 1～16 之间的整数。

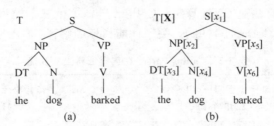

图 8-10 普通句法树与 PCFG-LA 句法树对照实例

含有隐含标记的句法树 $T[\mathbf{X}]$ 的概率按如下方法计算：

$$P(\mathrm{T}[\mathbf{X}]) = \pi(\mathrm{S}[x_1]) \times \beta(\mathrm{S}[x_1] \to \mathrm{NP}[x_2]\mathrm{VP}[x_5]) \times \beta(\mathrm{NP}[x_2] \to \mathrm{DT}[x_3]\mathrm{N}[x_4])$$
$$\times \beta(\mathrm{DT}[x_3] \to \mathrm{the}) \times \beta(\mathrm{N}[x_4] \to \mathrm{dog}) \times \beta(\mathrm{VP}[x_5] \to \mathrm{V}[x_6])$$
$$\times \beta(\mathrm{V}[x_6] \to \mathrm{barked})$$

其中，$\pi(\bullet)$ 为根结点的初始概率，$\beta(\bullet)$ 为 PCFG-LA 规则的概率。

相应句法树的概率为隐含标记所有取值的概率加和：

$$P(T) = \sum_{x_1 \in H} \sum_{x_2 \in H} \cdots \sum_{x_6 \in H} P(\mathrm{T}[\mathbf{X}])$$

PCFG-LA 模型类似于 HMM 模型，原始非终结符对应 HMM 模型中的观察输出，隐含标记对应 HMM 模型中的隐含状态,因此 PCFG-LA 模型的训练过程可以借鉴 HMM 参数训练时使用的 EM 算法。

不失一般性,假设非终结符 A 跨度为 (r,t),其子结点为 B 和 C,相应的跨度分别为 (r,s) 和 (s,t),A_x、B_y 和 C_z 分别表示 A、B、C 带隐含标记后的非终结符。A_x 的内向概率 P_{IN} 和外向概率 P_{OUT} 分别定义为:

$$P_{IN}(r,t,A_x) \stackrel{\text{def}}{=} P(w_{r:t} \mid A_x)$$

$$P_{OUT}(r,t,A_x) \stackrel{\text{def}}{=} P(w_{1:r}A_x w_{t:n})$$

内向概率和外向概率可以分别通过如下公式递归地进行计算:

$$P_{IN}(r,t,A_x) = \sum_{y,z} \beta(A_x \rightarrow B_y C_z) \times P_{IN}(r,s,B_y) \times P_{IN}(s,t,C_z)$$

$$P_{OUT}(r,s,B_y) = \sum_{x,z} \beta(A_x \rightarrow B_y C_z) \times P_{OUT}(r,t,A_x) \times P_{IN}(s,t,C_z)$$

$$P_{OUT}(s,t,C_z) = \sum_{x,y} \beta(A_x \rightarrow B_y C_z) \times P_{OUT}(r,t,A_x) \times P_{IN}(r,s,B_y)$$

其中,$\beta(A_x \rightarrow B_y C_z)$ 表示规则 $A_x \rightarrow B_y C_z$ 的概率。

对于给定的词序列 w 及其带隐含标记的句法树 $T[\mathbf{X}]$,在计算概率期望值时,带有隐含标记的规则的后验概率可以通过下式计算:

$$P((r,s,t,A_x \rightarrow B_y C_z) \mid w,T) \propto P_{OUT}(r,t,A_x) \times \beta(A_x \rightarrow B_y C_z) \\ \times P_{IN}(r,s,B_y) \times P_{IN}(s,t,C_z)$$

在期望最大化阶段,带有隐含标记的规则概率可用下式计算:

$$\beta(A_x \rightarrow B_y C_z) = \frac{\text{Count}(A_x \rightarrow B_y C_z)}{\sum_{y',z'} \text{Count}(A_x \rightarrow B_{y'} C_{z'})}$$

需要说明的是,这里的句法树结构是已知的,未知的仅仅是每个非终结符上的隐含标记,因此,内向-外向算法与句子长度呈线性关系,而不是立方关系。

众所周知,EM 算法仅仅可以获得局部最优参数,如果参数的搜索空间很大,即使设置不同的初始点,EM 算法也常常不能获得一个令人满意的结果。Berkeley Parser 在实现上述 EM 算法时,提出了一种层次化的"分裂-合并(split-and-merge)"策略,以期获取一个准确并且紧凑的 PCFG-LA 模型。在初始化阶段,Berkeley Parser 直接将树库二叉化之后抽取出的二叉化 CFG 规则作为初始的语法规则。在分裂阶段,Berkeley Parser 反复对语法规则进行分裂,并对模型参数重新训练,每次分裂都是将分裂前隐含标记个数较少的语法中的每个隐含标记扩充为两个,分裂后每条规则的概率是分裂前对应规则的概率取平均后加入 1‰ 的随机扰动,这样处理的目的主要是为了打破语法的对称性(规则拥有相同概率时,在句法分析过程中没有区分性)。在合并阶段,为了避免分裂阶段出现过拟合现象,Berkeley Parser 计算每个隐含标记分裂前和分裂后的似然率(likelihood),如果分裂前后似然变化较小,则将分裂之后的两个标记重新合并为一个隐含标记。以下通过一个实例来说明 Berkeley Parser 中利用层次化的"分裂-合并"策略训练模型的过程。

图 8-11 中给出了限定词词性标签 DT 层次化"分裂-合并"的过程,其中 G_0 表示初始语法,是通过二叉化树库得到的 X-bar 语法[①]。第一次分裂使得语法 G_0 分裂为 G_1,DT 被

---

① 关于 X-bar 理论的介绍可参阅文献[Kornai and Pullum, 1990]。

分解为两个标记 DT-1 和 DT-2，然后利用上述 EM 算法对分裂之后的 G_1 进行参数估计，接下来利用得到的 G_1 语法计算 DT 分裂前后的似然率，本例中 DT 分裂之后似然率增加较多，所以不需要对 DT-1 和 DT-2 进行合并。后面的每次迭代都是对较小的语法 G_{i-1} 进行"分裂-合并"操作得到 G_i，整个迭代过程呈现为图 8-11 所示的树状层次结构。该例中在对 G_2 进行"分裂-合并"操作得到 G_3 的过程中，DT-2-2 分裂为两个标记后似然率变化不大，因此又重新合并为 DT-2-2[Petrov and Klein，2007a，2007b]。

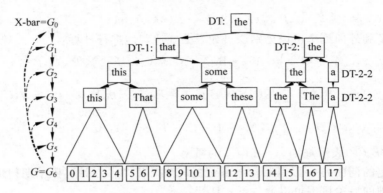

图 8-11　限定词词性 DT 的层次化分裂合并过程。

自顶向下表示 DT 加入不同数量的隐含标记之后的逐步细化过程，

其中方框里的词表示 DT[x]生成的概率最大的词。

通过上述方法得到的最终 PCFG-LA 模型中非终结符数目将会非常庞大，如果直接用 CYK 和 Chart 等算法进行解码，其解码速度会非常缓慢。因此，Berkeley Parser 针对上述层次化"分裂-合并"策略提出了一个高效的"由粗糙到精细"（coarse-to-fine）的解码算法。具体而言，就是先利用较为粗糙的语法 G_{i-1} 进行句法分析，如果分析的某个跨度上非终结符对 $X:[i,j]$ 的后验概率很小，则将 $X:[i,j]$ 剪枝。也就是说，在利用精细化的语法 G_i 分析时，在跨度 $[i,j]$ 上不考虑 G_i 中由 X 分裂的非终结符。这样，利用 G_0 对 G_1 进行搜索空间的剪枝，然后利用 G_1 对剪枝后的搜索空间进一步剪枝，如此反复地对搜索空间进行剪枝，直到利用最精细的语法 G_n 进行分析时，搜索空间已经大幅度减小，这样使整个解码速度可以非常快。

Berkeley Parser 在不同语言上均获得了较好的分析结果。在 Petrov and Klein（2007a）的实验中，不同语言的训练集、开发集和测试集情况如表 8-4 所示。

表 8-4　Berkeley Parser 的实验设置

	英语[Marcus *et al.*，1993]	德语[Skut *et al.*，1997]	汉语[Xue *et al.*，2002]
训练集	Sections 2～21	Sentences 1～18602	Articles 26～270
开发集	Section 22	18603～19602	Articles 1～25
测试集	Section 23	19603～20602	Articles 271～300

实验结果如表 8-5 所示。关于性能指标的解释，详见 8.6 节。

表 8-5　Berkeley Parser 在不同语言上的性能表现　％

语言	长度小于 40 个词的句子			所有的句子		
	LP	LR	F1	LP	LR	F1
英语	90.7	90.5	90.60	90.2	89.9	90.05
德语	80.8	80.7	80.75	80.1	80.1	80.10
汉语	86.9	85.7	86.30	84.8	81.9	83.32

　　总起来看,Berkeley Parser 作为非词汇化句法分析器的代表,无论性能表现还是运行速度,都是目前开源的短语结构分析器中最好的。

8.5　其他相关研究

　　由于基于 PCFG 的短语结构分析方法具有形式简洁和参数空间小等优点,而且,对于存在多个分析结构的句子具有一定的消歧能力,因此,在句法分析研究中颇受青睐。但是,该模型仍存在子树评分不够准确、概率参数估计复杂、而且需要大规模标注树库等不足,为此,很多学者对该模型提出了若干改进措施。

8.5.1　PCFG 方法的改进

　　首先,人们针对基于 PCFG 的短语结构分析方法的相关算法提出了若干改进策略。Stolcke(1995)将 Earley 算法与 PCFG 相结合,给出了概率化的 Earley 算法;Corazza(1992)对利用 PCFG 进行句法分析和计算句子概率的实现方法进行了细致的研究;Caraballo and Charniak(1996)利用自底向上的宽度优先的句法分析算法对各种分析子树的评分方法和剪枝策略进行了研究;Sekine and Grishman(1995)也利用自底向上的策略和 PCFG 文法建立了句法分析器,他们通过将产生式右部与有限状态自动机结合,减少了部分假设的数量,从而提高了分析器的速度;Magerman and Weir (1992)给出了 Picky 算法,该算法利用三个阶段的双向启发式方法,大大地减少了 CYK 类型的图表分析算法(CYK-like chart parsing)中生成边的数量,从而提高了分析器的效率;Tomita(1987)利用 PCFG 构造 LR 分析表,提出了不确定性的 LR 分析算法,而 Wright and Wrigley(1989)和 Wright (1990)对构造分析表的 PCFG 产生式的概率分配技术进行了研究。

　　Magerman and Marcus (1991)提出了一种基于广义互信息模型的短语自动划分算法,该算法依赖于下面的假设:给定句子中的短语成分边界可以通过分析句子中词类 n-gram 组合的互信息值加以确定。其实验说明:这种方法对于短句的分析效果较好,而对并列结构以及长句子的分析则不够理想。

　　Roark(2004)通过修改标准的 PCFG,使句法分析器具有预测能力,避免了花园路径(garden path)没有启发式修正的问题,提高了分析器的效率、鲁棒性和准确率。

　　王挺等(1998)提出了文法规则的推导概率和归约概率的概念,通过修改 Inside-Outside 算法,实现了从未分析语料中获取一般形式的上下文无关文法规则的概率参数;

周强等(1998)提出了一种汉语 PCFG 的自动推导方法，它在匹配分析机制上实现了无指导的 EM 迭代训练算法，并通过对训练语料的自动短语界定预处理以及在集成不同知识源基础上构造合适的初始规则集，保证了训练算法能够迅速地收敛于符合语言事实的规则概率分布状态。

其次，针对基于 PCFG 的句法分析模型的三个基本假设（概率计算的上下文无关性、祖先无关性和位置无关性），研究者们提出了若干改进方法。有专家认为，基于 PCFG 的分析算法忽略了消歧所需的上下文信息，因此，其消歧能力和最优结构选择的准确性都受到了一定的限制。为此，Chitrao and Grishman (1990) 提出了上下文依存的概率模型（context-dependent probabilistic model)，在该模型中，规则右部每个非终结符被扩展时可能使用的产生式的概率被记录了下来，用以计算扩展子树的概率。该方法有效地降低了标准 PCFG 模型的错误率。

Black *et al*. (1992a) 提出了基于历史的文法（history-based grammars，HBG），其核心思想是，把句法分析过程看作自顶而下、从左向右的非终结结点的扩展过程，即一系列产生式的使用过程，产生式的概率依赖于句子中当前分析点的整个分析历史。Jelinek *et al*. (1992) 描述了一个类似的基于历史的分析模型，其区别在于 Black *et al*. (1992a) 采用的是手工编写的规则，而 Jelinek *et al*. (1992) 采用的规则是从树库中自动提取出来的。Magerman(1994，1995) 在 Jelinek *et al*. (1992) 工作的基础上，采用决策树方法使系统性能得到了较大的提高。而 Ratnaparkhi(1997a) 采用最大熵的方法构造了一个基于历史的模型。

Briscoe and Carroll (1995) 将合一语法与概率广义 LR（probabilistic generalized LR）算法相结合，以增加 PCFG 的上下文描述的能力。Simmons and Yu (1992) 利用上下文依存文法（context-dependent grammar，CDG）针对英语受限子集实现了一个英语句法获取和分析系统。Schabes(1992) 提出了一种概率树邻接文法（probabilistic tree-adjoining grammar，PTAG），这种文法在 CFG 规则的基础上，增添了一种附加原则，以提高规则的上下文敏感性，并且改进了 Inside-Outside 算法，使之能够无指导地估计 PTAG 概率。

张浩等(2002) 研究了 PCFG 独立性假设的局限性，并在 PCFG 的基础上提出了三个逐层递进的与结构上下文相关的概率句法分析模型，该方法考虑了分析树中每个派生结点的结构上下文条件。孟遥(2003) 设计了一个包含复杂特征的统计句法分析模型，综合考虑了 CFG 规则的结构特性和所处的上下文信息。林颖等(2006) 针对 PCFG 独立假设的局限性，提出了句法结构共现的概念以引入上下文信息，并给出了相应的计算方法。

另外，针对汉语本身的结构特点，李幸(2005) 和 Li and Zong (2004) 在传统的 PCFG 模型的基础上，给出了一个包含内部成分结构信息的 PCFG 模型，通过引入中心词信息，得到包含内部结构成分信息和中心词信息的词汇化 PCFG 模型，根据内部成分结构标记确定中心词，从而比传统的中心词确定方法更具正确性和直观性。

8.5.2　数据驱动的分析方法

在前面介绍的语法驱动的分析方法中，生成语法的构造途径只有两个：一个是手工编写规则,另一个是从训练数据中推导规则。前一种方法需要耗费大量人力,规则质量与编写者的水平密切相关;后一种方法需要以较大规模的标注语料(树库)为基础或者语法受到严格约束,否则,语法学习过程的计算量太大,难以实现。为此,人们提出了数据驱动的句法分析方法。

数据驱动的分析方法不需要生成语法,分析结果是按照树库中标识的模式得到的。在这种方法中,丰富的上下文模型常常用于弥补由于缺乏语言上的约束而带来的不足。但这种方法的缺陷在于句子的分析结果完全受到训练树库中标识形式的控制。

G. Sampson 自 1986 年开始编写程序、后来几经改进完成的 APRIL[①] 句法分析器可能是第一个基于语料库技术的自动句法分析器[Sampson,1996]。在训练阶段,APRIL分析器从手工标注的句法分析语料中收集统计信息,并利用这些统计信息对给定的树建立评分方法,返回树的"似然率(plausibility)"。在对一个句子进行句法分析的过程中,搜索与树库中标记的树最可能相似的结构。在该系统中,一棵树的"似然率"被定义为它的所有局部子树"似然率"的联合(概率),而一棵子树的"似然率"为子树中父结点和子结点之间的转移概率。APRIL 分析器采用的搜索算法为爬山法(hill-climbing)。

Magerman(1995)建立的 SPATTER 句法分析器利用基于历史的句法分析技术结合了词汇和结构关系数据,但 SPATTER 并不用生成语法,而是记录分析树中在扩展特征中存放的结点结构信息,以标明该结点为根结点、中间结点或叶子结点。在基于树库的训练过程中,正确的分析树由自底向上、从左到右地顺序生成,逐步增加结点(词类标记)、扩展特征值和中心词。句法分析过程是搜索最大概率树的过程。

Bod and Scha (1996)经过观察发现,语法单元(如词或短语等)之间存在很多依存关系,这些依存关系正是生成语法中试图表现出来的,但很多依存关系在 D. M. Magerman 等人建立的概率模型中却无法编码。因此,R. Bod 等人提出了面向数据的句法分析技术(data-oriented language parsing, DOP),该方法建立在包含大量语言现象的树库基础上,把经过标注的树库看作一个语法,从树库中抽取部分树并构造一个部分树的数据库。当处理新的语言现象时,通过重新组合这些部分树的方式来构造句法分析树。DOP 方法与人们对句法分析的直觉相一致,但对给定的句子,其推导的搜索空间与句子长度成指数增长。尽管 Bod (1993,2003)应用 Monte Carlo 技术可以在多项式时间内找到最优的句法树,但实际句法分析的时间消耗仍然很大。

朱靖波等(1998)和张玥杰等(2000)曾论述了基于 DOP 的语料库标注方法、片段单元的定义、组合分析和概率计算方法,提出了一种以 DOP 技术作为基本框架,并利用基于相似的概率评估技术实现了汉语句法分析器。

Bansal and Klein(2010) 提出了一种简单的,但准确率较高的 DOP 句法分析方法,该方法利用训练集中所有的片段,只需要简单的确定性语法符号,且不需要词处理机制。在 WSJ 英文语料上测试的 F1 值达到了 88%,这一性能完全可以与那些复杂的词汇化的和使用隐含变量的句法分析器的性能相匹敌。

---

① http://www.grsampson.net/RApril.html

8.5.3　语义信息的利用

由于句子的语义与句法结构之间是紧密相关的，因此，有些学者提出了把语义信息引入到句法分析模型中的思想，建立了语义辅助的句法解析模型。

Sekine et al.(1992)在研究从样本语料中自动获取词的语义关联知识时，实现了句法分析与语义分析相结合的分析模型，其分析过程同时考虑由核心词、语法关系以及谓词-论元所组成的三元组。Jones and Eisner(1992)实现的句法分析器在扩展结点的过程中不仅计算了规则的句法概率，而且考虑了其语义概率，语义以谓词-论元的形式表示。Alshawi and Carter(1994)描述的句法树由语法关系、属性以及语义搭配等组成。

付国宏(2000)则结合汉语的特点，把词义信息引入到汉语句法分析中，提出了基于词义的概率上下文无关文法(LPCFG)的汉语句法分析模型，构造了一个以词义搭配模式为品质因数的最佳优先(best-first)线图分析算法。

我们知道，汉语是一种语义驱动的语言，其表达方式往往以语义为中心，而不是语法，一个句子是一个完整的语义表述，句子内部各部分之间的语义关系是紧密衔接的，但在句子结构上往往是比较随意和松散的。因此，作者认为，对于汉语的句法结构分析而言，或许语义信息会起到一定的帮助作用。

综上所述，句法分析是一项非常复杂的任务，一个好的句法分析器不仅应该能够充分利用多种信息，包括上下文结构信息、词汇信息以及语义信息等，实现结构歧义的消解，以达到较高的正确率，而且还必须具有较好的鲁棒性，以适应各种复杂的输入句子，包括来自不同领域和不同类型文本的句子。

8.6　短语结构分析器性能评价

8.6.1　评价指标

目前使用比较广泛的短语结构分析器性能评价方法是 PARSEVAL[Black et al.，1991；Collins，1996]。在 PARSEVAL 评测方法中主要有以下三个基本评测指标。

(1) 标记正确率(labeled precision，LP)：句法分析器输出结果中正确的短语个数所占的比例，也是分析结果中与标准分析树(答案)中的短语相匹配的个数占分析器输出结果中所有短语个数的比例，即：

$$\mathrm{LP} = \frac{\text{分析得到的正确短语个数}}{\text{分析得到的短语总数}} \times 100\% \qquad (8\text{-}12)$$

(2) 标记召回率(labeled recall，LR)：句法分析器输出结果中正确的短语个数占标准分析树中全部短语个数的比例。

$$\mathrm{LR} = \frac{\text{分析得到的正确短语个数}}{\text{标准树库中的短语个数}} \times 100\% \qquad (8\text{-}13)$$

与汉语分词评测一样，也可以用正确率和召回率的综合指标 $F1$ 测度值来评价短语结构分析器的性能，这里的 $F1$ 值通过有关 LP 和 LR 的计算得到：

$$F1 = \frac{2 \times \mathrm{LP} \times \mathrm{LR}}{\mathrm{LP} + \mathrm{LR}}$$

（3）交叉括号数（crossing brackets，CBs）：一棵短语结构树中所包含的与标准分析树中边界相交叉的短语个数。平均交叉括号数则是指测试集中平均每个句子的短语结构树中所包含的与标准分析树中边界相交叉的短语个数。

为了实现句法分析系统的自动评测，分析树（包括系统分析的结果树和标准答案树）中除了词性标注符号以外的其他非终结符结点通常采用如下标记格式：XP-（起始位置：终止位置）。其中，XP 为短语名称，如名词短语 NP、动词短语 VP 等；（起始位置：终止位置）为该结点的跨越范围，起始位置指该结点所包含的子结点的起始位置，终止位置为该结点所包含的子结点的终止位置。

在下面的例子中，图 8-12（a）为句子"Measuring cups may soon be replaced by tablespoons in the laundry room."的正确分析树（标准答案），图 8-12（b）为某短语结构分析器输出的一种分析结果。

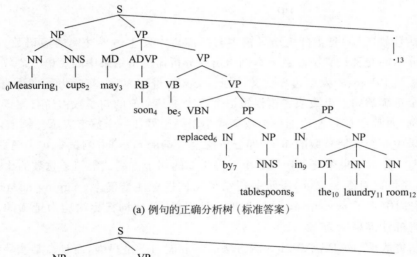

(a) 例句的正确分析树（标准答案）

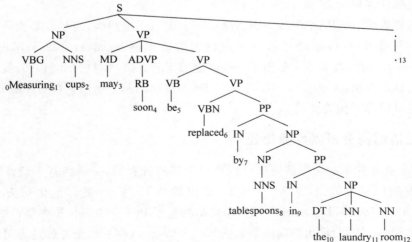

(b) 例句的一种句法分析器输出结果

图 8-12　同一句子的两种短语结构分析结果

在图 8-12(a) 所示的标准树中,除了词性标注符号以外的其他非终结符结点(短语)包括(忽略了标点符号结点):

S-(0:12), **NP-(0:2)**, **VP-(2:12)**, **ADVP-(3:4)**, **VP-(4:12)**, **VP-(5:12)**, PP-(6:8),
NP-(7:8), **PP-(8:12)**, **NP-(9:12)**

在图 8-12(b)所示的分析树中,除了词性标注符号以外的其他非终结符结点(短语)有(忽略了标点符号结点):

S-(0:12), **NP-(0:2)**, **VP-(2:12)**, **ADVP-(3:4)**, **VP-(4:12)**, **VP-(5:12)**, PP-(6:12),
NP-(7:12), **NP-(7:8)**, **PP-(8:12)**, **NP-(9:12)**

其中,以黑体表示的 9 个短语是两组短语中完全相同的,也就是说,图 8-12(b) 给出的 11 个分析结果中有 9 个短语与标准答案完全一样。因此,根据计算式(8-12)和式(8-13),可分别得到该分析结果的如下评价指标值:

$$LP = \frac{9}{11} \times 100\% = 81.8\%$$

$$LR = \frac{9}{10} \times 100\% = 90\%$$

交叉括号数(CBs)是指分析结果树中与标准树中发生边界冲突的短语数目,类似于汉语词切分中的交叉歧义字段数。本例给出的分析器输出结果中的短语 NP-(7:12)与标准树中的短语 PP-(6:8)发生边界交叉,因此,交叉括号数为 1。有时为了直观地对比分析器分析完全正确的句子个数或者错误短语个数少于某个值的句子数占所有测试集中句子总数的比例,通常在 CBs 左边加一个数字或小于等于号加一个数字表示。例如,0 CBs 表示分析结果中 0 交叉括号数的句子(即分析完全正确的句子)占测试集句子总数的比例;≤2 CBs 表示分析结果中交叉括号数小于等于 2 的句子占测试集句子总数的比例。

另外,还可以对图 8-11(b)所示分析结果的词性标注准确率(tagging accuracy)进行评价:13 个词中除了 measuring 被错误地标注以外,其他词性标注均为正确的,因此,该结果的词性标注准确率为 12/13＝92.3%。

有关研究表明,PARSEVAL 评测方法的区分能力不是很强,而且在某些特殊情况下计算出的标记正确率和标记召回率存在较大的偏差[Charniak, 1996; Manning and Schütze,1999],因此,有关专家提出了一些改进的评测方法,如 D. Lin(1995)提出的基于依存结构的评测方法,Carroll *et al.*(1998,2002)提出的基于语法关系的评测方法等,有兴趣的读者可以参阅相关文献。

8.6.2　短语结构分析器性能比较

20 世纪 90 年代中后期可谓句法分析技术发展的青春期,一系列基于统计学习的句法分析新方法被相继提出,从 M. Collins 提出的基于 PCFG 的词汇化句法分析方法[Collins, 1997, 1999],到 Johnson(1998)提出的基于 PCFG 的细化非终结符的方法,再到 Bod and Scha(1996)提出的面向数据的句法分析技术(DOP),全方位地为句法分析技术研究开辟了广阔空间。后来针对各种方法进行的一系列改进,包括[Charniak, 2000; Charniak and Johnson, 2005]、[Klein and Manning, 2003b; Petrov and Klein, 2007a,

2007b]（PCFG-LA）和[Bod，2003]等理论研究成果和一批公开发布的句法分析系统,进一步将句法分析技术研究推向高峰。

　　在已发表的关于句法分析方法研究的文献中,为了对比不同系统的性能,普遍采用宾州树库（Penn II Treebank）的不同部分（Sections 或 Articles）作为训练集、开发集和测试集（见 8.4 节的表 8-4）。下面的表 8-6 和表 8-7 分别给出了几个主流句法分析系统在英语和汉语语料上的性能表现,可以认为它们基本体现了目前主流短语结构分析方法的大概水平。当前句法分析方法研究的多数工作都将这些系统作为比较的基线系统,尽管近来很多论文的研究结果都已超过了这些基线系统,但其改进幅度并没有实质性提高,在实现方法上也没有本质的区别。

表 8-6　主流短语结构分析系统在宾州英语树库上的性能表现　　　　%

系统	句长≤40 个词			句长≤100 个词		
	LP	LR	F1	LP	LR	F1
[Collins，1999]模型 2	88.7	88.5	88.6	88.3	88.1	88.2
[Charniak，2000]	90.1	90.1	90.1	89.6	89.5	89.5
[Charniak and Johnson，2005]						91.0
[McClosky et al.，2006]						92.1
[Bod，2003]				90.8	90.7	90.7
[Petrov and Klein，2007a]	90.7	90.5	90.6	90.2	89.9	90.0

　　[Collins，1999] 模型 2 是 Collins(1999)提出的三个模型中表现最好的,因此,表 8-6 中我们只给出了模型 2 的性能。

表 8-7　主流短语结构分析系统在宾州汉语树库上的性能表现　　　　%

系统	句长≤40 个词			句长≤100 个词		
	LP	LR	F1	LP	LR	F1
Charniak Parser	85.20	83.70	84.44	82.07	79.66	80.85
[Charniak and Johnson，2005] Reranker	N/A	N/A	N/A	82.0	84.6	83.3
[Petrov and Klein，2007a][①]	86.9	85.7	86.3	84.8	81.9	83.3
[Burkett and Klein，2008]	N/A	N/A	N/A	N/A	N/A	84.24
[Zhang et al.，2009]	N/A	N/A	N/A	N/A	N/A	85.45

　　从上述结果可以看出,短语结构分析系统的性能已经达到了较高水平,尤其是英语句子的分析准确率已经超过了 90%。平均而言,汉语短语结构分析器的性能要比英语分析

---

　　① 请注意,该结果来自 S. Petrov 主页提供的论文,网址为:http://www.petrovi.de/data/naacl07.pdf。在这篇论文中,S. Petrov 和 D. Klein 使用了与他们发表在 *NAACL-HLT' 2007* 论文中同样的方法,但扩大了训练集,因此获得了更好的性能。

器的性能低约 5 个百分点还多,而且我们注意到,表 8-7 中有的结果并不是单个短语结构
分析器的最佳结果,而是分别来自两个不同分析器的 50 个候选分析树融合经重排序得到
的结果,如[Zhang *et al*.,2009],或者是尽管来自同一个句法分析器,但经重排序处理后
输出的结果,如[Charniak and Johnson,2005] Reranker。这样处理后的结果已经高出单
个句法分析器的性能。因此,对于汉语句法分析技术的研究仍任重而道远。

我们必须清楚地认识到,上述研究结果都是在标准 UPenn 树库上训练和测试的,
UPenn 树库里的句子都来自非常规范的书面文本,而在实际应用系统中处理的句子往往
没那么规范,尤其对于网络文本处理系统来说,常常面对的是非规范句子,而且不同领域
的文本存在很大差异。因此,如何提高网络文本句法分析系统的性能,已经引起越来越多
的关注。为此,Google 公司构建了网络文本树库(Google Web Treebank)。目前该树库
涵盖 5 个领域,包括:Yahoo! Answers 网站[①](以下简写为 Answers)、电子邮件(Emails)、
新闻论坛(Newsgroups)、地方商业评论(Local Business Reviews)(以下简写为 Review)
和网络日志或称博客(Weblogs)。每个领域提供一大批未标注文本和少部分已标注文本
(约 2000~4000 句)。标注句子的句法分析树采用 Ontonotes 4.0[②] 的格式。表 8-8 给出
了未标注文本的统计数据(未做任何规范化处理)[Petrov and McDonald,2012]。

表 8-8　未标注数据的统计情况

	Emails	Weblogs	Answers	Newsgroups	Reviews
句子数	1194173	524834	27274	1000000	1965350
词次数	17047731	10356284	424299	18424657	29289169
不重复的词数	221576	166515	33325	357090	287575

为验证现有句法分析方法对真实世界自然语言的适应能力,Google 于 2012 年发起
了一项针对网络文本(英语)的句法分析共享任务,作为第一届非规范语言句法分析研讨
会(Workshop on Syntactic Analysis of Non-Canonical Language,SANCL)的评测内
容[③]。在这次评测中,提供给参评单位 LDC 发表的《华尔街日报》树库(Wall Street
Journal,WSJ)和未标注的 Google 网络树库作为训练数据,已标注的两个领域(Emails 和
Weblogs)的网络语料作为开发数据,余下三个领域(Answers、Newsgroups 和 Reviews)
的已标注语料作为测试集,当然,为了对比句法分析器在规范文本和网络文本上的性能差
异,一部分 WSJ 语料也用于做训练集和测试集。表 8-9 是这次评测的数据统计情况。

不难看出,本次评测任务有这样几个特点:①训练集、开发集和测试集语料都分别来
自不同的领域;②虽然没有与测试集领域相关的标注文本,但提供了大规模的相关未标注
文本;③开发集、测试集和未标注语料均为"非规范"文本。可以说,本次评测整体上考查
的是一个使用半监督方法进行统计学习的领域适应性(domain adaptation)问题。另外,

---

① 　http://answers.yahoo.com/

② 　http://www.bbn.com/ontonotes/

③ 　https://sites.google.com/site/sancl2012

同时进行短语分析和依存分析性能的测试,也为研究这两种句法分析模式在领域适应性和"非规范"语言上的分析特性提供了实验依据。

表 8-9　评测数据统计情况

	训练集	开发集			测试集			
	WSJ-train	Emails	Weblogs	WSJ-dev	Answers	Newsgroups	Reviews	WSJ-eval
句子数	30060	2450	1016	1336	1744	1195	1906	1640
词次数	731678	29131	24025	32092	28823	20651	28086	35590
不重复的词数	35933	5478	4747	5889	4370	4924	4797	6685
集外词	0.0%	30.7%	19.6%	11.8%	27.7%	23.1%	29.5%	11.5%

　　一共有 8 个系统提交了短语结构评测结果。这次评测以 Berkeley Parser 为基线系统。表 8-10 给出了这次评测中表现最好的 DCU-Paris13-1 系统[Roux $et\ al.$,2012](在表 8-10 中简写为"DCU")与基线系统(表中简写为"BP")性能的对比情况。

表 8-10　评测最好系统与基线系统的性能对比　　　　　　　%

系统	领域 A:Answers			领域 B:Newsgroups			领域 C:Reviews			领域 D:WSJ			A、B、C三个领域平均		
	LP	LR	$F1$	LP	LR	$F1$	LP	LR	$F1$	LP	LR	$F1$	LP	LR	$F1$
BP	75.86	75.98	75.92	77.87	78.42	78.14	77.65	76.68	77.16	88.34	88.08	88.21	77.13	77.03	77.07
DCU	82.96	81.43	82.19	85.01	83.65	84.33	84.79	83.29	84.03	90.75	90.32	90.53	84.25	82.79	83.52

　　由于基线系统 Berkeley Parser 只用 WSJ 训练数据做训练,没有采用任何其他资源,因此在网络文本上的性能表现很不理想。对比表 8-6 中[Petrov and Klein,2007a]的结果,在 A、B、C 三个领域的 F1 值平均降低了近 13 个百分点! 即使表现最好的 DCU-Paris13-1 系统,在 A、B、C 三个领域的 F1 平均值也比它在 WSJ 语料上的结果低近 7 个百分点。由此看来,针对网络文本的句法分析技术仍有很大的改进空间。

8.7　层次化汉语长句结构分析

　　由于在完全句法分析(full parsing)中算法的时间复杂度与句子的长度密切相关,线图分析算法和 Earley 等算法的时间复杂度均为 $k \times N^3$(N 为句子长度,即词的个数;k 为常数,取决于算法),因此,当句子达到一定长度时,句法分析的效率问题就凸显出来。李幸(2005)通过分析发现,长句分析的问题不仅仅反映在算法的效率上,子句边界界定的错误常常使某些子句的句法关系被割裂,一个局部子句分析的失败又会导致整个长句得不到正确的句法分析树。这种情况导致了对于超过一定长度的句子进行句法分析时,正确率和召回率呈现急剧下降的趋势。

因此,李幸(2005)和李幸等(2006)从研究汉语标点符号在句子中的作用和使用规律入手,提出了一种针对汉语长句句法分析的分层处理方法,该方法根据一些特定标点符号将长句切分为子句或短语序列,然后对切分单元分别处理,得到各个部分的分析子树,最后将子树合并,形成完整的句法分析树。以下详细介绍这种方法。

8.7.1　标点符号在句法分析中的作用

尽管标点符号是书面汉语的一个重要的组成部分,但绝大多数现有的自动句法分析系统都忽略了它们的作用。在英语句法分析方面,一些与标点符号相关的研究已经开展,但对于汉语标点符号从自然语言处理角度的研究开展得很少。一般关于汉语标点符号在句法分析中作用方面的研究主要集中在语言学应用方面,通常只是语言学家研究的目标,而在自动句法分析研究中相关报道并不多见。人们之所以忽略标点符号作用的重要原因之一就是缺乏一个具有较好一致性、并且不仅仅停留在直觉层面的标点符号相关的理论[Jones,1996],另外,对于汉语来说,标点符号(尤其是逗号)的使用具有较强的随意性。

Meyer(1987)的工作是第一个尝试根据语料库,从语言学角度对标点符号进行研究的。他把美式英语的标点符号分类,介绍了它们各自的功能,但他的分析是泛化的,并没有结合实际句法分析的应用。

为了解决英语长句句法分析的困难,Nunberg(1990)和 B. Jones(1994,1996,1997)等人开展了英语标点符号理论的研究,他们用大量理论和实验数据证明,在长句句法分析中融入标点符号信息是有效的。

在 Nunberg(1990)的研究工作中提出了两级文法的概念,它们分别作用在不同的语法层级上。这两级文法分别为词汇语法(lexical grammar)和文本语法(text grammar)。其中,词汇语法定义了标点符号分隔开的句法成分(从句、短语)内部的句法关系,而文本语法定义了标点符号与其分隔开的句法成分之间的关系。这种把标点符号看作独立的语言学子系统,与普通文本语法相互分离而又相互作用的方法,成为其他相关研究的基础和出发点[Say and Akman,1997]。

基于 Nunberg(1990)的理论,Jones(1996,1997)提出了集成文法(integrated grammar)的概念。他从经过句法分析后的语料中提取包含标点符号的语法规则,然后进行归纳和泛化处理,最后得到一个较小的通用标点规则集(general punctuation rules)。他按标点符号的作用将其分为两类:连接标点(conjoining punctuations)和依附标点(adjoining punctuations)。连接标点表示并列成分之间的并列关系,依附标点的作用则认为标点依附于邻近的句子成分,并且,连接标点也可以看作满足特殊依附原则的依附标点。因此,在他的理论中,所有的标点符号最终可以看作依附于邻近句法成分的,而并非句法上独立的个体。基于上述观点,他给出了一个集成文法。这一方法具有较好的一致性,然而,他设计的文法只能覆盖所有标点现象中的一部分,其实验表明,用该文法分析10 个包含未涵盖标点语法的复杂句子时,有 7 个句子得不到分析结果[Jones,1997]。

与 Jones(1997)的方法不同,Briscoe and Carroll (1995)和 Briscoe (1996)把标点看作独立的句子成分,构建了确定的子句文法(definite clause grammar)规则体系,用来描述

标点和句子成分相互作用的规律。他们的实验表明,去掉句子包含的标点符号以后,大约 8％的句子将得不到句法分析结果。

在汉语方面,周强(1999)曾利用标点符号来进行并列短语的自动获取。黄河燕等(2002)曾在机器翻译研究中利用标点符号和邻近的关系代词配合,把复杂句子切分成多个独立的简单句。但是,这些工作都没有从句法分析的角度对标点符号进行全面研究和分析。

根据上述分析我们认为,由于汉语的标点符号体系是在借鉴西方语言的基础上构建的,因此,在中英文标点符号之间有很大的相似性。从这种因素考虑,汉语标点符号应用于句法分析也应该是有所帮助的。

8.7.2 层次化汉语长句结构分析的思路

汉语中存在一些英语所没有的标点符号,这些标点符号通常具有明确的作用,因此,对句法分析具有很强的提示作用。最常用的这类标点包括顿号"、"和书名号"《 》"。其中,左右书名号之间的句子成分,无论其句法结构如何,最终必然被标识为一本书的名字。顿号则取代英语中的逗号作为汉语中并列词语或者短语的分隔标记。例如,英语句子"I like to walk,skip,and run."对应的汉语译句为"我喜欢走路、跳跃和跑步。"由于汉语中顿号的唯一作用是作为并列成分的标志,因此,汉语句子中并列成分结构的获取比英语简单。

汉语中逗号、冒号和分号是三个最常用的连接简单句和短语使其成为长句的标点符号。李幸(2005)从 TCT 973 汉语树库中随机地抽取 4431 个 20 以上词的长句中,至少含有上述三种标点符号之一的长句有 4075 句,约占 92％。因此,标点符号在长句中应用的普遍性使我们有理由研究标点符号作为连接长句中各个子句的显式标记的用法,并利用它们的作用和规律帮助长句进行句法分析。

在流水复句中,连接句子中各个单句的显式标记就是逗号和分号等标点符号,这种单句与单句之间缺乏连接词的情况,使得文献[黄河燕等,2002]中介绍的利用标点和连接词配合来切分复杂长句的方法不再适合。而对于传统的一遍扫描的句法分析方法来讲,如果直接对长句进行完全分析的话,识别长句内部单句的边界和分析单句内部的句法结构需要同时进行,这毫无疑问将会增加句法分析算法的处理难度,这也是造成现有的分析系统处理速度缓慢或最终导致失败的一个重要原因。

基于上述分析,李幸等人(2005,2006)提出了依据标点符号分割长句,利用包含标点符号的文法规则进行分层次句法分析(hierarchical parsing,HP)的方法。G. Nunberg(1990)的两级语法理论为该分层方法提供了理论支持。G. Nunberg(1990)两级文法的基本思想是:找到一种大小合适的语言单元,这些语言单元是相对独立的,其内部的结构关系不受或者很少受周围的语言单元的影响。描述这种语言单元内部语法关系的词汇语法(lexical grammar)和描述语言单元之间关系的文本语法(text grammar)就可以结合起来,完成整个句子的句法分析。这种通过"分解"的思想来进行汉语长句分析的方法,与基于语块的层次分析方法不同。在 HP 方法中,利用部分标点为分界点把长句分割成句子单元的序列,在完成各个句子单元的结构分析之后,再将各部分结果合并起来得到完整的句子分析结果。而作为句子单元分界点的标点符号被定义为"分割"标点,其余标点被定义为"普通"标点。这种方法分割得到的句子单元通常是子句或者短语,因此,我们可以在第一级分析中完成对子句或短语内部的结构分析,而子句边界的获取,以及对子句或短语等彼此之间的句法关系的获取则在第二级分析完成。这种方法减少了"流水复句"以及其他类型复句的句法分析困难，这也是 HP 方法的中心思想所在［李幸，2005；李幸等，2006；Li and Zong，2005b］。

8.7.3　汉语标点符号的分类

在 HP 方法中，可以用作"分割"作用的标点符号需满足如下条件：如果某个标点符号分隔开的子句单元，相互之间的句法关系是整体的而非局部的，换言之，子句的整体发生关系而非某个子句单元内部的某一成分和另一子句片段发生关系，那么，这种标点就属于文本语法（text grammar）层面。在 HP 方法中，这类标点被定义为"分割"标点，其余的标点为"普通"标点。如图 8-13（a）所示，虚线框中的标点"P_1"就是"分割"标点，而图 8-13（b）所示的虚线框中的标点"P_1,P_2"为"普通"标点。

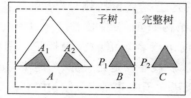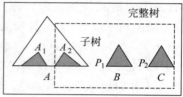

(a) "分割" 标点　　　　　　　　(b) "普通" 标点

图 8-13　"分割"标点与"普通"标点

图 8-13（a）和（b）的两棵分析树中，A,B,C 为三棵子树。在图 8-13（a）中，A 和 B 对应相对独立的两个子句，且共同构成一棵子树，标点 P_1 作为子树中的一个成分，P_2 连接该子树和子树 C，共同构成完整分析树，因此，P_2 为分隔标点。在图 8-13（b）中，标点 P_1 和 P_2 并不能明确地将子树 A、B、C 分隔开来，而且，子树 A_2 和 B、C 还有可能构成另外一棵子树，因此，图 8-13（b）中的标点 P_1 和 P_2 只能为普通标点。

根据 1995 年 12 月 13 日发布的中华人民共和国国家标准《标点符号用法》[①]（简称"国标"）的解释和我们前面的解释，汉语中的分号和冒号可以作为"分割"标点。而逗号的用法比较复杂，根据"国标"的定义，逗号在句子中的位置主要包括如下几种：①句子内部主语与谓语之间；②句子内部动词与宾语之间；③状语和其修饰的句子之间；④复句各分句之间。对第四种用法，逗号充当的角色和分号的作用类似，因此，可以作为"分割"标点。而对于前三种情况，这些逗号分隔开的充当不同成分的短语可以看作是相对独立的，可以先分析各个成分内部的结构关系，然后分析各个成分之间的组合结构关系。那么，逗号也可以当作"分割"标点。

但是，由于逗号的特殊性，将其定义为"分割"标点可能会造成两种错误：第一种是导致第一级分析时局部子句分析失败，这种问题可以通过合并子句和其前后成分，进行第二级分析得到解决。第二种错误是当多个逗号分开的短语构成并列短语结构，来充当同一个句子成分时，此时用逗号"分割"句子，将造成这些短语被分割到其前后不同的句子成分

---

① 详细信息参见中国公众科普网 http://www.kpcn.org/user/wenxian.htm

当中,为了解决这种问题,李幸(2005)给出了一种简单的基于规则的并列成分短语的探测和合并方法,该方法将在后面的小节中予以介绍。

8.7.4 句法规则提取方法

在李幸(2005)实现的基于 HP 方法的汉语句法分析系统中,所使用的句法规则是从 TCT 973 树库中自动提取获得的。TCT 973 树库的规模约为 100 万汉字,标注语料均选自 1990 年的现代汉语文本,主要分为文学、新闻、学术和应用等四类,平均句长为 23.3 个词,句长在 20 个词以上的句子约占一半。

带标点的句法规则提取方法包括如下几步:首先,从树库中提取包含标点的 PCFG 句法规则,对包含各类标点的句法规则进行合并、归纳等处理。然后,将其与语言学分析得到的标点用法规律相结合,对提取的规则进行调整。例如,以书名号为例,中文左右书名号之间的部分必然是一本书的名字,无论其句法类是什么,因此,可以用一条概括的语法规则描述如下:

$$NP \rightarrow \langle X \rangle \quad X \in \{NP, VP, S, PP, \cdots\} \tag{8-14}$$

在式(8-14)中,X 可以是所有可能的词性或者短语的类别标记。由于 TCT 973 树库规模的限制,在树库中未出现的而由上面分析可以得到的规则也被加入到已提取的规则库中,并且所有此类规则的概率均为 1。

除了书名号、方括号等类似的情况,其余句法规则的概率均采用最大似然估计的方法求得。最终获得的所有句法规则构成一个完整的用于汉语句法分析的规则体系。

8.7.5 HP 分析算法

根据上述分析,HP 算法主要由三部分组成:①对包含"分割"标点的长句进行分割;②对分割后的各个子句分别进行句法分析(即第一级分析),分析得到的各个最大概率的子树根结点的词类或者短语类别标记作为第二级句法分析的输入;③通过第二遍分析找到各个子句或者短语之间的结构关系,从而获得最终整句的最大概率分析树。其中,在第二级句法分析之前,预先判断句子中是否存在并列成分短语,因此,需要加入一个并列成分探测和子树合并的模块。整个算法的示意图如图 8-14 所示。

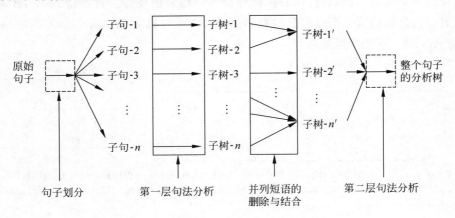

图 8-14 HP 算法示意图

1. 长句分割

根据前面对标点符号的分类,用逗号、分号和冒号三类分隔标记把长句分割为一系列子句片段。需要注意的是,引号和破折号只具有语义上的作用,因此,在句法分析上可以看作是透明的[Jones,1997]。

2. 第一级分析

在 HP 方法中对各个子句的分析采用图表分析算法(chart parsing)。在第一级分析中,分析的原始输入为各个子句的词性序列,经线图分析算法分析后,利用维特比(Viterbi)算法,求得每个子句最大概率的分析树。

3. 子树合并

根据 8.7.3 节的讨论,由于逗号的特殊性,将其统一定义为"分割"标点可能会导致不适当的句子分割。造成这种问题的主要原因是由于在汉语句子中并列的短语较长时,一些句子使用逗号来替代顿号作为分隔标记,而这些并列短语充当同一句子中的同一个成分。例如,下面的句子:

我喜欢在春天去观赏桃花,在夏天去欣赏荷花,在秋天去观赏红叶,但更喜欢在冬天去欣赏雪景。

前三个动词短语在句子中作为并列的谓词短语,即第一个句子单元"我喜欢在春天去观赏桃花"中的动词短语和逗号后面的动词短语是并列关系的谓语,用逗号进行分割时,则会割裂这种关系,因此,需要对这种情况进行探测处理。

由于在第一级的句法分析中,对逗号左右的句子成分已经进行了分析,获得了逗号附近的句法结构信息,而这一步需要做的仅仅是判断逗号左右的成分是否为并列关系的结构完全相同的短语。

以上面的句子为例,我们给出一个简要的并列短语判断过程的描述。如图 8-15 所示,分析第一个逗号后面的片段后得到动词短语(VP)子树,用 B 来标记。显然,B 是由一个介词短语(PP)和一个动词短语(VP)构成的。如果第一个逗号之前存在一个最小长度的短语,并且它和 B 具有完全相同的句法结构,那么,它和 B 为并列短语。显然,图中 A_2 就是这样的一个短语。类似地,向右扩展分析逗号相邻的成分。最终得到 A_2,B 和 C 为并列短语。当分析到第三个逗号后的短语 D 时,发现它具有和 A_2,B,C 不同的结构,所以,D 与 A_2,B,C 不是并列关系。

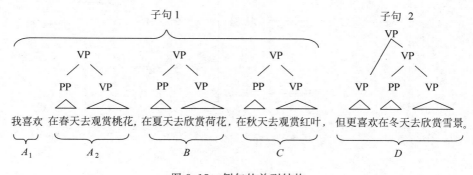

图 8-15 例句的并列结构

对子树 A_2,B,C 的这种并列关系,李幸等(2005,2006)提出了一种子树粘接操作的方法来加以合并处理。如图 8-16 所示,首先把子树 A_2 和 B,C 合并,然后,用合并后的子树 A_2' 来替换原来的 A_2,但不改变树 A 的结构。其中,P 表示逗号。

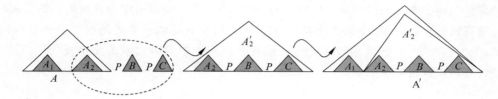

图 8-16　子树粘接操作

文献[李幸,2005]给出了子树粘接操作的执行条件和规则:

$$Z[\cdots Y\ X][,X]^+ \Rightarrow Z[\cdots Y\ X[X[,X]^+]] \tag{8-15}$$

式(8-15)中,$X \in \{NP,VP,AP,DP\}$,且为被判定为并列关系的短语;Z 表示短语或者子句;Y 为任意结构标记。

例如,对图 8-15 所示例句,判定 A_2,B 和 C 为并列的 VP 短语,则对子句 1 合并前的结构为:$S[A_1\ VP][,VP][,VP]$,其中 A_1 表示句子片段"我喜欢"分析得到的结构。那么,采用式(8-15)执行子树粘连操作,合并后的结构为:$S[A_1\ VP[VP,VP,VP]]$。

4. 第二级分析

除了所用的文法规则和输入串不同以外,第二级分析所用的算法和第一级分析所用的算法相同,但两部分文法规则有部分重叠,可通过算法自动选择。

在第一级分析中输入词性串是输入句子的各个词性构成的序列,而第二级分析的输入则分为两种情况:一种是当第一级分析的各个子树单元都能够获得最大的概率分析树时,第二级分析的输入即为各个分析树根结点的结构标记和分隔它们的标点符号;另一种情况是,当第一级分析的某些子句分析失败时,仍取分析失败的子句中原始词性序列和其他分析成功的子树的根结点标记一起作为第二级分析的输入串。

第二级分析最终输出的结果是整个句子的最大概率句法分析树。

根据上述介绍,HP 算法的基本步骤描述如下:

输入:经过分词和词性标注的汉语句子;

输出:最大概率的句法分析树。

步骤:

步 1　利用分割标点将输入长句划分为子句序列。如果输入句子不含分隔标点或者不满足分割条件,则返回值 1,否则,返回值为句子长度;

步 2　如果返回值大于 1,则执行如下操作:

　① 从第一个到最后一个子句,依次执行 chart parsing(第一级分析);

　② 探测并列短语,完成子树合并和粘连操作;

　③ 如果存在分析失败的子句,则取原始词性标记序列;否则,取所有最大概率子树的根结点标记;

　④ 形成(第一级分析后)新的词性标记序列,执行第二级 chart parsing;

　⑤ 转步 4。

步 3　否则,即返回值等于 1,则执行普通的 chart parsing 算法;

步 4　计算分析树概率,输出概率最大的分析结果,结束。

为了验证 HP 算法对长句分析的优越性，李幸等（2005；2006）选取的测试句子长度均不少于 20 个词。他们从 TCT973 树库中随机地抽取了 8059 个句子，涉及文学、新闻、学术和应用四个领域，各占约 1/4。以这些句子作为训练集，经过提取和处理后得到 3795 条 PCFG 规则。然后另外选取 420 个长度在 20 个词以上的句子作为测试集。结果表明，无论是算法运行的效率，还是性能表现，HP 算法均显著地优于普通的线图分析器（chart parser）。尤其当句子长度超过 40 个词，或者测试句子中含有大量的流水复句时，HP 算法的优越性表现得非常明显。

8.8　浅层句法分析

8.8.1　概述

由于完全句法分析（full parsing）要确定句子所包含的全部句法信息，并确定句子中各成分之间的关系，这是一项十分困难的任务。到目前为止，无论是句法分析器的正确率，还是其运行速度和鲁棒性等各方面，都还难以达到令人满意的程度，这种状况严重地制约了以完全句法分析为基础的自然语言处理相关研究的发展和应用系统的开发。为了降低问题的复杂度，同时获得一定的句法结构信息，浅层句法分析（shallow parsing）应运而生。

Abney（1991）首先提出了浅层句法分析的概念和策略，设计并实现了一个简单的语块识别方法，此后，这一研究得到普遍关注。浅层句法分析也称部分句法分析（partial parsing）或语块划分（chunking），它与完全句法分析不同，完全句法分析要求通过一系列的分析过程，最终得到句子的完整句法分析树，而浅层句法分析只要求识别句子中某些结构相对简单的独立成分，例如：非递归的名词短语、动词短语等，这些被识别出来的结构通常称为语块（chunk）。根据任务的属性，一般情况下"语块"和"短语"这两个概念可以换用，名词短语的内部结构定义也有弹性和针对性。

浅层句法分析将句法分析分解为两个子任务：①语块的识别和分析；②语块之间的依附关系分析。其中，语块的识别和分析是主要任务。在某种程度上说，浅层句法分析使句法分析的任务得到了简化，同时也利于句法分析技术在大规模真实文本处理系统中迅速得到应用。

根据 S. Abney 对语块的解释，语块是介于词和句子之间的具有非递归特征的核心成分，这种成分包含中心成分的前置修饰成分，而不包含后置附属结构。Abney（1991，1995b）对英语语块的定义包含三个层次：

（1）词（words）；

（2）非递归的名词短语（NPs）、副词短语（DPs）、介词短语（PPs）和动词词组（VGs）；

（3）子句（clause）。

由于 NPs、VGs 和 DPs、PPs 属于不同的类，因此，也有学者将 S. Abney 划分的第（2）类又进一步划分成"非递归的名词短语和动词词组（chunk1）"和"非递归的介词短语和副词短语（chunk2）"两类［梁颖红，2006］。

语块识别问题是自然语言处理领域研究的一个基础性问题,许多用于序列标注的机器学习方法被应用到语块识别中,取得了若干研究成果。紧随英语语块识别技术的研究,国内很多学者对汉语语块的识别方法也做了大量的研究和探索[周强,1999;赵军等,1999;孙宏林等,2000;李素建,2002;李珩等,2004;梁颖红,2006;徐昉,2007]。但遗憾的是,关于汉语语块的定义,至今没有一个公认的权威解释,很多专家都给出了自己的诠释和划分标准。

根据不同的处理任务和基本短语中心词的性质,基本短语可以分成很多种类型,但不管哪一种短语类型,其关键问题都是如何消除各种短语之间边界歧义和短语本身的结构歧义。由于名词短语在句子结构中具有举足轻重的作用,因此,目前的基本短语识别研究主要集中在基本名词短语的识别分析(base noun phrase chunking,base NP chunking)问题上。

8.8.2 基本名词短语的定义

基本名词短语(base NP)指的是简单的、非嵌套的名词短语,不含有其他子短语[Church,1988]。Base NP 的主要特点有两个:短语的中心语为名词;短语中不含有其他子项短语,并且 base NP 之间结构上是独立的。Zhao and Huang(1998)从限定性定语出发给出了汉语 base NP 的形式化定义:

base NP→base NP+base NP

base NP→base NP+名词|名动词

base NP→限定性定词+base NP|名词

base NP→限定性定词+名词|名动词

限定性定词→形容词|区别词|动词|名词|处所词|数量词|外文字串|数词和量词

Zhao *et al*.(2001)进一步对汉语基本短语进行了研究,提出了 7 种形式的汉语基本短语,总结了每种短语的语法结构特点,并且尝试利用基于 HMM 和规则驱动的方法来识别汉语基本短语。

base NP 识别就是从句子中识别出所有的 base NP。根据这种理解,一个句子中的成分可以简单地分为 base NP 和非 base NP 两类,那么,base NP 识别就成为一个分类问题。为了研究这种分类问题,Ramshaw and Marcus(1995)给出了两种 base NP 表示方法:括号分隔法(the open/close bracketing)和 IOB 标注方法(IOB tagging)。其中,括号分隔方法的基本思想是用方括号界定 base NP 的边界,方括号内部的词属于 base NP,方括号外边的词不属于 base NP。请看下面的例子:

例 8-1 [Pierre Vinken],[61 years] old,will join [the board] as [a non-executive director] on [Nov. 29].

例 8-2 When [it] is [time] for [their biannual powwow],[the nation]'s [manufacturing titans] typically jet off to [the sunny confines] of [resort towns] like [Boca Raton and Hot Springs].

例 8-3　一个于[半个 世纪]之后 重新 聚集 在 "[西南 联大]" [旗帜] 下 的 [奉献 活动] 开始了!

例 8-4　[外商 投资] 成为 [中国 外贸] [重要 增长点]。

在 IOB 标注方法中，字母 "B"（Begin）表示当前词语位于 base NP 的开端，字母 "I"（In）表示当前词语在 base NP 内（非短语首词语），字母 "O"（Out）表示词语位于 base NP 之外。应用这种表示方法，上面的例 8-4 可以表示为例 8-5 的形式。

例 8-5　外商/B 投资/I 成为/O 中国/B 外贸/I 重要/B 增长点/I。/O

与 IOB 方法类似的标注方法还有：IOE（In，Out，End）表示方法，Start/End 表示方法（应用 5 个标志符，O，B，E，I，S）等。这些方法大同小异，通过采用这种表示方法，base NP 识别可以转化为多值分类问题，即序列标注问题。

作为自然语言处理的一个基本问题，base NP 的识别方法也可以采用基于规则的方法和基于统计的方法两种思路，或者这两种方法的结合。下面主要介绍基于统计方法的几种识别方法。

对于 base NP 识别系统的性能评测，一般都采用正确率、召回率和 F-测度值三项指标评测，2000 年以英语语块识别为主题的 CoNLL 会议（Conference on Computational Natural Language Learning）评测活动中也采用了这些评测指标[Sang *et al*.，2000]。

8.8.3　基于 SVM 的 base NP 识别方法

正如第 2 章所介绍的，支持向量机（SVM）是近几年来广泛使用的机器学习方法，它使用一些策略来最大化具有不同特征的数据中间的界限，并针对未知数据的特征来判断该数据属于哪个类别。SVM 已在文本分类、生词识别、词性标注和句法依存关系分析（dependency analysis）等很多应用领域取得了不错的效果。Kudo and Matsumoto（2000）首先提出了应用 SVM 来识别 base NP 的思想，他们实现的基于 SVM 的 base NP 识别系统（YamCha）[①]在 CoNLL-2000 共享任务评测中取得了最好的成绩。后来，Kudo and Matsumoto（2003）又提出了一种改进的 SVM 核函数计算方法，大大地提高了 YamCha 系统识别 base NP 的效率。

由于 SVM 算法解决的是二值分类问题，而 base NP 识别是多值分类问题，因此，必须将 base NP 识别转化为 SVM 可处理的问题，并充分利用句子中的上下文信息来提取特征。一般地，多值分类问题转化为二值分类问题有两种方法：配对策略（pairwise method）和一比其余策略（one vs. other method）。T. Kudo 和 Y. Matsumoto 在利用 SVM 识别 base NP 的方法中，主要使用了三类特征：

（1）词：$w_{i-2}w_{i-1}w_iw_{i+1}w_{i+2}$；

（2）词性：$t_{i-2}t_{i-1}t_it_{i+1}t_{i+2}$；

（3）base NP 标志：$c_{i-2}c_{i-1}$。

其中，w_i 为句子中位置 i 处的词，t_i 为词 w_i 的词性，c_i 为要识别的第 i 个词的 base NP 标

---

① http://chasen.org/~taku/software/yamcha/

记,识别过程如图 8-17 所示[①]。

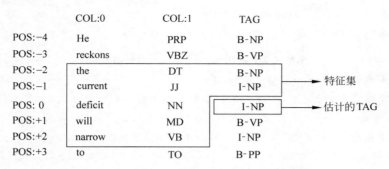

图 8-17　YamCha 系统识别 base NP 过程示意图

在图 8-17 中,POS 列表示当前词(POS:0)的前后词的位置;COL:0 列表示给定句子,本例中为“He reckons the current deficit will narrow to”;COL:1 列为给定句子中各个词对应的词类标记,如,He 的词类标记为 PRP,reckons 的词类标记为 VBZ,等等;TAG 列为给定句子中的各个词被标记为 base NP 的情况,B-NP 表示当前位置(POS)上的词为 base NP 的首词,I-NP 表示当前位置上的词属于 base NP。类似的,B-VP 和 I-VP 分别表示当前位置上的词为 VP 的首词或内部词。当要估计位置 POS:0 处的词 deficit 的 base NP 标记时,该词的前后各两个位置上的词及其它们的词性标记,以及前面两个词的 base NP 标记共同作为被选取的特征。

通过实验发现,使用词语窗口的长度为 5(当前词及其前后各两个词)时识别的效果最好。多项式核函数(polynomial kernel function)的使用可以在 d 维空间建立最优的超平面把组合的特征全部考虑进去。

SVM 算法在处理大规模数据方面有很好的一致性、收敛速度和推广性能,但由于其统计特性,无法把能体现每种短语内部结构特点的规则属性加入到识别过程中,从而无法在 base NP 识别过程中使统计与规则相互补充。另外,SVM 训练的时间比较长,尤其在处理大规模语料时需要太多的训练时间。一种改进的计算多项式核函数的算法——PKI(polynomial kernel inverted representation)和 PKE(polynomial kernel expanded representation),可以通过近似计算的方法达到与多项式核函数相同的效果,但训练的速率提高了几百倍[Kudo and Matsumoto,2003]。

8.8.4　基于 WINNOW 的 base NP 识别方法

WINNOW 是解决二分问题的错误驱动的机器学习方法,该方法能从大量不相关的特征中快速学习[Littlestone,1988]。WINNOW 的稀疏网络(sparse network of WINNOWS,SNoW)[②]学习结构是一种多类分类器,专门用于处理特征识别领域的大规模学习任务。WINNOW 算法有处理高维度独立特征空间的能力,而在自然语言处理中特征向量恰好具有这种特点。因此,WINNOW 算法已经有很多比较成功的处理自然语

---

①　http://chasen.org/~taku/software/yamcha/

②　http://l2r.cs.uiuc.edu/~danr/snow.html

言问题的例子，如：用于词性标注[Roth and Zelenko,1998]、拼写错误检查[Golding and Roth,1999]和文本分类[Dagan *et al.*,1997]，等等。

简单版本的 WINNOW 算法如下：

已知特征空间 $X=\{0,1\}^n$，非负实数权重 $w_1 w_2 \cdots w_n$，实数阈值 θ。

步 1 把权重值 $w_1 w_2 \cdots w_n$ 初始化为 1；

步 2 对于给定特征向量 $\boldsymbol{x}=\{x_1 x_2 \cdots x_n\}$，如果 $w_1 x_1 + w_2 x_2 + \cdots + w_n x_n > \theta$，那么，输出 $y=1$，否则，输出 $y=0$；

步 3 如果输出结果和正确答案比较发生了错误，需要改变权值：

① 如果把一个正例估计成了反例，那么，对于原来值为 1 的 $\boldsymbol{x}$，把它的权值扩大；

② 如果把一个反例估计成了正例，那么，对于原来值为 1 的 $\boldsymbol{x}$，把它的权值缩小；

步 4 转到步 2。

M. Muñnoz 等人（1999）曾将 SNoW 用于识别名词短语和主语-动词（subject-verb，SV）短语。T. Zhang 等人（2001，2002a）把 WINNOW 方法应用到了英语 base NP 识别中。基于 WINNOW 的英语 base NP 识别分为训练和测试开发两个过程。训练阶段主要确定 base NP 特征的权重，测试开发阶段运用特征和特征的权重来确认最后的 base NP 标识。

1. 训练阶段

对于不同短语的形式化描述为 $(\boldsymbol{x}^1, y^1), \cdots, (\boldsymbol{x}^n, y^n)$，其中 $\boldsymbol{x}^i$（$1 \leqslant i \leqslant n$）表示特征向量，$x_j^i$ 表示特征向量 $\boldsymbol{x}^i$ 的第 j 个分量，$y \in \{-1, 1\}$。WINNOW 是错误驱动的算法，当使用当前的权重得到的结果与实际情况的不符时，需要更新权重。如果用 $\boldsymbol{w}$ 表示权重向量，每个特征的权重更新公式如下：

$$w_j \leftarrow w_j \exp(\eta x_j^i y^i) \tag{8-16}$$

其中，$\eta > 0$ 称作学习率（learning rate）。可以取初始权重向量 $w_j = \mu_j > 0$，其中，μ 为归一化值。这一训练过程已经被证明是收敛的。

2. 测试阶段

如果用 V 表示有效的 base NP 标识序列，$\text{tok}_1, \text{tok}_2, \cdots, \text{tok}_n$ 是需要进行 base NP 识别的词及其词性标注序列，$\boldsymbol{x}_1, \boldsymbol{x}_2, \cdots, \boldsymbol{x}_n$ 是相应的特征向量，$t_1, t_2, \cdots, t_n$ 是 base NP 标识类型，且 $\{t_1, t_2, \cdots, t_n\} \in V$。那么，base NP 标识序列可以表示为

$$\{t_1, t_2, \cdots, t_n\} = \operatorname*{argmax}_{\{t_1, t_2, \cdots, t_n\} \in V} \sum_{i=1}^{n} L(\boldsymbol{w}^{t^i}, \boldsymbol{x}_i) \tag{8-17}$$

$$L(\boldsymbol{w}^{t^i}, \boldsymbol{x}_i) = P(t_i \mid \boldsymbol{x}_i) = \min(1, \max(-1, L(\boldsymbol{w}^{t^i}, \boldsymbol{x}_i))) \tag{8-18}$$

对某个固定的 base NP 类型，定义值 $S(t_{k+1})$ 为

$$S(t_{k+1}) = \max_{\{t_1, t_2, \cdots, t_{k+1}\} \in V} \sum_{i=1}^{k+1} L(\boldsymbol{w}^{t^i}, \boldsymbol{x}_i) \tag{8-19}$$

得到下面的递归公式：

$$S(t_{k+1}) = L(\boldsymbol{w}^{t_{k+1}}, \boldsymbol{x}_{k+1}) + \max_{\{t_k, t_{k+1}\} \in V} S(t_k) \tag{8-20}$$

通过观察可以发现，$\boldsymbol{x}_{k+1}$ 依赖于前面的 base NP 标识类型 $\hat{t}_k, \cdots, \hat{t}_{k+1-c}$（$c=2$）。令

$\hat{t}_k = \mathrm{argmax}_{t_k} S(t_k)$，有

$$\hat{t}_{k-i} = \mathop{\mathrm{argmax}}_{t_{k-i}:(t_{k-i},\hat{t}_{k-i+1})\in V} S(t_{k-i}) \tag{8-21}$$

当把所有的 $S(t_k)(k=0,1,\cdots,m)$ 计算完以后，就可以采用回退方法得到最后的 base NP 标识结果。令 $\hat{t}_m = \max S(t_m)$ 是第 m 个词的 base NP 标识结果，其他的 base NP 标识 $\hat{t}_{m-1},\cdots,\hat{t}_1$ 可由递归式(8-20)和下式得到：

$$\hat{t}_k = \mathop{\mathrm{argmax}}_{t_k:(t_k,\hat{t}_{k+1})\in V} S(t_k) \tag{8-22}$$

由于 WINNOW 算法能从大量特征中找到相关特征，因此该算法使用的特征比较多。文献[Zhang *et al.*,2002a]中使用了两类特征，一类是基础特征(basic features)；另一类是增强语言特征(enhanced linguistic features)。其中，基础特征由以下特征组成：

第一层特征：tok_i(词)和 pos_i(词性)$(i=-c,\cdots,c)$

第二层特征：同时考虑词和词性两种特征的组合情况：

　　$\mathrm{pos}_i \times \mathrm{pos}_j(i,j=-c,\cdots,c,i<j)$，　$\mathrm{pos}_i \times \mathrm{tok}_j(i=-c,\cdots,c;j=-1,0,1)$

另外，因为在顺序处理过程中，当前词前面的词的 base NP 标识是已知的，所以，还可以包含下面的 base NP 标识特征：

- 第一层语块类型特征：$t_i(i=-c,\cdots,-1)$
- 第二层语块类型特征：$t_i \times t_j(i,j=-c,\cdots,-1,i<j)$ 以及词性和语块的组合 $t_i \times \mathrm{pos}_j(i=-c,\cdots,-1;j=-c,\cdots,c)$

增强语言特征使用了 ESG(English slot grammar)特征，ESG 是一种依存语法，它标注一个词的中心词和中心词的依赖成分。这里用 f_i 表示第 i 个词的 ESG 特征。增强语言特征有以下两种：

第一层增强特征：$f_i(i=-c,\cdots,c)$

第二层增强特征：$f_i \times f_j(i,j=-c,\cdots,c,i<j)$，$f_i \times \mathrm{pos}_j(i,j=-c,\cdots,c)$

T. Zhang 等人(2002a)应用 WINNOW 算法对 CoNLL-2000 提供的数据进行短语训练和测试，得到了很好的识别结果，其中，名词短语的识别正确率和召回率均超过了 94%。

文献[Zhang *et al.*,2002a]总结了 WINNOW 识别方法的四种类型错误：

(1) 基本短语内部固有的句法歧义引起的错误；

(2) 系统选取特征歧义引起的错误；

(3) 训练数据表示特征方法引起的错误；

(4) 学习算法处理的错误。

其中，情况(1)的错误占的比率很小，情况(2)错误的主要原因是训练时没有选取最优的特征，(3)和(4)两种错误是相互关联的。

无论如何，每种算法都有其固有的特点，在特征的选取上必须遵守高效性和有代表性的原则。如何寻找适合自然语言处理内在规律的机器学习算法则是目前该领域研究的热点问题之一。

8.8.5　基于 CRF 的 base NP 识别方法

Sha and Pereira (2003)首次将条件随机场(CRF)模型用于 base NP 识别。在其实现

的基于 CRF 的 base NP 识别方法中,语块标记之间具有二阶马尔可夫依存关系。对于 base NP 标识序列,在位置 i 的标识序列为 $y_i = c_{i-1} c_i$,其中,c_i 为第 i 个词的 base NP 标识,可以为 O,B 或 I。按照前面的约定,B 是 base NP 的开始标记,那么,BI 为正确的 base NP 标识序列,OI 则不应该存在。y_i 连续的标识序列满足约束:$y_{i-1} = c_{i-2} c_{i-1}$,$y_i = c_{i-1} c_i$ 和 $c_0 = O$。

特征函数 $f(y_{i-1}, y_i, X, i)$ 可以表示为:

$$f(y_{i-1}, y_i, X, i) = p(X, i) q(y_{i-1}, y_i) \tag{8-23}$$

其中,$p(X, i)$ 为输入序列 X 关于当前位置 i 的预测,$q(y_{i-1}, y_i)$ 为 base NP 标识对的预测。例如,$p(X, i)$ 可以是"在位置 i 的词 the",或者"在位置 $i-1$ 和 i 的词性标识分别为 DT 和 NN"。由于标记集是有限的,因此,可以对特征函数 $f(y_{i-1}, y, X, i)$ 进行因子分解,而且允许每个输入预测对很多特征只估计一次。

文献[Sha and Pereira, 2003]给出了实现基于 CRF 的 base NP 识别方法中使用的特征,包括当前位置的词及其词性、±2 窗口内的词及词性以及它们的组合,前一个词的标记等。根据他们的实验,基于 CRF 的 base NP 识别方法获得了与 SVM 方法几乎一样的效果,优于基于 WINNOW 的识别方法、基于 MEMM 的识别方法和感知机方法,而且基于 CRF 的 base NP 识别方法在运行速度上较其他方法具有明显优势。

Xu and Zong (2006) 认为,对于汉语 base NP 的识别来说,仍有较大的改进空间。根据他们用 SVM 方法和 CRF 方法分别在 3 万词规模的汉语和英语语料上进行的对比实验,最好的汉语 base NP 识别正确率比英语 base NP 识别的正确率低约 5%。为了提高汉语 base NP 的识别效果,Xu and Zong (2006) 提出了将 SVM、CRF 和基于规则的后处理方法相结合的混合识别方法。其基本思想是,在模型训练时,分别用 SVM 和 CRF 对训练数据进行 base NP 识别,然后,比较两个分类器的识别结果,如果识别结果一致,则认为识别正确;否则,肯定有一种结果是错误的,那么,将所有这些有可能错误的结果提取出来,然后构造相应的校对规则。在实际执行 base NP 识别任务时,针对两个分类器不同的识别结果,根据标记类型调用相应的校对规则,并参考 SVM 分类器和 CRF 分类器对同一词 w 给出的不同标记的概率 $p(t_{SVM} | w)$ 和 $p(t_{CRF} | w)$ 大小,决定最终选择哪个标记[徐昉, 2007]。

8.9　依存语法理论简介

在自然语言处理中,我们有时不需要或者不仅仅需要知道整个句子的短语结构树,而且要知道句子中词与词之间的依存关系。用词与词之间的依存关系来描述语言结构的框架称为依存语法(dependence grammar),又称从属关系语法(grammaire de dépendance)。利用依存语法进行句法分析也是自然语言理解的重要手段之一。

语法依存的概念可以追溯到公元前 4 世纪印度语言学家 Panini 对语义、句法和形态依存的分类研究,但一般认为现代依存语法理论的创立者是法国语言学家 Lucien Tesnière(1893—1954)。L. Tesnière 的思想主要反映在他 1959 年出版的《结构句法基础》(Eléments de syntaxe structurale)一书中[Tesnière, 1959]。

L. Tesnière 的理论认为,一切结构句法现象可以概括为关联(connexion)、组合(jonction)和转位(tanslation)这三大核心。句法关联建立起词与词之间的从属关系,这种从属关系是由支配词和从属词联结而成;动词是句子的中心并支配别的成分,它本身不受其他任何成分支配。欧洲传统的语言学突出一个句子中主语的地位,句中其他成分称为"谓语"。依存语法打破了这种主谓关系,认为"谓语"中的动词是一个句子的中心,其他成分与动词直接或间接地产生联系。

周国光将依存语法定义为一种结构语法。它主要研究以谓词为中心而构句时由深层语义结构映现为表层句法结构的状况及条件,谓词与体词之间的同现关系,并据此划分谓词的词类[沈阳等,1995]。这个定义清晰地反映了依存语法的本质。

Tesnière 还将化学中"价"的概念引入依存语法,一个动词所能支配的行动元(名词词组)的个数即为该动词的价数。

在依存语法理论中,"依存"就是指词与词之间支配与被支配的关系,这种关系不是对等的,而是有方向的。处于支配地位的成分称为支配者(governor,regent,head),而处于被支配地位的成分称为从属者(modifier,subordinate,dependency)。

句子的依存句法结构图如图 8-18 所示,其中,图 8-18(a)中的两个有向图用带有方向的弧(或称边,edge)来表示两个成分之间的依存关系,支配者在有向弧的发出端,被支配者在箭头端,我们通常说被支配者依存于支配者。图 8-18(b)是用树表示的依存结构,树中子结点依存于该结点的父结点。图 8-18(c)是带有投射线的树结构,实线表示依存联结关系,位置低的成分依存于位置高的成分,虚线为投射线。

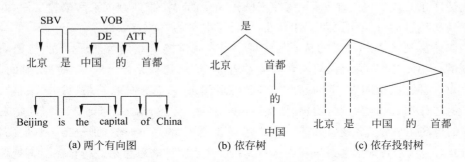

图 8-18　三种常用依存句法结构图式

图 8-18 中三种依存结构表达方式基本上是等价的,只是投射树对句子的结构表达能力更强一些。在依存结构图(树)中依存语法的支配者和从属者分别被描述为父结点和子结点(parent and son or daughter,实际上,在句法分析中最常用的术语是 head and dependency),即词汇结点(lexical node)由一些二元关系(dependency relation)相连。

依存语法本身没有规定要对依存关系进行分类,但为了丰富依存结构传达的句法信息,在实际应用中,一般会给依存树的边加上不同的标记。结点和边可携带的信息如图 8-19 所示。

由图和符号表示的依存结构形式是连接依存语法和依存句法分析算法的媒介。它将形式化的语法规则和约束表述为由边连接的点以及它们所携带的信息,使得句子的依存分析转化为寻找这个句子的一个空间连通结构或一组依存对问题。

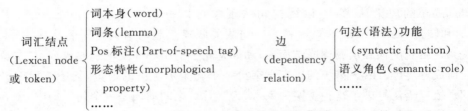

图 8-19　结点和边的标注信息

1970 年计算语言学家 J. Robinson 在论文"依存结构和转换规则"［Robinson,1970］中提出了依存语法的四条公理：

（1）一个句子只有一个独立的成分；

（2）句子的其他成分都从属于某一成分；

（3）任何一个成分都不能依存于两个或两个以上的成分；

（4）如果成分 A 直接从属于成分 B，而成分 C 在句子中位于 A 和 B 之间，那么，成分 C 或者从属于 A，或者从属于 B，或者从属于 A 和 B 之间的某一成分。

这四条公理相当于对依存图和依存树的形式约束：单一父结点（single headed）、连通（connective）、无环（acyclic）和可投射（projective），并由此来保证句子的依存分析结果是一棵有"根"（root）的树结构。这为依存语法的形式化描述及在计算机语言学中的应用奠定了基础。

K. Schubert 从计算机语言学的角度提出的依存语法的 12 条原则［Schubert,1987］，是对上述四条公理的进一步扩展，将原来限于句子的语法推广到词素和语篇层面，并充分考虑了句法模型的可操作性和可计算性，提升了对多语言的有效性。

冯志伟首先将 Tesnière 的从属句法理论引入我国的自然语言处理研究，他把动词和形容词的行动元分为主体者、对象者和受益者 3 个，把状态元分为时刻、时段、时间起点、时间终点、空间点、空间段、空间起点、空间终点、初态、末态、原因、结果、目的、工具、方式、范围、条件、作用、内容、论题、比较、伴随、程度、判断、陈述、附加、修饰 27 个，以此来建立多语言的自动句法分析系统。对于一些表示观念、感情的名词，也分别给出了它们的价［冯志伟,1983］。这是我国学者最早利用从属关系语法和"价"的思想来进行自然语言处理的尝试。他根据机器翻译的实践，提出了依存结构树应满足的 5 个条件［冯志伟,1998］：

（1）单纯结点条件：只有终结点，没有非终结点；

（2）单一父结点条件：除根结点没有父结点外所有的结点都只有一个父结点；

（3）独根结点条件：一个依存树只能有一个根结点，它支配其他结点；

（4）非交条件：依存树的树枝不能彼此相交；

（5）互斥条件：从上到下的支配关系和从左到右的前于关系之间是互相排斥的，如果两个结点之间存在着支配关系，它们之间就不能存在前于关系。

其中第（5）个条件相当于四条公理中的 projective 条件。这五个条件是有交集的，例如，多个父结点必然会破坏非交条件或独根结点条件。冯志伟关于依存树的 5 个条件完全从依存表达的空间结构出发，比四条公理和 12 条原则更直观、更实用。

依存语法与短语结构语法（phrase structure grammar,PSG）相比最大的优势是它直接按照词语之间的依存关系工作,依存语法几乎不使用词性和短语类等句法语义范畴,没有 Chomsky 的形式化重写规则,几乎所有的语言知识都体现在词典中,是基于词语法理论的。

8.10　依存句法分析

8.10.1　概述

使用依存形式进行句法分析源自 Hays(1964)和 Gaifman(1965)的工作。他们最先用严格的形式化方法来对依存语法进行描述,建立了一种类似于上下文无关文法(CFG)的依存文法。Gaifman(1965)的依存语法体系中包含如下三种规则:

(1) L_{I}:形如 $X(Y_1 \cdots Y_i * Y_{i+1} \cdots Y_n)$ 的规则表示范畴 $Y_1 \cdots Y_n$ 按照给定的顺序依存于范畴 X,X 位于位置 $*$;

(2) L_{II}:可列出属于某一范畴的所有词的规则,每一个范畴至少包含一个词,每个词至少属于一个范畴,一个词可以属于多个范畴;

(3) L_{III}:可列出所有可以支配一个句子的范畴的规则。

Hays(1964)的依存语法规则与此稍有差异,但大致相同。容易看出,D. G. Hays 和 H. Gaifman 的依存语法其实就是上下文无关文法,可以看作 M. Collins(1997)描述的词汇化上下文无关文法的一种弱等价形式。规则 L_{I} 中的 X 对应于上下文无关文法规则中左边的非终结符,$Y_1 \cdots Y_n$ 对应于规则右边的非终结符,只是在具体实现时没有中间非终结符的推导过程。如果提供有范畴间结合的先后顺序,依存结构可以转化为短语结构。

Gaifman(1965)给出的依存语法形式化表示,就是为了证明依存语法与上下文无关文法没有什么不同,这也是在接下来的很长一段时期内依存语法没有得到广泛关注的一个重要原因[Nivre, 2005]。自然地,依据这种依存语法形式所提出的句法分析推理算法也就与同时期提出的用于上下文无关句法分析的 CYK 算法[Kasami, 1965;Younger, 1967]和后来的 Earley 算法[Earley, 1970]相似,是一种自底向上的动态规划算法[Hays, 1964]。由于短语结构语法是一种线性有序的语法形式,所以与上下文无关文法弱等价的 D. G. Hays 和 H. Gaifman 的语法理论对依存结构的投射性有严格的限制,背离了 Tesnière"语义驱动的功能句法理论"的概念体系,是一种新的依存理论形式。

J. Eisner 将此类依存语法形式统一到一个更为成熟和简洁的框架下,提出了双词汇语法(bilexical grammar)。该语法同样是限制在投射性依存结构上,采用的句法分析方法也是基于动态规划算法,只是自底向上连接的是一个个根结点在最左边或最右边的串(称作 spans),而不是像 CYK 算法那样连接短语成分(constituent)[Eisner, 2000]。

类似于上下文无关文法的语法形式对被分析语言的投射性进行了限制,很难直接处理包含非投射现象的自由语序的语言。20 世纪 90 年代发展起来的约束语法和相应的基于约束满足的依存分析方法[Karlsson, 1990;Maruyama, 1990;Karlsson et al., 1995]则可以处理此类问题。

基于约束满足的分析方法建立在约束依存语法(constraint dependency grammar, CDG)[Maruyama, 1990]之上,将依存句法分析看作可以用约束满足问题(constraint satisfaction problem，CSP)来描述的有限构造问题(finite configuration problem)。约束依存语法用一系列形式化、描述性的约束(constraints)来表达：怎样才是一棵合理的依存树？如介词结构中的介词宾语从属于介词,从句从属于从句的引导成分等。基于约束满足的句法分析根据这些规定好的约束进行剪裁,把不符合约束的分析去掉,直到留下一棵合法的依存树。

目前基于约束满足的方法多用于德语等复杂语言,对语言分析的覆盖性较好。Foth等人在 NEGRA 树库上得到了 89.7% 的无标记依存正确率[Foth and Menzel，2006],说明这类方法的确有较强的分析能力。但是,它的分析过程比较繁琐,不仅算法复杂度较高,而且人工编写约束规则并不是一件容易的事情。因此,目前该方法应用得并不广泛。

与上述类似 CYK 的动态规划算法和基于约束满足的方法不同,Covington(2001)认为自然语言句法分析器应该模仿人的认知模型,读入一个句子时,按照特定方向每次处理一个词,而依存句法形式正适合这种分析方式。于是,他提出了一种"立即处理"的依存分析策略:从句子的第一个词开始每次读入一个词,只要能够确定这个词的依附关系,则立即建立。他按照对依存结构形式的约束由弱到强的顺序,设计了若干种依存句法分析策略,但基本思想只有一个:每读入一个词,用语法规则来判断这个词是否可以充当前面某个词的父结点或孩子结点。

"依次读入"和"立即处理"的依存分析策略可以构造出一个确定性的句法分析器:句子中的某个词一旦建立了依附关系,在后续的分析中将不再改变。这也是后面要介绍的确定性依存句法分析方法的思想基础。

早期的基于依存语法的句法分析方法主要就是以上类似 CYK 的动态规划算法、基于约束满足的方法和确定性分析策略三种。后来随着统计自然语言处理技术的兴起,出现了在形式化的依存语法体系中融入基于语料库统计知识的依存句法分析方法[Carroll and Charniak，1992；Schneider，2007；Schneider *et al.*，2007；Watson and Briscoe，2007]。但是,作为天然词汇化的语法理论,依存语法在纯粹的数据驱动框架下才充分发挥了它弱形式化的优势。因此随着统计自然语言处理方法的快速发展,依存句法分析得到了深入研究,并在统计机器学习方法的辅助下,产生了一大批有价值的研究工作。生成式依存分析方法、判别式依存分析方法和确定性依存分析方法是数据驱动的统计依存分析中具有代表性的三种方法,其中生成式方法和判别式方法是按照传统的机器学习模型分类方式划分的,确定性分析方法与前两者的区别在于最优依存树的分解和决策方式。以下分别介绍这三种方法。

8.10.2　生成式依存分析方法

生成式依存分析方法采用联合概率模型生成一系列依存句法树并赋予其概率分值,然后采用相关算法找到概率打分最高的分析结果作为最后输出。假设句子 x 的依存分析结果为 y,模型参数为 θ,其联合概率模型为 $\mathrm{Score}(x,y|\theta)$,以使目标函数 $\prod_{i=1}^{N} \mathrm{Score}(x_i,y_i;\theta)$ 最大的 θ 作为模型的参数,其中 (x_i,y_i) 为训练实例,N 为实例个数。

J. Eisner(1996a，1996b)提出的建立在双词汇语法上的生成式依存分析方法为词之

间的依存关系引入概率,给出了三个概率模型:

Model A:二元亲和词汇模型(bigram lexical affinites)

$$
\begin{aligned}
\Pr(\text{words},\text{tags},\text{links}) \approx & \prod_{1\leqslant i\leqslant n}\Pr(\text{tag}(i)\,|\,\text{tag}(i+1),\text{tag}(i+2)) \\
& \times \Pr(\text{word}(i)\,|\,\text{tag}(i)) \\
& \times \prod_{1\leqslant i,j\leqslant n}\Pr(L_{ij}\,|\,\text{tword}(i),\text{tword}(j))
\end{aligned}
\tag{8-24}
$$

其中,$\text{tword}(i)$ 表示符号 i 的标记($\text{tag}(i)$)和词本身($\text{word}(i)$);L_{ij} 是取值 0 或 1 的二值函数,$L_{ij}=1$ 表示 i 和 j 具有依存关系,$L_{ij}=0$ 表示 i 和 j 不具有依存关系;n 是句子长度。一个标记序列(tags)由马尔可夫过程产生,某一个标记由该标记前面两个标记决定,词由标记决定,观察每一对词(words)是否可以构成链接关系(link)的决策依赖于[tags,words],即 link 是词汇敏感的,最终生成 words,tags,links 的联合概率模型。

Model B:选择偏好模型(selectional preferences)

$$
\begin{aligned}
\Pr(\text{words},\text{tags},\text{links}) & \propto \Pr(\text{words},\text{tags},\text{preferences}) \\
& \approx \prod_{1\leqslant i\leqslant n}\Pr(\text{tword}(i)\,|\,\text{tword}(i+1),\text{tword}(i+2)) \\
& \times \prod_{1\leqslant i\leqslant n}\Pr(\text{preferences}(i)\,|\,\text{tword}(i))
\end{aligned}
\tag{8-25}
$$

模型 B 加入了词 i 的选择偏好($\text{preferences}(i)$)信息,不再穷举所有 link 之后根据约束进行剪裁,而是限制模型根据选择偏好为每一个词只选择某一个父结点。

Model C:递归生成模型(recursive generation)

$$
\begin{aligned}
& \Pr(\text{words},\text{tags},\text{links}) \\
& = \prod_{1\leqslant i\leqslant n}\left[\prod_{c=-(1+\#\text{ left-kids}(i)),\,c\neq 0}^{1+\#\text{ right-kids}(i)}\Pr\left(\text{tword}(\text{kid}_c(i))\,\Big|\,\text{tag}\Big(\underset{\text{or kid}_{c+1}\text{ if }c<0}{\text{kid}_{c-1}(i)}\Big),\text{tword}(i)\right)\right]
\end{aligned}
\tag{8-26}
$$

其中,$\text{kid}_c(i)$ 表示符号 i 右边第 c 个最近的子结点($c<0$ 表示左子结点),$\#\text{left-kids}(i)$ 和 $\#\text{right-kids}(i)$ 分别是 i 左右子结点的个数。每个 word 的左子结点和右子结点分别由两个马尔可夫过程产生。每一个子结点的生成建立在支配词和它前一个子结点上,是自顶向下的递归生成式模型,即双词汇语法[Eisner,2000]。它可以看作用词汇化的上下文无关模型[Collins,1997]来产生词的依存关系。

J. Eisner 的模型采用动态规划算法,同 CYK 算法类似,自底向上不断结合两个完整的最优依存子树,直到建立整个句子的依存树。由于考虑了依存结构的特性,算法的时间复杂度由 $O(n^5)$ 降为 $O(n^3)$(n 为被分析句子的长度)。J. Eisner 的概率生成模型在近几年的依存句法分析研究中已不多见,但他提出的句法分析方法却是包括判别式分析方法在内的一大类句法分析模型的奠基性工作。

在谈到 J. Eisner 的生成式模型和词汇化的短语结构分析之间的联系时,不能不提及 M. Collins(1996)的工作。Collins 的短语结构分析器[Collins,1996]不用于依存分析,也不是严格意义上的生成式模型,但被认为是较早利用词与词之间的依存关系来尝试句子短语结构分析的工作。他通过建立词与词之间的依存概率模型来估计短语结构的概率。对于待分析句子 S，其短语结构树 T 的概率分解为：

$$P(T|S) = P(B,D|S) = P(B|S) \times P(D|S,B) \tag{8-27}$$

其中，已知基本名词短语组 B，依存结构 D 的概率由下式得到：

$$P(D|S,B) = \prod_{j=1}^{m} P(AF(j)|S,B) \approx \prod_{j=1}^{m} \frac{\hat{F}(R_j | \langle \overline{w}_j, \overline{t}_j \rangle, \langle \overline{w}_{hj}, \overline{t}_{hj} \rangle)}{\sum\limits_{k=1\cdots m, k \neq j, p \in P} \hat{F}(p | \langle \overline{w}_j, \overline{t}_j \rangle, \langle \overline{w}_k, \overline{t}_k \rangle)} \tag{8-28}$$

其中，$AF(j) = (h_j, R_j)$ 表示位置为 j 的短语中心词以依存关系 R_j 修饰位置为 h_j 的短语中心词，条件概率 $P(AF(j)|S,B)$ 通过对训练集中词/标注对 $\langle \overline{w}_j, \overline{t}_j \rangle$ 和它的父结点 $\langle \overline{w}_{hj}, \overline{t}_{hj} \rangle$ 同现，并具有依存关系 R_j 的频率估计得到，式（8-28）的分母是归一化系数。关于 M. Collins 后期的一系列工作请参见 8.3 节。

生成式依存分析模型使用起来比较方便，它的参数训练时只在训练集中寻找相关成分的计数。但是，生成式方法采用联合概率模型，在进行概率乘积分解时作了近似性假设和估计，而且，由于采用全局搜索，分析算法的复杂度较高，因此效率较低，但此类算法在准确率上有一定优势。类似 CYK 算法的推理方法使得此类模型不易处理非投射问题。

8.10.3 判别式依存分析方法

判别式依存分析方法采用条件概率模型 $\text{Score}(x|y,\theta)$，避开了联合概率模型所要求的独立性假设，训练过程即寻找使目标函数 $\prod\limits_{i=1}^{N} \text{Score}(x_i|y_i;\theta)$ 最大的 θ（变量说明同上）。其代表性的工作是 R. McDonald 等人开发的最大生成树（maximum spanning trees，MST）依存句法分析器 [McDonald et al.，2005a，2005b，2006]，以下简称 MSTParser[①]。

MSTParser 使用了一种基于图的依存句法分析模型，它将获取最佳依存结构转化为寻找待分析句子的最高打分依存树。该分析器定义整棵句法树的打分是树中各条边打分的加权和：

$$s(\boldsymbol{x}, \boldsymbol{y}) = \sum_{(i,j) \in y} s(i,j) = \sum_{(i,j) \in y} \mathbf{w} \cdot \mathbf{f}(i,j) \tag{8-29}$$

其中，s 表示打分值；y 是句子 $\boldsymbol{x}$ 的一棵依存树；(i,j) 是 y 中的结点对。$\mathbf{f}(\bullet)$ 是高维二元特征函数向量，特征函数 $f(x_i, x_j)$ 表示结点 x_i 和 x_j 之间的依存关系，取值为 0 或 1，如一棵依存树中两个词"打"和"球"存在依存关系，则：

$$f(i,j) = \begin{cases} 1, & \text{如果 } x_i = '\text{打}' \text{ 且 } x_j = '\text{球}' \\ 0, & \text{其他} \end{cases}$$

$\mathbf{w}$ 是特征 $\mathbf{f}(\bullet)$ 的权值向量。简单地说，MSTParser 的分析过程就是在结点和边组成的生成树中寻找加权和分值最高的边的组合。生成树中任意两个由词表示的结点之间都有边，根据特征和权值为每条边打分，求解最佳分析结果转化为搜索最大生成树（即整

---

① http://www.seas.upenn.edu/~strctlrn/MSTParser/MSTParser.html

句依存树打分最高)的问题。权值向量 $\mathbf{w}$ 在确定了特征集合后由样本训练得到。

MST 模型给出后,句法分析需要解决以下三个问题:

(1) 如何找到打分最高的树 $\mathbf{y}$;

(2) 如何在训练集中学习到合适的权值 $\mathbf{w}$;

(3) 如何选择特征 $\mathbf{f}$。

针对第(1)个问题,如果待分析句子具有投射性,MSTParser 直接采用[Eisner, 1996a]的自底向上的动态规划算法找到打分最大的依存树[McDonald *et al*., 2005a]。对于具有非投射结构的句子,则使用 Chu-Liu-Edmonds 算法[McDonald *et al*., 2005b]。其核心思想为:一个收缩图(contracted graph)的最大生成树等价于原始图(original graph)的最大生成树。算法首先为每一个结点找到打分最大的入边(incoming edge),如果得到的最优路径破坏了无环(acyclic)条件,就把这样一个环收缩成一个顶点,重新计算打分最大的入边。根据算法的最大生成树不变性,收缩后得到的分析结果就是正确结果。

针对问题(2)的参数学习问题,MSTParser 使用在线学习(online learning)方法训练权值 $\mathbf{w}$[McDonald,2006]。在线学习过程可以简单地描述为:初始化参数 $\mathbf{w}$,学习器每次读入一个训练实例 $(\mathbf{x}_t, \mathbf{y}_t) \in \mathcal{T}$,并根据该训练实例对参数 $\mathbf{w}$ 进行更新。

MSTParser 采用边缘注入松弛算法(margin infused relaxed algorithm,MIRA) [Crammer and Singer,2003;Crammer *et al*.,2003]来更新权值 $\mathbf{w}$。在每一步更新中,MIRA 求取当前权值 $\mathbf{w}^{(i)}$ 下得到的依存树 $\mathbf{y}'$ 与正确依存树 $\mathbf{y}_t$ 之间的分值之差,在保证该分差大于某一个损失函数 $L(\cdot)$ 的条件下,尽量使新的权值 $\mathbf{w}^{(i+1)}$ 靠近原来的权值 $\mathbf{w}^{(i)}$:

$$\min \| \mathbf{w}^{(i+1)} - \mathbf{w}^{(i)} \|$$
$$\text{s. t. } s(\mathbf{x}_t, \mathbf{y}_t) - s(\mathbf{x}_t, \mathbf{y}') \geqslant L(\mathbf{y}_t, \mathbf{y}') \tag{8-30}$$
$$\forall \mathbf{y}' \in \text{best}_k(\mathbf{x}_t; \mathbf{w}^{(i)})$$

为了减少训练过程的计算量,在每次更新时,算法只考虑得分最高的 k 个依存树。MIRA 本质是感知机的思想,属于最大边缘学习算法(large margin learning)的一种。

针对上述第(3)个问题,MST 模型除将当前父子结点对的特征考虑在内以外,还加入了父结点和子结点之间结点的信息和父子结点左右两侧结点的信息,以提高算法的性能。

最大生成树的引入使句法分析器不仅可以采用 J. Eisner 的动态规划算法推导出投射依存树,而且将非投射结构的分析统一到一个框架中。模型具有更好的操作性和可计算性,使诸多机器学习和运筹学的方法得以应用。

在依存句法树搜索方面,判别式方法和生成式方法一样,都是进行整个句子内的全局搜索,所以算法复杂度是要重点考虑的问题。根据生成树的特点,最大生成树模型是在整个句子空间内进行非线性搜索,最终一阶算法(first-order MST)(即式(8-29))的复杂度是 $O(n^3)$。使用 Chu-Liu-Edmonds 算法后,一阶 MST 非投射算法的复杂度降为 $O(n^2)$。但为了给模型加入两个相邻依存边的信息来提高分析性能,[McDonald *et al*.,2006]又提出了一种二阶的最大生成树模型(second-order MST):

$$s(\mathbf{x}, \mathbf{y}) = \sum_{(i,k,j) \in y} s(i, k, j) \tag{8-31}$$

其中,k 和 j 是相邻结点。二阶 MST 模型在处理非投射问题时是 NP 难题,因此,

McDonald（2006）给出了近似的非投射分析算法（approximate non-projective parsing）：用复杂度为 $O(n^3)$ 的投射算法来近似非投射算法，先找出最高分的投射树，然后重新移动边，直到整个树的打分增加。

MSTParser 在宾州树库《华尔街日报》（英语）语料（Wall Street Journal，WSJ）上的最好结果是无标记依存正确率（unlabeled accuracy，UA）91.5%，出现在二阶投射模型中；对于捷克语，非投射模型的最好结果是 85.2%（大约有 23% 的句子出现非投射现象）[McDonald，2006]。这说明 MSTParser 无论在投射性语言上，还是在非投射性语言上都有较好的分析性能。

判别式方法不仅在推理时进行穷尽搜索，而且在训练算法上也具有全局最优性，需要在训练实例上重复句法分析过程来迭代参数，训练过程也是推理过程，训练和分析的时间复杂度一致。对这类模型来说，如何融入更丰富的特征信息并降低高阶模型带来的高复杂度是其改进的主要途径。

J. Nivre 将生成式和判别式的方法归为一类，认为它们都使用动态规划算法来实现依存关系分析。这两类方法在整句范围内进行全局搜索，得到的结果是全局最优的。但算法的高复杂度在一定程度上制约了它们在实际系统中的应用。

求解最大（小）生成树是图算法要解决的一类问题，因此这类方法也称为"基于图"的方法（graph-based method）。

8.10.4 确定性依存分析方法

根据 8.10.1 节对 M. A. Covington 确定性依存分析策略的介绍，我们知道，确定性依存分析方法以特定的方向逐次取一个待分析的词，为每次输入的词产生一个单一的分析结果，直至序列的最后一个词。这类算法在每一步的分析中都要根据当前分析状态做出决策（如判断其是否与前一个词发生依存关系），因此，这种方法又称决策式分析方法。

通过一个确定的分析动作（parsing action）序列来得到一个唯一的句法表达，即依存图（有时可能会有回溯和修补），这是确定性句法分析方法的基本思想。

Covington（2001）的依存分析策略是一种语法驱动的基于列表（list-based）的确定性方法，而[Yamada and Matsumoto，2003]和[Nivre and Nilsson，2003]提出的依存句法分析方法则可以看作一种数据驱动的基于"栈"的（stack-based）确定性方法。这两种方法在近年来的依存句法分析研究中得到了广泛使用。

1. Yamada 分析方法

[Yamada and Matsumoto，2003]给出了一种基于移进-归约（Shift-Reduce）算法的多次（multi-pass）确定性依存分析方法，以下简称"Yamada 分析方法"。该方法使用三种分析动作：Shift（移进）、Right-Reduce（右归约）和 Left-Reduce（左归约），分析过程的每一次循环由左至右遍历整个句子，通过 Right-Reduce 或 Left-Reduce 动作建立依存子树，通过 Shift 实现分析窗口的向前推进，直到句子中所有词都被挂在一个结点下面，该结点便是整棵依存树的根结点。依照[Nivre，2003a]对分析动作的表示方式，我们用图 8-20 来解释 Yamada 方法中如何使用这三种分析动作。其中 W 表示焦点词（target node）窗口，

基本宽度为 2，表示每次决策的目标是在当前序列中相邻的两个词；A 是得到的依存关系集合；i 表示词在当前序列中的位置，同一个词在多次循环中所处的位置可能不同。

当窗口停留在某一焦点词对上时，分析器抽取表达当前分析状态的上下文特征，送入训练好的分类器模型，预测这一步需要采取的分析动作，执行此动作以扩充依存关系集合 A 和推进分析窗口。分类器训练实例的提取即在带有依存结构的训练语句上重复此分析过程，得到分析动作—特征向量对。

在图 8-20 中，横线上方表示当前关注的"焦点词"窗口，横线下方表示执行相应分析动作之后的结果。

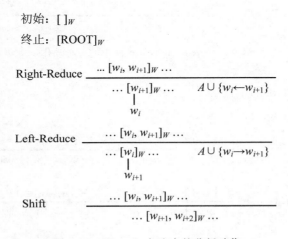

图 8-20 Yamada 方法中的分析动作

2. Nivre 分析方法

［Nivre and Nilsson，2003］给出了若干个基于规则的确定性分析策略，基本上与 Covington（2011）的方法一致。［Nivre，2003a］的不同之处在于使用了移进—归约算法，不过这里"归约"的不再是短语生成式规则，而是依存关系。

J. Nivre（2003a）的确定性分析方法使用表达当前分析状态的格局（configuration），该格局用三元组表示：$(S，I，A)$，其中，S 是堆栈，I 是未处理的结点序列，A 是依存弧集合。用于分析动作决策的特征向量取自这样的三元组。分析过程主要包含两种分析动作的组合，一种是采用标准的移进—归约方式（称为 Arc-standard 算法），使用 Left-Reduce、Right-Reduce 和 Shift 三种动作，如图 8-21 所示。另一种则是参考［Abney and Johnson，1991］的方法，取名为 Arc-eager 算法的 4 种动作的组合：Left-Arc（左弧）、Right-Arc（右弧）、Reduce（归约）和 Shift（移进），如图 8-22 所示。

图 8-21 中，横线上方表示分析动作执行之前堆栈 S、未处理的结点序列 I 和依存弧集合 A 的状态，横线下方表示执行相应动作之后的 S、I 和 A 的状态。图 8-22 中右边横线上方为条件，下方为执行的动作。

Yamada 方法使用线性判别分类器进行分析动作的决策，继［Nivre，2003a］和［Nivre and Nilsson，2003］之后，J. Nivre 等人又提出了"引导句法分析（guiding parsing）"方法，实际上就是用机器学习的方法指导分析器的动作，实现数据驱动。他们分别使用了极大

初始：(nil, I, $\varnothing$)

终止：(S, nil, A)

$$\text{Left-Reduce}_l \quad \frac{[\ldots, w_i, w_j]_S \qquad [\ldots]_I}{[\ldots w_j]_S \qquad [\ldots]_I \qquad A \cup \{w_i \leftarrow w_j\}}$$

$$\text{Right-Reduce}_l \quad \frac{[\ldots, w_i, w_j]_S \qquad [\ldots]_I}{[\ldots w_i]_S \qquad [\ldots]_I \qquad A \cup \{w_i \rightarrow w_j\}}$$

$$\text{Shift} \quad \frac{[w_i, \ldots]_I}{[\ldots w_i]_S \qquad [\ldots]_I}$$

图 8-21　Arc-standard 算法中的分析动作

初始：(nil, I, $\varnothing$)

终止：(S, nil, A)

$$\text{Left-Arc}_l \quad \frac{[\ldots, w_i]_S \qquad [w_j, \ldots]_I \qquad \neg \exists\, w_k \rightarrow w_i \in A}{[w_j, \ldots]_I \qquad A \cup \{w_i \overset{l}{\leftarrow} w_j\}, \text{pop}(w_i)}$$

$$\text{Right-Arc}_l \quad \frac{[\ldots, w_i]_S \qquad [w_j, \ldots]_I \qquad \neg \exists\, w_k \rightarrow w_j \in A}{[\ldots w_i, w_j]_S \qquad [\ldots]_I \qquad A \cup \{w_i \overset{l}{\rightarrow} w_j\}, \text{push}(w_j)}$$

$$\text{Reduce} \quad \frac{[\ldots w_i]_S \qquad [\ldots]_I \qquad \exists\, w_k \rightarrow w_i \in A}{[\ldots]_S \qquad [\ldots]_I \qquad \text{pop}(w_i)}$$

$$\text{Shift} \quad \frac{[\ldots]_S \qquad [w_i, \ldots]_I}{[\ldots w_i]_S \qquad [\ldots]_I \qquad \text{push}(w_i)}$$

图 8-22　Arc-eager 算法中的分析动作

条件似然估计（maximum conditional likelihood estimation，MCLE）[Nivre，2004]、k 最近邻（kNN）[Nivre，2003b]、SVMs[Hall *et al.*，2006]和基于记忆的学习（memory-based learning，MBL）[Nivre *et al.*，2004；Nivre and Scholz，2004]等方法。

　　与基于列表的方法不同，基于栈的方法由于每次都要先处理栈顶的结点，所以得到的依存结构总是符合投射性条件的，无法像基于列表的方法那样自然地分析非投射结构。又因为它直接在一维的有序词序列上运作，也不能像基于图的方法那样将对投射性和非投射性的处理统一在一起。因此，Nivre and Nilsson（2005）设计了一种伪投射性（pseudo-projective）依存分析方法，将训练语料中含有非投射现象的句子用某种规则转化为投射性结构，使用上述投射性模型进行句法分析后，把结果以相反的方式转化为非投射结构。不能方便地处理非投射结构是基于栈的确定性方法的缺陷之一。

　　作为一种确定性的依存句法分析方法，上述模型无论在决策过程中，还是在分析模型的训练上都只是局部最优，采用局部最优近似全局最优的贪婪算法，因此错误传递（error propagation)是此类方法面临的最大问题,使其在依存准确率上与生成式和判别式的方法相比没有优势,尤其是对于长距离的依存关系分析。但是,它可以达到线性的时间复杂度。这类方法的另一个优点是易于融入丰富特征:当前动作决策可以使用所有已建立的句法结构信息。对于这类模型来说,如何减少由确定性带来的分析错误,充分发挥它的低复杂度和易扩充特征的优势,将是其未来发展的方向。

由于这类分析方法将句法表达建立在一系列分析动作上,每一次的动作实现一个分析状态向另一个分析状态的转变,因此,[Nivre *et al*.,2006a]也将此类方法称作"基于转换"的方法(transition-based method)。一个"转换"的实施促使了状态的更新,一个"转换"加一个依存关系类型标记构成了一个分析动作(action)。当然,基于转换的方法只是确定性句法分析的一种典型方法。基于图的和基于转换的分析模型在近几年的依存句法分析研究中显露出了较好的发展趋势,大批学者围绕这两种方法做了大量改进工作。

MaltParser[①] 是 J. Nivre 等人实现的一个基于转换方法的依存句法分析器[Nivre *et al*.,2006b],近几年来得到了广泛使用。

除了 MSTParser 和 MaltParser 以外,还有其他一些公开的依存句法分析器,如英语依存句法分析器 MINIPar[②],其实现原理在论文[Lin,1994]中有详细介绍。CaboCha[③]是一个日语的依存句法分析器,它所采用的分析原理与 MaltParser 类似。Zpar[④] 是一个多语言的依存句法分析器,其实现方法是将 MSTParser 和 MaltParser 两种方法整合到一个 Beam-Search 框架中。

8.10.5 其他相关研究

生成式、判别式和确定性三类依存分析方法提出以后,关于依存分析的研究工作基本上都是在此基础上完善或改进的。其研究思路不外乎有两种:一是为某种方法设计或选择其他分析模型、推理机制或学习算法,以提高句法分析系统的性能;二是将机器学习任务常用的处理策略如系统融合、半监督学习等移植到依存句法分析中来,以提升分析精度或增强方法的适应能力。

由于判别式方法具有易扩充特征、可选择多种分类器等优点,因此这一方法颇受青睐。但是,这类使用代价因子的方法(factored parsing)受因子大小的限制,无法获得更多的上下文信息。为此,[McDonald and Pereira,2006]将最大生成树方法的计算因子由原来的一条依存边[McDonald *et al*.,2005a]增加到两条相邻的依存边,以保留更多的上下文信息。继而,Carreras(2007)设计了另外一种二阶最大生成树模型,考虑了"祖孙(grandchild)"结点的信息,而不仅是"姐妹(sibling)"结点。[Koo and Collins,2010]提出了三阶的最大生成树模型,将计算因子扩大到"隔代姐妹(grand-sibling)"和"三代姐妹(tri-sibling)"结点,并以不带来更高的计算代价为目的(三阶模型的时间复杂度控制在$O(n^4)$)。

---

① http://maltparser.org/index.html

② http://webdocs.cs.ualberta.ca/~lindek/minipar.htm

③ http://www.chasen.org/%7Etaku/software/cabocha/

④ http://www.cl.cam.ac.uk/~yz360/zpar.html

推理机制方面,除 Eisner 使用的动态规划算法之外,A* 算法[Lin,2008]、整数线性规划(integer linear programming,ILP)算法[Riedel and Clarke,2006；Martins *et al.*,2009]也都被引入基于图的模型。在学习算法方面,除使用在线学习来训练线性判别式模型的参数以外,Carreras(2007)把曾用于短语结构预测的平均感知器算法引入到高阶的最大生成树模型,[Koo *et al.*,2008]使用感知器建立了基于图的半监督的依存分析模型。此外,贝叶斯点学习机(Bayes point machines,BPM)[Herbrich *et al.*,2001；Harrington *et al.*,2003]、在线 PA 算法(online passive-aggressive learning)[Crammer *et al.*,2006]和极大条件似然估计等也被用来代替 McDonald 分析系统中的 MIRA[Corston-Oliver *et al.*,2006；Nguyen *et al.*,2007；Nakagawa,2007]。

基于转换的确定性方法将依存结构"分解"为各个作用在当前分析状态下的分析动作,使用判别式分类器为每一步的动作做出决策。在分析模型方面,主要是基于移进—归约的方法、基于列表的方法和基于传统 LR 分析的方法。在推理算法方面,除了贪婪搜索以外,[Duan *et al.*,2007]和[Johansson and Nugues,2007]提出了概率化的决策动作模型,每一步保留多个动作的分析结果,在马尔可夫模型上用动态规划或柱搜索(beam-search)得到最有可能的动作链。这种方法融合了决策式方法和动态规划方法的优点,既可以利用丰富的上下文特征,又从全局最优的角度进行分析,对决策动作进行概率建模。另外,[Huang and Sagae,2010]和[Kuhlmann *et al.*,2011]将动态规划算法引入移进-归约的转换模型,通过采用类似广义 LR 算法(generalized LR,也称富田胜算法)[Tomita,1991]的分析算法以及 GSS(graph-structured stack)和柱搜索,不仅获得了较好的分析精度,而且分析效率也有较大提高。

在学习算法方面,确定性方法的选择较多,除 SVM 和 MBL 算法以外,还有最大熵、多分类平均感知机和 MLE 等[Zhao and Kit,2008；Watson and Briscoe,2007]。总体而言,使用 SVM 的基于转换的依存分析在准确率上比较有优势,但分析效率在某些情况下要比决策树和最大熵等模型差[Cheng *et al.*,2005；Sagae and Lavie,2005；Hall *et al.*,2006]。

半监督和无监督方法是近年来自然语言处理研究的热门。Seginer(2007)提出了一种建立在依存结构形式上的无监督的短语结构分析方法,利用未标注语料中的词汇分布规律建立分析模型,但其模型比较复杂,方法的实用性较差。相比之下,使用少量人工标注语料和大规模未标注语料的半监督方法更加合理和有效,已在很多工作中得到了验证。[Koo *et al.*,2008]从词汇表达的角度,用未标注语料产生句法结构层面的词聚类,并在依存分析中用以二进制编码表示的词类替换词本身,来缓解词汇稀疏问题。确定性的依存分析方法通常对短距离的依存关系有较好的分析能力[McDonald and Nivre,2007],依据这一点,Chen *et al.*(2008a)用确定性句法分析器提取未标注语料中的短距离依存信息,将相隔某一距离的两个词之间在自动标注语料中发生依存关系的频次当作新的句法分析器的特征,从而利用了未标注语料的知识。为更好地发掘自动标注语料中的信息,Chen *et al.*(2009)提取自动标注语料中包含 2 个到 3 个词的依存子树,而不仅仅是一个词对来辅助句法分析,性能得到了很大的提升。近几年来,利用跨语言信息成为依存分析领域研究的热点。[Zhao *et al.*,2009a,2009b]通过将英语树库中的句子翻译成汉语来得到一定数量的标注了依存关系的汉语句子,以扩充依存分析的训练集。类似地,在未标注语料上采用双语投射方法获得标注信息,并用以提高单语句法分析的性能,成为目前半监督依存句法分析研究的典型方法[Huang *et al.*,2009;Chen *et al.*,2010c,2011;Jiang and Liu,2010]。

从 20 世纪 90 年代末至今,依存句法分析技术得到了深入研究和发展,提出了若干模型和算法,分析性能不断提高,但离真正实用化要求还有较大距离。目前的依存句法分析研究正在不断吸收机器学习的新方法,试图从大规模、甚至多语言文本中获取知识,提高分析准确率,同时增强系统对不同数据的适应性。

8.10.6 基于序列标注的分层式依存分析方法

前面介绍的基于最大生成树的依存分析方法以整个句子为最优依存结构搜索的基本单位,而基于转换的决策式依存分析方法通过搜索当前最优分析动作来得到输入句子的最优依存树,决策的基本单位是当前格局中的焦点词对。这两种方法分别采用了依存分析单位的两个极端。那么,是否可以找到一种适中的分析粒度来分解原依存结构,使分析算法能够更加灵活地运用于依存结构的预测呢?基于这种考虑,鉴萍等引入了一种处于整句和词之间的结构单元——依存层(dependency layer)的概念,通过依存层来建立依存句法分析模型[鉴萍,2010;Jian and Zong,2009]。所谓的依存层是指在依存树中依存关系深度不大于 1 的词组成的依存结构单元,图 8-23 给出了一个句子片段的依存结构图和它包含的一个依存层。

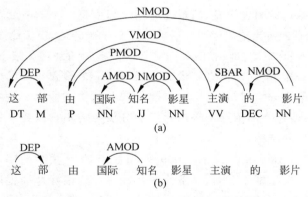

图 8-23 一个依存结构图和它的一个依存层

输入句子的依存结构被依存层分割开来,我们可以在层内穷尽式地搜索这些词之间的最优依存关系组合,而在层与层之间已得到的依存结构可以被确定性地传递。这样处理一方面可以降低搜索整棵树所带来的计算代价;另一方面能够减轻决策的确定性所导致的错误传递,而且,在实现算法上可以采用能得到全局最优解的序列标注技术来建立依存层的最优子结构。每一层的最优结构由下式得到:

$$\hat{g} = \underset{g \in D(g_c)}{\operatorname{argmax}} s(c,g)$$

其中,c 表达当前的分析状态,一般用当前格局来近似,它可以包含当前层词序列和之前建立的所有依存结构;$D(g_c)$ 是当前层所有可能的依存结构集合,$s(c,g)$ 是当前层具有结构 g 的概率。每层分析得到的最优依存结构在后续的分析中不再改变。分析过程自底向上进行，直到得到整棵依存树。

下面利用图 8-23 所示的例句说明该模型的执行过程。首先，将例句中词与词之间的依存关系表示成序列形式，如图 8-24 所示，其中左起第一列和第二列分别是输入句子的词和词性 POS 标注，第三列表示该位置的词是否依存于它相邻的词：如果依存于它左边相邻的词，则用"LH"(left-headed)表示，意思是"父结点在左边"；如果依存于右边的词，则用"RH"(right-headed)表示，意思是"父结点在右边"；否则，标记为"O"。下画线"_"后面的字串表示依存关系成立时相应的依存关系类型。

这	DT	O
部	M	LH_DEP
由	P	O
国际	NN	RH_AMOD
知名	JJ	RH_NMOD
影星	NN	O
主演	VV	RH_SBAR
的	DEC	RH_NMOD
影片	NN	O

图 8-24　相邻依存关系分析表示

这	DT	O
部	M	LH_DEP
由	P	O
国际	NN	RH_AMOD
知名	JJ	RH_NMOD
影星	NN	O
主演	VV	
的	DEC	
影片	NN	O

图 8-25　相邻依存关系标注方式（Ⅰ）

从构建依存树结构的角度出发，简单地为词序列中每一个与其父结点相邻并且已是完整子树的结点（包括经过当前层标注以后成为完整子树的结点）标注依存关系，如图 8-25 所示，这些词（如图 8-25 中的"部"、"国际"和"知名"）被归约到其父结点上，而未建立依存关系的词则进入下一层继续分析，直到形成一棵树。一个输入句子的依存分析过程被自底向上地分解成若干个分析层，每一层都有部分依存结构被建立。被标注了父结点的词都在当前层被归约，所建立的依存结构在后续的分析中将不再改变。这也使得后续分析可以利用已生成的依存结构。

文献[鉴萍，2010；Jian and Zong，2009]使用基于 CRF 模型的序列标注器来保证层依存结构的最优性。由于基于 CRF 模型的序列标注不能很好地捕捉序列中的长距离依存关系，使用高阶模型虽可以起到一定的缓解作用，但又带来较大的计算代价。因此，鉴萍等认为只有在前一步的依存层分析中就已找到自己所有子结点的词是可归约的，在当前层依存关系分析后其子树才完整的结点将不予归约。这在相邻依存分析中表现为：在连续同方向的依存关系中，只归约最低层的子结点。采取这种策略可以使得由于依存距离较长而标注错误的词在后续的分析中有修正的机会。

根据鉴萍（2010）的实验，该依存分析方法在分析精度上与 MaltParser 和 MSTParser 两个主流的依存分析器有很好的可比性，其准确率处于基于生成树的分析器（MSTParser）和基于转换的分析器（MaltParser）之间，但在分析速度上有明显的优势，特别是用于标注大规模语料时这一优势将非常突出。这种方法的主要贡献在于，首次将依存句法分析转化为序列标注问题，可以方便地运用基于序列标注的浅层句法分析方法[Sha and Pereira，2003]中类似的特征实现依存句法分析；采用自底向上的分层结构和相邻依存关系分析模式及一阶 CRF 序列标注技术,显著地提高了分析效率,尤其适用于对响应速度有较高要求的自然语言处理系统。基于这种方法实现的汉英依存句法分析系统已经公开发布在模式识别国家重点实验室的开放平台 OpenPR 上,具体网址为:

http://www.openpr.org.cn/index.php/NLP-Toolkit-for-Natural-Language-Processing/

8.11 依存分析器性能评价

8.11.1 评价指标

在依存句法分析器性能评价中,通常使用如下指标:

(1) 无标记依存正确率(unlabeled attachment score,UAS):测试集中找到其正确支配词的词(包括没有标注支配词的根结点)所占总词数的百分比[Eisner,1996b;Collins and Singer,1999]。

(2) 带标记依存正确率(labeled attachment score,LAS):测试集中找到其正确支配词的词,并且依存关系类型也标注正确的词(包括没有标注支配词的根结点)占总词数的百分比[Nivre et al.,2004]。

(3) 依存正确率(dependency accuracy,DA):测试集中找到正确支配词非根结点词占所有非根结点词总数的百分比[Yamada and Motsumoto,2003]。

(4) 根正确率(root accuracy,RA):有两种定义方式,一种是测试集中正确根结点的个数与句子个数的百分比[Yamada and Matsumoto,2003];另一种是指测试集中找到正确根结点的句子数所占句子总数的百分比[McDonald et al.,2005a]。对单根结点的语言或句子来说,二者是等价的。本书中使用的是第二种定义。

(5) 完全匹配率(complete match,CM):测试集中无标记依存结构完全正确的句子占句子总数的百分比[Yamada and Matsumoto,2003]。

以下通过一个例子(图 8-26)来说明前三个指标的计算方法。

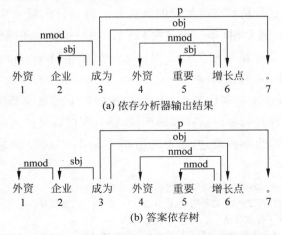

(a) 依存分析器输出结果

(b) 答案依存树

图 8-26 用于依存分析器性能指标计算的实例

图 8-26(a)是某依存句法分析器对句子"外资企业成为外贸重要增长点。"的分析结果,图 8-26(b)是标准答案中该句子正确的依存分析树,图中数字是句子中的词对应的序号。该依存分析器的输出结果中每个词对应的支配词及依存关系为:外资（3，nmod）、**企业（3，sbj）**、成为（**0，root**）、外贸（**6，nmod**）、重要（**6，sbj**）、增长点（**3，obj**）、。（**3，p**），共 7 项,而在标准答案中每个词对应的支配词及依存关系为:外资（2，nmod）、企业（3，sbj）、成为（0，root）、外贸（6，nmod）、重要（6，nmod）、增长点（3，obj）、。（3，p），也是 7 项。对照两棵依存树给出的依存关系,不考虑标记时找到正确支配词的个数为 6,加黑的项。而考虑标记时,找到正确支配词的个数为 5,加下画线的项。非根结点词找到其正确支配词的个数为 5。因此,

$$\text{UAS} = \frac{6}{7} \times 100\% = 85.71\%$$

$$\text{LAS} = \frac{5}{7} \times 100\% = 71.43\%$$

$$\text{DA} = \frac{5}{6} \times 100\% = 83.33\%$$

一般情况下,除完全匹配率以外,在计算其他指标时都不将标点符号统计在内,因为常用的依存结构树是由宾州树库中的汉语或英语短语结构树转化而来的,在树库标注规范和结构转化规范的共同作用下,通常指定句中点号[①]依存于跨越其上的最低层依存弧的父结点,成对出现的标号[②]依存于其内部成分的中心词或和句末点号一样依存于全句的中心词(当这个成对出现的标号中包含有句末点号时)。因此,标点符号的依存关系不包含额外的结构信息,对其进行统计的意义不大,而且有些依存树库直接没有为标点符号标注依存关系[鉴萍,2010]。

8.11.2　依存分析性能比较

1. 英语依存分析性能比较

目前英语依存句法分析研究所使用的语料和语料划分比较一致,采用由宾州树库转化而来的依存树结构,通常用《华尔街日报》的 02～21 节作为训练集,第 23 节作为测试集。短语结构转换为依存结构的工具使用[Yamada and Matsumoto，2003]在[Collins，1999]基础上修改的中心词提取规则。

表 8-11 列出了近年来一些代表性工作所公布的在上述数据集上的依存分析结果[③]。由于大部分工作没有统计有标记依存准确率(LAS),所以这里未列出该指标(涉及依存关系类型标记集合的工作也不再赘述,请参考[Nivre and Scholz，2004；McDonald，2006；

---

① 点号用于表示句子中的停顿,包括句号(。)、问号(?)、感叹号(!)、逗号(,)、分号(;)、顿号(、)和冒号(:)。

② 标号用于标明词语或句子的性质和作用,包括引号(""）、括号(())、破折号(——)、省略号(……)、连字符(‐)、字间点号(·)、书名号(《》)和下画破折号(＿＿)。

③ 有的文献中没有明确指出使用的是包含根结点在内的无标记依存正确率(UAS)还是不包含根结点的依存正确率(DA),所以这里统计的结果和原文可能有一定的出入,表 8-12 中的数据也是如此。

Johansson and Nugues，2007])。已有的英语依存分析工作基本上都使用了自动标注的 POS 标记，表 8-11 同时给出了它们所使用的 POS 标注器，部分公布了标注正确率。

表 8-11　主要代表性工作的英语分析结果

分析器	UAS/%	DA/%	RM/%	CM/%	POS/%	POS 标注器
Charniak00	—	92.1	95.2	45.2	97.1	Nakagawa02
Collins97	—	91.5	95.2	43.3	97.1	Nakagawa02
McDonald05	—	90.9	94.2	37.5	—	Ratnaparkhi96
McDonald06	—	91.5	—	42.1	—	Ratnaparkhi96
CO06	—	90.8	93.7	37.6	—	Toutanova03
Wang07	—	89.2	90.2	34.4	—	Ratnaparkhi96
Yamada03	—	90.3	91.6	38.4	97.1	Nakagawa02
Nivre04	87.1	87.3	84.3	30.4	96.1	—
Hall06	89.4	—	—	36.4	96.5	Standard HMM
Huang10	92.1	—	—	—	97.2	—
Zhang08	92.1	—	—	45.4	—	Collins02
Koo08	93.16	—	—	—	—	Ratnaparkhi96
Chen09	93.16	—	—	47.15	—	Ratnaparkhi96

表 8-11 中，Charniak00[Charniak，2000]和 Collins97[Collins，1997]是生成式的短语结构分析器，用中心词提取规则将短语结构树转化成了依存结构树。表 8-11 中给出的这两个分析器的统计数据来自[Yamada and Matsumoto，2003]对二者的重现。

McDonald05[McDonald *et al.*，2005a]、McDonald06[McDonald and Pereira，2006]、CO06[Corston-Oliver *et al.*，2006]和 Wang07[Wang *et al.*，2007]是判别式的分析方法。

Yamada03[Yamada and Matsumoto，2003]、Nivre04[Nivre and Scholz，2004]、Hall06[Hall *et al.*，2006]和 Huang10[Huang and Sagae，2010]是基于转换的确定性方法。Hall06 使用与 Nivre04 相同的分析模型，但学习算法采用的是 SVMs 而不是 MBL。Huang10 采用动态规划的移进-归约方法。

Zhang08[Zhang and Clark，2008]使用了系统融合方法。

Koo08[Koo *et al.*，2008]和 Chen09[Chen *et al.*，2009]使用了树库以外的知识，属半监督的方法。

POS 标注器：Nakagawa02[Nakagawa *et al.*，2002]，Ratnaparkhi96[Ratnaparkhi，1996]，Toutanova03[Toutanova *et al.*，2003]，Collins02[Collins，2002b]。

2. 汉语依存分析性能比较

汉语的语言特征非常丰富，无论在词法、句法还是语义层面都有较高的研究价值。从句法分析角度讲，汉语是满足投射性条件的语言，前面介绍的大部分方法都可用于汉语的分析。但是，众多研究表明，汉语的句法分析要比其他一些语言(如英语)困难得多。目前汉语依存分析工作所使用的语料和语料划分没有统一的标准，现有报道中涉及的树库来源主要有：宾州汉语树库（CTB）、台湾 Sinica 树库［Chen *et al.*，2003a］和哈尔滨工业大学信息检索研究室开发的汉语依存树库［Liu *et al.*，2006b］等。CTB 和 Sinica 树库都是短语结构树库，Sinica 树库已标有中心词信息，可以直接转化为依存结构。CTB 的转化方法有以下几个版本：

（1）Penn2Malt 提供的针对汉语的短语中心词提取规则[①]。

（2）［Duan *et al.*，2007］使用的［Sun and Jurafsky，2004］报告的短语中心词提取规则。

（3）［Zhang and Clark，2008］使用的中心词提取规则，与［Duan *et al.*，2007］基本相同，只是多出了两条规则。

目前汉语依存分析研究大部分使用宾州 CTB，主要有以下几种语料划分方式：

（1）［Hall *et al.*，2006］的伪随机数据分割法，将树库分为 10 个集合，句子在树库中的序号除以 10 的余数即句子所在集合的序号。树库分割后，1～9 节作为训练集，第 0 节作为测试集。类似的数据分割方法也为［McDonald，2006］的汉语实验所采用。

（2）［Corston-Oliver *et al.*，2006］把宾州中文树库 5.0 按 70％、15％和 15％划分为训练集、开发集和测试集。

（3）［Duan *et al.*，2007］使用的平衡宾州汉语树库三种语料来源的划分方法，［Zhang and Clark，2008］也使用了这种划分方式，但在训练集和开发集上略有差别。

（4）［Wang *et al.*，2005］使用的语料划分方式：宾州汉语树库的 1～270 节和 400～931 节作为训练集，271～300 作为测试集。

虽然使用的语料划分和转化规范各不相同，我们还是把汉语依存分析的一些代表性工作所公布的结果总结于表 8-15，以求读者能够大体了解目前汉语依存分析系统的性能。表 8-15 给出的系统包括：

Hall06［Hall *et al.*，2006］、Duan07［Duan *et al.*，2007］和 Huang10［Huang and Sagae，2010］：基于转换的确定性方法，其中，Duan07 是融入概率动作模型的确定性方法。

McDonald05［McDonald *et al.*，2005a］、McDonald06［McDonald and Pereira，2006］、CO06［Corston-Oliver *et al.*，2006］和 Wang07［Wang *et al.*，2007］：判别式的方法，其中，McDonald05 和 McDonald06 的结果来自［McDonald，2006］。

Zhang08［Zhang and Clark，2008］使用了系统融合方法。

Chen08［Chen *et al.*，2008a］、Yu08［Yu *et al.*，2008］、Zhao09［Zhao *et al.*，2009b］、Chen09［Chen *et al.*，2009］、Chen10［Chen *et al.*，2010c］和 Chen11［Chen *et al.*，2011］使用了未标注语料的半监督方法。

表 8-12 还给出了这些分析系统使用的语料情况。其中，CO06 使用了自动标注的 POS，工具是 Tutanova03[②]，标注正确率为 92.2％。Yu08 分别在正确标注 POS 和自动标

---

① 网站 http://w3. msi. vxu. se/~nivre/research/Penn2Malt. html 提供了 Y. Ding 在机器翻译研究中使用的汉语短语中心词提取规则。

② http://nlp. stanford. edu/software/tagger. shtml

注 POS 的测试集上做了实验，Yu08* 为自动标注 POS 的结果，标注器使用标准的隐马尔可夫模型，标注正确率为 93.7%。其他分析器均使用的是取自树库的标准分词和 POS 标注。表 8-12 中"语料"一栏里表示语料来源和使用方法，如"(1)A"表示使用语料划分方式(1)和转换方式 A。

表 8-12　主要代表性工作的汉语分析结果

分析器	UAS/%	DA/%	RM/%	CM/%	语料
Hall06	84.3	—		34.5	
McDonald05	—	79.7	—	27.2	(1)A
McDonald06		82.5		32.6	
CO06	—	73.3	66.2	18.2	(2)A
Wang07		77.6	60.6	13.5	
Duan07		84.36	73.70	32.70	(3)B
Zhang08		86.21	76.26	34.41	(3)C
Huang10		85.52	78.32	33.72	
Chen08	86.52	—	—	—	
Yu08	87.26				
Yu08*	82.9				
Zhao09	86.1				(4)A
Chen09	89.91	—	—	48.56	
Chen10	90.13			—	
Chen11	89.75				

从表 8-12 可以看出，判别式方法和确定性方法在英语和汉语上的分析精度不相上下，而系统融合和额外信息的引入则是进一步提升分析性能的有效途径。即使使用完全正确的 POS 标注，汉语的依存分析性能与英语相比也还差得多。采用语料库划分方式(4)的分析结果相对较好，因为这种划分方式训练集和测试集都来自《人民日报》，相关度大，而且测试集中的句子平均句长只有 22 个词左右，与树库整体（平均句长约 27）相比要简单。使用自动标注的 POS 标记时，分析结果的准确率下降严重，这是不容忽视的问题。使用自动标注的 POS，英语的依存正确率可以达到 93% 左右，而汉语的分析性能却相差很多。

为了测试现有的依存分析技术对网络"非规范"文本的处理能力，SANCL2012 [Petrov and McDonald，2012]也设置了依存分析评测任务，关于这次评测的语料情况，请见 8.6.2 节，这里不再重复。共有 12 个依存分析系统提交了分析结果（不考虑由短语结构分析结果转换的依存分析结果）。表 8-13 给出了最佳依存分析结果和基线系统的性能。其中，基线系统是重新实现的[Zhang and Nivre，2011]移进-归约模型，在新闻领域上训练的参数，搜索算法的柱容量限定为 64，采用 TnT 词性标注器[Brants，2000]。在

表 8-13 中基线系统记作"ZN"，最佳依存分析结果用"Best"表示。请注意：最佳依存分析结果并非来自同一个系统。

表 8-13　SANCL2012 依存分析系统评测结果　　　　　　　%

系统	领域 A：Answers			领域 B：Newsgroups			领域 C：Reviews			领域 D：WSJ			A、B、C 三个领域平均		
	LAS	UAS	POS	LAS	UAS	POS	LAS	UAS	POS	LAS	UAS	POS	LAS	UAS	POS
ZN	76.60	81.59	89.74	81.62	85.19	91.17	78.10	83.32	89.60	89.37	91.46	96.84	78.77	83.37	90.17
Best	81.15	85.86	91.79	85.85	89.10	93.81	83.86	88.31	93.11	91.88	93.88	97.76	83.46	87.62	92.90

从表 8-13 可以看出，与短语结构分析器的性能一样，相对于在规范语料（宾州树库 WSJ 新闻语料）上 90%＋的准确率，在网络文本上的分析性能大幅度下降。仅在作为句法分析前处理的 POS 标注环节上，网络"非规范"文本的标注精度就差了一大截（现有 POS 标注方法在 WSJ 上的准确率基本能达到 97%左右，而在其他领域的标注性能相差很多）。这种差距是令人深思的。

文献[Petrov and McDonald，2012]对 SANCL2012 评测中反映出来的问题进行了讨论：①系统融合方法在本次评测中体现出了很好的竞争力，具体原因在于其方法本身上的优势还是此类方法恰好适合领域迁移问题，还有待进一步地检验。②短语结构分析整体性能要好于依存分析。实际上，该次评测依存分析任务的最好结果也是建立在多个短语分析系统输出结果的转换和融合之上。③理论上讲，优秀的领域内（in-domain）分析器在跨领域问题（out-of-domain）上也应有较好的表现，但实际上并不尽然。领域适应性问题和"非规范"语言的分析问题应作为独立的课题进行研究，而不仅仅是一味提高分析器在传统领域上的分析精度。④为提高真实环境下自然语言的分析能力，不仅是句法分析，包括所有的前处理问题：形态分析、词性标注和汉语分词等，都需要重新审视。

Google 发起的网页文本句法分析共享任务评测顺应了近年来迅速崛起的基于网络环境的社会网络、舆情分析和信息抽取等研究热潮，改变了语言分析领域长期以来 WSJ 语料和宾州树库一统天下的单一局面，必将为句法分析技术研究向着实用化方向发展产生积极的推动作用。

8.12　短语结构与依存结构之间的关系

短语结构树可以被一一对应地转换成依存关系树，反之则不然。将一棵短语结构树转换成依存关系树的方法可以通过如下三步实现：①定义中心词抽取规则，产生中心词表；②根据中心词表，为句法树中每个结点选择中心子结点；③同一层内将非中心子结点的中心词依存到中心子结点的中心词上，下一层的中心词依存到上一层的中心词上，从而得到相应的依存结构。目前使用的英语中心词提取规则主要来自[Yamada and Matsumoto，2003]和[Collins，1999]，而汉语中心词提取规则主要来自 Penn2Malt、[Sun and Jurafsky, 2004]和[Zhang and Clark, 2008]等。

请看以下例子。图 8-27 是句子"Vinken will join the board as a nonexecutive director Now 29"的短语结构分析树。

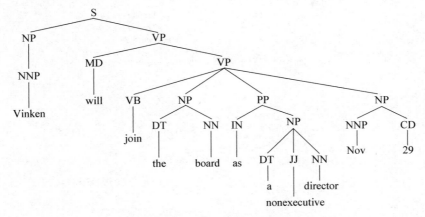

图 8-27 短语结构分析树

根据中心词抽取规则，可以为每个结点选择中心子结点（中心词自底向上传递），如图 8-28 所示。

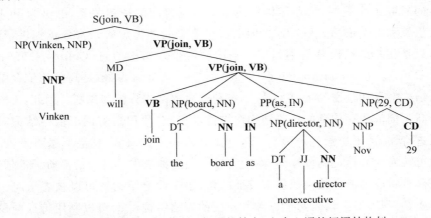

图 8-28 确定了中心子结点（加黑的结点）和中心词的短语结构树

需要说明的是，如果完全按照 Penn2Malt 中心词提取规则进行标注，(will，MD) 应为上面 VP 的中心词，但根据该句子的实际含意，(join，VB) 才是整个句子的中心词，这样的依存关系才有意义。因此，该图做了调整。从语言学的角度讲，Penn2Malt 给出的有些规则并不合理。

然后，将非中心子结点的中心词依存到中心子结点的中心词上。如将 Nov 依存到 29 上，将 29 依存到 join 上，等等。于是，可得到如图 8-29 所示的依存关系树。

一棵依存关系树可能对应多个短语结构树，因此无法实现依存关系树到短语结构树的自动转换。如句子"'中美合作高科技项目签字仪式'今天在上海举行。"的依存关系树如图 8-30 所示。

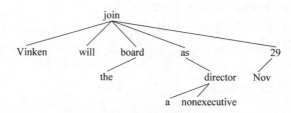

图 8-29　对应图 8-27 的依存关系树

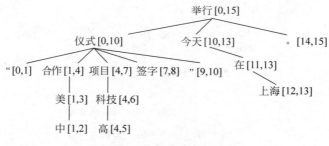

图 8-30　例句的依存关系树

该依存关系树可能对应如下 4 种短语结构树（图 8-31）。

已有的研究工作表明，依存结构描述了词与词之间的依赖关系，能够为 PCFG 同时带来结构依赖和词汇依赖关系，因此，词汇依存信息能够为短语结构分析提供帮助，但已有的工作只是在短语结构分析中利用了一阶词汇依存结构信息［Collins，1996；Collins and Koo，2005；Klein and Manning，2003a］。王志国等认为，越是高阶的依存结构越包含丰富的结构信息和紧密的依存关系，越有利于短语结构分析和判断。因此，王志国等提出了基于高阶词汇依存信息的短语结构树重排序模型，使用高阶词汇依存结构对候选短语结构树进行评价［王志国等，2012；Wang and Zong，2011］。其基本思路是：首先要将短语结构树转换为有标记的依存树，然后为每个结点抽取出其对应的高阶词汇依存结构，使用特征模板将词汇依存结构映射为特征向量，整个短语结构树可以被表示成一个特征向量的形式。于是，对于输入句子 x 和其对应的短语结构树 c，可以利用特征向量与权重向量的点积为短语结构树 c 打分，通过计算得分对候选短语结构树进行重排序，从而获得最佳分析树。王志国等（2012）在宾州中文树库（CTB5.0 版）上的实验表明，该方法的最高 $F1$ 值达到了 85.74%，超过了目前在宾州中文树库上的最好结果。另外，在短语结构分析树的基础上生成的依存结构树的准确率也有了大幅提升。

为了用于对比研究汉语句子的不同分词结果产生的不同句法分析树，王志国利用上述思想和 Berkeley Parser 实现了一个可视化的句子分析系统，可以输出同一个句子的所有分词结果和每一种分词结果所有可能的句法分析树，包括短语结构树和依存关系树。这一工具被命名为 Oboe，已开源发布在 OpenPR 网站上：

http://www.openpr.org.cn/index.php/NLP-Toolkit-for-Natural-Language-Processing/

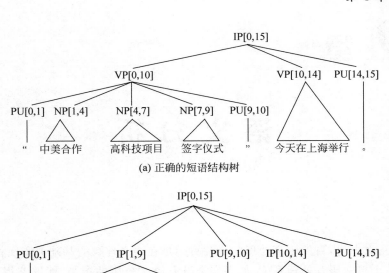

(a) 正确的短语结构树

(b) 基本的 PCFG 模型在依存结构引导下生成的句法树

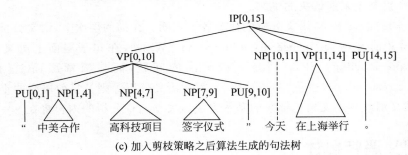

(c) 加入剪枝策略之后算法生成的句法树

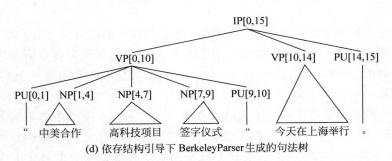

(d) 依存结构引导下 BerkeleyParser 生成的句法树

图 8-31 依存关系树到短语结构树的一对多转换［王志国，2013］

第 *9* 章

语 义 分 析

从某种意义上讲,自然语言处理的最终目的是在语义理解的基础上实现相应的操作,一般来说,一个自然语言处理系统,如果完全没有语义分析的参与,能够获得很好的系统性能是不可想像的。然而,自然语言的语义计算问题十分困难,如何模拟人脑思维的过程,建立语言、知识与客观世界之间可计算的逻辑关系,并实现具有高区分能力的语义计算模型,至今仍是个未能解决的难题。

对于不同的语言单位,语义分析的任务各不相同。在词的层次上,语义分析的基本任务是进行词义消歧(word sense disambiguation,WSD),在句子层面上语义角色标注(semantic role labeling,SRL)则是人们关注的问题,而在篇章层面上,指代消歧(coreference resolution)(也称"共指消解")、篇章语义分析等则是目前研究的重点。本章主要介绍词义消歧和语义角色标注的基本方法。关于篇章分析的内容将在下一章介绍。

9.1　词义消歧概述

由于词是能够独立运用的最小语言单位,句子中每个词的含义及其在特定语境下的相互作用和约束构成了整个句子的含义,因此,词义消歧是句子和篇章语义理解的基础。词义消歧有时也称为词义标注(word sense tagging),其任务就是确定一个多义词在给定的上下文语境中的具体含义。

在任何一种自然语言中一词多义的现象都非常普遍,如,英语中的单词 bank 的含义可以是"银行",也可以是"河岸",而汉语中的"打"字除了用作介词和量词以外,用作动词时就有 25 个不同的意思[①]。因此,要让系统根据某个多义词所处的特定上下文环境,自动排除歧义,确定该词的真正意义,既非常重要,又非常困难。

词义自动消歧本身并不是最终的目的,而是在大多数自然语言处理系统的某(些)个层次上都非常需要的一项中间任务(intermediate task)。实际上,从 20 世纪 50 年代初期开始,人们在机器翻译研究中就已经开始关注词义的消歧问题[Ide and Véronis,1998]。

同其他自然语言处理任务的研究思路一样,早期的词义消解研究一般都采用基于规

---

① 参阅商务印书馆:《现代汉语词典》,1999。

则的分析方法。20 世纪 80 年代以后,基于大规模语料库的统计机器学习方法在自然语言处理领域中得到了广泛应用,机器学习方法也被用于词义消歧。由于机器学习方法一般分为有监督的学习方法(supervised learning)和无监督的学习方法(unsupervised learning),因此,对应地,词义消歧方法也分为有监督的消歧方法(supervised disambiguation)和无监督的消歧方法(unsupervised disambiguation)。在有监督的消歧方法中,训练数据是已知的,即每个词的语义分类是被标注了的;而在无监督的消歧方法中,训练数据是未经标注的。

统计消歧方法的基本观点是,一个词的不同语义一般发生在不同的上下文中。在有监督的消歧方法中,可以根据训练数据得知一个多义词所处的不同上下文与特定词义的对应关系,那么,多义词的词义识别问题实际上就是该词的上下文分类问题,一旦确定了上下文所属的类别,也就确定了该词的词义类型。因此,有监督的学习通常也称为分类任务(classification task)。在无监督的词义消歧中,由于训练数据未经标注,因此,首先需要利用聚类算法对同一个多义词的所有上下文进行等价类划分,如果一个词的上下文出现在多个等价类中,那么,该词被认为是多义词。然后,在词义识别时,将该词的上下文与其各个词义对应上下文的等价类进行比较,通过上下文对应等价类的确定来断定词的语义。因此,无监督的学习通常称为聚类任务(clustering task)。

另外,由于语言学家提供的各类词典是获取词义消歧知识的一个重要来源,因此,人们也常把基于词典信息的消歧方法(dictionary-based disambiguation)作为一种专门的词义消歧方法而加以研究。

在词义消歧方法研究中,为了测试消歧算法的效果,需要大量测试数据,如果这些数据完全来自真实的语料,那么,必须花费大量手工劳动来进行消歧标注,这是一件费时费力的事情。为了避免手工标注的困难,人们通常采用制造人工数据的方法来获得大规模训练数据和测试数据,这些制造出来的人工数据称为伪词(pseudoword)。W. A. Gale 等人和 H. Schütze 给出了创建伪词的方法,其基本思路是将两个自然词汇合并,例如,创建伪词 banana-door,用其替代所有出现在语料中的 banana 和 door。带有伪词的文本作为歧义源文本,最初的文本作为消歧后的文本[Manning and Schütze,1999]。

9.2 有监督的词义消歧方法

正如我们在 9.1 中介绍的,有监督的词义消歧方法实质上是通过建立分类器,用划分多义词的上下文类别的方法来区分多义词的词义。在这种方法中有两项早期的经典工作,一项是 P. F. Brown 等人(1991a)提出的借助于上下文特征和互信息的消歧方法,不妨称其为基于互信息的消歧方法(文献[Brown *et al.*,1991a]称其为基于信息理论的消歧方法);另一项工作是 W. A. Gale 等人(1992)提出的利用贝叶斯分类器的词义消歧方法。

9.2.1 基于互信息的消歧方法

P. F. Brown 等人(1991a)提出的基于互信息的词义消歧方法受到统计机器翻译模型[Brown *et al.*,1990]的启发,其基本思路是对每个需要消歧的多义词寻找一个上下文特征,这个特征能够可靠地指示该多义词在特定上下文语境中使用的是哪种语义。

按照统计机器翻译的思路,假设有一个双语对齐的平行语料库,以法语和英语为例,通过词语对齐模型每个法语单词可以找到对应的英语单词,一个多义的法语单词在不同的上下文中对应多种不同的英语翻译,例如: **prendre** une mesure 被翻译成 to **take** a measure,而 **prendre** une décision 被翻译成 to **make** a decision。也就是说,法语动词 prendre 可以被翻译成 to take,也可以被翻译成 to make,这取决于它所带的宾语是 mesure 还是 décision。类似地,法语动词 vouloir 为现在时时,将被翻译成英语的 to want;当它表示条件时,将被翻译成 to like;当 cent 左边的词为 per 时,将被翻译成英语的百分数(%),而当它左边的词为一个数字时,cent 将被翻译成 c.,表示几分钱,等等[Brown *et al.*,1991a]。通过这些例子,我们可以把由一个多义法语单词翻译成的英语单词看作是这个法语单词的语义解释,而把决定法语多义词语义的条件看作是语义指示器(indicator)。因此,只要知道了多义词的语义指示器,也就确定了该词在特定上下文中的语义。这样,多义词的词义消歧问题就变成了语义指示器的分类问题。P. F. Brown 等人(1991a)利用 Flip-Flop 算法来解决指示器分类问题[1]。

假设 $T_1, T_2, \cdots, T_m$ 是一个多义法语单词的翻译(或语义),$V_1, V_2, \cdots, V_n$ 是指示器可能的取值,如上面例子中 prendre 的宾语,vouloir 的时态等。那么,可将 Flip-Flop 算法简要描述为如下执行过程:

步 1　随机地将 $T_1, T_2, \cdots, T_m$ 划分为两个集合: P_1 和 P_2,即 $P=\{P_1, P_2\}$;

步 2　执行如下循环:

① 找到 $V_1, V_2, \cdots, V_n$ 的一种划分 $Q=\{Q_1, Q_2\}$,使其与 P 之间的互信息最大;

② 找到 $T_1, T_2, \cdots, T_m$ 的一种改进的划分,使其与 Q 的互信息最大。

根据互信息的定义:

$$I(P;Q) = \sum_{x \in P} \sum_{y \in Q} p(x,y) \log \frac{p(x,y)}{p(x)p(y)} \tag{9-1}$$

从上面的 Flip-Flop 算法可以看出,每次迭代互信息 $I(P;Q)$ 都应该单调增加,因此,算法终止的条件自然是互信息 $I(P;Q)$ 不再增加或者增加甚少。

如果要穷尽搜索所有法语翻译的最佳划分和可能的指示器值,其搜索时间会呈指数级增加,为此,P. F. Brown(1991a)等人采用了更有效的基于分划理论(splitting theorem)的线性时间算法。这样,Flip-Flop 算法可以为每个给定的指示器计算出指示器值的最佳划分,从而从所有可能的指示器中选择出具有最高互信息的指示器。一旦指示器和其取值划分确定了,词义消解就变成了如下简单过程:

① 对于出现的歧义词确定其指示器值 V_i;

② 如果 V_i 在 Q_1 中,指定该歧义词的语义为语义 1,如果 V_i 在 Q_2 中,指定其语义为语义 2。

根据 P. F. Brown 等人(1991a)的研究,当基于互信息的词义消歧方法引入机器翻译

---

① 需要注意的是,这种算法仅适用于只有两个义项的词义消歧[Brown *et al.*,1991b]。

系统以后,翻译系统的性能提高了大约 20%。非常有意思的是,这个结论是 P. F. Brown 等人在统计机器翻译研究的早期得出的,而近几年来有关专家就词义消歧是否会对统计翻译系统的性能产生有所改进这一问题进行了新的研究,文献[Carpuat and Wu,2005]曾得到的结论:词义消歧对统计机器翻译系统的性能并无多大帮助。这一令人失望的结论曾使机器翻译界为之哗然。不过,值得庆幸的是,这一结论的影响并未持续多久,很快就被后来的研究结果所推翻。M. Carpuat 和 Y. S. Chan 等人通过大量的研究和实验,重新得出了"词义消歧有助于提高统计机器翻译系统性能"的结论[Carpuat *et al.*,2006;Carpuat and Wu,2007a;Chan *et al.*,2007],而且,M. Carpuat 等人的研究工作表明,短语语义消歧(phrase sense disambiguation,PSD)对统计翻译系统性能改进的作用要超过词汇语义消歧[Carpuat and Wu,2007b,2007c]。

9.2.2　基于贝叶斯分类器的消歧方法

W. A. Gale 等人(1992)提出了基于贝叶斯分类器的词义消歧方法,其基本思想是:在双语语料库中多义词的翻译(语义)取决于该词所处的上下文语境 c,如果某个多义词 w 有多个翻译(语义)$s_i(i \geqslant 2)$,那么,可以通过计算 $\underset{s_i}{\arg\max} P(s_i | c)$ 确定 w 的词义。

根据贝叶斯公式:

$$P(s_i | c) = \frac{P(c | s_i) P(s_i)}{P(c)}$$

在计算该条件概率的最大值时,可以忽略分母,并运用如下独立性假设:

$$P(c | s_i) = \prod_{v_k \in c} P(v_k | s_i)$$

因此,

$$\hat{s}_i = \underset{s_i}{\arg\max} \left[P(s_i) \prod_{v_k \in c} P(v_k | s_i) \right] \tag{9-2}$$

显然在实际文本的上下文中每个词并不是相互独立的,因此,这个独立性假设似乎并不合理。但是,在很多情况下这种简化的假设却很有效。

这里的概率 $P(v_k | s_i)$ 和 $P(s_i)$ 都可以通过最大似然估计求得:

$$P(v_k | s_i) = \frac{N(v_k, s_i)}{N(s_i)}$$

$$P(s_i) = \frac{N(s_i)}{N(w)}$$

其中,$N(v_k, s_i)$ 是训练语料中词 w 在语义 s_i 的上下文中出现的次数;$N(s_i)$ 是训练语料中语义 s_i 出现的次数;$N(w)$ 是多义词 w 出现的总次数。

基于上述思想的词义消歧算法描述如下:

(1) 训练过程

① 对于多义词 w 的每个语义 s_i 执行如下循环:

　对于词典中所有的词 v_k 计算 $P(v_k | s_i) = \dfrac{N(v_k, s_i)}{N(s_i)}$;

② 对于多义词 w 的每个语义 s_i 计算 $P(s_i) = \dfrac{N(s_i)}{N(w)}$。

（2）消歧过程

对于多义词 w 的每个语义 s_i 计算 $P(s_i)$，并根据上下文中的每个词 v_k 计算 $P(v_k|s_i)$；

选择 $\hat{s}_i = \underset{s_i}{\arg\max} \Big[P(s_i) \prod_{v_k \in c} P(v_k \mid s_i) \Big]$

在实际算法实现中，通常将概率 $P(v_k|s_i)$ 和 $P(s_i)$ 的乘积运算转换为对数加法运算，即

$$\hat{s}_i = \underset{s_i}{\arg\max} \Big[\log P(s_i) + \sum_{v_k \in c} \log P(v_k \mid s_i) \Big] \tag{9-3}$$

W. A. Gale 等人（1992）利用上述方法对加拿大国会议事录（Canadian Hansards）语料库中的 6 个歧义名词 duty，drug，land，language，position 和 sentence 进行了消歧实验，正确率达到了 90%。

基于互信息的词义消歧方法和基于贝叶斯分类器的消歧方法，都需要借助双语语料库，利用另外一种语言提供的信息实现本语言的词义消解，因此，这类方法又称为利用外部信息的词义消解方法。

利用双语语料库进行词义消歧的方法主要存在如下问题：获得多义词消歧知识的前提是一个多义词在另一种语言中具有不同的翻译词，并且翻译词在另一种语言中必须是单义词，这样必然限定了多义词的处理范围。比如"interest"，在英语和法语中都是多义词，这样就无法利用双语语料来实现词义消歧。另外，双语语料库的规模和多样性都很有限，大量的多义词或多义词的某个词义在语料中可能从未出现，而且由于现在双语语料对齐技术尚不能 100% 的正确，从而使得这种方法只能限定在小规模的实验中[王惠，2002]。

9.2.3 基于最大熵的词义消歧方法

张仰森（2006）实现了基于最大熵模型的汉语词义消歧和标注方法。第 6 章已经对最大熵原理进行了详细介绍，这里不再赘述。以下仅给出该方法实现的一些具体策略。

利用最大熵模型进行词义消歧的基本思想是把词义消歧看作一个分类问题，即对于某个多义词根据其特定的上下文条件（用特征表示）确定该词的义项。假设某多义词所有可能的义项集合为 A，某一义项出现时所有上下文信息的集合为 B，基于最大熵模型的词义消歧方法就是建立条件最大熵模型，选择使条件概率 $p(a|b)$ 最大的候选结果（$a \in A$，$b \in B$），即：

$$\hat{p}(a \mid b) = \underset{p \in P}{\arg\max} H(p)$$

其中，P 是指所建模型中所有与已知样本中的概率分布相吻合的概率分布的集合。经推导后得到：

$$\hat{p}(a \mid b) = \frac{1}{Z(b)} \exp \Big(\sum_{i=1}^{l} \lambda_i \cdot f_i(a,b) \Big)$$

其中，

$$Z(b) = \sum_A \exp \Big(\sum_{i=1}^{l} \lambda_i \cdot f_i(a,b) \Big)$$

为归一化因子，使 $\sum_a \hat{p}(a \mid b) = 1$。$l = k+1$（$k$ 为特征个数），λ_i 为特征 $f_i(\bullet)$ 的权重。

　　张仰森(2006)在他实现的汉语词义消歧系统中,选择如下三种信息进行特征表示:词形信息、词性信息、词形及词性信息。特征所在的窗口范围包括如下几种情况:当前词左右各 1 个词、2 个词、3 个词及除当前词以外所在句子的整个范围。另外,分考虑当前词的位置和不考虑当前的位置两种情况。这些信息可以组合搭配,采用词频和互信息相结合的特征选择方法。实验中,他从北京大学标注的 2000 年 1 月份的《人民日报》词义标注语料中选择 28 天(2000 年 1 月 1—28 日)的语料作为训练语料,把剩余三天(2000 年 1 月 29—31 日)的语料去除相关多义词的义项标记后作为测试语料(含 4913 个多义词)。结果表明,在整句范围内只使用词形信息、不考虑位置关系时可以获得最好的词义区分效果,正确率达到 94.34%。

　　张仰森等(2012)针对基于最大熵的词义消歧方法只能利用上下文中的显性统计特征构建语言模型的弱点,提出了采用隐最大熵原理构建汉语词义消歧模型的思想。他们在研究了《知网》中词语与义原之间的关系之后,把从训练语料中获取的上下文词语搭配信息转换为义原搭配信息,实现了基于义原搭配信息的文本隐性语义特征提取方法,最终结合传统的上下文特征后,应用隐最大熵原理实现汉语词义消歧。实验表明,与最大熵方法相比,该方法有效地提高了汉语动词词义消歧的正确率。

9.3　基于词典的词义消歧方法

　　本节简要介绍基于词典的词义消歧方法,主要包括:基于词典语义定义的消歧方法、基于义类辞典(thesaurus)的消歧方法、基于双语词典的消歧方法和 Yarowsky 算法及其相关研究工作。

9.3.1　基于词典语义定义的消歧方法

　　M. Lesk(1986)首次提出了利用词典进行词义消歧的思想,这就是基于词典语义定义的消歧方法。他认为词典中词条本身的定义就可以作为判断其语义的一个很好的条件。以单词 cone 为例,cone 在词典中有两个定义,一个是指“松树的球果”,另一个是指“用于盛放其他东西的锥形物,比如,盛放冰激凌的锥形薄饼”。如果在文本中,“树(tree)”或者“冰(ice)”与 cone 出现在相同的上下文中,那么,cone 的语义自然就可以确定了,tree 对应 cone 的语义 1,ice 对应 cone 的语义 2。这种方法的实现过程可以简要地描述如下。

　　假设多义词 w 有 k 个义项:$s_1, s_2, \cdots, s_k$,在词典中对应的定义分别为:$D_1, D_2, \cdots, D_k$,每个定义可以被看成是一个可重复的单词集。如果 w 在一个具体文本 c 中出现时,选取某些上下文词为 $v_1, v_2, \cdots, v_j, \cdots$ 作为区分 w 语义的特征词,E_{v_j} 表示词 v_j 在词典中的定义,v_j 在词典中的定义也是一组可重复的单词集。如果 v_j 也有多个义项:s_{j1}, $s_{j2}, \cdots, s_{jl}$,那么,$E_{v_j} = \bigcup_{ji} D_{ji}$。为了简化问题,这里忽略 v_j 的语义区分。那么,对于 w 给定的上下文 c,通过式(9-4)计算 w 的每个义项的得分:

$$\text{score}(s_k) = D_k \cap \left(\bigcup_{v_j \in c} E_{v_j} \right) \tag{9-4}$$

最后,得分最高的义项即为 w 在该上下文中的词义,即

$$s' = \underset{s_k}{\mathrm{argmax}}\{\mathrm{score}(s_k)\} \tag{9-5}$$

M. Lesk(1986)对一个歧义词样本使用这个算法进行词义消歧,报告的准确率只有 50%～70%。

这种方法的主要问题在于,词典中对多义词的描述通常是由语言学家完成的,语言学家根据多义词的不同语义使用情况经过归纳、总结后,概括地描述出来,这些描述有时与实际使用中的复杂情况不能完全吻合,因此,词典信息对于高质量的词义消歧是不够的。

9.3.2　基于义类辞典的消歧方法

D. E. Walker(1987)曾提出了基于义类辞典的消歧方法,其基本思想是:多义词的不同义项在使用时往往具有不同的上下文语义类,也就是说,通过上下文的语义范畴可以判断多义词的使用义项。

D. Yarowsky(1992)提出了把词的语义范畴(可从义类辞典 Roget's International Thesaurus 得到)应用到上下文语义范畴计算的词义消歧方法中。D. Yarowsky 认为,多义词的每个义项一般对应于不同的义类,如 crane 的两个词义"鹤"和"起重机"分别属于语义类"ANIMAL"和"MACHINERY"。不同的语义类往往具有不同的上下文环境,例如,经常表示"ANIMAL"语义类的共现词语为"species、family、eat"等,而表示"MACHINERY"语义类的共现词语则为"tool、engine、blade"等。因此,只要确定多义词的上下文词的义类范畴,也就确定了多义词的词义。

基于义类辞典的消歧方法实际上是通过对多义词所处语境的"主题领域"的猜测来判断多义词的语义。当义类辞典中的范畴和语义与主题能很好地吻合时(例如:bass 和 star),这种方法有很高的准确率。但是,当语义涉及几个主题时,例如:interest 表示 ADVANTAGE 的语义可能涉及很多主题,词 self-interest 可以出现在音乐、娱乐、空间探索和金融等多种领域,在这种情况下算法的区分效果一般很差。D. Yarowsky 把这种情况称为语义间的主题独立性(topic-independent distinctions)。

9.3.3　基于双语词典的消歧方法

I. Dagan 等人(1991)和 Dagan and Itai (1994)提出的词义消歧方法利用了双语对照词典的帮助。在这种方法中,把需要消歧的语言称为第一语言,把需要借助的某一种语言称为第二语言,即在双语词典中为目标语言。例如,如果要借助于汉语对英语的多义词进行词义消歧,那么,英语为第一语言,汉语为第二语言,这时需要一部英汉双语词典和一个汉语(单语)语料库。例如:单词 plant 有两个含义,一个为"植物",另一个为"工厂"。当对 plant 进行词义消歧时,需要首先识别出含有 plant 的短语,如:manufacturing plant,然后,在汉语语料库中搜索与这个短语对应的汉语短语实例,由于 manufacturing 的汉语翻译"制造"只和"工厂"共现,因此,可以确定在这个短语中 plant 的词义为"工厂"。而短语 plant life 在汉语翻译中,"生命(life)"与"植物"共现的机会更多,因此,可以确定在短语 plant life 中 plant 的词义为"植物"。

这种词义消歧思路可以通过如下简单方法实现:建立多义词 x 与相关词 y 之间的搭

配关系,然后,在第二种语言的语料库中统计对应 x 不同词义的翻译与相关词 y 的翻译同现的次数,同现次数高的搭配对应的义项即为消歧后的词义。文献[Dagan and Itai, 1994]给出了一种更复杂的算法:只有在决策可信赖时才进行消歧。

9.3.4　Yarowsky 算法及其相关研究

通过上面的介绍可以看到,基于词典的词义消歧算法都是分别处理每个出现的歧义词,并且对歧义词有两个限制:

- 每篇文本只有一个意义:在任意给定的文本中,目标词的词义具有高度的一致性;
- 每个搭配只有一个意义:目标词和周围词之间的相对距离、词序和句法关系,为目标词的意义提供了很强的一致性的词义消歧线索。

D. Yarowsky(1995)针对这两个限制做了深入的研究。对于第一个约束,如果一个给定的多义词第一次出现时使用某个义项,那么,它在后面出现时也很有可能使用这个义项。这个约束可以抵消信息不足和误导信息带来的负面影响,正确地为无类别和缺少类别的上下文指定出现在该上下文中的目标多义词的义项。

第二个约束则是大多数统计消歧方法都要依赖的基本假设,即词义与某些上下文特征之间存在很强的联系。D. Yarowsky(1995)提出的基于自举(bootstrapping)(半监督)学习技术的词义消歧方法与 P. F. Brown 等人(1991a)提出的基于互信息的消歧方法(参见 9.2.1 节)类似,D. Yarowsky(1995)选择了一个很强的搭配特征,并且仅依据这个特征进行消歧。搭配特征依据如下比率排序:

$$\frac{P(s_{k_1} \mid f)}{P(s_{k_2} \mid f)}$$

其中,s_{k_1},s_{k_2} 为词义;f 为搭配特征。这个公式实际上是义项 s_{k_1} 和特征 f 的同现次数与义项 s_{k_2} 和特征 f 的同现次数之比。当数据稀疏时,搭配和词义同现得不够频繁,可能会出现零概率事件,需要进行数据平滑,具体平滑方法可参见文献[Yarowsky,1994]。

文献[Yarowsky,1995]可以说是词义消歧研究中的一篇经典论文,在很多著作中都有介绍,如文献[Manning and Schütze,1999]等,因此,此不赘述。很多专家在 D. Yarowsky(1995)工作的基础上做了大量的研究,2002 年 S. Abney 在美国计算语言学年会(ACL)上发表了题为"Bootstrapping"的论文[Abney,2002],对 Yarowsky 算法进行了理论诠释,该论文获 2002 年 ACL 最佳论文奖。随后,S. Abney 又在 2004 年第 3 期 *Computational Linguistics* 杂志上发表了题为"Understanding the Yarowsky Algorithm"的论文[Abney,2004],对 Yarowsky 算法从数学上进行了详细的分析。

国内很多学者也在 Yarowsky 算法的基础上,针对汉语的词义排歧问题做了大量的研究工作。C. Li 和 H. Li(2002)提出了基于双语自举学习(bilingual bootstrapping,BB)技术的词汇翻译消歧方法,这种方法与单语的自举学习(monolingual bootstrapping,MB)方法不同,以英语到汉语的翻译为例,BB 方法不仅利用未分类的英语数据,而且利用未分类的汉语数据,基于少量的标注数据分别为汉语和英语两种语言建立分类器,然后,利用建立的分类器标注一些未经标注的数据,并不断将其添加到已标注的数据集里。C. Li 和

H. Li 的实验表明，基于 BB 的消歧方法与基于 MB 的消歧方法完全一致，并在性能上远远优于 MB 方法。

李涓子等（1999）基于 D. Yarowsky（1995）的思想，利用《现代汉语辞海》提供的搭配实例作为多义词的初始搭配知识，采用适当的统计和自组织方法自动扩大搭配集，在学习过程逐渐增大上下文窗口的长度，使用搭配统计表的多元最大对数似然比，实现了汉语词义排歧算法。

全昌勤等（2005）提出了通过机器学习初始搭配实例获取最优种子（seed），再由最优种子扩增更多的指示词，最后利用这些指示词实现多义词消歧的方法。郑杰等人（2000）利用反映单词之间语义共现关系的知识库词典为英汉机器翻译系统实现了英语单词的词义消歧。

王惠（2002）认为，要真正有效提高词义知识库的质量，不仅需要从词典、语料库等多知识源中获取词义信息，而且更重要的是，在词类划分的基础上增加词义的语法功能分析和词汇搭配描写，从多知识源中综合提取多义词的每个意义在不同层级上的各种组合特征。一个词无论包含多少意义，在具体语句中起作用的通常只是其中的某一个意义，为此，她提出了基于组合特征的汉语词义消歧策略，利用词的组合特征（词类标记和词在上下文中的组合限制），把语法功能、语义搭配等不同层面的知识统一起来，分级描写词义组合特征库，达到了较好的词义消歧效果。

苟恩东等（1998）采用汉语《同义词词林》和英汉双语语料库，通过“双语对齐”扩充英汉词典的单词译文，对大规模汉语语料库以 B^+ 树算法为骨架统计汉语词组二元同现频次，针对英汉机器翻译中英语句子，应用汉语词组二元同现的统计结果形成词义消歧矩阵，然后，针对消歧矩阵应用一种贪心选择算法完成译文选择。

通过上述介绍我们可以看出，基于词典的词义消歧方法是一种非常重要的消歧策略，近年来人们建立的词典知识库，诸如：WordNet、HowNet、《同义词词林》等，以及半监督的机器学习技术（bootstrapping）在这种消歧方法中发挥了重要的作用。尤其值得提及的是，由于“知网”在语言知识的描写和组织等各方面颇具独到之处，因此，近几年来得到了众多学者的青睐，其中，不少学者利用“知网”进行词汇语义计算或词义消歧方法研究，并取得不错的消歧效果[刘群等，2002；杨晓峰等，2002；卢志茂等，2003；杨尔弘等，2001]。

9.4　无监督的词义消歧方法

严格地讲，利用完全无监督的消歧方法进行词义标注是不可能的，因为词义标注毕竟需要提供一些关于语义特征的描述信息。但是，词义辨识（word sense discrimination）却可以利用完全无监督的机器学习方法实现。

H. Schütze（1998）提出的上下文分组辨识（context-group discrimination）方法是无监督的词义消歧方法的典型代表。这种方法与文献[Gale et al.，1992]中的模型类似，对于一个具有 $k(k \geqslant 2)$ 个义项的词 w，估计使用义项 s_i $(k \geqslant i \geqslant 1)$ 的上下文中出现词 v_j 的概率，即 $P(v_j \mid s_i)$。但是，与 W. A. Gale 等人的贝叶斯分类器不同，在无监督的消歧方法中，参数估计不是根据有标注的训练语料，而是在开始时随机地初始化参数 $P(v_j \mid s_i)$，然

后根据 EM 算法重新估计该概率值。随机初始化后，对 w 的每个上下文 c_i 计算 $P(c_i|s_i)$，并且，可以使用上下文的初始分类作为训练数据，重新估计 $P(v_j|s_i)$，使得模型给定数据的似然值最大。关于这个算法的详细描述请参见文献 [Schütze,1998] 或 [Manning and Schütze,1999]。

实际上，H. Schütze 的这种消歧思想来自于他在 1992 年提出的词义消歧方法 [Schütze,1992a,1992b]，这种消歧方法运用了类似文献 [Gale *et al*.,1992] 中的上下文向量表示法，但是，其上下文向量来自多义词所属的语言本身，而不是与其平行的双语对照语料，因此，我们将其称为基于单语言上下文向量的词义消歧方法。

这种方法的主要问题在于，很多同义词的同一个意义出现的上下文往往有很大的差异，因此，很难保证同一个意义的上下文被划分到同一个等价类中。为了解决这个问题，H. Schütze(1992a,1992b) 对词汇集中的每一个词 w 定义了关联向量（associate vector）$A(w)$，该向量为 w 的平均上下文：

$$A(w) = \sum_{i=1}^{n} \delta(w_k,w)\langle c_k^1,c_k^2,\cdots,c_k^w\rangle \tag{9-6}$$

其中，上标表示词汇集中的词形（type），如：w^j 表示词汇集中的第 j 个词；下标表示一个词在语料库中的一次具体使用，简称为"词用（token）"，如：w_k 表示语料库 $W = w_1 w_2 \cdots w_k \cdots w_n$ 中的第 k 个词，n 为词的个数，即语料库大小；c_k^i 为词形 w^j 出现在 w_k 的上下文中的次数；$\delta(x,y)$ 为克罗内克（Kronecker）函数。

一个词用 w_i 的上下文向量定义为该词邻近的 N（不妨取 $N=100$）个词的关联向量之和：

$$C(w_i) = \sum_{j=1}^{N} c_i^j A(w^j) \tag{9-7}$$

这样处理的基本思路是：尽管一个多义词的同一个意义所出现的两个语境中相同的词可能很少，但这两个上下文语境的相似性仍然能够表达出来。由此，通过计算多义词所出现的语境向量的相似性就可以实现上下文聚类，从而实现词义区分。

由于不同的词形在语料库中的使用频率不同，因而，其关联向量的长度也不一样。因此，这里所说的向量相似，是独立于向量的长度而单指向量方向的。H. Schütze(1992a,1992b) 通过计算两个向量之间夹角的余弦函数值来比较两个向量之间的相似性，夹角越小，余弦函数值越大，相似性也越大：

$$\cos(\boldsymbol{a},\boldsymbol{b}) = \frac{\sum\limits_{k=1}^{m} a_k b_k}{\sqrt{\left(\sum\limits_{k=1}^{m} a_k^2\right)\left(\sum\limits_{k=1}^{m} b_k^2\right)}} \tag{9-8}$$

其中，$\boldsymbol{a},\boldsymbol{b}$ 为两个 m 维的向量。

鲁松等(2002)也提出了一种基于无指导学习技术的词义消歧方法，该方法需要一个义项词语知识库的支持，将待消歧多义词与义项词语映射到向量空间，基于 $k\text{NN}(k=1)$ 方法，通过计算二者相似度来实现词义消歧任务。在对 10 个典型多义词进行词义消歧的测试实验中，采用该方法取得了平均正确率为 83.13% 的消歧结果。

综上所述，词义消歧是自然语言处理中的一项艰巨任务，国内外众多学者致力于这项任务的研究，除了上述提到的技术和方法以外，还有很多重要的工作未能提及。比如，Wang and Matsumoto（2004）针对汉语词义消歧中的数据稀疏问题，提出了自动样本获取和数据平滑相结合的处理方法，该方法首先利用基于模式的方法获取拟样本（pseudo sample），然后将拟样本集和标注样本集相结合以估计条件概率，利用这种结合的概率估算方法，在两个数据集之间建立一个合适的平衡，从而达到改进词义消歧系统性能的目的。朱靖波等（2001）在分析了高频率词义、指示词、特定领域、固定搭配和固定用法信息对名词和动词词义消歧影响的基础上，提出并实现了基于对数模型（logarithm model）的词义消歧方法。Dang et al.（2002）利用最大熵模型对英语和汉语的动词词义消歧进行了比较，其实验结果表明，丰富的语言学特征对于英语词义消歧具有较大的帮助，但对于汉语的词义消歧帮助并不是很大。

张仰森等（2011）对基于贝叶斯分类器的消歧方法、基于决策树模型的消歧方法、基于向量空间模型的消歧方法和基于最大熵模型的词义消歧方法进行了实验对比。结果表明，基于最大熵模型的词义消歧方法最稳定，性能表现也最好；基于贝叶斯分类器的词义消歧方法相对较稳定，性能比最大熵方法略见逊色；基于决策树模型的消歧方法在句子范围内表现很差，在（－2，＋2）窗口范围内取词性特征时，性能略好一点；而向量空间模型在句子范围内的特征上可取得较好的结果（略好于贝叶斯模型，但仍比最大熵方法逊色），但在（－2，＋2）范围内的特征上表现很不理想。所有这些工作都为进一步研究和探索更有效的词义消歧方法提供了可贵的参考。

9.5　词义消歧系统评价

与自然语言处理研究的其他问题一样，系统评测也是词义消歧技术研究的重要环节之一。SENSEVAL[1][2]是由国际计算语言学联合会（ACL）词汇兴趣小组（SIGLEX）[3]于1997年开始组织的关于词义消歧的公共评测任务［Kilgarriff，1998；Edmonds，2002］，该评测为各类算法提供了相同的训练和测试集，使得各类技术的比较具有较高的可信度，因此，其测试结果能够比较真实地反映当前词义消歧研究的实际水平。

第一次 SENSEVAL 评测是于 1998 年夏天举行的，研讨会于同年 9 月在英格兰召开，此后每三年举行一次，至今已经举行了三次，分别记作 SENSEVAL-1、SENSEVAL-2和 SENSEVAL-3。

SENSEVAL 评测的主要指标为词义消歧的准确率（P）、召回率（R）、覆盖率（COV）和 F-测度值（$F1$）：

$$P = \frac{\text{系统输出中正确的标记个数}}{\text{系统输出的全部标记个数}} \times 100\% \tag{9-9}$$

①　http://www.cs.unt.edu/~rada/senseval/

②　http://www.itri.brighton.ac.uk/events/senseval/

③　http://www.siglex.org/

$$R = \frac{系统输出中正确的标记个数}{金标语料中全部正确的标记个数} \times 100\% \tag{9-10}$$

所谓的"金标语料（gold standard corpus）"是指由人工标注或校对的质量很高的评测集的标准答案语料。

$$COV = \frac{金标语料中被系统标记的测试项的个数}{金标语料中测试项的总数} \times 100\% \tag{9-11}$$

F-测度值的定义与在汉语分词和词性标注中的定义一致，即

$$F1 = \frac{2PR}{R + P} \tag{9-12}$$

SENSEVAL 评测从 1998 年的第一届到 2004 年的第三届，经过了一个快速发展的过程，SENSEVAL-3 的评测范围已经扩展到包括英语、西班牙语、意大利语、罗马尼亚语等十多种语言。在 SENSEVAL-3 中，英语的词汇样本任务（即给定一些词义标注的样本，基于这些样本和其他外部构造进行分类）是研究最多、水平最高的一项，来自世界上27 个研究集体的 47 个词义消歧系统参加了该任务评测[Mihalcea et al.，2004]。在这次评测中，英语词汇样本测试任务中的每个多义词要求分别在粗粒度（coarse grained）和细粒度（fine grained）两种定义的情况下进行词义消歧处理。结果在所有参评的 47 个系统中，性能表现最好的系统在粗粒度定义下词义消歧的正确率和召回率均为 79.3%，在细粒度定义下的正确率和召回率为 72.9%。其中，性能表现排名在前几位的系统分别采用了 Naïve 贝叶斯分类器、支撑向量机和最大熵等方法，并结合了多种知识源。从SENSEVAL-3 的测试结果来看，词义消歧技术显然还有很大的改进空间。

9.6　语义角色标注概述

语义角色标注是一种浅层语义分析技术，它以句子为单位，不对句子所包含的语义信息进行深入分析，而只是分析句子的谓词-论元结构，其理论基础来源于 Fillmore（1968）提出的格语法。具体一点讲，语义角色标注的任务就是以句子的谓词为中心，研究句子中各成分与谓词之间的关系，并且用语义角色来描述它们之间的关系。请看如下例子：

　　　[奥巴马]Agent[昨天晚上]Time 在　[白宫]Location[发表]Predicate 了　[演说]Patient。

其中，"发表"是谓词（Predicate，通常简写为"Pred"），代表了一个事件的核心；"奥巴马"是施事者（Agent），"演说"是受事者（Patient），"昨天晚上"是事件发生的时间（Time），"白宫"是事件发生的地点（Location）。通过这个例子可以看出，语义角色标注就是要分析出句子描述的事件：事件的参与者（包括施事者、受事者）、事件发生的时间、地点和原因等。

目前的语义角色标注研究面临很多问题，主要体现在鲁棒性的两个方面[庄涛，2012]：

第一，语义角色标注方法过于依赖句法分析的结果。由于目前句法分析的准确率不高，因此语义角色标注的准确率受到很大制约。以英语为例，如果用宾州树库中人工标注的句法分析结果，语义角色标注结果的 $F1$ 值可达 91% 左右，但即便使用最好的自动句法分析系统的分析结果，语义角色标注结果的 $F1$ 值也只能达到 80% 左右[Pradhan et al.，2008]。由此可见，语义角色标注对句法分析结果的依赖性很大。实际上，句法分析结果的细微错误都会导致语义角色标注的错误。

第二，语义角色标注方法的领域适应性太差。由于人工标注语料的成本太高，目前可获得的语义角色标注语料是有限的，大部分训练数据主要来自于命题库语料[Palmer *et al.*，2005b]，而命题库语料大部分来自于《华尔街日报》，属于经济类新闻领域。在非经济类新闻领域的测试数据上，语义角色标注的准确率大幅度下降。根据[Carreras and Màrquez，2005]的实验，如果用命题库的《华尔街日报》语料作为训练数据，在同领域的测试集上语义角色标注结果的 F1 值大约为 80％ 左右，但是如果在布朗语料库（Brown Corpus）的小说文本上进行测试，语义角色标注结果的 F1 值只有 67％ 左右，大大低于同领域测试数据上的结果。

鉴于上述原因，目前语义角色标注的鲁棒性非常有限，很大地限制了该技术的应用。因此，如何提高语义角色标注的鲁棒性已经成为当前研究的首要问题，这也是目前很多学者的共识[Màrquez *et al.*，2008]。此外，在研究方法上，语义角色标注还面临着如何在训练数据有限的情况下，有效利用更多的语言知识来帮助语义角色标注的问题。

目前用于英语语义角色标注研究的语料库主要有框架网（FrameNet）[Baker *et al.*，1998]、英语命题库（Proposition Bank，PropBank）[Palmer *et al.*，2005a]和英语名词命题库（NomBank）[Meyers *et al.*，2004a，2004b]。第 4 章对这些资源库都做了简要的介绍，这里不再赘述。

需要说明的是，目前的语义角色标注都是建立在宾州树库的标注基础之上的，因此其标注的每一个论元都相应于句法树上的某个结点。如图 9-1 所示。

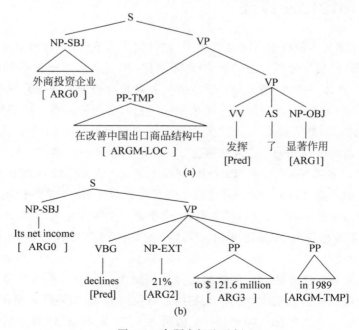

图 9-1　命题库标注示例

9.7　语义角色标注基本方法

9.7.1　自动语义角色标注的基本流程

　　自动语义角色标注是在句法分析的基础上进行的,而句法分析包括短语结构分析、浅层句法分析和依存关系分析,因此,语义角色标注方法也分为基于短语结构树的语义角色标注方法、基于浅层句法分析结果的语义角色标注方法和基于依存句法分析结果的语义角色标注方法三种。虽然这些方法各异,但是其基本流程却是类似的。在研究中一般都假定谓词是给定的,所要做的就是找出给定谓词的各个论元。如图 9-2 所示,无论是基于什么句法分析结果的语义角色标注方法,其流程一般都由 4 个阶段组成[庄涛,2012]:

图 9-2　语义角色标注流程

　　一个论元一般由句子中连续的几个词组成,可能成为论元的词序列称为一个候选项。一个句子中候选项的数目往往很大,候选论元剪除的目的就是要从大量的候选项中剪除掉那些不可能成为论元的项,从而减少候选项的数目。候选项剪除的一般方法是采用[Xue and Palmer,2004]提出的启发式规则。

　　论元辨识阶段的任务是从剪除后的候选项中识别出哪些是真正的论元。论元识别通常被作为一个二值分类问题来解决,即判断一个候选项是否是真正的论元。在该阶段不需要对论元的语义角色进行标注。

　　论元标注阶段要为前一阶段识别出来的论元标注语义角色。论元标注通常被作为一个多值分类问题来解决,其类别集合就是所有的语义角色标签。由于句子中可能的候选项数目很大,即使经过剪除,还有非常多的候选,而真正的论元数却非常少。因此,在论元识别阶段,最常见的错误是将不是论元的候选项误判为论元。为了修正这种错误,在论元标注阶段,一般还会向类别集合中增加一个“NULL”标签,表示一个待标注的论元不是一个真正的论元。这样就可以筛除一些在识别阶段误判为论元的候选。

　　最终,后处理阶段的作用是对前面得到的语义角色标注结果进行处理,包括删除语义角色重复的论元等。后处理阶段不是必须的,许多语义角色标注系统并不进行后处理。

9.7.2　基于短语结构树的语义角色标注方法

　　该语义角色标注方法是基于短语结构分析树提出来的。根据前面的介绍,该方法的第一步是候选论元剪除过程,这一过程是在短语结构树上进行的,具体方法如下。

　　(1) 将谓词作为当前结点,依次考查它的兄弟结点:如果一个兄弟结点和当前结点在句法结构上不是并列的(coordinated)关系,则将它作为候选项。如果该兄弟结点的句法标签是介词短语(PP),则将它的所有子结点都作为候选项。

　　(2) 将当前结点的父结点设为当前结点,重复步骤(1)的操作,直至当前结点是句法树的根结点。

下面通过文献[Xue，2008]中的例子来说明上述剪除过程，如图 9-3 所示。

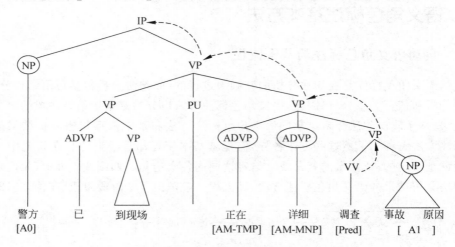

图 9-3 基于短语结构树的语义角色标注方法示例

剪除过程执行时，首先从谓词所在结点 VV 开始，将其兄弟结点 NP 加入到候选项集合中。然后向上到达 VP 结点（即将当前结点的父结点 VP 设为当前结点），将其两个 ADVP 兄弟结点加入到候选项集合中。再往上到达上一层 VP 结点，虽然该结点有两个兄弟结点 VP 和 PU，但是，由于它们在句法上与该结点形成了并列结构，所以不能把这两个兄弟结点加入到候选项集合中。继续往上到达下一个结点 VP，并将其兄弟结点 NP 加入到候选项集合。最后往上到达根结点 IP 而终止。在图 9-3 中，剪除过程所经过的路径用虚线标识了出来，而经过剪除而得到的所有候选结点以圆圈标记了出来。

从该例可以看出，剪除过程的确去掉了大部分不可能是论元的候选项。Xue（2008）的研究表明，该方法在正确的句法分析树上可剪除掉句法树中约 93％的结点，同时只误删了约 1％的论元结点。由此可见，剪除方法是有效的。

经过剪除得到候选论元之后，进入论元识别阶段。在图 9-3 所示的例子中，就是对每个有圆圈标记的结点，判断其是否对应着一个真正的论元。该例中每个有圆圈标记的结点恰好都对应着一个论元。一般情况下，在论元识别阶段最重要的工作是为分类器选择有效的特征。很多研究者在这方面做了大量工作，如[Gildea and Jurafsky，2002]、[Pradhan *et al.*，2004]、[Xue and Palmer，2004]和[刘挺等，2007]等。根据相关研究，人们总结出如下一些常用的有效特征：

- 谓词（predicate）：谓词本身，图 9-3 中为"调查"。
- 路径（path）：短语结构树上从论元到谓词的路径，如图 9-3 中 A0 论元到谓词的路径为：NP ↑IP ↓VP ↓VP ↓VP ↓VV。
- 短语类型（phrase type）：论元所对应的句法树结点的句法标签，如图 9-3 中的 NP、ADVP。
- 位置（position）：论元出现在谓词之前还是之后。
- 语态（voice）：谓词是主动语态还是被动语态。

- 中心词(head word)：论元的中心词及其词性，如图 9-3 中的 A1 论元的中心词就是"原因"。
- 从属类别(sub-categorization)：展开谓词父结点的上下文无关规则，如图 9-3 中的谓词的从属类别为：VP →ADVP ADVP VP。
- 论元的第一个和最后一个词。
- 组合特征(combination features)："谓词＋中心词"和"谓词＋短语类型"等。

论元识别之后开始进行论元标注。在该例中，即为每个有圆圈标记的结点打上一个语义角色标签。语义角色标注所使用的特征对于语义角色标注的准确率至关重要，除了上述论元识别阶段常用的特征以外，研究者们一直在寻找其他对语义角色标注更有效的特征。对于论元识别和论元标注两个任务，人们往往使用不同的特征，对此文献[Pradhan et al., 2008]和[Xue, 2008]做了具体讨论。

语义角色标注中所使用的分类器很多，如最大熵分类器或基于距离的线性分类器(如感知机、SVM)等。语义角色标注中关于核(kernel)方法的研究也比较活跃，核方法适用于感知机、SVM 这样的线性分类器。虽然这些分类器本身是线性的，但通过核方法将原始特征进行非线性变换，这些分类器可以在原始的特征空间上进行非线性的分类。通过核可以将原始特征映射到高维的特征空间，使得问题在这个高维特征空间上是线性可分的。然后就可以用线性分类器在这个高维特征空间上进行分类。对于语义角色标注来说，使用树核的好处是能将将句法树中大量的子树或者片段作为特征来使用，然后让分类器从训练数据上自动去利用这些特征来进行语义角色标注。这可以看成一个自动选择有用的句法特征的过程，其优点是可以代替人工去发现哪些句法特征有效。文献[Moschitti et al., 2008]对树核方法在语义角色标注中的应用进行了总结，有兴趣的读者可以参阅。

对语义角色标注结果的后处理不是必须的，一般情况下并不需要做后处理。

9.7.3　基于依存关系树的语义角色标注方法

该语义角色标注方法是基于依存分析树进行的。目前常用的是 CoNLL 2008 公共任务[Surdeanu et al., 2008]中的语义角色标注表示方法。在论元的表示方式上，该方法与基于短语结构树的语义角色标注方法不同。在基于短语结构树的语义角色标注中，一个论元被表示为连续的几个词和一个语义角色标签，但在基于依存关系树的语义角色标注方法中，一个论元被表示为一个中心词和一个语义角色标签。因此，在基于依存关系树的表示方式中，谓词－论元关系可以表示为谓词与论元的中心词之间的关系。图 9-4 给出了一个在依存关系树上表示谓词－论元关系的例子[庄涛，2012]。

在图 9-4 中，句子上方是依存关系树，句子下方则是谓词"调查"和它的各个论元之间的关系。图 9-4 中用方框标出了各个论元的边界范围(如"事故原因")，实际上在表示一个论元时，并不需要关心非中心词，只需要表示出谓词与该论元的中心词之间的关系即可。这与基于短语结构树的语义角色表示方式是不同的，在基于短语结构树的语义角色标注中，用一个论元所包含的所有词来表示该论元。如图 9-4 中的 A1 论元，在基于短语结构树的语义角色标注中，要标注出"事故原因"是 A1 论元，而在本方法中只需要标注出

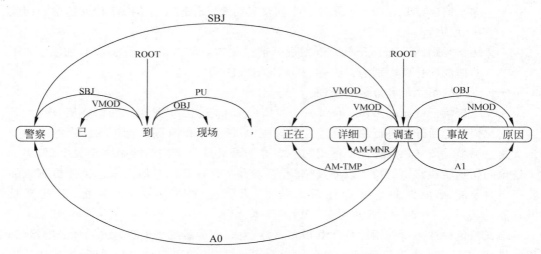

图 9-4　基于依存句法树的谓词-论元关系表示方法

"原因"是 A1 论元即可，因为"原因"是"事故原因"的中心词。由此可见，在基于依存关系的语义角色标注中，谓词-论元关系的表示很接近于依存关系的表示。

Zhao *et al*．（2009a）将 Xue and Palmer（2004）基于短语结构树的语义角色标注方法的剪除方法移植到了基于依存关系的语义角色标注中。具体的剪除方法如下：

（1）将谓词作为当前结点；

（2）将当前结点的所有子结点都作为候选项（词）；

（3）将当前结点的父结点设为当前结点，如果新的当前结点是依存句法树的根结点，剪除过程结束，否则，执行（2）中的操作。

以图 9-4 中的谓词"调查"为例，首先将它的所有子结点都加入到候选项中，而这些子结点恰好都是该谓词的论元。然后将谓词的父结点设为新的当前结点，而新的当前结点恰好到达了根结点，因此剪除过程结束。由此可见，基于依存句法树的剪除过程一般比基于短语结构树的剪除过程简单，因为依存句法树本身就在很大程度上描述了谓词—论元关系。换句话说，基于依存句法的谓词—论元关系表示方式更接近于依存句法本身的表示形式。

从上述表示可以看出，基于依存关系的语义角色标注过程最终就是在判断谓词和候选项（词）之间的关系。无论是论元识别还是论元标注，其核心任务就是判断一对词之间的关系。与基于短语结构树的语义角色标注方法类似，论元识别和论元标注都被看作分类问题。CoNLL 2008 和 2009 公共任务［Surdeanu *et al*．，2008；Hajič *et al*．，2009］对基于依存关系的语义角色标注方法进行了深入研究，提出了一些对于语义角色标注比较有效的特征，以下列举几种常用特征：

- 谓词（predicate）：谓词本身及其词根；
- 谓词的词义：谓词在语料中的词义类别；
- 谓词词性（predicate POS）：谓词的词性；
- 谓词父结点的词及词性；

- 谓词与其父结点之间的依存关系类别；
- 依存关系路径(relation path)：依存句法树上从候选词到谓词的路径，如图 9-4 中从"事故"到谓词的路径为：NMOD↑OBJ↑；
- 位置(position)：论元出现在谓词之前还是之后；
- 语态(voice)：谓词是主动语态还是被动语态；
- 从属类别(dependency sub-categorization)：谓词的所有子结点对它的依存关系类别，如图 9-4 中谓词"调查"的依存从属类别是 SBJ_VMOD_VMOD_OBJ；
- 候选词本身；
- 候选词最左边和最右边的子结点的词与词性；
- 候选词左边和右边最近的兄弟结点的词与词性。

对于论元识别和论元标注这两个任务，研究者们往往使用不同的特征，具体情况和其他更多的特征可参阅文献[Che *et al.*，2009；Johansson and Nugues，2008；Zhao *et al.*，2009a]。另外，目前对于汉语和英语两种语言实现的基于依存关系的语义角色标注方法基本上一样，使用的特征也基本一样，这是一个值得探讨的问题。

9.7.4 基于语块的语义角色标注方法

在基于语块分析结果的语义角色标注中，谓词－论元关系的表示方法与基于短语结构树的表示方法相同，每个论元都表示为连续的几个词。CoNLL 2004 公共任务[Carreras and Màrquez，2004]对基于语块的语义角色标注方法进行了深入研究。

基于语块的语义角色标注方法将语义角色标注作为一个序列标注问题来解决。一般采用 IBO 表示方式来定义序列标注的标签集，将不同的语块赋予不同的标签。所谓的 IBO 表示方式，即对于一个角色为 A* 的论元，将它所包含的第一个语块赋予标签 B-A*，将它所包含的其他语块赋予标签 I-A*，不属于任何论元的语块将被赋予标签 O。根据序列标注的结果就可以直接得到语义角色标注结果。在基于语块的语义角色标注方法中，一般不需要事先剪除候选论元，因此没有论元剪除这个阶段，而且论元识别和论元标注通常作为一个过程同时实现。[Sun *et al.*，2009]的研究表明，这种一体化处理论元识别和论元标注的方法比将其分成两个阶段处理的方法能够得到更好的结果。图 9-5 中的例子说明了基于语块的语义角色标注方法的执行过程。

句子	警察	已	到现场	正在	详细	调查	事故	原因
语块	[NP]	[ADVP]	[VP]	[ADVP]	[ADVP]	[VP]	[NP]	[NP]
序列	B-AO	0	0	B-AM-TMP	B-AM-MNR	B-V	B-A1	I-A1
角色	[A0]			[AM-TMP]	[AM-MNR]	[V]	[A1]	

图 9-5　基于语块的语义角色标注方法示例

关于语块识别方法，第 8 章做了简要介绍，这里不再多述。基于语块的语义角色标注过程就是在获得语块序列的基础上对每一个语块标注一个语义角色标签。在图 9-5 中"语块"一行表示对句子进行语块分析得到的结果；"序列"一行就是对语块进行序列标注的结果,而由序列标注的结果可以直接得到"角色"一行所表示的语义角色标注结果。从上述过程可以看出,与基于短语结构树或依存关系树的语义角色标注方法相比,基于语块的语义角色标注是一个相对简单的过程。

在基于语块的语义角色标注中,"路径"特征被简单地定义为候选论元与谓词之间所有语块的标签序列,如图 9-5 中论元"警察"的路径特征就是 ADVP_VP_ADVP_ADVP。由于语块分析结果是一个线性序列,所以路径特征就没有了向上或向下的方向,非常简单。不仅如此,从语块分析结果上能够抽取出的句法特征的种类也少了许多,如在语块分析结果上无法抽取出与"从属类别"相对应的特征。因此,基于语块的语义角色标注所用的句法特征既少又简单。文献[Sun *et al.*,2009;丁伟伟等,2009;王鑫等,2011]等对基于语块的语义角色标注方法中常用的特征做了深入研究。

基于语块的语义角色标注方法的出发点是为了回避无法获得准确率较高的短语结构树或依存结构树所造成的困难,尽管基于语块的语义角色标注方法的最终结果仍低于基于短语结构树的语义角色标注方法,但由于这些方法之间的差异性,为进行语义角色标注的融合提供了契机。

9.7.5　语义角色标注的融合方法

由于语义角色标注对句法分析结果有严重的依赖性,句法分析产生的错误会直接影响语义角色标注的结果。研究者们发现,进行语义角色标注系统融合(system combination)是减轻句法分析错误对语义角色标注影响的有效方法。这里所说的系统融合是指将多个语义角色标注系统的结果进行融合,利用不同语义角色结果之间的差异性和互补性,综合获得一个最好的结果。在这种方法中,一般首先根据多个不同的句法分析结果进行语义角色标注,得到多个语义角色标注结果,然后通过融合技术将每个语义角色标注结果中正确的部分组合起来,获得一个全部正确的语义角色标注结果。如图 9-6 所示的例子。

句子	警察	已	到现场,	正在	详细	调查	事故	原因
R1	[A0]			[	AM-TMP]	[V]	[	A1]
R2	[A0]			[	AM-MNR]	[V]	[	A1]
R3				[AM-TMP]	[AM-MNR]	[V]	[	A1]
R4	[A0]	[	AM-TMP]	[AM-TMP]	[AM-MNR]	[V]	[	A1]
Cmb	[A0]			[AM-TMP]	[AM-MNR]	[V]	[	A1]

图 9-6　语义角色标注融合方法示例

图 9-16 中,R1~R4 是 4 个不同的语义角色标注结果,Cmb 是对它们进行融合后所得到的结果。R1~R4 中的每个结果都包含有一些错误,如 R1 和 R2 中将"正在详细"误标注成一个论元 AM-TMP,R3 中漏标了"警察"一词,R4 中将"已到现场"误标注成 AM-TMP,但是,融合结果 Cmb 却是完全正确的。通过分析可以发现,R1~R4 中的标注错误都是由于错误的句法分析结果而造成的,而融合方法虽然没有改用其他句法分析结果,但

融合结果却是完全正确的。这说明融合方法完全可以减轻句法分析错误对语义角色标注的影响。

Koomen *et al.*（2005）首先提出了一种基于整数线性规划模型的语义角色标注融合方法，该方法需要被融合的系统输出每个论元的概率，其基本思想是将融合过程作为一个推断问题处理，建立一个带约束的最优化模型。模型优化的目标可以根据需要定义，一般的定义方法是使最终语义角色标注结果中所有论元的概率之和最大，而模型的约束条件则是根据一些语言学规律和知识总结出来的规则。这种方法的优势在于能够方便地将一些基于语言学知识的全局约束加入到融合过程中。后 Punyakanok *et al.*（2008）对基于整数线性规划模型的语义角色标注融合方法进行了系统总结。

除了基于整数线性规划模型的融合方法以外，人们还研究了若干其他融合方法。Màrquez *et al.*（2005）实现了利用贪婪算法的语义角色标注融合方法。Pradhan *et al.*（2005）提出的融合方法对分别基于短语结构分析树、依存句法分析树和语块分析结果的语义角色标注结果进行了融合。他们认为，与基于同一种句法分析方式的多个语义角色标注结果的融合方法相比，融合基于不同句法分析方式的语义角色标注结果更加有效。但是，他们并没有通过实验仔细分析该方法有效的原因。Surdeanu *et al.*（2007）对语义角色标注融合方法进行了全面分析和研究。他们对比了上述所有的融合方法，并与语义角色标注结果重排序的方法 [Haghighi *et al.*，2005；Toutanova *et al.*，2008] 进行了比较。已有的研究工作表明，系统融合是目前减轻单个句法分析结果错误对语义角色标注影响的有效手段。

但是我们注意到，在上述系统融合方法中，对各个被融合的标注结果都一视同仁，而实际上不同系统的标注结果各有其特点，有的系统结果总体上较好，而有些则较差。直观上，在进行融合时应该更多地信赖总体结果较好的系统。基于这种考虑，文献[Zhuang and Zong，2010a]和[庄涛，2012]提出了一种最小错误加权（minimum error weighting，MEW）的系统融合方法，该方法将每个系统的标注结果都赋予一个权值表示其可信度，权值越大表示其系统可信度越高。在正式对各个标注结果进行融合之前，该方法首先根据各个系统的权值对候选论元进行加权合并，各个系统的权值可以在开发集上通过最小化错误函数的方法训练获得。该方法不依赖于错误函数的具体形式，因此，可以对错误函数灵活定义。图 9-7 给出了实现该方法的系统框架。

另外，尽管关于汉语语义角色标注的研究逐渐增多，但汉语语义角色标注的准确率却比英语差了很多。在常用数据集上，汉语语义角色标注结果的 $F1$ 值只有 70% 多一点 [Che *et al.*，2008；Sun *et al.*，2009；Xue，2008]。Xue（2008）的研究表明，这在很大程度上是由于汉语句法分析的准确率比英语句法分析的准确率低造成的。也是就是说，与英语语义角色标注相比，汉语语义角色标注受句法分析错误的影响更大。因此，系统融合对汉语语义角色标注的意义更大。庄涛（2012）仔细考察了系统融合对汉语语义角色标注的作用，并综合以上两方面的考虑，在常用的汉语命题库数据集[Xue，2008]上，对最小错误加权的融合方法进行了详细的实验和对比分析。其实验表明，最小错误加权的融合方法使语义角色标注结果的 $F1$ 值达到了 80.45%，比被融合的最好的单个系统结果提高了 4.9 个百分点，成为该论文完成时在相同数据集上所有公开报道的结果中最好的结果。

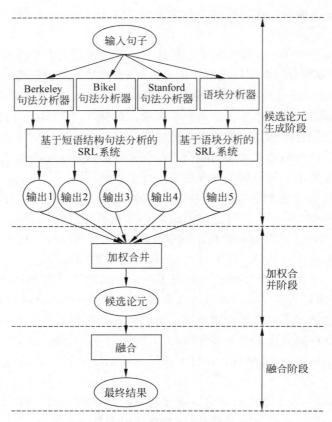

图 9-7　最小错误加权的系统融合框架

9.8　语义角色标注的领域适应性问题

领域适应性是目前语义角色标注研究中的一个重要问题。早在 CoNLL 2005 公共任务评测中就设定了一个领域外测试的任务。CoNLL 2005 公共任务主要评测基于短语结构分析的语义角色标注方法，其训练集和领域内的测试集均来自于英语命题库中的《华尔街日报》，领域外测试数据则来自于布朗语料库的小说文本。在 CoNLL 2008 和 2009 的公共任务评测中，同样有领域外的测试任务，不过这两次公共任务主要评测依存句法分析和基于依存句法分析的语义角色标注方法，而且包含了七种语言的数据。在英语上，这两次公共任务与 CoNLL 2005 所使用的数据集是一样的，只不过是将短语结构表示的语义角色标注结果变成了依存关系表示的形式。上述三次公共任务的评测结果表明，语义角色标注在领域内外测试集上的 $F1$ 值差距一般在 10 个百分点以上［Carreras and Màrquez，2005；Hajič *et al.*，2009；Surdeanu *et al.*，2009］。由此可见，目前语义角色标注方法的领域适应能力非常差。

造成现有的语义角色标注方法领域适应能力差的原因是多方面的。除了语义角色标注方法本身的适应能力差之外，与之相关的词法分析器和句法分析器的领域适应能力差也是其中的重要原因。因此,如何提高语义角色标注方法的领域适应能力是一个综合性的难题,目前关于这方面的研究仍步履维艰,成效甚微。

Deschacht and Moens (2009)利用一种半监督的学习方法来帮助语义角色标注。他们针对语义角色标注中所用的词汇化特征稀疏性大的问题,采用对词汇聚类的方法以减小特征的稀疏性,提出了一种隐含词语言模型(latent words language model),并在大量的未标注文本上训练该模型。该模型的工作过程类似于隐马尔可夫模型进行无监督的词性标注,将每个词都对应到一个隐含状态,把词看作由隐含状态发出的,隐含状态序列构成一个马尔可夫链,每个词的隐含状态分布作为新的特征加入到语义角色标注模型中。Deschacht and Moens(2009)只在领域内的测试数据上进行了实验,但他们的方法在领域外的测试数据上也有一定的效果。实际上,在诸如句法分析、命名实体识别等任务中词汇化特征的稀疏性问题也很突出,因此,将这些任务中减少词汇化特征稀疏性的方法引入到语义角色标注中,也是一个值得探讨的思路。

Huang and Yates (2010)针对基于语块的语义角色标注方法进行了领域适应性研究。他们的方法与[Deschacht and Moens,2009]的工作很相似,也是用隐马尔可夫模型寻找每个词背后的隐含状态,但这种方法只适用于词汇化的特征。由于基于语块的语义角色标注方法所使用的句法特征既少又简单,因此除了"路径"这个句法特征之外,其他句法特征的稀疏性不大。这正是[Huang and Yates,2010]选用基于语块的语义角色标注方法进行研究的原因。对于该方法中稀疏性较大的"路径"特征,他们单独对其进行聚类。由于语块中的"路径"仍然是序列,所以他们仍然用隐马尔可夫模型对其聚类。这样,无论是词汇化的特征还是句法特征,其稀疏性都得到了减小。[Huang and Yates,2010]的实验表明,该方法显著提高了语义角色标注的领域适应能力。但是,该方法是为基于语块的语义角色标注方法量身定做的,在基于短语结构树和依存关系树的语义角色标注中,所使用的句法特征更多而且更加复杂,[Huang and Yates,2010]对"路径"特征进行聚类的方法也不再适用,因为在短语结构或依存结构树上,"路径"是树中二维的片段,而不是一维的序列,无法用隐马尔可夫模型对树上的句法特征进行聚类。

Croce et al. (2010)利用框架网(FrameNet)语料研究了语义角色标注的领域适应性问题。对于论元标注任务,他们只使用论元的中心词和谓词与该中心词之间的依存关系这两个基本特征,不使用任何句法特征,其目的是通过减少使用的特征数目来减小模型的过拟合程度。同时他们使用隐含语义分析(latent semantic analysis)方法在未标注语料上统计词汇的语义分布,并用统计结果来减小词汇化特征的稀疏性。但是,他们只探讨了如何对论元标注的环节进行领域适应性问题,并没有对论元识别过程作任何改进,而论元识别过程在领域外数据上的准确率仍会大幅度下降。因此,该方法对最终语义角色标注的结果改善不大。

Liu et al. (2010b)研究了针对 Twitter 上新闻语料进行语义角色标注的方法。对于这一特殊的应用任务,他们发现 Twitter 上口语化的文本与正式的新闻文本所描述的往往是同一个新闻事件,因此这两种类型的文本中句子的谓词—论元关系可以对应起来。于是,他们用现有的语义角色标注方法对正式的新闻文本进行语义角色分析,然后将分析结果映射到相应的 Twitter 文本上。这样就可以创建一部分 Twitter 文本的语义角色标注语料，用以训练 Twitter 上的语义角色标注系统。这样训练得到的语义角色标注系统在 Twitter 测试语料上的性能得到了较大的提高。虽然该方法针对的是 Twitter 新闻消息这一特殊领域的语义角色标注任务，但对其他任务上语义角色标注的领域适应性研究也有一定的启发性。

根据前面的分析我们知道，语义角色标注的性能与句法分析的结果密切相关 [Màrquez *et al.*，2008]，因此，要使语义角色标注方法适应目标领域的变化，首先需要使句法分析器适应目标领域的变化，否则难以在较差的句法分析结果上获得较好的语义角色标注结果。这一指导思想与 CoNLL 2008 和 2009 公共任务评测所倡导的精神是一致的[Hajič *et al.*，2009；Surdeanu *et al.*，2009]。这两个公共任务将依存句法分析技术评测和基于依存句法分析的语义角色标注方法评测放在一起看待，试图寻找一种联合的分析方法。这两个公共任务在领域外数据集上的测试结果表明，无论是依存句法分析还是语义角色标注，在领域外测试集上的性能都会大幅度下降。这一结果由此提出了一个颇具挑战性的课题：如何使依存句法分析和语义角色标注同时适应于领域外测试数据的变化？

尽管已有一些关于依存句法分析和语义角色标注的领域适应方法研究，但是，两类方法是分离的，没有一种统一的方法能够使依存句法分析和语义角色标注同时适应目标领域的变化，而且多数依存句法分析和语义角色标注方法都采用了有监督的学习模式。在这种模式下，每个数据样本都被表示成一个特征向量，采用判别式模型进行分类决策，而判别式模型在领域外测试集上的性能一般都会有明显的下降。这主要是由于特征的稀疏性造成的，也就是说，在测试集上出现的很多特征在训练集中很少或者从未出现过。在这种情况下，判别式模型就失去了决策的依据，其结果当然会很差。不幸的是，当前的依存句法分析和语义角色标注方法中所使用的特征大都是稀疏的，因为这些特征实际上主要有两类：词汇化（lexicalized）的特征和句法特征。这里所说的句法特征是指在句法结构上提取出的特征，如图 9-4 中从"事故"到谓词的关系路径 NMOD↑OBJ↑。如果说词汇化特征的稀疏性可以通过聚类的方法得到部分缓解的话，那么句法特征的稀疏性则几乎没有有效的处理办法。

为此，庄涛（2012）提出了一种基于深层信念网（deep belief network，DBN）的语义角色标注的领域适应方法，该方法通过建立 DBN 模型，根据一个数据样本的原始特征向量进行推断，将其表示成一个隐含特征向量。该 DBN 模型的训练过程是无监督的，其训练数据包括源领域的所有数据和目标领域的未标注数据。DBN 模型能够学习到一种在两个领域上公共的特征表示（shared feature representation），使得两个领域的数据变得更为相似，从而降低两个领域间特征的稀疏性。研究表明，与原始的特征表示相比，隐含特征表示能够使判别式模型更好地适应目标领域。考虑到依存句法分析和语义角色标注中的判别式模型通常会使用上百万个不同的原始特征，对于如此多的特征，如果用一个普通的 DBN 模型学习隐含特征表示，其计算量会太大以至于在实际中不可行。为了解决这一问题，庄涛（2012）将原始特征向量分成了多个组，从而大大减少了模型中参数的个数，训练

DBN 模型的计算量随之大幅度降低,使得该方法在实际中可行。他在 CoNLL 2009 公共任务评测的英语数据集上进行了实验,并且以宏观 $F1$(macro $F1$)值[Hajič *et al.*, 2009]作为系统结果的衡量指标。实验表明,使用原始特征表示时领域内外语义角色标注的宏观 $F1$ 值差别达 10.58 个百分点,而使用隐含特征表示时,领域内外测试结果的宏观 $F1$ 值差别只有 4.83 个百分点,而且领域外测试结果的宏观 $F1$ 值达到了 80.87%,这是当时该数据集上领域外测试的最好结果。

该 DBN 模型如图 9-8 所示。

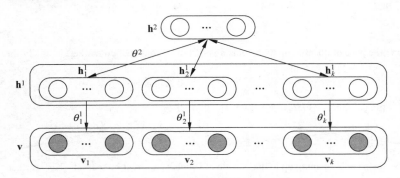

图 9-8　使用隐含特征表示的 DBN 模型

图 9-8 中,$\mathbf{h}^1$ 和 $\mathbf{h}^2$ 是两层隐含变量,$\mathbf{v}$ 是观测向量,相应于一个数据样本的原始特征向量。$\mathbf{h}^2$ 与 $\mathbf{h}^1$ 之间通过无向边连接,θ^2 表示 $\mathbf{h}^1$ 和 $\mathbf{h}^2$ 之间的参数;$\mathbf{h}^1$ 与 $\mathbf{v}$ 之间通过自上向下的有向边连接,θ_i^1 表示 $\mathbf{h}_i^1$ 和 $\mathbf{v}_i$ 之间的参数。第二层隐含变量 $\mathbf{h}^2$ 就是该数据样本的隐含特征表示。关于该方法的详细介绍请见[庄涛,2012],这里不再多述。

综上所述,目前语义角色标注的领域适应性问题仍远远没有得到解决,现有的方法大部分都集中在如何减少词汇化特征的稀疏性上,而对于基于短语结构树和依存关系的语义角色标注系统中所使用的各种句法特征的稀疏性却没有十分有效的解决办法。

9.9　双语联合语义角色标注方法

9.9.1　基本思路

充分挖掘和利用更多的语言知识是提高语义角色标注准确率和鲁棒性的一条有效途径,另外,从机器翻译的角度,如何利用双语信息对双语平行句对进行语义角色标注,具有非常重要的意义。

虽然关于语义角色标注的研究已经涵盖了多种语言[Hajič *et al.*, 2009],但是通常的语义角色标注方法都只针对一种语言的单个句子进行分析。因此,在对双语平行句对进行语义角色标注时,传统的方法是在双语两端分别进行单语的语义角色标注,而且两端的语义角色标注过程是相互独立的。这些方法没有挖掘和利用双语句子对所包含的语义上的深层信息,而将其视为两种不同语言各自独立的语义角色标注问题。由于目前单语语义角色标注的准确率都不高,传统的方法很难在双语两端同时获得准确率较高的语义角色标注结果。另一方面,由于双语平行句对是互为翻译的,它们在语义上是等价的,这种情况反映在语义角色标注上,两个对应的句子应该有一致的谓词－论元结构。直觉上,这种谓词－论元结构的一致性应该有助于我们得到更为准确的语义角色标注结果。例如,在图 9-9 所示的句子对中,谓词－论元结构的一致性能指导我们找到汉语端正确的语义角色标注结果。

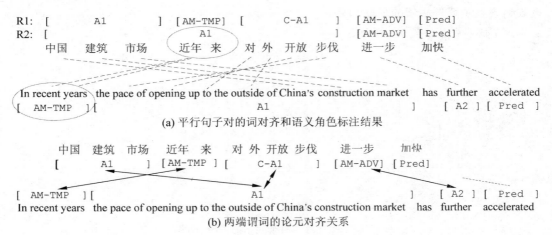

(a) 平行句子对的词对齐和语义角色标注结果

(b) 两端谓词的论元对齐关系

图 9-9　利用谓词－论元结构的一致性指导语义角色标注的示例

　　在图 9-9(a)中,汉英两个句子的语义角色标注结果是由两种语言的单语语义角色标注系统分别给出的。英语端句子的谓词－论元结构比较规范,因而比较容易分析,所得到的语义角色标注结果也是正确的。汉语端标记为"R1"的那一行的结果是正确的,该结果的论元结构与英语端结果一致;而标记为"R2"的那一行的结果是错误的,该结果的论元结构与英语端结果不一致。所谓"一致"是指双语两端的论元有完整的对应关系。例如,在图 9-9(b)中,英语端的每一个论元在汉语端都有意义相同的论元对应,这样两端的一致性就比较好;反之,汉语端标记为"R2"的语义角色标注结果和英语端结果之间的一致性就要差一些,因为英语端的 AM-TMP 论元无法在"R2"中找到对应的论元。在这个例子中,因为汉语端的 AM-TMP 论元嵌入到了一个不连续的 A1 论元之中(实际上论元 A1 和 C-A1 应该是一个论元,但被"近年来"拆成了两部分),所以汉语端比英语端更难得到正确的语义角色标注结果,但双语论元结构一致性的原则可以指导我们从多个候选中选择出汉语端正确的语义角色标注结果。图 9-9(b)中给出了双语两端的论元对齐。

　　在句法分析领域的相关研究[Burkett and Klein,2008]也表明,双语的信息能够帮助我们得到更好的句法分析结果,而实际上双语句子对在语义层面的一致性要超过在句法层面的一致性。因此,[庄涛,2012]和[Zhuang and Zong,2010b]提出了一种联合推断模型用于对双语平行句对进行语义角色标注。由于语义角色标注是以谓词为中心的,因此,首先需要根据双语句子对的词对齐结果找到相互对齐的谓词对。对于这个谓词对中的每个谓词,可以用多个单语的语义角色标注系统为其生成候选论元。然后,采用联合推断模型为这个谓词对生成双语两端语义角色标注的最终结果。该方法的基本框架如图 9-10所示。

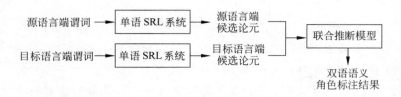

图 9-10 双语语义角色标注流程图

图 9-10 中,联合推断模型采用整数线性规划技术,涉及三部分:源语言、目标语言和双语两端的论元对齐。为了衡量双语两端论元结构的一致性,庄涛(2012)建立了一个对数线性模型用于计算两个论元对齐的概率,该联合推断模型在双语两端同时进行语义角色标注,并且尽量保证双语之间论元结构的一致性。因此,该联合推断模型不仅能够得到双语语义角色标注的结果,而且还能获得双语两端论元的对齐结果,这是任何传统的语义角色标注方法都未能做到的。

9.9.2 系统实现

在系统实现时,[庄涛,2012]采用基于短语结构树的单语言语义角色标注系统,对于汉语使用与[Xue,2008]相同的特征集,对于英语使用与[Pradhan *et al.*,2008]相同的特征集。为了在汉英双语的每一端都得到多个语义角色标注结果,[庄涛,2012]将 Berkeley Parser[Petrov and Klein,2007a]的 3-best 句法分析结果和 Bikel Parser[Bikel,2004a]及 Stanford Parser[Klein and Manning,2003b]的各 1-best 句法分析结果输入给单语的语义角色标注系统。对于每一个输入的句法分析结果,单语语义角色标注系统都给出一个语义角色标注结果。这样就可获得同一个输入句子对的多个语义角色标注结果。使用了 GIZA++工具[1](默认的参数设置)进行双语的词对齐。

双语联合推断模型的目标函数是三个子目标函数的加权和:

$$\max O_s + \lambda_1 O_t + \lambda_2 O_a \tag{9-13}$$

其中,O_s 和 O_t 分别表示源语言端和目标语言端语义角色标注的正确性;O_a 表示两端语义角色标注结果之间论元对齐的合理性;权值 λ_1 和 λ_2 分别表示 O_t 和 O_a 相对于 O_s 的重要性。

1. 源语言部分

源语言部分的目标是提高源语言端语义角色标注的正确性,而这等同于一个单语言语义角色标注的融合问题,因此源语言部分的模型与单语的融合模型是相同的。假设源语言端的语义角色标签集为 $\{l_1^s, l_2^s, \cdots, l_{L_s}^s\}$,$l_1^s \sim l_6^s$ 分别表示关键语义角色 A0~A5。设在所有候选论元中共包含 N_s 个不同的位置:$loc_1^s, \cdots, loc_{N_s}^s$,将 l_j^s 赋予 loc_i^s 的概率是 p_{ij}^s,示性变量 x_{ij} 的定义为:

$$x_{ij} = [loc_i^s \text{ 被赋予标签 } l_j^s]$$

式(9-13)中源语言部分的子目标 O_s 是使源语言端标注正确的论元个数的数学期望最大:

---

① 参见第 11 章。

$$O_s = \sum_{i=1}^{N_s} \sum_{j=1}^{L_s} (p_{ij}^s - T_s) x_{ij} \tag{9-14}$$

其中，T_s是一个常数阈值，加入 T_s 的目的是为了过滤掉概率太小的候选论元。在源语言部分，使用以下两类约束条件：

(1) 关键角色不重复：对于 6 种关键角色类型 A0～A5，不能有重复的论元。

(2) 论元位置不重叠：一个谓词的任何两个论元在位置上不能重叠。

另外还有一个隐含约束，即对源语言端的每一个位置只能赋予一个语义角色标签。

2. 目标语言部分

目标语言部分是为了提高目标语言端语义角色标注的正确性，它在原理上与源语言部分完全相同，以下直接给出其在模型中的数学表示形式。

假设目标语言端的语义角色标签集为$\{l_1^t, l_2^t, \cdots, l_{L_t}^t\}$，$l_1^t \sim l_6^t$ 分别表示关键语义角色 A0～A5。设在所有的候选论元中共包含 N_t个不同的位置：$loc_1^t, \cdots, loc_{N_t}^t$，将 l_j^t 赋予 loc_k^t 的概率是 p_{kj}^t，示性变量 y_{kj} 的定义为：

$$y_{kj} = [loc_k^t \text{ 被赋予标签 } l_j^t]$$

式(9-13)中源语言部分的子目标 O_t 是使目标语言端标注正确的论元个数的数学期望最大：

$$O_t = \sum_{k=1}^{N_t} \sum_{j=1}^{L_t} (p_{kj}^t - T_t) y_{kj} \tag{9-15}$$

其中，T_t是一个常数阈值。

与源语言部分的约束一样，目标语言部分的约束条件也有两个：①每一个位置只能赋予一个语义角色标签，关键角色不重复；②论元位置不重叠。

3. 论元对齐概率模型

论元对齐部分是联合推断模型的核心部分，其作用是从多种可能的双语语义角色标注结果中选择出那些论元结构更一致的结果。[庄涛，2012]通过衡量双语语义角色标注结果之间论元对齐的好坏来评价其论元结构的一致性，首先建立计算两个论元对齐的概率模型，然后在这个概率模型下，寻找最有可能的对齐结果。该对齐结果的最终得分用于评价双语语义角色标注结果中论元对齐的质量。

根据上述思路，第一步需要建立一个模型计算两个论元对齐的概率。实际上有多种依据可以帮助判断两个论元是否对齐。例如，如果两个论元中所包含的词都是对齐的，那么这两个论元也很有可能是对齐的；如果两个论元的角色是相同的，那么它们也很有可能是对齐的，等等。这种情况很适合用一个对数线性模型描述，因为对数线性模型描述了一个条件概率分布，而且能够方便地包含各种特征。这样就能将判断两个论元是否应该对齐的各种依据作为特征加入到对数线性模型中，进而计算两个论元对齐的概率。

设$arg_i^s = (loc_i^s, l^s)$表示源语言端的一个论元，$arg_k^t = (loc_k^t, l^t)$表示目标语言端的一个论元，z_{ik}为如下示性变量：

$$z_{ik} = [arg_i^s \text{ 与 } arg_k^t \text{ 对齐}]$$

用 p_{ik}^a表示arg_i^s 与arg_k^t 对齐的概率，即 $p_{ik}^a = P(z_{ik}=1)$。

令 (s, t) 表示一个双语句子对, wa 表示 (s, t) 上的词对齐。对数线性模型定义了变量 z_{ik} 在给定了五元组 $tup = (\mathrm{arg}_i^s, \mathrm{arg}_k^t, wa, s, t)$ 的条件下的概率分布：

$$P(z_{ik} \mid tup) \propto \exp\left(w^{\mathrm{T}} \phi(tup)\right)$$

其中, $\phi(tup)$ 表示从 tup 中抽取出的特征向量。有了这个模型, arg_i^s 与 arg_k^t 对齐的概率 p_{ik}^a 就可以通过下式计算：

$$p_{ik}^a = P(z_{ik} = 1 \mid tup)$$

上述对数线性模型需要一些标注了双语论元对齐的语料来训练其中的参数, 为此, 庄涛(2012)对汉英平行命题库中的部分语料进行了手工对齐。双语语料的手工对齐工作不仅仅为论元对齐概率模型提供了训练数据, 也为论元对齐概率模型选取特征提供了帮助。[庄涛,2012]选用了如下特征：

- 词对齐特征：每个论元都是由若干个词构成的短语。如果源语言端的一个论元所包含的词与目标语言端的论元所包含的词大部分是对齐的, 那么这两个论元也很有可能是对齐的。该特征用来衡量两个论元之间词对齐的程度。
- 中心词对齐特征：一个论元的中心词往往比其他词更具有代表性。如果两个论元的中心词是对齐的, 那么即使其他的词对齐得不是很多, 这两个论元也很可能是对齐的。
- 两个论元的语义角色标签：两个论元的语义角色标签能够很好地反映它们是否应该对齐。
- 谓词对：不同的谓词对通常有不同的论元对齐模式。

有了论元对齐概率模型后, 就可以去搜索最有可能的论元对齐结果。在联合推断模型中, 这个搜索过程是与源语言和目标语言端语义角色标注的推断过程融为一体的。在式(9-13)中论元对齐部分的子目标 O_a 是使正确对齐的论元个数的数学期望最大：

$$O_a = \sum_{i=1}^{N_s} \sum_{k=1}^{N_t} (p_{ik}^a - T_a) z_{ik} \tag{9-16}$$

其中, T_a 是一个常数阈值, 加入 T_a 的目的是过滤掉概率太小的论元对齐。 O_a 反映了双语两端论元结构的一致性。 O_a 的值越大, 表明双语两端的论元对齐得越好, 双语两端论元结构的一致性越高。

在论元对齐部分, 约束条件包括以下三类：

（1）与双语语义角色标注结果相容：该条件要求被对齐的候选论元必须是出现在最终双语语义角色标注结果中的论元。

（2）一对多的个数限制：每个论元至多只能与三个论元对齐。

（3）论元对齐的完备性：源语言端的每个论元必须至少与一个目标语言端的论元对齐。同样, 目标语言端的每个论元必须至少与一个源语言端的论元对齐。

考虑到尽管"论元对齐的完备性"约束在理论上是合理的, 但在实际中并不总是成立, 在手工标注的语料上双语句子对中的有些论元有时在另一端并没有与之对齐的论元, 因此, [庄涛,2012]将该约束作为一个软约束条件对待, 去掉了硬性的论元对齐的完备性约束, 允许违背论元对齐的完备性要求, 但对于违背的情况加以惩罚, 违背越多惩罚就越大。

9.9.3　实验

1. 实验数据

在[庄涛,2012]的实验中,使用了 LDC 的 OntoNotes Release 3.0 语料中所包含的汉英平行语料库的 Xinhua News 数据,包含 325 个文件(chtb_0001.fid 至 chtb_0325.fid)组成的汉英平行命题库。由于该平行命题库中英语端只标注了动词性谓词的语义角色,因此,庄涛(2012)在实验中也只考虑动词性谓词的语义角色标注。

另外,为了生成较好的词对齐结果,实验中除了使用上述汉英平行命题库中包含的句子对之外,还使用了额外的 450 万汉英平行句子对[1]生成词对齐。使用 GIZA++工具分别生成两个方向的词对齐结果之后,采用取交集的启发式规则[Och and Ney, 2003]得到准确率较高的词对齐结果。

实验的测试集使用汉英平行命题库中的 80 个文件(chtb_0001.fid 至 chtb_0080.fid),chtb_0081.fid 至 chtb_0120.fid 40 个文件作为开发集。尽管联合推断模型本身不需要训练,但是联合推断模型中用到的论元对齐概率模型需要训练。为此,用手工标注了论元对齐的 60 个文件(chtb_0121.fid 至 chtb_0180.fid)作为论元对齐概率模型的训练数据。由于在一对多的汉英句子对上词语自动对齐的效果较差,因此实验时在上述数据集中只包含一对一的汉英句子对,只对那些相互对齐的谓词对进行标注。

表 9-1 给出了训练集、开发集和测试集三类数据的统计情况。

表 9-1　实验数据统计情况

	测试集	开发集	训练集
命题库文件序号	1～80	81～120	121～180
汉语句子数	1067	578	778
英语句子数	1182	620	828
对齐的句子对个数	821	448	614
汉语谓词数	3558	1883	2390
英语谓词数	2864	1647	1860
对齐的谓词对个数	1476	790	982

为了使联合推断模型生成候选论元,实验中还要用到单语的语义角色标注系统。为了训练汉语的语义角色标注系统,采用汉语命题库中的 640 个文件(chtb_0121.fid 至 chtb_0931.fid)作为训练集。由于 Xinhua News 和 WSJ 是不同的领域,因此英语的语义角色标注系统不仅使用了英语命题库中 WSJ 数据的 Sections 02～21 作为训练数据,而且使用了汉英平行命题库中英语端的 205 个文件(chtb_0121.fid 至 chtb_0325.fid)作为训练集。

为了训练语义角色标注系统中所用到的汉语句法分析器,参照[Xue, 2008],训练数

---

① 包括了以下的 LDC 语料：LDC2002E18，LDC2003E07，LDC2003E14，LDC2005T06，LDC2004T07，LDC2000T50。

据集包括 Chinese Treebank 6.0 的两个部分：第一部分是 640 个文件（chtb_0121. fid 至 chtb_0931. fid）；第二部分是 Broadcast News 语料。对于英语句法分析器，训练集包括三部分：第一部分是 English Treebank 中 WSJ 数据的 Sections 02～21；第二部分是 Ontonotes 3.0 中包含的 Xinhua News 的 205 个文件（chtb_0121. fid 至 chtb_0325. fid）；第三部分是 Ontonotes 3.0 中所报包含的 Sinorama 数据。由于测试集是汉英平行命题库中的数据，而这些数据都是来自于 Xinhua News，与来自于 WSJ 的训练数据有较大差异。因此，增加了第二部分和第三部分数据来训练英语的句法分析器，以提高其在测试数据上的准确率。

最后，采用 CoNLL 2005 公共任务评测［Carreras and Màrquez，2005］中的标准处理非连续的和共指的论元。

2. 参数选取

实验对比了四种模型的性能：将论元对齐的完备性作为硬性约束对待的联合推断模型，记作 Joint1；将论元对齐的完备性作为软约束来对待的联合推断模型，记作 Joint2；单语的融合模型作为基准系统，源语言端的融合模型记作 SrcCmb，其目标函数是最大化式(9-14)中定义的 O_s。目标语言端的融合模型记作 TrgCmb，其目标函数是最大化式(9-15)中所定义的 O_t。

对于每一个模型，都使用 Powell 算法在开发集上自动调节参数。对于 SrcCmb 和 TrgCmb 两个单语融合系统，调参时优化的目标是使其在开发集上的语义角色标注结果的 $F1$ 值最大。Joint1 和 Joint2 会同时给出双语两端的语义角色标注结果，因此其调参的目标是使开发集上双语语义角色标注结果的 $F1$ 值最大。为了应对调参时算法陷入局部极值点，实验进行 30 次优化，每次都随机赋予参数初值。然后从这 30 次调参结果中选取在开发集上 $F1$ 值最高的参数作为最终调参结果。调参的最终结果如表 9-2 所示：

表 9-2　参数最终选取结果

模型	T_s	T_t	T_a	λ_1	λ_2	λ_3
SrcCmb	0.21					
TrgCmb		0.32				
Joint1	0.17	0.22	0.36	0.96	1.04	
Joint2	0.15	0.26	0.42	1.02	1.21	0.15

3. 实验结果

根据前面的说明，该系统框架实现中将 Berkeley Parser 的前三个最佳句法分析结果和 Bikel Parser 及 Stanford Parser 的第一候选句法分析结果输入给单语的语义角色标注系统。对于每一个输入的句法分析结果，单语语义角色标注系统都给出一个语义角色标注结果。因此，汉英两种语言的语义角色标注系统都生成了 5 个语义角色标注结果，这些结果中所包含的论元将作为后续联合推断模型的候选论元。表 9-3 给出了 5 个语义角色标注的结果统计情况，其中，O1～O3 表示用 Berkeley Parser 的前三个分析结果所得到的语义角色标注结果统计情况，O4 和 O5 分别是用 Stanford Parser 和 Bikel Parser 的最佳分析结果所得到的语义角色标注结果统计情况。

表 9-3　单语言语义角色标注结果统计情况

语言	输出	准确率 P/%	召回率 R/%	F1/%
汉语	O1	**79.84**	**71.95**	**75.69**
	O2	78.53	70.32	74.20
	O3	78.41	69.99	73.96
	O4	73.21	67.13	70.04
	O5	75.32	63.78	69.07
英语	O1	**77.13**	**70.42**	**73.62**
	O2	75.88	69.06	72.31
	O3	75.74	68.65	72.02
	O4	71.57	66.11	68.73
	O5	73.12	68.04	70.49

由于汉语的训练语料和测试语料都来自 Xinhua News，属于统一领域，因此，语义角色标注结果相对较好，而英语的训练数据大部分来自 WSJ，与测试数据的差异很大，因此，语义角色标注结果相对较好。

为了对比在不同条件下推断模型的性能表现，实验中将两个约束条件"一对多的个数限制"和"论元对齐的完备性"逐个从推断模型中去掉，分别观察在不同条件下语义角色标注的结果。结果统计情况如表 9-4 所示。

表 9-4　不同约束条件下语义角色标注的结果

语言	模型	准确率 P/%	召回率 R/%	F1/%
汉语	Joint1	82.95	75.21	78.89
	Joint1－C2	81.46	75.97	78.62
	Joint1－C3	82.36	74.68	78.33
	Joint1－C2－C3	82.04	74.67	78.18
	Joint2	**83.35**	**76.04**	**79.53**
	Joint2－C2	82.41	76.03	79.09
英语	Joint1	79.38	75.16	77.21
	Joint1－C2	78.51	75.22	76.83
	Joint1－C3	78.66	74.55	76.55
	Joint1－C2－C3	78.37	74.37	76.32
	Joint2	**79.64**	**76.18**	**77.87**
	Joint2－C2	78.41	75.89	77.13

表 9-4 中,C2 表示约束条件"一对多的个数限制",C3 表示约束"论元对齐的完备性",减号"－"表示去掉某个约束,如 Joint1－C2 表示从 Joint1 中去掉约束 C2。Joint1 和 Joint2 之间唯一的区别在于 C3 在 Joint1 中是硬约束,而在 Joint2 中是软约束,因此,Joint2－C3 和 Joint2－C2－C3 没有出现在表 9-4 中。

从上述结果可以看出,无论是在 Joint1 中还是在 Joint2 中,去掉 C2 或 C3 中的任何一个条件,都会导致语义角色标注性能的降低。从 Joint1 中去掉 C3 后的结果比去掉 C2 后的结果($F1$ 值)更差,因此,可以说 C3 比 C2 起着更大的作用。将 C3 作为 Joint2 的软约束时得到了最好的语义角色标注结果。

将 Joint2 作为最终的汉英联合推断模型,分别与汉语单语言的语义角色标注融合系统 SrcCmb 和英语单语言的语义角色标注融合系统 TrgCmb 进行对比,结果如表 9-5 所示。

表 9-5　Joint2 与汉英单语言融合系统的对比情况

语言	模型	准确率 P/%	召回率 R/%	$F1$/%
汉语	SrcCmb	82.58	73.92	78.01
	Joint2	**83.35**	**76.04**	**79.53**
英语	TrgCmb	79.02	73.44	76.13
	Joint2	**79.64**	**76.18**	**77.87**

对比表 9-3 和表 9-5 的结果可以看出,汉语融合系统 SrcCmb 的结果比最好的汉语语义角色标注系统输出结果的 $F1$ 值要高 2.32 个百分点,而英语融合系统 TrgCmb 的结果比最好的英语语义角色标注系统的结果 $F1$ 值要高 2.51 个百分点。双语联合推断模型的结果在汉语端仍比 SrcCmb 的结果 $F1$ 值高出 1.52 个百分点,在英语端则比 TrgCmb 的结果 $F1$ 值高出 1.74 个百分点。由此可见,该双语联合语义角色标注方法是有效的,而且尤其重要的是,该方法可以直接应用于机器翻译研究[Zhai *et al.*,2012b,2013b]。

第10章

篇章分析

自然语言的单位由小到大可以分为词、短语、句子和段落，最后形成篇章。篇章在英文中常用"discourse"表示，在汉语里常有篇章、语篇或者话语之说。篇章分析的最终目的是从整体上理解篇章，最重要的任务之一是分析篇章结构。篇章结构包括逻辑语义结构、指代结构、话题结构等范畴。其中，逻辑语义结构表征并列、转折、因果等逻辑语义关系。指代结构表征名词、名词短语、代词、零形式相互之间的共指关系。话题结构有宏观与微观两种。宏观话题结构表征的是篇章各部分讲述的是什么事情，如一个破案的篇章讲述案情内容、破案经过、案件的处理等。微观话题结构是近邻语句对同一个词语的意思进行评述说明而形成的结构。将清微观话题结构是处理宏观话题结构、指代结构、逻辑语义结构的基础[宋柔，2012]。

一般来说，篇章分析与句法分析一样，不是自然语言处理的最终目的，而是某个具体处理任务的中间环节或必要过程。在具体实现中，篇章分析既需要研究篇章中所包含的各种小的语言单位，包括词汇、短语和句子，更需要研究这些单位是如何构成篇章的，以及构成部分之间的各种关系。

本章简要介绍篇章分析的基本概念、相关理论和面临的问题等。

10.1 基本概念

篇章不是语言成分的无序堆砌，而是一个有组织的、层级性的整体。篇章通常具有相对完整的意义，即表达完整的思想和意图，而思想和意图的整体性往往体现为一个主题，该主题在表达上的完整性体现为思维的放射性与表达的线性之间的有机联系。所谓"思维的放射性"是指一个主题由若干分主题（或称小主题）按层次构成，而"表达的线性"则是指各分主题的排序应符合思维的逻辑性和次序性。每个分主题由一个或一个以上的句子构成一个有机整体，在上下文中保持意义的完整性，成为一个完整的交际成分。从另一个角度讲，虽然在形式上篇章由句子序列构成，但句子序列并不一定能构成篇章。请看下面两个例子：

例 10-1 今天天气非常热。科恩来自于德国。2008 年 5 月 12 日汶川发生了大地震。统计自然语言处理近几年来得到了快速发展。

例 10-2　老王工作非常勤奋,每天都早出晚归。他通常早上 7 点钟之前就从家里出发,[　]常常会提前半小时到办公室,[　]晚上九点钟以后才回家,[　]中午也很少休息。

不难看出,例 10-1 中的每个句子都是正确的,而且从语法上看,每个句子也是完整的。尽管这些句子按顺次连在一起,但并不能形成一个篇章,因为这些句子在意义上不关联,没有表达明确的主题,无法形成一个整体。与此相比,在例 10-2 中,虽然有的子句并不完整(用[　]表示缺省成分,也称为零指代),但前后关联,主题清晰,整体上围绕老王“早出晚归”展开的,因此,构成了一个简短的篇章。

上述例子说明,一个句子序列之所以能够形成篇章,是因为它们有着内在关联性。在例 10-2 中,“工作勤奋”作为“早出晚归”的原因,对后面陈述起到了总体的解释。后面的“早出发”、“晚回家”和“不午休”几个子句之间又形成对比关系。而且,例 10-2 中使用零指代以及人称代词“他”,不仅使表达上更为精简,而且后面的子句与前面的子句“他通常早上 7 点钟之前就从家里出发”的关联关系更为紧密。

Beaugrande and Dressler(1981)认为篇章具有衔接性(cohesion)、连贯性(coherence)、意图性(intentionality)、信息性(informativity)、可接受性(acceptability)、情景性(situationality)和跨篇章性(intertextuality)等 7 个基本特征。其中,衔接性、连贯性、意图性和信息性这四个基本特征对自然语言处理产生了深远的影响[Renkema,1993;Halliday and Hasan,1980;Hobbs,1979,1993;Mann and Thompson,1986,1987,1988]。衔接和连贯常常以表层形式体现,为篇章分析提供了“形式标记”。一个以上的语段(discourse segments)或句子组成语篇,各语段或句子之间在形式上是衔接的、在语义上是连贯的。与此相比,信息性和意图性属于篇章语义层面上的特征,隐藏在篇章更深的层次上,通常可以融合在连贯性中考虑。信息性强调文本的内容,是作者期望向读者传达的(新)信息;而意图性则是作者写作的意图,期望通过传达信息对读者形成某种影响。

无论西方语言或者汉语,篇章的衔接性和连贯性都是最需要关注的两个问题,是篇章的两个最基本特征。从本质上讲,衔接性和连贯性分别从内容和表达这两个方面保证了篇章的正确性和可理解性,反映了内容平面和表达平面的本质。同时,二者相互依赖,相互补充:连贯性不能脱离内容而单独存在,连贯性的实现依靠衔接;衔接性不能脱离表达而单独存在,衔接性需要依托表达来实现联系的形式。

10.2　基本理论

早在 20 世纪 70 年代,语言学家和认知科学家就对篇章分析理论开展了研究。Schank and Abelson(1977)首先提出了著名的概念依存(concept dependency)理论,并在此基础上提出了脚本(script)方法,对特定的“故事”进行理解。脚本方法是一种动态的记忆模式,将人们在日常生活中的典型场景框架化。例如,去餐馆就餐时,其活动次序可以描述成以下框架(即脚本):进餐馆、入座、看菜单、点菜、用餐、付账、离开等。这样,篇章分析就简化成将篇章中的相应信息提取出来,再填入框架中的相应信息槽(slot)。其实,目前备受关注的信息抽取研究就采取类似的思想，只是简化了抽取的内容。当然，脚本方法过于依赖领域：当场景发生变化时，需要构建新的脚本。此外，很多篇章很难用特定的场景来描述，这就在很大程度上限制了脚本方法的推广使用。

因此，篇章分析需要采用更加通用和开放的表达形式来表征。这就需要充分挖掘篇章的一般知识，明确篇章的基本特征。Beaugrande and Dressler（1981）提出的篇章表达的 7 个特征极大地拓展了篇章分析研究的思路，尤其在篇章的衔接性和连贯性研究方面取得了一系列成果。

下面先介绍几个著名的篇章理论：言语行为理论（speech act theory）、中心理论（centering theory）、修辞结构理论（rhetorical structure theory，RST）、脉络理论（veins theory）和篇章表示理论（discourse representation theory，DRT）。

10.2.1　言语行为理论

言语行为理论首先是由英国哲学家 Austin（1962）首先提出来的，后经 Searle（1969）等人完善逐渐成熟，其基本观点认为，语言不是用来陈述事实或描述事物的，而是附载着言语者的意图。

J. L. Austin认为，人们说话时同时表达三种不同的含义或行为，即言内行为（locutionary act）、言外行为（illocutionary act）和言后行为（perlocutionary act）。言内行为是说话人通过词汇、语法和音位所表达的字面意思。言外行为表示言语者的交际意图或者试图完成某个行为的功能，而言后行为表示某些话语所导致的行为，是话语所产生的后果或所引起的变化。如句子"天气很冷"的字面含义（言内行为）是在谈论天气，而说话者的意图（言外行为）可能是暗示听话者去关门，如果听话者按照说话者的意图把门关上了（言后行为），那么交际意图得以实现。

言语行为理论主要涉及的是言外行为，即表达言语者的交际意图。根据交际意图，能够解释交际过程中出现的看似互不相关的句子之间的连贯性，请看下面 S1 和 S2 之间的一段对话：

S1：嗨，电话铃响了。

S2：你没看到我正在忙着呢。

S1：好吧。

从字面上看，这三个句子在语义上不连贯的，但从交际意图来看是连贯的。第一句表示 S1 要求 S2 去接电话，第二句中 S2 通过描述自己所处的状态而拒绝接电话，并要求 S1 接听电话，第三句表示 S1 接受 S2 的建议去接听电话。这样，通过隐含的言外行为就能把看似不相关的句子连接起来，表达一个完整的话语。

J. Searle（1969）把言外行为分为五类，每一类行为都有一个共同的、普遍的目的：

（1）声明类（assertives）：表示言者对事物真相的态度。在这类句子中，英语经常用到的动词有"think"、"guest"等；

（2）指令类（directives）：表示说话者试图使听话者去做某事。英语中用于这类句子的主要动词有"ask"、"request"、"command"、"advise"等；

（3）许诺类（commisives）：表示说话者对将来某些事情的许诺。英语中表达这类意义的动词主要有两大类：一是许诺类（promise）；二是提议类（offer）；

（4）表达类（expressives）：表达说话者对某事的心理状态，英语中典型的动词有"thank"、"congratulate"、"apologize"等；

（5）宣告类（declarations）：其交际意图是使已存在的事物的状态发生变化，英语中这类动词主要有"name"、"nominate"、"declare"等。

言语行为可以分为两种：直接的言语行为和间接的言语行为。直接的言语行为是指话语的言外行为（交际意图）和言内行为（字面意思）一致，而间接的言语行为是指话语的言外行为和言内行为不一致。例如，用简单的陈述来表达一个要求时，句子"我很累"的字面意思只是表示一种状态，而其交际意图可能是一个请求，想休息一会儿。上面关于接电话的一段对话是间接言语行为的一个典型例子。

研究话语行为理论的难点在于：一个句子往往不只是表达唯一的一种言语行为，而是有可能表达多种不同的言语行为。如下面的句子（其背景是 S 通过电话与 H1 通话，而 H2 是一群在房间里制造很大噪音的人群）：

S："对不起，这边噪音很大。"

这句话的意图可能有两个：一是说话者 S 对听话者 H1 道歉；二是说话者 S 责备 H2。在话语分析中，如何从上下文环境中识别出各种不同的言语行为是言语分析的关键所在。

言语行为理论可以解释句法学、真实条件语义学等无能为力的很多语言现象，可见，其贡献是不可否认的。但是，也有学者认为，言语行为的基础"说话人"和"听话人"这样的概念也具有文化特色，以致在人类交往和语言使用中不同文化背景的说话人和听话人会表现不同的特征[①]。

10.2.2　中心理论

中心理论是由［Grosz and Sidner，1986］提出的有关篇章衔接性问题的理论。在该理论中，篇章由三个分离的但相互关联的部分组成：话语序列结构（亦称"语言结构（linguistic structure）"）、目的结构（亦称"意图结构（intentional structure）"）和关注焦点状态（亦称"关注状态（attentional state）"）。

语言结构由一系列片段组成，每个片段都是由一组话语自然聚集形成的。意图结构捕捉的是在每个语言片段及其相互关系中表达出来的篇章相关的意图。关注状态是关注焦点的抽象。中心理论对关注状态进行模型化，将关注点描述为中心（center）。

中心包括三类：前看中心（forward-looking center）、回看中心（backward-looking center）和优先中心（preferred center）。前看中心是指当前话语中所提及的名词性实体（可用 $C_f(U_n)$ 表示，U_n 指当前话语）。回看中心是前看中心的特殊成分，表示当前话语所谈论的中心（可用 $C_b(U_n)$ 表示），通常 $C_b(U_n)$ 在 $C_f(U_{n-1})$ 中关注度最高（U_{n-1} 指前一个话语句）。优先中心是指在前看中心 $C_f(U_n)$ 中关注度最高的一个实体（可用 $C_b(U_n)$ 表示）。中心过渡状态分表 10-1（其中 Null 表示空）所示的几种情况。

---

① 本段文字参阅百度百科：http://baike.baidu.com/view/645772.htm

表 10-1　中心过渡状态

条件 1　　条件 2	$C_b(U_n)=C_b(U_{n-1})$ 或 $C_b(U_{n-1})=\text{NULL}$	$C_b(U_n)\neq C_b(U_{n-1})$
$C_b(U_n)=C_p(U_n)$	连续（continuing）	转换 1（shifting-1）
$C_b(U_n)\neq C_p(U_n)$	保持（retraining）	转换 2（shifting-2）

表 10-1 的含义可以解释为：若当前话语的回看中心与优先中心一致，且与前一话语的回看中心一致，则过渡状态为连续，这说明说话者一直在谈论同一个篇章实体，并且将继续谈论该实体。若当前话语的回看中心与前一话语中回看中心一致，但与当前优先中心不同，则为保持状态，说明下一话语中心将转为另一个实体。若当前回看中心与前一回看中心不一致，当前过渡状态为转换，而第一种转换（shifting-1）比第二种转换（shifting-2）更为连贯。这四种过渡状态的优先级为：连续＞保持＞转换 1＞转换 2，符号"＞"表示"优先于"。Brennan *et al*.（1987）和 Grosz *et al*.（1995）都曾指出，可以利用各类中心的状态变化实现指代消解，如下例所示。

例 10-3　如下三个句子构成一个简短的篇章：

（1）Cooper is standing around the corner.

（2）He is waiting for Grey.

（3）He intends to see a film with him.

使用中心理论对这段话进行分析可以得到如下结果：

（1）Cooper is standing around the corner.

> 回看中心：NULL
> 前看中心：Cooper,corner
> 优先中心：Cooper

（2）He is waiting for Grey.

> 回看中心：Cooper
> 前看中心：He,Grey
> 优先中心：He
> 过渡状态：连续
> He ＝ Cooper

（3）He intends to see a film with him.

> 回看中心：He
> 前看中心：He, film, him
> 优先中心：He
> 过渡状态：连续
> He ＝ Cooper, him ＝ Grey

（a）

```
回看中心:He
前看中心:He, film, him
优先中心:He
过渡状态:转换
He ＝ Grey, him ＝ Cooper
```

(b)

例 10-3 中,句子(3)的代词 he 和 him 的先行语对应两种解释:(a)和(b)。运用中心理论,中心连续的优先级更高,所以(a)对先行语的解释比(b)更为合理。

虽然中心理论能够解决某些指代消解问题,但仍然存在以下不足:①只能对邻近句子起作用,对远距离指代消解无能为力;②优先中心和回看中心的确定往往是一个直觉上的问题,不容易实现自动标注和识别。

10.2.3 修辞结构理论

修辞结构理论(RST)是由文献[Mann and Thompson,1987]等提出的有关篇章分析和生成的理论,主要针对篇章连贯性问题。该理论通过描述各部分的修辞关系来分析篇章的结构和功能,这些大小不一的部分被称为结构段(text span)。修辞结构理论提出了两种篇章单位:核心(nucleus)和卫星(satellite)。核心是篇章最重要的部分,表示中心信息的单元,具有相对完整的语义。卫星是传达支撑信息的其他单元,用于补充说明核心部分,脱离核心的卫星部分通常是没有意义的。

判定修辞关系需要考虑对核心的限制条件、对卫星的限制条件、对核心卫星的联合限制条件以及效果等四大因素。每个修辞关系可以联结两个或多个篇章单元。最基本的修辞关系有两种:①具有不对称性的核心－卫星关系(nucleus-satellite relation),也称"单核"关系,修辞关系联结的单元存在主次之别;②无主次之分的"多核心关系"(multinuclear relation),修饰关系联结的单元中无所谓谁是"核"谁是"卫星"。对比(contrast)关系和列表关系(list)都是典型的"多核"关系。篇章中单核关系占主要部分。修辞结构理论认为,连贯的篇章由不同层次的修辞关系组成,并且可以表示为一种树形结构。从篇章单位开始,修辞结构树逐步覆盖整个篇章,形成层次化的篇章结构树。层次的复杂程度与篇章语义的复杂程度相关,语义越复杂,层次越多。

研究表明,修辞关系的集合是开放式的。例如,[Mann and Thompson,1988]首先给出了 20 多种经典的修辞关系,如表 10-2 所示。随着研究的深入,研究人员不断地对修辞关系集合做出改进和扩充。

下面以两种常见修辞关系为例进一步说明之。

例 10-4

(1) 百合属拥有很广阔的分布区,

(2) 在旧大陆上遍及欧洲多数地区、地中海盆地北部、亚洲大部分地区,

(3) 而在新大陆的分布区则包括加拿大南部和美国全境等。

——摘自《维基百科》

表 10-2　RST 修辞关系

主题关系（subject matter relations）	环境（circumstance） 条件（condition） 详述（elaboration） 评价（evaluation） 解释（interpretation） 方式（means） 非意愿性原因（non volitional cause） 非意愿性结果（non volitional result） 否则（otherwise） 目的（purpose） 解答（solution） 无条件（unconditional） 意愿性原因（volitional cause） 意愿性结果（volitional result）
表现关系（presentational relations）	背景（background） 让步（concession） 使能（enablement） 证据（evidence） 证明（justify） 动机（motivation） 总结（summary）
多核关系（multinuclear relations）	联合（joint） 对比（contrast） 列表（list） 序列（sequence）

修辞结构树表示为图 10-1 所示。

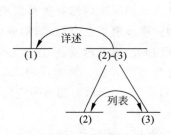

图 10-1　例 10-4 的修辞结构树

例 10-4 中的句（2）与句（3）构成列表（list）的修辞关系，然后句（2）与句（3）合起来与句（1）形成详述（elaboration）关系。其中详述关系的核心为句（1），用竖线作标志，卫星为句（2）和句（3），而列表关系属于多核心修辞关系，没有主次之分。

尽管每种修辞关系的判定都有限制条件，但是判定过程却是标注者凭语感在语义范畴中进行的,对于不同的标注者,修辞关系的标注结果也许并不完全相同。这为自动进行修辞关系的判定带来了一定的困难。

10.2.4　脉络理论

脉络理论(见[Cristea and Romary, 1998])是建立在中心理论和修辞结构理论基础上的篇章分析理论。它将中心理论的应用范围扩展到了宏观语篇,对自动文摘以及代词消解都有一定的帮助。

脉络理论采用 RST 提出的层次化树形结构描述篇章结构,但与 RST 不同的是,脉络理论并不关心具体的篇章关系,而只关心其拓扑结构。另外,脉络理论用二叉树表示篇章结构。在该理论中,最基本的两个概念是:头(head)和脉络表达式(vein expression)。树中的每个结点都是以头和脉络表达式为特征表示的,这两个特征反映了结点在树中的地位和作用。为了清楚地说明头与脉络表达式的定义,该理论首先引入了以下三种函数:

(1) $\mathrm{mark}(x)$:输入字符串 x,返回值是对 x 做标记后的表示形式,如对 x 加上括号后变成"(x)";

(2) $\mathrm{simpl}(x)$:输入带标记的字符串 x,返回值是将 x 中带标记的部分删掉后剩下的部分,如 $x=\mathrm{a(bc)d}$,$\mathrm{simpl}(x)=\mathrm{ad}$;

(3) $\mathrm{seq}(x,y)$:输入两个字符串 x 和 y,返回值为 x 和 y 从左至右连接后的排列,如 $x=\mathrm{ac}$, $y=\mathrm{bd}$,$\mathrm{seq}(x, y)=\mathrm{abcd}$。

在脉络理论中,头的递归定义为:终结结点的头为结点本身的标号;非终结结点的头是其子结点中核心结点的头的合并排列。

脉络表达式定义为:

(1) 根结点的脉络表达式与头相同;

(2) 对核心结点来说,若其父结点的脉络表达式为 v,则:

① 若该结点有一个以 h 为头的非核心的左兄弟,则该脉络表示为 $\mathrm{seq}(\mathrm{mark}(h),v)$;

② 否则,该脉络表示为 v。

(3) 对非核心结点来说,若它的头为 h,它的父结点的脉络表达式为 v,则:

① 若该结点是父结点的左子结点,则该脉络表示为 $\mathrm{seq}(h,v)$;

② 否则为 $\mathrm{seq}(h,\mathrm{simpl}(v))$。

脉络结构树中的结点都有其指代可达域(domain of referential accessibility),某一结点 u 的可达域是指在脉络表达式中 u 及 u 之前的那些结点的集合。脉络理论的推论指出,某一结点的指代(reference)只存在于其可达域中,这就确定了指代消解的搜索范围。

我们通过例 10-5 进一步说明脉络理论。

例 10-5　如下 4 个句子构成一个简单的语篇:

(1) 小王家里养了一只猫,

(2) 小猫的眼睛玻璃般清澈,

(3) 走起路来像绅士般优雅,

(4) 他特别喜欢。

用脉络结构可将这段语篇表示为图 10-2。

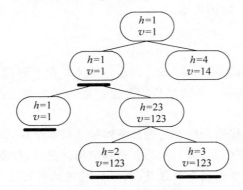

图 10-2　脉络结构示意图

图 10-2 中,h 表示头的标号,v 表示脉络表达式,修辞关系中的核心用下画横线表示。注意,头标号是从底向上计算的,而脉络表达式却是从顶向下的计算的。当我们要确定第 (4)句话中"他"的先行语时,只需要看 4 号结点($h=4$)的脉络表达式。从图 10-2 可以看出,4 号结点的可达域是句(1),因此句(1)的优选中心应该就是"他"的先行语。

10.2.5　篇章表示理论

篇章表示理论是 Kamp(1988)提出来的,其目的是用于修正传统形式语义学理论在代词回指消解问题中的局限性。该理论认为,篇章是自然语言理解的完整单位,应该用动态变化的过程来看待语义,每个句子的意义都依赖于已经处理过的上文。在篇章表示理论中所构造的表达式叫做篇章表示结构(discourse representation structure, DRS),这是篇章表示理论的核心内容。篇章表示结构包括两方面:篇章指称对象(discourse referents)和与指称对象有关的条件(DRS-conditions)的集合。下面以在形式语义学讨论中常用的"驴子"(donkey)句为例简要说明篇章表示结构。

Pedro owns a donkey.

DRS：$\big[x, y: \text{Petro}(x), \text{donkey}(y), \text{own}(x, y)\big]$

在这个 DRS 中,指称对象为 x, y,条件集合为 $\{\text{Petro}(x), \text{donkey}(y), \text{own}(x, y)\}$。该表示理论与形式语义学理论最大的不同在于:形式语义学理论只是静态地描述一个句子的语义,不定名词被解释为具有存在意义的词,如 a donkey 被理解为 $\exists x\, \text{donkey}(x)$,这往往会使某些代词超出量词的辖域范围,从而无法得到很好的解释。而篇章表示理论动态地考虑整个篇章的语义,对于不定(infinite)名词不引入存在量词,而是与专有名词一样引入新的指代对象,从而为部分回指消解提供了方便。但是,这里所说的不定名词与专有名词的区别在于:所有的专有名词都可以做代词的先行语,不定名词在某些情况下不能做代词的先行语。这取决于不定名词与代词之间的位置和一些连接算子。篇章表示理论探讨了可指的代词先行语条件,被称为可达域(accessibility)。

下面分别给出两个可指和不可指的先行语的例子。

(1) A boy bought a box of chocolates. He loves them very much.

该句子可以用 DRS 的框图表示,分上下两格,上面一格给出指代对象,下面一格给出条件集合:

$$
\begin{array}{|l|}
\hline
x,\ y,\ u,\ v \\
\hline
\text{boy}(x) \\
\text{a box of chocolates}\,(y) \\
x \text{ bought } y \\
u = x \\
v = y \\
u \text{ loves } v \\
\hline
\end{array}
$$

其中,boy 是第一个句子中的指代对象 x,a box of chocolates 是第一句子中的指代对象 y;u 和 v 分别是第二个句子的指示代词 he 和 them。

(2) Jim does not have a box of chocolates. He loves them.

在这个句子中把"a box of chocolates"当作"them"的先行语是不妥当的,"them"不能指代前面的任何一个名词。请看下面的框图说明:

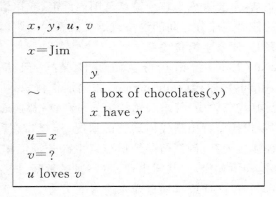

因为 y 在子框图中,不属于 v 的可达域,所以 v 的先行语不能是 y。

虽然篇章表示理论为代词回指消解做出了很大的贡献,但仍然存在不能解决的问题,如汉语中常见的省略问题,所以目前仍不能处理实际话语中的复杂情况。

Asher(1993)在篇章表述理论的基础上提出了分段式语篇表示理论(segmented discourse representation theory,SDRT)。该理论采用了某些 DRT 的表达形式,但与DRT 有重要的区别,其基本要点可以归纳为如下几点[毛翊等,2007]:

(1) 语言表达的意义最小单位是语篇。传统观点认为,语言表达的意义最小单位是词语,词语组成句子,句子再组成语篇。句子的意义,语篇的意义,都是由语词的意义经逐步组合得到的。而 SDRT 的观点正好相反,他认为只有语篇才具有完整意义,不能脱离语篇来谈句子和语词的意义。

(2) 语篇是通过一个个句子的陈述得来的,表现为句子添加的过程。在这个过程中,已有语篇是新添加句子的语境,而每新加一个句子都得到一个新的语篇,也形成了添加下一个句子的新语境。

（3）语篇有自己的语义结构。语义结构是由语义片段（语段）构成的多种类、多层次的复杂结构。

（4）语篇结构是动态的。一个语篇是带有多种类、多层次语义结构的语句串，通过线性地添加句子形成一定的语义结构。

（5）语篇结构是依靠语句间的修辞关系建立的，而修辞关系的明确要用到推理。

（6）动态的语篇结构对于系统地解释一系列语言现象起到关键作用。

（7）语篇结构是判断语篇是否融贯的重要依据。通过语篇结构可以更加广泛地处理语用方面提供的信息，以填补语义空缺或消除不确定因素。

分段式语篇表示理论可以更好地解释和处理自然语言中的多种语言现象和难以处理的问题，如代词指涉、动词短语省略、时序关系确定、预设呈现、隐喻明晰和词汇歧义消解等。它继承了 DRT 动态语境的思想，同时扩展了语段、修辞结构和语义结构的概念，将自然语言形式化的研究带向了一个新的阶段。

10.3　篇章衔接性

衔接又称为外部联结，主要表现为整个篇章范围内词汇（或短语）之间的关联，指篇章中存在于表层结构上的各语言成分之间的语法或语义关系。当语篇中一个成分的含义依赖于另一个成分的解释时，便产生衔接关系。

Halliday and Hasan（1980）将衔接分为五种情况：一般指代（reference）、替换（substitution）、省略（ellipsis）、连接（conjunction）和词汇衔接（lexical cohesion）。其中，一般指代用代词、定冠词（指英语中）等来表示特定的事和物；替换通过异形同义词表示衔接；省略（汉语中也称"零指代"）特指指代词缺省的情况；连接指在篇章中通过连接词、副词或短语词组实现某种连接关系；词汇衔接是指篇章中部分词汇相互之间存在的语义上的联系或重复，或由其他词语替代，或共同出现，主要通过重复、同义词或近义词、上下文关系词、局部整体关系词和反义词或者词搭配来连接上下文。

需要指出的是，一般指代、替换和缺省都属于指代问题，而连接关系主要与连贯性相关。当然，替换与指代也有区别，例如，有一段对话：That's a rhinoceros. What? Spell it for me. 其中的"it"不是指代"rhinoceros"代表的对象，而是指这个词本身。在英语中，类似的情况很多。目前关于篇章衔接性的研究主要体现在共指消解（coreference resolution）和词汇衔接性研究两个方面。以下分别简要介绍这两方面的相关研究。

10.3.1　基于指代消解的衔接性相关研究

指代一般包括两种情况：回指（anaphora）和共指（coreference，也称同指）。所谓的回指是指当前的指示语与先前出现的词、短语或句子（句群）存在密切的语义关联性，需要借助于它们的语义进行解释，而先前的词、短语或句子（句群）称为先行语（antecedent）；如果依赖于其后的语言单位，则称为预指（cataphora）。如句子"雷锋精神激励和影响了一代又一代中国青年，它已经深深地镌刻在每个中国人的心中"，其中"雷锋精神"是"它"的回指。共指则主要指同一个句子或段落中的两个名词（包括代名词、名词短语）指向真实世界中的同一个参照体。共指关系可以独立于上下文存在。如"香港首任行政长官"和"董建华"是共指。共指关系是等价关系,而回指不一定满足等价性原则。回指和共指之间有很大的交集,但并不严格地彼此包含。回指消解要根据上下文判断指示语与先行语之间是否存在关系,这种关系可以是上下位关系、部分与整体的关系或近义关系,当然也可以是等价关系。共指消解则主要考虑等价关系。有时候回指和共指并没有严格的区分,可能会交叉使用[王厚峰,2002]。

指代对篇章的衔接性起着至关重要的作用,如果指代的歧义不能消除,就很难准确地分析出篇章句子和段落之间的衔接关系。因此,指代的歧义消解常常被认为是衔接性研究的关键问题。

无论是中心理论还是脉络理论,对代词的消解都存在一定的局限性。例如,中心理论要求代词所在的句子与前面先行语所在的句子相邻,而在实际上,代词和先行语有时会跨越多个句子。脉络理论虽然扩大了搜索范围,可以跨越多个句子,但需要使用修辞结构理论建立包含修饰关系的二叉树,而这远非易事。

虽然基于逻辑表示的篇章表示理论(DRT)和分段式语篇表示理论(SDRT)也重点讨论了代词的先行语搜索问题,但由于它们的理论基础是逻辑,使用精确的逻辑推理方法来处理带歧义的自然语言本身就存在很大的问题,因此,DRT 和 SDRT 理论也都难以解决指代消解问题。

受 MUC(1985—1998)和 ACE(2001—2007)两大会议的推动,人们给予指代消解问题较多关注,这一方向的研究取得了一定进展。早期的指代消解方法主要是基于句法的方法,通过句法层面的知识以启发式方式用于指代消解。例如,根据句法排除不可能的名词短语(NP),如代词 P 和名词短语 NP 位于同一个论元域时,P 不能指代 NP;根据人称、性、数过滤不可能的 NP;根据约束关系识别同一个句子内的先行语等。

目前,指代消解的研究大多采用基于分类的方法进行,即将指代消解转化成一个二元分类问题[孔芳等,2010]。McCarthy and Lehnert(1995)首先提出了将判断先行语的问题转换成分类问题,通过分类器判断指代语与每个先行语候选之间是否存在指代关系的思想。这一思想为日后指代消解的研究开辟了一条全新的道路。Soon *et al.*(2001)则首次给出了详尽完整的实现步骤,并开发出了实用系统。近年来很多研究者在此基础上做了不同程度的扩充,并取得了一定的进展。典型的工作包括:Ng and Cardie(2002)对 Soon *et al.*(2001)的研究进行了扩充,抽取了 53 个不同的词法、语法和语义特征;Yang *et al.*(2003)提出了一个双候选模型,直接学习各先行语候选之间的竞争关系,以更好地确定先行语;Yang *et al.*(2004)探索了先行语候选指代链中的语义信息在代词(特别是中性代词)指代消解中的作用;在此基础上,Yang *et al.*(2005)进一步使用上下文信息和网络挖掘技术自动判别代词的语义类别,从而较好地解决了代词(特别是中性代词)的指代消解问题;Yang *et al.*(2006)在代词消解的研究中探索了几种不同的指代解析树抽取方案,并利用卷积树核函数直接计算指代解析树间的相似度,对第三人称代词的消解进行了初步研究;Ng(2007)在[Ng and Cardie,2002]给出的平台之上加入了语义类别信息,通过各类实验分析了语义类别信息对指代消解的作用,并证实准确的语义类别信息能极大地提升指代消解的性能;Yang *et al.*(2008a)在指代消解中使用实体-表述模型来构成训练实例和测试实例，并使用归纳逻辑编程（inductive logic programming，ILP）算法来组织实体和表述的各种信息，通过实验证实了这一方法能够显著提升指代消解的性能；Kong et al.（2009）将中心理论拓展到语义层，借助语义角色信息分析了语义角色及其驱动动词的相关信息，极大地提升了指代消解性能，特别是代词消解的性能；Kong et al.（2010）为基于树核的指代消解方法提出了依存关系驱动的动态决定句法树结构的策略。近年来，研究人员开始尝试融入大规模 Web 数据及语义特征，例如 Wick et al.（2012）提出了一个层次模型以迭代方式将实体划分成潜在子实体树。借助这些子实体树所提供的更准确、更丰富的信息进行大规模实体指代消歧；Bansal and Klein（2012）给出了使用 Web n-gram 特征捕获更广范围的语义信息，从而提升指代消歧性能的方法。

上述指代消歧工作主要集中在面向实体指代（entity anaphora）的消歧，近年来面向事件共指（event coreference）的消歧研究也开始受到关注。事件共指的概念最早是由 Asher（1993）提出来的。所谓的事件共指是语段内几个小句描述的是同一个事件。比如语段："李警官掏出手枪，迅速瞄准劫犯扣动了扳机，劫犯应声倒毙。"第二个小句和第三个小句之间形成因果关系，二者在语义上相互照应，形成共指关系。

Asher（1993）提出上述概念以后，早期并没有引起太多关注，直到最近，随着实体指代消解工作的不断深入，它才开始逐渐走进人们的视野，但已发表的相关研究仍然不多，代表性的工作包括：Pradhan et al.（2007）使用 OntoNotes 语料，没有专门针对事件指代进行特殊处理，而是将传统的用于实体指代消解的特征直接应用到实体和事件的指代消解中。虽然他们并没有单独汇报事件指代消解的性能，但给出的同时处理实体和事件指代消解的性能却不能令人满意；Müller（2007）针对实体代词和事件代词的消解问题给出了一组人工设定的规则，并同时进行两种消解任务，结果 F 值只有 11.94%；Zheng and Ji（2009）把整个事件指代消解过程看作一个聚类过程，利用最大熵模型来判断每一个事件与前面的事件是否可合并为一类，最终达到事件指代消解目的；Chen and Ji（2009）把事件共指空间看作一个无向加权图，结点表示篇章中提及的所有事件，边的权重表示该边所连接的两个事件之间共指的可信度，然后将事件共指消解看作图谱（spectral graph）聚类问题，并使用 N-Cut 准则（normalized-cut criterion）进行优化；Chen et al.（2010a，2010b）使用 Soon et al.（2001）提出的表述配对模型，针对事件代词和事件名词的消解问题提出了一组平面特征和结构化特征，并借助复合核函数综合地给定特征，从而实现事件代词和事件名词的消解。Kong and Zhou（2011）在［Chen et al.，2010a］工作的基础上，进一步探讨了竞争信息对事件代词消解性能的影响。Kong and Zhou（2012）在其 2011 年工作的基础上，又进一步提出了借助与事件相关的局部和全局语义信息来帮助事件指代消歧的方法。毋庸置疑，事件的消歧更需要获取篇章层面的知识，就目前情况来看，事件消解仍有大量问题需要研究，特别是对汉语而言，目前还未见到相关的研究成果。

与实体指代消解相比，事件指代消解难度更大。事件指代的先行语候选是某一事件的触发词（通常为动词性谓词或名词性谓词），它所包含的数量和语义等消歧信息很少，难以获取，因此在训练或测试实例的构成以及后续机器学习方法的应用方面都相对较难。

关于汉语的指代消歧问题，国内也开展了相关研究，但与英语相比要少得多，主要属于跟进型研究。代表工作包括：王厚峰等（2001）利用 HNC 根据各种语义块的类型特点和语义块之间的结构特点,在语义块内部和语义块之间建立了排除规则,并使用局部焦点优先的原则(与中心理论类似)进行优先选择,实现了语句序列之间的人称代词消解。张威等(2002)对汉语中的元指代现象进行了分析,并在句焦点集的基础上用优先和过滤算法实现了元指代的消解。王晓斌等(2004)进行了基于语篇表述理论的人称代词消解研究。王厚峰等(2005)采用了近似 Mitkov(1998)的基于弱化语言知识的方法,解决人称代词的消解。李国臣等(2005)将英文平台的类似做法移植到中文指代消解中,使用决策树机器学习算法,结合优先选择策略进行指代消解的研究。

周俊生等(2007)提出了一种基于图划分的无监督汉语指代消解算法,其性能与监督的汉语指代消解性能相当。杨勇等(2008)给出了一个基于机器学习的指代消解平台,并对指代消解中各类距离特征对指代消解性能的影响进行了深入探索。王海东等(2009)探索了语义角色对指代消解性能的影响,他们的研究表明语义角色信息的引入能显著提高指代消解的性能。李渝勤等(2010)针对基于机器学习的中文共指消解中不同类别名词短语特征向量的使用差异,提出一种基于特征分选策略的方法,提高了共指消解的性能。张牧宇等(2011)提出一种利用中心语信息的新方法。该方法首先引进一种基于简单平面特征的实例匹配算法用于共指消解。在此基础上,他们又引入了先行语与照应语的中心语字符串作为新特征,并提出了一种竞争模式将中心语约束融合进实例匹配算法,进一步提升了消解效果。

孔芳等(2012a)基于树核函数,提出了从使用中心理论、集成竞争者信息和融入语义角色相关信息这三方面对结构化句法树进行动态扩展来提升中英文代词消解的性能,并通过中英文语料上的实验说明了这些扩展能极大地提升代词消解的性能。孔芳等(2012b)研究了中英文指代消解中的待消解项识别问题,他们将非待消解项分成上下文相关和无关两类:利用规则方法过滤上下文无关的非待消解项,使用机器学习方法,从平面特征和结构化树核函数方法两方面入手,利用复合核函数生成上下文相关的待消解项识别器。中英文语料上的实验结果均表明,合适的待消解项识别能够大幅度提高指代消解的性能。

10.3.2　基于词汇衔接的衔接性相关研究

相对于基于指代消歧的衔接性研究,基于词汇衔接的衔接性研究较少。作为开拓者,Morris and Hirst(1991)提出了利用 Roget 义类词典构建词汇链的算法,探索了利用词汇衔接关系表示篇章结构的研究。

Barzilay and Elhadad(1999)提出了利用词汇链生成文本摘要的方法,他们提出了一种构建文本中词汇链的新算法(论文中称作"词汇链计算"),该算法整合了几种语言资源,包括 WordNet、词性标记和通过浅层分析获得的名词词组等,通过词汇链反映文本主题的变化,并生成有较大意义(代表性)的句子。在此基础上,Silber and MoCoy(2002)和 Galley and Mckeown(2003)对词汇链的快速构造算法进行了较为深入的研究。

Stokes *et al.* (2004)比较了三种区分词汇链衔接强度的方法,首先利用词汇链接技术构建文本单元,然后分析文本单元之间词汇衔接的强度,从而实现新闻流分段。Novischi and Moldovan(2006)则将词汇链用于构建问答系统。Marathe and Hirst(2010)探索了如何使用语言资源和语义相似分布性构建词汇链的方法。

索红光等（2006）和刘铭等（2010）研究了利用《知网》计算文本的词汇语义关系，从而构建文本词汇链以抽取关键词。

总起来看，目前关于语篇衔接性的研究还仅仅停留在问题本身，也就是说停留在指代消歧（包括实体共指和事件共指）或词汇链构建方法本身的研究上，并没有上升到通过指代消歧和词汇链分析实现对语篇衔接性的分析。另外，除了指代消歧和词汇链分析以外，是否还有其他手段和方法实现语篇衔接性的分析？换句话说，除了指代消歧和词汇链分析以外，语篇衔接性分析是否还涉及其他问题和方法？这些都是值得进一步探索的问题。

10.4　篇章连贯性

与衔接性不同，连贯性主要通过句子（或句群）之间的语义关联来表示篇章不同部分之间的关联关系。连贯又称为内部联结，正是有了内部连接，才使得篇章具有整体性。目前在自然语言处理中对于篇章连贯性的研究主要针对信息性和意图性两方面展开。

10.4.1　基于信息性的连贯性相关研究

篇章的信息性是指对于接受者而言篇章提供的信息超过或低于期望值的程度，即篇章事件在多大程度上是预料之中的还是出乎意料的，是已知的还是未知的或不确定的[刘辰诞，2001]。

针对篇章信息性的建模研究主要有[Hobbs，1979，1993]提出的 Hobbs 模型、[Mann and Thompson，1986，1988]提出的 RST 理论，以及[Marcu，1997，2000]采用的 PDTB 体系。在 Hobbs 模型中，篇章结构由篇章单元和联结篇章单元的关系两部分组成。其中，篇章单元可以小到子句，大到篇章本身；而关系则表示了两个单元之间的语义关联性。Hobbs 模型共定义了 12 类关系（设 S_0 和 S_1 为两个相关的句子），包括：详述（elaboration）关系：S_1 和 S_0 所声明的是同一个命题 P，后面句子是前面句子的详细说明和补充；并列（parallel）关系：S_0 所声明的几个事件或状态 P(a_1，a_2，…）与 S_1 所声明的事件或状态 P(b_1，b_2，…）是类似的，表达形式相似；对比关系：S_0 和 S_1 甚至多个句子所声明的状态或事件形成对照；以及时机（occasion）关系、背景（background）关系、结果（result）关系和解释（explanation）关系等。

请看下面的例子。

（1）详述关系

① Go down Washington Street. Just follow Washing Street three blocks to Adams Street.

——摘自[Hobbs，1979]

①中前一个句子仅仅告诉了走哪一条路，后一个句子则是对前一个句子的详细补充，"three blocks"描写这条路的距离情况。

② 摇钱树是人想像中的一种树，树枝子上长着一串串的铜钱，果子像圆圆的金元儿，垂下来就像榆树上的榆钱一样。

——摘自《京华烟云》

②中第一句简单地描写了摇钱树,后面几句从树枝的形态和果子的形态对摇钱树进行了详细描写。

（2）并列关系

① Set the stack pointer to zero, and set link variable P to ROOT.

——摘自（Hobbs，1979）

①中两个小句子都有独立的语义和表达意图,但表达形式相似,成为并列关系。

② 他把四面墙刷成了米色,把天花板刷成了天空色。

②中前一句是对四面墙的描写,后一句是对天花板的描写,描述的对象不同,但表达相似。

（3）对比关系

① You are not likely to hit the bull's eye, but you are more likely to hit the bull's eye than any other area.

——摘自（Hobbs，1979）

①中第一句表达的含义是作者觉得这件事(击中牛眼睛)发生的概率比较小,第二句在击中区域上采用了对比的关系,表达出就击中区域而言击中眼睛的概率是更大的。

② 她自己想到了一个主意,并没有说给女儿们听,可是等她哥哥冯舅爷一来,却告诉了她哥哥。

——摘自《京华烟云》

②中前两句描写了她没有告诉女儿自己的想法,后两句描写了她对哥哥表现出的不同态度,前后不同的态度形成对比关系。

10.2.2 节介绍的 RST 理论与 Hobbs 模型有很大的相似性。在 RST 理论中,当两个以上的单元形成修饰关系时,就构成了修饰结构树:句子与句子之间构成一种关系,从而形成一个大单元,与相邻单元再构成更高层的修饰关系,继而得到所谓的层次化篇章结构关系。由于修饰关系赋予了特定语义,篇章结构关系也就表达了篇章内部的语义关系。与 Hobbs 模型相比,RST 理论更注重句子内部的篇章结构[李艳翠等,2012]。

Soricut and Marcus(2003)在 RST 篇章树库上做了实验,通过两个概率模型识别子句基本篇章单元(elementary discourse units，EDU),并产生句子内部的篇章结构树。图 10-3 是句子"The bank also says it will use its network to channel investment."的语篇结构树,树中每一个结点均标识为某种修辞关系,如归因关系（ATTRIBUTION）、使能关系（ENABLEMENT）等。类似的工作还有[Skadhauge and Hardt，2005]等。

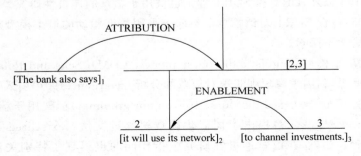

图 10-3　一个句子的篇章结构树

Marcu(1997，2000)在 RST 理论基础上，对篇章修饰关系的分析问题进行了比较系统的研究。相关研究成果成为构建宾州篇章树库(Penn Discourse Tree Bank，PDTB)的理论基础。PDTB 标注体系基本沿用了 RST 理论定义的 4 大类、25 小类篇章修饰关系。不过，相比 RST 理论，PDTB 体系凸显了篇章修饰关系连接词的作用，以连接词为核心，标注与此相关的篇章单元。另外，PDTB 体系中的篇章单元可以小到子句，大到篇章，不再考虑短语级的篇章单元，大幅度提高了实用性。

PDTB 篇章语料库的构建显著推动了篇章结构关系分析的研究，在篇章计算方面受到了极大关注。相关代表性工作包括：Marcu and Echihabi(2002)提出的一个非指导性学习方法，用以识别任意语段之间的对比、解释证据、条件、阐述等关系。Dinesh *et al.* (2005)针对 PDTB 篇章语料库中表示连接(connective)方式的一组词在段落级上的具体含义所做的初步消歧研究。

Pitler *et al.* (2008)指出，在 PDTB 篇章语料库中隐式篇章关系与显式篇章关系大约各占一半。由于显式篇章关系中连接词的存在而且歧义较少(大约只有 2%)，显式篇章关系比较容易识别。这使得隐式篇章关系研究成为篇章结构关系分析成败的关键。基于这种判断，Pitler *et al.* (2009)研究了不同类型语言特征对隐式篇章关系识别的贡献。实验发现，情感倾向标志、动词类别、动词短语长度、情态动词、上下文环境和词法等特征对篇章关系识别具有一定作用。相关的工作有[Lin *et al.*，2009]、[Wang *et al.*，2010b]等。

有关研究表明，到目前为止显式篇章关系的识别准确率可以达到 90% 以上，而隐式篇章关系的识别准确率仅在 40% 左右徘徊。

10.4.2 基于意图性的连贯性相关研究

与基于信息性的观点不同，Grosz and Sidner(1986)提出的中心理论从意图性角度研究语篇的连贯性。该理论认为，篇章是具有意图的(因为人们写作本身就具有某种意图)。因此，篇章结构理论不应只考虑篇章内容，还应解释其中意图。为此，他们提出了意图结构作为篇章结构理论的基础。根据 10.2.1 节的介绍，篇章结构由话语序列结构、目的结构和关注焦点状态三个密切相关部分构成，意图在解释篇章结构、定义篇章连贯性等方面起着重要的作用。意图结构与 RST 理论并非完全不同，两者存在共同基础。Moser and Moore(1996)认为，意图结构中的支配(dominance)和 RST 理论中的核(nucleus)相对应。大致而言，当 A 支配 B 时，RST 中的核表达了意图结构中的 A，而卫星表达了另一个意图 B。

除了上述工作以外，DRT 和 SDRT 理论也被用于篇章的连贯性研究。Balbridge and Lascarides(2005)曾在 SDRT 对话篇章语料库上采用数据驱动的概率模型对篇章关系的识别和分类方法做了探索。

此外，语言篇章模型(linguistic discourse model，LDM)[Scha and Polanyi，1988]采取句法分析的思想，利用重写规则实现对篇章的分析。Gardent(1997)引入了基于特征的篇章树邻近文法(feature-based discourse tree adjoin grammar)框架用于篇章分析，在此基础上，Forbes *et al.* (2003)提出了词汇化篇章树邻近文法(lexicalized discourse tree adjoin grammar)。当然，在篇章连贯性研究中指代问题也得到了特别关注[Webber *et al.*，2003]。

关于汉语的连贯性研究,国内语言学界开展了一定的工作。邢福义(2001)针对汉语复句,包括复句关系分类以及复句关系的标记问题,提出了自己的看法。在此基础上,姚双云(2008)进一步研究了复句关系标记的搭配现象。目前在自然语言处理领域关于汉语连贯性的研究尚刚刚起步。

总起来看,汉语与英语在篇章表达上有着明显差别。在某种程度上,汉语重语义,篇章语义处于主导地位,衔接性比连贯性更重要;而英语重结构,篇章结构处于主导地位,连贯性比衔接性更重要。

10.5　篇章标注语料库

建立标注语料库具有重要意义,不管是语言处理和分析方法本身,还是对语言处理或分析方法的评价,都需要一定的标准。当然,对于有监督机器学习方法来说,标注语料更是不可缺少的训练数据。

20 世纪 90 年代发起的 MUC 评测将面向实体的指代消解作为一项子任务,之后出现的 ACE 评测进一步强化了面向实体指代消解的重要性。ACE 从 2005 年开始,除了英语以外,也包含了对汉语的评测,直接推动了汉语指代消解的研究。这些评测活动中提供的标注数据可以认为是篇章衔接性研究的宝贵资源。

Hovy *et al.*(2006)标注的 OntoNotes 语料库集成了词汇层面、句子层面和篇章层面的多层面信息。在篇章层面,该语料库标注了面向实体的指代关系(包括零指代)。特别是,OntoNotes 中既包含英语,也包含汉语。

此外,Ji *et al.*(2010)沿用了 ACE 中的思想,针对碳减排方面的科技论文,研究了事件链的标注问题,为领域知识库的构建提供了部分资源。Poesio and Artstein(2008)选择不同类型的语料(包括对话、说明文和新闻报道),构建了指代标注语料库 ARRAU,不仅标注了实体指代,也标注了事件指代。Nicolae *et al.*(2010)在篇章结构图库 GraphBank的基础上,标注了面向八类实体(ACE 的七类实体+其他)的指代关系。

针对篇章的连贯性问题,LDC 在英文宾州句法树库之上采用词汇化的方法构建了PDTB 篇章语料库,主要标注信息包括篇章连接关系、关系连接词及其论元结构、语义区分信息等。其中,关系连接词包括主从联结词(subordinating conjunction,如"because,when"等)、并列联结词(coordinating conjunction,如"and, or")和篇章副词(discourse adverbial,如"however, previously")三大类。在篇章连接关系中,两个论元(左边的论元称为 Arg1,右边的论元称为 Arg2)所出现的位置比较灵活,可以在两个子句间,跨越多个子句或者多个句子等。2006 年 LDC 发布了 PDTB1.0,两年之后又发布了 PDTB2.0。PDTB2.0 共标注了 40 600 个篇章关系(discourse relation)实例,其中,18 459 个(45%)有明确的连接词。在这 18 459 个有连接词的关系中,61%出现在相同的句子中,30%的情况下 Arg1 直接出现在连接词左边,同时,也有 9%的情况下 Arg1 与连接词并不相邻。也就是说,在 Arg1 与连接词之间还隔着其他句子[Dinesh *et al.*,2005;Prasad *et al.*,2008,2010a,2010b]。

以 RST 理论为指导的篇章修辞层级标注也受到了一定重视。Carlson *et al.*(2003)

选用宾州树库的文章构建了 385 篇英语篇章的二叉修辞结构树,其基本篇章单元(EDU)以子句为主,同时也考虑了短语。Stede(2004)依据 RST 理论完成了 176 篇新闻评论的德语 PCC 篇章语料库。

Wolf and Gibson(2005)在发现树结构描述篇章结构存在着局限性的情况下,提出了通过图结构表示篇章的思想,研究了篇章图库(discourse graph bank,DGB)的构建问题,标注了 135 篇文章的图结构。该工作中对篇章的标注主要分为三步:首先,根据标点符号将篇章分为基本单元(句子/子句),称为篇章语段;然后,根据标点符号和话题,将上述基本单元归并成组(group),每一个组都集中表达了某个话题;最后,确定基本单元、组之间的连贯关系(coherence)(主要参考了 Hobbs 模型中的连贯关系)。

相对于英语而言,已标注的汉语篇章语料库较少,已有的工作也大都沿用英语的标注体系。乐明(2008)依据修辞结构理论,定义了以标点符号为边界的篇章修辞分析基本单元和 47 种区分核心单元的汉语修辞关系集,草拟了相应的篇章结构标注规则,探讨了修辞结构理论及其形式化方法在汉语篇章分析中的可行性,并标注了 2003 年中到 2005 年初主要媒体《财经评论》的 395 篇文章,共计 785 045 字。Zhou and Xue(2012)在 PDTB 标注框架的下对选自中文树库[Xue et al., 2005]的 98 个文件进行了标注。

值得注意的是,宋柔等针对汉语的篇章标注问题,提出了广义话题结构概念①和相应的表示方法[Song et al., 2010;宋柔, 2012]。他们认为,广义话题结构具有两个重要性质:话题的不可穿越性和话题句的成句性。依据这一理论,他们以标点句为基本篇章单位,开展了汉语篇章的话题结构标注工作,已标注了《围城》、《鹿鼎记》和其他语料(涉及章回小说、现代小说、百科全书、法律法规、散文、操作说明书等语体),共约 40 万字。其数据正在修订整理中。其中,《鹿鼎记》第一回的广义话题结构标注及其说明已经在网上公开发布(http://clip.blcu.edu.cn/)。笔者认为,这一研究成果是汉语篇章分析领域一项富于创新性的开创性工作。

10.6　关于汉语篇章分析

郑贵友(2005)认为,汉语篇章分析的兴起和发展经历了四个阶段:第一阶段纯粹以文章写作为主要目的,对篇章构成加以观察;第二阶段以文章分析为主,同时从语言学的角度对篇章构成加以观察;第三阶段从语言学的角度观察汉语篇章结构规律,具有"本土特征";第四阶段引进西方现代篇章语言学理论,研究汉语篇章问题。值得注意的是,在汉语篇章研究发展的第三阶段,语言学家们更多地关注了汉语篇章结构的"本土特征"——句群,确立了句群作为汉语篇章观察研究"标本"的地位,显著加强了汉语篇章内部微观语义结构、篇章内部衔接手段的研究[吕叔湘, 1979;曹政, 1984;吴为章等, 1984]。

国内早期关于汉语篇章分析的研究主要在语言界。在中文信息处理领域除了上面提到的关于指代消歧、词汇链构建和语料库标注方面的相关工作以外,尚未形成丰厚的技术积累。众所周知,汉语与英语等西方语言相比有很大的不同,无论是篇章结构和意图表

---

① 这一概念和理论仍在改进和完善中。

达方式,还是句法结构、事件描述方式和指代用法等,都存在较大差异。适用于英语等西方语言的篇章理论和分析方法未必适用于汉语,因此,迫切需要建立适合于汉语篇章结构分析的理论体系,并制定高水平的篇章语料标注规范,建立大规模的汉语篇章语料库。

篇章通常由多个句子组成,围绕特定的话题而展开。篇章之所以成为篇章,一个主要的原因是它能够以语义为核心表达话题。语言学家倾向于认为,篇章是语义单位,而句子是语法单位。意义之间的联系具有"非结构性特征",不像句子"受句法制约",这也是篇章分析困难的原因之一。但是,在句子与句子之间,各个命题之间也会以某种关系建立联系,在语义逻辑的支配下,实现篇章中话题的演化。

请看下面的例句:

① 岂不知辣辣的三女儿冬儿是个极有心窍的女孩子,她始终暗暗注视着母亲的行动。

② 当辣辣爬襄河大堤时,冬儿赶紧告诉了叔叔王贤良。

③ 如果不是高度近视的王贤良在堤坡上与一头驴子相撞,辣辣根本就不可能跳下水。

④ 尽管晚了一步,王贤良还是比较顺利地从襄河的漩涡里救出了嫂子。

例子中呈现多种连接方式:在②中使用了介词短语"当……时"引导关系时间关系,③和④则分别由连词"如果"和"尽管"引导"假设"和"让步"关系。除了这些带有"标记词"的连接之外,还有隐含的无标连接。如在①中的后一个小句中,"她"与前面的人物实体"冬儿"具有"指代"关系,通过这种指代关系,进一步充实"冬儿"的信息。

句子之间的联系可以有形式标记,如上面的"如果",也可以没有形式标记。没有形式标记关系又可以分为以上例句①中词汇级的关系(如代词),以及在关联性非常明显情况下,缺省"形式标记",此外,还有特殊的时间或空间关系,形式标记也不明显。见以下例句:

⑤ 中午我午睡。下午看马术队训练。黄昏后我从饭店里晃悠出来,去帕廓街。

这里通过时间序(中午……下午……黄昏),围绕"我"的活动过程而展开。

篇章理解与单句理解的重要不同在于,篇章理解需要建立跨句之间的语义联系。这种联系可以由句子中词的意义表示,也可以由句子本身的意义表示。假设 $T = s_1 s_2 \cdots s_n$ 是含有 n 个句子的一篇文章,$Z = \{z_1, z_2, \cdots, z_m\}$ 是文章 T 中所含的 m 个话题。一般来说,语义分析过程就是由 T 向 Z 映射的过程,如图 10-4 所示。

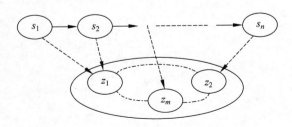

图 10-4　篇章到话题的映射

那么,如何针对汉语篇章的结构特点,围绕话题和话题的演化建立汉语篇章语义分析的理论体系,这是一个值得研究的问题。

另外，篇章可以看作语段的层次化组织，每一个语段均具有内部连贯性，是一个相对完整的语言整体。只有分析出篇章中的这种层次结构及各组成成分之间的结构关系，才能总体把握篇章。例如，给定一个包含 4 个子句（表示命题的最基本语段单位）的简单语篇（实际是个复杂句子）：

a. 虽然他很慷慨，

b. （如果你需要钱，

c. 你找他就行了）

d. 但是找到他很难。

图 10-5 是这个语篇的层次化结构：①子句 b 和子句 c 之间存在条件关系（condition）；②子句 b 和子句 c 一起细述子句 a（elaboration）；③子句 a 和子句 d 之间存在转折关系（concession）。

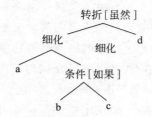

图 10-5　一个篇章层次化结构实例

（摘自 Penn Discourse TreeBank，PDTB2.0）

那么，在汉语篇章结构关系中如何描述和切分各种语段（如基本单位子句）呢？各种句法、语义和上下文等信息在汉语篇章结构关系中是如何发挥作用的呢？怎样利用机器学习方法自动构建大规模高质量的标注语料库呢？

另外，在已有工作的基础上，如何进一步开展实体指代和事件指代的消歧研究，并建立汉语篇章的衔接性和连贯性分析理论以及实现模型和方法等，这一系列问题都是汉语篇章分析研究面临的巨大挑战，任重而道远。

第11章

统计机器翻译

随着当今世界信息量的急剧增加和国际交流的日益频繁,计算机网络技术迅速普及和发展,语言障碍愈加明显和严重,对机器翻译的潜在需求也越来越大。目前全世界正在使用的语言有 1900 多种[1],其中,世界上 45 个国家的官方语言是英语,75%的电视节目是英语,80%以上的科技信息是用英语表达的。近几年来,随着中国经济的迅猛发展和国力的不断增强,汉语正在成为继英语之后的又一大强势语言,世界上 100 多个国家的3000 多万外国人正在学习汉语。有关专家指出,语言障碍已经成为制约 21 世纪社会全球化发展的一个重要因素。以欧洲为例,整个欧洲有 380 多种语言,2004 年 5 月 1 日以前欧盟委员会有 11 种官方语言,每年为了将各种文件、法规、会议发言等转录和翻译成11 种官方语言,就需要耗费约 5.49 亿欧元的资金。以 1998 年为例,欧盟大小会议共11 648 个,为此需要付出 147 068 个翻译人/日,该年译出的文字材料大约为 113 万页。在拥有 1.5 万人的欧盟委员会中,仅翻译人员就有 3000 人,换句话说,每 5 个工作人员里就有一位是翻译。每次为期 5 天的欧洲全会起码需要 450 名翻译。目前欧盟雇佣常年翻译 460 人,临时翻译 1500 人。即便如此,仍不能满足所有成员国的所有语言翻译的要求[2]。目前欧盟已有 20 多种官方语言,而且,近几年来欧盟越来越注重与中国和亚洲其他国家的合作,因此,除了考虑官方语言之间的翻译以外,往往还需要进行欧盟语言与汉语等其他亚洲语言之间的翻译,因此,不难想像欧盟每年为此耗费的资金数额是何等巨大! 这实际上告诉我们,实现不同语言之间的自动翻译,蕴藏着巨大的经济利益。

从理论上讲,研究不同语言之间的翻译涉及计算机科学、语言学以及数学与逻辑学等若干学科和技术,是目前国际上最具挑战性的前沿研究课题之一,具有重要的理论意义。

本章首先简要介绍机器翻译的基本概念和主要方法,然后,重点介绍基于统计模型的翻译方法。

---

① 文献[高庆狮等,2009]说. 全世界至少有 30 个语系,4000 种以上语言。

② 部分数据引自赵广周的《欧洲联盟的语言困境与世界语》(见:http://www.verdapekino.com/raporto/index2.htm)和赵建平的《欧盟的语言困惑及其解决前景》(见:对外大传播. 2004 年第 9 期(总第 99 期),第 27-29 页)。

11.1   机器翻译概述

在绪论中已经提到，机器翻译（machine translation，MT）就是用计算机来实现不同语言之间的翻译。被翻译的语言通常称为源语言（source language），翻译成的结果语言称为目标语言（target language）。机器翻译就是实现从源语言到目标语言转换的过程。

11.1.1   机器翻译的发展

绪论中已经指出，从世界上第一台计算机诞生开始，人们对于机器翻译的研究和探索就从来没有终止过。在过去的 50 多年中，机器翻译研究大约经历了热潮、低潮和发展三个不同的历史时期。一般认为，从美国乔治顿（Georgetown）大学进行的第一个机器翻译实验开始，到 1966 年美国科学院发表 ALPAC 报告的大约 10 多年里，机器翻译研究在世界范围内一直处于不断升温的热潮时期，在机器翻译研究的驱使下，诞生了计算语言学这门新兴的学科。1966 年美国科学院的 ALPAC 报告给蓬勃兴起的机器翻译研究当头泼了一盆冷水，机器翻译研究由此进入了一个萎靡不振的低潮时期。但是，机器翻译的研究并没有停止。自 20 世纪 70 年代中期以后，一系列机器翻译研究的新成果和新计划为这一领域的再次兴起点亮了希望之灯。1976 年加拿大蒙特利尔（Montreal）大学与加拿大联邦政府翻译局联合开发的实用机器翻译系统 TAUM-METTEO 正式投入使用，为电视、报纸等提供天气预报资料翻译；1978 年欧共体多语言机器翻译计划提出；1982 年日本研究第五代机的同时，提出了亚洲多语言机器翻译计划 ODA。由此，机器翻译研究在世界范围内复苏，并蓬勃发展起来。尤其是近几年来，一方面随着计算机网络技术的快速发展和普及，人们要求用计算机实现语言翻译的愿望越来越强烈，而且除了文本翻译以外，人们还迫切需要可以直接实现持不同语言的说话人之间的对话翻译，机器翻译的市场需求越来越大；另一方面，自 1990 年统计机器翻译模型提出以来，基于大规模语料库的统计翻译方法迅速发展，取得了一系列令人瞩目的成果，机器翻译再次成为人们关注的热门研究课题。因此，目前的机器翻译研究可谓全面开花。关于机器翻译发展过程的详细介绍和问题分析，很多专家给予了精辟的阐述，这里不再赘述，有兴趣的读者可以参阅有关文献［Hutchins，1986，1995；Kay，1996；冯志伟，2004；赵铁军等，2001］。

11.1.2   机器翻译方法

在机器翻译研究的初期，人们一般采用直接翻译的方法，从源语言句子的表层出发，将单词或者词组、短语甚至句子直接置换成目标语言译文，有时进行一些简单的词序调整。在这种翻译方法中，对原文句子的分析仅仅满足于特定译文生成的需要。这类翻译系统一般针对某一个特定的语言对，将句子分析与生成、语言数据、文法和规则与程序等都融合在一起。

1957 年美国学者 V. Yingve 在《句法翻译框架》（*Framework for Syntactic Translation*）一文中提出了对源语言和目标语言都进行适当描述、把翻译机制与语法分开、用规则描述语法的实现思想,这就是基于规则的转换翻译方法。其翻译过程分成三个阶段:①对输入文本进行分析,形成源语言抽象的内部表达;②将源语言内部表达转换成抽象的目标语言内部表达;③根据目标语言内部表达生成目标语言文本。这种翻译方法的主要环节可以归纳为"独立分析—独立生成—相关转换"。其代表系统是法国格勒诺布尔(Grenoble)原医科大学(现为格勒诺布尔大学)信息与应用数学研究院(IMAG)机器翻译研究组(GETA)开发的 ARIANE 翻译系统[冯志伟,1996]。

基于规则的转换翻译方法的优点在于,可以较好地保持原文结构,产生的译文结构与原文结构关系密切,尤其对于语言现象已知或句法结构规范的源语言句子具有较强的处理能力和较好的翻译效果。主要不足是:分析规则由人工编写,工作量大,规则的主观性强,规则的一致性难以保障,不利于系统扩充,尤其对非规范的语言现象缺乏相应的处理能力。

另外一种翻译方法是基于中间语言(interlingua-based)的翻译方法,该方法首先将源语言句子分析成一种与具体语种无关的通用语言(universal language)或中间语言(interlingua),然后根据中间语言生成相应的目标语言。整个翻译过程包括两个独立的阶段:从源语言到中间语言的转换阶段和从中间语言到目标语言的生成阶段。

从理论上讲,中间语言是逻辑化和形式化的语义表达语言,中间语言的设计可以不考虑具体的翻译语言对,因此,该方法尤其适用于多语言之间的互译。假设要实现 $n(n \geqslant 2)$ 种语言之间的互译,如果采用其他方法分别实现不同语言对之间的翻译,需要 $n \times (n-1)$ 个翻译器,但是,如果采用中间语言的翻译方法,对于每一种语言来说,只需要考虑该语言本身的解析和生成两个方面,大大地减少了系统实现的工作量。但是,如何定义和设计中间语言的表达方式并不是一件容易的事情,中间语言在语义表达的准确性、完整性、鲁棒性和领域可移植性等诸多方面都面临很多困难,因此,基于中间语言的翻译方法在具体实现时受到了很大限制。国际先进语音翻译研究联盟(Consortium for Speech Translation Advanced Research International, C-STAR)曾经采用的中间转换格式(interchange format, IF)[Levin et al., 1998]和日本联合国大学(United Nations University)提出的通用网络语言(universal networking language, UNL)[UNL Center and UNL Foundation, 2002]是两种典型的中间语言。

自 20 世纪 80 年代末期以来,语料库技术和统计机器学习方法在机器翻译研究中的广泛应用,打破了长期以来分析方法一统天下的僵局,机器翻译研究进入了一个新纪元,一批基于语料库的机器翻译(corpus-based machine translation)方法相继问世,并得到快速发展。比如:

- 基于记忆的翻译方法(memory-based machine translation):这种方法假设人类进行翻译时是根据以往的翻译经验进行的,不需要对句子进行语言学上的深层分析,翻译时只需要将句子拆分成适当的片段,然后将每一个片段与已知的例子进行类比,找到最相似的句子或片段所对应的目标语言句子或片段作为翻译结果,最后将这些目标语言片段组合成一个完整的句子[Sato and Nagao, 1990]。
- 基于实例的翻译方法(example-based machine translation, EBMT):这种方法由日本著名学者长尾真(Makoto Nagao)于 20 世纪 80 年代初期提出[Nagao, 1984],但真正实现是在 80 年代末期。该方法需要对已知语料进行词法、句法,甚至语义等分析，建立实例库用以存放翻译实例。系统在执行翻译过程时，首先对翻译句子进行适当的预处理，然后将其与实例库中的翻译实例进行相似性分析，最后，根据找到的相似实例的译文得到翻译句子的译文。

- 统计翻译方法（statistical machine translation，SMT）：最初的统计翻译方法是基于噪声信道模型建立起来的，该方法认为，一种语言的句子 T（信道意义上的输入）由于经过一个噪声信道而发生变形，从而在信道的另一端呈现为另一种语言的句子 S（信道意义上的输出）。翻译问题实际上就是如何根据观察到的句子 S，恢复最有可能的输入句子 T。这种观点认为，任何一种语言的任何一个句子都有可能是另外一种语言的某个句子的译文，只是可能性大小不同而已 [Brown et al.，1990，1993]。

- 神经网络翻译方法（neural network machine translation，NNMT）：与基于记忆的方法类似，用人工神经网络的方法也可以实现从源语言句子到目标语言句子的映射，其网络模型可以经语料库训练得到 [Scheler，1994]。

近年来，统计翻译方法已经名副其实地成为这一领域的主流方法，但无论如何不能否认，各种翻译方法各有利弊，要解决机器翻译这样一种需要高度智慧的复杂问题，恐怕不是某一种方法可以单独完成的任务，至少可以说至今还没有哪一种翻译方法可以绝对地优于甚至完全替代其他所有的翻译方法。

11.1.3 机器翻译研究现状

机器翻译研究在过去 50 多年的曲折发展历程中，无论是给人们带来的希望还是失望，我们都必须客观地看到，机器翻译作为一个科学问题在被学术界不断深入研究的同时，企业家们已经从市场上获得了相应的收益。一方面，机器翻译的若干理论问题一直没有从根本上得到解决，许多方法和技术有待于进一步深入研究和探索，机器翻译系统的性能也确实不尽如人意，无论是系统翻译的质量、速度，还是系统的可操作性、人机交互能力、自学习能力，以及对各种非规范语言现象的处理能力等，都有待于大幅度提高，这就是为什么我们说机器翻译仍处于技术研究阶段（state-of-the-art）。但在另一方面，机器翻译已经在某些限定领域为人们提供了快捷方便的翻译服务，例如，天气预报翻译、产品说明书翻译，等等。即使在无领域限制的面向网络终端客户的网页在线翻译等方面，也提供了一定的便利，而且计算机辅助的人工翻译和译后编辑（post-editing）功能都为人类的翻译工作提供了一定的帮助。因此，机器翻译既是一门学问，又是一门技术，它既不像有些人批评的那么一无是处，也不像有些人吹捧的那么完美无缺。

实际上，人们在很早以前就已经认识到，在机器翻译研究中实现人机共生（man-machine symbiosis）、人机互助比追求完全自动的高质量翻译（full automatic high quality translation，FAHQT）更现实、更切合实际 [Hutchins，1995]。当然，"信、达、雅"永远都是从事翻译的人们所追求的目标，但是，在许多科学问题还没有彻底研究清楚以前，在许多情况下人类自己都无法做到，而且人类对于自身大脑翻译的思维过程都还没有彻底弄明白以前，要求计算机高质量地自动翻译成语、小说、散文甚至诗歌等文学作品是完全不现实的。我们的目的是让计算机帮助人类完成某些翻译工作,而不是完全替代人的翻译,人与机器翻译系统之间应该是互补、互助的关系,而不是相互竞争。要想让计算机完全替代人来完成一切翻译任务,恐怕是一个永远都不可能实现的梦想。

11.2　基于噪声信道模型的统计机器翻译原理

早在 1946 年世界上第一台计算机问世不久,英国工程师 A. D. Booth 与美国洛克菲勒基金会的副会长、信息论的先驱 W. Weaver 在讨论计算机的应用范围时,就提出了语言自动翻译的想法。1947 年 3 月 4 日,W. Weaver 在给控制论专家 N. Wiener 写信时,再次讨论了机器翻译的问题。1949 年 W. Weaver 发表了以《翻译》为题的备忘录,正式提出了机器翻译问题和类似解码过程的机器翻译思想[冯志伟,2004]:

I have a text in front of me which is written in Russian but I am going to pretend that it is really written in English and that it has been coded in some strange symbols. All I need to do is strip off the code in order to retrieve the information contained in the text.

显然,W. Weaver 提出的这种"解读密码"的翻译思想实际上正是基于噪声信道模型的翻译方法。1954 年美国 Georgetown 大学在 IBM 的协助下实现的世界上第一个俄英机器翻译实验系统,以及后来苏联、英国和日本等国进行的机器翻译实验,在实现方法上都受到了 W. Weaver 思想的影响。只是后来由于种种原因,机器翻译研究进入低潮,这种思想受到了很大冲击,以至于后来的机器翻译研究中基于规则的分析方法占据了上风,并一度出现了独霸天下的局面。直到 1990 年 IBM 的 P. F. Brown 等人在《计算语言学》(*Computational Linguistics*)杂志发表了论文《统计机器翻译方法》[Brown *et al.*,1990],并于 1993 年发表了论文《统计机器翻译的数学:参数估计》[Brown *et al.*,1993],统计机器翻译的思想开始复苏。由于这两篇论文全面地阐述了基于噪声信道模型的统计翻译原理,奠定了统计机器翻译的理论基础,因此,这两篇论文作为统计机器翻译的经典之作而得到了广泛引用。自 1990 年以后,国际上关于统计机器翻译的研究如雨后春笋,统计翻译方法被不断改进,并取得了一系列的重要进展。尤其是美国 IBM 公司的研究人员实现的基于噪声信道模型的法英统计翻译系统 Candide[Berger *et al.*,1994]在 ARPA 组织的机器翻译评测中所表现出来的良好性能,打破了机器翻译研究领域长期以来由规则方法所主宰的单调局面,在人们的不断争论与置疑中,统计翻译方法逐渐崛起,并带动了整个机器翻译研究领域的快速发展,以至于发展成今天以统计方法为主导、多种方法共同发展的繁荣局面。

IBM 的研究人员提出的基于噪声信道模型的统计机器翻译方法的基本原理可以描述为:一个翻译系统被看作是一个噪声信道,对于一个观察到的信道输出字串(句子)S,寻找一个最大可能的信道输入句子 T,即求解 T 使概率 P(T|S) 最大。根据贝叶斯公式:

$$P(T \mid S) = \frac{P(T) \times P(S \mid T)}{P(S)} \tag{11-1}$$

由于式(11-1)右边分母 P(S) 与 T 无关,因此,求式(11-1)的最大值相当于求解等式右边

分子的两项乘积 $P(T) \times P(S|T)$ 的最大值，即

$$\hat{T} = \operatorname*{argmax}_{T} P(T) \times P(S \mid T) \tag{11-2}$$

需要注意的是，在［Brown *et al.*，1990，1993］等早期关于统计机器翻译的文献中，通常将噪声信道模型的输入和输出分别称为"源语言"和"目标语言"，而在物理意义上噪声信道的输出对应于翻译系统的输入，即传统意义上机器翻译系统的源语言，噪声信道的输入则对应翻译系统的目标语言，两种表述恰好相反。因此，为了区别起见，我们有时有意区分为"信道源语言"、"信道目标语言"和"翻译源语言"、"翻译目标语言"。在没有特意区分的情况下，"源语言"和"目标语言"均指传统机器翻译意义上的含义，这就与后来有关统计翻译的文献中所采用的表述方法一致起来了。请读者注意这一点。

一般用 $S = s_1^m \equiv s_1 s_2 \cdots s_m$ 表示源语言句子 S 由 m 个"词"组成，$T = t_1^l \equiv t_1 t_2 \cdots t_l$ 表示目标语言句子 T 由 l 个"词"组成，这里的"词"指任意形式的语言单位。概率 $P(T)$ 称为目标语言的语言模型（language model，LM），$P(S|T)$ 为在给定 T 的情况下 S 的翻译概率，称为翻译模型（translation model）。

根据上述解释，统计翻译就是根据信道输出搜索最大可能的信道输入的过程，即噪声信道模型中解码的过程，因此，我们将实现这个搜索过程的模块称为解码器（decoder）。

一个统计翻译系统的框架可以用图 11-1 表示［Manning and Schütze，1999］。

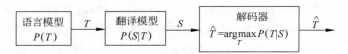

图 11-1   统计机器翻译中的噪声信道模型

根据这个框架，如果要建立一个源语言 S 到目标语言 T 的统计翻译系统，必须解决三个关键问题：①估计目标语言的语言模型 $P(T)$；②估计翻译模型 $P(S|T)$；③设计有效快速的搜索算法以求解 $\hat{T}$ 使得 $P(T) \times P(S|T)$ 最大。

对于目标语言句子 $t_1^l = t_1 t_2 \cdots t_l$，其语言模型的概率为

$$P(t_1^l) = P(t_1) P(t_2 \mid t_1) \times \cdots \times P(t_l \mid t_1 t_2 \cdots t_{l-1})$$

显然，这是一个 n 元语法问题，在第 5 章已经详细讨论过了，因此，本章不再赘述。下面将侧重介绍翻译模型和解码器的基本原理和一些主要的实现方法。

对于翻译模型 $P(S|T)$ 的计算，一个关键的问题是如何定义目标语言句子 T 中的词与源语言句子 S 中的词之间的对应关系。我们不妨假设一个英语句子 John loves Mary 通过噪声信道模型被翻译成法语句子 Jean aime Marie，即 $S =$ Jean aime Marie，$T =$ John loves Mary。那么，我们可以认为噪声信道将每一个英语单词变换成了一个或多个法语单词，即句对 $(S|T) =$（Jean aime Marie|John loves Mary）中的 John 生成了 Jean，loves 生成了 aime，Mary 生成了 Marie。换句话说，一个英语单词 $t_j (1 \leqslant j \leqslant l)$ 与它生成的法语单词 $s_i (0 \leqslant i \leqslant m)$ 存在对应关系（当 $i = 0$ 时，我们认为 t_j 不与任何法语单词存在对应关系，或者说，t_j 没有生成任何法语单词）。这种对应关系我们称为**对齐**或**对位**（alignment），用来刻画这种对齐关系的模型叫**对位模型**（alignment model）。

对齐是统计翻译中的重要概念。图 11-2 给出了另外一个英文句子与法语句子词对齐的示例［Brown *et al.*，1993］。在这个例子中有 7 个对齐的词对：（the，le），（program，programme）等。沿用 P. F. Brown 等人的表示方法，这两个句子的对齐关系写成如下形式：（Le programme a été mis en application｜And the （1）program （2）has （3）been （4）implemented （5，6，7））。其中，英文单词后面括号中的数字表示法语句子中与之对位的单词的位置。例如，the(1)表示冠词 the 与法语句子中第一个词 Le 对齐。由于英语单词 And 在法语句子中没有相对应的单词，因此，And 后面没有出现相应的数字。

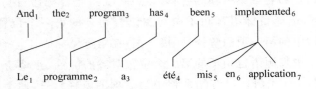

图 11-2　词对齐示例

为了简化建模，假定一个信道的输入单词（例中为英语）可以生成一个或多个输出单词（例中为法语），对应"一对一"或"一对多"的翻译，或者不产生任何输出。对于"多对一"和"多对多"的情况，我们可以通过句法规则将多个连续的信道输入单词组合成一个片段，以片段为单位将"多对一"和"多对多"变换成"一对一"或"一对多"的对齐关系。特殊情况下，在没有任何信道输入的情况下，也可能产生信道输出。这种情况下，我们认为该输出单词是由"空词"生成的，一般用 NULL 表示空词，置于信道输入句子的句首。

一般用 $\mathscr{A}(S,T)$ 表示源语言句子 S 与目标语言句子 T 之间所有对位关系的集合。在目标语言句子 T 的长度（单词的个数）为 l、源语言句子 S 的长度为 m 的情况下，T 和 S 的单词之间有 $l \times m$ 种不同的对应关系。由于对位是由词与词之间的对应关系决定的，共有 $2^{l \times m}$ 种不同的对应方式，因此，$\mathscr{A}(S,T)$ 中共有 $2^{l \times m}$ 种对位。

在计算翻译模型时，基本的数学问题就是求解联合概率分布 $P(\mathscr{S}=S,\mathscr{A}=A,\mathscr{T}=T)$，其中，$\mathscr{S},\mathscr{T}$ 分别表示翻译中的源语言和目标语言字符串随机变量，$\mathscr{A}$ 为 $\mathscr{S}$ 与 $\mathscr{T}$ 之间的对位关系的随机变量。S,A,T 分别表示随机变量 $\mathscr{S},\mathscr{A},\mathscr{T}$ 的一个具体的取值。前面已经约定分别用 l,m 表示目标语言和源语言句子的长度，现在再约定用 $\mathscr{L}$ 和 $\mathscr{M}$ 分别表示长度 l 和 m 的随机变量。在不引起混淆的情况下，一般直接用 $P(S,A,T)$ 替代 $P(\mathscr{S}=S,\mathscr{A}=A,\mathscr{T}=T)$。那么，翻译句对（$S$｜$T$）的似然率可以通过条件概率 $P(S,A|T)$ 求得：

$$P(S \mid T) = \sum_{A} P(S,A \mid T) \tag{11-3}$$

按照前面的约定，$S = s_1^m \equiv s_1 s_2 \cdots s_m$ 有 m 个单词，$T = t_1^l \equiv t_1 t_2 \cdots t_l$ 有 l 个单词，对位序列表示成 $A = a_1^m \equiv a_1 a_2 \cdots a_m$。其中，$a_j (j=1,2,\cdots,m)$ 的取值范围为 0 到 l 之间的整数，如果 S 中的第 j 个词与 T 中的第 i 个词对齐，那么，$a_j = i$。如果 T 中没有词与 S 中的第 j 个词对齐，则 $a_j = 0$。这种情况称为"对空"，可以理解为：S 中的词 s_j 是由 T 中的空词 NULL 通过噪声信道生成的。在图 11-2 所示的例子中，$a_1 = 2, a_2 = 3, a_3 = 4, a_4 = 5, a_5 = 6, a_6 = 6, a_7 = 6$。$a_j$ 的这种取值约定避免了同一个 a_j 取不同值的情况。

不失一般性，可以有

$$P(S, A \mid T) = P(m \mid T) \prod_{j=1}^{m} P(a_j \mid a_1^{j-1}, s_1^{j-1}, m, T) P(s_j \mid a_1^{j}, s_1^{j-1}, m, T) \quad (11\text{-}4)$$

实际上，$P(S, A \mid T)$ 可以写成多种形式的条件概率的乘积，式(11-4)只是其中的一种。不管 $P(S, A \mid T)$ 写成什么形式，它总是可以变换成类似式(11-4)多个项相乘的形式。如果按式(11-4)的形式考虑，在给定一个目标语言句子 T 的情况下生成一个源语言句子 S 时（S 与 T 具有对位关系 A），首先要根据已有的关于目标语言句子的知识选择源语言句子的长度 m（式(11-4)右端第一项的解释），然后，在给定目标语言句子 T、源语言句子的长度 m 等条件下，选择目标语言句子中与源语言句子的第一个位置对齐的位置（a_1）（式(11-4)右端乘积中的第一项的解释）。接下去，在给定目标语言句子 T、源语言句子长度 m、目标语言句子中与源语言句子的第一个位置对齐的位置（a_1^j）等条件下，选择源语言句子中第 1 个单词（s_1）（式(11-4)右端乘积中第 2 项的解释）。以此类推，分别生成源语言句子的第 2 个单词、第 3 个单词、……，第 m 个单词。翻译模型的概率便可由此获得。

式(11-4)是后面将要介绍的 5 个 IBM 翻译模型的基础。

11.3　IBM 的 5 个翻译模型

根据前面介绍的基于噪声信道模型的统计翻译的基本原理，IBM 的研究人员 Brown *et al.*(1993)在不同的假设条件下给出了 5 个翻译模型，并对这 5 个翻译模型从数学上进行了详细论证和阐述，从而奠定了基于词的翻译模型的理论基础，并为整个统计机器翻译研究开创了先河。

11.3.1　模型 1

式(11-4)中，由于等号右边有太多的参数，我们不能保证这些参数之间总是互相独立的。因此，需要对假设前提进一步限制，使其满足如下条件：

（1）假设 $P(m \mid T)$ 与目标语言 T 和源语言的句子长度 m 无关，则 $\varepsilon \equiv P(m \mid T)$ 是一个比较小的常量；

（2）假设 $P(a_j \mid a_1^{j-1}, s_1^{j-1}, m, T)$ 只依赖于目标语言的句子长度 l，那么，

$$P(a_j \mid a_1^{j-1}, s_1^{j-1}, m, T) = \frac{1}{l+1}$$

（3）假设 $P(s_j \mid a_1^{j}, s_1^{j-1}, m, T)$ 仅依赖于 s_j 和 t_{a_j}，则称 $p(s_j \mid t_{a_j}) \equiv P(s_j \mid a_1^{j}, s_1^{j-1}, m, T)$ 为给定 t_{a_j} 的条件下单词 s_j 的翻译概率（translation probability）。

尽管源语言句子的长度随机变量 $\mathcal{M}$ 并不符合正态分布，但是，对上述计算并不存在大的影响。我们可以设想随机变量 $\mathcal{M}$ 存在一个有限的范围，其长度范围足以包含训练语料中所有语句可能出现的各种情况。

满足上述假设前提的翻译模型就是 IBM 的模型 1。

现在考虑如何估计模型 1 的翻译概率问题。根据上面的三个假设，在给定目标语言句子 T 的情况下，源语言句子 S 和对位关系 A 的联合似然概率为

$$P(S,A \mid T) = \frac{\varepsilon}{(l+1)^m} \prod_{j=1}^{m} p(s_j \mid t_{a_j}) \qquad (11\text{-}5)$$

我们可以通过图 11-3 中的例子来理解式(11-5)。

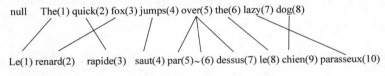

图 11-3　翻译句子对齐示例

图 11-3 中,上面一行的英语句子为目标语言 T,下面一行的法语句子为源语言 S。

$$P(S,A \mid T) = \frac{\varepsilon}{(8+1)^{10}} \times \underbrace{\big[p(\text{Le} \mid \text{The}) \times p(\text{renard} \mid \text{fox}) \times \cdots \times p(\text{parasseux} \mid \text{lazy}) \big]}_{\text{共10项}}$$

由于对位关系由(下标)1 到 m 个 a_j 的具体值所决定,而每个 a_j 的取值可以是 0 到 l 之间的任意数,因此

$$P(S \mid T) = \frac{\varepsilon}{(l+1)^m} \sum_{a_1=0}^{l} \cdots \sum_{a_m=0}^{l} \prod_{j=1}^{m} p(s_j \mid t_{a_j}) \qquad (11\text{-}6)$$

式(11-6)的右边是多个项之和,每个项包含 m 个翻译概率,而每个概率对应源语言句子 S 中的每一个词。不同的单项对应源语言句子 S 中的词到目标语言句子 T 中的词不同的连接方式,每一种连接方式只出现一次。因此,通过直接估计可以得到:

$$\sum_{a_1=0}^{l} \cdots \sum_{a_m=0}^{l} \prod_{j=1}^{m} p(s_j \mid t_{a_j}) = \prod_{j=1}^{m} \sum_{i=0}^{l} p(s_j \mid t_i) \qquad (11\text{-}7)$$

那么,

$$
\begin{aligned}
P(S \mid T) &= \frac{\varepsilon}{(l+1)^m} \sum_{a_1=0}^{l} \cdots \sum_{a_m=0}^{l} \prod_{j=1}^{m} p(s_j \mid t_{a_j}) \\
&= \frac{\varepsilon}{(l+1)^m} \prod_{j=1}^{m} \sum_{i=0}^{l} p(s_j \mid t_i)
\end{aligned}
\qquad (11\text{-}8)
$$

我们的目的是求所有词对 $(s\mid t)$ 的对齐概率 p 使得句子的翻译概率 $P(S\mid T)$ 最大,并且对于每一个给定的目标语言单词 t 满足以下约束条件:

$$\sum_{s} p(s \mid t) = 1 \qquad (11\text{-}9)$$

为了求解限定条件下概率 $P(S\mid T)$ 的最大值,我们引入拉格朗日乘法因子 λ_t,然后构造辅助函数 $h(p,\lambda)$,求辅助函数 $h(p,\lambda)$ 关于 p 和 λ 的偏导,并令该偏导数等于零。于是,可得

$$p(s \mid t) = \lambda_t^{-1} \sum_{A} P(S,A \mid T) \sum_{j=1}^{m} \delta(s,s_j)\delta(t,t_{a_j}) \qquad (11\text{-}10)$$

其中,$\delta(x,y)$ 是克罗耐克(Kronecker)函数。$\sum_{j=1}^{m} \delta(s,s_j)$ 是单词 s 出现在源语言句子 S 中的次数,而 $\sum_{i=0}^{l} \delta(t,t_i)$ 是目标语言句子 T 中单词 t 出现的次数。$\sum_{j=1}^{m} \delta(s,s_j)\delta(t,t_{a_j})$ 为对位关系 A 中单词 t 与 s 对齐的次数。

借助期望最大化（expectation maximization，EM）算法的思想，可赋予对齐关系 A 和概率 $p(s|t)$ 满足条件约束（11-9）式的任意初值，在迭代过程中用词 s 和 t 对齐的期望次数代替真实次数，重新计算概率 $p(s|t)$，直到 $p(s|t)$ 收敛。

根据定义，句对 $(S|T)$ 中 s 和 t 对齐的期望次数 $c(s|t;S,T)$ 为：

$$c(s \mid t;S,T) = \sum_A P(A \mid T,S) \sum_{j=1}^m \delta(s,s_j)\delta(t,t_{a_j}) \tag{11-11}$$

用 $\lambda_t P(S|T)$ 替换 λ_t，并将 $P(S,A|T)=P(A|T,S) \times P(S|T)$ 代入式（11-10），可得

$$p(s \mid t) = \lambda_t^{-1} c(s \mid t;S,T) \tag{11-12}$$

在实际应用中，大规模训练语料包含 Z 个句对：$(S^{(1)}|T^{(1)})$，$(S^{(2)}|T^{(2)})$，$\cdots$，$(S^{(Z)}|T^{(Z)})$，因此，式（11-12）又可以写成如下形式：

$$p(s \mid t) = \lambda_t^{-1} \sum_{z=1}^Z c(s \mid t;S^{(z)},T^{(z)}) \tag{11-13}$$

根据式（11-9），有

$$\lambda_t = \sum_s \sum_{z=1}^Z c(s \mid t;S^{(z)},T^{(z)}) \tag{11-14}$$

根据式（11-5）、式（11-8）和 $P(A|T,S) = \dfrac{P(S,A|T)}{P(S|T)}$，式（11-11）可变换为：

$$c(s \mid t;S,T) = \frac{p(s \mid t)}{\sum\limits_{i=0}^l p(s \mid t_i)} \sum_{j=1}^m \delta(s,s_j) \sum_{i=0}^l \delta(t,t_i) \tag{11-15}$$

那么，根据这些期望计数可重新估算概率 $p(s|t)$：

$$p(s \mid t) = \frac{\sum\limits_{z=1}^Z c(s \mid t;S^{(z)},T^{(z)})}{\sum\limits_s \sum\limits_{z=1}^Z c(s \mid t;S^{(z)},T^{(z)})} \tag{11-16}$$

在上面公式的推导和变换过程中，我们略去了一些细节。有兴趣的读者可参阅文献 [Brown *et al.*，1993] 或 [宗成庆等（译），2012]。

以下给出估计参数 $p(s|t)$ 值的算法。

步 1 给 $p(s|t)$ 赋一个初值；

步 2 对于每一个句对 $(S^{(z)}, T^{(z)})$，$1 \leqslant z \leqslant Z$，利用式（11-15）计算计数 $c(s|t;S^{(z)}, T^{(z)})$。这里需要注意两点：① 只有当 s 是源语言句子 $S^{(z)}$ 中的一个词，同时 t 是目标语言句子 $T^{(z)}$ 中的一个词时，其计数才为一个非 0 数值；② $c(s|t;S^{(z)}, T^{(z)})$ 不依赖于单词在句子中出现的顺序，仅依赖于单词在句子中出现的次数。

步 3 对于每一个至少出现在一个目标语言句子中的单词 t：

① 根据公式（11-14）计算 λ_t：

$$\lambda_t = \sum_s \sum_{z=1}^Z c(s \mid t;S^{(z)},T^{(z)})$$

② 对于每一个至少在一个源语言句子中出现的单词 s，利用式（11-16）计算概率 $p(s|t)$：

$$p(s \mid t) = \frac{\sum\limits_{z=1}^Z c(s \mid t;S^{(z)},T^{(z)})}{\sum\limits_s \sum\limits_{z=1}^Z c(s \mid t;S^{(z)},T^{(z)})}$$

可得到一个新的概率值。

步 4 重复上面的步 2 和步 3，直到概率 $p(s|t)$ 收敛到某种希望的程度，结束算法。

初始化 $p(s|t)$ 时,给定的初值并不重要,因为对于模型 1 来讲,概率 $P(S|T)$ 具有唯一一个局部最大值。所以,不管赋予一个什么样的(非零)初值,其最后的解是一样的。

获得所有词对的概率之后,就可以根据式(11-8)计算出句对$(S|T)$的翻译概率。

11.3.2　模型 2

我们注意到,模型 1 忽略了单词出现在句子中的位置,源语言句子中的第一个词很可能与目标语言句子中的最后一个词对齐。因此,模型 2 除了假定概率 $P(a_j|a_1^{j-1}, s_1^{j-1}, m, T)$ 依赖于位置 j、对位关系 a_j、源语言句子的长度 m 和目标语言句子的长度 l 以外,另外两个假设与模型 1 的假设一样。也就是说,模型 2 没有像模型 1 那样,把概率 $P(a_j|a_1^{j-1}, s_1^{j-1}, m, T)$ 简单地假设为只与目标语言的长度 l 有关,把$(S|T)$中每一个目标语言单词 t 与给定源语言单词 s 之间的对位概率看作均等的,而是要考虑目标语言句子的不同位置和不同句对长度的影响,可能导致任意两个单词 s 和 t 之间的对位存在不同的概率。因此,模型 2 引入了对位概率(alignment probabilities)的概念:

$$a(a_j \mid j, m, l) \equiv P(a_j \mid a_1^{j-1}, s_1^{j-1}, m, l) \tag{11-17}$$

对于每一个三元组(j, m, l),对位概率满足以下约束条件:

$$\sum_{i=0}^{l} a(i \mid j, m, l) = 1 \tag{11-18}$$

将式(11-17)代入式(11-6)可得

$$P(S \mid T) = \varepsilon \sum_{a_1=0}^{l} \cdots \sum_{a_m=0}^{l} \prod_{j=1}^{m} p(s_j \mid t_{a_j}) a(a_j \mid j, m, l) \tag{11-19}$$

类似于模型 1 的思路,为了求概率 $P(S|T)$ 的最大值,引入拉格朗日乘法因子 μ_{jml},构造辅助函数 $h(t, a, \lambda, \mu)$,令偏导数等于零。S 中位置 j 上的词与 T 中位置 i 的词对位的期望次数为:

$$c(i \mid j, m, l; S, T) = \sum_{A} P(A \mid T, S) \delta(i, a_j) \tag{11-20}$$

句对$(S|T)$的对齐概率为:

$$a(i \mid j, m, l) = \mu_{jml}^{-1} c(i \mid j, m, l; S, T) \tag{11-21}$$

训练语料中所有句对的对位概率:

$$a(i \mid j, m, l) = \mu_{jml}^{-1} \sum_{z=1}^{Z} c(i \mid j, m, l; S^{(z)}, T^{(z)}) \tag{11-22}$$

与模型 1 的处理方式类似,可以将式(11-19)中的求和运算与乘积运算交换位置,从而得到下式:

$$P(S \mid T) = \varepsilon \prod_{j=1}^{m} \sum_{i=0}^{l} p(s_j \mid t_i) a(i \mid j, m, l) \tag{11-23}$$

$$c(s \mid t; S, T) = \sum_{j=1}^{m} \sum_{i=0}^{l} \frac{p(s \mid t) a(i \mid j, m, l) \delta(s, s_j) \delta(t, t_i)}{\sum_{k=0}^{l} p(s \mid t_k) a(k \mid j, m, l)} \tag{11-24}$$

$$c(i \mid j, m, l; S, T) = \frac{p(s_j \mid t_i) a(i \mid j, m, l)}{\sum_{k=0}^{l} p(s_j \mid t_k) a(k \mid j, m, l)} \tag{11-25}$$

等式(11-24)计算计数时采用了双层变量求和运算，而不像在等式(11-15)中计算的是两个和的乘积，因为等式(11-24)中的 i 和 j 是通过对位概率连接在一起的。

不难看出，其实模型1是模型2的特例，只是模型1中将对位概率 $a(i|j,m,l)$ 固定为 $(l+1)^{-1}$ 而已。因此，模型1的所有参数都可以被重新解释成为模型2的参数。在参数估计时，我们可以把对位概率的初始估计值设成相等，就好像该对位概率是通过训练模型1得到的一样，但在计算计数时却用模型2的公式。实际上，利用一个模型计算对位概率，而用另一个模型计算计数的方法是一种常用的思路，这种方法总是可以把一个模型的参数转换给另一个模型。由此，得到如下模型2的参数训练过程：

(1) 给 $p(s|t)$ 和对位概率 $a(i|j,m,l)$ 赋初值(该值可以设为 $(l+1)^{-1}$)；

(2) 对于每一个句对 $(S^{(z)},T^{(z)})$，$1\leqslant z\leqslant Z$，利用式(11-24)和式(11-25)分别计算计数 $c(s|t;S^{(z)},T^{(z)})$ 和 $c(i|j,m,l;S,T)$；

(3) 对于每一个至少在一个目标语言句子中出现的单词 t，执行如下计算：

① 根据式(11-14)计算 λ_t，并根据下列公式计算 μ_{jml}：

$$\mu_{jml} = \sum_s \sum_{z=1}^{Z} c(i \mid j,m,l;S^{(z)},T^{(z)})$$

② 对于每一个至少在一个源语言句子中出现的单词 s，分别利用式(11-16)和式(11-22)计算新的概率值 $p(s|t)$ 和新的对位概率值 $a(i|j,m,l)$；

(4) 重复上面的步骤(2)和(3)，直到概率 $p(s|t)$ 和 $a(i|j,m,l)$ 收敛到某种希望的程度，结束算法。

11.3.3　模型3

前面通过对式(11-4)中的条件概率进行假设限制，建立了模型1和模型2。在给出式(11-4)时我们曾经指出，该公式是一种精确表达，而不是近似等于，但是，它只是 S 和 A 的联合似然率能够写成的许多种条件概率乘积形式的一种，其中每一个乘积对应着一个由给定的目标语言句子 T 产生源语言句子 S 和对位关系 A 的过程。按照式(11-4)的表达形式，首先选择源语言句子 S 的长度，然后，确定目标语言句子 T 中与 s_1 对齐的位置，接下去再确定目标语言句子 T 与 s_2 对齐的位置，等等，直到生成 S 的全部单词。在 IBM 的模型3、4、5中，将考虑联合似然率的其他表达形式。

其实，当我们观察一些实际翻译中的例子时就会发现，在很多情况下源语言句子的单词与目标语言句子的单词之间并不存在一对一的关系。例如，英语中的冠词 the 通常可以翻译成汉语中的"这"或"这个"，翻译成法语中的 le,la 或 l'，或者有时直接省略。英语单词 only 可以翻译成法语中的一个词 seulement，有时翻译成两个词 ne…que，或者省略。因此，我们可以说在随机选择对位关系的情况下，源语言句子中与目标语言句子中单词 t 对应的单词个数是一个随机变量，不妨记作 Φ_t，我们将该变量称之为单词 t 的繁衍率(fertility)，或称产出率。实际上，所谓的繁衍率就是目标语言单词与源语言单词之间一对多的数量关系。模型1和模型2中的参数每一次选取都决定 Φ_t 的一个概率分布：$P(\Phi_t=\phi)$。

在具体讨论模型3、4、5之前，作为一个铺垫，我们先简要地介绍一下这些模型建立的基础。假设给定一个目标语言句子 T，T 中的每一个单词 t 在源语言句子中可能有若干个词与之对应（不一定连续），源语言句子中所有与 t 对位的单词列表称为 t 的一个对应片段（tablet），当然，这个对应片段可能为空。一个目标语言句子 T 的所有对应片段构成的集合是一个随机变量，我们称之为 T 的片段集（tableau），记作符号 Γ。T 的第 i 个单词 t_i 对应的片段也是一个随机变量，不妨记作 Γ_i，那么，t_i 对应的片段中第 k 个源语言单词也是一个随机变量，不妨记作 Γ_{ik}。选定片段集以后，可以重新调整片段集中的单词顺序来生成源语言的句子 S，这种单词排列方式本身也是一个随机变量，这里记作 Π。那么，第 i 个片段中第 k 个单词在重新排列后生成的 S 中的位置也是一个随机变量，记作 Π_{ik}。以下通过图 11-4 来帮助理解这些概念。图中源语言句子中的位置 j_1、j_2、j_k 存在如下关系：$m \geqslant j_k > j_2 > j_1$，$j_1$、$j_2$、$j_k$ 不一定连续。

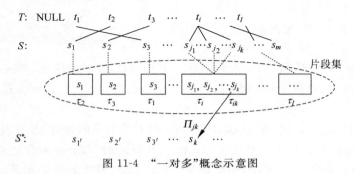

图 11-4　"一对多"概念示意图

根据上述介绍，片段集 τ（Γ 的一个具体取值）和单词排列 π（Π 的一个具体取值，即 τ 中单词的一种排列方式）的联合似然率为

$$
\begin{aligned}
p(\tau,\pi \mid T) = & \prod_{i=1}^{l} P(\phi_i \mid \phi_1^{i-1},T) P(\phi_0 \mid \phi_1^{l},T) \times \prod_{i=0}^{l} \prod_{k=1}^{\phi_i} P(\tau_{ik} \mid \tau_{i1}^{k-1},\tau_0^{i-1},\phi_0^{l},T) \\
& \times \prod_{i=1}^{l} \prod_{k=1}^{\phi_i} P(\pi_{ik} \mid \pi_{i1}^{k-1},\pi_1^{i-1},\tau_0^{l},\phi_0^{l},T) \\
& \times \prod_{k=1}^{\phi_0} P(\pi_{0k} \mid \pi_{01}^{k-1},\pi_1^{l},\tau_0^{l},\phi_0^{l},T)
\end{aligned}
\tag{11-26}
$$

其中，符号 τ_{i1}^{k-1} 表示一系列的 τ 值：$\tau_{i1},\cdots,\tau_{ik-1}$，即第 i 个片段中的单词序列；而符号 π_{i1}^{k-1} 表示一系列 π 的值：$\pi_{i1},\cdots,\pi_{ik-1}$，即第 i 个片段中第 1 到第 $k-1$ 个单词在调整顺序以后的源语言句子中的位置序列；符号 ϕ_i 则是 ϕ_{t_i} 的简写形式，表示单词 t_i 的繁衍率，即源语言句子中与 t_i 对齐的单词个数，而 ϕ_0^{l} 表示数字序列 $\phi_0 \phi_1 \cdots \phi_l$；$t_0$ 表示目标语言句子的句首标志（空，NULL）。

可以看出，如果已知变量 τ 和 π 就可以确定一个源语言句子和对位关系，但是，在很多情况下，不同的一对 τ 和 π 有可能导致一对相同的 S 和 A。如果把所有这样的 S 和 A 对的集合记作 $\langle S,A \rangle$，那么，显然有：

$$
P(S,A \mid T) = \sum_{(\tau,\pi) \in \langle S,A \rangle} P(\tau,\pi \mid T)
\tag{11-27}
$$

由于对于每一个 τ_i 来说，有 $\phi_i!$ 种不同的组合都能产生相同的 S 和 A，因此，$\langle S,A \rangle$ 集合中元素的数目为 $\prod\limits_{i=0}^{l} \phi_i!$。例如，英语单词 cheap 和法语单词 bon marché 之间可以通过两种不同的组合方式得到相同的法语短语和对位关系：(bon marché | cheap(1,2))，如图 11-5 所示。

除了退化的情况以外，集合 $\mathscr{A}(T,S)$ 中总是存在一种对位使得概率 $P(A|T,S)$ 最大。我们把这个对位称为翻译对 $(S|T)$ 的韦特比对位(Viterbi alignment)，并记作 $V(S|T)$。我们知道，没有一个实用的算法为通用模型找到这个 $V(S|T)$。但是，对于模型 2 和模型 1 来说，找到 $V(S|T)$ 是比较简单的。因为对于每一个 j，只是简单地选择 a_j 使概率 $p(s_j|t_{a_j})$ 与对位概率 $a(a_j|j,m,l)$ 的乘积 $p(s_j|t_{a_j}) \times$

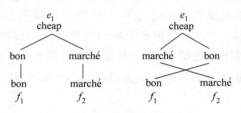

图 11-5　同一个对位关系的两种排列

$a(a_j|j,m,l)$ 尽量大。但是，Viterbi 对位依赖于它所计算的模型，因此，当需要区分不同模型的 Viterbi 对位时，分别写成 $V(S|T;1)$、$V(S|T;2)$ 等，数字 1、2 分别表示模型 1 和模型 2。

现在约定用标记 $\mathscr{A}_{i\leftarrow j}(T,S)$ 表示对位 $a_j=i$ 时对位关系的集合，并且说在这些对位中 i 和 j 被锁定(pegged)。对于一对特定的 i 和 j，其锁定的 Viterbi 对位记作 $V_{i\leftarrow j}(T,S)$，表示 $V_{i\leftarrow j}(T,S)$ 是集合 $\mathscr{A}_{i\leftarrow j}(T,S)$ 中使概率 $P(A|T,S)$ 最大的那个元素。显然，利用前面介绍的简单修正算法能够快速地找到 $V_{i\leftarrow j}(S|T;1)$ 和 $V_{i\leftarrow j}(S|T;2)$ 以获得全部的 $V(S|T;1)$ 和 $V(S|T;2)$。

模型 3 是在式(11-26)的基础上建立起来的。前面已经指出，我们无法将式(11-4)中等号右边的每一个条件概率分别作为参数处理，对于式(11-26)，同样没有更好的办法来解决这个问题，因此，不得不再次靠增加约束条件的办法来减少独立参数的个数。当然，可以有很多不同的假设，每一种假设都将导致不同的翻译过程。模型 3 的假设包括如下三个：

(1) 对于 1 到 l 中的每一个 i，概率 $P(\phi_i|\phi_1^{i-1},T)$ 仅依赖于 ϕ_i 和 t_i；

(2) 对于所有的 i，概率 $P(\tau_{ik}|\tau_{i1}^{k-1},\tau_0^{i-1},\phi_0^l,T)$ 只依赖于 τ_{ik} 和 t_i；

(3) 对于 1 到 l 中的每一个 i，概率 $P(\pi_{ik}|\pi_{i1}^{k-1},\pi_1^{i-1},\tau_0^l,\phi_0^l,T)$ 只依赖于 π_{ik}，i，m 和 l。

这样，模型 3 的参数实际上就是三个集合：①繁衍概率(fertility probabilities)集合，繁衍概率记作 $n(\phi|t_i) \equiv P(\phi|\phi_1^{i-1},T)$；②翻译概率集合，翻译概率记作 $p(s|t_i) \equiv P(\Gamma_{ik}=s|\tau_{i1}^{k-1},\tau_0^{k-1},\phi_0^l,T)$；③位变概率或称扭曲概率(distortion probabilities)的集合，位变概率记作 $d(j|i,m,l) \equiv P(\Pi_{ik}=j|\pi_{i1}^{k-1},\pi_1^{i-1},\tau_0^l,\phi_0^l,T)$。

对于 t_0 来说，我们按不同的方式处理位变概率和繁衍概率。按照惯例，将位置 0 默认为空，实际上并不存在这个位置，其目的只是为了处理那些源语言句子中不能与目标语言句子中单词对位的词，因为我们希望这些词能够被均匀地分布在整个源语言句子中，并且这些单词的位置只有在其他所有单词的位置被确定以后才能确定，因此，假设位置 j 不为空时，位变概率 $P(\Pi_{0k+1}=j|\pi_{01}^k,\pi_1^i,\tau_0^l,\phi_0^l,T)=0$，否则(位置 j 为空)，其概率等于 $(\phi_0-k)^{-1}$。

因此,位变概率对于片段 τ_0 中所有词的贡献为:$1/\phi_0!$。

我们希望 ϕ_0 依赖于源语言句子的长度,因为一般来说句子越长,额外的(无法对位的)词越多。因此,假设对于辅助参数对 p_0 和 p_1 有概率:

$$P(\phi_0 \mid \phi_1^l, T) = \begin{pmatrix} \phi_1 + \cdots + \phi_l \\ \phi_0 \end{pmatrix} p_0^{\phi_1 + \cdots + \phi_l - \phi_0} p_1^{\phi_0} \tag{11-28}$$

表达式(11-28)左边仅依赖于 ϕ_1^l(通过 ϕ_1 到 ϕ_l 的累计和 $\phi_1 + \cdots + \phi_l$),并且,公式左部定义了 ϕ_0 上的一个概率分布,p_0 和 p_1 是非负数,并且 $p_0 + p_1 = 1$。概率 $P(\phi_0 \mid \phi_1^l, T)$ 可以解释为:设想 τ_1^l 中的每一个词都需要一个额外词(与 t_0 对齐),如果这个额外词出现的概率为 p_1,不出现的概率是 p_0,那么,τ_1^l 中 ϕ_0 个词需要一个额外词的概率恰好是式(11-28)给出的概率。可以通过图 11-6 来解释这种含义。图中的圆圈表示其左边邻近的词所需要的额外词,在本图中其位置只是示意性的,不代表其真实位置。根据前面的约定,存在如下关系:$\phi_0 + \phi_1 + \cdots + \phi_l = m$。

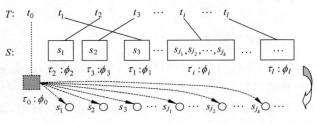

图 11-6 插入"额外词"示意图

就像在模型 1 和模型 2 中考虑的一样,翻译对 $(S \mid T)$ 的对位关系 A 取决于源语言句子 S 中每个位置上具体的 a_j。从 ϕ_0 到 ϕ_l 的繁衍率是一组 a_j 的函数:ϕ_i 等于所有使 $a_j = i$ 的 j 的个数,即源语言句子中对应于目标语言句子的同一个位置 i 的单词个数。因此,

$$P(S \mid T) = \sum_{a_1=0}^{l} \cdots \sum_{a_m=0}^{l} P(S, A \mid T)$$

$$= \sum_{a_1=0}^{l} \cdots \sum_{a_m=0}^{l} \begin{pmatrix} m - \phi_0 \\ \phi_0 \end{pmatrix} p_0^{m-2\phi_0} p_1^{\phi_0} \prod_{i=1}^{l} \phi_i! \, n(\phi_i \mid t_i)$$

$$\times \prod_{j=1}^{m} p(s_j \mid t_{a_j}) d(j \mid a_j, m, l) \tag{11-29}$$

其中,$\sum_s p(s \mid t) = 1$,$\sum_j d(j \mid i, m, l) = 1$,$\sum_\phi n(\phi \mid t) = 1$,并且 $p_0 + p_1 = 1$。我们为模型 3 所作的假设就是让 $\langle S, A \rangle$ 集合中的每一对 τ 和 π,对于式(11-27)中的概率 i 和具有同样的贡献。式(11-29)中的阶乘($\phi_i!$)用于明确地计算出这个和是多少。

借助前面的思路,可以建立辅助函数求模型 3 的似然率在约束条件下的极大值。

参照模型 1 和模型 2,定义如下计数:

$$c(s \mid t; S, T) = \sum_A P(A \mid T, S) \sum_{j=1}^{m} \delta(s, s_j) \delta(t, t_{a_j}) \tag{11-30}$$

$$c(j \mid i, m, l; S, T) = \sum_A P(A \mid T, S) \delta(i, a_j) \tag{11-31}$$

$$c(\phi \mid t; S, T) = \sum_A P(A \mid T, S) \sum_{i=1}^{l} \delta(\phi, \phi_i)\delta(t, t_i) \tag{11-32}$$

$$c(0; S, T) = \sum_A P(A \mid T, S)(m - 2\phi_0) \tag{11-33}$$

$$c(1; S, T) = \sum_A P(A \mid T, S)\phi_0 \tag{11-34}$$

其中，式(11-33)和式(11-34)中的计数对应着参数 p_0 和 p_1，而 p_0 和 p_1 决定目标语言句子中空单元(NULL)的繁衍概率。模型 3 的重新估计公式为

$$p(s \mid t) = \lambda_t^{-1} \sum_{z=1}^{Z} c(s \mid t; S^{(z)}, T^{(z)}) \tag{11-35}$$

$$d(j \mid i, m, l) = \mu_{iml}^{-1} \sum_{z=1}^{Z} c(j \mid i, m, l; S^{(z)}, T^{(z)}) \tag{11-36}$$

$$n(\phi \mid t) = \nu_t^{-1} \sum_{z=1}^{Z} c(\phi \mid t; S^{(z)}, T^{(z)}) \tag{11-37}$$

$$p_k = \xi^{-1} \sum_{z=1}^{Z} c(k; S^{(z)}, T^{(z)}) \tag{11-38}$$

式(11-30)和式(11-35)分别与式(11-11)和式(11-13)一致，这里只是为了方便重复一下而已。式(11-31)和式(11-36)分别与式(11-20)和式(11-22)类似，但 $a(i \mid j, m, l)$ 与 $d(j \mid i, m, l)$ 不同，前者是对于确定的 j 在所有 i 的情况下求对位概率，而后者是对于确定的 i 在所有 j 的情况下求扭曲概率。式(11-32)、式(11-33)、式(11-34)、式(11-37)和式(11-38)是为繁衍率参数新建立的计算公式。

由于繁衍率参数的原因，我们不能像对式(11-6)和式(11-19)那样交换式(11-29)中从 a_1 到 a_m 的概率之和和所有 j 情况下的概率乘积。不过可以把对位看作一个确定性的值，因为某些对位比其他对位出现的可能性大得多，我们的策略是只计算式(11-29)以及式(11-30)到式(11-34)中那些较可能的对位上的概率之和或计数之和，而忽略掉那些大量的不可能的对位情况。尤其可以从如下两种对位的情况开始：①能够发现的最有可能的对位；②通过少量变换能够找到的对位。

为了定义一个没有歧义的对位关系 $\mathscr{A}(S \mid T)$ 的子集 $\mathscr{S}_A$，以便于在这个子集上估计概率之和，我们还需要使用另外几个术语。如果恰好有一个 j 值使得 $a_j \neq a'_j$，则说两个对位集合 A 和 A' 通过一次移动区分。如果除了 j_1 和 j_2 两个值使 $a_j = a'_j$，即 $a_{j_1} = a'_{j_2}$ 和 $a_{j_2} = a'_{j_1}$，其他情况下 a_j 和 a'_j 均不相等，则说 a_j 和 a'_j 通过一次交换区分。如果两个对位关系是一致的或者通过一次移动或交换而不同，则说这两个对位是邻居(neighbors)。所有 A 的邻居的集合记作 $\mathscr{N}(A)$。

令 $b(A)$ 表示 A 的邻居，其似然率 $P(b(A) \mid S, T)$ 最大。假设 i 和 j 对于 A 来说是锁定的，那么，在 A 的邻居中 i 和 j 也是被锁定的，不妨让 $b_{i \leftrightarrow j}(A)$ 表示被锁定的两个位置上对位关系的最大似然率。经分析可以知道，对位关系序列 $A, b(A), b^2(A) \equiv b(b(A)), \cdots$，经有限步骤收敛于一个对位集合，将其记作 $b^{\infty}(A)$。类似地，如果 i 和 j 对于 A 被锁定，对位序列 $A, b_{i \leftrightarrow j}(A), b^2_{i \leftrightarrow j}(A), \cdots$，也经有限步收敛于一个对位集合，将其记作 $b^{\infty}_{i \leftrightarrow j}(A)$。在模型 3 中，位变概率的简单形式使得求 $b(A)$ 和 $b_{i \leftrightarrow j}(A)$ 更加容易。如果 A' 是由于 j 从 i

到 i' 的移动得到的 A 的一个邻居，并且，如果 i 和 i' 都不等于 0，那么，

$$P(A' \mid T,S) = P(A \mid T,S) \frac{(\phi_{i'}+1)}{\phi_i} \frac{n(\phi_{i'}+1 \mid t_{i'})}{n(\phi_{i'} \mid t_{i'})}$$

$$\times \frac{n(\phi_i-1 \mid t_i)}{n(\phi_i \mid t_i)} \frac{p(s_j \mid t_{i'})}{p(s_j \mid t_i)} \frac{d(j \mid i',m,l)}{d(j \mid i,m,l)} \tag{11-39}$$

注意，$\phi_{i'}$ 是对于对位关系 A 而言位置 i' 上单词的繁衍率，这个词的繁衍率在对位关系 A' 中的繁衍率是 $\phi_{i'}+1$。当 $i=0$ 或 $i'=0$ 时，或者 A 和 A' 通过一次交换而不同时，类似的等式容易被推导出，这里不再详细讨论。

有了前面这些准备，我们定义 $\mathscr{S}_{\mathscr{A}}$ 为

$$\mathscr{S}_{\mathscr{A}} = \mathscr{N}(b^{\infty}(V(S \mid T;2))) \bigcup \bigcup_{ij} \mathscr{N}(b^{\infty}_{i \leftarrow j}(V_{i \leftarrow j}(S \mid T;2))) \tag{11-40}$$

在这个等式中，用 $b^{\infty}(V(S|T;2))$ 和 $b^{\infty}_{i \leftarrow j}(V_{i \leftarrow j}(S|T;2))$ 作为 $V(S|T;3)$ 和 $V_{i \leftarrow j}(S|T;3)$ 容易得到的近似值，因为 $V(S|T;3)$ 和 $V_{i \leftarrow j}(S|T;3)$ 这两个值往往不容易快速地求出。

在为模型 3 进行 EM 算法的迭代中，首先计算式（11-30）到式（11-34）中的计数，仅对 $\mathscr{S}_{\mathscr{A}}$ 中的元素求和，然后将得到的计数用于式（11-35）至式（11-38）以获得新的参数。

对于模型 3，我们没有进行参数的初始估计，而是直接采用模型 2 中的 EM 算法通过迭代获得的参数。也就是说，利用模型 2 计算式（11-30）到式（11-34）中的计数以估计概率 $P(A|T,S)$。我们可以采用式（11-24）和式（11-25）为翻译概率和位变概率计算出计数，但繁衍率的计算比较复杂，这里不作详细讨论，有兴趣的读者可以参阅文献[Brown et al.,1993]的附录 B。

读者可能已经注意到模型 3 中位变概率参数化的一个问题：尽管式（11-26）右端在所有 τ,π 对上的概率和为 1，但是，如果假设概率 $P(\Pi_{ik}=j|\pi_{i1}^{k-1},\pi_1^{i-1},r_0^i,\phi_0^l,T)$ 对于 $i>0$ 来说只依赖于 j,i,m 和 l 时，这种情况就不再成立。因为对（目标语言句子）后面的词分派的（源语言句子中）位置的概率不依赖于指派给（目标语言句子）前面的词（在源语言句子中）的位置，目标语言句子中后面的词也可能对应到源语言句子中前面已经被指派过的位置，模型 3 损失了一些概率给那些广义的字符串，所谓的广义字符串就是指（目标语言句子中的）某些字符串在源语言句子中对应一些位置，有时甚至可能几个单词同时对应源语言句子中的一个位置，而有的源语言句子中的位置可能没有任何目标语言单词与之对应，即对空的情况。因而，我们可以认为由于模型 3 没有考虑到"多对一"的情况而造成了模型的不完整或者说有缺陷。

11.3.4　模型 4

在英语句子中，有些单词常常构成短语，这些短语一般作为一个整体被翻译成法语。很多情况下，一个短语被翻译成法语后在句子里的位置与原来在英语句子里的位置完全不同。模型 3 的位变概率却不能很好地解释短语作为一个整体移动这种趋向。当然，长的短语与短的短语相比，被移动的机会更少。在模型 4 中，通过修改概率 $P(\Pi_{ik}=j|\pi_{i1}^{k-1},$ $\pi_1^{i-1},\tau_0^l,\phi_0^l,T)$ 来部分地解决这种问题。那些对空的词一般不构成短语，因此，在模型 4 中继续假设这些词均匀地散布在整个法语句子中。

　　就像前面所描述的，对位关系把一个英语句子分解成一系列单元，每一个单元解释一个或多个法语单词。在模型 3 中，对于对位关系的安排取决于单词的繁衍率：如果一个词的繁衍率大于 0，该词就是一个单元。如果 $\phi_0 > 0$，空词单元也是整个单元序列中的一部分。由此可见，除了不考虑多词单元（"多对 $n(n \geqslant 1)$"）的情况以外，其他约定与前面的约定一样。对于一词单元，对应它们出现在英语（目标语言 T）句子中的顺序，有一个自然的顺序号。令 $[i]$ 表示第 i 个一词单元在英语句子中的位置。定义这个单元的中心（center） θ_i 为该单元的翻译片段中的单词在法语句子中位置平均值的上限整数。另外，定义单元的头词（head）是（该单元对应的法语片段中）在法语句子中位置最小的词。

　　在模型 4 中，用两组参数替换 $d(j|i,m,l)$：一组用于替换每一个单元的头词，而另一组用于替换其他的词。对于 $[i] > 0$，我们需要单元 i 的头词是 $\tau_{[i]1}$，并且假设：

$$P(\Pi_{[i]1} = j \mid \pi_1^{[i]-1}, \tau_0^l, \phi_0^l, T) = d_1(j - \theta_{i-1} \mid \alpha(t_{[i-1]}), \beta(s_j)) \tag{11-41}$$

其中，α 和 β 分别是英语单词和法语单词的函数，它们各自用一个较小的不同数值作为在各自词汇量（空间）上参数的范围。文献[Brown *et al.*，1992b]给出了一种算法利用互信息把词汇划分成若干类，以保持在文本中这些相邻类之间的互信息。根据这个算法，可以分别将英语词汇和法语词汇划分成 50 个类，并用这 50 个明显不同的数值构造 α 函数和 β 函数。通过假设（当前单元的）概率依赖于前一个单元和被法语单词替换的情况，我们能够解释这样的事实：形容词在英语句子中出现在名词前面，但在法语句子中却出现在名词后面。我们把 $j - \theta_{i-1}$ 称作对 i 单元头词的置换。这个置换值可能是负的，也可能是正的。当 t 是一个形容词，s 是一个名词时，我们希望 $d_1(-1|\alpha(t), \beta(s))$ 大于 $d_1(+1|\alpha(t), \beta(s))$。实际上，这一点确实在模型 4 的位变概率参数训练中得到了证实，例如，$d_1(-1 \mid \alpha(\text{government's}), \beta(\text{développement})) = 0.7986$，而 $d_1(+1 \mid \alpha(\text{government's}), \beta(\text{développement})) = 0.0168$。

　　现在假设对于 $[i] > 0, k > 1$，希望替换 i 单元的第 k 个单词，并且假定：

$$P(\Pi_{[i]k} = j \mid \pi_{[i]1}^{k-1}, \pi_1^{[i]-1}, \tau_0^l, \phi_0^l, T) = d_{>1}(j - \pi_{[i]k-1} \mid \beta(s_j)) \tag{11-42}$$

这里需要 $\pi_{[i]k}$ 大于 $\pi_{[i]k-1}$。有些英语单词倾向于生成一系列紧靠在一起的法语单词，而另一些英语单词则倾向于生成一些分离的法语单词。例如，英语单词 implemented 可以生成法语词 mis en application，这个词组通常作为一个整体使用，而英语单词 not 可以生成法语词 ne pas，这个词组却常常需要在中间插入一个动词。与 $d_{>1}(2|\beta(\text{en}))$ 相比，我们希望 $d_{>1}(2|\beta(\text{pas}))$ 相对大一点。经训练以后，确实发现 $d_{>1}(2|\beta(\text{pas})) = 0.6847$，而 $d_{>1}(2|\beta(\text{en})) = 0.1533$。

　　尽管假设 $\tau_{[i]1}$ 可以放在事先已经确定了位置的词之前或之后，但是，我们还是要求来自 $\tau_{[i]}$ 的词能够按顺序排放。这一点并不意味着这些词必须占用连续的位置，而只要求 $\tau_{[i]}$ 的第二个词必须位于第一个词的右边，第三个词位于第二个的右边，以此类推。因此，$\tau_{[i]}$ 的所有 $\phi_{[i]}$！种不同的排列方式中只有一种是可能的。

　　从下给出模型 4 的数学描述：

$$P(\Gamma, \Pi \mid T) = P(\Phi \mid T)P(\Gamma \mid \Phi, T)P(\Pi \mid \Gamma, \Phi, T) \tag{11-43}$$

$$P(S, A \mid T) = \sum_{(\Gamma, \Pi) \in (S, A)} P(\Gamma, \Pi \mid T) \tag{11-44}$$

假设：

$$P(\Phi \mid T) = n_0 \left(\phi_0 \mid \sum_{i=1}^{l} \phi_i \right) \prod_{i=1}^{l} n(\phi_i \mid t_i) \tag{11-45}$$

$$P(\Gamma \mid \Phi, T) = \prod_{i=0}^{l} \prod_{k=1}^{\phi_i} p(\tau_{ik} \mid t_i) \tag{11-46}$$

$$P(\Pi \mid \Gamma, \Phi, T) = \frac{1}{\phi_0 !} \prod_{i=1}^{l} \prod_{k=1}^{\phi_i} p_{ik}(\pi_{ik}) \tag{11-47}$$

其中，

$$n_0(\phi_0 \mid m') = \binom{m'}{\phi_0} p_0^{m'-\phi_0} p_1^{\phi_0} \tag{11-48}$$

$$p_{ik}(j) = \begin{cases} d_1(j - c_{\rho_i} \mid \alpha(e_{\rho_i}), \beta(\tau_{i1})), & k = 1 \\ d_{>1}(j - \pi_{ik-1} \mid \beta(\tau_{ik})), & k > 1 \end{cases} \tag{11-49}$$

在式(11-49)中，ρ_i 是当 $\phi_i > 0$ 时 i 左边的第一个位置；c_ρ 是 τ_ρ 中单词位置平均值的上限取整，即

$$\rho_i = \max_{i' < i}\{i' : \phi_{i'} > 0\}, \qquad c_\rho = \left\lceil \phi_\rho^{-1} \sum_{k}^{\phi_\rho} \pi_{\rho k} \right\rceil \tag{11-50}$$

需要说明的是，就像在模型 3 中一样，没有办法依据一些小的对位样本集 $\mathcal{S}_{\mathcal{A}}$ 来估计一些参数量的期望值。就像前面描述的，一种简单的方式是假设模型 3 中的位变概率能够对于任意对位关系 A 很快地找到 $b^\infty(A)$。如果借鉴公式(11-43)的方法会过于复杂，因为当把一个法语词从一个单元移动到另一个单元时，改变了两个单元的中心，有可能影响一些词的概率贡献。但不管怎样，快速地估计调整的似然率仍然是可能的。

针对这种情况，可以按如下方式处理。把对位关系 A 的邻居进行排序，使第一个对位的概率 $P(A \mid T, S; 3)$ 最大，第二个对位的概率 $P(A \mid T, S; 3)$ 次之，以此类推。然后，定义 $\tilde{b}(A)$ 是排序中位置最前的 A 的邻居，其概率 $P(\tilde{b}(A) \mid T, S; 4)$ 至少与 $P(A \mid T, S; 4)$ 一样大。类似地定义 $\tilde{b}_{i \leftarrow j}(A)$。这里 $P(A \mid T, S; 3)$ 的意思是利用模型 3 计算出的概率 $P(A \mid T, S)$，$P(A \mid T, S; 4)$ 是指利用模型 4 计算的概率 $P(A \mid T, S)$。由此，为模型 4 定义如下集合：

$$\mathcal{S}_{\mathcal{A}} = \mathcal{N}(\tilde{b}^\infty(V(S \mid T; 2))) \cup \bigcup_{ij} \mathcal{N}(\tilde{b}_{i \leftarrow j}^\infty(V_{i \leftarrow j}(S \mid T; 2))) \tag{11-51}$$

可以看出，式(11-51)与式(11-40)相比除了 b 换成了 $\tilde{b}$ 以外，其他地方完全一样。

11.3.5　模型 5

从上面的介绍可以看出，模型 3 和模型 4 都是有缺陷的。在模型 4 中，可能出现一些根本不可能存在的对位却有着非零概率的情况，因此，模型 5 试图消除这种缺陷。

在为片段 $\tau_{[i]1}^{[i]-1}$ 和 $\tau_{[i]1}^{k-1}$ 已经确定了源语言句子中的词以后，源语言句子中还会剩余一些未被占用的空位置。显然，$\tau_{[i]k}$ 应该被放置在某一个空位置上。严格地说，之所以模型 3 和模型 4 有缺陷就是因为没有强制约束这些词只能在这些空位置上。在确定 $\tau_{[i]k}$ 的位置之前，先令 $v(j, \tau_{[i]1}^{[i]-1}, \tau_{[i]1}^{k-1})$ 表示位置 j 之前(包括位置 j)剩余空位置的个数，为了

简洁起见，把这个计数记为 v_j。像在模型 4 中一样，模型 5 中保留了两组位变参数 d_1 和 $d_{>1}$，并继续使用它们。对于 $[i]>0$，假设：

$$P(\Pi_{[i]1} = j \mid \pi_1^{[i]-1}, \tau_0^l, \phi_0^l, T) = d_1(v_j \mid \beta(s_j),$$

$$v_{\theta_{i-1}}, (v_m - \phi_{[i]} + 1))(1 - \delta(v_j, v_{j-1})) \tag{11-52}$$

实际上，只有当位置 j 本身被占用时，j 之前剩余的空位置个数和位置 $j-1$ 之前的空位置个数才是一样的。因此，当位置 j 被占用时，$\delta(v_j, v_{j-1})=1$，最后一个因子 $(1-\delta(v_j, v_{j-1}))$ 等于 0；否则 $\delta(v_j, v_{j-1})=0$，最后一个因子等于 1。在 d_1 的参数中，v_m 是法语句子中剩余的未被占用的位置个数。如果 $\phi_{[i]}=1$，$\tau_{[i]1}$ 可以放在这些空位置中的任何一个上；如果 $\phi_{[i]}=2$，$\tau_{[i]1}$ 可以放在除了最后一个位置以外的任何一个未被占用的位置上。一般地，$\tau_{[i]1}$ 可以放在除了最右边的 $\phi_{[i]}-1$ 以外的任何一个空位置上，因为 $\tau_{[i]1}$ 必须放在 $\Gamma_{[i]}$ 中所有单词的最左边，必须在字符串的末端为这个片段中的其余词保留位置。就像在模型 4 中一样，仍然让 d_1 依赖于 s_j 和前一个单元的中心，但是，不考虑对 $t_{[i-1]}$ 的依赖性，否则参数太多。

对于 $[i]>0$ 和 $k>1$，假设：

$$P(\Pi_{[i]k} = j \mid \pi_{[i]1}^{k-1}, \pi_1^{[i]-1}, \tau_0^l, \phi_0^l, T)$$

$$= d_{>1}(v_j - v_{\pi_{[i]k-1}} \mid \beta(s_j), v_m - v_{\pi_{[i]k-1}} - \phi_{[i]} + k)(1 - \delta(v_j, v_{j-1})) \tag{11-53}$$

另外，式（11-53）中最后边的因子遵循这样的约束：$\tau_{[i]k}$ 在未被占用的位置上，并且再次假设其概率仅通过它的类依赖于 s_j。

根据上述思路，给出模型 5 的如下计算公式：

$$P(\Gamma, \Pi \mid T) = P(\Phi \mid T)P(\Gamma \mid \Phi, T)P(\Pi \mid \Gamma, \Phi, T) \tag{11-54}$$

$$P(S, A \mid T) = \sum_{(\Gamma, \Pi) \in \langle S, A \rangle} P(\Gamma, \Pi \mid T) \tag{11-55}$$

假设

$$P(\Phi \mid T) = n_0\left(\phi_0 \mid \sum_{i=1}^l \phi_i\right) \prod_{i=1}^l n(\phi_i \mid t_i) \tag{11-56}$$

$$P(\Gamma \mid \Phi, T) = \prod_{i=0}^l \prod_{k=1}^{\phi_i} p(\tau_{ik} \mid t_i) \tag{11-57}$$

$$P(\Pi \mid \Gamma, \Phi, T) = \frac{1}{\phi_0!} \prod_{i=1}^l \prod_{k=1}^{\phi_i} p_{ik}(\pi_{ik}) \tag{11-58}$$

其中，

$$n_0(\phi_0 \mid m') = \binom{m'}{\phi_0} p_0^{m'-\phi_0} p_1^{\phi_0} \tag{11-59}$$

$$p_{ik}(j) = \varepsilon_{ik}(j) \begin{cases} d_1(v_{i1}(j) - v_{i1}(c_{\rho_i}) \mid \beta(\tau_{i1}), v_{i1}(m) - \phi_i + k), & k = 1 \\ d_{>1}(v_{ik}(j) - v_{ik}(\pi_{ik-1}) \mid \beta(\tau_{ik}), v_{ik}(m) - v_{ik}(\pi_{ik-1}) - \phi_i + k), & k > 1 \end{cases} \tag{11-60}$$

在式（11-60）中，ρ_i 是具有非零繁衍率的 i 左边片段的第一个位置；c_ρ 是 τ_ρ 中单词位置平均值的上限取整（参见式（11-50））。另外，如果在 $\tau_{i'}(i'<i)$ 中所有单词的后面位置 j

未被占用,并且 τ_i 的前 $k-1$ 个词的位置已经确定,则 $\varepsilon_{ik}(j)=1$;否则,$\varepsilon_{ik}(j)=0$。其中,$v_{ik}(j)$ 是包括位置 j 在内及其左边空位置的个数,此时 $v_{ik}(j)=\sum_{j'\leqslant j}\varepsilon_{ik}(j')$。

模型 5 能力强大,但由于复杂度太高,且性能没有优势,因此并未被广泛使用。相反,比它能力弱的模型 2、3 和模型 4 却更有竞争力。

文献[宗成庆等(译),2012]对 IBM 的五个翻译模型做了不同方式的介绍,并给出了前三个模型的期望最大化参数训练算法的伪程序代码。

由于 IBM 模型是以词为单位进行建模的,因此,通常被称为基于词的(word-based)翻译模型。尽管后来人们提出的各种翻译模型的性能已远远超过了这些模型,但这些模型的开创性地位和作用是毋庸置疑的。尤其基于模型 4 实现的词对齐工具 GIZA++[①]已经成为建立统计机器翻译系统不可或缺的关键技术模块。

11.4 基于 HMM 的词对位模型

由于对位模型是统计翻译方法中的关键模型之一,因此,关于对位模型的改进工作备受关注,Vogel *et al.* (1996)提出的基于一阶 HMM 的词对位模型(first-order alignment model)是比较重要的一项改进工作,其主要动机是在双语句子的词对位中增强局部化效果:在一个句子内部所有的词并不是在各个位置上任意分布的,而是趋向于聚类的。比如,在德英翻译的句子对位中,每个德语句子的单词被对位到一个英语句子的单词,对位具有很强的倾向性:当一种语言被翻译到另外一种语言时,邻近的词倾向于保持这种局部的邻近关系。根据 S. Vogel 等人对一些欧洲语言对的分析,在很多情况下(尽管不总是这样),词汇之间都有一个很强的约束,即邻近词在两种语言的句子内相对位置之间的差小于 3。

为了刻画对位关系,Vogel *et al.* (1996)借鉴文献[Brown *et al.*,1990]的表示方法引入对位变量:$j\rightarrow a_j$ 表示指派一个在源语言(以法语为例)句子位置 j 处的词 f_j 对位到目标语言句子(以英语为例)位置 $i=a_j$ 上的单词 e_i。这种对位的概念与文献[Brown *et al.*,1990]的概念基本一致,所不同的是 S. Vogel 等使用另外一种概率分布的依赖性假设:对于位置 j,对位 a_j 的概率对它前一个词的对位 a_{j-1} 具有一定的依赖性,即存在概率 $p(a_j|a_{j-1},I)$。考虑到句子中词对位的概率均等性,公式中的条件包含了英语句子的总长度 I。这样,公式表达就类似于语音识别中使用 HMM 模型处理时间对位的问题,所不同的是,对位概率不是依赖于词的绝对位置,而是其相对位置。换句话说,这种方法考虑的是词的位置差,而不是位置本身。

借鉴文献[Brown *et al.*,1990]的思想,对于法英句子对 $[f_1^J;e_1^I]$ 引入"隐"对位变量 $a_1^J=a_1\cdots a_j\cdots a_J$,概率计算公式可以写为

$$\Pr(f_1^J\mid e_1^I)=\sum_{a_1^J}\Pr(f_1^J,a_1^J\mid e_1^I)$$

$$=\sum_{a_1^J}\prod_{j=1}^{J}\Pr(f_j,a_j\mid f_1^{j-1},a_1^{j-1},e_1^I) \tag{11-61}$$

---

① http://www.fjoch.com/GIZA++.html

假设只考虑对位 a_j 的一阶依存关系（不考虑 f_1^{j-1}），而且翻译概率只依赖于 a_j，不依赖于 a_{j-1}，式（11-61）中的概率将被简化为

$$\Pr(f_j, a_j \mid f_1^{j-1}, a_1^{j-1}, e_1^I) = p(f_j, a_j \mid a_{j-1}, e_1^I)$$
$$= p(a_j \mid a_{j-1}, I) \cdot p(f_j \mid e_{a_j}) \qquad (11\text{-}62)$$

将上述各种情况合在一起，就得到下面基于 HMM 的翻译模型：

$$\Pr(f_1^I \mid e_1^I) = \sum_{a_1^I} \prod_{j=1}^J \left[p(a_j \mid a_{j-1}, I) \cdot p(f_j \mid e_{a_j}) \right] \qquad (11\text{-}63)$$

其中，HMM 对位概率为 $p(i|i', I)$ 或 $p(a_j|a_{j-1}, I)$，翻译概率为 $p(f|e)$。

另外，假设 HMM 对位概率 $p(i|i', I)$ 只依赖于跳跃长度 $(i-i')$。利用一组非负值的参数 $\{s(i-i')\}$，HMM 对位概率可以写成如下形式：

$$p(i \mid i', I) = \frac{s(i-i')}{\sum_{l=1}^I s(l-i')} \qquad (11\text{-}64)$$

式（11-64）保证了每个英文单词的位置 $i'(i'=1,2,\cdots,I)$，HMM 对位概率都满足归一化约束。

根据上述思路，在基于 HMM 的词对齐模型中，源语言句子相当于 HMM 中的观测序列，对齐位置 a 为内部状态序列，翻译概率 $p(f_j|e_{a_j})$ 为输出概率，$p(a_j|a_{j-1}, I)$ 为状态转移概率。利用求解 HMM 学习问题的方法，可以获得初始概率、输出概率和状态转移概率等参数，然后利用解码算法就可以获得最优内部状态序列 a，即两个句子中词语之间的韦特比对齐结果。

周玉（2008）曾对 IBM 的 5 个翻译模型和基于 HMM 的词对齐模型进行了简要对比。她认为，这些模型的主要区别在于各自的假设和参数训练方法。

表 11-1　IBM 模型 1~5 与基于 HMM 的词对齐模型的比较

模型	假设	参数训练	简评
IBM-1	翻译模型仅与单词间的直译概率有关，句长概率和对齐概率都是均匀分布	应用 EM 算法，从双语语料库中训练获得，可以得到全局最优参数，与初始值无关	模型简单、易于实现，但仅考虑了单词的影响，没有考虑词序的影响
IBM-2	翻译模型和句长模型同 IBM-1，对位概率为 0 阶对齐	应用 EM 算法，从双语语料库中训练获得，只能收敛到局部最优	模型简单、易于实现，同时考虑了单词和词序的影响
IBM-3	翻译模型依赖于繁衍率模型和单词间的直译概率，对齐概率取 0 阶对齐	需要首先应用模型 IBM-1 或 IBM-2 对双语语料进行单词级对位，然后训练繁衍概率参数	引入了描述单词间一对多情况的繁衍概率，参数较多，实现过程较复杂

模型	假设	参数训练	简评
IBM-4	翻译模型依赖于单词间的直译概率、繁衍概率、词类、语言片段中心位置和语言片段内相对位置等因素,对齐概率取 1 阶词对齐	需要首先应用模型IBM-1～IBM-3 对双语语料进行单词级对位和语言片段划分,然后训练两种位置概率参数	不仅考虑了一对多的情况,还将语言片段作为一个整体进行考虑。参数较多,不易实现
IBM-5	翻译模型依赖于直译概率、繁衍概率、语言片段中心位置、语言片段内相对位置和对位的历史等因素	需要在模型 IBM-1～ IBM-4 参数训练的基础上获得参数	对 IBM-4 进行了修正,不仅考虑了当前对位信息,还考虑了对位历史。模型的表现力最强,但过于复杂,实用性不强
HMM	句长模型和翻译模型同 IBM-1,对齐模型为 1 阶对齐	应用 EM 算法,从双语对照语料中训练获得	模型简单,易于实现,考虑了词序的影响

说明:IBM-1～IBM-5 分别表示 IBM 模型 1～5,HMM 表示基于 HMM 的词对齐模型。

　　F. J. Och 等人曾对基于 HMM 的对位模型与 IBM 的 4 种对位模型进行过详细对比,并提出了评测词对齐质量的方法[Och and Ney,2000,2003],这里不再赘述。另外,Wang and Zong(2013)将依存连贯性作为调序约束,并将其整合到一个改进的隐马尔可夫(HMM)词对齐模型中,该约束通过调整词对齐候选的概率影响词对齐的结果。在大规模汉英翻译任务上的实验结果表明,该方法使词对齐的错误率显著下降。

11.5　基于短语的翻译模型

11.5.1　模型演变

　　在基于词的翻译模型中,源语言句子中的每个单词都被单个地翻译成目标语言的单词。这对于词汇量为几万的双语语料来说,将产生规模巨大的翻译对列表,要调整如此大规模的翻译对的概率是一件非常困难的事情,存储空间开销极大,效率低下,而且词序缺乏约束,生成的结果难以令人满意。因此,一些学者提出了基于短语(phrase-based)的统计翻译模型。

　　Imamura(2001)首先提出了层次短语的对位方法,并将其应用于基于模式的机器翻译系统[Imamura,2002]。该方法的基本假设是:如果双语句子中的某些单词序列具有相同的语义,并且形成的短语具有相同的短语类,那么,双语句子中对应的单词序列被看做是对等(对齐)的短语。从计算的角度讲,这种假设可以被解释为如下两个条件:

　　条件 1(语义约束)　"语义相同"意味着在两个短语中有对应关系的单词既不少也不多。

条件 2（句法约束） "短语类相同"意味着对应的双语短语具有相同的句法类。

在 Imamura(2002)提出的层次化短语对位方法中,采用如下方法进行短语对抽取:首先对双语句子分别进行词类标注和句法分析,然后进行词对齐,最后根据词对齐结果和句法分析结果选择满足上述约束条件的对等短语。

这种方法的主要问题是:短语对位的结果直接依赖于句法分析的结果,从而可能导致抽取出来的对等短语很少,因此,Imamura(2002)提出了两种方法以提高短语抽取的鲁棒性:①利用结构相似性进行短语消歧;②采用局部句法分析树组合的方法,将部分句法分析(partial parsing)的结果组合起来,避免整句语法不完整或不符合语法的句子可能导致的句法分析失败。这些措施的目的都是试图扩大两种语言对应句对的句法分析的候选结果,但是,双语对齐的"短语"必须满足严格的约束条件。

Marcu and Wong(2002)提出了一种基于短语的联合概率的统计翻译模型,这种模型假定源语言与目标语言的词对应关系不仅可以在词的层次上建立,而且可以在短语层次上建立。与前人的工作相对比,该模型并不试图计算一个源语言句子如何被映射到目标语言句子,而是考虑怎样实现源语言句子与目标语言句子的同步生成。换句话说,就是通过估计联合概率模型为实现源语言句子到目标语言句子和目标语言句子到源语言句子的翻译来产生条件概率模型。这种翻译等价关系的联合概率模型既可以从单词之间获得,也可以从短语之间获取。

在[Imamura,2001,2002]和[Marcu and Wong,2002]的工作中,短语的概念已经出现了。Koehn(2003)和 Koehn *et al*.(2003)提出了基于短语直接建模的翻译模型。对于源语言句子(以法语为例)$\mathbf{f}$ 和目标语言句子(以英语为例)$\mathbf{e}$,可以根据贝叶斯公式简单地写成:

$$\underset{e}{\mathrm{argmax}}\, p(\mathbf{e}\mid\mathbf{f}) = \underset{e}{\mathrm{argmax}}\, p(\mathbf{f}\mid\mathbf{e})\, p(\mathbf{e})$$

整个翻译过程由语言模型 $p(\mathbf{e})$ 和翻译模型 $p(\mathbf{f}\mid\mathbf{e})$ 两个相对独立的模型组成。在解码的过程中,一个源语言句子 $\mathbf{f}$ 被切分成由 I 个短语构成的短语序列 $\bar{f}_1^I$,假设所有可能的切分概率服从均匀分布。短语定义为一组连续的非空的词序列(不一定是语言学意义上的短语),限定源语言句子和目标语言句子中的每个词都只属于一个短语,也就是说,短语之间没有交叉和间隔。

$\bar{f}_1^I$ 中的每一个短语 $\bar{f}_i$ 可以被翻译成英语短语 $\bar{e}_i$,英语短语可以重新调整次序。短语翻译模型为:$\phi(\bar{f}_i\mid\bar{e}_i)$。

英语输出的短语次序调整模型由相对位变概率分布刻画:$d(a_i - b_{i-1})$,其中,a_i 表示翻译成第 i 个英语短语的法语短语的起始位置,b_{i-1} 表示翻译成第 $i-1$ 个英语短语的法语短语的末端位置。参照示意图 11-7。

在 Koehn(2003)的实验中,位变概率分布 $d(\cdot)$ 是利用联合概率模型训练的,实际上,也可以通过适当地调整参数 α 的值,直接利用简单的位变模型 $d(a_i - b_{i-1}) = \alpha^{|a_i - b_{i-1} - 1|}$ 实现。

为了校准输出的句子长度,Koehn(2003)在三元语言模型(trigram)p_{LM} 的基础上为每一个生成的英语单词引入了一个因子 ω,作为优化系统性能的一种简单手段。通常校准因子 $\omega > 1$,偏向于较长的输出。

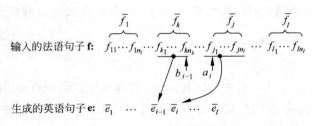

图 11-7　位置对应关系示意图

根据上述思路，给定一个法语句子 **f** 的最佳英语翻译结果 $\mathbf{e}_{\text{best}}$ 可以由下面的模型计算得出：

$$\mathbf{e}_{\text{best}} = \text{argmax}_\mathbf{e}\, p(\mathbf{e} \mid \mathbf{f})$$

$$= \text{argmax}_\mathbf{e}\, p(\mathbf{f} \mid \mathbf{e})\, p_{\text{LM}}(\mathbf{e})\omega^{\text{length}(\mathbf{e})} \tag{11-65}$$

其中，翻译模型 $p(\mathbf{f}|\mathbf{e})$ 可以分解为

$$p(\bar{f}_1^I \mid \bar{e}_1^I) = \prod_{i=1}^I \phi(\bar{f}_i \mid \bar{e}_i)\, d(a_i - b_{i-1}) \tag{11-66}$$

11.5.2　短语对抽取方法

在基于短语的翻译模型中，短语翻译对抽取是核心问题之一，因此，众多学者针对如何提高短语翻译对抽取的质量这一问题做了大量研究工作。其中，P. Koehn 等人提出的基于词对齐工具 GIZA++[Och, 2000][1][2] 的短语对抽取方法[Koehn *et al.*, 2003] 和 Zhang Ying（张盈）与 S. Vogel 等提出的一体化短语分割与对位算法[Zhang *et al.*, 2003b] 是比较典型的两种短语对抽取方法。

1. 基于 GIZA++ 的短语对抽取方法

在文献[Koehn *et al.*, 2003] 中，P. Koehn 等人采用了三种构造短语翻译概率表的方法。一种方法是利用工具 GIZA++，获得词对齐的双语语料，在这些对位语料的基础上进行短语翻译对抽取。根据 IBM 翻译模型，在德英翻译中，一个德语单词最多与一个英语单词对位，因此，为了弥补这一问题，P. Koehn 等人提出了短语抽取的启发式方法。首先，对德语和英语双语句对 f_1^J 和 e_1^I 进行双向对位，即德英对位和英德对位，分别得到对位向量 a_1^J 和 b_1^I，采用如下方法将两个对位向量结合成一个对位矩阵：用 $A_1 = \{(a_j, j) \mid j = 1 \cdots J\}$ 和 $A_2 = \{(i, b_i) \mid i = 1 \cdots I\}$ 分别表示在两个 Viterbi 对位中连接关系的集合。然后，取 A_1 和 A_2 的交集：$A = A_1 \bigcap A_2$。如果对这两组对位数据取交集，可以获得更高准确率和可信度的对位关系，如果对这两组对位数据取并集，则可以获得更高召回率和更多数量的对位数据。现在以交集 A 为基础，将满足如下条件的那些只出现在集合 A_1 或者只出现在集合 A_2 中的连接 (i, j) 补充到集合 A 中：①(i, j) 有一个邻近连接（neighboring link）已经在集合 A 中，所谓邻近连接指的是：$(i-1, j)$，$(i, j-1)$，$(i+1, j)$ 和 $(i, j+1)$；②单词 f_j 和 e_i 在集合 A 中都没有被对位。

---

[1]　http://www.fjoch.com/GIZA++.html

[2]　http://www-i6.informatik.rwth-aachen.de/Colleagues/och/software/GIZA++.html

经过扩展后,双语词汇对位的概率 $p(f|e)$ 可由经前面的步骤确定的对位关系的相对频率计算得出：

$$p(f \mid e) = \frac{n_A(f,e)}{n(e)} \tag{11-67}$$

其中,$n_A(f,e)$ 是单词 f 与 e 对齐的次数;$n(e)$ 是在训练语料中单词 e 的出现次数。

上述扩充基本交集 A 的思想方法在后来 P. Koehn 等人发表的文献[Koehn *et al.*,2003]中被总结为如下 5 条启发式判别标准：

（1）在德英对位或英德对位中,哪一种对位中存在潜在的对位点？

（2）潜在对位点的邻近词是否已经建立了对位？

（3）其"邻近（neighboring）"是直接相邻（block-distance）还是对角相邻（diagonally adjacent）？

（4）潜在对位点连接的英语单词或德语单词是否已经对位或者都没有对位？

（5）潜在对位点的词汇概率是多大？

P. Koehn 等人的做法是,只扩展那些直接相邻的对位点,从对位矩阵的右上角开始检测潜在的对位点,首先为第一个英语单词检测对位点,然后为第二个英语单词检测对位点,依此迭代进行,直到再没有对位点增加为止。最后,根据相应要求添加那些不相邻的对位点。

对于收集到的短语对,可以根据如下公式通过计算相对频率的方法计算短语翻译对的概率分布：

$$\phi(\bar{f} \mid \bar{e}) = \frac{\text{count}(\bar{f},\bar{e})}{\sum_{\bar{f}} \text{count}(\bar{f},\bar{e})} \tag{11-68}$$

P. Koehn 等人使用的第二种构造短语翻译概率表的方法是基于句法分析的方法。与文献[Imamura,2002]的定义一致,在 P. Koehn 等人的实验中也把一个词序列看作一个短语,只要这个词序列在句法分析树中被一个子树所覆盖。这种方法收集短语对的基本思路是：首先对双语句对进行词对齐,然后利用源语言和目标语言的句法分析器分别对源语言句子和目标语言句子进行句法分析,对所有那些与词对位一致的短语对进行检查,看其源语言的短语和目标语言的短语是否都是它们所在句子的句法分析树的子树,只有那些包含在句法分析树中的短语对才被确定为翻译对。也就是说,符合句法约束的短语对只是在没有语法知识指导的情况下学习到的所有短语对的一个子集。

此外,P. Koehn 还尝试了第三种短语抽取方法,即 Marcu and Wong(2002)提出的基于短语的联合概率的统计翻译模型中使用的方法。

Koehn *et al.*(2003)通过对比实验得出了一个重要的结论：基于短语的翻译方法比基于词的翻译方法效果好。相对而言,利用词对位学习短语的方法实现的德英翻译系统的性能（BLEU 得分）比利用上述第三种方法实现的德英翻译系统的性能要好,利用上述第二种方法实现的翻译系统的性能最差。

2. 一体化短语分割与对位算法

一体化短语分割与对位算法的基本思想是,不像其他方法那样首先建立一个初始的单词到单词的对位或者一开始就分割单语文本（monolingual text）为短语序列,而是把短语划分与寻找短语之间的对位关系同时进行。对于每个句对,ISA 算法用一个二维的矩阵来表示矩阵中每个单元的值对应源语言单词和目标语言单词之间的点式互信息(point-wise mutual information),然后,根据单元之间互信息(mutual information,MI)的值来确定出双语句子对中潜在的对位短语。这样,一旦找到了所有的短语对,也就知道了如何把句子分割成短语和怎样实现源语言句子与目标语言句子之间的对位。

在 ISA 算法中,把一个双语句子对 $\langle F,E \rangle$ 表示成一个 $m \times n$ 的双语文本矩形 D,其中 m 是句子 F 中单词的个数,n 是句子 E 中单词的个数。假设句子 F 可以被划分成 c' 个短语 $\tilde{f}_1,\tilde{f}_2,\cdots,\tilde{f}_c,\cdots,\tilde{f}_{c'}$,句子 E 被划分成 d' 个短语 $\tilde{e}_1,\tilde{e}_2,\cdots,\tilde{e}_d,\cdots,\tilde{e}_{d'}$。现在要把 D 划分为 $m \times n$ 个矩形子区域,使每个子区域对应于一个短语对,如图 11-8 所示[Zhang et al.,2003b]。

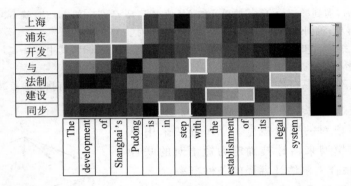

图 11-8　矩形表示的短语对(单元$[x,y]$的灰色程度对应互信息 $I[x,y]$的大小)

那么,对文本矩阵 D 划分的目标就是要找到一种划分,使短语对的联合概率最大,且满足条件:每个单词仅属于一个短语对。

ISA 算法采用贪婪搜索(greedy-search)的思想来寻找这种划分,用源语言单词 e 和目标语言单词 f 之间的点式互信息来衡量源语言单词 e 翻译到目标语言单词 f 的可能性。单词 e 和单词 f 之间的点式互信息计算公式定义为

$$I(e,f) = \log_2 \frac{P(e,f)}{P(e)P(f)} \tag{11-69}$$

$I(e,f)$ 值越大,单词 e 和单词 f 的相关性越大。或者说,单词 e 被翻译成 f 的可能性越大,反之亦然。

通过观察可以发现,如果 $e_1 e_2$ 的翻译是 f,那么,$I(e_1,f)$ 就应该和 $I(e_2,f)$ 非常相似。因此,句子中 MI 值相似的邻近单词可以看作一个短语,短语抽取就是要在一个句子对所有可能的短语对中,选择那些使概率乘积 $\prod_{\langle \tilde{f}_c,\tilde{e}_d \rangle} P(\langle \tilde{f}_c,\tilde{e}_d \rangle)$ 最大的短语对。

在表示句对 $\langle F,E \rangle$ 的二维矩阵中,X 轴从左到右表示目标语言单词,Y 轴从上到下表示源语言单词,矩阵中每个元素的值就是源语言单词和目标语言单词之间的 MI 值,其灰度对应 MI 值的大小。

根据上述介绍,文献[Zhang et al.,2003b]给出的 ISA 算法描述如下:

给定一个句对 $\langle F,E \rangle$,构造一个二维的矩阵 $\mathcal{R}_{m \times n}$。矩阵 $\mathcal{R}$ 中每个元素的值由公式

$R[i,j] = I(f_i, e_j)$ 求得。假设 $F = f_1 f_2 \cdots f_i \cdots f_m$，其中，$m$ 是句子 F 中单词的个数，$E = e_1 e_2 \cdots e_j \cdots e_n$，$n$ 是句子 E 中单词的个数。矩阵 $\mathcal{R}$ 中所有的单元初始化时都被赋予"free"标记。

步 1　在矩阵中所有被标记为"free"的单元中，寻找 MI 值最大的单元，即

$$R[i^*, j^*] = \underset{i,j}{\operatorname{argmax}} R[i,j]$$

这个单元叫做当前的"seed"单元。

步 2　把"seed"单元按下面的两个约束条件最大限度地进行扩展，假设扩展的最大可能的矩形区域为 $(r_{\text{start}}, r_{\text{end}}, c_{\text{start}}, c_{\text{end}})$：

① 在扩展的区域里，所有单元 $[i', j']$ 的 MI 值应该和 $R[i^*, j^*]$ 的值相似，也就是说，对于所有 $[i', j']$，都满足 $\dfrac{R[i', j']}{R[i^*, j^*]} \geqslant \text{threshold}$。

② 如果扩展时，遇到标记为"free"的单元的 MI 值大于 $R[i^*, j^*]$ 的 MI 值，就不再继续扩展。

经过上述扩展后，得到的矩形区域就代表了一个短语对。

步 3　将所有矩阵 $\mathcal{R}$ 里标记为"free"的单元 $[r, c]$ 标记为"blocked"，其中，$r_{\text{start}} \leqslant r \leqslant r_{\text{end}}$，$c_{\text{start}} \leqslant c \leqslant c_{\text{end}}$。这些单元从此不会再被标记为"free"。

步 4　如果矩阵中仍然存在"free"的单元，返回到步 1。否则，输出所有找到的短语对。

句对一旦经过上述步骤被划分成短语对以后，就需要估计这些短语对的联合概率。ISA 算法采用单语言的二元语言模型来估计被确定为短语对的联合概率，然后利用联合概率估计翻译的条件概率。

如果把一个短语看作一个整体的话，那么，英语短语 $\tilde{e}_d$ 和汉语短语（以汉英翻译为例）$\tilde{f}_c$ 之间的相关性可以通过组成它们的单词之间的相关性来判断。这样，短语 $\tilde{e}_d$ 和 $\tilde{f}_c$ 的联合概率可以通过估计这两个短语中单词对的联合概率估算出来（参见图 11-9）。

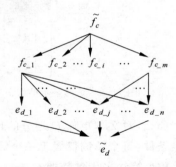

图 11-9　短语的联合概率估计示意图

于是，

$$P(\tilde{f}_c, \tilde{e}_d) = \sum_{c\_i, d\_j} P(\tilde{f}_c, \tilde{e}_d, f_{c\_i}, e_{d\_j})$$

$$= \sum_{c\_i, d\_j} P(\tilde{f}_c \mid f_{c\_i}) P(f_{c\_i}, e_{d\_j}) P(\tilde{e}_d \mid e_{d\_j}) \tag{11-70}$$

根据独立性假设，得到如下两个公式：

$$P(\tilde{f}_c \mid f_{c\_i}) = \prod_{i'=1}^{m} P(f_{c\_i'} \mid f_{c\_i}) \tag{11-71}$$

$$P(\tilde{e}_d \mid e_{d\_j}) = \prod_{j'=1}^{n} P(e_{d\_j'} \mid e_{d\_j}) \tag{11-72}$$

其中，条件概率 $P(f_{c\_i'} \mid f_{c\_i})$ 和 $P(e_{d\_j'} \mid f_{d\_j})$ 可以从训练数据或者其他单语言数据中估计出来。尽管这种概率估算方法比较简单，但产生的短语对的精度却比基于 HMM 词对位方法抽取出的短语翻译对的精度更高。

实验表明，ISA 算法生成的短语翻译对与基于 HMM 词对位方法抽取出来的短语翻译对相结合后，翻译系统的性能可以得到较大的提高。

　　短语对抽取方法中一个棘手的问题是随着语料规模的扩大,抽取的短语对数量急剧增加,这不仅使短语对的存储空间太大,而且给后面的解码器带来很大的负担。为此,周玉等(2005)和周玉(2008)提出了一种基于多层过滤的短语对抽取方法,该方法能够直接从当前句对中生成多层次短语,而不像在其他方法中根据给定的词对齐结果只能生成固定模式的一种短语对,并且该方法不需要利用句法知识来对生成的短语对进行过滤。其基本思想是:对当前句子对,首先结合 GIZA＋＋生成的词对齐结果,利用一些锚点信息将双语句对分割成一系列的语块,直接针对语块内部词对齐信息进行短语对抽取。然后,利用单语语块的出现频率进行进一步的约束和筛选。而何彦青等(2007)认为,Och and Ney(2004)提出的短语抽取方法过于依赖词对齐的结果,因而只能抽取出与词对齐完全相容的短语对,而那些不相容的词(以英语为例)有一些是虚词,没有实际的语义信息,因此,这种抽取方法会损失很多有用的信息。为此,何彦青等(2007)提出了一种基于"松弛尺度"的短语抽取方法,对不能完全相容的短语对,结合词性标注信息和词典信息来判断是否进行抽取,放松"完全相容"的限制,从而保证了为更多的源语言短语找到相应的目标语言短语对。

　　总起来说,基于短语的翻译模型是最为成熟的统计机器翻译技术,无论其译文质量,还是其翻译速度,都可达到相对较好的水平,而且系统容易实现。尤其是"法老王(Pharaoh)"[1]和"摩西(Moses)"[2]开源系统的发布,极大地推动了统计机器翻译的发展。这两个开源系统甚至被很多用户开发成应用系统。

11.6　基于柱搜索的解码算法

　　正如 11.2 节中介绍的,解码器是统计机器翻译系统的三大核心模块之一。采用什么样的解码算法取决于翻译模型。在基于词的翻译系统和基于短语的翻译系统中,通常采用 A* 搜索算法。A* 搜索算法是一种最佳优先(best-first)的启发式搜索算法,最早是在人工智能研究中提出来的,并于 20 世纪 60 年代被首先应用于语音识别。在实现基于短语的翻译系统时,首先需要将给定的源语言句子切分成"短语"序列,然后对每个短语进行扩展,并对扩展后的短语序列(译文)进行调序,扩展结束后的最佳结果作为译文输出,如图 11-10 和图 11-11 所示。实现这一解码过程时通常将扩展出的不同长度的短语存放在不同的栈里,形成若干个高度不同的栈,就像一根根立柱一样,因此,该算法又被称为柱搜索算法(beam search algorithm)。

　　Koehn(2003)利用柱搜索算法实现的解码器被命名为法老王(Pharaoh)[Koehn,2004],后来扩展修改后被命名为摩西(Moses)[Koehn et al.,2007]。以下以西班牙语到英语的翻译为例,介绍该算法的实现过程。

　　(1) 翻译选项(translation options):给定一个输入词串,对应一组短语翻译对,每一

---

① http://www.isi.edu/licensed-sw/pharaoh/

② http://www.statmt.org/moses/

个可以利用的短语翻译称为翻译选项。如图 11-10 所示，对于给定的西班牙语句子：Maria no daba una bofetada a la bruja verde，有一组短语翻译。

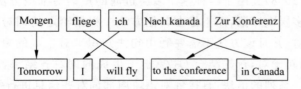

图 11-10　基于短语的统计翻译过程示意图

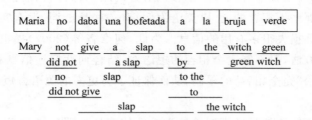

图 11-11　给定西班牙语句子的翻译选项

翻译选项在解码过程执行前已经被收集起来，这样在解码过程中就可以快速查找。

（2）核心算法（core algorithm）：英语输出句子根据翻译假设（hypothesis）按照从左到右的顺序生成。图 11-12 给出了英语句子形成过程的示意图，图中每个连字符"-"对应一个输入句子的单词，"＊"表示对应位置上的源语言单词已经被覆盖（翻译），p 为翻译概率。

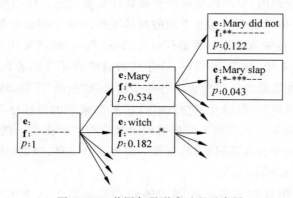

图 11-12　英语句子形成过程示意图

从初始假设（hypothesis）开始扩展，首先扩展西班牙语单词 Maria，它被翻译成英语单词 Mary，然后，将源单词 Maria 标记为已经翻译（例如，用星号标记）。当然，也可以将西班牙语单词 bruja 翻译成英语单词 witch 作为初始假设，然后开始扩展。根据这些已扩展的假设系统继续产生新的假设，例如，第一个 hypothesis 确定后，接下来可以把 no 翻译成 did not 就得到了新的 hypothesis。于是，前两个西班牙语单词 Maria 和 no 就被标记为"已被覆盖"。这样依次进行,直到源语言句子的每一个单词都被覆盖。最后,根据 hypothesis 的回退指针解码器读出源语言句子的翻译结果。

在这种扩展算法中,可能翻译的搜索空间随源语言句子的长度成指数级增长。为了克服这个问题,Pharaoh 解码器采用假设重组和启发式剪枝的方法剪除掉那些可能性较小的假设。

(3)重组假设(recombining hypotheses):重组假设是一种没有风险的减小搜索空间的方法。如果两个假设满足下列条件,那么,这两个假设可以被组合在一起:①源语言单词已被覆盖;②生成的两个目标语言单词是最后的两个;③最后一个源语言短语的末端词被覆盖。

如果有两条路径产生了两个满足上述特性的假设,Pharaoh 解码器只保留较合算的那个假设,例如,保留到目前为止代价最低的那个假设。其他假设不可能是形成最佳翻译路径的一部分,所以被丢弃掉。为了生成翻译词格,Pharaoh 用一个附加弧作记录。

(4)柱搜索(beam search):假设重组以后,搜索空间显然减小了,但除了很短的句子以外,仅仅这样处理是远远不够的。我们可以估算一下,在穷尽式的搜索中可以生成多少个假设(或状态)。如果源语言句子的单词个数是 n_f,目标语言的词汇量规模为 $|V_e|$,那么,状态个数的上限大约为 $N \approx 2^{n_f} |V_e|^2 n_f$。实际上,生成最后两个目标语言单词可选用的单词个数远远小于 $|V_e|^2$。那么,主要问题是由源语言单词构成的 2^{n_f} 条可能的路径形成的指数级组合爆炸,这才导致解码过程成为 NP 完全问题[Knight,1999]。

在 Pharaoh 解码器中,对覆盖相同数量源语言单词的假设进行比较,剪除那些比较差的假设。评价假设优劣的条件包括两部分估价,一部分为从开始到当前状态已经耗费的代价,另一部分为从当前状态到未来目标估计需要的代价(未来预测代价)。未来预测代价的估算函数倾向于选择那些已经覆盖了源语言句子中比较复杂的部分、只剩下容易部分尚未覆盖的假设,并且对那些首先覆盖了源语言句子中容易部分的假设的估分进行折扣处理。关于预测代价的评估方法,请读者参阅文献[Koehn,2003]。

根据对假设的综合估价值排序(包括已耗费代价和未来预测代价),顺序排在后面的假设被剪除掉,柱的大小由两个阈值控制,一个是相对阈值,用于根据概率比值剪除假设,例如,如果某个假设的概率与最好假设的概率之比小于因子 α 时(例如,$\alpha = 0.001$),这个假设就被剪除掉;另一个阈值用于控制柱容量(即直方图剪枝(histogram pruning)),仅保留 n 个假设(例如,$n = 1000$)。不过请注意,这种剪枝是有风险的,如果未来代价预测不充分,就有可能剪除掉有望生成最佳翻译的路径。在 A* 搜索方法中,要求对未来预测代价的估计必须是可接纳的(admissible),也就是说,绝不能低估未来代价,这样,运用最佳优先(best-first)搜索方法和可接纳的启发函数可以保证剪枝无风险,但是,这样并不能减少搜索空间。关于搜索方法的更多讨论可以参阅人工智能有关的教材。

下面给出 Pharaoh 解码器的算法过程:

步 1　初始化假设栈 hypothesisStack[0 .. nf];

步 2　创建初始假设 hyp_init;

步 3　将假设压入栈 hypothesisStack[0]

步 4　从 $i=0$ 到 $i=$ nf-1 执行如下循环：

　　对于栈 hypothesisStack[i]中的每一个假设 hyp 执行如下循环{

　　　对于 hyp 能够生成的每一个新的假设 new_hyp 执行如下操作{

　　　　nf[new_hyp]＝ 被 new_hyp 覆盖的源语言单词个数；

　　　　把新的假设 new_hyp 压入栈 hypothesisStack[nf[new_hyp]]；

　　　　对栈 hypothesisStack[nf[new_hyp]]进行剪枝；}

　　}

步 5　从栈 hypothesisStack[nf]找到最优假设 best_hyp；

步 6　输出产生 best_hyp 的最佳路径。

在算法中，每有一批源语言单词被覆盖，一个新的假设栈就被创建。初始假设压栈时没有源语言单词被覆盖。从初始假设开始，根据已知的对应前面未被覆盖的源语言单词的短语翻译，生成新的假设。每个新生成的假设都根据它所覆盖的源语言单词的个数被放进对应的栈，如图 11-13 所示。

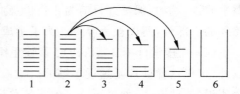

图 11-13　假设（hypothesis）扩展示意图

在扩展假设（hypothesis）时，根据到当前状态为止被翻译的源语言单词的个数，hypothesis 被放进不同的栈，如果一个 hypothesis 扩展出了新的 hypothesis，那么，这些新的 hypothesis 将被放入新建立的栈内。当一个新的 hypothesis 被压栈后，如果栈内 hypothesis 比较多时，必须根据相对阈值和柱容量阈值对栈内 hypothesis 进行剪枝。最后，从覆盖所有源语言句子单词的 hypothesis 中选择那些最佳 hypothesis，从而得到最佳翻译。根据回退链接指针读出目标语言单词序列就得到了最终翻译的句子。

（5）生成词格（generating word lattices）：在实际应用中，人们不但希望翻译系统能够给出输入句子的最佳翻译结果，而且希望给出 $n(n>0)$个最好的翻译结果。为此，Pharaoh 解码器对每个输入句子可以给出一个可能的翻译词格，这个词格是从启发式栈搜索的搜索图中获得的。如图 11-12 所示的状态扩展过程，生成的假设和扩展出的栈通过指针连接起来构成一个图。实际上，这个假设空间上的图可以视为一个概率的有限状态自动机，假设作为状态，回退链和附加弧的记录作为状态转移函数，当一个假设被扩展时增加的概率分值作为状态转移的代价。那么，从概率的有限状态自动机中求解 n 条最优（n-best）路径问题是一个解决方法已经比较成熟的经典问题。在实现 Pharaoh 解码器时，关于假设、假设转移以及附件弧的有关信息都被存放在一个文件中，由有限状态机工具软件 Carmel[①] 处理，利用求解 n 条最短路径的算法生成 n-best 翻译列表。

另外，Pharaoh 解码器还对统计翻译中的命名实体翻译等具体问题作了相应的处理，这些具体工作这里不再详细介绍，有兴趣的读者可以参阅文献[Koehn, 2004]。

近几年来，柱搜索算法在统计机器翻译研究中得到了广泛使用，Pharaoh 解码器的代码开放也进一步促进了柱搜索算法的推广和应用。在具体实现时，很多专家都根据自己

---

① http://www.isi.edu/licensed-sw/carmel/

的需要,对柱搜索算法做了适当的修改和调整。中国科学院自动化研究所在建立基于短语的统计翻译系统时,对解码算法也作了相应的改进[Pang et al.,2005]。一方面通过加入一些繁衍率为 0 且出现频率较高的词(该系统中称为 F-zeroword),处理汉语中很多词汇被翻译成英文时需要添加冠词、介词等问题。在翻译模型、语言模型、位变模型的共同驱动下,这些 F-zeroword 词在搜索时被补充到了最后的输出结果中。另一方面,解码器在回溯时不是仅在最后堆栈中寻找最优路径,而是按一定比例从包括最后堆栈和其前几个堆栈中的候选路径中选取最优路径。这是因为在很多情况下汉语翻译成英语时,由于汉英表达方式的差异,汉语中的某些词汇根本不需要翻译,也就是说,没必要非要等到所有的源语言单词都被翻译完成以后才能得到翻译结果,源语言句子的最后一个词,甚至几个词,根本不需要翻译就可以得到正确的目标语言句子。实验证明,这些处理不仅扩大了搜索范围,而且翻译质量也有一定的提高。

11.7　基于最大熵的翻译框架

近几年来,最大熵(maximum entropy,ME)方法在自然语言处理中得到了广泛应用[Berger et al.,1996]。2002 年 F. J. Och 和 H. Ney 首次将最大熵模型引入统计机器翻译[Och and Ney,2002],建立了基于最大熵的翻译框架。

11.7.1　模型介绍

根据前面的介绍,在源信道模型(source-channel model)中,一个给定的源语言句子(法语)$f_1^J = f_1 \cdots f_j \cdots f_J$,通过下面的模型被翻译成目标语言(英语)句子 $e_1^I = e_1 \cdots e_i \cdots e_I$:

$$\hat{e}_1^I = \underset{e_1^I}{\mathrm{argmax}}\{\Pr(e_1^I \mid f_1^J)\}$$

根据贝叶斯公式,有

$$\hat{e}_1^I = \underset{e_1^I}{\mathrm{argmax}}\{\Pr(e_1^I) \cdot \Pr(f_1^J \mid e_1^I)\}$$

整个模型被分解为语言模型 $\Pr(e_1^I)$ 和翻译模型 $\Pr(f_1^J \mid e_1^I)$,这意味着我们需要通过分别训练两个模型来获得不同的知识源。整个翻译系统的框架已经由前面的图 11-3 给出。

在翻译系统实现过程中,一般都采用最大似然估计的方法进行参数训练。如果语言模型 $\Pr(e_1^I) = p_\gamma(e_1^I)$ 依赖于参数 γ,翻译模型 $\Pr(f_1^J \mid e_1^I) = p_\theta(f_1^J \mid e_1^I)$ 依赖于参数 θ,那么,优化的参数值通过在平行训练语料(句对 F_1^S 和 E_1^S)上求最大似然估计获得:

$$\hat{\theta} = \underset{\theta}{\mathrm{argmax}} \prod_{s=1}^{S} p_\theta(F_s \mid E_s)$$

$$\hat{\gamma} = \underset{\gamma}{\mathrm{argmax}} \prod_{s=1}^{S} p_\gamma(E_s)$$

由此,得到如下公式:

$$\hat{e}_1^I = \underset{e_1^I}{\mathrm{argmax}}\{p_{\hat{\gamma}}(e_1^I) \cdot p_{\hat{\theta}}(f_1^J \mid e_1^I)\} \tag{11-73}$$

仔细分析可以发现,这个公式中存在很多问题。首先,如果使用真实的概率分布时, 即 $p_{\hat{\gamma}}(e_1^I)=\Pr(e_1^I)$, $p_{\hat{\theta}}(f_1^J|e_1^I)=\Pr(f_1^J|e_1^I)$,式(11-73)中的语言模型 $p_{\hat{\gamma}}(e_1^I)$ 和翻译模型 $p_{\hat{\theta}}(f_1^J|e_1^I)$ 的组合才能看作是最优的。但实际上,我们知道所采用的模型和训练方法只是真实概率分布的一种近似,因此,不同的语言模型和翻译模型组合方式也可能得到较好的翻译结果。另外,没有一种更简单、直接的办法可以通过添加一些附加的条件来扩展基本的统计翻译模型(baseline)。我们经常看到一些可以比较的翻译结果并不是通过式(11-73)得到的,而是通过如下决策公式得到的:

$$\hat{e}_1^I = \underset{e_1^I}{\mathrm{argmax}}\{p_{\hat{\gamma}}(e_1^I) \cdot p_{\hat{\theta}}(e_1^I \mid f_1^J)\} \tag{11-74}$$

这里用 $p_{\hat{\theta}}(e_1^I|f_1^J)$ 替换了原来式(11-76)中的翻译模型 $p_{\hat{\theta}}(f_1^J|e_1^I)$ 。这种替换从源信道模型方法的理论框架上来讲是解释不通的。那么,如果这种方法产生的译文质量与原来模型产生的译文质量一样的话,我们就可以采用更有利于有效搜索的决策公式。

基于上述考虑,在 Berger *et al.* (1996)建立的最大熵框架的基础上,Och and Ney (2002)直接对后验概率模型 $\Pr(f_1^J|e_1^I)$ 进行改进,提出了直接最大熵翻译模型。在这种框架中,假设有 M 个特征函数,$h_m(e_1^I,f_1^J)$,$m=1,2,\cdots,M$。对于每个特征函数,存在一个模型参数 λ_m,$m=1,2,\cdots,M$。直接翻译概率由下面的公式给出:

$$\Pr(e_1^I \mid f_1^J)=p_{\lambda_1^M}(e_1^I \mid f_1^J) = \frac{\exp\left[\sum_{m=1}^{M}\lambda_m h_m(e_1^I,f_1^J)\right]}{\sum_{e_1'^I}\exp\left[\sum_{m=1}^{M}\lambda_m h_m(e_1'^I,f_1^J)\right]} \tag{11-75}$$

实际上,这种方法是 Papineni *et al.* (1997)提出的一种自然语言处理方法。根据这种思想,可以得到如下计算最佳译文的决策公式:

$$\hat{e}_1^I = \underset{e_1^I}{\mathrm{argmax}}\{\Pr(e_1^I \mid f_1^J)\} = \underset{e_1^I}{\mathrm{argmax}}\left\{\sum_{m=1}^{M}\lambda_m h_m(e_1^I,f_1^J)\right\}$$

这样,在搜索时式(11-75)中重新归一化的时间耗费就不需要了。

直接最大熵翻译模型可以归纳为图 11-14 所示的框架结构。

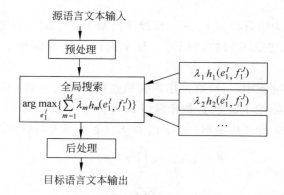

图 11-14   基于直接最大熵模型的翻译系统框架

有趣的是,如果使用下面两个特征函数:

$$h_1(e_1^I,f_1^J) = \log p_{\hat{\gamma}}(e_1^I) \tag{11-76}$$

$$h_2(e_1^I, f_1^J) = \log p_{\hat{\theta}}(f_1^J \mid e_1^I) \tag{11-77}$$

并且，令 $\lambda_1 = \lambda_2 = 1$，式（11-73）给出的源信道模型将成为基于最大熵框架的一种特例。优化式（11-75）的模型参数 λ_1 和 λ_2 等价于优化整个模型的比例因子（scaling factor），这是其他研究领域中（如语音识别、模式识别等）的基本方法。

通过对数实现的直接最大熵翻译模型就是统计翻译中常说的 log-linear 模型。

显然，如果用特征函数 $\log \Pr(e_1^I \mid f_1^J)$ 代替 $\log \Pr(f_1^J \mid e_1^I)$，就变成决策式（11-74）中使用反向翻译模型的情况。在这种框架下，特征 $\log \Pr(e_1^I \mid f_1^J)$ 产生的结果可能和特征 $\log \Pr(f_1^J \mid e_1^I)$ 产生的结果一样好，所以可以通过实验来验证到底哪一种特征能够产生较好的结果，甚至可以同时使用这两个特征，以获得更均衡的翻译模型。

参数训练问题实际上就是如何获得参数 λ_1^M 合适的值。作为训练标准，可以使用最大类的后验概率标准，即最大互信息（maximum mutual information，MMI）标准（可以由最大熵原理推导出）：

$$\hat{\lambda}_1^M = \underset{\lambda_1^M}{\mathrm{argmax}} \left\{ \sum_{s=1}^{S} \log p_{\lambda_1^M}(E_s \mid F_s) \right\} \tag{11-78}$$

这对应着最大化直接翻译模型的似然率问题。关于贝叶斯决策公式中的后验概率直接优化问题可以看作区别性的训练（discriminative training）问题[Ney,1995]。

以下就对位模型与最大近似、对位模型的使用、特征函数的选取以及模型参数的训练等几个方面的问题分别加以说明。

11.7.2　对位模型与最大近似

根据前面的介绍，概率 $\Pr(f_1^J \mid e_1^I)$ 可以通过附加的隐含变量被分解，在统计对位模型 $\Pr(f_1^J, a_1^J \mid e_1^I)$ 中，a_1^J 是引入的隐含变量：

$$\Pr(f_1^J \mid e_1^I) = \sum_{a_1^J} \Pr(f_1^J, a_1^J \mid e_1^I) \tag{11-79}$$

与前面的约定一样，对位映射 $j \to i = a_j$ 是源语言句子位置 j 上的单词与目标语言句子位置 $i = a_j$ 上单词之间的对应关系。搜索过程是通过运用最大近似实现的：

$$\hat{e}_1^I = \underset{e_1^I}{\mathrm{argmax}} \left\{ \Pr(e_1^I) \cdot \sum_{a_1^J} \Pr(f_1^J, a_1^J \mid e_1^I) \right\}$$

$$\approx \underset{e_1^I}{\mathrm{argmax}} \left\{ \Pr(e_1^I) \cdot \max_{a_1^J} \Pr(f_1^J, a_1^J \mid e_1^I) \right\} \tag{11-80}$$

因此，搜索空间由所有可能的目标语言句子 e_1^I 和所有可能的对位关系 a_1^J 组成。

现在我们将这种方法泛化到直接翻译模型，扩展特征函数使其包括对附加的隐含变量的依赖。利用如下形式的 M 个特征函数，$h_m(e_1^I, f_1^J, a_1^J), m = 1, 2, \cdots, M$，可以得到如下模型：

$$\Pr(e_1^I, a_1^J \mid f_1^J) = \frac{\exp\left(\sum_{m=1}^{M} \lambda_m h_m(e_1^I, f_1^J, a_1^J) \right)}{\sum_{e_1'^I, a_1'^J} \exp\left(\sum_{m=1}^{M} \lambda_m h_m(e_1'^I, f_1^J, a_1'^J) \right)} \tag{11-81}$$

显然，即使使用比对位关系 a_1^J 更丰富的隐变量结构，翻译模型执行的步骤是一样的。

11.7.3　对位模板

Och and Ney（2002,2004）提出了基于对位模板（alignment template）的概念。所谓对位模板是指泛化的源语言和目标语言的短语对，对位短语内的一些词被词类变量替换。与词对位相比，对位模板考虑了单词之间多对多的关系，并且在翻译模型中考虑了词的上下文信息，且能够学习到从源语言到目标语言的转换中词序的局部变化情况。

在基于对位模板的翻译方法中，通过引入如下两个隐变量对翻译模型 $\Pr(f_1^J \mid e_1^I)$ 进行精练，一个是变量 z_1^K，表示 K 个对位模板；另一个是 a_1^K，表示 K 个对位模板之间的对位关系。那么，

$$\Pr(f_1^J \mid e_1^I) = \sum_{z_1^K, a_1^K} \Pr(a_1^K \mid e_1^I) \cdot P(z_1^K \mid a_1^K, e_1^I) \cdot \Pr(f_1^J \mid z_1^K, a_1^K, e_1^I) \qquad (11\text{-}82)$$

因此，可以得到三个不同的概率分布：$\Pr(a_1^K \mid e_1^I)$，$P(z_1^K \mid a_1^K, e_1^I)$ 和 $\Pr(f_1^J \mid z_1^K, a_1^K, e_1^I)$。这里省略了建模、训练和搜索等过程的详细描述，具体过程描述可参见文献[Och and Ney, 2002,2004]。为了直接在最大熵方法中利用这三个概率模型，可以为翻译模型的每个部分定义 3 个不同的特征函数来替代整个翻译模型的一个特征函数 $p(f_1^J \mid e_1^I)$。这些特征函数不仅仅依赖于 f_1^J 和 e_1^I，也依赖于 z_1^K 和 a_1^K。

11.7.4　特征函数

F. J. Och 和 H. Ney 采用了翻译模型中每一部分概率的对数作为特征函数。而且除了训练模型的比例因子以外，还考虑其他概率：

- 增加句子的长度特征

$$h(f_1^J, e_1^I) = I$$

这意味着为每个生成的目标词有一个词处罚（word penalty）。

- 使用附加的语言模型

$$h(f_1^J, e_1^I) = h(e_1^I)$$

- 使用计数特征。统计常用语在给定的句对中同现的次数。常用语词典的权重可以通过机器学习获得，不过凭直觉，常用语词典中的词条比通过机器学习方法从训练语料中自动获得的词汇似乎更可靠，因此，词典中的词条应该具有更大的权重。

- 使用词汇特征。如果某一特定的词汇关系 (f, e) 出现，该词汇特征可以发挥作用：

$$h(f_1^J, e_1^I) = \Big(\sum_{j=1}^{J} \delta(f, f_j) \Big) \cdot \Big(\sum_{i=1}^{I} \delta(e, e_i) \Big) \qquad (11\text{-}83)$$

- 使用与源语言和目标语言有一定的依存关系的语法特征。例如，使用函数 $k(\cdot)$ 统计在源语言或目标语言句子中有多少个动词组，如果两个句子含有相同数量的动词组，则特征函数等于 1：

$$h(f_1^J, e_1^I) = \delta(k(f_1^J), k(e_1^I)) \qquad (11\text{-}84)$$

类似的，其实还可以引入语义特征，甚至语用特征，例如，对话行为（dialogue act）划分等。

根据上面的介绍我们可以看出,在最大熵模型中可以使用很多附加特征来有针对性地处理统计翻译中的若干具体问题。

11.7.5　参数训练

根据式(11-78),为了训练参数 λ_1^M,Och and Ney (2002)使用了通用迭代算法 GIS (Generalized Iterative Scaling)[Darroch and Ratcliff,1972]。GIS 是一个求解条件指数模型(conditional exponential model)权重的算法,在正确选取权重的情况下,这个过程保证是收敛的。不过,在统计翻译中使用 GIS 算法之前,还必须解决所面临的一些具体问题。

首先,式(11-75)中的归一化计算意味着要在大量可能的句子上求和,对此,目前还没有更有效的算法。因此,只能通过对大规模句子进行抽样的方法来近似求和。

另外,在式(11-78)给出的标准中,只允许每个给定句子有一个参考译文,对此,F.J. Och 等人作了改进,允许一个句子 F_s 可以有 R_s 个参考译文:$E_{s,1}, \cdots, E_{s,R_s}$,于是,

$$\hat{\lambda}_1^M = \underset{\lambda_1^M}{\mathrm{argmax}} \left\{ \sum_{s=1}^{S} \frac{1}{R_s} \sum_{r=1}^{R_s} \log p_{\lambda_1^M}(E_{s,r} \mid F_s) \right\} \tag{11-85}$$

F.J. Och 等人用这个优化标准替代了式(11-78)中的优化标准。

还有,在训练中可能没有一个参考译文属于 n-best 列表,因为搜索算法在执行过程中进行了剪枝处理,限制了对于一个给定的输入句子生成所有翻译的可能性。为了解决这一问题,F.J. Och 等人从 n-best 列表中选择一些句子,定义那些相对于真正的参考译文具有最少错词个数的句子作为参考译文(伪参考译文,pseudo-reference)。不过后来F.J. Och 等人经过进一步研究发现,这种训练方法给出的权重并不利于未见(unseen)语料的翻译,系统结果只是有利于 mWER 评测标准[Nießen et al.,2000],当使用 BLEU [Papineni et al.,2002]和 NIST[Doddington,2002]等指标[1]测试时效果并不理想。因此,在 2003 年的 ACL 会议上,F.J. Och 又提出了最小错误率(minimum error rate, MER)的训练方法,实验证明,该方法优于最大互信息(maximum mutual information, MMI)训练标准[Och,2003]。后来,美国 CMU 学者专门开发了用于 MER 方法的参数训练工具[2],为参数训练提供了方便。

无论如何,基于最大熵的直接翻译方法可以将多种特征引入翻译模型,并且该模型与噪声信道模型可以统一起来(在特定情况下,噪声信道模型只是最大熵框架的一种特例),这些思路为统计机器翻译方法的进一步研究提供了更加开阔的视野,因此,论文[Och and Ney,2002]获得了 2002 年 ACL 最佳论文奖。

11.8　基于层次短语的翻译模型

11.8.1　概述

基于短语的翻译模型能够比较鲁棒地翻译较短的子串,只要这些子串能够在训练语

---

① 关于系统评测标准的详细介绍,请参阅 11.17 节。

② http://www.cs.cmu.edu/~ashishv/mer.html

料中被充分地观察到，但是，根据 Koehn *et al.*（2003）和 Koehn（2003）的研究结果发现，当短语长度扩展到 3 个以上的单词时，翻译系统的性能提高很少，短语长度增大以后，数据稀疏问题变得非常严重。在短语层次上，以前提出的模型一般都需要一个简单的位变模型（distortion model），用以在不考虑短语内容的情况下调整短语的次序，或者干脆不作任何调整[Zens and Ney，2004；Kumar *et al.*，2004]。但无论如何，在很多情况下简单的短语翻译模型不能有效地调整短语之间的顺次。请注意如下例子[Chiang，2005，2007]：

澳洲　　　是　与　　北　韩　有　　　邦交　　　的 少数 国家 之一
Australia is with North Korea have diplomatic relations that few countries one of

如果把"之一"作为一个符号串考虑，那么，要正确地翻译这个句子需要调整 5 个成分的次序。当运用基于短语的翻译系统来翻译这个句子时，我们可以得到如下短语翻译对

［澳洲］ ［是］［与］ ［北 韩］ ［有］ ［邦交］₁ ［的 少数 国家 之一］
[Australia][is][diplomatic relations]₁[with][North Korea][is][one of the few countries]

脚标"1"表示对应的短语次序作了调整。基于短语的翻译模型能够正确地确定短语"diplomatic ... Korea"和"one ... countries"的次序，但是，却不能正确地实现这两个短语之间的次序倒置。词汇化的短语调序模型能够获得稍佳的调整次序，但是，简单的位变模型却不能很好地处理这一问题。

为此，D. Chiang（蒋伟）（2005）提出了基于层次短语的翻译模型试图解决这一问题，其基本思路是，不破坏基于短语的翻译方法的优势，而是利用这些优势：因为短语有益于实现次序调整。基于层次短语的翻译过程类似于 CYK 算法同步进行双语解析的过程，所使用的同步上下无关文法是从没有做任何句法信息标注的双语对照语料中自动学习获得的。

为了实现这种方法，D. Chiang 定义层次化的短语由单词和子短语（subphrase）构成，请看如下例子：

〈与 ① 有 ②，have ② with ①〉

其中，①和②表示两个子短语。实际上这是一条 CFG 规则，也就是汉语句子中类似"与①有②"表达的短语将被翻译成英语短语"have ② with①"。这条 CFG 规则主要用于处理汉语中介词短语的翻译次序，因为汉语中介词短语一般在动词短语的左边起修饰作用，而英语的介词短语却通常在动词短语的右边。

类似地，我们可以有如下规则：

〈 ① 的 ②，the ② that①〉

这条规则主要用于调整汉语句子中在名词短语左边的关系从句的翻译次序，因为在英语句子中由 that 引起的起修饰作用的关系从句一般在名词短语的右边。

而下边的规则是为了调整汉语词语"之一"在英语句子中的次序：

〈 ①之一，one of①〉

有了上述三条规则，再加上那些常规的短语对，我们就可以正确地翻译前面给出的例句：

［澳洲］　　　［是］　［［［与　［北 韩］₁　　有　［邦交］₂］的［少数 国家］₃］　　之一］
[Australia][is][one of[the[few countries]₃ that[have[diplomatic relations]₂ with [North Korea]₁]]]

通过上面的例子可以看出，层次化的短语对实际上就是（源语言与目标语言）同步（推导）上下文无关文法（synchronous context-free grammar，SCFG）的产生式，同步上下文无关文法的利用可以看作是向着基于句法的机器翻译（syntax-based MT）方法的靠近。这种方法尽管在形式上属于基于句法的方法，但与语言学上的基于句法的翻译方法（即基于规则的翻译方法）有明显的不同，因为所有的语法规则都是从没有任何语言学标注信息和假设成分的双语平行语料中学习获得的。

11.8.2　模型描述

在同步 CFG 中，基本结构为如下形式的重写规则：
$$X \rightarrow \langle \gamma, \alpha, \sim \rangle$$
其中，X 是非终结符，γ 和 α 是由终结符和非终结符构成的字符串，符号"$\sim$"表示出现在 γ 中的非终结符与出现在 α 中的非终结符之间的一一对应关系。重写过程从一对关联的起始符号开始，在每一步操作中，利用一条规则的两个成分同时改写两个关联的非终结符号。由此，上面给出的层次化短语对可以被形式化地描写成如下同步 CFG 规则：

(1) $X \rightarrow \langle$ 与 $X_①$ 有 $X_②$，have $X_②$ with $X_① \rangle$

(2) $X \rightarrow \langle X_①$ 的 $X_②$，the $X_②$ that $X_① \rangle$

(3) $X \rightarrow \langle X_①$ 之一，one of $X_① \rangle$

其中，带数字下标的 X 表示被符号"$\sim$"关联的出现在 X 中的非终结符号。请注意，这里只使用一个非终结符号 X 代替短语的句法类。在后面将要介绍的从双语语料中抽取出来的语法规则中，除了下面两条特殊的规则将 X 序列构成句子 S 以外，都只用一个非终结符号：

(4) $S \rightarrow \langle S_① X_②，S_① X_② \rangle$

(5) $S \rightarrow \langle X_②，X_② \rangle$

这种模型实际上提供了一种方法：首先利用层次化短语产生句子的局部翻译，然后，像常规的基于短语的翻译模型一样，将这些局部的翻译顺序地连接起来，从而形成整个句子的翻译。参见如下同步 CFG 的推导过程：

$\langle S_①，S_① \rangle \Rightarrow \langle S_② X_③，S_② X_③ \rangle$

$\Rightarrow \langle S_④ X_⑤ X_③，S_④ X_⑤ X_③ \rangle$

$\Rightarrow \langle X_⑥ X_⑤ X_③，X_⑥ X_⑤ X_③ \rangle$

$\Rightarrow \langle$ 澳洲 $X_⑤ X_③$，Australia $X_⑤ X_③ \rangle$

$\Rightarrow \langle$ 澳洲是 $X_③$，Australia is $X_③ \rangle$

$\Rightarrow \langle$ 澳洲是 $X_⑦$ 之一，Australia is one of $X_⑦ \rangle$

$\Rightarrow \langle$ 澳洲是 $X_⑧$ 的 $X_⑨$ 之一，Australia is one of the $X_⑨$ that $X_⑧ \rangle$

$\Rightarrow \langle$ 澳洲是与 $X_①$ 有 $X_②$ 的 $X_⑨$ 之一，Australia is one of the $X_⑨$ that have $X_②$ with $X_① \rangle$

D. Chiang(2005)借鉴文献[Och and Ney，2002]的思想，采用更通用的对数线性模型(log-linear model)[1]。每条规则的权重定义为

$$w(X \to \langle \gamma, \alpha \rangle) = \prod_i \phi_i(X \to \langle \gamma, \alpha \rangle)^{\lambda_i} \tag{11-86}$$

其中，ϕ_i 为规则的特征。在 D. Chiang 的实验中使用类似于 Pharaoh 系统的默认特征集：

- $P(\gamma|\alpha)$ 和 $P(\alpha|\gamma)$；
- 词汇权重 $P_w(\gamma|\alpha)$ 和 $P_w(\alpha|\gamma)$[Koehn et al.，2003]，用于估计 α 中的词对于 γ 中的词翻译的效果；
- 短语惩罚函数 $\exp(l)$，从训练语料中学习与推导长度有关的奖罚因子。

对于前面提到的两条特殊规则(4)和(5)，(4)的权重为 1，(5)的权重为

$$w(S \to \langle S_① X_②, S_① X_② \rangle) = \exp(-\lambda_g)$$

其基本思路是，在短语顺序连接中用 λ_g 控制模型的性能。

如果用 D 表示语法的推导，$f(D)$ 和 $e(D)$ 分别表示由 D 生成的法语字符串和英语字符串。现在把 D 表示成一个三元组 $\langle r, i, j \rangle$，每个元组表示规则 r 将跨度从 i 到 j 的法语字符串 $f(D)_i^j$ 中的非终结符号进行重写的过程。那么，D 的权重就是在翻译过程中所使用的全部规则的权重乘积与其他因子的乘积：

$$w(D) = \prod_{\langle r, i, j \rangle} w(r) \times p_{lm}(e)^{\lambda_{lm}} \times \exp(-\lambda_{wp} |e|) \tag{11-87}$$

其中，p_{lm} 是语言模型；$\exp(-\lambda_{wp}|e|)$ 是词的惩罚因子，对英语输出 e 的长度 $|e|$ 给予一定的控制。

11.8.3　参数训练

参数训练过程从经过词对位的双语语料开始。假设一个三元组集合 $\langle f, e, \sim \rangle$，其中，$f$ 是法语句子，e 是英语句子，$\sim$ 是句子 f 中的位置与句子 e 中的位置之间（多对多）的二进制对应关系。词对位结果可以通过利用 P. Koehn 等人的方法[Koehn，2003；Koehn et al.，2003]，并使用 GIZA++ 工具[2]和精练规则，在双向的平行语料上获得。

然后，借鉴 F. J. Och 等人的方法，利用启发式函数假设每个训练样本可能的推导的概率分布，然后，根据这些假设的概率分布估计短语翻译参数。为了实现这一过程，首先利用其他系统采用的标准[Och and Ney，2004；Koehn et al.，2003]识别初始短语对(initial phrase pairs)：

定义 11-1　给定一个词对位的句对 $\langle f, e, \sim \rangle$，规则 $\langle f_i^j, e_{i'}^{j'} \rangle$ 是 $\langle f, e, \sim \rangle$ 的初始短语对，当且仅当满足如下条件：

(1) 对于任意 $k \in [i, j]$ 和 $k' \in [i', j']$，有 $f_k \sim e_{k'}$；

(2) 对于所有的 $k \in [i, j]$ 和 $k' \notin [i', j']$，$f_k \nsim e_{k'}$；（符号"$\nsim$"表示不存在对应关系，下同。）

(3) 对于所有的 $k \notin [i, j]$ 和 $k' \in [i', j']$，$f_k \nsim e_{k'}$；

---

[1]　有关对数线性模型的内容，请参阅 11.7 节。

[2]　http://www.fjoch.com/GIZA++.html

定义 11-2 $\langle f, e, \sim \rangle$ 的规则集是满足以下条件的最小集合：

(1) 如果 $\langle f_i^j, e_{i'}^{j'} \rangle$ 是一个初始短语对，那么，$X \rightarrow \langle f_i^j, e_{i'}^{j'} \rangle$ 是一条规则；

(2) 如果 $r = X \rightarrow \langle \gamma, \alpha \rangle$ 是一条规则，并且，$\langle f_i^j, e_{i'}^{j'} \rangle$ 是一个初始短语对，即满足：$\gamma = \gamma_1 f_i^j \gamma_2$ 和 $\alpha = \alpha_1 e_{i'}^{j'} \alpha_2$，那么，$X \rightarrow \langle \gamma_1 X_k \gamma_2, \alpha_1 X_k \alpha_2 \rangle$ 也是一条规则。其中，k 是 r 中没有使用的一个下标。

上述方法将产生大量规则，这是我们不希望看到的，一方面因为大量规则将使训练和解码速度变得非常慢，另一方面因为这将产生大量的伪歧义——解码器产生很多完全不同的推导，但这些推导具有相同的模型特征向量，且给出相同的翻译。这样虽然可以产生 n 个最佳候选列表（n-best list），但如何调试特征权重是一个很大的问题。因此，D. Chiang 采用如下原则对语法进行过滤，在开发集上选择语法规模与系统性能的平衡点：

(1) 如果有多个初始短语对含有相同的对位点，只保留最小的一个；

(2) 限定法语初始短语的长度不超过 10，规则右边的法语串（包括非终结符和终结符）的长度不超过 5；

(3) 在简约步骤，f_i^j 的长度必须大于 1，其原理是如果创建的新规则不比原来的短的话就没有什么意义；

(4) 规则最多可以有两个非终结符，这样可以简化解码器实现过程，甚至更进一步可以禁止在法语句子中使用相邻的非终结符，因为这种情况是造成伪歧义的主要原因；

(5) 一条规则必须至少有一对对齐的单词，使得翻译决策始终能够基于词汇给出。

现在来为所有的推导设定权重。由于这种方法能够从一个初始短语对中抽取出若干规则，因此，D. Chiang 在实验中均等地分配权重给初始短语对，均等地分配权重给从每个短语对中抽取出来的规则。把这些分布作为观察数据，运用相对频率估计概率 $P(\gamma|\alpha)$ 和 $P(\alpha|\gamma)$。

11.8.4 解码方法

D. Chiang 使用的解码器是一个运用柱搜索算法的 CYK 句法分析器，并有一个后处理器对法语推导到英语推导的映射进行后处理。给定一个法语句子 f，找到最佳推导（或者 n-best 推导），该推导能够为一些英语句子 e 产生 $\langle f, e \rangle$。注意，这里求解的是最大概率的单一推导的英语输出，即

$$e\left(\underset{D\,s.t.\,f(D)=f}{\operatorname{argmax}} w(D) \right)$$

而不是最大概率的 e，否则需要在全部推导上进行代价更大的求和运算。

采用如下几种方法进行搜索空间的剪枝。第一，在同一个单元（cell）里得分比分值最高的相差 β 倍的项（item）被剪掉；第二，在同一个单元里，比第 b 个最好的项还差的项被剪掉。这里，每个单元里含有所有跨度为 f_i^j、表示 X 的项。b 和 β 用于平衡在开发集上的速度和系统性能。在 Chiang（2005）的实验中，对于 X 单元取 $b=40$，$\beta=10^{-1}$，对于 S 单元取 $b=15$，$\beta=10^{-1}$。对于具有相同法语端的规则也实行剪枝处理，取 $b=100$。

句法分析器只处理法语的语法，英语的语法只通过增加有效的语法规模来影响句法分析过程，因为可能存在多条规则具有相同的法语和不同的英语，并且由于语言模型与英

语语法的共同作用（英语作为目标语言）会将许多投射到法语上的状态引入到非终结符号集。这样，解码器的搜索空间将比单语言句法分析器的搜索空间大很多倍。为了尽量减轻这种负面影响，填充单元时可以使用如下启发式信息：如果一个项落在柱（beam）的外边，那么，用低分值的规则或者低分值的祖先项生成的任何项也被假定落在柱的外面。这种启发信息可以在相同搜索错误的情况下大大地增加解码的速度。

最后，解码器有一个限制，就是不允许法语中任何长度超过 10 的子串 X，对应训练过程中对初始规则最大长度的限制（见"参数训练"部分语法过滤原则第二条）。这样可以使解码算法的时间复杂性逼近线性。

用汉英翻译对上述方法进行验证，用 2002 年 NIST 机器翻译系统评测使用的测试集作为开发集，2003 年的测试集为本实验的测试集，Pharaoh 系统为基线系统，结果表明，基于层次化短语的解码器运行速度比基线系统的解码器快，而且翻译结果的 BLEU 分值比 Pharaoh 系统提高了 7.5%。

由于基于层次短语的翻译方法很好地实现了规则方法与统计方法的结合，并有效地改进了统计机器翻译系统的速度和译文质量，因此，D. Chiang 的论文［Chiang，2005］获得了 2005 年国际计算语言学年会（ACL）最佳论文奖。

基于层次短语的翻译模型不仅形式优美，独立于具体语言，而且取得的性能显著超越了基于短语的翻译模型。因此，近年来很多工作聚焦于层次短语翻译模型的改善研究。为了推动这一模型的研究，Li et al.（2009a）实现了基于层次短语的翻译系统 Joshua，并将其开源发布，不断进行升级和完善，目前的最新版本是 Joshua 4.0[①]。另外，著名的开源翻译系统 Moses[②] 当前也涵盖了基于层次短语的翻译模型。除了基于层次短语的翻译模型的实现和开源，对该模型的改善工作更是丰富多彩。其中，绝大多数改善工作都是在层次短语模型的基础上融入语言学句法知识。一类改进方法是在短语结构树中融合句法知识：Marton and Resnik（2008）、Chiang et al.（2009）和 Huang et al.（2010）将源语言端的句法结构知识作为软约束融入层次短语翻译模型；Zollmann and Venugopal（2006）为层次短语翻译规则的每个变量赋予目标语言的句法标记，以生成更加符合文法的目标译文；Chiang（2010）将源语言和目标语言的句法结构信息同时融入层次短语翻译模型，充分利用了两种语言的语言学句法知识。另一类改进方法是关注依存句法知识的融合：Gao et al.（2011）、Li et al.（2012a）将源语言的依存结构信息融入层次短语翻译模型；Shen et al.（2008，2010）将目标语言依存结构赋予层次短语翻译规则的目标语言端，从而形成了串到依存树的翻译模型。

在基于层次短语的翻译模型中融入语言学句法知识能够有效地改善翻译质量这一事实，充分说明了句法知识的作用。但是，这些改进工作仍无法跳出层次短语的框架，并没有对语言学句法进行直接建模。因此，很多学者基于短语结构树或依存树设计了相应的基于语言学句法的翻译模型。

---

①　http://joshua-decoder.org/
②　http://www.statmt.org/moses/

11.9　树翻译模型

不难看出，Wu(1997)提出的基于反向转换文法(ITG)的翻译模型[Wu，1997]（包括基于划界转换文法(bracketing transduction grammar，BTG)[Wu. 1996]的模型），Alshawi *et al.*，(2000)提出的基于中心词转换机的翻译模型，Chiang(2005)提出的层次短语翻译模型，以及基于最大熵括号转录文法(maximal entropy bracketing transduction grammar，MEBTG)的模型[Xiong *et al.*，2006]，都是在形式上采用句法表达的方式（如利用同步上下文无关文法(SCFG)），它们所使用的翻译规则都是从没有任何语言学标注信息的双语平行语料中学习获得的，独立于具体语言，规则推导过程中产生的"短语"和"短语树"（"句子结构"）并非语言学意义上的概念，完全是由算法自动获得的，没有利用任何语言学上定义的知识，如句法规则或树库等。人们通常将这类方法称为"形式上基于句法(formally syntax-based)"的模型或简称"基于形式句法"的模型，而 Su(2005)将其称为"非语言学驱动的方法(not-linguistically-motivated approach)"。与此相对应的，是语言学意义上基于句法的翻译模型，也就是说，需要利用句法分析器对待翻译的源语言句子或者将要生成的目标语言句子（或两端）生成真正符合语言学定义的句法结构，并借助相应的句法结构完成翻译过程。这类模型被称为语言学上基于句法的(linguistically syntax-based)模型或简称"基于语言学句法"的模型，Su(2005)将其称为"语言学驱动的方法(linguistically-motivated approach)"。

需要说明的是，这里所说的句法翻译模型（不管是基于形式句法的模型还是基于语言学句法的模型），其源语言和目标语言都是指翻译概念上的源端和目标端，与 Yamada and Knight(2001)提出的基于噪声信道模型的句法翻译模型所指恰好相反。

语言学上基于句法的翻译模型包括三种：①对源语言句子进行句法分析，并生成目标语言句子的句法分析树，也就是说，源端和目标端都需要句法分析树。这种模型称为树到树(tree-to-tree)的翻译模型。②对源语言句子进行句法分析，目标语言端不进行句法分析，直接生成目标语言译文，这种模型称为树到串(tree-to-string)的翻译模型。③对源语言端不需要进行句法分析，而在目标语言端生成句法分析树，这种模型称为串到树(string-to-tree)的翻译模型。通常情况下，将这三种与句法树相关的模型总称为"树翻译模型"或"句法翻译模型"。

11.9.1　树到树的翻译模型

由于存在两种句法分析树：短语结构树和依存关系树，因此，树到树的翻译模型也有两种实现方法：短语结构树到短语结构树和依存关系树到依存关系树。

在短语结构树到短语结构树的实现方法中，[Eisner，2003]和[Cowan *et al.*，2006]是两项代表性的工作。Eisner(2003)在树替换语法(tree substitution grammar，TSG)的基础上提出了一种同步树替换语法(synchronous tree substitution grammar，STSG)，试图解决机器翻译中树的非同构映射问题。TSG 比同步树链接语法(synchronous tree adjoining grammar，STAG)［Shieber and Schabes，1990]少了一个"粘接"操作，树的推导过程只依赖于替换操作，大大降低了算法复杂度。而在基于 STSG 的推导中，每次都选择一个相连接的前端非终结符，将配对的基本树替换到该非终结符对下面，重复该过程，直到生成完整的树对。［Cowan et al.，2006]使用类似树链接语法(tree adjoining grammar，TAG)基本树的结构作为最小翻译单位，然后用判别模型(感知机)进行训练。由于 TAG 基本树包含了很多语法信息，所以可以定义很多有语言学意义的特征，取得了比较好的结果。

由于短语结构分析技术仍面临算法复杂、数据稀疏和准确率不高等很多问题，相对而言，依存句法简单得多，其分析技术也有较高的可靠性，且依存语法是词汇化的，在很大程度上体现的是一种语义关系。文献[Fox，2002]已经通过实验证明了在使用依存句法树结构时，短语的凝聚性在两种语言之间保持的效果最好，因此，基于依存分析树的翻译模型受到很多专家的青睐。

林德康[Lin，2004b]将路径定义为依存树中一系列的结点和边组成的序列，用每一条路径创建一个转换规则。转换规则是一个二元组，由源语言的路径和该路径对应的目标语言依存树片段构成，目标语言单词之间的依存关系根据它们对应的源语言单词之间的关系来确定。转换规则可以从单词对齐的平行语料中抽取。为了提高规则的泛化能力，可以将路径中的一个末尾结点用通配符或其对应的词性标记代替。

丁元等人[Ding and Palmer，2005]提出了基于同步依存插入语法(synchronous dependency insertion grammar，SDIG)的统计翻译框架。SDIG 与 STAG 类似，也有基本树的概念和两个基本操作：替换和粘接，只不过这里的"同步插入"是定义在依存语法上的，所以需要额外地保存单词在依存树中的相对位置。翻译模型需要在源语言和目标语言两边都有依存树的平行语料中抽取同步依存插入语法，可以通过 EM 算法实现语法的自动获取和概率化，并需要进行一些树结构对齐处理，是一个树到树的翻译模型，解码时通过同步依存插入语法，将源语言句子的依存树转换为目标语言句子的依存树。

与此类似，文献[Quirk et al.，2005]提出了基于稚树(treelet)的统计句法翻译模型，稚树是路径的推广，可以是依存树中任意一个联通的子图，对应丁元等人实现的 SDIG 模型内的基本树。该模型的基本思想是：只需要利用源语言依存句法分析器对源语言句子进行句法分析，通过对目标语言句子进行词语切分，然后利用无监督的词语对齐算法将源语言句子的依存结构投射到目标语言句子上，从而得到目标语言句子的依存树。然后，从对齐的双语依存树库中学习稚树翻译对(treelet translation pair)，并训练基于树的调序模型。这样做的好处是可以通过定义一些启发式规则对目标语言的句子结构进行调整。

利用该方法翻译一个句子时，首先需要对输入句子进行依存句法分析，生成依存分析树，然后，利用解码器求解稚树翻译对的各种组合，并进行调序，寻找能够覆盖整个源语言句子树，并且达到最优组合的解，从而获得对应输入句子的翻译结果。

与基于串的翻译模型(基于词的翻译模型和基于短语的翻译模型)相比，这种方法的最大优点是，不再仅限于翻译那些学习到的由毗邻的词序列构成的短语，而是允许翻译所有构成源语言和目标语言依存树中连通子图(稚树)的那些可能的短语。这种扩展非常重要,因为大量表面连接的短语都是稚树,而且,通过该模型还可以获得不连续的短语,不管这些短语中有多少个插入词,例如,动宾短语(verb-object)、冠词-名词(article-noun)短语、形容词-名词(adjective-noun)短语等。另外,这种模型的优点是,可以将更多有效的模型用于源语言句子的成分调序。例如,英语中的介词宾语翻译成日语时应该出现在对应的后置词的前面,我们可以直接对这一翻译的概率建模。

概括而言,文献[Quirk *et al*.,2005]最重要的贡献是提出了基于源语言依存树的语言学(知识)驱动的调序方法。

下面通过一个例子简要介绍文献[Quirk *et al*.,2005]给出的依存树到依存树的翻译模型。其训练过程为:

(1) 对双语语料进行词对齐(图 11-15)。

(2) 对源语言句子进行依存句法分析(图 11-16)。

(3) 借助词对齐关系将源语言句子的依存结构投射到目标语言句子上,生成目标语言句子的依存分析树(图 11-17)。

(4) 从对齐的依存树对中按照词对齐关系抽取所有对齐的源语言和目标语言稚树对,稚树对的根结点允许通配符。图 11-18 是一个稚树翻译对的例子,图中虚线以上为英语句子树,虚线以下为法语句子树。

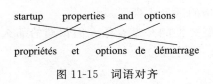

图 11-15　词语对齐　　　　　　　　　　图 11-16　源语言句子依存分析树

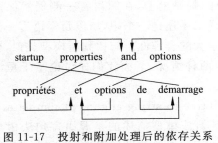

图 11-17　投射和附加处理后的依存关系

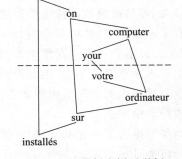

图 11-18　稚树翻译对举例

(5) 建立重排序模型。在已知源语言句子树和未排序的目标语言句子树的情况下,对目标语言句子树建立如下排序模型:

令 S 和 T 分别表示源语言句子树和目标语言句子树,t 为 T 的一个结点,$c(t)$ 表示修饰 t 的结点集合,m 为 t 的子结点,$\mathrm{lex}(x)$ 表示目标语言单词 x 本身,$\mathrm{src}(x)$ 表示与 x 对齐的源语言单词,$\mathrm{cat}(x)$ 表示 x 词的词类标注,$\mathrm{pos}(x)$ 表示 x 词的位置。那么,目标语言句子树 T 的调序概率为

$$P(\text{order}(T) \mid S, T) = \prod_{t \in T} P(\text{order}(c(t)) \mid S, T)$$

$$= \prod_{t \in T} \prod_{m \in C(t)} P(\text{pos}(m, t) \mid S, T)$$

$$= \prod_{t \in T} \prod_{m \in C(t)} P(\text{pos}(m) \mid S, T)$$

$$\approx \prod_{t \in T} \prod_{m \in C(t)} P(\text{pos}(m) \mid \text{lex}(m), \text{lex}(t), \text{lex}(\text{src}(m)),$$

$$\text{lex}(\text{src}(t)), \text{cat}(\text{src}(m)), \text{cat}(\text{src}(t)), \text{pos}(\text{src}(m)))$$

(11-88)

文献[Quirk *et al.*,2005]使用了对数线性模型将语言模型、稚树对互译模型和重排序等子模型加权融合在一起,用最小错误率训练方法来训练每个子模型的参数。翻译的过程类似于 CYK 算法,按照自底向上的顺序遍历源语言依存树中的每一个结点,查找以当前结点为根结点匹配的稚树对,对没有被稚树对覆盖的结点,根据重排序模型调整其相对顺序,当源语言句子依存树的根结点被翻译完成之后,目标语言句子的依存树也同时形成,从而可以获得目标语言译文。

Eisner(2003)利用同步树替换文法(STSG)实现的是短语结构树到短语结构树的翻译模型。Cowan *et al.*(2006)为短语结构树到短语结构树的翻译模型提出了从双语平行语料中利用词对齐信息抽取子树翻译规则(称为"对齐扩展投射"(aligned extended projection,AEP))的方法和预测目标语言句法结构的区分式模型。

相对而言,树到树的翻译模型复杂度较高,模型的性能并没有像人们预期的那么高。当然,句法分析器的性能也是影响这一模型性能的一大因素。

11.9.2　树到串的翻译模型

树到树翻译模型的优势是句法信息,但是源语言句子和目标语言句子都有句法树,模型太复杂,容易造成数据稀疏等问题。而串到串模型虽然简单,却没有应用句法信息,所以就有了一种折中的"树到串"(tree-to-string)的翻译模型,在源语言一侧仍然保留句法树,而在目标语言一侧只存在串。由于最终翻译结果还是一个串,所以目标语言一侧的句法树似乎本来意义就不大,因此树到串模型有很大的合理性。与树到树模型类似,树到串模型也有基于短语的句法树和基于依存句法树两种情况,下面我们先讨论基于短语句法树的树到串模型。

刘洋等提出了一种基于"树到串对齐模板"(tree-to-string alignment template,TAT)的翻译模型[Liu *et al.*,2006a,2007;刘洋,2007],该模型描述的是源语言句法树与目标语言字符串的对应关系。根据该模型,一个源语言句子的翻译过程为:首先应用句法分析器获得源语言句子的句法树,然后采用树到串对齐模板(TAT)将该句法树转换成目标语言句子。黄亮等[Huang *et al.*,2006]受编译理论中著名的"句法制导翻译"(syntax-directed translation)思想的启发,提出了"统计句法制导翻译"方法,递归地将源语言句法树转换成目标语言字符串,就像编译程序将高级语言源程序翻译成汇编代码一样。其实,刘洋等人提出的模型与黄亮等人提出的模型几乎一样,只是在解码时前者自底向上,而后者自顶向下。下面以刘洋等人实现的系统为例介绍这种模型。

该模型的最大优势在于可以自动获取树到串对齐模板,从而捕捉语言学驱动的(linguistically motivated)局部(词)重排序和全局(短语、子句)重排序,而且该模型的训练复杂度要远远低于树到树的翻译模型。

与文献[Galley *et al.*,2004]的方法类似,树到串对齐模板实际上也是转换规则,其最大区别在于树到串的模型是对源语言建模,而不是对目标语言建模。因此,树到串翻译模型在解码时的任务是直接搜索概率最大的目标语言句子,而文献[Galley *et al.*,2004]方法则是搜索概率最大的目标语言句法树。

一个树到串对齐模板 Z 可以表示为一个三元组:$(\widetilde{T}, \widetilde{S}, \widetilde{A})$,其中,$\widetilde{T}$ 为源语言句子 f_1^J 的句法树,$\widetilde{T} = T(f_1^J)$。$\widetilde{S}$ 为目标语言串,$\widetilde{S} = e_1^I$。$\widetilde{A}$ 为 $\widetilde{T}$ 和 $\widetilde{S}$ 之间的对齐关系。为了简单起见,用 $T(Z)$ 表示树到串对齐模板 Z 中的树,$S(Z)$ 表示树到串对齐模板 Z 中的串。

源语言句子 f_1^J 是源语言句法树 $T(f_1^J)$ 的叶子结点序列,既可能包含终结符(词),也可能包含非终结符(词性标记或短语结构类)。目标语言串 e_1^I 也同样既可能包含终结符(词),也可能包含非终结符(占位符)。对齐关系 $\widetilde{A}$ 被定义为源语言和目标语言符号位置的笛卡儿集合的子集:

$$\widetilde{A} \subseteq \{(j,i): j = 1, \cdots, J; i = 1, \cdots, I\}$$

树到串对齐模板按照词汇化程度分为以下三类:

(1) 完全词汇化的模板:所有的源语言和目标语言符号均为终结符;

(2) 部分词汇化的模板:源语言和目标语言的符号既包含非终结符,也包含终结符;

(3) 非词汇化的模板:所有的源语言和目标语言符号均为非终结符。

图 11-19 为上述三类对齐模板的示意图。

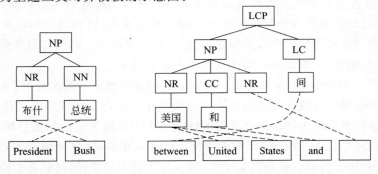

(a) 词汇化的树到串对齐模板　　　　(b) 部分词汇化的树到串对齐模板

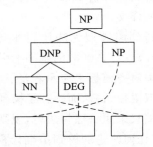

(c) 非词汇化的树到串对齐模板

图 11-19　三类对齐模板示意图

图 11-19 中的空白方格表示目标语言的非终结符。图 11-19(a)表示模板：

〈"(NP(NR 布什)(NN 总统))"，"President Bush"，{(1,2),(2,1)}〉

图 11-19(b)表示模板：

〈"(LCP(NP(NR 美国)(CC 和)(NR))(LC 间))"，"between
United States and X"，{(1,2),(1,3),(2,4),(3,5),(4,1)}〉

其中，X 表示非终结符。非终结符多于一个时，通过编号加以区分。

图 11-19(c)表示模板：

〈"(NP(DNP(NN)(DEG))(NP))"，"$X_1 X_2 X_3$"，{(1,3),(2,2),(3,1)}〉

基于树到串对齐模板的翻译模型由 4 个子模型组成：

(1) 句法分析模型：$P(T(f_1^J)|f_1^J)$

(2) 树拆分模型：$P(D|T(f_1^J),f_1^J)$

(3) 树模板选择模型：$P(Z|\tilde{T})$

(4) 树模板使用模型：$P(\tilde{S}|Z,\tilde{T})$

刘洋等将基于树到串对齐模板的翻译模型建立在对数线性模型框架上，实现了汉英翻译实验系统。为了便于实现，他们忽略了变量 $T(f_1^J)$，只使用句法分析器输出的最好结果，而且假设树拆分模型是等概率分布的，忽略了隐变量 D。对于树模板使用模型，他们假设 $P(\tilde{S}|Z,\tilde{T})=\delta(T(Z),\tilde{T})$，其中，$\delta$ 为 Kronecker 函数。因此，系统实际上实现的是受限模型。

基于树到串对齐模板的翻译模型面临两大难题：

(1) 无法使用非句法双语短语。双语短语可分为句法双语短语和非句法双语短语。所谓句法双语短语是指双语短语能够被某句法子树覆盖；否则是非句法双语短语。研究表明，只使用句法双语短语会造成信息损失，降低翻译性能。树到串对齐模板只能够表示和泛化句法双语短语，因此在模型表达能力上存在缺陷。

(2) 句法分析速度慢、准确率低。句法分析的分析速度一般比较慢，尤其当句子较长的时候，这给使用大规模训练语料带来了很大困难。更严重的问题是句法分析的准确度率较低，这会严重影响树到串翻译模型的性能。由于目前主流的句法分析器均是在 LDC 树库上训练得到的，而 LDC 树库规模有限（大约一万多句）且领域狭窄（主要是新闻报道），这使得句法分析器在处理真实文本（规模庞大且领域广泛）时势必会降低准确率。由于树到串翻译模型依赖于源语言句法分析结果，一旦输入句法树的结构不合理，必然导致在解码过程中无法搜索到正确的译文。

针对上述第一个问题，即树到串模型无法使用非句法双语短语，文献[Liu *et al.*，2007；刘洋，2007]在文献[Marcu *et al.*，2006]的基础上引入森林到串的翻译规则，使得树到串翻译模型既能够使用树到串对齐模板来表示和泛化句法双语短语，也能够使用森林到串规则来表示和泛化非句法双语短语，从而弥补了树到串翻译模型在理论上的缺陷。

树到串翻译模型在源语言端只采用一棵句法树，规则的搜索空间小，而且极大地受限于句法分析的精度。因此，未作任何改进的树到串翻译模型只能取得与短语翻译模型可比的翻译效果。为了降低对句法分析精度的依赖并扩大树到串规则的搜索空间，Mi *et al.*（2008）和 Mi and Huang（2008）提出了基于句法压缩森林的树到串翻译模型。句法压缩森林通过共享压缩结构可以在多项式级空间表示指数级的句法树。图 11-20 和图 11-21 给出了句法树和句法压缩森林的一个对比示例。以句法压缩森林为基础,翻译模型训练时可以抽取出更多的树到串的翻译规则,解码时可以利用更大的规则搜索空间。Mi and Huang(2008)通过中文到英文的翻译实验表明,基于句法压缩森林的树到串的翻译模型能够超越基于短语的翻译模型,并且能够取得与层次短语模型可比的翻译性能。

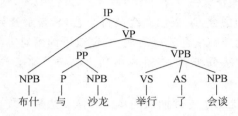

图 11-20　对应中文句子"布什与沙龙举行了会谈"的一棵句法树

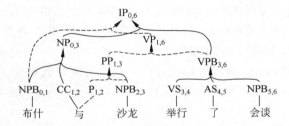

图 11-21　对应中文句子"布什与沙龙举行了会谈"的句法森林

而上述第二个问题,即句法分析速度慢、准确率低,是目前语言学上基于句法的方法所普遍面临的难题。在句法分析技术取得突破性进展之前,一个可行的方案是引入多个句法树(可表示为压缩森林的形式),尽可能降低句法分析准确率低对翻译质量的负面影响。

另外,在树到串的翻译模型中,翻译解码时要求候选规则的源语言端树结构与待翻译句子的句法树的某一片段完全匹配,这一点极大地限制了候选规则空间,进而会造成数据稀疏问题,而且树到串的翻译模型无法保证得到的译文符合目标语言的语法。相反地,这些问题却成为串到树的翻译模型的优势所在。

在基于依存树的树到串模型方面,主要是文献[Langlais and Gotti,2006]和熊德意等人[Xiong et al.,2007;熊德意,2007]的工作。这些工作都是在源语言端使用依存树稚树(treelet),而目标语言端用字符串确定语序。由于目标语言不需要分析树,所以,该模型比文献[Quirk et al.,2005]等中的树到树的工作要简单一些,但是目标语言的调序问题始终是基于依存树模型的一大问题,这方面的工作尚未取得很好的结果。

11.9.3　串到树的翻译模型

串到树(string-to-tree)的翻译模型将翻译视作一种同步句法分析过程,在分析源语言句子的同时产生一棵目标语言的句法树。串到树翻译规则的源语言端是串,目标语言端是一棵句法树结构。文献[Galley *et al*.，2004，2006]是串到树翻译模型的代表性工作。这种翻译模型首先从词语对齐和目标语言端经过句法分析的双语句对上学习同步树替换文法（STSG），然后采用学习到的同步树替换文法分析待翻译的句子。同步树替换文法规则的源语言端负责分析待翻译的句子，同时，规则的目标语言端自底向上地生成一棵句法树。以下分别介绍同步树替换文法的学习和分析（翻译）方法。

典型地，同步树替换文法是一个五元组 $G=(\Sigma_s, \Sigma_t, N_t, S_t, P)$，其中 Σ_s 和 Σ_t 分别表示源语言和目标语言的单词集合，N_t 表示非终结符集合，S_t 表示开始非终结符（即根结点），P 表示同步树替换文法的规则集合。一般地，给定双语词语对齐的训练语料，Σ_s 和 Σ_t 便确定了。目标语言端经过句法分析后 N_t 和 S_t 也随之确定。那么，确定规则集 P 便成为同步树替换文法学习的唯一任务。

Galley *et al*.（2004）提出了一种抽取同步树替换文法最小规则集的算法，这一算法在[Galley *et al*.，2006]中被称为 GHKM 算法。该算法的输入是一个三元组：(f, e_t, a)，其中 f 表示源语言句子，e_t 表示目标语言句法树，该句法树对应的串 e 是 f 的目标译文，a 为 f 与 e 之间的词对齐关系集合。GHKM 算法的基本思想是获取一组能够解释源端的串与目标端句法树对应关系的最小规则。最小规则的抽取算法分为三个步骤：①计算边缘结点集合；②生成树片段；③抽取规则。

边缘结点集合（frontier set，FS）是由 (f, e_t, a) 构成的图 G 中一组潜在的能够形成树片段的结点。FS 可以形式化地定义为目标语言句法树 e_t 中一组满足如下约束的结点 n 的集合：

$$FS=\{n \mid \text{span}(n) \bigcap \text{complement\_span}(n)=\phi\}$$

其中，$\text{span}(n)$ 为结点 n 的跨度，指与 e_t 中结点 n 覆盖的目标词串对齐的源语言句子 f 中的最小和最大下标。$\text{complement\_span}(n)$ 为互补跨度，是 e_t 中除了结点 n 及其子孙结点、祖先结点以外的其余结点 n' 的跨度的并集。图 11-22 左边给出了一个汉语句子与对应的英语句子句法树以及词对齐关系。根据前面的解释，图中英语句法树中带下划线的结点都是边缘结点。

给定边缘结点集合 FS，一个良好定义的树片段（well-formed fragmentation）就是以 FS 中的边缘结点为根结点，以 e_t 中的叶结点或 FS 中的边缘结点为叶结点的一棵子树。

树片段生成完毕后，可以用深度优先遍历的方式从 e_t 中抽取最小规则集合：遍历过程中每遇到一个边缘结点，就确定以该结点为根结点的良好定义的树片段。该树片段就对应一条串到树的同步树替换规则。这种算法抽取的规则称为最小规则。图 11-22 右边列出的 $r_1 \sim r_{10}$ 为对应的 10 条最小规则。规则右部括号中逗号左边的 x_0 和 x_1 分别表示源语言句子的片段（词或短语），逗号右边的 x_0 和 x_1 分别与源语言端的 x_0 和 x_1 相对应，而 IN:x_0 中的 IN 和 NP:x_1 中的 NP 分别表示目标语言端与 x_0 和 x_1 对应的以 IN 和 NP 为根结点的子树。

通常情况下，为了增加规则的覆盖度，SPMT 模型[Marcu *et al*.，2006]会用来生成 GHKM 抽取算法无法获得的短语规则。另外，两条或两条以上共享边缘结点的最小规则可以合并成为复合规则[Galley *et al*.，2006]。例如，图 11-22 中的规则 r_{11} 是由规则 r_6 和规则 r_9 合并后形成的复合规则。

对于获得的规则集 P，最大似然估计的方法通常被用于计算规则在给定根结点、源语

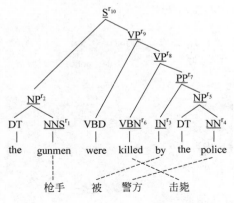

r₁:NNS → (枪手，NNS(gunmen))
r₂:NP → (枪手，DT(the)NNS(gunmen))
r₃:IN → (被，IN(by))
r₄:NN → (警方，NN(police))
r₅:NN → (警方，DT(the)NN(police))
r₆:VBN → (击毙，VBN(killed))
r₇:PP → (x₀ x₁, IN:x₀ NP:x₁)
r₈:VP → (x₀ x₁, VBN:x₁ PP:x₀)
r₉:VP → (x₀ x₁, VBD(were)VP(VBN:x₁ PP:x₀))
r₁₀:S → (x₀ x₁, NP:x₀ VP:x₁)
r₁₁:VP → (x₀ 击毙，VBD(were)VP(VBN(killed)PP:x₀))

图 11-22　同步树替换规则抽取实例

言串和目标语言树结构情况下的条件概率。词语对齐时得到的概率词典会被用来计算规则的源语言和目标语言中的词翻译概率。

同步树替换文法翻译句子的过程类似于一个单语言句法分析的过程，其中规则的源语言部分对待翻译句子进行自底向上的分析，规则的目标语言部分同步地生成目标语言的树结构片段。当待翻译句子分析完成时，目标语言端便会生成一棵句法树，其叶结点顺序地组合形成目标语言的译文。图 11-23 展示了利用同步树替换文法实现串到树翻译的过程。该翻译过程使用了图 11-22 提供的规则。首先，规则 r₂、r₃ 和 r₅ 分析单词"枪手"、"被"和"警方"并生成目标语言子树片段；然后，利用规则 r₇，"被"和"警方"分别替换规则 r₇ 中源语言端的 x₀ 和 x₁，IN 子树和 NP 子树分别替换规则中目标语言端的 IN：x₀ 和 NP：x₁，从而完成源语言片段"被 警方"的分析过程，并同时生成以 PP 为根结点的目标语言端的子树。之后，规则 r₁₁ 用于完成对三个词"被 警方 击毙"的分析；最后，规则 r₁₀ 用于分析整个汉语句子"枪手 被 警方 击毙"，得到最终的英语句法树。顺序地把叶结点连接起来就得到目标译文"the gunmen were killed by the police"。

由于串到树的翻译模型并没有对源语言句子的结构进行任何限制，并且能够保证译文符合目标语言的语法，因此很多实验证明该模型是有效的。

同样，在串到树的翻译模型中目标语言的树也可以是依存树。在串到依存树的翻译模型研究方面，主要工作是[Shen *et al.*，2008，2010]。实际上，基于串到依存树的翻译模型是层次短语翻译模型[Chiang，2007]的一种扩展。该模型有两个特色：第一，要求层次短语规则的目标语言端是一棵依存结构子树；第二，学习一个目标语言的依存语言模型对译文的生成进行建模。实验表明，基于串到依存树的翻译模型也能够取得很好的翻译结果。

综上所述，关于树到树、树到串和串到树的翻译模型的主要工作可以归纳于表 11-2。相对而言，在树到树的翻译模型中，基于依存树的翻译模型性能较好，因为短语结构树在语法上处于劣势，比依存树复杂得多，再应用到树到树的翻译模型就更加复杂了；在树到串的翻译模型中，短语结构树与依存树相比有一定的优势，它能够直接表达语序，而依存树在调序上比较困难。为此，Xie *et al.*（2011）和谢军（2012）针对依存树到串模型提出了

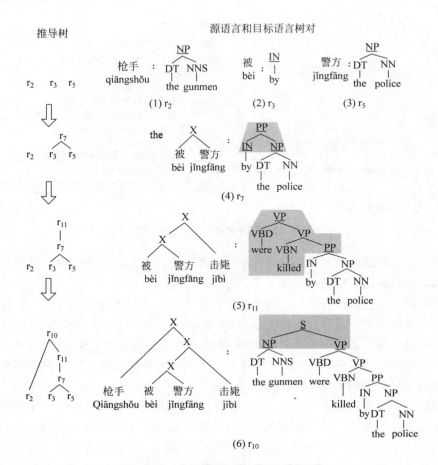

图 11-23　串到树模型的翻译过程示例

一种依存树分解方法，该方法以中心词结点及其所有依存结点组成的中心依存关系（head-dependents relation，HDR）片段为基本单元、替换操作为基本操作，将翻译规则的源端分解为适度泛化的 HDR 片段，目标端为目标词语和变量组成的串。与已有的基于源语言依存树的模型相比，该模型不再使用"插入"操作，取消了原模型必需的启发式或调序模型，模型设计更加简单，其性能和长距离调序能力都优于短语结构树到串的模型和层次短语模型。到目前为止，尚没有对串到短语结构树和串到依存树两种翻译模型的性能对比。

表 11-2　基于树的基本翻译模型工作汇总

模　型	基于短语结构树的翻译模型	基于依存树的翻译模型
树到树模型	Eisner(2003)、Cowan *et al.*(2006)	Lin(2004a)、Quirk *et al.*(2005)、Ding and Palmer(2005)
树到串模型	Liu and Gotti(2006)、Huang *et al.*(2006)	Langlais and Gotti(2006)、Xiong *et al.*(2007)
串到树模型	Galley *et al.*(2004，2006)	Shen *et al.*(2008，2010)

11.10　树模型的相关改进

基于句法分析树的翻译模型虽已取得了较大的成功,但仍存在若干问题。因此,针对树模型的改进工作一直在进行。本节介绍其中的两项改进工作。

11.10.1　源语言句法增强的串到树翻译模型

树到串的翻译模型和串到树的翻译模型所取得的成功充分说明,源语言和目标语言的句法知识都能够有效地改善翻译质量。因此,如何同时充分地利用源语言与目标语言的句法结构信息成为研究者们关注的一个热点课题。树到树的翻译模型虽然在理论上非常完美,但其两端句法结构的显式约束导致了严重的数据稀疏问题。于是,受依存语言模型的启发,文献[Mi and Liu, 2010]从基于短语结构树到串的翻译模型出发,限制树到串翻译规则的目标语言端必须满足依存语法结构,并在翻译模型中融入依存语言模型。这样,就在保留树到串的翻译模型之优势的基础上,采用依存语言模型改善了译文的语法结构。相应地,文献[Zhang et al., 2011]从串到短语结构树的翻译模型出发,提出了一种模糊利用源语言短语结构树、精确利用目标语言短语结构树的翻译模型:源语言句法增强的串到树翻译模型。以下简要介绍这一模型。

源语言句法增强的串到树翻译模型的核心思想主要体现在如下两点:①模糊规则抽取:首先抽取串到树的翻译规则,然后采用模糊算法为每条规则的源语言端附着句法信息,形成模糊树到精确树的翻译规则;②模糊解码:将解码分为两个步骤——规则匹配和推导。在规则匹配中,不限制源语言的句法结构,从而保证规则的搜索空间与串到树的翻译模型相同;在推导过程中,根据待翻译句子的句法结构信息,设计模糊匹配算法,为每一条规则赋予一个匹配概率,从而使得解码过程尽可能地尊重源语言的句法结构。

模糊规则的抽取过程分为两个步骤:①串到树的翻译规则抽取;②为每条串到树的规则左部(源语言端)附着句法信息。第①步中串到树的翻译规则的抽取已经在 11.9 节详细介绍过了,现在主要介绍如何为每条规则的源语言端附着句法信息。

给定串到树的翻译规则,对规则左部进行 SAMT[Zollmann and Venugopal, 2006]风格的模糊句法标注可通过如下三步完成:

(1)对于串到树的翻译规则左部串 rs,寻找在源语言句法树 f_t 中是否有一个句法成分 C 刚好覆盖 rs,若存在这样一个句法成分,便标注 rs 的句法类别 rsc 为 C;若不存在,进入下一步;

(2)顺序检测 f_t 中是否存在 $C_1 * C_2$, C_1/C_2 或者 $C_2 \backslash C_1$[①] 刚好覆盖 rs,若存在,则令 rsc 为 $C_1 * C_2$, C_1/C_2 或 $C_2 \backslash C_1$;如果不存在(失败),则进入下一步;

---

① $C_1 * C_2$ 说明 rs 可以由相邻的两个句法结点的联合表示;C_1/C_2 说明 rs 可以由句法结点 C_1 去除其最右端的孩子结点 C_2 表示;$C_2 \backslash C_1$ 说明 rs 可以由句法结点 C_1 去除其最左端的子结点 C_2 表示。

（3）顺序检测 f_t 中是否存在 $C_1 * C_2 * C_3$ 或 $C_1..C_2$[①]刚好覆盖 rs，若存在，则令 rsc 为 $C_1 * C_2 * C_3$ 或 $C_1..C_2$；如果不存在（失败），便为 rsc 赋予一个默认的句法类别 X。

以 11.9 节使用的汉英翻译句对为例，除目标语言句子的句法树外，源语言汉语也使用一棵简化的句法树，如图 11-24 所示。对于图 11-22 中的规则 r_2，源语言的串"枪手"正好对应一个句法类别"NP"，因此，上述的步骤（1）便可以完成源端句法信息的标注工作，如图 11-24 右侧 r'_2 所示。对于图 11-22 中的规则 r_7，对应源语言的串是"被 警方"，源语言句法树中不存在一个句法类别刚好覆盖该短语，因此，采用上述的步骤（2），LB * NP 可以用来表示源语言句法信息，从而得到图 11-24 右部的规则 r'_7。

在模糊树到精确树规则的抽取过程中，相同的串到树翻译规则在不同的句对中对应不同的源语言句法信息，如最后的规则可能是：和\{P:6,CC:4\}→IN(with)，表示在训练语料中源端是介词的规则"和\{PP\}→IN(with)"出现了 6 次，而源端是连词的规则"和\{CC\}→IN(with)"出现了 4 次。

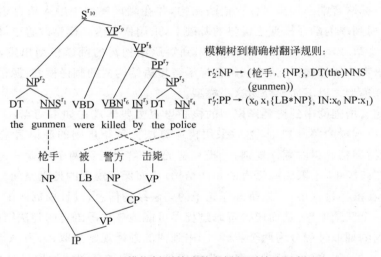

图 11-24　模糊树到精确数翻译规则抽取示例

在模糊解码过程中，模糊规则匹配算法是关键。文献[Zhang *et al.*，2011]提出了三种模糊匹配算法：①0－1 匹配；②似然度匹配；③深层结构相似度匹配。在 0－1 匹配算法中，首先对每条规则进行转换，只保留其源语言端最具信息量的句法类别标记。如对于规则"和\{P:6,CC:4\}→IN(with)"，由于句法类别 P 出现频率较高，所以经转换得到规则"和\{P\}→IN(with)"。根据转换后的规则，在解码的译文推导过程中，0－1 匹配算法设计的规则匹配准则为：若待翻译的源语言句子中"和"的句法类别为 P，就给使用规则"和\{P\}→IN(with)"一个奖励；否则，给使用规则"和\{P\}→IN(with)"一个惩罚。

在似然度匹配算法中，假设规则源语言句法类别标记的贡献由该句法类别标记的似然度决定。根据假设，规则源语言端的句法信息采用最大似然估计得到似然，并通过文献

---

①　$C_1 * C_2 * C_3$ 说明 rs 可以由相邻的三个句法结点的联合表示；$C_1..C_2$ 说明 rs 可以由最左边的句法结点 C_1 和最右边的句法结点 C_2 近似表示。

［Mitchell，1997］中的"m-概率估计"（m-estimate of probability）方法进行概率平滑。译文推导过程中，若待翻译句子中的某个串对应的句法类别标记出现在规则的源端句法类别集合中，则使用该句法类别对应的似然度表示使用该规则的概率；否则使用 m-概率估计方法平滑后的似然度表示使用该规则的概率。

在深层结构相似度匹配算法中，并不直接利用句法类别本身，而是将每一个句法类别转换为一个潜在实数向量。假设存在 n 个潜在变量 $V=(v_1,\cdots,v_n)$，对于任意一个句法类别 c，计算其对应的潜在变量的概率分布 $\boldsymbol{P}_c(V)=(P_c(v_1),\cdots,P_c(v_n))$。如 $\boldsymbol{P}_{\text{LB}*\text{NP}}(V)=(0.4,0.2,0.3,0.1)$ 表示句法类别 LB $*$ NP 对应的潜在变量 v_1，v_2，v_3 和 v_4 的概率分布分别为：$p(v_1)=0.4$，$p(v_2)=0.2$，$p(v_3)=0.3$ 和 $p(v_4)=0.1$。进一步，使用归一化形式 $\boldsymbol{F}(c)=\boldsymbol{P}_c(V)/\parallel\boldsymbol{P}_c(V)\parallel$ 表示句法类别 c。

对于每一个规则源端的句法类别，知道其潜在的实数向量表示后，任意两个句法类别之间的相似度可由如下的点积（dot-product）公式计算：

$$\boldsymbol{F}(c)\cdot\boldsymbol{F}(c')=\sum_{1\leqslant i\leqslant m}f_i(c)f_i(c') \tag{11-89}$$

深层结构相似度匹配的目的是计算待翻译句子中子串的句法类别与规则的相似度。于是，需要将规则源端的句法类别集合映射到 n 维的潜在实数向量。首先，直接利用未做平滑的最大似然估计将源端的句法类别出现的次数转换为似然度，如规则"和{P6,CC4}→IN(with)"转换成"和{P0.6,CC0.4}→IN(with)"。然后，对规则源端的句法类别集合进行加权：

$$\boldsymbol{F}(RS)=\sum_{c\in RS}P_{RS}(c)\boldsymbol{F}(c) \tag{11-90}$$

其中，$P_{RS}(c)$ 表示句法结构 c 的似然度。用 $\boldsymbol{F}(RS)$ 表示规则源端的句法信息。最后，采用点积计算待翻译句子中子串对应的句法类别 tc 与规则源端句法类别的相似度：

$$\text{DeepSim}(tc,RS)=\boldsymbol{F}(tc)\cdot\boldsymbol{F}(RS) \tag{11-91}$$

综上所述，源语言句法增强的串到树的翻译模型的核心贡献在于，采用模糊规则匹配概率在译文推导过程中加强规则的区分性，使得所用规则充分尊重源语言的句法信息。Zhang $et\ al.$（2011）通过大规模的汉英实验表明，该模型统计显著优于基本的基于串到短语结构树的翻译模型。

11.10.2　基于无监督树结构的翻译模型

在基于句法分析树的翻译模型中存在两个基本问题：①所使用的句法分析器依赖于人工标注的树库资源，使得许多资源匮乏的语言对无法构造此类翻译模型；②由于句法分析过程只专注于语言结构自身的合法性，而忽略了词对齐和双语映射关系，从而导致许多非常有用的翻译规则无法获取到，降低了翻译规则的覆盖率。为了解决这两个问题，Zhai $et\ al.$（2012b）和 Zhai $et\ al.$（2013a）面向基本的串到树翻译模型提出了一种无监督树结构获取方法。

给定一个三元组 (f,e,a)，其中 f 代表源语言句子，e 代表目标语言句子，a 代表双语词对齐关系。基于无监督树结构的翻译模型旨在不使用人工标注的树库资源，为目标语言句子 e 构造树结构，其实现过程主要包括两个步骤：①把句子 e 对应的所有可能的树结构（称为"候选树"）存放到一棵压缩森林中；②利用 EM 算法从压缩森林中学习一个有效的同步树替换文法（STSG），并根据这个文法选择一棵最优的树结构用于构造翻译模型。

　　为了构造压缩森林，首先要构造森林中的结点标签。受文献［Zollmann and Vogel, 2011］的启发，Zhai *et al.*（2012b）使用词性标注来构造结点标签，并把森林中的所有非叶子结点按照所控制的词汇的个数进行分类：①单词结点，控制句子中的一个词，结点标签即为这个词的词性标记，如"C"；②双词结点，控制句子中的两个词，结点标签是这两个词的词性标注的组合，记作"C_1+C_2"；③多词结点，控制句子中的多个词，结点标签定义为开头和结尾两个词的词性标注的组合，记作"$C_1 \cdots C_n$"，C_1 和 C_n 分别为控辖序列中首词和尾词的词性标记。例如，在图 11-25（d）中，覆盖了序列"we meet again"的森林结点即为一个多词结点，被标注为"PRP⋯RB"。

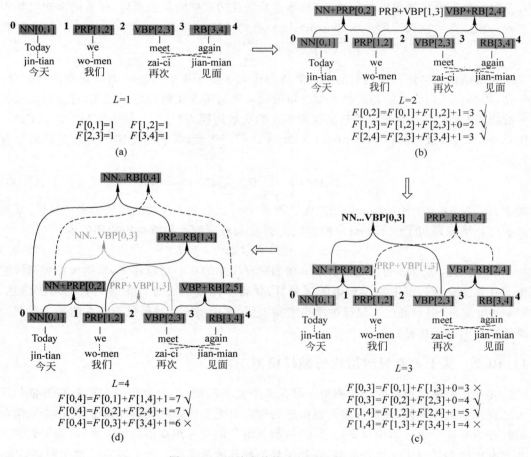

图 11-25　压缩森林构造过程示意图

　　理论上讲，一个句子所对应的候选树有成千上万个，并且候选树数量随着句子长度的增加呈指数级增长，这就会导致生成的压缩森林过于复杂，以至于 EM 算法无法处理。因此，为了削减句子所对应的候选树的数量，Zhai *et al.*（2012b）采用如下三条规则：

　　（1）根据标点符号和双语词对齐关系，把输入的双语句对切分为短的双语子句对，然后首先为双语子句对构造压缩森林,最后再把子句对的压缩森林进行合并,得到原来双语句对的压缩森林。

(2)边缘结点最多假设(frontier node assumption):树结构中包含的边缘结点越多,对于翻译模型来说这个树结构越合理。直觉上,这个假设是有效的,因为在翻译模型中为了获取较高的翻译规则覆盖率,倾向于抽取很多规模较小的最小规则(minimal rules),并通过合并的方式获取较大的组合规则(composed rules)。最大化边缘结点的数目能够达到这个目的[DeNero and Klein, 2007]。根据这个假设,在构造压缩森林的过程中可以只保留那些含有最多边缘结点的候选树结构。

(3)构造的压缩森林以二叉树为基本结构,即压缩森林中所存放的候选树结构都是二叉树结构。

给定一个子句对,图 11-25 可以说明构造森林的整个过程。图中阴影覆盖的结点为边缘结点。如图 11-25(a)所示,首先为每个词构造一个词性结点。然后,为句子中每个可能的跨度构造一个森林结点及其对应的连接边(图 11-25(b))。构造过程中,需要最大化 $F[i,j]$ 以满足边缘结点假设,即

$$F[i,j] = \text{argmax}_k \{F[i,k] + F[k,j] + F_{\text{ron}}[i,j]\} \tag{11-92}$$

其中,$F[i,j]$ 表示以跨度$[i,j]$为根结点的子树中所含的边缘结点的数目。$k \in (i,j)$ 表示跨度$[i,j]$的切分点。$F_{\text{ron}}[i,j]$是一个指示函数,如果跨度$[i,j]$对应的结点是一个边缘结点,那么,$F_{\text{ron}}[i,j]=1$;否则,$F_{\text{ron}}[i,j]=0$。以图 11-25(c)为例,跨度$[0,3]$可以由跨度$[0,1]$和$[1,3]$组成,也可以由跨度$[0,2]$和$[2,3]$组成。然而,正如图 11-25(c)所示,前一种情况只能产生 3 个边缘结点($F[0,1]+F[1,3]+F_{\text{ron}}[0,3]=3$,此处由于 NN$\cdots$VBP$[0,3]$不是边缘结点,所以 $F_{\text{ron}}[0,3]=0$),而后一种情况能够获得 4 个边缘结点($F[0,2]+F[2,3]+F_{\text{ron}}[0,3]=4$)。因此,只保留那条最大化 $F[0,3]$ 的边,即连接了跨度$[0,2]$和$[2,3]$的边。而与另一条边相关的结点和边,如图 11-25(c)中的浅灰色部分则在这个过程中被丢弃,并不出现在最终的森林中。图 11-25(d)中的浅灰色部分同样含义。通过这样一种自底向上的方式,当到达整个句子所对应的森林结点时,森林中存放的就是所有携带了最多边缘结点的候选树结构。图 11-25(d)所示的森林即为最终的压缩森林。其中,L 表示跨度的长度。

得到每个双语子句对的压缩森林(称为"子森林")之后,合并所有的子森林,就可以获得整个双语句对的压缩森林。合并的方法类似于构造子森林的方法,只是把子森林的根结点看作上述方法中的词性结点而已。

然后,对于给定目标语言句子所对应的压缩森林,可以通过 EM 算法训练得到一个有效的同步树替换文法,并最终获得目标语言句子的最优树结构。EM 算法的核心思想是:寻找一系列树结构$(t_{e_1} t_{e_2} \cdots t_{e_n})^*$,来最大化整个双语语料库$(t_e, f, a)$的似然值。其中,$t_e$表示目标语言端的树结构,$f$ 是源语言端的训练句子,而 a 是指二者之间的词对齐关系:

$$(t_{e_1}, t_{e_2}, \cdots, t_{e_n})^* = \underset{(t_{e_1}, t_{e_2}, \cdots, t_{e_n})}{\text{argmax}} \prod_{i=1}^{n} p(t_{e_i}, f_i, a_i) \tag{11-93}$$

关于本方法中 EM 算法的具体实现过程,有兴趣的读者可以参阅文献[Zhai *et al.*, 2012b]。最终产生的目标语言句子的树结构可以直接用于构造串到树的翻译模型。Zhai *et al.*（2012b）通过汉英翻译的实验表明,该方法获得的无监督树结构显著地优于基于句法分析树的串到树模型,有效地避免了树模型对句法分析器的依赖性。

11.11　句法模型解码算法

在基于句法的翻译模型中,解码算法按照自底向上的方式对源语言句子进行翻译。总体来看,这些解码算法都可以归结为线图分析解码算法（chart-parsing decoding algorithm）[Zollmann and Venugopal, 2006; Xiao *et al.*, 2012]。在解码过程中,解码器按照从小到大的顺序遍历源语言句子中的连续跨度,调用翻译规则对其进行翻译,并把产生的翻译候选（translation candidates）存放在线图中对应的栈里。当翻译大的跨度时,可以使用那些小的跨度中已经产生的翻译候选。当解码器对覆盖了整个句子的跨度完成翻译之后,整个解码过程就随之终止。

根据翻译模型的不同,解码算法可进一步划分为两类:基于树的解码算法（tree-based decoding）和基于串的解码算法（string-based decoding）。基于树的解码算法根据翻译句子的句法分析树进行解码,适用于树到串的翻译模型和树到树的翻译模型,而基于串的解码算法直接对待翻译的句子进行翻译,适用于串到串的翻译模型（层次短语模型）和串到树的翻译模型。从解码的角度来看,二者的区别在于,基于树的解码算法只处理那些句法分析树中的结点所对应的跨度,而基于串的解码算法则处理待翻译句子中所有的连续跨度。另外,Liu and Liu（2010）提出了一种把句法分析和机器翻译融合在一起的方法。他们实现的树到串的翻译模型以待翻译的句子作为输入,解码过程中同时生成源端句子的句法分析树和目标端的翻译结果。这种解码方式是一种基于串的解码算法。

下面以树到树的翻译模型为例,介绍解码算法的执行过程。树到串模型的解码过程类似于树到树模型的解码过程,但由于不需要在目标端构建树结构,因而更为简单。如图 11-26（a）所示,给定待翻译的句子"枪手 被 警方 击毙"的句法分析树。解码器首先对树中的结点进行拓扑排序,并按顺序对结点进行编号,然后按顺序遍历所有的结点,并搜索当前结点可用的翻译规则,以对结点覆盖的跨度进行翻译。例如,在图 11-26（a）中,对于编号为 1 的结点（"结点 1"）找到了如图所示的翻译规则,于是就可以根据规则把"枪手"翻译为"the gunmen"。同理,对于编号为 2、3、4 的结点（"结点 2"、"结点 3"、"结点 3"）,也分别找到了各自对应的翻译规则并进行翻译。

对于更上层的结点,以编号为 6 的树结点说明解码的过程。首先找到能够匹配树结构的规则,如图所示,规则中相同的下标（带圆圈的数字）表示规则的左右两端对齐的非终结符。该规则中源语言端的非终结符 NP 和 VP 分别对应编号为 3（"结点 3"）和 4（"结点 4"）的两个结点。这两个结点已经分别获得了对应的翻译结果。于是,可以根据翻译规则把这两个结点的翻译结果结合到规则中,从而得到图 11-26 中结点 6 对应的翻译结果（结果中的灰色部分为结点 3 和结点 4 对应的翻译结果）。同理,利用编号为 7 的根结点的翻译规则,以及结点 1 和结点 6 对应的翻译结果,就可以得到最终目标语言端的句法分析树,以及最终句子的翻译结果"the gunmen were killed by the police"。

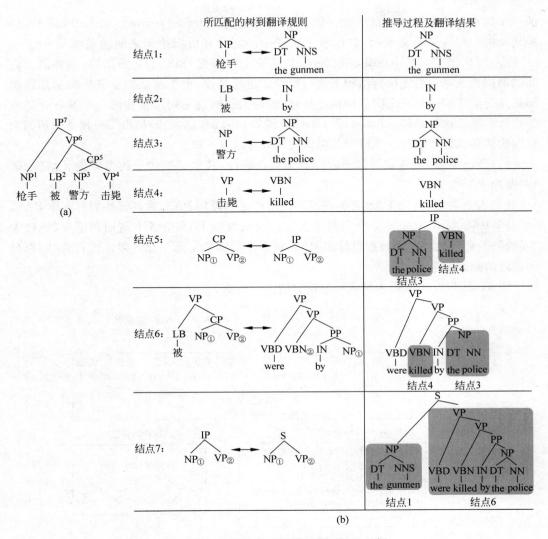

图 11-26　树到树的翻译模型解码过程示例

在上述过程中,结点 2 和结点 5 产生的翻译结果没有在最终的翻译结果中使用,因为该过程只是所有可能的解码推导过程中的一个。结点 2 和结点 5 产生的翻译结果会用于构造其他推导过程。另外,在推导过程中每个结点所使用的翻译规则,以及小的跨度对应结点的翻译结果(如结点 3)都可能有很多个,这时需要组合多种可能来获得大的跨度对应结点(如结点 6)的翻译结果。为了能够应对组合爆炸,并迅速有效地找到好的翻译结果,可以使用立方体剪枝(cube pruning)的方法进行组合,详见文献[Chiang,2007]。

11.12　基于谓词论元结构转换的翻译模型

伴随翻译模型从基于词、基于短语到基于句法分析树的发展过程,统计机器翻译系统的性能取得了长足的进步。然而,如何把语义知识融入翻译模型,仍是机器翻译领域研究的一个热点和具有挑战性的问题。谓词论元结构（predicate-argument structure，PAS）是句子的一种浅层语义表示，它体现了句子中的谓词和所属论元之间的关系。Fung *et al.*（2006，2007）和 Wu and Fung（2009）的研究工作表明，相对于句法结构，两种语言之间的谓词论元结构更能保持结构上的一致性。也就是说，由于基于句法分析树的翻译模型总是受限于双语句子之间的结构差异，谓词论元结构将是句法结构的一个非常合适的替代品。基于这种思路，Zhai *et al.*（2012a）和 Zhai *et al.*（2013b）提出了一种基于谓词论元结构转换的翻译模型。该模型的翻译过程分为以下三步：

（1）PAS 获取：对待翻译句子进行语义角色标注，获取源端句子的谓词论元结构（简称"源端 PAS"）；

（2）PAS 转换：使用 PAS 转换规则匹配所产生的源端 PAS，将其转换为目标端 PAS；

（3）PAS 翻译：这一步又分为两小步：（a）获取源端 PAS 中各个谓词和论元（统称为"元素"）的翻译候选；（b）根据目标端 PAS，将各个谓词和论元的翻译候选进行合并，以得到最终的翻译结果。

图 11-27 以汉英翻译为例说明该模型的工作过程。

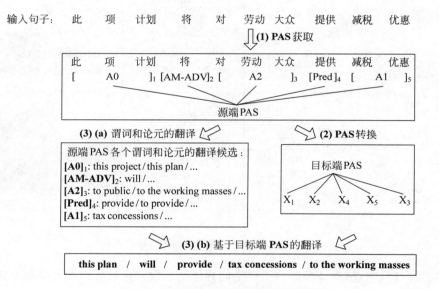

图 11-27　基于 PAS 转换的翻译模型

在第（1）步的 PAS 获取操作中，直接对源语言句子进行语义角色标注。鉴于目前语义角色标注系统的性能并不能令人满意，因此可以综合使用多个语义角色标注的结果。

第（2）步的 PAS 转换操作是整个翻译模型的核心。Zhai *et al.*（2012a）所使用的 PAS 转换规则来源于［Zhuang and Zong，2010b］提出的双语联合语义角色标注方法。Zhuang and Zong（2010b）提出的双语联合语义角色标注方法不仅改善了双语两端语义角色标注的结果，而且能够获取两端 PAS 之间各个元素的对应关系。图 11-28（a）为一个双语联合语义角色标注的示例。利用双语联合语义角色标注的结果，并使用非终结符 X 来代替目标端 PAS 中各个元素的标签，就可以抽取出 PAS 转换规则，如图 11-28（b）所示。

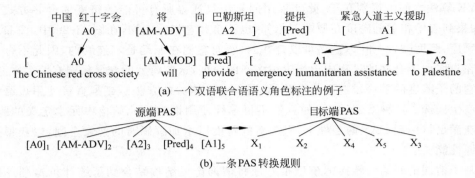

(a) 一个双语联合语义角色标注的例子

源端PAS   目标端PAS

[A0]$_1$ [AM-ADV]$_2$ [A2]$_3$ [Pred]$_4$ [A1]$_5$ X$_1$ X$_2$ X$_4$ X$_5$ X$_3$

(b) 一条PAS转换规则

图 11-28 双语联合语义角色标注和 PAS 转换规则示例

实际上,一条 PAS 转换规则就是一个三元组〈Pred,SP,TP〉,其中 Pred 代表源端谓词,SP 是源端的谓词论元结构,TP 是目标端的谓词论元结构。例如,图 11-28(b)中的规则即为一个三元组:其中 Pred 为源端汉语动词"提供";SP 为汉语句子的谓词论元(按顺序依次排列):〈[A0]$_1$[AM-ADV]$_2$[A2]$_3$[Pred]$_4$[A1]$_5$〉;TP 为目标端英语句子的谓词论元结构(每个元素都用带下标的非终结符 X 表示,下标编号与该元素在 SP 中对应元素的序号一致):〈X$_1$ X$_2$ X$_4$ X$_5$ X$_3$〉。

在 PAS 匹配阶段,利用所抽取的 PAS 转换规则,对第(1)步中得到的语义角色标注结果进行匹配。由于每个谓词可能具有不同的论元结构,因此进行匹配时,既要匹配谓词 Pred,又要匹配源端的谓词论元结构 SP,从而得到适合当前待翻译句子的目标端谓词论元结构 TP。

在 PAS 翻译阶段,首先使用传统的机器翻译方法([Zhai *et al.*,2012a]使用的是 BTG 模型)对源端谓词论元结构 SP 中每个元素对应的片段进行翻译。然后,根据第(2)步得到的目标端的谓词论元结构 TP,使用一种基于 CYK 模式的解码算法,对目标端的谓词论元结构 TP 进行解码。

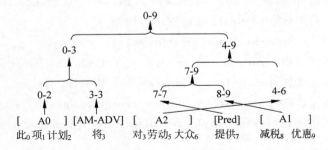

图 11-29 使用基于 CYK 模式的解码算法对目标端的谓词论元结构进行解码

在基于 CYK 模式的解码算法中,首先根据目标端的谓词论元结构 TP,把源端 PAS 中的元素按照目标语言的顺序组织起来。例如,在图 11-29 中,使用图 11-28(b)中的规则把源端 PAS 中的元素组织起来,得到跨度列表[0,2],[3,3],[7,7],[8,9],[4,6]。然后,类似于传统的 CYK 算法,以自底向上的方式合并这些跨度,并生成翻译候选。与传统 CYK 算法之间的区别在于，此处采用的算法只搜寻所有可能的跨度的合并方式。而且，如果列表中相邻的跨度在源端不相邻，也不合并它们。例如，在图 11-29 中，按照目标端的顺序，跨度[3,3]和[7,7]是可以合并的，然而它们在源端是不连续的，因此不合并它们。在自底向上合并的过程中会产生很多新的跨度，这些跨度的翻译候选有两个来源：一是对它的子跨度的翻译候选进行合并（如利用立方体剪枝方法），二是直接使用短语翻译规则产生候选。这种 CYK 模式的算法不再单纯使用谓词论元结构中元素定义的跨度，而是在满足目标端 PAS 的条件下，引入新的跨度以增加解码时的搜索空间，以获得更好的翻译性能。

基于谓词论元结构转换的模型很好地将谓词论元结构结合到了统计机器翻译模型中。根据 Zhai *et al.*（2012a）在汉英翻译上的实验，该模型有效地改进了译文质量。正如本节开始时所说的，基于语义的翻译方法是目前机器翻译中研究的热点和难点，具有极大的挑战性，很多工作才刚刚开始，什么样的语义表示方式最适合机器翻译的应用，以及如何建立基于语义的翻译模型等若干问题仍需要进一步研究和探索。

11.13　各种翻译模型的分析

前面已经比较全面地介绍了统计机器翻译模型和近几年来的一些主要进展。由于统计翻译方法比较适合于处理自然语言的不确定性，可以借助机器学习等手段从大规模数据中获取语言知识和翻译知识，通过计算机复杂的计算来代替人完成大量繁琐的手工劳动，并根据训练参数搜索全局最优翻译结果，因此，统计翻译方法近年来已经走向机器翻译的主导地位。

根据前面的介绍，源语言到目标语言的转换可以通过多种不同的表达形式，图 11-30 是对一些典型表达形式的归纳[Su,2005]：

(1) 词到词（word-to-word）[Brown *et al.*,1993]；

(2) 短语到短语（phrase-to-phrase）[Koehn *et al.*,2003;Och and Ney,2004]；

(3) 语块到字符串（chunk-to-string）[Wang,1998]；

(4) 语块到语块（chunk-to-chunk）[Watanabe *et al.*,2003]；

(5) 句法树到字符串（syntactic-tree-to-string）[Yamada and Knight,2001]；

(6) 二叉树到二叉树（binary-tree-to-binary-tree）[Wu,1997]；

(7) 短语树到短语树（phrase-tree-to-phrase-tree）[Chiang,2005]；

(8) 句法树到句法树（syntactic-tree-to-syntactic-tree）[Quirk *et al.*,2005;Ding and Palmer,2005]；

(9) 语义树到语义树（semantic-tree-to-semantic-tree）[Su *et al.*,1995]。

图 11-30 中的箭头表示条件概率是如何被训练出来的，例如，在模型 $P(t|s)$ 中，源语言 s 为条件，目标语言 t 为"事件"，$P(t|s)$ 表示在源语言 s 给定的情况下目标语言 t 的概率，在图 11-30 中被表示成从源语言（SL）到目标语言（TL）的箭头。而对于模型 $P(s|t) \times P(t)$ 的情况恰好相反，因此，在图 11-30 中被表示成从 TL 到 SL 的箭头。其他情况可以通过类似的方式解释。

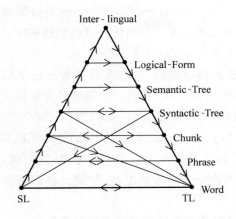

图 11-30 各种转换模型概念图

    逻辑表达形式（logical-form）与中间语言（inter-lingual）之间并没有严格的区分。已有的基于 UNL 或中间转换格式（interchangeable format，IF）[①]的翻译研究可以认为是基于这两种表达形式的翻译方法的探索，但是并没有取得显著成效或得到广泛认同。Zhai et al.（2012a）提出的基于谓词论元结构转换的翻译模型可以看作一种基于语义表达的翻译方法，这种语义表达是由语义表示和逻辑形式共同构成的。

    另外需要指出的是，图 11-30 中并没有对"源语言"和"目标语言"严格地区分是噪声信道模型的源语言和目标语言，还是实际翻译中的源语言和目标语言。在早期的词到词的翻译模型、二叉树到二叉树模型[Wu，1997]和句法树到字符串[Yamada and Knight，2001]等翻译模型中，源语言和目标语言通常分别指的是噪声信道模型中的源端输入和目标端输出，而在后来通过直接对翻译源语言和目标语言进行建模提出的模型中，源语言和目标语言则是指实际翻译中的源端和目标端。笔者相信读者可以自己区分。

    另外，除了上述提到的以句子为单位的翻译模型以外，基于语篇的翻译方法也受到很多学者的关注[Mitkov，1992；Marcu et al.，2000；Tu et al.，2013；史晓东等，2006]。

    在图 11-30 中，比单词大的转换单位（如短语、语块、树等）可能具有语言学上的意义，也可能不具有语言学上的意义。例如，文献[Su et al.，1995]中采用的语义树就利用了传统语言学上的格标记或词义信息，而文献[Wu，1997]采用的二叉树和文献[Chiang，2005]采用的短语树与语言学上定义的结构就不完全相关。Su（2005）曾将这两类方法分别为"语言学驱动的方法（linguistically-motivated approach）"和"非语言学驱动的方法（not-linguistically-motivated approach）"。比较而言，语言学驱动的方法具有如下优点：①具有处理远距离依存关系和结构转换的能力；②结构匹配可以用于约束基于双语语料的无监督机器学习（比如，介词结构在英语中往往是有歧义的，但在汉语和日语中没有歧义）；③生成语法可以保证输出句子具有较好的规范性；④有意义的等价类（如句法结构类和语义类等）可以被定义得更加清晰、更加准确；⑤有很多可以直接利用的语言资源（如各

---

① 用于口语翻译。见本书第 12 章。

种机器可读的词典，HowNet，WordNet，Treebank，PropBank，FrameNet，等等）；⑥有很多语言学理论可以参考。由于该方法具有上述如此之多的优点，因此，很多学者期望基于语言学分析树的翻译方法能够优于非语言学驱动的方法。

自 Koehn *et al.*（2003）提出基于短语的翻译模型以来，尤其是基于短语的翻译引擎 Pharaoh[①] 和 Moses[②][Koehn *et al.*，2007]开源以来，非语言学驱动的方法得到了快速发展，基于短语的翻译方法和基于句法树的翻译方法[Chiang，2005，2007]在 NIST 和 IWSLT(International Workshop on Spoken Language Translation)等国际机器翻译评测中屡屡取得佳绩，Pharaoh 和 Moses 甚至被开发成实用系统。近年来，树到树、树到串和串到树等基于语言学句法的翻译模型表现出强劲的发展趋势，使统计机器翻译研究进入了一个百花齐放的空前辉煌时期。

图 11-31 从另一个角度展现了目前一些典型统计翻译模型的家族谱。

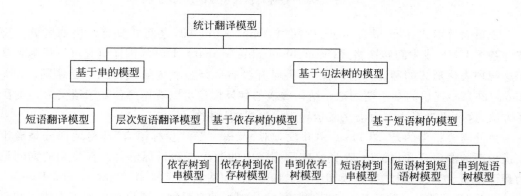

图 11-31　典型统计翻译模型家族谱

相对而言，基于短语的翻译模型仍是目前较为成熟的模型。如果在基于短语的翻译规则中含有变量，短语翻译模型就发展成为层次化短语翻译模型，使其具有更强的表达能力，从而取得更好的翻译性能。在语言学句法树到树的翻译模型中，不管是基于依存关系树还是基于短语结构树，其翻译规则的源端和目标端都是树结构，由于过度约束的原因，其翻译性能并不卓越。相对而言，源端或目标端放松约束的依存树到串模型、串到依存树模型、短语树到串模型和串到短语树的翻译模型，都显著超越了基于层次短语的翻译模型。

对于如何优化翻译规则的表示，相关的研究工作主要集中在如下几个方面：①如何同时有效地利用两端的句法知识；②如何平衡规则的泛化与细化能力；③如何更好地兼容句法树结构与词对齐。

针对如何同时有效地利用两端句法知识这一问题，主要有三种尝试：①在基于层次短语的翻译模型基础上发展形成的模糊短语树到模糊短语树的翻译模型[Chiang，2010]；②在短语树到串模型的基础上提出的短语树（森林）到依存树的翻译模型[Mi and Liu，

---

①　http://www.isi.edu/licensed-sw/pharaoh/

②　http://www.statmt.org/moses/

2010];③在串到短语树模型的基础上发展形成的模糊短语树到短语树的翻译模型[Zhang *et al*. , 2011]。

针对如何平衡规则的泛化与细化能力的问题,主要工作有:①在泛化的模型上赋予非终结符更细化的信息,如 Gao *et al*. (2011)、Zollmann and Vogel (2011)、Li *et al*. (2012a)和 Feng *et al*.(2012)等在过于泛化的层次短语翻译模型上,对非终结符变量利用短语结构树或依存树信息进行了细化,以加强规则的判别信息;②在细化的模型上对无用结点进行泛化,如 Zhu and Xiao(2011)对树到串规则的内部子树进行了适当泛化,以增加匹配概率。

针对如何处理句法树结构与词对齐的不一致性问题,DeNero and Klein(2007)、Fossum *et al*.(2008)和 Cohn and Blunsom(2009)分别提出了在句法结构基础上改善词对齐的方法;Liu *et al*.(2012a)提出了一种在词对齐的基础上优化句法结构树的方法;Zhai *et al*.(2012b)则摒弃了传统的句法树结构,提出了一种在词对齐的双语句对基础上无监督直接学习句法树结构的方法。

总起来看,目前的翻译模型仍面临诸多问题,其中的主要问题包括如下几个方面:①如何将语义知识合理地表示并融入翻译模型,真正实现基于语义理解的机器翻译。近年来使用词义消歧和语义角色标注改进或建立翻译模型的研究已经取得了若干进展,但这些研究仍非常初步,如何建立适合机器翻译的语义(包括篇章语义)表示方法,建立基于语义的翻译模型仍是一个未解的难题。②翻译模型的鲁棒性与自适应问题。目前的翻译模型参数训练严重地依赖所使用的语料,与语料所在的领域、句型和文体等密切相关,一旦待翻译句子超出模型训练的领域时,模型性能急剧下降,大量地出现未登录词。当然,不仅仅是翻译模型存在这类问题,语言模型同样存在这种问题。③机器翻译的最终目标是让用户像专业译员一样高质高效地完成翻译过程。人类译员有从用户反馈中不断学习和提高的能力,而当前任何一种翻译模型都缺乏从系统用户的反馈中自动学习和更新的能力。④如何建立资源缺乏的语言对之间的翻译模型。很多语种,如我国的某些少数民族语言,可获取的双语资源极少,这给资源获取造成了极大的困难。那么,如何建立资源缺乏的语种的翻译模型,甚至从非平行语料或单语中获取有效的翻译知识,将是一个极具挑战性的问题。Zhang and Zong (2013)对此做了探讨,并取得了初步的结果。

11.14 集外词翻译

像汉语分词一样,集外词(或称"生词")现象在机器翻译中是难以避免的,无论训练语料规模多大,总是会出现集外词,因为毕竟语言集合是开放的。一个机器翻译系统对集外词的翻译能力如何,已经成为影响整个系统性能的重要因素之一。

根据第 7 章的分析,约有一半以上(55%)的集外词属于人名、地名和组织机构名(本节以下部分的命名实体特指这三类实体名称),另外则来自普通词汇、术语和数字、时间表示等。

本节分别介绍数字和时间表示、命名实体及普通集外词的翻译方法。

11.14.1　数字和时间表示的识别与翻译

Tu *et al.*(2012)设计实现了一个多语言数字、时间表示识别与翻译方法。其基本思路是：采用正则文法描述识别与翻译一体化的规则，系统在识别的同时保存关键信息，如识别出"2011 年 5 月 1 日"之后将"2011"、"5 月"、"1 日"这些信息保存起来，以用于翻译。这些关键信息称为变量，它们将通过规则被翻译成对应的目标语言。在翻译部分引入插入、替换、结合、终止等操作符。通过这些操作符对用正则表达式截获的数字变量进行一系列等量代换，最后得到翻译结果。

规则包括用于识别的正则表达式及其操作组。如下面的识别表达式：

$$(1|2[0-9]\{3\})年([1-9]|10|11|12)月([1-3]\{0,1\}[0-9])日$$

用于识别"1×××年××月××日"或"2×××年××月××日"形式的日期。其中，[0-9]表示允许 0～9 之间的数字出现，{3}表示前面的数字出现 3 位，{0,1}表示前面的数字顶多出现 1 位。类似地，下面的表达式：

$$[二-九]\{0,1\}十[一-九]\{0,1\}点[一-九]亿$$

用于识别类似"三十八点四亿"的数字表达。

操作组是指把一个正则表达式所截获的变量变换成目标语言需要执行的操作。每个操作组都可由多个操作元组成，所谓操作元是指一条可以独立操作的最小命令，其构成方式为：

$$@subject + operation + object$$

其中，@是操作元提示符，标识一条操作命令的开始；subject 代表操作主体，特指变量；operation 代表操作符，包括：插入(Insert)、替换(Replace)、联合(Join)、终止(Terminate)等操作；object 表示操作客体，是主体实施操作符的对象。以"2011 年 5 月 1 日"为例，它的变量依次是"2011"、"5 月"和"1 日"，分别用变量 1(var1)，变量 2(var2)和变量 3(var3)表示。那么，如下操作元@var2＋Replace＋"May"的含义是将 var2 替换为 May，也就是说把"5 月"替换成"May"。如下三个操作元构成的操作组将完成"2011 年 5 月 1 日"到"1 May 2011"的翻译：

$$@var3＋Replace＋"1"$$
$$@\ var2＋Replace＋"May"$$
$$@var1＋Replace＋"2011"$$

除了规则以外，还需要建立一个源语言与目标语言数字对照的翻译表，基本形式为："＜源语言＞/＜目标语言＞"，如汉语数字一与其英语的对照关系在序数词和基数词里分别为："＜一＞/1st"和"＜一＞/＜one＞"。序数词主要用于翻译日期。

在翻译系统实现中，该模块可以用于处理训练语料，将训练语料中所有的数字和时间表示识别出来，并用相应的变量替换，且记录下数字和时间的译文，以便在译文生成时进行变量替换。如在建立汉英翻译系统时有如下一段汉语文本：

铁路货物发送量十二点四亿吨，其中运送煤炭五点六九亿吨。八月份交通系统开辟了山西、河北至天津、京唐港两条电煤公路运输快速通道，使运输效率提高了百分之二十八。

铁路部门二十天抢运电煤,使秦皇岛、天津、日照等六大主要港口多到煤炭车皮一点五万车,港口每天发送的煤炭也比抢运前增加了十四万吨。

首先将该文本进行分词处理,然后对数字进行识别翻译:

铁路货物发送量<Number>十二点四亿|1.24billion<\Number>吨,其中运送煤炭<Number>五点六九亿|569 million<\Number>吨。<Date>八月份|in August<\Date>交通系统开辟了山西、河北至天津、京唐港两条电煤公路运输快速通道,使运输效率提高了<Number>百分之二十八|28%<\Number>。铁路部门<Number>二十|20<\Number>天抢运电煤,使秦皇岛、天津、日照等六大主要港口多到煤炭车皮<Number>一点五万|15 thousand<\Number>车,港口每天发送的煤炭也比抢运前增加了<Number>十四万|140 thousand<\Number>吨。

所有<Number>与<\Number>之间的数字都可统一用一个变量替换,如用"Number"替换,训练和翻译时都将"Number"作为一个普通汉语词汇对待。

11.14.2 命名实体翻译

1.概述

我们曾从 2005 年 NIST 汉英翻译评测的 1082 个测试句子中随机选取了 100 个句子进行翻译实验,其中,13 个句子中不含人名、地名和组织机构名三类命名实体,87 个句子中含有人名 78 个,地名 119 个,组织机构名 45 个,共计 242 个。我们使用基于短语的翻译系统对这 100 个句子进行翻译,结果 173 个实体名称得到了正确的翻译(占 71.5%),被错误翻译和无翻译结果的实体名称有 69 个(其中人名 50 个,地名 4 个,机构名 15 个),其中,56 个没有得到任何翻译结果,占 81.2%。这 100 句测试集的 BLEU 值为 28.05。然后我们将译文中 69 处错误翻译和无翻译结果的命名实体全部替换成正确的实体译文,100 句测试集的 BLEU 值从 28.02 提高到了 30.05,提高了两个百分点。由此可见命名实体对整个系统译文质量的影响。

但是,命名实体翻译面临较大的困难,一方面,命名实体的表现形式复杂多样,既有与普通词一样的人名(如"高山")、地名(如"大同"、"光明"等),也有不同语言混杂的机构名(如"IBM 研究中心");另一方面,翻译方法可谓百花齐放。陈钰枫(2008)将命名实体翻译的特点粗略地归纳为如下三点:

(1)翻译方式以音译和意译为主

一般来说,人名翻译主要是音译。地名翻译是音译和意译相结合,以音译为主。机构名翻译是音译和意译的结合,以意译为主。

(2)很难用规则确定命名实体中哪些部分需要音译,哪些部分需要意译

例如:"Little Smoky River(小斯莫基河)"中的"Smoky"被音译为"斯莫基",而在"Great Smoky Mountains(大烟山脉)"中的"Smoky"被意译为"烟"。

(3)不同的实体类型采用不同的翻译方式

表 11-3 列出了不同翻译方式的组合类型以及适用情况(这里除人名、地名和机构名外,还包括了书名、电影名称等专有名词)。

表 11-3　命名实体翻译形式

翻译方式	例　子	适用的实体类型
基于发音规则的音译	北京／Beijing、悉尼／Sydney	人名、地名
不规则音译	横滨／Yokohama、吉百利／Cadbury	外来人名、商标
完全意译	自动化所／Institute of Automation	机构名
音译和意译结合	北海公园／Beihai Park 加勒比共同体／Caribbean community	地名、机构名
一个词中部分音译，部分意译	星巴克／Starbuck、剑桥／Cambridge	比较少见
根据语意和内容翻译	蝴蝶梦／Rebecca 母女情深／Terms of Endearment	电影、书名
一词多译	孙中山／Sun Zhongshan 或 Sun Yat-Sen	正向音译部分

　　从方法上看，命名实体翻译主要分为两大类：直接翻译和间接翻译（双语实体对齐或抽取）。直接翻译指建立基于实体特点的翻译模型，对实体进行直接音译或意译。而间接翻译则有多种途径，如建立双语命名实体词典，即从双语资源中抽取实体翻译对，或借助网络检索对翻译结果进行校对等方式。

　　实体直接翻译是指根据双语实体对应的单元进行直接翻译，主要包括基于音素（phoneme-based）的翻译（即音译）[Knight and Graehl, 1998；Virga and Khudanpur, 2003；Meng *et al.*, 2001；Gao *et al.*, 2004]和基于字形（grapheme-based）的翻译[Li *et al.*, 2004]两种，也有人将基于音素的模型和基于字形的模型相结合，取得了比较好的效果[Bilac and Tanaka, 2004；Oh and Choi, 2005]。音译作为实体翻译中的一个重要组成部分，对于西方语言的翻译取得了比较大的发展。

　　近年来，也有人对实体包含的语义知识进行了探讨，如 Huang(2005)根据实体起源地的不同，采用不同的模型进行音译，有效提高了音译效果。[Li *et al.*, 2007]提出了基于语义的音译模型，充分结合了人名中包含的性别、起源地等语义信息。这些模型利用了与音译相关的语义知识，在一定程度上推动了音译研究的发展。然而，这些方法仅仅局限于对音译知识的理解，往往默认了实体是人名并属于音译方式。事实上，实体内部通过音译还是意译所得的结果差别非常悬殊，如何判断实体的音译部分在实体翻译中尤为重要。文献[Chen *et al.*, 2003b]针对地名和组织机构名，研究了汉英命名实体的组成规律和转换规则，通过词汇共现频率的方法确定实体中的关键词，并建立双语实体转换规则，但最后没有给出转换规则的应用以及相应实验结果。文献[Zhang *et al.*, 2005a]提出了一种基于短语的上下文相关联合概率模型，该模型与基于短语的翻译模型非常相似，其缺陷在于没有考虑命名实体本身的组成规律和音译知识，时间复杂度也较高。文献[Chen and Zong, 2008]根据机构名的结构特点，提出了一种基于结构的汉语机构名翻译方法。这种方法首先对机构名进行语块的切分，然后利用同步上下文无关文法对语块进行翻译和调序。实验证明，该方法对汉语机构名的翻译是有效的，特别是针对长度比较长、结构复杂的机构名，该方法能够充分发挥词排序优势，达到较高的正确率。把它加入到机器翻译系统中,可以显著提高翻译系统的整体译文质量。然而,上述实体直译方法仅仅面向具有某一类翻译方式(音译或意译)的实体,并不适用于所有实体的翻译。

从实体的规范化角度,如果能够直接从双语实体对照词典中获得实体的翻译,则是翻译精度最高的一种途径。基于双语语料的实体对齐方法的目的就是从双语资源自动中抽取命名实体翻译对,建立双语实体对照词典。根据双语资源的不同,这种方法分为基于双语平行语料的实体对齐方法[Huang *et al.*,2003;Lee *et al.*,2006a;Chen *et al.*,2010d]和基于双语可比语料的实体对齐方法[Tao *et al.*,2006;Sproat *et al.*,2006]。

在双语平行语料上,Huang *et al.*(2003)提出了一种多特征线性组合的方法来抽取汉英实体的翻译等价对,特征包括音译特征、实体标注特征和意译特征。Chen *et al.*(2010d)针对双语资源的互补特性,提出了双语实体识别和对齐的联合模型。其中,双语实体对齐信息用于辅助实体识别,并提高最后的实体对齐效果。实验表明,这种交互式过程能够有效地同时提高实体识别和对齐质量。

在双语可比语料上,Tao *et al.*(2006)根据时间分布(temporal distribution)和发音相似性,从语料中抽取双语实体对。这种方法要求可比语料跨越足够长的时间段。Sproat *et al.*(2006)研究了可比语料中汉英实体的音译对齐方法,该方法首先识别出英语命名实体,然后根据一个命名实体常用字的翻译列表,从可比语料中建立汉语实体的候选项集合,最后采用噪声信道模型计算音译特征概率(在发音上的相似性),从而抽取实体的音译对。

基于网络资源的实体翻译的基本思想是,由于新的实体层出不穷,翻译方式复杂多变,而很多实体名称及其翻译都可以从网络中获得,因此借助网络资源对实体进行翻译(实际上是翻译查找)成为当前研究的热点。主要方法包括:①通过单语网络检索的方法对已有的实体翻译结果进行校对[Jiang *et al.*,2007;Yang *et al.*,2008b]。②根据一种语言的查询词扩展另一种语言的关键字,检索得到包含这个查询词的两种语言的混合文档,然后从混合文档中获取该查询词的翻译[Zhang *et al.*,2005b;Yang *et al.*,2009]。但是,这种在线获取实体翻译的方法受到时间复杂度和网页文本处理复杂度的严重制约。③通过挖掘网络锚文本(anchor text)抽取双语实体翻译对[Lu and Lee,2004]。这种方法认为,链接到同一个网页的锚文本中往往包含互译的术语,但是,锚文本在网页中所占的比例毕竟较小。④首先从网络上获取平行的网页文本,然后从中抽取平行的单元[Shi *et al.*,2006]。但是,网络上的平行网页文本并不多见,而且其中包含的实体规模比较小。⑤基于混合网页的实体翻译。在非英语言(以中文为例)的网页中经常会对某些实体或术语给出英文解释,如上述第③条中的"锚文本"。因此,Cao *et al.*(2007)和Lin *et al.*(2008)针对网络上的括号特性文本分别采用感知分类器和无监督方法获取大规模的双语知识(包括实体、各学科术语或句子),但该方法只适用于括号特性文本。因此,Jiang *et al.*(2009)提出了一种模式(pattern)适应性学习方法,从混合网页中根据不同的模式(如括号、冒号等)获取双语翻译对。但是,该方法主要针对网页中以某种模式出现的一系列双语翻译对,并不适用于以普通文字为上下文出现的双语翻译对抽取。不过,总起来看,基于混合网页双语资源的命名实体对获取方法仍有较大的研究空间,是目前实体翻译研究的一种主流方法。

2. 基于结构的组织机构名翻译

Chen and Zong(2008)提出了一种基于机构的汉语组织机构名翻译方法。其基本思路是：以语块为单位对机构名进行结构分解，然后根据其语义关系和位置规律将机构名划分为三种类型的构成语块，并通过这种语块结构描述了机构名翻译的所有模式，最后，依照语块翻译的排序规律，采用层次化的同步上下文无关文法的推导过程实现了机构名的翻译。

该方法将汉语机构名划分成三类语块[陈钰枫，2008]：

地域限定性语块（regionally restrictive chunk，简称 RC）：它是机构名通名的最高级修饰词，它必须同时满足以下三个条件：①位于机构名的最前部分；②包含在汉语机构名的第一个短语内；③包含连续的地域性名词或序数词。显而易见，这个语块内部的词翻译词序是顺序的。例如，"中国国际(China International)"。但有些机构名不包含地域限定性语块。

关键词语块（keyword chunk，简称 KC）：它是机构名中的一个重要的必需语块（除省略、简称等情况外）。它需要同时满足以下三个条件：①位于机构名的最末部分；②包含在汉语机构名的最后一个短语内；③如果一个汉语机构名被划分出 RC 语块后只剩余一个短语，那么其中的机构名通名被定义为关键词语块，如果还剩余多个短语，那么最末的短语被定义为关键词语块。同理，根据这样的定义，可以发现关键词语块的内部词翻译是顺序的。

中间说明性语块（middle specification chunk，MC）：它作为机构名通名的次高级修饰词，一般位于机构名的中部。除了地域限定性语块和关键词语块外的部分都可以归为中间说明性语块。这个语块内部的词翻译或者按照顺序进行，或者需要重新的排序。例如"海外卫星测控(Maritime Satellite Monitoring)"是逐词翻译，而"对外交流(Exchanges with Foreign Countries)"进行了词的重排序。有些机构名不包括中间说明性语块。

一个组织机构名中允许某一类或两类语块缺失。不过，这种划分只适用于具体的机构名称，不考虑抽象化的机构名或杂志名称，如"海湾之花"。

汉语机构名可能包含的语块序列有以下几种情况：① $C_{RC} C_{MC} C_{KC}$；② $C_{MC} C_{KC}$；③ $C_{RC} C_{KC}$；④ $C_{RC} C_{MC}$；⑤ C_{RC}；⑥ C_{MC} 和 ⑦ C_{KC}。其中，C_X 表示汉语机构名包含的语块。相应地，我们可以确定在英语机构名中对应的语块 E_X。于是，一个汉英机构名翻译对可以被切分成若干个（最多三个）语块。

陈钰枫（2008）通过对大量机构名翻译模式和语块分析的总结发现，语块英译时的调序规律：最先确定汉语机构名中的地域限制性语块，在英语机构名的最前端或最末端；中间说明性语块和关键词语块相邻（或者顺序或者倒置），如果出现倒置情况，英译时通常需要一个介词来连接，比如"for"和"of"等。

基于结构的汉语机构名翻译方法包括如下三个步骤：①对汉语机构名进行语块的自动切分；②每个语块内的词进行翻译和词序的调整；③语块间进行重排序。图 11-32 以"中国国际对外交流中心"的翻译为例说明该方法的基本思想。

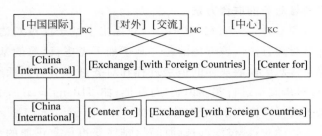

图 11-32 基于结构的机构名翻译示例

实现这一方法的两个核心模块是：语块切分模块和基于语块的同步 CFG 推导（翻译）模块。语块的切分模块采用一阶马尔可夫模型对语块标注序列进行建模（假设语块之间相互独立，并且语块包含的词只依赖于它所对应的语块标注）。设一个机构名 O 包含 $n(n \geqslant 1)$ 个汉字（不分词）或词（分词后）$o_1 o_2 \cdots o_n$。语块切分的过程就是找到最可能的语块序列：$C^* = C_1 \cdots C_m (m \leqslant 3, C_i \in \{C_{RC}, C_{MC}, C_{KC}\})$，使概率 $p(C|O)$ 最大。这里，$p(C|O)$ 用贝叶斯公式表示如下：

$$p(C \mid O) = \frac{p(O \mid C)p(C)}{p(O)}$$

于是，

$$
\begin{aligned}
C^* &= \underset{C}{\mathrm{argmax}}[p(O \mid C)p(C)] \\
&= \underset{C}{\mathrm{argmax}}[p(o_1 \cdots o_n \mid C_1 \cdots C_m)p(C_1 \cdots C_m)] \\
&= \underset{C}{\mathrm{argmax}}\Big[\prod_{i=1}^{m} p(o_{i1} \cdots o_{ij} \mid C_i)p(C_i \mid C_{i-1})\Big]
\end{aligned}
\tag{11-94}
$$

其中，$p(C)$ 是语块上下文模型，j 表示 C_i 对应的字或词的个数。

语块翻译模块根据文献[Chiang，2005]给出的规则形式，基于同步上下无关文法推导实现。基于语块的 CFG 重写规则表示形式为：

$$X \rightarrow (\alpha, \beta, \sim)$$

其中，X 是非终结符，α 和 β 是由终结符和非终结符构成的字符串。在该模型中，α 和 β 包含以语块为单位的终结符和非终结符。$\sim$ 是 α 中非终结符与 β 中非终结符之间的一一对应关系。图 11-32 中的例子可以通过如下同步 CFG 规则进行形式化描述：

$X \rightarrow \langle (\text{中国国际})_{RC}\, X, (\text{China International})_{RC}\, X \rangle$

$X \rightarrow \langle X\, (\text{中心})_{KC}, (\text{Center for})_{KC}\, X \rangle$

$X \rightarrow \langle (\text{中国国际})_{RC}(X)_{MC}(\text{中心})_{KC}, (\text{China International})_{RC}(\text{Center for})_{KC}(X)_{MC} \rangle$

Chen and Zong(2008)采用对数线性模型[Och and Ney，2002]计算每一条 CFG 规则的权重，包括规则的概率权重：$p(\alpha|\beta)$、$p(\beta|\alpha)$ 和词汇权重：$p_w(\alpha|\beta)$ 和 $p_w(\beta|\alpha)$。对于 RC 语块内部的词汇采用基于词的翻译模型，单调顺序翻译。由于 MC 语块内部的词汇不一定按单调顺序翻译，因此需要重排序过程。Chen and Zong(2008)借鉴[Koehn，2003]的位变模型，将位变模型参数取为 $\varphi = \exp(-1)$。KC 语块与 RC 语块一样，被设置成单调顺序翻译。

3.命名实体识别与对齐的联合方法

陈钰枫等（2011）和 Chen *et al*.（2010d，2013）提出了基于汉英双语平行语料的汉英命名实体同步识别与对齐方法。该方法的建立基于如下考虑：已有的基于双语平行语料的实体对齐方法都是将双语命名实体的识别过程和对齐过程分解为两个独立的部分，分三步完成：①分别对双语文本进行实体识别（对称地，如［Huang *et al*.，2003］），或者只对其中一种语言的文本进行实体识别（非对称地，如［Al-Onaizan and Knight，2002］）；②建立双语命名实体候选翻译对；③过滤候选翻译对，排序获得最有可能的命名实体翻译对。这样做的问题在于，双语命名实体的对齐结果很大程度上依赖于实体识别结果的准确性，识别结果存在的各种错误，包括部分识别、丢失和假性识别（把非实体错误地识别成实体）等，必然带到实体对齐过程，从而导致识别错误的繁衍和扩大。

实际上，对于两种不同的语言来说，有些实体的边界在一种语言中可能存在歧义，但在另外一种语言中不存在歧义，如在汉语中由于存在分词的问题，实体边界不易区分，但在英语中表示实体的词汇首字母都是大写的，较易辨识；有些实体的类型在某种语言中容易识别，如"康斯坦茨湖"很容易被识别成地名（根据"湖"字），而其对应的英语名称"Lake Constance"就不易被识别。因此，基于这种考虑，可以对双语实体的识别和对齐任务进行整体建模，实现实体识别和对齐的相互认证和校对。其基本思路可以用图 11-33 表示。

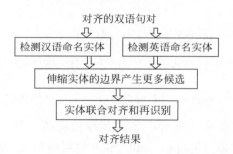

图 11-33　实体识别与对齐一体化方法示意图

以下通过一个例子说明该方法的实现过程。

给定汉英双语句对：

穆夏拉夫在伊斯兰堡的记者会上说：……

He said at a press conference in Islamabad：…

分别进行汉英命名实体识别后得到如下结果：

＜穆夏拉夫/PER＞在＜伊斯兰堡/PER＞的记者会上说：……

He said at a press conference in ［Islamabad/LOC］：…

然后，对汉英两端识别出来的命名实体候选分别进行扩展，汉语端得到如下候选集：{穆夏拉，穆夏拉夫，穆夏拉夫在，…，伊斯兰马巴，伊斯兰堡，…}，英语端得到如下候选集：{Islamabad，In Islamabad，conference in Islamabad，Islamabad：，In Islamabad：}。汉语实体边界伸缩的幅度为±1～4 个汉字，英语实体边界伸缩的幅度为±1～2 个单词。之后，对汉语实体候选集合和英文实体候选集合进行笛卡儿乘积，获取实体对齐候选项的集合。那么，联合实体对齐模型相当于基于实体对齐分值 score($RCNE$，$RENE$)来寻找最

优的实体对齐 $\langle RCNE, RENE, R_{\text{type}} \rangle$：

$$\left\{ RCNE_{\langle k \rangle}^{*}, RENE_{[k]}^{*}, R_{\text{type}\,k}^{*} \right\}_{k=1}^{K}$$

$$= \underset{\left\{ RCNE_{\langle k \rangle}, RENE_{[k]} \right\}_{k=1}^{K}}{\operatorname{argmax}} \left[\prod_{k=1}^{K} \operatorname{score}(RCNE_{\langle k \rangle}, RENE_{[k]}) \right] \tag{11-95}$$

其中，$RCNE$ 是汉语实体名，$RENE$ 是英语实体名，R_{type} 是对齐过程中中文实体和英文实体统一（重新划分）的实体类别（地方名 LOC、人名 PER 和组织机构名 ORG）。K 是最后生成的实体对的数目，取汉语实体候选个数 S 和英语实体候选个数 T 中的小者，即 $K = \min(S, T)$。打分函数 $\operatorname{score}(RCNE, RENE)$ 展开后为：

$$\operatorname{score}(RCNE, RENE)$$
$$= \max_{M_{IC}, R_{\text{type}}} P \left(\begin{matrix} RCNE, RENE, R_{\text{type}}, M_{IC} \mid \\ < CNE, C_{\text{type}} >, CS, [ENE, E_{\text{type}}], ES \end{matrix} \right) \tag{11-96}$$

其中，CNE 为汉语实体候选，C_{type} 为汉语实体候选的类型，CS 为汉语句子。ENE 为英语实体候选，E_{type} 为英语实体候选的类型，ES 为英语句子。M_{IC} 为引入的实体内部汉语词与英语词的对应关系：

$$M_{IC} \equiv < [cpn_{<n>}, ew_{[n]}, M_{\text{type}\,n}]_{n=1}^{N}, \delta > \tag{11-97}$$

这里的 cpn 和 ew 是实体内部对齐的汉语词和英文词，M_{type} 是对应的类别：意译或音译。N 是实体中对齐的词数。δ 是实体内部属于意译对齐的比率，如例子 $\langle$康斯坦茨湖，Lake Constance$\rangle$ 内部有两个对齐：[康斯坦茨，Constance]、[湖，Lake]。其中，"湖"和"Lake"的对齐是意译，所以这个对齐类别比率是 $1/2$。之所以引入 δ，是因为通过对 LDC2005T34 数据的分析发现，人名、地名和组织机构名中意译对齐所占的比率分布分别为：0%、28.6% 和 74.8%。也就是说，对于一个实体对，如果它的对齐类别比率大于 0，即其内部存在意译对齐，那么这个实体对不太可能是人名翻译对。显然，δ 有助于实体类型判别。

引入 M_{IC} 后可将公式（11-96）中的概率进一步展开，得到：

$$P \left(M_{IC}, R_{\text{type}}, RCNE, RENE \,\middle|\, \begin{matrix} < CNE, C_{\text{type}} >, CS, \\ [ENE, E_{\text{type}}], ES \end{matrix} \right)$$
$$\cong P(M_{IC} \mid R_{\text{type}}, RCNE, RENE)$$
$$\times P(R_{\text{type}} \mid CNE, ENE, C_{\text{type}}, E_{\text{type}}) \tag{11-98}$$
$$\times P(RCNE \mid CNE, C_{\text{type}}, CS, R_{\text{type}})$$
$$\times P(RENE \mid ENE, E_{\text{type}}, ES, R_{\text{type}})$$

展开后前两项因子是双语相关的特征，而后两项是单语置信度特征。在引入实体内部对齐 M_{IC} 定义的基础上，双语相关的特征和单语置信度特征都可继续展开来。Chen et al. (2013) 在展开的中文端和英文端单语置信度特征中都引入了左边界偏移 $LeftD$ 和右边界偏移 $RightD$ 的概率计算，以及实体二元语言模型。

引入左右边界偏移的想法基于以下理由：如果没有充分利用初始识别结果，仅仅通过对齐是不够的，如"经济"和"economy"是对齐概率非常高的翻译对，但不属于命名实体，需要引入初始实体识别结果的左右边界偏移值来限制最后的实体对齐结果的边界。左右边界偏移的计算很简单，取候选实体与初始识别结果边界的差值。例如，初始识别结果是"北韩中央"，那么候选实体"韩中央通信社"的左边界偏移是−1，右边界偏移是+3。

　　基于以上介绍，联合实体对齐模型展开后共有 10 多项特征，它们对模型的贡献不一，因此，可采用最小错误训练算法赋予每个特征不同的权重值。根据 Chen et al.（2013）的实验，该联合模型不仅有效提高了实体对齐的性能，而且大幅度提高了实体识别结果。

11.14.3　普通集外词的翻译

　　除了命名实体以外，普通词汇成为集外词也是常见的现象，例如，我们在 NIST2005 汉英评测中遇到了如下未登录词：不悦之色、叶酸、赌城、广赞、沉沦、肃贪等。

　　Zhang et al.（2012）认为，已有的未登录词翻译方法（多数是针对命名实体的）通常需要依赖很多外部资源（如双语网络数据），而且即使能够获得未登录词的译文，也不能保证未登录词所在的上下文词语获得较好的译文选择和词序。为此，Zhang et al.（2012）提出了一种处理未登录词的新方法。不同于寻找未登录词的翻译，该方法着眼于确定待翻译语句中未登录词所扮演的语义功能，并在翻译过程中保持该未登录词的语义功能，从而帮助未登录词周围的上下文获得更好的译文词汇选择以及更好的短语调序。其实现过程分为三个步骤：①从训练语料中搜索与待翻译语句中未登录词 W_{oov} 语义功能最相似的词语 W_{Iv}；②翻译之前将 W_{oov} 替换成 W_{Iv}；③翻译之后将 W_{Iv} 的译文重新替换为 W_{oov}，以便其他方法学习该未登录词的译文。步骤①是该方法的关键步骤，采用两种模型：分布语义模型和双向语言模型。其中，分布式语义模型由如下 7 步构造：

　　(1)语言预处理：合并训练语料和测试语料的源端句子，进行分词和词性标注（词性用于约束集内词的搜索范围）；

　　(2)构建"词—词"矩阵：每一行是表示一个目标词的上下文分布的向量，每一列表示一个上下文词；

　　(3)选择上下文：如果一个词出现在目标词周围 K 个词窗口内，则选择该词；

　　(4)选择计算相似度的方法：采用几何方法，即将目标词的上下文分布表示视作向量空间中的一个点，在向量空间中计算两个词的相似度；

　　(5)构建上下文向量：向量的第 i 个元素表示词表中的第 i 个词作为目标词的上下文的概率分布。可以根据目标词和上下文词的共现频率，利用点式互信息（pointwise mutual information，PMI）计算目标词和上下文词的相似度。上下文向量中的第 i 个元素是上下文中第 i 个词与目标词之间的点式互信息值；

　　(6)规范化：对上述构建的上下文向量利用二范数进行规范化操作；

　　(7)相似度计算：利用向量空间中的余弦相似度计算两个目标词间的相似程度。

　　分布语义模型只将目标词的上下文视作一个词袋，未考虑词之间的顺序和依赖关系。语言模型可以弥补这一点。语言模型衡量产生某个句子的概率，一般由一个 $n-1(n\geqslant 1)$ 阶马尔可夫链进行建模，也即前向 n 元语言模型：生成第 i 个词的概率由其前面的 $n-1$ 个词决定。在搜索与未登录词 W_{oov} 语义功能最相似的词语 W_{Iv} 时，可选择一个 W_{Iv} 使得以 W_{oov} 之前 $n-1$ 个词为条件的前向语言模型的概率最大。前向语言模型考虑了目标词的前驱词的顺序和相互依赖关系,但未考虑目标词的后继词语。因此,与前向语言模型对应,可以设计一个后向 n 元语言模型:生成第 i 个词的概率由其后面的 $n-1$ 个词决定。后向语言模型的概率估计和计算可以先对句子进行逆序操作(第一个词与最后一个词交换顺序,第二个词与倒数第二个词交换顺序等等),然后直接采用前向语言模型的概率估计和计算方法。最后,结合前向语言模型和后向语言模型,形成双向语言模型:选择一个 W_{Iv} 使得以 W_{oov} 前后 $n-1$ 个词为条件的双向语言模型概率(前向语言模型概率与后向语言模型概率之积)最大。

以下给出该方法的说明示例。

> 源语言句子:…… 义演 现场 的 热烈 气氛 ……
> 基线系统的译文:… live 义演 and warm atmosphere …

其中,"义演"是未登录词。将"义演"替换为训练语料中与之语义功能最相似的"演习"之后,得到如下译文:

> … the warm atmosphere of the exercise …

从最终译文可以看出,不管是可理解性还是可读性都有明显改善。

集外词处理是机器翻译中乃至整个自然语言处理中一个无法回避的永恒话题。在机器翻译中很多专家对这一问题进行了深入研究和探讨。周可艳(2010)通过对基于短语的翻译系统在 BTEC(Basic Travel Expression Corpus)①口语对话语料上的翻译实验发现,54.9%的普通未登录词在《同义词词林》中可以查找到同义词,42.2%的普通未登录词可以通过同义词替换而找到其翻译对。为此,她提出了基于同义词替换的汉英翻译中的未登录词翻译方法[周可艳等,2007;周可艳,2010]。Li *et al.*(2009b)面向汉英语音翻译,考虑到语音识别结果中经常会因为识别器对汉语同音词判断出现错误而存在同音多字的现象,如日本人名"铃木直子"可能被误识成"铃木智子"、"铃木知子"或"玲木智子"等,从而产生更多的集外词,Li *et al.*(2009b)在限定领域小数据集上采用拼音替代汉字的方法大大缓解了集外词出现的几率,并在一定程度上达到了集外词翻译的目的。

在翻译系统实现时,集外词处理模块与翻译模型和解码器集成时有两种典型的处理策略:①不对未登录词进行翻译,而只是简单地将未登录词拷贝到输出的译文中;②在整个句子翻译之前,进行命名实体等未登录词的识别,采用专门的未登录词翻译模块得到未登录词的译文,然后将未登录词的译文带到系统最终输出的句子译文中。

11.15 统计翻译系统实现

根据前面的介绍,我们已经清楚地知道了一个统计机器翻译系统应该包括哪些主要的技术模块。那么,现在的问题就是如何根据确定的模型,收集数据,利用已有的工具或开发相关的技术模块来搭建一个统计翻译系统。

---

① http://www.c-star.org/

一般来说，实现一个统计翻译系统需要完成如下几个方面的工作。

1. 语料准备和预处理

这里所说的语料主要包括用于构建目标语言的语言模型所需要的目标语言单语言数据和用于训练翻译模型参数所需要的双语平行语料。一般情况下，需要对这些语料进行预处理，例如，汉语的分词处理、英语的符号化（tokenize）处理等。汉语分词工具有很多，如 LDC 的 Chinese Segmenter[①]、中国科学院计算技术研究所开发的 ICTCLAS 分词系统[②]、中国科学院自动化研究开发的 Urheen 分词系统[③]、美国斯坦福大学开发的汉语分词工具[④]或复旦大学相关工具包[⑤]等，而英语的符号化处理可以采用霍普金斯大学（Johns-Hopkins University）统计机器翻译夏季研讨班实现的 EGYPT 工具（tokenizeE. perl. tmpl）[⑥]。

2. 工具准备

近几年来，随着人们对统计翻译方法研究的逐步深入，许多算法的性能不断得到改善和提高，有的甚至趋于成熟，因此，越来越多的学者倾向于将一些关键算法开发成工具性软件用于网上共享，这样极大地方便了统计翻译系统的实现，促进了统计翻译方法的研究。目前常用的工具包括：

- SRI 语言模型计算工具[⑦]
- CMU-Cambridge 的语言模型计算工具[⑧]
- 语料处理和词对齐工具 EGYPT 及其扩展 GIZA++ [⑨]
- 基于贪心爬山搜索算法的 ReWrite 解码器[⑩][⑪]
- 基于柱搜索的 Pharaoh 解码器[⑫]
- 最大熵模型的最小错误率参数训练工具[⑬]
- 小型的最大熵模型训练工具包 YASMET（Yet Another Small MaxEnt Toolkit）[⑭]
- GenPar 句法分析工具[⑮]
- BLEU、NIST 等系统评测工具[⑯]

---

① http://projects. ldc. upenn. edu/Chinese/
② http://sewm. pku. edu. cn/QA/reference/ICTCLAS/FreeICTCLAS/
③ http://www. openpr. org. cn/index. php/NLP-Toolkit-for-Natural-Language-Processing/
④ http://nlp. stanford. edu/software/segmenter. shtml
⑤ http://code. google. com/p/fudannlp/
⑥ http://www. clsp. jhu. edu/ws99/projects/mt/toolkit/
⑦ http://www. speech. sri. com/projects/srilm/
⑧ http://mi. eng. cam. ac. uk/~prc14/toolkit. html
⑨ http://www. fjoch. com/GIZA++. html
⑩ http://www. isi. edu/licensed-sw/rewrite-decoder/
⑪ http://www. isi. edu/natural-language/software/decoder/manual. html
⑫ http://www. isi. edu/licensed-sw/pharaoh/
⑬ http://www. cs. cmu. edu/~ashishv/mer. html
⑭ http://www-i6. informatik. rwth-aachen. de/Colleagues/och/software/YASMET. html
⑮ http://nlp. cs. nyu. edu/GenPar/GenPar. html
⑯ http://www. nist. gov/speech/tests/mt/

当然,将这些工具列出来只是供大家参考选用,并不是说在实际构造一个统计翻译系统时这些工具都需要,例如,只需要一个计算语言模型的工具就够了。在实现基于短语的翻译系统时,也许并不需要句法分析工具,有一个解码器也足够了。

需要说明的是,这些工具大多数是在 Unix 或 Linux 操作系统下开发的,而且有些没有提供源程序代码,甚至有的工具还存在一些小问题,因此,使用时必须根据实际情况进行调试并选择合适的操作系统运行。另外,有些工具对输入数据的格式有具体规定,例如,ISI 的 ReWrite 解码器,要求输入文件采用 XML 格式,因此,语料预处理或构造语言模型时,必须针对这些具体情况分别考虑。

3. 模块构建

根据事先确定的翻译模型,选定了所需要的工具以后,就要开始构建自己的系统模块,实现系统集成。尽管上述工具可以提供很大的帮助,但在实际实现一个翻译系统时,仍然需要自己花费很多时间细心调试和编写自己的代码。例如,在实现基于短语的翻译系统时,在借助 GIZA++ 获得对齐的词汇对及其概率以后,还需要实现短语分析,获得短语对机器翻译概率。在实现基于 log-linear 模型的翻译系统时,选取什么样的特征,如何借助最小错误率参数训练工具进行参数训练,恐怕也不是唾手可得的事情。当然,如果要完全建立一个自己的新模型,所涉及的问题就更多了。无论如何,如果建立一个完整的实验系统平台,有一个用户界面较好的系统总控模块是非常必要的。

4. 系统调试

系统调试是任何一个软件开发过程都不可缺少的步骤。在实现统计翻译系统时,系统调试的意义尤其重要,因为很多模型和方法由于在具体实现时处理的“技巧”不同,例如,如果对数字、标点符号和字符的大小写等采用不同的处理方法,可能会得到差异悬殊的结果,这对于竞赛性的系统性能评测至关重要,也就是我们常说的“细节决定成败”。因此,利用各种系统评测指标和自动评测工具,对系统仔细调试,针对性地增加一些专用处理模块,将对系统性能的改善具有重要的意义。

另外,除了上述介绍的单引擎机器翻译系统以外,也有一些学者致力于多引擎翻译(multi-engine translation)的系统集成方法研究。目前实现的基于多引擎翻译的系统集成方法主要有如下几种:①采用多翻译引擎竞争的系统集成方法[Frederking and Nirenburg,1994];②采用多翻译引擎并行的系统集成方法[Nomoto,2004];③采用翻译引擎串行的系统集成方法[Zong et al.,2000b]。多翻译引擎竞争的系统集成方法是指在一个句子的翻译过程中,句子的某一个片段由几个翻译引擎竞争翻译,系统自动选取翻译较好的结果,最后,整个句子的翻译结果由来自几个翻译引擎的部分译文组合而成。已有的研究结果表明,多引擎竞争翻译的系统集成模式优于多引擎简单并行翻译的系统集成方法。

值得注意的是,随着统计翻译技术的快速发展,不断涌现出各种类型的翻译系统,由于不同系统所依据的理论模型和实现方法都有所差异,因此,其翻译结果往往会从不同侧面反映出各自系统的特点。例如,基于短语的翻译系统的结果往往反映出 n 元语法片段的连续性,而基于句法的系统结果则包含更多的句法结构信息。因此,如何针对不同系统输出结果的特点进行多系统结果融合,以产生更好的翻译性能,逐渐成为机器翻译研究的热点之一。目前，采用较多的系统结果融合方法包括：ROVER 方法、最小贝叶斯风险解码法和构造混淆网络方法等。

11.16 系统融合

近年来，随着越来越多机器翻译方法的涌现，系统融合技术逐渐应用于机器翻译领域，并在各种评测活动中取得了较好的成绩[李茂西等，2010]。

最早将系统融合技术应用到机器翻译领域中的是 Frederking and Nirenburg(1994)。他们将三个不同的翻译系统(包括基于知识的机器翻译系统、基于实例的机器翻译系统和词转换机器翻译系统)的输出结果采用图表遍历算法(chart walk algorithm) 进行融合，然后对融合结果进行后编辑处理得到最终的系统译文。但是，由于当时缺乏有效的译文质量自动评价工具，融合后的系统性能与参与融合的系统性能无法进行定量的可信度比较。

2001 年 Bangalore *et al*. (2001) 将语音识别融合方法中的投票策略（ROVER）[Fiscus，1997]引入机器翻译系统，利用负对数投票特征和语言模型特征联合计算最终的一致翻译结果。在融合实验中，他们对五个翻译系统的翻译结果采用多字符串对齐算法(multiple string alignment)构造词格网络，实验结果表明，融合后的译文质量不低于最好的单个翻译系统。这一结果引起了机器翻译领域对系统融合技术的关注，随后越来越多的机器翻译方法的涌现和译文质量自动评价方法的发展，促使机器翻译领域中出现了较多的关于系统融合方法的研究。

根据融合过程中操作的目标语言层次的不同，目前机器翻译系统融合的方法大致可以分为三类：

(1)句子级系统融合：针对同一个源语言句子，利用最小贝叶斯风险解码或重打分方法进行比较多个系统的翻译结果，将比较后最优的翻译结果作为最终的一致翻译结果(consensus translation)输出。

(2)短语级系统融合：它利用多系统的输出结果，重新抽取与翻译测试集相关度较高的短语表，并采用加权的方法对翻译概率和词汇化概率进行估计，利用新的短语表对测试集进行解码。

(3)词汇级系统融合：它首先将多系统输出的翻译假设利用单语句对的词对齐方法构建混淆网络(或称为词转换网络)，对混淆网络中每一个位置的候选词进行置信度估计，然后进行混淆网络解码。

11.16.1 句子级系统融合

句子级系统融合方法的基本思想是：对于同一个源语言句子，经过多个翻译系统翻译后产生多个翻译假设(即一个翻译假设的 *N*-best 列表)，从这个 *N*-best 列表中利用贝叶斯风险解码或重打分方法，选择一个最优的翻译假设作为最后的一致性翻译假设。这种方法具体实现时主要有两种技术：最小贝叶斯风险解码(minimum Bayes-risk decoding，MBR)和通用线性模型(generalized linear model，GLM)。

1. 最小贝叶斯风险解码

给定一个源语言句子 F，最小贝叶斯风险解码是从多个翻译系统产生的 N-best 翻译假设列表中选出贝叶斯期望风险最低的一个翻译假设 E 作为最终译文：

$$E_{\mathrm{mbr}} = \underset{E'}{\arg\min} \sum_{E} P(E \mid F) \cdot L(E, E') \tag{11-99}$$

其中，$P(E|F)$ 是源语言句子 F 翻译成目标语言句子 E 的条件概率，$L(E, E')$ 是损失函数。当给定由多个翻译系统产生的翻译假设列表时，$P(E|F)$ 可以近似地由下式计算得到：

$$P(E \mid F) = \frac{P(E, F)}{\sum_{E'} P(E', F)} \tag{11-100}$$

$P(E, F)$ 是源语言句子 F 和翻译假设 E 的联合概率分布，当参与融合的翻译系统都是统计机器翻译系统时，它可以根据翻译系统对翻译假设的总打分近似获得。当 $P(E, F)$ 不可获取时，可以假设条件概率 $P(E|F)$ 服从平均分布。

对于式(11-99)中的损失函数 $L(E, E')$，当使用译文质量自动评价指标 BLEU 得分计算最小贝叶斯风险时，它可以表示为：

$$L_{BLEU}(E, E') = 1 - BLEU(E, E') \tag{11-101}$$

式(11-101)中的 $BLEU(E, E')$ 是句子级的 BLEU 得分，与语料库级的 BLEU 得分的主要区别在于：为了防止对数运算中 n 元语法为 0 时导致的数据溢出问题，在计算 n 元语法时需要进行加 1 或折半平滑。其他常用的损失函数包括词错误率（word error rate，WER）或翻译编辑率（translation edit rate，TER）等。

2. 通用线性模型

通用线性模型融合方法利用重打分策略，对参与融合的每一个翻译假设进行句子置信度估计，将句子置信度的对数和高阶的语言模型及句子长度惩罚进行线性加权联合求取最终译文。计算公式如下：

$$L_j = \log P_j + \nu L_j^{5gr} + \mu W_j \tag{11-102}$$

其中，P_j 是句子的置信度，它可以根据相关翻译假设的排名信息和相关翻译系统给出的得分进行估计。L_j^{5gr} 是 5 元的语言模型，W_j 是句子的长度惩罚，ν 和 μ 分别是 L_j^{5gr} 和 W_j 的权重。

在通用线性模型方法中，由于对翻译假设的句子置信度 P_j 的估计非常复杂，引入可调的参数较多，公式的主观性太强，且融合效果不如最小贝叶斯风险解码，因此，近几年来没有太大进展。

11.16.2　短语级系统融合

短语级系统融合方法的基本思路是：首先合并参与融合的所有系统的短语表，从中抽取一个新的源语言到目标语言的短语表，然后使用新的短语表和语言模型重新解码源语言句子。当无法获取参与融合的系统的短语表时，可以通过收集测试集或开发集的源语言句子和每个系统翻译后提供的相应的 N-best 列表，产生源语言到目标语言的双语句对，使用 GIZA++ 工具包生成新的短语表。

　　短语表合并是该方法的关键技术。给定一个测试集，当参与融合的每个系统的短语表都可以获取时，一般可以使用 Moses 解码器自带的工具包对短语表进行过滤，得到针对特定测试集过滤后的新短语表。根据李茂西(2011)的实验，这样产生的小短语表只有原来短语表的 $10\%\sim30\%$。在收集每个系统过滤后的短语表之后，可使用下面的公式 (11-103)对短语的翻译概率进行线性加权以更新短语表：

$$p(e \mid f) = \sum_{i=1}^{N_s} \lambda_i p_i(e \mid f) \tag{11-103}$$

其中，N_s 表示参与融合的系统个数，$p_i(e \mid f)$ 是第 $i(1 \leqslant i \leqslant N_s)$ 个系统中短语对 $(e \mid f)$ 的概率，λ_i 是 $p_i(e \mid f)$ 的权重。短语的反向翻译概率和两个方向词汇化权重的计算方法可以此类推。

　　当参与融合的系统的短语表不能直接获取时，需要重新计算该系统的短语表，一般做法是：将每一个源语言句子和相应的翻译系统生成的 N-best 列表组成 N 个双语句对。收集测试集的所有源语言句子的 N 个双语句对，形成一个针对特定测试集的语料库。然后，针对这个语料库使用 GIZA＋＋工具获取词对齐结果，即可得到该融合系统的短语表。同样使用式(11-103)的方法可以合并多个系统的短语表，从而得到更新后的短语表。有时为了使排名靠前的翻译假设比排名靠后的翻译假设在构造短语表时获得更大的权重，可以在语料库构建时复制多个该翻译假设和源语言句子的双语句对，以增大该翻译假设所产生的短语词条的权重。通常的做法是：将 1-best 复制 $N+1$ 次，2-best 复制 N 次，$\cdots$，N-best 只出现 1 次。

　　Huang and Papineni(2007)测试了短语级系统融合方法对翻译性能提高的上限，通过在短语表中剪除测试集的参考译文中未出现的短语词条，融合后的译文质量比最好的单个系统提高了近 10 个 BLEU 点。这表明短语级系统融合方法在改善翻译质量上具有很大的潜力。

11.16.3　词汇级系统融合

　　词汇级系统融合方法是利用翻译假设中的词频信息进行系统融合，其基本思路是：首先从参与融合的译文假设中选择一个对齐参考(alignment reference，或称其为对齐骨架(skeleton/ backbone))，将其他译文假设对齐到该对齐参考上，通过翻译假设之间单语句对的词对齐信息建立混淆网络(confusion network，CN)，然后对混淆网络中每两个结点间弧线上的候选词进行置信度估计，最后将候选词的置信度结合语言模型、长度惩罚、插入惩罚等特征进行混淆网络解码，选择最优路径表示的翻译假设作为融合后的译文输出。

1. 构建混淆网络

　　构建混淆网络时，首先需要选择一个译文假设作为对齐参考。对齐参考的选择非常重要，因为它决定了融合后产生译文的词序。通常使用最小贝叶斯风险解码方法选择对齐参考假设。选择好对齐参考之后，需要将其他参与融合的翻译假设对齐到该对齐参考上。不同于双语文本的词对齐，在词汇级系统融合中进行词对齐时参与融合的翻译假设都是同一种语言，并且翻译假设中还可能存在语法错误、语序不一致，或出现大量同义词和同源词等现象，使得在翻译假设之间建立很好的词对齐并不容易，这也是目前词汇级系统融合方法中备受关注的一个问题,后面将会针对这一问题单独讨论。在建立翻译假设的词对齐之后,词对齐关系中可能存在对空(null)的情况,在混淆网络中用 ε 符号表示。请看下面的例子。给定如下三个翻译假设:

---

please show me on this map.

please on the map for me.

show me on the map，please.

假定选择第一个译文假设作为对齐参考,使用某种词对齐方法(如基于词调序的单语句对的词对齐方法[Li and Zong,2008])对这 3 个翻译假设进行词对齐,得到如下词对齐关系:

---

null	please	show	me	on	this	map	.
null	please	for	me	on	the	map	.
,	please	show	me	on	the	map	.

最终形成如图 11-34 所示的混淆网络。

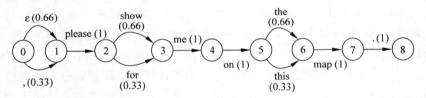

图 11-34　混淆网络示例

在混淆网络中,每两个结点之间弧线上的词表示它们是最后融合结果中在相应位置上可能的候选词。词的置信度(词对应的括号中的分值)是在相应位置上的候选词经合并后归一化的分值,如在 0-1 结点之间弧线上出现了两个空对齐“null”(混淆网络中用 ε 符号表示)和一个“,”,则在该位置上的候选词“null”和“,”对应的置信度分别为 2/3 和 1/3,取近似值则为 0.66 和 0.33。

混淆网络解码器通常搜索一条从起始结点到终结结点之间的最优路径,然后把最优路径上的候选词连接起来组合成最终的融合译文。当只使用词的置信度特征选择融合结果时,图 11-34 混淆网络的最优译文是“please show me on the map.”。

在基于混淆网络解码时,参考对齐的选择影响到最终融合后输出译文的词序,因此选择一个好的译文假设作为对齐参考十分重要。但是,选用贝叶斯风险最小的翻译假设作为对齐参考假设时,并没有考虑到同一个源语言句子可以翻译成多个合理的不同词序的目标语言句子的情况,并且先验概率较大的翻译假设比概率较小的翻译假设的词序合理的可能性大。为了解决这个问题,Rosti et al.(2007)提出了一种多混淆网络的方法,轮流将每一个参与融合的系统的 1-best 作为对齐参考假设,并构建相应的混淆网络,然后将这些单个混淆网络连接在一起时，形成一个多混淆网络。例如，图 11-35 给出的是一个带先验概率的多混淆网络，每个混淆网络的起点都连接到一个空词（null，图中表示为 ε）所对应的弧，空词后的概率（0.5、0.2 和 0.3）是相应的混淆网络的对齐参考假设所在系统的先验概率，终点也连接到一个空词所对的弧，空词后括号的分值是 1，1 取对数后为 0，所以该弧线只起连接作用。在多混淆网络解码时，一般把起始弧线空词后所对应的分值同后面的特征值相乘，以保证先验概率大的翻译假设的词序有更大的概率（可能性）成为融合后译文的词序。

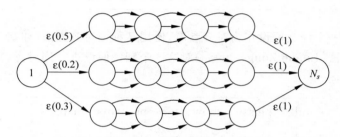

图 11-35　带先验概率的多混淆网络解码[Rosti *et al.*，2007]

2. 特征和特征权重的优化

单纯使用词的置信度进行混淆网络解码时，在融合后的译文中容易插入一些冗余单词。这些冗余的单词破坏了原来翻译假设中短语的连续性，打破了原来翻译假设的词序，从而导致融合后最终输出的译文不符合语法规则。为了解决这类问题，Rosti *et al.*（2007）、He *et al.*（2008a）、杜金华等（2008）通过引入空词插入惩罚因子和语言模型等方法来规范融合后产生的新的翻译假设，同时为了平衡计算语言模型得分容易导致最终的译文较短的问题，也有文献引入了句子长度惩罚的特征。在混淆网络解码中引入语言模型得分、插入惩罚因子和长度惩罚因子之后，就可以建立类似于机器翻译中的对数线性模型。假设给定一个源语言的句子 F，混淆网络解码就是求满足式（11-104）的目标语言句子 E^*：

$$E^* = \underset{E}{\mathrm{argmax}}(\alpha \log P_{\mathrm{AL}} + \beta N_{\mathrm{nulls}}(E)$$
$$+ \gamma \log P_{\mathrm{LM}} + \delta N_{\mathrm{words}}(E)) \tag{11-104}$$

其中，α、β、γ、δ 分别对应融合过程中产生翻译假设的词的置信度 P_{AL}、插入惩罚 $N_{\mathrm{nulls}}(E)$、语言模型得分 P_{LM}、长度惩罚 $N_{\mathrm{words}}(E)$ 的权重。

对于混淆网络结点 i 和 $i+1$ 之间弧上的候选词中第 j 个候选词的置信得分，可由以下公式（11-105）算出：

$$w_{i,j} = \mu \sum_{u=1}^{N_s} \sum_{v=1}^{N} \lambda_u \lambda_v c_w \tag{11-105}$$

式（11-105）表示，共有 N_s 个参与融合的系统，每个系统提供 N 个翻译假设。λ_u 是系统 u 对应的先验概率，λ_v 是词所在翻译假设的权重，一般采用均匀权重，但有时为了给排名靠前的翻译假设中的词赋以更高的权重，也可以采用基于排名（rank-based）的权重，即出自第 v 个翻译假设中的每一个词的概率都要乘上 $1/(1+v)$。c_w 是第 u 个系统第 v 个翻译假设中的词，如果在混淆网络结点 i 和 $i+1$ 之间的弧上出现候选词 $w_{i,j}$，则该值取

1,否则取 0。μ 为归一化因子,它保证在结点 i 和 $i+1$ 之间出现的所有候选词的总置信度为 1。

在上述混淆网络解码中有 N_s 个系统先验概率,4 个特征权重需要调整,一般采用改进的 Powell 参数调整算法[Brent, 1973]进行调整。该算法把需要调整的每个特征的权重看成 N 维向量空间中的向量,在每一轮迭代中使用一个基于网格(grid-based)的线性最小化算法优化每一维向量,并产生新的向量来加速优化过程。同样的算法也可以应用到机器翻译中对数线性模型的特征权重的调整(即最小错误率训练)[Och, 2003],但在混淆网络解码时,需要同时调整特征的权重和系统的先验概率,所以它同最小错误率训练算法并不完全相同。

图 11-36 给出了多混淆网络解码的流程图。多混淆网络解码时参数的调整是在给定的开发集上进行的,在参数调整的每一轮循环中,都要执行图 11-36 所示的流程,直到每一个权重和先验概率的变化小于规定阈值。

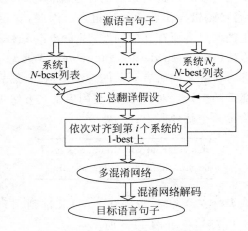

图 11-36　多混淆网络解码流程

11.16.4　构建混淆网络的词对齐方法

机器翻译的系统融合不同于语音识别中的词对齐过程,不同的翻译假设之间存在着词序不一致、同义词、同根词、同源词重复出现等现象,也不同于在大量训练语料上的双语词对齐,在翻译假设之间进行的词对齐缺乏足够的语料。因此,针对系统融合的翻译假设之间的单语句子的词对齐方法是目前词汇级系统融合研究的一个难点和热点。目前常用的方法有基于编辑距离的词对齐方法、基于语料库的词对齐方法和基于语言学知识的词对齐方法。

1. 基于编辑距离的词对齐方法

基于编辑距离的单语句子的词对齐方法的基本思想是:计算将一个字符串(句子)转换成另一个字符串(句子)所需的最少编辑次数时,附加产生的一种单语句对的词对齐。在字符串转换时,编辑的单元是单词。

如果基于词错误率(WER)准则进行词对齐,字符串转换时允许的编辑操作包括单词的插入（Ins）、删除（Del）和替换（Sub）。那么，词错误率的计算公式为（11-106）：

$$\text{WER}(E, E_r) = \frac{C_{\text{Ins}} + C_{\text{Del}} + C_{\text{Sub}}}{N_r} \times 100\% \qquad (11\text{-}106)$$

其中，E 是需对齐的字符串，E_r 是目标字符串，N_r 是目标字符串中所含的单词个数，C_{Ins}、C_{Del} 和 C_{Sub} 分别是执行插入、删除和替换操作的次数。

如果基于翻译编辑率（TER）准则进行词对齐，字符串转换时允许的编辑操作包括单词的插入（Ins）、删除（Del）、替换（Sub）和语块的移位（Shift）。那么，翻译编辑率的计算公式为（11-107）：

$$\text{TER}(E, E_r) = \frac{C_{\text{Ins}} + C_{\text{Del}} + C_{\text{Sub}} + C_{\text{Shift}}}{N_r} \times 100\% \qquad (11\text{-}107)$$

式（11-107）中变量 E、E_r、C_{Ins}、C_{Del} 和 C_{Sub} 的含义同上。C_{Shift} 指执行语块位移的次数。

在计算翻译编辑率的脚本程序 Tercom[①] 中，一般采用动态规划算法计算单词的插入、删除和替换次数，而采用贪婪算法进行语块的移位操作：通过反复试探，最终选择一个需要最少的插入、删除和替换编辑操作数的移位组合。因此，它不是全局最优搜索算法。针对翻译编辑率准则产生的词对齐所存在的问题，Li and Zong（2008）提出了一种直接调序的单语句对的词对齐方法（word reordering alignment，WRA），其基本思想是：首先找出待对齐的翻译假设和参考对齐之间所有公共的连续短语块，然后对它们进行局部对齐，在局部对齐关系中寻找交叉的短语块对齐，最后利用启发式方法进行短语块之间的调序。

请看下面的例子。给定两个翻译假设：

> this color do you think suits me
> do you think that color suits me

将第二个翻译假设选为对齐参考时，分别基于 WER 准则、TER 准则和 WRA 词对齐准则时，对齐结果如表 11-4、表 11-5 和表 11-6 所示：

表 11-4　基于 WER 准则的词对齐结果

This	color	do	you	think	null	null	suits	me
null	null	do	you	think	that	color	suits	me

表 11-5　基于 TER 准则的词对齐结果

this	do	you	think	null	color	suits	me
null	do	you	think	that	color	suits	me

表 11-6　基于 WRA 准则的词对齐结果

do	you	think	this	color	suits	me
do	you	think	that	color	suits	me

---

① http://www.cs.umd.edu/~snover/tercom/

2. 基于语料库单语句对的词对齐方法

基于语料库的单语句对的词对齐方法的基本思想是：给定一个源语言句子，将参与融合的每个翻译系统的翻译结果组合起来，生成一个翻译假设列表，利用这些输出的翻译假设列表构建语料库，然后在这种小型语料库上训练单语句对的词对齐关系。

Matusov et al. (2006)提出了一种直接使用统计机器翻译中双语文本词对齐工具包 GIZA++进行单语句对的词对齐训练方法。其基本思想概述如下：

给定翻译假设 Em 的情况下得到翻译假设 En 的条件概率 $P_r(En|Em)$ 可通过引入一个隐含的词对齐关系 A 来计算：

$$Pr(En \mid Em) = \sum_A Pr(En, A \mid Em) \tag{11-108}$$

将式(11-108)等号右边的概率进行分解可得到：

$$Pr(En, A \mid Em) = Pr(A \mid Em) \times Pr(En \mid A, Em) \tag{11-109}$$

将式(11-108)和式(11-109)中的 Em 看成 IBM 模型中的源语言句子，即可套用 IBM 模型使用 EM 算法来进行词对齐训练。

在实际的词对齐训练中，采用如下方式构建单语语料库：给定一个包含 M 个源语言句子的测试集，N_s 个参与融合的翻译系统对每一个源语言句子提供 N 个翻译假设，对应于测试集中的每一个源语言句子，将收集到的 $N_s \times N$ 个翻译假设任意排列，两两组合，得到 $N_s \times N \times (N_s \times N - 1)$ 个对齐的单语句对，汇总后得到的单语语料库总共包含 $N_s \times N \times (N_s \times N - 1) \times M$ 个对齐句对。使用这种方式构建的语料库由于 N_s 和 N 的值较小，容易导致数据稀疏，一般需要将开发集的数据也添加进训练语料库。

He et al. (2008a)针对单语文本的词对齐和双语文本词对齐的不同之处，提出了一种利用间接隐马尔可夫模型（indirect HMM）获取翻译假设之间对齐的方法。该方法把对齐骨架中的词看成 HMM 的状态，翻译假设中的词看成 HMM 的观察序列，对齐骨架和翻译假设之间的词对齐关系当作隐藏变量，使用一阶 HMM 来估计给定对齐骨架时生成翻译假设的条件概率：

$$p(e_1'^J \mid e_1^I) = \sum_{a_1^J} \prod_{j=1}^{J} \left[p(a_j \mid a_{j-1}, I) \times p(e_j' \mid e_{a_j}) \right] \tag{11-110}$$

式(11-110)中发射概率 $p(e_j' \mid e_{a_j})$ 利用对齐骨架中的词和翻译假设中的词之间的相似度进行建模，又称相似模型（similarity model）。在计算相似度时，相似概率是语义相似（semantic similarity）和词形相似（surface similarity）的线性插值。在双语文本词对齐时，源语言单词和目标语言单词只需考虑语义上的相似概率 $p_{sem}(e_i \mid f_j)$；而单语文本词对齐时，语义相似可以处理同义词问题，词形相似则可以很好地处理同根词、动词时态变化、形容词比较级等使用 GIZA++进行词对齐训练时很难处理的困难。

式(11-110)中转移概率 $p(a_j \mid a_{j-1}, I)$ 对翻译假设和对齐骨架的词序重排序进行建模，又称位变模型（distortion model）。计算位变概率时主要取决于对齐的词之间的跳转距离，He et al. (2008a)把它们分成几个经验值计算。在得到翻译假设之间的对齐关系后，该方法采用一种启发式对齐归一化的规则来处理对齐过程中产生的一对多和对空等不利于转换成混淆网络的特殊词对齐情况。

杜金华等（2008）提出了一种融合语料库和编辑距离的单语文本的词对齐方法 GIZA-TER。该方法将翻译假设按照 Matusov *et al.*（2006）使用的 GIZA＋＋方法，采用 Grow-Diag-Final 扩展规则［Och and Ney，2003］训练短语的词对齐，然后采用穷举法搜索最小化词错误率的一种短语移位组合，以减少短语被拆分的可能性，使融合后的译文对句子的局部连贯性破坏较小。

3. 基于语言学知识的单语句对的词对齐方法

Ayan *et al.*（2008）提出了一种基于语言学知识的单语句对的词对齐方法，其基本思路是：使用 WordNet 同义词词典来处理词义相似的单词，包括同义词和不同词性的同根词，通过查找 WordNet 对参与对齐的两个翻译假设中出现的单词集合进行求交，来判断它们是否为同义词。考虑到 WordNet 中只收录了具有实体意义（open-class）的单词，并没有收录限定词和小品词等，Ayan *et al.*（2008）对这类词分别创建了一个词性等价类，把词性等价类中的词看作是词义相似的词。

基于 WordNet 的翻译假设，对齐过程包括如下三步：

（1）使用 WordNet 同义词典抽取同义词；

（2）利用同义词信息扩展对齐参考假设；

（3）修改 Tercom 脚本程序进行同义词匹配。

另外，Ayan *et al.*（2008）还提出了一种两步法（two-pass）构建混淆网络的对齐策略，其基本思想与［Rosti *et al.*，2008］提出的一种递增式的假设对齐（incremental hypothesis alignment）方法类似。以下通过例子对两步法进行简要介绍。

通常在利用翻译假设之间的词对齐构建混淆网络时，多个翻译假设与对齐参考假设之间的对齐是独立的，每个翻译假设分别对齐到参考对齐上，常常导致翻译假设中对空的词之间不能很好地建立对齐关系。例如，给定下面三个翻译假设：

I like balloons
I like big blue balloons
I like blue kites

当选择第一个假设为对齐参考时，两两对齐的结果如下：

| I | like | null | null | balloons | null |
| I | like | big | blue | balloons | null |

| I | like | null | null | balloons | null |
| I | like | null | null | blue | kites |

将"I like blue kites"对齐到"I like balloons"时，并没有联系到"I like big blue balloons"与"I like balloons"对齐中的"big blue"这两个对空的词，这使得"I like blue kites"中的"blue kites"这两个词错误地对齐到参考假设中的"balloons null"。为了解决这一问题，两步法在进行翻译假设词对齐时，首先将所有的翻译假设对齐到对齐参考上，

构建一个混淆网络,然后利用这个混淆网络创建一个新的对齐骨架(也可称为对齐参考,之所以不再称为"对齐参考",只是为了区分已有的对齐参考),在对齐骨架中每一个位置上的词都通过投票的方式从该位置的候选词中选出,再次将所有的翻译假设对齐到更新后的对齐骨架上,形成最终的混淆网络。

Karakos *et al.*(2008)提出的另一种基于语言学知识的单语句对的词对齐方法是:利用基于反向转录文法(ITG)产生的词对齐,通过最小化 invWER[Leusch *et al.*, 2003](而不是 Tercom)获得单语句对的词对齐。翻译质量评价尺度 invWER 计算的是将一个字符串转化成另一个字符串时最少使用的编辑次数,与 WER 和 TER 的不同之处在于,invWER 的编辑操作是反向转录文法容许的在句法树结点上插入、删除、替换和语块的移动操作。基于 invWER 的翻译假设对齐方法的计算复杂度比 WER 和 TER 高,但融合后输出译文的句法结构比使用翻译编辑率产生的译文更合理。

综上所述,越来越多的基于不同方法的机器翻译模型和开源工具的涌现,使人们易于获取多个翻译系统的译文输出,从而极大地推动了机器翻译系统融合方法的研究,针对系统融合的评测项目也越来越多地出现在各种机器翻译评测活动中。众多评测结果表明,系统融合方法可有效地改善译文质量,但这种结论很大程度上来源于译文质量的评价指标 BLEU,而对于融合方法容易打破短语的连续性,插入一些对译文可读性破坏较大的词,甚至引入一些较为严重的语法错误等问题,BLEU 指标并不能很好地捕捉这类信息。

实际上,融合后的译文质量与参与融合的翻译系统之间的相关性和互补性有关,包括翻译系统所用模型的差异性、参数训练方法的互异性等。在目前的系统融合方法研究中,针对翻译假设之间单语句对的词对齐技术并没有有效的评价指标,这导致单语句对的词对齐质量与系统融合的性能之间缺乏定量的关联评价尺度。采用某种翻译假设对齐方法进行系统融合,融合后译文的质量优于使用另一种翻译假设对齐方法,这种结论也只是存在于特定测试集或开发集上。目前看来,判断一种翻译假设对齐方法是否绝对优于另一种对齐方法,还缺乏足够的理论依据和数据证明,这也是多种翻译假设对齐方法共存的原因之一。

另外,各种系统融合方法的融合质量也参差不齐,而且各种方法在所有语料上的性能并不一致。例如,词汇级系统融合中各种单语句对的词对齐方法就有 8 种以上,另外还有各种分配系统先验权重的方法、词的置信度估计方法等,如何将这些方法进行组合对比,面临巨大的工程量。因此,目前仍有待于对系统融合中的各种方法进行深入研究和系统对比。

11.17　译文质量评估方法

11.17.1　概述

在自然语言处理领域,系统评测问题已经成为整个领域研究的重要内容之一。近年来,机器翻译评测、汉语分词评测、句法分析评测和文本分类、信息抽取等评测,都有力地推动了这一领域的发展。

　　对于机器翻译来说，1964 年美国国家科学院成立的语言自动处理咨询委员会（ALPAC）对当时机器翻译质量的评估实际上意味着机器翻译评测的开始，只不过当时的评测只是通过人工的方式对译文的忠实度和流畅性进行的评测。20 世纪 90 年代初期，美国国家自然科学基金会和欧盟资助的国际语言工程标准（ISLE）计划专门设立了 EWG（Evaluation Working Group）机器翻译评测组。1992 年至 1994 年，美国国防部高级研究计划署（DARPA）专门组织了一批专家从译文的充分性（adequacy）、流畅性（fluency）和信息量（comprehension 或者 informativeness）三个角度对当时的法英、日英和西班牙语与英语的机器翻译系统进行了大规模评测[White et al.,1993,1994；张剑等,2003]。

　　国内较早的机器翻译评测系统是北京大学计算语言学研究所的俞士汶教授于 20 世纪 90 年代初研究开发的 MTE 系统[俞士汶等,1992]，该系统使用分类评估法，通过专家设计的不同试题分别评测系统对相关语言点的处理能力。20 世纪 90 年代，国家"863"计划还专门组织了几次专家评测，对当时国内开发的汉英和英汉机器翻译系统进行了现场评测，评测结果基本反映了当时我国机器翻译技术研究和开发的实际水平。

　　1999 年美国 DARPA 设立了 TIDES（Translingual Information Detection，Extraction and Summarization）项目[1]，研究跨语言的信息侦测、抽取、自动文摘和翻译等技术，其中，机器翻译系统评测是由美国国家标准技术研究院（National Institute of Standards and Technology，NIST）[2]承担的任务。从 2001 年开始，NIST 举行了多次机器翻译系统评测。自 2004 年起，国际语音翻译先进研究联盟（C-STAR）[3]开始组织口语自动翻译评测，并组织召开学术研讨会（IWSLT），每年举行一次。欧共体资助的 TC-STAR（Technology and Corpora for Speech to Speech Translation）[4]项目也曾组织机器翻译评测。近年来欧洲较有影响的评测是 WMT。我国中文信息学会组织的机器翻译评测活动（CWMT）在国内颇具影响。这些评测活动都对机器翻译技术的研究和发展起到了积极的推动作用。

　　值得注意的是，在前些年的国际机器翻译系统评测中，阿拉伯语是主要的源语言，但在近几年里，汉语已经毫无疑问地成为国际机器翻译系统评测中首选的源语言，国际上对汉英机器翻译研究的关注日益增强。美国、欧洲、日本等发达国家的一流大学和研究机构，几乎都在从事汉英或以汉语为源语言、其他语言为目标语言的机器翻译系统研究。不管外国人是处于政治、经济还是军事的目的，这种风靡全球的"汉语热"已不可阻挡地让我们感受到那种无法逃避的责任和压力。作为以汉语为母语的中国人，面对国际信息化大潮和日益兴起的全球"汉语热"，怎样凭借母语的优势，学习外国人的先进技术，建立高水平的机器翻译理论和系统，已经成为历史赋予我们的不可推卸的责任和义务。

11.17.2　技术指标

　　在机器翻译系统的译文质量评测中常用的评测标准有两种：一种是主观评测（subjective evaluation）标准，即由人工通过主观判断对系统的输出译文进行打分；另一种

---

[1]　http://projects.ldc.upenn.edu/TIDES/

[2]　http://www.nist.gov/

[3]　http://www.c-star.org/

[4]　http://www.tc-star.org/

是客观评测标准,即通常所说的自动评测(automatic evaluation)标准,评测系统依据一定的数学模型对翻译系统输出的译文自动计算得分。

1. 主观评测指标

在 20 世纪 90 年代中期美国 DARPA 组织的一系列机器翻译系统评测中,主观评测主要依据人工给出的参考译文对系统输出句子的流畅性(fluency)和充分性(adequacy)进行估计[LDC,2002]。流畅性是指系统译文的流利程度,具体一点讲,就是译文的结构和用词与目标语言的语法规定和表达习惯相符合的程度。译文流畅性的判断可以不考虑对原文翻译的正确与否。充分性则是指系统译文表达原文信息的充分程度,通常由以目标语言为母语的说话人通过考查专业翻译人员提供的翻译结果中有多少信息可以在机器译文中找到的方法来给出打分。信息单元通常为比句子短的片段[White *et al*.,1994]。

需要指出的是,在有些中文文献中将英文术语"adequacy"翻译成"忠实度",但作者认为,这里的"adequacy"只是"忠实度"的一个侧面,二者不能简单地画等号。实际上,前面提到的"信息量(informativeness)"和后面将要提到的"语义保持性(meaning maintenance)"都属于"忠实度"的范畴,也就是人们常说的"信、达、雅"翻译标准中"信"的范畴。因此,考虑到与英文单词"adequacy"本身含义(适当、足够、胜任)的呼应,本书将其译为"充分性"。

在 2004 年 C-STAR 发起和组织,由日本国际电气通信基础技术研究所(Advanced Telecommunications Research Institute International,ATR)[1]承办的首次国际口语翻译评测(IWSLT)中采用了这种主观评测方法[Akiba *et al*.,2004][2],流畅性和充分性均被划分为 5 个等级,如表 11-7 所示(以英语作为翻译的目标语言为例)。

表 11-7(a)　流畅性等级划分

等级	流　畅　性
5	完美的英语表达(flawless English)
4	较好的英语表达(good English)
3	非母语的英语表达(non-native English)
2	不流畅的英语表达(disfluent English)
1	无法理解的英语表达(incomprehensible)

表 11-7(b)　充分性等级划分

等级	充　分　性
5	全部信息都已充分表达出来(all information)
4	绝大部分信息已经表达出来(most information)
3	表达了很多信息(much information)
2	只表达了少量信息(little information)
1	没有表达任何信息(none)

评测时每个系统的每篇译文都由三个评分人员打分,评分人员依据表 11-7(a)和表 11-7(b)规定的评分标准进行打分。如果对应某个输入句子翻译系统没有给出输出译文,该句子的流畅性得分和忠实性得分均为 0 分。评测过程分成两步,第一步将翻译系统的输出译文提供给每个打分的人员,由打分人员依据表 11-7(a)的标准给出译文的流畅性评分。第二步将参考译文分发给每个评分人员(每个输入句子只有一个参考译文),评分人员根据表 11-7(b)的标准给出译文的充分性打分。为了避免评分人员由于不清楚输入

---

① http://www.atr.jp/,现已成为 NICT 的一部分。

② http://www.slt.atr.jp/iwslt2004/

句子所在的上下文环境而引起的打分不一致现象，输入句子所在的对话语境也一起提供给评分人员。

　　另外，为了保证每个打分人员的可靠性和一致性，评测组还专门准备了两组附加数据，第一组是从所有参加评测的系统提供的译文中随机选取的 100 个句子，称为公共数据（common data），用于统一各个评分人员的打分标准；第二组数据用于验证每个打分人员不同时间打分的一致性，这些数据也是从所有参加评测的系统提供的译文中随机选取的 100 个句子，称为特定打分人员数据（grader-specific data），每个打分人员对同一批句子进行两次打分，自己把握前后两次评分的一致性。

　　在 2005 年美国卡内基-梅隆大学承办的第二届 IWSLT 评测中[①]，主观评测的标准除了将流畅性和充分性的打分等级均修改为 0～4 以外，还增加了对语义保持性（meaning maintenance）的评测指标，其评分等级的划分标准如表 11-8[Eck and Hori，2005]所示。

表 11-8　语义保持性等级划分

等级	语义保持性（meaning maintenance）
0	意思完全相反（total different meaning）
1	部分语义相同，但引入了误导信息（partially the same meaning but misleading information is introduced）
2	部分语义相同，没有引入新的信息（partially the same meaning and no new information）
3	意思几乎相同（almost the same meaning）
4	意思完全相同（exactly the same meaning）

　　语义保持性是评测人员将候选译文的含义与原文含义对比得出的评分。它与充分性的区别在于，充分性评测的是译文反映了多少原文的信息，评分人员只感兴趣翻译正确的或能够体现原文信息的那些片段，而不考虑系统增加的信息和翻译错误的部分。语义保持性则更注重译文的实际含义，评分人员在评测语义保持性时，要全面考虑候选译文的含义与原文含义之间的异同程度。语义保持性评分的主要目的是区分不同翻译系统的译文中增加信息的程度。如果某一系统的译文增加了很多错误的信息，那么，即使其余部分都翻译正确，这个系统译文的语义保持性得分也会很低。

2. 自动评测指标

　　自动评测是指由评测系统依据一定的数学模型对译文句子自动计算得分。近几年来常用的一些自动打分方法有 BLEU、NIST、mWER、mPER、GMT 和 METEOR 等。以下分别介绍这些打分方法。

　　（1）BLEU[②] 方法

　　BLEU 评测方法是 2001 年美国 IBM 的研究人员提出来的[Papineni et al.，2002][③]，其

---

① http://www.is.cs.cmu.edu/iwslt2005/

② BLEU 的缩写来自英文名称：BiLingual Evaluation Understudy.

③ 除论文以外，还可以参阅 IBM 网页的有关报告：http://domino.watson.ibm.com/library/CyberDig.nsf/home

基本出发点是：机器译文越接近职业翻译人员的翻译结果，翻译系统的性能越好（The closer a machine translation is to a professional human translation, the better it is）。因此，利用 BLEU 方法评估机器翻译质量的关键就是如何定量计算机器译文与一个或多个人工翻译参考答案之间的接近程度。也就是说，这种评估方法的关键因素有两个：一个是估计机器译文与参考答案之间的接近程度，另一个就是由人工提供高质量的参考译文。当然，高质量的人工译文可以多次重复使用以避免消耗昂贵的人工费用。

机器译文与参考答案之间的接近程度采用句子精确度（precision）的计算方法，也就是比较系统译文的 n 元语法与参考译文的 n 元语法相匹配的个数，这种匹配与位置是无关的。系统译文与人工参考译文相匹配的 n 元语法的个数越多，BLEU 得分越高。

所谓的 n 元语法实际上就是 n 个连续的同现词。当然，最简单的方法就是统计系统译文中的单词出现在任何参考译文中的个数，然后，除以系统译文中全部单词的个数。也就是说，计算系统译文中出现在参考译文中的单词个数占全部系统译文的单词个数的比例。但是，这样做有个明显的不足，就是系统有可能过多地生成一些"貌似合理"的词，而且这些词都出现在参考译文中，按上述计算比例的方法衡量就可以获得很高的得分，但实际上，这种结果并不是真正好的翻译结果。请看下面的例子：

例 1

系统译文：the the the the the the the.

参考译文 1：The cat is on the mat.

参考译文 2：There is a cat on the mat.

按照上述计算方法，该候选译文可以得到 7/7 的打分，但显然这种翻译结果几乎没有任何意义。因此，为了解决这种问题，在 BLEU 方法中首先提出了一种修正的计算一元语法精确度（modified unigram precision）的方法，即针对某个待评测的系统译文句子，首先统计每个单词在所有参考译文中出现次数的最大值 Max_Ref_Count，然后，统计该单词在系统译文中出现的总次数 Count，取 Count 和 Max_Ref_Count 两者中小的一个，即

$$\text{Count}_{\text{clip}} = \min(\text{Count}, \text{Max\_Ref\_Count})$$

这样保证了每个系统译文中的单词计数不会超过该词在某个参考译文中出现次数的最大值。然后，把系统译文中所有单词的 $\text{Count}_{\text{clip}}$ 值累加起来，得到 $\text{Total\_Count}_{\text{clip}}$，即待评测的系统译文中出现在参考译文中的单词个数，最后，用 $\text{Total\_Count}_{\text{clip}}$ 除以系统译文中全部单词的个数。在上面的例子中，系统译文中的单词 the 在参考译文 1 中出现的次数最多，Max_Ref_Count ＝2，而 the 在系统译文中出现的次数为 7，即 Count ＝7，因此，$\text{Count}_{\text{clip}} = \min(7,2) = 2$。候选译文中全部单词的个数等于 7，因此，该例中修正后的一元语法精确度为 2/7。

再看下面的例子 2（候选译文 1 中单词后面的数字下标为单词的序号）：

例 2

候选译文 1：It_1 is_2 a_3 guide_4 to_5 action_6 which_7 ensures_8 that_9 the_{10} military_{11} always_{12} obeys_{13} the_{14} commands_{15} of_{16} the_{17} party_{18}.

候选译文 2：It is to insure the troops forever hearing the activity guidebook that party direct.

参考译文 1：It is a guide to action that ensures that the military will forever heed Party commands.

参考译文 2：It is the guiding principle which guarantees the military forces always being under the command of the Party.

参考译文 3：It is the practical guide for the army always to heed the directions of the party.

候选译文 1 中的全部单词个数为 18，有 17 个单词出现在参考译文中，其中，第 1～6 个词，8～11 个词，第 14、15 和 17、18 个词均出现在参考译文 1 中（有些词也出现在参考译文 2 和参考译文 3 中），第 7 个词出现在参考译文 2 中，第 12、16 个词出现在参考译文 2 和参考译文 3 中。因此，候选译文 1 修正后的一元语法精确度为 17/18。同样，可以计算出候选译文 2 修正后的一元语法精确度为 8/14。

当然，在计算 n 元语法的精确度时 n 可以取大于 0 的任意整数，如果取 $n = 2$，即计算二元语法的精度，那么，例子 1 中系统译文修正的二元语法精确度为 0，而例子 2 中候选译文 1 修正的二元语法精确度为 10/17，候选译文 2 修正的二元语法精确度为 1/13。

修正的 n 元语法精确度打分方法实际上捕捉的是译文句子的两方面信息：充分性和流畅性。使用一元语法时，评测的是原文中有多少个词被正确地翻译了出来，体现的是充分性，而二元以上的语法体现的则是候选译文的流畅性。

对于含有多个句子的文本测试集来说，BLEU 方法以句子为单位进行评测。首先，按上述方法一句一句地计算 n 元语法的匹配情况，其次，累计所有翻译句子修正后的 n 元语法计数以及测试集中所有句子的 n 元语法数，二者相除得到整个测试文本修正后的精确度记分 p_n。计算公式可以表示为如下形式：

$$p_n = \frac{\sum\limits_{C \in \{\text{Candidates}\}} \sum\limits_{n\text{-gram} \in C} \text{Count}_{\text{clip}}(n \text{ 元语法})}{\sum\limits_{C' \in \{\text{Candidates}\}} \sum\limits_{n\text{-gram}' \in C'} \text{Count}(n \text{ 元语法}')} \tag{11-111}$$

考虑到在修正的 n 元语法精度计算中，随着 n 值的增大精度值几乎成指数级下降，因此，BLEU 方法中采用了修正的 n 元语法精度的对数加权平均值，相当于对修正的精度值进行几何平均，一般取 $n = 4$。当取 $n = 4$ 时，BLEU 常被写成"BLEU 4"或"BLEU-4"。

另外，考虑到句子的长度对上述 BLEU 评分也有一定的影响，例如，如果一个机器翻译系统只翻译最可靠的词汇，译文句子就可能比较短，按上述方法计算出的精度值就会较高。因此，需要进一步考虑候选译文的句子长度对计算评分的影响。不过实际上在上述计算方法中已经对较长的候选译文进行了惩罚，不需要对超过参考译文长度的候选译文再进行长度惩罚，而只需要对较短的候选译文惩罚。于是，BLEU 方法中引入了一个长度惩罚因子（brevity penalty factor），借助长度惩罚因子，打分较高的候选译文必须在长度、选词和词序三个方面都与参考译文有较好的匹配。但需要注意的是，不管是长度惩罚因

子还是修正的 n 元语法精度的长度作用,都不是直接地考虑源语言句子的长度,而是目标语言参考译文的长度范围。

在 BLEU 方法中,将最接近参考译文长度的系统候选译文的长度称为"最佳匹配长度(best match length)"。比如说,有三个参考译文的长度分别为 12,15,17,一个候选译文有 12 个词,那么,12 为最佳匹配长度,长度惩罚因子为 1,即不做任何惩罚。

根据上述思想,BLEU 使用的长度惩罚因子 BP 可以用下面的式子表示:

$$\mathrm{BP} = \begin{cases} 1, & c > r \\ \mathrm{e}^{(1-r/c)}, & c \leqslant r \end{cases} \tag{11-112}$$

其中,r 为测试语料中有效的参考译文的长度;c 为系统候选译文的长度。

综合上述情况,给出如下 BLEU 评分公式:

$$\mathrm{BLEU} = \mathrm{BP} \times \exp\left(\sum_{n=1}^{N} w_n \log p_n\right) \tag{11-113}$$

其中,N 为 n 元语法的最大基元数;w_n 为权重。在 BLEU 的基线系统中取 $N = 4$,$w_n = 1/N$。BLEU 分值的范围在 0~1 之间,0 分表示译文最差,1 分表示译文最好,完全与人工翻译一致。

在对系统译文进行排序时,利用对数运算比较方便,因此,上述公式可以写成如下形式:

$$\log \mathrm{BLEU} = \min\left(1 - \frac{r}{c}, 0\right) + \sum_{n=1}^{N} w_n \log p_n \tag{11-114}$$

相对而言,BLEU 评测方法能够较好地区分不同译文的质量差别,而且对同一个任务的不同测试样本得到的结果相对稳定,与人工评测的结果基本吻合,因此,该方法在近几年的机器翻译系统评测中得到了广泛应用。

(2) NIST[①] 方法

IBM 提出的 BLEU 评测方法得到了很多专家的认可,于是,美国 DARPA 委托国家标准技术研究院(NIST)开发了基于 BLEU 评测方法的机器翻译系统评测工具,专门用于 TIDES 项目资助的机器翻译研究系统的评测。不过,NIST 在 BLEU 方法的基础上作了一些改动,这种改进后的方法就是人们通常所说的 NIST 评测方法[Doddington, 2002]。

在理想情况下,一个好的系统译文评分方法应该同时具有敏感性(sensitivity)和一致性(consistency)两方面的特性。也就是说,一个好的译文评分方法应该能够敏感地区分类似系统之间的性能差异,而且这种差异应该不受所选用的测试文本和参考译文的影响。

NIST 的研究人员认为,BLEU 评分公式中采用的 n 元语法同现概率的几何平均方法使评分值对于各种 n 元语法(unigram,bigram,trigram 等)同现的比例具有相同的敏感性,但实际上,这种做法存在着潜在的矛盾,因为 n 值较大的统计单元出现的概率较低。因此,NIST 的研究人员提出了另外一种处理方法,就是用 n 元语法同现概率的算术平均值取代几何平均值。

---

① http://www.nist.gov/speech/tests/mt/

另外，对于那些信息含量较大的 n 元语法单元应该具有较大的权重，换句话说，出现频率越低的单元应该具有越高的权重，因为出现频率越低的单元含有的信息量越大。因此，那些出现频率很高的单元对于整个句子评分的增值应该低于出现频率较低的单元对评分值的贡献。

根据上述观点，NIST 的研究人员对参考译文中的 n 元语法给出了一种信息权重的计算公式：

$$\mathrm{Info}(w_1 \cdots w_n) = \log_2\left(\frac{\mathrm{Num}(w_1 \cdots w_{n-1})}{\mathrm{Num}(w_1 \cdots w_n)}\right) \tag{11-115}$$

其中，$\mathrm{Num}(w_1 \cdots w_{n-1})$ 和 $\mathrm{Num}(w_1 \cdots w_n)$ 分别表示 $w_1 \cdots w_{n-1}$ 和 $w_1 \cdots w_n$ 出现的次数。

另外，在 NIST 方法中还使用了 F-比（F-ratio）的概念。所谓的 F-比就是指不同系统之间的得分偏差除以某一系统本身的得分偏差。不同系统之间的得分偏差是指不同系统得分平均值的变化，而某一系统本身的得分偏差是指一个给定的系统在不同测试集上得分的差异。因此，F-比越大，评测方法越好。

基于信息权重和 F-比，NIST 评分的计算公式如下：

$$\mathrm{Score} = \sum_{n=1}^{N}\left\{ \sum_{\substack{\text{所有同现的}w_1\cdots w_n}} \mathrm{Info}(w_1 \cdots w_n) \bigg/ \sum_{\substack{\text{在系统输出中所有的}w_1\cdots w_n}} (1)\right\}$$
$$\times \exp\left\{\beta \log^2\left[\min\left(\frac{L_{\mathrm{sys}}}{L_{\mathrm{ref}}}, 1\right)\right]\right\} \tag{11-116}$$

其中，$\bar{L}_{\mathrm{ref}}$ 是参考译文句子的平均长度；L_{sys} 是评测系统的译文长度；β 为经验值，当 L_{sys} 为 $\bar{L}_{\mathrm{ref}}$ 的 2/3 时，β 的取值使长度惩罚因子等于 0.5；$N=5$。

NIST 评分值为不小于 0 的实数，0 分表示译文质量最差。

与 BLEU 方法相比，NIST 方法除了调整了同现单元的记分方法以外，还修改了长度惩罚因子，这样既保持了长度惩罚因子的原始作用，又减少了译文长度的轻微变化对打分结果的影响。

根据 NIST 研究人员的实验结果，NIST 评分法在稳定性和可靠性方面都优于 BLEU 评分法，尤其对于译文的充分性评测，NIST 方法更接近于人工评测的结果。

（3）mWER[①] 方法

该方法是由 S. Nießen 等人提出的一种基于多个参考译文的词错误率（word error rate on multiple references，mWER）计算方法［Nießen *et al.*，2000］。其基本思想是：对于一个给定的候选译文，分别计算该译文与多个参考译文之间的编辑距离（edit distance），以最短的编辑距离作为评分依据并进行归一化处理，最后给出候选译文的得分。编辑距离是指将候选译文修改成参考译文需要进行的插入、删除、替换或相邻词交换位置而进行操作的最少次数（参阅 3.4.1 节的介绍）。

mWER 分值的变化范围在 0～1 之间，0 表示译文质量最好，1 表示译文质量最差。

（4）mPER 方法

该方法是 mWER 方法的一个变种，它不考虑单词在句子中的顺序，因此，称为位置

---

① http://www-i6.informatik.rwth-aachen.de/HTML/Forschung/Uebersetzung/Evaluation/

无关的基于多个参考译文的词错误率计算方法（position independent mWER）[Och，2003]。

mPER 分值的变化范围也是在 0～1 之间，0 表示译文质量最好，1 表示译文质量最差。

（5）GTM[①]方法

该方法是用一元文法（unigram）的 F-测度值（F-measure）计算文本之间的相似度[Turian *et al*.，2003]。在这种方法中，假定候选译文为 C，参考译文为 R，定义 C 的准确率（precision）和召回率（recall）分别为

$$\text{precision}(C \mid R) = \frac{\text{MMS}(C,R)}{\mid C \mid} \tag{11-117}$$

$$\text{recall}(C \mid R) = \frac{\text{MMS}(C,R)}{\mid R \mid} \tag{11-118}$$

其中，$\text{MMS}(C,R)$ 为 C 和 R 的最大匹配数，$\mid C \mid$ 和 $\mid R \mid$ 分别为 C 和 R 的长度（单词个数）。所谓最大匹配数，简单地讲，就是 C 中的单词（包括重复出现的单词）与 R 中的单词相匹配的个数，去掉重复统计数。例如，假设每个字母代表一个单词，候选译文 C＝hcbaicde，参考译文 R＝abcdefbaic，那么，$\mid C \mid$＝8，$\mid R \mid$＝10，$\text{MMS}(C,R)$＝7。因此，precision($C\mid R$)＝7/8，recall($C\mid R$)＝7/10。关于 $\text{MMS}(C,R)$ 的具体计算方法请参阅文献[Turian *et al*.，2003]。

根据准确率和召回率，F-测度值由如下公式计算：

$$F\text{-measure} = \frac{(\alpha^2 + 1) \times \text{precision}}{\text{recall} + \alpha \times \text{precision}} \tag{11-119}$$

α 为权重，一般取 α＝1。在这种情况下，F-测度值为

$$F\text{-measure} = \frac{2 \times \text{precision}}{\text{recall} + \text{precision}} \tag{11-120}$$

考虑到候选译文中的片段如果能够以正确的词序连续地与参考译文中的片段相匹配，那么，相匹配片段的长度越大，对计算 $\text{MMS}(C,R)$ 的贡献应该越大。因此，GTM 方法中还采用了对匹配长度加权的处理办法。另外，考虑到参考译文的合理性和评分的稳定性，GTM 方法同其他方法一样，也采用了基于多个参考译文的计算方法，并用候选译文的长度与参考译文的长度的平均值作为对 MMS 的限制，其具体处理方法请参阅文献[Turian *et al*.，2003]。

GTM 分值的变化范围在 0～1 之间，0 表示译文质量最差，1 表示译文质量最好。

（6）METEOR 方法

METEOR 评分方法是通过对候选译文和参考译文"对位"后，比较候选译文与参考译文在不同阶段（stage）的匹配程度，包括词汇完全匹配（exact match）、词干匹配（stem match）和同义词匹配（synonym match），计算候选译文一元文法的准确率（P）、召回率（R）和 F-平均（F-mean）值。F-mean 的计算公式同式（11-118），不过文献[Banerjee and Laive，2005]取权重 α＝3，因此，

---

① http://nlp.cs.nyu.edu/GTM/

$$F\text{-mean} = \frac{10PR}{R + 9P} \qquad (11\text{-}121)$$

最后，根据 F-mean 值并考虑长度惩罚因子给出 METEOR 评分的计算公式为

$$\text{Score} = F\text{-mean} \times (1 - \text{Penalty}) \qquad (11\text{-}122)$$

其中，Penalty 为长度惩罚因子，由如下公式计算：

$$\text{Penalty} = 0.5 \times \left(\frac{\#\,\text{chunks}}{\#\,\text{unigrams\_matched}}\right)^{3} \qquad (11\text{-}123)$$

式中的变量 $\#$chunks 表示系统译文中所有被映射到参考译文中的一元文法（unigram）可能构成的语块个数；$\#$unigrams_matched 表示所有匹配的一元语法的个数。在匹配比较时不区分大小写。分值范围在 0～1 之间，0 表示译文质量最差，1 表示译文质量最好 [Lavie *et al.*，2004；Banerjee and Lavie，2005]。

在 2005 年、2006 年的 IWSLT 及 NIST 机器翻译系统评测中都采用了 METEOR 评测指标，不过这种方法似乎还不能对汉语译文给出可能的评分 [Eck and Hori，2005]。

针对上述指标不少学者提出了相应的修改方案或提出新的评价方法。如 Zhou *et al.*（2008a）研究了基于语言学知识的译文自动评价方法，设计实现了基于语言学检测点的评价工具——WoodPecker[①]。该方法需要由人工预先定义语言学检测点，检测点是具有语言学意义的单元，如歧义词、名词短语、介词短语和动宾搭配等。首先从词语对齐和句法分析后的测试语句与参考译文对中实现检测点的抽取，然后抽取待测系统译文的语言学检测点，度量这些检测点翻译的优劣。

11.17.3　相关评测

目前的机器翻译评测，包括 IWSLT、NIST、WMT 和国内组织的 CWMT，均采用网上评测的办法，由组织单位给参评单位发布训练集和开发集，供参评单位对自己的系统进行参数训练和模拟测试，然后，评测单位统一发布正式的测试数据，并要求所有参评系统在限定的时间内通过网络提交系统的运行结果。组织单位收到参评系统的运行结果以后，组织专家对所有提交结果进行主观评测（如果有）和自动评测，评测结束后，分别将每个系统的评测结果发送给参评单位。最后，召开评测技术研讨会。在评测研讨会上，组织单位全面介绍评测的组织过程、使用的语料以及评测指标等情况，参评单位分别介绍各自系统采用的理论模型和实现方法。

以下主要介绍近几年来 IWSLT、NIST、WMT 和国内组织的 CWMT 评测的情况。

1. IWSLT 口语翻译评测

2004 年首届 IWSLT 口语翻译系统评测主要关注语音翻译的评测指标 [Akiba *et al.*，2004]。2005 年的 IWSLT 系统评测着重朗读语音的自动语音识别结果的翻译情况 [Eck and Hori，2005]。2005 年 IWSLT-05 评测的翻译语言对包括以下 5 个：汉英、日英、阿拉伯语到英语、韩国语到英语和英汉。源语言包括正确的输入文本和来自语音识别器的输出结果两种。根据允许使用的训练数据和语料处理工具情况，评测分为 4 种类型：

---

① http://research.microsoft.com/en-us/downloads/ad240799-a9a7-4a14-a556-d6a7c7919b4a/default.aspx

（1）"Supplied"data track：只允许使用旅游领域的 BTEC 语料 2 万句对，包括汉英、日英和韩英三种语言对，汉语、日语和韩国语三种源语言均已进行了分词处理；

（2）"Supplied Data & Tools"track：除了使用上述 2 万句对 BTEC 语料以外，还允许使用任何自然语言处理工具，包括词性标注工具、语块标注工具和句法分析器等；

（3）"Unrestricted"data track：除了使用上述 2 万句对 BTEC 语料以外，允许使用任何其他数据（主要是 UPenn 的 LDC 数据和网络数据）和语料处理工具；

（4）"C-STAR"track：允许 C-STAR 核心成员（partner）使用全部 20 万句对的 BTEC 口语语料。

当然，系统的性能按 track 类型分别排队。汉语的分词和语音识别结果由中国科学院自动化研究所提供。语音识别结果采用词格形式，并提供 n 个最佳（n-best）列表。日语语音识别结果由日本 ATR 提供，英语语音识别结果由德国卡尔斯鲁厄大学（The University of Karlsruhe，UKA）提供。

关于 IWSLT-05 评测的详细情况，读者可以参阅文献［Eck and Hori，2005］。

在 2010 年的 IWSLT 评测中首次设置了基于 TED[①] 演讲和谈话语料的翻译评测［Paul *et al.*，2010］，并在 2011 年和 2012 年的 IWSLT 评测中，一直保留基于 TED 演讲和谈话语料的翻译评测［Federico *et al.*，2011；2012］。2012 年基于 TED 数据的评测任务包括：演讲语音的自动识别（英语脚本转写）评测、英语到法语的语音翻译评测、英语到法语和阿拉伯语到英语的文本翻译评测。为了测试系统水平的进步情况，还用 2011 年的测试集（答案从来未向参评单位公开）对 2012 年参评系统的性能与 2011 年最好的翻译系统性能做了主观对比。

针对 TED 评测任务，除了向参评单位提供官方的英法和阿英双语文本句子对以外，还提供以英语为目标语言，以汉语、荷兰语、德语、波兰语、葡萄牙语、罗马尼亚语、俄语、斯洛伐克语、斯洛文尼亚语和土耳其语为源语言的 10 种非官方的翻译句对。自 2012 年起，IWSLT 评测的 TED 数据集将通过 WIT³ 发布[②]。

另外，2012 年的 IWSLT 评测还增加了基于奥林匹克领域对话语料的翻译评测。

从 IWSLT 评测的结果来看，对于相对规范的正确文本（BTEC 领域），其翻译性能较高，如汉英翻译的 BLEU 打分可达到 0.5 左右，已经到了基本实用的程度，而对于相对复杂的真实语音（识别结果）的翻译，BLEU 打分仅有 0.2 左右［Paul，2006；Federico *et al.*，2012］，离实用还有较大的距离。

2. NIST 机器翻译评测

NIST 机器翻译评测（OpenMT）作为 DARPA TIDES 项目的一部分任务起始于 2001 年，2001 年至 2006 年每年组织一次，2007 年暂停之后 2008 年和 2009 年又组织了两次。

2006 年美国 NIST 组织的机器翻译评测有两项评测任务[③]：一项是限定大规模训练语料（large data track，LDT）的系统评测，训练语料由 LDC 提供；另一项为不限定训练语

---

① http://www.ted.com

② http://wit3.fbk.eu

③ http://www.nist.gov/speech/tests/mt/

料的系统评测（unlimited data track，UDT）。翻译的源语言只有两种：汉语和阿拉伯语，目标语言只有英语一种。测试集分别采用 NIST 测试集和 GALE（global autonomous language exploitation①测试集，由来自新闻专线和网络新闻的文本以及广播新闻和广播对话的转写文本等多种语料构成。NIST 测试集为正确的文本，而 GALE 测试集来自语音识别的结果。

2008 年 NIST 机器翻译评测仍然有两项评测任务：一项是限定大规模训练语料（LDT）的系统评测；另一项为不限定训练语料的系统评测（UDT）。评测针对 4 个语言对：阿拉伯语到英语、汉语到英语、英语到汉语以及乌尔都语到英语（Urdu-to-English）。测试集有两种：一种是当前测试集（current test set），另一种是进步测试集（progress test set）。基于当前测试集的评测与以往类似，参评单位将翻译结果通过网络提交，请求打分，组织单位反馈参考答案以供参评单位进行系统分析和未来开发研究。而基于进步测试集的评测不同，组织单位将参评单位提交的翻译结果打分后，只公开打分结果，不公开参考答案。有关处理这些测试语料的所有证据将被销毁，这些测试语料将用于以后 NIST 翻译系统评测，以供各单位比较每年机器翻译研究的进展情况。测试语料包括新闻语料和网络语料两种②。

2009 年的 OpenMT 评测的翻译语言对包括阿拉伯语到英语、汉语到英语和乌尔都语到英语三种。训练方式包括受限和非受限两种，分单系统性能测试和多系统融合测试两类。受限训练是指参评系统只允许在给定的 LDC 数据上（包括训练集和开发集）进行参数训练和调试，核心算法（如分词器、词汇化工具、句法分析器、词性标注工具等）的训练不受此限制。非受限训练是指参评系统可以使用其他训练集和开发集，但必须是公开的数据，而且只有在本次评测的测试集发布之前所建立的数据集才能用作本次评测的开发集。评测指标包括自动评测指标和自愿者参与的人工评测。

从历届 NIST 机器翻译评测的结果可以看出，系统对测试句子的质量有很强的敏感性，对于给定的正确文本和含噪声的文本（如语音识别结果）两种情况下，系统的性能表现有显著的差异。

3. WMT 机器翻译评测

统计机器翻译研讨会 WMT（Workshop on Statistical Machine Translation）源自 2005 年 ACL 大会成功举办的 WPT（Workshop on Parallel Text），由国际计算语言学会（ACL）和欧洲计算语言学会（EACL）的机器翻译兴趣小组（WMT）组织，其目的是关注统计机器翻译的各个方向，如系统融合、如何使用可比语料进行机器翻译、机器翻译评价方法等。2006 年首届 WMT 在 NAACL 大会上举办，并在其后每年举办一次。在历届的 WMT 研讨会中，机器翻译评测（Shared Translation Task）都是重要的组成部分。WMT 更多地关注欧洲语言对之间的机器翻译，主要的评测语言对包括"英语—法语"、"英语—德语"、"英语—西班牙语"和"英语—捷克语"。除此之外，2008 年的 WMT 还增加了"德语—西班牙语"和"英语—匈牙利语"之间的翻译评测。2009 年的 WMT 则增加了英语和

---

① http://www.nist.gov/speech/tests/gale/index.htm

② http://www.nist.gov/speech/tests/mt/doc/MT08_EvalPlan.current.pdf

匈牙利语之间的翻译评测。评测中所使用的数据主要来自 Europarl Corpus 和 The New News Commentary Corpus。另外,还会根据当年的评测任务提供许多其他语料,这些语料都可以从研讨会网站[①]上免费下载。

除了进行机器翻译评测之外,自 2008 年起,WMT 还开始组织对于自动评价指标的评测(Shared Evaluation Task),并于 2009 年开始组织对于机器翻译系统融合的评测(System Combination Task)。2011 年,由于海地地震的发生,WMT 还进行了海地语到英语的短信翻译评测(Featured Translation Task)。2012 年,评测任务则有较大的不同,取消了有关机器翻译系统融合的评测,并增加了对于系统译文质量的评测(Quality Estimation Task)。

近年来,WMT 的影响力越来越大,也有越来越多的研究单位和商业公司参与其中。

4. CWMT 机器翻译评测

国内的机器翻译评测也进行过很多次,正如本节前面指出的,20 世纪 90 年代国家"863"计划就专门组织过几次机器翻译评测。2005 年国家"863"计划计算机主题专家组委托中国科学院计算技术研究所主办、中国科学院软件所和日本情报通信研究机构(NICT)协办,共同组织了机器翻译评测[侯宏旭等,2006][②]。共有 13 家单位(国内 11 家、国外 2 家)参加了这次评测,评测任务包括对话翻译和篇章翻译两种,翻译语言对有汉英、英汉、汉日、日汉、日英和英日 6 个。

对话语料为奥运和日常会话等相关领域,涉及体育、交通、旅游、餐饮和天气等多个子领域。篇章语料为新闻领域。

评测指标包括主观评测和自动评测两种。主观评测指标包括忠实度和流利度两个,由人工给出系统译文的得分。自动评测的指标有:BLEU、NIST、GMT、mWER、mPER 和计算所自己开发的一种评测指标。

为了推动国内统计机器翻译的发展,由中科院自动化所、计算所和厦门大学联合发起组织的首届统计机器翻译研讨会于 2005 年 7 月 12 日在厦门大学成功召开。入会专家和学生就统计机器翻译中的关键技术进行了深入讨论,并现场测试了部分实验系统。2006 年起中科院软件所和哈尔滨工业大学加入了统计机器翻译研讨会和相关活动的共同组织,并于 2006 年在中科院计算所召开了第二届统计机器翻译研讨会。这次研讨会的重要成果是由五家单位联合开发了统计机器翻译的开放系统"丝路"。

2007 年 8 月 12—13 日第三届统计机器翻译研讨会在哈尔滨工业大学成功召开。这次研讨会的英文名字确定为 Symposium on Statistical Machine Translation(SSMT)。这次研讨会组织了汉英、英汉机器翻译评测,评测任务包括翻译结果评测和词语对齐结果评测,翻译结果评测分受限评测和不受限评测两种类型,词语对齐只做受限评测,语料均为新闻领域。所谓受限评测指参评系统只允许使用组织者发布的训练语料和开发集,而不受限评测没有此限制。来自国内外 11 个单位的 35 个系统参加了此次评测,最后结果为:汉英翻译受限评测的最高 BLEU 得分为 0.2120,不受限评测的最高 BLEU 得分为

---

① http://www.statmt.org

② http://www.863data.org.cn/index.php

0.2770；英汉翻译受限评测的最高 BLEU 得分为 0.2729，不受限评测的最高 BLEU 得分为 0.3075；词语对齐的准确率（汉英、英汉整体情况）最高为 0.9322[刘宏等，2007]。

为了进一步扩大国内机器翻译研讨会的影响，拓展会议主题，使其讨论范围不仅仅局限于统计机器翻译，自 2008 年起 SSMT 更名为"全国机器翻译研讨会（China Workshop on Machine Translation，CWMT）"，并延续前三届统计机器翻译研讨会的计数，决无与更早期的机器翻译研讨会分庭抗争之意。CWMT 直接受中国中文信息学会的领导。第 4 届 CWMT 于 2008 年 11 月 27—28 日在中国科学院自动化研究所召开，该次研讨会除了组织汉英、英汉新闻和科技领域的机器翻译评测以外，还邀请了 Philipp Koehn 博士作大会特邀报告。

第 5 届 CWMT 于 2009 年 10 月 16—17 日在南京大学召开，除了组织汉英、英汉机器翻译评测以外，还增加了蒙古语到汉语的评测，并除使用 BLEU、NIST 等自动评测指标以外，还使用了 WoodPecker 评测工具。2010 年由于组织第 23 届国际计算语言学大会（COLING）的原因，没有组织正式的 CWMT，但于 2010 年 12 月 19 日在中国科学院软件所组织了小规模的机器翻译研讨会，算作第 6 届 CWMT。第 7 届 CWMT 于 2011 年 9 月 23—24 日继第 13 届 MT Summit 国际会议之后在厦门大学召开。这次研讨会组织了 9 项评测任务，除了新闻和科技领域的汉英、英汉、日汉机器翻译以外，还组织了藏汉、维汉、蒙汉和哈萨克斯坦语到汉语及柯尔克孜语到汉语的少数民族语言机器翻译。

2012 年 9 月 20—21 日在西安理工大学召开的第 8 届 CWMT 既没有征集论文，也没有组织评测，而是请机器翻译界同行就机器翻译的理论方法、应用技术和评测活动等若干问题进行深入的研讨，旨在引导大家思考这样的问题：机器翻译学术界应该如何在激烈的竞争中占有一席之地？中国机器翻译研究的出路和突破口在哪里？在这次 CWMT 会议上决定，以后每逢偶数年召开的 CWMT，只进行机器翻译理论方法和实现技术等方面的讨论，而奇数年召开的 CWMT 组织系统评测。也就是说，系统评测改为两年一次。2013 年 CWMT 评测提供了基于短语的英汉、藏汉、维汉和蒙汉机器翻译基线系统的中间输出结果，以便于参评系统进行阶段性结果对比和分析。

关于统计机器翻译的详细介绍，可参阅 Philipp Koehn 的专著[Koehn，2010]或[宗成庆等（译），2012]。

从各种评测结果可以看出，在不同训练集和测试集的情况下，BLEU 和 NIST 两项指标的分值差别都比较大。因此，我们不能简单地根据分值高低来比较不同评测中系统之间的性能差异，但所有这些结果都清楚地告诉我们这样一个事实：尽管目前机器翻译系统的水平离实用化要求还有较大的差距，但系统性能总体上在向着人们希望的目标一点一点地进步。尤其值得欣慰的是，近几年来国内统计机器翻译技术的整体水平已有很大提高，在 IWSLT、NIST 等重要的国际翻译系统评测中屡屡取得佳绩，这在一定意义上表明，我国机器翻译技术研究正以良好的态势快速逼近世界领先水平。

11.17.4　有关自动评测方法的评测

尽管以 BLEU 为代表的各种自动评测指标在机器翻译研究中得到了广泛应用，但仍存在一些明显的缺点,主要表现在以下两个方面。

① BLEU 等评测指标明显高估了基于统计的机器翻译系统的性能[Callison-Burch et al.,2006],而且对基于规则的系统评分不准确。在 2005 年 NIST 机器翻译评测中,人工评分最优的阿(拉伯)英翻译系统在 BLEU 评分中仅排名第六。

② 对译文质量区分能力不足,特别是句子级的自动评价结果与人工评价结果差距较大,更无法在句子内部揭示译文质量的区别。

这些问题引起了研究者的广泛关注,人们提出的主要策略是在机器学习框架下尝试引入更多的语言学特征。例如,Liu and Gildea(2005)提出了在自动评测中引入句法信息的思想,而后 Amigò et al.(2005)尝试引入了 28 个语言学特征;Albrecht and Hwa(2007)则引入了不同语言层次上的 53 个特征,分析了 SVM 回归和 SVM 分类的性能差异。近年来,一些语义特征,如文本蕴涵[Padó et al.,2009]和语义角色标注[Lo and Wu,2011]也被证明可以用于机器翻译自动评测。

为了更好地比较各种机器翻译自动评测方法的改进情况,人们对这些自动评测方法也开展了公开的技术评测,其中比较有影响的评测主要是如下两个。

(1) 美国 NIST 组织的 MetricsMATR 评测①

MetricsMATR(Metrics for Machine Translation Challenge)评测由美国国家标准技术研究所(NIST)组织举办,旨在应对度量机器翻译质量的一系列挑战,促进机器翻译评价标准的创新性发展。MetricsMATR 针对机器翻译评价标准,提供了评价所需的机器翻译系统的输出结果,评测参与者需要评估出这些翻译结果的译文质量,目标是创建一个可直观解释的自动评价系统,该系统的评价结果应与人工评价的结果高度相关。截至目前,MetricsMATR 已经成功地举办了两届[Przybocki et al.,2008;Peterson and Przybocki,2010]。MetricsMATR 提供了约 8800 句阿拉伯语到英语的翻译结果以及人工评价结果,供参与者训练和调试翻译评价系统使用。在评测中使用的待评价数据所涉及的语言对主要包括:汉语、阿拉伯语和波斯语到英语,共约 83000 个词;英语、阿拉伯语到法语,共约 92000 个词。此外,2010 年还增加了法语、英语到阿拉伯语的数据(其数据规模尚未公开)。评测中所参考的人工评价标准包括:精确度(接受/不接受,1~4 分,1~5 分,1~7 分)、流利度(1~5 分)、偏向性、适当度和基于人工编辑的翻译错误率(HTER)。评分按照语言规模的级别又分为系统级、文档级和句子级。评价使用参考译文的个数包括 1 个和 4 个两种。与人工评价的相关度采用 Pearson 关联[Rodgers and Nicewander,1988]、Spearman 关联[Myers and Well,2003]和 Kendall's Tau 关联[Kendall,1938;Abdi,2007]三个标准。由于新增法语、英语到新增阿拉伯语,评测条件由 2008 年的 47 项(包括 141 子项)增加到 2010 年的 51 项(包括 153 个子项)。哈尔滨工业大学的评测系统在 2010 年句子级自动评测的 51 项子任务中获得了 15 项第一、8 项第二的优异成绩。

---

① http://www.itl.nist.gov/iad/mig/tests/metricsmatr/

（2）欧洲 WMT 评测任务[①]

WMT Shared Evaluation Task 评测从 2007 年开始连续举办了多届，从 2008 年起采用句对排序作为评价的主要依据。此后，每一年都将 2008 年至当年的前一年数据作为训练数据，并且发布新的数据作为测试集。测试集的规模由 2008 年的 25051 句逐年扩大，2012 年的测试集数据规模已达 61695 句[Callison-Burch *et al*.，2012]。其数据所涉及的语言对包括：英语到法语、德语、西班牙语、捷克语以及法语、德语、西班牙语、捷克语到英语等多个方向。采用的参考译文个数是 1 个，并分别在系统级和句子级上采用 Spearman 关联和 Kendall's Tau 关联作为自动评价系统的性能标准。评测条件按照语言级别和语言方向分为 4 项（2007 年除外，只包括 2 项在系统级的性能标准），每项包括 4 个子项和一个单项总成绩。自 2007 年起参评单位和系统逐年增加，在历届评测中加泰罗尼亚理工大学、卡耐基-梅隆大学、马里兰大学、哈尔滨工业大学、斯坦福大学、查理大学和谢菲尔德大学等均有出色表现。其中，2010 年该评测与 MetricsMATR 联合举办，参赛队伍来自 14 家单位的 26 个系统，哈尔滨工业大学在这次评测中表现尤为突出，在全部 4 个子任务中包揽了句子级"英语至其他语言"和"其他语言至英语"、系统级"其他语言至英语"3 个项目的最好成绩，在系统级"英语至其他语言"的子项中名列第二。

[①] http://www.statmt.org

第12章

语 音 翻 译

前一章在介绍译文质量评估时，已经提到了以语音识别结果为输入的语音翻译概念。语音翻译（speech-to-speech translation，SST 或 S2ST）是指让计算机实现从一种语言的语音到另一种语言的语音自动翻译的过程。其基本设想是，让计算机像人一样充当持不同语言的说话人之间的翻译角色。会议演讲、交谈（通过电话、网络或面对面）、广播等场景下的话语翻译都是语音翻译系统应用的重要领域，由于多数情况下说话人的话语均以口语风格为主，因此人们尤其希望翻译系统可以接受并实现任意口语化语音的直接翻译，并且，这种希望随着语音技术和机器翻译技术的快速发展，已经不再是渺茫的空想。因此，语音翻译又常常称为口语翻译（spoken language translation，SLT）。

口语翻译涉及计算语言学、计算机科学、语音和通信技术等多种学科与技术，因此，开展这项研究具有非常重要的科学意义。该技术一旦获得突破，将广泛地应用于社会生活的各个方面，例如，商贸会谈，民航信息咨询，国际会议（包括体育运动会）信息综合服务，旅游信息服务，等等，因此，该技术蕴涵着潜在的巨大社会效益和经济利益。尤其近几年来，随着全球化信息社会的到来，人们在经济、商贸、体育、文化、旅游等各个领域的交流日益广泛，口语自动翻译已经成为人们迫切需要的技术而备受关注，语音翻译技术也因此而成为国际学术界和企业界竞相研究的热点。

本章简要介绍语音翻译的基本原理和技术特点，以及近几年来国际上开展语音翻译研究的一些项目，并对一些具体问题进行简要讨论。

12.1 语音翻译的基本原理和特点

12.1.1 语音翻译的基本原理

简要地讲，一个松散连接的单向语音翻译系统由三个主要的技术模块组成，即自动语音识别器（automatic speech recognizer，ASR）、机器翻译引擎（MT）和语音合成器（text-to-speech synthesizer，TTS），这三个技术模块以串行顺序连接，如图 12-1 所示。

语音识别器用于将源语言语音识别成文字，将识别结果以词格的形式或 $n(n \geqslant 1)$ 个最佳句子候选输出给机器翻译引擎。机器翻译引擎实现源语言语音识别结果到目标语言语句的翻译，语音合成器则将目标语言的文字表达转换成语音输出。三个知识库分别为源语言的语音识别器、翻译引擎和目标语言的语音合成器提供各自需要的知识资源。

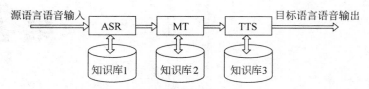

图 12-1　语音翻译系统原理示意图

在汉-外语音翻译系统中,输入的汉语语音被语音识别器识别成文本时,已经自动实现了汉语分词,因此,在翻译模块中不再存在汉语的分词问题。

12.1.2　语音翻译的特点

由于口语自动翻译系统涉及语音识别和语音合成,而且一个真正实用的语音翻译系统往往是在嘈杂的环境下工作的,因此,与面向规范文本的机器翻译系统相比,口语翻译系统面临许多特殊的问题,这些特殊性主要体现在如下几个方面。

第一,从语言学角度来讲,口语句子中含有大量非规范语言现象[①],如大量的重复、省略、颠倒、修正和犹豫(嗯,哦,um,hmm 等)等现象,而且,说话者可能由于思考或语塞等原因造成长时间的停顿,致使输入语句支离破碎。请看如下例子:

(1) 啊 打九折 行 下礼拜 下周二三吧 好吗　　　（重复、省略）
(2) 不 不 现在先不订 过两天 噢 明天再订吧　　　（修正、重复）
(3) 已经给您打过折扣了 这个……恐怕没有别的办法了　　　（长时间停顿）
(4) 有房间吗 现在　　　（颠倒、省略）
(5) 那个 可以预订吗 行吗　　　（冗余）

从这些例句可以看出,口语翻译系统中的翻译模块必须具有较强的鲁棒性以对付输入句子中各种非规范语言现象。实际上,汉语口语中所使用的词汇长度、特定领域内个别词类出现的频度以及词汇所含的义项个数等,都与书面语有较大的差异[宗成庆等,1999a;Zong et al.,1999]。关于汉语口语特点的详细分析,请参阅第 16 章。

另外,在口语翻译中,不存在传统意义上的句子,不像书面语那样可以用标点符号把句子边界区分开来,而口语中的表达方式有时是含混不清的,发音有时也是断断续续的,每一个语句(utterance)可能包含多个句子和主题。这样,即使声学层面上能够正确地切分发音并识别它们,把这些断续的发音翻译出来,其结果也是令人费解的。例如,句子"喔,那个……这样吧,就给我预订一个单人间吧,对,单人间。"在这个语句中,"喔"、"那个"、"这样吧"等词汇实际上都是多余的,这个语句中真正有意义的只是"给我预订一个单人间"。如果整个语句一字不漏地全部翻译成英文,即使完全正确,其结果也是啰嗦甚至费解的。因此,口语翻译机制必须理解讲话者的意图,而不是简单地实现逐词逐句的翻译,应该是依据特定对话环境,在综合理解上下文语义和语用的基础上进行的"意图翻译"。

第二,从语音识别的角度来看,由于任何一种语言中都存在大量的同音字或同音词,尤其汉语中这种现象更为突出,而且每个说话人的口音不完全一样,声调、语速、发

---

①　这里所说的"非规范"由英文单词"ill-formed"翻译而来,并没有严格的语言学定义。

音特点等因人而异，目前的语音识别技术还难以达到 100% 的识别正确率。因此，与文本机器翻译系统不同，口语翻译系统中的翻译机制面对的可能是含有大量错误的输入文本。例如，输入句子"是香格里拉饭店吗"被识别成了"是向个里拉饭店吗"，因为识别系统的词典中没有"香格里拉(Shangri-La)"这个词。而输入句子"有没有去黄山的旅游路线"被误识成了"有没有去荒山的问有路线"。这样，一个成功的口语翻译系统就必须具有自动推理能力，能够在语义层次上识别哪些词汇是关键的，哪些词汇是无碍大局的"噪声"，解析机制需要忽略那些语义表达上并不重要的词语和语段，以达到对说话内容的真正理解。

对于语音识别机制而言，尤其对于一个真正实用的口语翻译系统来说，输入语音一般都是复杂环境下的非纯净语音，既存在各种环境噪声，如别人的说话声，甚至咳嗽声、电话铃声、关门声、汽车鸣笛声等，又有不同的通信方式在信号传输过程中造成的信号衰减和信道干扰等不利因素，因此，如果不对环境噪声和信号传输过程中产生的干扰进行合理的处理，识别系统会将这些噪声作为词汇处理，从而导致翻译结果的严重错误。这就要求语音识别机制必须具有很强的抗噪声能力。

第三，从语音合成角度看，在口语翻译中人们更希望合成出来的语音带有与原讲话者接近的感情色彩，同时希望模拟讲话者的个人特征，如性别、年龄、音色以及发音人在特定情景下的源语音特点等，这就对语音合成技术提出了更高的要求。

第四，从知识的表示和利用角度来看，对话过程中的许多世界知识难以表达和利用。在人们的日常会话过程中，讲话者为了表示感情色彩或易于使对方理解，常常使用一些手势、表情、眼神，或利用特殊的语气等，而在目前的技术状况下，无论是计算机视觉理解技术，还是情感计算技术，都还无法准确地获取和理解这些信息以达到辅助语言理解的目的。对于书面语的机器翻译系统来说，则不存在这方面的问题。

总之，口语翻译与书面语翻译相比，有很多独特之处，它既涉及一般机器翻译的基本问题，又涉及语音识别、语音合成和数据通信等其他方面的问题，因此，研究开发一个高水平的语音翻译系统必须综合考虑各部分，而不是孤立地考虑三个程序模块，只有把语音识别和翻译作为一个整体处理，才有希望获得较好的翻译效果。

12.2　语音翻译的研究现状

20 世纪 80 年代末期，人们开始致力于语音翻译技术的研究。1989 年美国 CMU 演示了世界上第一个语音翻译实验系统——SpeechTrans，该系统因此被称为语音翻译研究的里程碑[Tomabechi et al.，1989；Kitano，1994]。在随后的 20 多年里，尤其是近几年，随着相关技术和学科的迅猛发展，一批针对不同应用领域的语音翻译实验系统相继问世，系统由针对规范输入的语音翻译转向针对不规范输入的口语对话翻译，从而将语音翻译研究带入了一个充满希望的新阶段。

20 多年来，国际上很多著名的大学和研究机构，甚至企业，都纷纷加入语音翻译这一高难度的前沿技术研究行列。通过表 12-1[Zong and Seligman.，2005]给出的简要数据，可以大致了解早期语音翻译研究的一些基本情况。

表 12-1　部分语音翻译系统

系 统 名 称	研制机构	研制时间*	应用领域	翻译语种	翻译方法	识别词汇
SpeechTrans	CMU	1989	医生与病人对话	日-英	基于规则	—
Head Transducers	AT&T Labs	1996	航空旅游信息	英-汉/英-西班牙	基于有限状态转换机	1200/1300
JANUS-Ⅲ	CMU	1997	旅馆预订,航空/火车订票,旅游信息查询等	德,英,日,西班牙,韩,俄等	多引擎	3000/10 000
ATR-MATRIX	ATR-SLT	1998—2001	旅馆预订	日-英、韩等	基于模式	2000
Verbmobil	BMBF	1993—2000	会晤日程安排	德,英、日等	多引擎	2500/10 000
Lodestar	NLPR	1998	旅馆预订,旅游信息咨询	汉-日、汉-英	多引擎	2000

*　表中的系统研制时间只是根据相关论文的发表时间给出的一个大概时间。

　　除了表 12-1 中所列的系统以外,还有很多实验系统,例如,早期 AT&T Bell 实验室开发的 VEST(Voice English/Spanish Translator)系统,美国斯坦福大学 SRI 开发的 SLT 口语翻译系统,IBM 研制的 MASTOR 系统,日本 Sony 公司开发的语音驱动的短语翻译机 TalkMan[1],NEC 开发的用于日本人海外旅游的语言翻译机,以及 Transclick[2],SpeechGear[3],AppTek[4],Sehda[5],Spoken Translation[6],等等。

　　相对而言,我国的语音翻译研究起步稍晚。四川大学曾于 1990 年左右研究开发了一个面向航空订票和信息查询领域的英汉语音翻译实验系统,限于当时的条件,系统可处理的词汇量只有 150 个英语单词,21 种句型,而且只能处理特定讲话人的规范语句[杨家沅等,1992]。后来,中国科学院自动化研究所、声学研究所和当时的先进人机通信技术联合实验室等单位在该技术领域进行了富有成效的探索。

　　2010 年思睿(Siri)语音控制功能的成功推出,使 iPhone 4S 成为一部能够听懂用户语音,并回答用户问题的手机,再次引发了人机语音交互和语音翻译技术研究的热潮。随后,Google 翻译语音版[7]、iTranslate Voice[8] 等一系列语音翻译系统的推出,以及

---

①　http：//www.playstation.jp/scej/title/talkman
②　http：//www.transclick.com
③　http：//www.speechgear.com
④　http：//www.apptek.com
⑤　http：//www.sehda.com
⑥　http：//www.spokentranslation.com
⑦　http://search.liqucn.com/topic/251907.shtml
⑧　http：//www.itranslatevoice.com/

U-STAR①组织的 23 国语言同声翻译技术(VoiceTra4U-M)应用展示和微软亚洲研究院于 2012 年 10 月 25 日在"21 世纪的计算"学术峰会上成功展示的即时语音翻译系统等活动,进一步使语音翻译技术成为人们关注的热点。

总起来说,在 20 多年的研究探索中,语音翻译技术无论在理论上,还是在工程实践上,都取得了较大的进展。如果单纯从系统的译文质量上来看,前一章介绍的 IWSLT 口语翻译评测结果基本上反映了目前语音翻译系统的技术现状。如果再概括一下,我们可以将译文质量指标提升的背后所反映出来的技术进展大致归纳为如下几点[Zong and Seligman. ,2005]:

(1) 语音翻译系统的词汇量已不再受到任何限制。

(2) 系统对输入语句的句型没有严格的限制,口语语音识别和翻译的鲁棒性(robustness)已经得到较大的提高。

(3) 基于大规模真实语料的统计翻译方法成为口语翻译的主流方法,云计算平台被普遍采用。较好环境下的译文质量已接近实用的水平。

但是,口语翻译仍存在大量的问题有待于进一步研究。归纳起来,这些问题主要体现在如下几个方面:

(1) 口语的声学特性分析有待于进一步加强,以提高语音识别的鲁棒性和系统的自适应能力。同书面语相比,口语的声学特性有一定的特殊性,这类语音的基频、时长、幅度等特征都随表达内容、感情色彩等因素的不同而不同,变化的范围比朗读语音大得多,同时还有非语声信号和噪声,充分研究这些特性,建立精细的声学模型非常重要。而且,讲话人往往是在较强的背景噪声或多讲话人环境下发音的,如果是电话自动语音翻译系统,还存在通信干扰等其他因素的影响,因此,提高语音识别在不同说话人、不同声学环境及通道条件下的鲁棒性,在口语翻译系统中尤其重要。另外,在语言学层面,口语句子中含有大量的修正、重复、口头语、省略等非规范语言现象,研究这些特征,对语言模型进行完善,包括建模、算法和训练等各个方面,将有助于提高语音识别的正确率。

(2) 翻译方法有待于进一步研究。尽管统计翻译方法具有较高的鲁棒性,但是,对非规范语言现象和噪声的处理能力仍然十分有限,而且这种方法与训练语料的规模和质量密切相关。另外,非语言信息(手势、表情等)和韵律特征等如何融入翻译模型等诸多问题,都远远没有得到解决。

(3) 系统的扩展能力和知识自动获取能力有待于进一步提高。一个理想的实用口语翻译系统应该具有知识自动获取和自学习的能力,在系统使用过程中自动实现知识库扩充、知识修正或更新,并具有较强的人机交互能力,但是,目前这些方面的能力还很欠缺。

总之,目前的语音翻译技术已经具备了较好的研究基础,并已达到了较好的性能水平,尽管仍有若干问题需要进一步研究和探索,但在近几年内面向限定领域和特定任务开发出基本实用的口语自动翻译系统是完全可能的。

---

① http://www.ustar-consortium.com/

12.3　C-STAR、A-STAR 和 U-STAR

12.3.1　C-STAR 概况

国际语音翻译先进研究联盟 C-STAR 是国际语音翻译界最具权威性的民间学术组织。该组织成立于 1991 年，由日本 ATR-ITL (Interpreting Telephony Laboratories)[①]、美国 CMU、德国卡尔斯鲁厄大学 (The University of Karlsruhe, UKA) 和西门子公司 (Siemens AG, Munich, Germany) 联合发起。到目前为止，C-STAR 已经历了三个发展阶段，自 1991 年成立到 1993 年 9 月为第一阶段，简称 C-STAR Ⅰ。在这一阶段，4 个 C-STAR 成员之间进行了越洋电话翻译联合实验，首次向公众展示了国际电话语音翻译的可能性。

从 1993 年 9 月到 1999 年 7 月，为 C-STAR 的第二阶段，简称 C-STAR Ⅱ[②]。在这一阶段，C-STAR 成员数目迅速扩大，除了原有的 4 个发起单位以外，又增加了包括法国格勒诺布尔 (Grenoble) 信息与应用数学研究院 (IMAG[③]) 通信语言与人机交互系统实验室 (CLIPS) 机器翻译研究组 (GETA)、意大利科学技术研究中心 (The Center for Scientific and Tecnological Research, ITC-irst[④])、韩国电子通信研究院 (Electronics and Telecommunications Research Institute, ETRI[⑤]) 和比利时 L&H 等在内的 14 个研究机构和大学，遍布 10 个国家。为了在限定成员之间实现更紧密的合作研究、联合实验和数据共享，C-STAR Ⅱ 将成员分成两类，一类为核心成员 (partner member)，另一类为一般联系成员 (affiliate member)。核心成员参与实验系统的联合开发和数据共享，而一般成员仅参与学术讨论或与个别核心成员联合承担部分技术模块的实现任务。C-STAR Ⅱ 的核心成员有 6 个，包括日本 ATR、法国 GETA-CLIPS++、意大利 ITC-irst、韩国 ETRI、美国 CMU 和德国 UKA。6 个核心成员主要致力于英语、日语、德语、法语、意大利语和韩语 6 种语言之间连续语音输入的口语互译研究。联系成员有 14 个，其中，欧洲 6 个，美国 4 个，亚洲 4 个。中国科学院自动化研究所于 1996 年作为联系成员加入 C-STAR Ⅱ。1999 年 7 月 22 日，C-STAR Ⅱ 的核心成员 CMU、ATR、ETRI 和 UKA 联合进行了第二次国际越洋电话语音翻译实验。

自 1999 年 7 月之后为 C-STAR 的第三阶段，简称 C-STAR Ⅲ[⑥]。2000 年 10 月中科院自动化研究所正式成为 C-STAR Ⅲ 核心成员。由此，C-STAR Ⅲ 核心成员扩充为 7 个，汉语正式成为 C-STAR 组织开展多语言语音翻译研究的主要语言之一。

近几年来，随着国际机器翻译潮流的变化，C-STAR Ⅲ 逐渐转向以统计翻译方法为主的口语翻译研究，并于 2002 年收集完成了规模为 20 万句的汉、英、日、韩、德、意多语言

---

① ATR 后被合并到日本信息与通信技术研究院 (National Institute of Information and Communications Technology, NICT) (http://www.nict.go.jp/en/index.html)。

② http://www.c-star.org/main/english/cstar2/

③ http://www.imag.fr/

④ http://www.itc.it/irst/

⑤ http://www.etri.re.kr/

⑥ http://www.c-star.org/

对照平行语料 BTEC，自 2004 年起每年组织一次国际口语翻译评测（IWSLT）。这些数据和评测活动对于进一步推动语音翻译技术的发展起到了积极的促进作用。

在 C-STAR Ⅰ 和 C-STAR Ⅱ 两个阶段曾采用了一种称作中间转换格式（interchange format，IF）的语义表示形式，以有利于多语言互译。其基本思想是，每一个 C-STAR 核心成员实现自己母语的语音识别、语言到 IF 的分析转换和基于 IF 的语言生成，以及语音合成工作，不同语言之间通过 IF 进行相互转换和翻译。

采用基于 IF 的口语翻译方法的好处是，每个核心成员不必关心其他语言的识别、解析、生成和合成工作，而只需要专心于自己语言的识别、解析转换、生成和合成，但在具体实现中，无论是 IF 的定义、语言到 IF 的转换，还是基于 IF 的语言生成，都不是一件容易的事情，尤其是 IF 的定义，在理论上 IF 是与语言无关的，但两种语言的翻译从某种意义上讲是两种文化之间的翻译，形式化的 IF 表达式往往很难表达一个句子所描述的细微含义，有时依据同一个 IF 表达式，生成的语句含义往往也有差异。尤其当应用领域扩展或更换时，IF 的扩充或修改也常常变得十分困难和繁琐。因此，近几年来随着统计翻译方法的快速发展，IF 正被 C-STAR 成员渐渐冷漠。但无论如何，作为一种理论方法，基于 IF 的翻译仍然有它的可取之处，许多具体问题仍有待于深入研究。

总起来讲，C-STAR 作为一个民间学术组织，在没有任何官方经费直接资助的情况下，为促进语音翻译技术研究和国际间合作起到了积极的推动作用。尤其在多语言口语语料收集、口语翻译评测和面向重要国际活动（奥运会、文化论坛等）进行实用语音翻译系统研发等方面，都做了大量的工作，其重要意义是毋庸置疑的。

12.3.2 A-STAR 和 U-STAR

亚洲语音翻译联盟 A-STAR（The Asian Speech Translation Advanced Research Consortium）[①]于 2006 年 11 月由日本的 NICT 发起成立，旨在通过合作推动亚太地区的语音翻译技术研究和应用开发，成员包括：韩国 ETRI、泰国国家经济与计算技术中心（The National Electronics and Computer Technology Center，NECTEC）、印尼技术评估与应用局（The Agency for the Assessment and Application of Technology，Badan Pengkajian Dan Penerapan Teknologi（BPPT））、中国科学院自动化研究所、印度先进计算技术开发中心（Center for Development of Advanced Computing，CDAC）、越南信息技术研究所（Institute of Information Technology，IOIT）和新加坡信息通讯研究院（Institute for Infocomm Research，I2R）。2009 年 7 月在亚太电信标准化计划（Asia-Pacific Telecommunity Standardization Program，ASTAP）[②]在支持下实现了第一个基于网络的亚洲语音翻译系统。

2010 年 ASTAP 被转移到国际电联电信标准化部门（ITU Telecommunication Standardization Sector，ITU-T）[③]，A-STAR 随即成为一个全球化的组织，并更名为 U-STAR（The Universal Speech Translation Advanced Research Consortium）[④]。U-STAR

---

① http://www.mastar.jp/AStar/

② http://www.apt.int/APTASTAP

③ http://www.itu.int/zh/ITU-T/Pages/default.aspx

④ http://www.ustar-consortium.com/

成员除了包括原来的 7 个亚洲成员以外，又增加了包括英国 Sheffield 大学计算机系、爱尔兰都柏林圣三一学院和法国国家科学研究中心（CNRS-LIMSI）等在内的一批科研单位，成员总数达到 26 个，来自 23 个国家和地区。

2012 年 6 月 27 日，U-STAR 在伦敦成功展示了 23 国语言（17 种语音输入）的同声翻译应用系统 VoiceTra4U-M。

12.4　系统与项目介绍

世界各国的许多大学、科研机构和企业都在开发实用语音翻译系统方面做了大量的探索性工作，各国政府尤其是美国 DARPA 和欧洲共同体，都曾对这一研究给予了大力支持，一批语音翻译实验系统或原型系统应运而生[Waibel，1996][1]。本节简要介绍其中的几个语音翻译系统或语音翻译研究项目。

1.　短语翻译器 Phraselator [2][3]

严格地讲，Phraselator（图 12-2）并不是一个真正的语音翻译系统，而是一个手持式语音驱动的短语查找系统。该系统原来是由美国 DARPA 的信息技术办公室（Information Technology Office，ITO）资助，美国海军军事医学研究所（Naval Operational Medical Institute，NOMI）开发的文本到语音的短语翻译器，后来增加了语音识别部分，变成了语音到语音的翻译系统，1997 年为用于美国在波斯尼亚（Bosnia）地区的军队专门做了开发和测试，1998 年 7 月，试用于阿拉伯海湾（Arabian Gulf）的美国军队。1999 年和 2000 年曾多次在美国部队训练中展示。2000 年春天 10 部短语翻译器首次装备于美国海岸警卫队（United States Coast Guard）。一部短语翻译器大约 2 磅重，宽约 5 英寸，长约8 英寸。

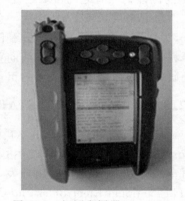

图 12-2　短语翻译器 Phraselator

Phraselator 可以将大约 500 个英语短语和单词翻译成 4 种阿拉伯国家常用的语言：阿拉伯语（Arabic）、波斯语（Farsi）、北印度语（Hindi）和乌尔都语（Urdu）。这些短语翻译对和事先录制的目标短语的语音都存储在系统中。当说话人使用时，系统首先对输入语音进行语音识别，然后根据语音识别结果到事先定义的翻译对列表中查找对应的翻译，找到后则输出目标语言的语音。

2.　Verbmobil 口语翻译系统 [4]

德国联邦教育研究部（Federal Ministry of Education and Research，BMBF）资助的 Verbmobil 语音翻译研究项目从 1993 年 1 月正式启动，到 2000 年 9 月份结束，先后经过

---

① http://projectile.is.cs.cmu.edu/research/public/talks/speechTranslation/facts.htm

② http://www.phraselator.com

③ http://www.sarich.com/translator/

④ http://verbmobil.dfki.de/

了两个阶段(1993 年 1 月至 1996 年底为第一阶段,从 1997 年 1 月到 2000 年 9 月为第二阶段),总资金投入达 1.69 亿马克,其中,政府投入约 1.16 亿马克,企业投入约 0.53 亿马克。在第一阶段共有来自 28 所大学、研究中心和公司(包括德国 DFKI、Karlsruhe 大学、RWTH Aachen、Siemens 等)的 33 个研究组,每年大约 125 人参与该项目的研究和开发工作。第二阶段中有 23 个合作单位的 24 个研究组,每年约 100 人参与该项目的研究[Wahlster,2000]。

Verbmobil 项目开展的是英、德、日三种语言的对话语音翻译研究,限定在约会安排(appointment scheduling)、旅游规划(travel planning)和远程 PC 维护(remote PC maintenance)三个领域。该系统曾于 1995 年向公众展示,演示系统实现了德语语音到英语语音的翻译,可识别词汇量为 1292 个德语单词。1997 年 Verbmobil 系统增加了日语到英语语音翻译,可识别的日语词汇为 400 个。2000 年项目结束对系统整体性能进行评估(end-to-end evaluation)时,旅游规划子领域的词汇量达到 10 000 个。

Verbmobil 系统提供限定领域的移动电话实时翻译服务,采用上下文相关(context-sensitive)的对话翻译,具有对话归纳(summarizing dialogs)的功能。翻译模块包括 5 个翻译引擎:统计翻译器、基于格的翻译器(case-based translation)、基于子串的翻译器(substring-based translation)、基于对话行为的翻译器(dialog-act based translation)和语义转换翻译。最后系统翻译的正确率超过了 80%,对话任务处理的成功率达到了 90%[Wahlster,2000]。

3. ATR-MATRIX 口语翻译系统[①]

日本国际电气通信基础技术研究所(ATR)自 1986 年成立以来,一直致力于多语言语音翻译技术的研究,到 2005 年前后,差不多每年投入资金 24 亿日元用于这项研究。ATR-MATRIX(ATR Multilingual Automatic TRanslation system for Information eXchange)系统是该研究所开发的多语言语音翻译系统[Takezawa et al.,1998],曾于 1999 年 7 月 22 日参与了与 C-STAR 核心成员 CMU、ETRI 和 UKA 联合举行的日、英、韩、德四国多语言国际电话语音翻译实验。

ATR-MATRIX 系统在工作站或高性能的 PC 机上运行,两个对话人除了可以通过耳机和麦克风相互通话以外,还可以通过各自的计算机屏幕看到系统翻译的结果,如图 12-3所示。ATR-MATRIX 系统的翻译模块采用转换驱动的模式匹配翻译方法

图 12-3　ATR-MATRIX 系统工作方式

---

① http://www.c-star.org/main/japanese/matrix/matrix.en.html

（transfer-driven machine translation，TDMT）[Furuse and Iida，1996]。近年来，ATR 在基于移动终端的统计口语翻译研究方面也做了大量工作。

4. JANUS 口语翻译系统

JANUS 系统分为三个不同的版本，分别称为 JANUS-Ⅰ[Waibel *et al.*，1991]、JANUS-Ⅱ[Waibel，1996]和 JANUS-Ⅲ[Lavie *et al.*，1997]。在 JANUS-Ⅰ中，语音识别器采用连接主义的人工神经网络识别方法，n 个最佳识别结果作为解析器的输入，三个解析器（LR-Parser、NN-Parser、Semantic Parser）并行工作。首先，解析器将输入语句映射为中间语义表示；其次，语言生成器根据中间语义表示生成目标语言句子；最后，语音合成器产生目标语言的语音作为系统输出。

其中，JANUS-Ⅱ实验系统的一个版本配备一个话筒、耳机和可穿戴的头盔显示器。翻译结果既可以通过听筒输出，也可以通过头盔显示器输出，用户通过目镜可以看到对方说话人的脸和翻译结果的文本。由于便携式计算机可装在一个随身携带的背包里，因此整个系统可由旅行者随身携带，尤其适合于户外旅游者使用。

5. CASIA 口语翻译系统

中国科学院自动化研究所自 1996 年起开始进行语音翻译技术的研究，先后开发了汉日口语翻译系统、汉英口语翻译系统和中韩语音翻译系统[Zong *et al.*，2000b，2000c]。2000 年中国科学院自动化研究所与日本松下（Panasonic）电器产业株式会社先端技术研究所（京都）成功地开发了用于餐馆服务的汉、日、英语音翻译机原型系统。图 12-4 为该原型系统的实物照片。

该原型系统采用了一种基于简化表达式的翻译方法[Zong *et al.*，2000c]，其基本思想类似于基于实例的翻译方法。首先，根据收集的特定领域的大规模口语语料，整理出一批代表性的句子，当然，在理想情况下这些句子最好能覆盖整个收集的语料。然后，对这些句子进行简化，并对简化后的句子标注出关键词及关键词之间的依存关系。接着，把这些标注后的简化句子意译成目标语言句子，所有这些被标注的简化句子和对应的译文构成一个实例库。例如，收集的语料中有下列句子：

图 12-4　汉、日、英语音翻译机原型

（a）请您给我一杯咖啡，好吗？

（b）请给我一杯咖啡，可以吗？

（c）能不能给我一杯咖啡？

（d）可以给我来一杯咖啡吗？

（e）能麻烦您给我一杯咖啡吗？

这些句子可以简化成同一个句子"请给我一杯咖啡"。关键词是：给、我、咖啡。关键词之间的依存关系为：(1,2)、(1,3)，其中，数字为关键词的序号，按其在简化句子中从左到右出现的先后次序给定。该简化句子对应的英文翻译为：Would you please give me a cup of coffee?

系统执行翻译时，当一个输入语句的语音被识别后，系统首先抽取其关键词，并对可能错误识别的关键词进行其他候选估计；然后，分析这些关键词之间可能存在的依存关系；最后，选定最可能的一种情况，到实例库中检索对应的简化句子，一旦找到对应的简化句子，则系统直接输出该简化句子的目标语言翻译作为系统的翻译结果。

2002年3月中国科学院自动化研究所与韩国电子通信研究院(ETRI)合作，率先研究开发了国际上第一个面向旅游信息咨询领域、基于普通手机的中韩双向语音翻译实验系统，并向公众演示。

2002年至2004年期间，在我国"863"计划的支持下，在首都信息发展股份有限公司的组织协调下，美国CMU、德国Karlsruhe大学和中国科学院自动化研究所联合开发完成了面向"数字奥运(Digital Olympic)"的基于PC机和PDA的汉英双向语音翻译系统，于2004年5月22日至26日在北京国际高技术博览会(ChiTec)上公开演示。之后，系统又增加了西班牙语的识别和翻译，实现了英语、汉语和西班牙语之间的口语语音互译，该系统于2004年7月16日至18日在西班牙巴塞罗那国际文化论坛上公开演示[Stüker *et al.*，2006；Lazzari *et al.*，2004]。图12-5为PDA上翻译系统的用户界面及其现场展示情况。

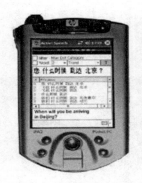

图12-5　PDA翻译系统的用户界面及其展示现场

2006年至2008年中国科学院自动化所在国家"863"计划项目的资助下，与Nokia(中国)公司成功开发了基于普通手机的汉、英、日三种语言的口语自动翻译系统，首次提出并实现了一种纯粹面向IP的跨网络综合实现方案，使语音和视频经由统一的数据通道传输，实现了在普通手机终端上可视化和非可视化两种翻译工作模式。

2012年6月中国科学院自动化所在伦敦U-STAR组织的23国语言同声翻译技术展示会上成功地发布了一款涵盖语音和文本两种翻译模式的汉英互译软件——紫冬口译1.0版本(ZTSpeech 1.0)。该软件支持安卓和iPhone手机平台，其框架流程如图12-6所示①。

————————————

① 参阅徐波在第八届全国机器翻译研讨会上的报告"对语音翻译现状的认知以及展望"，2012年9月20—21日，西安。

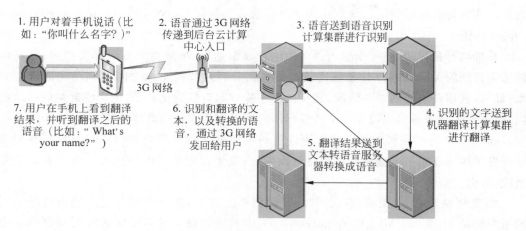

1. 用户对着手机说话（比如："你叫什么名字？)"

2. 语音通过3G网络传递到后台云计算中心入口

3. 语音送到语音识别计算集群进行识别

3G网络

7. 用户在手机上看到翻译结果，并听到翻译之后的语音（比如："What's your name?"）

6. 识别和翻译的文本，以及转换的语音，通过3G网络发回给用户

4. 识别的文字送到机器翻译计算集群进行翻译

5. 翻译结果送到文本转语音服务器转换成语音

图 12-6　紫冬口译的平台框架流程图

　　紫冬口译（ZTSpeech）具有以下特点：①基于云计算的统计语音识别和统计翻译模式；②面向通用领域，有较高的识别和翻译鲁棒性；③利用超大规模数据、超大规模计算和超大规模存储资源；④针对有准备的语音（prepared speech），其自然度介于书面语和口语之间。该系统集中体现了中国科学院自动化所在语音识别、机器翻译和语音合成等几方面多年来的技术积累和研究成果，并通过云服务模式使得在线系统进行迭代式改进，其识别和翻译性能不断提高。

　　图 12-7 是紫冬口译系统的一组工作界面。

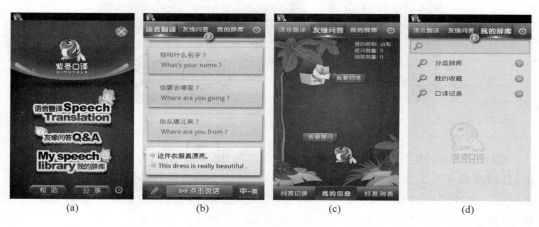

(a) (b) (c) (d)

图 12-7　紫冬口译系统工作界面

　　中国科学院自动化所作为 C-STAR 核心成员和 IWSLT 发起单位，至今为止参加了自 2004 年到 2009 年的 6 次 IWSLT 国际口语翻译评测，在 2007、2008 和 2009 三届 IWSLT 汉英口语翻译评测任务中均取得了优异成绩。其中，2007 年汉英翻译（正确文本输入）性能的人工评测结果在 15 个参评系统中名列第一[Zhou *et al.*，2007；Fordyce，2007]；2008 年汉英翻译任务（包括真实语音的识别结果作为翻译输入（即"挑战任务"，Challenge Task）和 BTEC 领域的朗读语音识别结果作为翻译输入（BTEC Task））的成绩

排名均为第一名(11 个系统参加了 Challenge Task 评测,14 个系统参加了 BTEC Task 评测)[He *et al*. ,2008b];在 2009 年 IWSLT 汉英、英汉双向翻译"挑战任务"和汉英 BTEC 领域翻译任务[①]中,自动化所的系统性能均名列第一[Li *et al*. ,2009b]。目前自动化所开发的多语言翻译系统(包括口语和文本)已投入实际使用。

6. NESPOLE！语音翻译研究项目[②]

NESPOLE！项目是面向电子商务服务场景的语音翻译研究项目,旨在为商务谈判或获取信息服务等应用场景消除语言障碍。该项目由欧洲委员会(European Commission, EU)和美国国家自然科学基金(NSF)共同资助,由意大利 ITC-irst、德国 UKA、法国 CLIPS-IMAG、美国 CMU 以及意大利旅游部门和电信部门的两个企业联合承担,项目开发时间从 2000 年 1 月到 2002 年 6 月[Metze *et al*. ,2002]。

NESPOLE！项目开发的实验系统使用客户服务器结构,普通用户通过互联网请求翻译帮助。系统模拟场景设计为:说英语、法语或德语的用户到意大利北部特兰托(Trento)地区旅游,通过互联网与呼叫中心讲意大利语的工作人员联系,系统为用户和呼叫中心实现英语、德语和法语与意大利语之间的语音翻译服务。

7. TC-STAR 语音翻译研究项目[③]

由于欧盟国家官方语言的数量不断增加,欧盟每年为将各种文件转录和翻译成多语言对照的文本要付出巨大的人力投资,因此,近几年来,欧盟加大了对多语言自动翻译研究的投入,在欧盟第五和第六框架下有三个比较大的与语音翻译有关的项目,分别是以为多语言口语翻译创建语言资源为目的的 LC-STAR 项目[④],以建立语音、语言先进技术的高水平基线系统(baseline)为目的的 PF-STAR 项目[⑤]和以语音翻译研究为主要任务的 TC-STAR 项目[Lazzari *et al*. ,2004]。

TC-STAR 项目的主要目标是研究无领域限制的口语对话和新闻广播语音的自动翻译,翻译语言有三种:欧洲英语、欧洲西班牙语和汉语普通话。由意大利科学技术中心(ITC)、德国 RWTH-Aachen、西班牙 UPC、法国 LIMSI 和芬兰 NOKIA 等 12 个单位承担项目研究。项目从 2002 年 9 月开始,2007 年结束,原计划为期两年,总投入为 1100 万欧元。

12.5　口语翻译方法

正如第 11 章所言,统计机器翻译方法已经当仁不让地成为当前机器翻译领域的主流。在近年来国内外各种系统评测中,不管是书面语翻译还是口语翻译,基于统计方法的翻译系统始终占绝对多数。实际上,在统计翻译系统实现中对于翻译模块而言,口语翻译和书面语翻译所采用的核心技术是一样的,如采用基于短语的翻译模型、基于层次化短语的翻译模型或基于句法的翻译模型等,主要差别在于训练语料的不同和输入质量和格式

---

① 2009 年 IWSLT 评测中没有设置英汉 BTEC 领域翻译任务。

② http://nespole.itc.it/

③ http://www.tc-star.org

④ http://www.lc-star.com

⑤ http://www.pfstar.itc.it

的差异(语音翻译中来自语音识别模块的结果可能含有噪声,并以词格的形式提供给翻译模块)。因此,如何针对口语语料的特点和语音识别结果的噪声进行专门处理,是目前语音翻译中两大关键技术。相对而言,如何利用说话人的手势、表情、语气等副语言信息帮助口语翻译,则是较为基础性的长远课题。

本节介绍两个专门针对口语对话翻译的方法:基于对话行为(dialogue act)分析的口语翻译方法和基于句型分类的口语翻译方法。

12.5.1　基于对话行为分析的口语翻译方法

如何在统计机器翻译中将包括对话行为在内的语义信息与翻译模型相融合,一直是口语翻译中试图解决的难点之一。周可艳等(2010)认为,在口语翻译系统中,对话行为信息不仅可以通过优化翻译引擎来提高翻译系统的性能,而且可以辅助人来理解机器翻译的结果。考虑到同一个句子所表达的含义在源语言和目标语言中是一样的,因此其对话行为标签也应该是一致的。但是在翻译过程中,由于翻译方法本身的局限性,常常造成部分信息缺失。如在下面的例子中:

源句:餐车要预定吗?

译文:I have to make a reservation for the dining car?

如果系统不能够正确地识别出对话行为标签为"是非问",而翻译引擎又未能正确地构造疑问句式,翻译结果将成为陈述句,那就不可能准确表达源语言句子的含义。因此,对话行为标签所传递的信息是对翻译结果的有益补充。

基于上述分析,周可艳等(2010)将对话行为信息引入基于短语的统计翻译系统实现的三个阶段:①在短语翻译概率表和调序表获取时,通过对话行为信息保证训练语料与测试语料的一致性;②在基于开发集的最小错误率参数训练中,通过对话行为信息保证开发集与测试集的一致性;③在 n-best 翻译候选结果重排序时,通过对话行为信息保证源语言与目标语言的一致性。具体实现方法如下。

(1) 基于全部训练集进行训练,得到短语翻译概率表 P(ALL)和调序表 R(ALL)。然后对训练集进行对话行为分类,分别基于分类后的训练集得到不同的短语翻译概率表 $P(DA_i)$和调序表 $R(DA_i)$。若 P(ALL)中存在与某个 $P(DA_i)$相同的短语对,则以 $P(DA_i)$中该短语对的概率替换 P(ALL)。同样地,若 R(ALL)中存在与某个 $R(DA_i)$相同的短语对,则以 $R(DA_i)$中该短语对的概率替换 R(ALL)。

(2) 基于对话行为选取开发集:针对某一类别 DA_i的测试集,确定相应类别的开发集用于参数训练。

(3) 重排序 n-best 翻译候选结果:n-best 翻译候选中与源语言对话行为标签最接近的翻译结果排在前面。

在上述过程中,对话行为分类是其中的关键技术之一。周可艳等(2010)采用基于支持向量机(SVM)的分类器进行对话行为分类识别,使用工具 libsvm[①],采用的特征包括

---

unigram、bigram 和频率 FQ = 200 的约束条件。中文对话行为分类的训练语料采用 CASIA-CASSIL 标注语料库[Zhou et al., 2010]，英文对话行为分类的训练语料采用 Switchboard-DAMSL 语料[Jurafsky et al., 1997]。详见文献[Zhou et al., 2008b]和 [Zhou and Zong, 2009]。

根据对 2007 年 IWSLT 测试集的分析，对话行为包括 5 类：DA_1（陈述），DA_2（是非问），DA_3（特指问），DA_4（感叹），DA_5（祈使）。

实验表明，在训练集和开发集上通过对话行为分类使训练语料和测试语料的一致性得到了提高，从而提高了系统译文的 BLEU 值，而分类后的训练集、开发集的规模大小也与系统性能提高的幅度有关。对于 n-best 翻译结果重排序，该方法在保持翻译结果与源语言对话行为一致的基础上，使 BLEU 值得到了较大提高。

12.5.2　基于句子类型的口语翻译方法

在统计机器翻译中，不论是基于短语的还是基于句法的翻译模型，调序始终是一个关键问题。对于基于短语的翻译模型，研究者提出了很多有效的调序方法，这些方法大致可以分为两类：一是作为一个特征融入对数线性模型的框架，如使用简单的位置扭曲模型、词汇化的短语调序模型、最大熵的短语调序模型和层次化的短语调序模型等；二是作为解码前的一个预处理模块，如源语言句子改写模式模型、从句转换规则模型以及基于句法的源语言调序模型等。每一种调序方法都对所有的句子类型同等对待：设计特征、抽取特征、计算概率以及最后调序。实际上，不同句型蕴涵着不同的调序信息，在口语翻译中尤为明显。请看下面一个中文特殊疑问句及其英文翻译：

请 告诉 我 你 想要 什么样 的 座位 ？
Please tell me what kind of seats do you like ?

虽然这句话的句法信息很完整，但是基于句法的翻译模型很难将名词短语（什么样 的 座位）调至子句的开始。在基于短语的翻译系统中，若没有调序模型，则不可能得到正确的翻译结果。有些调序模型，如最大熵模型，若特征选择或抽取过程中略有改变，也无法完全学习到这样的调序规则。因此，融入句型信息将会有助于改善译文质量。

基于上述考虑，张家俊等面向汉英口语翻译提出了基于句型的调序翻译模型，其基本思路是：首先利用 SVM 分类器将汉语句子分为三类：特殊疑问句、其他疑问句和非疑问句；然后针对不同的句型采用不同的调序策略；最后得到调好序的中文句子。在汉英翻译任务中，已调好序的句子被送入基于短语的解码器得到对应的英文翻译，在英汉翻译中，调整好顺序的汉语句子作为最终的翻译结果[Zhang et al., 2008；张家俊，2011]。

从汉英词序的差异性和调序方式考虑，张家俊(2011)将汉语句型划分为三类：特殊疑问句（special question sentences，SQS）、其他疑问句（other question sentences，OQS）和非疑问句（non-question sentences，NQS）。所谓的汉语特殊疑问句是指其对应的英语翻译是 wh-疑问句（wh-question，例如以 what，when，where，how 等单词开始的英语疑问句）的汉语句子。这类句子的疑问词"什么、哪里、怎样"等在英语译文中总是以 wh-疑问词处于句首。

对于汉语其他疑问句,一般在汉语句子中存在特殊的词语如"能、会、可以"等,翻译成英语时也都出现在句首,如:能给我一杯茶吗? /Could you please give me a cup of tea? 但是,基于短语的翻译系统一般都能够正确地处理这类疑问词的重排序问题。因此,可以不考虑进行专门处理。

在汉语非疑问句中,通常时间短语(TP)、处所短语(SP)和介词短语(PP)在译成英语时会存在后移的问题,一般需要将其移至右边的动词短语(VP)之面。如:这幅地图很多年都没有更新过了。/This map has never updated for many years. 介词短语"for many years"被移至动词"更新(update)"之后。

根据对 2007 年 IWSLT 汉英评测中 27.7 万个句对的统计分析,约 17.2% 汉语句子为特殊疑问句,25.5% 的句子是其他疑问句,其余为非疑问句。

基于上述分析,张家俊(2011)将基于源语言句型的短语重排序模块用于对输入句子进行预处理,将源语言句子中的短语重新排序,使排序后的源语言句子在语序上更接近目标语言。如图 12-8 所示的例子。

图 12-8　短语重排序方法示例

重排序模块首先对汉语句子进行短语调序,然后将排序后的汉语句子直接输入基于短语的翻译系统,最终得到目标英语翻译。基于短语的翻译系统中可以包含其他短语重排序模型,如基于词汇化的重排序模型。即使在这种情况下,预处理重排序模块仍然能够提升短语的重排序能力。

由于不同类型的句子需要对不同的短语进行调整,如对特殊疑问句(SQS)进行短语重排序时,需要将疑问词前移,而对于其他疑问句(OQS)和非疑问句(NQS),则需要将时间短语(TP)、处所短语(SP)和介词短语(PP)后移到动词之后。因此,张家俊(2011)给出了如图 12-9 所示的实现方案。

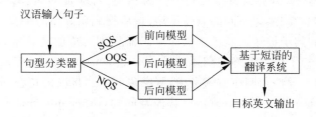

图 12-9　基于源语言句型的翻译框架

图 12-9 中前向模型用于实现疑问词前移,后向模型用于实现相关短语后移。关于该方法的详细介绍,可参阅文献[Zhang *et al.*,2008]和[张家俊,2011]。

　　由于基于源语言句型的重排序方法只是用作翻译系统的预处理模块，预处理模块与解码器之间是一种松散的耦合关系，因此可以选择任意一种基于短语的解码器①。实验表明，该方法可有效地提升口语翻译的性能。

　　不过，在上述方法中也存在如下问题，一方面，句法分析（短语结构句法和依存句法）精度都不是很理想，相应的候选调序短语的识别精度也不够高；另一方面，很多类型的候选短语是否需要调序依赖于上下文特征。因此，采用直接对源语言句子进行重排序的方法有可能产生排序错误，这些错误将一直累积传递至解码过程，最后导致错误的目标翻译。而且，这种直接调整源语言语序的方法也未能充分利用源语言端的句法结构信息。因此，Zhang and Zong(2009)又提出了一种有效融合源语言端句法调序规则的翻译框架，其基本思路是：首先，从源语言句法树中获取句法调序规则，获得句法调序规则后并不用来对源语言句子进行重排序，而是作为特征与源语言句子一起输入解码器，让句法调序规则与其他特征（短语翻译特征、语言模型特征等）共同决定短语的重排序结果；然后，将句法调序规则与源语言句子一起输入解码器。为了充分利用句法调序规则，并有效突出句法短语重排序的重要性，该框架将传统单一的短语重排序模型设计成两个子模型：句法短语重排序模型和非句法短语重排序模型。句法调序规则作用于句法短语重排序模型，在解码过程中指导短语间的重排序。介绍该工作的论文曾获 2009 年第 23 届亚太地区语言、信息与计算（The 23rd Pacific Asia Conference on Language，Information and Computation，PACLIC)国际学术会议最佳论文奖。

　　综上所述，口语翻译研究中不仅存在着复杂的理论问题，而且面临着很多工程技术问题。从目前的技术水平来看，要实现无任何限制的、任意时间和地点的多语言全自动语音翻译还是一件遥远的事情，但是，针对某个特定领域和要求，实现受限领域的辅助性口语翻译却是完全可能的。目前的语音识别技术、机器翻译技术和语音合成技术，都已具备了一定的基础和水平，并且有些技术已经走向实用化。因此，我们有理由相信，在不远的将来，限定领域和面向特定任务的多语言语音互译系统将出现在人们的生活或工作中。

---

　　① 由于重排序后的源语言句子破坏了其内在的句法结构关系，因此作为预处理模块的重排序方法很难用于基于句法的翻译系统。

第13章

文本分类与情感分类

随着互联网技术的迅速发展和普及,如何对浩如烟海的文献、资料和数据(很大一部分是文本)进行自动分类、组织和管理,已经成为一个具有重要用途的研究课题。

文本自动分类简称文本分类(text categorization),是模式识别与自然语言处理密切结合的研究课题。传统的文本分类是基于文本内容的,研究如何将文本自动划分成政治的、经济的、军事的、体育的、娱乐的等各种类型。这也是人们提到"文本分类"这一术语时通常所指的含义。

情感分析(sentiment analysis)是近年来国内外研究的热点,其任务是借助计算机帮助用户快速获取、整理和分析相关评价信息,对带有情感色彩的主观性文本进行分析、处理、归纳和推理[Pang and Lee, 2008]。情感分析包含较多的任务,如情感分类(sentiment classification)、观点抽取(opinion extraction)、观点问答和观点摘要等。因此很难简单地将其划归为某一个领域,往往从不同的角度将其划归到不同的方向。如果单纯地判别文本的倾向性,可以将其看作是一个分类任务;如果要从观点句中抽取相关的要素(观点持有者、观点评价对象等),则是一个信息抽取任务;而如果要从海量文本中找到对某一事物的观点,则可以看作是一个检索任务。目前关于情感分析的论文在各大学术会议上都有独立的专题,如 ACL、EMNLP、COLING、SIGIR、CIKM 等。本章只讨论情感分类问题。

13.1 文本分类概述

文本分类是在预定义的分类体系下,根据文本的特征(内容或属性),将给定文本与一个或多个类别相关联的过程。因此,文本分类研究涉及文本内容理解和模式分类等若干自然语言理解和模式识别问题,一个文本分类系统不仅是一个自然语言处理系统,也是一个典型的模式识别系统,系统的输入是需要进行分类处理的文本,系统的输出则是与文本关联的类别。开展文本分类技术的研究,不仅可以推动自然语言理解相关技术的研究,而且可以丰富模式识别和人工智能理论研究的内容,具有重要的理论意义和实用价值。

Sebastiani(2002)以如下数学模型描述文本分类任务。文本分类的任务可以理解为获得这样的一个函数 $\Phi: D \times C \rightarrow \{T, F\}$,其中,$D = \{d_1, d_2, \cdots, d_{|D|}\}$ 表示需要进行分类的

文档,$C = \{c_1, c_2, \cdots, c_{|C|}\}$ 表示预定义的分类体系下的类别集合。T 值表示对于 $\langle d_j, c_i \rangle$ 来说,文档 d_j 属于类 c_i,而 F 值表示对于 $\langle d_j, c_i \rangle$ 而言文档 d_j 不属于类 c_i。也就是说,文本分类任务的最终目的是要找到一个有效的映射函数,准确地实现域 $D \times C$ 到值 T 或 F 的映射,这个映射函数实际上就是我们通常所说的分类器。因此,文本分类中有两个关键问题:一个是文本的表示,另一个就是分类器设计。

一个文本分类系统可以简略地用图 13-1 表示。

图 13-1　文本分类系统示意图

国外关于文本自动分类的研究起步较早,始于 20 世纪 50 年代末。1957 年,美国 IBM 公司的 H. P. Luhn 在自动分类领域进行了开创性的研究,标志着自动分类作为一个研究课题的开始。近几年来文本自动分类研究取得了若干引人关注的成果,并开发出了一些实用的分类系统。

概括而言,文本自动分类研究在国外经历了如下几个发展阶段[肖明,2001]:

第一阶段(1958—1964):主要进行自动分类的可行性研究;

第二阶段(1965—1974):进行自动分类的实验研究;

第三阶段(1975—1989):进入实用化阶段;

第四阶段(1990 年至今):面向互联网的文本自动分类研究阶段。

相对而言,国内在文本分类方面的研究起步较晚。文献[候汉清,1981]是国内较早的关于自动文本分类技术方面的概述性报告,此后,文本自动分类技术的研究在国内逐渐兴起。20 世纪 90 年代,国内一些学者也曾把专家系统的实现技术引入到文本自动分类领域,并建立了一些图书自动分类系统,如东北大学图书馆的图书分类系统、长春地质学院图书馆的图书分类系统等。

根据分类知识获取方法的不同,文本自动分类系统大致可分为两种类型:基于知识工程(knowledge engineering, KE)的分类系统和基于机器学习(machine learning, ML)的分类系统。在 20 世纪 80 年代,文本分类系统以知识工程的方法为主,根据领域专家对给定文本集合的分类经验,人工提取出一组逻辑规则,作为计算机文本分类的依据,然后分析这些系统的技术特点和性能。进入 90 年代以后,基于统计机器学习的文本分类方法日益受到重视,这种方法在准确率和稳定性方面具有明显的优势。系统使用训练样本进行特征选择和分类器参数训练,根据选择的特征对待分类的输入样本进行形式化,然后输入到分类器进行类别判定,最终得到输入样本的类别。

13.2　文本表示

一个文本表现为一个由文字和标点符号组成的字符串,由字或字符组成词,由词组成短语,进而形成句、段、节、章、篇的结构。要使计算机能够高效地处理真实文本,就必须找到一种理想的形式化表示方法，这种表示一方面要能够真实地反映文档的内容（主题、领域或结构等），另一方面，要有对不同文档的区分能力。

目前文本表示通常采用向量空间模型（vector space model，VSM）。VSM 是 20 世纪 60 年代末期由 G. Salton 等人提出的[Salton，1971]，最早用在 SMART 信息检索系统中，目前已经成为自然语言处理中常用的模型。

下面首先给出 VSM 涉及的一些基本概念。

- 文档（document）：通常是文章中具有一定规模的片段，如句子、句群、段落、段落组直至整篇文章。本书对文本（text）和文档不加区分。
- 项/特征项（term/feature term）：特征项是 VSM 中最小的不可分的语言单元，可以是字、词、词组或短语等。一个文档的内容被看成是它含有的特征项所组成的集合，表示为：Document＝$D(t_1, t_2, \cdots, t_n)$，其中 t_k 是特征项，$1 \leqslant k \leqslant n$。
- 项的权重（term weight）：对于含有 n 个特征项的文档 $D(t_1, t_2, \cdots, t_n)$，每一特征项 t_k 都依据一定的原则被赋予一个权重 w_k，表示它们在文档中的重要程度。这样一个文档 D 可用它含有的特征项及其特征项所对应的权重所表示：$D = D(t_1, w_1; t_2, w_2; \cdots; t_n, w_n)$，简记为 $D = D(w_1, w_2, \cdots, w_n)$，其中 w_k 就是特征项 t_k 的权重，$1 \leqslant k \leqslant n$。

一个文档在上述约定下可以看成是 n 维空间中的一个向量，这就是向量空间模型的由来。下面给出其定义。

定义 13-1（向量空间模型（VSM））　给定一个文档 $D(t_1, w_1; t_2, w_2; \cdots; t_n, w_n)$，$D$ 符合以下两条约定：

（1）各个特征项 $t_k (1 \leqslant k \leqslant n)$ 互异（即没有重复）；

（2）各个特征项 t_k 无先后顺序关系（即不考虑文档的内部结构）。

在以上两个约定下，可以把特征项 t_1，$t_2, \cdots, t_n$ 看成一个 n 维坐标系，而权重 w_1，$w_2, \cdots, w_n$ 为相应的坐标值，因此，一个文本就表示为 n 维空间中的一个向量。我们称 $D = D(w_1, w_2, \cdots, w_n)$ 为文本 D 的向量表示或向量空间模型，如图 13-2 所示。

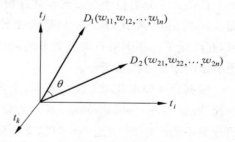

图 13-2　文档的向量空间模型示意图

定义 13-2（向量的相似性度量（similarity））　任意两个文档 D_1 和 D_2 之间的相似系数 $\mathrm{Sim}(D_1, D_2)$ 指两个文档内容的相关程度（degree of relevance）。设文档 D_1 和 D_2 表示 VSM 中的两个向量：

$$D_1 = D_1(w_{11}, w_{12}, \cdots, w_{1n})$$
$$D_2 = D_2(w_{21}, w_{22}, \cdots, w_{2n})$$

那么，可以借助于 n 维空间中两个向量之间的某种距离来表示文档间的相似系数，常用的方法是使用向量之间的内积来计算：

$$\mathrm{Sim}(D_1, D_2) = \sum_{k=1}^{n} w_{1k} \times w_{2k} \tag{13-1}$$

如果考虑向量的归一化,则可使用两个向量夹角的余弦值来表示相似系数:

$$\text{Sim}(D_1, D_2) = \cos\theta = \frac{\sum\limits_{k=1}^{n} w_{1k} \times w_{2k}}{\sqrt{\sum\limits_{k=1}^{n} w_{1k}^2 \sum\limits_{k=1}^{n} w_{2k}^2}} \tag{13-2}$$

采用向量空间模型进行文本表示时,需要经过以下两个主要步骤:①根据训练样本集生成文本表示所需要的特征项序列 $D = \{t_1, t_2, \cdots, t_d\}$;②依据文本特征项序列,对训练文本集和测试样本集中的各个文档进行权重赋值、规范化等处理,将其转化为机器学习算法所需的特征向量。

另外,用向量空间模型表示文档时,首先要对各个文档进行词汇化处理,在英文、法文等西方语言中这项工作相对简单,但在汉语中主要取决于汉语自动分词技术。由于 n 元语法具有语言无关性的显著优点,而且对于汉语来说可以简化分词处理,因此,有些学者提出了将 n 元语法用于文本分类的实现方法,利用 n 元语法表示文本单元("词")[Cavnar and Trenkle, 1994;Li *et al.*, 2003a;宋枫溪, 2004]。

需要指出的是,除了 VSM 文本表示方法以外,研究比较多的还有另外一些表示方法,例如:词组表示法,概念表示法等。但这些方法对文本分类效果的提高并不十分显著。词组表示法的表示能力并不明显优于普通的向量空间模型,原因可能在于,词组虽然提高了特征向量的语义含量,但却降低了特征向量的统计质量,使得特征向量变得更加稀疏,让机器学习算法难以从中提取用于分类的统计特性[宋枫溪, 2004]。

概念表示法与词组表示法类似,不同之处在于前者用概念(concept)作为特征向量的特征表示,而后者用词组作为特征向量的特征表示。在用概念表示法的时候需要额外的语言资源,主要是一些语义词典,例如,英文的 WordNet,中文的 HowNet、《同义词词林》等。相关研究表明,用概念代替单个词可以在一定程度上解决自然语言的歧义性和多样性给特征向量带来的噪声问题,有利于提高文本分类的效果[Rosso *et al.*, 2004;苏伟峰等, 2002]。

13.3 文本特征选择方法

根据 13.2 节的介绍,在向量空间模型中,表示文本的特征项可以选择字、词、短语,甚至"概念"等多种元素。但是,如何选取特征,各种特征应该赋予多大的权重,选取不同的特征对文本分类系统的性能有什么影响等,很多问题都值得深入研究。目前已有的特征选取方法比较多,常用的方法有:基于文档频率(document frequency,DF)的特征提取法、信息增益(information gain,IG)法、χ^2 统计量(CHI)法和互信息(mutual information,MI)方法等[Yang and Pedersen, 1997;代六玲等, 2004]。以下简要介绍这些方法。

13.3.1 基于文档频率的特征提取法

文档频率(DF)是指出现某个特征项的文档的频率。基于文档频率的特征提取法通常的做法是：从训练语料中统计出包含某个特征的文档的频率（个数），然后根据设定的阈值，当该特征项的 DF 值小于某个阈值时，从特征空间中去掉该特征项，因为该特征项使文档出现的频率太低，没有代表性；当该特征项的 DF 值大于另外一个阈值时，从特征空间中也去掉该特征项，因为该特征项使文档出现的频率太高，没有区分度。

基于文档频率的特征选择方法可以降低向量计算的复杂度，并可能提高分类的准确率，因为按这种选择方法可以去掉一部分噪声特征。这种方法简单、易行。但严格地讲，这种方法只是一种借用算法，其理论根据不足。根据信息论我们知道，某些特征虽然出现频率低，但往往包含较多的信息，对于分类的重要性很大。对于这类特征就不应该使用 DF 方法将其直接排除在向量特征之外。

13.3.2　信息增益法

信息增益（IG）法依据某特征项 t_i 为整个分类所能提供的信息量多少来衡量该特征项的重要程度，从而决定对该特征项的取舍。某个特征项 t_i 的信息增益是指有该特征或没有该特征时，为整个分类所能提供的信息量的差别，其中，信息量的多少由熵来衡量。因此，信息增益即不考虑任何特征时文档的熵和考虑该特征后文档的熵的差值：

$$\text{Gain}(t_i) = \text{Entropy}(S) - \text{Expected Entropy}(S_{t_i})$$

$$= \left\{ -\sum_{j=1}^{M} P(C_j) \times \log P(C_j) \right\} - \left\{ P(t_i) \times \left[-\sum_{j=1}^{M} P(C_j \mid t_i) \times \log P(C_j \mid t_i) \right] \right.$$

$$\left. + P(\bar{t}_i) \times \left[-\sum_{j=1}^{M} P(C_j \mid \bar{t}_i) \times \log P(C_j \mid \bar{t}_i) \right] \right\} \tag{13-3}$$

其中，$P(C_j)$ 表示 C_j 类文档在语料中出现的概率，$P(t_i)$ 表示语料中包含特征项 t_i 的文档的概率，$P(C_j|t_i)$ 表示文档包含特征项 t_i 时属于 C_j 类的条件概率，$P(\bar{t}_i)$ 表示语料中不包含特征项 t_i 的文档的概率，$P(C_j|\bar{t}_i)$ 表示文档不包含特征项 t_i 时属于 C_j 的条件概率，M 表示类别数。

从信息增益的定义可知，一个特征的信息增益实际上描述的是它包含的能够帮助预测类别属性的信息量。从理论上讲，信息增益应该是最好的特征选取方法，但实际上由于许多信息增益比较高的特征出现频率往往较低，所以，当使用信息增益选择的特征数目比较少时，往往会存在数据稀疏问题，此时分类效果也比较差。因此，有些系统实现时，首先对训练语料中出现的每个词（以词为特征）计算其信息增益，然后指定一个阈值，从特征空间中移除那些信息增益低于此阈值的词条，或者指定要选择的特征个数，按照增益值从高到低的顺序选择特征组成特征向量［代六玲等，2004；陈克利，2004］。

13.3.3　χ^2 统计量

χ^2 统计量（CHI）衡量的是特征项 t_i 和类别 C_j 之间的相关联程度，并假设 t_i 和 C_j 之间符合具有一阶自由度的 χ^2 分布［Dunning，1993］。特征对于某类的 χ^2 统计值越高，它与该类之间的相关性越大,携带的类别信息也较多,反之则越少。

表 13-1　特征与类关系示意图

类别 特征项	C_j	$\sim C_j$
t_i	A	B
$\sim t_i$	C	D

如果令 N 表示训练语料中文档的总数,A 表示属于 C_j 类且包含 t_i 的文档频数,B 表示不属于 C_j 类但包含 t_i 的文档频数,C 表示属于 C_j 类但不包含 t_i 的文档频数,D 是既不属于 C_j 也不包含 t_i 的文档频数,N 为总的文本数量。上述 4 种情况可以用表 13-1 表示。

特征项 t_i 对 C_j 的 CHI 值为[Yang and Pederson,1997]:

$$\chi^2(t_i,C_j) = \frac{N \times (A \times D - C \times B)^2}{(A+C) \times (B+D) \times (A+B) \times (C+D)} \tag{13-4}$$

对于多类问题,基于 CHI 统计量的特征提取方法可以采用两种实现方法:一种方法是分别计算 t_i 对于每个类别的 CHI 值,然后在整个训练语料上计算:

$$\chi^2_{\mathrm{MAX}}(t_i) = \max_{j=1}^{M}\{\chi^2(t_i,C_j)\} \tag{13-5}$$

其中,M 为类别数。从原始特征空间中去除统计量低于给定阈值的特征,保留统计量高于给定阈值的特征作为文档特征。另一种方法是,计算各特征对于各类别的平均值:

$$\chi^2_{\mathrm{AVG}}(t_i) = \sum_{j=1}^{M} P(C_j)\chi^2(t_i,C_j) \tag{13-6}$$

以这个平均值作为各类别的 CHI 值。但有研究表明,后一种方法的表现不如前一种方法[代六玲等,2004]。

13.3.4　互信息法

互信息(MI)法的基本思想是:互信息越大,特征 t_i 和类别 C_j 共现的程度越大。如果 A、B、C、N 的含义和 13.3.3 节中的约定相同,那么,t_i 和 C_j 的互信息可由下式计算:

$$
\begin{aligned}
I(t_i,C_j) &= \log \frac{P(t_i,C_j)}{P(t_i)P(C_j)} \\
&= \log \frac{P(t_i \mid C_j)}{P(t_i)} \\
&\approx \log \frac{A \times N}{(A+C) \times (A+B)}
\end{aligned} \tag{13-7}
$$

如果特征 t_i 和类别 C_j 无关,则 $P(t_i,C_j) = P(t_i) \times P(C_j)$,那么,$I(t_i,C_j) = 0$。为了选出对多类文档识别有用的特征,与上面基于 CHI 统计量的处理方法类似,也有最大值方法和平均值方法两种方法:

$$I_{\mathrm{MAX}}(t_i) = \max_{j=1}^{M}[P(C_j) \times I(t_i,C_j)] \tag{13-8}$$

$$I_{\mathrm{AVG}}(t_i) = \sum_{j=1}^{M} P(C_j)I(t_i,C_j) \tag{13-9}$$

以上是文本分类中比较经典的一些特征选取方法,实际上还有很多其他文本特征选取方法,例如,DTP(distance to transition point)方法[Moyotl-Hernández and Jiménez-Salazar,2005],期望交叉熵法、文本证据权法、优势率方法[Mademnic and Grobelnik,

1999]，以及国内学者提出的"类别区分词"的特征提取方法［周茜等，2004］，组合特征提取方法［代六玲等，2004］，基于粗糙集（rough set）的特征提取方法 TFACQ［Hu et al.，2003］，以及利用自然语言文本所隐含规律等多种信息的强类信息词（strong information class word，SCIW）的特征选取方法［Li and Zong，2005a］，等等。

国内外很多学者对各种特征选取方法进行了对比研究，比较典型的实验有 Yang and Pederson(1997)的降维实验。研究结果表明，在英文文本分类问题中，取单词和短语作为特征时，特征空间的维数一般要在 1 万左右。而对于汉语文本分类问题而言，代六玲等（2004）采用支持向量机（SVM）和 kNN 两种分类器分别考查不同的特征抽取方法的有效性，结果表明，在英文文本分类中表现良好的特征提取方法（IG、MI 和 CHI）在不加修正的情况下，并不适合中文文本分类。而周茜等（2004）利用文本相似度方法和 Naïve 贝叶斯分类器进行对比测试，实验结果表明，多类优势率方法和文献［周茜等，2004）］中提出的类别区分词方法取得了最好的选择效果。不过需要说明的是，这些比较都是通过实验方法进行的，由于实验语料、分类器方法等各种因素的差异，得出的结论并非完全一致，所以，这些结论可以作为特征选择的参考，并非绝对的定论。虽然 Yang and Pederson(1997)从数学的角度比较了 IG 和 MI 方法，解释了实验结果的一些现象，但是，评价特征提取方法的标准并没有从理论上得到验证。

另外需要指出的是，无论选择什么作为特征项，特征空间的维数都是非常高的，在汉语文本分类中问题表现得更为突出。这样的高维特征向量对后面的分类器存在不利的影响，很容易出现模式识别中的"维数灾难"现象。而且，并不是所有的特征项对分类都是有利的，很多提取出来的特征可能是噪声。因此，如何降低特征向量的维数，并尽量减少噪声，仍然是文本特征提取中的两个关键问题。

13.4　特征权重计算方法

特征权重用于衡量某个特征项在文档表示中的重要程度或者区分能力的强弱。权重计算的一般方法是利用文本的统计信息，主要是词频，给特征项赋予一定的权重。参阅文献［吴科等，2004］和［陈克利，2004］，我们将一些常用的权重计算方法归纳为表 13-2 所示的形式。表中各变量的说明如下：w_{ij} 表示特征项 t_i 在文本 D_j 中的权重，tf_{ij} 表示特征项 t_i 在训练文本 D_j 中出现的频度；n_i 是训练集中出现特征项 t_i 的文档数，N 是训练集中总的文档数；M 为特征项的个数，nt_i 为特征项 t_i 在训练语料中出现的次数。

表 13-2　常用的特征权重计算方法

名　　称	权 重 函 数	说　　明
布尔权重	$w_{ij} = \begin{cases} 1, & \mathrm{tf}_{ij} > 0 \\ 0, & 否则 \end{cases}$	如果文本中出现了该特征项，那么文本向量的该分量为 1，否则为 0
绝对词频（TF）	tf_{ij}	使用特征项在文本中出现的频度表示文本

续表

名　　称	权　重　函　数	说　　明
倒排文档频度 (IDF)	$w_{ij} = \log \dfrac{N}{n_i}$	稀有特征比常用特征含有更新的信息
TF-IDF	$w_{ij} = \mathrm{tf}_{ij} \times \log \dfrac{N}{n_i}$	权重与特征项在文档中出现的频率成正比,与在整个语料中出现该特征项的文档数成反比
TFC	$w_{ij} = \dfrac{\mathrm{tf}_{ij} \times \log (N/n_i)}{\sqrt{\sum\limits_{t_i \in D_j} \left[\mathrm{tf}_{ij} \times \log (N/n_i) \right]^2}}$	对文本长度进行归一化处理后的 TF-IDF
ITC	$w_{ij} = \dfrac{\log (\mathrm{tf}_{ij} + 1.0) \times \log (N/n_i)}{\sqrt{\sum\limits_{t_i \in D_j} \left[\log (\mathrm{tf}_{ij} + 1.0) \times \log (N/n_i) \right]^2}}$	在 TFC 基础上,用 tf_{ij} 的对数值代替 tf_{ij} 值
熵权重	$w_{ij} = \log (\mathrm{tf}_{ij} + 1.0) \times \left(1 + \dfrac{1}{\log N} \sum\limits_{j=1}^{N} \left[\dfrac{\mathrm{tf}_{ij}}{n_i} \log \left(\dfrac{\mathrm{tf}_{ij}}{n_i} \right) \right] \right)$	建立在信息论的基础上
TF-IWF	$w_{ij} = \mathrm{tf}_{ij} \times \left[\log \left(\dfrac{\sum\limits_{i=1}^{M} \mathrm{nt}_i}{\mathrm{nt}_i} \right) \right]^2$	在 TF-IDF 算法的基础上,用特征项频率倒数的对数值 IWF 代替 IDF;并且用 IWF 的平方平衡权重值对于特征项频率的倚重

　　由于布尔权重(Boolean weighting)计算方法无法体现特征项在文本中的作用程度,因而在实际运用中 0、1 值逐渐地被更精确的特征项的频率所代替。在绝对词频(term frequency,TF)方法中,无法体现低频特征项的区分能力,因为有些特征项频率虽然很高,但分类能力很弱(比如很多常用词),而有些特征项虽然频率较低,但分类能力却很强。倒排文档频度(inverse document frequency,IDF)法是 1972 年 Spark Jones 提出的计算词与文献相关权重的经典计算方法,其在信息检索中占有重要地位。该方法在实际使用中,常用公式 $L + \log ((N - n_i)/n_i)$ 替代,其中,常数 L 为经验值,一般取为 1。IDF 方法的权重值随着包含某个特征的文档数量 n_i 的变化呈反向变化,在极端情况下,只在一篇文档中出现的特征含有最高的 IDF 值。TF-IDF 方法中公式有多种表达形式,TFC 方法和 ITC 方法都是 TF-IDF 方法的变种。其实,还有一种比较普遍的 TF-IDF 公式:

$$w_{ij} = \frac{\mathrm{tf}_{ij} \times \log (N/n_i + 0.01)}{\sqrt{\sum\limits_{t_i \in D_j} \left[\mathrm{tf}_{ij} \times \log (N/n_i + 0.01) \right]^2}} \tag{13-10}$$

或

$$w_{ij} = \frac{(1 + \log_2 \mathrm{tf}_{ij}) \times \log_2 (N/n_i)}{\sqrt{\sum\limits_{t_i \in D_j} \left[(1 + \log_2 \mathrm{tf}_{ij}) \times \log_2 (N/n_i) \right]^2}} \tag{13-11}$$

　　TF-IWF(inverse word frequency)权重算法也是在 TF-IDF 算法的基础上由

Basili *et al.*（1999）提出来的。TF-IWF 与 TF-IDF 的不同主要体现在两个方面：①TF-IWF 算法中用特征频率倒数的对数值 IWF 代替 IDF；②TF-IWF 算法中采用了 IWF 的平方，而不像 IDF 中采用的是一次方。R. Basili 等认为 IDF 的一次方给了特征频率太多的倚重，所以用 IWF 的平方来平衡权重值对于特征频率的倚重。

除了上面介绍的这些比较常用的方法以外，还有很多其他权重计算方法。例如：Dagan *et al.*（1997）提出的基于错误驱动的（mistake-driven）特征权重算法，这种算法的类权重向量不是通过一个表达式直接计算出来的，而是首先为每个类指定一个初始权重向量，不断输入训练文本，并根据对训练文本的分类结果调整类权重向量的值，直到类权重向量的值大致不再改变为止。

Okapi 权重函数［Robertson and Walker，1999］企图进一步降低特征项 t_i 在训练文本 D_j 中出现次数的影响。Xue and Sun（2003）将上面某些方法进行叠加，提出了 TF * IDF * IG 和 TF * EXP * IG 权重算法；Chen and Zong（2003）则考虑特征词的频率分布不均衡性，引入不均衡变量（DBV），并且用 $\sqrt[m]{\mathrm{tf}_{ij}}$（$m=1,2,\cdots$）替代 tf_{ij}，提出了 TF * IDF * DBV 权重算法，等等。还有很多特征权重计算方法，这里不再一一列举。

需要说明的是，权重计算方法存在与特征提取方法类似的问题，就是缺少理论上的推导和验证，因而，表现出来的非一般性结果无法得到合理的解释。很多论文所提出的权重计算方法中引入了新的计算变量，实质上都是考虑特征项在整个类中的分布问题。因此，有必要对特征权重选取方法进行进一步的理论研究，获得更一般的有关特征权重确定的结论，而不是仅仅从不同的角度定义不同的计算公式。

13.5　分类器设计

由于文本分类本身是一个分类问题，因此，一般的模式分类方法都可用于文本分类研究。常用的分类算法包括：朴素的贝叶斯分类法（naïve Bayesian classifier）、基于支持向量机（support vector machines，SVM）的分类器、k-最近邻法（k-nearest neighbor，kNN）、神经网络法（neural network，NNet）、决策树（decision tree）分类法、模糊分类法（fuzzy classifier）、Rocchio 分类方法和 Boosting 算法等。由于很多有关模式分类的专著都对这些分类算法有比较详细的阐述，如文献［边肇祺等，2000］、［李宏东等，2003］等，因此，关于这些算法的理论推导和证明等我们不再详述，以下仅对其中的几种方法作简要介绍。

13.5.1　朴素贝叶斯分类器

朴素贝叶斯分类器的基本思想是利用特征项和类别的联合概率来估计给定文档的类别概率。假设文本是基于词的一元模型，即文本中当前词的出现依赖于文本类别，但不依赖于其他词及文本的长度，也就是说，词与词之间是独立的。根据贝叶斯公式，文档 Doc 属于 C_i 类的概率为

$$P(C_i \mid \mathrm{Doc}) = \frac{P(\mathrm{Doc} \mid C_i) \times P(C_i)}{P(\mathrm{Doc})}$$

在具体实现时，通常又分为两种情况：

（1）文档 Doc 采用 DF 向量表示法，即文档向量 V 的分量为一个布尔值，0 表示相应的特征在该文档中未出现，1 表示特征在文档中出现。在这种方法中，

$$P(\text{Doc} \mid C_i) = \prod_{t_j \in V} P(\text{Doc}(t_j) \mid C_i)$$

$$P(\text{Doc}) = \sum_i \left[P(C_i) \prod_{t_j \in V} P(\text{Doc}(t_j) \mid C_i) \right]$$

因此，

$$P(C_i \mid \text{Doc}) = \frac{P(C_i) \prod\limits_{t_j \in V} P(\text{Doc}(t_j) \mid C_i)}{\sum\limits_i \left[P(C_i) \prod\limits_{t_j \in V} P(\text{Doc}(t_j) \mid C_i) \right]} \tag{13-12}$$

其中，$P(C_i)$ 为 C_i 类文档的概率，$P(\text{Doc}(t_j) \mid C_i)$ 是对 C_i 类文档中特征 t_j 出现的条件概率的拉普拉斯估计：

$$P(\text{Doc}(t_j) \mid C_i) = \frac{1 + N(\text{Doc}(t_j) \mid C_i)}{2 + \mid D_{c_i} \mid}$$

其中，$N(\text{Doc}(t_j) \mid C_i)$ 是 C_i 类文档中特征 t_j 出现的文档数，$\mid D_{c_i} \mid$ 为 C_i 类文档所包含的文档的个数。

（2）若文档 Doc 采用 TF 向量表示法，即文档向量 V 的分量为相应特征在该文档中出现的频度，则文档 Doc 属于 C_i 类文档的概率为

$$P(C_i \mid \text{Doc}) = \frac{P(C_i) \prod\limits_{t_j \in V} P(t_j \mid C_i)^{\text{TF}(t_j, \text{Doc})}}{\sum\limits_j \left[P(C_j) \prod\limits_{t_i \in V} P(t_i \mid C_j)^{\text{TF}(t_i, \text{Doc})} \right]} \tag{13-13}$$

其中，$\text{TF}(t_i, \text{Doc})$ 是文档 Doc 中特征 t_i 出现的频度，$P(t_i \mid C_i)$ 是对 C_i 类文档中特征 t_i 出现的条件概率的拉普拉斯概率估计：

$$P(t_i \mid C_i) = \frac{1 + \text{TF}(t_i, C_i)}{\mid V \mid + \sum\limits_j \text{TF}(t_j, C_i)}$$

这里，$\text{TF}(t_i, C_i)$ 是 C_i 类文档中特征 t_i 出现的频度，$\mid V \mid$ 为特征集的大小，即文档表示中所包含的不同特征的总数目。

13.5.2　基于支持向量机的分类器

基于支持向量机（support vector machine，SVM）的分类方法主要用于解决二元模式分类问题。根据第 2 章的介绍，SVM 的基本思想是在向量空间中找到一个决策平面（decision surface），这个平面能"最好"地分割两个分类中的数据点[Vapnik，1998]。支持向量机分类法就是要在训练集中找到具有最大类间界限（margin）的决策平面。

由于支持向量机算法是基于两类模式识别问题的，因而，对于多类模式识别问题通常需要建立多个两类分类器。与线性判别函数一样，它的结果强烈地依赖于已知模式样本集的构造，当样本容量不大时，这种依赖性尤其明显。此外，将分界面定在最大类间隔的中间，对于许多情况来说也不是最优的。对于线性不可分问题也可以采用类似于广义线

性判别函数的方法，通过事先选择好的非线性映射将输入模式向量映射到一个高维空间，然后在这个高维空间中构造最优分界超平面。

　　根据 Yang and Liu（1999）的实验结果，SVM 的分类效果要好于 NNet、贝叶斯分类器、Rocchio 和 LLSF(linear least-square fit)分类器的效果，与 kNN 方法的效果相当。

13.5.3　k-最近邻法

　　kNN 方法的基本思想是：给定一个测试文档，系统在训练集中查找离它最近的 k 个邻近文档，并根据这些邻近文档的分类来给该文档的候选类别评分。把邻近文档和测试文档的相似度作为邻近文档所在类别的权重，如果这 k 个邻近文档中的部分文档属于同一个类别，则将该类别中每个邻近文档的权重求和，并作为该类别和测试文档的相似度。然后，通过对候选分类评分的排序，给出一个阈值。决策规则可以写作：

$$y(\boldsymbol{x}, C_j) = \sum_{\boldsymbol{d}_i \in k\text{NN}} \text{sim}(\boldsymbol{x}, \boldsymbol{d}_i) y(\boldsymbol{d}_i, C_j) - b_j \tag{13-14}$$

其中，$y(\boldsymbol{d}_i, C_j)$ 取值为 0 或 1，取值为 1 时表示文档 $\boldsymbol{d}_i$ 属于分类 C_j，取值为 0 时表示文档 $\boldsymbol{d}_i$ 不属于分类 C_j；$\text{sim}(\boldsymbol{x}, \boldsymbol{d}_i)$ 表示测试文档 $\boldsymbol{x}$ 和训练文档 $\boldsymbol{d}_i$ 之间的相似度；b_j 是二元决策的阈值。一般地，采取两个向量夹角的余弦值来度量向量之间的相似度。

13.5.4　基于神经网络的分类器

　　神经网络（NNet）是人工智能中比较成熟的技术之一，基于该技术的分类器的基本思想是：给每一类文档建立一个神经网络，输入通常是单词或者是更为复杂的特征向量，通过机器学习获得从输入到分类的非线性映射。

　　根据 Yang and Liu（1999）的实验结果，NNet 分类器的效果要比 kNN 分类器和 SVM 分类器的效果差，而且训练 NNet 的时间开销远远超过其他分类方法，所以，实际应用并不广泛。

13.5.5　线性最小平方拟合法

　　线性最小平方拟合(linear least-squares fit，LLSF)是一种映射方法，其出发点是从训练集和分类文档中学习得到多元回归模型（multivariate regression model）[Yang and Chute, 1994]。其中训练数据用输入/输出向量表示，输入向量是用传统向量空间模型表示的文档（词和对应的权重），输出向量则是文档对应的分类（带有 0-1 权重）。通过在向量的训练对上求解线性最小平方拟合，得到一个"单词-分类"的回归系数矩阵：

$$\boldsymbol{F}_{\text{LS}} = \arg \min_{\boldsymbol{F}} \| \boldsymbol{F} \times \boldsymbol{A} - \boldsymbol{B} \|^2 \tag{13-15}$$

其中，矩阵 $\boldsymbol{A}$ 和矩阵 $\boldsymbol{B}$ 描述的是训练数据（对应栏分别是输入和输出向量）；$\boldsymbol{F}_{\text{LS}}$ 为结果矩阵，定义了从任意文档到加权分类向量的映射。对这些分类的权重映射值排序，同时结合阈值算法，就可以来判别输入文档所属的类别。阈值是从训练中学习获取的。

　　根据 Yang and Liu（1999）的实验结果，LLSF 算法的分类效果稍逊于 kNN 和 SVM 算法的效果。

13.5.6　决策树分类器

决策树分类器也是模式识别研究的基本方法之一,其出发点是:大量复杂系统的组成普遍存在着等级分层现象,或者说复杂任务是可以通过等级分层分解完成的,文本处理过程也不例外。

决策树是一棵树,树的根结点是整个数据集合空间,每个分结点是对一个单一变量的测试,该测试将数据集合空间分割成两个或更多个类别,即决策树可以是二叉树也可以是多叉树。每个叶结点是属于单一类别的记录。构造决策树分类器时,首先要通过训练生成决策树,然后再通过测试集对决策树进行修剪。一般可通过递归分割的过程构建决策树,其生成过程通常是自上而下的,选择分割的方法有多种,但是目标都是一致的,就是对目标文档进行最佳分割。从根结点到叶结点都有一条路径,这条路径就是一条决策"规则"。

在决定哪个属性域(field)作为目前最佳的分类属性时,一般的做法是穷尽所有的属性域,对每个属性域分裂的好坏进行量化,从而计算出最佳分裂。信息增益是决策树训练中常用的衡量给定属性区分训练样本能力的定量标准。

13.5.7　模糊分类器

按照模糊分类方法的观点,任何一个文本或文本类都可以通过其特征关键词来描述其内容特征,因此,可以用一个定义在特征关键词类上的模糊集来描述它们。

设 $L = \{l_1, l_2, \cdots, l_n\}$ 为由 n 个特征关键词组成的论域,则任一文本或文本类可以在该论域上用一个模糊集来描述。定义在第 k 类上的模糊集为

$$F_k = \{u_{k1}/l_1, u_{k2}/l_2, \cdots, u_{kn}/l_n\}$$

待分类文本 T 的模糊集为

$$F_T = \{u_{T1}/l_1, u_{T2}/l_2, \cdots, u_{Tn}/l_n\}$$

其中,$l_1, l_2, \cdots, l_n$ 为特征关键词;$u_{k1}, u_{k2}, \cdots, u_{kn}$ 为每个特征关键词对第 k 类的隶属度,隶属度可以是某个特征关键词对第 k 类的重要性、频度和代表性等。某些 $u_{ki}(1 \leqslant i \leqslant n)$ 可以为 0,表示特征关键词 l_i 对该类的区分没有贡献,$u_{Ti}(1 \leqslant i \leqslant n)$ 同理。

判定分类文本 T 所属的类别可以通过计算文本 T 的模糊集 F_T 分别与其他每个文本类的模糊集 F_k 的关联度 SR 实现,两个类的关联度越大说明这两个类越贴近[何新贵,1999]。

13.5.8　Rocchio 分类器

Rocchio 分类器是情报检索领域经典的算法[Yang et al., 2000],其基本思想是,首先为每一个训练文本 C 建立一个特征向量,然后使用训练文本的特征向量为每个类建立一个原型向量(类向量)。当给定一个待分类文本时,计算待分类文本与各个类别的原型向量(类向量)之间的距离,其距离可以是向量点积、向量之间夹角的余弦值或者其他相似度计算函数,根据计算出来的距离值决定待分类文本属于哪一类别。

如果 C 类文本的原型向量为 w_1，已知一组训练文本，可以预测 w_1 改进的第 j 个元素值为

$$w'_{1j} = \alpha w_{1j} + \beta \frac{\sum_{i \in C} x_{ij}}{n_C} - \gamma \frac{\sum_{i \notin C} x_{ij}}{n - n_C} \tag{13-16}$$

其中，n_C 是训练样本中正例个数，即属于类别 C 的文本数；x_{ij} 是第 i 个文本特征向量的第 j 个元素值；α、β、γ 为控制参数。α 控制了上一次计算所得的 w 对本次计算所产生的影响，β 和 γ 分别控制正例训练集和反例训练集对结果的影响。在实际文本分类应用中，常取 $\alpha = 0$，即仅考虑正例项和反例项。如果取 $\alpha = 0$，$\beta = 1$，$\gamma = 0$，那么，类向量实际上等于属于该类文本向量的权重向量的平均值，这样，类中心向量法可以认为是这种方法的特例。

Rocchio 分类方法的特点是计算简单、易行，其分类效果仅次于 kNN 方法和 SVM 方法。

13.5.9　基于投票的分类方法

基于投票的分类方法是在研究多分类器组合时提出的，其核心思想是：k 个专家判断的有效组合应该优于某个专家个人的判断结果。投票算法主要有两种：Bagging 算法和 Boosting 算法 [Duda et al., 2001]。

1. Bagging 算法

训练 R 个分类器 $f_i(i = 1, 2, \cdots, R)$，其中，f_i 是利用从训练集（N 篇文档）中随机抽取（取出后再放回）N 次文档构成的训练集训练得到的。对于新文档 D，用这 R 个分类器分别对 D 划分类别，得到的最多的那个类别作为 D 的最终判别类别。

2. Boosting 算法

与 Bagging 算法类似，该算法需要训练多个分类器，但训练每个分量分类器的训练样本不再是随机抽取，每个分类器的训练集由其他各个分类器所给出的"最富信息"的样本点组成。基于 Boosting 方法有许多不同的变形，其中最流行的一种就是 AdaBoost 方法，该方法在文本分类领域中有着非常广泛的应用 [Shapire, 2000]。

其实在文本分类研究中还有很多其他分类算法，这里不再一一介绍。

13.6　文本分类性能评测

13.6.1　评测指标

针对不同的目的，人们提出了多种文本分类器性能评价方法，包括召回率、正确率、F-测度值、微平均和宏平均、平衡点（break-even point）、11 点平均正确率（11-point average precision）等，以下介绍其中的几种。

1. 正确率、召回率和 F-测度值

假设一个文本分类器输出的各种结果统计情况如表 13-3 所示。

表 13-3　文本分类器的输出结果

分类器对二者关系的判断 \ 文本与类别的实际关系	属　　于	不　属　于
标记为 YES	a	b
标记为 NO	c	d

在表 13-3 中，a 表示分类器将输入文本正确地分类到某个类别的个数；b 表示分类器将输入文本错误地分类到某个类别的个数；c 表示分类器将输入文本错误地排除在某个类别之外的个数；d 表示分类器将输入文本正确地排除在某个类别之外的个数。

该分类器的召回率、正确率和 F-测度值分别采用以下公式计算：

$$召回率 \quad r = \frac{a}{a+c} \times 100\% \tag{13-17}$$

$$正确率 \quad p = \frac{a}{a+b} \times 100\% \tag{13-18}$$

$$F\text{-}测度值 \quad F_\beta = \frac{(\beta^2+1) \times p \times r}{\beta^2 \times p + r} \tag{13-19}$$

其中，β 是调整正确率和召回率在评价函数中所占比重的参数，通常取 $\beta=1$，这时的评价指标变为

$$F_1 = \frac{2 \times p \times r}{p+r}$$

2. 微平均和宏平均

由于在分类结果中对应于每个类别都会有一个召回率和正确率，因此，可以根据每个类别的分类结果评价分类器的整体性能，通常的方法有两种：微平均和宏平均。所谓微平均是指根据正确率和召回率计算公式直接计算出总的正确率和召回率值，即利用被正确分类的总文本个数 a_{all}，被错误分类的总文本个数 b_{all}，以及应当被正确分类实际上却没有被正确分类的总文本个数 c_{all} 分别替代式(13-17)和式(13-18)中的 a、b、c 得到的正确率和召回率。宏平均是指首先计算出每个类别的正确率和召回率，然后对正确率和召回率分别取平均得到总的正确率和召回率。

微平均更多地受分类器对一些常见类(这些类的语料通常比较多)分类效果的影响，而宏平均则可以更多地反映对一些特殊类的分类效果。在对多种算法进行对比时，通常采用微平均算法。

除了上述评测方法以外，常用的方法还有两种，即平衡点(break-even point)评测法[Aas and Eikvil，1999]和 11 点平均正确率方法[Taghva *et al.*，2004]。

一般地讲，正确率和召回率是一对相互矛盾的物理量，提高正确率往往要牺牲一定的召回率，反之亦然。在很多情况下，单独考虑正确率或者召回率来对分类器进行评价都是不全面的。因此，Aas and Eikvil (1999)提出了通过调整分类器的阈值，调整正确率和召回率的值，使其达到一个平衡点的评测方法。

另外，Taghva *et al.*（2004）为了更加全面地评价一个分类器在不同召回率情况下的分类效果，调整阈值使得分类器的召回率分别为：0，0.1，0.2，0.3，0.4，0.5，0.6，0.7，0.8，0.9，1，然后计算出对应的 11 个正确率，取其平均值，这个平均值即为 11 点平均正确率，用这个平均正确率衡量分类器的性能。

13.6.2 相关评测

2003 年和 2004 年我国"863"计划计算机软硬件主题组织的中文信息处理与智能人机接口技术评测中设置了文本分类任务，分类标准采用《中国图书馆图书分类法》（第四版）的规定，选用其中的 36 类，测评文本每类采集 100 篇文档。主要评测文本分类系统的准确率、召回率、F1 值的宏平均和分类器的综合得分。评测采用现场测试、自动打分的方式进行。

模式分析、统计建模和计算学习（Pattern Analysis, Statistical Modeling and Computational Learning, PASCAL）协会、希腊国家科学研究中心（NCSR Demokritos）信息与电信研究院（Institute of Informatics and Telecommunications）和法国格勒诺布尔信息学实验室（Laboratoire d'Informatique de Grenoble, LIG）等单位于 2009 年联合组织了首次大规模多层次文本分类评测（Challenge on Large Scale Hierarchical Text Classification, LSHTC），2011 年和 2012 年分别组织了第二届和第三届 LSHTC 评测[①]。评测任务有 4 项：①训练和测试数据都只使用目录特征；②训练只使用描述特征，测试在目录特征下进行；③训练数据使用目录特征和描述特征，测试数据只使用目录特征；④训练和测试数据都使用目录特征和描述特征。

其中，目录特征是根据直接的网页索引链得到的特征；描述特征是对于网页所在目录的一些描述，特征一般由开放式分类目录（open directory project, ODP）的创建人手工创建。2009 年第一届 LSHTC 评测的数据共有分类目录 12 294 个，训练样本和验证集样本总数约 7 万条。具体数据可通过官方评测网站：http://lshtc.iit.demokritos.gr/node/1 获取。数据拥有完整的层次信息，4 项任务的层次信息保持一致，是一个完整的树形结构，符合 ODP 数据的基本结构形式。

评价指标包括准确率、层次树误差、宏观的精度、宏观的召回率、宏观的 F 值，以及时间和空间消耗[缪有栋等，2012]。

随着互联网技术的迅速发展和普及，对网络内容管理、监控和有害（或垃圾）信息过滤的需求越来越大，网络信息的主观倾向性分类受到越来越多的关注。这种分类与传统的文本分类不同，传统的文本分类所关注的是文本的客观内容（objective），而倾向性分类所研究的对象是文本的"主观因素"，即作者所表达出来的主观倾向性，分类的结果是对于一个特定的文本要得到它是否支持某种观点的信息。这种独特的文本分类任务又称为情感分类[Beineke *et al.*，2004；Pang and Lee，2004]。近年来，传统的文本分类研究渐受冷落，而情感分类成为这一领域的新宠。

---

① http://lshtc.iit.demokritos.gr/

13.7　情感分类

　　情感分类是指根据文本所表达的含义和情感信息将文本划分成褒扬的或贬义的两种或几种类型，是对文本作者倾向性和观点、态度的划分，因此有时也称倾向性分析（opinion analysis）。

　　情感分类作为一种特殊的分类问题，既有一般模式分类的共性问题，也有其特殊性，如情感信息表达的隐蔽性、多义性和极性不明显等。针对这些问题人们做了大量研究，提出了很多分类方法。这些方法可以按机器学习方法归类，也可以按情感文本的特点划分。

1. 按机器学习方法分类

　　根据机器学习方法所使用训练样本的标注情况，情感文本分类可以大致分为有监督学习方法、半监督学习方法和无监督学习方法三类。

　　有监督学习方法：基于有监督学习的情感分类方法使用机器学习方法用于训练大量标注样本。Pang et al. (2002)首次将有监督的学习方法应用到情感分类中，文献中分别比较了多种分类算法以及各种特征和特征权值选择策略在基于监督学习的情感分类中的效果。在此之后，众多研究都试图通过各种方式提高基于监督学习的情感分类的效果，代表性工作有：Pang and Lee(2004)将主观句摘要（subjectivity summarization）引入情感分类中；Li et al. (2010a)分析了极性转移（polarity shifting）对情感分类的影响；Xia et al. (2011)使用基于特征空间及分类算法的集成学习方法有效地提高了情感分类的性能。

　　半监督学习方法：基于半监督学习的情感分类方法是通过在少量标注样本上训练，并在大量未标注样本上进行学习的方式构建分类模型。Dasgupta and Ng(2009)将多种机器学习方法（例如：聚类方法、集成学习等）融入基于半监督学习的情感分类中；面对情感分类中汉语标注语料匮乏的问题，Wan(2009)采用协同学习（co-training）方法使用标注的英文语料和无标注的中文语料实现了高性能的中文情感分类。Li et al. (2010b)将情感文本的表达分为个人的（personal）和非个人的（impersonal）两种视图，应用协同学习进行情感分类的半监督学习。

　　无监督学习方法：基于无监督学习的情感分类方法是指仅使用非标注样本进行情感分类建模。以往的大部分研究工作都是通过情感分类标注的种子词集来实现无监督分类，代表性的工作有：Turney(2002)通过计算文本中候选单词与种子情感词之间的点互信息（point-wise mutual information，PMI）来计算文本的情感倾向性，文献中选择"excellent"和"poor"作为种子词，在得到每个单词与种子词之间的点互信息后，根据 SO-PMI（sentiment-oriented PMI）计算每个词的情感倾向性，并通过词语计数（term-counting）的方式计算文本的整体情感倾向性［Kennedy and Inkpen，2006］。朱嫣岚等（2006）通过基于 HowNet 的语义分析抽取单词的情感信息。Lin and He(2009)根据样本空间中文档与单词的共现关系，基于潜在狄利克雷分布（latent Dirichlet allocation，LDA）的浅层语义分析方法获取未标注样本的标签。

2. 按研究问题分类

根据情感文本分类中侧重关注的问题，可以将情感分类研究划分为领域相关性研究和数据不平衡问题研究两类。

领域相关性研究：情感分类是一个领域相关（domain-specific）的问题，当训练集和测试集属于不同的领域时，基于监督学习的情感分类方法通常会表现出较差的效果。例如，由电影评论领域的语料作为训练样本训练出来的分类器在电子产品评论上的分类性能会大幅度下降。因此，领域适应性（domain adaptation）研究成为一个重要课题，其目的就是尽量使情感分类器在跨领域学习时保持一定的分类性能。Aue and Gamon（2005）针对领域适应中的特征选择、分类器融合和训练集的组合等问题做了详细分析。Blitzer *et al.*（2007）提出了一种基于结构共现学习（structural correspondence learning，SCL）的情感分类领域适应方法，在跨领域情感分类中取得了较好的性能。Wu *et al.*（2010）利用基于图模型的 Graph-Ranking 算法处理中文情感分类中的领域适应问题。Li *et al.*（2011a）将集成学习方法应用于"多领域"情感分类，让多个领域的资源互相帮助，从而使整体的情感分类性能获得提升。

数据不平衡问题研究：情感分类往往牵涉样本的正负类别分布不平衡的问题。Li *et al.*（2011b）对实际情况中的样本不平衡问题做了深入分析。假设在情感分类中有 N 个样本的训练数据，其中包含 N_+ 个正类样本和 N_- 个负类样本。目前大多数研究总是假设正类样本数和负类样本数是平衡的，即 $N_+ = N_-$，但实际情况并非如此，更一般的情况是训练数据中一类样本要远远多于另一类样本，即 $N_+ \gg N_-$ 或者 $N_+ \ll N_-$。

为了更好地理解情感分类中的不平衡现象，Li *et al.*（2011b）从卓越网[①]收集了来自 4 个领域的中文产品评论语料，并根据文献［Blitzer *et al.*，2007］从亚马逊网站[②]收集的 Multi-Domain Sentiment Dataset[③]，重新收集了 4 个领域的英文产品评论语料。4 个中文产品评论领域为：箱包、化妆品、相机和软件；4 个英文产品评论领域为：Book，DVD，Electronic 和 Kitchen。这些产品评论语料中正面评论和负面评论的分布情况分别如表 13-4 和表 13-5 所示。

表 13-4　中文语料各领域正类样本和负类样本的分布情况

领域	N_+	N_-	N_+/N_-
箱包	4864	1185	4.10
化妆品	3568	1102	3.24
相机	2133	749	2.85
软件	971	467	2.08

---

① http://www.amazon.cn/

② http://www.amazon.com/

③ http://www.seas.upenn.edu/~mdredze/datasets/sentiment/

表 13-5　英文语料各领域正类样本和负类样本的分布情况

领域	N_+	N_-	N_+/N_-
Book	425 159	58 315	7.29
DVD	69 175	11 383	6.08
Electronic	15 397	4316	3.57
Kitchen	14 290	3784	3.78

从上表数据可以看出,各个领域正负类样本数的对比(N_+/N_-)介于 2 和 7 之间。显然,在每个领域中负类样本数目都要明显少于正类样本的数目。为了方便描述,以下将包含样本多的类别称为"多类",包含样本少的类别称为"少类"。

Li $et\ al.$(2011b)认为,造成这种现象的主要原因可能有两个:①人们趋向于针对流行产品表达正面的情感;②存在虚假的正面评论,虽然也可能有虚假的负面评论,但这个比例相对较少。在这种情况下,与正面评论相比,负面评论对于用户更具有价值。

数据不平衡问题给情感分类研究带来了新的挑战。针对不平衡数据的有监督情感分类问题,Li $et\ al.$(2011c)提出了一种基于中心向量的不平衡情感分类方法。该方法包括以下几个步骤对不平衡数据的标注样本进行训练:①将"多类"里面的所有训练样本进行聚类;②在各个聚类里面进行内部层次采样,获得同"少类"相同规模的样本;③使用这些采样样本并结合整个类的中心向量构建的新向量进行训练学习。该方法借鉴中心向量充分利用"多类"里面所有样本的分类信息,获得了比其他传统采样方法或者代价敏感方法[He and Garcia,2009]更优的分类性能。

针对不平衡数据的半监督情感分类问题,Li $et\ al.$(2011b)提出了一种基于协同学习的半监督学习方法。该方法有如下两个特点:①使用欠采样技术对训练样本进行平衡采样,用于构建多个欠采样分类器,利用多个分类器对非标注样本进行标注;②采用动态特征子空间的方式,即每次迭代重新生产特征子空间,增加多分类器之间的差异性,进一步提升协同学习的性能。实验结果表明,该方法在处理情感分类的数据不平衡问题上,能够利用非标注样本提高分类性能。另外,该工作的一个贡献是首次提出了一种针对不平衡数据分类的半监督学习方法。

针对不平衡数据的情感分类中的主动学习问题,Li $et\ al.$(2012b)提出了一种集成确定性和不确定性样本选择策略的方法,用于主动选择不平衡数据中信息量大的样本以提高分类性能。其中,确定性和不确定性分布由两个分开的特征子空间进行控制,不确定性用于选择信息量大的样本,确定性用于选择尽量平衡的数据。此外,对于确定性判断出来的"多类"非标注样本进行自动标注,进一步降低样本的标注规模。实验证明,在同样的标注情况下该方法能够大幅度提高不平衡数据的分类性能。

由于情感分析是近年来研究的热点,因此国内外都曾组织过若干相关评测,但这些评测大多与观点抽取和要素抽取相关,相关内容可见第 15 章。

第14章

信息检索与问答系统

信息检索(information retrieval，IR)和问答系统(question-answering，QA)是近几年来发展迅速的两个研究方向，由于这两项技术不仅对于广大网络用户和图书馆信息服务系统具有重要的实用价值，而且，对于军事或商业情报获取、网络信息安全等都具有重要的意义。因此，其研究状况备受关注。

本章简要介绍信息检索和问答系统的基本研究内容，包括问题描述、系统实现方法、基本模型和系统评测等几个方面。

14.1 信息检索概要

14.1.1 背景概述

信息检索研究起源于图书馆的资料查询和文摘索引工作。计算机诞生以后，尤其是随着计算机网络技术的迅速发展和普及，信息检索研究的内容已经从传统的文本检索扩展到包含图片、音频、视频等多媒体信息的检索；检索对象从相对封闭、稳定一致、由独立数据库集中管理的信息内容扩展到开放、动态、更新速度快、分布广泛、管理松散的网络内容；信息检索的用户由原来的情报专业人员扩展到包括商务人员、管理人员、教师和学生、各专业人员等在内的普通大众，他们对信息检索从结果到方式都提出了更高、更多样化的要求。总之，海量互联网信息的涌现是信息检索技术发展最直接的驱动力[徐晋，2005]。

信息检索研究的目的是寻找从文档资料中获取可用信息的模型和算法。信息检索的传统问题是需要用户输入一个表述需求信息的查询字段，系统回复一个包含所需要信息的文档列表，这一类问题称为点对点的检索问题(ad-hoc retrieval problem)[Manning and Schütze，1999]。

对于点对点模式的搜索问题，目前主要有两种模型，一种是精确匹配模型，即检索系统返回与用户要求精确匹配的检索结果。如布尔查询系统，主要应用于基于内部文本库的商业(或企业)信息系统中；另一种为文档相关匹配模型，即系统按用户要求与查询文档之间的相关度返回查询结果，主要应用于基于互联网等开放数据库的检索系统，即网络搜索。前一种模型尽管仍在商业信息系统中广泛应用，但后一种模型往往具有更广泛的用户群，因此，近年来的研究一般都集中在后一种模型上。

　　基于企业内部文本库的检索和基于互联网的检索有着很大的不同,主要体现在如下几个方面[金千里,2004]:①数据量不同:基于内部文本库的索引库规模一般在 GB 级,而面向互联网的网页搜索需要处理几千万甚至上亿的网页;②内容相关性处理方法不同:面向互联网的搜索引擎一般都具有网页链接分析技术,而企业网站内部的网页链接由网站内容采编发布系统决定;③实时性不同:搜索引擎的索引生成和检索服务是分开的,大的搜索引擎的更新周期需要以周甚至以月度量,而企业检索需要实时反映信息变化;④安全性不同:企业信息查询系统中,查询内容一般会安全、集中地存放在数据仓库中以满足数据安全和管理的要求,而互联网搜索引擎都基于开放的文件系统;⑤个性化、智能化要求和实现难易程度不同:由于面向互联网的搜索引擎的处理规模和用户规模更大,因此用户的个性化和智能化服务要求更高,实现难度更大,相对而言,在针对企业内部文本库的信息检索系统中,实现个性化和智能化服务更容易些。

　　值得指出的是,随着全球信息化时代的到来,人们不再满足于用户提问和目标结果在同一种语言范围内的检索,而开始研究和实现多语言检索系统,即跨语言(trans-lingual 或 cross-lingual)检索。

　　另外,根据检索的信息粒度不同,又可将检索分为文本检索、段落检索、句子检索、词序列检索等多种类型,当然,信息粒度越小,越需要定位准确,实现难度也就越大。

　　其实,谈到信息检索人们自然会想到 Google、Yahoo、百度、搜狐等这样一些知名的中外文搜索网站,但不管哪个搜索引擎,都不同程度地存在令人"失望"之处:要么搜索出来的网页并不是用户所需要的,有些甚至与用户想要的资料毫不相关;要么用户所需要的网页在搜索结果中被排列在很靠后的位置。这些情况实际上反映了检索系统中的两个关键技术尚未得到很好的解决:

　　(1) 标引(indexing):建立统一的用户查询语句(或关键词序列)和候选查询文本的数学表示模型,通常将查询语句和候选文本都表示为词向量;

　　(2) 相关度(relevance)或相似度(similarity)计算:计算用户查询标引和候选查询文本标引之间的相关度,基于词向量标引方式的矢量内积法是常用的相似度计算方法。

　　由于查询语句(或关键词序列)和候选查询文本一般都是以词为单位来进行标引的,而普遍存在的一词多义现象(polysemy)和一义多词现象(synonymy),以及基于词向量标引方式的矢量内积相似度计算方法在某些情况下的不合理性,往往都会严重影响系统的效率[金千里,2004]。

14.1.2　基本方法和模型

　　简单地讲,一个信息检索系统可以表达成图 14-1 所示的模型[Nie,2006]:

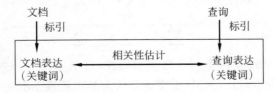

图 14-1　信息检索模型示意图

关于文档表示的基本方法，第 13 章已作详细介绍，这里不再多述。基于不同的文档表示方法，估计用户查询标引和候选查询文本之间相关度的模型（不妨称之为"检索模型"）通常有：布尔（Boolean）模型、向量空间模型、概率模型和语言模型等。

1. 布尔模型

在这种模型中，候选查询文档 D 由关键词的逻辑组合表达式表示，用户查询 Q 由布尔表达式表示，那么，相关度 $R(D,Q)=D \rightarrow Q$，即当 $D \rightarrow Q$ 成立时，$R(D,Q)=1$，否则，$R(D,Q)=0$。例如，

$$D = \text{computer} \wedge \text{graphics} \wedge \text{interface} \wedge \text{user}$$
$$Q = \text{computer} \wedge (\text{graphics} \vee \text{interface})$$
$$\text{if } D \rightarrow Q \text{ then } R(D,Q)=1$$

这种方法的主要问题是，相关度为二值逻辑，要么为 1，要么为 0。也就是说，候选文档与用户查询语句要么相关，要么不相关，这在实际情况下是不合理的。另外，作为终端用户，一般很难正确快速地给出查询语句的布尔表达式。

2. 向量空间模型

向量空间模型的基本思想是：整个向量空间由不包含停用词的关键词构成：$\langle t_1, t_2, \cdots, t_n \rangle$，候选文档 $D=\langle a_1, a_2, \cdots, a_n \rangle$，其中，$a_i (1 \leqslant i \leqslant n)$ 为 D 中 t_i 的权重；用户查询语句 $Q=\langle b_1, b_2, \cdots, b_n \rangle$，$b_i (1 \leqslant i \leqslant n)$ 为 Q 中 t_i 的权重。那么，用户查询与候选文档的相关度 $R(D,Q)=\text{Sim}(D,Q)$ 可由以下多种方法求得：

（1）点积法

$$\text{Sim}(D,Q) = D \cdot Q = \sum_i a_i \times b_i \tag{14-1}$$

（2）余弦（cosine）法

$$\text{Sim}(D,Q) = \frac{D \cdot Q}{\| D \| \times \| Q \|} = \frac{\sum_i (a_i \times b_i)}{\sqrt{\sum_i a_i^2 \times \sum_i b_i^2}} \tag{14-2}$$

（3）Dice 方法

$$\text{Sim}(D,Q) = \frac{2 \times D \cdot Q}{\| D \|^2 + \| Q \|^2} = \frac{2 \sum_i (a_i \times b_i)}{\sum_i a_i^2 + \sum_i b_i^2} \tag{14-3}$$

（4）Jaccard 方法[Rousseau, 1998]

$$\text{Sim}(D,Q) = \frac{D \cdot Q}{\| D \|^2 + \| Q \|^2 - D \cdot Q}$$
$$= \frac{\sum_i (a_i \times b_i)}{\sum_i a_i^2 + \sum_i b_i^2 - \sum_i (a_i \times b_i)} \tag{14-4}$$

其实，还有很多方法用于度量两个向量之间相似性，这里不再一一列举。其中，隐含语义标引（latent semantic indexing，LSI）模型可以认为是比较典型的一种基于向量空间表示的信息检索方法，下一节将详细介绍之。

3. 概率模型

概率模型的基本思想是：给定查询语句 Q，候选文档 D，用 R 表示 D 和 Q 相关，$\bar{R}$ 表示 D 和 Q 不相关，那么，估计概率 $P(R|D,Q)$ 和 $P(\bar{R}|D,Q)$。根据概率 $P(R|D,Q)$ 或 $P(\bar{R}|D,Q)$ 大小，选取搜索的文档。

根据贝叶斯公式：

$$P(R \mid D,Q) = \frac{P(D \mid R,Q) \times P(R,Q)}{P(D,Q)} \propto P(D \mid R,Q)$$
$$= P(D \mid R_Q) \tag{14-5}$$

假定文档 $D = \{x_1, x_2, \cdots\}$，其中，$x_i = \begin{cases} 1, & \text{关键词 } t_i \text{ 出现} \\ 0, & \text{关键词 } t_i \text{ 不出现} \end{cases}$，那么，

$$P(D \mid R,Q) = \prod_{x_i \in D} P(x_i \mid R_Q)$$
$$= \prod_{t_i} P(x_i = 1 \mid R_Q)^{x_i} P(x_i = 0 \mid R_Q)^{(1-x_i)}$$
$$= \prod_{t_i} p_i^{x_i}(1 - p_i)^{(1-x_i)} \tag{14-6}$$

$$P(D \mid \bar{R},Q) = \prod_{t_i} P(x_i = 1 \mid \bar{R}_Q)^{x_i} P(x_i = 0 \mid \bar{R}_Q)^{(1-x_i)}$$
$$= \prod_{t_i} q^{x_i}(1 - q_i)^{(1-x_i)} \tag{14-7}$$

文档与查询的相关度：

$$R(D,Q) = \log \frac{P(D \mid R,Q)}{P(D \mid \bar{R},Q)} = \log \frac{\displaystyle\prod_{t_i} p_i^{x_i}(1-p_i)^{(1-x_i)}}{\displaystyle\prod_{t_i} q_i^{x_i}(1-q_i)^{(1-x_i)}}$$

$$= \sum_{t_i} x_i \log \frac{p_i(1-q_i)}{q_i(1-p_i)} + \sum_{t_i} \log \frac{1-p_i}{1-q_i}$$

$$\propto \sum_{t_i} x_i \log \frac{p_i(1-q_i)}{q_i(1-p_i)} \tag{14-8}$$

余下的问题就是如何估计概率 $p_i = P(x_i=1|R_Q)$ 和 $q_i = P(x_i=1|\bar{R}_Q)$。假设一组训练样本共有 N 个文档，其中，R_i 个与查询 Q 相关的文档，$N-R_i$ 个不相关的文档。R_i 个相关文档中有 r_i 个文档包含关键词 t_i，R_i-r_i 个文档不包含关键词 t_i；$N-R_i$ 个不相关文档中有 n_i-r_i 个包含关键词 t_i，$N-R_i-n_i+r_i$ 个不包含关键词 t_i。如表 14-1 所示。

表 14-1　训练样本数目关系

	相关文档	不相关文档
数量	R_i	$N-R_i$
包含 t_i 的文档数	r_i	n_i-r_i
不包含 t_i 的文档数	R_i-r_i	$N-R_i-n_i+r_i$

那么，

$$p_i = \frac{r_i}{R_i} \tag{14-9}$$

$$q_i = \frac{n_i - r_i}{N - R_i} \tag{14-10}$$

于是，

$$\begin{aligned} R(D,Q) &= \sum_{t_i} x_i \log \frac{p_i(1-q_i)}{q_i(1-p_i)} \\ &= \sum_{t_i} x_i \log \frac{r_i(N - R_i - n_i + r_i)}{(R_i - r_i)(n_i - r_i)} \end{aligned}$$

关于概率模型的平滑方法等相关问题，有兴趣的读者可以参阅文献[Jones, *et al.*, 1998]等。

概率模型在理论上具有较好的数学基础，但是，在不作任何简化的情况下，实现起来比较困难，其有效性往往受到诸多因素的影响[Robertson and Walker, 1999]。

4. 语言模型

鉴于语言模型在很多问题的研究中都获得了成功的应用，因此，很多学者提出了将改进的语言模型用于信息检索的方法。诸如：文档模型（documental model）、查询模型（query model）、差异模型（divergence model）和翻译模型（translation model）等。

文档模型的基本思想是：假定查询 Q 是由文档 D 的概率模型产生的，并由此对文档进行排序。给定查询 $Q = q_1 q_2 \cdots q_m$（q_i 为查询词）和文档 D，那么，文档模型的任务包括：①建立文档的语言模型 M_D；②根据概率 $P(Q|M_D)$ 对文档进行排序。

文档模型的一元文法（unigram）描述形式为

$$P(Q \mid M_D) = \prod_{q_i \in Q} P(q_i \mid M_D) \tag{14-11}$$

$P(q_i|M_D)$ 反映的是查询词在文档 D 中的概率分布。

查询模型的基本思想是：假定查询 $Q = q_1 q_2 \cdots q_m$ 和文档 D 均采样自一个未知的相关模型 R，R 刻画了 Q 和 D 在查询相关文档中的概率分布；从相关模型 R 中经过 k 次采样，观察到查询 Q，估计第 $k+1$ 次采样观察到文档中的词 w 的概率。查询模型描述为

$$P(D \mid R) = \prod_{w \in D} P(w \mid R) \tag{14-12}$$

$$P(w \mid R) \approx P(w \mid q_1 q_2 \cdots q_m) = \frac{P(w, q_1 q_2 \cdots q_m)}{P(q_1 q_2 \cdots q_m)} \tag{14-13}$$

关于估计概率 $P(w|R)$ 的问题，文献[Lavrenko and Croft, 2001; Lafferty and Zhai, 2001]给出了相关算法，这里不再介绍。

差异模型的基本思想是：通过计算文档模型和查询模型之间的 Kullback-Leibler 差异（KL 距离），根据 KL 距离大小对候选文档进行排序。因此，该模型的主要任务包括：①估计文档模型 $P(w|M_D)$；②估计查询模型 $P(w|R;c)$ 计算文档模型和查询模型之间的 KL 距离：

$$\mathrm{KL}(R \parallel M_D) = \sum_w P(w \mid R) \log \frac{P(w \mid R)}{P(w \mid M_D)} \tag{14-14}$$

翻译模型的基本思想是：把查询 $Q=q_1q_2\cdots q_m$ 看作是文档 D 在同一语言内的翻译，并根据翻译的概率大小对候选文档进行排序。根据统计翻译模型，有：

$$P(Q \mid D) = \prod_i P(q_i \mid D) = \prod_i \sum_j P(q_i \mid w_j)P(w_j \mid D) \tag{14-15}$$

其中，$P(w_j \mid D)$ 为词 w_j 在文档 D 中的概率分布；$P(q_i \mid w_j)$ 为词 w_j 翻译成查询中的词 q_i 的概率。

在信息检索研究中，很多专家都对上述各种方法和模型做了大量的研究和实践工作，并提出了若干改进措施。有兴趣的读者可以查阅相关文献。

14.1.3 倒排索引

目前大多数信息检索系统都通过对主要数据建立倒排索引（inverted index）的方式实现快速检索。倒排索引是一种数据结构：列出每个单词所在的所有文档和它们在每篇文档中出现的频度。用户按关键词查询时，系统只需要在索引中找到该单词，就可以找到对应的文档。一个优化的倒排索引，一般还要包括单词在出现文档中的位置，即单词在出现文档中距离文档起始位置的偏移量。含有单词位置信息的倒排索引为搜索短语提供了可能。例如，当用户输入查询关键词 car insurance 时，系统可以通过倒排索引查找到所有包含 car 和 insurance 的文档，然后，对两个文档集合取交集得到同时出现 car 和 insurance 两个单词的文档，再根据位置信息，确定那些 car 恰好出现在 insurance 词之前的文档，从而得到最终查询结果[Manning and Schütze, 1999]。

在具体实现方法中，需要处理如下几个基本问题：①短语识别；②停用词的处理；③西文单词的词干化处理；④查询文档的排序。

短语识别几乎是所有自然语言处理系统中的共性问题，第 7 章和第 8 章分别介绍了命名实体识别方法和用于基本短语识别的浅层句法分析方法。在信息检索系统中，短语识别任务除了要进行短语边界的确定以外，还有一项重要的任务就是对同一语义概念但书写格式不同的短语进行"语义界定"，例如，用户在查找包含 car insurance rates 的文档时，系统应该能够确定 car insurance rates 与 rates for car insurance 具有相同的含义，并将包含这两种书写格式的文档共同作为候选查询结果。当然，对于跨语言信息检索而言，还要识别不同语言中短语之间的语义对应关系。在目前的很多信息检索系统中，短语识别模型直接采用常用的词语搭配算法，例如，将出现次数大于某个数值的二元语法结构作为短语。

由于在自然语言中短语的语义主要是通过内容词（content word，实词）的语义表达的，尽管有些语法词（如，英文中的 can，go，say，he 等；汉语中的"去"、"说"、"他"等）和功能词（functional word）（如介词"of，about，关于，自从"等）具有很强的语义功能，但它们对短语的语义并不起决定性的作用，对查询的贡献也很小，因此，信息检索系统中一般不对这些词建立索引，由这些词构成的词表通常称为停用词表（stop list）。排除停用词可以大大地减小索引文件的规模，提高检索速度，但有时容易造成查询盲点。

对于西文而言，一般要作形态分析，在信息检索中通常的做法是进行词干化（stemming）处理，即采用截断法，去掉词缀仅取单词的词干部分。但这样处理也会引起其他问题,对于系统而言,语义完全不同的单词可能具有相同的词干,如 gallery 和 gall 具有相同的词干,这样检索出的文档很可能与用户的要求毫不相干;对于用户而言,查询关键词的词干相同而语义不同时,用户难以区分不同的查询目的。

14.1.4 文档排序

目前多数信息检索系统中的文档排序方法一般都采用基于文档的概率排序准则(probability ranking principle,PRP),即将文档按照与查询关键词相关概率的降序排列。其基本思想是:把检索看作在给定时间里识别最有价值文档的贪婪搜索过程。对于给定的查询 R,估计的相关概率 $P(R|d)$ 最大时意味着文档 d 最有价值。这个准则隐含了两个基本假设,一个是文档集合中各个文档之间是互不相关的;另一个假设是一个复杂的查询需求可以分解成几个子查询,并且这些子查询可以独立地优化。但实际上这两个假设都很容易找到反例,对于第一个假设,一个明显的反例是,如果有两个相同的文档 d_1 和 d_2,d_2 是 d_1 的副本,那么,这两个文档之间显然不是无关的;对于第二个假设,一个文档即使不是中间步骤(子查询)的优化结果,也完全可能与整个查询密切相关。

14.2 隐含语义标引模型

如何实现用户查询词与相关文档的准确匹配是困扰信息检索技术的一个关键问题。作为用户来讲,一般都希望基于概念和内容查询相关文档,而单个的词往往很难提供文档概念主题或语义的可靠证据,一方面,对于一个给定的概念往往有很多不同的表达方式,因此,利用用户查询中的文字项可能无法匹配相关的文档(查询用户和文档作者可能使用不同的文字表达同样的概念);另一方面,大多数词都具有多个含义,根据查询用户给出的文字项匹配出来的文档可能根本不是用户感兴趣的文档。因此,如何建立查询文字与文档之间的语义概念关联,一直是信息检索中关键问题之一。为了解决这一问题,Deerwester *et al.*(1990)提出了隐含语义标引模型(LSI),随后这一模型得到了广泛应用,并被不断改进。其中,统计隐含语义标引模型和弱指导的统计隐含语义标引模型是基于隐含语义标引模型提出的两个典型模型,本节简要介绍这些模型。

14.2.1 隐含语义标引模型

Deerwester *et al.*(1990)假设在数据中存在着一些潜在的语义结构,这种语义结构被任意选取的查询词部分地模糊化了,我们可以利用统计技术估计出这种潜在的语义结构,并且摆脱含混的"噪声"。基于这种潜在语义结构的词项和文档的描述用于建立标引和检索。

LSI 的基本思想是:首先从全部的文档集中生成一个"词项-文档"关联矩阵,该矩阵的每个分量为整数值,代表某个词项出现在某个特定文档中的次数。然后,将该矩阵进行奇异值分解(singular-value decomposition,SVD)[Forsythe *et al.*,1977],保留主要的关联模式,剔除较小的、不重要的奇异值。奇异向量和奇异值矩阵用于将文档向量和查询向量映射到一个子空间,在该子空间内,来自"词项-文档"矩阵的语义关系被保留,同时标引项用法的变异被抑制。最后,可以通过标准化的内积运算来计算向量之间夹角的余弦值以衡量其相似度,将候选文档按其与查询的相似度大小降序排列。

从数学上讲,任何一个 $t \times d$ 的"词项-文档"矩阵 X,都可以分解为另外三个矩阵的乘积:

$$X = T_0 S_0 D_0'$$ (14-16)

其中,T_0 和 D_0' 具有正交的列(orthonormal columns);S_0 为一对角矩阵(diagonal),这个分解过程即为奇异值分解。T_0 和 D_0 分别是左奇异向量(left singular vector)和右奇异向量(right singular vector)。图 14-2 是一个 $t \times d$ 的"标引项-文档"矩阵奇异值分解示意图 [Deerwester $et\ al.$, 1990]。图中,t 为矩阵 X 的行数,d 为 X 的列数,m 为 X 的秩(rank),$m \leqslant \min\ (t, d)$。$T_0' T_0 = I, D_0' D_0 = I, I$ 为单位矩阵。

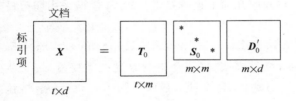

图 14-2　奇异值分解示意图

在信息检索中,首先根据训练语料构造一个"词项-文档"的相似度矩阵 X,矩阵中每个元素是相应词在文档中出现的次数,然后,对矩阵 X 进行奇异值分解,对角阵 S_0 中对角线上的非零值(X 的奇异值)按由大到小排列。由于值越大的奇异值越能代表矩阵的主要特征,因此,可以忽略较小的奇异值,从而压缩空间(矩阵的维数)。忽略较小的奇异值后,重新计算公式(14-16)右边的三个矩阵的乘积,得到新的"词项-文档"相关矩阵 $\hat{X}$。$\hat{X}$ 与 X 相比有如下两个特点:①$\hat{X}$ 是忽略了较小的奇异值后的结果,相当于剔除了原始矩阵 X 中的噪声;②由于原始矩阵 X 中的元素是词在文档中出现的次数,矩阵中可能存在稀疏问题,$\hat{X}$ 去除了奇异值较小的项,相当于对 X 进行了平滑处理。

文献[Deerwester $et\ al.$, 1990]给出了一个详细的例子,有兴趣的读者可以参阅。

从理论上讲,隐含语义标引模型的奇异值分解算法是完备的,但是,该方法存在如下问题[金千里,2004]:

(1) 奇异值分解算法的物理意义似乎不明确,难以确切地表述矩阵特征值的缩减到底代表了什么含义;

(2) 奇异值分解算法的时间和空间复杂度很大,很难大规模地应用;

(3) 奇异值分解算法最后得到的更新过的 $\hat{X}$ 矩阵中既有正值,也有负值,也就是说,"词项-文档"之间的相似度可能是负的,这与一般意义上的相似度理解有较大的冲突,很难给出这个矩阵明确的物理意义,并且,这种相似度值的不确定性也给后续应用带来了困难。

14.2.2　概率隐含语义标引模型

Hofmann (1999)在数据分析中的统计隐含类模型(statistical latent class model)的

基础上提出了概率隐含语义标引(probabilistic latent semantic indexing，PLSI)模型。与LSI 相比，PLSI 中的变量具有明确的统计基础，并且 PLSI 给出了适当的数据生成模型。这种实现方法又称概率隐含语义分析(probabilistic latent semantic analysis，PLSA)方法。

在一般的信息检索方法中，词往往被作为孤立的带有特定语义的实体处理，每个词被处理成一维，所有的词构成了一个高维的语义空间，每个文档在这个语义空间中被映射为一个点，这种方法有两个明显的缺点：①语义空间的维数很高；②每个词作为一维处理的方法割裂了词与词之间的关系。为此，PLSI 采用如下处理思路：将词和文档同等对待，构造一个维数不高的语义空间，每个词和每个文档都被映射为这个语义空间中的一个点。这样处理既解决了维数过高的问题，也可以把词与词之间的关系体现出来，语义上越相关的词在这个语义空间中几何上也越接近。PLSI 模型采用期望最大化(EM)迭代算法实现这种映射过程。

PLSA 的核心是要略模型(aspect model)[Hofmann and Puzicha，1998]。要略模型是普通同现数据的隐含变量模型，将一个未观察到的类变量 $z \in Z = \{z_1, z_2, \cdots, z_K\}$ 与每一个观察关联，例如，一个观察：每个词 $w \in W = \{w_1, w_2, \cdots, w_M\}$ 与其出现的文档 $d \in D = \{d_1, d_2, \cdots, d_N\}$ 同现。也就是说，一个生成模型可以按如下方式定义：

- 选择一个文档 d 的概率为：$P(d)$；
- 找到一个隐含类 z 的概率为：$P(z|d)$；
- 生成一个词 w 的概率为：$P(w|z)$。

最终要选择的是观察对 (d, w)，而隐含变量 z 是不需要的。因此，这个过程可以用如下联合概率表达：

$$P(d, w) = P(d) \times P(w \mid d) \qquad (14\text{-}17)$$

其中，

$$P(w \mid d) = \sum_{z \in Z} P(w \mid z) P(z \mid d) \qquad (14\text{-}18)$$

要略模型是一个统计的混合模型(mixture model)，它基于两个独立性假设：①假设所有的观察对 (d, w) 是独立生成的，这本质上对应于词袋(bag-of-words)方法；②条件独立性假设的条件是：隐含类 z 和词 w 是不依赖于特定的文档 d 生成的。在状态的数量远远小于文档数量时 $(K \ll N)$，z 实际上是计算条件概率 $P(w|d)$ 的瓶颈变量。

依据似然估计原理，可通过最大化以下对数似然函数的方法来确定 $P(d)$、$P(z|d)$ 和 $P(w|z)$：

$$L = \sum_{d \in D} \sum_{w \in W} n(d, w) \log P(d, w) \qquad (14\text{-}19)$$

其中，$n(d, w)$ 为词项的频次，即词 w 出现在文档 d 中的次数。

值得注意的是，式(14-17)和式(14-18)表示的模型可以通过贝叶斯法则反转条件概率 $P(z|d)$，改写成另一种等价的形式：

$$P(d, w) = \sum_{z \in Z} P(z) \times P(w \mid z) \times P(d \mid z) \qquad (14\text{-}20)$$

然后，利用 EM 算法交替执行 E 步和 M 步：E 步基于当前的参数估计为隐含变量 z 计算后验概率；M 步为 E 步得到的后验概率调整新的参数。

对于式(14-20)表示的要略模型,E 步计算如下概率:

$$P(z \mid d,w) = \frac{P(z)P(d \mid z)P(w \mid z)}{\sum_{z'} P(z')P(d \mid z')P(w \mid z')} \qquad (14\text{-}21)$$

M 步计算:

$$P(w \mid z) = \frac{\sum_d n(d,w)P(z \mid d,w)}{\sum_{d,w'} n(d,w')P(z \mid d,w')} \qquad (14\text{-}22)$$

$$P(d \mid z) = \frac{\sum_w n(d,w)P(z \mid d,w)}{\sum_{d',w} n(d',w)P(z \mid d',w)} \qquad (14\text{-}23)$$

$$P(z) = \frac{1}{R} \sum_{d,w} n(d,w)P(z \mid d,w) \qquad (14\text{-}24)$$

$$R \equiv \sum_{d,w} n(d,w) \qquad (14\text{-}25)$$

迭代执行 E 步和 M 步,该过程是收敛的,最终式(14-19)表示的对数似然函数应该达到局部最大。这样就可以求得"词项-文档"联合概率 $P(d,w)$,即词与文档之间的相关度。进一步也可以求得词与词之间和文档与文档之间的相关度矩阵,即 $\boldsymbol{H}(w,w) = [P(w_i,w_j)]$ 和 $\boldsymbol{H}(d,d) = [P(d_i,d_j)]$。

比较而言,PLSI 模型比 LSI 模型容易实现,并且语义空间 Z 有明确的物理意义。Hofmann(1999)的研究表明,PLSI 方法在理论基础和运算速度等各方面都优于 LSI 方法。但是,PLSI 方法中的 EM 迭代过程收敛速度比较缓慢,而且,经训练获得 $P(d,w)$ 矩阵以后,如果训练数据改变,想要更新 $P(d,w)$ 时,唯一的办法是重新训练,效率较低。为此,文献[金千里,2004]利用弱指导的统计隐含语义标引模型对这一方法进行了相应的改进。

14.2.3　弱指导的统计隐含语义标引模型

弱指导的统计隐含语义标引(weakly-supervised probabilistic latent semantic indexing,SPLSI)模型与 PLSI 的思路类似,也是引入隐含空间的概念,并用"词项-文档"之间的联合概率来衡量词与文档之间的相关性。主要区别在于,在执行 EM 迭代算法以前先对文档进行预聚类,从而指导 EM 迭代算法的初始值,而且采用多初始值进行迭代,提高了收敛速度,更容易收敛到最优值。另外,SPLSI 对 PLSI 模型中 $n(d,w)$ 的定义进行改变,采用归一化的频度,其物理意义更明确[金千里,2004]。

以汉语文本检索为例,SPLSI 方法的主要流程包括如下几个步骤:

(1) 对汉语文档进行分词处理,并对文档进行粗分类,如,将文档划分成经济、政治、军事、体育、法律等不同的领域。

(2) 构造"词-文档"索引矩阵 $\boldsymbol{M}$,$\boldsymbol{M}$ 中的元素 $m(d,w)$ 的初始值设为单词 w 在文档 d 中出现的次数 $c(d,w)$,然后进行归一化处理。归一化的主要理由基于以下考虑:每篇文档中词的个数不同,因此,同一个词在短文档中出现的次数和在长文档中出现的次数一样多时，显然，对于短文档的价值更大；一个出现频率很低的词一旦出现在文档中，其价值应该大于其他普遍出现的词。

在归一化工作中，首先根据停用词表把 M 矩阵中所有停用词对应的列去掉，然后执行如下归一化计算：

$$m(d,w) = \frac{c(d,w)}{C(w)} \times \frac{\log \beta}{\log \text{Length}(d)} \tag{14-26}$$

其中，$c(d,w)$ 是单词 w 在文档 d 中出现的次数；β 是系数；$C(w)$ 是词 w 在所有文档中出现的总次数；$\text{Length}(d)$ 是文档 d 中所有非停用词的个数。

（3）构造 k 维语义空间 Z，根据（1）中粗分类结果给出语义空间的先验概率 $P(z)(z\in Z)$。例如，假设有 n 篇文档，共划分为 t 类，如果 $1\sim i(1\leqslant i\leqslant n)$ 篇属于同一类文档，那么，

$$P(z_1) = P(z_2) = \cdots = P(z_{[k/t]}) = \frac{i}{n} \times \frac{1}{[k/t]} \tag{14-27}$$

其中，"[ ]"表示取整操作。k 值为经验值，如果 k 值太小，无法把各类分开；如果 k 值太大，容易引入噪声。因此，k 值一般在 20～100。

然后，分别构造映射矩阵 $P(d,z)$ 和 $P(w,z)$，并给出初始值。例如，假设 n 篇文档中，文档 d 属于第一类，而第一类中共有 i 篇文档，那么，

$$P(z_1 \mid d) = \cdots = P(z_{[k/t]} \mid d) = \frac{1}{[k/t]} \tag{14-28}$$

对于其余的 $z\in Z,P(d,z)=0$。以此类推。

对于矩阵 $P(w,z)$，根据词 w 在哪类文档中出现的次数最多，就按这类文档的情况给出初始值，即把词 w 安置在语义空间中这类文档所分配到的维度上。需要注意的是，概率矩阵均要满足约束条件：任一行的概率之和为 1。

（4）根据上述步骤得到的结果，利用式（14-20）求出"词项-文档"的相关性矩阵 $P(d,w)$ 的初值。然后，依据如下决策函数：

$$L = \sum_{w\in W}\sum_{d\in D} m(d,w)\log P(d,w) \tag{14-29}$$

执行 EM 迭代算法：

E 步：

$$P(z \mid d,w) = \frac{P(z)P(d \mid z)P(w \mid z)}{\sum_{z'} P(z')P(d \mid z')P(w \mid z')}$$

M 步：

$$P(w \mid z) = \frac{\sum_{d} m(d,w)P(z \mid d,w)}{\sum_{d,w'} m(d,w')P(z \mid d,w')} \tag{14-30}$$

$$P(d \mid z) = \frac{\sum_{w} m(d,w)P(z \mid d,w)}{\sum_{d',w} m(d',w)P(z \mid d',w)} \tag{14-31}$$

$$P(z) = \frac{\sum_{d}\sum_{w} m(d,w)P(z \mid d,w)}{\sum_{d}\sum_{w} m(d,w)} \tag{14-32}$$

（5）对模型进行动态扩展和优化。经上述各步获得一组概率,分别构造概率矩阵 $(P(z),P(w,z),P(d,z),P(w,d))$ 之后,如果又获得一组新的文档 D',金千里(2004)提出了通过如下方法进行模型优化的思路:根据上述步骤(2)构造文档子集 D' 标引矩阵 M',然后,把 M' 拼接到 M 矩阵中,使 M 矩阵词的维数保持不变,文档的维数增加。然后,根据步骤(3)中的方法计算 $P'(d',z)(d'\in D')$,利用上面类似的方法把 $P'(d',z)$ 拼接到 $P(d,z)$ 矩阵中。

通过上述介绍我们可以看出,SPLSI 模型在很多方面改进了 PLSI 模型,可花费较少的时间获得"词项-文档"概率相关性矩阵,并且,通过变通的扩展数据方法,达到了优化模型的目的。

综上所述,隐含语义标引模型和基于该模型的改进算法在信息检索领域有着非常广泛的应用。一般的做法是,获得 $P(w,d)$ 矩阵之后,将其乘以自己的转置矩阵,从而得到"词-词"概率相似度矩阵 $P(W,W)$,该矩阵的元素:

$$P(w_i,w_j) = \sum_{d \in D} P(w_i \mid d) \times P(d \mid w_j) \tag{14-33}$$

一个用户查询 Query 的关键词可以构成词向量 W_q,其维度等于 $P(W,W)$ 矩阵的行向量维度,文档 d_i 表示成词向量 W_{d_i},那么,Query 与文档 d_i 的相关度为

$$R(\text{Query},d_i) = W_q \times P(W,W) \times W_{d_i}^{\mathrm{T}} \tag{14-34}$$

其中,$W_{d_i}^{\mathrm{T}}$ 为 W_{d_i} 的转置矩阵。

根据金千里(2004)对 LSI、PLSI 和 SPLSI 三个模型的实验比较,在较小规模的应用中,SPLSI 模型最有效,也是效率最高的。SPLSI 模型可以基于多语言,自动获取跨语言的词语相似度矩阵,从而较好地解决语义约束的不同语言之间的障碍问题,在跨语言检索中有广泛的应用。当然,SPLSI 模型也保留了 LSI 和 PLSI 模型共同的缺点,就是空间复杂度较高,很难构造大规模的语义空间。为了克服这些不足,金千里(2004)曾提出了基于语义树的语义空间模型,语义空间不再是静态的,而是动态方式实时构建,同时他还提出了语义张量(semantic tensor)的概念,在计算查询关键词与文档的相似度时不仅考虑主题词是否出现,而且考虑主题词的出现方式(以何种结构出现在文本中)。

关于信息检索的理论方法很多著作都给予了详细论述,如文献[王斌(译),2010]、[黄萱菁等(译),2012],这里不再详述。

14.3 检索系统评测

14.3.1 检索系统评测指标

作为一个实用信息系统来说,评价系统优劣的唯一标准应该是用户的满意程度。但是,这种标准只适用于针对特定用户的特定系统,因为它带有很强的主观性,无法实现不同系统之间自动、客观的对比。因此,一般在系统评比中,包括 TREC(Text REtrieval Conference)评测[1],采用如下几个客观指标:准确率(precision)、召回率(recall)、F-测度值、P@10、R-precision 和最差 $x\%$ 个查询主题的准确率。

---

[1] http://trec.nist.gov

（1）准确率、召回率和 F-测度值

关于准确率（P）、召回率（R）和 F-测度值的定义在介绍汉语分词与词性标注和文本分类等系统评测时曾多次提到。在信息检索系统评测中，这三个指标的定义分别为

$$P = \frac{系统检索出的正确的文本个数}{系统返回的全部文本个数} \times 100\%$$

$$R = \frac{系统检索出的正确的文本个数}{针对测试的全部正确文本个数} \times 100\%$$

$$F\text{-}测度值 = \frac{(\beta^2 + 1) \times P \times R}{\beta^2 \times P + R}$$

其中，β 为比例因子，当 $\beta = 1$ 时，F-测度值$= 2PR/(P+R)$。

目前的检索系统评测一般采用平均准确率（mean average precision，MAP）作为衡量指标。单个主题的平均检索准确率是每篇相关文档检索出来的准确率的平均值。主题集合的平均准确率是每个主题的平均准确率的算术平均值。MAP 反映的是系统在全部相关文档上性能的单值指标。系统检索出来的相关文档越靠前（rank 越高），MAP 就可能越高。如果系统没有返回相关文档，则准确率默认为 0。

（2）$P@10$

考虑到在实用的信息检索系统中，大多数用户只有耐心查看系统返回的前 N 项结果，N 值一般取 10～30。单个主题的 $P@10$ 指的是系统对于该主题返回的前 10 个结果的准确率，主题集合的 $P@10$ 是指每个主题的 $P@10$ 的平均值。一个好的信息检索系统应该确保排列在最前面的查询结果为最相关文档。

（3）R-precision

单个主题的 R-precision 是检索出 R 篇文档的准确率。其中，R 是测试集中与主题相关的文档的数目。主题集合的 R-precision 是每个主题的 R-precision 的平均值。

（4）最差 $x\%$ 个查询主题的准确率

这个指标主要用于测试检索系统的鲁棒性（robustness）。其基本思想是，如果一个检索系统具有较好的鲁棒性，那么，这个系统应该对于所有的查询都有较好的表现。如果确定了若干个查询主题用于测试系统，那么，对于一个系统，选取其 $x\%$ 个（例如，$x=10$）最差的查询结果，这个结果应该能够基本反映该系统对不同查询的鲁棒性。

另外，也有些评测中采用非插值平均准确率（uninterpolated average precision）和插值平均准确率（interpolated average precision）来测试系统的性能［Manning and Schütze，1999］。所谓的非插值平均准确率计算方法如下：对于系统输出的前 N 个相关文档，当第 $i(1 \leqslant i \leqslant N)$ 个文档为正确的查询文档时，那么，计算相关文档列表中前 i 个文档的准确率，如果系统输出的前 N 个相关文档中有 $n(1 \leqslant n \leqslant N)$ 个正确的文档，那么计算 n 次，这 n 个准确率取平均值即为非插值平均准确率。

插值平均准确率计算方法中，11 点均值法（11-point average precision）是常用的一种计算方法。关于这个方法的具体介绍，请参阅第 13 章中有关文本分类系统评测指标的介绍。

14.3.2　信息检索评测活动

国际上与信息检索相关的评测活动主要是 TREC 评测和 NTCIR 评测。国内也组织过相关评测。分别简要介绍如下。

1. TREC 评测

TREC 评测活动由美国 NIST 发起,1992 年举办首届信息检索评测,此后每年举办一次,目前是信息检索领域最重要的评测。TREC 的评测任务每次都有所变化。

在 2005 年 TREC 关于检索系统的鲁棒性评测中[Voorhees,2005],文档集采用 LDC 提供的 AQUAINT 英语新闻文本语料(LDC catalog number:LDC2002T31),文档分别来自 1998 年至 2000 年的 AP 新闻专线(AP newswire)、1998 年至 2000 年的纽约时代新闻专线(New York Times newswire)和 1996 至 1998 年的新华社新闻署(Xinhua News Agency)(英文新闻)。测试的查询主题为 50 个。在这次评估中,测试系统有效性的主要指标是 MAP 的另外一个变种:几何平均准确率(geometric MAP,GMAP),即每个主题的平均准确率的几何平均值。另外两个指标是 MAP 和 $P@10$。每个系统允许提供 5 次运行的结果。

为了保证参评系统不同次运行结果之间的可比性,如果参评单位提供系统自动运行的结果,要求有一次运行只准使用主题陈述(topic statement)的描述域(description field),记作 Description-only Run;另外一次运行只准使用主题陈述的标题域(title field),记作 Title-only Run。

2013 年的 TREC 评测设置如下评测任务(Tracks)[①]:

- 上下文相关搜索建议(Contextual Suggestion):评测对上下文和用户兴趣依赖姓较强的复杂信息的搜索技术。
- 众包(Crowd Sourcing):评测基于众包的搜索评价方法,以及融合自动评价与众包评价方法的搜索系统。
- 联合网络搜索(Federated Web Search):评测从大量真实的在线网络搜索服务所提供的结果中筛选和综合信息的技术水平。
- 知识库加速器(Knowledge Base Acceleration):评测知识库的自动修改和扩充技术,以大幅度地提升知识工程师的工作效率。
- 实时搜索(Real-time)(先前称为"微博"(Microblog)):检测在微博环境下(如 Twitter)用户对实时信息的需求及满意程度。
- 会话(Session):以测试集的形式提供所需要的资源用以模拟用户交互,帮助评估检索系统在问句序列(而不是一次性提问)和用户交互方面的实用性。
- 时序摘要(Temporal Summarization):该任务的目标是开发信息监控系统,使用户能够高效监控某一事件随时间变化的信息。
- 网站搜索(Web):对网站搜索技术的效率和可靠性进行评估。

2. NTCIR 评测

NTCIR(Test Collections for IR Systems)项目[②]是由日本科学促进会(Japan Society for Promotion of Science,JSPS)未来研究计划(Research for Future Program)和日本国家科学咨询系统中心(National Center for Science Information Systems,NACSIS)于 1997 年

---

① http://trec.nist.gov/pubs/call2013.html

② http://research.nii.ac.jp/ntcir/index-en.html

联合赞助发起的一系列评测活动,包括信息检索、问答系统、文本摘要和信息抽取等技术的评测,其目的是推动信息获取技术的发展,提供交叉系统对比和自由学术交流的论坛,研究信息获取技术评估方法,探索构建大规模可重复利用数据集的方法。2001 年及其之后的相关评测由日本文部省(Ministry of Education, Culture, Sports, Science & Technology in Japan, MEXT)相关基金和日本国立情报学研究所的信息资源研究中心 RCIR/NII(Research Center for Information Resources at National Institute of Informatics)共同资助。

NTCIR 评测包括的任务较多,信息检索和问答系统只是其中的两项任务,除此之外还有很多其他任务,如第 10 届 NTCIR 评测(2012 年 1 月至 2013 年 6 月)[1]包括 6 个核心任务:跨语言的链接发现(cross-lingual link discovery)、用户意图分析(intent)、一次性点击响应(one click)、专利翻译(patent machine translation)、识别文本中的推理(recognizing inference in text)和口语文档检索(IR for spoken documents),以及两个引导性任务:基于自然语言文本和数学公式的数学信息获取任务(Math)、医学文档的自然语言处理任务(medical natural language processing)。

3.“863”评测

2005 年我国“863”计划计算机主题专家组组织了中文信息处理与智能人机接口技术评测的信息检索评测[张俊林等,2006]。该评测拟订了 50 个中文查询条件(topic)。查询条件由 4 个字段组成:编号、标题、描述和叙述,采用规范格式描述用户希望检索的信息。评测集是由北京大学计算机网络与分布式系统实验室提供的以中文为主的 Web 测试集 CWT100g。

各系统提交检索结果以后,评估组利用 Pooling 方法形成初步的答案集合:针对每个查询主题,从参评的各系统所送回的测试结果中抽取出前 100 篇文档,合并成一个 Pool,视为该查询主题可能的相关文档候选集,将集合中重复的文档去除,再送给该查询集的构建者进行相关性判断。考虑到参评系统较少,可汇集的结果权威性较差的问题,采用了相应的弥补措施:人工对查询主题草拟若干个查询条件,提交对 CWT100g 语料专门构建的搜索引擎,对于检索结果进行人工判断与筛选,将两种方法所获得的答案进行结果合并。此次评测采用二元评判标准,即一个网页或者与主题相关,或者不相关。

评测指标采用 MAP、R-Precision 和 P@10 三项。评测分为两组,一组为自动构造查询条件,另一组为手工构造查询条件。根据当时评测的结果,自动组的最佳系统 MAP 指标略高于 TREC 评测中的最佳系统 MAP 指标,而最佳系统的 P@10 指标略低于 TREC 评测中最佳系统的 P@10 指标,但两个评测的指标(MAP 和 P@10)差距不大。

14.4　问答系统

14.4.1　概述

尽管众多优秀的搜索引擎提供商(包括 Google、Yahoo、百度等)投入了大量的人力和

---

[1]　http://research.nii.ac.jp/ntcir/ntcir-10/tasks.html

财力来改进搜索引擎的效果和使用的便捷性,尽量满足各种用户群的要求,但传统的搜索引擎仍然存在局限性,比如,搜索不到用户真正需要的信息,返回的无关信息太多,或者用户需要的信息未排列在前几位结果中,等等。这使得网络用户对于现有的搜索技术仍然不满。根据 MORI 的民意调查,只有 18% 的用户表示总能在网上搜索到需要的信息,而68% 的用户对搜索引擎很失望[吴友政,2006]。其实,在很多情况下,用户并不想搜索文献的全文,而只是想知道某一个具体问题的确切答案,诸如:北京故宫始建于哪一年?NASDAQ 的英文全称是什么? 美国现任总统是谁? 等等。这种能够接受用户以自然语言形式描述的提问,并能从大量的异构数据中查找或推断出用户问题答案的信息检索系统称为问答系统(question answering,QA)。

从某种意义上说,问答系统是集知识表示、信息检索、自然语言处理和智能推理等技术于一身的新一代搜索引擎。问答系统与传统的信息检索系统在很多方面都有所不同,主要区别可参见表 14-2[吴友政,2006]。

表 14-2   问答系统与传统信息检索系统的区别

比 较 方 面	问 答 系 统	传统信息检索系统
系统的输入	自然语言提问	关键词组合
系统的输出	准确的答案	相关文档的列表
所属的领域	涉及 NLP 和 IR 两个领域	IR 领域
信息确定性	用户信息需求相对明确	用户信息需求相对模糊

问答系统也可以划分为很多种类型,如果根据系统的应用目的和获取问题答案所依据的数据,可以将问答系统划分为基于固定语料库的问答系统、网络问答系统和单文本问答系统三种。

基于固定语料库的问答系统的问题答案是从预先建立的大规模真实文本语料库中进行查找,如 TREC QA Track 评测。尽管语料库中无法涵盖用户所有类型的问题答案,但能够提供一个良好的算法评测平台,因而适合对不同问答技术的比较研究。

网络问答系统是从互联网中查找问题的答案,所以,可以认为它基本能够涵盖所有问题的答案。网络问答系统的目的是在真实环境下研发问答技术,但是,由于网络本身是一个变化着的巨大"语料库",因此,不适合评价各种问答技术的优劣。

单文本问答系统也可称为阅读理解式的问答系统,它是从一篇给定的文章中查找问题的答案,要求系统在"阅读"完一篇文章后,根据对文章的"理解"给出用户提问的答案。这种系统非常类似于我们在学习英语时见到的阅读理解。这种系统仅在一篇文章中查找针对提问的答案,数据冗余性不高,所以要求的技术相对复杂。

基于常见问题集(frequently asked questions,FAQ)的问答系统简称为 FAQ 问答系统,其典型用途是对企业产品或专业知识问题的解答。FAQ 数据集的内容表现形式是提问和相应答案的问答对。这种类型的数据质量很高,答案基本上都比较准确,不存在垃圾等信息,但不足之处是数据规模往往很小。在特定领域,例如关于疾病的疑问解答,FAQ 问答系统能够为用户提供相关知识的搜索服务。在利用 FAQ 数据的过程中,通常有两种方式：①从历史 FAQ 数据集中检索出与用户提问相似的问题，并返回该相似问题对应的答案；②直接从 FAQ 数据集中检索答案。与第一种方式相比，这种方式的难度往往较大。由于 FAQ 问答系统受到领域和数据规模的限制，在一定程度上也限制了其应用范围。

随着 Web 2.0 的兴起，面向用户生成内容（user-generated content，UGC）的互联网服务越来越流行，社区问答系统（community question answering，CQA）应运而生，例如，Yahoo! Answers①、百度知道②等。与传统问答系统不同，在社区问答系统中，用户不仅可以提出任何类型的问题，也可以回答其他用户提出的任何问题。社区问答系统的出现为互联网知识分享提供了新的途径和平台，也为问答技术的发展带来了新机遇。据统计，2010 年 Yahoo! Answers 上已解决的问题量达到 10 亿，2011 年"百度知道"已解决的问题量达到 3 亿，而且这些社区问答数据覆盖了用户知识和信息需求的各个方面[周光有，2013]。

值得提及的是，2010 年 IBM 公司研发的 Watson 问答系统[Ferrucci *et al.*，2010]在美国智力竞赛节目《危险边缘 Jeopardy!》中战胜人类选手，让人们看到了计算机全自动理解自然语言文本、实现自动推理和知识归纳的希望，成为问答系统研究领域中一个里程碑性的事件。Watson 系统存储了约 2 亿页的图书、新闻、电影剧本、辞海、文选和《世界图书百科全书》等资料，采用了统计机器学习、句法分析、主题分析、信息抽取、知识库集成和知识推理等深层分析技术。但是，Watson 系统主要是对信息检索技术的综合利用，并没有进行各种语义关系（如依存关系、衔接关系、连贯关系、指代关系等）的深刻计算。它能够回答的问题类型也只限于简单的事实类问题，或者说所给出的答案大多数是实体或词语的简单描述。对于答案不能用实体或词语表示的提问，例如描述一个过程的、表示评价的提问等，Watson 系统处理得很少。从其官方资料和比赛表现分析，Watson 系统对于需要推理的复杂问题无法做出良好处理。

14.4.2　系统构成

在目前情况下，一个自动问答系统通常由提问处理模块、检索模块和答案抽取模块三部分组成，其系统构成可用图 14-3 表示。图中，提问处理模块主要负责对用户的提问进行处理，包括：生成查询关键词（提问关键词、扩展关键词等）、确定提问答案类型（人称、地点、时间、数字等）以及提问的句法、语义分析，等等。

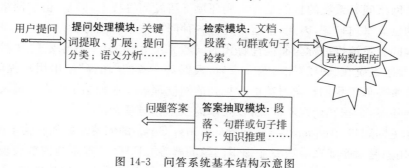

图 14-3　问答系统基本结构示意图

---

① http://answers.yahoo.com/

② http://zhidao.baidu.com/

检索模块主要根据提问处理模块生成的查询关键词,使用某种检索方式,检索与提问相关的信息。该模块返回的信息可以是段落,也可以是句群或者句子。

答案抽取模块则利用相关的分析和推理机制从检索出的相关段落、句群或句子中抽取出与提问答案类型一致的实体,根据某种原则对候选答案进行排序,把概率最大的候选答案返回给用户。

结合前面介绍的信息检索技术我们可以看出,一个问答系统的关键技术包括如下几个方面:

- 基于海量文本的知识表示:充分利用海量网络文本资源和机器学习方法,建立面向大规模语义计算和推理的知识表示体系,自动构建知识库。
- 问句解析:主要任务包括:(对于中文)自动分词、词性标注、实体标注、概念类别标注、句法分析、句子语义分析、句子逻辑结构标注、指代消解、关联关系标注等。在进行上述处理的基础上,还需要对问句进行分类,确定答案类别。
- 答案生成与过滤:根据问句解析结果从大规模知识源和网页库中抽取候选答案,进行关系推演,判别搜索结果与问题的吻合程度,过滤噪声,生成答案候选,并通过推理形成最终问题解答。

在问句解析中可根据其结构特点将问句划分为简单问句和复杂问句两类。简单问句中往往只包含一个句子,问句中对于答案的约束相对较少;而复杂问句通常包含多个句子,每个句子包含问题的一个侧面,问题的答案往往需要从问题的多个侧面推导得出。也可从答案的颗粒度出发将问句划分为:实体型问题、段落级问题以及篇章级问题。

所谓实体型问题是指其答案要求为一个或者多个确定性的实体级别的答案,例如:"姚明的身高是多少?""李白都写过哪些诗?"等。根据实体型问题答案的特点,这一类问题可以包括:列表型问题、数学问题、关系问题等。

段落级问题的答案往往不能由一个或者多个实体表示,需要通过一个句子或者多个句子来回答。例如:"白居易对于新乐府运动的贡献都有哪些?""在三次反围剿运动中,我党内部都发生了哪些重大事件?"这一类问题包括:定义类问题、观点型问题、逻辑型问题、程序型问题等。

篇章级问题往往需要对问题进行全方位的描述,问题的答案往往包含问题目标的多个方面。例如:"本·拉登是谁?""什么是诺贝尔奖?"这一类问题包括:综合型问题、百科型问题等。

除了上述针对各个问题类型的相对应的答案抽取方法,还需要对问句本身进行分析,具体包括:问句分析,即把一个自然语言问句表示为一个或若干个搜索查询的形式;问句分类,即识别问题的类别,从而采用相对应的答案抽取方法;问题分解,即主要针对复杂问句,从复杂问句中分割出多个简单问题并识别简单问题间的逻辑关系,从而根据这种关系从简单问句的答案中抽取、推理出最终答案。这里逻辑关系通常包含:并列关系、递进关系、因果关系等。

14.4.3　基本方法

根据问答系统在各个技术模块中所采用的不同方法,吴友政(2006)将问答技术大致分为四种类型：基于检索的问答技术、基于模式匹配的问答技术、基于自然语言理解的问答技术和基于统计翻译模型的问答技术。

基于检索的问答技术就是利用检索算法直接搜索问题的答案，候选答案的排序是这类技术的核心，排序的依据通常是提问处理模块生成的查询关键词。由于不同类别的关键词对排序的贡献不同，算法一般把查询关键词分为几类：①普通关键词：即从提问中直接抽取的关键词；②扩展关键词：从 WordNet 或其他词汇知识库或 Web 中扩展的关键词；③基本名词短语（base NP）；④引用词：通常是引号中的词；⑤其他关键词，等等。

这种方法相对简单，容易实现，但它以基于关键词的检索技术（也可称为词袋检索技术）为重点，只考虑离散的词，不考虑词与词之间的相互关系。因此，无法从句法关系和语义关系的角度解释系统给出的答案，也无法回答需要推理的提问。

对于一些固定模式的提问，例如，提问某人的出生日期、某人的原名、某物的别称等类似的问题，可采用基于模式匹配的问题求解技术，获得尽可能多的答案表述模式是这种方法的关键技术。运用这种方法时，往往先离线地获得各类提问答案的模式，在运行阶段，系统首先判断当前提问属于哪一类，然后使用这类提问的所有模式来对抽取的候选答案进行验证。

基于模式匹配的问答技术虽然对于某些类型的提问（如定义、出生日期等）具有良好的性能，但模板不能涵盖所有提问的答案模式，也不能表达长距离和复杂关系的模式，同样也无法实现推理。

鉴于前两种方法都存在自身的缺陷，很多专家认为，要想改进或者更大程度地提高问答系统的性能，必须引入自然语言处理的技术。因此，很多系统将自然语言处理的相关技术引入问答系统，如句法分析技术、语义分析技术等，不过由于现阶段的自然语言处理技术还不成熟，深层的句法、语义分析技术还不能达到实用化的效果。因此，目前的大多数系统还仅限于利用句子的浅层分析结果，作为对前两种方法的补充和改进。

基于自然语言处理的问答技术可以对提问和答案文本进行一定程度的句法分析和语义分析，并实现推理。但目前自然语言处理技术还不成熟，除一些浅层的技术（汉语分词、词性标注、命名实体识别、基本短语识别等）以外，其他技术还没有达到实用的程度。所以，目前这种技术的作用还十分有限，只能作为对前两种方法的补充。

基于统计翻译模型的问答技术把提问句看作是答案句在同一语言内的一种翻译形式，答案句子中与提问句子中的疑问词对应的词即是该问句要找的答案。这种问答技术一般需要经过如下几个步骤：首先对检索句进行分析，保留句子中的提问词，然后，搜索包含答案的候选句子，对候选句子进行分析，最后，使用统计翻译模型（主要是对齐技术）抽取提问的答案。

这种方法在很大程度上依赖于训练语料（提问和答案句子对照的平行语料）的规模和质量，而对于开放域的问答系统，这种大规模训练语料的获取非常困难，而且，目前在统计翻译中，词或短语对齐的准确率本身就没有达到一个很高的水准。因此，对齐模型用在问答系统中也很难有上乘的表现。

总之，问答技术可以说是一项综合性的技术，涉及搜索、知识推理、自然语言理解等方方面面。一个高性能的问答系统必须具备综合利用各种知识源（包括语言知识、常识等）和推理技术的能力。

14.4.4　QA 系统评测

国外从事问答系统的研究可以追溯到 20 世纪 70 年代,尤其是在 90 年代末期 DARPA 支持 HPKB(High-Performance Knowledge Bases)工程[Cohen *et al.*, 1998]和美国 NIST 组织 TREC QA Track 评测以来,英文问答技术已经获得了长足的发展。比较成功的英文问答式检索系统有 Ask Jeeves[①],AnswerBus[②],START[③],QuASM[④] 和 Encarta[⑤] 等。其中,Ask Jeeves 接受自然语言提问,返回结果是和用户提问相关的"文档"。AnswerBus 是一个句子级的多语种问答系统,对于用户提出的法语、西班牙语、德语、意大利语或葡萄牙语问题,系统返回可能包含答案的 8 个"句子"。因此,从严格意义上讲,Ask Jeeves 和 AnswerBus 都不是真正的问答系统。而 START 才是真正的问答系统,它直接向用户用自然语言表达的问题提供简洁答案。

近年来,国内从事问答系统的研究机构也在不断地增加,复旦大学、清华大学、北京信息科技大学、哈尔滨工业大学、中国科学院计算所、自动化所和北京大学等,都在这方面做了大量的研究工作,并且有不少机构在近些年的 TREC QA Track 评测中获得了不错的成绩。

美国国家标准技术研究院(NIST)资助的 TREC QA 评测最具影响力,该评测从 1999 年开始每年举办一次,至 2005 年成功地举办了 7 届。每年的评测任务和指标都有所变化。主要的问题类型包括:

- 事实型(Factoid)问题

该任务主要测试系统对基于事实、有简短答案的提问的处理能力。例如,Where is Belize located? Who is the president of Korea? 等,而那些需要总结、概括的提问不在测试之列。例如,如何办理出国手续? 如何赚钱? 等等。

- 列表型(List)问题

该任务要求系统列出满足条件的几个答案。在 2003 之前组织的评测中,要求被测试的系统给出不少于给定数目的实例。如:Name 22 cities that have a subway system。从 2003 年之后,则要求系统给出满足条件的尽可能多的实例,如:List the names of chewing gums。

- 定义型(Definition)问题

该任务要求被测系统给出某个概念、术语或现象的定义或解释。例如:What is Iqra? 等。

- 情景型(Context)问题

该任务测试系统对相关联的系列提问的处理能力,即对提问 i 的回答还依赖对提问 j ($i > j$) 的理解。例如:①佛罗伦萨的哪家博物馆在 1993 年遭到炸弹的摧毁? ②这次爆

---

① http://www.ask.com

② http://www.answerbus.com/about/index.shtml

③ http://start.csail.mit.edu/

④ http://nyc.lti.cs.cmu.edu/IRLab/11-743s04/

⑤ http://encarta.msn.com/

炸发生在哪一天？③有多少人在这次爆炸中受伤？

- 段落型（Passage）问题

这是 2003 年 TREC 评测提出的新任务,这类问题对答案的要求偏低,不需要系统给出精确答案,只要求给出包含答案的一个字符序列。

- 其他类型（Other）问题

这是 2004 年的 TREC QA 评测定义的任务。TREC'2004 的测试集包括 65 个目标（target）,每个目标是由数个 Factoid 问题、0～2 个 List 问题和一个 Other 问题组成的系列（Series）。其中,Other 问题的返回答案应该是一个非空的、无序的、不限定内容的关于目标的描述,但不能包括 Factoid、List 问题已经回答的内容。

TREC QA 的评测指标主要包括：平均排序倒数（mean reciprocal rank，MRR）、准确率（accuracy）、CWS（confidence weighted score）等,MRR 和 CWS 的计算公式分别为

$$\mathrm{MRR} = \frac{\sum_{i=1}^{N} \dfrac{1}{\text{标准答案在系统给出的排序结果中的位置}}}{N} \qquad (14\text{-}35)$$

如果标准答案在系统给出的排序结果中的多个位置上,以排序最高的位置计算；如果标准答案不在系统给出的排序结果中,本题得 0 分。

$$\mathrm{CWS} = \frac{1}{N} \sum_{i=1}^{N} \frac{\text{前 } i \text{ 个提问中被正确回答的提问数}}{i} \qquad (14\text{-}36)$$

CWS 指标希望系统把最确定的答案排在前面。式（14-35）和式（14-36）中的 N 均表示测试集中总的提问个数。

准确率即为系统给出的正确答案个数与总的问题个数之比。

在 NTCIR 评测中问题回答系统评测也是其中的一项重要任务。在 2005 年 NTCIR 评测中设置了跨语言问答系统的评测任务[Sasaki et al., 2005],这里的"跨语言"仅限于两种语言的跨越,语言对包括：日—英（JE）、英—日（EJ）、汉—英（CE）、汉—汉（CC）、英—汉（EC）等 5 个子任务。语言对 XY 表示用给定的 X 语言表示提问,要求系统必须从 Y 语言的文档集合中提取出答案,最后翻译成源语言 X 返回结果。跨语言问答评测系统仅定义了一个任务：对于答案类型是命名实体的提问,要求系统返回一个答案或者空答案。

每届 TREC 评测的打分标准并不完全一致,TREC 评测与 NTCIR 评测的衡量标准也有所不同,参加不同届 TREC 评测的系统和不同评测之间的系统性能没有绝对的可比性。

虽然近几年没有组织专门的 QA 评测,但问答系统一直是研究的热点,尤其社区问答系统的兴起和 Watson 问答系统的问世,围绕自动问答系统关键技术和开放域问答系统实现方法的研究可谓如火如荼。

另外,值得提及的是,除了常规信息检索和问答系统以外,近年来信息推荐技术,如广告推荐、音乐推荐、电子产品推荐等,也是信息检索和问答系统领域研究的热点。

第15章

自动文摘与信息抽取

文本自动文摘(automatic summarization/abstracting)是利用计算机自动实现文本分析、内容归纳和摘要自动生成的技术,而文本信息抽取(information extraction)则是从自然语言文本中自动抽取指定类型的实体、关系、事件等事实信息的应用技术。这两项技术在互联网技术迅速发展、海量信息急速膨胀的今天,具有非常重要的用途。

本章对自动文摘和信息抽取技术的基本概念、基本方法和相关研究作简要介绍。

15.1 自动文摘技术概要

1958 年 H. P. Luhn 发表了一篇题为"The Automatic Creation of Literature Abstracts"的文章[Luhn,1958],从此揭开了计算机实现自动文摘研究的序幕。在此后的几十年中,随着计算机网络时代的到来,自动文摘技术得到迅速发展和提高。1993 年 12 月,在德国 Wadern 召开了历史上第一次以自动文摘为主题的国际研讨会,1995 年 9 月,*Information Processing and Management* 杂志出版了一期标题为 Summarizing Text 的专刊(第 31 卷第 5 期)①,标志着自动文摘研究方向的形式,自动文摘技术研究由此进入了人们关注的视野。

按照不同的标准自动文摘可以划分为不同的类型。如果根据文摘的功能划分,可以分为指示型文摘(indicative)、报道型文摘(informative)和评论型文摘(evaluative)[Maybury and Mami,2001]。根据输入文本的数量划分,自动文摘可以分为单文档摘要(single-document summarization)和多文档摘要(multi-document summarization)两类。而根据原文语言种类划分,自动文摘可以分单语言(monolingual)摘要和跨语言(cross-lingual)摘要。根据文摘和原文的关系划分,则又可以分为摘录型文摘(extract)和理解型文摘(abstract),前者是由从原文中抽取出来的片段组成,而后者则是对原文主要内容重新组织后形成的。如果根据文摘的应用划分,则可以分为普通型(generic)文摘和面向用户查询的(query-oriented)文摘,前者提供原文作者的主要观点,而后者则反映用户感兴趣的内容[Hovy and Marcu,1998]。

---

① http://www.informatik.uni-trier.de/~ley/db/journals/ipm/ipm31.html

需要指出的是，上述文摘类型的划分并非互斥的，各种划分类型之间存在一定的重叠，例如，多文档摘要也可以是跨语言的多文档摘要，而摘录型文摘既可以在单文档中实现，也可以在多文档中实现，等等。

另外，刘挺等（1999）曾将自动文摘方法概括为四种：自动摘录、基于理解的自动文摘、信息抽取和基于结构的自动文摘。而秦兵等（2005）则从系统实现的方法考虑，将多文档自动文摘方法概括为三种：基于单文档文摘技术的方法、基于信息抽取的方法和基于多文档集合特征的方法。

一般来说，自动文摘过程包括三个基本步骤，如图 15-1 所示。

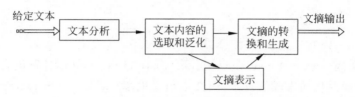

图 15-1　自动文摘过程示意图

文本分析过程是对原文本进行分析处理，识别冗余信息；文本内容的选取和泛化过程是从文档中辨认重要信息，通过摘录或概括的方法压缩文本，或者通过计算分析的方法形成文摘表示；文摘的转换和生成过程实现对原文内容的重组或者根据内部表示生成文摘，并确保文摘的连贯性。文摘的输出形式依据文摘的用途和用户需求确定。由于不同的系统所采用的具体实现方法不同，因此，在不同的系统中上述几个模块所处理的问题和采用的方法也有所差异。例如，在基于句子抽取的多文档文摘系统中，其基本思想是通过计算句子之间的相似性，抽取文摘句，然后对文摘句排序的方法生成最后的文摘，因此，其核心技术集中在句子相似性计算、文摘句抽取和文摘句排序三个问题上，并不需要经过文摘表示这一中间环节。

15.2　多文档摘要

一般来说，由于多文档摘要的概念具有更大的外延，多文档摘要技术研究可以涉及更广泛的技术问题，因此，多文档摘要的研究似乎更受关注。从定义的角度讲，多文档摘要就是将同一主题下的多个文本描述的主要信息按压缩比提炼出一个文本的自然语言处理技术[Radev *et al.*，2002]。从应用的角度来看，一方面，在互联网上使用搜索引擎时，搜索同一主题的文档往往会返回成千上万个网页，如果将这些网页形成一个统一的、精练的、能够反映主要信息的摘要必然具有重要的意义。另一方面，对于互联网上某一新闻单位针对同一事件的系列报道，或者对某一事件数家新闻单位同一时间的报道，若能从这些相关性很强的文档中提炼出一个覆盖性强、形式简洁的摘要也同样具有重要的意义。而这两种情况正是多文档摘要技术的两种典型应用。

15.2.1　问题与方法

无论是单文档文摘还是多文档文摘，目前采用的方法一般为基于抽取的方法

(extracting method)或称摘录型方法和基于理解的方法（abstracting method）。在单文档摘要系统中，一般都采用基于抽取的方法。而对于多文档而言，由于在同一主题中的不同文档中不可避免地存在信息交叠和信息差异，因此，如何避免信息冗余，同时反映出来自不同文档的信息差异是多文档文摘中的首要目标，而要实现这个目标通常意味着要在句子层以下做工作，如对句子进行压缩、合并、切分等。所以，多文档摘要系统所面临的问题更加复杂。

另外，单文档的输出句子一般都按照句子在原文中出现的顺序排列，而在多文档摘要中，大都采用时间顺序排列句子，如何准确地得到每个句子的时间信息，也是多文档文摘中需要解决的一个重要问题。

正如前面指出的，自动文摘过程通常包括三个基本步骤，实现这些基本步骤的方法可以是基于句子抽取的，也可以是基于内容理解的，或者是基于结构分析的或其他方法。但无论采用什么样的方法，都必须面对三个关键问题：①文档冗余信息的识别和处理；②重要信息的辨认；③生成文摘的连贯性。

常用的冗余识别方法通常有两种，一种是聚类的方法，测量所有句子对之间的相似性，然后用聚类方法识别公共信息的主题，如 McKeown 等人的工作[McKeown *et al*，1999]；另一种做法是采用候选法，即系统首先测量候选文段与已选文段之间的相似度，仅当候选段有足够的新信息时才将其入选。如最大边缘相关法 MMR（maximal marginal relevance）[Carbonell and Goldstein，1998]。吴晓锋（2010）根据新闻语料的特点，提出了利用语义角色标注信息判断句子相似性的方法：先识别待判断的两个句子中所有谓词的语义角色，然后计算两个句子间对应语义角色的相似度，最后结合传统的句子相似度计算方法来进行句子相似性计算。

辨认重要信息的常用方法有抽取法和信息融合法。抽取法的基本思路是选出每个聚类中有代表性的部分（一般为句子），默认这些代表性的部分（句子）可以表达这个聚类中的主要信息。如在 MEAD 系统中，如果压缩率为 v，句子数为 N，则选出排序在最前面的 $N \times v$ 个分值最高的句子[Radev *et al.*，2000]。信息融合（information fusion）法的目的是要生成一个简洁、通顺并能反映这些句子（主题）之间共同信息的句子。为达到这个目标，要识别出对所有入选的主题句都共有的短语，然后将之合并起来。由于集合意义上的句子交集效果并不理想，因此，需要一些其他技术来实现融合，这些技术包括句法分析技术、计算主题交集（theme intersection）等[Barzilay *et al.*，1999]。

为了确保文摘句子的一致性和连贯性，需要排列句子的先后顺序。目前采用的句子排序方法通常有两种：一种是时间排序法（chronological ordering）[McKeown *et al.*，1999；Lin and Hovy，2001]，另一种是扩张排序算法（augmented algorithm）[Barzilay *et al.*，2001]。在时间排序法中，一般选定某一个时间为参考点，然后计算其他相对时间的绝对时间，例如，在 Lin and Hovy（2002）实现的系统中，使用出版日期作为参考点，并为本周内的日期（weekdays）、以往或今后周内的日期（past ｜ next ｜ coming ＋ weekdays）和"今天、昨天、昨晚……"等表达方式计算绝对时间。扩张排序算法的目的是试图通过将有一定内容相关性的主题（topically related themes）放在一起来降低不流畅性[Barzilay *et al.*，2001]。

　　吴晓锋（2010）认为，虽然很多学者致力于理解式方法的研究，但摘录型的摘要方法仍是实用性自动摘要的主流方法。已有的摘录型方法的主要思路是从文章中提取特征，然后采用有监督或者无监督的机器学习方法对句子进行分类、打分，并进行句子抽取和排序。特征提取的基本单位是句子。吴晓锋（2010）提出了一种基于序列分段模型（sequence segmentation models，SSM）的有监督摘录型摘要提取方法。该方法将自动摘要看作"段标注"问题，其优点在于提取特征的单位不仅来自句子，也可来自于段。他采用半马尔可夫条件随机场（semi-Markov conditional random fields，SemiCRFs）对"段"进行建模和标注。由于该方法扩大了特征来源的范围，因此与单纯以句子为单位进行特征提取的方法相比有明显优势。

　　万小军等在自动文摘方法研究方面取得了一系列成果。Wan et al.（2007）提出了一种基于流形排序（manifold ranking）的主题聚焦的多文档自动摘要方法，该方法采用句子流形排序的抽取型技术实现自动摘要，其基本观点是：流形排序过程能够充分利用文档中所有句子之间的关系和句子与给定主题之间的关系，通过流形排序算法能够获得每个句子的重要性得分，最后可利用贪心算法对句子的冗余性进行惩罚，选择信息含量高且有新内容的句子构成摘要。Wan and Yang（2008）利用基于聚类的链接分析方法进行多文档摘要，他们提出了基于聚类的条件马尔可夫随机游走模型（cluster-based conditional Markov random walk model）和基于聚类的 HITS 模型（cluster-based HITS model）来利用聚类层的信息。Wan et al.（2010）针对跨语言多文档自动摘要研究中，通常的方法只是简单地依赖机器翻译技术进行文档翻译或摘要翻译，导致摘要质量（包括内容和可读性）差的问题，提出了一种基于译文质量预测技术的英汉跨语言摘要方法，其基本思路是：首先利用 SVM 回归方法预测文档集中每个句子的译文质量，对每个句子译文质量的预测分值融入摘要生成过程中，最终选择译文质量高且信息含量大的英文句子经过翻译形成中文摘要。Wan（2011）针对跨语言摘要中一般只使用一端（源语言或目标译文）文档信息的问题，提出了同时使用两端（原文和译文）文档信息的方法。Wan et al.（2011）针对不同语言的新闻报道往往对同一个热点事件持有不同的观点，因此其报道的侧重点有所不同的实际情况，对如何从汉英两种语言的关于同一事件的新闻报道中发现差异并归纳摘要的问题进行了深入调研，提出了一种新颖的受限协同排序方法（constrained co-ranking method）。

　　李芳等（2011）为了满足用户的个性化需求，设计了面向查询的多文档自动文摘的多种摘要模式。其基本思路是：将查询返回的文档集合表示为以文本、段落为结点的双层复杂网络结构以发现子主题，在此基础上除采用传统的摘要模式以外又设计了概括摘要、局部摘要、全局摘要和详细摘要四种摘要模式，并给出了各种摘要的生成方法。这种处理方式支持用户以主题为线索的自主漫游，可按照一定的逻辑顺序浏览信息。

　　关于自动文摘方法的详细阐述，请参阅文献［Nenkova and McKeown，2011］和［Lloret and Palomar，2012］。

15.2.2　文摘评测

　　文摘自动评测是自然语言处理中比较棘手的问题，相对于机器翻译、信息检索等其他技术的评测更加困难，因为理论上根本没有完美的摘要作参考。有关专家做过分析，即便是相对简单直白的新闻,人工摘要也只能做到大约60%的情况下测量句子的内容是交叠的[Radev *et al.*,2002]。

　　传统的文摘评价方法主要由人工根据以下几个指标评价文摘的质量:一致性、简洁性、文法合理性、可读性和内容含量。在2005年NIST组织的DUC(Document Understanding Conference)评测中,人工评测指标包括如下5项:文摘的合乎语法性(grammaticality)、非冗余性(non-redundancy)、指代的清晰程度(referential clarity)、聚焦情况(focus)和结构及一致性(structure and coherence)[Dang,2005]。但是,在针对大规模文本进行评测时,人工评价需要消耗大量的人力,实现起来比较困难[Over and Yen,2003]。

　　文摘的自动评测方法研究引起了众多学者的关注。Jones and Galliers(1995)曾将文摘自动评估方法大致分为两类:一类称作内部(intrinsic)评价方法,与文摘系统的目的相关,它通过直接分析摘要的质量来评价文摘系统;第二类称作外部(extrinsic)评价方法,它是一种间接的评价方法,与系统的功能相对应,将文摘应用于某一个特定的任务中,根据摘要功能对特定任务的效果来评价自动文摘系统的性能,如对于信息检索任务而言,可以对比采用摘要进行检索与采用原文进行检索的准确率差异,通过文摘对检索系统的效果来评价文摘系统的性能。

　　内部评价方法可以按信息的覆盖面和正确率来评价文摘的质量,一般采用将系统结果与"理想摘要"相比较的方法。这种评价方法源于信息抽取技术。在信息抽取评测中,将原文的关键要点抽取出来,然后与人工抽取的内容相比较,计算其召回率(recall)、准确率(precision)、冗余率(overgeneration)和偏差率(fallout)等几个指标。计算公式通常为[Chinchor,1991]:

$$recall = \frac{correct + (partial \times 0.5)}{possible}$$

$$precision = \frac{correct + (partial \times 0.5)}{actual}$$

$$overgeneration = \frac{spurious}{actual}$$

$$fallout = \frac{incorrect + spurious}{possible\ incorrect}$$

其中,correct为正确的响应数;partial为部分正确的响应数;possible为所有可能的答案数,包括两部分,一部分为答案数,另一部分是候选答案中与系统响应匹配的个数;actual为系统给出的实际响应个数;spurious为伪响应数,本来没有答案但系统给出的多余(superfluous)响应;incorrect为不正确的响应数;possible incorrect为可能不正确的答案数,可以用possible数减去正确的答案数来计算;overgeneration指标测试的是系统生成的伪响应的比率,而fallout测试的是可能不正确的答案中系统错误响应和伪响应所占的比率。

　　这种内部评价方法存在的主要困难是"理想摘要"的获得问题。外部评测方法则与测试的特定任务密切相关,这里不再多述。

　　一般地,内部评测方法又可分为两类:形式度量(form metrics)和内容度量(content metrics)。形式度量侧重于语法、全文的连贯性和组织结构,内容度量则更加复杂。一种典型的方法是,系统输出与一个或多个人工的理想摘要做逐句的或者逐片段的比较来计算召回率和精确率；另一种常用的方法包括 kappa 方法[Carletta，1996]和相对效用 (relative utility)方法[Radev *et al*.，2000]，这两种方法都是通过随机地抽取原文中的一些段落，测试系统对应这些段落产生的摘要质量来评测系统整体性能的。在 2001 年和 2002 年的 DUC 评测中，NIST 使用了 SEE(Summary Evaluation Environment)来记录精确率和召回率值[Radev *et al*.，2002]。当然，这些方法也同样存在手工抽取"理想摘要"的问题。

Lin and Hovy (2002)基于机器翻译系统评测中的 BLEU 评分方法提出了一种文摘自动评测方法。Lin (2004a)将这一方法加以改进，提出并实现了基于最长公共子串和指定句子内词对的共现统计的评测方法(ROUGE)，并证明该评测方法与人工评测具有很好的一致性。在 2004 年和 2005 年的 DUC 文摘自动评测中均采用了 ROUGE 评测方法[Over and Yen，2004；Dang，2005]。

除了上述提到的文摘评测方法以外，实际上还有很多其他方法，这里不再一一列举。

15.3　信息抽取

15.3.1　概述

面对日益增多的海量信息，人们迫切需要一种自动化工具来帮助自己从中快速发现真正需要的信息，并将这些信息自动地进行分类、提取和重构。因此，在这种背景下信息抽取技术应运而生。

从广义上讲，信息抽取处理的对象可以是文本、图像、语音和视频等多种媒体，但随着文本信息抽取研究的快速发展，尤其是美国高级研究计划署（DARPA）所资助的信息理解会议(Message Understanding Conference，MUC)①对文本信息抽取系统组织统一评测以后，信息抽取往往被用来专指文本信息抽取(text information extraction)[刘非凡，2006]。

文本信息抽取指的是这样一类文本处理技术，它从自然语言文本中自动抽取指定类型的实体(entity)、关系(relation)、事件(event)等事实信息，并形成结构化数据输出[Grishman，1997]。例如，从关于自然灾害的新闻报道中抽取事件的信息一般包括如下几个主要方面：灾害类型、时间、地点、人员伤亡情况、经济损失等。总起来说，文本信息抽取主要包括三方面的内涵：①自动处理非结构化的自然语言文本；②选择性抽取文本中指定的信息；③就抽取的信息形成结构化数据表示[刘非凡，2006]。

与自动文摘相比，信息抽取一般是有目的地从文本中寻找所要的信息，并将找到的信息转化成结构化格式表示，一般采用类似框架的表示形式。因此，系统不需要生成自然语言的句子。框架表示中包含哪些属性，需要系统填充哪些槽，都是事先设定好的。而在自动文摘系统中，文摘的内容通常是不确定性的，完全依赖于输入文档的内容，而且输出结果一般是由自然语言描述的，因此，必须考虑语言生成的各个方面，诸如语言生成的连贯性、合乎语法性和可读性等问题。但是，信息抽取与自动文摘有着非常密切的联系，尤其在传统的信息抽取任务中文档分析阶段，包括对主题的识别、重要句子或关键信息的识别

---

① 　http://en.wikipedia.org/wiki/Message_Understanding_Conference

与抽取等很多方面,几乎是一样的。

15.3.2 传统的信息抽取技术

自 20 世纪 60 年代中期信息抽取技术萌生到 20 世纪 80 年代中期这一时期,基本上属于信息抽取技术缓慢发展的早期阶段,直到 20 世纪 80 年代美国政府提出了 TIPSTER 文本计划[1],信息抽取技术开始走向了迅速发展的时期,尤其一系列国际性评测会议的组织,如,MUC,TREC,ACE(automatic content extraction)[2],MET(multilingual entity task),SUMAC(summarization analysis conference)等,极大地推动了这一技术的发展,尤其 MUC 的组织和召开对于信息抽取技术的发展起了决定性的促进作用。

第一届 MUC 会议于 1987 年 5 月召开时,既没有明确的任务定义,也没有具体的评测标准,总共只有 6 个系统参加。到 1997 年最后一次 MUC 会议(MUC-7)召开时,不但有了明确的评测标准,而且评测任务已经增加到 5 个:①场景模板填充(scenario template,ST):定义了描述场景的模板及槽填充规范;②命名实体(named entity,NE)识别:识别出文本中出现的专有名称和有意义的数量短语,并加以归类;③共指(co-reference,CR)关系确定:识别出给定文本中的参照表达(referring expressions),并确定这些表达之间的共指关系;④模板元素(template element,TE)填充:类似于人名和组织机构名识别,但是,要求系统必须识别出实体的描述和名字,如果一个实体在文本中被提到了多次,使用了几种可能的描述和不同的名字形式,要求系统都要把它们识别出来,一个文本中的每个实体只有一个模板元素[Grishman and Sundheim,1996];⑤模板关系(template relation,TR):确定实体之间与特定领域无关的关系。参加 MUC-7 系统评测的单位共有 18 家。

信息抽取系统评测的主要指标是召回率(R)、准确率(P)和 F-测度值(F)。通常 $F = 2PR/(P+R)$。MUC-3 到 MUC-7 五次评测的最优结果见表 15-1[Chinchor,1998]。

表 15-1　MUC-3～MUC-7 评测最优结果　　　　　　　　　　%

评测任务	命名实体	共指	模板元素	模板关系	场景模板	多语言
MUC-3					$R<50$ $P<70$	
MUC-4					$F<56$	
MUC-5					$E_{JV}\ F<53$ $E_{ME}\ F<50$	$J_{JV}\ F<64$ $J_{ME}\ F<57$
MUC-6	E $F<97$ C $F<85$	$R<63$ $P<72$	$F<80$		$F<57$	
MUC-7	E $F<94$ C $F<91$	$F<62$	$F<87$	$F<76$	$F<51$	

注:表中的符号含义:R—召回率,P—准确率,F—F-测度值,E—英文,C—汉语,J—日语,JV—联合风险投资(joint venture),指领域,ME—微电子,指领域。

---

① http://www-nlpir.nist.gov/related_projects/tipster/

② http://www.itl.nist.gov/iad/mig//tests/ace/

　　从表 15-1 可以看出，主要指标"场景模板"的得分普遍较差，命名实体识别的结果较好，相对而言，英语的结果要比汉语的好。

　　由于 MUC 中设计的评测任务覆盖面较窄，尤其是场景模板填充任务，都是在特定领域定义的特定模板的基础上进行的，这在很大程度上限制了信息抽取系统的可移植性。因此，除了提高已有的信息抽取系统的信息覆盖度和抽取准确率以外，如何构建自适应的信息抽取系统也成为自 MUC 以后信息抽取领域研究的热点。

　　为了继续推动信息抽取技术的研究，满足不断增长的社会需求，自 1999 年起美国 NIST 组织了自动内容抽取（ACE）评测会议，旨在研究和开发自动内容技术以支持对三种不同来源文本（普通文本、经语音识别后得到的文本、由 OCR 识别得到的文本）的自动处理，以实现新闻语料中出现的实体、关系、事件等内容的自动抽取。不过，ACE 与 MUC 相比有很多不同。

　　首先，ACE 旨在定义一种通用的信息抽取标准，不再限定领域和场景，而是从语义的角度制订一套更为系统化的信息抽取框架，这个框架将信息抽取归结为建立在一定本体论（ontology）基础上的实体、关系、事件的抽取，从而适用于更广泛的领域和不同类型的文本[Appelt, 2003]。

　　其次，在评测任务设计上，ACE 对 MUC 的任务进行了融合，评测内容包含：实体检测与跟踪（entity detection and tracking，EDT）、数值检测与识别（value detection and recognition，VDR）、时间识别和规范化（time expression recognition and normalization，TERN）、关系检测与描述（relation detection and characterization，RDC）、事件检测与描述（event detection and characterization，EDC）和实体翻译（entity translation，ET）等。数据来源主要是书面新闻语料。ACE 的抽取任务定义不再基于领域相关的各类模板，而是基于一种通用意义上的知识本体，在实现开放领域信息抽取的道路上迈出了关键性的一步。

　　另外，ACE 抽取任务的复杂度和难度有所增加。在 EDR 任务中，定义了更加细化的实体分类体系，而且信息抽取系统在该任务中需要识别实体提及（mention）和转喻（metonymic）[①]现象，需要一定程度的语义分析。ACE 要求支持三种类型的文本输入，而且不再是限定的领域。

　　最后，在评测方法上，ACE 不针对某个具体的领域或场景，采用基于漏报（标准答案中有，但系统输出中没有）和误报（标准答案中没有，而系统输出中有）为基础的一套评价体系，并且对系统跨文档处理（cross-document processing）能力进行评测。评测结果不完全公开，只有参与单位才能获得[②]。

　　ACE 从 1999 年到 2008 年总共进行了 9 届。

　　传统的信息抽取系统在实现方法上，与其他自然语言处理问题的研究方法类似，也可

---

　　① 转喻是一种修辞方法，是比隐喻更进一步的比喻，它不说出本体事物，而直接用比喻的事物代替本体事物。例如，在英语句子：The pen is mightier than the sword.（文人胜于武士）中，以 pen 和 sword 分别喻指使用这物品的人。

　　② http://www.nist.gov/speech/tests/ace/ace05/doc/ace05-evalplan.v2a.pdf

以笼统地划分为基于分析的方法和基于机器学习的统计方法两种。

不管系统采用什么样的实现方法,必须解决的关键问题应该包括如下几个方面:①命名实体识别;②句法分析,尤其是短语或语块分析等浅层句法分析和依存句法分析;③共指分析和歧义消解;④实体关系识别:确定文本中两个实体之间在某一时间范围内所存在的关系;⑤事件识别:识别多个实体之间的存在关系,包括经历一段时间之后实体状态以及实体之间关系的改变。另外,语篇的分析,包括语篇的结构分析和逻辑分析也是不可忽视的一个问题。当然,对于汉语文本而言,自动分词问题始终是一个无法绕过的拦路虎。

纵观信息抽取技术的发展历程,传统的信息抽取评测任务是面向限定领域文本的、限定类别实体、关系和事件等的抽取,这在很大程度上制约了文本信息抽取技术的发展和应用,例如,问答系统所需要的信息抽取技术远远超越我们通常研究的人名、地名、组织机构名、时间和日期等有限的实体类别,它可能涉及上下位(hypernym-hyponym)、部分与整体(part-whole)、地理位置(located/near)等有限关系类别,也可能涉及毁坏(destruction/damage)、创造或改进(creation/improvement)、所有权转移或控制(transfer of possession or control)等有限事件类别,甚至所需要的类别是未知的、不断变化的。这种应用需求对信息抽取技术的研究提出了新的挑战。另一方面,从信息抽取的技术手段来讲,由于网络文本具有不规范性、开放性和海量性的特点,使得传统的依赖于训练语料的统计机器学习方法遇到了严重的挑战[赵军等,2011]。

15.3.3 开放式信息抽取

为了适应互联网实际应用的需求,越来越多的研究者开始研究开放式信息抽取(open information extraction,OIE)技术,目标是从海量、异构、不规范、含有大量噪声和冗余的网页中大规模地抽取开放类别的实体、关系、事件等多层次语义单元信息,并形成结构化数据格式输出[赵军等,2011;Banko *et al.*,2007]。

赵军等(2011)认为,开放式信息抽取的特点在于:①文本领域开放:处理的文本领域不再限定于规范的新闻文本或者某一领域文本,而是不限定领域的网络文本;②语义单元类型开放:所抽取的语义单元不限定类型,而是自动地从网络中挖掘语义单元的类型,如实体类型、关系类型和事件类型等;③以"抽取"替代"识别":相对于传统的信息抽取,开放式文本信息抽取不再拘泥于从文本中精确识别目标信息的每次出现,而是充分利用网络数据海量、冗余的特性,以抽取的方式构建面向实际应用的多层次语义单元集合。在这一过程中,不仅需要考虑文本特征,同时需要综合考虑网页结构特征和用户行为特征等。

以下重点介绍开放式实体抽取、关系抽取和实体消歧的任务难点、方法、相关评测和存在的问题。

1. 开放式实体抽取

传统的命名实体识别任务主要是识别出待处理文本中三大类(实体类、时间类和数字类)、七小类(人名、机构名、地名、时间、日期、货币和百分比)命名实体,或针对一些特定领域特定类型的命名实体(如产品名称、基因名称等)进行研究。开放式实体抽取的任务是在给出特定语义类的若干实体(称为"种子")的情况下,找出该语义类包含的其他实体,其中特定语义类的标签可能是显式，也可能是隐式给出的。如给出"中国、美国、俄罗斯"这三个实体，要求找出"国家"这个语义类的其他实体诸如"德国、法国、日本"等。从方式上，传统意义上的实体识别关注的是从文本中识别出实体字符串位置以及所属类别（如人名、地名、组织机构名等），侧重于识别，而开放式实体抽取关注的是从海量、冗余、不规范的网络数据源上抽取出符合某个语义类的实体列表，侧重于抽取。相对而言，抽取比识别在任务上更加底层，实体抽取的结果可以作为列表支撑实体的识别。在互联网应用领域，开放式实体抽取技术对于知识库构建、网络内容管理、语义搜索、问答系统等都具有重要的应用价值。

开放式实体抽取的目标是根据用户输入的种子词从网络中抽取出同类型的实体，存在初始信息少、语义类别难以确定和缺乏公认的评测标准及实例集等困难。现有的开放式实体抽取方法的基本假设是："同类实体在网络上具有相似的网页结构或者相似的上下文特征"。因此，在抽取过程中首先要找到这样的网页或文本，然后从中抽取未知的同类型实体。抽取过程通常包括两个步骤：①候选实体获取；②候选实体置信度计算和排序。具体实现时通常从种子实体出发，通过分析种子实体在语料中的上下文特征得到模板，根据模板得到更多候选实体，选取置信度高的候选实体作为新种子进行迭代，满足一定条件后停止迭代，返回历次置信度高的候选实体作为结果输出。

到目前为止还没有举办过实体抽取的公开评测，研究工作的数据来源也不统一。通常使用平均准确率（average precision，AP）或者 P@N 作为评价指标［Wang and Cohen，2007］。

目前的开放式实体抽取研究还存在诸多问题，如算法的可扩展性差，模板对语义类别的描述能力有限，模板获取能力弱，数据源的质量参差不齐等。对于中文而言，当不存在网页结构特征时，实体抽取任务变得更加困难，其中一个重要原因来自汉语分词，未知实体往往在分词过程中被分开。

刘晓华等在面向微博的命名实体识别研究方面做了大量工作，这里不再一一介绍。有兴趣的读者可参阅相关文献，如［Liu *et al*.，2011b，2012b，2013］和［Liu and Zhou，2012］等。

2. 实体消歧

实体歧义是指一个实体的指称项可能对应多个真实世界的实体（或称实体概念）。例如，"华盛顿"可能指美国开国元勋，也可能指美国首都特区或者华盛顿州。与词义消歧任务相比，实体消歧（entity disambiguation）面临更多的困难，如消歧目标不明确、指称项可能存在多样性（name variation）和指称项存在歧义性（name ambiguity）等。指称项多样性是指一个实体概念可以用多种命名性指称项指称，如全称、别称、简称、拼写错误、多语言名称等。指称项歧义性是指一个命名性指称项在不同的上下文中可以指称不同的实体概念，如"迈克尔·乔丹"可能指篮球明星 Michael Jeffrey Jordan，也可能是 University of California，Berkeley 的教授 Michael I. Jordan。

对于单语言的实体消歧问题，目前采用的主要方法如下。

（1）实体聚类消歧法：对每一个实体指称项抽取其上下文特征（包括词、实体等），并将其表示成特征向量；然后计算实体指称项之间的相似度；计算基于指称项之间的相似度时,可采用一定聚类算法将其聚类,将每个类看作一个实体概念。这种方法的核心任务是计算实体指称项之间的相似度,传统的方法是利用上下文的词信息建立词袋模型(bag-of-words,BOW),从而进行实体指称项相似度计算。针对人名消歧,采用基于图的算法,利用社会化关系的传递性考虑隐藏的实体关系知识,也是常用的策略。很多研究者也利用知识资源,如 Wikipedia、Web 上的链接信息、命名实体的同现信息、领域特定语料库等,来提升实体消歧的效果。

(2)实体链接消歧法:实体链接(entity linking)也称实体分辨或实体解析(entity resolution),或记录链接(record linkage)。基于实体链接消歧法的目的是解决基于聚类的实体消歧法不能显式地给出实体语义信息的问题,其基本任务是:给定一个实体指称项,将其链接到知识库中的实体概念上。例如,将句子"Michael Jordan has published over 300 research articles on topics in computer science, statistics, electrical engineering, molecular biology and cognitive science."中的实体指称项"Michael Jordan"链接到知识库中的实体概念"UC Berkeley 大学教授 Michael Jordan"上,而不是链接到实体概念"NBA 球星 Michael Jordan"上。

实体链接消歧法主要包括两步:①候选实体的发现:给定实体指称项,链接系统根据知识、规则等信息尽可能地找到实体指称项的所有候选实体;②候选实体的链接:链接系统根据指称项和候选实体之间的相似度等特征,选择实体指称项的目标实体。

候选实体的发现可以通过挖掘 Wikipedia 等网络百科得到,如利用 Wikipedia 中锚文本的超链接关系、消歧页面(disambiguation page)和重定向页面(redirection page)获得候选实体,也可以通过挖掘待消歧实体指称项的上下文文本得到,这种方法主要用于发现缩略语的候选实体。

实体链接的核心任务仍是计算实体指称项和候选实体之间的相似度,选择相似度最大的候选实体作为链接的目标实体。对于单一实体链接的相似度计算,只考虑实体指称项与目标实体间的语义相似度,如将实体指称项的上下文与候选实体的上下文分别表示成 BOW 向量形式,通过计算向量间的余弦值确定指称项与候选实体的相似度。对于协同实体链接,可以利用协同式策略综合考虑多个实体间的语义关联,建立全局语义约束,从而更好地对于文本内的多个实体进行消歧。如考虑不同实体的类别信息,利用实体类别重合度计算目标实体的语义相似度;或采用 Pair-Wise 策略,将多个目标指称项分解为多个目标对,计算每个对之间的语义关联度,然后累加起来作为文本内部多个实体之间的语义一致性度量;或者利用基于图的方法,充分考虑文本内部目标实体之间的全局语义一致性、指称项与目标实体之间的关联度[Han *et al.*,2011]。

目前关于命名实体消歧的评测平台主要有两个:一个是 WePS(Web Person Search Clustering Task)评测[Artiles *et al.*,2009],主要针对基于聚类的命名实体消歧系统进行评测;另一个是 TAC KBP 的 Entity Linking 评测[McNamee and Dang,2009],主要针对基于实体链接的命名实体消歧系统进行评测。

实体消歧仍面临很多难题,包括空目标实体问题(NIL entity problem)(即实体知识库中不包含某指称项的目标实体)、知识库覆盖度有限、来自互联网的知识源可靠性差和知识库使用方法单一(集中于使用单文档特征)等。

3. 开放式实体关系抽取

实体关系抽取是指确定实体之间是否存在某种关系。如对于句子"外交部发言人洪磊昨天就钓鱼岛问题表明中方立场"，实体关系抽取模块需要识别出句子中的实体"外交部"和"洪磊"之间存在"雇佣（employee_of）"类别的关系。传统的实体关系抽取大都给定关系类别，要求在限定语料中判别两个实体之间是否存在给定关系，可以看作一个模板填充或者槽填充过程。

在处理海量网络文本资源时，不同的实体类型具有不同的关系（或属性）。传统的实体关系抽取方法受到人工定义关系类型的限制和训练语料的制约，难以适应网络文本快速增长和变化的需要。因此，开放式实体关系抽取的目标就是要突破封闭的关系类型限制和训练语料的约束，从海量的网络文本中抽取实体关系。实体关系通常采用采用三元组表示：$(Arg_1, Pred, Arg_2)$，其中，Arg_1 表示实体，Arg_2 表示实体关系值，通常也是实体，$Pred$ 表示关系名称，通常为动词、名词或者名词短语。例如，对于句子"国务院总理温家宝在人民大会堂做了政府工作报告"，可以抽出如下三元组：（温家宝，在，人民大会堂）、（温家宝，做，政府工作报告）。

开放式实体关系抽取的主要任务是抽取实体关系类型和实体关系值。面对开放领域，如何针对每一领域内实体类型确定其关系类别，是非常困难的问题，这种关系不仅包含概念之间的上下位关系、部分与整体的关系、属主关系等通用关系，也包含不同类别实体概念所特有的语义关系，如"作家"的以下属性关系：年龄、作品体裁、代表作等。Web 上存在着大量结构化知识源，其中蕴含着大量易于获取的实体语义关系类别（如维基百科的 Infobox），挖掘和利用 Web 知识源中的语义知识，并充分利用数据冗余性进行知识验证是可行的解决方案。对于实体关系值抽取，如何利用结构化网络知识与非结构化网络知识的冗余性，自动构建训练语料，同时建立自适应的关系抽取算法，是目前面临的另一难题。

在开放式实体关系抽取方面，华盛顿大学（University of Washington）的人工智能研究组做了大量工作。在关系名称抽取方面，Banko et al.（2007）把动词作为关系名称，抽取过程类似于语义角色标注，通过动词链接两个论元，从而挖掘论元之间的关系；Wu and Weld（2007）以 Wikipedia 为目标，从中抽取实体关系类型，从而构建实体的属性描述框架。在关系值抽取方面，TextRunner 系统［Banko et al.，2007］直接从网页的纯文本中抽取实体关系，在这一过程中只考虑文本中词与词之间的关系特征，而不考虑网页内部的结构特征。但 TextRunner 系统往往存在从文本中抽取出无信息含量甚至错误的三元组，为此，Etzioni et al.（2011）提出了利用句法和词汇信息对抽取过程进行约束的方法。

到目前为止尚未组织过开放式关系抽取的公开评测，研究工作的数据来源也不统一。目前采用的评价指标主要有正确率（precision）、召回率（recall）和 F 值。

从传统给定类别的关系抽取到开放式的关系抽取，是研究思路的一个大转变。目前还面临很多实际困难，例如，如何处理含大量不规范数据格式和噪声，且质量参差不齐的真实网络数据，如何解决单纯利用 Infobox 抽取关系名覆盖率不高的问题等。

综上所述，随着互联网的迅速发展信息抽取技术在研究内容上已经从面向限定领域、限定类型的信息抽取逐渐发展为开放领域、开放类别的信息抽取,而在技术手段上,从早期基于人工模板的抽取方法,到基于语料库的统计方法,再到目前 Web2.0 时代从大规模用户生成内容(User Generated Content,如网络百科、社区问答等)进行知识挖掘,进而融合知识和统计方法进行开放式信息抽取,技术手段越来越奏效。

15.4　情感信息抽取

情感信息抽取是一种关于细粒度文本的情感分析技术,旨在抽取情感文本中有价值的情感信息。Liu(2007)将情感信息定义为一个 5 元组(O, F, SO, H, T),其中,O 表示评论实体,F 表示评价对象,SO 表示评价词语,H 表示观点持有者,T 表示评价的时间。情感信息抽取研究的主要问题集中在两个方面:抽取观点持有者(opinion holder)和抽取评价对象(opinion target)。

抽取观点持有者面向的主要是新闻评论,识别对象是观点(评论)的隶属者。关于观点持有者的抽取方法主要是基于非监督的启发式规则,而这些规则的制定一般依赖于自然语言处理技术。具体方法可以分为如下几种类型:①基于命名实体识别的抽取方法:一般情况下,评论中的观点持有者是由命名实体(如人名或机构名)组成的,因此,可以借助于命名实体识别技术来获取观点持有者[Kim and Hovy,2006;Ruppenhofer et al.,2008];②基于语义角色标注的抽取方法:该方法利用语义角色标注的结果,寻找谓词的施事者作为候选的观点持有者[Kim and Hovy,2005;Wilson and Wiebe,2003]。

抽取评价对象是指抽取评论文本中情感表达所面向的对象。这是情感信息抽取中研究最为广泛的一项任务,采用的基本方法是基于非监督学习的抽取方法和基于监督学习的抽取方法。

Hu and Liu(2004)最早提出了评价对象的抽取问题,他们使用词频、与情感词的距离等特征构建识别的启发式规则,实现了一种基于非监督学习的评价对象抽取方法。Popescu and Etzioni(2005)提出了一种基于网络搜索的方法来实现评价对象识别;Scaffidi et al.(2007)假定产品特征在产品评论中被提到的次数较普通,提出了一种基于语言模型的方法用以识别产品特征。随着话题模型[Titov and McDonald,2008]的逐渐兴起,很多学者将其应用到情感分析领域。

相对基于非监督学习的抽取方法,基于监督学习的评价对象抽取方法起步较晚。Zhuang et al.(2006)针对“情感表达-评价对象”序偶的抽取问题提出了一种有监督的学习方法,从一个标注数据集中学习评价对象的候选结点,并使用序偶相关的依存路径信息。Jakob and Gurevych(2010)将评价对象抽取问题建模成序列标注问题,进而使用条件随机场模型进行学习,获得了比 Zhuang(2006)方法更佳的抽取效果。

Li et al.(2012c)提出了一种基于浅层语义分析的评价对象抽取方法。该方法将情感描述单元作为谓词,其对应的评价对象作为其语义角色,利用浅层语义分析框架将评价对象抽取问题转化为语义角色识别问题。该方法的优势在于充分利用了语句的句法知识,在单领域和跨领域的评价对象抽取任务上都取得了较好的识别效果。

观点摘要或称倾向性摘要（opinion summarization）是情感信息抽取的另一项研究任务，其目的是帮助用户从大量情感文本中归纳、抽取出各种观点，以简洁的形式提供给用户。该任务涉及文本聚类、情感分类和情感预测（sentiment prediction）、文本挖掘和自然语言处理等多种技术，属于一项综合性任务。

关于情感分析、观点挖掘和摘要的详细介绍可参阅文献［Pang and Lee，2008］、［Liu，2012］和［Kim *et al.*，2011］等。

15.5　情感分析技术评测

伴随情感分析技术研究的升温，国际和国内出现了若干相关的评测。例如，在 TREC 2006，2007 和 2008 的 Blog Track 中，给定主题，要求在 Blog 网页中检索出与主题相关并且表达了相应观点的网页，同时判别检索观点的倾向性。TREC 主要针对英文文本中观点信息的检索，而 NTCIR 组织了多语言倾向性分析任务（multilingual opinion analysis task，MOAT）评测，主要针对日、韩、英、中文文本的情感分类以及观点持有者的抽取。在 NTCIR-8（2009/2010），NTCIR-7（2007/2008）和 NTCIR-6（2006/2007）中，对句子主客观判别技术进行了评测：判别给定句子是主观的还是客观的，判别给定句子的倾向性，抽取观点句中的观点持有者和观点目标，并判别句子与给定主题的相关程度。

以下侧重介绍两个国内的评测 COAE 和 CCF TCCI，以及一个综合性的国际文本分析技术评测 TAC。

1. COAE 评测

为了推动国内观点信息检索、抽取和倾向性分析研究，中国中文信息学会信息检索专业委员会发起组织了中文倾向性分析评测（Chinese opinion analysis evaluation，COAE），2008 年举办了首届 COAE 评测，截至 2012 年已经成功地举办了 4 届［刘康等，2012］。

2008 年首届 COAE 评测主要评测了中文情感词的识别，中文情感词的褒贬分析，中文文本倾向性相关要素抽取，中文文本的主客观分析，中文文本的褒贬分析和面向对象的中文文本观点检索技术。

2009 年第二届 COAE 评测的内容包括：情感词识别及分类，中文情感句的识别及分类，中文观点句子抽取，中文观点倾向性相关要素抽取和面向对象的中文文本观点检索。

2011 年第三届 COAE 评测包括：领域观点词的抽取与极性判别，中文观点句抽取，评价搭配抽取和观点检索。

2012 年第四届 COAE 评测包括：基于否定句的句子级倾向性分析，比较句的识别与要素抽取和篇章级倾向性打分。

2. CCF TCCI 评测

中国计算机学会中文信息技术专业委员会于 2012 年组织了首届中文微博情感分析与词汇语义关系抽取技术评测①。评测任务包括：面向中文微博的情感分析，包括情感句识别、情感倾向性分析和情感要素抽取,以及中文词义关系(包括同义关系、上下位关系)抽取中的核心技术。

中文微博情感分析评测的指标使用正确率(precision)、召回率(recall)和 F 值(F-measure)三项指标。评测数据来自腾讯微博[①]。评测数据全集包括 20 个话题,每个话题采集大约 1000 条微博,共约 20 000 条微博。数据采用 XML 格式,已经预先切分好句子。

该评测采用离线评测,参评单位自行处理数据,按照规定格式生成相应结果后提交。答案采用人工标注的方法确定。参赛单位需要处理全部评测数据,但用于实际评测的人工标注数据仅为评测数据全集的 10% 左右。参评单位应当采用自动的方法,针对微博进行情感分析。要求参评系统应当预先训练模型、调整好所有参数,运行过程中不得有人工干预,不限制使用各种语义资源。对于每个子任务,参评单位至多提交两组结果。

3. TAC 评测

文本分析会议(Text Analysis Conference,TAC)[②]是由美国国家标准技术研究院(NIST)在美国国防部(U. S. Department of Defense)的支持下组织的一系列评估研讨会,其目的是希望通过提供大量测试集、通常的评测方法和结果共享的平台,推动自然语言处理及其相关应用技术的研究。TAC 评测比较注重面向终端用户的任务评测,当然包括与用户端任务相关的技术评测。TAC 评测从 2009 年开始到目前已进行了 4 届,数据来源是新闻和网络数据。

2012 年的 TAC 评测主要面向知识库增长(knowledge base population,KBP)技术,其目的是推动从大规模语料中自动发现实体信息,并将信息添加进知识库的系统研究,包括三项任务:

(1)实体链接(entity-linking):给定一个名字(人名、组织机构名或地理政治实体名)以及包括该名字的文本,在知识库中为该实体名选择一个结点。如果知识库中没有该实体名,则增加一个新的结点。参考知识库来自英文的维基百科,而源文本来自英语、汉语和西班牙语三种语言。

(2)槽填充(slot-filling):给定一个命名实体和预先定义的一组属性(槽),从大规模文本语料中抽取所有可学习的属性值,扩充知识库中该实体所对应的结点。参考知识库来自英文的维基百科,而源文本来自英语和西班牙语两种语言。

(3)冷启动知识库扩展(cold start knowledge base population):给定一个知识库架构,内容为空,通过挖掘大规模文本集填充知识库。

TAC 一直支持自动摘要和文本蕴涵自动识别(recognizing textual entailment,RTE)的研究。

另外,由 ACM SIGKDD (ACM Special Interest Group of Knowledge Discovery and Data Mining) 面向学术界和工业界组织的知识发现与数据挖掘(knowledge discovery and data mining,KDD)领域的国际比赛 KDD-CUP 也颇具影响力。知识发现与数据挖

---

① http://t.qq.com/
② http://www.nist.gov/tac/

掘一词由 G. Piatetsky-Sharpiro 提出，首次出现在 1989 年 8 月召开的第 11 届国际联合人工智能大会(IJCAI)上。KDD-CUP 从 1997 年开始举办，到 2010 年每年组织一次。关于 KDD-CUP 的详细情况，有兴趣的读者可以参阅相关网站：

1997—2010 年：http://www.sigkdd.org/kddcup/index.php；

2011 年：http://www.sigkdd.org/kdd2011/kddcup.shtml；

2012 年：http://www.kddcup2012.org/。

需要说明的是，TAC 评测和 KDD-CUP 比赛涉及自然语言处理及其在网络信息处理中的很多技术，将其放在本节介绍也许并不十分合理，对此我们不做过多的讨论。

第16章

口语信息处理与人机对话系统

    口语是人们相互间交流的一种重要表达形式。与书面语相比,口语中有很多不同的语言现象。因此,深入研究和分析口语的特性,建立针对口语特点的解析模型和生成模型,对于人机对话系统(human-computer dialogue system)和口语翻译研究都具有重要的意义。

    本章首先介绍汉语口语的特点、面向中间表示的口语解析方法和生成方法,然后,简要介绍人机对话系统的基本概念和方法。

16.1   汉语口语现象分析

16.1.1   概述

    在人们的日常口语对话中,由于说话人思维过程和交流的需要,句子中往往存在间断、省略、重复、修正、词序颠倒和冗余等语言现象。这种口语表达方式与规范的书面语相比有较大的差异,为了区别起见,我们一般将这些口语中特有的语言现象称之为非规范的(ill-formed)语言现象。这里需要指出的是,所谓的"非规范"与"规范"是相对而言的,"非规范"并不意味着"不合法"和"不合理",而只是与书面语相比在句法结构和用词等方面有较大的不同,有时不够严谨。语言本身是在人们的社会交流中约定俗成的,所以不存在绝对的"规范"与"非规范"。本章使用"非规范"一词专指口语中特有的语言现象,并无任何否定和贬低之意,在后面的使用中也不再加引号。

    对于口语中非规范语言现象的研究和处理,是口语分析所面临的一个难点,也是开发适用于真实环境下的人机对话系统和口语翻译系统所必须解决的一个问题。陈建民(1984)、赵元任(2001)从语言学的角度出发,对汉语口语语法进行了分析和归纳,但并没有对真实口语对话中的一些具体语言现象进行定量的分析和统计。曾淑娟等(2002)针对汉语口语对话语料进行了分析和研究。论文选定了工作、休闲、购物和政治等日常生活中的 30 个领域,并挑选了不同身份的人在尽可能自然的环境下进行语料采集,然后对收集的句子进行标记,标注的内容包括:说话人的性别、年龄、职业;对话内容的领域;各种语音现象等。宗成庆等(1999a)以旅馆预订领域真实场景下收集到的对话语料为基础,从词类分布、词长分布、对话语句长度分布等各方面,对汉语口语中的语言现象进行了详细统计和分析，并提出了建立通用口语词典和适应不同应用领域可移植性的词汇提取方法。解国栋（2004）以限定领域汉语口语对话语料中的非规范语言现象为研究对象，从冗余现象中的词汇分布、冗余现象出现的特征、重复修正现象的出现模式等方面，对口语非规范语言现象进行了详细的分析和归纳，为汉语口语自动分析研究提供了依据。徐为群（2005）以建立对话模型为目的，对汉语口语句子类型的自动分析方法、语句主题分析算法等进行了相关研究。Xia *et al.*（2006）以网络聊天中的对话为研究对象，对网络聊天语言的动态性进行了分析，并提出了语音映射模型（phonetic mapping model）以实现聊天术语到标准词语的转换。但是，基于网络的聊天语言与说话人面对面的对话或电话对话相比，在话语主题的随意性、内容的真实性和语言的规范性等各方面都有较大的差异，而且对话的方式也比较复杂，既可能是陌生人之间的匿名对话，也可能是熟人之间的真实问题探讨，还可能是通过文字进行的无视频对话，也可能是有视频的语音对话，等等，可以说对话形式五花八门。

从总体上看，以往对汉语口语的研究主要是针对说话人面对面的或打电话的对话进行的，其研究内容侧重于语料的收集、语言现象的分布统计和语言学特性分析、标注规范等方面。近几年来，随着手机、网络等各种通信技术的迅速发展和普及，基于手机短信、网络聊天（包括 MSN、QQ、BBS 甚至微博等）等各种方式的对话日益增多，针对这些对话的自动处理技术也受到越来越多的关注。

16.1.2　口语语言现象分析

在介绍具体工作以前，我们首先给出如下约定：

（1）对话语句（utterance）：指从说话人开始讲话到讲完停下或被对方强行打断为止，所说的全部内容。

（2）对话句子（dialog sentence）：指一个对话语句中所包含的分句，有时也称为对话子句。

例如：

我打电话到订票处了/他说票特别紧张/他说去试一试/这样吧 我明天一早 给您挂电话 行吗

这一段文字从开始到结束是一个对话语句，在这个对话语句中包含有 4 个对话子句（由"/"隔开）。我们在本章后面所提到的"语句"或"句子"均指一个对话语句。

为了分析汉语口语语言现象，宗成庆等（1999a）曾收集了旅馆预订领域的 94 段真实对话，共计 2936 句。这些对话是完全真实的客户与旅馆前台服务人员之间打电话的录音。在语料采集时，旅馆人员在征得客户同意的情况下用录音电话将整个对话过程录音，然后，根据录音内容手工将其录入计算机。最后对这些对话语料进行了详细的标注和统计。统计结果如表 16-1～表 16-4 所示。

（1）词长分布

统计结果显示，在口语对话中，1 字词和 2 字词占绝大多数（86.19%），3 字词和 4 字词只占少数，4 字以上的词上极少出现。需要提及的是，考虑到口语表达中有些词以很高的频率连续出现,已经形成了比较固定的搭配结构,比如:"好的"、"没错儿"等,因此在确定分词标准时都把它们作为一个词看待。统计结果表明,口语的平均词长为1.87 个汉字,明显短于书面语的平均词长(约 2.45 汉字[刘源等,1994])(见表 16-1)。

表 16-1　口语对话中的词长分布

词长/字	1	2	3	4
比例/%	28.51	57.20	12.99	1.30

(2) 对话语句的长度分布

在收集到的 94 段对话语料中,最长的对话语句为 67 个汉字,占全部语句个数的0.08%,其次是长度为 61 个汉字的语句,占全部语句个数的 0.041%。长度为 1 的语句数最多,这些语句一般是单个字的语气词或呼应性的单字词,如:"啊、噢、嗯"等,平均语句长度为 7.8 个汉字,远远小于书面语句子的长度(见表 16-2)。

表 16-2　口语对话中的语句长度分布

长度/字	1	2	3	4	5	6	7	8	9	10	11~67
比例/%	15.12	8.34	9.28	8.54	7.68	6.78	5.27	5.27	4.78	4.09	24.85

(3) 词类分布统计

口语词性标注集采用 18 个词类:名词 N、代词 P、时间词 T、处所词 W、动词 V、助动词X、判断动词 J、形容词 A、数词 Q、副词 D、方位词 F、介词 R、连词 C、助词 H、量词 L、语气词M、拟声词 Y、习惯用语 I。收集的语料中词类分布结果如表 16-3 所示。

表 16-3　口语对话中的词类分布

词　类	比例/%	词　类	比例/%	词　类	比例/%
A	4.00	J	2.63	R	0.66
C	1.52	L	2.87	T	3.10
D	6.84	M	5.37	V	15.31
F	0.52	N	14.69	W	0.47
H	3.98	P	10.88	X	1.63
I	10.77	Q	15.61	Y	0.00

从表 16-3 中的统计结果可以看出,该领域的对话中使用最多的 5 种词类依次是:数词、动词、名词、代词和习惯用语。在统计语料中数词使用如此频繁的主要原因是由于在旅馆预订时对话双方经常需要交换电话号码、讨论价格和房间号码、楼层号等,这可能与领域有关。

(4) 非规范语言现象的出现几率

这里所说的非规范语言现象包括:重复、词序颠倒、冗余、省略和独词句这 5 种情况。在统计语料中这些现象的出现几率如表 16-4 所示。

表 16-4 中的"现象并存"是指在一个句子中，"重复、词序颠倒、冗余、省略、独词句"这 5 种语言现象中的两种或多种情况并存。从表 16-4 中可以看出，"省略"和"独词句"占主要比例，二者总和为 77.2%。但是，独词句和省略对于后续的分析（比如句法分析）影响不是很大，而"重复、词序颠倒和冗余"则会对句法分析和语义分析产生很大的影响。在"重复、词序颠倒和冗余"这三种现象中，重复和冗余又占主要比例，三种语言现象总共所占的比例是 9.49%，而其中重复和词序颠倒的比例之和是 8.26%，因此，解国栋(2004)专门针对冗余和重复现象进行了研究。

表 16-4　非规范语言现象的出现几率

语 言 现 象	出现几率/%	语 言 现 象	出现几率/%
重复	3.56	省略	32.61
词序颠倒	1.23	独词句	44.59
冗余	4.70	现象并存	5.68

16.1.3　冗余现象分析

冗余现象是口语对话中常见的一种语言现象，当说话人思维停顿或不连贯的时候，往往不自觉地在句子中间填充一些词汇来保持语气和句子的接续，这种现象就造成了冗余。这里给出冗余现象的约定：

冗余现象指句子中出现的多余部分，如果去掉这些部分，对句子的意思和结构并无影响。例如：是那个北京吗？"那个"一词在本句子中为冗余词。

宗成庆等(1999a)对句子中冗余部分的界定采取如下原则：对于句子中的某个部分，如果去掉该部分，并不影响整个句子的意思和结构，则该部分为冗余部分。按照这个原则，口语中大量存在的插入语均被视为冗余现象，如"就是说什么"、"我就想问一下"等。

对于冗余现象和重复现象的分析基于如下语料：旅游信息咨询领域内的真实场景下口语对话 59 段，共 2736 句，词汇量为 1970 个，平均句长为 13.9 个汉字、7.4 个词。

冗余现象的统计结果如表 16-5 所示。其中，"长度"是指句子中冗余部分的字数，"比例"是指该长度的冗余占所有冗余现象的比例。

表 16-5　口语中冗余现象的统计

长度/字	比例/%	例　子	长度/字	比例/%	例　子
1	77.2	唉，那，呢，啊	4	1.1	请问一下
2	14.4	就说，那个，的话	5	1.2	我想问一下
3	5.6	就是说，比如说	6	0.5	我想请问一下

从表 16-5 中可以看出，出现最多的是长度为 1 的词，其次是长度为 2 和长度为 3 的词，它们所占的比例分别是 77.2%、14.4% 和 5.6%，总共占所有冗余词汇的 97.2%。长度为 1、2、3 的三种冗余中，出现次数较多的词汇分别如表 16-6～表 16-8 所示。

表 16-6　长度为 1 的冗余词汇

冗余部分	啊	呢	噢	嗯	呃
出现次数	313	97	126	260	75

表 16-7　长度为 2 的冗余词汇

冗余部分	那个	这个	就是	请问
出现次数	96	26	18	8

表 16-8　长度为 3 的冗余词汇

冗余部分	就是说	比如说	这样的	我是说
出现次数	42	8	8	1

根据语言学家的解释,语气词在句子中的作用主要是表示时态、疑问、祈使以及说话人的态度或感情[朱德熙,1982],如"啊"、"呢"、"吧"等。但在口语对话句子中,这些语气词对于后续的句子分析并无影响,因此,按照前面的约定,这些大量的语气词属于冗余现象。例如:有啊;您稍等啊;啊不客气;四五岁啊,多高?

在长度为 2 的冗余词汇中,"那个"、"这个"本来都是代词,但在口语中,有些说话人经常在句子中间插入"那个"、"这个"等以保持句子的连贯性,在这种情况下,"那个"、"这个"并不是为了修饰后边的词汇,而只是起填充的作用,例如,"就是去那个拉萨那边"与"就是去拉萨那边"的意思完全一样;句子"晚上从这个北京出发第二天早上就到了"中的"这个"也完全是多余的。

长度为 3 或 3 以上的冗余部分,大多是带有停顿性的插入语,用于解释、举例或复述等,如"就是说"、"比如说"、"那就是说"、"是这样的"等。

16.1.4　重复现象分析

按照约定,口语中的重复现象是指说话人由于思维过程的需要或意外,或者说话人有意强调某一词汇的含义等而导致的一个词汇或多个词汇重复出现的情况。

这里所说的重复是指不符合常规语法的词汇重复现象,正常的汉语重叠词比如"看看、洗洗、红彤彤"等不属于这里所指的重复现象。

在实际对话中,重复现象出现的频率很高,一般和特定词汇没有关系,任何词汇都有可能重复,但是,重复现象出现的模式却有规律可循。这里就重复现象出现的具体模式进行分析,以便为口语句子解析提供依据。

大体上看,口语中的重复现象可以分为前后两个部分,后面的部分(简称后部)是前面部分(简称前部)的补充,后部往往与前部相互呼应,并且必然有一处和前部相同,否则,我们不认为是重复现象。比如,"是科学院的 科学院的",这个表述中的重复部分可以分为前后两部分,即两个"科学院的"分别是前部和后部。前部可以分解为两个词汇"科学院"和"的",而后部分也可以分解为"科学院"和"的",并且和前部中的两个词汇一一对应。关于重复现象中前、后部分的分解,按照汉语分词原则,对于无法成词的部分,则按照汉语语素进行分解。

为了分析重复现象出现的模式,用 $w_1w_2\cdots w_n$ 表示重复部分的词汇,其中,w_i 表示第 i 个词汇。如果 w_i 后面的词汇与 w_i 完全重复,则也用 w_i 表示;如果 w_i 后面的词汇和 w_i 部分重复,则用 r_i 表示;如果 w_i 后面的词汇是 w_i 的意思重复,但采用了不同的词汇,则用 s_i 表示;如果 w_i 后面的词汇和 w_i 在字面和意思上都没有重复关系,则用 x 表示;重复现象的前后部分用"|"隔开。按照制定的标记方法,重复表达"餐 餐票"中,"餐"为前部,"餐票"为后部,这个重复现象可以表示为 $\langle$餐$\backslash w_1\,|\,$餐票$\backslash r_1\rangle$,其重复的模式可以抽象为 $\langle w_1\,|\,r_1\rangle$。类似地,"你们 你们"表示为 $\langle$你们$\backslash w_1\,|\,$你们$\backslash w_1\rangle$;"一般 这边 一般"表示为 $\langle$一般$\backslash w_1\,|\,$这边$\backslash x\,$一般$\backslash w_1\rangle$,这种重复模式可以抽象为 $\langle w_1\,|\,x,w_2\rangle$;句子"您要是如果您不跟团体走的话……"中带下划线的部分表示为 $\langle$您$\backslash w_1$要是$\backslash w_2\,|\,$如果$\backslash x\,$您$\backslash w_1\rangle$,抽象模式为 $\langle w_1,w_2\,|\,x,w_1\rangle$。

按照上述约定和标记方法,在分析的 2736 个对话语句中各种重复模式共计出现 147 次,按出现次数由大到小的顺序排列,分布情况如表 16-9 所示。

表 16-9　各种重复模式出现的次数

重 复 模 式	出现次数	所占比例/%	重 复 模 式	出现次数	所占比例/%
$\langle w_1\,|\,w_1\rangle$	90	61.2	$\langle w_1\,|\,x,w_1\rangle$	7	4.8
$\langle w_1,w_2\,|\,w_1\rangle$	21	14.3	$\langle w_1\,|\,r_1\rangle$	6	4.1
$\langle w_1,w_2\,|\,w_1,w_2\rangle$	13	8.8	其他	10	6.8

从表 16-9 中的统计数据可以看出,口语中的重复现象涉及的词汇虽然不确定,但是,重复模式却有很强的规律性,因此,按照这些规律,对重复现象进行预测甚至修正是很有可能的。

16.2　口语句子情感信息分析

情感计算(affective computing)是近几年来研究的热点之一。对于口语信息处理而言,分析对话语句的情感信息对于了解说话人的态度和观点,建立有效的语义分析模型和句子生成模型,都具有重要的意义。

本节介绍 Cao *et al.*(2005)在 BETC 语料[①]的基础上对口语情感表达方式所做的分析工作。

16.2.1　情感词汇分类

A. Ortony、G. L. Clore 和 A. Collins(1988)三人为情感检测与合成提出的 OCC (以三人的姓氏首字母缩写记)计算模型,为情感计算与生成奠定了良好的基础,得到众多学者的认可和广泛引用。在 OCC 模型中,情感被划分为 22 类:

- 正面的:为……感到高兴(happy-for)、沾沾自喜、幸灾乐祸(gloating)、希望

---

① 　参见本书第 4 章中关于 BTEC 语料的介绍。

（hope）、喜悦（joy）、满意（satisfaction）、欣慰（relief）、骄傲（pride）、羡慕（admiration）、喜欢（like）、满足（gratification）、感激（gratitude）；

- 负面的：怨恨（resentment）、怜悯、同情（pity）、恐惧、担心（fear）、悲痛、忧伤、苦恼（distress）、恐惧被证实（fear-confirmed）、失望（disappointment）、羞愧（shame）、责备（reproach）、懊悔（remorse）、愤怒（anger）、不喜欢（dislike）。

为了便于区分，文献［Cao *et al.*,2005］将 happy-for、joy 和 gloating 三种情感合并成一种，将 satisfaction、gratification 和 relief 也合并成为一种，然后，增加了"惊讶（surprise）"、"紧张不安（tension）"和"受挫（frustrate）"三种负面情感。同时，为了便于从语料中抽取与情感表达有关的句子，文献［Cao *et al.*，2005］借鉴 Tao(2004)的情感词汇分类方法，简单地将情感词汇分为两类：①情感词：直接表达情感的词汇，记作 EmoWord；②潜在情感词：不直接表达情感，但潜在地隐含着说话人正面的或负面的情绪或态度，记作 PotEmoWord。

BETC 原始语料共有 162 320 个汉语口语句子，Cao *et al.*(2005)首先对长句进行了切分处理，去除了重复的句子以后还有 131 247 个句子。然后，经过两次过滤和筛选、处理，最终从 131 247 个句子中提取出了 6683 个明显带表现或隐含情感信息的句子，共包含 5433 个词汇。以下进行的统计分析就是基于这 6683 个句子完成的。

16.2.2　口语句子情感信息分析

根据上述情感词汇的划分，Cao *et al.*(2005)从 5433 个词汇中提取出了 683 个情感关键词，其中，EmoWord 词 197 个，PotEmoWord 词 486 个。这 683 个关键词在 6683 个句子中的出现频率和词性分布情况如表 16-10 所示。

表 16-10　情感关键词词性分布及出现频率

词　性	词数/频率	百分比/%	词　性	词数/频率	百分比/%
名词	123/344	18.0/3.8	副词	10/48	1.5/0.5
形容词	365/5864	53.4/64.3	总数	683/9120	100/100
动词	185/2864	27.1/31.4			

从表 16-10 中的数据可以看出，情感表达的三种主要词类是：形容词、动词和名词。其中，形容词占了主要部分，超过了情感词总数的 50%。平均每个句子含情感词 1.36 个。

在 6683 个句子中有 2891 个句子包含 EmoWord 关键词，这些关键词所表达的情感种类分布情况如表 16-11 所示。

表 16-11　口语句子中的情感种类分布

情感关键词	句子数	比例/%
admiration	19	0.66
reproach	6	0.21
gratitude	167	5.78
anger	24	0.83

情感关键词	句子数	比例/%
happy-for/joy/gloating	498	17.23
distress/pity	97	3.36
like	1058	36.59
dislike	44	1.52
satisfaction/gratification/relief	87	3.01
disappointment	19	0.66
frustrate	25	0.86
fear	197	6.81
hope	327	11.31
pride	17	0.59
shame	166	5.74
surprise	86	2.97
tension	54	1.87

从表 16-11 中的统计数据可以看出，在出现的 17 种情感中，负面的情感为 10 种，包括负面情感的句子有 718 个，仅占 24.84%，而正面的情感虽然只有 7 种，但是，表达正面情感的句子有 2173 个，占 75.16%。句子出现比例最低的两种情感是 reproach（责备）和 pride（骄傲、傲慢），都是负面的情感。而出现频率最高的前三种情感依次为：喜欢、高兴和希望，都是正面的情感，仅这三种情况的句子比例就达到了 65.13%。由此看来，整个对话的气氛以友好欢快的情绪为主。这里所指的负面情感也只是由那些日常会话中常用的词汇，诸如，"不好意思，担心"等所表达的轻微的负面情绪，而这里所说的"surprise（惊讶）"更接近于中性的情绪反射。

Cao *et al*.（2005）根据 6683 个句子所描述或发生的场景，将其划分为 13 个子领域：餐馆（restaurant）、航空（airlines）、商场（emporium）、酒吧（drinkery）、银行（bank）、邮局（post-office）、医院（hospital）、个人服务（personal service）、交通（transportation）、旅游（travel）、旅馆（hotel）、安全（security）和其他（others）。然后，对除了"其他"、"个人服务"、"银行"和"邮局"以外[①]的 9 个子领域中 EmoWord 词的分布情况进行了统计，统计结果如表 16-12 所示。

表 16-12 中"EmoWord 词表达的情感"只计算比例最高的前三种。从表 16-12 中的结果可以看出，不同的领域之间所使用的情感词有明显的差异。在"餐馆"最常表达的情感是"不好意思、满意、喜欢"，在"医院"里，最常表达的情感是"恐惧、忧伤、难为情"，而在"安全"子领域最常表达的情感是"懊悔、紧张、惊奇"。

---

① "其他"子领域的情况比较复杂，没有比较意义，"个人服务"、"银行"和"邮局"三个子领域的句子数较少，所以，没有对这 4 个子领域的 EmoWord 词分布情况进行统计。

表 16-12　EmoWord 词在 9 个子领域中的分布情况

子　领　域	EmoWord 词表达的情感	百分比/%	EmoWord 词出现次数
Restaurant	shame, satisfaction, like	81.3	283
Airlines	happy-for, hope, like	64.3	235
Emporium	like, shame, hope	93.4	372
Drinkery	like, happy-for, hope	71.9	64
Hospital	distress, fear, shame	54.9	91
Transportation	distress, happy-for, shame	73.3	217
Travel	like, happy-for, shame	62.9	536
Hotel	remorse, happy-for, like	74.7	261
Security	remorse, tension, surprise	68.4	117

综上所述,情感表达是涉及人的思维、意识和语言等多个方面的复杂问题,文字表达在某种程度上反映了说话人当时的心理。对话语用词特点、分布规律及其与领域关系的统计分析对于话语理解和生成具有重要的意义。由于在很多情况下说话人的情感是通过控制语音和面部表情的变化来体现的,因此,文字与语音和表情图像相结合的综合分析、理解将是情感计算研究的有效方法。

需要说明的是,宗成庆等(1999a)进行口语现象分析时所依据的对话语料只是局限在旅馆预订领域,其语料规模有限。而 Cao et al.(2005)对口语情感表达方式进行分析时所依据的 BTEC 语料并非完整的对话,而且是来自旅游手册或教科书的口语化句子,并非真实的口语句子,并且是从英文翻译过来的。因此,上述分析结果只具有参考价值。CASIA-CASSIL 语料[Zhou et al., 2010]在规模上要远远超过[宗成庆等,1999a]使用的语料,且来自真实的对话环境,标注内容也非常详细和规范。只是 CASIA-CASSIL 语料仍在进一步整理和扩充中,尚未对外公开发布,因此,未曾基于 CASIA-CASSIL 语料做类似的分析工作。

16.3　面向中间表示的口语解析方法

16.3.1　概述

口语解析器是人机对话系统(human-computer dialogue system)和口语翻译系统中的关键技术模块之一。对于一个基于中间表示的口语翻译系统和人机对话系统来说,口语解析器的作用可以简要地用图 16-1 表示。语音识别模块首先将用户语音转换成文字串,口语解析模块对其分析、理解,并将其转换成中间表示格式。在口语翻译系统中,语言生成器基于中间表示生成目标语言句子,而在人机对话系统中,语言生成器在对话管理模块的指导和控制下生成系统响应的句子。口语翻译系统中的语音合成器生成目标语言的语音,而对话系统中的语音合成器生成用户语言的语音。

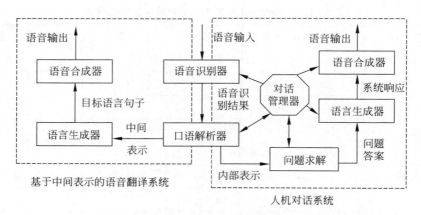

图 16-1　口语解析器在语音翻译系统和人机对话系统中的作用

本节介绍两种面向中间表示格式的汉语口语解析方法，一种是规则方法和 HMM 统计方法相结合的解析方法[Xie *et al.*, 2002；解国栋等, 2003]；另一种是基于语义分类树的解析方法[左云存等, 2006]。中间表示采用 C-STAR 定义的 IF 格式[Levin *et al.*, 1998][①]。语料领域为旅馆预订。

16.3.2　中间表示格式

IF 格式的理论基础是对话行为（dialogue acts，DAs）理论，其基本观点认为，语言不只用来陈述事实，而且还附载着说话者的意图。

一个 IF 表达式通常由说话者（speaker）、话语行为（speech act）、概念序列（concept）和参数-属性值对的列表 4 个部分组成：

Speaker：Speech-Act[＋Concept] * [(Argument＝Value[, Argument＝Value] *)]

其中，概念序列与话语行为合称为领域行为（domain action）。星号"＊"表示它所限定的左边成分可以重复出现多次。

（1）说话人标志（Speaker）：表示说话人的身份。在 IF 中只有两种说话人身份，一种是顾客（client），用"c"表示，另一种是代理（agent），用"a"表示。

（2）语句意图或称话语行为或言语行为（Speech-Act）：表示"询问信息、动作请求、返回信息"等各种话语意图。如"give-information"表示提供某种信息；"pardon"表示请求说话人重复刚才所说的内容。

（3）概念（Concept）：表示句子的主题（topic）概念。如"reservation"表示"预订"，"room"表示"房间"等。各个概念之间按照一定的规则可以组合成更加广泛的主题。概念之间用"＋"连接，表示并列关系，如"reservation＋room"表示"预订房间"。目前 IF 定义了 144 种概念，其中旅游领域 49 种，医疗领域 16 种，不限定领域 79 种。

（4）具体参数（Argument）：表示句子的具体内容。例如，房间个数、房间标准等。每个具体参数可以有不同的属性值（value），取值可以是原子值、参数-属性值对、或几个原子值按一定关系的组合（常对应句子中的联合结构）。例如，参数"room-spec"表示属性

---

① http：//www. is. cs. cmu. edu/nespole/db/index. html

"房间种类"，它的取值可以是"single(单间)"、"double(双人间)"等。

请看下面例句及其对应的 IF 表示。

例 16-1　明天我想预订一个单人间。

IF：c：give-information＋reservation＋room(room-spec＝(room-type＝single, quantity＝1),

　　　　　　　　　　reservation-spec＝(time＝(relative-time＝tomorrow)))

该 IF 的含义为：说话人为"c"，该句子的意图是提供信息，主题概念为"预订房间"，关于"房间"的具体信息由一组"属性-值"对描述：房间类型(room-type)为单人间(single)，数量(quantity)为 1；"预订"的具体要求通过"相对时间(relative-time)"这一参数描述，参数值取"明天(tomorrow)"。

例 16-2　飞往东京的航班 2 点钟离开吗？

IF：c：request-information＋departure＋transportation (transportation-spec＝(flight,

　　　　identifiability＝yes，destination＝Tokyo)，time＝(clock＝(hours＝2)))

该 IF 的含义为：说话人为"c"，该句子的意图是询问信息，主题概念为"交通(transportation)"的"离开(departure)"情况，关于"交通"的具体信息由一组属性-值对描述：交通工具种类为"航班(flight)"，可辨认性(要求确认)为"是(yes)"，目的地为"东京(Tokyo)"，时间为"2 点"。

例 16-3　你好！

IF：a：greeting(greeting＝hello)

该 IF 的含义为：说话人为"a"，该句子的意图为问候语，问候的内容为"hello"。

16.3.3　基于规则和 HMM 的统计解析方法

本方法的基本思想可以用图 16-2 表示。对于一个来自语音识别器的待解析句子，首先由词汇分类模块对其词汇进行词义分类，即把句子中的每一个词映射到相应的词义类中去。然后，语义组块分析器从句子对应的词义类序列中分析出语义组块，组块分析器输出的是一个语义组块序列。接下来，统计解析模块从语义组块序列分析出句子 IF 表示的主要框架。语义组块解释模块把各个语义组块解释为相应的 IF 表达式片段。最后，经过对上述两部分的合并，得到最终的 IF 表达式。

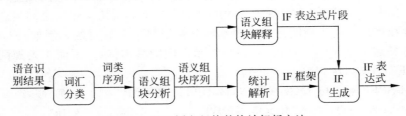

图 16-2　基于语义组块的统计解析方法

下面具体介绍各个部分的实现方法。

1. 词汇分类

该部分的任务是根据词汇的语义功能，把每个词汇划分到不同的类。为此，我们定义了一个词汇语义类词典。在分类时参考了《同义词词林》和 IF 的相关规范。其分类依据是词汇在句子中的语义功能，语义功能相同的词汇归为一类，例如，"单人间"和"双人房"属于同一个语义类；"大"和"小"虽然词义不同，但在句子中的语义功能是相同的，所以，把它们也归为一类。按照这种方法，我们把旅馆预订领域的 1986 个词汇划分为 324 个语义类。表 16-13 给出了部分例子。

表 16-13　词汇语义类示例

词汇语义类标记	部分词汇
N_C_COST	费用、收费、经费、费、花费……
N_C_BED	床、床位、铺位、床铺、榻榻米、大床……
N_O_COUNTRY_PERSON	英国人、日本人、美国人……
N_C_NAME	姓名、名字、全名、大名……
V_INCLUDE	包括、带有、加上、加……
V_STATE_RESERVE	预订、订、预约、单订……

2. 语义组块分析

已经有很多专家给出了组块概念的不同定义。这里针对特定领域汉语口语解析的需要和 IF 的特点，给出了比较宽松的解释：语义组块是指口语句子中不依赖于其他词汇而能表示某种特定语义的最小部分。语义组块界定的基本原则有两个：①能够承担某种确定语义的普通短语。例如，句子"我想预订一个单人间"中的"我"、"想预订"、"一个单人间"都是语义组块；句子"我想要一个人住的房间"中的"我"、"想要"、"一个人住的房间"也都是组块。②按照口语表达习惯，以比较固定的形式出现、具有明确含义的组合语。例如，句子"我想订一个人住的"中的"一个人住的"和句子"单人间，明天的"中的"明天的"都被看作是语义组块。

同时，我们根据语义组块具体的意义，对语义组块进行了语义分类。例如，所有对时间的表达，"明天"、"后天"、"星期一"、"三天后"等，都归属于时间类语义组块，记作 TIME；对房间类型的表达，如"单人间"、"双人间"、"一个人住的房间"、"宽敞的房间"等，都归属于房间类语义组块，记作 ROOM_TYPE。

语义组块分析器采用基于规则的线图分析算法（chart-parsing）实现组块识别，语法规则为基于词汇语义类的 CFG，规则描述的是词汇语义类或语义组块之间组合成新语义组块的条件和结果。这些规则是通过观察和分析语料手工编写的。例如，ROOM-SPEC 是旅馆预订领域内常见的一种语义组块，表示房间的具体信息，下面 4 条规则用于生成 ROOM-SPEC 语义组块：

ROOM-SPEC→Q_Q_QUAN ROOM_UNIT ROOM　　几　间　房
ROOM-SPEC→Q_NUM ROOM_UNIT　　两　间
ROOM-SPEC→Q_Q_QUAN ROOM_UNIT　　几　间
ROOM-SPEC→Q_NUM ROOM_UNIT ROOM_TYPE　　两　个　单人间

组块分析器的分析结果不一定是一个句子的完整语义结构树，可能是多个并列的局部语义结构子树。每个子树对应一个组块，一个句子的子树序列对应句子的语义组块序列。下面是例句对应的语义组块序列：

例句：　　　　　　　　我　　　　　　　　　订　　　　　　一个小单间
语义组块：　P_PERSON_FIRST　V_STATE_RESERVE　ROOM-SPEC
语义组块序列将作为统计解析模块的输入。

3. 统计解析过程

统计解析模块用于从输入的语义组块序列中解析出 IF 表示的主框架，采用 HMM 实现，其核心思想是将输入的语义组块序列作为 HMM 的观察，而将句子的 IF 表示作为 HMM 的内部状态。该方法包括如下两个步骤：

（1）手工标注一定数量的语料。对于语料中的每一个句子，首先对它进行语义组块分析，得到该句子对应的组块序列，然后给出该句子的 IF 语义表示，最后把 IF 语义表示线性化并且和语义组块序列对齐。用这些语料来对模型的参数进行训练，就得到一个统计解析模型。

（2）对于一个需要解析的句子，首先对它进行语义组块分析，得到该句子对应的语义组块序列，然后把语义组块序列作为统计解析模型的输入，则解析模型的输出就是输入句子的线性化后的 IF 框架。

从 IF 的定义我们知道，一个句子的 IF 表示可以看成是一种层次化的树形结构，而统计解析模型的输出是一个线性符号序列，那么，要从线性符号序列转换成为 IF 表示，则该线性符号序列中必须包含 IF 树的结构信息，这必然会极大地增加符号的数量，相对于有限的语料来说，数据匮乏问题就变得过于严重，从而导致统计解析方法不可行。为了避免这个问题，我们从 IF 表示的结构出发，对解析任务进行了分割，如图 16-3 所示。

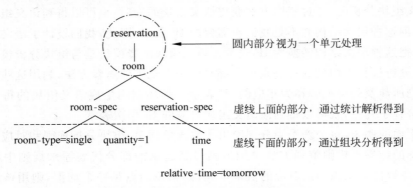

图 16-3　IF 树形结构表示及其解析任务的分割

图 16-3 是句子"一个单人间，明天的"的 IF 表示，其中，虚线以上的符号和层次关系通过统计解析模型获得，虚线以下的符号及其层次关系通过语义组块分析的方法获得。在分割的时候，我们保证虚线上面的结构只有两层。虚线上面的 IF 部分可以看成是 IF 的主要框架，而虚线下面的部分则是一些具体的细节。由于所有的 concepts 在结构上只有上下位关系，而且在有限的口语对话领域内，concepts 的组合也是很有限的，因此，这里把所有的 concepts（圆内包括的部分）看成是一个结点来处理，并且为了便于表示，我们把圆内的 concepts 表示形式进行简化，用一个符号来表示它们，例如，图 16-3 中圆圈内的

concepts 用 reserve_room 表示。类似地，我们一共定义了 170 个这样的符号。

IF 表达式中的说话人标志 a 或 c 和语句意图 speech-act 只有简单的几种形式，而且位置固定，通过简单的方法就可以获得，这里暂不考虑它们。

在进行语料标注的时候，我们把语料中每一个句子对应的 IF 框架线性化为一个符号序列，并且把这些符号分配给句子中的语义组块，即实现标注符号和语义组块的对齐。由于经过上述的任务分割以后，统计解析模块处理的 IF 部分在结构上只有两个层次，因此，在定义标注符号的时候，不必考虑复杂的位置和层次信息，只需表示出该符号的位置。我们用前缀"f："来表示某个标注符号处于第一层，用前缀"s："来表示某个标注符号处于第二层。而对于无法对应到框架中的语义组块，则给它标上空的符号。为了便于表示，每个标注符号都用"{}"括起来。

统计模型解析的结果是标注符号序列，根据标注符号中所包含的标志信息"f："和"s："，可以容易地把标注符号序列转换为 IF 框架。图 16-4 表示一个句子和相应的标注符号以及 IF 框架之间的转换过程。

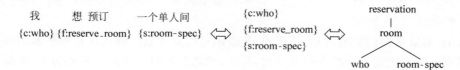

图 16-4　句子、标注符号以及 IF 框架之间的转换

4. 组块解释方法

在语义组块分析时，通过规则方法获得语义组块的同时，也可以得到语义组块内部的层次结构，但这种层次结构并不是我们所需要的 IF 表示，因此，我们设计了语义组块解释模块，用来把这种层次结构转换为 IF 表示。语义组块解释模块是与组块分析模块配合工作的，组块分析过程中用到的每一条规则都对应一个规则的解释方法，利用这些解释方法可以把规则所涉及的词汇解释为相应的 IF 表示。循环调用生成语义组块的每一条规则所对应的解释子程序，就可以得到该语义组块对应的 IF 层次表示。

请看下面的例子，每个例子中分别给出了输入单词串、组块分析规则和对应的解释方法以及解释的结果。规则解释方法中用方括号括起来的部分代表原来规则中的一个结点，表示该参数需要用该结点对应的值来填充，如果该结点是一个词汇，则用该词汇本身来填充，如果该结点是一个语义组块，则用相应的语义组块解释结果来填充。

（1）输入：　　　　豪华　单人间

　　　组块分析规则：　ROOM-SPEC→N_C_LEVEL ROOM_TYPE

　　　解释方法：　　　room-level＝[N_C_LEVEL]　room-type＝[ROOM_TYPE]

　　　解释结果：　　　room-level＝豪华，room-type＝单人间

（2）输入：　　　　打 八折 的 价格

　　　组块分析规则：　PRICE_TYPE→V_DA　DISCOUNT_INFO　N_C_PRICE

　　　解释方法：　　　price＝(discount＝[DISCOUNT_INFO])

　　　解释结果：　　　price＝(discount＝8)

5. IF 的生成

从上面的介绍可以看出,基于 HMM 的解析模块输出的结果和语义组块解释的结果都只是 IF 的片段,只有把它们合并才能得到完整的 IF 表示。语义组块解释模块把每个语义组块转换为 IF 片段,同时每个语义组块经过统计解析模块解析后,又对应一个标注符号,并且该标注符号最终要作为 IF 表示中的一个结点。在各组块合并时,IF 生成器把语义组块解释结果作为该结点的子结点,把经过简化处理的 concepts 序列还原为原来的 concepts 序列,这样就得到了 IF 表示。表 16-14 给出了一个句子从组块解析到最终生成 IF 表示的过程。图 16-5 给出解析结果合并过程的例子。

表 16-14　从组块到 IF 表示的解析过程

步骤	输　入	例　子			
1	口语句子	单人间和双人间是怎么收费的			
2	语义组块	ROOM_INFO 单人间和双人间	V_STATE_J 是	MONEY_INFO 怎么收费	C_DE 的
3	组块解释结果	room-type＝single and room-type＝double		quantity＝question	
4	统计解析结果	{s: room_info}	{f: room_price}	{s: money_info}	{}
5	融合后的 IF 表示	price＋room(room-spec＝(room-type＝single and room-type＝ double) price-spec＝(quantity＝question))			

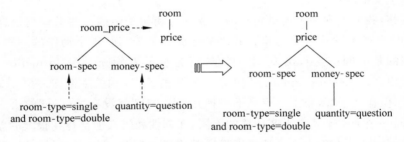

图 16-5　IF 的生成示例

由于本方法用于限定领域的口语会话解析,默认只有两个人的对话,因此,配合语音识别模块提供的信息,容易得知说话人是顾客还是代理,从而获得 IF 中的说话人标志。另外,在旅馆预订这一限定领域内,语句意图的种类十分有限,因此,采用模板匹配技术就可以满足语句意图的识别要求。

另外,在基于 HMM 的统计解析模型实现过程中,为了在有限训练语料的情况下尽量获得更多的信息,我们提出了改进的 HMM 参数训练方法,其基本思想是,在训练数据量不变的前提下,增加状态对应的观察数目。为了达到这个目的,在参数训练过程中给某个特定的状态分配观察的时候,把多个语义组块作为一种观察分配给该状态,而不像传统的 HMM 参数训练过程,只考虑训练语料中与该状态对齐的语义组块,在训练语料中有多少种语义组块与该状态对齐,该状态就有多少个观察。

　　分别利用 300 个口语句子对该方法进行开放测试和封闭测试,正确率(包括完全正确和部分正确)分别达到了 84.1％和 96.3％。关于该方法的详细介绍,有兴趣的读者可以参阅文献[解国栋,2004;解国栋等,2003,2004]。

16.3.4　基于语义决策树的口语解析方法

　　从上面的介绍中可以看出,基于语义组块的口语解析方法在限定领域内能够获得较好的解析效果。但是,该方法存在如下不足之处:①上下文窗口偏小。在使用 HMM 对句子进行解析时,窗口一般限定在左右两个词汇或组块,而在口语句子中存在很多不规范的现象,很多情况下一个词或短语的语义与离它较远的词汇密切相关,如果窗口太小,不利于处理长距离的约束关系。②领域行为中的多个概念需要根据人工预先定义的语义符号经解释获得。例如,旅馆预订领域中的一个句子经过统计解析后获得人工定义的符号“reserve-room”,然后,根据解释规则生成 IF 中的概念序列“reservation＋room”。这样,对于每一个可能存在的概念序列都需要定义一个符号和相应的解释规则,这项工作不但繁琐,而且主观性强,并且影响系统的领域移植能力和 IF 的表达能力。③在获取话语意图时,主要从解析结果的单个特殊单元来理解,这样也存在一定的局限性。为了克服这种方法的不足,左云存等(2006)提出了一种统计方法和规则方法相结合的基于语义决策树的口语解析方法,该方法用统计方法从训练语料中自动获取规则,从而避免了人工编写规则的繁琐和主观性,并具有较高的鲁棒性,用统计模型直接获得整个领域的行为表示,便于句子整体意义的理解。

　　通过观察,我们发现一个汉语句子的领域行为和句子中的一些关键词语存在密切关系。例如,句子“你什么时候到这里”,其语义是询问关于“到”这个动作的一些信息(在这里具体询问的是时间信息),用 IF 中的领域行为表示为“request-information＋arrive”。我们可以看出,“request-information”和句子中的“什么”一词关系密切,而“arrive”可以由“到”来确定,但在句子“从早上八点到下午四点”中,“到”就没有“arrive”的语义。在这两个句子中,同一个词由于其上下文环境的不同,在词性和语义上都存在很大的差别,因此,我们可以根据词语所在的上下文环境来确定其语义。据此,左云存等(2006)提出了基于语义分类树的汉语口语解析方法,如图 16-6 所示。

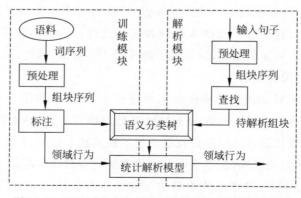

图 16-6　基于语义分类树的汉语口语解析方法示意图

　　该方法的基本思路是：在对训练语料进行标记的基础上，为每一个与领域行为密切相关的词汇生成一棵语义分类树，语义分类树包含了在其生成过程中从训练语料中自动获取的一系列语义规则和语义的概率信息。当一个需要解析的句子输入时，首先用语义分类树对与领域行为密切相关的词语进行解析，获得它们对应的语义信息及其概率。然后，用统计模型对多个词语的语义结果进行组合，从而获得整个句子的领域行为。为了减小系统规模和数据稀疏问题，可以在对句子进行预处理的基础上对句子的词类或组块进行解析。

　　从图 16-6 中我们可以看出，整个系统分为两个大的模块，即训练模块和解析模块。训练模块的功能是生成语义分类树，并获得统计模型，而解析模块的目的是利用语义分类树和统计模型对输入句子进行解析，获得领域行为。两个模块中的预处理模块主要是分析获得句子的组块序列。标注模块在把与领域行为相关的组块（或词）以及影响其语义的其他组块（或词）标识出来的同时，也把整个句子的领域行为标记出来。查找模块则用于找出句子的待解析组块。关于该方法的详细介绍，有兴趣的读者可参阅文献［左云存等，2006］。

　　综上所述，口语解析是口语信息处理系统中的关键技术之一，如何处理口语中的非规范语言现象，提高系统的准确率和鲁棒性，增强系统的可移植性，始终是该项技术所面临的主要问题。由于口语理解技术一般被用于人机对话系统、语音翻译系统和话语内容摘录或监听等与语音识别技术密切相关的系统，因此，如何综合利用语音和文字信息，建立语音识别与口语解析一体化的高性能口语理解技术，也是目前这一领域值得深入研究的问题。

16.4　基于 MDP 的对话行为识别

　　对话行为（dialog acts，DAs）是说话人对话意图的表现形式，如何准确地识别和预测对话行为对于人机对话系统具有重要意义。

　　针对对话行为的识别问题，人们曾先后提出了基于最大熵的方法［Stolcke *et al.*，2000；Ang *et al.*，2005；Hsueh and Moore，2007］、决策树方法［Mast *et al.*，1996］、支持向量机（SVM）方法［Surendran and Levow，2006］和图模型方法［Ji and Bilmes，2005］等，在此不做一一介绍。

　　Zhou *et al.*（2008b）提出了一种基于马尔可夫决策过程（Markov decision processes，MDPs）和 SVM 方法相结合的对话行为预测方法，其基本思路是：用 MDP 预测对话行为，然后将预测结果融入基于语句的 SVM 分类器，最终获得对话行为的识别结果。对话行为的预测映射为一个马尔可夫决策过程，定义为一个 4 元组 (S, A, T, R)，其中，S 表示状态，由说话人是否变化的标记（sp_change）和对话行为（DA）的历史描述。如果说话人发生了变化，则 sp_change=1，否则 sp_change=0。对话历史包括同一说话人前一句话的对话行为和对方说话人前一句话的对话行为。

　　A 为动作集，一共包括 13 个动作，每个动作表示一个对话行为标签，作为对下一个对话行为的预测。如 s 表示陈述（statement）、qy 表示是非问（Y/N question）、qw 表示特指问（Wh-question）等。

T 为状态转移概率矩阵，$T_{ij} = P(S_j | S_i, A_i)$ 表示系统由状态 S_i 转移到 S_j 的概率。

R 表示回报（reward）。回报方程（reward function）是预测结果正确或错误的反映。Zhou *et al*.（2008b）从经验的角度对转移概率矩阵进行回报或惩罚。如果预测结果正确，回报因子为 1.1，否则给出的惩罚因子为 0.9，该数据为一组实验中测得的最优值。

最后用 SVM 分类器对 MDP 的预测结果进行分类识别。

文献［Zhou and Zong，2009］对句子层面和篇章层面的多种特征对 DA 识别性能的影响进行了分析和对比实验。其中，词汇层面的特征为 n-gram（主要是 1～3 元文法）；句法层面的特征包括词性标注信息（POS）和语块特征，如基本名词/动词短语（BNP/BVP）等；约束信息泛指各种句法和语义层面的约束，如出现位置、频率、包括词汇层和句法层在内的各特征的权重、语句长度，以及歧义词的约束等信息。另外还包括主题和邻接对两个上下文特征。实验表明，多特征组合可以获得较好的 DA 识别性能，但不同特征对 DA 识别性能的影响不同，有些特征影响不大，如词性标注信息（POS），而有些特征对系统性能影响较大，如 BNP。

16.5　基于中间表示的口语生成方法

自然语言生成（natural language generation）技术研究的是如何利用计算机把非自然语言的表示形式转换成某种自然语言的表示形式，从而产生人们可理解的，表达确切、自然流畅的自然语言语句。自然语言生成技术在基于中间语言的机器翻译系统和人机对话系统中具有重要用途。

本节介绍基于 IF 的汉语口语生成方法。

16.5.1　基本思路

基于 IF 的汉语口语生成器是面向多语言口语翻译系统设计的，该系统采用基于模板的方法和基于特征的深层生成方法相结合的混合生成方法。采用这种混合方法的主要理由有如下几点：首先，特定领域的口语对话中常用一些固定的表达模式。根据我们的初步统计，在口语表达中含有"请"字的祈使句约占 17％；用"有……吗"、"有没有"、"能不能/可以不可以"等表示的疑问句约占 44％；含有时间或数字的语句约占 22％。其中，很多固定简短的表达非常适合于使用模板的生成方法。而且，使用模板的方法可以获得较高的运行效率。其次，对于非固定的表达方式，由于其表达形式灵活多样，采用基于特征的深层生成方法无疑更能满足系统对于灵活性的要求。此外，基于特征的生成方法可以把不同语言的差异作为特征加入系统中，更易于用统一的程序框架实现不同语言的生成过程，便于系统扩展和移植。

根据上述考虑，基于 IF 的汉语口语生成器主要由三个模块组成：微观规划器、表层生成器和后处理模块。一个给定的 IF 表达式，首先经过微观规划器得到对应的句法功能结构，然后，句法功能结构通过表层生成器得到最终的汉语句子。这里所用的句法功能结构是基于系统功能语法而定义的，其格式是多个特征-属性值对的集合，包含生成一个句子所必须的各种信息（语气、时态、语态、谓词框架等）。表层生成器采用功能合一文法，利用生成语言的句法知识把句法功能结构中的各个特征逐步聚合,并进行线性化处理。后处理模块完成句子最后的修饰和补充,包括添加助词、量词等。

整个基于 IF 的汉语口语生成器的组成结构如图 16-7 所示。

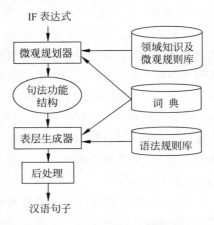

图 16-7　汉语口语生成器结构图

16.5.2　微观规划器

由于在基于 IF 的汉语口语生成器中,一个给定的 IF 表达式与一个句子或词组相对应,生成句子所需要的各项浅层信息都已经在 IF 的参数中给出,所以生成器所要做的事情就是根据 IF 和领域知识生成对应的语句,而无需进行句子内容的确定。但是,由于 IF 没有提供句子生成所需要的谓词-论元信息,需要生成器根据 IF 表达式、领域知识和中心词的搭配信息进行推断。因此,生成器中的微观规划器需要实现如下几个功能:①根据 IF 和领域知识确定句子的类型,获得句子生成所必需的谓词-论元框架;②将领域概念转化为词汇,进行词汇选择,并从词典中获得所有与选定词汇相关的词语搭配信息等;③将领域关系转化为语法关系;④获得句子的语气、时态和语态等信息。

如图 16-8 所示,微观规划器完成的任务分为句子规划和短语规划两个层次。句子规划的功能主要是根据 IF 表达式和领域知识推断句子的顶层信息,如主要动词、时态、语态,语气等,并根据主要动词获得生成句子所必需的谓词-论元框架;短语规划是把 IF 格式中的属性和概念转换为句子的参与角色,即获得生成句子的浅层短语信息。

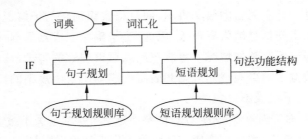

图 16-8　微观规划器结构图

一个 IF 表达式经微观规划器转换后成为句子的句法功能结构,句法功能结构将直接作为表层生成器的输入。领域知识体现在规划规则的表示上。

句子规划规则可以由一个三元组(P,C,A)描述。P 指 IF 的主体部分(包括说话者和领域行为)的模式(pattern),C 是约束(constraints),可以是空集,也可以是对 IF 所含概念(concepts)和参数(arguments)状况的约束。A 是动作(action),指在给定 IF 满足 P 和 C 的条件下,执行 A 操作获得该 IF 所对应的句子的功能结构。句子规划时,微观规划器输入的 IF 首先与 P 中的模式匹配,如果匹配,再看输入是否满足 C 中的约束,如果两者都满足,则执行动作 A,获得句子的主要动词及框架信息。

考虑到在口语会话中,许多表达格式通常是固定的,而且与领域无关,因此,这些句子可以使用模板生成。为便于生成器在统一的程序框架下处理,模板与句子规划规则的格式一样。在句子规划模块执行过程中,如果某个模板的条件得到满足,则把模板中的变量用相应的短语或词汇替换,直接进入表层实现。

短语规划主要处理 IF 中的"参数-属性值"描述,或者某些概念与"参数-属性值"的组合描述。与句子规划规则类似,短语规划规则也由三元组形式构成,关于详细情况有兴趣的读者可以参阅文献[曹文洁等,2004]。

16.5.3　表层生成器

表层生成器是语言生成器的最后一个阶段,其任务是借助于语法规则将微观规划器的输出生成正确、流畅的自然语言句子。

表层生成器的模块结构如图 16-9 所示。表层生成器首先利用词法和句法规则对输入的句法功能结构表示进行合一运算,得到非线性化的句子模式,然后,利用句子和短语中各成分排列顺序规则对句子模式进行线性化处理,得到初步的生成语句,并由后处理模块做最后的修饰处理。

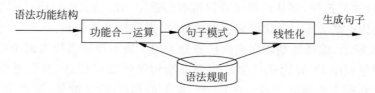

图 16-9　表层生成器结构图

由于 IF 本身是一种不完备的语义表示,而且语音识别和句子解析模块造成的错误往往使 IF 含有噪声或出现信息缺失等现象,因此,为了确保生成器具有一定的鲁棒性,能够在给定 IF 含有错误或不完整的情况下生成正确或可以理解的句子,该生成器中采用了缺省值处理措施,并放宽了对微观规划规则和表层生成器中语法规则的约束,使其能够在某些条件不满足的情况下生成不完整的句子。

为了验证生成器的实现效果,从 BTEC 语料中选取了 100 个关于旅馆预订的句子,将其对应的 IF 表示输入生成器,然后对生成的汉语句子进行评价,结果有 87% 的生成句子是正确和基本正确(可以理解)的,7% 的生成句子是错误的,6% 的输入没有得到生成结果。

16.6　人机对话系统

　　人机对话系统又称口语对话系统（spoken dialogue system），也是近年来比较活跃的一个研究分支。由于该项技术可以广泛地应用于信息查询、票证自动预订和电话自动转接等各个领域，具有广阔的市场前景，而且，随着计算机硬件技术和多媒体技术的快速发展，这项技术的实用化程度越来越高，因此，颇受企业界关注。

16.6.1　系统组成

　　在 16.3 节中，我们已经简要地给出了一个人机对话系统的基本组成（参见图 16-1）。从图 16-1 中可以看出，一个典型的人机对话系统主要包括如下 6 个技术模块：①语音识别器（speech recognizer）；②语言解析器（language parser）；③问题求解（problem resolving）模块；④语言生成器（language generator）；⑤对话管理（dialogue management）模块；⑥语音合成器（speech synthesizer）。

　　语音识别模块实现用户输入语音到文字的识别转换，识别结果一般以得分最高的前 $n(n\geqslant1)$ 个句子或词格（word lattice）形式输出。语言解析模块对语音识别结果进行分析，获得给定输入的内部表示。语言生成模块根据解析模块得到的内部表示，在对话管理机制的作用下生成自然语言句子。语音合成模块将生成模块生成的句子转换成语音输出。问题求解模块依据语言解析器的分析结果进行问题的推理或查询，求解用户问题的答案。对话管理模块是系统的核心，一个理想的对话管理器应该能够基于对话历史调度人机交互机制，辅助语言解析器对语音识别结果进行正确的理解，为问题求解提供帮助，并指导语言的生成过程。可以说，对话管理机制是人机对话系统的中心枢纽。

　　由于对话管理机制在人机对话系统中的重要作用，因此，很多专家对对话管理机制给予了特别的关注。其中，TRINDI 项目[1]中提出的基于信息状态更新（information state update）的对话管理模型［Traum *et al.*，1999；Traum and Larsson，2003］是比较有影响的一项工作。该模型主要包括：信息成分（共同语境和思维状态）及其形式化表示、对话转移（dialogue move）和更新规则等。该模型实际上提供了一个对话管理的元模型，TRINDI 项目的研究人员基于该模型实现了一个对话管理模块的开发工具 TRINDIKIT[2]。

　　从目前总的情况来看，对话系统研究所面临的主要问题在于如何提高系统的鲁棒性（robustness）和可移植性（transplantability）。这里所说的鲁棒性既包括系统的语音识别器对于噪声的抗干扰能力、不同说话人的口音自适应能力、集外词处理能力和语言解析模块对于非规范口语表达及含噪声的语音识别结果的处理能力，也包括对话管理机制对于话语主题变化、交互模式的运用和对话过程失败等各种情况的处理能力。可移植性主要指系统向不同应用领域移植的可行性。

---

① http://www.ling.gu.se/projekt/trindi/
② http://www.ling.gu.se/projekt/trindi/trindikit/

16.6.2　相关研究

自 20 世纪 80 年代中后期以来，随着语音识别技术和语言理解技术的快速发展，世界各国的学术界和企业界都对人机对话系统给予极大的关注，很多国家的政府都相应地制订了规模较大的中长期研究计划，一大批人机对话系统如雨后春笋般地涌现。

自 1984 年以来，欧共体在人机对话技术研发方面支持了一系列框架计划（framework program，FP），每个框架支持 4 至 5 年。框架计划中与口语处理和人机通信相关的研究主要有 ESPRIT/IT 和 TELEMATICS 计划[Mariani and Lamel，1998]。其中具有代表性的项目包括 SUNDIAL、MASK、RAILTEL、ARISE、TRINDI 和 TALK 等。

SUNDIAL(Speech UNderstanding in DIALogue)是早期的口语对话系统研究计划（1988—1993）。其目标是建立实时的能够通过电话与用户进行合作性对话的集成系统。系统面向法语、德语、意大利语和英语四种语言，涉及的任务领域为航班预订、查询和火车信息查询。

MASK(Multimodal-Multimedia Automated Service Kiosk)计划（1994—1997）的目标是要开发采用多模式输入（语音和触摸屏）和多媒体输出（声音、图像、文字和图形）的交互界面，是一个服务台系统，领域为火车查询订票。系统被安置在巴黎的 Gare St. Lazare 街道进行实际测试。

RAILTEL(Railway Telephone Information Service)计划以及其后续的 ARISE (Automatic Railway Information Systems for Europe)计划（1996—1998）是基于电话语音的对话系统，领域为火车时刻查询和订票。

TRINDI(Task Oriented Instructional Dialogue)项目（1998—2000）研究的重点包括：分析人与人之间面向任务的对话中，参与者的信息状态改变的特点；检验如何利用和修改这些特点，以简化人机交互所能完成的任务；建立面向任务和示教性对话及文本信息改变的计算模型。

SIRIdUS(2001—2002)是 TRINDI 的后续项目，其中心任务为：加深对更鲁棒和更友好的人机对话系统的理解，开发对话系统的建立工具。

TALK(Talk and Look，Tools for Ambient Linguistic Knowledge)项目（2004—2006)旨在推广 TRINDI 和 SIRIdUS 项目中所采用的对话管理的"信息状态更新"方法，以建立具有适应性的多模态对话系统。

美国 DARPA 自 1989 年起先后设立了口语系统（spoken language systems，SLS)计划（1989—1995）和 Communicator 计划（1999—2002），用于资助对话系统相关技术的研究。SLS 计划同时支持了连续语音识别技术研究（包括大词表联系语音识别的实时性和鲁棒性研究）和口语理解技术的研究，参与机构包括 BBN、CMU、MIT、SRT、AT&T、MITRE 和 Unisys。选取的领域为航空旅行信息服务（air travel information service，ATIS)[Price，1990]。

Communicator 计划是在 SLS 计划之后启动的，项目目标是为战场上的美国士兵提供一种自然有效且方便易用的信息通信方式。实现的技术目标为：建立自然、有效和高成功率的交互策略，实现知识引导的交互策略。研究的关键技术难点包括：对话管理、上下文跟踪、语言生成、输入语言理解、免手交互和免眼交互。该项目初步研究的领域为航空旅行规划和机票、旅馆、汽车等预订。参与该计划的研究机构近 30 家，包括 MITRE、AT&T、MIT、CMU、Lucent、IBM 等。其中，MIT 提供了共享的系统架构 Galaxy II，这是一个分布式结构，以集线器（hub）为中心，提供具体功能的服务器与集线器相连，用脚本定义控制流程和服务器之间的信息传递路线。

另外，日本文部省也设立了针对人机对话技术研究的 UGD（Understanding and Generation of Dialogue）计划。

从国外从事对话技术研究的学术机构来看，MIT 口语系统研究组（MIT-SLS）是较早的成绩卓著的研究集体之一，自 1989 年推出用于波士顿地区交通和导航信息查询服务的 Voyager 系统之后，先后又推出了一系列面向不同任务领域的对话系统：天气预报查询系统 Jupiter，航班时间查询系统 Pegasus，航班、票价信息查询系统 Mercury，等等。其次，美国 Rochester 大学交互与口语对话研究组（Rochester-CISD）在机器辅助进行问题求解的能力研究方面做了大量的探索性工作。他们的有关研究主要集中在 TRAINS 和 TRIPS 两个项目上。TRAINS 项目的任务领域为列车货运规划，由于采用了对话动作分析和规划推理技术，系统能够进行深层次的理解，并混合主导对话。TRIPS 项目作为 TRAINS 的后续研究，提供口语和图形界面交互功能，扩展了领域的复杂度，交通工具更多，有时间、资源上的限制，突出了用户与系统对话对于有效解决问题的必要性。另外，法国 LIMSI 的口语处理研究组（LIMSI-SLP）也是口语对话系统方面成绩卓著的研究集体。他们主要依托欧共体的计划支持，包括前面提到的 MASK、RAILTEL、ARISE 计划，以信息获取为背景，主要采用基于格框架的理解策略，考虑缺省、简略回答、查询条件继承等上下文现象，利用对话语法实现混合主导的对话策略。还有，美国的 CMU、MIT 和英国的 Edinburgh 大学、Sheffield 大学等都在口语对话系统研究方面颇有建树。而在企业界，Philips、AT&T、Lucent、IBM 等都是人机对话技术研究的积极参与者。

国内有关学者在人机对话系统研究方面也做了大量研发工作，并取得了一系列成果。中国科学院自动化研究所模式识别国家重点实验室在国家"863"计划的支持下开发完成的"北京市旅游信息语音咨询系统"于 1996 年通过了中国科学院组织的成果鉴定，被专家认为已达到当时国内领先、国际先进水平，该系统作为国内唯一的语音识别系统，作为代表性成果参加了"863"十周年成果展。在此基础上，模式识别国家重点实验室又在国家"863"计划的支持下，完成"面向问题求解的人机对话系统研究"课题，成功地研制完成了国内第一个面向非特定人、连续语音识别的旅游信息咨询人机口语对话系统——"北极星（LodeStar）"［Huang *et al.*，1999］。清华大学曾先后建立了校园导航系统 EasyNav 和航班信息查询系统 EasyFlight［燕鹏举等，2001］。中国科学院声学研究所［Wang and Du，2000］和北京交通大学［何伟等，2001］等，都在人机对话系统方面做了大量的研究和开发工作。

综上所述，人机对话系统是涉及语音识别、口语理解、人机交互和语音合成等多项技术的综合集成系统，具有极其广阔的应用前景，同时又面临着若干深层次的理论问题和技术难题。要使这项技术取得根本性突破，有待于学术界和企业界长期坚持不懈的共同努力。近年来，有学者将人的肢体语言（如头部动作、手势）和表情的识别、理解与语音识别和理解结合起来，辅助系统理解人的意图，并结合基于互联网的问答系统研究，开发多信息融合的人机交互系统，取得了若干研究成果，极大地丰富了人机对话系统的研究内容。

参 考 文 献

［Aas and Eikvil，1999］Aas K，Eikvil L. 1999. Text Categorisation: A Survey. Technical Report, Norwegian Computing Center (http://citeseer.ist.psu.edu/aas99text.html)

［Abdi，2007］Abdi，Hervé. 2007. Kendall Rank Correlation. In: Salkind NJ (ed.) Encyclopedia of Measurement and Statistics. Thousand Oaks，CA: Sage. pages 508-510

［Abney，1991］Abney S. 1991. Parsing By Chunks. In: Robert Berwick，Steven Abney，Carol Tenny (eds.) Principle-Based Parsing. Kluwer Academic Publishers

［Abney，1995a］Abney S. 1995a. Partial Parsing via Finite-State Cascades. In: *Natural Language Engineering*，1(1): 1-8

［Abney，1995b］Abney S. 1995b. Chunks and Dependencies: Bring Processing Evidence to Bear on Syntax. In: *Computational Linguistics and the Foundations of Linguistic Theory*，CSLI

［Abney，2002］Abney S. 2002. Bootstrapping. In: *Proceedings of the 40th Annual Meeting of the Association for Computational Linguistics (ACL)*，7-12 July 2002，Philadelphia，USA. pages 360-367

［Abney，2004］Abney S. 2004. Understanding the Yarowsky Algorithm. *Computational Linguistics*，30(3): 365-395

［Abney and Johnson，1991］Abney S and Johnson M. 1991. Memory Requirements and Local Ambiguities of Parsing Strategies. *Journal of Psycholinguistic Research*，20: 233-250

［Aho and Ullman，1972］Aho AV，Ullman JD. 1972. The Theory of Parsing，Translation，and Compiling. Vol. 1. Englewood Cliffs，NJ: Prentice-Hall

［Aijmer and Altenberg，1991］Aijmer K，Altenberg B. 1991. English Corpus Linguistics: Studies in Honour of Jan Swartvik. London: Longman

［Akiba *et al.*，2004］Akiba Y，Federico M，Kando N，Nakaiwa H，Paul M，Tsujii J. 2004. Overview of the IWSLT04 Evaluation Campaign. In: *Proceedings of the International Workshop on Spoken Language Translation (IWSLT)*，Sept. 30-Oct. 1，Kyoto，Japan. pages 1-9

［Albrecht and Hwa，2007］Albrecht JS and Hwa R. 2007. A Re-examination of Machine Learning Approaches for Sentence-level MT Evaluation. In: *Proceedings of ACL*

［Allen，1995］Allen J. 1995. Natural Language Understanding. The Benjamin/Cummings Publishing Company，Inc

［Alshawi and Carter，1994］Alshawi H，Carter D. 1994. Training and Scaling Preference Functions for Disambiguation. *Computational Linguistics*，20(4): 635-648

［Alshawi *et al.*，1998］Alshawi H，Bangalore S，Douglas S. 1998. Automatic Acquisition of Hierarchical Transduction Models for Machine Translation. In: *Proceedings of ACL*，pages 41-47

［Alshawi *et al.*，2000］Alshawi H，Bangalore S，Douglas S. 2000. Learning Dependency Translation Models as Collections of Finite-State Head Transducers. *Computational Linguistics*，26(1): 45-60

［Al-Onaizan and Knight，2002］Al-Onaizan Y，Knight K. 2002. Translating Named Entities Using

Monolingual and Bilingual Resource. In: *Proceedings of ACL*, pages 400-408

[Amigó et al., 2005]Amigó E, Julio Gonzalo, Anselmo Pènas, and Felisa Verdejo. 2005. QARLA: A Framework for the Evaluation of Automatic Summarization. In: *Proceedings of ACL*

[Ang et al., 2005]Ang J, Liu Y, and Shriberg E. 2005. Automatic Dialog Act Segmentation and Classification in Multiparty Meetings. In: *Proceedings of ICASSP*. Philadelphia

[Appelt, 2003]Appelt D E. 2003. Semantics and Information Extraction. Tutorial of Workshop at Johns Hopkins University. June 30-August 22

[Artiles et al., 2009]Artiles J, Julio Gonzalo and Satoshi Sekine. 2009. WePS2 Evaluation Campaign: Overview of the Web People Search Clustering Task. In: *Proceedings of WWW Workshop of WePS2*

[Asahara and Matsumoto, 2003]Asahara M and Matsumoto Y. 2003. Japanese Named Entity Extraction with Redundant Morphological Analysis. In: *Proceedings of HLT-NAACL*, pages 8-15

[Asahara et al., 2005]Asahara M, Fukuoka K, Azuma A, Goh CL, Watanabe Y, Matsumoto Y, and Tsuzuki T. 2005. Combination of Machine Learning Methods for Optimum Chinese Word Segmentation, In: *Proceedings of the Fourth SIGHAN Workshop on Chinese Language Processing*, pages 134-137

[Asher, 1993]Asher N. 1993. Reference to Abstract Objects in Discourse. Kluwer Academic Publisher

[Aue and Gamon, 2005]Aue A and Gamon M. 2005. Customizing Sentiment Classifiers to New Domains: A Case Study. In: *Proceedings of Recent Advances in Natural Language Processing (RANLP)*

[Austin, 1962]Austin JL. 1962. How to Do Things with Words. Oxford: Clarendon Press

[Ayan et al., 2008]Ayan NF, Zheng J, Wang W. 2008. Improving Alignments for Better Confusion Networks for Combining Machine Translation Systems. In: *Proceedings of the 22nd International Conference on Computational Linguistics (COLING)*. Manchester, pages 33-40

[Baker et al., 1998]Baker CF, Fillmore CJ and Lowe JB. 1998. The Berkeley Framenet Project. In: *Proceedings of ACL-COLING*, pages 86-90

[Balbridge and Lascarides, 2005]Balbridge J and Lascarides A. 2005. Probabilistic Head-driven Parsing for Discourse Structure. In: *Proceedings of CoNLL*

[Banerjee and Lavie, 2005]Banerjee S, Lavie A. 2005. METEOR: An Automatic Metric for MT Evaluation with Improved Correlation with Human Judgments (http://www.cs.cmu.edu/afs/cs.cmu.edu/user/alavie/www/papers/BanerjeeLavie2005-final.pdf)

[Bangalore and Riccardi, 2002]Bangalore S, Riccardi G. 2002. Stochastic Finite-state Models for Spoken Language Machine Translation. *Machine Translation*, 17(3)

[Bangalore et al., 2001]Bangalore S, Bordel F, and Riccardi G. 2001. Computing Consensus Translation from Multiple Machine Translation Systems. In: *Proceedings of IEEE Workshop on Automatic Speech Recognition and Understanding (ASRU)*, pages 351-354

[Banko et al., 2007]Banko M, Michael J Cafarella, Stephen Soderland, Matt Broadhead and Oren Etzioni. 2007. Open Information Extraction from the Web. In: *Proceedings of IJCAI*, pages 2670-2676

[Bansal and Klein, 2010]Bansal M and Klein D. 2010. Simple, Accurate Parsing with an All-fragments Grammar. In: *Proceedings of ACL*, pages 1098-1107, Uppsala, Sweden, 11-16 July 2010

[Bansal and Klein, 2012]Bansal M and Klein D. 2012. Coreference Semantics from Web Features. In: *Proceedings of ACL*, pages 389-398

［Barzilay and Elhadad，1999］Barzilay R and Elhadad M. 1999. Using Lexical Chains for Text Summarization. In：Inderjeet Mani and Mark T. Maybury（eds）*Advances in Automatic Text Summarization*. The MIT Press

［Barzilay *et al.*，1999］Barzilay R，McKeown K，Elhadad M. 1999. Information Fusion in the Context of Multi-document Summarization. In：*Proceedings of ACL*. University of Maryland，USA. pages 550-557

［Barzilay *et al.*，2001］Barzilay R，Elhadad N，McKeown KR. 2001. Sentence Ordering in Multi-document Summarization. In：*Proceedings of the 1st Human Language Technology Conference*. San Diego，California. pages 1-7

［Basili *et al.*，1999］Basili R，Moschitti A，Pazienza MT. 1999. A text classifier based on linguistic processing. In：*Proceedings of IJCAI*，Machine Learning for Information Filtering

［Beaugrande and Dressler，1981］Beaugrande RD and Dressler W. 1981. Introduction to Text Linguistics. London：Longman，1981

［Beineke *et al.*，2004］Beineke P，Trevor H，Shivakumar V. 2004. The Sentimental Factor：Improving Review Classification via Human-provided Information. In：*Proceedings of ACL*，pages 264-271

［Bell *et al.*，1990］Bell TC，Cleary JG，Witten IH. 1990. Text Compression. Englewood Cliffs，NJ：Prentice Hall

［Berger，1997］Berger AL. 1997. The Improved Iterative Scaling Algorithm：A gentle Introduction. Technical Report，Carnegie Mellon University. http：//www. cs. cmu. edu/～aberger/maxent. html

［Berger *et al.*，1994］Berger AL，Brown PF，Della Pietra SA，Della Pietra VJ，Gillett JR，Lafferty JD，Mercer RL，Printz H，Ureš L. 1994. The Candide System for Machine Translation. In：*Proceedings of the ARPA Conference on Human Language Technology*（*HTL*）. pages 157-162

［Berger *et al.*，1996］Berger AL，Della Pietra SA，Della Pietra VJ. 1996. A Maximum Entropy Approach to Natural Language Processing. *Computational Linguistics*，22(1)：1-36

［Bikel，2004a］Bikel DM. 2004. Intricacies of Collins' Parsing Model. *Computational Linguistics*，30(4)：479-511

［Bikel，2004b］Bikel DM. 2004. A Distributional Analysis of a Lexicalized Statistical Parsing Model. In：*Proceedings of the Conference on Empirical Methods in Natural Language Processing*（*EMNLP*）. Barcelona，pages 182-189

［Bikel *et al.*，1997］Bikel DM，Miller S，Schwartz R，Weischedel R. 1997. Nymble：A High-performance Learning Name-finder. In：*The Fifth Conference on Applied Natural Language Processing*. pages 194-201

［Bilac and Tanaka，2004］Bilac S and Tanaka H. 2004. A Hybrid Back-transliteration System for Japanese. In：*Proceedings of COLING*，pages 597-603

［Black *et al.*，1991］Black E，Abney S，Flickenger D，*et al.* 1991. A Procedure for Quantitatively Comparing the Syntactic Coverage of English Grammars. In：*Proceedings of Speech and Natural Language Workshop*. pages 306-311

［Black *et al.*，1992a］Black E，Jelinek F，Lafferty J，Magerman D，Mercer R，Roukos S. 1992. Towards History-based Grammars：Using Richer Models for Probabilistic Parsing. In：*Proceedings of the 5th DARPA Speech and Natural Language Workshop*，Harriman，NY

［Black *et al.*，1992b］Black E，Lafferty J，Roukos S. 1992. Development and Evaluation of a Broad-coverage Probabilistic Grammar of English-language Computer Manuals. In：*Proceedings of ACL*.

pages 185-192，Newark，Delaware

［Blitzer *et al.*，2007］Blitzer J，Dredze M，and Pereira F. 2007. Biographies，Bollywood，Boom-boxes and Blenders：Domain Adaptation for Sentiment Classification. In：*Proceedings of ACL*，pages 440-447

［Bod，1993］Bod R. 1993. Monte Carlo Parsing. In：*Proceedings of the 3rd International Workshop on Parsing Technologies（IWPT）*. Iilburg/Durbuy，The Netherlands/Belgium

［Bod，2003］Bod R. 2003. An Efficient Implementation of a New DOP Model. In：*Proceedings of the 10th Conference of the European Chapter of the Association for Computational Linguistics （EACL）*，Budapest，Hungary，19-26. Morristown，NJ：Association for Computational Linguistics

［Bod and Scha，1996］Bod R，Scha R. 1996. Data-oriented Language Processing：An Overview. Technical Report LP-96-13，Institute for Logic，Language and Computation，University of Amsterdam

［Borthwick，1999］Borthwick A. 1999. A Maximum Entropy Approach to Named Entity Recognition. PhD Thesis. New York University

［Brants，2000］Brants T. 2000. TnT—A Statistical Part-of-speech Tagger. In：*Proceedings of ANLP*

［Breiman *et al.*，1984］Breiman L，Friedman J，Olshen RA，Stone CJ. 1984. Classification and Regression Trees. New York：Chapman &. Hall（Wadsworth，Inc.）

［Brennan *et al.*，1987］Brennan SE，Friedman MW，and Pollard CJ. 1987. A Centering Approach to Pronouns. In：*Proceedings of ACL*，Stanford，CA，pages 155-162

［Brent，1973］Brent RP. 1973. Algorithms for Minimization without Derivatives. Prentice-Hall

［Bresnan，1982］Bresnan J.（ed.）1982. The Mental Representation of Grammatical Relations. Cambridge，MA：MIT Press

［Brewster *et al.*，2002］Brewster C，Ciravegna F，and Wilks Y. 2002. User-centered Ontology Learning for Knowledge Management. In：*Proceedings of the 7th International Workshop on Applications of Natural Language to Information Systems*，Stockholm，June 27-28，2002，Lecture Notes in Computer Sciences，Springer Verlag

［Brewster *et al.*，2003］Brewster C，Ciravegna F，and Wilks Y. 2003. Background and Foreground Knowledge in Dynamic Ontology Construction：Viewing Text as Knowledge Maintenance. In：*Proceedings of the Semantic Web Workshop*，SIGIR

［Brill，1992］Brill E. 1992. A Simple Rule-based Part-of-speech Tagger. In：*Proceedings of the Third Conference on Applied Natural Language Processing*. Trento，Italy. pages 152-155

［Brill，1995］Brill E. 1995. Transformation-based Error-driven Learning and Natural Language Processing：A Case Study in Part-of-speech Tagging. *Computational Linguistics*，21(4)：543-565

［Briscoe，1996］Briscoe E. 1996. The Syntax and Semantics of Punctuation and Its Use in Interpretation. In：*Proceedings of the ACL/SIGPARSE International Meeting on Punctuation in Computational Linguistics*，Santa Cruz，California. pages 1-8

［Briscoe and Carroll，1995］Briscoe E，Carroll J. 1995. Developing and Evaluating a Probabilistic LR Parser of Part-of-speech and Punctuation Labels. In：*Proceedings of ACL/ SIGDAT IWPT*，pages 48-58

［Brown *et al.*，1990］Brown PF，Cocke J，Della Pietra SA，Della Pietra VJ，Jelinek F，Lafferty JD，Mercer RL，Roossin PS. 1990. A Statistical Approach to Machine Translation. *Computational Linguistics*. 16(2)：79-85

［Brown *et al.*，1991a］Brown PF，Della Pietra SA，Della Pietra VJ，Mercer RL. 1991a. Word-sense Disambiguation Using Statistical Methods. In：*Proceedings of ACL*，pages 264-270

［Brown *et al.*，1991b］Brown PF，Della Pietra SA，Della Pietra VJ，Mercer RL. 1991b. A Statistical Approach to Sense Disambiguation in Machine Translation. In：*Proceedings of the Fourth DARPA Workshop on Speech and Natural Language*. Morgan Kaufman Publishers，pages 146-151

［Brown *et al.*，1992a］Brown PF，Della Pietra SA，Della Pietra VJ，Lai JC，Mercer RL. 1992a. An Estimate of an Upper Bound for the Entropy of English. *Computational Linguistics*. 18(1)：31-40

［Brown *et al.*，1992b］Brown PF，Della Pietra VJ，deSouza VP，Mercer RL. 1992b. Class-based n-gram Models of Natural Language. *Computational Linguistics*，18(4)：467-479

［Brown *et al.*，1993］Brown PF，Della Pietra SA，Della Pietra VJ，Mercer RL. 1993. The Mathematics of Statistical Machine Translation：Parameter Estimation. *Computational Linguistics*. 19(2)：263-309

［Burkett and Klein，2008］Burkett D and Klein D. 2008. Two Languages Are Better Than One（for Syntactic Parsing). In：*Proceedings of EMNLP*，pages 877-886

［Callison-Burch *et al.*，2006］Callison-Burch C，Miles Osborne，and Philipp Koehn. 2006. Re-evaluation the Role of BLEU in Machine Translation Research. In：*Proceedings of EACL*

［Callison-Burch *et al.*，2012］Callison-Burch C，Philipp Koehn，Christof Monz，Matt Post，Radu Soricut and Lucia Specia. 2012. Findings of the 2012 Workshop on Statistical Machine Translation. In：*Proceedings of the Seventh Workshop on Statistical Machine Translation*，pages 10-51

［Cao *et al.*，2005］Cao WJ，Zong CQ，Xu B. 2005. Investigation of Emotive Expressions of Spoken Sentences. In：Tao J，Tan T，Picard W（eds.). *Affective Computing and Intelligent Interaction* (Proceedings of the First International Conference，ACII，October 22-24，Beijing，China) Springer-Verlag. pages 972-980

［Cao *et al.*，2007］Cao GH，Jianfeng Gao and Jian-Yun Nie. 2007. A System to Mine Large-scale Bilingual Dictionaries from Monolingual Web pages. In：*Proceedings of MT Summit*，pages 57-64

［Carbonell and Goldstein，1998］Carbonell J，Goldstein J. 1998. The Use of MMR，Diversity-based Reranking for Reordering Documents and Producing Summaries. In：*Proceedings of the 21st Annual International ACM SIGIR Conference on Research and Development in Information Retrieval*，Melbourne，Australia，August

［Caraballo and Charniak，1996］Caraballo S，Charniak E. 1996. Figures of Merit for Best-first Probabilistic Chart Parsing. In：*Proceedings of EMNLP*，Philadelphia，PA，pages 127-132

［Caraballo and Charniak，1998］Caraballo SA and Charniak E. 1998. New Figures of Merit for Best-first Probabilistic Chart Parsing. *Computational Linguistics*，24(2)：275-298

［Carletta，1996］Carletta J. 1996. Assessing Agreement on Classification Tasks：The Kappa Statistic. *Computational Linguistics*，22(2)：249-254

［Carletta *et al.*，2006］Carletta J，Ashby S，Bourban S，*et al.* 2006. The AMI Meeting Corpus：A Pre-announcement. In：Steve Renals and Samy Bengio（eds.) *Machine Learning for Multimodal Interaction*. LNCS 3869，pages 28-39

［Carlson *et al.*，2003］Carlson L，Daniel Marcu，and Mary Okurowski. 2003. Building a Discourse-tagged Corpus in the Framework of RST. In：van Kuppevelt J and Smith R（eds.) *Current Directions in Discourse*. New York：Kluwer

［Carpuat and Wu，2005］Carpuat M，Wu DK. 2005. Word Sense Disambiguation vs. Statistical Machine Translation. In：*Proceedings of ACL*. Ann Arbor. pages 387-394

［Carpuat and Wu，2007a］Carpuat M，Wu DK. 2007a. Context-Dependent Phrasal Translation Lexicons for Statistical Machine Translation. In：*Proceedings of Machine Translation Summit（MT Summit)*

XI. Copenhagen: Sept. 10-14. pages 73-80

［Carpuat and Wu, 2007b］Carpuat M, Wu DK. 2007b. How Phrase Sense Disambiguation Outperforms Word Sense Disambiguation for Statistical Machine Translation. In: *Proceedings of the 11th Conference on Theoretical and Methodological Issues in Machine Translation*（*TMI 2007*）, Skövde, Sweden: Sept. 7-9. pages 43-52

［Carpuat and Wu, 2007c］Carpuat M and Wu D K. 2007c. How Phrase Sense Disambiguation outperforms Word Sense Disambiguation for Statistical Machine Translation. In: *Proceedings of the 11th Conference on Theoretical and Methodological Issues in Machine Translation*（*TMI*）. Skövde, Sweden: Sept. 7-9, 2007. pages 43-52

［Carpuat et al. , 2006］Carpuat M, Shen Y H, Yu X F and Wu D K. 2006. Toward Integrating Word Sense and Entity Disambiguation into Statistical Machine Translation. In: *Proceedings of IWSLT*. November 27-28, 2006. Kyoto, Japan. pages 37-44

［Carreras, 2007］Carreras X. 2007. Experiments with a High-order Projective Dependency Parser. In: *Proceedings of the CoNLL Shared Task*, *EMNLP-CoNLL*, pages 957-961

［Carreras and Màrquez, 2004］Carreras X and Màrquez L. 2004. Introduction to the CoNLL-2004 Shared Task: Semantic Role Labeling. In: *Proceedings of CoNLL*, pages 89-97

［Carreras and Màrquez, 2005］Carreras X and Màrquez L. 2005. Introduction to the CoNLL-2005 Shared Task: Semantic Role Labeling. In: *Proceedings of CoNLL*, pages 152-164

［Carroll, 2000］Carroll J. 2000. Statistical Parsing. In: *Handbook of Natural Language Processing*. Marcel Dekker, Inc., pages 525-543

［Carroll and Charniak, 1992］Carroll G and Charniak E. 1992. Two Experiments on Learning Probabilistic Dependency Grammars from Corpora. Technical Report TR-92, Brown University

［Carroll et al. , 1998］Carroll J, Briscoe T, Sanfilippo A. 1998. Parser Evaluation: A Survey and a New Proposal. In: *Proceedings of the First Conference on Linguistic Resources*, pages 447-455

［Carroll et al. , 2002］Carroll J, Frank A, Lin D, Prescher D, Uszkoreit H. 2002. Beyond PARSEVAL: Towards Improved Evaluation Meatures for Parsing Systems. In: *Proceedings of the 3rd LREC*, 2nd June, Las Plalmas, Canary Islands, Spain

［Casacuberta et al. , 2004］Casacuberta F, Ney H, Och F J, et al. 2004. Some Approaches to Statistical and Finite-state Speech-to-speech translation. *Computer Speech and Language*, 18: 25-47

［Cavnar and Trenkle, 1994］Cavnar W B, Trenkle JM. 1994. N-gram Based Text Categorization. In: *Proceedings of the Third Annual Symposium on Document Analysis and Information Retrieval*. 11-13 April, pages 161-169

［Chan et al. , 2007］Chan Y S, Ng H T and Chiang D. 2007. Word Sense Disambiguation Improves Statistical Machine Translation. In: *Proceedings of ACL*, pages 33-40

［Chandrasekaran et al. , 1999］Chandrasekaran B, Josephson JR, and Benjamins VR. 1999. Ontologies: What Are They? Why Do We Need Them? *IEEE Intelligent Systems and Their Applications*, 14(1): 20-26

［Charniak, 1993］Charniak E. 1993. Statistical Language Learning. Cambridge, MA: MIT Press

［Charniak, 1996］Charniak E. 1996. Tree-bank Grammars. In: *Proceedings of the 13th National Conference on Artificial Intelligence*, pages 1031-1036

［Charniak, 1997］Charniak E. 1997. Statistical Parsing with a Context-Free Grammar and Word Statistics, In: *Proceedings of the Fourteenth National Conference on Artificial Intelligence and*

AAAI, MIT Press, Menlo Park. pages 598-603

[Charniak, 2000]Charniak E. 2000. A Maximum-entropy-inspired Parser. In: *Proceeding of NAACL*. pages 132-139

[Charniak and Johnson, 2005] Charniak E and Johnson M. 2005. Coarse-to-fine n-best Parsing and MaxEnt Discriminative Reranking. In: *Proceedings of ACL*, pages 173-180

[Che et al., 2008]Che WX, Zhang M, Aw AT, Tan CL, Liu T, and Li S. 2008. Using a Hybrid Convolution Tree Kernel for Semantic Role Labeling. *ACM Transactions on Asian Language Information Processing*, 7(4): 1-23

[Che et al., 2009]Che WX, Li Z, Li Y, Guo Y, QIn: B, and Liu T. 2009. Multilingual Dependency Based Syntactic and Semantic Parsing. In: *Proceedings of CoNLL'2009 Shared Task*, pages 49-54

[Chen and Goodman, 1996]Chen SF, Goodman JT. 1996. An Empirical Study of Smoothing Techniques for Language Modeling. In: *Proceedings of ACL*, pages 310-318

[Chen and Goodman, 1998]Chen SF, Goodman JT. 1998. An Empirical Study of Smoothing Techniques for Language. Technical Report TR-10-98. Computer Science Group, Harvard University (http://www.cs.cmu.edu/~sfc/html/publications.html)

[Chen and Ji, 2009] Chen Z and Ji H. 2009. Graph-based Event Coreference Resolution. In: *Proceedings of ACL-IJCNLP'2009 Workshop on TextGraphs-4: Graph-based Methods for Natural Language Processing*.

[Chen and Zong, 2003]Chen KL, Zong CQ. 2003. A New Weighting Algorithm for Linear Classifier. In: *Proceedings of 2003 International Conference on Natural Language Processing and Knowledge Engineering Processing (NLP-KE)*. Oct. 26-29, Beijing, China. pages 650-655

[Chen and Zong, 2008]Chen YF, Zong CQ. 2008. A Structure-based Model for Chinese Organization Name Translation. *ACM Transactions on Asian Language Information Processing*, 7(1): 1-30

[Chen et al., 2003a]Chen KJ, Huang CR, Chen FY, Luo CC, Chang MC, Chen CJ. 2003. Sinica Treebank: Design Criteria, Representational Issues and Implementation. In: Anne Abeill'e (ed.) *Building and Using Parsed Corpora Text, Speech and Language Technology*, 20: 231-248. Dordrecht: Kluwer

[Chen et al., 2003b]Chen HH, Changhua Yang and Ying Lin. 2003. Learning Formulation and Transformation Rules for Multilingual Named Entities. In: *Proceedings of the ACL'2003 Workshop on Multilingual and Mixed-language Named Entity Recognition*, pages 1-8

[Chen et al., 2008a]Chen W, Kawahara D, Uchimoto K, Zhang Y, and Isahara H. 2008. Dependency Parsing with Short Dependency Relations in Unlabeled Data. In: *Proceedings of IJCNLP*, pages 88-94

[Chen et al., 2008b]Chen YR, Lu Q, Li WJ, and Cui GY. 2008. Chinese Core Ontology Construction from a Bilingual Term Bank. In: *Proceedings of LREC*, Morocco, 26-31 May, 2008

[Chen et al., 2009]Chen W, Kazama J, Uchimoto K, and Torisawa K. 2009. Improving Dependency Parsing with Subtrees Form Auto-parsed Data. In: *Proceedings of ACL-IJCNLP*, pages 570-578

[Chen et al., 2010a]Chen B, Su J and Tan CL. 2010a. A Twin-candidate Based Approach for Event Pronoun Resolution Using Composite Kernel. In: *Proceedings of COLING*

[Chen et al., 2010b]Chen B, Su J and Tan CL. 2010b. Resolving Event Noun Phrases to Their Verbal Mentions. In: *Proceedings of EMNLP*

[Chen et al., 2010c]Chen W, Kazama J, and Torisawa K. 2010. Bitext Dependency Parsing with

Bilingual Subtree Constrains. In: *Proceedings of ACL*, pages 21-29

[Chen *et al.*, 2010d] Chen YF, Zong CQ, and Su KY. 2010. On Jointly Recognizing and Aligning Bilingual Named Entities. In: *Proceedings of ACL*, pages 631-639, Uppsala, Sweden

[Chen *et al.*, 2011]Chen W, Kazama J, Zhang M, Tsuruoka Y, Zhang Y, Wang Y, Torisawa K, and Li H. 2011. SMT Helps Bitext Dependency Parsing. In: *Proceedings of ACL*, pages 73-83

[Chen *et al.*, 2013]Chen YF, Zong CQ, and Su KY. 2013. A Joint Model to Simultaneously Identify and Align Bilingual Named Entities. *Computational Linguistics*, 39(2)

[Cheng *et al.*, 2005] Cheng Y, Asahara M, and Matsumoto Y. 2005. Machine Learning-based Dependency Analyzer for Chinese. In: *Proceedings of ICCC*, pages 66-73

[Chiang, 2005]Chiang D. 2005. A Hierarchical Phrase-based Model for Statistical Machine Translation. In: *Proceedings of ACL*, Ann Arbor, June. pages 263-270

[Chiang, 2007] Chiang D. 2007. Hierarchical Phrase-based Translation. *Computational Linguistics*, 33(2): 201-228

[Chiang, 2010]Chiang D. 2010. Learning to Translate with Source and Target Syntax. In: *Proceedings of ACL*, pages 1443-1452

[Chiang *et al.*, 2009] Chiang D, Kevin Knight, and Wei Wang. 2009. 11,001 New Features for Statistical Machine Translation. In: *Proceedings of NAACL'2009*, pages 218-226

[Chinchor, 1991]Chinchor N. 1991. MUC-3 Evaluation Metrics. In: *Proceedings of the 3rd Message Understanding Conference (MUC-3)*. pages 17-24

[Chinchor, 1998] Chinchor NA. 1998. Overview of MUC-7/MET-2. In: *Proceedings of the 7th Message Understanding Conference*

[Chitrao and Grishman, 1990] Chitrao M, Grishman R. 1990. Statistical Parsing Messages. In: *Proceedings of Workshop on Speech and Natural Language Processing*, Asilomar, CA, pages 263-266

[Chomsky, 1956]Chomsky N. 1956. Three Models for the Description of Language. *Institute of Radio Engineers Transactions on Information Theory*, 2: 113-124

[Church, 1988] Church KW. 1988. A Stochastic Parts Program and a Noun Phrase Parser for Unrestricted Text. In: *Proceedings of the Second Conference on Applied Natural Language Processing*, Austin, Texas. pages 136-143

[Church and Gale, 1991]Church KW, Gale WA. 1991. A Comparison of the Enhanced Good-Turing and Deleted Estimation Methods for Estimating Probabilities of English Bigrams. *Computer Speech and Language*, 5: 19-54

[Clarkson, 1999]Clarkson PR. 1999. Adaptation of Statistical Language Models for Automatic Speech Recognition. Ph. D. Thesis, University of Cambridge

[Cohen *et al.*, 1998]Cohen P, Schrag R, Jones E, Pease A, Lin A, Starr B, Gunning D, Burke M. 1998. The DARPA High-performance Knowledge Bases Project. *AI Magazine*. pages 25-49

[Cohn and Blunsom, 2009]Cohn T and Blunsom P. 2009. A Bayesian Model of Syntax-directed Tree to String Grammar Induction. In: *Proceedings of EMNLP*

[Collins, 1996]Collins M J. 1996. A New Statistical Parser Based on Bigram Lexical Dependencies. In: *Proceedings of ACL*, pages 184-191

[Collins, 1997] Collins M. 1997. Three Generative, Lexicalized Model for Statistical Parsing. In: *Proceedings of ACL/EACL*, pages 16-23

［Collins，1999］Collins M. 1999. Head-Driven Statistical Models for Natural Language Parsing. Ph. D. Thesis. University of Pennsylvania

［Collins，2002a］Collins M. 2002a. Discriminative Training Methods for Hidden Markov Models： Theory and Experiments with Perceptron Algorithms. In：*Proceedings of EMNLP*，pages 1-8, Philadelphia，USA，July

［Collins，2002b］Collins M. 2002b. Ranking Algorithms for Named Entity Extraction：Boosting and the Voted Perceptron. In：*Proceedings of ACL*. Philadelphia，July. pages 489-496

［Collins，2003］Collins M. 2003. Head-driven Statistical Models for Natural Language Parsing. *Computational Linguistics*，29(4)：589-637

［Collins and Koo，2005］Collins M and Koo T. 2005. Discriminative Reranking for Natural Language Parsing. *Computational Linguistics*，31 (1)：25-70

［Collins and Singer，1999］Collins M，Singer Y. 1999. Unsupervised Models for Named Entity Classification. In：*Proceedings of the Joint SIGDAT Conference on Empirical Methods in Natural Language Processing and Very Large Corpora*. Maryland，USA. pages 100-111

［Corazza，1992］Corazza E. 1992. Optional Probabilistic Evaluation Function for Partially Bracketed Corpora. In：*Proceedings of ACL*，Newark，pages 128-135

［Corston-Oliver et al.，2006］Corston-Oliver S，Aue A，Duh K，and Ringger E. 2006. Multilingual Dependency Parsing Using Bayes Point Machines. In：*Proceedings of HLT-NAACL*，pages 160-167

［Covington，2001］Covington MA. 2001. A Fundamental Algorithm for Dependency Parsing. In：*Proceedings of ACM Southeast Conference*，pages 95-102

［Cowan et al.，2006］Cowan B，Kucerova I，and Collins. M. 2006. A Discriminative Model for Tree-to-tree Translation. In：*Proceedings of EMNLP*，Sydney，Australia，July. pages 232-241

［Crammer and Singer，2003］Crammer K，Singer Y. 2003. Utraconservative Online Algorithms for Multiclass Problems. *JMLR*. (3)：951-991

［Crammer et al.，2003］Crammer K，Dekel O，Shalev-Shwartz S，Singer Y. 2003. Online Passive Aggressive Algorithms. In：*Proceedings of NIPS*

［Crammer et al.，2006］Crammer K，Dekel O，Keshet J，Shalev-Shwartz S，and Singer Y. 2006. Online Passive-aggressive Algorithms. *Journal of Machine Learning Research*，7：581-585

［Cristea and Romary，1998］Cristea Ide and Romary L. 1998. Vein Theory：A Model of Global Discourse Cohesion and Coherence. In：*Proceedings of COLING-ACL*，Montreal，Canada1，pages 281-285

［Croce et al.，2010］Croce D，Giannone C，Annesi P，and Basili R. 2010. Towards Open-domain： Semantic Role Labeling. In：*Proceedings of ACL*，pages 237-246

［Crystal，1991］Crystal D. 1991. Stylistic Profiling. English Corpus Linguistics：Studies in Honour of Jan Swartvik. London：Longman. pages 221-238

［Cui et al.，2008］Cui G Y，Lu Q，Li W J，and Chen YR. 2008. Attributes Selection in Chinese Ontology Acquisition with FCA. *International Journal on Computer Processing of Oriental Languages*，21(2)：77-95

［Dagan and Itai，1994］Dagan I，Itai A. 1994. Word Sense Disambiguation Using a Second Language Monolingual Corpus. *Computational Linguistics*，20(4)：563-596

［Dagan et al.，1991］Dagan I，Itai A，Schwall U. 1991. Two Languages are More Informative Than One. In：*Proceedings of ACL*，pages 130-137

［Dagan et al., 1997］Dagan I, Karov Y, Roth D. 1997. Mistake-driven Learning in Text Categorization. In: Proceedings of EMNLP, pages 55-63

［Damerau, 1964］Damerau FJ. 1964. A Technique for Computer Detection and Correction of Spelling Errors. Communications of the Association for Computing Machinery. 7(3): 171-176

［Dang, 2005］Dang HT. 2005. Overview of DUC 2005. In: Proceedings of the 5th Document Understanding Conference (DUC), Vancouver, Canada

［Dang et al., 2002］Dang HT, Chia CY, Palmer M, Chiou FD. 2002. Simple Feature Word Sense Disambiguation. In: Proceedings of COLING. August 24-Sept. 1, Taipei. pages 204-210

［Darroch and Ratcliff, 1972］Darroch J N, Ratcliff D. 1972. Generalized Iterative Scaling for Log-linear Models. Annals of Mathematics Statistics, 43: 1470-1480

［Dasgupta and Ng, 2009］Dasgupta S and Ng V. 2009. Mine the Easy and Classify the Hard: Experiments with Automatic Sentiment Classification. In: Proceedings of ACL-IJCNLP, pages 701-709

［Deerwester et al., 1990］Deerwester S, Dumais ST, Furnas GW, Landauer TK, Harshman R. 1990. Indexing by Latent Semantic Analysis. Journal of the Society for Information Science, 41(6): 391-407

［DeNero and Klein, 2007］DeNero J and Klein D. 2007. Tailoring Word Alignments to Syntactic Machine Translation. In: Proceedings of ACL, pages 17-24

［Deschacht and Moens, 2009］Deschacht K and Moens MF. 2009. Semi-supervised Semantic Role Labeling Using the Latent Words Language Model. In: Proceedings of EMNLP, pages 21-29

［Dinesh et al., 2005］Dinesh Nikhil, Alan Lee, Eleni Miltsakaki, Rashmi Prasad, Aravind Joshi, and Bonnie Webber. 2005. Attribution and the (Non-)alignment of the Syntactic and Discourse Arguments of Connectives. In: Proceedings of ACL Workshop on Frontiers in Corpus Annotation II: Pie in the Sky

［Ding and Palmer, 2005］Ding Y, Palmer M. 2005. Machine Translation Using Probabilistic Synchronous Dependency Insertion Grammars. In: Proceedings of ACL, Ann Arbor. pages 541-548

［Doddington, 2002］Doddington G. 2002. Automatic Evaluation of Machine Translation Quality Using N-gram Co-Occurrence Statistics. In: Proceedings of ARPA Workshop on Human Language Technology (http://www.nist.gov/speech/tests/mt/)

［Doerr et al., 2003］Doerr M, Hunter J, and Lagoze C. 2003. Towards a Core Ontology for Information Integration. Journal of Digital Information, 4(1), Article No. 169

［Dong and Dong, 2003］Dong ZD, Dong Q. 2003. HowNet—A Hybrid Language and Knowledge Resource. In: Proceedings of NLP-KE. Oct. 26-29. Beijing, China. pages 820-824

［Dong and Dong, 2006］Dong ZD, Dong Q. 2006. HowNet and the Computation of Meaning. Singapore: World Scientific Publishing Company

［Du and Chang, 1992］Du MW, Chang SC. 1992. A Model and a Fast Algorithm for Multiple Errors Spelling Correction. Acta Informatica, 29: 281-302

［Duan et al., 2007］Duan X, Zhao J, and Xu B. 2007. Probabilistic Models for Action-based Chinese Dependency Parsing. In: Proceedings of ECML-ECPPKDD'2007, pages 559-566

［Duda et al., 2001］Duda RO, Hart PE, Stork DG. 2001. Pattern Classification. 2nd Edn. John Wiley & Sons

［Dunning, 1993］Dunning T. 1993. Accurate Methods for the Statistics of Surprise and Coincidence. Computational Linguistics, 19(1): 61-74

［Earley，1970］Earley J. 1970. An Efficient Context-free Parsing Algorithm. *Communications of the Association for Computing Machinery*，13(2)：94-102

［Eck and Hori，2005］Eck M，Hori C. 2005. Overview of the IWSLT 2005 Evaluation Campaign. In：*Proceedings of IWSLT*. Pittsburgh，USA. Oct. 24-25. pages 11-32

［Edmonds，2002］Edmonds P. 2002. SENSEVAL：The Evaluation of Word Sense Disambiguation Systems. *ELRA Newsletter*，7(3)

［Eisner，1996a］Eisner J. 1996a. Three New Probabilistic Models for Dependency Parsing：An Exploration. In：*Proceedings of COLING*，pages 340-345

［Eisner，1996b］Eisner J. 1996b. An Empirical Comparison of Probability Models for Dependency Grammar. Techical Report IFCA-96-11，Institute for Research in Cognitive Science，University of Pennsylvania

［Eisner，2000］Eisner J. 2000. Bilexical Grammars and Their Oubic-time Parsing Algorithms. In：Bunt H. Nijholt A(eds.) *Advances in Probabilistic and Other Parsing Technologies*. Kluwer

［Eisner，2003］Eisner J. 2003. Learning Non-isomorphic Tree Mappings for Machine Translation. In：*Companion Volume to the Proceedings of ACL*，pages 205-208

［Emerson，2005］Emerson T. 2005. The Second International Chinese Word Segmentation Bakeoff. In：*Proceedings of the Fourth SIGHAN Workshop on Chinese Language Processing*，October 14-15. Jeju Island，Korea. pages 123-133

［Etzioni *et al.*，2005］Etzioni O，Cafarella M，Downey D，Popescu A，*et al.* 2005. Unsupervised Named-entity Extraction from the Web：An Experimental Study. *Artificial Intelligence* 165. 91-134，Essex：Elsevier Science Publishers

［Etzioni *et al.*，2011］Etzioni O，Anthony Fader，Janara Christensen，Stephen Soderland and Mausam. 2011. Open Information Extraction：The Second Generation. In：*Proceedings of IJCAI'2011*

［Federico *et al.*，2011］Federico M，Luisa Bentivogli，Michael Paul，and Sebastian Stüker. 2011. Overview of the IWSLT 2011 Evaluation Campaign，In：*Proceedings of IWSLT*，pages 11-27. San Francisco，USA，December 8-9，2011

［Federico *et al.*，2012］Federico M，Cettolo M，Bentivogli L，Paul M，and Stüker S. 2012. Overview of the IWSLT 2012 Evaluation Campaign. In：*Proceedings of IWSLT*，pages 12-33. December 6-7，2012，Hong Kong

［Fellbaum，1998］Fellbaum CE. 1998. WordNet—An Electronic Lexical Database. MIT Press

［Feng *et al.*，2012］Feng Y，Zhang DD，Li M，and Liu Q. 2012. Hierarchical Chunk-to-string Translation. In：*Proceedings of ACL*，pages 950-958

［Ferrucci *et al.*，2010］Ferrucci D，Eric Brown，*et al.* 2010. Building Watson：An Overview of the DeepQA Project. *AI Magazine*，31(3)：59-79

［Fillmore，1968］Fillmore C. 1968. The Case for Case. In：*Universals in Linguistic Theory*，pages 1-88

［Fine *et al.*，1998］Fine S，Singer Y and Tishby N. 1998. The Hierarchical Hidden Markov Model：Analysis and Applications. *Machine Learning*，32：41-62

［Finkel and Manning，2009］Finkel JR and Manning CD. 2009. Nested Named Entity Recognition. In：*Proceedings of EMNLP*，pages 141-150

［Finkel *et al.*，2005］Finkel JR，Grenager T，and Manning CD. 2005. Incorporating Non-local Information into Information Extraction Systems by Gibbs Sampling. In：*Proceedings of ACL*，pages 363-370

［Fiscus，1997］Fiscus JG. 1997. A Post-processing System to Yield Reduced Word Error Rates: Recognizer Output Voting Error Reduction（ROVER）. In: *Proceedings of IEEE Workshop on Automatic Speech Recognition and Understanding*, pages 347-354

［Fleischman and Hovy，2002］Fleischman M and Hovy E. 2002. Fine Grained Classification of Named Entities. In: *Proceedings of International Conference on Computational Linguistics*. August 24-September 1, 2002

［Forbes *et al*.，2003］Forbes K, Miltsakaki E, Prasad R, Sarkar A, Joshi AK, and Webber BL. 2003. D-ltag System: Discourse Parsing with a Lexicalized Tree-adjoining Grammar. *Journal of Logic, Language and Information*, 12(3)

［Fordyce，2007］Fordyce CS. 2007. Overview of the IWSLT 2007 Evaluation Campaign. In: *Proceedings of IWSLT*. Trento, Italy. Oct. 15-16. pages 1-12

［Forsythe *et al*.，1977］Forsythe GE, Malcolm MA, Moler CB. 1977. Computer Methods for Mathematical Computations（Chapter 9: Least Squares and the Singular Value Decomposition）. Englewood Cliffs, NJ: Prentice Hall

［Fossum *et al*.，2008］Fossum V, Knight K, and Abney S. 2008. Using Syntax to Improve Word Alignment Precision for Syntax-based Machine Translation. In: *Proceedings of ACL*

［Foth and Menzel，2006］Foth KA and Menzel W. 2006. Hybrid Parsing: Using Probabilistic Models as Predictors for a Symbolic Parser. In: *Proceedings of COLING-ACL*, pages 321-328

［Fox，2002］Fox HJ. 2002. Phrasal Cohesion and Statistical Machine Translation. In: *Proceedings of EMNLP*, Philadelphia, USA. July 6-7, 2002. pages 304-311

［Frederking and Nirenburg，1994］Frederking R, Nirenburg S. 1994. Three Heads Are Better Than One. In: *Proceedings of the 4th Conference on ANLP*. Struttgart, Germany. pages 95-100

［Fujisaki *et al*.，1989］Fujisaki T, Jelinek F, Cocke J, Black E, Nishino T. 1989. A Probabilistic Method for Sentence Disambiguation. In: *Proceedings of IWPT*, Carnegie-Mellon University, Pittsburgh, USA. pages 85-94

［Fung *et al*.，2006］Fung P, Wu ZJ, Yang YS, and Wu DK. 2006. Automatic Learning of Chinese English Semantic Structure Mapping. In: *Proceedings of IEEE/ACL Workshop on Spoken Language Technology*（SLT）, Aruba, December

［Fung *et al*.，2007］Fung P, Wu ZJ, Yang YS, and Wu DK. 2007. Learning Bilingual Semantic Frames: Shallow Semantic Sarsing vs. Semantic Sole Projection. In: *Proceedings of the 11th Conference on Theoretical and Methodological Issues in Machine Translation*, pages 75-84

［Furuse and Iida，1996］Furuse O, Iida H. 1996. Incremental Translation Utilizing Constituent Boundary Patterns. In: *Proceedings of COLING*. Copenhagen, Denmark. pages 412-417

［Gaifman，1965］Gaifman H. 1965. Dependency Systems and Phrase-structure Systems. *Information and Control*, 8: 304-337

［Gale and Sampson，1995］Gale WA, Sampson G. 1995. Good-Turing Frequency Estimation without Tears. *Journal of Quantitative Linguistics*, 2(3): 217-237

［Gale *et al*.，1992］Gale WA, Church KW, Yarowsky D. 1992. A Method for Disambiguating Word Senses in a Large Corpus. *Computers and Humanities*, 26: 415-439

［Galley and Mckeown，2003］Galley M and Mckeown K. 2003. Improving Word Sense Disambiguation in Lexical Chaining. In: *Proceedings of IJCAI*

［Galley *et al*.，2004］Galley M, Hopkins M, Knight K, Marcu D. 2004. What's in a Translation Rule?

In: *Proceedings of the Human Language Technology and North American Association for Computational Linguistics Conference* (*HLT/NAACL*), Boston, USA. pages 273-280

[Galley *et al.*, 2006]Galley M, Graehl J, Knight K, Marcu D, DeNeefe S, Wang W, and Thayer I. 2006. Scalable Inference and Training of Context-rich Syntactic Translation Models. In: *Proceedings of COLING-ACL*, pages 961-968

[Gao *et al.*, 2003]Gao JF, Li M, Huang CN. 2003. Improved Source-channel Models for Chinese Word Segmentation. In: *Proceedings of ACL*. 7-12 July. Sapporo, Japan. pages 272-279

[Gao *et al.*, 2004]Gao W, Wong KF, and Lam W. 2004. Phoneme-based Transliteration of Foreign Names for OOV Problem. In: *Proceedings of IJCNLP*, pages 374-381, Sanya, Hainan

[Gao *et al.*, 2005]Gao JF, Li M, Wu AD, Huang CN. 2005. Chinese Word Segmentation and Named Entity Recognition: A Pragmatic Approach. *Computational Linguistics*, 31(4): 531-574

[Gao *et al.*, 2007]Cao GH, Gao JF, and Nie JY. 2007. A System to Mine Large-scale Bilingual Dictionaries from Monolingual Web pages. In: *Proceedings of MT Summit*, pages 57-64

[Gao *et al.*, 2011]Gao Y, Koehn P, Birch A. 2011. Soft Dependency Constraints for Reordering in Hierarchical Phrase-based Translation. In: *Proceedings of EMNLP*, pages 857-868

[García-Varea and Casacuberta, 2001]García-Varea I, Casacuberta F. 2001. Search Algorithm for Statistical Machine Translation Based on Dynamic Programming and Pruning Techniques. In: *Proceedings of MT Summit* Ⅷ, Santiago de Compostela, Galicia, Spain. September

[García-Varea *et al.*, 1998]García-Varea I, Casacuberta F, Ney H. 1998. An Iterative DP-based Search for Statistical Machine Translation. In: *Proceedings of the 5th International Conference on Spoken Language Processing* (*ICSLP*), Sydney, Australia. pages 1235-1238

[Gardent, 1997]Gardent C. 1997. Discourse Tree Adjoining Grammars. Technical Report 89, Saarbrücken, Germany. 1997. From: URL citeseer. ist. psu. edu/gardent98discourse. html

[Garg and Henderson, 2011]Garg N and Henderson J. 2011. Temporal Restricted Boltzmann Machines for Dependency Parsing. In: *Proceedings of ACL* (*Short Papers*), pages 11-17

[Gazdar *et al.*, 1985]Gazdar G, Klein E, Pullum G, Sag I. 1985. Generalized Phrase Structure Grammar. Oxford: Basil Blackwell

[Genesereth and Nilsson, 1987]Genesereth MR, Nilsson NJ. 1987. Logical Foundations of Artificial Intelligence. San Mateo: Morgan Kaufmann Publishers

[Gildea and Hofmann, 1999]Gildea D, Hofmann T. 1999. Topic-based Language Models Using EM. In: *Proceeding of the 6th European Conference on Speech Communication and Technology* (*EuroSpeech*). pages 2167-2170

[Gildea and Jurafsky, 2002]Gildea D and Jurafsky D. 2002. Automatic Labeling of Semantic Roles. *Computational Linguistics*, 28(3): 245-288

[Golding and Roth, 1999]Golding AR, Roth D. 1999. A Winnow-based Approach to Context-sensitive Spelling Correction. *Machine Learning*, 34: 107-130

[Gomez-Perez and Manzano-Macho, 2003]Gomez-Perez A and Manzano-Macho D. 2003. A Survey of Ontology Learning Methods and Techniques. OntoWeb Deliverable

[Gotoh and Renals, 2000]Gotoh Y, Renals S. 2000. Topic-based Mixture Language Modeling. *Journal of Natural Language Engineering*, 5: 355-375

[Grishman, 1997]Grishman R. 1997. Information Extraction: Techniques and Challenges. In: Maria Teresa Pazienza (ed) *Information Extraction: A Multidisciplinary Approach to an Emerging*

Information Technology. Springer，Berling

[Grishman and Sundheim，1996]Grishman R，Sundheim B. 1996. Message Understanding Conference-6：A Brief History. In：*Proceedings of COLING*，Kopenhagen. pages 466-471

[Grosz and Sidner，1986]Grosz BJ and Sidner CL. 1986. Attention，Intentions，and the Structure of Discourse. *Computational Linguistics*，12(3)

[Grosz *et al.*，1995]Grosz BJ，Scott Weinstein，and Aravind Joshi. 1995. Centering：A Framework for Modeling the Local Coherence of Discourse. *Computational Linguistics*，21(2)

[Gruber，1993] Gruber TR. 1993. A Translation Approach to Portable Ontology Specifications. Stanford University，Tech. Rep：Logic-92-1

[Haghighi *et al.*，2005]Haghighi A，Toutanova K，and Manning C. 2005. A Joint Model for Semantic Role Labeling. In：*Proceedings of CoNLL'2005 Shared Task*

[Hajič，1998] Haji č J. 1998. Building a Syntactically Annotated Corpus：The Prague Dependency Treebank. In：Eva Hajicova（ed）*Issues of Valency and Meaning. Studies in Honour of Jarmila Panevoa.* pages 106-132，Karolinum，Charles University Press，Prague，Czech Republic

[Hajič，2002]Hajič J. 2002. The Prague Dependency Treebank（and WS02）. Avaliable from the web site：(http：//www. clsp. jhu. edu/ws2002/preworkshop/hajic. pdf)

[Hajič *et al.*，2009]Hajič J，Ciaramita M，Johansson R，Kawahara D，Martí MA，Màrquez L，Meyers A，Nivre J，Padó S，Štěpánek J，Straňák P，Surdeanu M，Xue N，and Zhang Y. 2009. The CoNLL-2009 Shared Task：Syntactic and Semantic Dependencies in Multiple Languages. In：*Proceedings of CoNLL*，pages 1-18

[Hall *et al.*，2006]Hall J，Nivre J，and Nilsson J. 2006. Discriminative Classifiers for Deterministic Dependency Parsing. In：*Proceedings of COLING-ACL*，pages 316-323

[Halliday and Hasan，1980]Halliday MAK and Hasan R. 1980. Text and Context：Aspects of Language in a Social-semantic Perspective. Sophia Linguistics：Workshop Papers in Linguistics 6，1980

[Han *et al.*，2011]Han XP，Sun L，and Zhao J. 2011. Collective Entity Linking in Web Text：A Graph-based Method. In：*Proceedings of SIGIR*

[Harrington *et al.*，2003]Harrington E，Herbrich R，Kivinen J，Platt JC，and Williamson RC. 2003. On-line Bayes Point Machines. In：*Proceedings of PAKDD*，pages 241-252

[Hays，1964]Hays DG. 1964. Dependency Theory：A Formalism and Some Observations. *Language*，40：511-525

[He and Garcia，2009]He H and Garcia E. 2009. Learning from Imbalanced Data. *IEEE Transactions on Knowledge and Data Engineering in Knowledge and Data Engineering*，21(9)：1263-1284

[He *et al.*，2008a]He XD，Yang M，Gao JF，Patrick Nguyen，and Robert Moore. 2008. Indirect-HMM-based Hypothesis Alignment for Combining Outputs from Machine Translation Systems. In：*Proceedings of EMNLP*. Honolulu，pages 98-107

[He *et al.*，2008b]Yanqing He，Jiajun Zhang，Maoxi Li，Licheng Fang，Yufeng Chen，Yu Zhou，and Chengqing Zong. The CASIA Statistical Machine Translation System for IWSLT 2008. In：*Proceedings of IWSLT*，October 20-21，2008. Waikiki，Hawai'i，USA. pages 85-91

[Herbrich *et al.*，2001]Herbrich R，Graepel T，and Campbell C. 2001. Bayes Point Machines. *Journal of Machine Learning Research*，pages 245-278

[Hobbs，1979]Hobbs JR. 1979. Coherence and Coreference. *Cognitive Science*，3(1)

[Hobbs，1993]Hobbs JR. 1993. Intention，Information，and Structure in Discourse. In：*Proceedings of the NATO Workshop on Burning Issues in Discourse*, Maratea, Italy

[Hofmann, 1999]Hofmann T. 1999. Probabilistic Latent Semantic Indexing. In: *Proceedings of the 22nd International Conference on Research and Development in Information Retrieval*, Berkeley, CA

[Hofmann and Puzicha, 1998]Hofmann T, Puzicha J. 1998. Unsupervised Learning from Dyadic Data. Technical Report TR-98-042, International Computer Science Insitute, Berkeley, CA

[Hopcroft *et al*., 2000]Hopcroft JE, Motwani R, Ullman JD. 2000. Introduction to Automata Theory, Languages, and Computation. 2nd edn. Addison Wesley

[Hovy and Marcu, 1998]Hovy E, Marcu D. 1998. Automated Text Summarization. In: *Tutorial Notes of ACL-Coling 1998*. Montreal, Canada

[Hovy *et al*., 2006] Hovy E, Mitchell Marcus, Martha Palmer, Lance Ramshaw, and Ralph Weischedel. 1996. OntoNotes: the 90% solution. In: *Proceedings of the Human Language Technology Conference of the NAACL*, Companion Volume: Short Papers, New York, June 2006

[Hsueh and Moore, 2007]Hsueh P, and Moore J. 2007. What Decisions Have You Made: Automatic Decision Detection in Conversational Speech. In: *Proceedings of NAACL-HLT*. Rochester

[Hu and Liu, 2004] Hu M and Liu B. 2004. Mining and Summarizing Customer Reviews. In: *Proceedings of SIGKDD*, pages 168-177

[Hu *et al*., 2003]Hu QH, Yu DR, Duan YF, Bao W. 2003. A Novel Weighting Formula and Feature Selection for Text Classification Based on Rough Set Theory. In: *Proceeding of NLP-KE*. Beijing, China. pages 638-645

[Huang, 2005]Huang F. 2005. Multilingual Named Entity Extraction and Translation from Text and Speech. Ph. D. Thesis. Carnegie Mellon University

[Huang and Harper, 2009]Huang ZQ and Harper M. 2009. Self-training PCFG Grammars with Latent Annotations across Languages. In: *Proceedings of EMNLP*, Volume 2, pages 832-841

[Huang and Papineni, 2007]Huang F, Papineni K. 2007. Hierarchical System Combination for Machine Translation. In: *Proceedings of EMNLP-CoNL*, pages 277-286

[Huang and Yates, 2010] Huang F and Yates A. 2010. Open-domain Semantic Role Labeling by Modeling Word Spans. In: *Proceedings of ACL*, pages 968-978.

[Huang *et al*., 1999]Huang C, Xu P, Zhang X, Zhao SB, Huang TY, Xu B. 1999. LODESTAR: A Mandarin Spoken Dialogue System for Travel Information Retrieval. In: *Proceedings of EUROSPEECH*. pages 1159-1162

[Huang *et al*., 2003]Huang F, Vogel S, and Alex Waibel. 2003. Automatic Extraction of Named Entity Translingual Equivalence Based on Multi-feature Cost Minimization. In: *Proceedings of ACL'2003 Workshop on Multilingual and Mixed-language Named Entity Recognition*, Sappora, Japan

[Huang *et al*., 2005a]Huang CR, Kilgarriff A, Wu Y, Chiu CM, Smith S, Rychly P, Bai MH, Chen KJ. 2005. Chinese Sketch Engine and the Extraction of Grammatical Collocations. In: *Proccedings of the 4th SIGHAN Worksho on Chinese Language Processing*, Oct. 14-15. Jeju Island, Korea. pages 48-55

[Huang *et al*., 2005b]Huang F, Zhang Y, Vogel S. 2005. Mining Key Phrase Translations from Web Corpora. In: *Proceedings of HLT-EMNLP*, Vancouver, BC, Canada

[Huang *et al*., 2006]Huang L, Knight K, Joshi A. 2006. Statistical Syntax-directed Translation with Extended Domain of Locality. In: *Proceedings of the 7th Biennial Conference of Association for Machine Translation in the Americas (AMTA)*, Boston, MA, July. pages 66-73

［Huang *et al.*，2009］Huang L，Jiang W，and Liu Q. 2009. Bilingually-constrained（Monolingual）Shift-reduce Parsing. In：*Proceedings of ACL-IJCNLP*，pages 1222-1231

［Huang *et al.*，2010］Huang ZQ，Martin Cmejrek and Bowen Zhou. 2010. Soft Syntactic Constraints for Hierarchical Phrase-based Translation Using Latent Syntactic Distributions. In：*Proceedings of EMNLP*，pages 138-147

［Hutchins，1986］Hutchins J. 1986. Machine Translation：Past，Present，Future. Ellis Horwood Limited，England

［Hutchins，1995］Hutchins J. 1995. Reflections on the History and Present State of Machine Translation. In：*MT Summit V Proceedings*，Luxembourg，July 10-13. pages 89-96

［Ide and Véronis，1998］Ide N，Véronis J. 1998. Word Sense Disambiguation：The State of the Art. *Computational Linguistics*，24（1）：1-40

［Imamura，2001］Imamura K. 2001. Hierarchical Phrase Alignment Harmonized with Parsing. In：*Proceedings of the 6th Natural Language Processing Pacific Rim Symposium（NLPR）*. pages 377-384

［Imamura，2002］Imamura K. 2002. Application of Translation Knowledge Acquired by Hierarchical Phrase Alignment for Pattern-based MT. In：*Proceedings of the 9th International Conference on Technology and Methodological Issues in MT（TMI）*. March 13-17，Keihanna，Japan. pages 74-84

［Isozaki，2001］Isozaki H. 2001. Japanese Named Entity Recognition Based on a Simple Rule Generator and Decision Tree Learning. In：*Proceedings of ACL*，July 9-11，2001，Toulouse，France

［Jakob and Gurevych，2010］Jakob N and Gurevych L. 2010. Extracting Opinion Targets in a Single and Cross-domain Setting with Conditional Random Fields. In：*Proceedings of EMNLP*，pages 1035-1045

［Jansche and Abney，2002］Jansche M and Abney SP. 2002. Information Extraction from Voicemail Transcripts. In：*Proceedings of EMNLP*，pages 320-327

［Jelinek *et al.*，1992］Jelinek F，Lafferty JD，Mercer RL. 1992. Basic Methods of Probabilistic Context Free Grammars. *NATO ASI Series*，75（5）：345-360

［Ji and Bilmes，2005］Ji G and Bilmes J. 2005. Dialog-act Tagging Using Graphical Models. In：*Proceedings of IEEE ICASSP*. Philadelphia

［Ji *et al.*，2007］Ji LN，Lu Q，Li WJ，and Chen YR. 2007. Automatic Construction of a Core Lexicon for Specific Domain. In：*Proceedings of the 6th International Conference on Advanced Language Processing and Web Information Technology*，Luoyang，Henan，China，Aug. 22-24，2007，IEEE Computer Society，Luoyang，pages 183-188

［Ji *et al.*，2010］Ji H，Xiang Li，Angelo Lucia，and Jianting Zhang. 2010. Annotating Event Chains for Carbon Sequestration Literature. In：*Proceedings of LREC*

［Jian and Zong，2009］Jian P and Zong CQ. 2009. Layer-based Dependency Parsing. In：*Proceedings of the 23rd Pacific Asia Conference on Language，Information and Computation（PACLIC）*. 3-5 December 2009，Hong Kong. pages 230-239

［Jiang and Liu，2010］Jiang W and Liu Q. 2010. Dependency Parsing and Projection Based on Word-pair Classification. In：*Proceedings of ACL*，pages 12-20

［Jiang *et al.*，2007］Jiang L，Zhou M，Chien LF，and Niu C. 2007. Named Entity Translation with Web Mining and Transliteration. In：*Proceedings of IJCAI*

［Jiang *et al.*，2008］Jiang WB，Huang L，Liu Q，and Lü YJ. 2008. A Cascaded Linear Model for Joint Chinese Word Segmentation and Part-of-speech Tagging，In：*Proceedings of ACL*，pages 897-904

[Jiang *et al.*, 2009]Jiang L, Yang SQ, Zhou M, Liu XH, and Zhu QS. 2009. Mining Bilingual Data from the Web with Adaptively Learnt Patterns. In: *Proceedings of ACL-IJCNLP*, pages 870-878

[Johansson and Nugues, 2007]Johansson R and Nugues P. 2007. Extended Constituent-to-dependency Conversion for English. In: *Proceedings of NODALIDA*, pages 105-112

[Johansson and Nugues, 2008]Johansson R and Nugues P. 2008. Dependency-based Semantic Role Labeling of Propbank. In: *Proceedings of EMNLP*, pages 69-78

[Johnson, 1998]Johnson M. 1998. PCFG Models of Linguistic Tree Representations. *Computational Linguistics*, 24(4): 613-632

[Jones, 1994]Jones BEM. 1994. Exploring the Role of Punctuation in Parsing Natural Text. In: *Proceedings of COLING*, *August 5-9*. Kyoto, Japan. pages 421-425

[Jones, 1996]Jones BEM. 1996. Towards a Syntactic Account of Punctuation. In: *Proceedings of COLING*, Copenhagen, Denmark. pages 604-609

[Jones, 1997]Jones BEM. 1997. What's the Point? A (Computational) Theory of Punctuations. PhD thesis, Centre for Cognitive Science, University of Edinburgh, Edinburgh, UK

[Jones and Eisner, 1992]Jones MA, Eisner JM. 1992. A Probabilistic Parser and Its Application. In: *Proceedings of National Conference on Artificial Intelligence*, San Jose. pages 322-328

[Jones and Galliers, 1995]Jones KS, Galliers JR. 1995. Evaluating Natural Language Processing: An Analysis and Review. Berlin: Springer-Verlag (Book Reviews, *Computer Linguistics*, 24(2): 336-338)

[Jones *et al.*, 1998]Jones KS, Walker S, Robertson SE. 1998. A Probabilistic Model of Information Retrieval: Development and Status. Technical Report: UCAM-CL-TR-446, University of Cambridge

[Joshi *et al.*, 1975]Joshi A, Levy L, Takahashi M. 1975. Tree Adjunct Grammar. *Journal of Computer & System Science*, 10(1): 136-163

[Jurafsky and Martin, 2000]Jurafsky D, Martin JH. 2000. Speech and Language Processing. Prentice Hall

[Jurafsky *et al.*, 1997]Jurafsky D, Shriberg E, and Biasca D. 1997. Switchboard SWBD-DAMSL Labeling Project Coder's Manual, Draft 13. Technical Report 97-02, Institute of Cognitive Science, University of Colorado

[Kamp, 1988]Kamp H. 1988. Discourse Representation Theory. *Natural Language at the Computer*, pages 84-111

[Karakos *et al.*, 2008]Karakos D, Eisner J, Khudanpur S, and Markus Dreyer. 2008. Machine Translation System Combination Using ITG-based Alignments. In: *Proceedings of ACL-08*: *HLT*, Short Papers (Companion Volume). Columbus, Ohio, USA, pages 81-84

[Karlsson, 1990]Karlsson F. 1990. Constraint Grammar as a Framework for Parsing Running Text. In: *Proceedings of COLING*, pages 168-173.

[Karlsson *et al.*, 1995]Karlsson F, Voutilainen A, Heikkilä J, and Anttila A. 1995. Constraint Grammar: A Language-independent System for Parsing Unrestricted Text. Mouton de Gruyter.

[Kasami, 1965]Kasami T. 1965. An Efficient Recognition and Syntax Analysis Algorithm for Context-free Languages. Technical Report AFCRL-65-758, Air Force Cambridge Research Laboratory, Bedford, MA

[Katz, 1987]Katz S M. 1987. Estimation of Probabilities from Sparse Data for the Language Model Component of a Speech Recognizer. *IEEE Transactions on Acoustics*, *Speech and Signal Processing*, 35(3): 400-401

［Kay，1980］Kay M. 1980. Algorithm Schemata and Data Structure in Syntactic Processing. In：*RNLP*

［Kay，1984］Kay M. 1984. Functional Unification Grammar：A Formalism for Machine Translation. In：*Proceedings of COLING-ACL*，Stanford，CA，pages 75-78

［Kay，1996］Kay M. 1996. Machine Translation：The Disappointing Past and Present. In：*Survey of the State of the Art in Human Language Technology*. Managing editors：Giovanni Battista Varile ［and］Antonio Zampolli. Editorial board：Ronald A. Cole（editor in chief），Joseph Mariani，Hans Uszkoreit，Annie Zaenen，Victor Zue. Cambridge：Cambridge University Press （http：//cslu. cse. ogi. edu/HLTsurvey/HLTsurvey. html）

［Kendall，1938］Kendall，Maurice G. 1938. A New Measure of Rank Correlation. *Biometrika*，30(1-2)：81-89

［Kennedy and Inkpen，2006］Kennedy A. and Inkpen D. 2006. Sentiment Classification of Movie Reviews Using Contextual Valence Shifters. *Computational Intelligence*，22(2)：110-125

［Khudanpur and Wu，1999］Khudanpur S，Wu J. 1999. A Maximum Entropy Language Model Integrating N-grams and Topic Dependencies for Conversational Speech Recognition. In：*Proceedings of the IEEE International Conference on Acoustics，Speech and Signal Processing（ICASSP）*，Phoenix，AZ. pages 553-556

［Kilgarriff，1998］Kilgarriff A. 1998. SENSEVAL：An Exercise in Evaluating Word Sense Disambiguation Programs. In：*Proceedings of LREC*，Granada，May 1998. pages 581-588

［Kim and Hovy，2005］Kim S and Hovy E. 2005. Identifying Opinion Holders for Question Answering in Opinion Texts. In：*Proceedings of AAAI Workshop on Question Answering in Restricted Domains*

［Kim and Hovy，2006］Kim S and Hovy E. 2006. Extracting Opinions，Opinion Holders，and Topics Expressed in Online News Media Text. In：*Proceedings of the ACL Workshop on Sentiment and Subjectivity in Text*，pages 1-8

［Kim *et al.*，2011］Kim，Hyun Duk，Kavita Ganesan，Parikshit Sondhi，and ChengXiang Zhai. 2011. Comprehensive Review of Opinion Summarization. （https://www. ideals. illinois. edu/handle/2142/18702）

［Kingsbury and Palmer，2002］Kingsbury P，Palmer M. 2002. From Treebank to PropBank. In：*Proceedings of LREC*，Las Palmas，Spain

［Kingsbury and Palmer，2003］Kingsbury P，Palmer M. 2003. PropBank：The Next Level of TreeBank. In：*Proceedings of the Second Workshop on Treebanks and Lexcial Theories*. Växjö Sweden. Nov. 14-15，2003（http：//w3. msi. vxu. se/~rics/TLT2003/doc/kingsbury_palmer. pdf）

［Kitano，1994］Kitano H. 1994. Speech-to-speech Translation：A Massively Parallel Memory-based Approach. Boston：Kluwer Academic Publishers

［Klein and Manning，2003a］Klein D and Manning CD. 2003a. Fast Exact Inference with a Factored Model for Natural Language Parsing. In：*Advances in Neural Information Processing Systems 15（NIPS 2003）*，Cambridge，MA：MIT Press，pages 3-10.

［Klein and Manning，2003b］Klein D and Manning CD. 2003b. Accurate Unlexicalized Parsing. In：*Proceedings of ACL*，pages 423-430

［Kneser and Steinbiss，1993］Kneser R，Steinbiss V. 1993. On the Dynamic Adaptation of Stochastic Language Models. In：*Proceedings of ICASSP*，Minneapolis，USA

［Kneser and Ney，1995］Kneser R，Ney H. 1995. Improved Backing-off for m-gram Language Modeling. In：*Proceedings of ICASSP*，Vol. 1，pages 181-184

［Knight，1999］Knight K. 1999. Decoding Complexity in Word-replacement Translation Models. *Computational Linguistics*，25(4)：607-615

［Knight and Graehl，1998］Knight K and Graehl J. 1998. Machine Transliteration. *Computational Linguistics*，24(4)

［Koehn，2003］Koehn P. 2003. Noun Phrase Translation. Ph. D. Thesis，University of Southern California

［Koehn，2004］Koehn P. 2004. Pharaoh：A Beam Search Decoder for Phrase-based Statistical Machine Translation Models. In：*Proceedings of the 6th Conference of the Association for Machine Translation in the Americas*，pages 115-124（http：//www. isi. edu/licensed-sw/pharaoh）

［Koehn，2010］Koehn P. 2010. Statistical Machine Translation. Cambridge University Press

［Koehn and Hoang，2007］Koehn P，Hoang H. 2007. Factored Translation Models. In：*Proceedings of EMNLP/CoNLL*，Prague，Czech. pages 868-876

［Koehn et al.，2003］Koehn P，Och FJ，Marcu D. 2003. Statistical Phrase-based Translation. In：*Proceedings of HLT-NAACL*. Edmonton，Alberta. May 27th - June 1st. pages 127-133

［Koehn et al.，2007］Koehn P，Hoang H，Birch A，Callison-Burch C，et al. 2007. Moses：Open Source Toolkit for Statistical Machine Translation. In：*Proceedings of ACL*，pages177-180

［Koller and Friedman，2009］Koller D and Friedman N. 2009. Probabilistic Graphical Models：Principles and Techniques. The MIT Press

［Kong and Zhou，2011］Kong F and Zhou GD. 2011. Improve Tree Kernel-based Event Pronoun Resolution with Competitive Information. In：*Proceedings of IJCAI*

［Kong and Zhou，2012］Kong F and Zhou GD. 2012. Exploring Local and Global Semantic Information for Event Pronoun Resolution. In：*Proceedings of COLING*

［Kong et al.，2009］Kong F，Zhou GD，and Zhu QM. 2009. Employing the Centering Theory in Pronoun Resolution from the Semantic Perspective. In：*Proceedings of EMNLP*，pages 987-996

［Kong et al.，2010］Kong F，Zhou GD，Qian LH，and Zhu QM. 2010. Dependency-driven Anaphoricity Determination for Coreference Resolution. In：*Proceedings of COLING*，pages 599-607

［Koo and Collins，2010］Koo T and Collins M. 2010. Efficient Third-order Dependency Parsers. In：*Proceeding of ACL*，pages 1-11

［Koo et al，2008］Koo T，Carreras X，and Collins M. 2008. Simple Semi-supervised Dependency Parsing. In：*Proceedings of ACL*，pages 595-603

［Koomen et al.，2005］Koomen P，Punyakanok V，Roth D，and Yih W. 2005. Generalized Inference with Multiple Semantic Role Labeling Systems. In：*Proceedings of CoNLL*，pages 181-184

［Kornai and Pullum，1990］Kornai A and Pullum GK. 1990. The X-Bar Theory of Phrase Structure. *Language*，66(1)：24-50

［Kruengkrai et al.，2009］Kruengkrai C，Kiyotaka Uchimoto，Jun'ichi Kazama，Yiou Wang，Kentaro Torisawa，and Hitoshi Isahara. 2009. An Error-driven Word-character Hybrid Model for Joint Chinese Word Segmentation and Pos Tagging，In：*Proceedings of ACL-IJCNLP*，pages 513-521

［Kudo and Matsumoto，2000］Kudo T，Matsumoto Y. 2000. Use of Support Vector Learning for Chunk Identification，In：*Proceedings of CoNLL and LLL*，pages 142-144

［Kudo and Matsumoto，2003］Kudo T，Matsumoto Y. 2003. Fast Methods for Kernel-based Text Analysis. In：*Proceedings of ACL*. July 8-10. Sapporo，Japan. pages 24-31

［Kuhlmann et al.，2011］Kuhlmann M，Gómez-Rodríguez C，and Satta G. 2011. Dynamic Programming

Algorithms for Transition-based Dependency Parsers. In: *Proceedings of ACL*, pages 673-682

[Kuhn and De Mori, 1990]Kuhn R, De Mori R. 1990. A Cache-based Natural Language Model for Speech reproduction. *IEEE Transactions on Pattern Analysis and Machine Intelligence*（*PAMI*）. 12(6): 570-583

[Kuhn and De Mori, 1995]Kuhn R, De Mori R. 1995. The Application of Semantic Classication Trees to Natural Language Understanding. *IEEE T-PAMI*, 17(5): 449-460

[Kumar et al., 2004]Kumar S, Deng YG, Byrne W. 2004. A Weighted Finite State Transducer Translation Template Model for Statistical Machine Translation. *Natural Language Engineering*, 1(1): 1-41

[Kupiec, 1989]Kupiec J. 1989. Probabilistic Models of Short and Long Distance Word Dependencies in Running Text. In: *Proceedings of the DARPA Workshop on Speech and Natural Language*. February 1989. pages 290-295

[Kupiec, 1992] Kupiec J. 1992. Robust Part-of-speech Tagging Using a Hidden Markov Model. *Computer Speech and Languages*, 6: 225-242

[Lafferty and Zhai, 2001]Lafferty J, Zhai CX. 2001. Document Language Models, Query Models, and Risk Minimization for Information Retrieval. In: *Proceedings of ACM SIGIR Conference on Research and Development in Information Retrieval*. pages 111-119

[Lafferty et al., 2001] Lafferty J, McCallum A, Pereira F. 2001. Conditional Random Fields: Probabilistic Models for Segmenting and Labeling Sequence Data. In: *Proceedings of ICML*, pages 282-289

[Langlais and Gotti, 2006]Langlais P, Gotti F. 2006. Phrase-based SMT with Shallow Tree-phrases. In: *Proceedings of the Workshop on Statistical Machine Translation*（*WMT*）, New York, NY, June. pages 39-46

[Lari and Young, 1990]Lari K, Young SJ. 1990. The Estimation of Stochastic Context-free Grammars Using the Inside-outside Algorithm. *Computer Speech and Language*, 4: 35-56

[Lavie et al., 1997]Lavie A, Waibel A, Levin L, Finke M, Gates D, Gavaldâ M, Zeppenfeld T, Zhan P. 1997. Janus-III: Speech-To-speech Translation in Multiple Languages. In: *Proceedings of ICASSP*, Munich, Germany, April. Vol. I, pages 99-102

[Lavie et al., 2004]Lavie A, Sagae K, Jayaraman S. 2004. The Significance of Recall in Automatic Metrics for MT Evaluation. In: *Proceedings of AMTA*, Washington DC

[Lavrenko and Croft, 2001] Lavrenko V, Croft WB. 2001. Relevance-based Language Models. In: *Proceedings of ACM SIGIR*. pages 120-127

[Lazzari et al., 2004] Lazzari G, Waibel A, Zong CQ. 2004. Worldwide Ongoing Activities on Multilingual Speech to Speech Translation. In: *Proceedings of ICSLP*, Jeju Island, Korea, October 4-8. pages 373-376

[LDC, 2002]Linguistic Data Consortium. 2002. Linguistic Data Annotation Specification: Assessment of Fluency and Adequacy in Chinese-English Translations Revision 1.0

（http://www.ldc.upenn.edu/Projects/TIDES/Translation/TransAssess02.pdf）

[Leaman and Gonzalez, 2008]Leaman R and Gonzalez G. 2008. BANNER: An Executable Survey of Advances in Biomedical Named Entity Recognition. *Pacific Symposium on Biocomputing*, 13: 652-663

[Lee et al., 2006a] Lee YS, Roukos S, Al-Onaizan Y, Papineni K. 2006. IBM Spoken Language

Translation System. In: *Proceedings of TC-STAR Workshop on Speech-to-speech Translation*. June 19th-21st. Barcelona, Spain. pages 13-18

[Lee *et al.*, 2006b]Lee Chun-Jen, Jason S. Chang and Jyh-Shing R. Jang. 2006. Alignment of Bilingual Named Entities in Parallel Corpora Using Statistical Models and Multiple Knowledge Sources. *ACM TALIP*, 5(2): 121-145

[Leech, 1992]Leech GN. 1992. Corpora and Theories of Linguistic Performance. In: Svartvik(ed.) *Directions in Corpus Linguistics*. Berlin: Mouton de Gruyter. pages 105-122

[Lesk, 1986]Lesk M. 1986. Automatic Sense Disambiguation: How to Tell a Pine Cone from an Ice Cream Cone. In: *Proceedings of SIGDOC Conference*, pages 24-26, New York

[Leusch *et al.*, 2003]Leusch G, Ueffing N, Ney H. 2003. A Novel String-to-string Distance Measure with Applications to Machine Translation Evaluation. In: *Proceedings of MT Summit IX*. pages 33-40

[Levin *et al.*, 1998]Levin L, Gates D, Lavie A, Waibel A. 1998. An Interlingua Based on Domain Actions for Machine Translation of Task-oriented Dialogues. In: *Proceedings of ICSLP*, Vol. 4, pages 1155-1158. Sydney, Australia

[Levow, 2006]Levow GA. 2006. The Third International Chinese Language Processing Bakeoff: Word Segmentation and Named Entity Recognition. In: *Proceedings of the 5th SIGHAN Workshop on Chinese Language Processing*. July 22-23. Sydney, Australia. pages 108-117

[Li and Li, 2002]Li C, Li H. 2002. Word Translation Disambiguation Using Bilingual Bootstrapping. In: *Proceedings of ACL*. 7-12 July. Philadelphia, USA. pages 343-351

[Li and Zong, 2004]Li X, Zong CQ. 2004. An Effective Framework for Chinese Syntactic Parsing. In: *Proceedings of the International Conference on Signal Processing*. December 2004. Istanbul, Turkey. pages 276-279

[Li and Zong, 2005a] Li SS, Zong CQ. 2005a. A New Approach to Feature Selection for Text Categorization. In: *Proceedings of IEEE NLP-KE*, Wuhan, China. October 30- November 1. pages 626-630

[Li and Zong, 2005b] Li X, Zong CQ. 2005b. A Hierarchical Parsing Approach with Punctuation Processing for Long Complex Chinese Sentences. In: *Companion Volume to the Proceedings of IJCNLP*, Jeju Island, Korea, October 11-13. pages 9-14

[Li and Zong, 2008] Li M and Zong CQ. 2008. Word Reordering Alignment for Combination of Statistical Machine Translation Systems. In: *Proceedings of International Symposium on Chinese Spoken Language Processing* (ISCSLP). Kunming, China. pages 273-276

[Li *et al.*, 2003a]Li BL, Chen YZ, Bai XJ, Yu SW. 2003a. Experimental Study on Representing Units in Chinese Text Categorization. In: *Proceedings of the 4th International Conference on Computational Linguistics and Intelligent Text Processing* (CICLing), Mexico City, Mexico. pages 602-613

[Li *et al.*, 2003b]Li M, Gao JF, Huang CN, Li JF. 2003b. Unsuperised Training for Overlapping Ambiguity Resolution in Chinese Word Segmentation. In: *Proceedings of the Second SIGHAN Workshop on Chinese Language Processing*. 11-12 July. Sapporo, Japan. pages 1-7

[Li *et al.*, 2004]Li HZ, Zhang M, and Su J. 2004. A Joint Source Channel Model for Machine Transliteraltion. In: *Proceedings of ACL*, pages 159-166

[Li *et al.*, 2007] Li HZ, Khe Chai Sim, Jin-shea Kuo, and Minghui Dong. 2007. Semantic Transliteration of Personal Names. In: *Proceedings of ACL*, pages 120-127

［Li *et al.*，2009a］Li ZF，Chris Callison-Burch，Chris Dyer，Juri Ganitkevitch，Sanjeev Khudanpur，Lane Schwartz，Wren N. G. Thornton，Jonathan Weese and Omar F Zaidan. 2009. Joshua：An Open Source Toolkit for Parsing-based Machine Translation. In：*Proceedings of ACL*，pages 135-139

［Li *et al.*，2009b］Li MX，Zhang JJ，Zhou Y，and Zong CQ. 2009. The CASIA Statistical Machine Translation System for IWSLT 2009. In：*Proceedings of IWSLT*，December 1-2，2009. Tokyo，Japan. pages 83-90

［Li *et al.*，2010a］Li SS，Sophia Yat Mei Lee，Ying Chen，Chu-Ren Huang，and Guodong Zhou. 2010. Sentiment Classification and Polarity Shifting. In：*Proceedings of COLING*，pages 635-643

［Li *et al.*，2010b］Li SS，Chu-Ren Huang，Guodong Zhou，and Sophia Yat Mei Lee. 2010. Employing Personal/Impersonal Views in Supervised and Semi-supervised Sentiment Classification. In：*Proceedings of ACL*，pages 414-423

［Li *et al.*，2011a］Li SS，Chu-Ren Huang and Chengqing Zong. 2011. Multi-domain Sentiment Classification with Classifier Combination. *Journal of Computer Science and Technology*，26(1)：25-33

［Li *et al.*，2011b］Li SS，Zhongqing Wang，Guodong Zhou and Sophia Yat Mei Lee. 2011. Semi-supervised Learning for Imbalanced Sentiment Classification. In：*Proceeding of IJCAI*，pages 1826-1831

［Li *et al.*，2011c］Li SS，Guodong Zhou，Zhongqing Wang，Sophia Yat Mei Lee and Rangyang Wang. 2011. Imbalanced Sentiment Classification. In：*Proceedings of CIKM*，pages 2467-2472

［Li *et al.*，2012a］Li JH，Zhaopeng Tu，Guodong Zhou，and Josef van Genabith. 2012. Head-driven Hierarchical Phrase-based Translation. In：*Proceedings of ACL*，pages 33-37

［Li *et al.*，2012b］Li SS，Shengfeng Ju，Guodong Zhou，and Xiaojun Li. 2012. Active Learning for Imbalanced Sentiment Classification. In：*Proceedings of EMNLP-CoNLL*，pages 139-148

［Li *et al.*，2012c］Li SS，Rongyang Wang and Guodonng Zhou. 2012. Opinion Target Extraction Using a Shallow Semantic Parsing Framework. In：*Proceedings of AAAI*，pages 1671-1677

［Lin，1994］Lin DK. 1994. PRINCIPAR：An Efficient，Broad-coverage，Principle-based Parser. In：*Proceedings of COLING*，pages 482-488

［Lin，1995］Lin DK. 1995. A Dependency-based Method for Evaluating Broad-coverage Parsers. In：*Proceedings of the IJCAI*，Montreal，Canada. pages 1420-1425

［Lin，2004a］Lin CY. 2004. ROUGE：A Package for Automatic Evaluation of Summaries. In：*Proceedings of the Workshop on Text Summarization Branches Out*（*WAS 2004*），Barcelona，Spain，July 25-26. pages 74-81

［Lin，2004b］Lin DK. 2004. A Path-based Transfer Model for Machine Translation. In：*Proceedings of COLING*，Geneva，Switzerland，Aug 23-27. pages 625-630

［Lin，2008］Lin B. 2008. Stochastic Dependency Parsing Based on A ∗ Admissible Search. In：*Proceedings of SIGHAN Workshop on Chinese Language Processing*，pages 45-52

［Lin and He，2009］Lin CH and He YL. 2009. Joint Sentiment/Topic Model for Sentiment Analysis. In：*Proceedings of CIKM*，pages 375-384

［Lin and Hovy，2000］Lin CY，Hovy E. 2000. The Automated Acquisition of Topic Signatures for Text Summarization. In：*Proceedings of COLING*，31 July-4 August. Germany. pages 495-501

［Lin and Hovy，2001］Lin CY，Hovy E. 2001. NeATS：A Multidocument Summarizer. In：*Proceedings of the Document Understanding Conference*（*DUC 01*）

[Lin and Hovy, 2002]Lin CY, Hovy E. 2002. Manual and Automatic Evaluation of Summaries. In: *Proceedings of the Document Understanding Conference (DUC-02) Workshop on Multi-Document Summarization Evaluation at the ACL Conference*, Philadelphia, July. pages 45-51

[Lin *et al.*, 2008] Lin DK, Zhao SJ, Benjamin Van Durme, and Marius Pasca. 2008. Mining Parenthetical Translations from the Web by Word Alignment. In: *Proceedings of ACL*, pages 994-1002

[Lin *et al.*, 2009]Lin Z, Kan M, and Ng H. 2009. Recognizing Implicit Discourse Relations in the Penn Discourse Treebank. In: *Proceedings of EMNLP*

[Littlestone, 1988]Littlestone N. 1988. Learning Quickly When Irrelevant Attributes Abound: A New Liner-threshold Algorithm. *Machine Learning*, 2: 285-318

[Liu, 2007]Liu B. 2007. Web Data Mining: Exploring Hyperlinks, Contents, and Usage Data (Data-Centric Systems and Applications). Springer-Verlag New York, Inc., Secaucus, NJ, USA, pages 411-448

[Liu, 2012] Liu B. 2012. Sentiment Analysis and Opinion Ming. Series Editor: Graeme Hirst, University of Toronto, Morgan & Claypool

[Liu and Gildea, 2005]Liu Ding and Gildea Daniel. 2005. Syntactic Features for Evaluation of Machine Translation. In: *Proceedings of ACL*

[Liu and Liu, 2010] Liu Y and Liu Q. 2010. Joint Parsing and Translation. In: *Proceedings of COLING*, pages 707-715.

[Liu and Zhou, 2012]Liu XH and Zhou M. 2012. Two-stage NER for Tweets with Clustering. *Journal of Information Processing and Management*

[Liu *et al.*, 2005]Liu FF, Zhao J, Lü BB, Xu B. 2005. Product Named Entity Recognition Based on Hierarchical Hidden Markov Model. In: *Proceedings of the Fourth SIGHAN Workshop on Chinese Language Processing*, October 14-15. Jeju Island, Korea. pages. 40-47

[Liu *et al.*, 2006a]Liu Y, Liu Q, Lin SX. 2006a. Tree-to-string Alignment Template for Statistical Machine Translation. In: *Proceedings of COLING-ACL*. Sydney, Australia, July. pages 609-616

[Liu *et al.*, 2006b]Liu T, Ma J and Li S. 2006. Building a Dependency Treebank for Improving Chinese Parser. *Journal of Chinese Language and Computing*, 16(4): 207-224

[Liu *et al.*, 2007] Liu Y, Huang Y, Liu Q, Lin SX. 2007. Forest-to-string Statistical Translation Rules. In: *Proceedings of ACL*, Prague, Czech, 25-27 June. pages 704-711

[Liu *et al.*, 2010a]Liu H, Nuo MH, Ma LL, Wu J, and He YP. 2010. Tibetan Number Identification Based on Classification of Number Components in Tibetan Word Segmentation. In: *Proceedings of COLING* (Posters Volume), pages 719-724

[Liu *et al.*, 2010b]Liu X, Li K, Han B, Zhou M, Jiang L, Xiong Z, and Huang C. 2010. Semantic Role Labeling for News Tweets. In: *Proceedings of COLING*, pages 698-706.

[Liu *et al.*, 2011a]Liu H, Nuo MH, Ma LL, Wu J, and He YP. 2011. Tibetan Word Segmentation as Syllable Tagging Using Conditional Random Fields. In: *Proceedings of PACLIC*, pages 168-177

[Liu *et al.*, 2011b]Liu XH, Zhang SD, Wei FR, and Zhou M. 2011. Recognizing Named Entities in Tweets. In: *Proceedings of ACL*

[Liu *et al.*, 2012a] Liu SJ, Li CH, Li M, and Zhou M. 2012. Re-training Monolingual Parser Bilingually for Syntactic SMT. In: *Proceedings of EMNLP-CoNLL*, pages 854-862

[Liu *et al.*, 2012b]Liu XH, Wei FR, and Zhou M. 2012. Joint Inference of Named Entity Recognition and Normalization for Tweets. In: *Proceedings of ACL*

［Liu *et al.*，2013］Liu XH, Wei FR, Zhang SD, and Zhou M. 2013. Named Entity Recognition for Tweets. *ACM Transactions on Intelligent Systems and Technology*，4(1)，Article 3

［Lloret and Palomar，2012］Lloret E and Palomar M. 2012. Text Summarization in Progress: A Literature Review. *Artificial Intelligence Review*，37: 1-41

［Lo and Wu，2011］Lo Ck and Wu DK. 2011. MEANT: An Inexpensive, High-accuracy, Semi-automatic Metric for Evaluating Translation Utility Based on Semantic Roles. In: *Proceedings of ACL*，Portland, Oregon, June 19-24, 2011

［Low *et al.*，2005］Low JK, Ny HT, Guo WY. 2005. A Maximum Entropy Approach to Chinese Word Segmentation. In: *Proceedings of the Fourth SIGHAN Workshop on Chinese Language Processing*，October 14-15. Jeju Island, Korea. pages 161-164

［Lu and Lee，2004］Lu W and Lee H. 2004. Anchor Text Mining for Translation of Web Queries: A Transitive Translation Approach. *ACM Transactions on Information Systems*，22: 242-269

［Luhn，1958］Luhn HP. 1958. The Automatic Creation of Literature Abstracts. *IBM Journal of Research Development*，2(2): 159-165

［Mademnic and Grobelnik，1999］Mademnic D, Grobelnik M. 1999. Feature Selection for Unbalanced Class Distribution and Naïve Bayes. In: *Proceedings of the Sixteenth International Conference on Machine Learning*. Bled: Morgan Kaufmann. pages 258-267

［Maedche and Staab，2001］Maedche A and Staab S. 2001. Learning Ontologies for the Semantic Web. In: *Proceedings of the Second International Workshop on the Semantic Web*，Hong Kong, China. May 1, 2001

［Magerman，1994］Magerman DM. 1994. Natural Language Parsing as Statistical Pattern Recognition. Ph. D. Thesis, Stanford University

［Magerman，1995］Magerman DM. 1995. Statistical Decision-tree Models for Parsing. In: *Proceedings of ACL*，pages 276-283

［Magerman and Marcus，1991］Magerman DM and Marcus MP. 1991. Pearl: A Probabilistic Chart Parser. In: *Proceedings of EACL*，Berlin, Germany

［Magerman and Weir，1992］Magerman DM, Weir C. 1992. Efficiency, Robustness and Accuracy in Picky Chart Parsing. In: *Proceedings of ACL*，Newark, DE, pages 40-47

［Manaris，1999］Manaris B. 1999. Natural Language Processing: A Human-computer Interaction Perspective. *Advances in Computers*，47: 1-66

［Mani *et al.*，2004］Mani I, Samuel S, Concepcion K, and Vogel D. 2004. Automatically Inducing Ontologies from Corpora. In: *Proceedings of CompuTerm 2004: The 3rd International Workshop on Computational Terminology*，Geneva

［Mann and Thompson. 1986］Mann W and Thompson SA. 1986. Relational Propositions in discourse. *Discourse Processing*，9(1)

［Mann and Thompson，1987］Mann W and Thompson SA. 1987. Rhetorical Structure Theory: A Theory of Text Organization. ISI/RS-87-190

［Mann and Thompson，1988］Mann W and Thompson SA. 1988. Rhetorical Structure Theory: Toward a Functional Theory of Text Organization. Text 8(3)

［Manning and Schütze，1999］Manning CD, Schütze H. 1999. Foundations of Statistical Natural Language Processing. The MIT Press

[Marathe and Hirst, 2010]Marathe M and Hirst G. 2010. Lexical Chains Using Distributional Measures of Concept Distance. In: *LNCS*, Vol. 6008

[Marcu, 1997]Marcu D. 1997. The Rhetorical Parsing, Summarization, and Generation of Natural Language Texts. PhD Thesis, Department of Computer Science, University of Toronto

[Marcu, 2000]Marcu D. 2000. The Theory and Practice of Discourse Parsing and Summarization. MIT Press

[Marcu and Echihabi, 2002]Marcu D and Echihabi A. 2002. An Unsupervised Approach to Recognizing Discourse Relations. In: *Proceedings of the ACL*

[Marcu and Wong, 2002]Marcu D, Wong W. 2002. A Phrase-based, Joint Probability Model for Statistical Machine Translation. In: *Proceedings of EMNLP*. Philadelphia, PA, USA

[Marcu et al., 2000]Marcu D, Carlson L, Watanabe M. 2000. The Automatic Translation of Discourse Structures. In: *Proceedings of NAACL*, Settle, Washington

[Marcu et al., 2006]Marcu D, Wang W, Echihabi A, Knight K. 2006. SPMT: Statistical Machine Translation with Syntactified Target Language Phrases. In: *Proceedings of EMNLP*, pages 44-52

[Marcus et al., 1993]Marcus M, Santorini B, and Marcinkiewicz M. 1993. Building a Large Annotated Corpus of English: The Penn Treebank. In: *Computational Linguistics*, 19(2): 313-330

[Mariani and Lamel, 1998]Mariani J, Lamel L. 1998. An Overview of EU Programs Related to Conversational/Interactive System. In: *Proceedings of DARPA Broadcast News Transcription and Understanding Workshop*. Landsdowne, VA. pages 247-253

[Marshall, 1983]Marshall I. 1983. Choice of Grammatical Word-class Without Global Syntactic Analysis: Tagging Words in the LOB Corpus. *Computers and the Humanities*, 17: 139-150

[Martin et al., 1987]Martin WA, Church KW, Patil RS. 1987. Preliminary Analysis of a Breadth-first Parsing Algorithm: Theoretical and Experimental Results. In: Leonard Bolc (ed) *Natural Language Parsing Systems*. Berlin: Springer Verlag

[Martins et al., 2009]Martins ART, Smith NA, and Xing EP. 2009. Concise Integer Linear Programming Formulations for Dependency Parsing. In: *Proceeding of ACL*, pages 342-350

[Marton and Resnik, 2008]Marton Y and Resnik P. 2008. Soft Syntactic Constraints for Hierarchical Phrased-based Translation. In: *Proceedings of ACL-08: HLT*, pages 1003-1011.

[Maruyama, 1990]Maruyama H. 1990. Structural Disambiguation with Constraint Propagation. In: *Proceedings of ACL*, pages 31-38

[Màrquez et al., 2005]Màrquez L, Surdeanu M, Comas P, and Turmo J. 2005. A Robust Combination Strategy for Semantic Role Labeling. In: *Proceedings of EMNLP*, pages 644-651

[Màrquez et al., 2008]Màrquez L, Carreras X, Litkowski KC, and Stevenson S. 2008. Semantic Role Labeling: An Introduction to the Special Issue. *Computational Linguistics*, 34(2): 145-159

[Mast et al., 1996]Mast M, Kompe R, Harbeck S, et al. 1996. Automatic Classification of Dialog Acts with Semantic Classification Trees and Polygrams. In: *Proceedings of ICSLP*. Philadelphia, October, 1996. Volume 3: 1732-1735

[Matthews, 2000]Matthews PH. 2000. Morphology. 北京：外语教学研究出版社

[Matusov et al., 2006]Matusov E, Ueffing N, and Ney H. 2006. Computing Consensus Translation from Multiple Machine Translation Systems Using Enhanced Hypotheses Alignment. In: *Proceedings of EACL*. Trento, Italy, pages 33-40

[Maybury and Mami, 2001]Maybury MT, Mami I. 2001. Automatic Summarization. Tutorial Notes of

ACL. Toulouse, France

[McCallum and Li, 2003] McCallum A, Li W. 2003. Early Results for Named Entity Recognition with Conditional Random Fields, Feature Induction and Web-enhanced Lexicons. In: *Proceedings of CoNLL*

[McCallum *et al.*, 2000] McCallum A, Freitag D, Pereira F. 2000. Maximum Entropy Markov Models for Information Extraction and Segmentation. In: *Proceedings of ICML*, pages 591-598

[McCarthy and Lehnert, 1995] McCarthy JF and Lehnert WG. 1995. Using Decision Trees for Coreference Resolution. CoRR, cmplg/9505043

[McClosky *et al.*, 2006] McClosky D, Charniak E, and Johnson M. 2006. Effective Self-training for Parsing. In: *Proceedings of HLT-NAACL*, New York, NY, 152-159.

[McDonald, 2006] McDonald R. 2006. Discriminative Learning and Spanning Tree Algorithms for Dependency Parsing. PhD Thesis, University of Pennsylvania

[McDonald and Nivre, 2007] McDonald R and Nivre J. 2007. Characterizing the Errors of Data-driven Dependency Parsing Models. In: *Proceedings of EMNLP-CoNLL*, pages 122-131

[McDonald and Pereira, 2006] McDonald R, Pereira F. 2006. Online Learning of Approximate Dependency Parsing Algorithms. In: *Proceedings of EACL*, pages 81-88

[McDonald *et al.*, 2005a] McDonald R, Crammer K, Pereira F. 2005. Online Large-margin Training of Dependency Parsers. In: *Proceedings of ACL*, pages 91-98

[McDonald *et al.*, 2005b] McDonald R, Pereira F, Ribaroy K, Hajiĉ J. 2005. Non-Projective Dependency Parsing Using Spanning Tree Algorithms. In: *Proceedings of HLT-EMNLP*, pages 523-530

[McDonald *et al.*, 2006] McDonald R, Lerman K, and Pereira F. 2006. Multilingual Dependency Analysis with a Two-stage Discriminative Parser. In: *Proceedings of CoNLL*, pages 216-220

[McEnery and Lilson, 1996] McEnery T, Lilson A. 1996. Corpus Linguistics. Edinburgh University Press

[McKeown *et al.*, 1999] McKeown KR, Klavans J, Hatzivassiloglou V, Barzilay R, Eskin E. 1999. Towards Multidocument Summarization by Reformulation: Progress and Prospects. In: *Proceedings of the 16th National Conference of the American Association for Artificial Intelligence*, 18-22 July. pages 453-460

[McNamee and Dang, 2009] McNamee P and Dang H. 2009. Overview of the TAC 2009 Knowledge Base Population Track. In: *Proceedings of Text Analysis Conference* (*TAC-2009*)

[Melamed, 2000] Melamed D. 2000. Models of Translational Equivalence among Words. *Computational Linguistics*, 26(2): 221-249

[Meng *et al.*, 2001] Meng HM, Lo WK, Chen B, and Tang K. 2001. Generating Phonetic Cognates to Handle Named Entities in English-Chinese Cross-language Spoken Document Retrieval. In: *Proceedings of the Automatic Speech Recognition and Understanding Workshop*

[Merialdo, 1994] Merialdo B. 1994. Tagging English Text with a Probabilistic Model. *Computational Linguistics*, 20: 155-171

[Metze, *et al.*, 2002] Metze F, McDonough J, Soltau H, Langley C, Lavie A, Levin L, Schultz T, Waible A, Cattoni R, Lazzari G, Mana N, Pianesi F, Pianta E. 2002. The NESPOLE! Speech-to-Speech Translation System. In: *Proceedings of HLT*, San Diego, California U. S.

[Meyer, 1987] Meyer C. 1987. A Linguistic Study of American Punctuation. New York: Peter Lang

［Meyers *et al.*, 2004a］Meyers A, Reeves R, Macleod C, Szekely R, Zielinska V, Young B, Grishman R. 2004. Annotating Noun Argument Structure for NomBank. In: *Proceedings of LREC*, Lisbon, Portugal. pages 803-806

［Meyers *et al.*, 2004b］Meyers A, Reeves R, and Macleod C. 2004. The Nombank Project: An Interim Report. In: *HLT-NAACL Workshop: Frontiers in Corpus Annotation*, pages 24-31.

［Mi and Huang, 2008］Mi HT and Huang L. 2008. Forest-based Translation Rule Extraction. In: *Proceedings of EMNLP*, pages 206-214

［Mi and Liu, 2010］Mi HT, and Liu Q. 2010. Constituency to Dependency Translation with Forests. In: *Proceedings of ACL*, pages 1433-1442

［Mi *et al.*, 2008］Mi HT, Huang L, and Liu Q. 2008. Forest-based Translation. In: *Proceedings of ACL-08: HLT*, pages 192-199.

［Mihalcea *et al.*, 2004］Mihalcea R, Chklovski T, Killgariff A. 2004. The Senseval-3 English Lexical Sample Task. In: *Proceedings of ACL/SIGLEX Senseval-3*, Barcelona, Spain, July. pages 25-28

［Mikheev *et al.*, 1998］Mikheev A, Grover C, Moens M. 1998. Description of the LTG System Used for MUC-7. In: *Proceedings of the 7th Message Understanding Conference (MUC-7)*, 1998

［Miller, 1995］Miller GA. 1995. WordNet: A Lexical Database for English. *Communications of the ACM*, 38(11): 39-41

［Miller *et al.*, 1993］Miller GA, Beckwith R, Fellbaum C *et al.* 1993. Introduction to WordNet: An On-line Lexical Database. In: *Five Papers on WordNet*. CSL Report, Cognitive Science Laboratory, Princeton University

［Mitchell, 1997］Mitchell T. 1997. Machine Learning. McGraw Hill

［Mitkov, 1992］Mitkov R. 1992. Discourse-based Approach in Machine Translation. In: *International Symposium on Natural Language Understanding and AI*, July 12-15, Kyushu Institute of Technology, Fukuoka, Japan. pages 225-230

［Mitkov, 1998］Mitkov R. 1998. Robust Pronoun Resolution with Limited Knowledge. In: *Proceeding of COLING-ACL*, pages 869-875

［Mitkov, 2002］Mitkov R. 2002. Anaphora Resolution. London: Longman

［Morris and Hirst, 1991］Morris J and Hirst G. 1991. Lexical Cohesion Computed by Thesaural Relations as an Indicator of the Structure of Text. *Computational Linguistics*, 17(1): 21-48

［Moschitti *et al.*, 2008］Moschitti A, Pighin D, and Basili R. 2008. Tree Kernels for Semantic Role Labeling. *Computational Linguistics*, 34(2): 193-224

［Moser and Moore, 1996］Moser M and Moore JD. 1996. Toward a Synthesis of Two Accounts of Discourse Structure. *Computational Linguistics*, 22(3)

［Moyotl-Hernández and Jiménez-Salazar, 2005］Moyotl-Hernández E, Jiménez-Salazar H. 2005. Enhancement of DTP Feature Selection Method for Text Categorization. In: *Proceedings of CICLing*. Mexico City, Mexico, February 13-19. pages 719-722

［Muñnoz *et al.*, 1999］Muñnoz M, Punyakanok V, Roth D, Zimak D. 1999. A Learning Approach to Shallow Parsing. In: *Proceedings of the Joint SIGDAT Conference on Empirical Methods in Natural Language Processing and Very Large Corpora*. pages 168-178

［Myers and Well, 2003］Myers JL and Well AD. 2003. Research Design and Statistical Analysis. 2nd edn. Lawrence Erlbaum, pages 508

［Müller, 2007］Müller C. 2007. Resolving It, This, That in Unrestricted Multi-party Dialog. In:

Proceedings of ACL

［Nadas，1985］Nadas A. 1985. On Turing's Formula for Word Probabilities. *IEEE Transactions on Acoustics，Speech，and Signal Processing*，33(6)：1414-1416

［Nadeau，2007］Nadeau D. 2007. Semi-supervised Named Entity Recognition：Learning to Recognize 100 Entity Types with Little Supervision. PhD Thesis，University of Ottawa

［Nadeau and Sekine，2007］Nadeau D and Sekine S. 2007. A Survey of Named Entity Recognition and Classification. *Journal of Linguisticace Investigationes*，30(1)

［Nagao，1984］Nagao M. 1984. A Framework of a Mechanical Translation between Japanese and English by Analogy Principle，In：Elithorn A，Banerji R (eds) *Artificial and Human Intelmgence*. Elsevier Science Publishers，B. V.

［Nakagawa，2007］Nakagawa T. 2007. Multilingual Dependency Parsing Using Global Features. In：*Proceedings of the CoNLL Shared Task，EMNLP-CoNLL*，pages 952-956

［Nakagawa *et al.*，2002］Nakagawa T，Kudo T，and Matsumoto Y. 2002. Revision Learning and Its Application to Part-of-speech Tagging. In：*Proceedings of ACL*，pages 497-504

［Nenkova and McKeown，2011］NenkovaA and McKeown K. 2011. Automatic Summarization. *Foundations and Trends in Information Retrieval*，5(2-3)：103-233

［Ney，1995］Ney H. 1995. On the Probabilistic-interpretation of Neural-network Classifiers and Discriminative Training Criteria. *IEEE T-PAMI*，17(2)：107-119

［Ney *et al.*，1994］Ney H，Essen U，Kneser R. 1994. On Structuring Probabilistic Dependences in Stochastic Language Modeling. *Computer，Speech，and Language*，8：1-38

［Ng，2007］Ng，Vincent. 2007. Semantic Class Induction and Coreference Resolution. In：*Proceedings of ACL*，pages *536-543*，Prague，Czech Republic

［Ng and Cardie，*2002*］Ng V and Cardie C. *2002*. Improving Machine Learning Approaches to Coreference Resolution. In：*Proceedings of ACL*，pages 104-111，Philadelphia，Pennsylvania，USA

［Nguyen *et al.*，2007］Nguyen LM，Shimazu A，Nguyen PT，and Phan XH. 2007. A Multilingual Dependency Analysis System Using Online Passive-aggressive Learning. In：*Proceedings of the CoNLL Shared Task*，pages 1149-1155

［Nicolae *et al.*，2010］Nicolae C，Gabriel Nicolae，and Kirk Roberts. 2010. C-3：Coherence and Coreference Corpus. In：*Proceedings of LREC*

［Nie，2006］Nie JY. 2006. IR Models and Some Recent Trends. Presentation in Institute of Automation，Chinese Academy of Sciences (http：//www. iro. umontreal. ca/~nie)

［Nie and Ju，2003］Nie W，Ju S. 2003. Ontology Based Parsing in NLU. In：*Proceedings of NLP-KE*. Oct. 26-29. Beijing，China. pages 771-776

［Nießen *et al.*，2000］Nießen S，Och FJ，Leusch G，Ney H. 2000. An Evaluation Tool for Machine Translation：Fast Evaluation for MT Research. In：*Proceedings of LREC*，Athens，Greece. Vol. 1，pages 39-45

［Niles and Pease，2001］Niles I and Pease A. 2001. Towards a Standard Upper Ontology. In：*Proceedings of the International Conference on Formal Ontology in Information Systems* - Volume，ACM Press New York，NY，USA. pages 2-9

［Niles and Pease，2003］Niles I and Pease A. 2003. Linking Lexicons and Ontologies：Mapping WordNet to the Suggested Upper Merged Ontology. In：*Proceedings of the 2003 International Conference on Information and Knowledge Engineering*. Las Vegas，Nevada，June 23-26，2003

[Nivre, 2003a] Nivre J. 2003. An Efficient Algorithm for Projective Dependency Parsing. In: *Proceedings of IWPT*, pages 149-160

[Nivre,2003b]Nivre J. 2003. Optimizing a Deterministic Dependency Parser for Unrestricted Swedish Text. In: *Proceedings of Promote IT* (Also see: http: //citeseer. ist. psu. edu/611377. html)

[Nivre, 2004]Nivre J. 2004. Inductive Dependency Parsing. MSI Report 04070. Växjö University: School of Mathematics and Systems Engineering

[Nivre, 2005]Nivre J. 2005. Dependency Grammar and Dependency Parsing. Technical Report MSI Report 05133, Växjö University

[Nivre and Nilsson, 2003]Nivre J and Nilsson J. 2003. Three Algorithms for Deterministic Dependency Parsing. In: *Proceedings of NODALIDA*

[Nivre and Nilsson, 2005] Nivre J, Nilsson J. 2005. Pseudo-projective Dependency Parsing. In: *Proceedings of ACL*, pages 99-106

[Nivre and Scholz, 2004]Nivre J and Scholz M. 2004. Deterministic Dependency Parsing of English Text. In: *Proceedings of COLING*, pages: 64-70

[Nivre et al., 2004]Nivre J, Hall J, Nilsson J. 2004. Memory-based Dependency Parsing. In: Ng HT, Riloff E (eds.) *Proceedings of CoNLL*, pages 49-56

[Nivre et al., 2006a]Nivre J, Hall J, Nilsson J, Eryiğit G, and Marinov S. 2006. Labeled Pseudo-projective Dependency Parsing with Support Vector Machines. In: *Proceedings of CoNLL*, pages 221-225

[Nivre et al., 2006b]Nivre J, Hall J, and Nilsson J. 2006. MaltParser: A Data-driven Parser-generator for Dependency Parsing. In: *Proceedings of LREC*, Genoa, Italy, pages 2216-2219

[Nomoto, 2004]Nomoto T. 2004. Multi-engine Machine Translation with Voted Language Model. In: *Proceedings of ACL*, pages 494-501

[Novischi and Moldovan, 2006]Novischi A and Moldovan D. 2006. Question Answering with Lexical Chains Propagating Verb Arguments. In: *Proceedings of COLING-ACL*, Australia

[Nunberg, 1990]Nunberg G. 1990. The Linguistics of Punctuation. *CSLI Lecture Notes*, No. 18, Stanford CA

[Och, 2000]Och FJ. 2000. GIZA++: Training of statistical translation models. (http: //www-i6. informatik. rwth-aachen. de/~ och/software/GIZA++. html.)

[Och, 2003]Och FJ. 2003. Minimum Error Rate Training in Statistical Machine Translation. In: *Proceedings of ACL*. July 8-10. Sapporo, Japan. pages 160-167

[Och and Ney, 2000]Och FJ, Ney H. 2000. A Comparison of Alignment Models for Statistical Machine Translation. In: *Proceedings of COLING*, Saarbrücken, Germany. August. pages 1086-1090

[Och and Ney, 2002]Och FJ, Ney H. 2002. Discriminative Training and Maximum Entropy Models for Statistical Machine Translation. In: *Proceedings of ACL*, pages 295-302

[Och and Ney, 2003]Och FJ, Ney H. 2003. A Systematic Comparison of Various Statistical Alignment Models. *Computational Linguistics*, 29(1): 19-51

[Och and Ney, 2004]Och FJ, Ney H. 2004. The Alignment Template Approach to Statistical Machine Translation. *Computational Linguistics*, 30(4): 417-449

[Oerder and Ney, 1993] Oerder M, Ney H. 1993. Word Graphs: An Efficient Interface Between Continuous-speech Recognition and Language Understanding, In: *Proceedings of ICASSP*, Volume 2, pages 119-122

[Oflazer, 1996] Oflazer K. 1996. Error-tolerant Finite-state Recognition with Applications to

Morphological Analysis and Spelling Correction. *Computational Linguistics*，22(1)：73-89

[Oflazer, 1999]Oflazer K. 1999. Dependency Parsing with an Extended Finite State Approach. In：*Proceedings of ACL*，Maryland，USA

[Oh and Choi, 2005]Oh Jong-Hoon and Choi Key-Sun. 2005. An Ensemble of Grapheme and Phoneme for Machine Transliteration. In：*Proceedings of IJCNLP*，pages 450-461，Jeju Island，Korea

[Ortony *et al*., 1988]Ortony A, Clore GL, Collins A. 1988. The Cognitive Structure of Emotions. Cambridge University Press

[Over and Yen, 2003]Over P, Yen J. 2003. An Introduction to DUC 2003—Intrinsic Evaluation of Generic News Text Summarization Systems. In：*Proceedings of Document Understanding Conference 2003*

[Padó *et al*., 2009]Padó Sebastian, Michel Galley, Dan Jurafsky, and Christopher D. Manning. 2009. Robust Machine Translation Evaluation with Entailment Features. In：*Proceedings of ACL-IJCNLP*

[Paliouras *et al*., 2000]Paliouras G, Karkaletsis V, Petasis G, and Spyropoulos CD. 2000. Learning Decision Trees for Named-entity Recognition and Classification. In：*Proceedings of ECAI Workshop on Machine Learning for Information Extraction*.

[Palmer *et al*., 2005a]Palmer M, Gildea D, and Kingsbury P. 2005a. The Proposition Bank：An Annotated Corpus of Semantic Roles. *Computational Linguistics*，31(1)：71-106.

[Palmer *et al*., 2005b]Palmer M, Xue NW, Babko-Malaya O, Chen J, and Snyder B. 2005b. A Parallel Proposition Bank Ⅱ for Chinese and English. In：*Frontiers in Corpus Annotation*，*Workshop in conjunction with ACL*-05，pages 61-67.

[Pang and Lee, 2004]Pang B, Lee Lillian. 2004. A Sentimental Education：Sentiment Analysis Using Subjectivity Summarization Based on Minimum Cuts. In：*Proceedings of ACL*，pages 272-279

[Pang and Lee, 2008]Pang B and Lee L. 2008. Opinion Mining and Sentiment Analysis. *Foundations and Trends in Information Retrieval*，2(1-2)：1-135

[Pang *et al*., 2002]Pang B, Lee L and Vaithyanathan S. 2002. Thumbs Up? Sentiment Classification Using Machine Learning Techniques. In：*Proceedings of EMNLP*，pages 79-86

[Pang *et al*., 2005]Pang W, Yang ZD, Chen ZB, Wei W, Xu B, Zong CQ. 2005. The CASIA Phrase-based Machine Translation System. In：*Proceedings of IWSLT*. Pittsburgh，USA. Oct. 24-25. pages 114-121

[Papineni *et al*., 1997] Papineni K, Roukos AS, Ward RT. 1997. Feature-based Language Understanding. In：*Proceedings of EuroSpeech*，Rhodes，Greece. Vol. 3，pages 1435-1438

[Papineni *et al*., 2002] Papineni K, Roukos S, Ward T, Zhu WJ. 2002. BLEU：A Method for Automatic Evaluation of Machine Translation. In：*Proceedings of ACL*. Philadelphia，July. pages 311-318

[Paul, 2006]Paul M. 2006. Overview of the IWSLT 2006 Evaluation Campaign. In：*Proceedings of the International Workshop on Spoken Language Translation Processing（IWSLT）*，November 27-28，Kyoto，Japan，pages 1-15

[Paul *et al*., 2010] Paul Michael, Marcello Federico, and Sebastian Stüker. 2010. Overview of the IWSLT 2010 Evaluation Campaign. In：*Proceedings of IWSLT*，pages 3-27. Paris，December 2-3，2010

[Pauls and Klein, 2009]Pauls A and Klein D. 2009. K-Best A* Parsing. In：*Proceedings of ACL-IJCNLP*，pages 958-966

[Pease and Murray, 2003]Pease A, Murray W. 2003. An English to Logic Translator for Ontology-based Knowledge Representation Languages. In: *Proceedings of NLP-KE*. Oct. 26-29. Beijing, China. pages 777-779

[Pereira *et al.*, 1991]Pereira F, Rebecca CN, Wright N. 1991. Finite State Approximation of Phrase Structure Grammars. In: *Proceedings of ACL*. Berkeley, California, June. pages 246-255

[Peterson and Przybocki, 2010]Peterson K and Przybocki M. 2010. NIST 2010 Metrics for Machine Translation Evaluation (MetricsMaTr10) Official Release of Results. (http://www.itl.nist.gov/iad/mig/tests/metricsmatr/2010/results/)

[Petrov and Klein, 2007a]Petrov S and Klein D. 2007. Improved Inference for Unlexicalized Parsing. In: *Proceedings of NAACL-HLT*, Rochester, NY, April 2007, pages 404-411

[Petrov and Klein, 2007b]Petrov S and Klein D. 2007. Learning and Inference for Hierarchically Split PCFGs. In: *Proceedings of AAAI*, pages 1663-1666

[Petrov and McDonald, 2012]Petrov S and McDonald R. 2012. Overview of the 2012 Shared Task on Parsing the Web. In: *Notes of the First Workshop on Syntactic Analysis of Non-Canonical Language (SANCL)*

[Petrov *et al.*, 2006]Petrov S, Barrett L, Thibaux R, and Klein D. 2006. Learning Accurate, Compact, and Interpretable Tree Annotation. In: *Proceedings of COLING-ACL*, Sydney, Australia, pages 433-440

[Pietra *et al.*, 1997]Pietra SD, Pietra VD, and Lafferty J. 1997. Inducing Features of Random Fields. *IEEE T-PAMI*, 19(4): 380-393

[Pitler *et al.*, 2008]Pitler E, Raghupathy M, Mehta H, Nenkova A, Lee A, and Joshi A. 2008. Easily Identifiable Discourse Relations. In: *Proceedings of COLING*

[Pitler *et al.*, 2009]Pitler E, Louis A, and Nenkova A. 2009. Automatic Sense Predication for Implicit Discourse Relations in Text. In: *Proceedings of ACL-IJCNLP*

[Poesio and Artstein, 2008]Poesio M and Artstein R. 2008. Anaphoric Annotation in the ARRAU Corpus. In: *Proceedings of LREC*, Marrakech, Morocco

[Pollard and Sag, 1994]Pollard C, Sag IA. 1994. Head-driven Phrase Structure Grammar. Chicago: University of Chicago Press

[Popescu and Etzioni, 2005]Popescu A and Etzioni O. 2005. Extracting Product Features and Opinions from Reviews. In: *Proceedings of EMNLP*, pages 339-346

[Pradhan *et al.*, 2004]Pradhan SS, Sun H, Ward W, Martin JH, and Jurafsky D. 2004. Parsing Arguments of Nominalizations in English and Chinese. In: *Proceedings of NAACL-HLT*, pages 141-144

[Pradhan *et al.*, 2005]Pradhan SS, Ward W, Hacioglu K, Martin JH, and Jurafsky D. 2005. Semantic Role Labeling Using Different Syntactic Views. In: *Proceedings of ACL*, pages 581-588

[Pradhan *et al.*, 2007]Pradhan S, Ramshaw L, Weischedel R, Macbride J and Micciulla L. 2007. Unrestricted Coreference: Identifying Entities and Events in OntoNotes. In: *Proceedings of ICSC*

[Pradhan *et al.*, 2008]Pradhan SS, Ward W, and Martin JH. 2008. Towards Robust Semantic Role Labeling. *Computational Linguistics*, 34(2): 289-310

[Prasad *et al.*, 2006]Prasad R, Dinesh N, Lee A, Joshi A, Webber B. 2006. Annotating Attribution in the Penn Discourse TreeBank. In: *Proceedings of the COLING/ACL Workshop on Sentiment and Subjectivity in Text*, Sydney, Australia. July. pages 31-38

［Prasad *et al.*，2008］Prasad R，Nikhil Dinesh，*et al.* 2008. The Penn Discourse Treebank 2. 0. In：*Proceedings of LREC*

［Prasad *et al.*，2010a］Prasad R，Aravind Joshi，and Bonnie Webber. 2010. Realization of Discourse Relations by Other Means：Alternative Lexicalizations. In：*Proceedings of COLING*. Beijing，China

［Prasad *et al.*，2010b］Prasad R，Aravind Joshi，and Bonnie Webber. 2010. Exploiting Scope for Shallow Discourse Parsing. In：*Proceedings of LREC*. Valletta，Malta

［Price，1990］Price PJ. 1990. Evaluation of Spoken Language Systems：The ATIS Domain. In：*Proceedings of the Third DARPA Speech and Natural Language Workshop*

［Przybocki *et al.*，2008］Przybocki M，Peterson K，and Bronsart S. 2008. Official Results of the NIST 2008 "Metrics for MAchine Translation" Challenge（MetricsMATR08）.（http：//nist. gov/speech/tests/metricsmatr/2008/ results/）

［Punyakanok *et al.*，2008］Punyakanok V，Roth D，and Yih W. 2008. The Importance of Syntactic Parsing and Inference in Semantic Role Labeling. *Computational Linguistics*，34(2)：257-287

［Quirk *et al.*，2005］Quirk C，Menezes A，Herry C. 2005. Dependency Treelet Translation：Syntactically Information Phrasal SMT. In：*Proceedings of ACL*. Ann Arbor，June. pages 271-279

［Radev *et al.*，2000］Radev DR，Jing H，Budzikowska M. 2000. Centroid-based Summarization of Multiple Documents：Sentence Extraction，Utility-based Evaluation，and User Studies. In：*ANLP/NAACL Workshop on Summarization*，Seattle，April. pages 21-29

［Radev *et al.*，2002］Radev DR，Hovy E，McKeown K. 2002. Introduction to the Special Issue on Summarization. *Computational Linguistics*，28(4)：399-408

［Ramshaw and Marcus，1995］Ramshaw LA，Marcus MP. 1995. Text Chunking Using Transformation-based Learning. In：*Proceedings of the Third ACL Workshop on Very Large Corpora*. pages 82-94

［Ratnaparkhi，1996］Ratnaparkhi A. 1996. A Maximum Entropy Model for Part-of-speech Tagging. In：*Proceedings of EMNLP*，pages 133-142

［Ratnaparkhi，1997a］Ratnaparkhi A. 1997a. A Linear Observed Time Statistical Parser Based on Maximum Entropy Models. In：*Proceedings of EMNLP*，pages 1-10

［Ratnaparkhi，1997b］Ratnaparkhi A. 1997b. A Simple Introduction to Maximum Entropy Models for Natural Language Processing. IRCS Report 97-98，University of Pennsylvania

［Ratnaparkhi，1998］Ratnaparkhi A. 1998. Maximum Entropy Models for Natural Language Ambiguity Resolution. A Dissertation in Computer and Information Science，University of Pennsylvania

［Rau，1991］Rau LF. 1991. Extracting Company Names from Text. In：*Proceedings of the 7th IEEE Conference on Artificial Intelligence Application*，24-28 Feb 1991. pages 29-32

［Renkema，1993］Renkema J. 1993. Discourse Studies. Philadelphia，John Benjamins

［Richardson，2002］Richardson SD. 2002. Machine Translation：From Research to Real Users. IOS Press

［Riedel and Clarke，2006］Riedel S and Clarke J. 2006. Incremental Integer Linear Programming for Non-projective Dependency Parsing. In：*Proceedings of EMNLP*，pages 129-137

［Roark，2004］Roark B. 2004. Robust Garden Path Parsing. *Naturanl Language Engineering*，10(1)：1-24

［Robertson and Walker，1999］Robertson SE，Walker S. 1999. Okapi/Keenbow at TREC-8. In：*Proceedings of the Eighth Text REtrieval Conference（TREC-8）*，Gaithersburg，Maryland，November 17-19. pages 151-161

〔Robinson，1970〕Robinson JJ. 1970. Dependency Structures and Transformational Rules. *Language*，46(2)：259-285

〔Roche and Schabes，1995〕Roche E，Schabes Y. 1995. Deterministic Part-of-speech Tagging with Finite-state Transducers. *Computational Linguistics*，21(2)：227-253

〔Rodgers and Nicewander，1988〕Rodgers Joseph Lee and Nicewander WA. 1988. Thirteen Ways to Look at the Correlation Coefficient. *The American Statistician*，42(1)：59-66

〔Rodríguez *et al*，1998〕Rodríguez H，Climent S，Vossen P，Bloksma L *et al*. 1998. The Top-down Strategy for Building EuroWordNet：Vocabulary Coverage，Base Concepts and Top Ontology. *Computers and the Humanities*，32(2)：117-152. Springer

〔Rosenfeld，1996〕Rosenfeld R. 1996. A Maximum Entropy Approach to Adaptive Statistical Language Modeling. *Computer，Speech and Language*. 10：187-228

〔Rosenfeld，2000〕Rosenfeld R. 2000. Two Decades of Statistical Language Modeling：Where Do We Go from Here? In：*Proceedings of the IEEE*，Vol. 88，No. 8. pages 1270-1278

〔Rosso *et al*.，2004〕Rosso P，Ferretti E，Jiménez D，Vidal V. 2004. Text Categorization and Information Retrieval Using WordNet Senses. In：*Proceedings of CICLing*，Lecture Notes in Computer Science，Vol. 2945. Springer-Verlag

〔Rosti *et al*.，2007〕Rosti AVI，Matsoukas S，and Schwartz R. 2007. Improved Word-level System Combination for Machine Translation. In：*Proceedings of ACL*. Prague，Czech Republic，pages 312-319

〔Rosti *et al*.，2008〕Rosti AVI，Zhang B，Matsoukas S，*et al*. 2008. Incremental Hypothesis Alignment for Building Confusion Networks with Application to Machine Translation System Combination. In：*Proceedings of the Third Workshop on Statistical Machine Translation*. Columbus，Ohio，pages 183-186

〔Roth and Zelenko，1998〕Roth D，Zelenko D. 1998. Part of Speech Tagging Using a Network of Linear Separators. In：*Proceedings of COLING-ACL*，Montreal，Canada

〔Rousseau，1998〕Rousseau R. 1998. Jaccard Similarity Leads to the Marczewski-Steinhaus Topology for Information Retrieval. *Information Processing and Management*，34(1)：87-94

〔Roux *et al*.，2012〕Roux JL，Foster J，Wagner J，Samad R，Kaljahi Z，and Bryl A. 2012. DCUParis13 Systems for the SANCL 2012 Shared Task. In：*Notes of the First Workshop on Syntactic Analysis of Non-Canonical Language*（SANCL）

〔Ruppenhofer *et al*.，2008〕Ruppenhofer J，Somasundaran S，and Wiebe J. 2008. Finding the Sources and Targets of Subjective Expressions. In：*Proceedings of LREC*

〔Sagae and Lavie，2005〕Sagae K and Lavie A. 2005. A Classifier-based Parser with Linear Run-time Complexity. In：*Proceedings of IWPT*，pages 125-132

〔Salton，1971〕Salton G. 1971. The SMART Retrieval System：Experiments in Automatic Document Processing. Prentice Hall. pages 115-411

〔Sampson，1996〕Sampson G. 1996. Evolutionary Language Understanding. London：Cassell

〔Samuelsson and Wiren，2000〕Samuelsson C，Wiren M. 2000. Parsing Techniques. In：*Handbook of Natural Language Processing*. Marcel Dekker，Inc.，pages 59-91

〔Sang *et al*.，2000〕Sang EF，Kim T，Buchholz S. 2000. Introduction to the CoNLL-2000 Shared Task：Chunking. In：*Proceedings of CoNLL and LLL*. Lisbon，Portugal. pages 127-132

〔Sasaki，*et al*.，2005〕Sasaki Y，Chen HH，Chen KH，Lin CJ. 2005. Overview of the NTCIR-5 Cross-lingual Question Answering Task. In：*Proceedings of NTCIR-5 Workshop Meeting*. December 6-9，Tokyo，Japan

[Sato and Nagao, 1990] Sato S and Nagao M. 1990. Towards Memory-Based Translation. In: *Proceedings of COLING*

[Say and Akman, 1997] Say B, Akman V. 1997. Current Approaches to Punctuation in Computational Linguistics. *Computers and the Humanities*, 30: 457-469

[Scaffidi et al., 2007] Scaffidi C, Bierhoff K, Chang E, Felker M, Ng H and Jin C. 2007. Red Opal: Productfeature Scoring from Reviews. In: *Proceedings of the 8th ACM Conference on Electronic Commerce* (EC), pages 182-191

[Scha and Polanyi, 1988] Scha R and Polanyi L. 1988. An Augmented Context Free Grammar for Discourse. In: *Proceedings of COLING*. Morristown, NJ, USA

[Schabes, 1992] Schabes Y. 1992. Stochastic Lexicalized Tree-adjoining Grammars. In: *Proceedings of COLING 92*, Volume II. pages 425-432

[Schank and Abelson, 1977] Schank R and Abelson R. 1977. Scripts, Plans, Goals and Understanding. LEA, Publishers

[Scheler, 1994] Scheler G. 1994. Machine Translation of Aspectual Categories Using Neural Networks. In: *Proceedings of KI-94 Workshop*. 18. Dt. Jahrestagung fürKü nstliche Intelligenz. pages 389-390

[Schneider, 2007] Schneider G. 2007. Hybrid Long-distance Functional Dependency Parsing. PhD Thesis, University of Zurich

[Schneider et al., 2007] Schneider G, Kaljurand K, Rinaldi F, and Kuhn T. 2007. Pro3Gres Parser in the CoNLL Domain Adaptation Shared Task. In: *Proceedings of the CoNLL Shared Task*, pages 1161-1165

[Schubert, 1987] Schubert K. 1987. Metataxis: Contrastive Dependency Syntax for MT. Dordrecht: Foris

[Schütze, 1992a] Schütze H. 1992a. Context Space. In: *Working Notes of the AAAI Fall Symposium on Probabilistic Approaches to Natural Language*, Menlo Park, CA. AAAI Press. pages 113-120

[Schütze, 1992b] Schütze H. 1992b. Word Sense Disambiguation with Sublexical Representation. In: *Proceedings of AAAI Workshop on Statistically-based Natural Language Programming Techniques*. pages 100-104

[Schütze, 1998] Schütze H. 1998. Automatic Word Sense Discrimination. *Computational Linguistics*, 24(1): 97-123

[Searle, 1969] Searle JR. 1969. Speech Acts: An Essay in the Philosophy of Language. Cambridge University Press

[Sebastiani, 2002] Sebastiani F. 2002. Machine Learning in Automated Text Categorization. *ACM Computing Surveys*, 34(1): 1-47

[Seginer, 2007] Seginer Y. 2007. Fast Unsupervised Incremental Parsing. In: *Proceedings of ACL*, pages 384-391

[Sekine and Grishman, 1995] Sekine S, Grishman R. 1995. A Corpus-based Probabilistic Grammar with Only Two Non-terminalls. In: *Proceedings of IWPT*, Prague, Crzech Republic, pages 216-223

[Sekine et al., 1992] Sekine S, Carrol J, Ananiadou S, Tsujii J. 1992. Automatic Learning for Semantic Collocation. In: *Proceedings of the 3rd Conference on Applied Natural Language Processing* (ANLP). pages 104-110

[Sekine et al., 1998] Sekine S, Grishman R, Shinou H. 1998. A Decision Tree Method for Finding and Classifying Names in Japanese Texts. In: *Proceedings of the Sixth Workshop on Very Large Corpora*, Canada

［Sha and Pereira，2003］Sha F, Pereira F. 2003. Shallow Parsing with Conditional Random Fields. In：*Proceedings of HLT-NAACL*，pages 134-141

［Shapire，2000］Shapire RE. 2000. BoosTexter：A Boosting-based System for Text Categorization. *Machine Learning*，39(2/3)：135-168

［Shen *et al*.，2008］Shen LB, Xu JX, and Weischedel R. 2008. A New String to Dependency Machine Translation Algorithm with a Target Dependency Language Model. In：*Proceedings of ACL-08：HLT*. pages 577-585.

［Shen *et al*.，2010］Shen LB, Xu JX, and Weischedel R. 2010. String-to-dependency Statistical Machine Translation. *Computational Linguistics*，36(4)：649-671

［Shieber and Schabes，1990］Shieber SM, Schabes Y. 1990. Synchronous Tree-adjoining Grammars. In：*Proceedings of COLING*，Vol. 3. pages 1-6

［Shi *et al*.，2006］Shi L, Niu C, Zhou M, and Gao JF. 2006. A DOM Tree Alignment Model for Mining Parallel Data from the Web. In：*Proceedings of ACL*

［Shinyama and Sekine，2004］Shinyama Y and Sekine S. 2004. Named Entity Discovery Using Comparable News Articles. In：*Proceedings of COLING*，Geneva, Switzerland，August 23-27，2004

［Shriberg *et al*.，2004］Shriberg E, Dhillon R, Bhagat S, *et al*. 2004. The ICSI Meeting Recorder Dialog-Act (MRDA) Corpus. In：*Proceedings of HLT-NAACL*，Boston, USA.

［Silber and MoCoy，2002］Silber H Gregory and MoCoy Kathleen F. 2002. Efficiently Computated Lexical Chains as an Intermediate Representation for Automatic Text Summarization. *Computational Linguistics*，28(4)

［Simmons and Yu，1992］Simmons RF, Yu YH. 1992. The Acquisition and Use of Context Dependent Grammars for English. *Computational Linguistics*，18：391-418

［Singh *et al*.，2010］Singh S, Hillard D, and Leggetter C. 2010. Minimally-supervised Extraction of Entities from Text Advertisements. In：*Proceedings of HLT-NAACL*，pages 73-81

［Skadhauge and Hardt，2005］Skadhauge PR and Hardt D. 2005. Syntactic Identification of Attributions in the RST Treebank. In：*Proceedings of International Workshop on Linguistically Interpreted Corpora*

［Skut *et al*.，1997］Skut W, Krenn B, Brants T, and Uszkoreit H. 1997. An Annotation Scheme for Free Word Order Languages. In：*Proceedings of the 5th Conference on Applied Natural Language Processing*，pages 88-95

［Song *et al*.，2010］Song R, Jiang YR, and Wang JY. 2010. On Generalized-topic-based Chinese Discourse Structure. In：*CIPS-SIGHAN Joint Conference on Chinese Language Processing (CLP2010)*，August 28，2010，Beijing, China

［Soon *et al*.，2001］Soon Wee Meng, Daniel Chung Yong Lim, and Hwee Tou Ng. 2001. A Machine Learning Approach to Coreference Resolution of Noun Phrases. *Computational Linguistics*，27(4)：521-544

［Soricut and Marcus，2003］Soricut R and Marcus D. 2003. Sentence Level Discourse Parsing Using Syntactic and Lexical Information. In：*Proceedings of HLT-NAACL*

［Sproat and Emerson，2003］Sproat R, Emerson T. 2003. The First International Chinese Word Segmentation Bakeoff. In：*Proceedings of the Second SIGHAN Workshop on Chinese Language Processing*，11-12 July. Sapporo Japan. pages 133-143

［Sproat *et al*.，1996］Sproat R, Shih C, Gale W, Chang N. 1996. A Stochastic Finite-state Word-segmentation Algorithm for Chinese. *Computational Linguistics*. 22(3)：377-404

［Sproat *et al.*, 2006］Sproat Richard，Tao Tao，and Chengxiang Zhai. 2006. Named Entity Transliteration with Comparable Corpora. In：*Proceedings of ACL*

［Stede，2004］Stede M. 2004. The Potsdam Commentary Corpus. In：*Proceedings of Workshop on Discourse Annotation*

［Stokes *et al.*，2004］Stokes N，Carthy J，and Alan F Smeaton. 2004. SeLeCT：A Lexical Cohesion Based News Story Segmentation System. *AI Communications*，7(1)

［Stolcke，1995］Stolcke A. 1995. An Efficient Probabilistic Context-Free Parsing Algorithm that Computes Prefix Probabilities. *Computational Linguistics*，21(2)：165-201

［Stolcke *et al.*，2000］Stolcke A，Ries K，Coccaro N，*et al.* 2000. Dialogue Act Modeling for Automatic Tagging and Recognition of Conversational Speech. *Computational Linguistics*，26(3)：339-373

［Stüker *et al.*，2006］Stüker S，Zong CQ，Reichert J，Cao WJ，Kolss M，Xie GD，Peterson K，Ding P，Arranz V，Yu J，Waibel A. 2006. Speech-to-speech Translation Services for the Olympic Games 2008. In：*Proceedings of the Third Joint Workshop on Machine Learning and Multimodal Interaction*（*MLMI*），1-3 May，Washington DC，USA

［Su，2005］Su KY. 2005. To Have Linguistic Tree Structures in Statistical Machine Translation? In：*Proceedings of NLP-KE*，Wuhan，China. October 30th- November 1st. pages 3-6

［Su *et al.*，1995］Su KY，Chang JS，Una Hsu YL. 1995. A Corpus-based Statistics-oriented Two-way Design for Parameterized MT Systems：Rationale，Architecture and Training Issues. In：*Proceedings of TMI*，Leuven，Belgium. July 5-7. Vol. 2，pages 334-353

［Sun，2010］Sun WW. 2010. Word-based and Character-based Word Segmentation Models：Comparison and Combination. In：*Proceedings of COLING*，pages 1211-1219

［Sun and Jurafsky，2004］Sun H and Jurafsky D. 2004. Shallow Semantic Parsing of Chinese. In：*Proceedings of NAACL*

［Sun and Tsou，1995］Sun MS，Tsou BK. 1995. Ambiguity Resolution in Chinese Word Segmentation. In：*Proceedings of the 10th Asia Conference on Language Information and Computation*，Hong Kong. pages 121-126

［Sun *et al.*，2002］Sun J，Gao JF，Zhang L，Zhou M，Huang CN. 2002. Chinese Named Entity Identification Using Class-based Language Model. In：*Proceedings of COLING*. Taipei，August 24-25. pages 967-973

［Sun *et al.*，2009］Sun WW，Sui ZF，Wang M，and Wang X. 2009. Chinese Semantic Role Labeling with Shallow Parsing. In：*Proceedings of EMNLP*，pages 1475-1483

［Surdeanu *et al.*，2007］Surdeanu M，Màrquez L，Carreras X，and Comas PR. 2007. Combination Strategies for Semantic Role Labeling. *Journal of Artificial Intelligence Research*（*JAIR*），29：105-151

［Surdeanu *et al.*，2008］Surdeanu M，Johansson R，Meyers A，Marquez L，and Nivre J. 2008. The CoNLL-2008 Shared Task on Joint Parsing of Syntactic and Semantic Dependencies. In：*Proceedings of CoNLL*，pages 159-177

［Surdeanu *et al.*，2009］Surdeanu M，Johansson R，Meyers A，Màrquez L，and Nivre J. 2009. The CoNLL-2008 Shared Task on Joint Parsing of Syntactic and Semantic Dependencies. In：*Proceedings of CoNLL*，pages 159-177

［Surendran and Levow，2006］Surendran D and Levow G. 2006. Dialog-act Tagging with Support Vector Machines and Hidden Markov Models. In：*Proceedings of InterSpeech*，Pittsburgh，PA

［Sutton and McCallum，2007］Sutton C and McCallum A. 2007. An Introduction to Conditional Random

Fields for Relational Learning. In: *Introduction to Statistical Relational Learning*, MIT Press.

[Taghva *et al.*, 2004]Taghva K, Borsack J., Lumos S, Condit A. 2004. A Comparison of Automatic and Manual Zoning: An Information Retrieval Prospective. *Int'l Journal on Document Analysis and Recognition*, 6(4): 230-235

[Takezawa *et al.*, 1998]Takezawa T, Morimoto T, Sagisaka Y, Campbell N, Iida H, Sugaya F, Yokoo A, Yamamoto S. 1998. A Japanese-to-English Speech Translation System: ATR-MATRIX. In: *Proceedings of ICSLP*. pages 2779-2782

[Tao, 2004]Tao JH. 2004. Context Based Emotion Detection from Text Input. In: *Proceedings of InterSpeech-ICSLP*, Jeju Island, Korea, Oct. pages 1337-1340

[Tao *et al.*, 2006]Tao T, Su-Youn Yoon, *et al.* 2006. Unsupervised Named Entity Transliteration Using Temporal and Phonetic Correlation. In: *Proceedings of ACL*

[Tesnière, 1959]Tesnière L. 1959. Élèments de syntaxe structurale. Éditions Klincksieck

[Tillmann and Ney, 2000]Tillmann C, Ney H. 2000. Word Re-ordering and DP-based Search in Statistical Machine Translation. In: *Proceedings of COLING*, Saarbrücken, Germany. August. pages 850-856

[Tillmann and Ney, 2003]Tillmann C, Ney H. 2003. Word Reordering and Dynamic Programming Beam Search Algorithm for Statistical Machine Translation. *Computational Linguistics*, 29(1): 97-133

[Tillmann *et al.*, 1997]Tillmann C, Vogel S, Ney H, Zubiaga A. 1997. A DP Based Search Using Monotone Alignments in Statistical Translation. In: *Proceedings of ACL*. Madrid, July. pages 289-296

[Titov and McDonald, 2008]Titov I and McDonald R. 2008. Modeling Online Reviews with Multi-grain Topic Models. In: *Proceedings of WWW*, pages 111-120

[Tomabechi *et al.*, 1989]Tomabechi H, Saito H, Tomita M. 1989. SpeechTrans: An Experimental Real-time Speech-to-speech Translation. In: *Proceedings of the 1989 Spring Symposium of the American Association for Artificial Intelligence*, Stanford, March 28-30

[Tomita, 1985]Tomita M. 1985. Efficient Parsing for Natural Language, Kluwer Academy Publishers

[Tomita, 1987]Tomita M. 1987. An efficient Augmented-context-free Parsing Algorithm. *Computational Linguistics*, 13: 31-46

[Tomita, 1991]Tomita M. 1991. Current Issues in Parsing Technology. Kluwer Academy Publishers

[Toutanova *et al.*, 2003]Toutanova K, Klein D, Manning CD, and Singer Y. 2003. Feature-rich Part-of-speech Tagging with a Cyclic Dependency Network. In: *Proceedings of HLT-NAACL*, pages 252-259

[Toutanova *et al.*, 2008]Toutanova K, Haghighi A, and Manning CD. 2008. A Global Joint Model for Semantic Role Labeling. *Computational Linguistics*, 34(2): 145-159

[Traum and Larsson, 2003]Traum D, and Larsson S. 2003. The Information State Approach to Dialogue Management. Kluwer Academic Publishers. pages 325-353

[Traum *et al.*, 1999]Traum D, Bos J, Cooper R, Larsson S, Lewin I, Matheson C, Poesio M. 1999. A Model of Dialogue Moves and Information State Revision. Technical Report-D2.1, TRINDI

[Troncoso and Kawahara, 2005]Troncoso C, Kawahara T. 2005. Trigger-based Language Model Adaptation for Automatic Meeting Transcription. In: *Proceedings of InterSpeech*. Lisbon, Portugal, September. pages 1297-1230

[Tsai *et al.*, 2004]Tsai TH, Wu SH, Lee CW, Shih CW, Hsu WL. 2004. Mencius: A Chinese Named

Entity Recognizer Using the Maximum Entropy-based Hybrid Model. *International Journal of Computational Linguistics and Chinese Language Processing*, 9(1): 65-82

[Tseng *et al.*, 2005] Tseng H, Chang P, Andrew G, Jurafsky D, Manning C. 2005. A Conditional Random Field Word Segmentater for SIGHAN Bakeoff 2005. In: *Proceedings of the Fourth SIGHAN Workshop on Chinese Language Processing*, October 14-15. Jeju Island, Korea. pages 168-171

[Tu *et al.*, 2012] Tu M, Zhou Y and Zong CQ. 2012. A Universal Approach to Translating Numerical and Time Expressions. In: *Proceedings of IWSLT*, 6-7 December 2012, Hong Kong. pages 209-216

[Tu *et al.*, 2013] Tu M, Zhou Y, and Zong CQ. 2013. A Novel Translation Framework Based on Rhetorical Structure Theory. In: *Proceedings of ACL* (short paper), Sofia, Bulgaria

[Turian *et al.*, 2003] Turian JP, Shen L, Dan Melamed I. 2003. Evaluation of Machine Translation and its Evaluation. In: *Proceedings of MT Summit IX*, New Orleans, USA. pages 386-393

[Turney, 2002] Turney PD. 2002. Thumbs Up or Thumbs Down? Semantic Orientation Applied to Unsupervised Classification of Reviews. In: *Proceedings of ACL*, pages 417-424

[UNL Center and UNL Foundation, 2002] UNL Center and UNL Foundation, 2002. The Universal Networking Language Specification. Japan. (http://www.undl.org/unlsys/unl/UNLspecs32.pdf)

[Vapnik, 1998] Vapnik VN. 1998. Statistical Learning Theory. Wiley-Interscience Publication. John Wiley & Sons, Inc

[Virga and Khudanpur, 2003] Virga Paola and Khudanpur Sanjeev. 2003. Transliteration of Proper Names in Cross-lingual Information Retrieval. In: *Proceedings of the ACL workshop on Multilingual Named Entity Recognition*

[Vogel and Ney, 2000] Vogel S, Ney H. 2000. Translation with Cascaded Finite State Transducers. In: *Proceedings of the 38th Annual Meeting of the Association for Computational Linguistics* (ACL). Hong Kong, China, October. pages 23-30

[Vogel *et al.*, 1996] Vogel S, Ney H, Tillman C. 1996. HMM-based Word Alignment in Statistical Translation. In: *Proceedings of COLING*, August 1996. Copenhagen, Denmark. pages 836-841

[Voorhees, 2005] Voorhees EM. 2005. Overview of the TREC 2005 Robust Retrieval Track. In: *Proceedings of the 14th Text REtrieval Conference* (TREC 2005). Maryland, November 15-18

[Wahlster, 2000] Wahlster W. 2000. Mobile Speech-to-speech Translation of Spontaneous Dialogs: An Overview of the Final Verbmobil System. In: Wolfgang Wahlster (ed.) *Verbmobil: Foundations of Speech-to-Speech Translation*, Springer-Verlag, Berlin/Heidelberg. pages 3-21

[Waibel, 1996] Waibel A. 1996. Multilingual Speech Processing. In: Ronald A. Cole (ed) *Survey of the State of the Art in Human Language Technology*, Chapter 8.6 (http://cslu.cse.ogi.edu/HLTsurvey/HLTsurvey.html)

[Waibel *et al.*, 1991] Waibel A, Jain AM, McNair AE *et al.* 1991. JANUS: A Speech-to-speech Translation System Using Connectionist and Symbolic Processing Strategies. In: *Proceedings of ICASSP*

[Walker, 1987] Walker DE. 1987. Knowledge Resource Tools for Accessing Large Text Files. In: Sergei Nirenburg (ed.) *Machine Translation: Theoretical and Methodological Issues*, pages 247-261. Cambridge University Press

[Wallach, 2004] Wallach HM. 2004. Conditional Random Fields: An Introduction. CIS Technical Report MS-CIS-04-21, University of Pennsylvania

[Wan, 2009] Wan XJ. 2009. Co-training for Cross-lingual Sentiment Classification. In: *Proceedings of*

ACL-IJCNLP，pages 235-243

［Wan，2011］Wan XJ. 2011. Using Bilingual Information for Cross-language Document Summarization. In：*Proceedings of ACL*，pages 1546-1555

［Wan and Yang，2008］Wan XJ and Yang JW. 2008. Multi-document Summarization Using Cluster-based Link Analysis. In：*Proceedings of SIGIR*，pages 299-306

［Wan et al.，2007］Wan XJ，Yang JW and Xiao JG. 2007. Manifold-ranking Based Topic-focused Multi-document Summarization. In：*Proceedings of IJCAI*，pages 2903-2908

［Wan et al.，2010］Wan XJ，Li HY，and Xiao JG. 2010. Cross-language Document Summarization Based on Machine Translation Quality Prediction. In：*Proceedings of ACL*，pages 917-926

［Wan et al.，2011］Wan XJ，Jia HP，Huang SS，and Xiao JG. 2011. Summarizing the Differences in Multilingual News. In：*Proceedings of SIGIR*，pages 735-743

［Wang，1998］Wang YY. 1998. Grammar Inference and Statistical Machine Translation. Ph. D. Thesis. School of Computer Science，Carnegie Mellon University

［Wang，2010］Wang DS. 2010. A Domain-specific Question Answering System Based on Ontology and Question Templates. In：*Proceedings of the 11th ACIS International Conference on Software Engineering，Artificial Intelligence，Networking and Parallel/Distributed Computing*，pages 151-156

［Wang and Cohen，2007］Wang RC and Cohen W. 2007. Language-independent Set Expansion of Named Entities using the Web. In：*Proceedings of ICDM*

［Wang and Du，2000］Wang XF，Du LM. 2000. The Design of Dialogue Management in a Mixed Initiative Chinese Spoken Dialogue System Engine. In：*Proceedings of ISCSLP*. October，Beijing. pages 53-56

［Wang and Matsumoto，2004］Wang XJ，Matsumoto Y. 2004. Improving Word Sense Disambiguation by Pseudo Samples. In：*Proceedings of IJCNLP*. March 22-24. Sanya，China. pages 233-240

［Wang and Waibel，1997］Wang YY，Waibel A. 1997. Decoding Algorithm in Statistical Machine Translation. In：*Proceedings of ACL*，pages 366-372

［Wang and Zong，2011］Wang ZG and Zong CQ. 2011. Parse Reranking Based on Higher-order Lexical Dependencies. In：*Proceedings of IJCNLP*，Chiang Mai，Thailand，November 8-13，2011. pages 1251-1259

［Wang and Zong，2013］Wang ZG and Zong CQ. 2013. Large-scale Word Alignment Using Soft Dependency Cohesion Constraints. *Transactions of the Association for Computational Linguistics (TACL)*

［Wang et al.，1996］Wang YY，Lafferty J，Waibel A. 1996. Word Clustering with Parallel Spoken Language Corpora. In：*Proceedings of ICSLP*，Philadelphia，USA

［Wang et al.，2005］Wang Q，Schuurmans D，and Lin D. 2005. Strictly Lexical Dependency Parsing. In：*Proceedings of IWPT*，pages 152-159

［Wang et al.，2007］Wang Q，Lin D，and Schuurmans D. 2007. Simple Training of Dependency Parsers via Structured Boosting. In：*Proceedings of IJCAI*，pages 1756-1762

［Wang et al.，2009］Wang K，Zong CQ，and Su KY. 2009. Which is More Suitable for Chinese Word Segmentation，the Generative Model or the Discriminative One? In：*Proceedings of PACLIC*，pages 827-834.

［Wang et al.，2010a］Wang K，Zong CQ，and Su KY. 2010. A Character-based Joint Model for Chinese

Word Segmentation，In：*Proceedings of COLING*，pages 1173-1181.

［Wang *et al.*，2010b］Wang WT，Su J，and Tan CL．2010．Kernel Based Discourse Relation Recognition with Temporal Ordering Information．In：*Proceedings of ACL*

［Wang *et al.*，2012］Wang K，Zong CQ，and Su KY．2012．Integrating Generative and Discriminative Character-based Models for Chinese Word Segmentation．*ACM TALIP*，11(2)：Article 7

［Watanabe and Sumita，2002］Watanabe T，Sumita E．2002a．Bidirectional Decoding for Statistical Machine Translation．In：*Proceedings of COLING*．Taipei，China．pages 1079-1085

［Watanabe and Sumita，2003］Watanabe T，Sumita E．2003．Example-based Decoding for Statistical Machine Translation．In：*Proceedings of MT Summit IX*．New Orleans，Louisiana．pages 410-417

［Watanabe *et al.*，2002］Watanabe T，Imamura K，Sumita E．2002b．Statistical Machine Translation Based on Hierarchical Phrase Alignment．In：*Proceedings of the 9th International Conference on Technology and Methodological Issues in MT (TMI)*．March 13-17．Keihanna，Japan．pages 188-198

［Watanabe *et al.*，2003］Watanabe T，Sumita E，Okuno HG．2003．Chunk-based Statistical Translation．In：*Proceedings of ACL*．July 8-10．Sapporo，Japan．pages 303-310

［Watson and Briscoe，2007］Watson R and Briscoe T．2007．Adapting the RASP System for the CoNLL07 Domain-adaptation Task．In：*Proceedings of the CoNLL Shared Task*，pages 1170-1174

［Webber *et al.*，2003］Webber B，Matthew Stone，Aravind Joshi，and Alistair Knott．2003．Anaphora and Discourse Structure．*Computational Linguistics*，29(4)

［White *et al.*，1993］White JS，O'Connell T，Carlson L．1993．Evaluation of Machine Translation．In：*Human Language Technology：Proceedings of the Workshop (ARPA)*．pages 206-210

［White *et al.*，1994］White JS，O'Connell T，O'Mara F．1994．The ARPA MT Evaluation Methodology：Evolution，Lessons，and Future Approaches．In：*Proceedings of AMTA*，pages 193-205

［Wick *et al.*，2012］Wick M，Sameer Singh，and Andrew McCallum．2012．A Discriminative Hierarchical Model for Fast Coreference at Large Scale．In：*Proceedings of ACL*，pages 379-388

［Wilson and Wiebe，2003］Wilson T and Wiebe J．2003．Annotating Opinions in the World Press．In：*Proceedings of the 4th ACL SIGdial Workshop on Discourse and Dialogue (SIGdial)*

［Witten and Bell，1991］Witten IH，Bell TC．1991．The Zero-frequency Problem：Estimating the Probabilities of Novel Events in Adaptive Text Compression．*IEEE Transactions on Information Theory*，37(4)：1085-1094

［Wolf and Gibson，2005］Wolf F and Gibson E．2005．Representing Discourse Coherence：A Corpus-based Study．*Computational Linguistics*，31(1)

［Wright，1990］Wright J．1990．LR Prsing of Probabilistic Grammars with Input Uncertainty for Speech Recognition．*Computater Speech and Language*，4：297-323

［Wright and Wrigley，1989］Wright J，Wrigley E．1989．Probabilistic LR Parsing for Speech Recognition．In：*Proceesings of IWPT*，Pittsburgh，PA，pages 193-202

［Wu，1996］Wu DK．1996．A Polynomial-time Algorithm for Statistical Machine Translation．In：*Proceedings of ACL*，pages 152-158

［Wu，1997］Wu DK．1997．Stochastic Inversion Transduction Grammars and Bilingual Parsing of Parallel Corpora．*Computational Linguistics*，23(3)：377-403

［Wu，2003a］Wu AD．2003a．Chinese Word Segmentation in MSR-NLP．In：*Proceedings of the Second SIGHAN Workshop on Chinese Language Processing*，11-12 July．Sapporo Japan．pages 172-179

［Wu, 2003b］Wu AD. 2003b. Customizable Segmentation of Morphologically Derived Words in Chinese. *International Journal of Computationial Linguistics and Chinese Language Processing*. 8（1）：1-28

［Wu and Fung, 2009］Wu DK and Fung P. 2009. Semantic Roles for SMT：A Hybrid Two-pass Model. In：*Proceedings of HLT-NAACL, Companion Volume：Short Papers*, pages 13-16, Boulder, Colorado

［Wu and Weld, 2007］Wu Fei and Weld DS. 2007. Autonomously Semantifying Wikipedia. In：*Proceedings of CIKM*

［Wu and Wong, 1998］Wu DK, Wong H. 1998. Machine Translation with a Stochastic Grammatical Channel. In：*Proceedings of the 36th Annual Meeting of the Association for Computational Linguistics （ACL) and the 17th International Conference on Computational Linguistics （COLING)*, Montreal, P. Q., Canada

［Wu et al., 2003］Wu YZ, Zhao J, Xu B. 2003. Chinese Named Entity Recognition Combining a Statistical Model with Human Knowledge. In：*Proceedings of ACL2003 Workshop on Multilingual and Mix-language Named Entity Recognition*. 12 July. Sapporo, Japan. pages 65-72

［Wu et al., 2005］Wu YZ, Zhao J, Xu B, Yu H. 2005. Chinese Named Entity Recognition Model with Multiple Features. In：*Proceedings of HLT-EMNLP*. October 6-8. Vancouver, B. C., Canada. pages 427-434

［Wu et al., 2009］Wu Q, Songbo Tan, Xueqi Cheng. 2009. Graph Ranking for Sentiment Transfer. In：*Proceeding of ACL-IJCNLP*, pages 317-320

［Wu et al., 2010］Wu Q, Songbo Tan, Xueqi Cheng, Miyi Duan. 2010. MIEA：A Mutual Iterative Enhancement Approach for Cross-domain Sentiment Classification. In：*Proceedings of COLING*, pages 1327-1335

［Xia, 2000］Xia F. 2000. The Part-of-speech Tagging Guidelines for the Penn Chinese Treebank （3.0). （http：//www. cis. upenn. edu/~chinese/)

［Xia et al., 2006］Xia YQ, Wong KF, Li WJ. 2006. A Phonetic-based Approach to Chinese Chat Text Normalization. In：*Proceedings of COLING-ACL*. Sydney, July 17-21. pages 993-1000

［Xia et al., 2011］Xia R, Zong CQ, and Li SS. 2011. Ensemble of Feature Sets and Classification Algorithms for Sentiment Classification. *Information Sciences*, 181（6)：1138-1152

［Xiao et al., 2012］Xiao T, Zhu JB, Zhang H and Li Q. 2012. NiuTrans：An Open Source Toolkit for Phrase-based and Syntax-based Machine Translation. In：*Proceedings of ACL*

［Xie et al., 2002］Xie GD, Zong CQ, Xu B. 2002. Chinese Spoken Language Analyzing Based on Combination of Statistical and Rule Methods. In：*Proceedings of ICSLP*. Sept. 16-20. Colorado, USA. pages 613-616

［Xie et al., 2011］Xie J, Mi HT, and Liu Q. 2011. A Novel Dependency-to-string Model for Statistical Machine Translation. In：*Proceedings of EMNLP*, pages 216-226, Edinburgh, UK, July 27-31, 2011.

［Xiong et al., 2006］Xiong DY, Liu Q, Lin SX. 2006. Maximum Entropy Based Phrase Reordering Model for Statistical Machine Translation. In：*Proceedings of COLING-ACL*, Sydney, Australia. pages 521-528

［Xiong et al., 2007］Xiong DY, Liu Q, Lin SX. 2007. A Dependency Treelet String Correspondence Model for Statistical Machine Translation. In：*Proceedings of the Workshop on Statistical Machine Translation （WMT)*, Prague, Czech. June. pages 40-47

［Xiong *et al.*，2009］Xiong Y，Zhu J，Huang H，and Xu HH. 2009. Minimum Tag Error for Discriminative Training of Conditional Random Fields. *Information Sciences*，179(1-2)：169-179

［Xu and Zong，2006］Xu F，Zong CQ. 2006. A Hybrid Approach to Chinese Base NP Chunking. In：*Proceedings of the Fifth SIGHAN Workshop on Chinese Language Processing*. 22-23 July. Sydney

［Xu *et al.*，2002］Xu F，Kurz D，Piskorski J，and Schmeier S. 2002. A Domain Adaptive Approach to Automatic Acquisition of Domain Relevant Terms and Their Relations with Bootstrapping. In：*Proceedings of LREC*，Las Palmas，Spain. May 2002.

［Xue，2008］Xue NW. 2008. Labeling Chinese Predicates with Semantic Roles. *Computational Linguistics*，34(2)：225-255

［Xue and Converse，2002］Xue NW，Converse S. 2002. Combining Classifiers for Chinese Word Segmentation. In：*Proceedings of the 1st SIGHAN Workshop on Chinese Language Processing*，*in Conjunction with COLING'02*，Taiwan，China

［Xue and Palmer，2003］Xue NW and Palmer M. 2003. Annotating Propositions in the Penn Chinese Treebank. In：*Proceedings of the 2nd SIGHAN Workshop on Chinese Language Processing*，in conjunction with ACL'03. Sapporo，Japan

［Xue and Palmer，2004］Xue NW and Palmer M. 2004. Calibrating Features for Semantic Role Labeling. In：*Proceedings of EMNLP*，pages 88-94

［Xue and Palmer，2009］Xue NW and Palmer M. 2009. Adding Semantic Roles to the Chinese Treebank. *Natural Language Engineering*，15(1)：143-172

［Xue and Shen，2003］Xue NW，Shen LB. 2003. Chinese Word Segmentation as LMR Tagging. In：*Proceedings of the Second SIGHAN Workshop on Chinese Language Processing*. 11-12 July. Sapporo，Japan. pages 176-179

［Xue and Sun，2003］Xue DJ，Sun MS. 2003. A Study on Feature Weighting in Chinese Text Categorization. In：*Proceedings of CICLing*，Mexico City，Mexico. pages 592-601

［Xue and Xia，2000］Xue NW，Xia F. 2000. The Bracketing Guidelines for the Penn Chinese Treebank (3.0) （http：//www. cis. upenn. edu/~chinese/cbt. html)

［Xue *et al.*，2002］Xue NW，Chiou FD，and Palmer M. 2002. Building a Large Scale Annotated Chinese Corpus. In：*Proceedings of COLING*，Volume 1，pages 1-8

［Xue *et al.*，2005］Xue NW，Fei Xia，Fu Dong Chiou，and Martha Palmer. 2005. The Penn Chinese TreeBank：Phrase Structure Annotation of a Large Corpus. *Natural Language Engineering*，11(2)：207-238

［Yamada，2002］Yamada K. 2002. A Syntax-based Statistical Translation Model. Ph. D. Thesis. University of Southern California

［Yamada and Knight，2001］Yamada K，Knight K. 2001. A Syntax-based Statistical Translation Model. In：*Proceedings of ACL*. Toulouse，France. July. pages 523-530

［Yamada and Matsumoto，2003］Yamada H，Matsumoto Y. 2003. Statistical Dependency Analysis with Support Vector Machines. In：*Proceedings of IWPT*，pages 195-206

［Yang and Chute，1994］Yang YM，Chute CG. 1994. An Example-based Mapping Method for Text Categorization and Retrieval. *ACM Transactions on Information Systems*，12(3)：253-277

［Yang and Liu，1999］Yang YM，Liu X. 1999. A Re-examination of Text Categorization Methods. In：*Proceedings of SIGIR-99*，*22nd ACM International Conference on Research and Development in Information Retrieval*. pages 42-49

［Yang and Pedersen，1997］Yang YM，Pedersen JO. 1997. A Comparative Study on Feature Selection in

Text Categorization. In: *Proceedings of ICML*. pages 412-420

[Yang *et al.*, 2000]Yang YM, Ault T, Pierce T, Lattimer CW. 2000. Improving Text Categorization Methods for Event Tracking. In: *Proceedings of the 20th Annual International ACM SIGIR Conference on Research and Development in Information Retrieval*. pages 65-72

[Yang *et al.*, 2003]Yang XF, Zhou GD, Su J, and Tan CL. 2003. Coreference Resolution Using Competition Learning Approach. In: *Proceedings of the 41st Annual Meeting of the Association for Computational Linguistics* (*ACL*), pages 176-183, Sapporo, Japan, July

[Yang *et al.*, 2004]Yang XF, Zhou GD, Su J, and Tan CL. 2004. Improving Pronoun Resolution by Incorporating Coreferential Information of Candidates. In: *Proceedings of ACL*, Main Volume, pages 127-134

[Yang *et al.*, 2005]Yang XF, Su J, and Tan CL. 2005. Improving Pronoun Resolution Using Statistics-based Semantic Compatibility Information. In: *Proceedings of ACL*, pages 165-172

[Yang *et al.*, 2006]Yang XF, Su J, and Tan CL. 2006. Kernel-based Pronoun Resolution with Structured Syntactic Knowledge. In: *Proceedings of COLING-ACL*, pages 41-48

[Yang *et al.*, 2008a]Yang XF, Su J, Lang J, Tan CL, Liu T, and Li S. 2008. An Entity-mention Model for Coreference Resolution with Inductive Logic Programming. In: *Proceedings of ACL-08: HLT*, pages 843-851, Columbus, Ohio

[Yang *et al.*, 2008b]Yang F, Zhao J, Zou B, Liu K, and Liu FF. 2008. Chinese-English Backward Transliteration Assisted with Mining Monolingual Web pages, In: *Proceeding of ACL*. Columbus, OH, June 15-20, 2008. pages 541-549

[Yang *et al.*, 2009]Yang F, Zhao J, Liu K. 2009. A Chinese-English Organization Name Translation System Using Heuristic Web Mining and Asymmetric Alignment. In: *Proceedings of ACL-IJCNLP*, Singapore

[Yang *et al.*, 2010]Yang YH, Lu Q, and Zhao TJ. 2010. A Delimiter-based General Approach for Chinese Term Extraction. *Journal of the American Society for Information and Technology*, 61(1): 111-125

[Yarowsky, 1992]Yarowsky D. 1992. Word-sense Disambiguation Using Statistical Models of Roget's Categories Trained on Large Corpora. In: *Proceedings of COLING*, pages 454-460

[Yarowsky, 1994]Yarowsky D. 1994. Decision Lists for Lexical Ambiguity Resolution: Application to Accent Restoration in Spanish and French. In: *Proceedings of ACL*, pages 88-95

[Yarowsky, 1995]Yarowsky D. 1995. Unsupervised Word Sense Disambiguation Rivaling Supervised Methods. In: *Proceedings of ACL*. Cambridge, MA. pages 189-196

[Yi *et al.*, 2004]Yi E, Lee G G, Park SJ. 2004. SVM-based Biological Named Entity Recognition Using Minimum Edit-Distance Feature Boosted by Virtual Examples. In: *Proceedings of IJCNLP*. 22-24 March. Hainan Island, China. pages 241-246

[Yokoi, 1995]Yokoi T. 1995. The EDR Electronic Dictionary. *Communications of the ACM*, 38(11): 42-44

[Younger, 1967]Younger DH. 1967. Recognition and Parsing of Context-free Languages in Time n^3. *Information and Control*, 10(2): 189-208

[Yu *et al.*, 1998]Yu SH, Bai S, Wu P. 1998. Description of the Kent Ridge Digital Labs System Used for MUC-7. In: *Proceedings of the 7th Message Understanding Conference* (*MUC-7*), Fairfax, Virginia

[Yu *et al.*, 2008]Yu K, Kawahara D, and Kurohashi S. 2008. Chinese Dependency Parsing with Large

Scale Automatically Constructed Case Structures. In: *Proceedings of COLING*, pages 489-496

[Zens and Ney, 2004] Zens R, Ney H. 2004. Improvements in Phrase-based Statistical Machine Translation. In: *Proceedings of HTL-NAACL*, pages 257-264

[Zens et al., 2005] Zens R, Bender O, Hasan S, Khadivi S, Matusov E, Xu J, Zhang Y, Ney H. 2005. The RWTH Phrase-based Statistical Machine Translation System. In: *Proceedings of the International Workshop on Spoken Language Translation (IWSLT)*. Pittsburgh, USA. Oct. 24-25. pages 155-162

[Zhai et al., 2012a] Zhai FF, Zhang JJ, Zhou Y, and Zong CQ. 2012. Machine Translation by Modeling Predicate-argument Structure Transformation. In: *Proceedings of COLING*, Mumbai, India, December 8-15

[Zhai et al., 2012b] Zhai FF, Zhang JJ, Zhou Y, and Zong CQ. 2012. Tree-based Translation without Using Parse Trees. In: *Proceedings of COLING*, Mumbai, India, December 8-15

[Zhai et al., 2013a] Zhai FF, Zhang JJ, Zhou Y, and Zong CQ. 2013. Unsupervised Tree Induction for Tree-based Translation. *Transactions of Association for Computational Linguistics (TACL)*, 1: 243-254

[Zhai et al., 2013b] Zhai FF, Zhang JJ, Zhou Y, and Zong CQ. 2013. Handling Ambiguities of Bilingual Predicate-Argument Structures for SMT. In: *Proceedings of ACL*, Sofia, Bulgaria

[Zhang and Clark, 2007] Zhang Y and Clark S. 2007. Chinese Segmentation with a Word-based Perceptron Algorithm. In: *Proceedings of ACL*, Prague, Czech Republic, pages 840-847

[Zhang and Clark, 2008] Zhang Y and Clark S. 2008. A Tale of Two Parsers: Investigating and Combining Graph-based and Transition-based Dependency Parsing Using Beam-search. In: *Proceedings of EMNLP*, pages 562-571

[Zhang and Clark, 2010] Zhang Y and Clark S. 2010. A Fast Decoder for Joint Word Segmentation and POS-tagging Using a Single Discriminative Model, In: *Proceedings of EMNLP*, pages 843-852

[Zhang and Clark, 2011] Zhang Y and Clark S. 2011. Syntactic Processing Using the Generalized Perceptron and Beam Search. *Computational Linguistics*, 37(1): 105-151

[Zhang and Nivre, 2011] Zhang Y and Nivre J. 2011. Transition-based Dependency Parsing with Rich Non-local Features. In: *Proceedings of ACL*.

[Zhang and Poole, 1996] Zhang N and Poole D. 1996. Exploiting Causal Independence in Bayesian Network Inference. *Journal of AI Research*, 12(1): 301-328

[Zhang and Zong, 2009] Zhang JJ and Zong CQ. 2009. A Framework for Effectively Integrating Hard and Soft Syntactic Rules into Phrase Based Translation. In: *Proceedings of PACLIC*, pages 579-588. Hong Kong, 2009

[Zhang and Zong, 2013] Zhang JJ and Zong CQ. 2013. Learning a Phrase-based Translation Model from Monolingual Data with Application to Domain Adaptation. In: *Proceedings of ACL*, Sofia, Bulgaria

[Zhang et al., 2001] Zhang T, Damerau F, Johnson D. 2001. Text Chunking Using Regularized Winnow. In: *Proceedings of ACL*, pages 539-546

[Zhang et al., 2002a] Zhang T, Damerau F, Johnson D. 2002. Text Chunking Based on a Generalization of Winnow. *Journal of Machine Learning Research*, 2: 615-637

[Zhang et al., 2002b] Zhang Y, Xu B, Zong CQ. 2002. Chinese Syntactic Parsing Based on Extended GLR Parsing Algorithm with PCFG*. In: *Proceedings of COLING*. August 24 - Sept. 1, Taiwan. pages 1318-1332

[Zhang et al., 2003a] Zhang HP, Liu Q, Yu HK, Cheng XQ, Bai S. 2003. Chinese Named Entity

Recognition Using Role Model. *International Journal of Computational Linguistics and Chinese Language Processing*, 8(2): 29-60

［Zhang *et al.*, 2003b］Zhang Y, Vogel S, Waibel A. 2003. Integrated Phrase Segmentation and Alignment Model for Statistical Machine Translation. In: *Proceedings of NLP-KE*. Beijing, China. pages 567-573

［Zhang *et al.*, 2005a］Zhang RQ, Kikui G, Yamamoto H, Lo WK. 2005a. A Decoding Algorithm for Word Lattice Translation in Speech Translation. In: *Proceedings of IWSLT*. Pittsburgh, USA. Oct. 24-25. pages 33-39

［Zhang *et al.*, 2005b］Zhang RQ, Kikui G, Yamamoto H. 2005b. Using Multiple Recognition Hypotheses to Improve Speech Translation. In: *Proceedings of IWSLT*. Pittsburgh, USA. Oct. 24-25. pages 40-46

［Zhang *et al.*, 2005c］Zhang M, Li HZ, Su J, and Hendra Setiawan. 2005. A Phrase-based Context-dependent Joint Probability Model for Named Entity Translation. In: *Proceedings of IJCNLP*, pages 600-611

［Zhang *et al.*, 2005d］Zhang Y, Huang F, and Vogel S. 2005. Mining Translations of OOV Terms from the Web through Cross-lingual Query Expansion. In: *Proceedings of the 28th ACM SIGIR*, Salvador, Brazil

［Zhang *et al.*, 2006a］Zhang RQ, Genichiro Kikui, and Eiichiro Sumita. 2006a. Subword-based Tagging for Confidence-dependent Chinese Word Segmentation. In: *Proceedings of COLING-ACL*, pages 961-968.

［Zhang *et al.*, 2006b］Zhang RQ, Genichiro Kikui, and Eiichiro Sumita. 2006b. Subword-based Tagging by Conditional Random Fields for Chinese Word Segmentation. In: *Proceedings of HLT-NAACL*, pages 193-196.

［Zhang *et al.*, 2008］Zhang JJ, Zong CQ, Li SS. 2008. Sentence Type Based Reordering Model for Statistical Machine Translation. In: *Proceedings of COLING*, August 18-22, 2008. Manchester, UK. pages 1089-1096

［Zhang *et al.*, 2009］Zhang H, Zhang M, Tan CL, and Li HZ. 2009. K-best Combination of Syntactic parsers. In: *Proceedings of EMNLP*, pages 1552-1560

［Zhang *et al.*, 2011］Zhang JJ, Zhai FF, and Zong CQ, 2011. Augmenting String-to-tree Translation Models with Fuzzy Use of Source-side Syntax. In: *Proceedings of EMNLP*, pages 204-215

［Zhang *et al.*, 2012］Zhang JJ, Zhai FF, and Zong CQ. 2012. Handling Unknown Words in Statistical Machine Translation from a New Perspective. In: *Proceedings of Natural Language Processing & Chinese Computing* (NLP&CC), pages 176-187

［Zhao and Huang, 1998］Zhao J, Huang CN. 1998. A Quasi-dependency Model for Structural Analysis of Chinese Base NPs. In: *Proceedings of COLING-ACL*, Montreal, Canada

［Zhao and Kit, 2008］Zhao H and Kit C. 2008. Unsupervised Segmentation Helps Supervised Learning of Character Tagging for Word Segmentation and Named Entity Recognition. In: *Proceedings of the Sixth SIGHAN Workshop on Chinese Language Processing*, pages106-111, Hyderabad, India, January 11-12, 2008

［Zhao and Liu, 2010］Zhao HM and Liu Q. 2010. The CIPS-SIGHAN CLP 2010 Chinese Word Segmentation Bakeoff. In: *Proceedings of CIPS-SIGHAN Joint Conference on Chinese Language Processing* (CLP2010), pages 199-209, Beijing, August 2010

［Zhao *et al.*, 2001］Zhao TJ, Yang MY, Liu F, Yao JM, Yu H. 2001. Statistics Based Hybrid Approach to Chinese Base Phrase Identification. In: *Proceedings of the 2nd Chinese Language*

Processing Workshop. pages 73-77

[Zhao *et al*.，2006a]Zhao H，Huang C N，Li M. 2006. An Improved Chinese Word Segmentation System with Conditional Random Field. In：*Proceedings of the 5th SIGHAN Workshop on Chinese Language Processing*，Syndeny，Australia，July. pages 162-165

[Zhao *et al*.，2006b]Zhao H，Huang CN，Li M，and Lu BL. 2006b. Effective Tag Set Selection in Chinese Word Segmentation via Conditional Random Field Modeling，In：*Proceedings of PACLIC*，pages 87-94

[Zhao *et al*.，2009a]Zhao H，Chen W，Kit C，and Zhou G. 2009. Multilingual Dependency Learning：Exploiting Rich Features for Tagging Syntactic and Semantic Dependencies. In：*Proceedings of CoNLL'2009 Shared Ttask*，pages 61-66

[Zhao *et al*.，2009b]Zhao H，Song Y，Kit C，and Zhou G. 2009. Cross Language Dependency Parsing Using a Bilingual Lexicon. In：*Proceedings of ACL-IJCNLP*，pages 55-63

[Zhao *et al*.，2010]Zhao H，Huang CN，Li M，and Lu BL. 2010. A Unified Character-based Tagging Framework for Chinese Word Segmentation. *ACM TALIP*，9(2)：1-32.

[Zheng and Ji，2009]Zheng C and Ji H. 2009. Graph-based Event Coreference Resolution. In：*Proceedings of ACL-IJCNLP 2009 Workshop on TextGraphs-4：Graph-based Methods for Natural Language Processing'2009*

[Zhou，2006]Zhou GD. 2006. Recognizing Names in Biomedical Texts Using Mutual Information Independence Model and SVM Plus Sigmoid. *International Journal of Medical Informatics*，75：456-467

[Zhou and Su，2002]Zhou GD and Su J. 2002. Named Entity Recognition Using an HMM-based Chunk Tagger. In：*Proceedings of ACL*，July 2002，pages 473-480

[Zhou and Su，2003]Zhou GD，Su J. 2003. Integrating Various Features in Hidden Markov Model Using Constrain Relaxation Algorithm for Recognition of Named Entities without Gazetteers. In：*Proceedings of NLP-KE*. Oct. 26-29. Beijing，China. pages 465-470

[Zhou and Xue，2012]Zhou YP and Xue NW. 2012. PDTB-style Discourse Annotation of Chinese Text，In：*Proceedings of ACL*，pp. 69-77

[Zhou and Zong，2009]Zhou KY and Zong CQ. 2009. Dialog-act Recognition Using Discourse and Sentence Structure Information. In：*Proceedings of 2009 International Conference on Asian Language Processing*（IALP）. Singapore. December 7-9，2009. pages 11-16

[Zhou *et al*.，2007]Zhou Y，He YQ，Zong CQ. 2007. The CASIA Phrase-based Statistical Machine Translation System for IWSLT 2007. In：*Proceedings of IWSLT*，Oct. 15-16. Trento，Italy. pages 37-42

[Zhou *et al*.，2008a]Zhou M，Wang B，Liu SJ，Li M，Zhang DD，and Zhao TJ. 2008. Diagnostic Evaluation of Machine Translation Systems Using Automatically Constructed Linguistic Check-Points. In：*Proceedings of COLING*，pages 1121-1128

[Zhou *et al*.，2008b]Zhou KY，Zong CQ，Wu H，Wang HF. 2008. Predicting and Tagging DA with SVM and MDP. In：*Proceedings of ISCSLP*. Kunming，China. December 16-19，2008. pages 293-296

[Zhou *et al*.，2010]Zhou KY，Li AJ，Yin ZG，and Zong CQ. 2010. CASIA-CASSIL：A Chinese Telephone Conversation Corpus in Real Scenarios with Multi-leveled Annotation. In：*Proceedings of LREC*，Malta，May 19-21，2010. pages 2407-2413

[Zhu and Xiao，2011]Zhu JB and Xiao T. 2011. Improving Decoding Generalization for Tree-to-string Translation. In：*Proceedings of ACL*，pages 418-423

[Zhuang and Zong，2010a]Zhuang T and Zong CQ. 2010. A Minimum Error Weighting Combination Strategy for Chinese Semantic Role Labeling. In：*Proceedings of COLING*，pages 1362-1370. Beijing，China

[Zhuang and Zong，2010b]Zhuang T and Zong CQ. 2010. Joint Inference for Bilingual Semantic Role Labeling. In：*Proceedings of EMNLP*，pages 304-314，Cambridge，MA

[Zhuang et al.，2006]Zhuang L，Jing F，and Zhu X. 2006. Movie Review Mining and Summarization. In：*Proceedings of CIKM*，pages 43-50

[Zollmann and Venugopal，2006］Zollmann A，Venugopal A. 2006. Syntax Augmented Machine Translation via Chart Parsing. In：*Proceedings of NAACL 2006 Workshop on Statistical Machine Translation*，New York. June 4-9. pages 138-141

[Zollmann and Vogel，2011]Zollmann A and Vogel S. 2011. A Word-class Approach to Labeling PSCFG Rules for Machine Translation. In：*Proceedings of ACL-HLT*，pages 1-11

[Zong and Gao，2008]Zong CQ and Gao QS. 2008. Chinese R&D in Natural Language Technology. *IEEE Intelligent Systems*，23(6)：42-48

[Zong and Seligman，2005］Zong CQ，Seligman M. 2005. Toward Practical Spoken Language Translation. *Machine Translation*，19(2)：113-137

[Zong et al.，1999]Zong CQ，Wu H，Huang TY，Xu B. 1999. Analysis on Characteristics of Chinese Spoken Language. In：*Proceedings of 5th Natural Language Processing Pacific Rim Symposium* (*NLPRS*). November，Beijing. pages 358-362

[Zong et al.，2000a]Zong CQ，Huang TY，Xu B. 2000a. Approach to Recognition and Understanding of the Time Constituents in the Spoken Chinese Language Translation. In：*Proceedings of the Third International Conference on Multimodal Interfaces* (*ICMI*). 14-16 October，Beijing. pages 293-299

[Zong et al.，2000b]Zong CQ，Huang TY，Xu B. 2000b. Design and Implementation of a Chinese-to-English Spoken Language Translation System. In：*Proceedings of ISCSLP*，October 13-15. Beijing. pages 367-370

[Zong et al.，2000c]Zong CQ，Wakita Y，Xu B，Matsui K，Chen ZB. 2000c. Japanese-to-Chinese Spoken Language Translation Based on the Simple Expression. In：*Proceedings of ICSLP*. October 16-20. Beijing. pages 418-421

[艾斯卡尔等,2013]艾斯卡尔·肉孜,宗成庆,姑丽加玛丽·麦麦提艾力,热合木·马合木提,艾斯卡尔·艾木都拉. 2013. 基于条件随机场的维吾尔人名识别方法. 清华大学学报(自然科学版),(8)

[边肇祺等,2000]边肇祺,张学工. 2000. 模式识别. 北京：清华大学出版社

[蔡自兴等,2004]蔡自兴,徐光祐. 2004. 人工智能及其应用. 北京：清华大学出版社

[曹文洁等,2004]曹文洁,宗成庆,徐波. 2004. 基于中间转换格式的中英文语言生成方法研究. 汉语语言与计算学报(Journal of Chinese Language and Computing，Singapore),14 (1)：21-34

[曹政,1984]曹政. 1984. 句群初探. 杭州：浙江教育出版社

[陈建民,1984]陈建民. 1984. 汉语口语. 北京：北京出版社

[陈克利,2004]陈克利. 2004. 大规模平衡语料的收集分析及文本分类方法研究[硕士学位论文]. 中国科学院自动化研究所

[陈群秀,2006]陈群秀. 2006. 一个汉语语义知识库的研究和实现. 见：曹佑琦,孙茂松主编. 中文信息处理前沿进展(中国中文信息学会二十五周年学术会议论文集). 2006 年 11 月 21 至 22 日. 北京：清华大学出版社. 172-181

[陈钰枫,2008]陈钰枫. 2008. 汉英命名实体翻译及对齐方法研究[博士学位论文]. 中国科学院自动化研究所

[陈钰枫等，2011]陈钰枫，宗成庆，苏克毅．2011．汉英双语命名实体识别与对齐的交互式方法．计算机学报，34(9)：1688-1696

[谌贻荣等，2010]谌贻荣，陆勤，李文捷，崔高颖．2010．中文核心领域本体构建的一种改进方法．中文信息学报，24(1)：48-53

[代六玲等，2004]代六玲，黄河燕，陈肇雄．2004．中文文本分类中特征抽取方法的比较研究．中文信息学报，18(1)：26-32

[丁伟伟等，2009]丁伟伟，常宝宝．2009．基于语义组块分析的汉语语义角色标注．中文信息学报，23(5)：53-61

[丁信善，1998]丁信善．1998．语料库语言学的发展及研究现状．当代语言学，第1期

[董振东，1997]董振东．1997．汉语分词研究漫谈．语言文字应用，第1期：107-112

[董振东等，1999]董振东，董强．1999．知网．见：http：//www．keenage．com

[董振东等，2000]董振东，董强．2000．关于知网——中文信息结构库．见：http：//www．keenage．com

[董振东等，2001]董振东，董强．2001．知网和汉语研究．当代语言学，第1期

[杜金华等，2008]杜金华，魏玮，徐波．2008．基于混淆网络解码的机器翻译多系统融合．中文信息学报，22(4)：48-54

[冯志伟，1983]冯志伟．1983．特思尼耶尔的从属关系语法．国外语言学，(1)

[冯志伟，1996]冯志伟．1996．自然语言的计算机处理．上海：上海外语教育出版社

[冯志伟，1998]冯志伟．1998．判断从属树合格性的五个条件．第二届全国应用语言学讨论会论文集

[冯志伟，2001a]冯志伟．2001a．中国语料库的历史与现状——语料库研究回顾与问题．In：*Proceedings of the International Conference on Chinese Computing*（ICCC）．Nov．27-29，2001．pages 1-15

[冯志伟，2001b]冯志伟．2001b．计算语言学基础．北京：商务印书馆

[冯志伟，2004]冯志伟．2004．机器翻译研究．北京：中国对外翻译出版公司

[符淮青，1996]符淮青．1996．词义的分析和描写．北京：语文出版社

[付国宏，2000]付国宏．2000．汉语句法歧义消解的统计方法研究[博士学位论文]．哈尔滨工业大学

[高庆狮等，2009]高庆狮，高小宇．2009．统一语言学基础．北京：科学出版社

[顾曰国，1998]顾曰国．1998．语料库与语言研究．当代语言学，第1期：1-3

[郭家清，2007]郭家清．2007．基于条件随机场的命名实体识别研究[硕士学位论文]．沈阳航空工业学院

[何伟等，2001]何伟，袁保宗，林碧琴等．2001．面向导游任务的人机口语对话系统的研究与实现．第六届全国人机语音通讯学术会议（NCMMSC6）论文集．北京：清华大学出版社，97-101

[何新贵等，1999]何新贵，彭甫阳．1999．中文文本的关键词自动抽取和模糊分类．中文信息学报，13(1)：9-15

[何彦青等，2007]何彦青，周玉，宗成庆，王霞．2007．基于"松弛尺度"的短语翻译对抽取方法．中文信息学报，21(5)：91-95

[侯汉清，1981]侯汉清．1981．分类法的发展趋势简论．情报科学，第11期

[侯宏旭等，2006]侯宏旭，刘群，张玉洁等．2006．2005年度863机器翻译评测方法研究与实施．中文信息学报，20(增刊)：7-18

[侯敏等，1995]侯敏，孙建军，陈肇雄．1995．汉语自动分词中的歧义问题．见：陈力为、袁琦主编：计算语言学进展与应用（全国第三届计算语言学联合学术会议论文集）．北京：清华大学出版社，81-87

[侯敏等，2008]侯敏，周荐．2008．2007汉语新词语．北京：商务印书馆

[黄伯荣等，1991]黄伯荣，廖序东．1991．现代汉语．北京：高等教育出版社

[黄昌宁等，2002a]黄昌宁，李涓子．2002a．语料库语言学．北京：商务印书馆

[黄昌宁等,2002b]黄昌宁,张小凤.2002b.自然语言处理技术的三个里程碑.外语教学与研究,第 3 期：180-187

[黄昌宁等,2003]黄昌宁,高剑峰,李沐.2003.对自动分词的反思.见：语言计算与基于内容的文本处理（全国第七届计算语言学联合学术会议论文集).北京：清华大学出版社,26-38

[黄昌宁等,2006]黄昌宁,赵海.2006.由字构词——中文分词新方法.见：曹佑琦、孙茂松主编：《中文信息处理前沿进展》(中国中文信息学会二十五周年学术会议论文集).2006 年 11 月 21—22 日.北京.53-63

[黄昌宁等,2007]黄昌宁,赵海.2007.中文分词十年回顾.中文信息学报,21(3)：8-19

[黄非等,1999]黄非,徐波,黄泰翼等.1999.基于领域关键词的词典及语言模型自适应.计算语言学文集（全国第五届计算语言学联合学术会议论文集).北京：清华大学出版社,235-241

[黄河燕等,2002]黄河燕,陈肇雄.2002.基于多策略分析的复杂长句翻译处理算法.中文信息学报,16(3)：1-7

[黄萱菁等(译),2012]黄萱菁,张奇,邱锡鹏.2012.现代信息检索.北京：机械工业出版社

[黄曾阳,1997]黄曾阳.1997.HNC 理论概要.中文信息学报,11(4)：11-20

[黄曾阳,2001]黄曾阳.2001.HNC 的发展和未来.HNC 与语言学研究.武汉：武汉大学出版社

[鉴萍,2010]鉴萍.2010.依存句法分析方法研究与系统实现[博士学位论文].中国科学院自动化研究所

[姜丹,2001]姜丹.2001.信息论与编码.合肥：中国科学技术大学出版社

[揭春雨,1989]揭春雨.1989.汉语自动分词方法.中文信息学报,第 1 期

[金千里,2004]金千里.2004.面向信息检索的语义计算技术[硕士学位论文].中国科学院自动化研究所

[靳光瑾,2001]靳光瑾.2001.现代汉语动词语义计算理论.北京：北京大学出版社

[克里斯特尔,2002]戴维·克里斯特尔.2002.现代语言学词典.北京：商务印书馆

[孔芳等,2010]孔芳,周国栋,朱巧明,钱培德.2010.指代消解综述.计算机工程,36(8)：33-37

[孔芳等,2012a]孔芳,周国栋.2012.基于树核函数的中英文代词消解.软件学报,23(5)：1085-1099

[孔芳等,2012b]孔芳,朱巧明,周国栋.2012.中英文指代消解中待消解项识别的研究.计算机研究与发展,49(5)：1072-1086

[李爱军等,2001]李爱军,殷治纲,王茂林,徐波,宗成庆.2001.口语对话语音语料库 CADCC 和其语音研究.见：新世纪的现代语音学—第五届全国现代语音学学术会议论文集,北京：清华大学出版社

[李保利等,2003]李保利,陈玉忠,俞士汶.2003.信息抽取研究综述.计算机工程与应用,39(10)：1-5

[李东,2003]李东.2003.汉语分词在中文软件中的广泛应用.见：中文信息处理若干重要问题.北京：科学出版社

[李芳等,2011]李芳,何婷婷.2011.面向查询的多模式自动摘要研究.中文信息学报,25(2)：9-14

[李国臣等,2005]李国臣,罗云飞.2005.采用优先选择策略的中文人称代词的指代消解.中文信息学报,19(4)：24-30

[李国正等,2005]李国正,王猛,曾华军(译)(Nello Cristianini,John Shawe-Taylor 著).2005.支持向量机导论.北京：电子工业出版社

[李珩等,2004]李珩,朱靖波,姚天顺.2004.基于 SVM 的中文语块分析.中文信息学报,18(2)：1-7

[李宏东等,2003]李宏东,姚天翔(译)(Richard O. Duda,Peter E. Hart,David G. Stork 著).2003.模式分类.北京：机械工业出版社

[李涓子等,1999]李涓子,黄昌宁,杨尔弘.1999.一种自组织的汉语词义排歧方法.中文信息学报,13(3)：1-8

[李茂西,2011]李茂西.2011.机器翻译系统融合方法研究与实现[博士学位论文].中国科学院自动化研究所

[李茂西等，2010]李茂西，宗成庆．2010．机器翻译系统融合技术综述．中文信息学报，24(4)：74-84

[李善平等，2004]李善平，尹奇韡，胡玉杰等．2004．本体论研究综述．计算机研究与发展，41(7)：1041-1052

[李素建，2002]李素建．2002．汉语组块计算的若干研究[博士学位论文]．中国科学院计算技术研究所

[李晓黎等，2000]李晓黎，史忠植．2000．用数据采掘方法获取汉语词性标注规则．计算机研究与发展，37(12)：1409-1414

[李幸，2005]李幸．2005．汉语句法分析方法研究[硕士学位论文]．中国科学院自动化研究所

[李幸等，2006]李幸，宗成庆．2006．引入标点处理的层次化汉语长句句法分析方法．中文信息学报，20(4)：8-15

[李亚超等，2013]李亚超，加羊吉，宗成庆，于洪志．2013．基于条件随机场的藏语自动分词方法研究与实现．中文信息学报，27(4)

[李艳翠等，2012]李艳翠，朱坤华，周国栋．2012．英语语篇结构分析研究综述．计算机应用研究，29(6)：2018-2023

[李渝勤等，2010]李渝勤，甘润生，杨永红，施水才．2010．基于特征分选策略的中文共指消解方法．计算机工程，18(9)：180-182

[梁南元，1987a]梁南元．1987a．书面汉语自动分词系统——CDWS．中文信息学报，第 2 期：44-52

[梁南元，1987b]梁南元．1987b．书面汉语自动分词综述．计算机应用与软件，第 3 期

[梁颖红，2006]梁颖红．2006．基于多 Agent 的英汉文本语块识别技术研究[博士学位论文]．哈尔滨工业大学

[林杏光，1999]林杏光．1999．词汇语义和计算语言学．北京：语文出版社

[林颖等，2006]林颖，史晓东，郭锋．2006．一种基于概率上下文无关文法的汉语句法分析．中文信息学报，20(2)：1-7

[刘辰诞，2001]刘辰诞．2001．教学篇章语言学．上海：上海外语教育出版社

[刘非凡，2006]刘非凡．2006．汉语文本信息抽取关键技术研究[博士学位论文]．中国科学院自动化研究所

[刘宏等，2007]刘宏，黄赟，刘群．2007．第三届统计机器翻译研讨会评测报告(公开版)．见：第三届中国统计机器翻译研讨会论文集，哈尔滨．160-165

[刘开瑛，2000]刘开瑛．2000．中文文本自动分词和标注．北京：商务印书馆

[刘康等，2012]刘康，王素格，廖祥文，许洪波．2012．第四届中文倾向性分析评测总体报告．第四届中文倾向性分析评测会议论文集，1-32

[刘铭等，2010]刘铭，王晓龙，刘远超．2010．基于词汇链的关键短语抽取方法的研究．计算机学报，(7)

[刘群等，2002]刘群，李素建．2002．基于《知网》的词汇语义相似度计算．*Computational Linguistics and Chinese Language Processing*．7(2)：59-76

[刘挺等，1998]刘挺，王开铸．1998a．关于歧义字段切分的思考与实验．中文信息学报，第 2 期：63-64

[刘挺等，1999]刘挺，王开铸．1999．自动文摘的四种主要方法．情报学报，18(1)：10-19

[刘挺等，2007]刘挺，车万翔，李生．2007．基于最大熵分类器的语义角色标注．软件学报，18(3)：565-573

[刘洋，2007]刘洋．2007．树到串统计翻译模型研究[博士学位论文]．中国科学院计算技术研究所

[刘颖，2002]刘颖．2002．计算语言学．北京：清华大学出版社

[刘源等，1994]刘源，谭强，沈旭昆．1994．信息处理用现代汉语分词规范及自动分词方法．北京：清华大学出版社及广西科学技术出版社

[卢志茂，2003]卢志茂，刘挺，张刚等．2003．基于依存分析改进贝叶斯模型的词义消歧．高技术通信，13(5)：1-7

[卢志茂等,2004]卢志茂,刘挺,李生. 2004. 基于依存分析和贝叶斯网络的无指导汉语词义消歧. 高技术通讯,20：7-11

[鲁松等,2002]鲁松,白硕,黄雄. 2002. 基于向量空间模型中义项词语的无导词义消歧. 软件学报,13(6)：1082-1089

[陆俭明,2003]陆俭明. 2003. 语义在自然语言处理中的作用. 见：中文信息处理若干重要问题. 北京：科学出版社,71-78

[陆汝占,2003]陆汝占. 2003. 概念、语义计算及内涵逻辑. 见：中文信息处理若干重要问题. 北京：科学出版社,90-95

[陆善采,1993]陆善采. 1993. 实用汉语语义学. 上海：学林出版社

[吕叔湘,1979]吕叔湘. 1979. 汉语语法分析问题. 北京：商务印书馆

[马晏,1996]马晏. 1996. 基于评价的汉语自动分词系统的研究与实现. 见：语言信息处理专论. 北京：清华大学出版社及广西科学技术出版社

[毛茂臣,1988]毛茂臣. 1988. 语义学：跨学科的学问. 上海：学林出版社

[毛翊等,2007]毛翊,周北海. 2007. 分段式语篇表述理论—基于语篇结构的自然语言语义学. 语言学论丛,第 35 辑,北京：商务印书馆,第 114-141 页

[梅家驹等,1996]梅家驹,竺一鸣,高蕴琦等. 1996. 同义词词林. 上海：上海辞书出版社

[孟遥,2003]孟遥. 2003. 基于最大熵的全局寻优的汉语句法分析模型和算法研究[博士学位论文]. 哈尔滨工业大学

[缪有栋等,2012]缪有栋,邱锡鹏,黄萱菁. 2012. 一种适用于大规模网页分类的快速算法. 计算机应用与软件,29(7)：260-263

[钱揖丽等,2004]钱揖丽,郑家恒. 2004. 汉语语料词性标注自动校对方法的研究. 中文信息学报,18(2)：30-35

[秦兵等,2005]秦兵,刘挺,李生. 2005. 多文档自动文摘综述. 中文信息学报,19(6)：13-20

[曲卫民等,2003]曲卫民,张俊林,孙乐等. 2003. 基于记忆的自适应语言模型的研究. 中文信息学报,17(5)：13-18

[全昌勤等,2005]全昌勤,何婷婷,姬东鸿等. 2005. 从搭配知识获取最优种子的词义方法. 中文信息学报,19(1)：30-35

[沈达阳等,1995]沈达阳,孙茂松. 1995. 中国地名的自动辨识. 见：陈力为、袁琦主编. 计算语言学进展与应用(全国第三届计算语言学联合学术会议论文集). 北京：清华大学出版社

[沈阳等,1995]沈阳,郑定欧(主编). 1995. 现代汉语配价语法研究. 北京：北京大学出版社

[石纯一等,1993]石纯一,黄昌宁等. 1993. 人工智能原理. 北京：清华大学出版社

[石青云(译),1987]石青云(译)(A. V. 阿霍・J. D. 厄尔曼著). 1987. 形式语言及其句法分析. 北京：科学出版社

[史晓东等,2006]史晓东,陈毅东. 2006. 基于语篇的机器翻译前瞻. 见：曹佑琦、孙茂松主编. 中文信息处理前沿进展(中国中文信息学会二十五周年学术会议论文集). 北京：清华大学出版社,34-44

[史晓东等,2011]史晓东,卢亚军. 2011. 央金藏文分词系统. 中文信息学报,25(4)：54-56

[史忠植,2002]史忠植. 2002. 知识发现. 北京：清华大学出版社

[宋枫溪,2004]宋枫溪. 2004. 自动文本分类若干基本问题研究[博士学位论文]. 南京理工大学

[宋柔,2012]宋柔. 2012. 汉语篇章广义话题结构研究,北京语言大学语言信息处理研究所研究报告

[苏伟峰等,2002]苏伟峰,李绍滋,李堂秋. 2002. 一个基于概念的中文文本分类模型. 计算机工程与应用,(6)：193-195

[孙宏林等,2000]孙宏林,俞士汶. 2000. 浅层句法分析方法综述. 当代语言学,2：63-73

［孙茂松等,1993］孙茂松,张维杰.1993.英文姓名译名的自动识别.见：陈力为主编.计算语言学研究与应用.北京：北京语言学院出版社

［孙茂松等,1995］孙茂松,黄昌宁,高海燕,方捷.1995.中文姓名的自动辨识.中文信息学报.9(2)：16-27

［孙茂松等,1997］孙茂松,黄昌宁等.1997.利用汉字二元语法关系解决汉语自动分词中的交集型歧义.计算机研究与发展,(5)：332-339

［孙茂松,2001］孙茂松,邹嘉彦.2001.汉语自动分词研究评述.当代语言学,(1)：22-32

［索红光等,2006］索红光,刘玉树,曹淑英.2006.一种基于词汇链的关键词抽取方法.中文信息学报,(6)

［王斌(译),2010］王斌(译).2010.信息检索导论.北京：人民邮电出版社

［王海东等,2009］王海东,胡乃全,孔芳,周国栋.2009.指代消解中语义角色特征的研究.中文信息学报,23(1)：23-29

［王厚峰,2002］王厚峰.2002.指代消解的基本方法和实现技术.中文信息学报,16(6)：9-17

［王厚峰等,2001］王厚峰,何婷婷.2001.汉语中人称代词的消解研究.计算机学报,24(2)：136-143

［王厚峰等,2005］王厚峰,梅铮.2005.鲁棒性的汉语人称代词消解.软件学报,16(5)

［王惠,2002］王惠.2002.基于组合特征的汉语名词词义消歧.*Computational Linguistics and Chinese Language Processing*,7(2)：77-88

［王萌,2010］王萌.2010.面向概率型词汇知识库建设的名词语言知识获取［博士学位论文］.北京大学

［王挺等,1997］王挺,陈火旺,杨谊,史晓东.1997.一种自适应词性标注方法.软件学报,8(12)：937-943

［王挺等,1998］王挺,史晓东,陈火旺,杨谊.1998.一种用未分析语料训练文法的方法.软件学报,9(1)：36-42

［王晓斌等,2004］王晓斌,周昌乐.2004.基于语篇表述理论的汉语人称代词的消解研究.厦门大学学报,43(1)：31-35

［王鑫等,2011］王鑫,孙薇薇,穗志方.2011.基于浅层句法分析的中文语义角色标注研究.中文信息学报,25(1)：116-122

［王志国,2013］王志国.2013.基于依存关系的短语结构句法分析与词对齐方法研究及实现［博士学位论文］.中国科学院自动化研究所

［王志国等,2012］王志国,宗成庆.2012.一个基于高阶词汇依存特征的短语结构分析树重排序模型.软件学报,23(10)：2628-2642

［魏欧等,2000］魏欧,孙玉芳.2000.基于非监督训练的汉语词性标注的实验与分析.计算机研究与发展,37(4)：477-482

［翁富良等,1998］翁富良,王野翊.1998.计算语言学导论.北京：中国社会科学出版社

［吴安迪,1993］吴安迪.1993.左角句子分析器与中心语驱动句子分析器.国外语言学,第 56 期

［吴安迪,2007］吴安迪.2007.有关"理解和分词孰先孰后"的反思.中文信息学报,21(3)：20

［吴科等,2004］吴科,石冰,卢军,牛小飞.2004.基于文本密度的特征选择与权重计算方案.中文信息学报,18(1)：42-47

［吴为章等,1984］吴为章,田小琳.1984.句群.上海：上海教育出版社

［吴蔚天,1999］吴蔚天.1999.汉语计算语义学.北京：电子工业出版社

［吴蔚天等,1994］吴蔚天,罗建林.1994.汉语形式语法和形式分析.北京：电子工业出版社

［吴晓锋,2010］吴晓锋.2010.文本自动摘要方法研究［博士学位论文］.中国科学院自动化研究所

［吴友政,2006］吴友政.2006.汉语问答系统关键技术研究［博士学位论文］.中国科学院自动化研究所

［向晓雯,2006］向晓雯.2006.基于条件随机场的中文命名实体识别［硕士学位论文］.厦门大学

[肖明,2001]肖明.2001.WWW科技信息资源自动标引的理论与实践研究[博士学位论文].中国科学院文献情报中心

[谢军,2012]谢军.2012.依存树到串统计机器翻译模型研究[博士学位论文].中国科学院计算技术研究所

[解国栋,2004]解国栋.2004.统计口语解析方法研究[博士学位论文].中国科学院自动化研究所

[解国栋等,2003]解国栋,宗成庆,徐波.2003.面向中间语义表示格式的汉语口语解析方法.中文信息学报,17(1):1-6

[解国栋等,2004]解国栋,宗成庆.徐波.2004.鲁棒的汉语口语解析方法研究.汉语语言与计算学报(Journal of Chinese Language and Computing, Singapore),14（1）:5-19

[邢福义,2001]邢福义.2001.汉语复句研究.北京:商务出版社

[熊德意,2007]熊德意.2007.基于括号转录语法和依存语法的统计机器翻译研究[博士学位论文].中国科学院计算机技术研究所

[徐昉,2007]徐昉.2007.基本名词短语识别关键技术研究[硕士学位论文].中国科学院自动化研究所

[徐晋,2005]徐晋.2005.信息检索技术鲁棒性研究[硕士学位论文].中国科学院自动化研究所

[徐为群,2005]徐为群.2005.自然口语对话计算的经验研究[博士学位论文].中国科学院自动化研究所

[荀恩东等,1998]荀恩东,李生,赵铁军.1998.基于汉语二元同现的统计词义消歧方法研究.高技术通讯,第10期

[燕鹏举等,2001]燕鹏举,陆正中,邬晓钧,徐明星,吴文虎,方棣棠.2001.航班信息系统EasyFlight.见:第六届全国人机语音通讯学术会议(NCMMSC6)论文集

[杨尔弘等,2001]杨尔弘,张国清,张永奎.2001.基于义原同现频率的汉语词义排歧方法.计算机研究与发展,38(7):834-837

[杨尔弘等,2006]杨尔弘,方莹,刘冬明,乔羽.2006.汉语自动分词和词性标注评测.中文信息学报,20(1):44-49

[杨家沅等,1992]杨家沅,林道发,罗万伯等.1992.连续英汉语音翻译系统的设计和实现.声学学报,17(5):327-333

[杨晓峰等,2002]杨晓峰,李堂秋.2002.一种基于知网的语义排歧模型研究.*Computational Linguistics and Chinese Language Processing*,7(1):47-78

[杨勇等,2008]杨勇,李艳翠,周国栋,朱巧明.2008.指代消解中距离特征的研究.中文信息学报,22(5):39-44

[姚双云,2008]姚双云.2008.复句关系标记的搭配研究.上海:华中师范大学出版社

[姚天顺等,2002]姚天顺,朱靖波等.2002.自然语言理解——一种让机器懂得人类语言的研究(第二版).北京:清华大学出版社

[俞士汶,2006]俞士汶.2006.民族特点的文化要求－汉字汉语民族语言进入信息系统.见:罗沛霖主编.信息电子技术知识全书.第15章,第298-311页.北京:北京理工大学出版社

[俞士汶等,1992]俞士汶,姜新,朱学锋,侯方.1992.基于测试集与测试点的机译系统评估.见陈肇雄主编,机器翻译研究进展.北京:电子工业出版社.524-537

[俞士汶等,2003a]俞士汶,段慧明,朱学锋等.2003.北大语料库加工规范:切分·词性标注·注音.汉语语言与计算学报(Journal of Chinese Language and Computing,Sigapore),13(2):121-158

[俞士汶等,2003b]俞士汶,朱学锋,王惠等.2003.现代汉语语法信息词典详解.2版.北京:清华大学出版社

[乐明，2008]乐明. 2008. 汉语篇章修辞结构的标注研究. 中文信息学报，22(4)

[曾淑娟等，2002]曾淑娟，刘怡芬. 2002. 现代汉语口语对话语料库标注系统说明. 中国台湾中研院语言学研究所

[詹卫东，2003]詹卫东. 2003. 面向自然语言处理的大规模语义知识库研究述要. 见：中文信息处理若干重要问题. 北京：科学出版社，107-121

[张浩等，2002]张浩，刘群，白硕. 2002. 结构上下文相关的概率句法分析. 见：第一届学生计算语言学研讨会论文集. 北京大学. 46-51

[张虎，2005]张虎. 2005. 汉语语料库词性标注一致性检查及自动校对方法研究[硕士学位论文]. 山西大学

[张虎等，2004]张虎，郑家恒，刘江. 2004. 语料库词性标注一致性检查方法研究. 中文信息学报，18(5)：11-16

[张华平等，2002]张华平，刘群. 2002. 基于 N-最短路径方法的中文词语粗分模型. 中文信息学报，16(5)：1-7

[张家俊，2011]张家俊. 2011. 融合源语言句法知识的统计机器翻译方法研究[博士学位论文]. 中国科学院自动化研究所

[张剑等，2003]张剑，吴际，周明. 2003. 机器翻译评测的新进展. 中文信息学报，17(6)：1-8

[张俊林等，2005]张俊林，孙乐，孙玉芳. 2005. 一种改进的基于记忆的自适应汉语语言模型. 中文信息学报，19(1)：8-13

[张俊林等，2006]张俊林，刘洋，孙乐，刘群. 2006. 2005 年度 863 信息检索评测方法研究和实施. 中文信息学报，20(增刊)：19-24

[张民等，1998]张民，李生，赵铁军，张艳凤. 1998. 统计与规则并举的汉语词性自动标注算法. 软件学报，9(2)：134-138

[张牧宇等，2011]张牧宇，黎耀炳，秦兵，刘挺. 2011. 基于中心语匹配的共指消解. 中文信息学报，25(3)：3-8

[张普，2003]张普. 2003. 关于汉语语料库的建设与发展问题的思考. 见：中文信息处理若干重要问题. 北京：科学出版社，166-183

[张威等，2002]张威，周昌乐. 2002. 汉语语篇理解中元指代消解初步. 软件学报. 13(4)：732-738

[张小衡等，1997]张小衡，王玲玲. 1997. 中文机构名称的识别与分析. 中文信息学报，11(4)：21-32

[张孝飞等，2003]张孝飞，陈肇雄，黄河燕，蔡智. 2003. 词性标注中生词处理算法研究. 中文信息学报，17(5)：1-5

[张仰森，2006]张仰森. 2006. 面向语言资源建设的汉语词义消歧与标注方法研究[博士后出站报告]. 北京大学

[张仰森等，2003]张仰森，徐波，曹元大，宗成庆. 2003. 基于姓氏驱动的中国姓名自动识别方法. 计算机工程与应用，2003(4)：62-65

[张仰森等，2011]张仰森，郭江. 2011. 四种统计词义消歧模型的分析与比较. 北京信息科技大学学报，26(2)：13-18

[张仰森等，2012]张仰森，黄改娟，苏文杰. 2012. 基于隐最大熵原理的汉语词义消歧方法. 中文信息学报，26(3)：72-78

[张玥杰等，2000]张玥杰，朱靖波，张跃，姚天顺. 2000. 基于 DOP 的汉语句法分析技术. 中文信息学报，14(1)：13-21

[张祝玉等,2008]张祝玉,任飞亮,朱靖波.2008.基于条件随机场的中文命名实体识别特征比较研究.见：第四届全国信息检索与内容安全学术会议论文集,111-117

[赵军,2009]赵军.2009.命名实体识别、排歧和跨语言关联.中文信息学报,23(2)：3-17

[赵军等,1999]赵军,黄昌宁.1999.汉语基本名词短语结构分析模型.计算机学报,22(2)：141-146

[赵军等,2011]赵军,刘康,周光有,蔡黎.2011.开放式文本信息抽取.中文信息学报,25(6)：98-110

[赵铁军等,2001]赵铁军等.2001.机器翻译原理.哈尔滨：哈尔滨工业大学出版社

[赵元任,2001]赵元任.2001.汉语口语语法.北京：商务印书馆

[郑贵友,2005]郑贵友.2005.汉语篇章分析的兴起与发展.汉语学习,(5)

[郑家恒等,2000]郑家恒,李鑫,谭红叶.2000.基于语料库的中文姓名识别方法研究.中文信息学报,14(1)：7-12

[郑杰等,2000]郑杰,茅于杭,董清富.2000.基于语境的语义排歧方法.中文信息学报,14(5)：1-7

[周昌乐,2009]周昌乐.2009.意义的转绎：汉语隐喻的计算释义.北京：东方出版社

[周光有,2013]周光有.2013.基于内容分析和行为建模的社区问答关键技术研究[博士学位论文].中国科学院自动化研究所

[周俊生等,2007]周俊生,黄书剑,陈家骏,曲维光.2007.一种基于图划分的无监督汉语指代消解算法.中文信息学报,21(2)：77-82

[周可艳,2010]周可艳.2010.对话行为理解与口语翻译方法研究[博士学位论文].中国科学院自动化研究所

[周可艳等,2007]周可艳,宗成庆,汉英统计翻译系统中未登录词的处理方法,见：第九届全国计算语言学学术会议论文集,北京：清华大学出版社,356-361

[周可艳等,2010]周可艳,宗成庆.2010.对话行为信息在口语翻译中的应用.中文信息学报,24(6)：57-63

[周明等,1998]周明,吴进,黄昌宁.1998.用于词性标注的一种快速学习算法——对 Brill 的基于变换算法的一项改进.计算机学报,21(4)：357-365

[周茜等,2004]周茜,赵明生,扈旻.2004.中文文本分类的特征选择研究.中文信息学报,18(3)：17-23

[周强,1995]周强.1995.规则与统计相结合的汉语词类标注方法.中文信息学报,9(3)：1-10

[周强,1999]周强.1999.汉语组块分析算法.计算语言学文集(全国第五届计算语言学联合学术会议论文集).北京：清华大学出版社.242-247

[周强等,1998]周强,黄昌宁.1998.汉语概率型上下文无关语法的自动推导.计算机学报,21(5)：387-392

[周玉,2008]周玉.2008.面向统计机器翻译的双语对齐方法研究[博士学位论文].中国科学院自动化研究所

[周玉等,2005]周玉,宗成庆,徐波.2005.基于多层过滤的统计机器翻译.中文信息学报,19(3)：54-60

[朱德熙,1982]朱德熙.1982.语法讲义.北京：商务印书馆

[朱靖波等,1998]朱靖波,姚天顺.1998.面向数据的句法分析技术.中文信息学报,12(1)：1-8

[朱靖波等,1999]朱靖波,姚天顺.1999.基于 NAA 的词性自动标注模型.见：计算语言学文集(全国第五届计算语言学联合学术会议论文集).北京：清华大学出版社,180-186

[朱靖波等,2001]朱靖波,李珩,张跃,姚天顺.2001.基于对数模型的词义自动消歧.软件学报,12(9)：1405-1412

[朱莉等,2003]朱莉,孟遥,赵铁军.2003.典型参数平滑算法在词性标注中的性能评价.见：语言计算与基于内容的文本处理(全国第七届计算语言学联合学术会议论文集).北京：清华大学出版社,103-109

［朱巧明等,2005］朱巧明,李培峰,吴娴,朱晓旭.2005.中文信息处理技术教程.北京：清华大学出版社

［朱嫣岚等，2006］朱嫣岚，闵锦，周雅倩，黄萱菁，吴立德．2006．基于 HowNet 的词汇语义倾向计算．中文信息学报，20(1)：14-20

［庄涛，2012］庄涛．2012．鲁棒的语义角色标注方法研究［博士学位论文］．中国科学院自动化研究所

［宗成庆等，1999a］宗成庆,吴华,黄泰翼,徐波.1999a.限定领域汉语口语对话语料分析.计算语言学文集（全国第五届计算语言学联合学术会议论文集).北京：清华大学出版社,115-122

［宗成庆等，1999b］宗成庆,黄泰翼,徐波.1999b.口语自动翻译系统技术评析.中文信息学报,13(2)：56-65

［宗成庆等，2008］宗成庆,高庆狮.2008.中国语言技术进展.中国计算机学会通讯,4(8)：39-48

［宗成庆等，2009］宗成庆,曹右琦,俞士汶.2009.中文信息处理60年.语言文字应用,(4)：53-61

［宗成庆等（译），2012］宗成庆,张霄军(译).2012.统计机器翻译.北京：电子工业出版社

［左云存等,2006］左云存,宗成庆.2006.基于语义分类树的汉语口语理解方法.中文信息学报,20(2)：8-15

自然语言处理及其相关领域的
国际会议

　　以下列出了自然语言处理及其相关领域的部分国际会议。其中,ACL、COLING 和 EMNLP 被称为自然语言处理领域的三大顶级国际会议;SIGIR、CIKM 和 WWW 是网络信息处理、信息检索领域的顶级学术会议,与自然语言处理密切相关;IJCAI 和 AAAI 则是人工智能领域的顶级国际会议,由于自然语言处理被认为是人工智能研究的重要内容之一,因此,IJCAI 和 AAAI 都理所当然地设有自然语言处理专题。

［1］ AAAI人工智能大会　　AAAI(Association for the Advancement of Artificial Intelligence) Conference on Artificial Intelligence (AAAI)

［2］ ACM信息检索国际会议　International ACM SIGIR Conference on Research and Development in Information Retrieval (SIGIR)

［3］ ACM网络搜索与数据挖掘国际会议　　ACM International Conference on Web Search and Data Mining (WSDM)

［4］ ACM信息与知识管理国际会议　ACM International Conference on Information and Knowledge Management (CIKM)

［5］ ACM知识发现与数据挖掘国际会议　　ACM SIGKDD International Conference on Knowledge Discovery and Data Mining (SIGKDD)

［6］ IEEE数据挖掘国际会议　　IEEE International Conference on Data Mining (ICDM)

［7］ 北美计算语言学学会年会　North American chapter of the Association for Computational Linguistics conference (NAACL)

［8］ 国际互联网大会　International World Wide Web Conference (WWW)

［9］ 国际计算语言学大会　International Conference on Computational Linguistics (COLING)

［10］ 国际计算语言学学会年会　Annual Meeting of the Association for Computational Linguistics (ACL)

［11］ 国际句法分析技术研讨会　International Workshop on Parsing Technologies (IWPT)

［12］ 国际口语翻译研讨会　International Workshop of Spoken Language Translation (IWSLT)

［13］　国际人工智能联合会议　International Joint Conference of Artificial Intelligence (IJCAI)

［14］　国际语义网会议　International Semantic Web Conference (ISWC)

［15］　机器翻译峰会　Machine Translation Summit (MT Summit)

［16］　计算自然语言学习会议　Conference on Computational Natural Language Learning (CoNLL)

［17］　跨语言评测论坛　Cross-Language Evaluation Forum (CLEF)

［18］　美洲机器翻译学会会议　Conference of the Association for Machine Translation in the Americas（AMTA）

［19］　欧洲计算语言学学会会议　Conference of the European chapter of the Association for Computational Linguistics (EACL)

［20］　欧洲信息检索研究会议　European Conference on IR Research (ECIR)

［21］　文本分析会议　Text Analysis Conference (TAC)

［22］　文本检索会议　Text Retrieval Conference (TREC)

［23］　亚太语言、信息与计算会议　Pacific Asia Conference on Language，Information and Computation (PACLIC)

［24］　亚洲信息检索学会会议　Asia Information Retrieval Societies Conference（AIRS）

［25］　自然语言处理国际联合会议　International Joint Conference on Natural Language Processing(IJCNLP)

［26］　自然语言处理经验方法会议　Conference on Empirical Methods in Natural Language Processing（EMNLP）

［27］　自然语言资源与评估国际会议　International Conference on Language Resources and Evaluation (LREC)

名词术语索引

D

H

K

W

X

Y

Z